JN493451

# 예제로 배우는 회로이론

한빛아카데미
Hanbit Academy, Inc.

지은이 **김명식** kimms@kumoh.ac.kr

경북대학교 전자공학부에서 학사과정을 마치고 한국과학기술원(KAIST)에서 석사 및 박사과정을 마쳤다. 1985년 3월에 한국과학기술연구원(KIST)에 입사하여 1992년까지 연구원으로 재직한 후 1992년부터 현재까지 금오공과대학교 전자공학부에 재직 중이다. 회로이론, 전자회로, 반도체공학을 주로 강의하고 있다. 또한 유튜브 채널을 통해 1,200여 개의 영상을 올리며 회로이론, 전자회로, 반도체 공학에 대한 강의를 진행하고 있다. 공저로는『전자공학도를 위한 회로이론』(청문각, 2009)이 있다.

**예제로 배우는 회로이론**

**초판발행** 2023년 12월 10일

**지은이** 김명식 / **펴낸이** 전태호
**펴낸곳** 한빛아카데미(주) / **주소** 서울시 서대문구 연희로2길 62 한빛아카데미(주) 2층
**전화** 02-336-7112 / **팩스** 02-336-7199
**등록** 2013년 1월 14일 제 2017-000063호 / **ISBN** 979-11-5664-004-2 93560

**총괄** 박현진 / **책임편집** 김평화 / **기획** 박현진 / **편집** 박현진, 심진성 / **교정** 이정현
**디자인** 박정화 / **전산편집** 라미경 / **제작** 박성우, 김정우
**영업** 김태진, 김성삼, 이정훈, 임현기, 이성훈, 김주성 / **마케팅** 길진철, 김호철, 심지연

이 책에 대한 의견이나 오탈자 및 잘못된 내용에 대한 수정 정보는 아래 이메일로 알려주십시오.
잘못된 책은 구입하신 서점에서 교환해 드립니다. 책값은 뒤표지에 표시되어 있습니다.

**홈페이지 www.hanbit.co.kr / 이메일 question@hanbit.co.kr**

Published by HANBIT Academy, Inc. Printed in Korea
Copyright © 2023 김명식 & HANBIT Academy, Inc.
이 책의 저작권은 김명식과 한빛아카데미(주)에 있습니다.
저작권법에 의해 보호를 받는 저작물이므로 무단 복제 및 무단 전재를 금합니다.

**지금 하지 않으면 할 수 없는 일이 있습니다.**
**책으로 펴내고 싶은 아이디어나 원고를 메일(writer@hanbit.co.kr)로 보내주세요.**
**한빛아카데미(주)는 여러분의 소중한 경험과 지식을 기다리고 있습니다.**

# 예제로 배우는 회로이론

Electric Circuits

한빛아카데미
Hanbit Academy, Inc.

# 회로이론은 전기전자전공에서 가장 기본이 되는 학문이다.
# 다양한 예제로 원리를 깨우쳐 회로 해석 능력을 기르자!

우리 주변에 있는 모든 전기기기들은 최종적으로 회로로 동작하게 된다. 따라서 수많은 다양한 형태의 회로 시스템을 통합적으로, 그리고 체계적으로 이해하고 분석하는 일은 전기를 이용하는 모든 분야에서 중요하다. 이 때문에 회로이론은 전기전자공학에서 가장 필수적인 기초과목으로 자리 잡고 있다.

회로이론에 대한 좋은 책들이 많이 나와 있으나, 본 저서에는 기존의 책에서는 언급하지 않은 내용을 다루고 있다. 즉 소자의 특성식, 키르히호프 전압 및 전류법칙에서 출발하여 노드 해석법이나 루프 해석법의 원리에 대한 설명을 추가하였다. 또한 기존의 책에서는 라플라스 변환을 후반부에 다루고 있어 1차 회로나 2차 회로를 해석할 때 라플라스 변환을 이용할 수 없었다. 이를 보완하기 위해 전반부에서 라플라스 변환을 다루고, 1차 회로나 2차 회로에 대한 해석에 라플라스 변환을 이용하였다. 9장에서는 구성을 달리하여 각 모드에서의 회로 해석을 이해하는 데 도움을 주고자 하였다.

산업계에서 사용되는 일반적인 회로에는 반도체 소자가 많이 쓰인다. 전자회로에서는 산업계에서 실제로 사용되는 회로를 주로 다루지만, 회로이론에서는 직접 산업계에 사용되지 않는 이상적인 회로를 예제로 다룬다. 회로이론은 기초과목의 특성상 실제로 사용되는 회로보다는 이상적인 회로를 사용해 회로 해석 능력을 함양하는 것을 목표로 한다. 이와 같은 이상적인 회로에 대한 예제 풀이를 많이 제공하여 회로에 대한 분석 능력을 향상시킬 수 있도록 했다. 부디 이 책을 통해 전기회로에 대한 자신감과 회로 해석 능력을 향상시키길 바란다.

## 다루는 내용

이 책은 전기전자공학부 과정의 저학년 학생들이 가장 기본적으로 배워야 하는 회로의 기초를 다루었다.

이 책의 내용은 크게 3부로 나눌 수 있다. 1부는 직류에 대한 회로 해석으로, 인가되는 전원의 크기가 시간과 무관하게 일정한 값을 유지한 경우에 대한 회로 해석이며, 회로 해석의 가장 기본이 되는 내용을 다룬다. 2부에서는 인가전원이 시간의 함수인 경우의 회로 해석법에 대해 다루었으며, 라플라스 변환과 역변환에 대해서도 언급한다. 또한 에너지 저장소자의 특성 및 1차 회로와 2차 회로에 대한 해석을 다룬다. 마지막으로 3부에서는 교류신호에 대한 회로 해석으로 교류전력과 전원의 실횻값, 그리고 회로의 주파수 특성에 대해 다룬다. 덧붙여 자기결합회로 및 4단자망 회로에 대해서도 언급한다.

**1부 _ 기본 개념과 회로소자 (1장 ~ 5장)**

1장 : 회로에 사용되는 기본 용어에 대한 정의를 알아본다.

2장 : 직병렬 연결된 저항회로의 해석을 알아본다.

3장 : 회로를 해석하는 가장 기본 방법으로, 노드방정식과 루프방정식을 사용하는 원리를 알아본다.

4장 : 회로의 등가회로, 즉 테브난 등가회로와 노턴 등가회로를 다루고 특성식으로 구해지는 등가회로도 살펴본다.

5장 : 연산증폭기를 사용한 가산기와 차동증폭기에 대해 알아본다.

**2부 _ *RLC* 회로의 시간영역 해석 (6장 ~ 9장)**

6장 : 회로 해석에서 미분방정식을 풀기 위한 수단인 라플라스 변환을 알아본다.

7장 : 저항과 같이 사용되는 에너지 저장소자에 대해 알아본다.

8장 : 에너지 저장소자에 에너지가 소진 혹은 저장되는 과정을 다루는 1차 회로에 대해 알아본다.

9장 : 에너지 저장소자가 2개인 2차 회로의 동작모드를 알아본다.

**3부 _ 교류회로 해석 (10장 ~ 15장)**

10장 : 정현파 신호와 페이저의 관계에 대해 알아본다.

11장 : 입력신호가 정현파인 경우 정상상태에서의 출력파형을 페이저 이론을 통해 구하는 방법에 대해 알아본다.

12장 : 교류전력과 실횻값에 대해 알아본다.

13장 : 인가되는 전원의 주파수에 따른 출력파형의 변화를 알아본다.

14장 : 자기결합회로와 변압기에 대해 알아본다.

15장 : 4단자망 회로의 특성식을 표현하는 방법을 알아본다.


## 감사의 글

이 책의 기획에서 출간까지 수고를 아끼지 않은 한빛아카데미(주) 관계자분들께 심심한 감사를 드립니다. 특히 이 책을 저술할 수 있는 동기를 마련해 주신 박현진 부장에게 진심으로 감사드립니다. 회로이론에 대한 동영상을 제작하고 유튜브를 통해 시청자와 소통하는 와중에, 동영상 내용을 정리하여 책을 저술하고자 하는 마음을 현실로 옮길 수 있게 큰 도움을 주었습니다.

출간하기까지 충분한 검토를 거쳤지만 그럼에도 미진한 부분이 있을 수 있습니다. 미진한 부분은 이후 개정을 통해 개선할 것을 약속드립니다.

2023년 11월

지은이 **김명식**

## 미리보기

### 학습목표

해당 장에서 학습해야 할 내용을 소개합니다.

학습목표
- 기본적인 회로 해석 방법을 이해할 수 있다.
- 노드 해석법으로 회로를 해석하는 방법을 이해할 수 있다.
- 노드 해석법에서 전압원을 처리하는 방법을 이해할 수 있다.
- 루프 해석법으로 회로를 해석하는 방법을 이해할 수 있다.
- 루프 해석법에서 전류원을 처리하는 방법을 이해할 수 있다.

### 주요 용어와 식

핵심이 되는 용어와 주요 식을
한눈에 파악할 수 있도록 보여줍니다.

은 반대이다. 또한 이동이 쉽지 않은 양성자와 달리 전자는 쉽게 이동할 수 있다. 전자가 움직임으로써 전하가 이동할 수 있으며, 전하의 이동 정도는 전류로 표현된다. 양성자와 전자가 갖고 있는 전하의 전체 양은 항상 일정한 값을 갖는다. 이를 **전하 보전의 법칙**이라고 한다.

중력장에서 질량을 갖는 두 물체 사이에 만유인력의 법칙이 작용하는 것과 같이 전기장[electric field]에서는 전하량을 갖는 두 물체 사이에 식 (1.1)과 같이 표현되는 쿨롱의 힘[Coulomb force]이 작용한다.

$$F = \frac{Q_1 \cdot Q_2}{4\pi\varepsilon_s \cdot r^2} \quad (1.1)$$

**예제 2-5**

다음 회로의 특성식을 구하라.

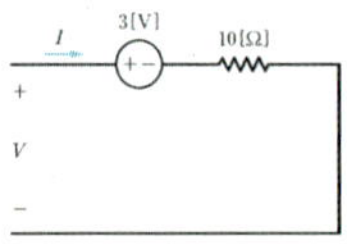

[그림 2-14] [예제 2-5]의 회로

풀이

저항에 흐르는 전류가 $I$이므로 저항에 걸리는 전압은 $10I$이다. 따라서 전체에 걸리는 전압은 전압원의 전압과 저항에 걸리는 전압의 합과 같다.

$$V = 3V + 10I$$

**실전문제 2-5**

다음 회로의 특성식을 구하라.

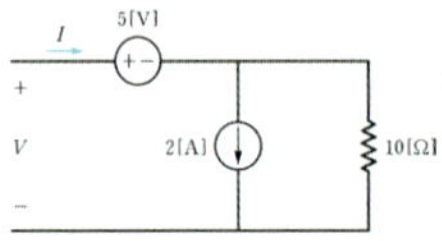

[그림 2-15]

### 예제 / 풀이

본문에서 다룬 개념을 적용한 문제와
그에 대한 상세한 풀이를 제시합니다.

### 실전문제

각 예제와 연계된 문제를 제시합니다.

### 연습문제

해당 장에서 학습한 내용을 확인할 수 있는
다양한 문제를 제시합니다.

**CHAPTER 09_연습문제**

9.1 다음에 주어진 미분방정식의 해를 구하라.

(a) $\frac{d^2}{dt^2}f(t) + 4\frac{d}{dt}f(t) + 8f(t) = 8$ (단, $f(0) = 0$, $f'(0) = 2$)

(b) $\frac{d^2}{dt^2}h(t) + 2 \times 10^3\frac{d}{dt}h(t) + 10^6 h(t) = 0$ (단, $h(0) = 5$, $h'(0) = 0$)

(c) $\frac{d^2}{dt^2}g(t) + 6\frac{d}{dt}g(t) + 8g(t) = 16$ (단, $g(0) = 0$, $g'(0) = 10$)

9.2 다음 회로에 대해 주어진 물음에 답하라.

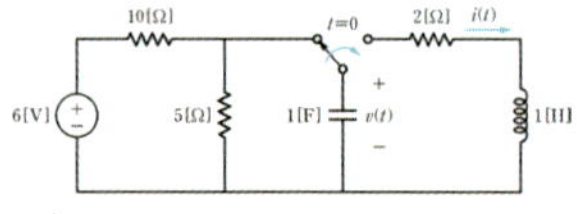

[문제 9.2]

(a) $t < 0$ 영역에서 전류 $i(t)$, 전압 $v(t)$를 구하라.
(b) $t > 0$ 영역에서 전압 $v(t)$를 구하는 루프방정식을 구하라.
(c) 위 루프방정식으로부터 회로의 동작모드(과제동, 임계제동, 부족제동)에 대해 설명하라.
(d) 전류 $i(t)$, 전압 $v(t)$의 파형을 구하라.

## ■ 강의 보조 자료

한빛아카데미 홈페이지에서 '교수회원'으로 가입하신 분은 인증 후 교수용 강의 보조 자료를 제공받을 수 있습니다. 한빛아카데미 홈페이지 상단의 〈교수전용공간〉 메뉴를 클릭하세요.

http://www.hanbit.co.kr/academy

## ■ 온라인 자료 안내

이 책의 〈연습문제 답안〉은 다음 경로에서 다운로드할 수 있습니다.

한빛아카데미 홈페이지 접속 → [도서명] 검색 → 도서 상세 페이지의 [부록/예제소스]

## ■ 동영상 강좌 안내

저자가 직접 운영하는 유튜브에서 이 책의 내용과 연계된 동영상 강좌를 볼 수 있으며, 책 내용에 대한 질의응답도 가능합니다.

https://m.site.naver.com/1fiHT

## ■ 참고 문헌


1. 채석, 김명식, 『전자공학도를 위한 회로이론』, 청문각, 2009
2. Charles Alexander, Matthew Sadiku, 『Fundamentals of Electric Circuits』, McGraw-Hill, 2021
3. Fawwaz T. Ulaby, Michel M. Maharbiz(박병국, 조성재, 강인만, 김중빈 공역), 『회로이론 : Circuits』, 한빛아카데미, 2014

목차



## CHAPTER 01 기본 개념 잡기



## CHAPTER 02 저항회로 해석

CHAPTER 03

## 회로 해석법

## CHAPTER 04 회로망 정리



## CHAPTER 05 연산증폭기 회로 해석

CHAPTER 06

# 라플라스 변환

## CHAPTER 07 커패시터와 인덕터



## CHAPTER 08 1차 회로

CHAPTER 09

# 2차 회로



CHAPTER 10

# 정현파와 페이저

CHAPTER 13

## 회로의 주파수 특성



CHAPTER 14

## 자기결합회로

## CHAPTER 15 4단자망 회로의 이해

CHAPTER

# 01

# 기본 개념 잡기

Understanding the Basic Concepts



## 학습목표

- 회로이론 학습에 필요한 기본적인 전기 개념을 이해할 수 있다.
- 기본 물리량의 정의와 개념을 이해할 수 있다.
- 회로소자의 특성식에 대한 개념을 이해할 수 있다.

# SECTION 1.1 회로소자와 단위계

## 1.1.1 전기회로

**전기회로**electrical circuit란 회로를 구성하는 회로소자인 건전지, 스위치와 전구를 도선(전기를 통하게 하는 선)으로 연결한 것을 말한다. [그림 1-1]은 도선을 통해 에너지 공급원(건전지)에서 에너지 소모원(전구)으로 에너지를 전달하는 매우 간단한 전기회로를 나타낸 것이다. 회로소자가 2개 혹은 3개로 구성된 전기회로는 이해하는 것이 어렵지 않다. 하지만 전자제품에 들어가는 전기회로는 회로소자의 개수가 매우 많아 회로를 해석하는 과정이 매우 복잡해진다.

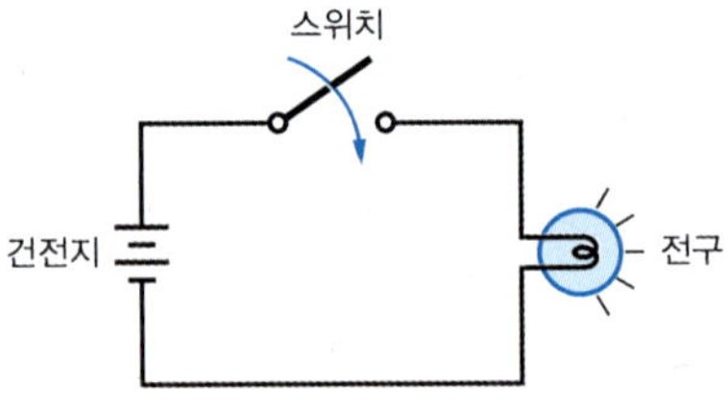


**[그림 1-1]** 간단한 전기회로

## 1.1.2 단위계

**단위**unit는 물리량을 표현하는 가장 기본이 되는 것으로, 각각의 물리량에 따라 다른 단위를 사용한다. 예를 들어, 길이를 나타내는 미터meter, m, 힘의 크기를 나타내는 뉴턴Newton, N, 에너지의 크기를 나타내는 줄Joule, J 등이 있다. 이러한 물리량은 10의 지수로 표현할 수도 있고, [표 1-1]과 같이 SI 접두어를 사용해 표현할 수도 있다. 예를 들어, $1\,[\mathrm{km}] = 10^3\,[\mathrm{m}]$에서 킬로kilo, k는 $10^3$을 의미한다.

**[표 1-1]** SI 접두어

| 배수 | 접두어 | 기호 | 배수 | 접두어 | 기호 |
|---|---|---|---|---|---|
| $10^{18}$ | exa | E | $10^{-18}$ | atto | a |
| $10^{15}$ | peta | P | $10^{-15}$ | femto | f |
| $10^{12}$ | tera | T | $10^{-12}$ | pico | p |
| $10^{9}$ | giga | G | $10^{-9}$ | nano | n |
| $10^{6}$ | mega | M | $10^{-6}$ | micro | $\mu$ |
| $10^{3}$ | kilo | k | $10^{-3}$ | milli | m |
| $10^{2}$ | hecto | h | $10^{-2}$ | centi | c |
| 10 | deka | da | $10^{-1}$ | deci | d |

SECTION 1.2

# 전하와 전류

## 1.2.1 전하

전하^electric charge^는 전기적인 성질을 나타내는 가장 기본적인 물리량으로, 중력장^gravitational field^에서 물체의 질량과 같은 개념이다. 단위는 쿨롱^Coulomb, C^을 사용하며, 문자 기호로는 $q$ 또는 $Q$로 표현한다. 물질의 기본인 원자는 양성자와 중성자로 이루어진 원자핵과 그 주변을 돌고 있는 전자로 이루어져 있으며, 양성자와 전자는 전하를 가지고 있다. 전자가 갖고 있는 전하량은 $e = -1.6 \times 10^{-19}$ [C]이고, 양성자가 갖고 있는 전하량은 $q = +1.6 \times 10^{-19}$ [C]으로, 전자와 양성자는 전하량은 같고 극성은 반대이다. 또한 이동이 쉽지 않은 양성자와 달리 전자는 쉽게 이동할 수 있다. 전자가 움직임으로써 전하가 이동할 수 있으며, 전하의 이동 정도는 전류로 표현된다. 양성자와 전자가 갖고 있는 전하의 전체 양은 항상 일정한 값을 갖는다. 이를 **전하 보전의 법칙**이라고 한다.

중력장에서 질량을 갖는 두 물체 사이에 만유인력의 법칙이 작용하는 것과 같이 전기장^electric field^에서는 전하량을 갖는 두 물체 사이에 식 (1.1)과 같이 표현되는 쿨롱의 힘^Coulomb force^이 작용한다.

$$F = \frac{Q_1 \cdot Q_2}{4\pi\varepsilon_s \cdot r^2} \tag{1.1}$$

여기서 $\varepsilon_s$는 두 전하 사이에 존재하는 물질의 유전상수이고, $r$은 두 전하 사이의 거리를 나타낸다. 질량을 가진 두 물체 사이에 작용하는 만유인력은 서로 당기는 인력만 존재하지만, 전하의 경우에는 극성이 존재하므로 서로 당기는 인력과 서로 미는 척력이 작용한다. 즉 $Q_1$과 $Q_2$의 극성이 같으면 척력이 작용하고, 극성이 반대면 인력이 작용한다.

**예제 1-1**

전하량이 $Q = 1$ [C]일 경우, 양성자의 개수는 얼마인가?

**풀이**

- 양성자 하나의 전하량 : $1.6 \times 10^{-19}$ [C]
- 양성자의 개수 : $n = \dfrac{1\,[\mathrm{C}]}{1.6 \times 10^{-19}} = 6.25 \times 10^{18}$

**실전문제 1-1**

전자의 개수가 $n = 10^{13}$인 경우, 전체 전하량은 얼마인가?

## 1.2.2 전류

물체의 움직임 정도를 속도(단위시간당 이동거리)로 표현하는 것과 같이 전하의 움직임 정도는 전류로 나타낸다. 즉 단위시간당 도선의 단면을 지나가는 전하의 누적량을 **전류**current라 한다. 전류는 문자 기호로 $i$ 또는 $I$로 표기하며, 단위는 암페어Ampere, A를 사용한다. 전류 1 [A]는 1초 동안 도선에 지나가는 전하의 누적량이 1 [C] 임을 뜻한다. 도선의 단면을 지나가는 전하의 누적량 $q(t)$와 전류 $i(t)$를 수식으로 나타내면 식 (1.2)와 같다.

$$i(t) = \frac{dq(t)}{dt} \tag{1.2}$$

[그림 1-2]는 시간에 따라 도선을 지나가는 누적 전하량을 그래프로 나타낸 것이다. 특정 시간 $t_1$에서 도선에 흐르는 전류값은 $t = t_1$에서 접선의 기울기로 표현된다. 반대로 식 (1.2)를 적분하면 식 (1.3)과 같이 도선을 지나가는 누적 전하량을 구할 수 있다.

$$q(t) = \int_{t_1}^{t} i(t)dt \ + \ q(t_1) \tag{1.3}$$

한편 속도가 방향을 가지고 있는 것처럼 전류도 방향을 가지고 있다. 전하가 도선을 따라 움직이므로 전류의 방향은 1차원적으로 도선의 방향과 같다. 또한 전하는 극성을 가지고 있으므로 누적 전하량을 구할 때 전하의 극성이 (+)인 경우에는 덧셈을, 극성이 (−)인 경우에는 뺄셈을 해야 한다. 일반적으로 양성자는 거의 움직이지 않고 전자는 쉽게 이동하므로 전류는 전자의 이동 정도를 나타낸다고 볼 수 있다. 전자의 전하 극성은 (−)이므로 전자의 이동 방향과 전류의 방향은 서로 반대이다. 즉 전류의 방향은 양의 전하가 움직이는 방향과 같다. [그림 1-3]은 움직이는 전하의 극성이 반대가 되면, 전류의 방향도 전하의 이동 방향과 반대가 되는 것을 보여준다.

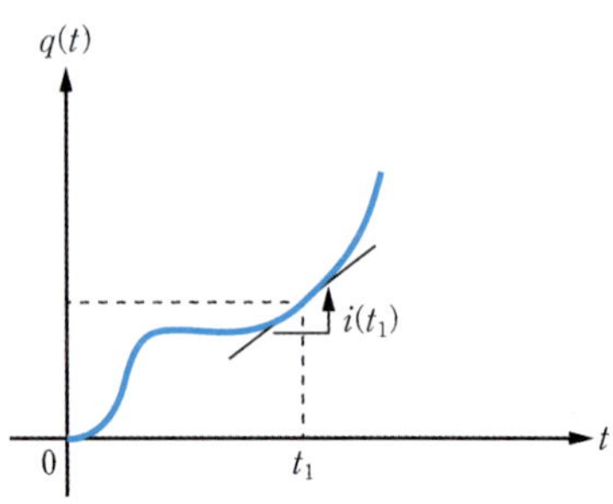


[그림 1-2] 시간에 따른 누적 전하량

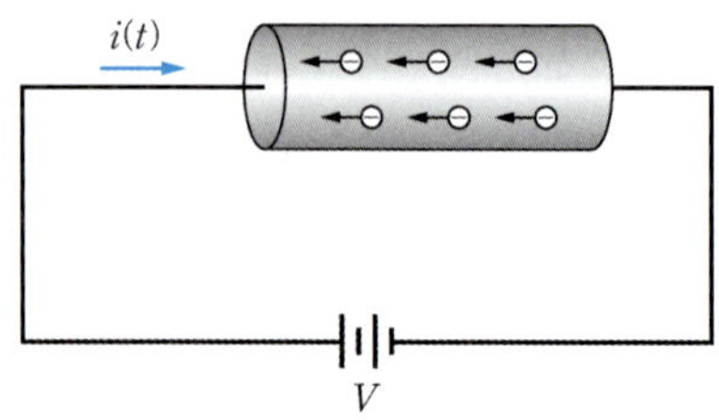


[그림 1-3] 전류의 방향과 전자의 이동 방향

**예제 1-2**

시간 $t=0$에서 임의의 시간 $t$까지 도선의 단면을 오른쪽으로 통과한 누적 전하량이 $q(t)=10\sin\pi t$ [mC]일 때, 다음을 구하라.

(a) 시간 $t=1$[s]에서 오른쪽으로 흐르는 전류 $i$를 구하라.

(b) 시간 $t=0.5$[s]에서 $t=1$[s] 사이에 도선의 단면을 통과한 전자의 수($n$)를 구하라.

**풀이**

(a) $i(t)=\dfrac{dq}{dt}=\dfrac{d}{dt}(10\sin\pi t)\times10^{-3}=1\times10^{-2}\pi\cos\pi t\,[\mathrm{A}]=-31.4\,[\mathrm{mA}]$

(b) $n\times(-1.6\times10^{-19})=q(1.0)-q(0.5)=10\sin\pi-10\sin(\pi/2)\,[\mathrm{mC}]=-10\,[\mathrm{mC}]$

$$n=-\frac{1\times10^{-2}}{-1.6\times10^{-19}}=6.25\times10^{16}\text{ [개]}$$

**실전문제 1-2**

전류가 $i(t)=4t+2$ [A]일 때 $t=1$[s]와 $t=3$[s] 사이에 회로소자의 한 단자로 유입된 누적 전하량 $q_{1\sim3}$를 구하라.

한편 전류는 시간에 따라 그 크기의 변화가 없는 **직류**[DC : direct current]와 그 크기가 변화하는 **교류**[AC : alternating current]로 나뉜다. 교류는 [그림 1-4]와 같이 정현파, 톱니파, 삼각파 등 시간에 따라 변화하는 모양에 의해 다시 나뉜다. 일반적으로 교류신호는 시간에 따른 평균값이 0가 되는데, 이와 달리 직류성분을 포함한 교류신호는 시간에 따른 평균값이 0가 아니다.

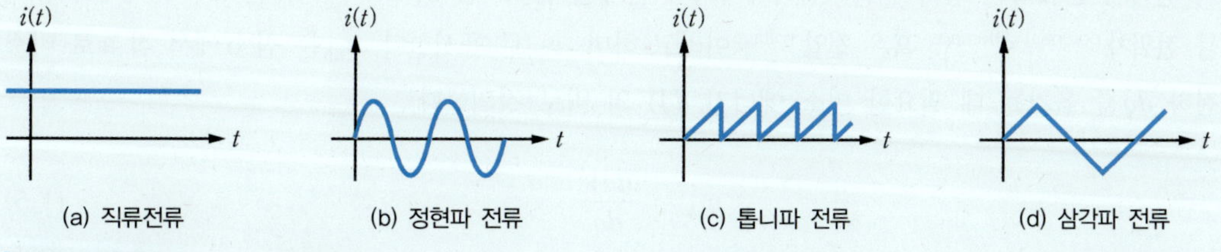


**[그림 1-4]** 직류신호와 교류신호

**예제 1-3**

전류가 $i(t)=3+2\sin10\pi t$[A]일 때 어떤 신호인지 설명하라.

**풀이**

직류성분은 3 [A]이고, 교류성분은 $2\sin10\pi t$ [A]인 정현파를 나타낸다.

**실전문제 1-3**

전류파형이 $i(t)=10\cos^2(2\pi t)$ [A]와 같을 때 직류성분과 교류성분을 나타내라.

SECTION 1.3

# 전압

힘이 작용하는 영역에서 물체를 이동시킬 때는 에너지가 필요하다. 즉 [그림 1-5]에서 보듯이 중력장이 존재하는 지표면에서 높이가 $h_1$인 지점(A)에서 높이가 $h_2$인 지점(B)으로 물체를 이동시키려면 외부에서 에너지를 공급해야 한다. 이때 필요한 에너지를 구하면 식 (1.4)와 같다. 여기서 $W$는 위치에너지 차, $m$은 물체의 질량, $g$는 중력가속도를 의미한다.

$$W = mg(h_2 - h_1) = mgh_2 - mgh_1 \tag{1.4}$$

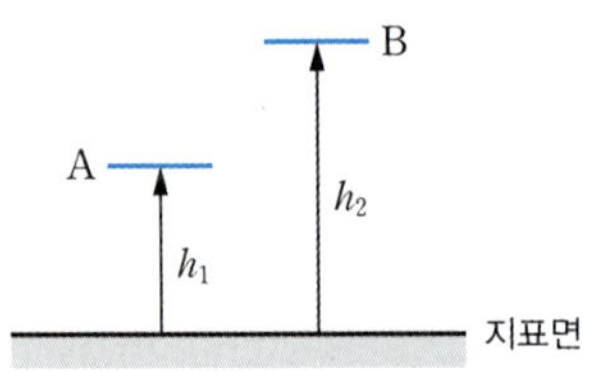


[그림 1-5] 위치에너지 표현

한편 1.2절에서 언급한 바와 같이 전하가 존재하는 전기장에서는 두 전하 사이에 힘이 작용한다. 따라서 전하가 존재하는 영역에서는 위치에너지가 존재한다. 두 점 a, b 사이의 전기적 위치에너지 차를 **전위차**potential difference 혹은 **전압**voltage이라고 하며, $v_{ab}$로 표시한다. $v_{ab}$는 점 b에서 점 a로 미소 전하 $dq$를 옮기는 데 필요한 미소 에너지 $dW$의 비로 정의한다.

$$v_{ab} = \frac{dW}{dq} \tag{1.5}$$

중력장에서 위치에너지의 높고 낮음을 높이로 표현하는 것과 같이 전기장에서는 위치에너지의 높고 낮음을 전압으로 표현한다. [그림 1-6]을 보면 점 a, b 사이에 존재하는 회로소자 양단 사이의 전압을 $v_{ab}$로 나타내고, 전압의 높고 낮음을 극성으로 표현한다. 여기에서는 점 b보다 점 a의 전압이 $v_{ab}$만큼 높다는 것을 의미한다. 반대로 점 b는 점 a에 비해 $v_{ab}$만큼 낮거나 혹은 $-v_{ab}$만큼 높다고 정의한다. 이는 $v_{ba}$만큼 높다는 의미와 같으므로 $-v_{ab} = v_{ba}$가 성립한다.

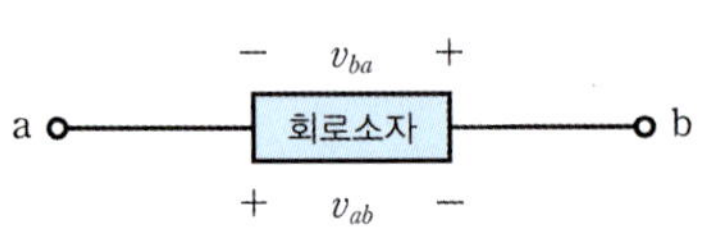


[그림 1-6] 회로소자에 표기된 전압(전위차) $v_{ab}$, $v_{ba}$

전압의 단위는 볼트Volt, V를 사용하며, 전압 1 [V]는 1 [C]의 전하를 옮기는 데 필요한 에너지가 1 [J]인 경우를 의미한다. 전류와 마찬가지로 전압에도 직류와 교류가 존재하며, 파형의 모양에 따라 교류의 종류가 나뉜다. 한편 전압을 표현하는 방법은 두 가지가 있다.

❶ $v_{ab}$ : 두 점 사이의 전위차를 표현하는 방법(상댓값)으로, 뒤에 나오는 문자인 점 b를 기준으로 앞의 문자인 점 a의 전압을 나타낸다.

❷ $v_a$ : 기준점을 설정하고 그 기준점과의 전위차를 표현하는 방법(절댓값)으로, 회로에 표현된 기준점에 대해 점 a의 전압을 나타낸다.

한편 전압은 식 (1.6)과 같이 표기할 수 있으며, 여기에는 [그림 1-7]에서 보는 것처럼 1차원 벡터vector의 의미가 포함되어 있다.

$$V_{AA} = 0 \tag{1.6a}$$

$$V_{AB} = -V_{BA} \tag{1.6b}$$

$$V_{BA} = V_{BC} + V_{CA} \tag{1.6c}$$

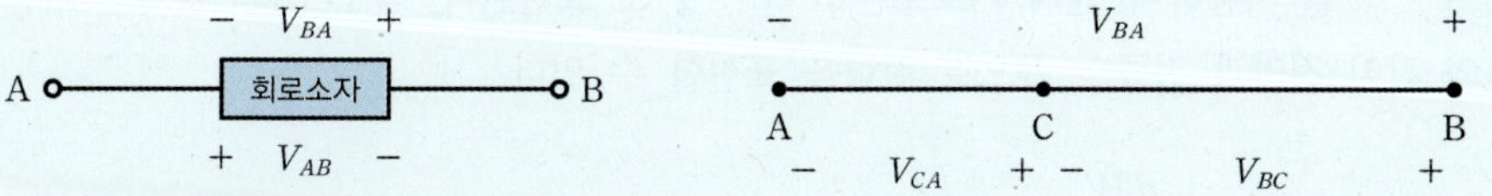


**[그림 1-7]** 전압의 표기에 대한 전압 관계

## 예제 1-4

두 점 사이의 전위차가 $v_{bc} = 10\,[\text{V}]$, $v_{bd} = 5\,[\text{V}]$, $v_{ad} = 7\,[\text{V}]$와 같을 때, $v_{ab}$를 구하라.

**풀이**

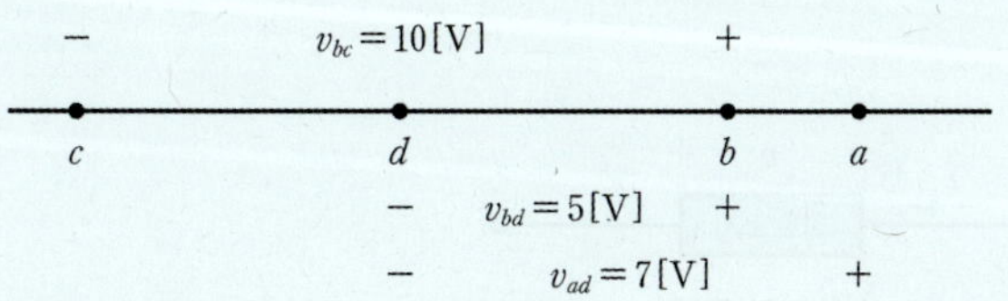


**[그림 1-8]** 전위차를 표기한 회로

따라서 $v_{ab} = v_{ad} - v_{bd} = 2\,[\text{V}]$이다.

## 실전문제 1-4

두 점 사이의 전위차가 $v_{bc} = -10\,[\text{V}]$, $v_{bd} = 5\,[\text{V}]$, $v_{ad} = 7\,[\text{V}]$와 같을 때, $v_{ac}$를 구하라.

SECTION 1.4

# 전력

앞서 전기회로는 회로소자들을 도선으로 연결해 서로 간의 에너지를 이동시키는 시스템이라고 정의했다. 회로소자 중에는 에너지를 공급하는 소자가 있는 한편, 에너지를 소모하는 소자도 있다. 이 경우 에너지 보존법칙에 따라 공급하는 에너지와 소모하는 에너지의 양은 같아야 한다. 따라서 에너지 전달에서는 총 에너지의 양의 크기보다는 단위시간당 전달하는 에너지의 양이 훨씬 의미 있는 물리량이 되며, 이를 전력electric power이라는 물리량으로 표현한다.

식 (1.7a)에서 정의한 바와 같이 단위시간당 소모(공급)하는 전기적 에너지를 소모(공급) 전력이라고 한다. 단위는 와트Watt, W를 사용하며, 문자 기호로는 $p$ 또는 $P$로 표현한다. 식 (1.5)의 결과를 이용하면 식 (1.7b)와 같이 전압과 전류의 곱으로 전력을 표현할 수 있다.

$$p(t) = \frac{dW}{dt} \tag{1.7a}$$

$$p(t) = \frac{dW}{dt} = \frac{dW}{dq} \cdot \frac{dq}{dt} = v(t) \cdot i(t) \tag{1.7b}$$

[그림 1-9]를 보자. 전압의 극성과 전류의 방향을 그림 (a)와 같이 나타내면 전하는 높은 전위에서 낮은 전위로 이동하므로 전하가 갖고 있는 위치에너지가 감소한다. 즉 이 소자는 에너지를 소모한다. 반대로 그림 (b)의 경우는 전하가 낮은 전위에서 높은 전위로 이동함으로써 에너지를 얻게 된다. 즉 이 소자는 에너지를 공급한다.

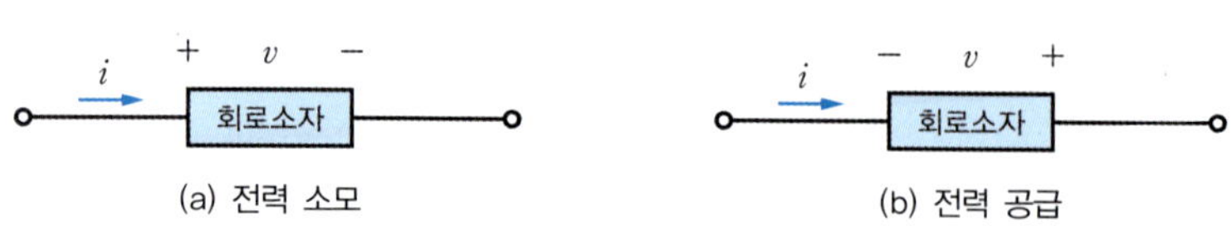


**[그림 1-9]** 전력을 소모하거나 공급하는 회로소자

한편 회로소자가 $[t_0,\ t]$ 구간에서 소모(공급)한 총 에너지 $W$는 식 (1.8)과 같다.

$$W(t) = \int_{t_0}^{t} p(\tau)\,d\tau = \int_{t_0}^{t} v(\tau)\,i(\tau)\,d\tau \tag{1.8}$$

## 예제 1-5

다음 (a)~(d)에 주어진 회로소자에 흐르는 전류의 방향과 소자가 소모 또는 공급하는 전력을 구하라.

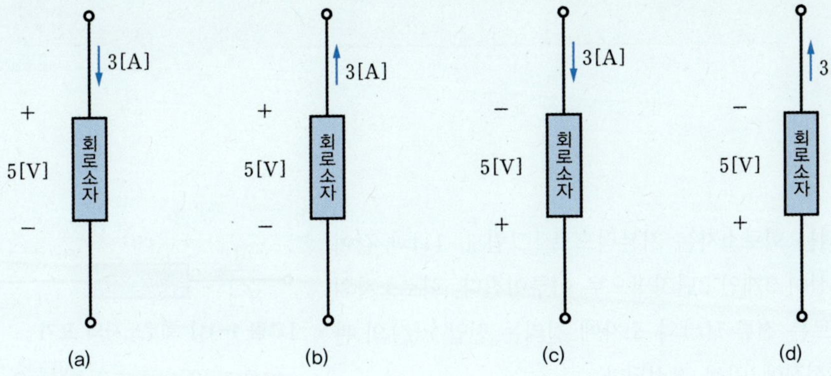


**[그림 1-10]** [예제 1-5]의 회로

### 풀이

(a) 높은 전위에서 낮은 전위로 전류가 흐름, $p = 15\,[\mathrm{W}]$ 소모함

(b) 낮은 전위에서 높은 전위로 전류가 흐름, $p = 15\,[\mathrm{W}]$ 공급함

(c) 낮은 전위에서 높은 전위로 전류가 흐름, $p = 15\,[\mathrm{W}]$ 공급함

(d) 높은 전위에서 낮은 전위로 전류가 흐름, $p = 15\,[\mathrm{W}]$ 소모함

## 실전문제 1-5

[그림 1-10]에 제시된 각 소자가 1시간 동안 소모 또는 공급한 에너지의 양을 구하라.

# SECTION 1.5 회로소자

전기회로에 사용되는 회로소자는 기본적으로 [그림 1-11]과 같이 외부로 연결되는 선이 2개인 2단자망으로 이루어진다. 회로소자의 특성은 소자에 흐르는 전류 $i(t)$와 소자에 걸리는 전압 $v(t)$의 관계를 나타내는 특성식에 의해 결정된다.

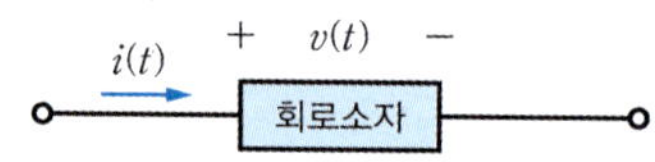


[그림 1-11] 회로소자의 표기

일반적으로 소자에 흐르는 전류나 소자에 인가되는 전압은 시간에 따라 변할 수 있다. 그러나 이 책의 전반부에서는 개념을 다지는 차원에서 시간이 지나도 크기가 변하지 않는 직류 위주로 살펴보고, 6장부터는 시간 함수에 대한 응답, 10장부터는 정현파에 대한 응답을 살펴볼 것이다. 따라서 5장까지는 소자에 인가되는 전압은 $v(t)$ 대신 $V$로 표기하고, 흐르는 전류는 $i(t)$ 대신 $I$로 표기할 것이다. 회로소자의 종류는 많지만, 이 장에서는 가장 기본이 되는 전압원, 전류원, 저항체에 대해 살펴볼 것이다.

## 1.5.1 전압원

전압원은 회로에 흐르는 전류 $I$와 무관하게 전압 $V$가 일정한 소자이다. 이때 공급하는 전압의 크기가 다른 소자에 의해 영향을 받느냐 받지 않느냐에 따라 독립전압원, 종속전압원으로 나뉜다.

### 독립전압원

소자 양단의 전위차인 전압값이 다른 소자와 무관하게 독립적으로 결정되는 경우를 **독립전압원** independent voltage source이라 한다. [그림 1-12]에서 보듯 직류 전압원을 표기하는 방법은 두 가지가 있다. 그림 (a), (b)는 $V=5$라는 특성식을 각각의 방법으로 나타낸 것으로, 소자에 흐르는 전류값에 무관하게 소자 양단의 전위차가 5 [V]를 유지한다. 이를 특성곡선으로 나타내면 그림 (c)와 같다.

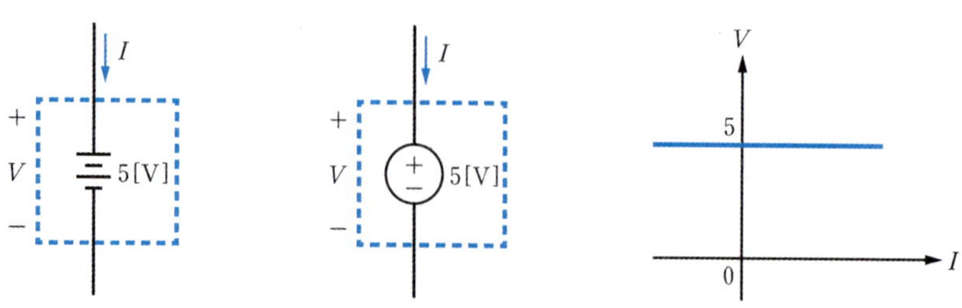


(a) 표기법 1 (b) 표기법 2 (c) 특성곡선

[그림 1-12] 독립전압원의 표기와 특성곡선

**예제 1-6**

2개의 소자가 연결된 다음 회로 전체의 특성식을 구하라.

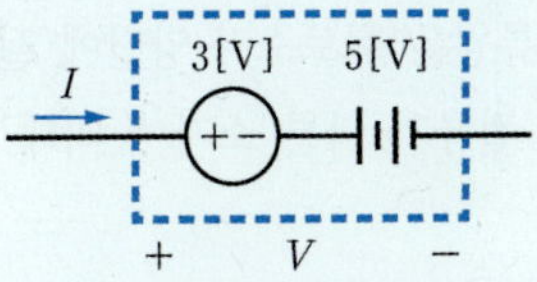

[그림 1-13] [예제 1-6]의 회로

**풀이**

소자에 흐르는 전류 $I$와 무관하게 외부로 나온 두 점 사이의 전압은 8[V](3V + 5V)로 일정한 값이 유지되므로 회로의 특성식은 $V = 8$이다.

**실전문제 1-6**

다음 회로의 특성식을 구하라.

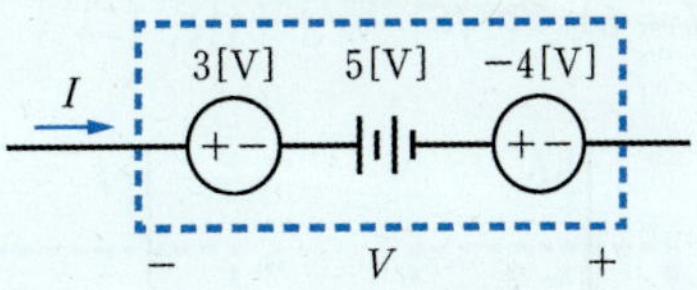

[그림 1-14]

## 종속전압원

소자에 흐르는 전류의 값과 무관하게 소자 양단의 전압이 일정하다는 점에서는 독립전압원과 같지만, 전압원 양단에 걸리는 전압의 크기가 다른 소자에 걸리는 전압이나 흐르는 전류에 의해 결정되는 경우를 **종속전압원**dependent voltage source이라 한다.

[그림 1-15]의 (a)와 같이 종속전압원의 특성식이 $V = \alpha \cdot v_{ab}$이고, 그림 (b)와 같이 다른 소자에 걸리는 전압에 의해 전압값이 결정되는 경우를 **전압제어 전압원**VCVS : voltage controlled voltage source이라고 한다. 그림 (d)와 같이 특성식이 $V = \beta \cdot i_a$이고, 그림 (c)와 같이 다른 소자에 흐르는 전류에 의해 전압값이 결정되는 경우를 **전류제어 전압원**CCVS : current controlled voltage source이라고 한다.

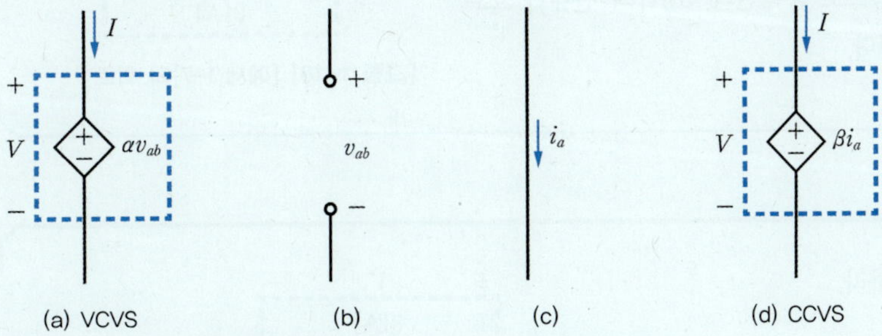

[그림 1-15] 종속전압원의 표기

## 1.5.2 전류원

전류원은 회로소자 양단에 걸리는 전압값과 무관하게 일정한 전류를 공급하는 소자이다. 이때 공급하는 전류가 다른 소자에 의해 영향을 받느냐 받지 않느냐에 따라 독립전류원, 종속전류원으로 나뉜다.

### 독립전류원

소자에 흐르는 전류값이 다른 소자와 무관하게 결정되는 경우를 **독립전류원**independent current source이라 한다. 독립전류원은 [그림 1-16]과 같이 표기하는데, 이때 전류원의 화살표 방향은 도선에 흐르는 전류 방향에 따라 결정된다. 그림 (a)는 전류 $I$의 방향과 화살표가 반대인 경우로 독립전류원의 부호는 음이다($I=-3$). 그림 (b)는 전류 $I$의 방향과 화살표가 같은 경우로 독립전류원의 부호는 양이다($I=5$). 각각의 특성곡선은 [그림 1-17]에 나타냈다.

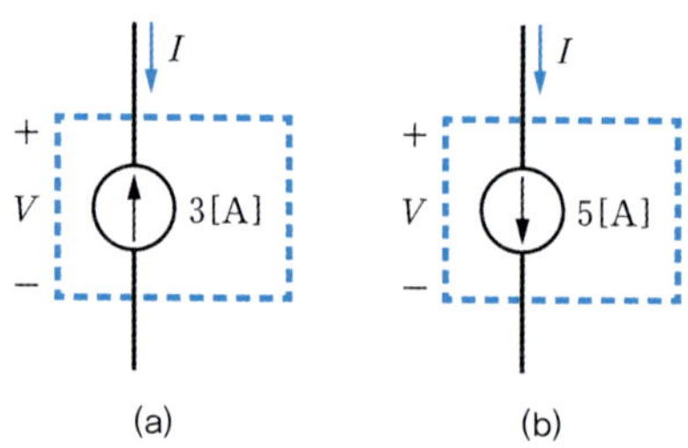


[그림 1-16] 독립전류원의 표기법

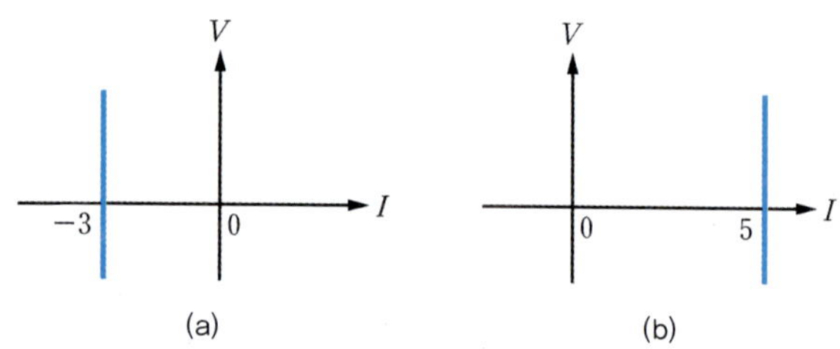


[그림 1-17] 독립전류원의 특성곡선

#### 예제 1-7

다음과 같이 2개의 소자가 연결되어 있는 회로 전체의 특성식을 구하라.

**풀이**

3[A]로 표현된 전류원에는 단위시간당 3[C]의 전하가 오른쪽으로 움직이고 2[A]로 표현된 전류원에는 단위시간당 2[C]의 전하가 오른쪽으로 움직이므로, 전류 $I$로 표현된 도선에는 단위시간당 5[C]의 전하가 오른쪽으로 움직인다. 5[A]의 전류가 흐르므로 특성식은 $I=5$가 된다.

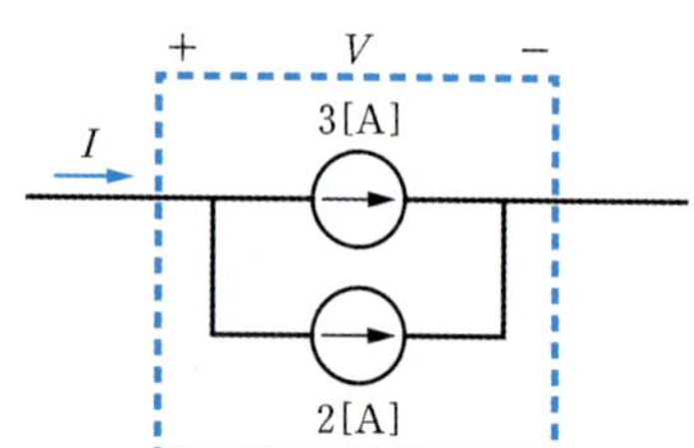


[그림 1-18] [예제 1-7]의 회로

#### 실전문제 1-7

다음 회로의 특성식을 구하라.

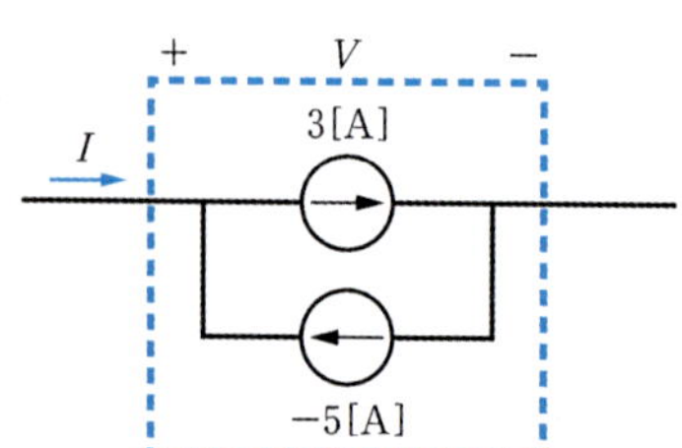


[그림 1-19]

### 종속전류원

소자에 흐르는 전류의 값이 소자에 걸리는 전압과 무관하게 결정된다는 점에서는 독립전류원과 같지만, 전류값이 다른 소자에 걸리는 전압이나 소자에 흐르는 전류에 의해 결정되는 경우를 **종속전류원** dependent current source이라 한다.

[그림 1-20]의 (a)와 같이 종속전류원의 특성식이 $I = \alpha \cdot v_{ab}$이고, 그림 (b)와 같이 다른 소자에 걸리는 전압에 의해 전류값이 결정되는 경우를 **전압제어 전류원** VCCS : voltage controlled current source이라고 한다. 그림 (d)와 같이 특성식이 $I = \beta \cdot i_a$이고, 그림 (c)와 같이 다른 소자에 흐르는 전류에 의해 전류값이 결정되는 경우를 **전류제어 전류원** CCCS : current controlled current source이라고 한다.

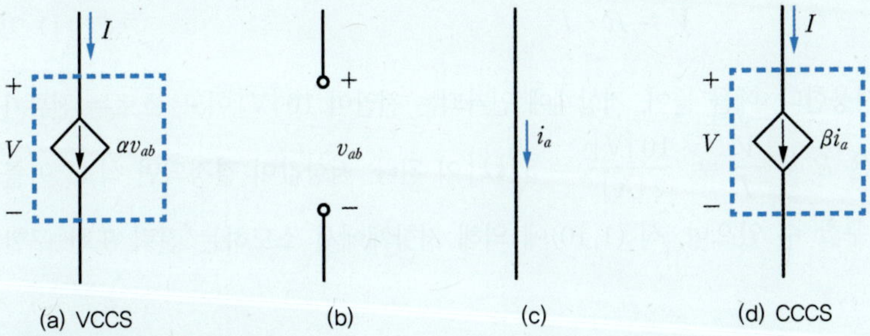


**[그림 1-20]** 종속전류원의 표기

#### 예제 1-8

다음의 전류원이 공급 혹은 소모하는 전력을 구하라.

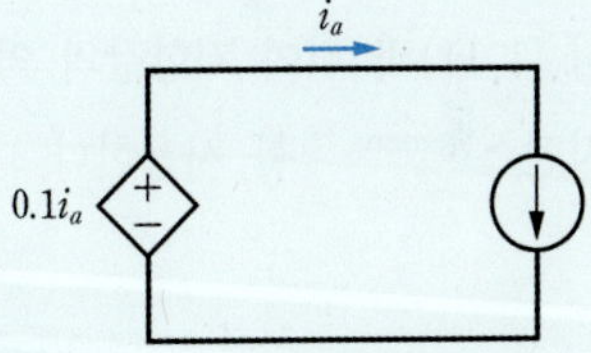


**[그림 1-21]** [예제 1-8]의 회로

**풀이**

독립전류원에 걸리는 전압은 $0.1i_a = 0.3$ [A]이고, 전류원에 흐르는 전류는 높은 전위에서 낮은 전위로 흐른다. 따라서 소모되는 전력의 크기는 전압과 전류의 곱이므로 $0.3 \times 3 = 0.9$ [W]가 된다. 따라서 3[A]의 전류원에서 0.9[W]의 전력을 소모한다.

#### 실전문제 1-8

다음의 전압원이 공급 혹은 소모하는 전력을 구하라.

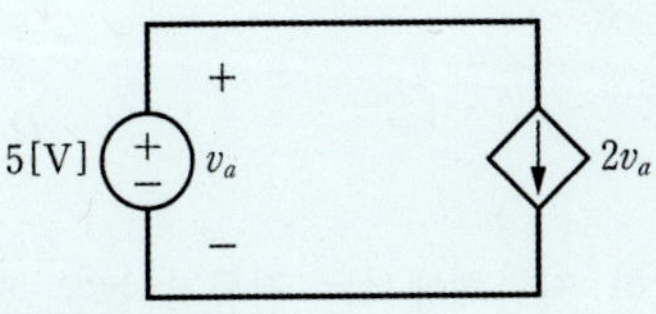


**[그림 1-22]**

이상으로 전원에 대해 고찰했다. 여기서 주의해야 할 사항은 독립전원은 반드시 원으로 표기하고, 종속전원은 마름모로 표기해야 한다는 점이다. 그러나 간혹 종속전원을 원으로 표기하기도 한다.

## 1.5.3 저항체

**저항체**resistor는 소자에 흐르는 전류 $I$와 소자에 걸리는 전압 $V$가 비례관계를 만족하는 회로소자를 말한다. 저항체는 [그림 1-23]과 같이 표현하며, 전압과 전류 사이의 비례상수를 **저항값**이라 부르고, 문자 기호 $R$로 나타낸다.

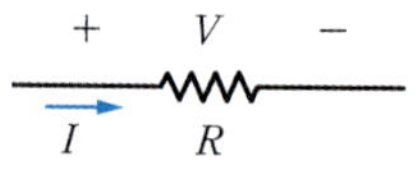

[그림 1-23] 저항체의 표기

$$V = R \cdot I \tag{1.9}$$

저항의 단위는 옴ohm, Ω을 사용한다. 예를 들어, 저항체에 인가되는 전압이 10 [V]이고, 흐르는 전류가 2[A]라면 저항체의 저항값은 $R = \dfrac{V}{I} = \dfrac{10\,[\mathrm{V}]}{2\,[\mathrm{A}]} = 5\,[\Omega]$이 된다. 저항값이 결정되면 식 (1.9)를 이용해 저항체의 특성식을 구할 수 있으며, 식 (1.10)에 의해 저항체에서 소모하는 전력 또한 구할 수 있다.

$$P = V \cdot I = R \cdot I^2 = \frac{V^2}{R} \tag{1.10}$$

### 컨덕턴스

한편 식 (1.11)과 같이 저항값의 역수를 저항체의 **컨덕턴스**conductance, $G$라고 한다. 단위는 모mho, ℧ 혹은 지멘스Siemens, S를 사용한다.

$$G = \frac{1}{R} \tag{1.11}$$

따라서 저항체의 또 다른 특성식은 컨덕턴스 $G$로 표기한 식 (1.12)와 같다.

$$I = G \cdot V \tag{1.12}$$

저항값과 마찬가지로 컨덕턴스 $G$가 결정되면 식 (1.13)에 의해 저항체에서 소모하는 전력 $P$를 구할 수 있다.

$$P = V \cdot I = G \cdot V^2 = \frac{I^2}{G} \tag{1.13}$$

또한 저항체에서는 전류가 높은 전위에서 낮은 전위로 흐르므로 항상 전력을 소모하는 소자이다.

**예제 1-9**

정격전력이 0.5 [W]인 50 [Ω]의 저항에 흘릴 수 있는 최대전류는 얼마인가?

**풀이**

정격전력은 저항에서 소모하는 최대전력으로, 최대전류가 흐를 때 발생한다.

$$P_{\max} = I_{\max}^2 \cdot R \quad \rightarrow \quad I_{\max} = \sqrt{\frac{P_{\max}}{R}} = \sqrt{\frac{1}{100}} = 0.1\,[\text{A}]$$

**실전문제 1-9**

정격전력이 1 [W]인 0.01 [℧]의 컨덕턴스에 인가할 수 있는 최대전압은 얼마인가?

## 저항체의 저항값 계산

단면적이 $A$이고 길이가 $L$인 직육면체인 저항체의 저항값은 식 (1.14)와 같이 표현된다.

$$R = \rho \frac{L}{A} = \frac{1}{\sigma} \frac{L}{A} \tag{1.14}$$

여기서 $\rho$는 저항체의 저항율 $\sigma = \frac{1}{\rho}$은 저항체의 도전율로서 사용되는 재료에 의해 결정된다.

**예제 1-10**

저항율이 1 [Ω · cm]인 도체를 갖고 저항이 1 [kΩ]인 저항체를 만들기 위한 저항체의 길이는 얼마인가? 단, 단면적은 $A = 0.01\,[\text{cm}^2]$이다.

**풀이**

$$R = \rho \frac{L}{A} \quad \rightarrow \quad L = R \cdot \frac{A}{\rho} = 10^3 \frac{0.01}{1} = 10\,[\text{cm}]$$

**실전문제 1-10**

도전율이 $0.01\,[℧ \cdot \text{cm}^{-1}]$인 도체에 전압을 1 [V] 인가할 경우, 흐르는 전류 $I$를 구하라. 단, 단면적은 $A = 0.1\,[\text{cm}^2]$, 길이는 $L = 10\,[\text{cm}]$이다.

# CHAPTER 01_연습문제

**1.1** 다음 물음에 해당하는 단위를 접두어로 답하라.

(a) 주파수가 $f = 100\,[\mathrm{GHz}]$인 광의 파장 $\lambda$를 구하라. 단, 광속도는 $c = 3\times10^{8}\,[\mathrm{m/sec}]$, $c = f\cdot\lambda$이다.

(b) 질량이 $m = 0.1\,[\mathrm{mg}]$인 물체에 $F = 10\,[\mathrm{kg\cdot m/sec^2}]$의 힘을 가할 경우, 물체의 가속도 $a$를 구하라. 단, $F = m\cdot a$이다.

(c) $v = 100\,[\mathrm{km/s}]$의 속도로 움직이는 물체가 $1\,[\mathrm{ns}]$ 동안 움직인 거리는 얼마인가? 단, 움직인 거리는 속도×시간이다.

(d) 꼬마전구에 $V = 10\,[\mathrm{V}]$의 전압을 인가하면 $I = 10\,[\mu\mathrm{A}]$의 전류가 흐른다. 이 꼬마전구가 소모하는 전력 $W$를 구하라. 단, $W = V\cdot I$이다.

**1.2** 전자가 다음의 숫자만큼 모여 있는 경우, 전하량이 얼마인지 구하라.

(a) $N = 10^{10}$개 (b) $N = 5\times10^{15}$개 (c) $N = 2\times10^{25}$개 (d) $N = 10^{30}$개

**1.3** 다음과 같은 전하량을 갖기 위해서는 얼마만큼의 $H^{+}$이온이 모여야 하는가?

(a) $Q = 1\,[\mathrm{C}]$ (b) $Q = 1\,[\mathrm{mC}]$ (c) $Q = 1\,[\mu\mathrm{C}]$ (d) $Q = 10\,[\mathrm{nC}]$

**1.4** 임의의 도선을 지나가는 누적 전하량 $q(t)$가 다음과 같을 경우, 도선에 흐르는 전류를 구하라.

(a) $q(t) = 3\cos 10^{3}t\,[\mathrm{C}]$

(b) $q(t) = 10e^{-10t} + 5\,[\mathrm{mC}]$

(c) $q(t) = 5t - 100\,[\mu\mathrm{C}]$

**1.5** 임의의 소자에 들어가는 누적 전하량이 다음과 같을 때, 소자에 흐르는 전류의 파형을 구하라.

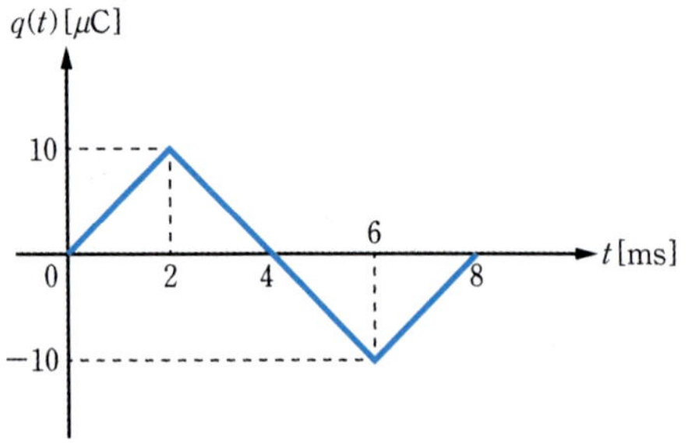


[문제 1.5]

**1.6** 임의의 도선에 흐르는 전류 $i(t)$가 다음과 같이 주어질 경우, 도선을 지나가는 누적 전하량 $q(t)$를 구하라.

(a) $i(t) = 5\,[\text{mA}]$, $q(0) = 100\,[\text{mC}]$

(b) $i(t) = 3\cos 10^3 t\,[\text{mA}]$, $q(0) = 0$

(c) $i(t) = 50e^{-10t}\,[\text{A}]$, $q(0) = 2\,[\text{C}]$

**1.7** 임의의 도선에 흐르는 전류의 파형이 다음과 같을 때, 주어진 물음에 답하라. 단, $q(0) = 0$다.

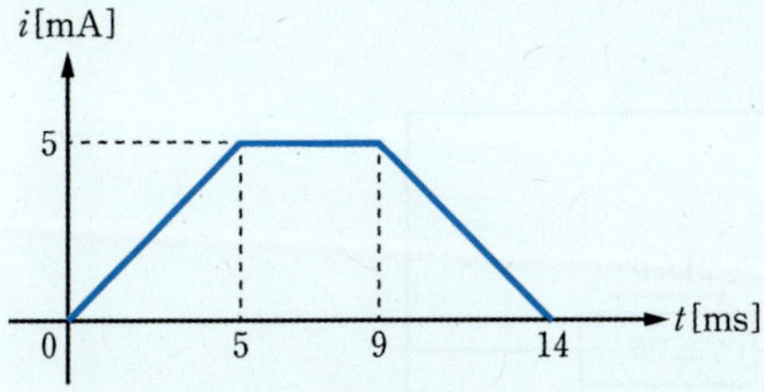


**[문제 1.7]**

(a) 각 구간별 전류를 표현하라.

(b) 각 구간별 도선을 지나가는 누적 전하량을 구하라.

(c) 도선을 지나가는 누적 그래프를 그려라.

**1.8** 다음에 주어진 경우에 대해 $v_{ab}$를 구하라.

(a) 점 a에서 점 b로 1[mC]의 전하를 옮기는 데 필요한 에너지가 100[$\mu$J]이다.

(b) 2[C]의 전하를 점 a에서 점 c로 옮기는 데 3[J]의 에너지가 필요하고 점 b에서 점 c로 옮기는 데 5[J]이 필요하다.

(c) 10[C]의 전하가 점 b에서 점 c로 이동하면 4[J]의 에너지가 소모되고 점 c에서 점 d로 옮기는 데는 2[J]의 에너지가 필요하며, 점 d에서 점 a로 옮기는 데 8[J]의 에너지가 필요하다.

**1.9** 다음 회로에서 각 소자가 공급 또는 소모하는 전력 $p$를 구하라.

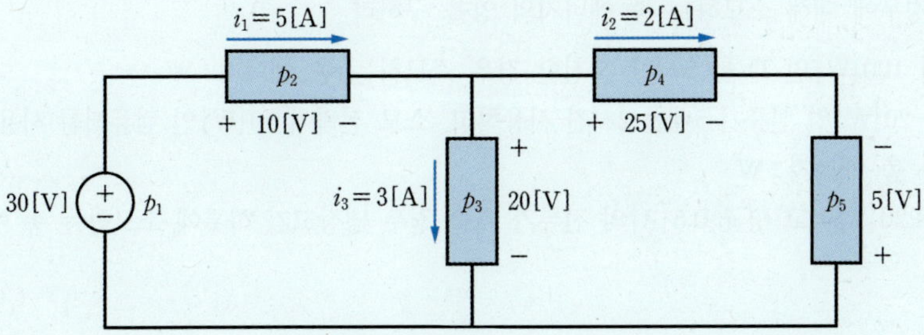


**[문제 1.9]**

(a) 전압원이 공급(소모)하는 전력 $p_1$을 구하라.
(b) 두 번째 소자가 공급(소모)하는 전력 $p_2$를 구하라.
(c) 세 번째 소자가 공급(소모)하는 전력 $p_3$를 구하라.
(d) 네 번째 소자가 공급(소모)하는 전력 $p_4$를 구하라.
(e) 다섯 번째 소자가 공급(소모)하는 전력 $p_5$를 구하라.

**1.10** 다음 회로에서 각 소자가 소모 또는 공급하는 전력을 구하라.

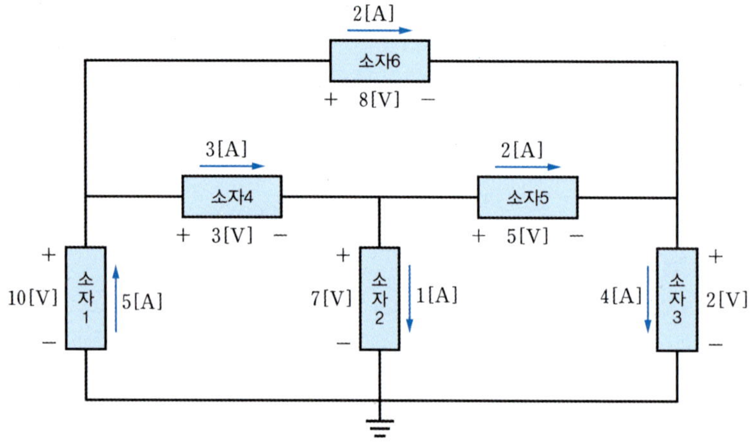


[문제 1.10]

(a) 공급(소모)하는 전력 $p_1$을 구하라.
(b) 첫 번째 소자가 공급(소모)하는 전력 $p_2$를 구하라.
(c) 세 번째 소자가 공급(소모)하는 전력 $p_3$를 구하라.
(d) 네 번째 소자가 공급(소모)하는 전력 $p_4$를 구하라.
(e) 다섯 번째 소자가 공급(소모)하는 전력 $p_5$를 구하라.
(f) 여섯 번째 소자가 공급(소모)하는 전력 $p_6$를 구하라.

**1.11** 다음에 주어진 경우에 대해 소모하는 총 에너지의 양을 구하라.

(a) 소모 전력이 100[W]인 TV를 5시간 시청할 경우 소모하는 총 에너지 : W
(b) 소모 전력이 20[W]인 선풍기 5대를 2시간 사용하고, 소모 전력이 50[W]인 컴퓨터를 사용할 경우 소모하는 총 에너지 : W
(c) 인가전압이 220[V]이고 평균 0.5[A]의 전류가 흐를 경우 냉장고가 하루에 소모하는 총 에너지 : W

**1.12** 임의의 소자에 인가되는 전압 $v(t)$의 파형과 흐르는 전류 $i(t)$의 파형이 시간에 따라 다음과 같이 변할 경우, 소자에서 소모하는 전력의 파형을 구하라.

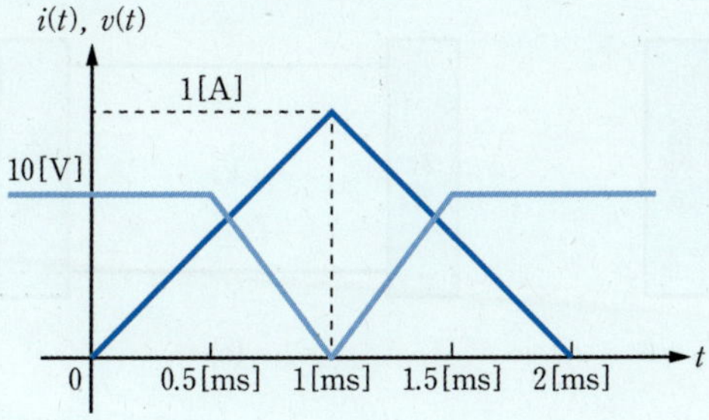


**[문제 1.12]**

**1.13** 다음에 열거된 소자와 2단자망의 특성식을 구하라.

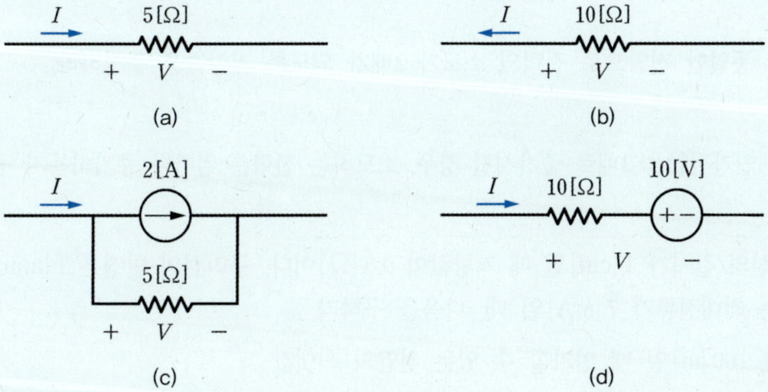


**[문제 1.13]**

**1.14** 다음 회로를 보고 주어진 물음에 답하라.

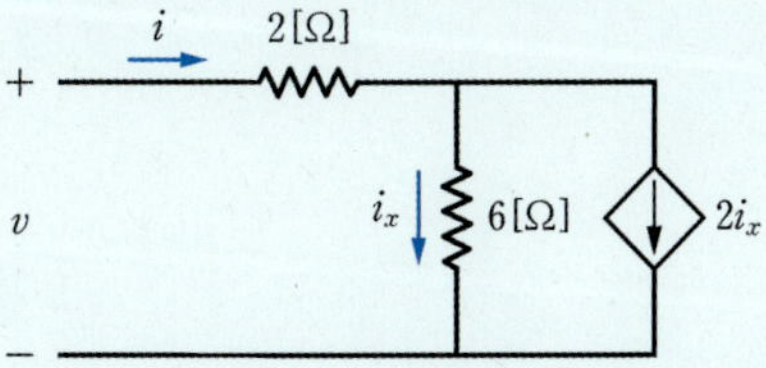


**[문제 1.14]**

(a) 전류 $i$와 $i_x$의 관계식

(b) $6\,[\Omega]$에 걸리는 전압

(c) $2\,[\Omega]$에 걸리는 전압

(d) 회로의 특성식

**1.15** 소자 A와 소자 B의 전압-전류 관계식이 다음의 (a), (b)와 같을 때, (c) 회로의 출력전압 $V_o$를 구하라.

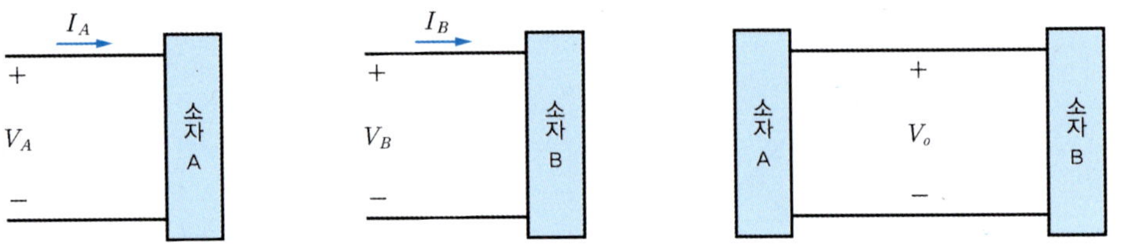


(a) $V_A = 100I_A + 3$ (b) $I_B = 10^{-2}V_B + 2$ (c)

**[문제 1.15]**

**1.16** 저항값이 5[Ω]인 저항에 20[V]의 전압을 인가할 경우, 저항체에서 소모하는 전력을 구하라.

**1.17** [연습문제 1.16]에서 동일한 전압으로 전력의 소모가 2배가 되도록 저항값을 결정하라.

**1.18** [연습문제 1.16]에서 인가전압을 2배로 증가시킬 경우, 소모하는 전력은 얼마나 증가하는지 구하라.

**1.19** 구리선으로 만든 도선의 길이가 1[cm]일 때 저항값이 0.5[Ω]이다. 구리선의 반경은 1[mm]이고, 도선에 흘릴 수 있는 최대전류가 7[mA]일 때, 다음을 구하라.

(a) 구리선의 길이가 100[m]일 때 인가할 수 있는 전압의 최댓값

(b) 인가전압이 10[V]일 때 구리선이 소모하는 전력값

(c) 구리선의 도전율

CHAPTER

# 02

# 저항회로 해석

Analysing of Resistive Circuit



**학습목표**

- 회로 해석에 필요한 기본 법칙을 이해할 수 있다.
- 등가회로에 대한 기본 개념을 이해할 수 있다.
- 저항의 직렬연결과 전압분배에 대해 이해할 수 있다.
- 저항의 병렬연결과 전류분배에 대해 이해할 수 있다.

SECTION

# 2.1 회로 해석에 필요한 기본 법칙

## 2.1.1 기초 용어

먼저 회로이론에서 쓰이는 두 가지 가정을 살펴보자.

❶ 도선은 이상적인 도선으로 도선 위의 모든 점은 하나의 점으로 간주한다.
❷ 모든 회로소자의 전압–전류 특성은 선형적이다.

[그림 2–1]의 회로를 통해 회로에서 언급되는 용어를 알아보자. 먼저 회로소자를 포함하는 선(굵은 선으로 표기됨)을 **가지**branch라고 한다. 가지는 회로의 소자 개수만큼 존재한다. **마디**노드, node는 가지와 가지가 만나는 점을 의미하며, 이 회로에서는 총 4개의 노드(점 A, B, C, G)가 존재한다. 또한 가지가 모여 하나의 폐곡선을 이루는 것을 **루프**loop라고 하며, 이 회로에서는 표기된 바와 같이 만들 수 있는 루프의 수는 모두 7개이다. 한편 루프 중에서 자신 외 다른 루프를 포함하지 않는 가장 작은 루프를 **망**메쉬, mesh이라고 한다. 이 회로에서는 가장 작은 루프인 1, 2, 3이 망에 해당한다.

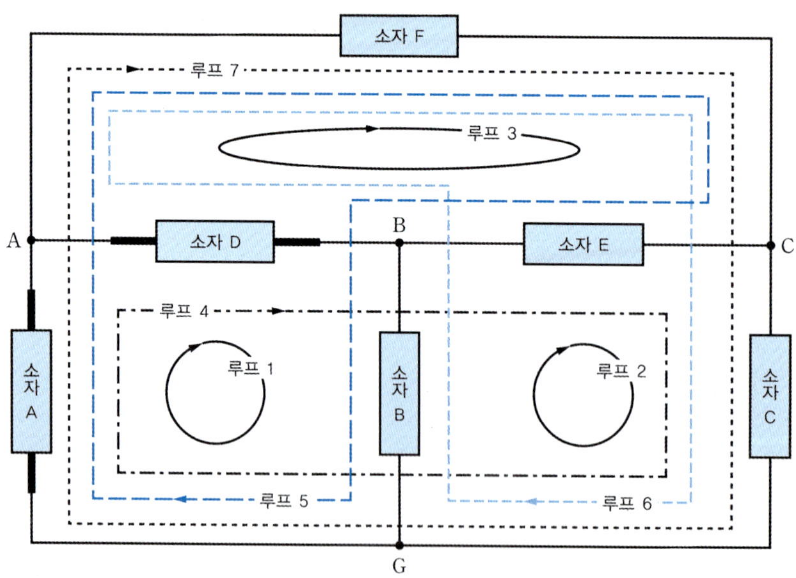


[그림 2–1] 기초 용어 설명을 위한 회로

## 2.1.2 옴의 법칙

회로 해석에 가장 기본이 되는 2개의 법칙은 키르히호프 전압법칙KVL : Kirchhoff's voltage law과 키르히호프 전류법칙KCL : Kirchhoff's current law이다. 이를 논의하려면 먼저 저항체의 특성식인 옴의 법칙Ohm's law을 이해해야 한다.

저항에 걸리는 전압과 흐르는 전류를 [그림 2-2]와 같이 나타낼 때 저항의 특성식은 식 (2.1)과 같이 표현되며, 이를 **옴의 법칙**이라고 한다.[1] 여기서 $R$은 **저항**으로, 단위는 옴ohm, Ω을 사용한다.

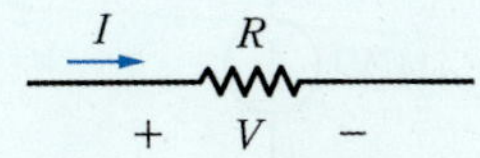


**[그림 2-2]** 저항의 전압과 전류 표기

$$V = R \cdot I \tag{2.1}$$

저항에 걸리는 전압과 흐르는 전류 간의 관계는 식 (2.1)에서 보는 바와 같이 서로 비례하고 그 비례상수는 저항값을 의미한다. [그림 2-3]과 같이 표기는 비록 종속전원으로 되어 있지만, 이 또한 전압과 전류가 비례하므로 저항을 의미한다.

(a) 종속전류원 (b) 종속전압원

**[그림 2-3]** 종속전류원과 종속전압원으로 표기된 저항

### 예제 2-1

다음 회로에서 $I_1$, $I_2$, $R$, $V_o$를 구하라.

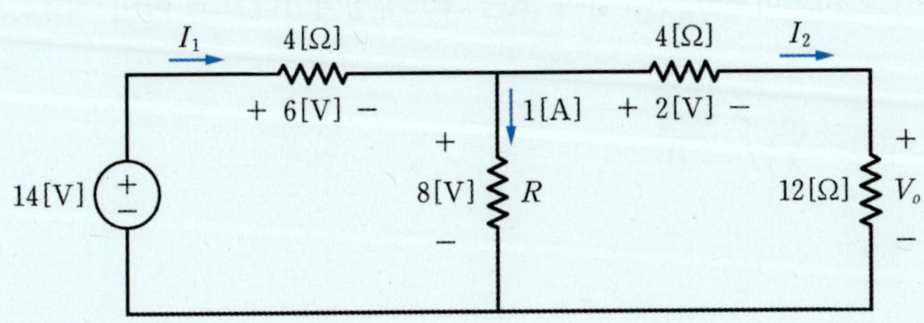


**[그림 2-4]** [예제 2-1]의 회로

**풀이**

- $I_1 = \dfrac{6[\text{V}]}{4[\Omega]} = 1.5[\text{A}]$, $I_2 = \dfrac{2[\text{V}]}{4[\Omega]} = 0.5[\text{A}]$
- $R = \dfrac{8[\text{V}]}{1[\text{A}]} = 8[\Omega]$, $V_o = 12[\Omega] \cdot I_2 = 6[\text{V}]$

---

1 이는 1장에서 언급한 저항체의 특성식과 동일하다.

## 실전문제 2-1

다음 회로에서 $I_1$, $V_1$, $V_2$, $R$을 구하라.

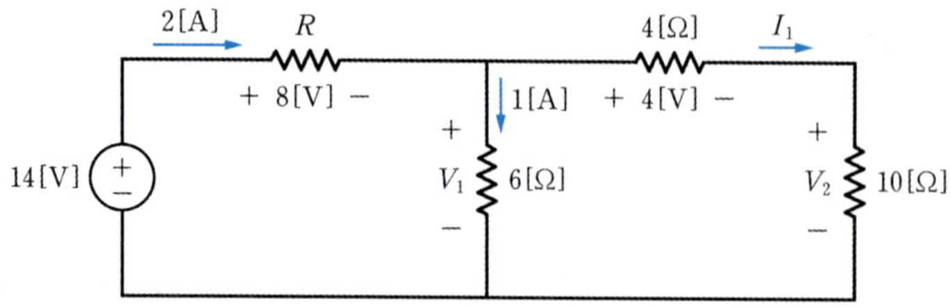


[그림 2-5]

## 2.1.3 키르히호프 전류법칙

[그림 2-6]과 같이 흐르는 전류가 $I_1$, $I_2$, $I_3$, $I_4$인 4개의 가지가 노드 A에서 만난다. 노드 A에 존재하는 전하량은 언제나 일정해야 하므로 이곳으로 흘러들어오는 전하량과 흘러나가는 전하량은 반드시 같아야 한다. 시간당 흐르는 전하량은 전류로 표현되므로, 이는 식 (2.2)와 같이 나타낼 수 있다.

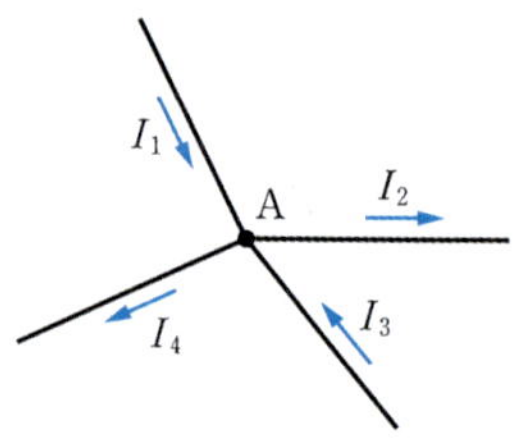


[그림 2-6] 키르히호프 전류법칙을 설명하기 위한 회로

$$I_1 + I_3 = I_2 + I_4 \tag{2.2}$$

여기서 $I_2$만큼 흘러나가는 전류와 $-I_2$만큼 흘러들어오는 전류는 같으므로 모든 가지에 흐르는 전류를 한 방향으로(흘러들어오는 방향 혹은 흘러나가는 방향) 표시하면 한 노드에 흐르는 전류의 합은 0가 된다. 이를 **키르히호프 전류법칙** 또는 **노드방정식**이라고도 하며 식 (2.3)과 같이 나타낸다.

$$\sum_{i=1}^{N} I_i = 0 \tag{2.3}$$

## 예제 2-2

옴의 법칙과 키르히호프 전류법칙을 이용해 다음 회로의 각 가지에 흐르는 전류 $I_1$, $I_2$, $I_3$, $I_4$를 구하라.

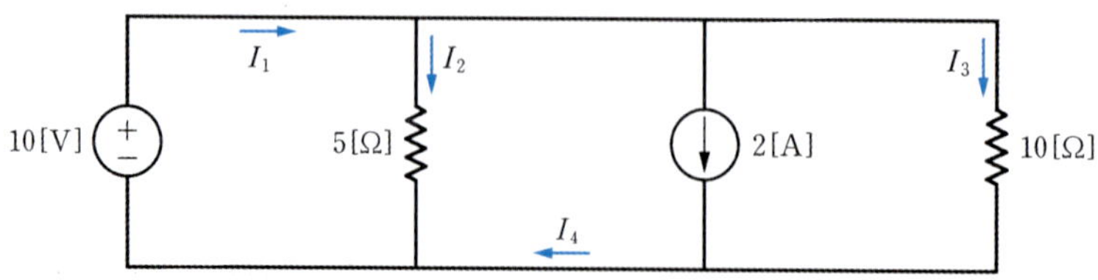


[그림 2-7] [예제 2-2]의 회로

**풀이**

- $I_2$ : $I_2 = \dfrac{10[\text{V}]}{5[\Omega]} = 2[\text{A}]$ (옴의 법칙을 이용)
- $I_3$ : $I_3 = \dfrac{10[\text{V}]}{10[\Omega]} = 1[\text{A}]$ (옴의 법칙을 이용)
- $I_1$ : $I_1 = I_2 + 2 + I_3 = 5[\text{A}]$ (키르히호프 전류법칙을 이용)
- $I_4$ : $I_4 = 2[\text{A}] + I_3 = 3[\text{A}]$ (키르히호프 전류법칙을 이용)

**실전문제 2-2**

다음 회로에서 각 가지에 흐르는 전류 $I_1$, $I_2$, $I_3$, $I_4$를 구하라.

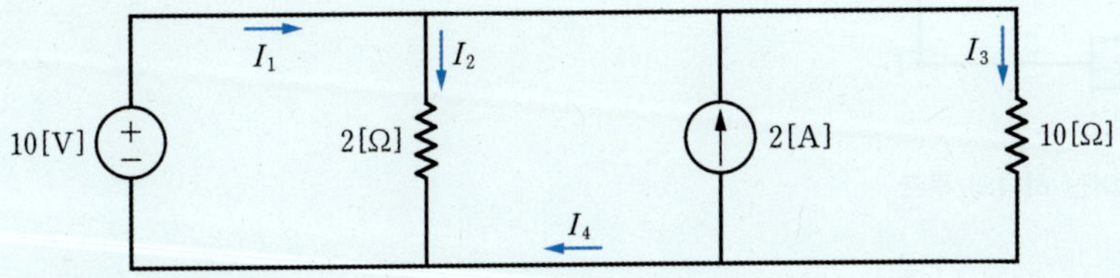


[그림 2-8]

**예제 2-3**

다음 회로의 특성식을 구하라.

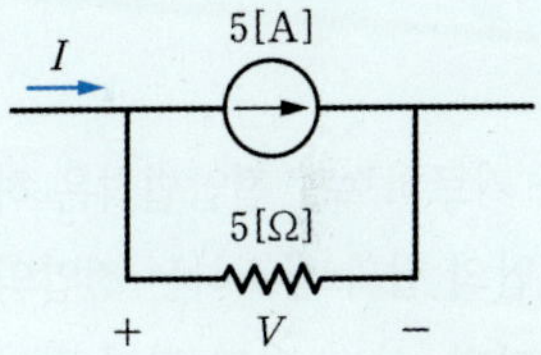


[그림 2-9] [예제 2-3]의 회로

**풀이**

$5[\Omega]$의 저항에 걸리는 전압이 $V$이므로 옴의 법칙을 통해 저항에 흐르는 전류를 구하면 $\dfrac{V}{5}$가 된다. 따라서 키르히호프 전류법칙을 사용해 나타내면 다음과 같다.

$$I = 5 + \frac{V}{5} = 0.2V + 5 \quad \text{또는} \quad V = 5I - 25$$

**실전문제 2-3**

다음 회로의 특성식을 구하라.

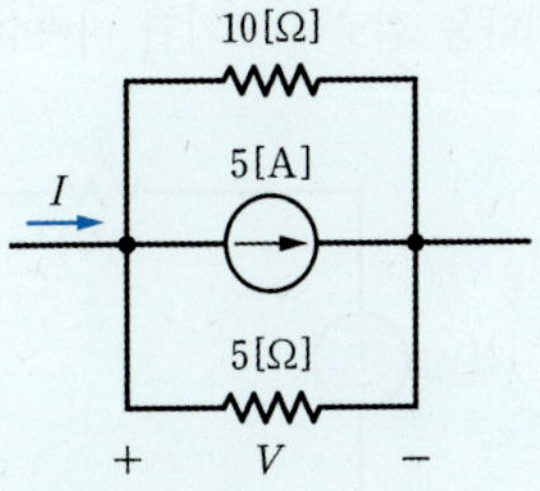


[그림 2-10]

## 2.1.4 키르히호프 전압법칙

1장에서 소개한 식 (1.6)을 이용하면 식 (2.4)를 만족한다.

$$V_{AA} = V_{AB} + V_{BC} + V_{CD} + V_{DA} = 0 \tag{2.4}$$

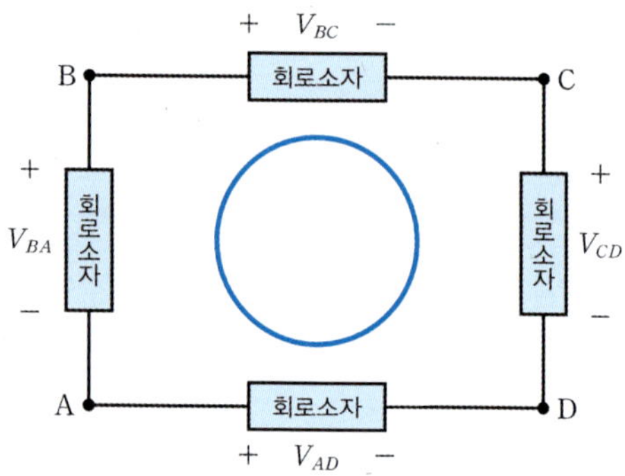


**[그림 2-11]** 회로소자로 이루어진 하나의 루프

식 (1.6b)를 이용하고 식 (2.4)에서 전압의 극성을 고려하면 식 (2.5)를 얻을 수 있다. 이는 [그림 2-11]에서 보는 바와 같이 하나의 루프를 통해 소자에 걸리는 전압의 증가량과 감소량이 같다는 것을 의미하며, 이를 **키르히호프 전압법칙**이라고 한다.

$$V_{BA} + V_{AD} = V_{BC} + V_{CD} \tag{2.5}$$

즉 키르히호프 전압법칙은 하나의 루프를 따라 시계방향(혹은 반시계방향)으로 회전할 경우 증가하는 전압의 합과 감소하는 전압의 합이 같다. 또한 회로소자에 걸리는 전압의 극성을 같은 방향으로 표기한다면, 식 (2.6)과 같이 하나의 루프에 소속된 각 소자에 걸리는 전압의 합은 0가 된다. 이를 **루프방정식**이라고도 한다.

$$\sum_{i=1}^{N} V_i = 0 \tag{2.6}$$

### 예제 2-4

다음 회로에 표기된 미지수의 값을 구하라.

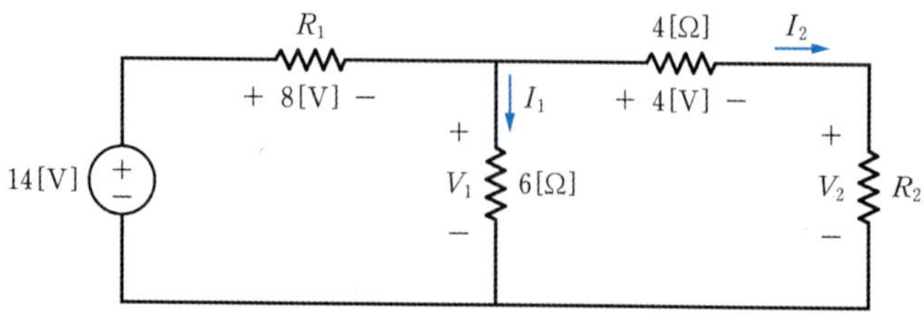


**[그림 2-12]** [예제 2-4]의 회로

**풀이**

- $V_1 = 14 - 8 = 6\,[\mathrm{V}] \quad \rightarrow \quad I_1 = \dfrac{V_1}{6} = 1\,[\mathrm{A}]$
- $V_2 = V_1 - 4 = 2\,[\mathrm{V}],\ I_2 = \dfrac{4\,[\mathrm{V}]}{4\,[\Omega]} = 1\,[\mathrm{A}] \quad \rightarrow \quad R_2 = \dfrac{V_2}{I_2} = 2\,[\Omega]$
- $R_1 = \dfrac{8\,[\mathrm{V}]}{I_1 + I_2} = \dfrac{8\,[\mathrm{V}]}{2\,[\mathrm{A}]} = 4\,[\Omega]$

### 실전문제 2-4

다음 회로에 표기된 미지수의 값을 구하라.

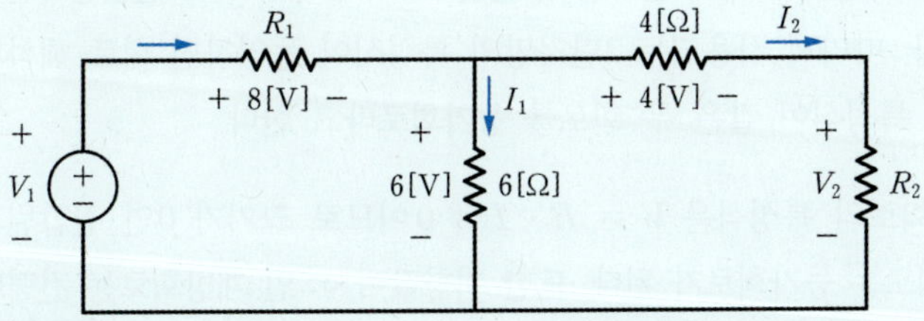


**[그림 2-13]**

### 예제 2-5

다음 회로의 특성식을 구하라.

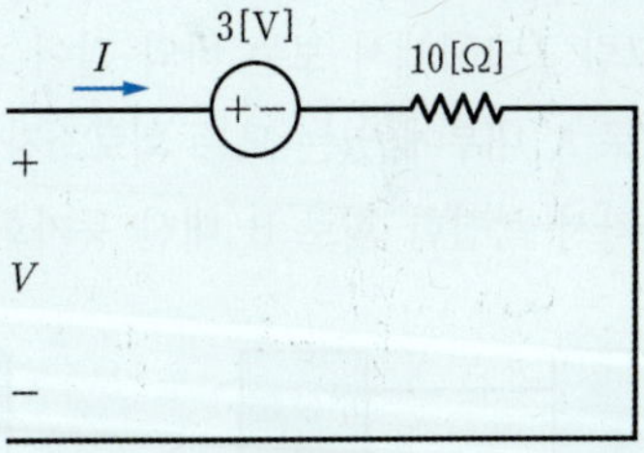


**[그림 2-14]** [예제 2-5]의 회로

**풀이**

저항에 흐르는 전류가 $I$이므로 저항에 걸리는 전압은 $10I$이다. 따라서 전체에 걸리는 전압은 전압원의 전압과 저항에 걸리는 전압의 합과 같다.

$$V = 3V + 10I$$

### 실전문제 2-5

다음 회로의 특성식을 구하라.

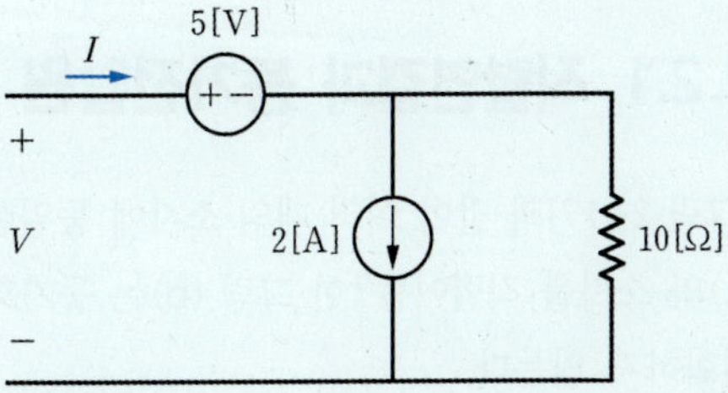


**[그림 2-15]**

SECTION 2.2

# 등가회로

앞의 예제에서 살펴본 바와 같이 여러 개의 소자가 연결된 회로에서도 단자가 2개인 2단자망의 특성식은 존재한다. 본격적인 회로 해석에 대한 설명은 3장에서 하겠지만, 간단히 설명하자면 회로 해석은 노드방정식, 루프방정식 그리고 소자의 특성식에 의해 결정된다. 물론 여러 개의 소자가 연결된 2단자망도 하나의 소자처럼 취급할 수 있다. 따라서 사용되는 2단자망의 특성식이 동일하면 회로 해석의 결과는 동일하다. 회로적인 측면에서 특성식이 같은 두 회로를 **등가회로**라고 한다.

예를 들어, 저항값이 $R = 0$인 단락회로의 특성식은 $V = R \cdot I = 0$이므로 크기가 0인 전압원과 동일한 특성식을 갖는다. 따라서 두 회로는 등가회로가 된다. 또한 저항값이 $\infty$인 개방회로는 컨덕턴스가 $G = 0$이므로 특성식은 $I = G \cdot V = 0$가 된다. 따라서 크기가 0인 전류원과 동일한 특성식을 가지므로 두 회로는 등가회로가 된다. 즉 크기가 0인 전압원은 단락회로로 표현할 수 있고, 크기가 0인 전류원은 개방회로로 표현할 수 있다.

[그림 2-16]에서 보는 바와 같이 서로 등가회로인 회로 B와 회로 C를 각각 회로 A에 연결할 경우 회로 A 내부에 있는 모든 회로소자에 걸리는 전압과 흐르는 전류의 값은 두 경우 동일한 값이 된다. 따라서 복잡한 회로 B 대신 등가회로인 간단한 회로 C를 연결해 회로를 해석하면 보다 편리하다.[2]

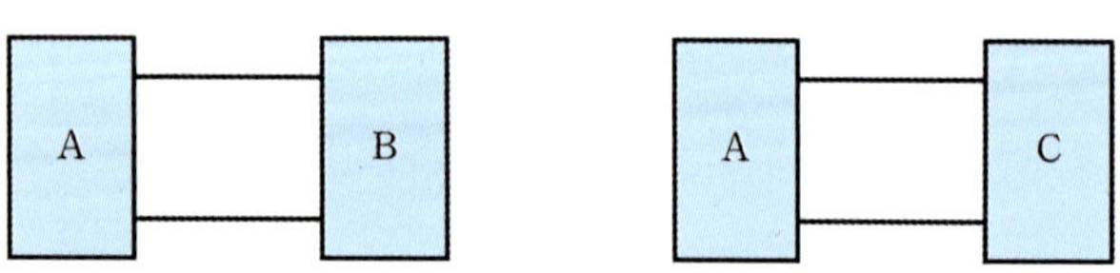


(a) 회로 A에 회로 B 연결 (b) 회로 A에 회로 C 연결

**[그림 2-16]** 회로 A~C 연결

## 2.2.1 직렬연결과 등가전압원

[그림 2-17]과 같이 여러 개의 소자에 동일한 전류가 흐르게 연결된 경우를 **직렬연결**이라 한다. 그림 (a)와 소자를 직렬이동[3]한 그림 (b)는 등가회로가 되어 소자에 흐르는 전류와 소자에 걸리는 전압은 변화하지 않는다.

2 이에 대해서는 4장에서 자세히 설명하기로 한다.

3 여기서 말하는 직렬이동은 마치 기찻길에서 열차만 교환하는 것처럼 진행방향은 변하지 않고 이동하는 것을 의미한다.

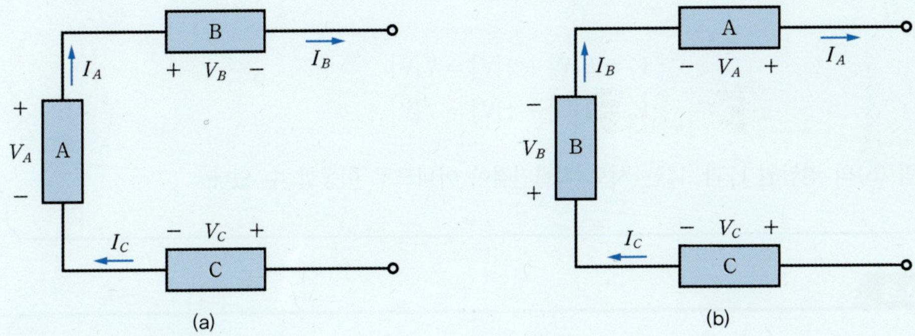


**[그림 2-17]** 직렬연결된 등가회로

[그림 2-18]을 보자. 여러 개의 전압원이 직렬로 연결된 그림 (a)에서 전압원을 한쪽으로 모이게 움직이면 그림 (b)와 같이 표현할 수 있다. 여러 개의 전압원이 이루는 영역의 특성식과 동일한 하나의 전압원을 사용하면 그림 (c)와 같이 표현할 수 있다. 즉 그림 (b) 영역의 특성식은 $V = 4 + 5 - 3 - 2 = 4$가 되므로 그림 (b)와 그림 (c)는 등가회로가 된다.

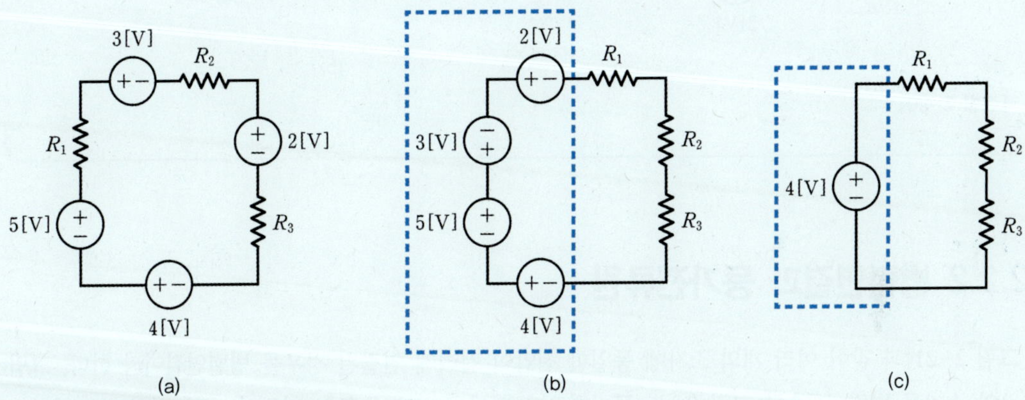


**[그림 2-18]** 등가전압원에 대한 등가회로

## 예제 2-6

다음의 두 회로가 등가회로가 되도록 그림 (b)의 $V_1$과 $V_2$를 구하라.

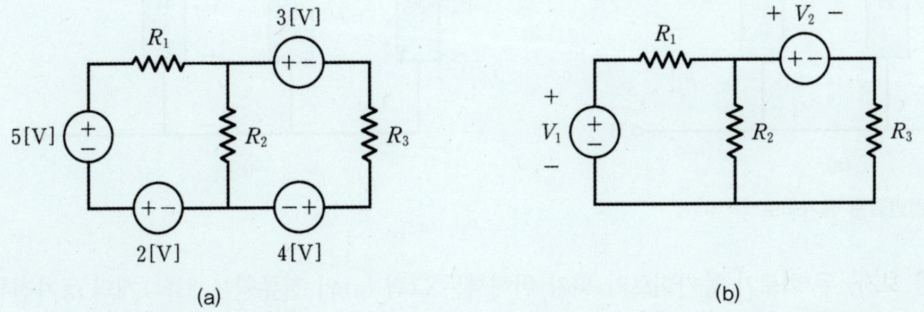


**[그림 2-19]** [예제 2-6]의 회로

**풀이**

$$V_1 = 5\,[\mathrm{V}] + 2\,[\mathrm{V}] = 7\,[\mathrm{V}]$$
$$V_2 = 3\,[\mathrm{V}] + 4\,[\mathrm{V}] = 7\,[\mathrm{V}]$$

참고로 그림 (b)의 전압원 $V_1$과 $V_2$는 서로 직렬연결이 아니므로 이동할 수 없다.

**실전문제 2-6**

다음의 두 회로가 등가회로가 되도록 그림 (b)의 $V_1$과 $V_2$를 구하라.

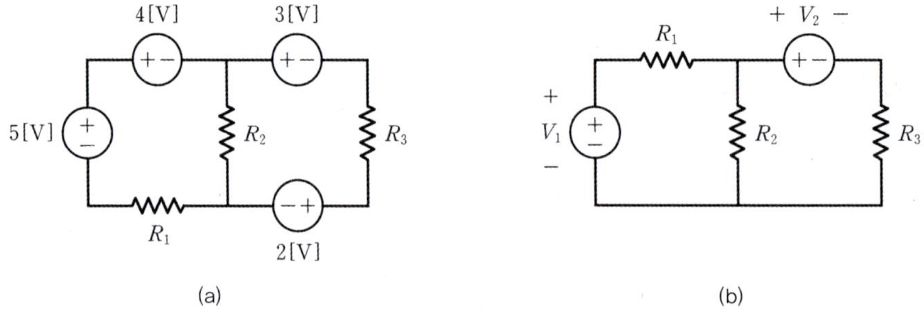


[그림 2-20]

## 2.2.2 병렬연결과 등가전류원

[그림 2-21]과 같이 여러 개의 소자에 동일한 전압이 걸리게 연결된 경우를 **병렬연결**이라 한다. 그림 (a)와 소자를 병렬이동[4] 한 그림 (b)는 등가회로가 되어 소자에 흐르는 전류와 소자에 걸리는 전압은 변화하지 않는다.

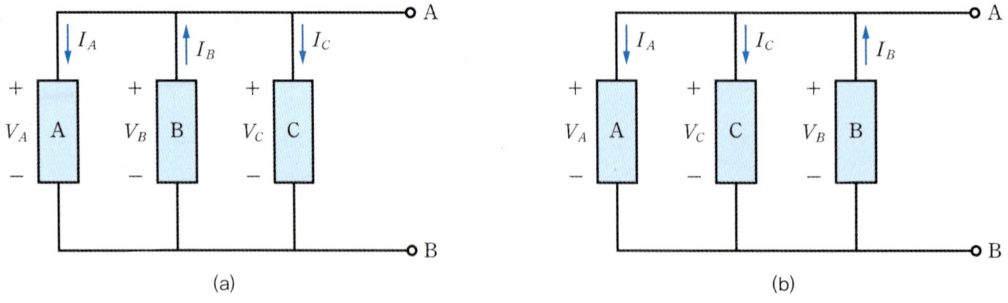


[그림 2-21] 병렬연결된 등가회로

[그림 2-22]를 보자. 두 회로가 등가회로가 되기 위해서는 그림 (a)의 전류원 3개를 1개의 등가전류

4 여기서 말하는 병렬이동은 평행이동과 같이 소자의 두 단자가 점 A와 B에 연결된 상태로 이동하는 것을 의미한다.

원으로 나타내야 한다. 따라서 $I_{EQ} = 5 + 10 - 7 = 8\,[\mathrm{A}]$를 만족하면 두 회로는 등가회로가 된다. 여기서 $5\,[\Omega]$에 인가되는 전압을 구하면 $V = 5 \times I_{EQ} = 40\,[\mathrm{V}]$가 된다.

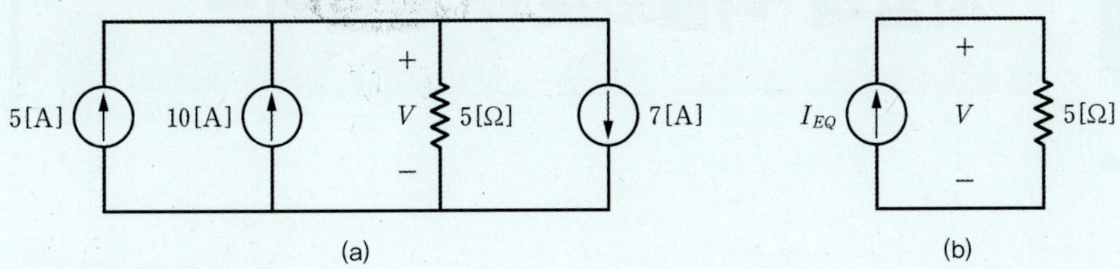


**[그림 2-22]** 등가전류원

## 예제 2-7

다음의 두 회로가 등가회로가 되도록 그림 (b)의 $I_{eq1}$과 $I_{eq2}$를 구하라.

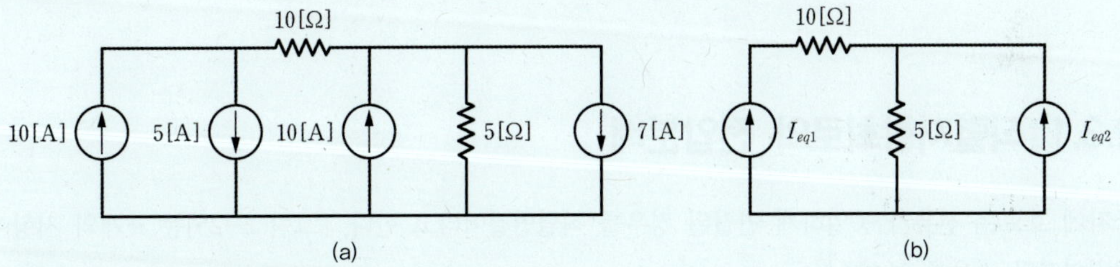


**[그림 2-23]** [예제 2-7]의 회로

**풀이**

$$I_{eq1} = 10\,[\mathrm{A}] - 5\,[\mathrm{A}] = 5\,[\mathrm{A}]$$
$$I_{eq2} = 10\,[\mathrm{A}] - 7\,[\mathrm{A}] = 3\,[\mathrm{A}]$$

참고로 그림 (b)의 전류원 $I_{eq1}$과 $I_{eq2}$는 서로 병렬연결이 아니므로 더 이상 합쳐지지 않는다.

## 실전문제 2-7

다음의 두 회로가 등가회로가 되도록 그림 (b)의 $I_{eq1}$을 구하라.

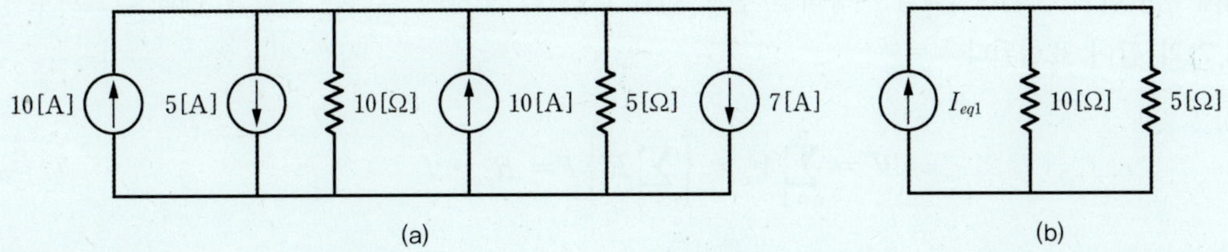


**[그림 2-24]**

SECTION

2.3

# 저항의 직렬회로와 병렬회로

여러 개의 저항으로 구성된 회로는 연결하는 방식에 따라 크게 세 가지로 나누어 생각할 수 있다.

❶ 모든 저항에 흐르는 전류가 동일하도록 직렬로 연결된 회로

❷ 모든 저항에 인가되는 전압이 동일하도록 병렬로 연결된 회로

❸ $\Delta$형($\pi$형) 또는 $Y$형($T$형)으로 연결된 회로

## 2.3.1 직렬저항회로와 전압분배

소자에 흐르는 전류가 동일하게 연결된 경우를 **직렬연결**이라고 한다. [그림 2-25]는 $n$개의 저항이 직렬연결된 경우를 보여준다.

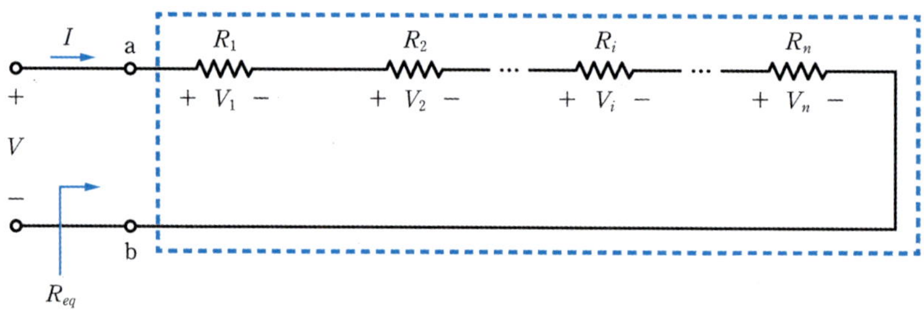


[그림 2-25] $n$개의 저항이 직렬연결된 회로

먼저 $i$번째 저항의 특성식은 $V_i = R_i \cdot I$이므로 점선 영역인 2단자망의 전압-전류 특성식을 구하기 위해 키르히호프 전압법칙을 사용하면 전체 전압 $V$는 각 소자에 걸리는 전압의 합과 같으므로 식 (2.7)과 같이 표현된다.

$$V = \sum_{i=1}^{n} V_i = \left\{ \sum_{i=1}^{n} R_i \right\} I = R_{eq} \cdot I \tag{2.7a}$$

$$\therefore\ R_{eq} = \sum_{i=1}^{n} R_i \tag{2.7b}$$

식 (2.7)을 컨덕턴스로 표현하면 다음과 같다.

$$V = \sum_{i=1}^{n} V_i = \left\{ \sum_{i=1}^{n} \frac{1}{G_i} \right\} I = \frac{1}{G_{eq}} \cdot I \tag{2.8a}$$

$$\therefore \;\; G_{eq}^{-1} = \sum_{i=1}^{n} G_i^{-1} \tag{2.8b}$$

따라서 [그림 2-25]와 동일한 특성식을 갖는 [그림 2-26]은 [그림 2-25]의 등가회로가 된다.

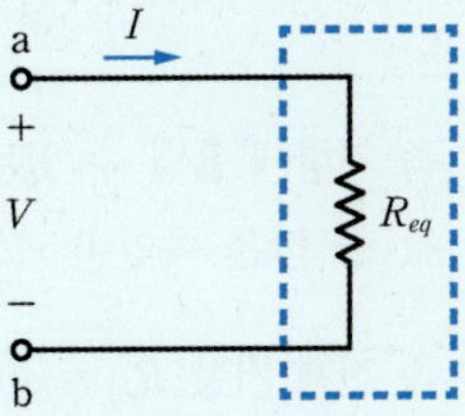


**[그림 2-26]** [그림 2-25]의 등가회로

또한 $i$번째 저항에 걸리는 전압을 구하면 다음과 같다.

$$V_i = R_i \cdot I = \frac{R_i}{R_{eq}} \cdot V \tag{2.9}$$

각 저항에 인가되는 전압의 비를 식 (2.10)과 같이 저항의 비로 나타낼 수 있다. 이를 **전압분배법칙**이라 한다.

$$V_1 : V_2 : \cdots : V_n = R_1 : R_2 : \cdots : R_n \tag{2.10}$$

$i$번째 저항과 $j$번째 저항에 걸리는 전압의 비는 식 (2.11)에서 보듯 2개의 저항비와 같다.

$$V_i : V_j = R_i : R_j \tag{2.11}$$

저항이 2개만 존재하는 경우($n = 2$인 경우), $R_{eq} = R_1 + R_2$이므로 각 저항에 걸리는 전압은 식 (2.9)로부터 다음과 같이 구할 수 있다.

$$V_1 = \frac{R_1}{R_1 + R_2} \cdot V \tag{2.12a}$$

$$V_2 = \frac{R_2}{R_1 + R_2} \cdot V \tag{2.12b}$$

### 예제 2-8

다음과 같은 저항 2개가 직렬로 연결될 경우, 전체 저항의 정격전력을 구하라.

- 저항값이 40[Ω]이고 정격전력이 10[W]인 저항 $R_1$
- 저항값이 10[Ω]이고 정격전력이 5[W]인 저항 $R_2$

**풀이**

직렬연결이므로 저항에 흐르는 전류가 같다. 먼저 각 저항에 흐르는 최대전류 $I_{max}$를 구해보자. 40[Ω]의 저항의 정격전력은 10[W]이므로 저항 $R_1$에 흐르는 최대전류는 다음과 같다.

$$I_{max} = \sqrt{\frac{P_{정격}}{R}} = \sqrt{\frac{10}{40}} = 0.5\,[\mathrm{A}]$$

이 경우 저항에 0.5 [A] 이상의 전류가 흐르면 저항에서 소모하는 전력이 10 [W] 이상이 되므로 저항이 파괴된다. 따라서 저항 $R_1$이 파괴되지 않는 범위에서 흘릴 수 있는 최대전류는 0.5 [A]이다.

또한 10 [Ω]의 저항의 정격전력은 5 [W]이므로 저항 $R_2$에 흐르는 최대전류는 다음과 같다.

$$I_{max} = \sqrt{\frac{5}{10}} = 0.707\,[\mathrm{A}] \;>\; 0.5\,[\mathrm{A}]$$

즉 저항에 흘릴 수 있는 전류값은 최대 0.7 [A]로, 앞의 경우보다 크다. 이때 각각 계산된 최대전류의 값 중 작은 쪽인 0.5 [A]를 전체 전류로 사용해야 한다.

즉 전체 저항 $R_{eq} = 40 + 10 = 50\,[\Omega]$이고, 저항에 흘릴 수 있는 최대전류는 0.5 [A]이므로 정격전력은 다음과 같다.

$$P_{정격} = 50\,[\Omega] \cdot (0.5\,[\mathrm{A}])^2 = 12.5\,[\mathrm{W}]$$

## 실전문제 2-8

저항이 $R_1 = 50\,[\Omega]$이고 인가할 수 있는 최대전압이 10 [V]이다. 또 다른 저항은 $R_2 = 30\,[\Omega]$이고 정격전력이 0.5 [W]이다. 두 저항을 직렬로 연결할 경우 정격전력은 얼마인가?

## 예제 2-9

다음 회로의 등가저항 $R_{eq}$를 구하라.

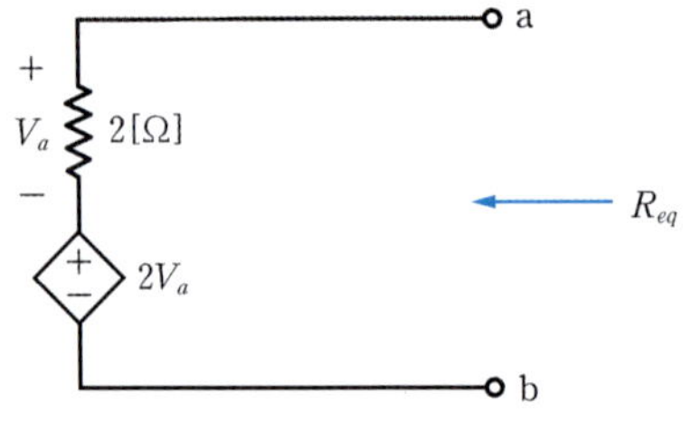


**[그림 2-27]** [예제 2-9]의 회로

### 풀이

2 [Ω]과 종속전압원에 걸리는 전압의 비가 1 : 2이므로 두 소자의 저항의 비로 환산하면 역시 1 : 2를 만족하게 된다. 따라서 $2V_a$ 종속전압원의 등가저항은 4 [Ω]으로 환산된다. 두 소자의 연결이 직렬이므로 전체 저항값 $R_{eq}$는 다음과 같다.

$$R_{eq} = 2\,[\Omega] + 4\,[\Omega] = 6\,[\Omega]$$

### 별해

점 a에서 흘러들어가는 전류를 $I$로 두면 $V_a = 2I$를 만족하고 점 a, b 사이의 전압을 $V_{ab}$라고 두면 $V_{ab} = 2I + 2V_a = 2I + 4I = 6I$가 된다. 따라서 등가저항은 $R_{eq} = \dfrac{V_{ab}}{I} = 6\,[\Omega]$이다.

## 실전문제 2-9

다음 회로의 등가저항 $R_{eq}$를 구하라.

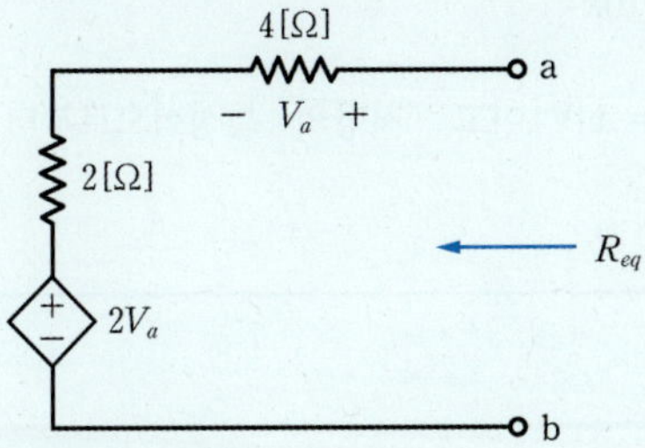


[그림 2-28]

## 예제 2-10

다음 회로에 흐르는 전류 $I$와 각 저항에 걸리는 전압을 구하라.

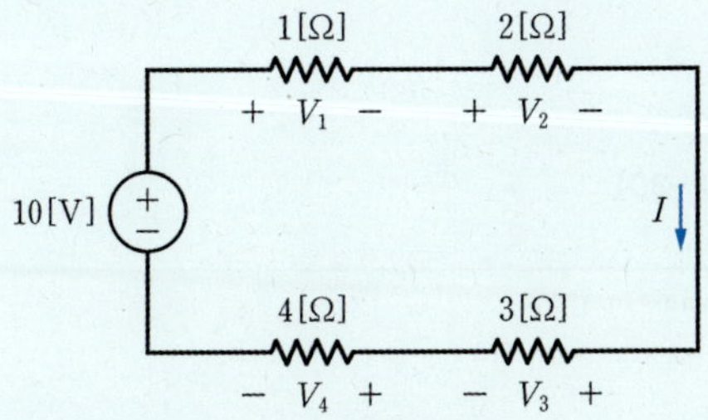


[그림 2-29] [예제 2-10]의 회로

**풀이**

각 저항의 특성식으로부터 소자에 걸리는 전압을 구하면 다음과 같다.

$$V_1 = I, \quad V_2 = 2I, \quad V_3 = 3I, \quad V_4 = 4I$$

키르히호프의 전압법칙으로부터 다음을 얻는다.

$$10 = V_1 + V_2 + V_3 + V_4 = 10I$$

$$\therefore \; I = \frac{10}{10} = 1\,[\mathrm{A}]$$

한편 각 소자에 걸리는 전압을 구하면 다음과 같다.

$$V_1 = 1\,[\mathrm{V}], \quad V_2 = 2\,[\mathrm{V}], \quad V_3 = 3\,[\mathrm{V}], \quad V_4 = 4\,[\mathrm{V}]$$

**별해**

소자들이 직렬연결되었으므로 소자에 걸리는 전압의 비는 다음과 같다.

$$V_1 : V_2 : V_3 : V_4 = 1 : 2 : 3 : 4$$

따라서 $\frac{V_1}{1} = \frac{V_2}{2} = \frac{V_3}{3} = \frac{V_4}{4} = k$는 $V_1 = k$, $V_2 = 2k$, $V_3 = 3k$, $V_4 = 4k$와 같고, 키르히호프 전압법칙에 의해 풀면 다음과 같다.

$$10\,V = V_1 + V_2 + V_3 + V_4 = 10k$$

따라서 $k = 1 \rightarrow V_1 = 1\,[\mathrm{V}]$, $V_2 = 2\,[\mathrm{V}]$, $V_3 = 3\,[\mathrm{V}]$, $V_4 = 4\,[\mathrm{V}]$이고, 저항의 특성식으로부터 $I = 1\,[\mathrm{A}]$를 얻을 수 있다.

**실전문제 2-10**

다음 회로에 흐르는 전류 $I$와 각 저항에 걸리는 전압을 구하라.

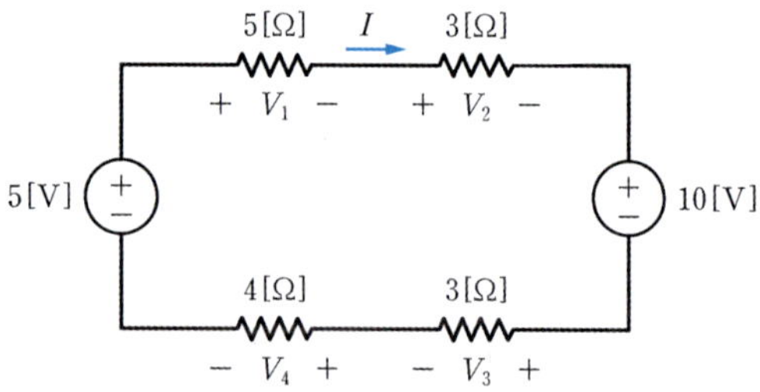


[그림 2-30]

## 2.3.2 병렬저항회로와 전류분배

병렬저항회로는 [그림 2-31]에서 보는 바와 같이 $n$개의 저항에 인가되는 전압이 동일하게 연결된 회로이다.

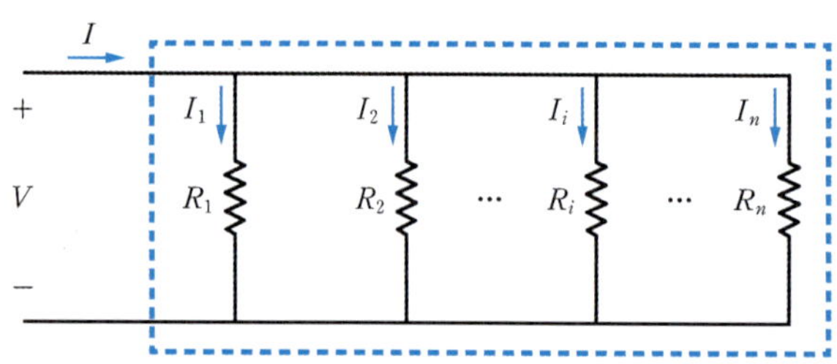


[그림 2-31] $n$개의 저항이 병렬로 연결된 회로

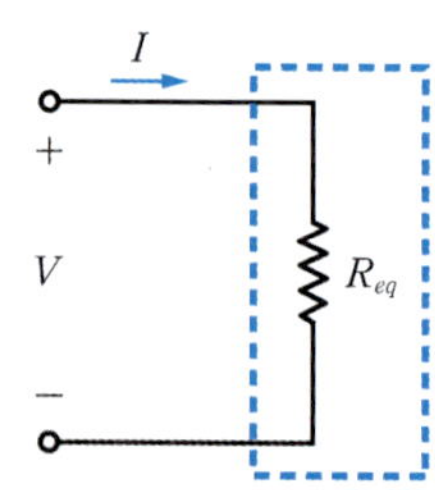


[그림 2-32] [그림 2-31]의 등가회로

$i$번째 저항에 흐르는 전류 $I_i$를 구하면 다음과 같다.

$$I_i = \frac{V}{R_i} = G_i \cdot V \qquad \left(G_i = \frac{1}{R_i} : i\text{번째 컨덕턴스}\right)$$

따라서 키르히호프 전류법칙을 적용하면 식 (2.13)을 얻을 수 있다.

$$I = \sum_{i=1}^{n} I_i = \sum_{i=1}^{n} \frac{V}{R_i} = G_{eq} \cdot V = \frac{V}{R_{eq}} \tag{2.13a}$$

$$\therefore \ R_{eq}^{-1} = \sum_{i=1}^{n} R_i^{-1} \tag{2.13b}$$

식 (2.13)을 컨덕턴스로 표현하면 다음과 같다.

$$I = \sum_{i=1}^{n} I_i = \sum_{n=1}^{n} G_i \cdot V = G_{eq} \cdot V \tag{2.14a}$$

$$\therefore \ G_{eq} = \sum_{i=1}^{n} G_i \tag{2.14b}$$

따라서 [그림 2-31]의 등가회로는 [그림 2-32]와 같이 하나의 저항으로 표현할 수 있다. 그 저항값은 식 (2.13b)에 표현되어 있다.

한편 각 저항에 흐르는 전류의 비는 식 (2.15)와 같이 저항값의 역수에 비례하며, $i$번째 저항에 흐르는 전류를 구하면 식 (2.16)과 같다. 이를 **전류분배법칙**이라 한다.

$$I_1 : I_2 : \cdots : I_n = \frac{1}{R_1} : \frac{1}{R_2} : \cdots : \frac{1}{R_n} = G_1 : G_2 : \cdots : G_n \tag{2.15}$$

$$I_i = \frac{V}{R_i} = \frac{R_{eq} \cdot I}{R_i} = \frac{G_i}{G_{eq}} \cdot I \tag{2.16}$$

또한 $i$번째 저항과 $j$번째 저항에 흐르는 전류의 비는 식 (2.17)과 같다.

$$I_j : I_j = \frac{R_{eq} \cdot I}{R_i} : \frac{R_{eq} \cdot I}{R_j} = \frac{1}{R_i} : \frac{1}{R_j} = G_i : G_j \tag{2.17}$$

특히 많이 사용되는 경우는 $n = 2$인 경우로 다음 식 (2.18)과 같다.

$$I_1 = \frac{R_2}{R_1 + R_2} \cdot I, \quad I_2 = \frac{R_1}{R_1 + R_2} \cdot I \tag{2.18a}$$

$$R_{eq} = \frac{1}{R_1^{-1} + R_2^{-2}} = \frac{R_1 \cdot R_2}{R_1 + R_2} \tag{2.18b}$$

$$G_{eq} = G_1 + G_2 \tag{2.18c}$$

식 (2.18a)는 2개의 저항이 병렬연결된 경우의 전류분배법칙을 표현한 것으로 회로에서 많이 쓰인다. 주의할 점은 분자의 저항번호와 흐르는 전류의 번호가 서로 다르다는 것이다. 식 (2.18b)와 같이 병렬회로에서 저항으로 표현하면 모든 식에 저항의 역수가 들어가 수식이 분수꼴이 되지만, 식 (2.18c)와 같이 컨덕턴스로 표현하면 수식이 훨씬 간단해진다. 즉 직렬저항회로에서는 저항으로, 병렬저항회로에서는 컨덕턴스로 표현하면 수식이 간단해진다.

## 예제 2-11

다음 회로에서 $R_1$의 저항값은 40 [Ω]이고 정격전력은 10 [W]이며, $R_2$의 저항값은 10 [Ω]이고 정격전력은 5 [W]이다. 다음 물음에 답하라.

(a) 점 a, b 사이의 등가저항 $R_{ab}$는 얼마인가?

(b) 합성저항에서 소비될 수 있는 최대전력은 얼마인가?

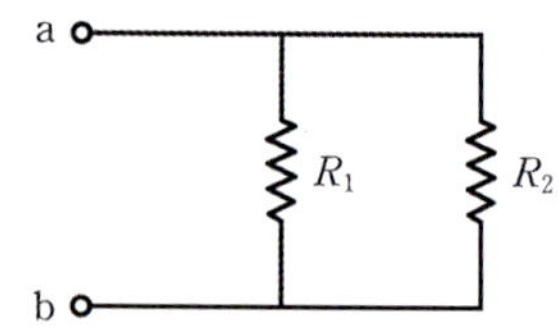


**[그림 2-33]** 저항 2개가 병렬로 연결된 회로

### 풀이

(a) 등가저항 $R_{ab}$를 구하면 다음과 같다.

$$R_{ab} = R_1 // R_2 = \frac{R_1 R_2}{R_1 + R_2} = \frac{10\,[\Omega] \cdot 40\,[\Omega]}{10\,[\Omega] + 40\,[\Omega]} = 8\,[\Omega]$$

(b) 저항 $R_1$의 정격전력이 10 [W]이므로 인가할 수 있는 최대전압 $V_1|_{\max}$는 다음과 같다.

$$V_1|_{\max} = \sqrt{P_{정격} \cdot R_1} = \sqrt{10\,[\mathrm{W}] \cdot 40\,[\Omega]} = 20\,[\mathrm{V}]$$

저항 $R_2$의 정격전력이 10 [W]이므로 인가할 수 있는 최대전압 $V_2|_{\max}$는 다음과 같다.

$$V_2|_{\max} = \sqrt{P_{정격} \cdot R_2} = \sqrt{5\,[\mathrm{W}] \cdot 10\,[\Omega]} = \sqrt{50}\,[\mathrm{V}]$$

따라서 합성저항에 인가할 수 있는 최대전압은 $V_2|_{\max}$이므로 합성저항이 소모할 수 있는 최대전력 $P_{\max}$는 다음과 같다.

$$P_{\max} = V_2|_{\max}^2 / R_{ab} = \frac{50}{8} = 6.25\,[\mathrm{W}]$$

## 실전문제 2-11

인가할 수 있는 최대전압이 10 [V]인 저항 $R_1 = 10\,[\mathrm{k\Omega}]$과 정격전력이 50 [mW]인 저항 $R_2 = 30\,[\mathrm{k\Omega}]$이 병렬연결된 회로의 등가저항값과 정격전력을 구하라.

## 예제 2-12

전류원이 여러 개인 다음과 같은 병렬회로에서 그림 (b)는 그림 (a)의 등가회로이다. 다음 물음에 답하라.

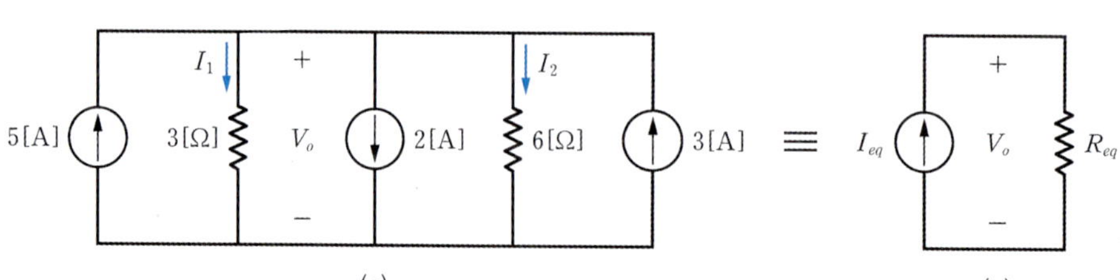


**[그림 2-34]** [예제 2-12]의 회로

(a) 등가전류원 $I_{eq}$와 등가저항 $R_{eq}$를 구하라.

(b) 전류 $I_1$, $I_2$, 전압 $V_o$를 구하라.

(c) 3 [Ω] 저항의 정격전력은 얼마 이상이어야 하는가?

**풀이**

(a) 등가전류원 $I_{eq}$는 전류원 3개의 전류 합과 같고, 등가저항 $R_{eq}$는 두 저항의 병렬연결이므로 다음과 같이 구한다.

$$I_{eq} = 5 + 3 - 2 = 6\,[\text{A}]$$

$$R_{eq} = 3[\Omega] // 6[\Omega] = 2[\Omega]$$

(b) 그림 (b)에서 옴의 법칙을 사용하면 다음을 얻는다.

$$V_o = R_{eq} \cdot I_{eq} = 12\,[\text{V}]$$

또한 전류분배법칙을 사용하면 다음을 얻는다.

$$I_1 = \frac{V_o}{3[\Omega]} = 4\,[\text{A}], \quad I_2 = \frac{V_o}{6[\Omega]} = 2\,[\text{A}]$$

(c) 3[Ω]의 저항에서 소모하는 전력 $P$는 다음과 같이 구한다.

$$P = \frac{V_o^2}{3[\Omega]} = 48\,[\text{W}]$$

저항의 정격전력이 48 [W]보다 작으면 소자가 손상을 입으므로 반드시 이보다 큰 정격전력을 가진 저항을 사용해야 한다. 따라서 $P_{정격}$은 다음을 만족해야 한다.

$$P_{정격} \geq P \quad \rightarrow \quad P_{정격} \geq 48\,[\text{W}]$$

## 실전문제 2-12

다음 회로에서 $V_o$를 구하라.

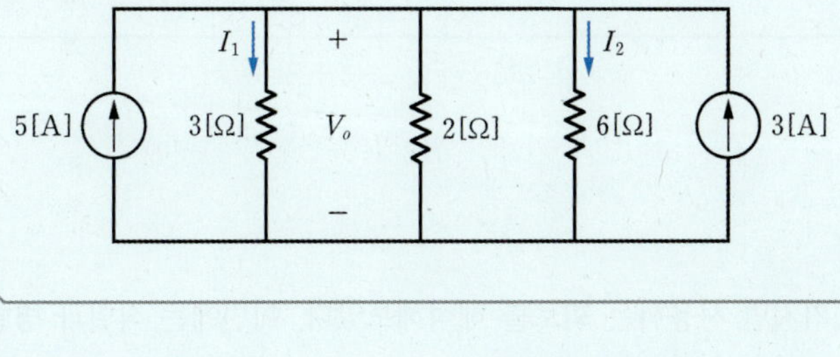


[그림 2-35]

### 예제 2-13

다음 회로의 등가저항 $R_{ab}$를 구하라.

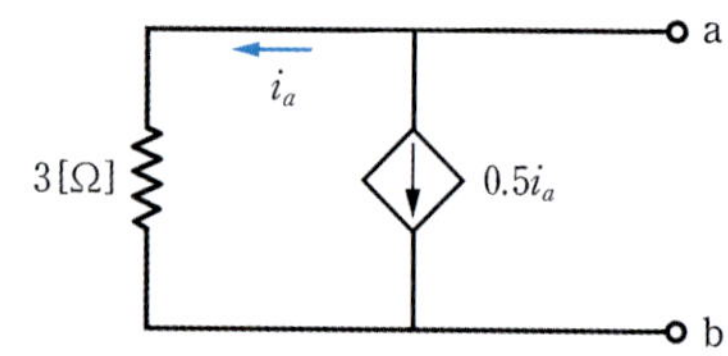


**[그림 2-36]** [예제 2-13]의 회로

**풀이**

$3\,[\Omega]$에 흐르는 전류와 종속전류원에 흐르는 전류의 비는 2 : 1이고 두 소자는 병렬회로이므로, 전류분배법칙에 의해 종속전류원은 $6\,[\Omega]$의 저항과 같다. 따라서 전체 저항은 다음과 같다.

$$R_{ab} = 3\,[\Omega] // 6\,[\Omega] = 2\,[\Omega]$$

**별해**

점 a, b 사이의 전압을 $V_{ab}$, 점 a에서 흘러들어가는 전류를 $I$라고 두면 $V_{ab} = 3i_a$, $I = 1.5i_a$가 되므로 등가저항 $R_{ab}$는 다음과 같다.

$$R_{ab} = \frac{V_{ab}}{I} = 2\,[\Omega]$$

### 실전문제 2-13

다음 회로의 특성식을 구하고, 그 결과로부터 등가저항 $R_{ab}$를 구하라.

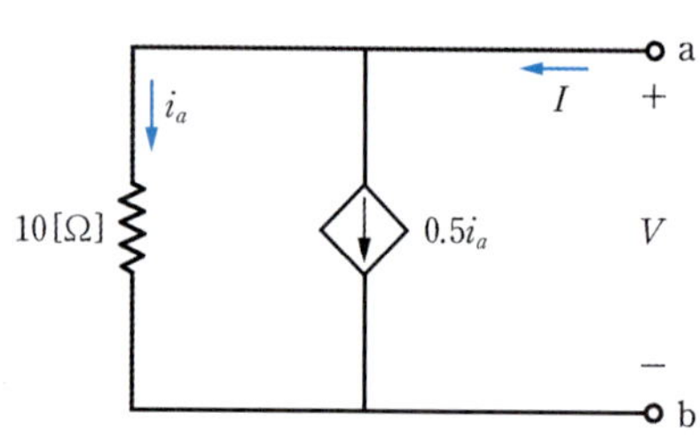


**[그림 2-37]**

## 2.3.3 직병렬저항회로

지금까지는 직렬 또는 병렬저항회로 한 가지만 사용하는 회로를 해석해보았다. 이번에는 직렬과 병렬저항회로가 혼용된 회로를 해석하는 방법을 예제를 통해 살펴보자.

## 예제 2-14

다음 회로에서 모든 소자의 전압과 전원이 공급하는 전력을 구하라.

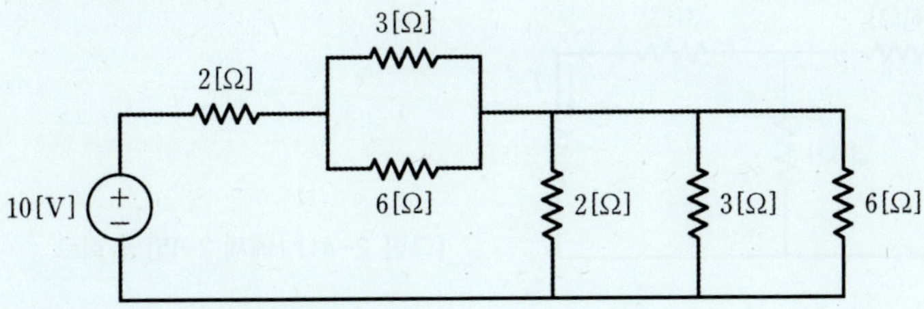


**[그림 2-38]** [예제 2-14]의 회로

### 풀이

각 소자의 저항값을 구하면 [그림 2-39]와 같다.

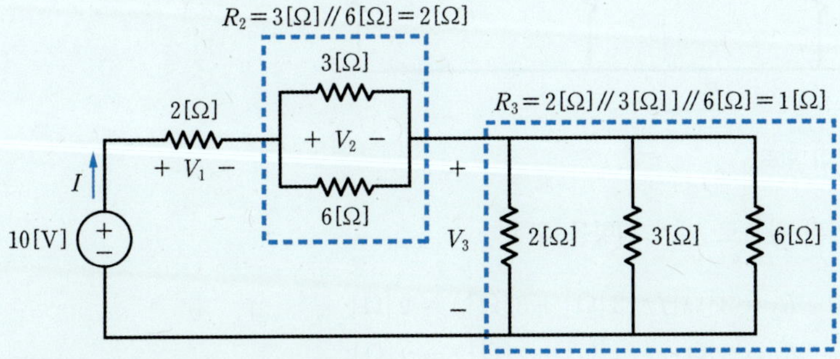


**[그림 2-39]** [예제 2-14]의 풀이 회로

전원에서 들여다본 전체 저항값은 $R_{eq} = 2+2+1 = 5\,[\Omega]$이 된다. 따라서 전원에서 공급하는 전류는 $2\,[\mathrm{A}]$가 된다. 각 소자에 걸리는 전압은 $V_1 = 4\,[\mathrm{V}]$, $V_2 = 4\,[\mathrm{V}]$, $V_3 = 2\,[\mathrm{V}]$이다. 전원이 공급하는 전력은 전압원의 전압과 전압원에 흐르는 전류의 곱으로 구할 수 있다.

$$P_{\text{전원}} = 10\mathrm{V} \times 2\mathrm{A} = 20\,[\mathrm{W}]$$

## 실전문제 2-14

다음 회로에서 점선 영역에서 소모하는 전력을 구하라.

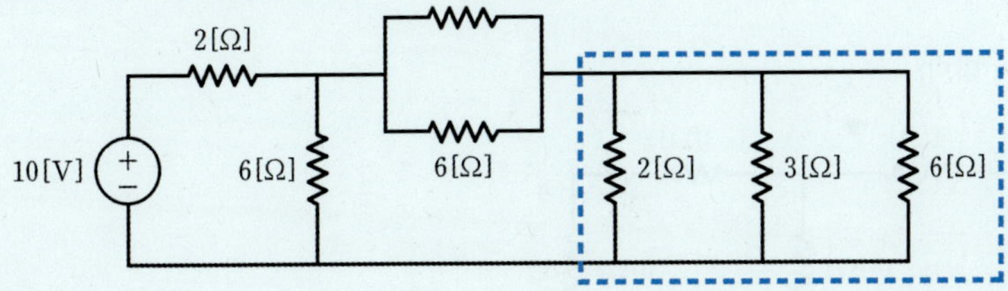


**[그림 2-40]**

## 예제 2-15

다음 회로에서 전류 $I_o$를 구하라.

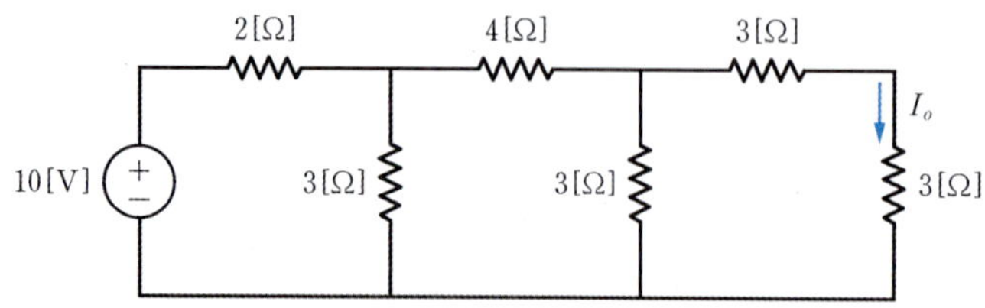


**[그림 2-41]** [예제 2-15]의 회로

### 풀이

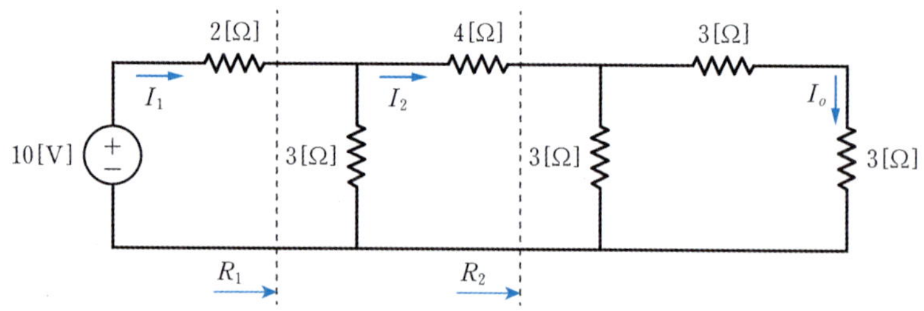


**[그림 2-42]** [예제 2-15]의 풀이 회로

[그림 2-42]의 회로에 표기된 값으로 먼저 저항을 구한다.

$$R_2 = 3\,[\Omega] // (3\,[\Omega] + 3\,[\Omega]) = 2\,[\Omega]$$
$$R_1 = 3\,[\Omega] // (4\,[\Omega] + 2\,[\Omega]) = 2\,[\Omega]$$

전원에서 공급하는 전류를 구한다.

$$I_1 = \frac{10\,[\mathrm{V}]}{2\,[\Omega] + 2\,[\Omega]} = 2.5\,[\mathrm{A}]$$

전류분배법칙을 사용해 전류 $I_o$를 구한다.

$$I_2 = \frac{3\,[\Omega]}{3\,[\Omega] + 6\,[\Omega]} I_1 = \frac{5}{2} \times \frac{1}{3} = \frac{5}{6}\,[\mathrm{A}]$$
$$I_o = \frac{1}{3} I_2 = \frac{5}{18}\,[\mathrm{A}]$$

## 실전문제 2-15

다음 회로에서 전압 $V_o$를 구하라.

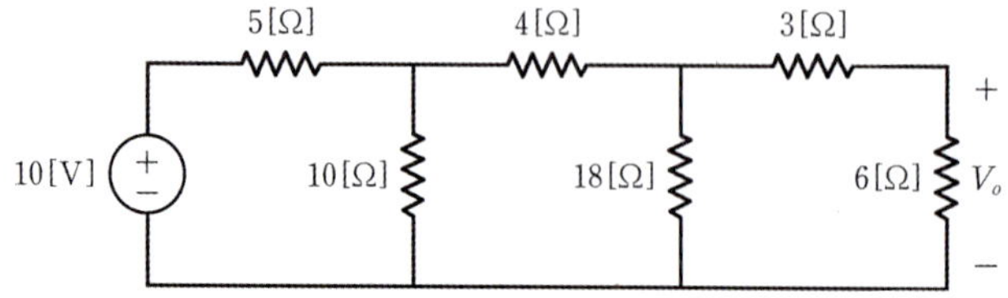


**[그림 2-43]**

### 예제 2-16

다음 회로에서 점 a, b에서 들여다본 등가저항 $R_{ab}$를 구하라.

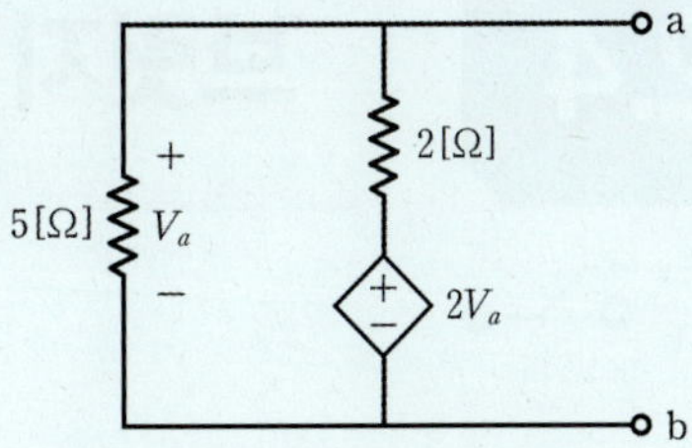


**[그림 2-44]** [예제 2-16]의 회로

**풀이**

먼저 루프방정식으로부터 $V_b$를 구하면 다음과 같다.

$$V_b = V_a - 2V_a = -V_a$$

점 a에서 노드방정식을 구하면 다음과 같다.

$$I = \frac{V_a}{5} + \frac{V_b}{2} = -\frac{3V_a}{10} = -\frac{3V}{10}$$

$$V_a = -\frac{10}{3}I \quad \rightarrow \quad R_{ab} = -\frac{10}{3}\,[\Omega]$$

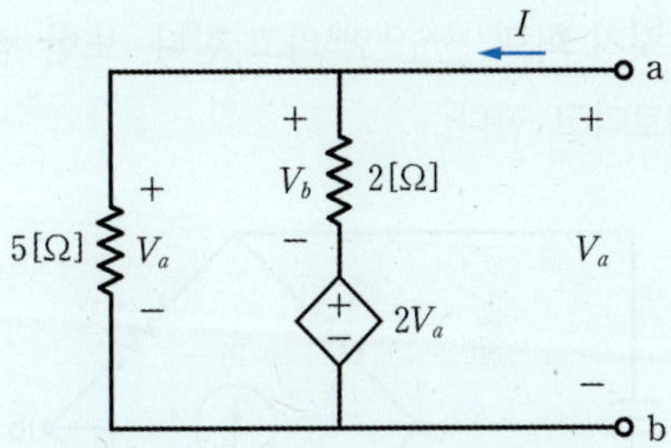


**[그림 2-45]** [예제 2-16]의 풀이 회로

### 실전문제 2-16

다음 회로에서 점 a, b에서 들여다본 등가저항 $R_{ab}$를 구하라.

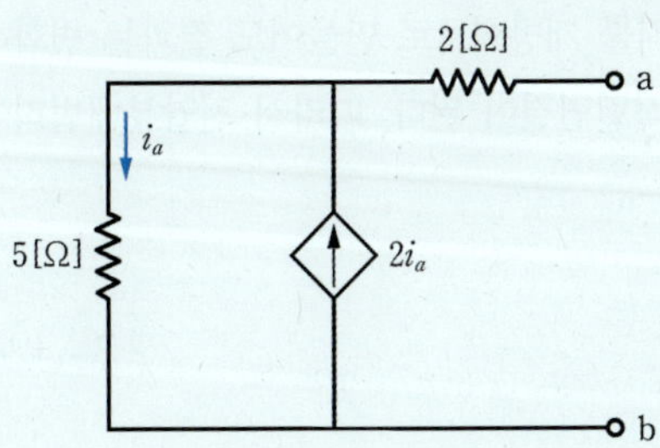


**[그림 2-46]**

# SECTION 2.4 브릿지 회로

[그림 2-47]에서 보는 바와 같이 가지 2개의 중간인 점 a와 b 사이에 새로운 가지가 있는 회로를 **브릿지 회로**bridge circuit라고 한다. 또한 점 a와 b 사이에 전류계가 들어가 있는 회로를 **휘스톤 브릿지 회로**라고 한다.

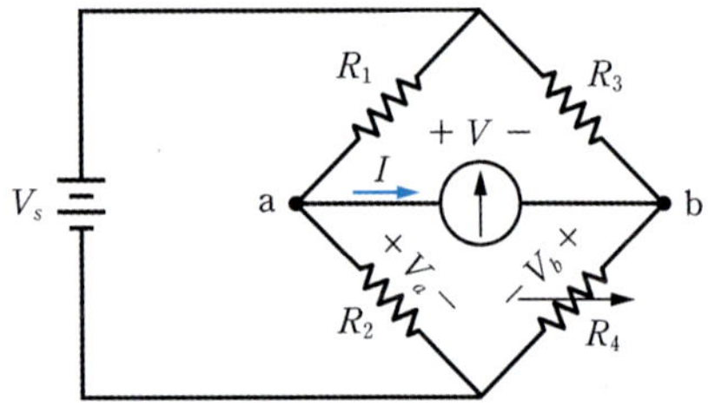


[그림 2-47] 휘스톤 브릿지 회로

전류계의 내부저항 $R_s$가 존재하므로 전류계의 특성식은 $V = R_s \cdot I$로 표현할 수 있다. 저항 $R_4$를 변화시켜 전류계에 흐르는 전류가 $I = 0$가 되게 회로를 설정하면 전류계의 특성식에 의해 전류계 양단에 걸리는 전압이 $V = 0$를 만족하게 된다. 앞의 등가회로에서 언급한 바와 같이 전류가 흐르지 않는 회로는 개방회로와 등가회로가 되므로 전류계가 있는 가지를 개방회로로 만들어도 결과는 변화하지 않는다. 따라서 $R_1$과 $R_2$는 직렬연결이 되고 $R_3$와 $R_4$도 직렬연결이 된다. 따라서 전압분배법칙에 의해 전압 $V_a$와 $V_b$를 다음 식과 같이 나타낸다.

$$V_a = \frac{R_2}{R_1 + R_2} \cdot V_s \qquad (2.19a)$$

$$V_b = \frac{R_4}{R_3 + R_4} \cdot V_s \qquad (2.19b)$$

또한 전류계에 걸리는 전압은 $V = 0$이므로 다음 식을 만족한다.

$$V_a = V_b \quad \rightarrow \quad \frac{R_2}{R_1 + R_2} = \frac{R_4}{R_3 + R_4} \qquad (2.20)$$

$$R_4 = \frac{R_2 R_3}{R_1} \qquad (2.21)$$

식 (2.21)을 만족하므로 4개의 저항 중 3개의 값이 알려져 있으면, 나머지 1개의 저항값을 구할 수 있다.

SECTION 2.5

# $\Delta$형 회로와 $Y$형 회로의 상호변환

[그림 2-47]의 전류계를 저항 $R_5$로 변경 시, 저항에 흐르는 전류값이 $I \neq 0$이면 2.4절의 방법으로 관계식을 구할 수 없다. [그림 2-48]에 있는 어느 두 저항도 병렬회로나 직렬회로가 아니므로 직병렬 관계로 등가저항을 구할 수 없다. 따라서 이런 회로의 등가저항은 앞에서 언급한 저항의 직병렬회로 외 다른 방법을 사용하여 구해야 한다.

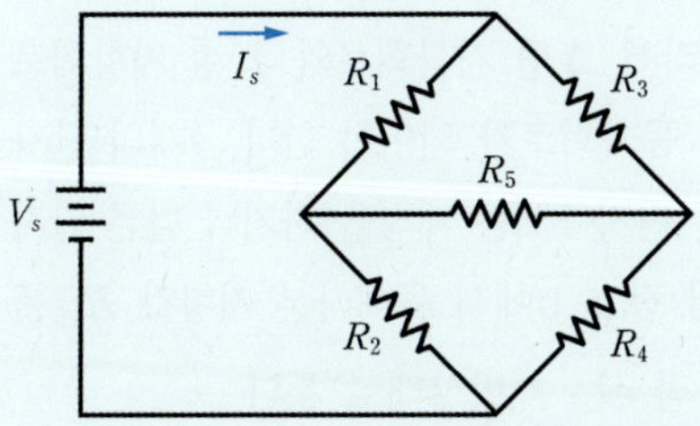


**[그림 2-48]** 저항으로 이루어진 브릿지 회로

즉 [그림 2-48]에 있는 저항 $R_1$, $R_3$, $R_5$가 이루는 형태는 [그림 2-49]의 $\Delta$형(혹은 $\pi$형) 회로와 같다. 이를 [그림 2-50]과 같이 $Y$형(혹은 $T$형) 회로로 변경할 수 있다면 [그림 2-48]의 회로는 해석 가능하다. 이 절에서는 [그림 2-49]의 $\Delta$형 회로와 [그림 2-50]의 $Y$형 회로의 상호변환에 대해 살펴볼 것이다.

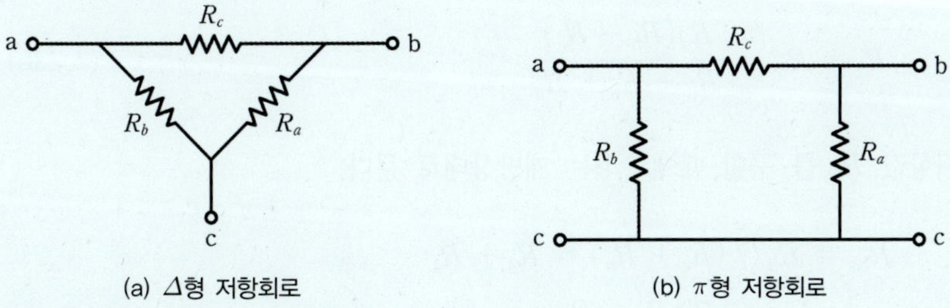


**[그림 2-49]** $\Delta$형과 $\pi$형 저항회로

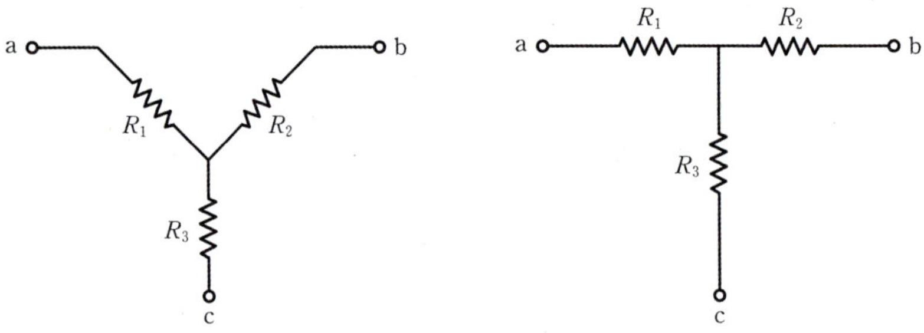


(a) $Y$형 저항회로　　(b) $T$형 저항회로

**[그림 2-50]** $Y$형과 $T$형 저항회로

## 2.5.1 $\Delta$형에서 $Y$형으로 변환

단자가 3개인 회로를 등가회로로 만든다고 해보자. 즉 3단자 중 2개 단자를 선택해 2단자망으로 생각할 경우, 이 회로에는 서로 다른 3개의 2단자망이 존재한다. 따라서 $\Delta$형 저항회로와 $Y$형 저항회로가 서로 등가회로인 상태가 되려면 3개의 서로 다른 2단자망이 등가회로가 되어야 한다. 3개의 단자를 2단자망으로 취급하면 나머지 단자 하나가 남는다. 이때 남은 단자 1개는 개방을 하거나 다른 단자에 연결하는데, 두 회로에서 같은 조건으로 처리해야 한다. 먼저 점 a, b에서 들여다본 저항값 $R_{ab}$를 구했을 때 값이 서로 같다고 하면 다음 식이 성립한다. 이때 점 c는 개방상태로 둔다.

$$R_{ab} = R_c // (R_a + R_b) = R_1 + R_2$$

$$R_1 + R_2 = \frac{R_c(R_a + R_b)}{R_a + R_b + R_c} \tag{2.22a}$$

점 b, c에서 들여다본 저항값 $R_{bc}$를 구할 때에도 점 a는 개방상태로 둔다.

$$R_{bc} = R_a // (R_b + R_c) = R_2 + R_3$$

$$R_2 + R_3 = \frac{R_a(R_b + R_c)}{R_a + R_b + R_c} \tag{2.22b}$$

점 c, a에서 들여다본 저항값 $R_{ca}$를 구할 때에도 b는 개방상태로 둔다.

$$R_{ca} = R_b // (R_c + R_a) = R_3 + R_1$$

$$R_3 + R_1 = \frac{R_b(R_c + R_a)}{R_a + R_b + R_c} \tag{2.22c}$$

식 (2.22)의 세 식을 모두 더하면 다음과 같다.

$$2(R_1 + R_2 + R_3) = \frac{2(R_aR_b + R_bR_c + R_cR_a)}{R_a + R_b + R_c}$$

$$R_1 + R_2 + R_3 = \frac{R_aR_b + R_bR_c + R_cR_a}{R_a + R_b + R_c} \tag{2.23}$$

식 (2.22b)를 식 (2.23)에 대입하면 $R_1$을 얻는다. 같은 방법으로 $R_2$, $R_3$를 구한다.

$$R_1 = \frac{R_bR_c}{R_a + R_b + R_c} \tag{2.24a}$$

$$R_2 = \frac{R_aR_c}{R_a + R_b + R_c} \tag{2.24b}$$

$$R_3 = \frac{R_aR_b}{R_a + R_b + R_c} \tag{2.24c}$$

## 2.5.2 $Y$형에서 $\Delta$형으로 변환

$Y$형 저항회로와 $\Delta$형 저항회로가 서로 쌍대 duality[5]이므로 앞에서 언급한 방법과 반대로 저항의 쌍대인 컨덕턴스로 처리하면 앞의 방법 그대로 사용할 수 있다. 앞에서는 선택되지 않은 소자를 개방회로로 처리한 반면, 여기서는 그 쌍대인 선택되지 않은 하나의 단자를 다음 단자와 단락시켜 생각할 것이다.

점 a, b에서 들여다본 컨덕턴스 $G_{ab}$를 두 회로에서 구하면 다음과 같다. 이때 점 c는 점 a에 연결해야 한다.

$$G_a + G_c = G_2 // (G_1 + G_3)$$

$$G_a + G_c = \frac{G_1G_2 + G_2G_3}{G_1 + G_2 + G_3} \tag{2.25a}$$

$$G_b + G_c = G_1 // (G_2 + G_3)$$

$$G_b + G_c = \frac{G_1G_2 + G_1G_3}{G_1 + G_2 + G_3} \tag{2.25b}$$

$$G_a + G_b = G_3 // (G_1 + G_2)$$

$$G_a + G_b = \frac{G_1G_3 + G_2G_3}{G_1 + G_2 + G_3} \tag{2.25c}$$

---

5 회로이론에서 사용되는 용어나 법칙은 홀로 존재하지 않고 항상 짝으로 이루어져 있다. 이를 쌍대라고 한다. 예를 들어 전압과 전류는 쌍대이다. 그 외 저항과 컨덕턴스, 직렬과 병렬, 전압원과 전류원, 루프와 노드, 개방회로와 단락회로, 키르히호프 전압법칙과 전류법칙, 전압분배법칙과 전류분배법칙 등 매우 많이 존재한다. 그리고 하나의 법칙에서 모든 용어를 쌍대로 하면 또 다른 법칙이 된다. 예를 들어 "하나의 루프에 존재하는 소자 양단의 전압을 모두 더하면 0가 된다."라는 키르히호프 전압법칙에 쌍대를 취하면 "하나의 노드에 연결된 소자에 흐르는 전류의 합은 0가 된다."와 같은 키르히호프 전류법칙을 만들 수 있다. 옴의 법칙은 $V = R \cdot I$로 표현하는데 여기에 모두 쌍대를 취하면 $I = G \cdot V$가 되어 또 하나의 옴의 법칙이 된다.

식 (2.25)의 세 식을 더하면 다음과 같다.

$$G_a + G_b + G_c = \frac{G_1G_2 + G_2G_3 + G_3G_1}{G_1 + G_2 + G_3} \tag{2.26}$$

식 (2.25)를 식 (2.26)에 대입해 역수를 구하면 다음과 같다.

$$G_a = \frac{G_2G_3}{G_1 + G_2 + G_3} \quad \rightarrow \quad R_a = \frac{R_1R_2 + R_2R_3 + R_3R_1}{R_1} \tag{2.27a}$$

$$G_b = \frac{G_1G_3}{G_1 + G_2 + G_3} \quad \rightarrow \quad R_b = \frac{R_1R_2 + R_2R_3 + R_3R_1}{R_2} \tag{2.27b}$$

$$G_c = \frac{G_1G_2}{G_1 + G_2 + G_3} \quad \rightarrow \quad R_c = \frac{R_1R_2 + R_2R_3 + R_3R_1}{R_3} \tag{2.27c}$$

**예제 2-17**

다음 회로에서 인가전압 $V_s$와 전류 $I_s$의 관계식을 구하라.

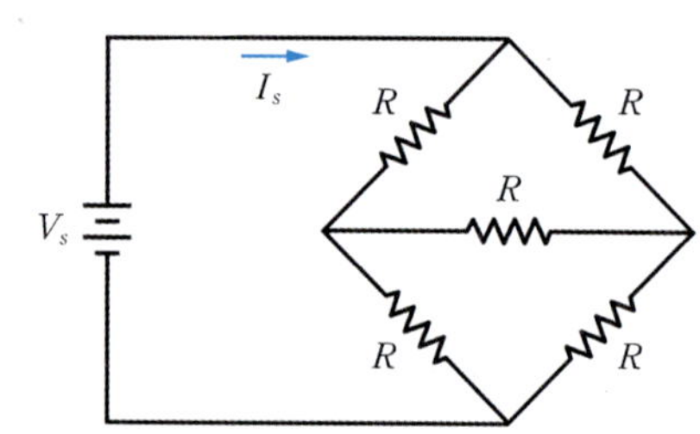


**[그림 2-51]** [예제 2-17]의 회로

**풀이**

다음과 같이 3개의 저항으로 이루어진 $\Delta$형 저항회로를 $Y$형 저항회로로 변경해 다시 그린다.

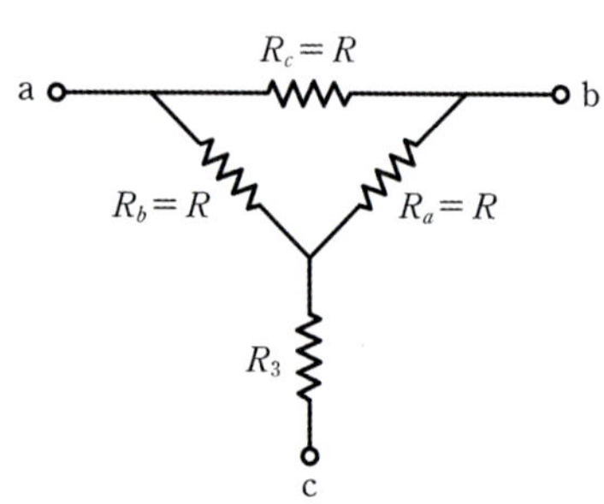


(a) $\Delta$형 저항회로

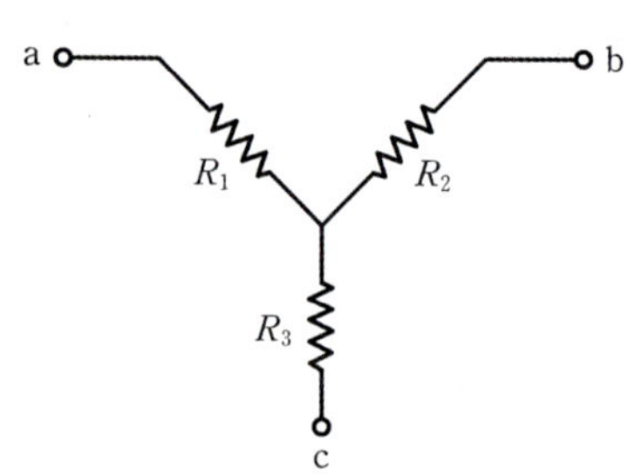


(b) $Y$형 저항회로

**[그림 2-52]** $\Delta$형과 $Y$형 저항회로

식 (2.24)에 $\Delta$형 저항회로의 저항값을 대입하면 다음을 얻는다.

$$R_1 = \frac{R_bR_c}{R_a + R_b + R_c} = \frac{R}{3}$$

$$R_2 = \frac{R_aR_c}{R_a + R_b + R_c} = \frac{R}{3}$$

$$R_3 = \frac{R_a R_b}{R_a + R_b + R_c} = \frac{R}{3}$$

브릿지 회로에서 3개의 저항이 이루는 $\Delta$형 저항회로를 $Y$형 저항회로로 변경해 다시 그리면 다음과 같다.

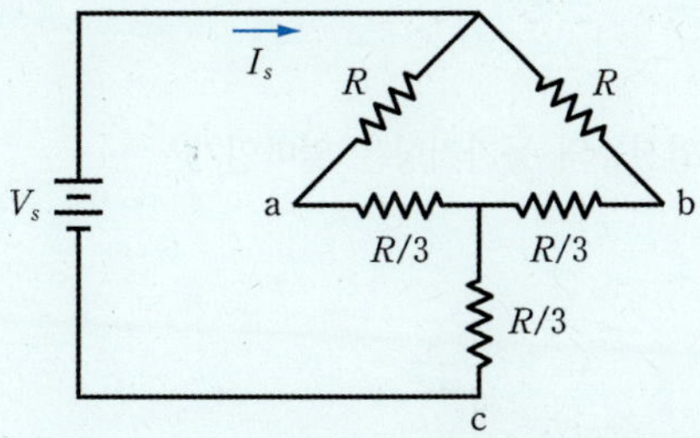


**[그림 2-53]** [예제 2-17]의 풀이에 필요한 회로

$$R_{eq} = R/3 + (R/3 + R)//(R/3 + R) = R$$

$$\therefore\ V_s = R \cdot I_s$$

## 실전문제 2-17

다음 회로에서 인가전압 $V_s$와 전류 $I_s$의 관계식을 구하라. 단, $R_1$, $R_2$, $R_5$의 $Y$형 저항회로를 $\Delta$형 저항회로로 변경해 구하라.

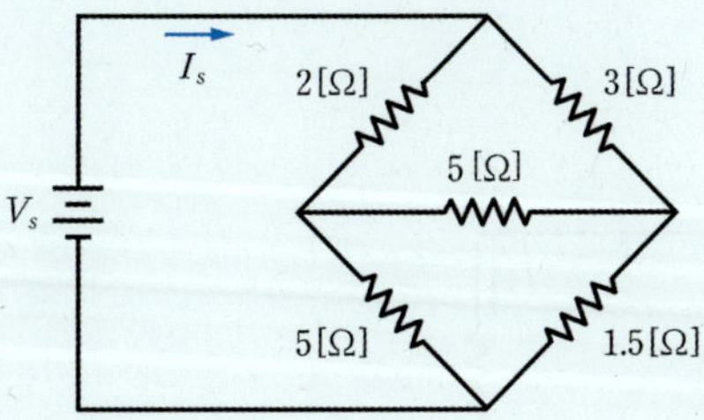


**[그림 2-54]**

$\Delta$형 저항회로와 $Y$형 저항회로의 변환으로 회로를 해석하는 방법이 있지만, 변환에 사용되는 공식이 복잡할 뿐만 아니라 유도 과정도 복잡하여 실제로는 많이 사용하지 않는다. 다만 여기서는 일반적인 회로 해석 방법을 모르는 상태에서 브릿지 회로를 해석할 때 활용하는 방법으로 소개한 것이다. 15장에서 소개하는 4단자망의 파라미터 변환 방법을 배운다면 좀더 쉽게 유도할 수 있을 것이다.

**2.1** 5 [Ω]의 저항 양단에 20 [V]의 전압이 인가되었을 때 다음을 구하라.

(a) 저항에 흐르는 전류값

(b) 저항이 소모하는 전력

**2.2** 60 [W]인 백열 전등의 정격 전압이 220 [V]일 경우 백열전등의 등가저항은 얼마인가?

**2.3** 다음 회로에서 미지수의 값을 구하라.

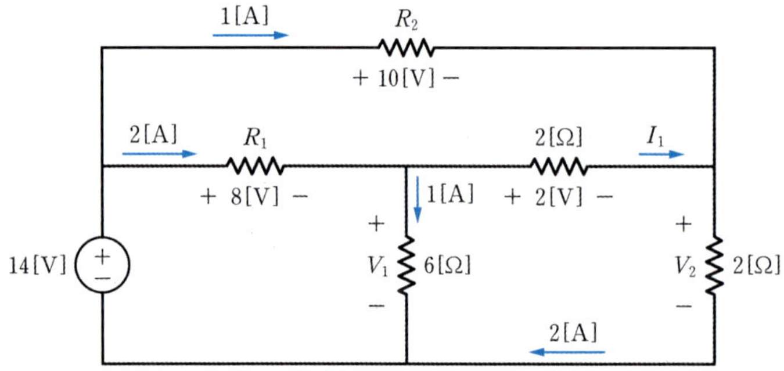


[문제 2.3]

**2.4** 다음 회로에서 전류 $I_1$, $I_2$, $I_3$, $I_4$를 구하라.

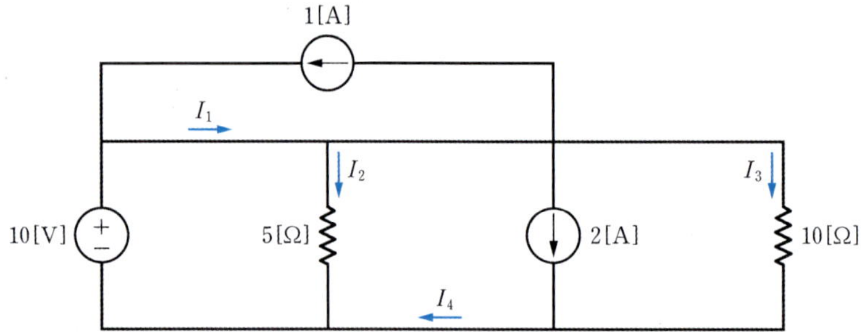


[문제 2.4]

**2.5** 다음 회로에 대해 주어진 물음에 답하라.

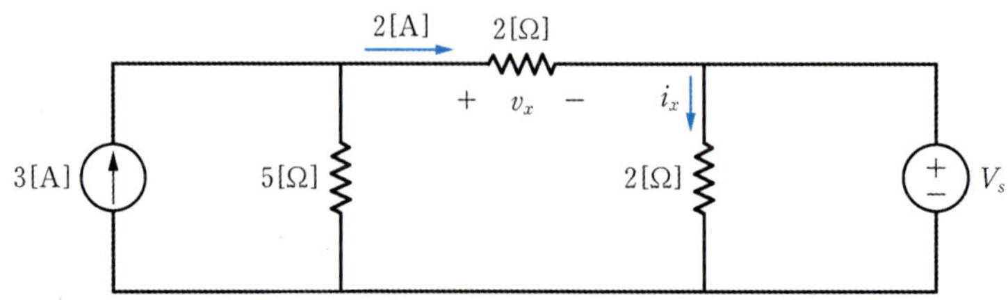


[문제 2.5]

(a) $i_x$, $v_x$, $V_s$를 구하라.

(b) 5 [Ω]의 저항이 소모하는 전력을 구하라.

**2.6** 다음 회로에서 전압 $V_1$과 $V_2$를 구하라.

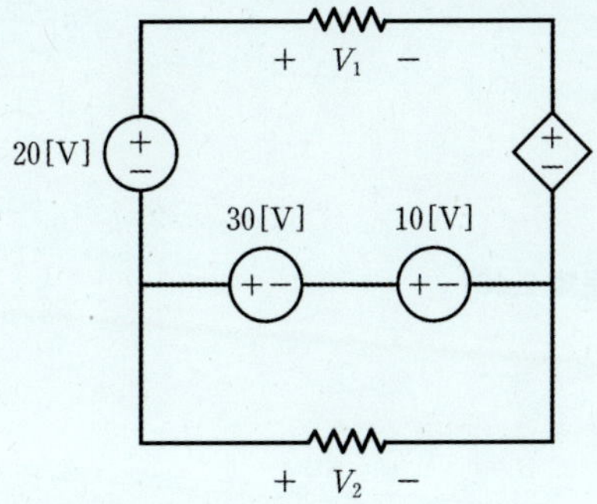


[문제 2.6]

**2.7** 다음 회로에 대해 주어진 물음에 답하라.

(a) 전압 $V_1$과 $V_2$의 비를 구하라.

(b) 전류 $I_1$을 구하라.

(c) 20[V]의 전원이 공급하는 전력을 구하라.

(d) 4[Ω]의 저항이 소모하는 전력을 구하라.

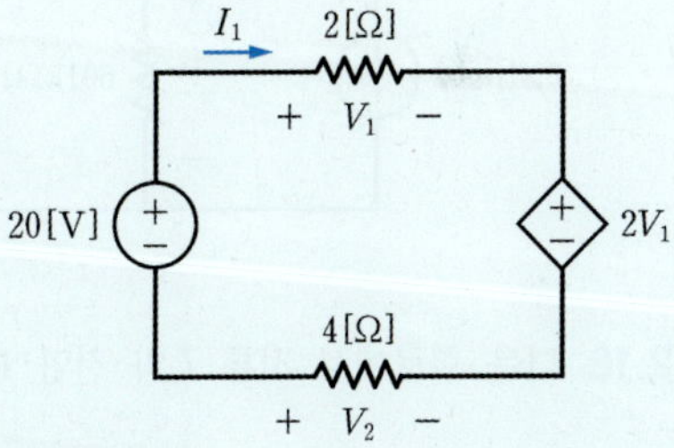


[문제 2.7]

**2.8** 다음 회로에서 3[Ω]에서 소모하는 전력과 전압 $V_o$를 구하라.

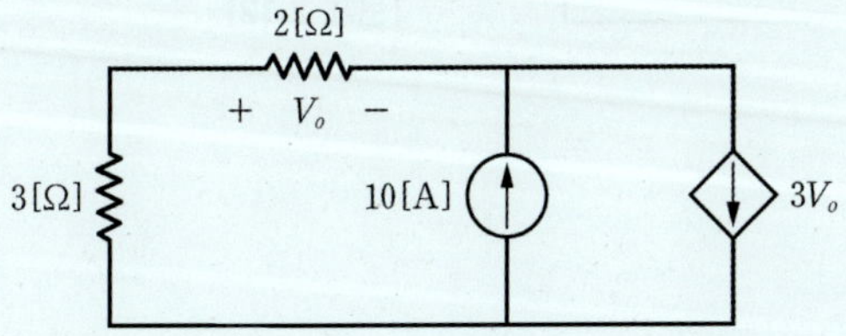


[문제 2.8]

**2.9** 다음 회로에서 출력전압 $V_o$와 종속전류원이 공급하는 전력을 구하라.

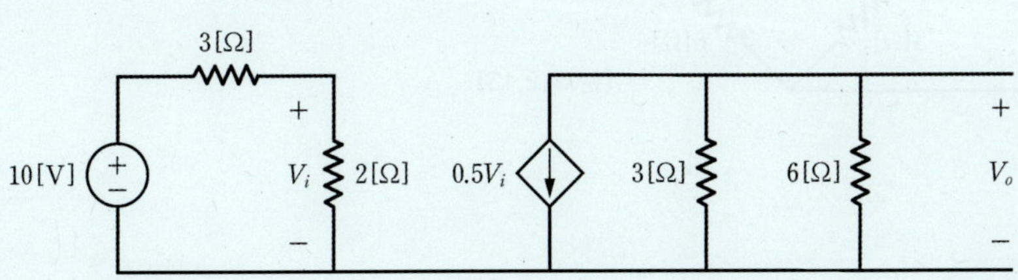


[문제 2.9]

**2.10** 다음 회로에서 전압 $V_1$과 $V_2$를 구하라.

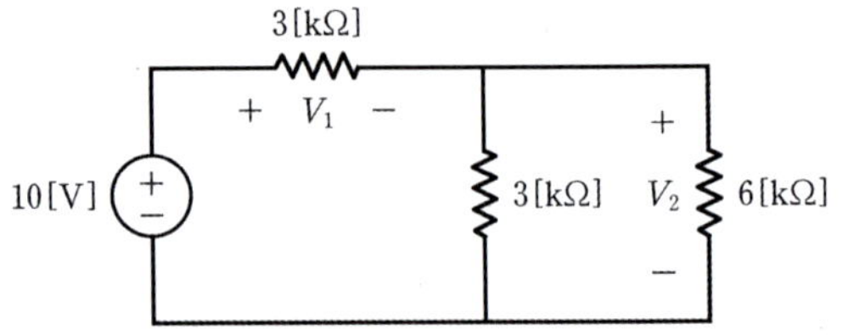


[문제 2.10]

**2.11** 다음 회로에서 전압 $V$와 전류 $I_o$를 구하라.

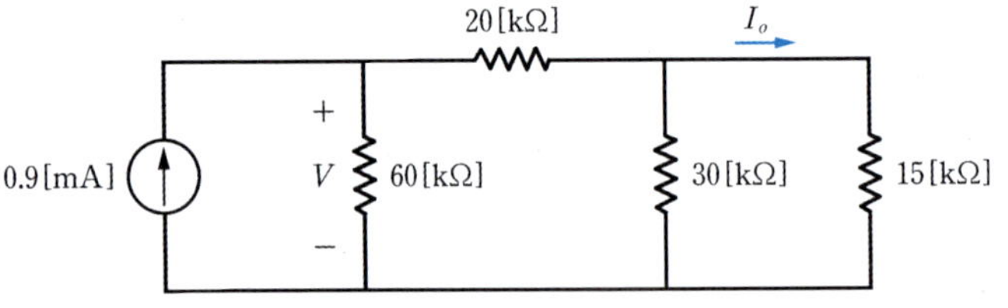


[문제 2.11]

**2.12** 다음 회로에서 전류 $I_o$와 전압 $V_o$를 구하라.

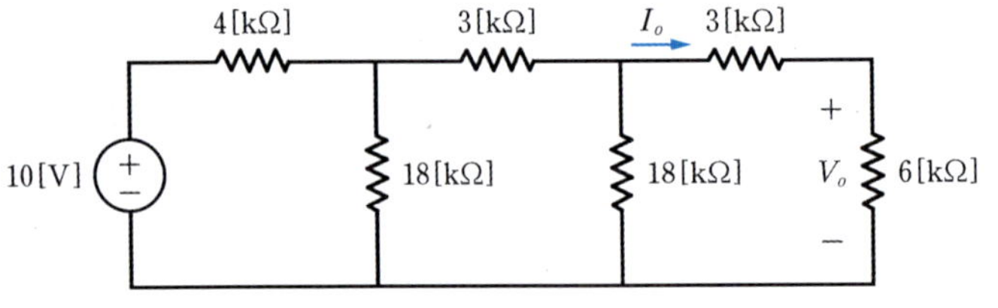


[문제 2.12]

**2.13** 다음 회로에서 전류 $I_o$를 구하라.

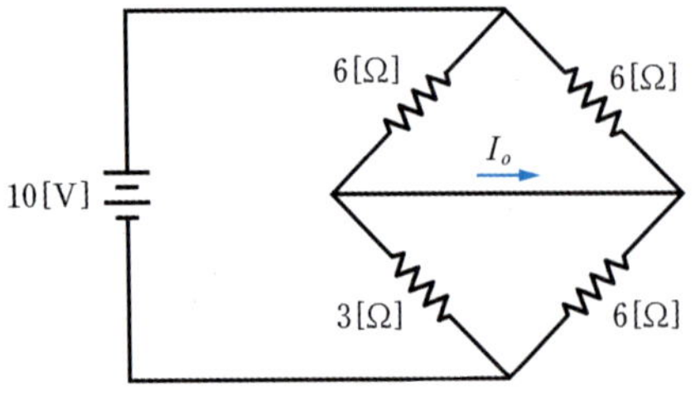


[문제 2.13]

**2.14** 다음 회로에서 전류 $I_o$와 전압 $V_o$를 구하라.

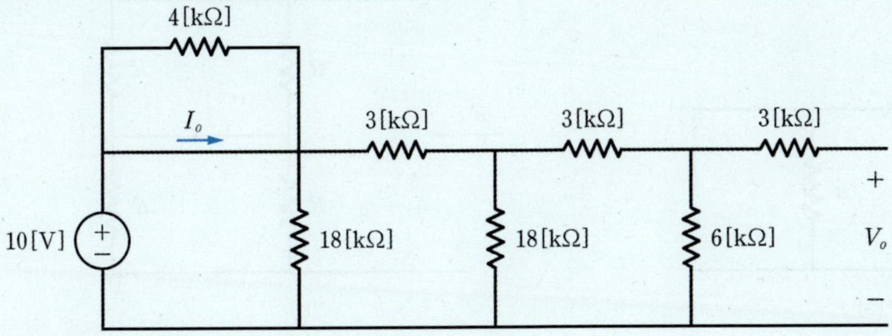


[문제 2.14]

**2.15** 다음 회로에서 전압 $V_s$와 전류 $I_o$를 구하라.

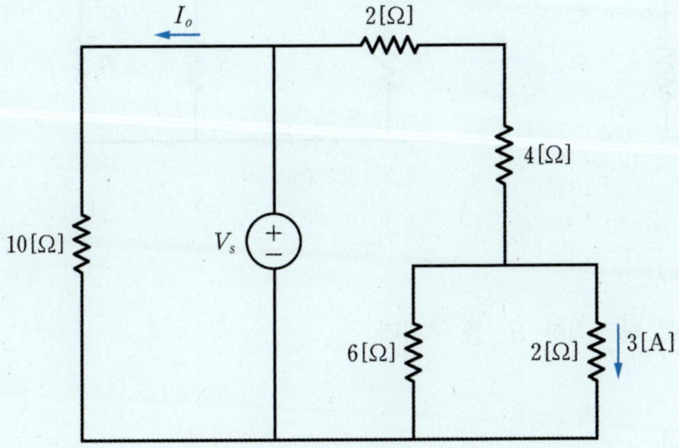


[문제 2.15]

**2.16** 다음 회로에서 전압 $V_o$를 구하라.

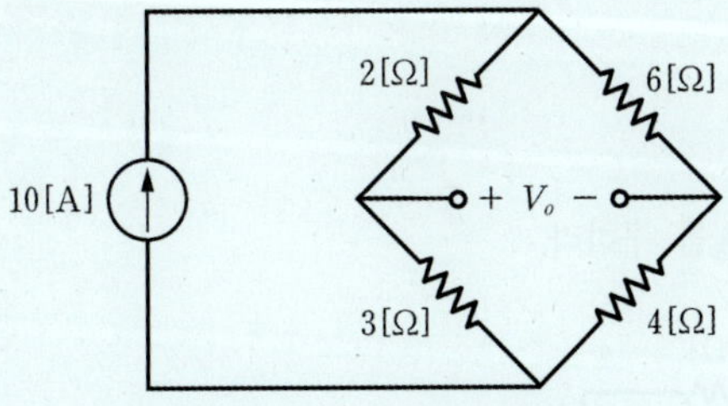


[문제 2.16]

**2.17** 다음 회로의 등가저항 $R_{eq}$를 구하라.

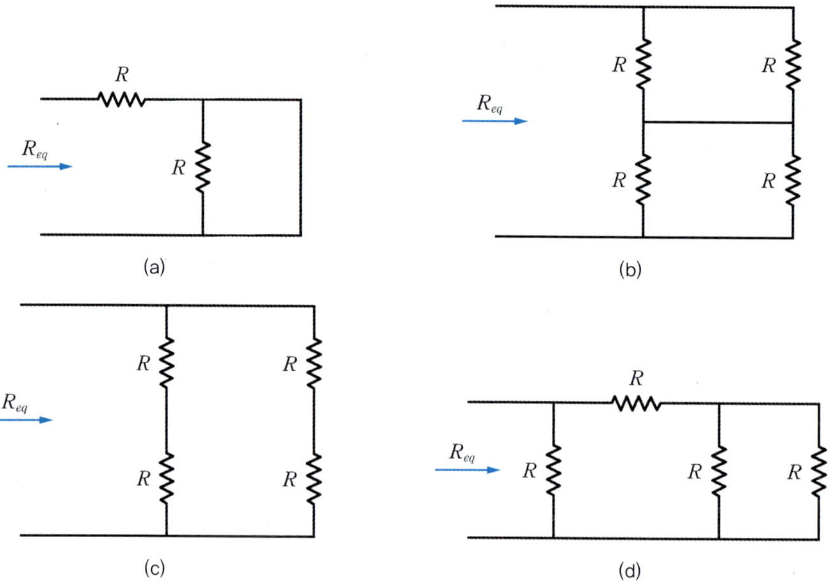


**[문제 2.17]**

**2.18** 다음 회로의 점 a, b에서 들여다본 등가저항 $R_{eq}$를 구하라.

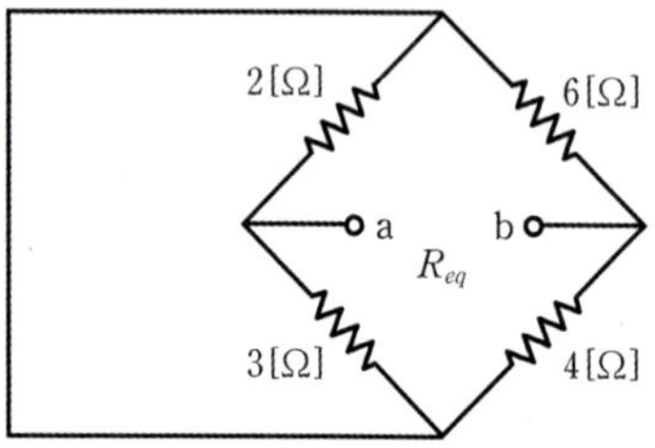


**[문제 2.18]**

**2.19** 다음 회로의 점 a, b에서 들여다본 등가저항 $R_{eq}$를 구하라.

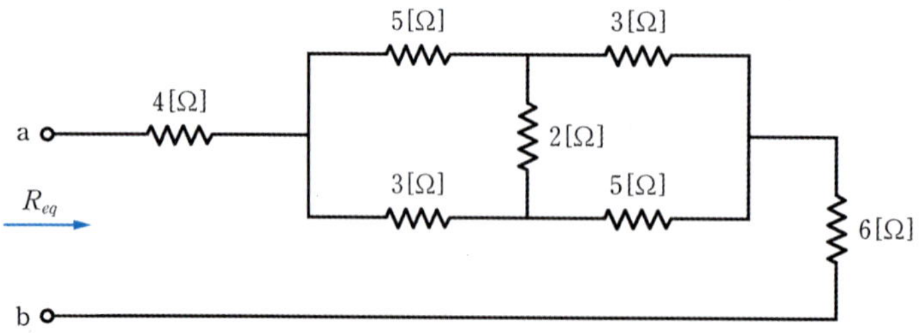


**[문제 2.19]**

**2.20** 다음 회로에서 전원이 공급하는 전류 $I_s$를 구하라.

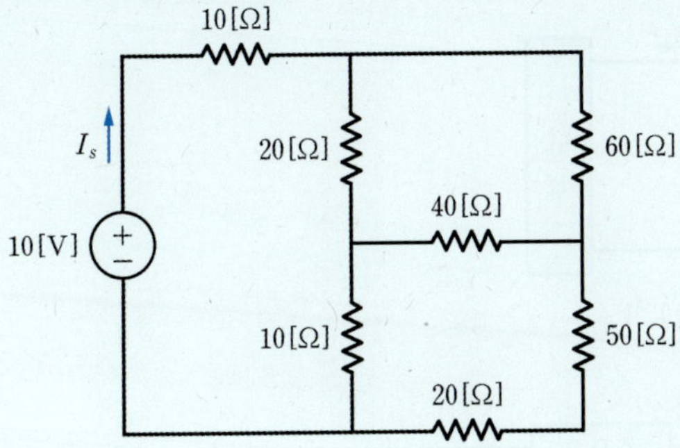


[문제 2.20]

**2.21** 220[V], 60[W]인 백열전등에 대해 다음 물음에 답하라.

(a) 220[V]인 전압원에 백열전등 4개가 병렬로 연결된 회로에서 백열전등이 소모하는 총 전력을 구하라.

(b) 4개의 백열전등이 직렬로 연결된 회로에서 소모하는 총 전력을 구하라.

**2.22** 다음 회로의 점 a, b에서 들여다본 등가저항 $R_{eq}$를 구하라.

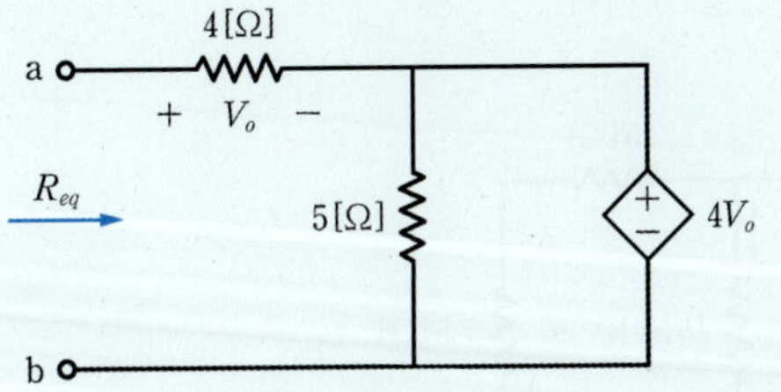


[문제 2.22]

**2.23** 다음 회로의 입력단자에서 들여다본 등가저항 $R_{eq}$를 구하라.

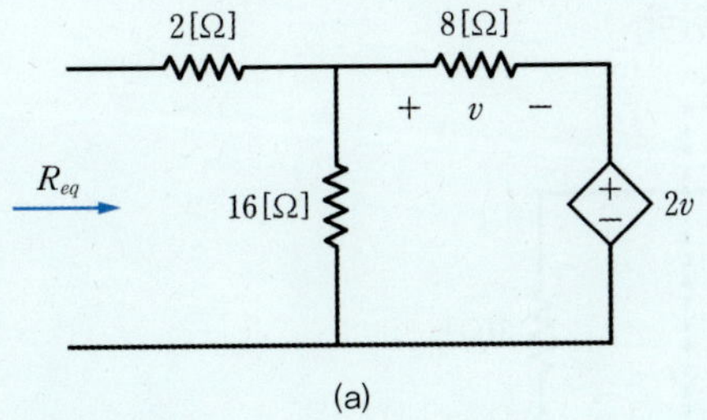


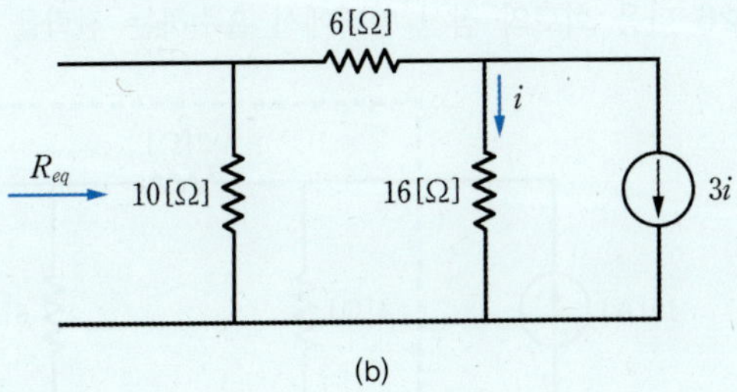


[문제 2.23]

**2.24** 소자 A와 소자 B의 전압-전류 관계식이 그림 (a)와 같을 때 (b)의 회로에서 출력전압 $V_o$를 구하라.

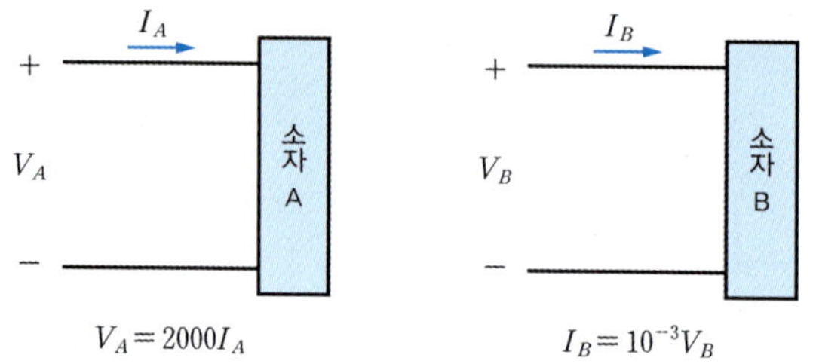


(a)

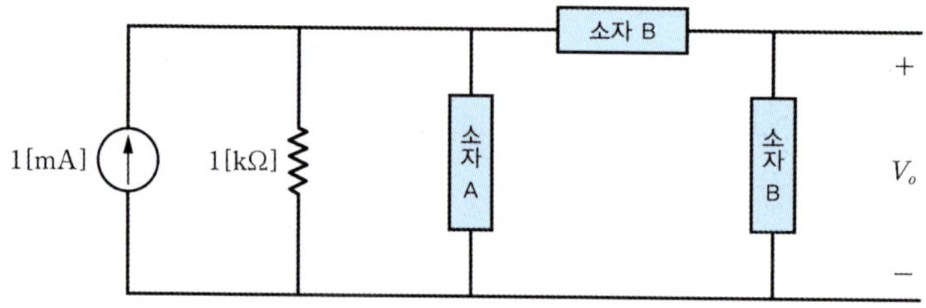


(b)

**[문제 2.24]**

**2.25** 다음 회로의 점 a, b에서 들여다본 등가저항 $R_{eq}$를 구하라.

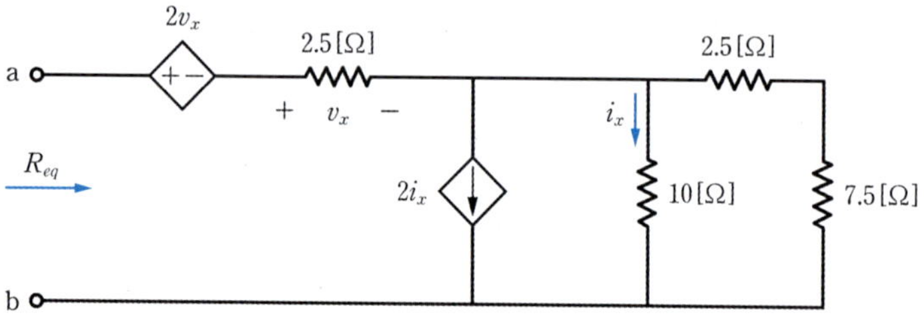


**[문제 2.25]**

**2.26** 다음 회로의 점선 영역에서 흡수하는 전력을 구하라.

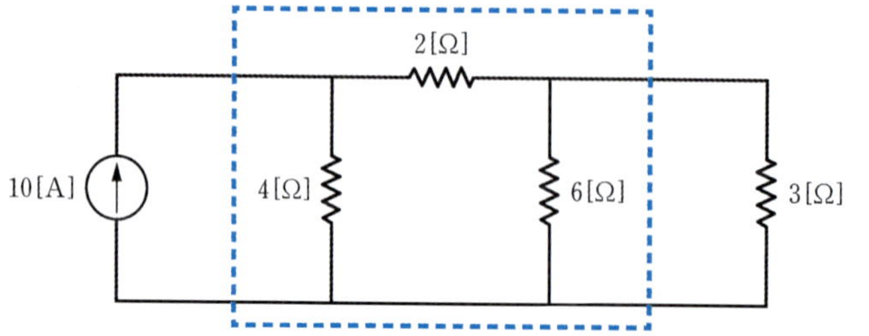


**[문제 2.26]**

**2.27** 다음 2단자망의 특성식을 구하라.

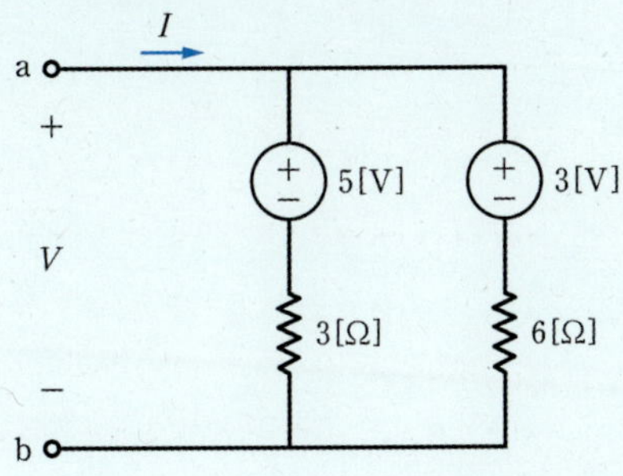


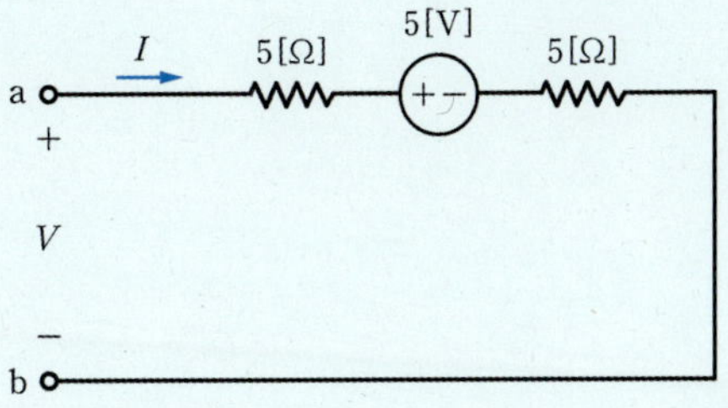


[문제 2.27]

**2.28** 다음 회로에 대해 주어진 물음에 답하라.

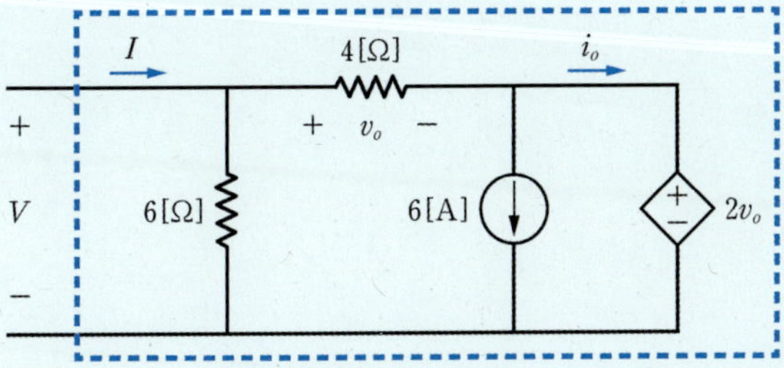


[문제 2.28]

(a) 점선 영역의 특성식을 구하라.

(b) $i_o$와 $I$의 관계식을 구하라.

**2.29** 다음 회로에서 점선 영역의 특성식($V$와 $I$의 관계식)을 구하라.

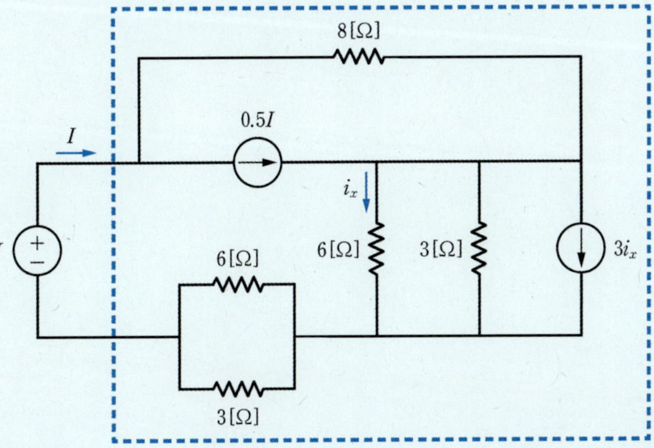


[문제 2.29]

CHAPTER 03

# 회로 해석법

Methods of Circuits Analysis



**학습목표**

- 기본적인 회로 해석 방법을 이해할 수 있다.
- 노드 해석법으로 회로를 해석하는 방법을 이해할 수 있다.
- 노드 해석법에서 전압원을 처리하는 방법을 이해할 수 있다.
- 루프 해석법으로 회로를 해석하는 방법을 이해할 수 있다.
- 루프 해석법에서 전류원을 처리하는 방법을 이해할 수 있다.

SECTION

# 3.1 회로 해석 방법의 개요

[그림 3-1]에 주어진 회로를 해석해보자.

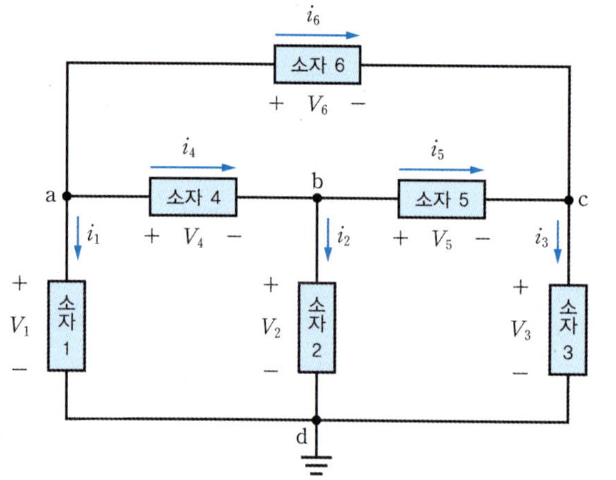


**[그림 3-1]** 회로 해석 방법에 사용되는 기본 회로

회로에 포함된 6개의 소자에 걸리는 전압값 6개와 흐르는 전류값 6개, 총 12개의 값을 구하는 것이 회로 해석이다. 먼저 각 소자에 걸리는 전압을 미지수 $v_1$, $v_2$, $v_3$, $v_4$, $v_5$, $v_6$ 라고 하고 소자에 흐르는 전류를 미지수 $i_1$, $i_2$, $i_3$, $i_4$, $i_5$, $i_6$ 로 지정하면 미지수는 총 12개가 된다. 미지수가 12개인 회로를 해석하려면 12개의 독립적인 방정식을 구한 뒤 연립방정식의 해를 구하면 된다.[1] 이상의 12개의 독립적인 방정식은 다음 과정을 통해 구할 수 있다. 먼저 소자의 수가 6개이므로 소자의 특성식은 6개가 만들어진다.[2]

[그림 3-1]의 회로에서는 노드의 수가 4개(일반 회로에서는 회로를 꾸미는 방법에 따라 다르므로 $m$개로 가정함)이므로 만들 수 있는 노드방정식(노드에서의 키르히호프 전류법칙)은 모두 4개이다. 이때 4개 중 3개는 독립방정식이며 1개는 종속방정식이다.[3] 점 a, b, c, d에서 노드방정식을 구하면 식 (3.1)과 같이 표현된다.

1 소자의 수가 $n$개인 일반회로에서는 미지수가 $2n$개이고, $2n$개의 방정식이 필요하다.
2 소자의 수가 $n$개인 일반회로에서는 소자의 특성식이 $n$개다.
3 독립방정식은 방정식 풀이에 유효한 방정식을 의미하고, 종속방정식은 무의미한 방정식을 의미한다.

$$i_1 + i_4 + i_6 = 0 \tag{3.1a}$$

$$i_4 = i_2 + i_5 \tag{3.1b}$$

$$i_3 = i_5 + i_6 \tag{3.1c}$$

$$i_1 + i_2 + i_3 = 0 \tag{3.1d}$$

식 (3.1a), (3.1b), (3.1c)를 이용해 식 (3.1d)를 구할 수 있으므로 3개만 독립방정식이 되고, 나머지 식은 종속방정식이 된다. 소자의 수가 $n$개인 일반회로에서 노드의 수를 $m$개로 가정했으므로 유효한 방정식 수는 $(m-1)$개가 된다. 즉 $m$개의 노드 중 $(m-1)$개의 노드에서 방정식을 구하고 나머지 1개의 노드에서는 노드방정식을 구할 필요가 없다. 즉 $m$개의 노드 중 어느 한 노드를 기준점으로 두고 그 기준점에서는 노드방정식을 구하지 않아도 된다.

한편 [그림 3-1]의 회로에서 루프의 수를 구해보자. 각 루프로부터 하나의 루프방정식이 만들어지므로 총 7개의 루프방정식이 나온다. 이 중 4개는 종속방정식이므로 의미가 없고, 다음의 독립방정식 3개만 유효한 방정식이 된다.

- 소자 1, 소자 2, 소자 4로 이루어진 루프방정식 : $v_1 = v_2 + v_4$ (3.2a)
- 소자 2, 소자 3, 소자 5로 이루어진 루프방정식 : $v_2 = v_3 + v_5$ (3.2b)
- 소자 1, 소자 3, 소자 6으로 이루어진 루프방정식 : $v_1 = v_3 + v_6$ (3.2c)

이 유효한 3개의 독립방정식을 만드는 루프를 독립루프라고 부르며, 독립루프에 포함된 소자 중 하나 이상의 소자가 다른 독립루프에 포함되지 않는다. 따라서 [그림 3-1]의 회로에서 만들 수 있는 독립루프의 수는 3개이고, 이는 망[mesh] 수와 같다. 망으로만 루프방정식을 구하면 그 식은 반드시 독립방정식이 된다. 따라서 [그림 3-1]에서는 유효한 루프방정식이 3개이므로 전체적으로 12개의 방정식을 구할 수 있다. 소자 $n$개로 구성된 일반적인 회로에서는 망의 수를 $l$개로 가정하면 $m + l = n + 1$의 관계식을 만족하므로 총 $2n$개의 방정식을 구할 수 있다.

회로로부터 구한 독립루프에 대한 방정식을 이용하면 소자에 걸리는 전압의 미지수 개수를 독립루프 수만큼 줄일 수 있다. 루프방정식을 먼저 이용해 미지수 개수를 줄이는 방법을 **노드 해석법**이라 하며, 반대로 노드방정식을 먼저 이용해 소자에 흐르는 전류의 미지수 개수를 줄이는 방법을 **루프 해석법**이라 한다. 두 가지 회로 해석법에 대해서는 3.2절, 3.3절에서 자세히 살펴볼 것이다. 두 가지의 회로 해석법 중 어떤 방식을 통해서도 회로 해석이 가능하지만, 회로의 구성요소에 따라 풀이 과정이 간단할 수도 있고 복잡한 수식으로 풀어야 할 수도 있다. 어떤 풀이가 좀더 간편한지는 3.4절에서 다루기로 한다.

SECTION 3.2

# 노드 해석법 (마디 해석법)

**노드 해석법**은 먼저 루프방정식을 이용해 전압의 미지수를 줄인 후 소자의 특성식을 변경한다. 그리고 소자의 특성식을 이용하여 노드방정식에 있는 전류 미지수를 전압 미지수로 바꾸면, 유효한 노드방정식 수와 전압 미지수 개수가 같아진다. 따라서 전압 미지수 값을 구할 수 있다.

식 (3.2)를 이용하면 $v_4$, $v_5$, $v_6$도 $v_1$, $v_2$, $v_3$에 대한 식으로 나타낼 수 있다. 따라서 소자의 특성식은 다음과 같이 바꿔서 나타낼 수 있다.

$$v_1 = f_1(i_1) \quad \rightarrow \quad i_1 = f_1^{-1}(v_1) \tag{3.3a}$$

$$v_2 = f_2(i_2) \quad \rightarrow \quad i_2 = f_2^{-1}(v_2) \tag{3.3b}$$

$$v_3 = f_3(i_3) \quad \rightarrow \quad i_3 = f_1^{-1}(v_3) \tag{3.3c}$$

$$v_4 = f_4(i_4) \quad \rightarrow \quad i_4 = f_4^{-1}(v_4) \quad \rightarrow \quad i_4 = f_4^{-1}(v_1 - v_2) \tag{3.3d}$$

$$v_5 = f_5(i_5) \quad \rightarrow \quad i_5 = f_5^{-1}(v_5) \quad \rightarrow \quad i_5 = f_5^{-1}(v_2 - v_3) \tag{3.3e}$$

$$v_6 = f_6(i_6) \quad \rightarrow \quad i_6 = f_6^{-1}(v_6) \quad \rightarrow \quad i_6 = f_6^{-1}(v_1 - v_3) \tag{3.3f}$$

식 (3.1)의 노드방정식 3개에 식 (3.3)을 대입하면 다음과 같다.

$$f_1^{-1}(v_1) + f_4^{-1}(v_1 - v_2) + f_6^{-1}(v_1 - v_3) = 0 \tag{3.4a}$$

$$f_4^{-1}(v_1 - v_2) = f_2^{-1}(v_2) + f_5^{-1}(v_2 - v_3) \tag{3.4b}$$

$$f_3^{-1}(v_3) = f_5^{-1}(v_2 - v_3) + f_6^{-1}(v_1 - v_3) \tag{3.4c}$$

따라서 식 (3.4)는 미지수 3개와 방정식 3개로 이루어진 삼원 1차 연립방정식으로, 3개의 미지수 값을 구할 수 있으며, 그로부터 나머지 미지수도 구할 수 있다. 이와 같이 회로를 해석하는 방법을 **노드 해석법**이라 한다.

식 (3.1)의 노드방정식에는 전류 미지수만 존재한다. 따라서 소자의 특성식이 전류 미지수로 표현되어야만 노드방정식에 표기된 전류 미지수를 모두 제거할 수 있다. 그러나 회로에 사용되는 소자가 전압원인 경우, 소자의 특성식에는 전류 미지수가 존재하지 않기 때문에 노드방정식에 표현된 전류 미지수를 전압 미지수로 변경할 수 없다. 따라서 회로에 전압원이 존재할 경우에는 앞에서 언급한 방식과는 다르게 회로를 해석해야 한다. 지금부터 전원의 형태에 따라 달라지는 회로 해석 방법을 살펴보자.

### 3.2.1 독립전류원만 존재하는 경우

회로에 사용되는 전원이 모두 독립전류원인 경우, 노드 해석법을 활용하는 방식을 예제를 통해 알아보자. 이때는 회로에 사용된 모든 소자의 특성식에 전류항이 있으므로 최종 다원 1차 연립방정식에는 전압의 항만 존재한다.

**예제 3-1**

다음 회로의 각 소자에 걸리는 전압을 노드 해석법으로 구하라.

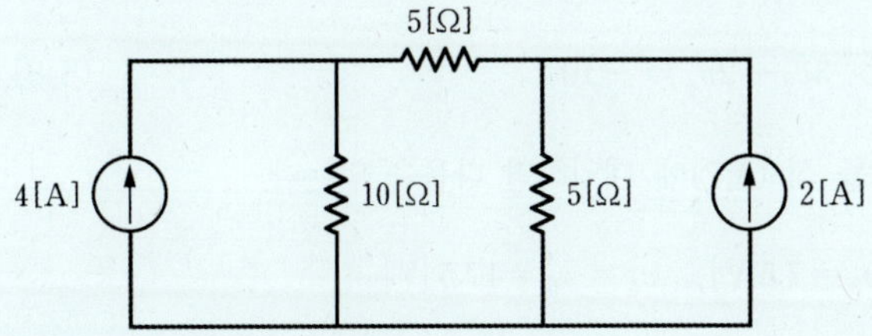


**[그림 3-2]** [예제 3-1]의 회로

**풀이**

각 소자의 특성식을 구하기 위해 각 소자의 전압과 전류의 미지수를 [그림 3-3]과 같이 정한다.

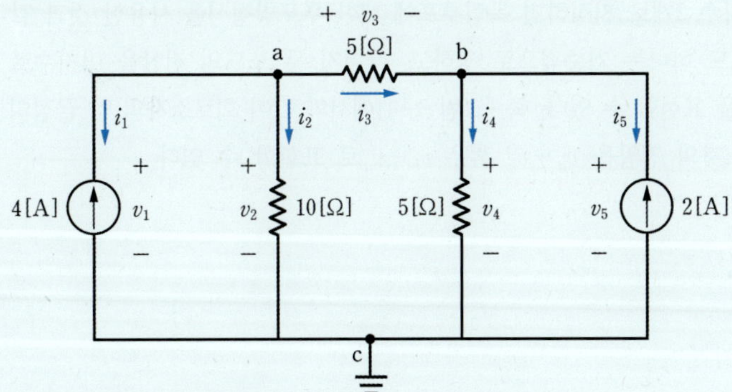


**[그림 3-3]** 소자의 특성식을 구하기 위한 미지수 지정

각 소자의 특성식을 구하면 다음과 같다.

$$i_1 = -4,\quad v_2 = 10i_2,\quad v_3 = 5i_3,\quad v_4 = 5i_4,\quad i_5 = -2 \tag{3.5}$$

또한 점 a와 b에서 구한 노드방정식은 다음과 같다(기준점에서의 노드방정식 제외).

$$i_1 + i_2 + i_3 = 0,\quad i_3 = i_4 + i_5 \tag{3.6}$$

한편 3개의 망에 대한 루프방정식을 구하면 다음과 같다.

$$v_1 = v_2,\quad v_2 = v_3 + v_4,\quad v_4 = v_5 \tag{3.7}$$

식 (3.7)의 두 번째 식으로부터 $v_3 = v_2 - v_4$로 변환하면 모든 소자의 전압을 $v_2$와 $v_4$로 표현할 수 있다. 따라서 소자의 특성식 (3.7)은 다음 식으로 변한다.

$$i_1 = -4, \quad i_2 = \frac{v_2}{10}, \quad i_3 = \frac{v_3}{5} = \frac{v_2 - v_4}{5}, \quad i_4 = \frac{v_4}{5}, \quad i_5 = -2$$

따라서 식 (3.6)의 노드방정식에 차례대로 위 특성식을 대입하면 다음과 같이 변한다.

$$-4 + \frac{v_2}{10} + \frac{v_2 - v_4}{5} = 0, \quad \frac{v_2 - v_4}{5} = \frac{v_4}{5} - 2$$

위 식을 정리하면 다음과 같다.

$$3v_2 - 2v_4 = 40, \quad 3v_2 - 2v_4 = -10 \tag{3.8}$$

식 (3.8)의 이원 1차 연립방정식을 풀고, 이를 식 (3.7)에 대입하면 다음을 얻는다.

$$v_1 = v_2 = 25\,[\mathrm{V}], \quad v_3 = 7.5[\mathrm{V}], \quad v_4 = v_5 = 17.5\,[\mathrm{V}]$$

이상의 방법은 모든 소자의 전압을 미지수로 정하고 루프방정식을 이용해 미지수의 수를 줄여나가는 방식을 택했다. 그러나 이 두 과정을 묶어 처음부터 줄어든 전압의 미지수로 회로를 해석하는 방법이 보다 간편할 것이다. 회로소자의 수가 5개이므로 전압의 변수는 5개가 된다. 이때 망의 개수가 3개이므로 독립루프의 수도 3개가 되며, 이들 루프방정식을 이용하면 변수를 2개로 줄일 수 있다. [그림 3-3]의 모든 소자에 걸리는 전압을 미지수 2개로 지정하면 독립루프에 대한 루프방정식을 사용한 것과 같아진다. 노드의 수가 3개이므로 노드 하나는 기준점으로 정하고, 나머지 두 노드의 전압을 미지수로 지정하면 모든 소자에 걸리는 전압을 표현할 수 있다. 즉 [그림 3-4]에서와 같이 회로소자의 양 끝점의 절대전압을 $v_a$와 $v_b$로 두면 회로소자의 전압을 $v_a - v_b$ 혹은 $v_b - v_a$로 표현할 수 있다.

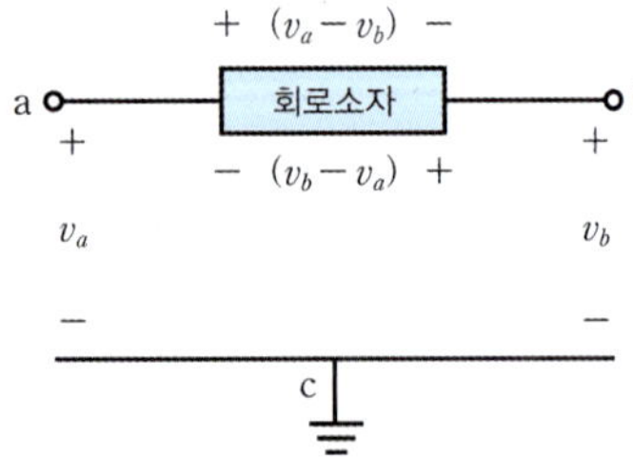


**[그림 3-4]** 소자의 전압과 양단의 절대전압

[그림 3-3]의 회로에서 보는 바와 같이 점 c를 기준으로 점 a의 전압을 $v_a$, 점 b의 전압을 $v_b$로 정하면 모든 소자의 양 끝점이 점 a, b, c 중 하나에 연결되어 있으므로 회로소자에 걸리는 전압을 $v_a$와 $v_b$의 함수로 표현할 수 있다. 즉 위 예제 풀이에서 $v_2$ 대신 $v_a$로, $v_4$ 대신 $v_b$로 바꿔 풀면 앞에서 구한 답과 동일한 결과를 얻을 수 있다.

**실전문제 3-1**

다음 회로에서 노드 해석법으로 전류 $I$를 구하라.

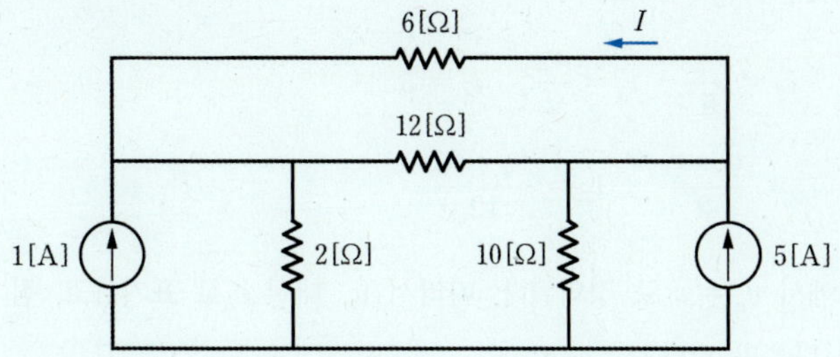


[그림 3-5]

## 3.2.2 종속전류원이 존재하는 경우

종속전류원의 특성식과 독립전류원의 특성식은 동일한 형태로 주어지므로 근본적으로 둘의 처리 방법은 동일하다. 그러나 종속전원이 갖는 크기가 미지수이므로 종속전원의 개수만큼 미지수가 늘어난다. 또한 종속전원의 크기를 나타내는 미지수는 그 회로 내에 반드시 정의되어 있다. 따라서 미지수 개수만큼 방정식 수가 추가로 발생하므로 회로 해석에는 문제가 없다. 종속전류원이 있는 경우, 노드 해석법으로 회로를 해석하는 방법을 예제를 통해 살펴보자.

**예제 3-2**

종속전류원이 있는 다음 회로의 각 노드의 전압을 노드 해석법을 이용해 구하라.

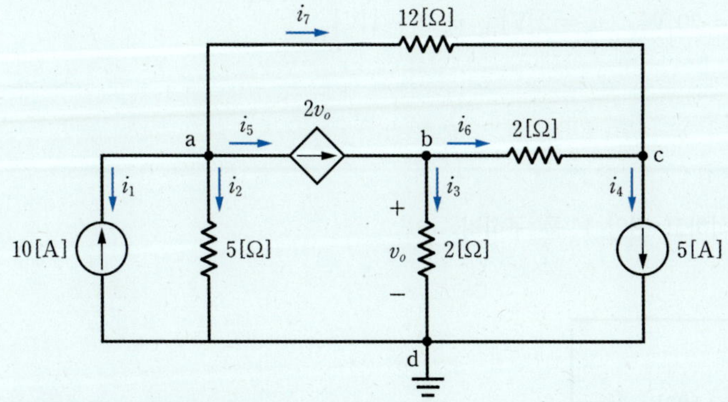


**[그림 3-6]** 종속전류원이 존재하는 회로

**풀이**

[그림 3-6]을 보면 회로에 7개의 소자가 있다. 회로에 전류의 변수 $i_1 \sim i_7$이 표기되어 있으므로 전압의 미지수 또한 7개가 될 것이다. 회로에 존재하는 독립루프는 4개이고, 그에 대한 루프방정식을 사용하면 전압의 미지수는 3개로 줄어든다. 즉 노드의 수 4개 중에서 하나의 점을 기준점(점 d)으로 삼고

나머지 점 a, b, c의 전압을 $v_a$, $v_b$, $v_c$로 지정해 전압에 대한 미지수를 3개로 줄인 경우와 동일한 결과를 얻을 수 있다.

한편 소자의 특성식을 $v_a$, $v_b$, $v_c$로 표기하면 다음과 같다.

$$i_1 = -10, \quad i_2 = \frac{v_a}{5}, \quad i_3 = \frac{v_b}{2}, \quad i_4 = 5$$

$$i_5 = 2v_o, \quad i_6 = \frac{v_b - v_c}{2}, \quad i_7 = \frac{v_a - v_c}{12}$$

종속전류원의 크기를 표현한 $v_o$는 회로에서 $v_o = v_b$로 정의된다. 따라서 $v_o$ 대신 $v_b$로 표기하고, 점 a에서의 노드방정식을 구하고 정리하면 다음과 같다.

$$i_1 + i_2 + i_5 + i_7 = 0 \quad \rightarrow \quad -10 + \frac{v_a}{5} + 2v_b + \frac{v_a - v_c}{12} = 0$$

$$17v_a + 120v_b - 5v_c = 600 \tag{3.9a}$$

점 b에서의 노드방정식을 구하고 정리하면 다음과 같다.

$$i_5 = i_3 + i_6 \quad \rightarrow \quad 2v_b = \frac{v_b}{2} + \frac{v_b - v_c}{2}$$

$$2v_b + v_c = 0 \tag{3.9b}$$

점 c에서의 노드방정식을 구하고 정리하면 다음과 같다.

$$i_4 = i_6 + i_7 \quad \rightarrow \quad 5 = \frac{v_b - v_c}{2} + \frac{v_a - v_c}{12}$$

$$v_a + 6v_b - 7v_c = 60 \tag{3.9c}$$

소거법을 사용해 식 (3.9)의 삼원 1차 연립방정식을 풀면 다음을 얻는다.

$$v_a = 20[\text{V}], \quad v_b = 2[\text{V}], \quad v_c = -4[\text{V}]$$

## 실전문제 3-2

다음 회로를 노드 해석법으로 해석하고 전압 $V_x$를 구하라.

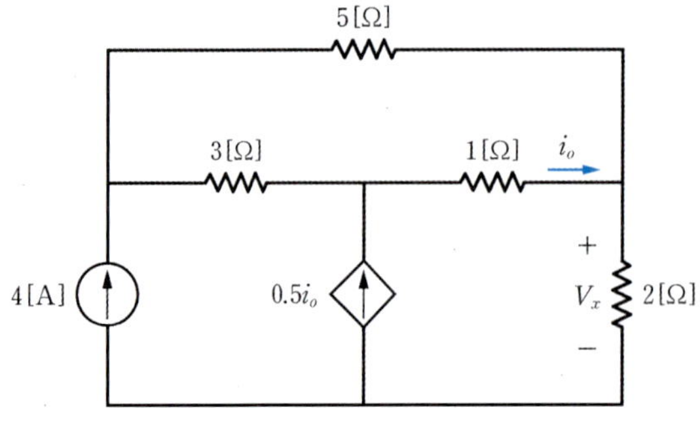


[그림 3-7]

## 3.2.3 크래머 공식

[예제 3-2]의 회로를 해석하는 과정에서 얻은 식 (3.9)의 해를 구할 때 크래머 공식Cramer's rule을 사용하면 해를 좀더 쉽게 구할 수 있다. 이 공식을 사용하기 위해 먼저 다원 1차 연립방정식을 행렬matrix로 표현한다.

$$[A]\cdot[V]=[C] \tag{3.10}$$

미지수의 행렬 $[V]$를 구하면 식 (3.11)과 같다.

$$[V]=[A]^{-1}\cdot[C] \tag{3.11}$$

삼원 1차 연립방정식의 해를 구하는 과정을 살펴보자.

$$\begin{pmatrix} a_{11} & a_{12} & a_{13} \\ a_{21} & a_{22} & a_{23} \\ a_{31} & a_{32} & a_{33} \end{pmatrix}\cdot\begin{pmatrix} v_1 \\ v_2 \\ v_3 \end{pmatrix}=\begin{pmatrix} c_1 \\ c_2 \\ c_3 \end{pmatrix} \tag{3.12a}$$

$$\begin{pmatrix} v_1 \\ v_2 \\ v_3 \end{pmatrix}=\begin{pmatrix} a_{11} & a_{12} & a_{13} \\ a_{21} & a_{22} & a_{23} \\ a_{31} & a_{32} & a_{33} \end{pmatrix}^{-1}\cdot\begin{pmatrix} c_1 \\ c_2 \\ c_3 \end{pmatrix} \tag{3.12b}$$

식 (3.12b)에서 행렬 형태를 각 원소별로 풀어 쓰면 다음과 같다.

$$v_1=\frac{\Delta_1}{\Delta},\ v_2=\frac{\Delta_2}{\Delta},\ v_3=\frac{\Delta_3}{\Delta}$$

여기서 $\Delta$는 행렬 $A$의 행렬식determinant으로, 다음의 과정으로 계산한다.

$$\begin{aligned}\Delta&=\begin{vmatrix} a_{11} & a_{12} & a_{13} \\ a_{21} & a_{22} & a_{23} \\ a_{31} & a_{32} & a_{33} \end{vmatrix}\\&=(a_{11}a_{22}a_{33}+a_{12}a_{23}a_{31}+a_{13}a_{21}a_{32})-(a_{13}a_{22}a_{31}+a_{11}a_{23}a_{32}+a_{12}a_{21}a_{33})\end{aligned}$$

즉 [그림 3-8]과 같이 화살표 방향으로 곱한 후 덧셈과 뺄셈으로 처리한다.

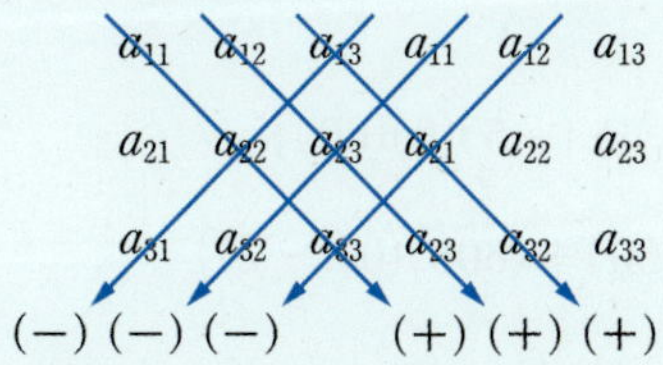


**[그림 3-8]** 매트릭스의 크기를 구하는 법

행렬 A에서 $a_{11}$ 대신 $c_1$, $a_{21}$ 대신 $c_2$, $a_{31}$ 대신 $c_3$를 대입한 행렬의 크기가 $\Delta_1$이다.

$$\Delta_1 = \begin{vmatrix} c_1 & a_{12} & a_{13} \\ c_2 & a_{22} & a_{23} \\ c_3 & a_{32} & a_{33} \end{vmatrix} = (c_1a_{22}a_{33} + a_{12}a_{23}c_3 + a_{13}c_2a_{32}) - (a_{13}a_{22}c_3 + c_1a_{23}a_{32} + a_{12}c_2a_{33})$$

행렬 A에서 $a_{12}$ 대신 $c_1$, $a_{22}$ 대신 $c_2$, $a_{32}$ 대신 $c_3$를 대입한 행렬의 크기가 $\Delta_2$이다.

$$\Delta_2 = \begin{vmatrix} a_{11} & c_1 & a_{13} \\ a_{21} & c_2 & a_{23} \\ a_{31} & c_3 & a_{33} \end{vmatrix} = (a_{11}c_2a_{33} + c_1a_{23}a_{31} + a_{13}a_{21}c_3) - (a_{13}c_2a_{31} + a_{11}a_{23}c_3 + c_1a_{21}a_{33})$$

행렬 A에서 $a_{13}$ 대신 $c_1$, $a_{23}$ 대신 $c_2$, $a_{33}$ 대신 $c_3$를 대입한 행렬의 크기가 $\Delta_3$이다.

$$\Delta_3 = \begin{vmatrix} a_{11} & a_{12} & c_1 \\ a_{21} & a_{22} & c_2 \\ a_{31} & a_{32} & c_3 \end{vmatrix} = (a_{11}a_{22}c_3 + a_{12}c_2a_{31} + c_1a_{21}a_{32}) - (c_1a_{22}a_{31} + a_{11}c_2a_{32} + a_{12}a_{21}c_3)$$

[예제 3-2]에서 얻은 식 (3.9)의 삼원 1차 연립방정식의 해를 크래머 공식을 이용해 구해보자.

$$\begin{pmatrix} 17 & 120 & -5 \\ 0 & 2 & 1 \\ 1 & 6 & -7 \end{pmatrix} \cdot \begin{pmatrix} v_a \\ v_b \\ v_c \end{pmatrix} = \begin{pmatrix} 600 \\ 0 \\ 60 \end{pmatrix}$$

각 행렬의 크기를 먼저 구해보면 다음과 같다.

$$\begin{aligned} \Delta &= \begin{vmatrix} 17 & 120 & -5 \\ 0 & 2 & 1 \\ 1 & 6 & -7 \end{vmatrix} = \{(17)(2)(-7) + (120)(1)(1) + (-5)(0)(6)\} \\ &\qquad - \{(-5)(2)(1) + (17)(1)(6) + (120)(0)(-7)\} \\ &= -210 \end{aligned}$$

$$\begin{aligned} \Delta_1 &= \begin{vmatrix} 600 & 120 & -5 \\ 0 & 2 & 1 \\ 60 & 6 & -7 \end{vmatrix} = \{(600)(2)(-7) + (120)(1)(60) + (-5)(0)(6)\} \\ &\qquad - \{(-5)(2)(60) + (600)(1)(6) + (120)(0)(-7)\} \\ &= -4200 \end{aligned}$$

$$\begin{aligned} \Delta_2 &= \begin{vmatrix} 17 & 600 & -5 \\ 0 & 0 & 1 \\ 1 & 60 & -7 \end{vmatrix} = \{(17)(0)(-7) + (600)(1)(1) + (-5)(0)(60)\} \\ &\qquad - \{(-5)(0)(1) + (17)(1)(60) + (600)(0)(-7)\} \\ &= -420 \end{aligned}$$

$$\begin{aligned} \Delta_3 &= \begin{vmatrix} 17 & 120 & 600 \\ 0 & 2 & 0 \\ 1 & 6 & 60 \end{vmatrix} = \{(17)(2)(60) + (120)(0)(1) + (600)(0)(6)\} \\ &\qquad - \{(600)(2)(1) + (17)(0)(6) + (120)(0)(60)\} \\ &= 840 \end{aligned}$$

각 행렬의 크기로부터 미지수의 값을 구하면 다음과 같다.

$$v_a = \frac{\Delta_1}{\Delta} = 20[\mathrm{V}],\quad v_b = \frac{\Delta_2}{\Delta} = 2[\mathrm{V}],\quad v_c = \frac{\Delta_3}{\Delta} = -4[\mathrm{V}]$$

## 3.2.4 독립전압원이 존재하는 경우

독립전압원의 특성식에서는 전류 $I$가 전압 $V$의 함수로 표현되지 않는다. 따라서 전압원을 포함하는 노드방정식에는 전압원에 흐르는 전류 미지수가 전압 미지수로 변환되지 않고 그대로 전류 미지수로 남아 있다. 따라서 노드방정식에 있는 미지수의 수는 전압원의 수만큼 늘어나므로 추가적인 방정식이 필요하다. 이와 같은 추가적인 방정식은 노드방정식에 사용되지 않은 전압원의 특성식으로부터 얻을 수 있다. 이 경우 회로 해석 방법은 앞의 경우와 다소 차이가 있다. 예제를 통해 살펴보자.

**예제 3-3**

다음과 같이 전압원이 있는 회로에서 각 노드의 전압을 구하라.

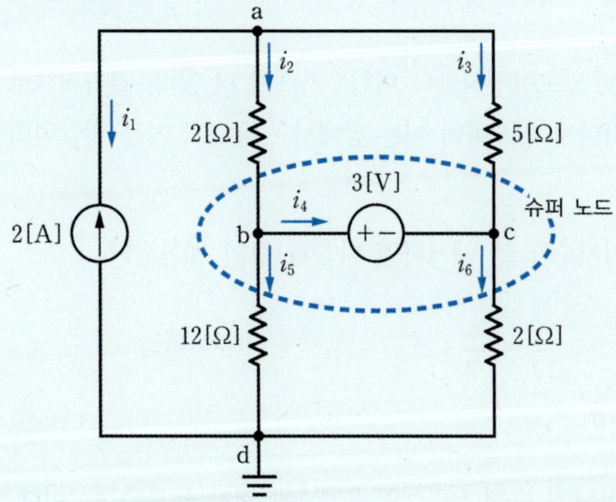


**[그림 3-9]** [예제 3-3]의 회로

**풀이**

4개의 노드 중 점 d를 기준 노드로 정하고, 나머지 점 a, b, c의 전위를 $v_a$, $v_b$, $v_c$라고 하면 이미 독립 루프방정식을 사용한 것과 같다. 전압 미지수 3개와 전류 미지수 6개로 각 소자의 특성식을 구하면 다음과 같다.

$$i_1 = -2 \tag{3.13a}$$

$$v_a - v_b = 2 \cdot i_2 \tag{3.13b}$$

$$v_a - v_c = 5 \cdot i_3 \tag{3.13c}$$

$$v_b - v_c = 3 \tag{3.13d}$$

$$v_b = 12 \cdot i_5 \tag{3.13e}$$

$$v_c = 2 \cdot i_6 \tag{3.13f}$$

한편 회로로부터 점 a, b, c에서의 노드방정식을 구해보자.

먼저 점 a에서 노드방정식을 구하면 $i_1 + i_2 + i_3 = 0$이고 여기에 소자의 특성식을 대입하면 다음과 같이 정리된다.

$$-2 + \frac{v_a - v_b}{2} + \frac{v_a - v_c}{5} = 0$$

$$7v_a - 5v_b - 2v_c = 20 \tag{3.14a}$$

그리고 점 b에서 노드방정식을 구하면 $i_2 = i_4 + i_5$이고 여기에 소자의 특성식을 대입하면 다음과 같이 정리된다.

$$\frac{v_a - v_b}{2} = i_4 + \frac{v_b}{12} \tag{3.14b}$$

식 (3.14b)를 살펴보면 앞의 경우와 달리 미지수 $i_4$는 전압원에 흐르는 전류이고 식 (3.13d)에서 보는 바와 같이 전압원의 특성식에는 $i_4$ 항이 존재하지 않는다. 따라서 미지수 $i_4$는 제거할 수 없다. 마지막으로 점 c에서 노드방정식을 구하면 $i_3 + i_4 = i_6$이고 여기에 소자의 특성식을 대입하면 다음과 같이 정리된다. 이는 앞의 식과 같이 $i_4$의 항이 남아 있는 방정식이 된다.

$$\frac{v_a - v_c}{5} + i_4 = \frac{v_c}{2} \tag{3.14c}$$

따라서 전압원이 하나 있는 회로의 노드방정식에는 노드방정식보다 미지수가 1개 더 많다. 결과적으로 방정식의 해를 구하기 위해서는 또 다른 방정식 하나가 필요하며 이는 앞에서 사용하지 않은 전압원의 특성식으로 해결할 수 있다.

먼저 식 (3.14b)와 식 (3.14c)를 이용해 전류 미지수 $i_4$를 제거하면 다음과 같이 계산된다.

$$\frac{v_a - v_b}{2} + \frac{v_a - v_c}{5} = \frac{v_b}{12} + \frac{v_c}{2}$$

$$6v_a - 5v_b - 6v_c = 0 \tag{3.15}$$

식 (3.15)는 회로에서 전압원 양단을 포함하는 하나의 슈퍼 노드super node [4]에 대한 노드방정식이다. 따라서 전류항이 없는 노드방정식의 수는 전압의 미지수 개수보다 전압원 개수만큼 적다. 이와 같이 부족한 방정식은 전압원의 특성식으로 채워진다. 즉 노드방정식과 전압원의 특성식으로 전압의 미지수의 값을 구할 수 있다.

노드방정식인 식 (3.14a), 슈퍼 노드에 대한 노드방정식 (3.15)와 전압원의 특성식 (3.13d)를 사용하면 미지수 3개와 방정식 3개로 이루어진 삼원 1차 연립방정식의 풀이로 해를 구할 수 있다.

크래머 공식을 이용해 연립방정식의 해를 구해보면 다음과 같다.

4 슈퍼 노드 : 여러 개의 노드를 하나로 묶어 만든 폐곡선

$$\Delta = \begin{vmatrix} 7 & -5 & -2 \\ 6 & -5 & -6 \\ 0 & 1 & -1 \end{vmatrix} = 35 \quad \Delta_1 = \begin{vmatrix} 20 & -5 & -2 \\ 0 & -5 & -6 \\ 3 & 1 & -1 \end{vmatrix} = 280$$

$$\Delta_2 = \begin{vmatrix} 7 & 20 & -2 \\ 6 & 0 & -6 \\ 0 & 3 & -1 \end{vmatrix} = 210 \quad \Delta_3 = \begin{vmatrix} 7 & -5 & 20 \\ 6 & -5 & 0 \\ 0 & 1 & 3 \end{vmatrix} = 105$$

$$\therefore\ v_a = \frac{\Delta_1}{\Delta} = 8\,[\mathrm{V}],\quad v_b = \frac{\Delta_2}{\Delta} = 6\,[\mathrm{V}],\quad v_c = \frac{\Delta_3}{\Delta} = 3\,[\mathrm{V}]$$

## 실전문제 3-3

다음 회로에서 노드 해석법으로 전류 $I$를 구하라.

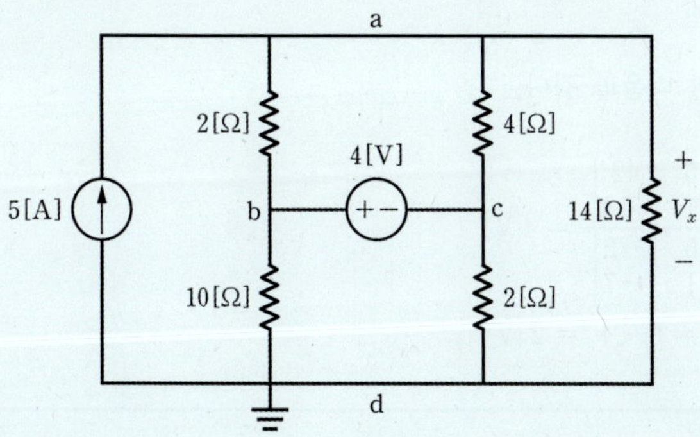


[그림 3-10]

## 예제 3-4

다음 회로에서 노드 해석법으로 전압 $V_x$를 구하라.

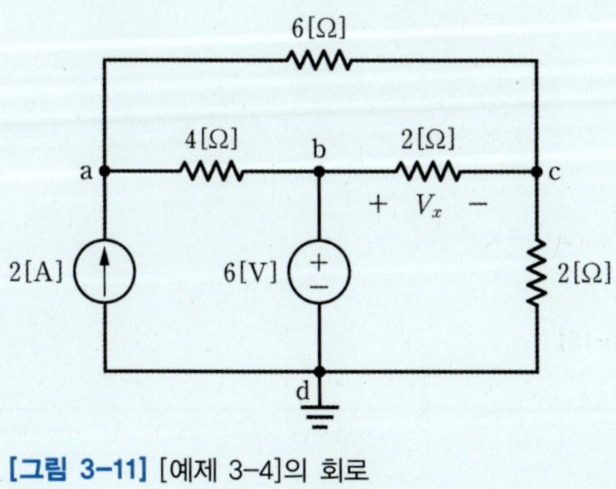


**[그림 3-11]** [예제 3-4]의 회로

### 풀이

[그림 3-11]을 보면 각 노드 a, b, c, d가 지정되어 있다. 점 d를 기준점으로 삼고 다른 노드의 전압을 $v_a$, $v_b$, $v_c$로 두면 각 소자에 걸리는 전압을 표현할 수 있다. 또한 전압원을 제외한 다른 모든 소자에 흐르는 전류도 표현할 수 있다.

한편 전압원의 특성식에는 전류항이 없기 때문에 점 b에서의 노드방정식을 표현할 수 없다. 하지만 전압원에 의해 점 b의 전압 미지수 $v_b = 6$으로 바로 구할 수 있다. 따라서 점 a와 점 c에서의 노드방정식을 이용해 나머지 변수 $v_a$, $v_c$를 구할 수 있다. [예제 3-3]에서 언급한 바와 같이 전압원에 의해 슈퍼 노드가 만들어진다. 여기서는 슈퍼 노드의 한쪽 노드가 접지와 연결되어 있기 때문에 슈퍼 노드를 기준 노드로 처리하여 슈퍼 노드에 대한 노드방정식은 필요가 없다.

따라서 점 a에서의 노드방정식을 구하여 정리하면 다음과 같다.

$$2 = \frac{v_a - v_c}{6} + \frac{v_a - 6}{4} \quad \rightarrow \quad 5v_a - 2v_c = 42 \tag{3.16}$$

또한 점 c에서의 노드방정식을 구하여 정리하면 다음과 같다.

$$\frac{v_a - v_c}{6} = \frac{v_c - 6}{2} + \frac{v_c}{2} \quad \rightarrow \quad v_a - 7v_c = -18 \tag{3.17}$$

식 (3.16)과 식 (3.17)을 이용해 $v_c$를 구하면 다음과 같다.

$$v_c = \frac{\begin{vmatrix} 5 & 42 \\ 1 & -18 \end{vmatrix}}{\begin{vmatrix} 5 & -2 \\ 1 & -7 \end{vmatrix}} = 4[\text{V}]$$

$$\therefore \ V_x = 6 - v_c = 2\,[\text{V}]$$

**실전문제 3-4**

다음 회로에 대해 노드 해석법을 사용해 3[V]의 전압원에 흐르는 전류 $i_o$를 구하라.

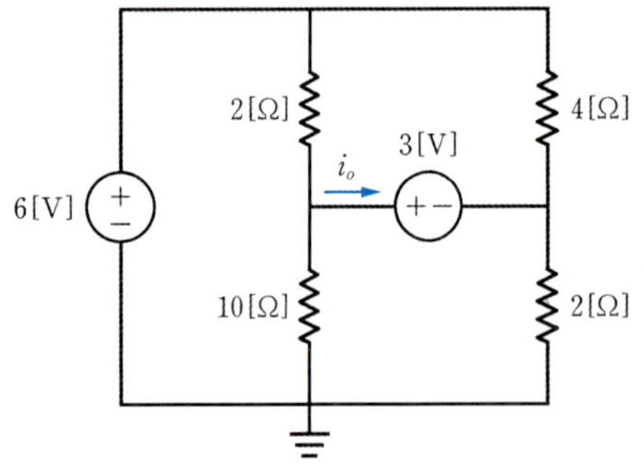


**[그림 3-12]**

### 3.2.5 종속전압원이 존재하는 경우

종속전압원의 특성식에는 독립전압원의 특성식과 같이 전류의 항이 없다. 따라서 종속전압원에서도 독립전압원과 같이 슈퍼 노드로 처리해야 하는데, 이는 예제를 통해 살펴보자.

**예제 3-5**

다음 회로에서 노드방정식을 이용해 전압 $v_o$를 구하라.

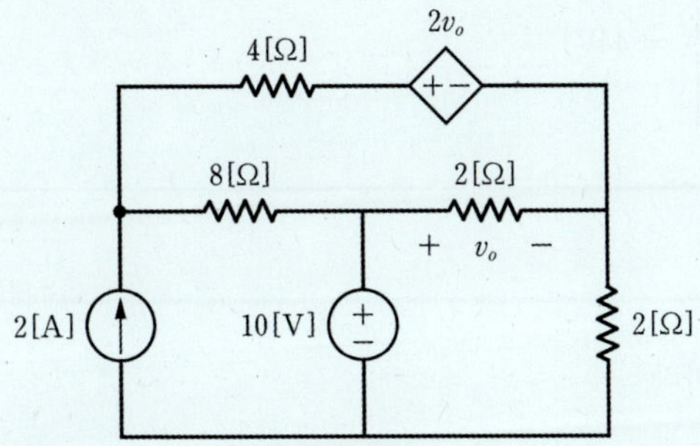


**[그림 3-13]** [예제 3-5]의 회로

**풀이**

[그림 3-13]의 회로를 분석하면 노드의 수는 5개이므로 4개의 노드방정식을 사용할 수 있다. 그러나 전압원의 개수가 2개이므로 슈퍼 노드로 간주하면 2개의 노드방정식만 구할 수 있다. 따라서 모든 노드의 전압을 미지수 2개로 지정해 풀 수 있다. [그림 3-14]는 [그림 3-13]에서 각 노드의 전압을 지정한 것이다.

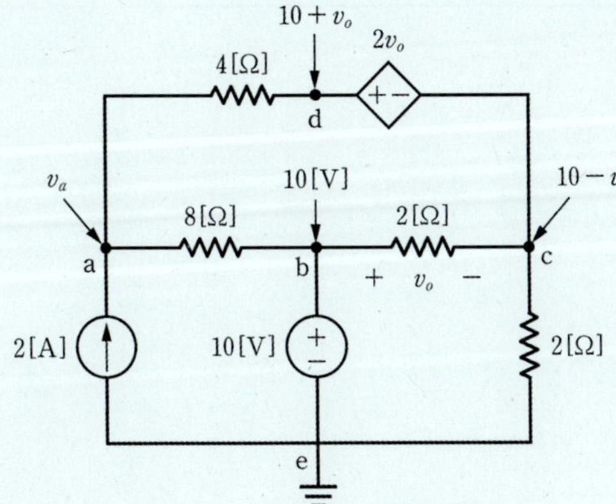


**[그림 3-14]** 각 노드의 전압을 지정한 회로

따라서 점 e를 기준점으로 정하면 미지수 $v_o$와 점 a에서의 전압 $v_a$로 모든 노드의 전압을 표기할 수 있으며, 점 c, d를 묶은 슈퍼 노드와 점 a에서만 노드방정식을 구할 수 있다.

점 a에서 노드방정식을 구하여 정리하면 다음과 같다.

$$2 = \frac{v_a - v_o - 10}{4} + \frac{v_a - 10}{8} \quad \rightarrow \quad 3v_a - 2v_o = 46 \tag{3.18}$$

또한 점 c, d를 묶은 슈퍼 노드에 대한 노드방정식을 구하여 정리하면 다음과 같다.

$$\frac{v_a - v_o - 10}{4} + \frac{v_o}{2} = \frac{10 - v_o}{2} \quad \rightarrow \quad v_a + 3v_o = 30 \tag{3.19}$$

식 (3.18)과 식 (3.19)를 이용해 $v_o$를 구하면 다음과 같다.

$$v_o = \frac{\begin{vmatrix} 3 & 46 \\ 1 & 30 \end{vmatrix}}{\begin{vmatrix} 3 & -2 \\ 1 & 3 \end{vmatrix}} = 4\,[\mathrm{V}]$$

## 실전문제 3-5

다음 회로에서 노드 해석법을 사용해 전압 $v_o$를 구하라.

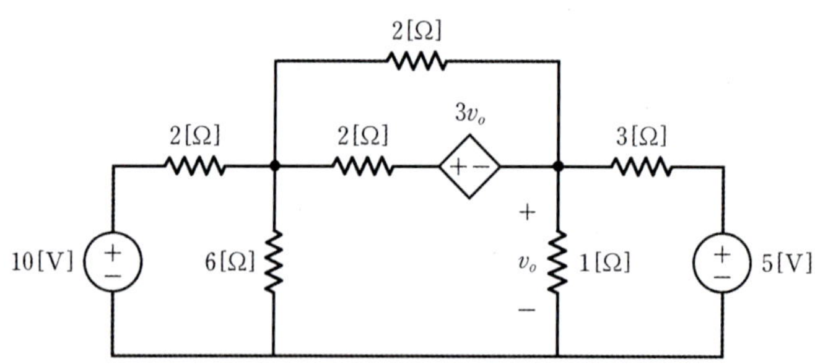


[그림 3-15]

SECTION 3.3

# 루프 해석법(망로 해석법)

앞에서 언급한 노드 해석법과 쌍대를 이루는 루프 해석법은 노드방정식을 이용해 전류의 미지수를 줄인다. 그런 다음 유효한 루프방정식에 소자의 특성식을 대입해 만든 연립방정식의 해인 전류 미지수의 값을 구한다. 이렇게 구한 전류의 값을 이미 사용한 방정식에 대입함으로써 나머지 미지수를 구할 수 있다. 이와 같은 방법으로 회로를 해석하는 법을 **루프 해석법**이라고 한다.

[그림 3-1]의 회로를 루프 해석법으로 해석하면 노드방정식인 식 (3.1)로부터 $i_2$, $i_4$, $i_5$를 $i_1$, $i_3$, $i_6$로 나타낼 수 있다. 이 특성식을 독립 루프방정식인 식 (3.2a), (3.2b), (3.2c)에 대입하면 다음과 같다.

$$v_1 = v_2 + v_4 \quad \rightarrow \quad f_1(i_1) = f_2(-i_1 - i_3) + f_4(-i_1 - i_6) \tag{3.20a}$$

$$v_2 = v_3 + v_5 \quad \rightarrow \quad f_2(-i_1 - i_3) = f_3(i_3) + f_5(i_3 - i_6) \tag{3.20b}$$

$$v_6 = v_4 + v_5 \quad \rightarrow \quad f_6(i_6) = f_4(-i_1 - i_6) + f_5(i_3 - i_6) \tag{3.20c}$$

식 (3.20)은 전류 미지수 $i_1$, $i_3$, $i_6$로 3개의 연립방정식이 만들어진다. 이와 같은 삼원 1차 연립방정식의 해를 구하면 3개의 전류 미지수를 구할 수 있으며, 그로부터 나머지 미지수도 구할 수 있다.

## 3.3.1 독립전압원만 존재하는 경우

회로에 사용되는 전원이 모두 독립전압원인 경우, 루프 해석법으로 회로를 해석하는 방법을 예제를 통해 알아보자.

**예제 3-6**

다음 회로에서 전압 $v_o$를 루프 해석법으로 구하라.

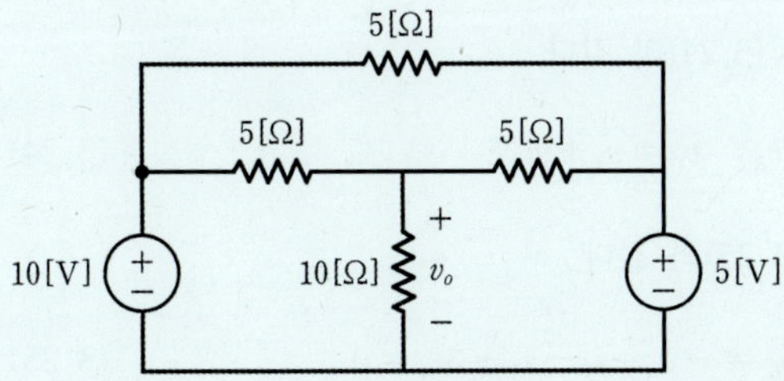


**[그림 3-16]** [예제 3-6]의 회로

## 풀이

먼저 [그림 3-16]의 회로에서 각 소자의 특성식을 구하기 위해 소자에 흐르는 전류와 걸리는 전압을 미지수로 표기하면 [그림 3-17]과 같다.

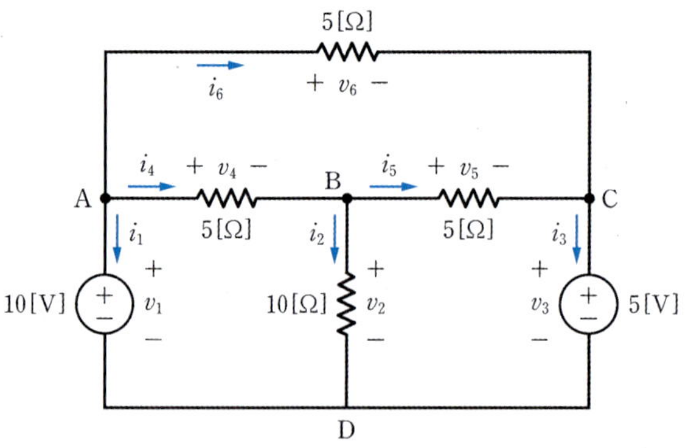


[그림 3-17] 각 소자에 전압과 전류 미지수 표기

회로의 노드가 4개이므로 유효한 노드방정식은 3개이며, 점 A, B, C에서 노드방정식을 구하면 다음과 같다.

$$점\ A : i_1 + i_4 + i_6 = 0 \tag{3.21a}$$

$$점\ B : i_4 = i_2 + i_5 \tag{3.21b}$$

$$점\ C : i_3 = i_5 + i_6 \tag{3.21c}$$

또한 소자의 특성식은 다음과 같다.

$$v_1 = 10,\quad v_o = 10 \cdot i_2,\quad v_3 = 5,\quad v_4 = 5 \cdot i_4,\quad v_5 = 5 \cdot i_5,\quad v_6 = 5 \cdot i_6 \tag{3.22}$$

식 (3.21)로부터 다음과 같이 표현할 수 있다.

$$\begin{aligned} i_4 &= -i_1 - i_6 \\ i_5 &= i_3 - i_6 \\ i_2 &= i_4 - i_5 = -i_1 - i_6 - i_3 + i_6 = -i_1 - i_3 \end{aligned}$$

이러한 방정식을 식 (3.22)에 대입하면 다음 식 (3.23)과 같이 소자의 특성식에서 $i_2$, $i_4$, $i_5$의 미지수가 제거된다.

$$\begin{aligned} &v_1 = 10,\quad v_o = 10 \cdot (-i_1 - i_3),\quad v_3 = 5,\quad v_4 = 5 \cdot (-i_1 - i_6) \\ &v_5 = 5 \cdot (i_3 - i_6),\quad v_6 = 5 \cdot i_6 \end{aligned} \tag{3.23}$$

한편 망으로 구성된 독립 루프방정식을 구하면 식 (3.24)와 같다.

$$v_1 = v_o + v_4,\quad v_o = v_3 + v_5,\quad v_6 = v_4 + v_5 \tag{3.24}$$

식 (3.23)을 식 (3.24)에 대입하여 정리하면 식 (3.25)와 같다.

$$3i_1 + 2i_3 + i_6 = -2,\quad 2i_1 + 3i_3 - i_6 = -1,\quad i_1 - i_3 + 3i_6 = 0 \tag{3.25}$$

따라서 다음과 같은 결과를 얻을 수 있다.

$$i_1 = -\frac{9}{5}, \quad i_3 = \frac{6}{5}, \quad i_6 = 1 \quad \rightarrow \quad v_o = 10(-i_1 - i_3) = 6\,[\text{V}]$$

**실전문제 3-6**

다음 회로에서 전압 $v_o$를 루프 해석법으로 구하라.

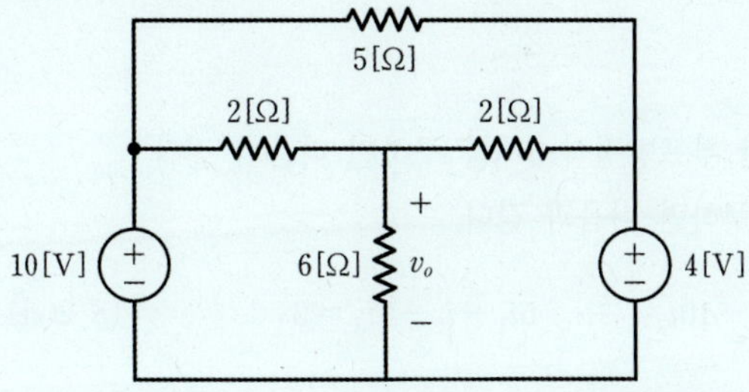


[그림 3-18]

지금부터는 노드방정식을 사용해 미지수의 수를 줄이는 방법 대신 보다 쉽게 전류의 미지수를 지정하는 새로운 방법에 대해 설명하고자 한다. 소자의 수만큼인 전류 미지수의 수에서 노드방정식을 사용하면 전류 미지수는 망의 수와 동일해진다. 따라서 망전류를 미지수로 지정하면 노드방정식을 사용한 최종 전류 미지수와 동일하다. 또한 망전류는 순환전류이므로 모든 노드에서 키르히호프 전류법칙을 만족하고 노드방정식을 만족하는 전류성분이 된다. 이는 예제를 통해 알아보자.

**예제 3-7**

다음 회로에서 3개의 망전류를 구하라.

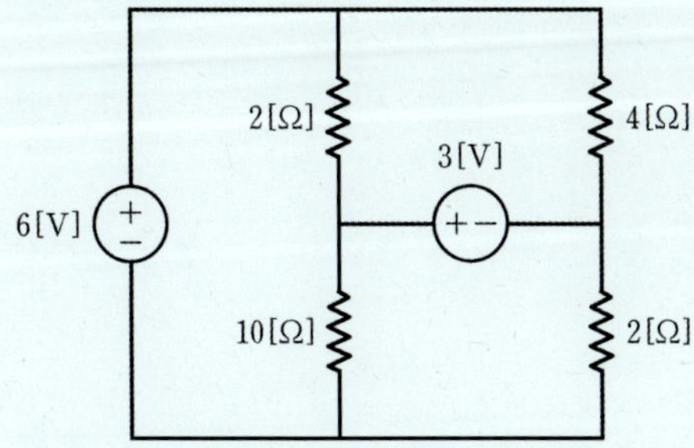


**[그림 3-19]** [예제 3-7]의 회로

**풀이**

먼저 [그림 3-19]의 회로에서 망전류를 전류의 미지수로 지정하면 [그림 3-20]과 같다.

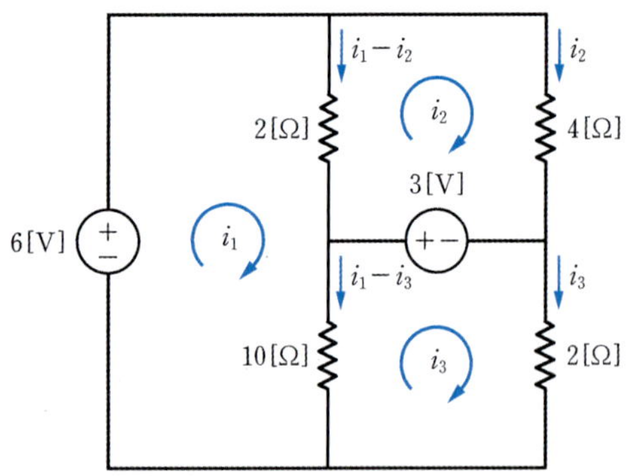


**[그림 3-20]** 망전류와 소자에 흐르는 전류 표기

[그림 3-20]에 표기된 망전류를 사용해 망에 대한 루프방정식 3개를 구하면 다음과 같다.
망전류가 $i_1$으로 표기된 망에 대한 루프방정식을 구하면 다음과 같다.

$$6 = 2(i_1 - i_2) + 10(i_1 - i_3) = 12i_1 - 2i_2 - 10i_3 \quad \rightarrow \quad 6i_1 - i_2 - 5i_3 = 3 \qquad (3.26a)$$

망전류가 $i_2$로 표기된 망에 대한 루프방정식을 구하면 다음과 같다.

$$3 + 2(i_1 - i_2) = 4i_2 \quad \rightarrow \quad 2i_1 - 6i_2 = -3 \qquad (3.26b)$$

망전류가 $i_3$로 표기된 망에 대한 루프방정식을 구하면 다음과 같다.

$$10(i_1 - i_3) = 3 + 2i_3 \quad \rightarrow \quad 10i_1 - 12i_3 = 3 \qquad (3.26c)$$

식 (3.26)으로부터 망전류를 구하면 다음과 같다.

$$i_1 = \frac{3}{2}\,[\mathrm{A}], \quad i_2 = 1\,[\mathrm{A}], \quad i_3 = 1\,[\mathrm{A}]$$

## 실전문제 3-7

다음 회로에서 전류 $i_o$를 루프 해석법으로 구하라.

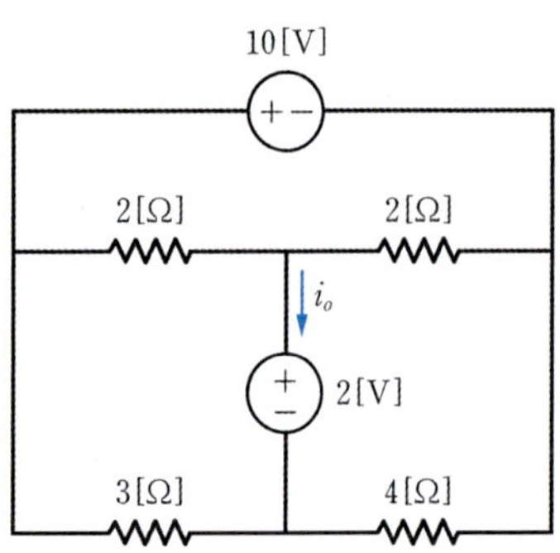


**[그림 3-21]**

## 3.3.2 종속전압원이 존재하는 경우

종속전압원이 있는 회로를 망로 해석법(루프 해석법)으로 풀고자 할 경우, 노드 해석법에서와 마찬가지로 종속전압원을 독립전압원처럼 취급한다. 즉 독립전압원의 특성식 모양과 종속전압원의 특성식이 모두 소자에 흐르는 전류와 무관하므로 동일하게 취급할 수 있다. 예제를 통해 독립전압원과 함께 종속전압원이 있는 회로를 해석해보자.

**예제 3-8**

다음 회로에서 전압 $v_o$를 구하라.

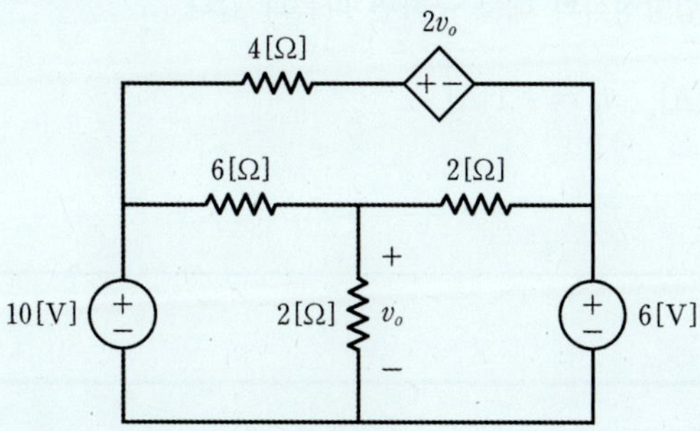


**[그림 3-22]** [예제 3-8]의 회로

**풀이**

망전류와 각 가지에 흐르는 전류를 회로에 표시하면 그림 [3-23]과 같다.

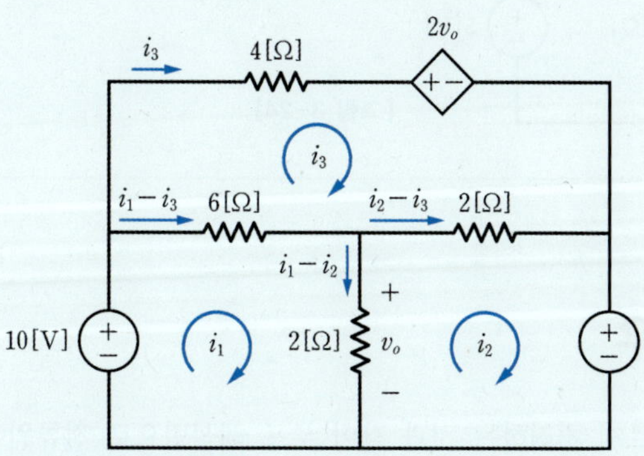


**[그림 3-23]** 망전류와 각 가지에 흐르는 전류 표기

전류 $i_1$으로 표기된 망에 대한 루프방정식을 구하면 다음과 같다.

$$10 = 6(i_1 - i_3) + 2(i_1 - i_2) \quad \rightarrow \quad 4i_1 - i_2 - 3i_3 = 5 \tag{3.27a}$$

전류 $i_2$로 표기된 망에 대한 루프방정식을 구하면 다음과 같다.

$$2(i_1 - i_2) = 2(i_2 - i_3) + 6 \quad \rightarrow \quad i_1 - 2i_2 - i_3 = 3 \tag{3.27b}$$

최외각 루프에 대한 루프방정식을 구하면 다음과 같다.

$$10 = 4i_3 + 2v_o + 6 \tag{3.27c}$$

이상의 3개의 루프방정식에는 4개의 미지수가 있으므로 1개의 방정식이 필요하다. 이는 종속전압원의 크기에 미지수가 포함되기 때문이다. $v_o$의 정의에 의해 만들어지는 방정식은 다음과 같다.

$$v_o = 2(i_1 - i_2) \tag{3.28a}$$

식 (3.28a)를 식 (3.27c)에 대입하면 다음과 같은 미지수 $v_o$가 없는 방정식이 만들어진다.

$$i_1 - i_2 + i_3 = 1 \tag{3.28b}$$

식 (3.27a), (3.27b)와 식 (3.28b)의 삼원 1차 연립방정식의 해를 구하면 다음과 같다.

$$i_1 = 0, \quad i_2 = -2\,[\text{A}], \quad i_3 = -1\,[\text{A}]$$

따라서 $v_o = 2(i_1 - i_2) = 4\,[\text{V}]$이다.

**실전문제 3-8**

루프 해석법으로 다음 회로에서 전압 $v_o$를 구하라.

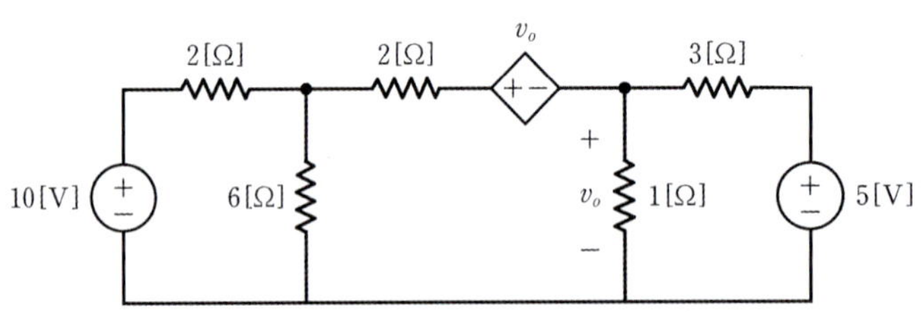


**[그림 3-24]**

## 3.3.3 독립전류원이 존재하는 경우

노드 해석법으로 회로를 해석할 때 전압원을 다르게 처리하는 것과 같이 루프 해석법으로 전류원이 존재하는 회로를 해석할 때에도 전류원을 다르게 처리해야 한다. 전류원에 걸리는 전압은 망전류와 무관하기 때문에 전류원의 특성식을 바로 사용할 수 없으므로 앞선 경우와는 약간 다른 방법을 사용해야 한다. 먼저 독립전류원은 존재하지만 종속전류원이 없는 회로의 해석 방법을 다음 예제를 통해 살펴보자.

## 예제 3-9

다음 회로에서 전압 $V_x$를 구하라.

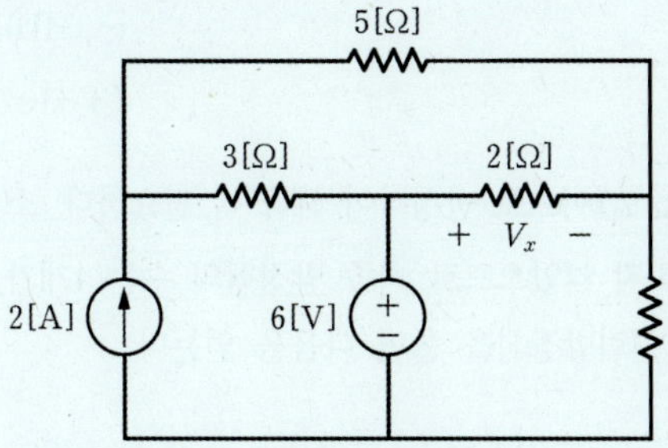


[그림 3-25] [예제 3-9]의 회로

**풀이**

[그림 3-25]의 회로에서 망전류와 각 소자에 인가되는 전압에 대한 미지수를 지정하면 [그림 3-26]과 같다.

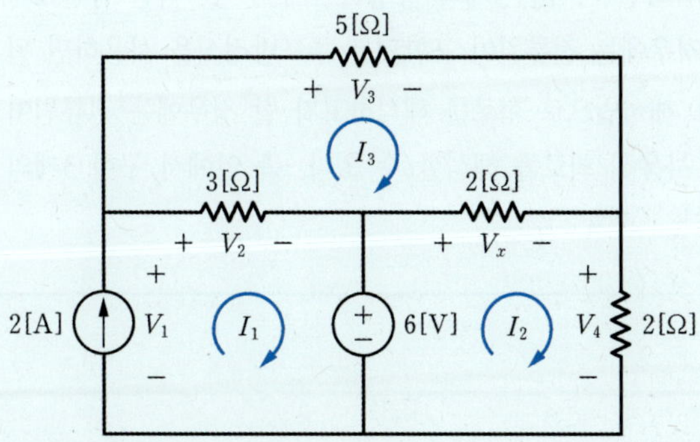


[그림 3-26] 미지수가 표현된 회로

먼저 전류원의 특성식은 망전류와의 관계로부터 구할 수 있다.

$$I_1 = 2 \tag{3.29a}$$

루프방정식에서는 전압원의 특성식 대신 그 값을 바로 대입하면 된다. 이어서 저항의 특성식을 구하면 다음과 같다.

$$V_2 = 3(I_1 - I_3) \tag{3.29b}$$

$$V_3 = 5I_3 \tag{3.29c}$$

$$V_x = 2(I_2 - I_3) \tag{3.29d}$$

$$V_4 = 2I_2 \tag{3.29e}$$

한편 3개의 루프방정식을 구하면 다음과 같다.

$$V_1 = V_2 + 6 \tag{3.30a}$$

$$6 = V_x + V_4 \tag{3.30b}$$

$$V_2 + V_x = V_3 \tag{3.30c}$$

식 (3.30)에 식 (3.29)를 대입해 망전류 $I_1$, $I_2$, $I_3$에 대한 방정식을 구하면 식 (3.31)과 같은 방정식 3개가 된다.

$$V_1 = 3(I_1 - I_3) + 6 \tag{3.31a}$$

$$2I_2 - I_3 = 3 \tag{3.31b}$$

$$3I_1 + 2I_2 - 10I_3 = 0 \tag{3.31c}$$

한편 이 3개의 방정식에 포함된 미지수는 총 4개($V_1$, $I_1$, $I_2$, $I_3$)이므로 방정식이 하나 더 필요하다. 소자의 특성식 (3.29)에서 전류원의 특성식 (3.29a)는 사용하지 않았으므로 최종 방정식의 수는 4개가 된다. 따라서 미지수 4개와 식 4개로 이루어진 사원 1차 연립방정식을 풀면 다음을 얻는다.

$$I_1 = 2,\quad I_2 = 2,\quad I_3 = 1,\quad V_1 = 9 \quad \rightarrow \quad V_x = 2(I_2 - I_3) = 2\,[\mathrm{V}]$$

여기서 전류원에 걸리는 전압 $V_1$은 식 (3.31a)에만 속해 있으므로 식 (3.31a)는 연립방정식에 포함시키지 않아도 $I_1$, $I_2$, $I_3$를 구할 수 있다. 따라서 처음부터 $V_1$이 포함되는 루프방정식은 구하지 않아도 된다. 그 대신 전류원이 갖는 특성방정식을 포함하면 미지수 3개와 방정식 3개로 이루어진 삼원 1차 연립방정식이 되고, 미지수 $V_1$을 구하고자 할 경우에는 전류원이 포함되는 루프방정식을 사용하면 된다. 결론적으로 전류원이 포함된 회로에서 루프 해석법으로 회로를 해석하고자 할 경우에는 전류원이 포함된 루프방정식 대신에 전류원의 특성식을 사용해 회로를 해석할 수 있다. 즉 앞에서 구한 3개의 최종방정식은 식 (3.29a), (3.31b), (3.31c)이다.

### 실전문제 3-9

다음 회로에서 전압 $V_o$를 루프 해석법으로 구하라.

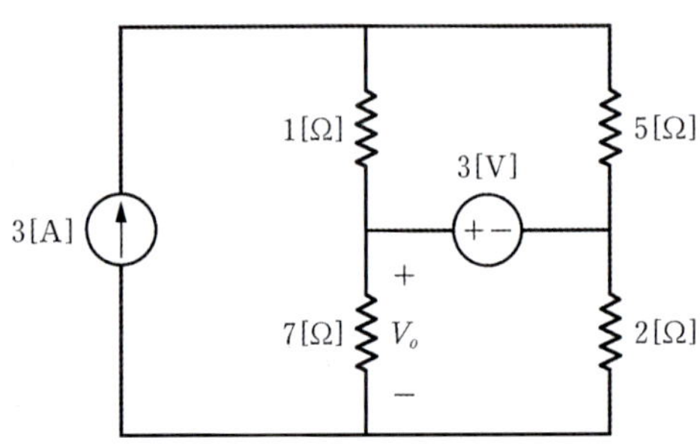


**[그림 3-27]**

지금까지는 전류원이 하나의 망에만 포함된 경우를 살펴보았다. 만약 [그림 3-28]과 같이 전류원 하나가 2개의 망에 포함된 경우에는 조금 다르게 생각해야 한다. [예제 3-10]을 통해 살펴보자.

## 예제 3-10

다음 회로에서 전압 $V_o$를 루프 해석법으로 구하라.

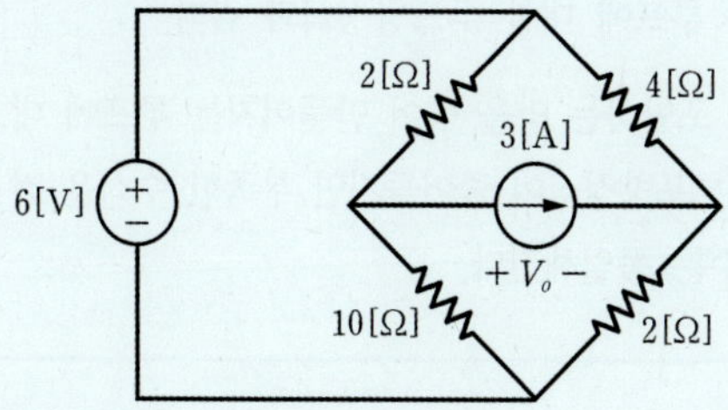


**[그림 3-28]** [예제 3-10]의 회로

**풀이**

[그림 3-28]의 회로에서 망전류를 표기하면 [그림 3-29]와 같다.

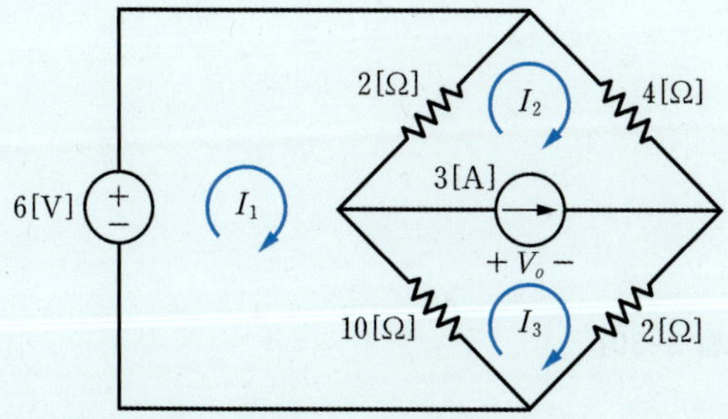


**[그림 3-29]** 망전류를 표기한 회로

먼저 $I_1$으로 표기된 망에 대한 루프방정식을 구하여 정리하면 다음과 같다.

$$6I_1 - I_2 - 5I_3 = 3 \tag{3.32a}$$

$I_2$로 표기된 망에 대한 루프방정식을 구하면 다음과 같다.

$$2(I_2 - I_1) + 4I_2 = V_o \tag{3.32b}$$

$I_3$로 표기된 망에 대한 루프방정식을 구하여 정리하면 다음과 같다.

$$10(I_3 - I_1) + 2I_3 + V_o = 0 \tag{3.32c}$$

전류원의 특성식으로 추가적으로 만들어지는 수식을 표현하면 다음과 같다.

$$I_3 - I_2 = 3 \tag{3.32d}$$

식 (3.32b)와 식 (3.32c)를 더하면 $V_o$가 제거된다. 그 결과는 다음과 같다.

$$2(I_2 - I_1) + 4I_2 + 10(I_3 - I_1) + 2I_3 = 0 \tag{3.33}$$

식 (3.32a)와 식 (3.33)과 식 (3.32d)로부터 미지수를 구하면 다음과 같다.

$$I_1 = 3,\quad I_2 = 0,\quad I_3 = 3$$

이 값을 식 (3.32b)에 대입하면 답을 얻을 수 있다.

$$V_o = -6\,[\mathrm{V}]$$

식 (3.33)은 전류원을 포함하는 2개의 망으로 만들어지는 루프에 대한 루프방정식과 같다.

따라서 전류원을 포함하는 회로의 루프 해석법은 전류원을 포함하는 망을 묶어 만들어지는 루프에 대한 루프방정식만 구하면 된다. 이 경우 전류원의 개수만큼 루프방정식이 줄어들지만 부족한 수식은 전류원의 특성식으로 보충하면 미지수의 개수와 방정식의 수는 동일해진다.

**실전문제 3-10**

다음 회로에서 전압 $V_o$를 루프 해석법으로 구하라.

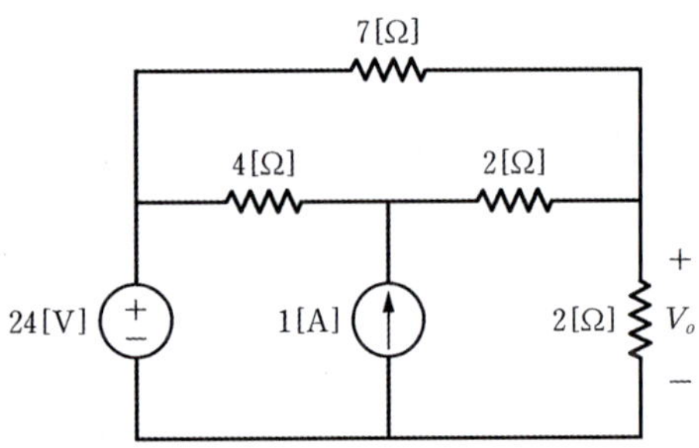


[그림 3-30]

## 3.3.4 종속전류원이 존재하는 경우

노드 해석법에서와 마찬가지로 여기에서도 종속전류원은 독립전류원과 동일하게 취급하여 처리하면 된다. 예제를 통해 좀더 자세히 알아보자.

**예제 3-11**

다음 회로에서 전압 $V_x$를 루프 해석법으로 구하라.

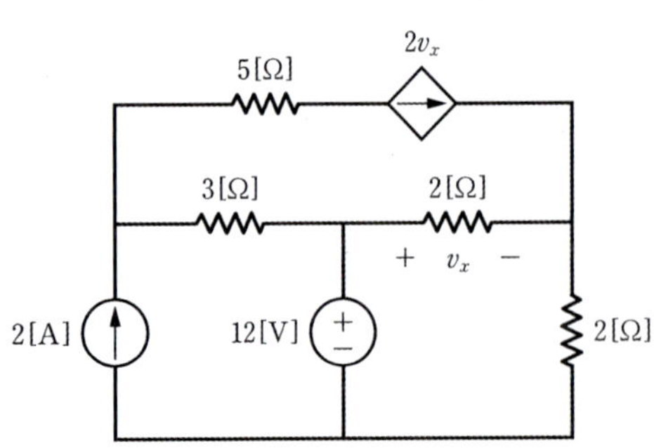


[그림 3-31] [예제 3-11]의 회로

**풀이**

망전류를 표기한 회로는 [그림 3-32]와 같다.

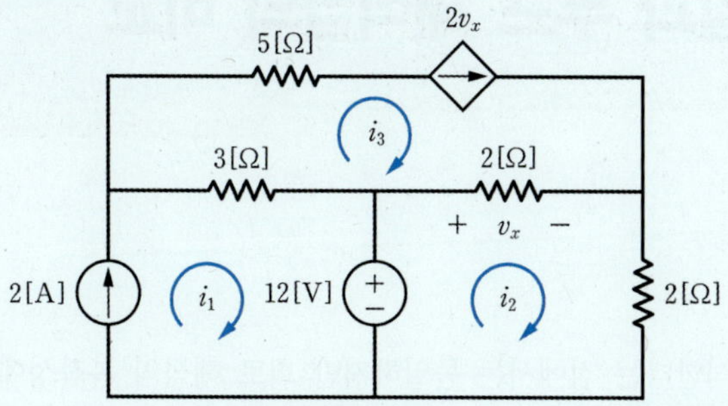


**[그림 3-32]** 망전류를 표기한 회로

$i_1$으로 표기된 망에 전류원이 포함되어 있으므로 루프방정식은 구하지 않고 전류원의 특성식으로 대신한다.

$$i_1 = 2 \tag{3.34a}$$

$i_2$로 표기된 망의 루프방정식을 구하여 정리하면 다음과 같다.

$$2i_2 - i_3 = 6 \tag{3.34b}$$

$i_3$로 표기된 망에 종속전류원이 포함되어 있으므로 루프방정식은 구하지 않고 종속전류원의 특성식으로 대신한다.

$$i_3 = 2v_x \tag{3.34c}$$

종속전류원에 표기된 $v_x$는 2[Ω]에 걸리는 전압으로 정의했으므로 다음과 같이 표기된다.

$$v_x = 2(i_2 - i_3) \tag{3.34d}$$

식 (3.34)로 각 미지수의 값을 구하면 다음과 같다.

$$i_1 = 2,\quad i_2 = 5,\quad i_3 = 4,\quad v_x = 2$$

따라서 답을 표현하면 $v_x = 2$[V]이다.

## 실전문제 3-11

다음 회로에서 전압 $v_o$와 전류 $i_o$를 구하라.

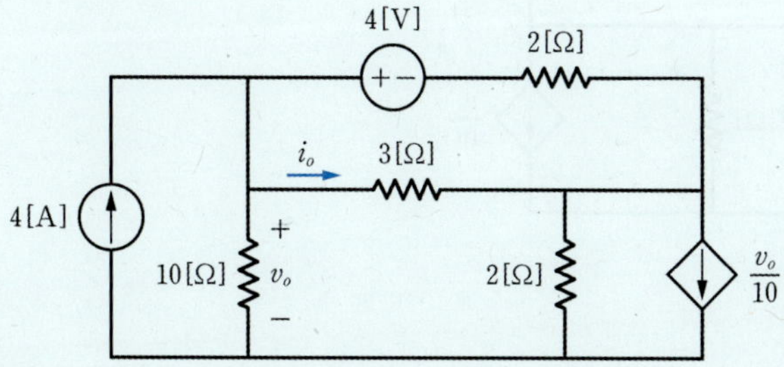


**[그림 3-33]**

SECTION 3.4

# 노드 해석법과 루프 해석법의 비교

노드 해석법이든 루프 해석법이든 회로를 해석한다는 점에서는 동일하지만 회로 해석의 복잡성에는 차이가 있다. 두 가지 방법 중 유리한 방법은 미지수의 개수를 줄이는 것이다. 즉 방정식의 수가 적어질수록 계산이 간단하므로 회로에서 먼저 필요한 방정식의 수를 구하여 판단하는 것이 필요하다. 3.2절에서 다룬 노드 해석법에서 만들어지는 노드방정식의 수($m$)는 다음 식과 같이 노드의 수($a$)와 전압원의 수($b$)에 의해 결정된다.

$$m = a - b - 1 \tag{3.35}$$

물론 전압원의 특성식도 포함되지만 전압원의 특성식은 매우 간단하여 계산량이 적어 무시할 수 있다. 마찬가지로 3.3절에서 다룬 루프 해석법으로 회로 해석을 할 경우에는 최종적으로 만들어지는 루프방정식의 수($l$)는 다음 식과 같이 망의 수($c$)와 전류원의 수($d$)에 의해 결정된다. 여기서도 전류원의 특성식이 매우 간단하여 무시한다.

$$l = c - d \tag{3.36}$$

이와 같은 이유로 주어진 회로를 해석할 때는 식 (3.35)와 식 (3.36)을 비교해 $m$과 $l$ 값 중 작은 값을 갖는 쪽을 택해야 보다 쉽게 회로를 해석할 수 있다. 예제를 통해 이와 같은 사실을 확인해보자.

**예제 3-12**

다음 회로에서 노드 해석법과 루프 해석법으로 전압 $v_o$를 구하라.

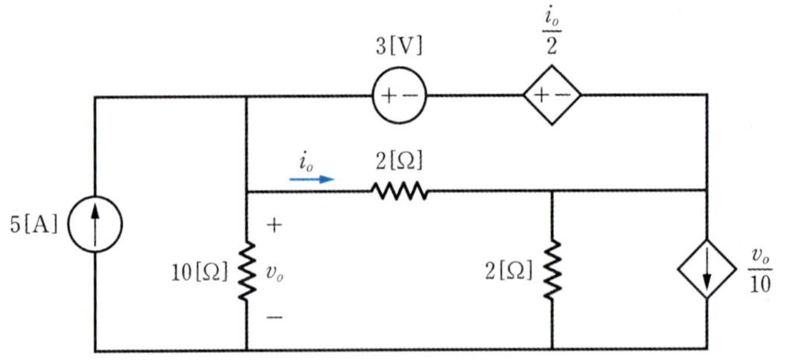


**[그림 3-34]** [예제 3-12]의 회로

### 풀이

❶ 노드 해석법으로 회로를 해석하기 위해 기준점과 각 노드의 전압을 미지수로 지정하면 [그림 3-35]와 같이 표현된다.

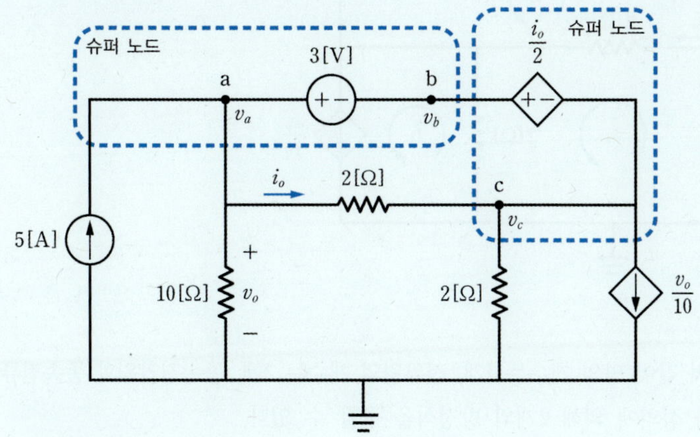


**[그림 3-35]** 노드의 전압 표기

[그림 3-35]에서 보는 바와 같이 회로의 노드 개수는 4개, 전압원의 개수는 2개이므로 노드방정식 1개, 전압원의 특성식 2개로 방정식이 결정된다. 또한 종속전압원과 종속전류원이 하나씩 있으므로 변수의 정의에 의해 2개의 방정식도 만들어진다.

• 노드방정식을 구하면 다음과 같다(2개의 슈퍼 노드가 결합해 하나의 노드방정식만 도출됨).

$$5 = \frac{v_a}{10} + \frac{v_a - v_c}{2} - \frac{v_a - v_c}{2} + \frac{v_c}{2} + \frac{v_o}{10} \quad \rightarrow \quad v_a + 5v_c + v_o = 50 \tag{3.37a}$$

• 전압원의 특성식 2개는 다음과 같다.

$$v_a - v_b = 3, \quad v_b - v_c = \frac{i_o}{2} \quad \rightarrow \quad v_a - v_c = 3 + i_o/2 \tag{3.37b}$$

• 종속전압의 크기에 대한 정의로부터 방정식 2개를 구하면 다음과 같다.

$$v_o = v_a, \quad i_o = \frac{v_a - v_c}{2} \tag{3.37c}$$

식 (3.37)은 미지수가 $v_o$, $v_a$, $v_c$, $i_o$로 4개인 방정식 4개로 연립방정식을 풀면 다음과 같은 결과를 얻을 수 있다.

$$v_a = v_o = 10\,[\mathrm{V}], \quad v_c = 6\,[\mathrm{V}], \quad i_o = 2\,[\mathrm{A}]$$

식 (3.37b)와 식 (3.37c)는 비교적 간단한 수식으로 계산량이 매우 적다.

❷ 루프 해석법으로 회로를 해석하기 위해 먼저 [그림 3-34]에서 망전류를 미지수로 지정하면 [그림 3-36]과 같다.

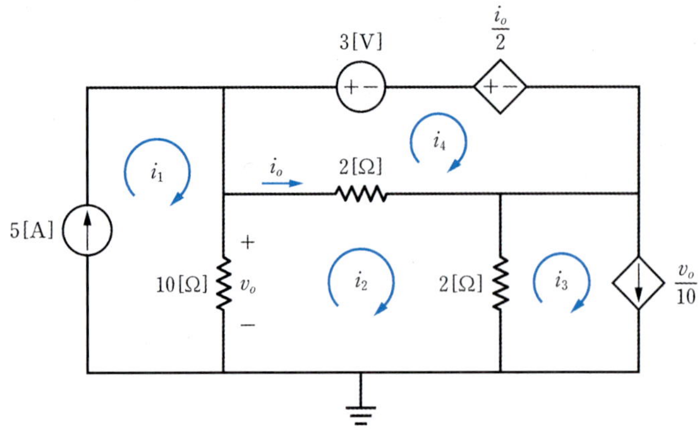


**[그림 3-36]** 망전류 표기

[그림 3-36]에서 보는 바와 같이 망의 개수는 4개, 전류원의 개수는 2개, 종속전압원과 종속전류원에 사용되는 미지수 2개의 정의에 의해 2개의 방정식을 구할 수 있다.

• $i_2$로 표현된 망에 대한 루프방정식을 구하면 다음과 같다.

$$10(i_2 - i_1) + 2(i_2 - i_4) + 2(i_2 - i_3) = 0 \quad \rightarrow \quad -5i_1 + 7i_2 - i_3 - i_4 = 0 \tag{3.38a}$$

• $i_4$로 표현된 망에 대한 루프방정식을 구하면 다음과 같다.

$$2(i_4 - i_2) + 3 + i_o/2 = 0 \tag{3.38b}$$

• 전류원의 특성식 2개는 다음과 같다.

$$i_1 = 5, \quad i_3 = \frac{v_o}{10} \tag{3.38c}$$

• 종속전원의 크기에 대한 정의로부터 방정식 2개를 구하면 다음과 같다.

$$v_o = 10(i_1 - i_2), \quad i_o = i_2 - i_4 \tag{3.38d}$$

식 (3.38)로부터 다음과 같은 결과를 얻을 수 있다.

$$i_1 = 5, \quad i_2 = 4, \quad i_3 = 1, \quad i_4 = 2, \quad i_o = 2, \quad v_o = 10$$

따라서 $v_o = 10$[V]이다.

위의 두 방법 모두 풀이 과정에 큰 차이가 없다. 이는 주어진 회로에서 전압원의 수가 전류원의 수보다 1개 적지만 망의 수와 노드의 수가 같으므로 필요한 방정식의 수는 같기 때문이다.

## 실전문제 3-12

다음 회로에서 노드 해석법과 루프 해석법으로 전압 $V_o$를 구하라.

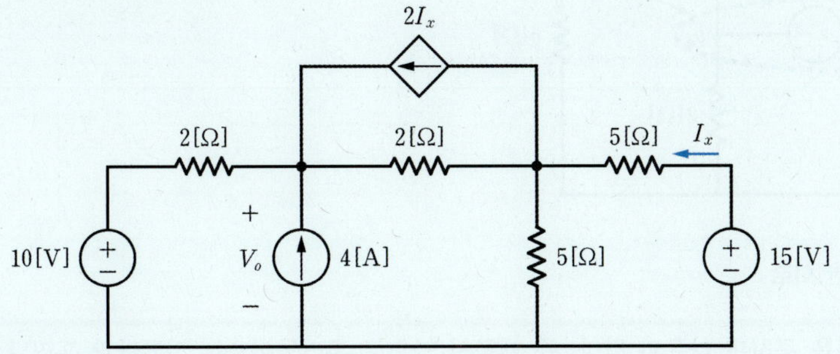


[그림 3-37]

다음은 전압원이 많은 회로로 노드 해석법이 더 적합한 경우를 보여주는 예제이다.

## 예제 3-13

다음 회로에서 2[V]의 전압원이 소모 혹은 공급하는 전력을 구하라.

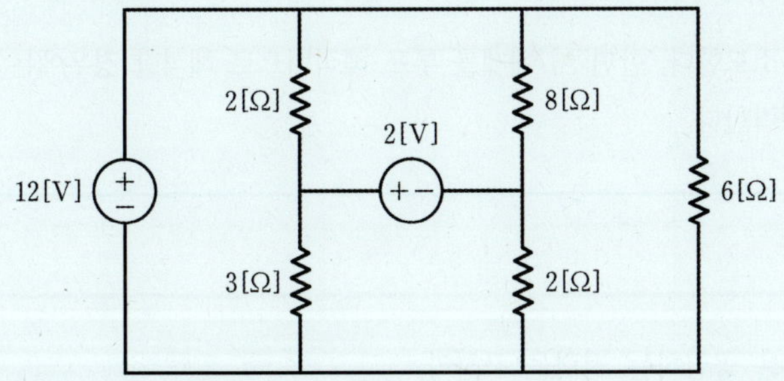


[그림 3-38] [예제 3-13]의 회로

### 풀이

노드 해석법을 사용할 경우, 만들 수 있는 방정식 수는 4개의 노드 수에서 전압원 2개와 기준점 하나를 제외하면 1개이다. 루프 해석법을 사용할 경우, 루프 개수는 4개이고 전류원이 없는 회로이므로 4개의 방정식이 만들어진다. 따라서 주어진 회로는 노드 해석법으로 해석하는 편이 간단하다. 노드 해석법으로 풀기 위해 각 노드의 전압을 미지수로 지정하면 [그림 3-39]와 같이 표현된다.

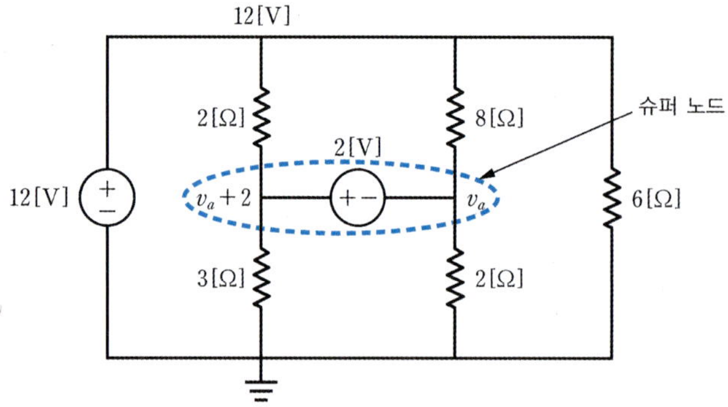


**[그림 3-39]** 노드 전압을 표기한 회로

슈퍼 노드에 대한 노드방정식을 구하면 다음과 같다. 즉 폐곡선 안으로 흘러들어오는 전류량과 흘러나가는 전류량은 같다.

$$\frac{12-(v_a+2)}{2}+\frac{12-v_a}{8}=\frac{v_a+2}{3}+\frac{v_a}{2}$$

$35v_a = 140$, 따라서 $v_a = 4\,[\mathrm{V}]$이다.

$2\,[\mathrm{V}]$의 전압원에 흐르는 전류 $I$(+ 극성에서 − 극성으로 흐르는)를 구하면 다음과 같다.

$$I = 3\,[\mathrm{A}] - 2\,[\mathrm{A}] = 1\,[\mathrm{A}]$$

따라서 $2\,[\mathrm{V}]$의 전압원은 $2\,[\mathrm{W}]$의 전력을 소모한다. 한편 이 예제를 루프 해석법으로 해석할 경우에는 작업이 매우 번거로워지므로 여기서는 생략한다.

### 실전문제 3-13

다음 회로에서 $1\,[\mathrm{A}]$의 전류원이 소모 혹은 공급하는 전력을 구하라.

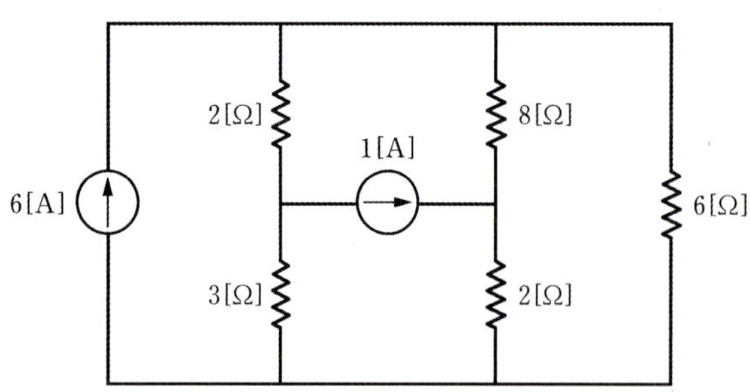


**[그림 3-40]**

**3.1** 다음 회로에서 노드 해석법을 이용해 전압 $V_o$를 구하라.

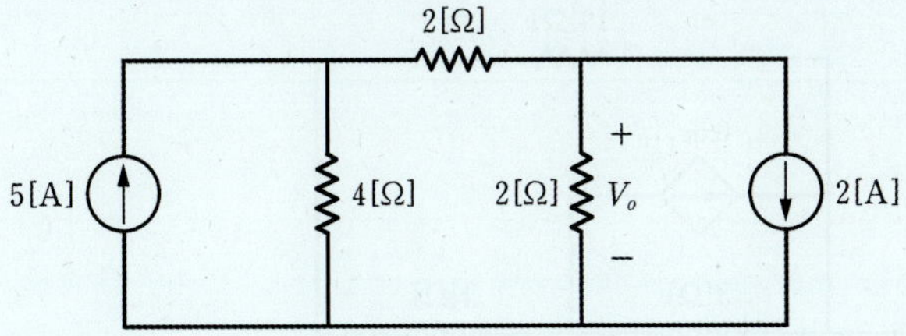


[문제 3.1]

**3.2** 다음 회로에서 노드 해석법을 이용해 전압 $V_o$를 구하라.

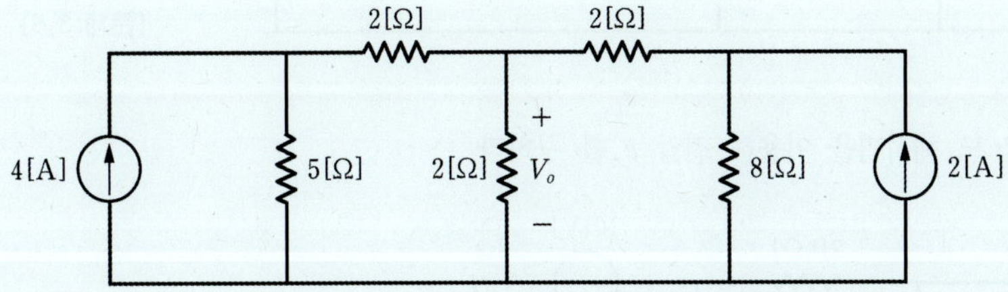


[문제 3.2]

**3.3** 다음 회로에서 노드 해석법을 이용해 전류 $i_o$를 구하라.

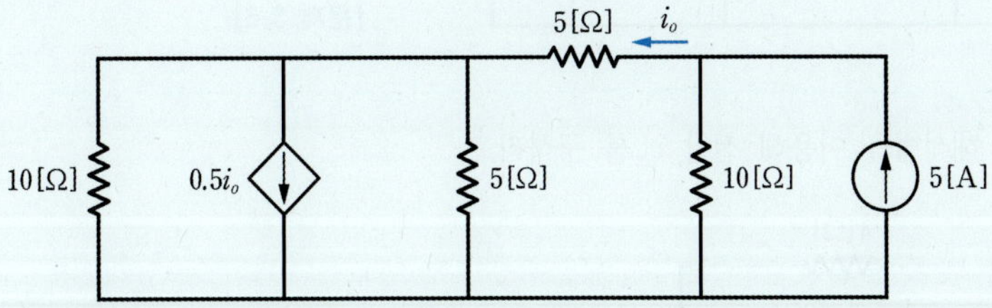


[문제 3.3]

**3.4** 다음 회로에서 노드 해석법을 이용해 전압 $v_x$를 구하라.

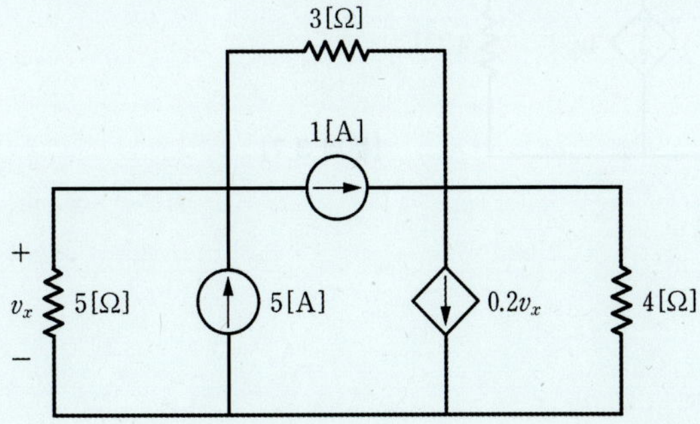


[문제 3.4]

**3.5** 다음 회로에서 노드 해석법을 이용해 전압 $v_x$를 구하라.

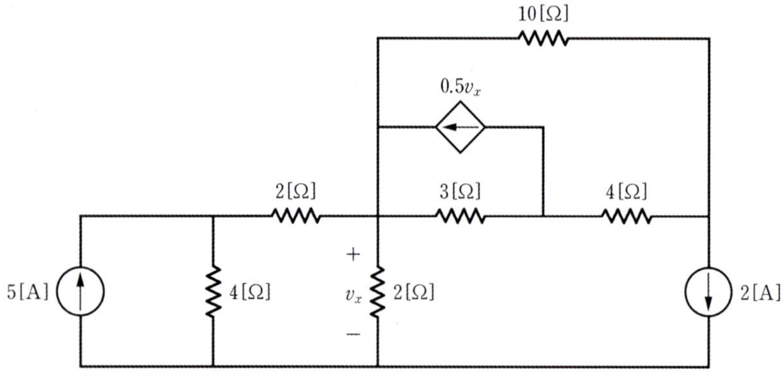


[문제 3.5]

**3.6** 다음 회로에서 노드 해석법을 이용해 전압 $v_x$를 구하라.

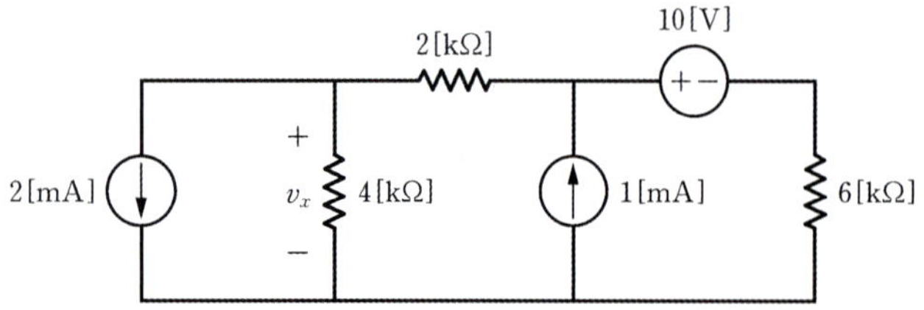


[문제 3.6]

**3.7** 다음 회로에서 노드 해석법을 이용해 전압 $v_x$를 구하라.

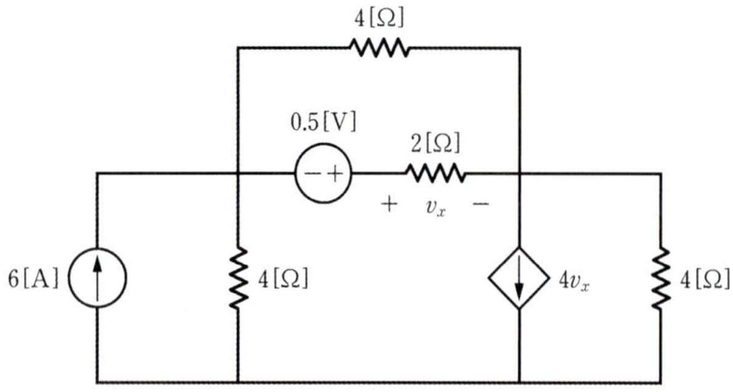


[문제 3.7]

**3.8** 다음 회로에서 노드 해석법을 이용해 전압 $v_x$와 $v_y$를 구하라.

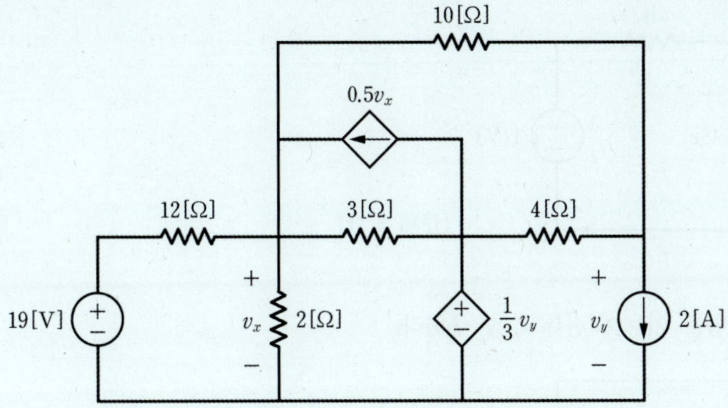


[문제 3.8]

**3.9** 다음 회로에서 노드 해석법을 이용해 전류 $i_o$를 구하라.

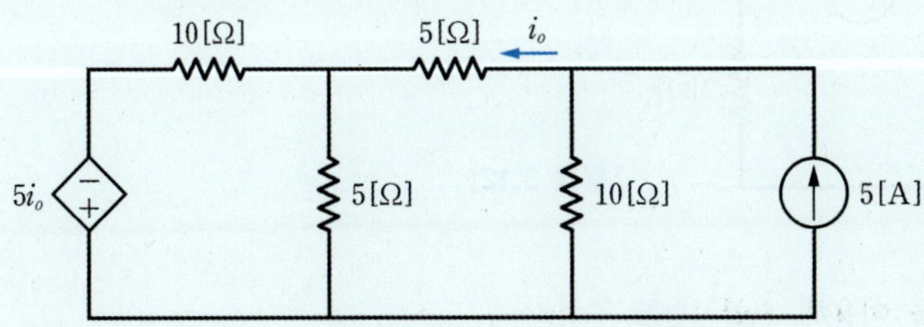


[문제 3.9]

**3.10** 다음 회로에서 노드 해석법을 이용해 전압 $v_x$와 전류 $i_o$를 구하라.

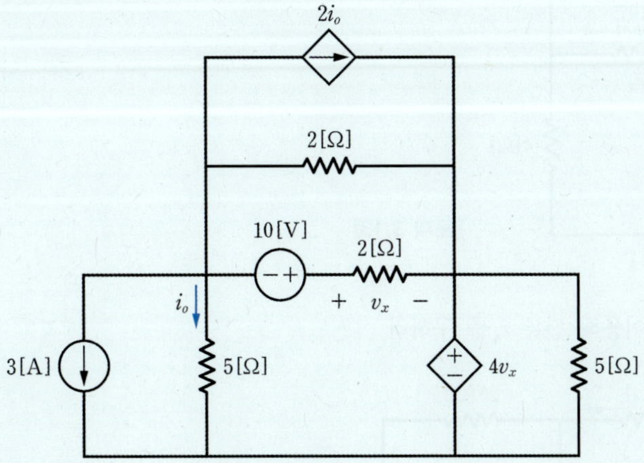


[문제 3.10]

**3.11** 다음 회로에서 루프 해석법을 이용해 전압 $V_o$를 구하라.

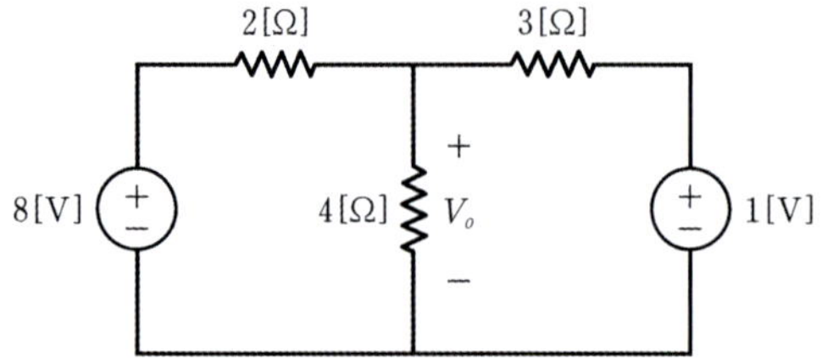


[문제 3.11]

**3.12** 다음 회로에서 루프 해석법을 이용해 전류 $i_o$를 구하라.

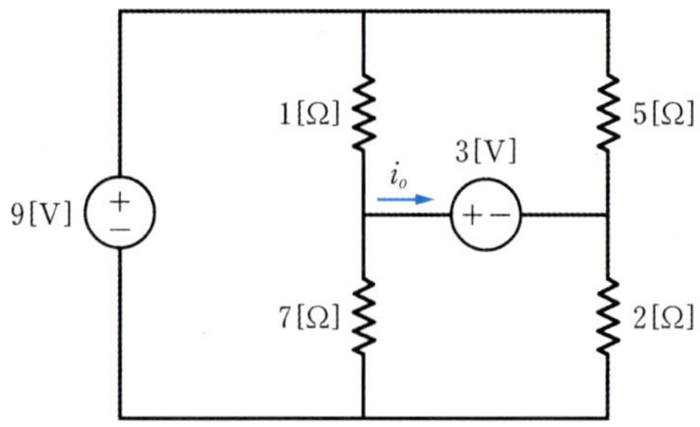


[문제 3.12]

**3.13** 다음 회로에서 루프 해석법을 이용해 전압 $V_x$를 구하라.

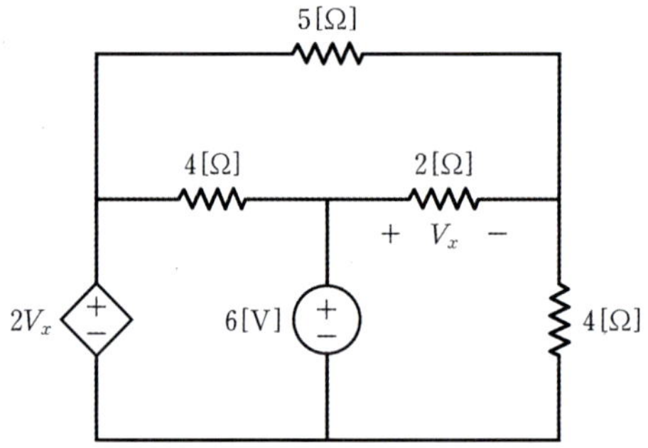


[문제 3.13]

**3.14** 다음 회로에서 루프 해석법을 이용해 전류 $i_o$를 구하라.

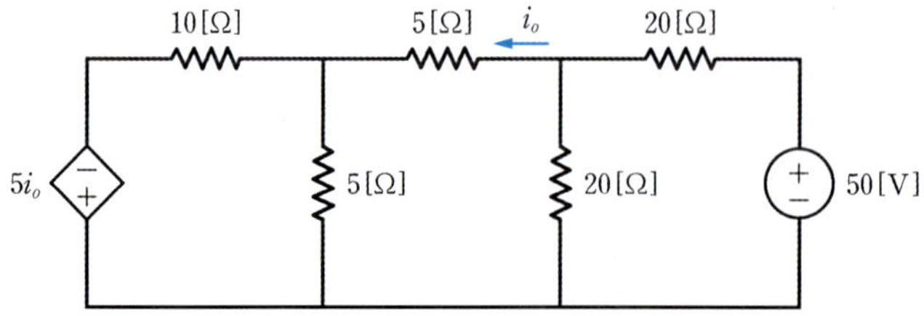


[문제 3.14]

**3.15** 다음 회로에서 루프 해석법을 이용해 전류 $i_x$를 구하라.

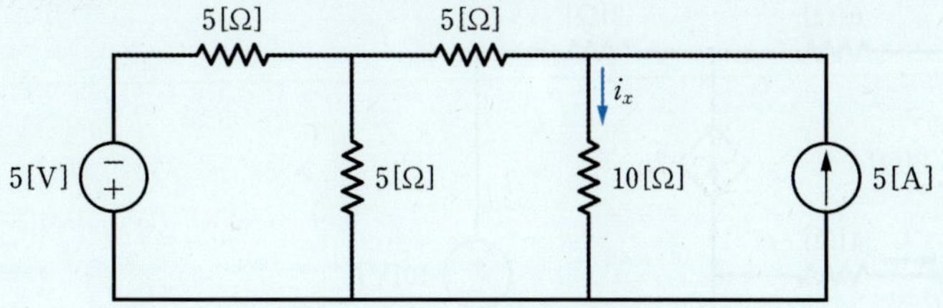


**[문제 3.15]**

**3.16** 다음 회로에서 루프 해석법을 이용해 전압 $v_o$를 구하라.

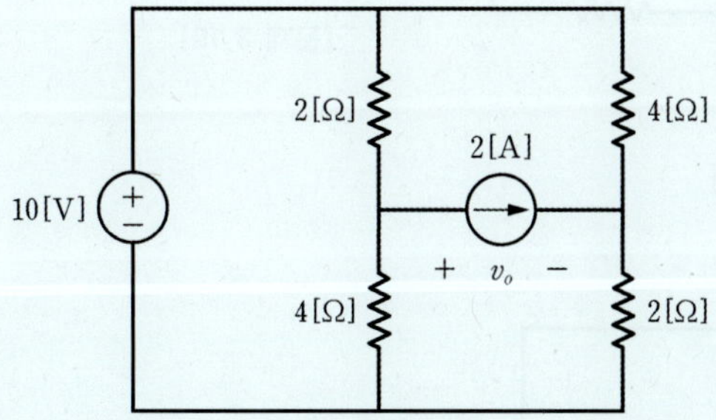


**[문제 3.16]**

**3.17** 다음 회로에서 루프 해석법을 이용해 전압 $v_x$를 구하라.

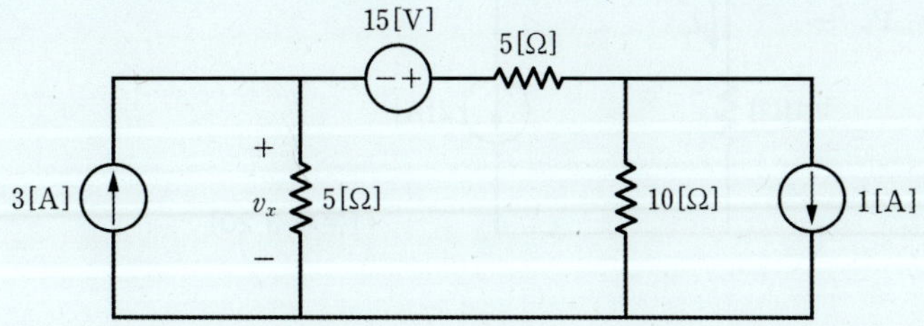


**[문제 3.17]**

**3.18** 다음 회로에서 루프 해석법을 이용해 전압 $v_o$를 구하라.

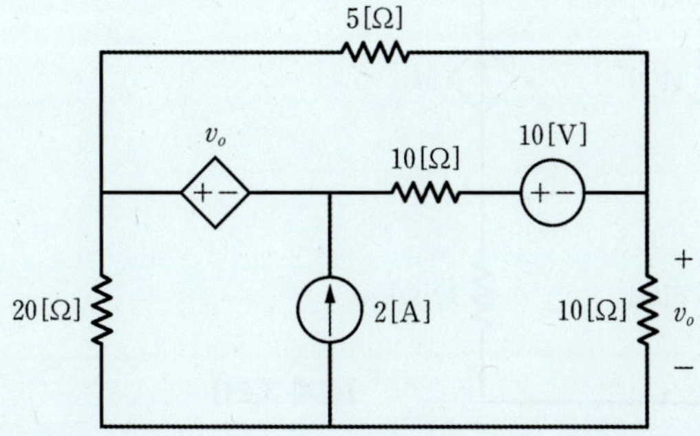


**[문제 3.18]**

**3.19** 다음 회로에서 루프 해석법을 이용해 전압 $V_x$와 전류 $i_o$를 구하라.

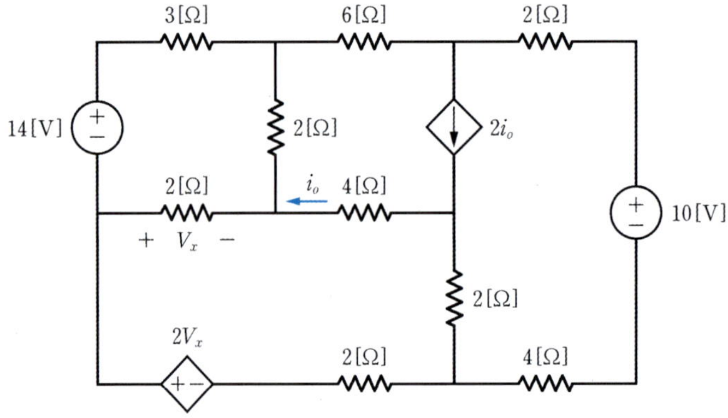


[문제 3.19]

**3.20** 다음 회로에서 전류 $I_o$와 전압 $V_x$를 구하라.

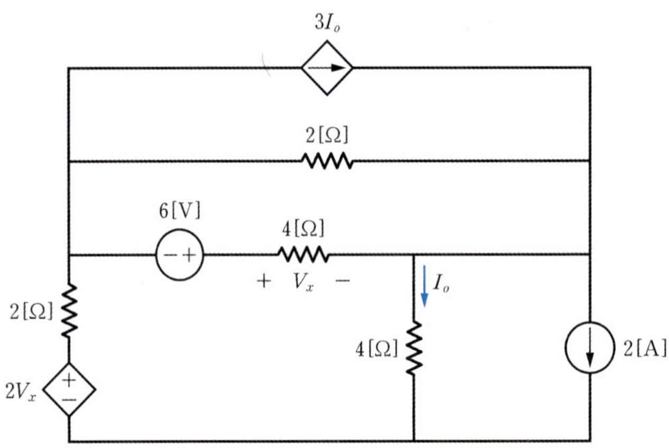


[문제 3.20]

**3.21** 다음 회로에서 전류 $I_o$를 구하라.

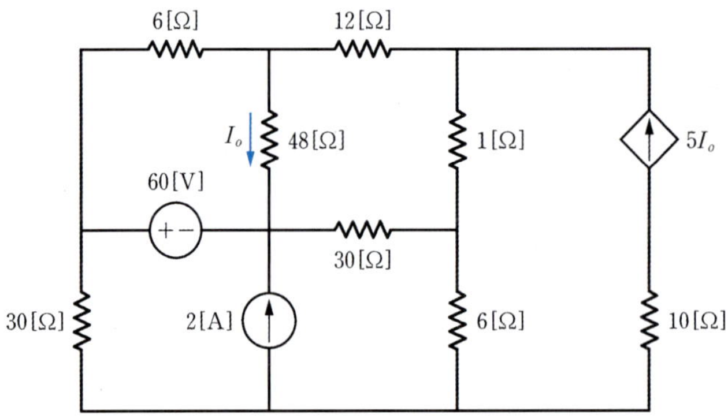


[문제 3.21]

**3.22** 다음 회로에서 전압 $V_o$를 구하라.

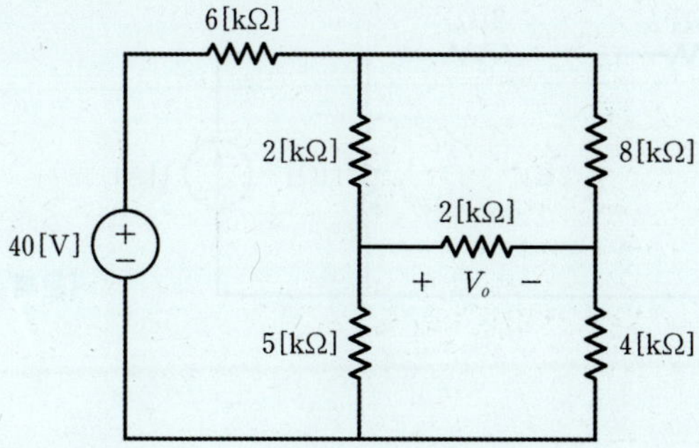


[문제 3.22]

**3.23** 다음 회로에서 저항 $R_L$에서 소모하는 전력을 구하라. 단, $R_L = 5\,[\Omega]$이다.

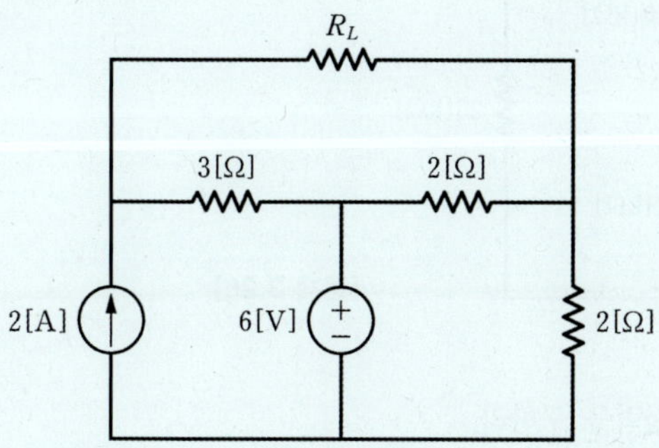


[문제 3.23]

**3.24** 다음 회로에서 전압 $V_x$를 구하라.

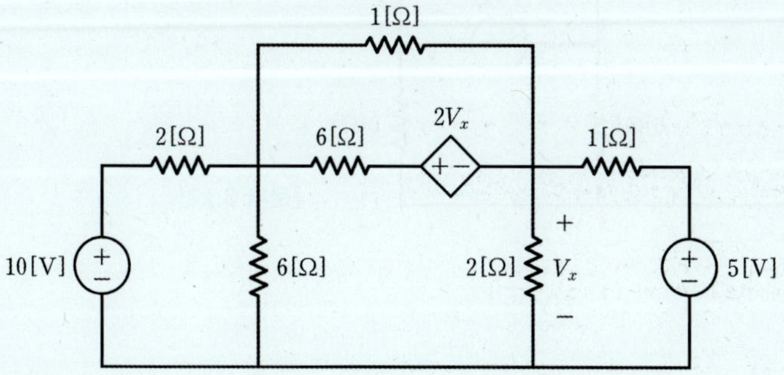


[문제 3.24]

**3.25** 다음 회로에서 전류 $i_x$를 구하라.

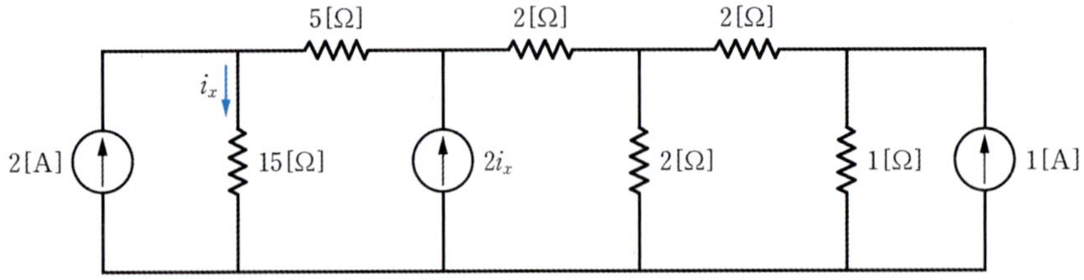


[문제 3.25]

**3.26** 다음 회로에서 전압 $V_o$를 구하라.

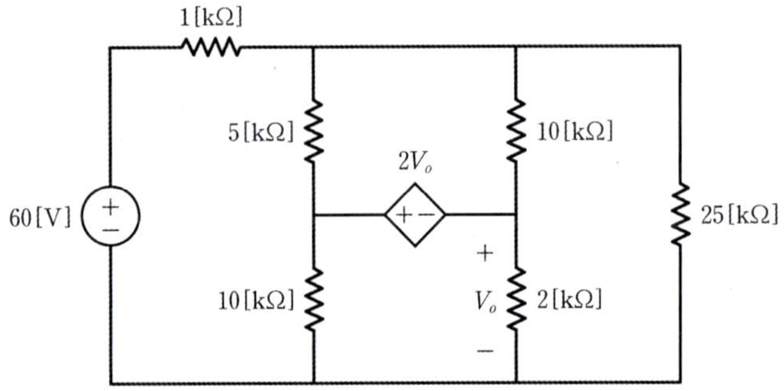


[문제 3.26]

**3.27** 다음 회로에서 1[A]의 전류원이 공급하는 전력을 구하라.

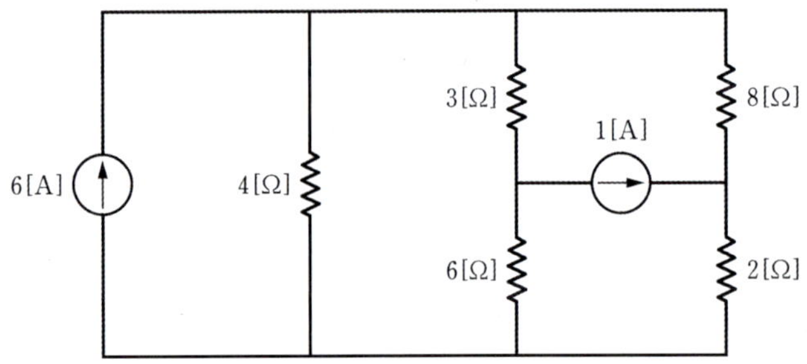


[문제 3.27]

CHAPTER

# 04 회로망 정리

Circuit Theorems



**학습목표**

- 선형회로의 특성을 이해할 수 있다.
- 비례성을 이용해 회로를 해석하는 방법을 이해할 수 있다.
- 중첩성을 이용해 회로를 해석하는 방법을 이해할 수 있다.
- 전원변환을 이용해 회로를 해석하는 방법을 이해할 수 있다.
- 테브난 등가회로와 노턴 등가회로에 대해 이해할 수 있다.
- 부하에서 소모하는 전력의 최댓값과 조건에 대해 이해할 수 있다.

SECTION

# 4.1 선형성

임의의 함수 $f(x)$가 다음과 같은 비례성과 중첩성을 모두 만족하면 그 함수는 선형성을 갖는다고 한다.

$$\text{비례성}: f(ax) = af(x) \tag{4.1a}$$

$$\text{중첩성}: f(x+y) = f(x) + f(y) \tag{4.1b}$$

**예제 4-1**

다음 함수의 선형성을 조사하라.

(a) $f(x) = 5x$ (b) $f(x) = 3x + 5$ (c) $f(x) = 2x^2$

**풀이**

(a) $f(ax) = 5(ax) = a(5x) = af(x)$로 비례성을 만족한다.

$f(x+y) = 5(x+y) = 5x + 5y = f(x) + f(y)$로 중첩성을 만족하므로 선형이다.

(b) $f(ax) = 3(ax) + 5 \neq a(3x+5) = af(x)$로 비례성을 만족하지 못하므로 비선형이다.

(c) $f(ax) = (ax)^2 = a^2x^2 \neq ax^2 = af(x)$로 비례성을 만족하지 못하므로 비선형이다.

이상의 결과를 종합하면 원점을 지나는 직선만 선형성을 갖고, 나머지 함수는 모두 비선형임을 유추할 수 있다.

**실전문제 4-1**

다음 함수의 선형성을 조사하라.

(a) $f(x) = \dfrac{x}{5}$ (b) $f(x) = 4e^x$ (c) $f(x) = \dfrac{10}{x}$

함수 $f(x+y)$에서 $x$, $y$는 입력인 독립전원의 크기를 의미하고, 함수값인 $f(x+y)$는 회로의 출력값을 의미한다. [그림 4-1]과 같이 저항만 있는 회로에 전압원 $v_s$를 인가할 경우, 인가전압 $v_s$가 변수가 되고, $4\,[\Omega]$에 흐르는 전류 $i$가 함수값이 된다. 따라서 $i = f(v_s)$의 관계를 만족한다.

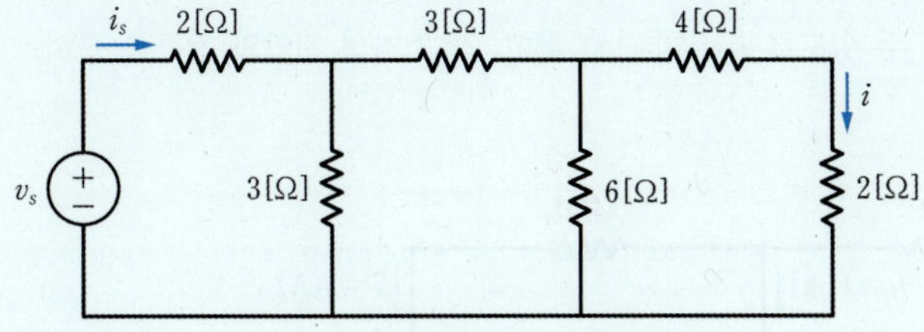


**[그림 4-1]** $i = f(v_s)$의 관계를 설명하기 위한 회로

## 4.1.1 비례성을 이용한 회로 해석 방법

[그림 4-1]의 회로에서 전원이 $v_s = 10\,[\mathrm{V}]$인 경우, 전류 $i$는 저항의 직병렬 관계로부터 구할 수 있다. 먼저 전원에서 들여다본 전체 저항값 $R_{eq}$를 구하면 다음과 같다.

$$R_{eq} = 2 + 3//(3 + 6//6) = 4\,[\Omega]$$

전원에서 공급하는 전류 $i_s$를 구하면 다음과 같다.

$$i_s = \frac{v_s}{R_{eq}} = \frac{10\,[\mathrm{V}]}{4\,[\Omega]} = 2.5\,[\mathrm{A}]$$

전류분배법칙을 사용해 전류 $i$를 구하면 다음을 얻는다.

$$\begin{aligned} i &= \frac{3}{3 + (3 + 6//6)} \cdot \frac{6}{6+6} \cdot i_s = \frac{1}{6} i_s \\ &= \frac{5}{12}\,[\mathrm{A}] \end{aligned}$$

이제 비례성 원리를 적용해 회로를 해석하는 방법을 예제를 통해 살펴보자.

### 예제 4-2

[그림 4-1]의 회로에서 인가전압이 $v_s = 10\,[\text{V}]$라고 할 때, 비례성의 원리를 사용해 전류 $i$를 구하라.

**풀이**

먼저 구해야 하는 출력전류를 쉽게 계산할 수 있도록 $i = 1\,[\text{A}]$로 두고, 각 소자의 전압과 전류를 구하면 [그림 4-2]와 같다.

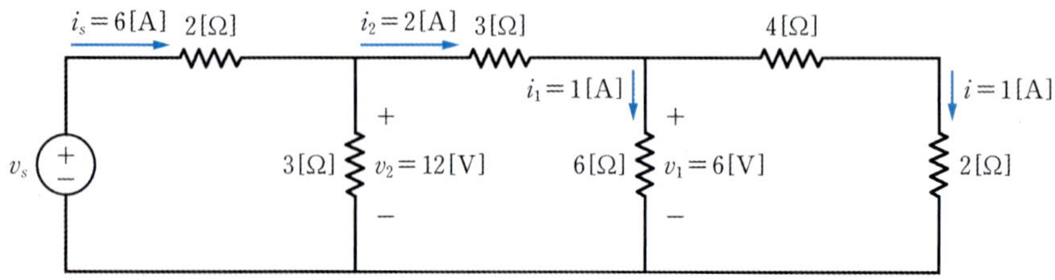


**[그림 4-2]** $i = 1\,[\text{A}]$일 때, 각 소자의 전압과 전류

따라서 $v_s = 12\,[\text{V}] + 12\,[\text{V}] = 24\,[\text{V}]$가 성립한다. 인가하는 전원의 전압과 출력전류는 비례성을 가지므로 $v_s = 24\,[\text{V}] \rightarrow 10\,[\text{V}]$로 전압의 변화가 24 : 10으로 감소했으므로 출력전류도 1 [A]에서 24 : 10으로 감소해야 한다. 따라서 출력전류는 $i = 1\,[\text{A}] \cdot \dfrac{10}{24} = \dfrac{5}{12}\,[\text{A}]$로 앞에서 구한 값과 동일한 결과를 얻는다.

### 실전문제 4-2

다음 회로에서 출력전류 $i$를 구하라.

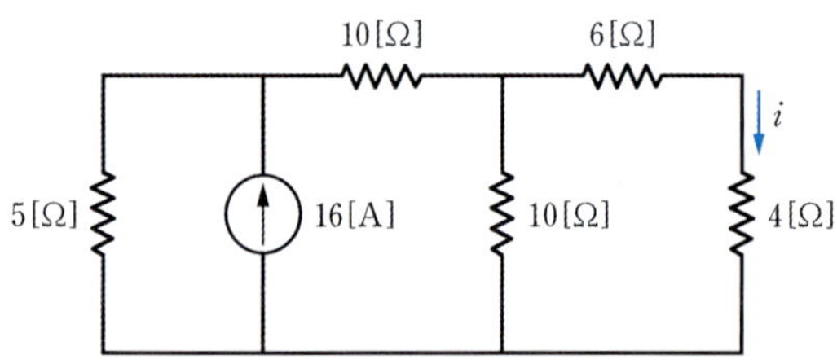


**[그림 4-3]**

SECTION 4.2

# 중첩의 원리

비례성에 이어 이번에는 중첩성을 사용하는 예를 살펴보자. 식 (4.1b)는 2개의 변수만 있는 경우인데, $x = a + b$, $y = c + d$로 치환한다면 식 (4.1b)는 식 (4.2)와 같이 4개의 변수로 확장할 수 있다.

$$\begin{aligned} f(x+y) &= f(a+b+c+d) \\ &= f(a+b) + f(c+d) = f(a) + f(b) + f(c) + f(d) \end{aligned} \tag{4.2}$$

또한 식 (4.3)과 같이 2개 이상 짝을 이룰 수도 있다.

$$\begin{aligned} f(a+b+c+d) &= f(a+b+c) + f(d) \\ &= f(a+b) + f(c+d) \\ &= f(a) + f(b+c+d) \\ &= f(a+b) + f(c) + f(d) \end{aligned} \tag{4.3}$$

중첩성을 회로에 적용하면 중첩의 원리가 되며 이를 자세히 설명하면 다음과 같다. 식 (4.3)에서 변수 $a$, $b$, $c$, $d$는 [그림 4-4]에서 보는 바와 같이 입력전원 $V_1$, $I_1$, $V_2$, $I_2$이고 함수 $f(a+b+c+d)$는 [그림 4-4]에서 표기한 출력전압 $V_o$를 의미한다.

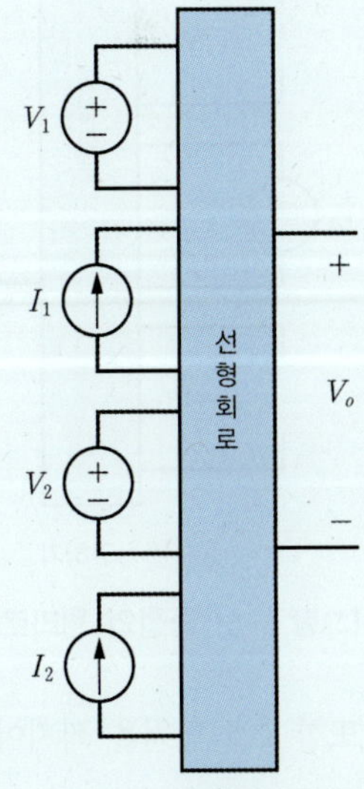


[그림 4-4] 중첩의 원리를 설명하기 위한 회로

[그림 4-4]는 선형회로이므로 입력전원에 의한 중첩성이 성립하므로 식 (4.4)와 같이 표현할 수 있다.

$$\begin{aligned} V_o &= f(V_1 + I_1 + V_2 + I_2) \\ &= f(V_1) + f(I_1) + f(V_2) + f(I_2) \\ &= V_{o1} + V_{o2} + V_{o3} + V_{o4} \end{aligned} \tag{4.4}$$

여기서 $V_{o1} = f(V_1)$이므로 $f(V_1)$은 식 (4.5)와 같이 표현되고 회로로 나타내면 [그림 4-5(a)]와 같다. 여기서 인가되는 전압 $V_1$ 외에는 모두 값을 0로 두어야 한다(전압원의 크기가 0이면 단락회로와 같고, 전류원의 크기가 0이면 개방회로와 같다).

$$f(V_1) = f(V_1 + I_2 + V_3 + I_4)|_{I_2=0,\ V_3=0,\ I_4=0} \tag{4.5}$$

같은 방법으로 $V_{o2}$, $V_{o3}$, $V_{o4}$를 구하는 회로를 그리면 [그림 4-5]의 (b)~(d)와 같다.

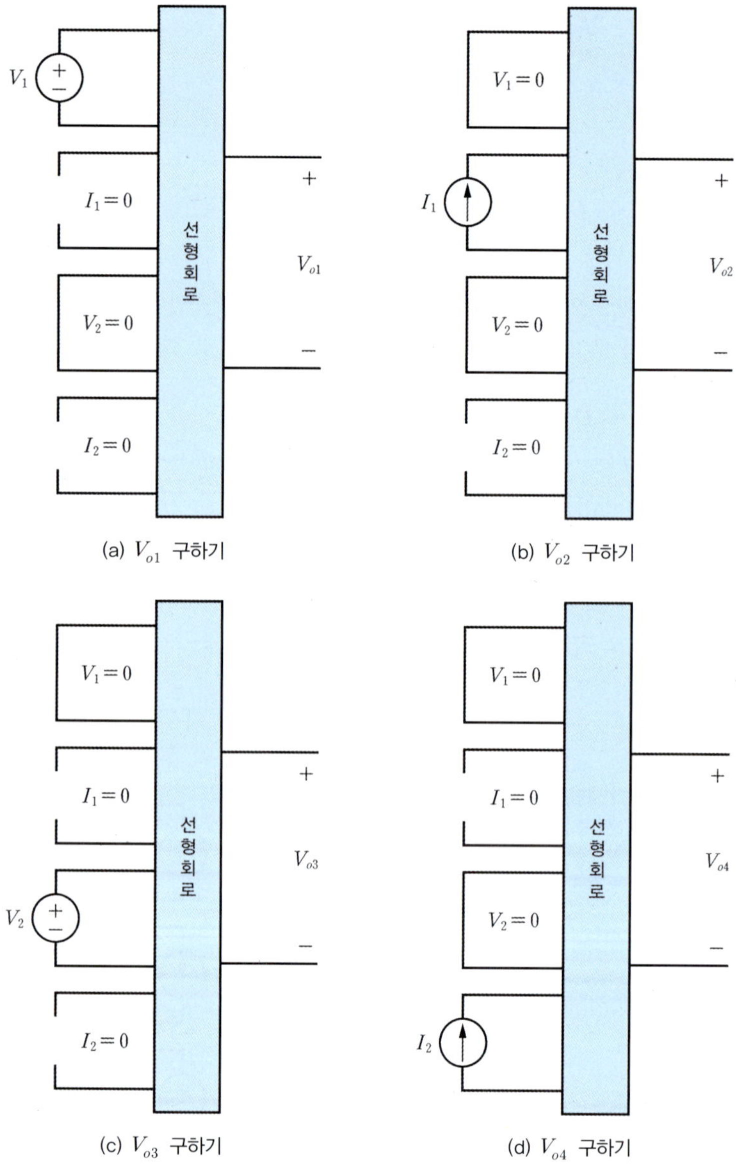


**[그림 4-5]** 중첩의 원리로 $V_{o1} \sim V_{o4}$ 구하기

또한 2개 전원을 짝지어서 구할 수도 있다.

$$V_o = V_{o1} + V_{o2} + V_{o3} + V_{o4} = V_{o1}' + V_{o2}' \tag{4.6}$$

여기서 $V_{o1}' = V_{o1} + V_{o2} = f(V_1) + f(I_2) = f(V_1 + I_2)$로 구하는 회로는 [그림 4-6(a)]와 같고, $V_{o2}' = V_{o3} + V_{o4} = f(V_3) + f(I_4) = f(V_3 + I_4)$로 구하는 회로는 [그림 4-6(b)]와 같다.

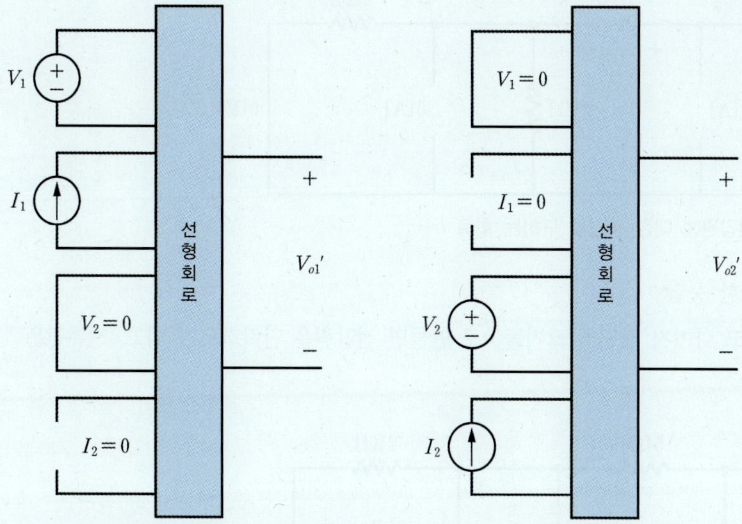

(a) $V_{o1}'$ 구하기 (b) $V_{o2}'$ 구하기

**[그림 4-6]** $V_{o1}'$, $V_{o2}'$을 구하기 위한 회로

예제를 통해 좀더 자세히 알아보자.

## 예제 4-3

다음 회로에서 중첩의 원리를 사용해 전압 $V_o$를 구하라.

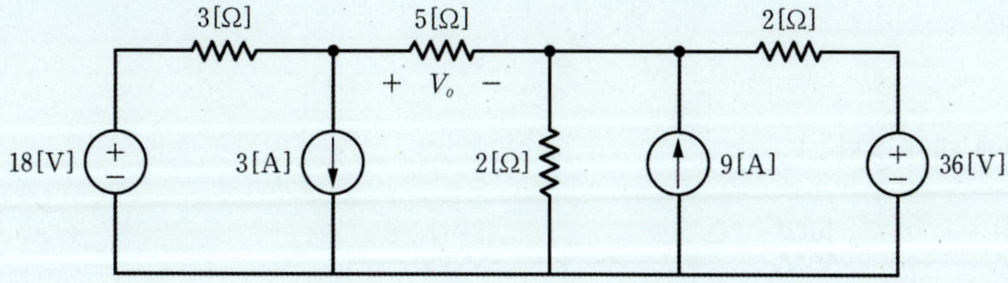

**[그림 4-7]** [예제 4-3]의 회로

### 풀이

❶ 각 전원에 대한 응답을 구해 전체적으로 더하는 방법

(i) 18 [V]의 전압원에 대한 응답 : $V_{o1}$

18 [V]의 전압원만 있고 나머지 전원의 크기를 0로 한다. 전류원의 크기가 0이면 개방회로가 되고, 전압원의 크기가 0이면 단락회로가 되므로 [그림 4-7]의 회로는 [그림 4-8]과 같다.

$$V_{o1} = f(V_1 + 0 + 0 + 0) = f(V_1)$$

여기서 $V_1 = 18\,[\mathrm{V}]$이다. 회로에서 $2\Omega\,//\,2\Omega = 1\,[\Omega]$이고 전압분배법칙을 사용하면 다음을 얻는다.

$$V_{o1} = 18 \cdot \frac{5}{3+5+1} = 10\,[\mathrm{V}]$$

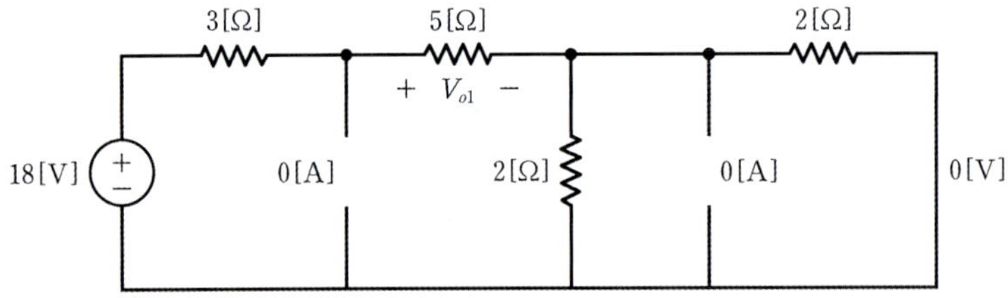


**[그림 4-8]** 18[V]의 전압원에 대한 응답을 구하는 회로

(ii) 3[A]의 전류원에 대한 응답 : $V_{o2}$

3[A]의 전류원만 있고 나머지 전원의 크기를 0로 만들면 전압원은 단락회로가 되고, 전류원은 개방회로가 된다.

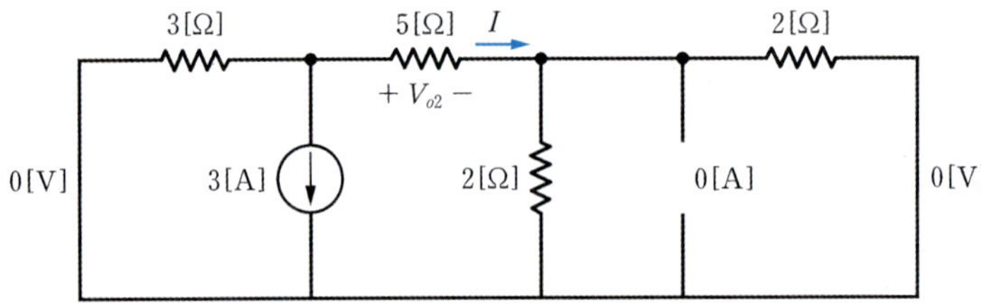


**[그림 4-9]** 3[A]의 전류원에 대한 응답을 구하는 회로

$$V_{o2} = f(0 + I_1 + 0 + 0) = f(I_1)$$

여기서 $I_1 = 3$[A]이다. 전류분배법칙으로 5[Ω]에 흐르는 전류 $I$를 구하면 다음과 같다.

$$I = -3[\text{A}] \cdot \frac{3}{3+5+1} = -1[\text{A}]$$

$$\therefore\ V_{o2} = 5[\Omega] \cdot I = -5[\text{V}]$$

(iii) 9[A]의 전류원에 대한 응답 : $V_{o3}$

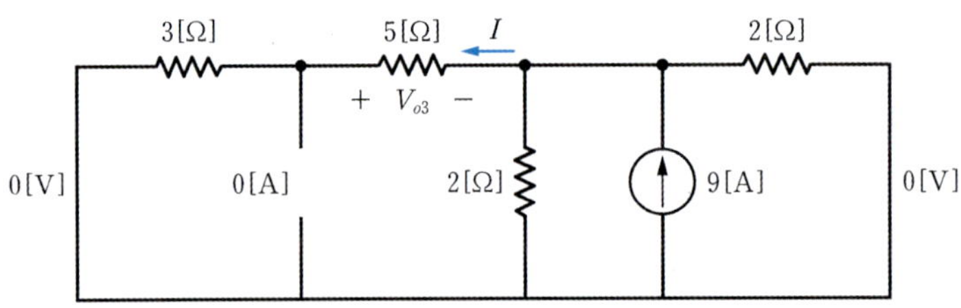


**[그림 4-10]** 9[A]의 전류원에 대한 응답을 구하는 회로

$$V_{o3} = f(0 + 0 + I_2 + 0) = f(I_2)$$

여기서 $I_2 = 9$[A]이다. 전류분배법칙의 5[Ω]에 흐르는 전류 $I$를 구하면 다음과 같다.

$$I = \frac{1/(3+5)}{1/(3+5) + 1/2 + 1/2} \cdot 9[\text{A}] = 1[\text{A}]$$

$$\therefore\ V_{o3} = -5[\Omega] \cdot I = -5[\text{V}]$$

(iv) 36 [V]의 전압원에 대한 응답 : $V_{o4}$

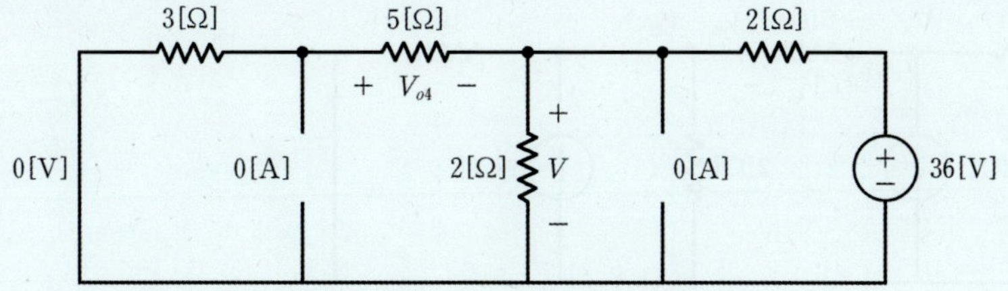


**[그림 4-11]** 36 [V]의 전압원에 대한 응답을 구하는 회로

$$V_{o4} = f(0 + 0 + 0 + V_2)$$

여기서 $V_2 = 36$ [V]이다. 전압분배법칙을 사용해 2 [Ω]에 걸리는 전압 $V$를 구하면 다음과 같다.

$$V = \frac{2\,[\Omega]//(3\,[\Omega]+5\,[\Omega])}{2\,[\Omega]+2\,[\Omega]//(3\,[\Omega]+5\,[\Omega])} \cdot 36[\mathrm{V}] = 16\,[\mathrm{V}]$$

같은 방법으로 $V_{o4}$를 구하면 다음과 같다.

$$V_{o4} = -\frac{5}{3+5} \cdot V = -10\,[\mathrm{V}]$$

따라서 다음을 구할 수 있다.

$$\begin{aligned} V_o &= f(V_1 + I_1 + I_2 + V_2) = f(V_1) + f(I_1) + f(I_2) + f(V_2) \\ &= V_{o1} + V_{o2} + V_{o3} + V_{o4} = -10\,[\mathrm{V}] \end{aligned}$$

❷ 2개의 전원을 짝지어서 푸는 방법

(i) 2개의 전압원에 대한 응답 : $V_{21}$

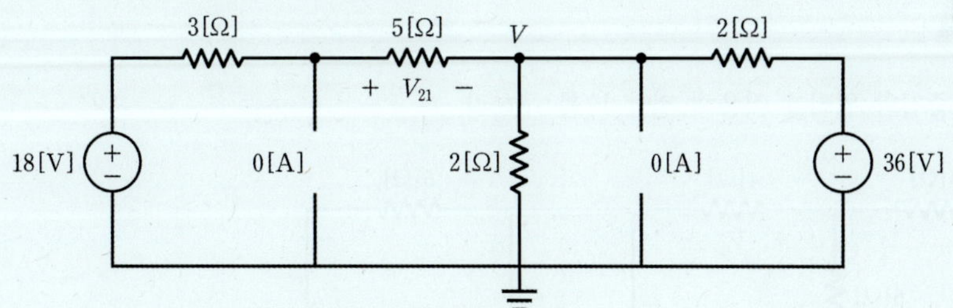


**[그림 4-12]** 2개의 전압원에 대한 응답을 구하는 회로

노드방정식으로부터 $V$를 구하자.

$$\frac{V-18}{8} + \frac{V}{2} + \frac{V-36}{2} = 0 \quad \rightarrow \quad V = 18$$

$$\therefore\ V_{21} = \frac{3 \cdot V + 5 \cdot 18}{3+5} - V = 0$$

$V_{21}$은 앞에서 구한 전압원에 대한 응답 $V_{o1}$과 $V_{o4}$의 합과 같다.

$$V_{21} = f(V_1 + 0 + 0 + V_2) = f(V_1 + V_2) = f(V_1) + f(V_2) = V_{o1} + V_{o4}$$

(ii) 두 전류원에 대한 응답 : $V_{22}$

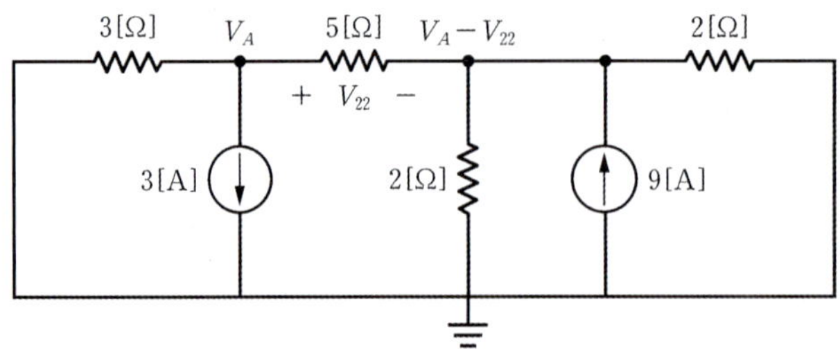


**[그림 4-13]** 두 전류원에 대한 응답을 구하는 회로

두 점에서 노드방정식을 구해보자.

$$\frac{V_A}{3} + 3 + \frac{V_{22}}{5} = 0 \quad \rightarrow \quad 3V_{22} + 5V_A = -45$$

$$\frac{V_{22}}{5} + 9 = \frac{V_A - V_{22}}{2} + \frac{V_A - V_{22}}{2} \quad \rightarrow \quad 6V_{22} - 5V_A = -45$$

두 식으로부터 $V_{22} = -10\,[\mathrm{V}]$를 얻을 수 있으며, 이 또한 앞에서 구한 전류원에 대한 응답을 합한 경우와 동일하다. 즉 $V_{22} = V_{o2} + V_{o3}$를 만족한다.

전체적으로 $V_o = V_{21} + V_{22} = V_{o1} + V_{o2} + V_{o3} + V_{o4} = -10\,[\mathrm{V}]$를 얻을 수 있다.

이상에서 보는 바와 같이 ❶ 각각에 대한 응답을 구해 전체적인 응답을 계산하는 방법이나 ❷ 2개씩 짝을 지어서 구하는 방법 모두 같은 답을 얻는다. ❶은 푸는 횟수는 많지만 풀이가 간단하다는 장점이 있고, ❷는 횟수는 적지만 풀이가 복잡하다는 단점이 있다.

## 실전문제 4-3

다음 회로에서 중첩의 원리를 이용해 전압 $V_o$를 구하라.

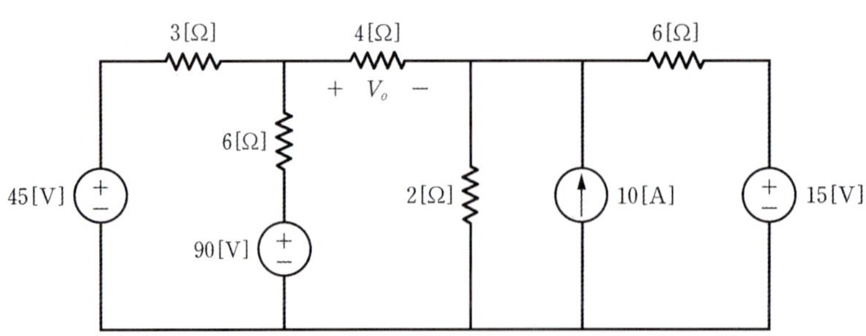


**[그림 4-14]**

## 예제 4-4

종속전원이 포함된 다음 회로에서 중첩의 원리를 이용해 전압 $V_o$를 구하라.

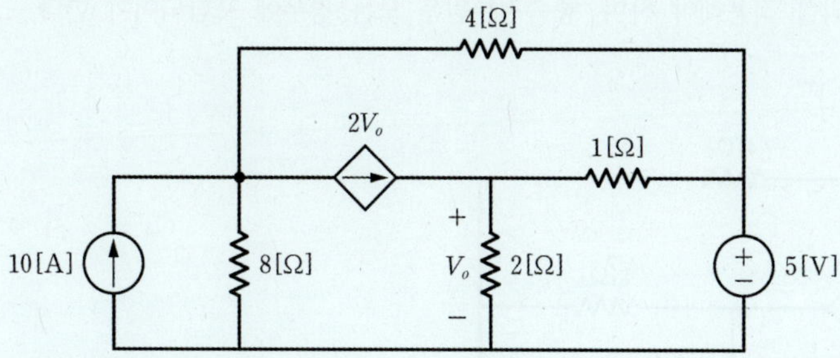


**[그림 4-15]** [예제 4-4]의 회로

### 풀이

[그림 4-15]의 회로에는 종속전류원이 존재하므로 종속전류원의 처리를 먼저 생각해야 한다. 전원이 3개 있으므로 각 전원에 대한 응답을 구하는 회로는 [그림 4-16]~[그림 4-18]이다.

3개의 회로 중 종속전류원에 대한 응답을 구하는 [그림 4-18]의 회로를 살펴보자. 독립전원이 없는 회로이고 독립전원이 없는 경우, 모든 소자에 흐르는 전류와 모든 소자에 걸리는 전압이 모두 0가 된다. 이는 [그림 4-18]에서 노드방정식이나 루프방정식을 구할 경우, 좌변은 미지수로 표현되고 전원으로 나타나는 상수는 우변에 표현한다면, 모든 방정식의 우변이 0가 되어 구하고자 하는 모든 변수가 0가 되기 때문이다. 따라서 [그림 4-15]의 결과는 [그림 4-16]과 [그림 4-17]의 결과를 더하는 것과 같고, 그와 같은 결과는 종속전원이 없는 회로인 [그림 4-19]의 결과와 동일하다.

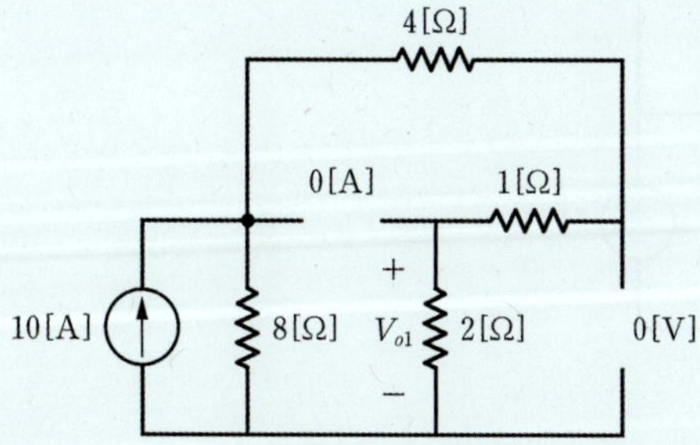


**[그림 4-16]** 독립전류원에 대한 응답

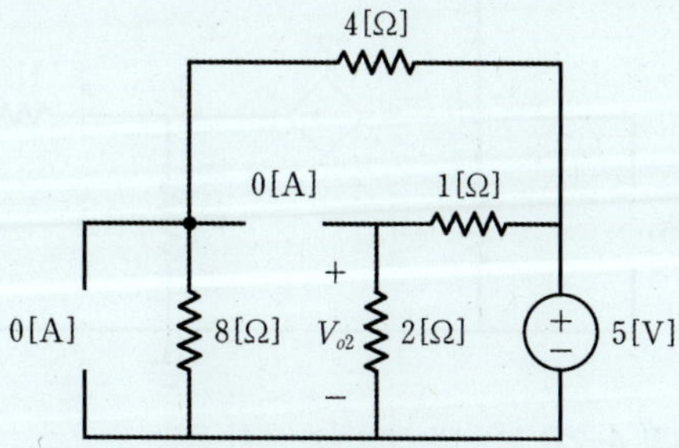


**[그림 4-17]** 독립전압원에 대한 응답

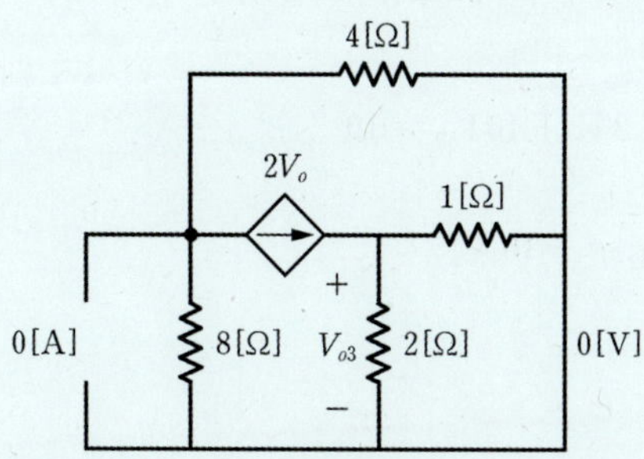


**[그림 4-18]** 종속전류원에 대한 응답

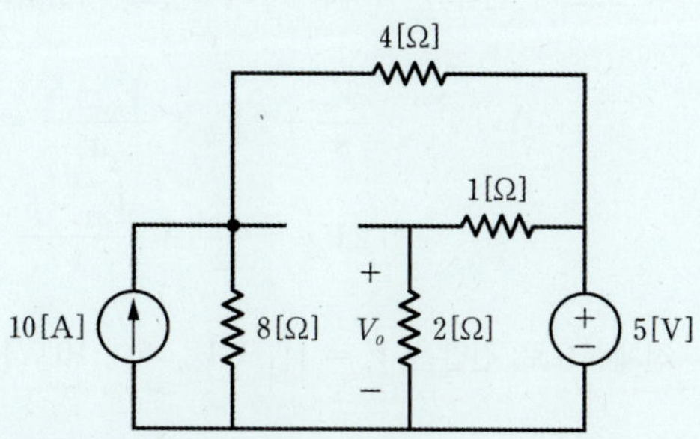


**[그림 4-19]** 종속전원만 제거한 회로

일반적으로 종속전원이 있는 [그림 4-15]와 종속전원이 없는 [그림 4-19]의 결과는 서로 다르게 나타난다. 따라서 종속전원이 있는 회로에서 중첩의 원리를 적용하려 할 경우, 종속전원은 독립전원과는 다르게 전원으로 취급하면 안 된다. 따라서 [그림 4-15]에 주어진 회로는 독립전류원과 독립전압원이 하나씩 있는 회로로 간주하고 중첩의 원리를 적용해야 하며, 종속전류원은 모든 경우에 포함되어야 한다.

(i) 10[A]의 전류원에 대한 응답 : $V_{o1}$

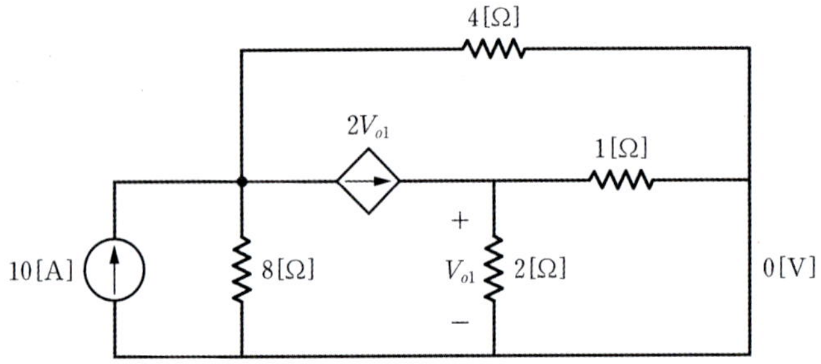


**[그림 4-20]** 10[A]의 전류원에 대한 응답

전압원이 제거되면 2[Ω]과 1[Ω]의 저항 2개가 서로 병렬로 연결된 모양이 되고, 또한 두 저항에 흐르는 전류의 합이 $2V_{o1}$이므로 2[Ω]의 저항에 흐르는 전류는 $\frac{2}{3}V_{o1}$이 된다. 따라서 전압 $V_{o1}$을 정의하는 저항에 대해 옴의 법칙을 적용하면 $V_{o1} = 2 \cdot (1/3\,V_{o1}) \rightarrow V_{o1} = 0$라는 결과를 얻을 수 있다.

(ii) 5[V]의 전압원에 대한 응답 : $V_{o2}$

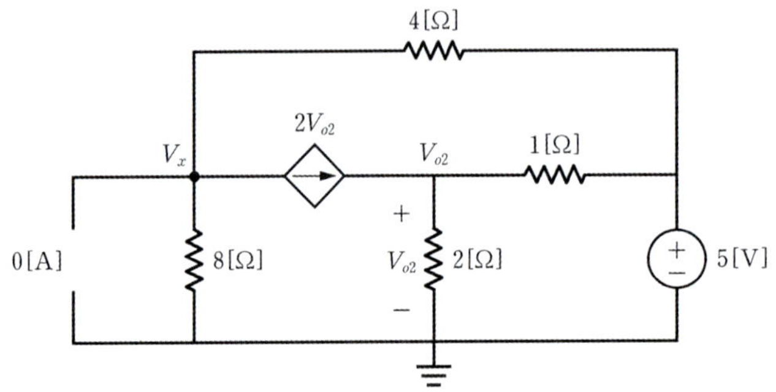


**[그림 4-21]** 5[V]의 전압원에 대한 응답

각 노드의 전압을 미지수 $V_x$와 $V_{o2}$로 지정하고 지정한 점에서의 노드방정식을 구한다.

$$\frac{V_x}{8} + 2V_{o2} + \frac{V_x - 5}{4} = 0 \quad \rightarrow \quad 3V_x + 16V_{o2} = 10$$

$$2V_{o2} = \frac{V_{o2}}{2} + \frac{V_{o2} - 5}{1} \quad \rightarrow \quad V_{o2} = -10[\mathrm{V}]$$

전체적으로 전압은 $V_o = V_{o1} + V_{o2} = -10[\mathrm{V}]$이다.

**실전문제 4-4**

다음 회로에서 중첩의 원리를 이용해 전류 $I_o$를 구하라.

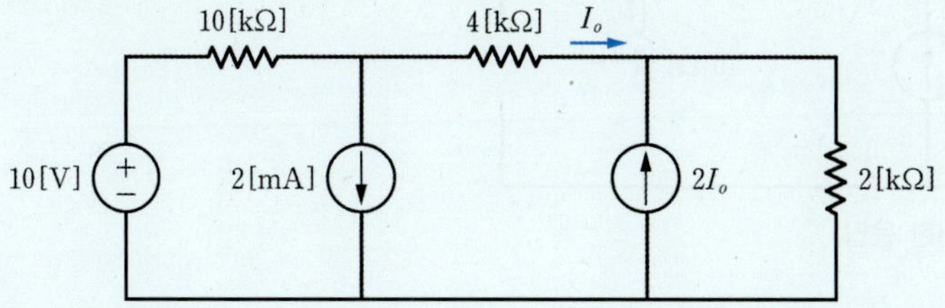


**[그림 4-22]**

**예제 4-5**

다음 회로에서 중첩의 원리를 이용해 10[Ω]의 저항에서 소모하는 전력을 구하라.

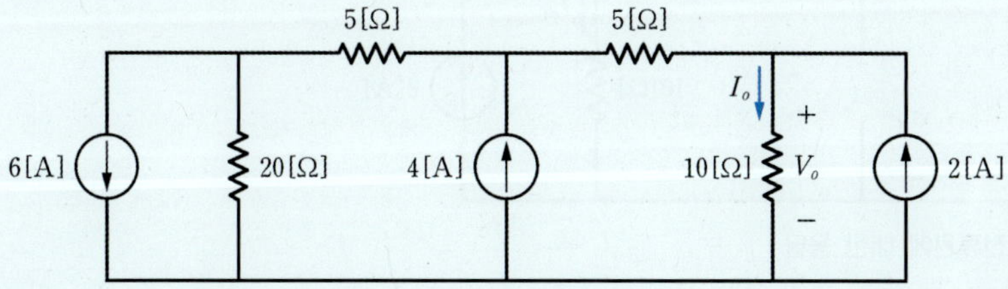


**[그림 4-23]** [예제 4-5]의 회로

**풀이**

전력에 대해 중첩의 원리를 적용해 각 전원에 대한 전력을 구해서 모두 더한 값이 전체 전원에 대한 전력이라고 생각할 수 있지만, 실제로는 전력과 인가전원의 크기는 선형이 아니므로 중첩의 원리를 적용할 수 없다. 저항에 걸리는 전체 전압 $V_o$나 저항에 흐르는 전체 전류 $I_o$를 먼저 중첩의 원리를 적용하여 구한 후 10[Ω]의 저항에서 소모하는 전력을 구해야 된다. 여기서는 구하기 쉬운 전류 $I_o$를 구하기로 하자.

(i) 6[A]의 전류원에 대한 응답 : $I_{o1}$(전류분배법칙 적용)

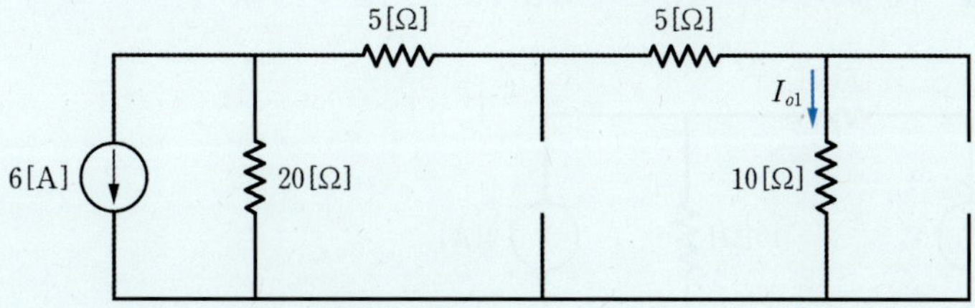


**[그림 4-24]** 6[A]의 전류원에 대한 응답

$$I_{o1} = -6\,[\mathrm{A}] \cdot \frac{20\,[\Omega]}{20\,[\Omega] + (5\,[\Omega] + 5\,[\Omega] + 10\,[\Omega])} = -3\,[\mathrm{A}]$$

(ii) 4[A]의 전류원에 대한 응답 : $I_{o2}$(전류분배법칙 적용)

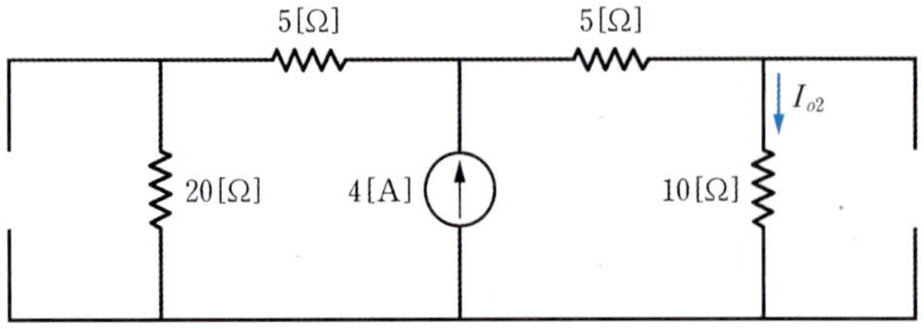


**[그림 4-25]** 4[A]의 전류원에 대한 응답

$$I_{o2} = 4\,[\mathrm{A}] \cdot \frac{20\,[\Omega] + 5\,[\Omega]}{(20\,[\Omega] + 5\,[\Omega]) + (5\,[\Omega] + 10\,[\Omega])} = 2.5\,[\mathrm{A}]$$

(iii) 2[A]의 전류원에 대한 응답 : $I_{o3}$(전류분배법칙 적용)

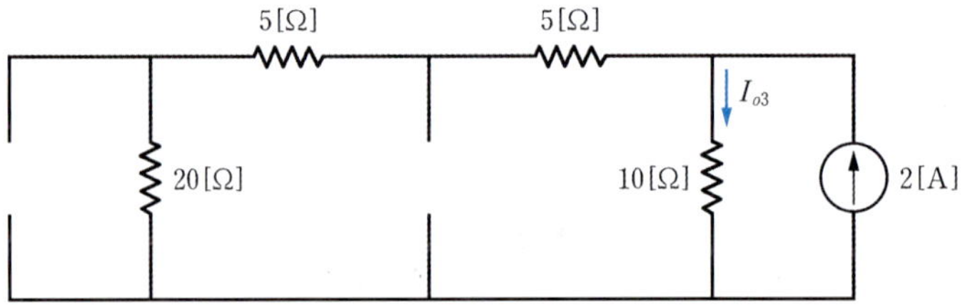


**[그림 4-26]** 2[A]의 전류원에 대한 응답

$$I_{o3} = 2\,[\mathrm{A}] \cdot \frac{20\,[\Omega] + 5\,[\Omega] + 5\,[\Omega]}{(20\,[\Omega] + 5\,[\Omega] + (5\,[\Omega]) + 10\,[\Omega]} = 1.5\,[\mathrm{A}]$$

전체 전류의 값은 $I_o = I_{o1} + I_{o2} + I_3 = 1\,[\mathrm{A}]$이다. 따라서 10[Ω]에서 소모하는 전력 $P_{10\,[\Omega]}$을 구하면 다음과 같다.

$$P_{10\,[\Omega]} = 10\,[\Omega] \times I_o^2 = 10\,[\mathrm{W}]$$

## 실전문제 4-5

다음 회로에서 중첩의 원리를 이용해 4[A]의 전류원이 공급하는 전력을 구하라.

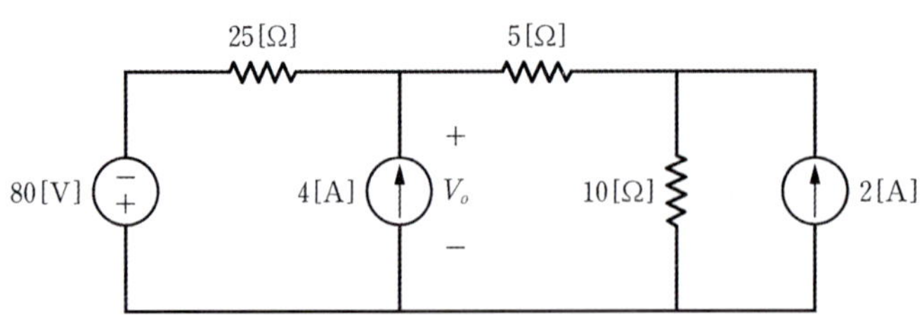


**[그림 4-27]**

SECTION 4.3

# 2단자망의 특성식

[그림 4-28]과 같은 임의의 회로가 있다고 하자.

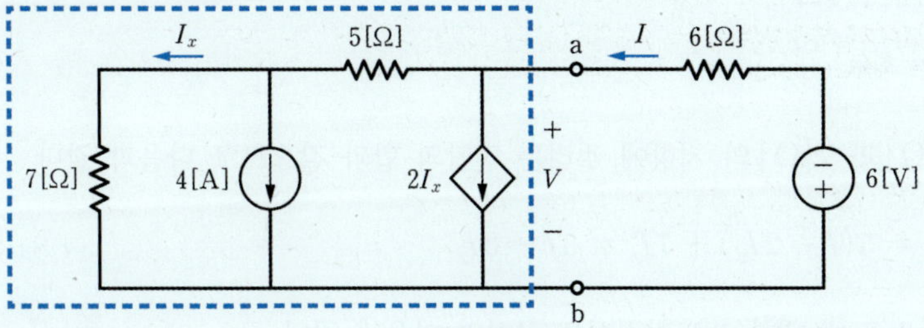


**[그림 4-28]** 특성식을 구하기 위한 임의의 회로

6[Ω]의 저항에 흐르는 전류 $I$를 구한다고 하자. 이때는 3장에서 언급한 노드 해석법이나 루프 해석법을 사용할 수도 있지만, 점선 영역인 2단자망 회로의 특성식($V$와 $I$의 관계식) $V = f(I)$를 알고 있으면 다음 식으로부터 $I$를 훨씬 쉽게 구할 수 있다.

$$V = f(I) \tag{4.7a}$$

$$V + 6I + 6 = 0 \tag{4.7b}$$

즉 식 (4.7a)는 회로의 선형성으로부터 $V$와 $I$의 일차함수 관계를 만족하므로 식 (4.7b)와 함께 만들어지는 이원 1차 연립방정식의 해로부터 $I$를 구할 수 있다. 여기서 점선 영역 안의 복잡한 회로 대신 식 (4.7a)를 만족하는 다른 간단한 회로로 바꿔도 전류 $I$는 변하지 않는다. 즉 점선 영역 안과 특성식이 같은 간단한 회로를 대신 사용함으로써 회로 해석이 훨씬 쉬워진다. 2장에서도 언급한 바 있듯이 특성식이 동일한 임의의 두 회로를 **등가회로**라고 하고, 두 등가회로를 바꿔 사용해도 결과는 동일하다.

2단자망의 특성식을 구하는 방법은 모두 세 가지가 있다. 각각의 경우에 대해 알아보자.

❶ 직접 구하는 방법

❷ 전압원을 인가해 특정 상수를 구하는 방법

❸ 전류원을 인가해 특정 상수를 구하는 방법

### 4.3.1 직접적인 방법으로 2단자망의 전압-전류 관계식 구하기

[그림 4-28]의 회로에서 점선 영역 안 회로의 특성식은 [그림 4-29]의 회로에서 전압 $V$와 전류 $I$의 함수관계를 구하면 된다.

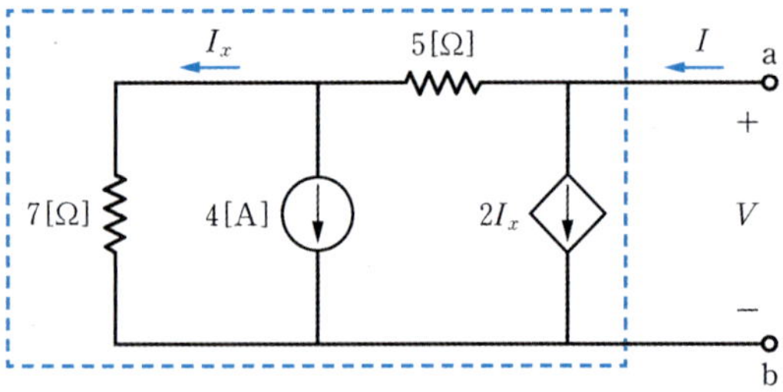


**[그림 4-29]** 특성식을 구하고자 하는 회로

점 a, b 사이의 전압 $V$는 5[Ω]과 7[Ω]의 저항에 걸리는 전압의 합과 같으므로 다음과 같다.

$$V = 5(I - 2I_x) + 7I_x = 5I - 3I_x \tag{4.8a}$$

5[Ω]의 양 끝점을 잇는 슈퍼 노드에 대한 노드방정식을 구하면 다음과 같다.

$$I = 2I_x + I_x + 4 = 3I_x + 4 \tag{4.8b}$$

식 (4.8)로부터 주어진 회로의 특성식을 구하면 다음과 같다.

$$V = 5I - 3\frac{I-4}{3} = 4I + 4 \tag{4.9}$$

**예제 4-6**

다음 회로의 특성식을 구하라.

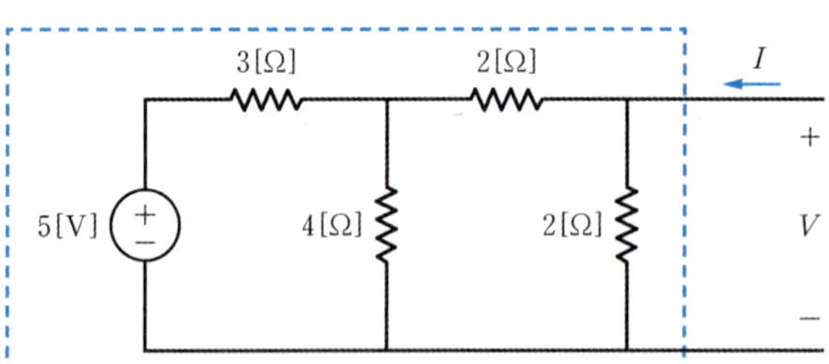


**[그림 4-30]** [예제 4-6]의 회로

**풀이**

노드방정식으로부터 특성식을 구하기 위해 다음과 같이 각 노드의 전압을 정의한다.

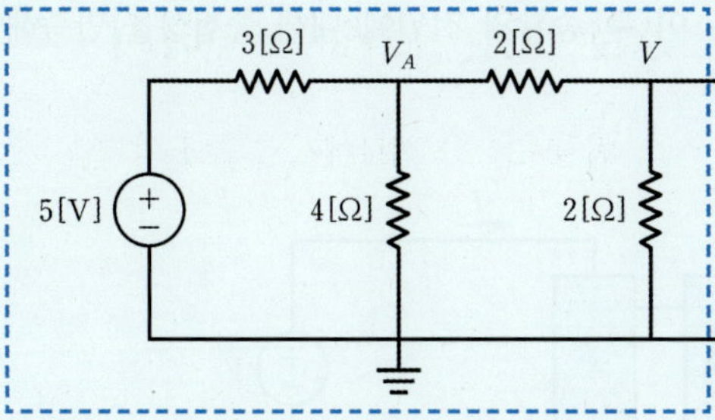

**[그림 4-31]** 기준점과 각 노드의 전압 표기

두 노드에서의 노드방정식을 구하면 다음과 같다.

$$\frac{V_A-5}{3}+\frac{V_A}{4}+\frac{V_A-V}{2}=0 \;\rightarrow\; 13V_A-6V=20$$

$$\frac{V-V_A}{2}+\frac{V}{2}=I \;\rightarrow\; 2V-V_A=2I$$

두 식으로부터 $V_A$를 제거해 특성식을 구하면 다음과 같다.

$$V=\frac{13}{10}I+1$$

**실전문제 4-6**

다음 2단자망의 특성식을 구하라.

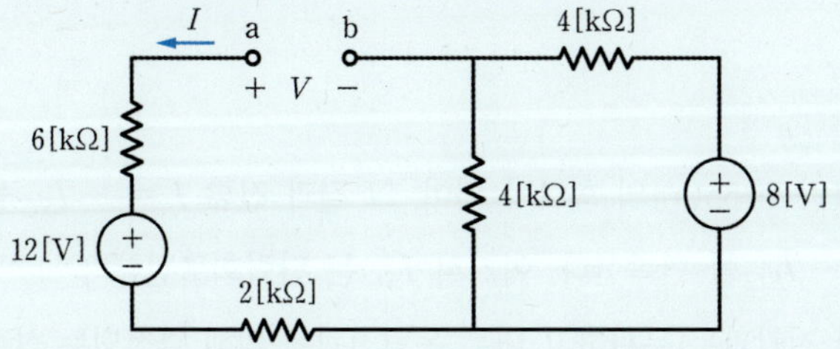

**[그림 4-32]**

## 4.3.2 2단자망에 전압원을 인가하는 경우

[그림 4-33]과 같이 2단자망 A에 전압 $V$를 인가할 경우, 2단자망에 흐르는 전류 $I$는 식 (4.10)과 같이 1차 함수 형태로 표현된다. 여기서 $G$, $I_o$는 2단자망에 의해 결정되는 상수이다.

$$I = G \cdot V + I_o \tag{4.10}$$

2단자망의 특성식은 전압 $V$를 인가해 흐르는 전류 $I$를 구하는 경우이므로 인가전압 $V$는 독립전압원으로 A의 외부에 존재한다. 또한 2단자망 회로인 A의 내부에도 독립전원이 존재할 수 있으므로 회로 A는 내부와 외부에 있는 전원으로 나눌 수 있고, 이 두 종류의 전원에 대해 중첩성을 만족해야 한다.

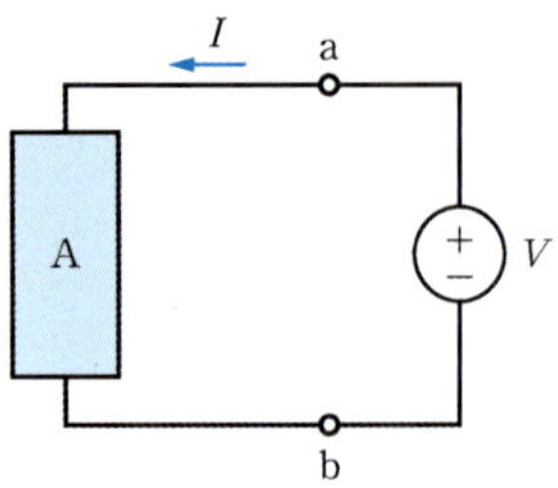


[그림 4-33] 2단자망

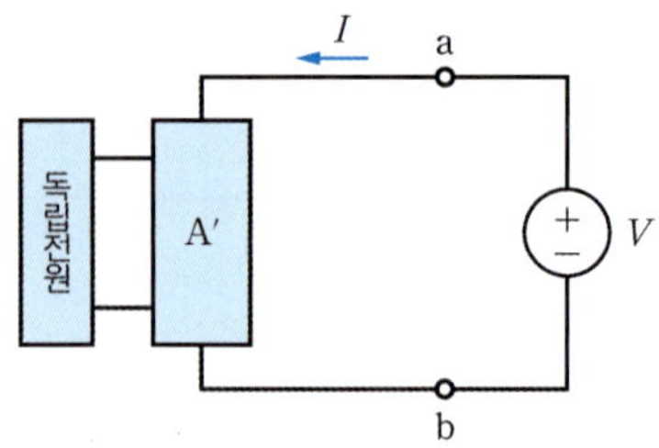


[그림 4-34] 독립전원을 분리한 회로 A

회로 A를 내부 전원을 분리하면 [그림 4-34]와 같이 표현할 수 있다. 여기서 회로 A′은 회로 A에서 독립전원을 제거한 회로이다. [그림 4-34]의 회로에서 $I$는 중첩의 원리를 사용하면 두 종류의 전원으로부터 구한 결과의 합으로 얻을 수 있다. 따라서 상수 $G$, $I_o$는 [그림 4-35]와 같이 두 가지의 경우에 대해 얻은 결과로부터 구할 수 있다.

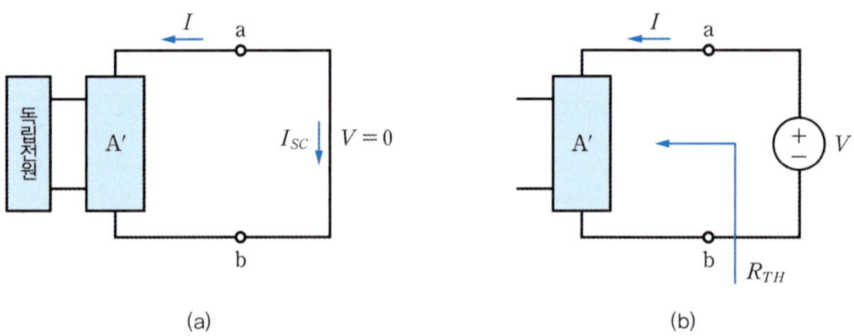


[그림 4-35] 상수 $G$, $I_o$를 구하는 회로

❶ [그림 4-34]에서 $V = 0$를 대입하면 [그림 4-35(a)]의 회로가 되며, 그 결과 전류 $I = -I_{SC}$를 만족하므로 식 (4.10)과 비교하면 $I_o = -I_{SC}$를 만족한다. 여기서 $I_{SC}$는 단락회로전류short circuit current를 의미하며, 이 값은 외부에 인가한 전압과는 무관하고 내부 독립전원에 의해 결정되는 상수이다.

예를 들어, [그림 4-29]의 경우에 대해 단락회로전류를 구해보면 다음과 같다. [그림 4-36]에서 전류분배법칙을 이용하면 다음 식을 얻는다.

$$I_x = -\frac{5}{5+7} \cdot 4\,[\text{A}] = -\frac{5}{3}\,[\text{A}]$$

점 b에서 노드방정식을 구하면 다음과 같다.

$$I_x + 4 + 2I_x + I_{SC} = 0$$
$$\therefore\ I_{SC} = 1\,[\text{A}]$$

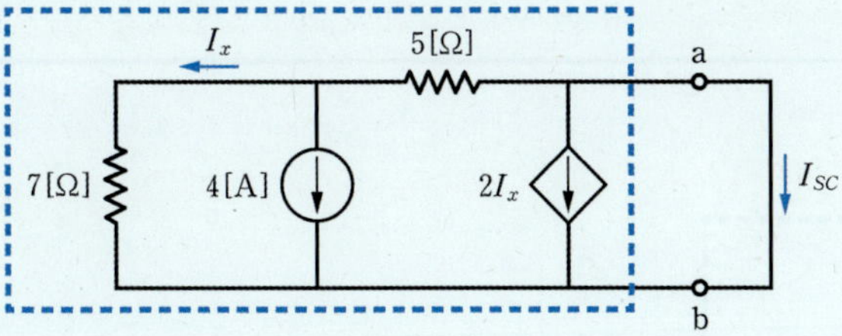


**[그림 4-36]** $I_{SC}$를 구하는 회로

❷ [그림 4-34]에서 회로 A 내부에 있는 독립전원을 제거하면(전압원은 단락, 전류원은 개방회로로 처리) 독립전원은 외부에만 존재하는 [그림 4-35(b)]와 같으며, 그 결과 전류 $I = \dfrac{V}{R_{TH}}$를 만족하므로 식 (4.9)와 비교하면 $G = \dfrac{1}{R_{TH}}$을 만족한다. 여기서 $R_{TH}$는 테브난 등가저항을 의미하며, 이 값은 내부의 독립전원과 무관하게 저항성분만 표현하는 상수이다. 예를 들어, [그림 4-29]의 경우에 대해 테브난 등가저항을 구해보면 다음과 같다.

[그림 4-37]에서 인가전압 $V$는 5 [Ω]과 7 [Ω]에 걸리는 전압의 합과 같으므로 다음을 만족한다.

$$V = 5(I - 2I_x) + 7I_x = 5I - 3I_x$$

또한 점 b에서 노드방정식을 구하면 다음과 같다.

$$I = 2I_x + I_x = 3I_x$$

두 식을 정리하면 $V = 4I$이고, $R_{TH}$를 구할 수 있다.

$$R_{TH} = \frac{V}{I} = 4\,[\Omega]$$

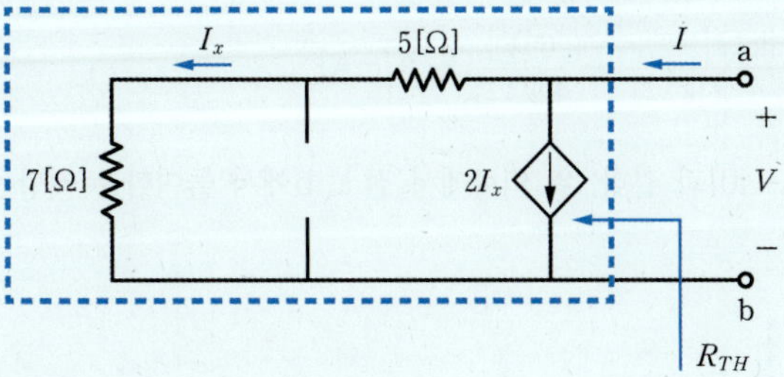


**[그림 4-37]** $R_{TH}$를 구하는 회로

❸ 위의 두 상수 $G$, $I_o$를 바꿀 경우, 식 (4.10)은 식 (4.11a)와 같이 바뀐다.

$$I = \frac{V}{R_{TH}} - I_{SC} \tag{4.11a}$$

식 (4.11a)를 전압에 대한 표현식으로 바꾸면 식 (4.11b)와 같다.

$$V = R_{TH} \cdot I + R_{TH} \cdot I_{SC} \tag{4.11b}$$

## 예제 4-7

다음 회로에서 $I_{SC}$, $R_{TH}$를 구하라.

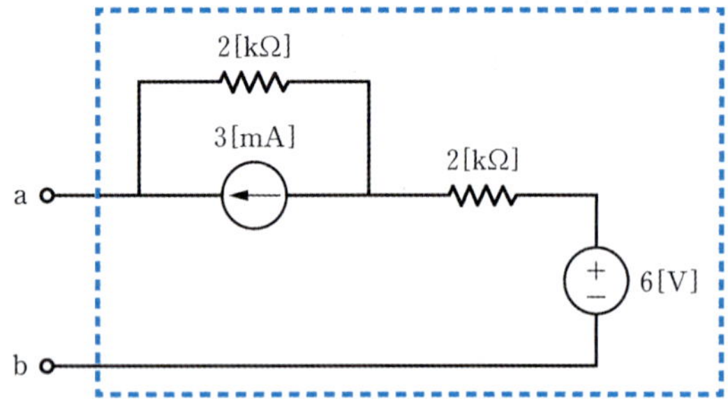


[그림 4-38] [예제 4-7]의 회로

### 풀이

먼저 $I_{SC}$를 구하기 위한 회로를 그려보면 [그림 4-39]와 같다.

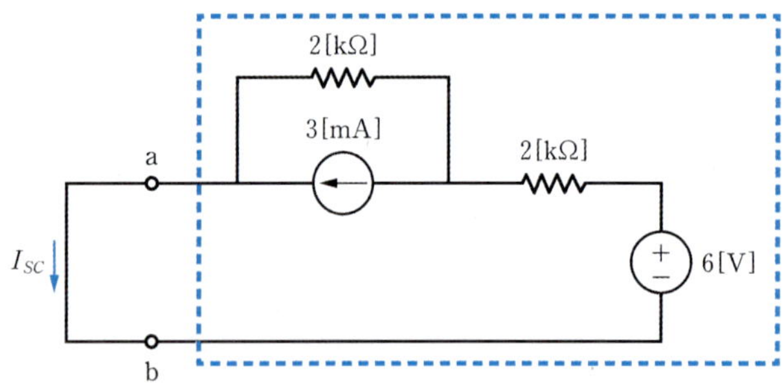


[그림 4-39] $I_{SC}$를 구하기 위한 회로

중첩의 원리를 적용하면 다음과 같다.

$$I_{SC} = 3\,[\mathrm{mA}] \cdot \frac{2\,[\mathrm{k}\Omega]}{2\,[\mathrm{k}\Omega] + 2\,[\mathrm{k}\Omega]} + \frac{6\,[\mathrm{V}]}{4\,[\mathrm{k}\Omega]} = 3\,[\mathrm{mA}]$$

두 번째로 $R_{TH}$를 구하기 위한 회로는 [그림 4-40]과 같다. 위 회로에서 점 a, b에서 들여다본 저항은 $R_{TH} = 4\,[\mathrm{k}\Omega]$이다.

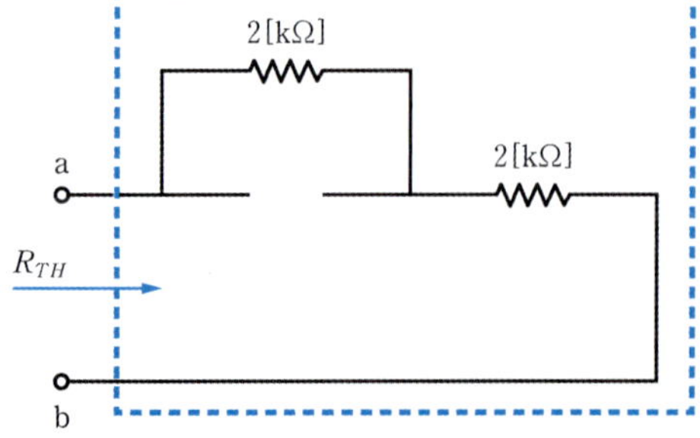


[그림 4-40] $R_{TH}$를 구하기 위한 회로

**실전문제 4-7**

다음 2단자망에서 $I_{SC}$와 $R_{TH}$를 구하라.

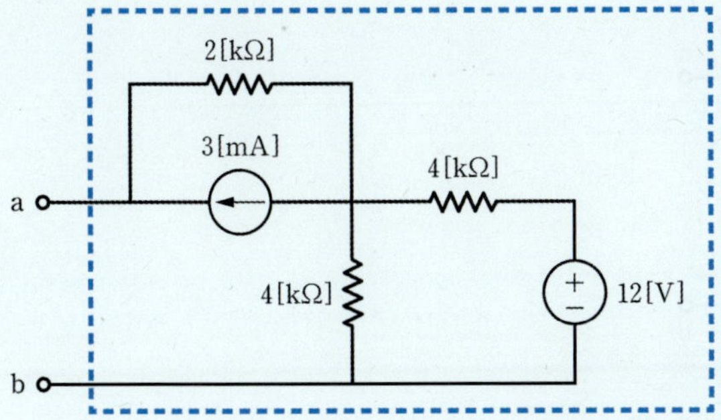


[그림 4-41]

## 4.3.3 2단자망에 전류원을 인가하는 경우

식 (4.11b)는 식 (4.11a)와 같은 식으로 종속변수를 $V$로 표현한 식에 불과하다. 식 (4.11b)의 경우는 [그림 4-42]와 같이 외부에 인가하는 전원을 앞의 경우와 반대로 독립전류원으로 하여 얻을 수 있다.

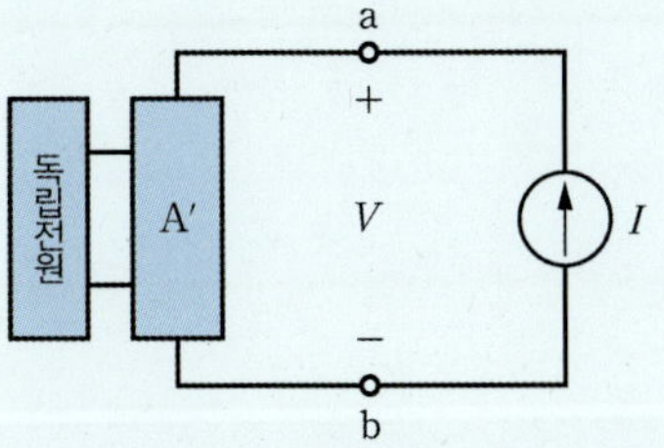


[그림 4-42] 전류원을 인가한 2단자망

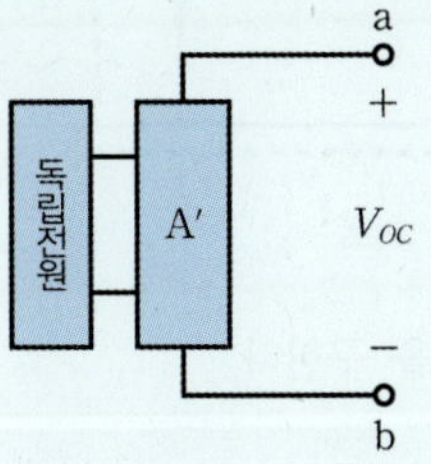


[그림 4-43] $V_{OC}$를 구하는 회로

[그림 4-43]에서는 외부에 인가되는 전류 $I = 0$로 개방회로로 만든 경우, 그 결과 점 a, b 사이의 전압 $V = V_{OC}$를 얻을 수 있다. 이는 식 (4.11b)와 비교하면 식 (4.12)와 같이 표현할 수 있다. 여기서 $V_{OC}$는 개방회로 전압open circuit voltage을 의미하며 내부에 있는 독립전원에 의해 결정되는 상수이다.

$$V_{OC} = R_{TH} \cdot I_{SC} \tag{4.12a}$$

$$V = R_{TH} \cdot I + V_{OC} \tag{4.12b}$$

요약하면 임의의 2단자망 회로의 특성식은 단자 사이의 전압과 단자에 흐르는 전류의 상관관계식을 말하며, 이 특성식은 두 가지 방법으로 구할 수 있다. ① 임의의 2단자망 회로에 전원(전압원이나 전류원)을 인가하여 회로 해석을 통해 직접 구하는 방법과 ② $R_{TH}$, $I_{SC}$, $V_{OC}$의 상숫값으로 구하는 방법이다. 이때 3개의 상수 중 구하기 쉬운 상수 2개를 구한 뒤 식 (4.12a)를 이용해 나머지 하나의 상수를 구하면 된다.

## 예제 4-8

다음 회로에서 $R_{TH}$, $I_{SC}$, $V_{OC}$를 구해 회로의 특성식을 구하라.

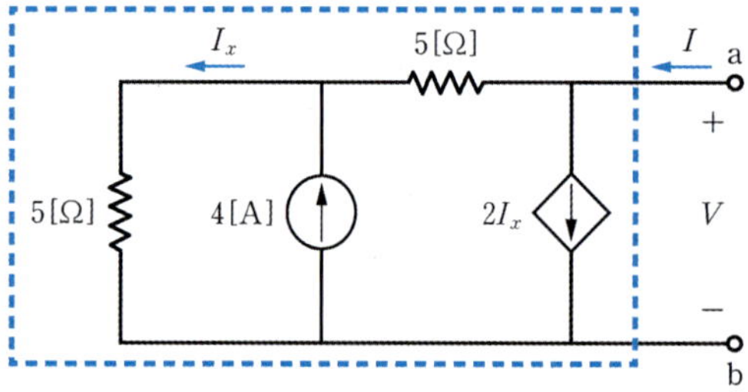


[그림 4-44] [예제 4-8]의 회로

### 풀이

❶ $V_{OC}$ 구하기

특성식이 $V = R_{TH} \cdot I + V_{OC}$이므로 $V_{OC}$를 구하는 회로를 나타내면 [그림 4-45]와 같다.

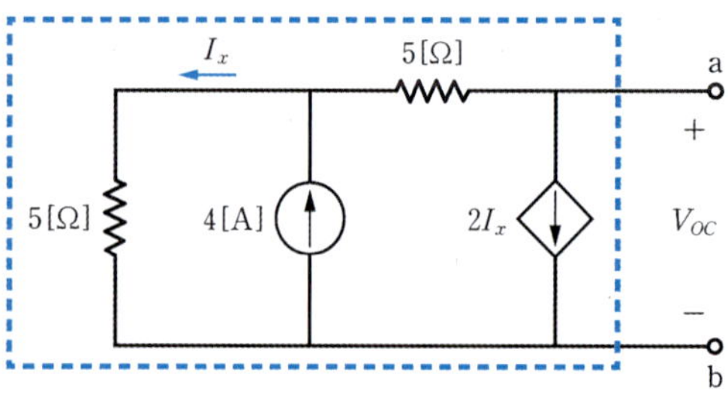


[그림 4-45] $V_{OC}$를 구하는 회로

노드방정식으로부터 다음을 구한다.

$$I_x + 2I_x = 4 \quad \rightarrow \quad I_x = \frac{4}{3}$$

$$V_{OC} = -5(2I_x) + 5I_x = -5I_x = -\frac{20}{3}\,[\text{V}]$$

❷ $I_{SC}$ 구하기

특성식이 $I = \dfrac{V}{R_{TH}} - I_{SC}$이므로 $I_{SC}$를 구하는 회로를 나타내면 [그림 4-46]과 같다.

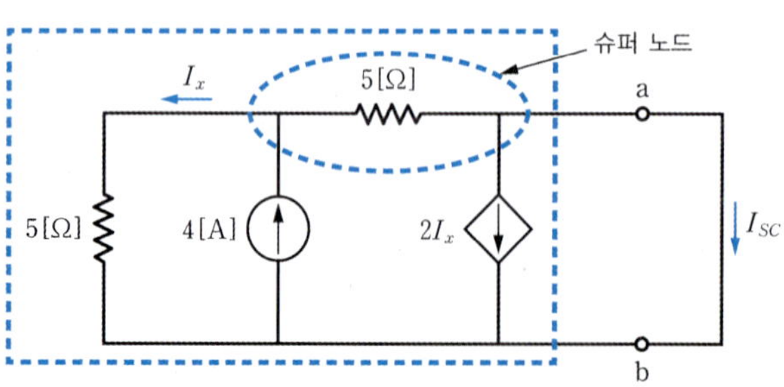


[그림 4-46] $I_{SC}$를 구하는 회로

점 a, b가 단락회로이므로 2개의 저항은 병렬연결이고 전류분배법칙으로 $I_x = 2\,[\mathrm{A}]$가 된다. 슈퍼 노드에서 노드방정식을 구하면 다음과 같다.

$$I_x - 4 + 2I_x + I_{SC} = 0 \quad \rightarrow \quad I_{SC} = -2\,[\mathrm{A}]$$

❸ $R_{TH}$ 구하기

앞서 구한 2개의 값($V_{OC}$와 $I_{SC}$)으로부터 구할 수 있다.

$$R_{TH} = \frac{V_{OC}}{I_{SC}} = \frac{10}{3}\,[\Omega]$$

한편 [그림 4-44]의 회로로부터 $R_{TH}$를 구할 수도 있다. 회로 내부에 있는 독립전원을 제거한 후 점 a, b에서 들여다본 저항값이 $R_{TH}$이며, 이는 [그림 4-47]로 표현할 수 있다.

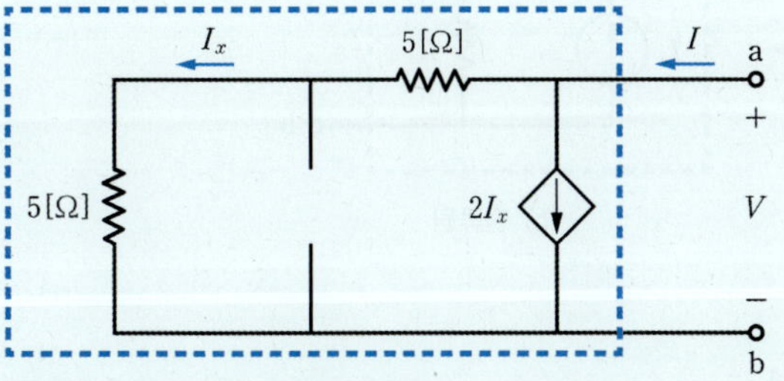


**[그림 4-47]** $R_{TH}$를 구하는 회로

$$V = 10I_x,\ I = I_x + 2I_x = 3I_x$$

$$V = \frac{10 \cdot I_x}{3I_x} = \frac{10}{3}I \quad \rightarrow \quad R_{TH} = \frac{10}{3}\,[\Omega]$$

**실전문제 4-8**

다음 2단자망에서 $V_{OC}$, $I_{SC}$, $R_{TH}$를 구하라.

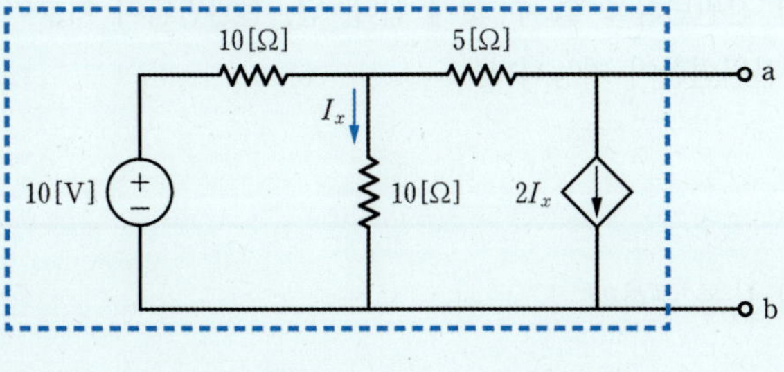


**[그림 4-48]**

SECTION 4.4

# 전원변환

[그림 4-49]의 회로를 보자.

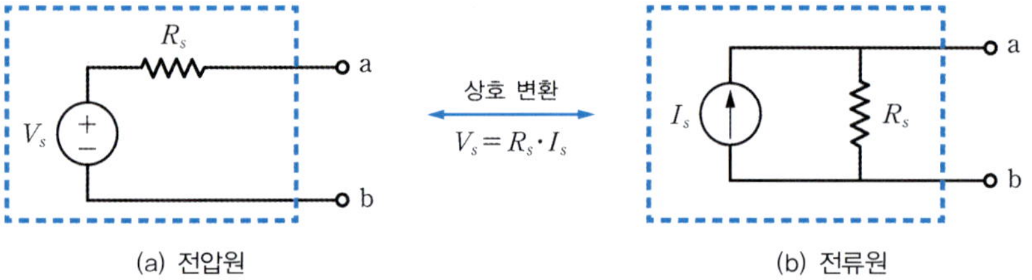


**[그림 4-49]** 전원회로

각각의 특성식은 식 (4.13)과 같이 표현된다.

$$V = R_S \cdot I + V_S, \quad I = \frac{V}{R_s} - I_S \tag{4.13}$$

식 (4.13)에 표현된 2개의 특성식이 $V_S = R_S \cdot I_S$를 만족한다면 동일한 식이 된다. 따라서 두 회로는 등가회로가 되고, 상호변환이 가능하다. 여기서 쌍대회로의 정의를 도입하면 전압원의 쌍대는 전류원, 직렬회로의 쌍대는 병렬회로이므로 두 회로는 쌍대회로가 된다.

전원변환을 할 경우 독립전원은 문제가 되지 않지만, 종속전원은 주의해야 할 점이 있다. 종속전원은 그 크기를 결정하는 변수를 정의하는 부분이 반드시 존재하는데, 전원변환이 이루어진 후에 변수를 정의하는 부분이 사라지면 종속전원에 대한 전원변환을 할 수 없게 된다. 단, 전원변환이 이루어진 후에도 정의 부분이 존재하면 종속전원도 전원변환이 가능하다.

### 예제 4-9

다음 회로에서 전원변환을 이용해 출력전압 $V_o$를 구하라.

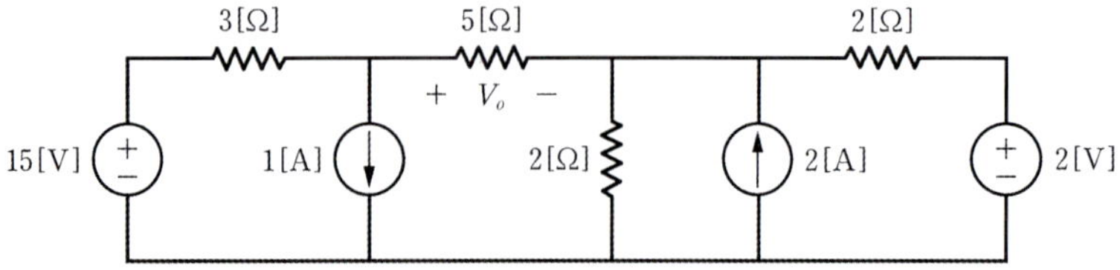


**[그림 4-50]** [예제 4-9]의 회로

**풀이**

먼저 양 끝에 있는 전압원을 전류원으로 변경하면 [그림 4-51]과 같다.

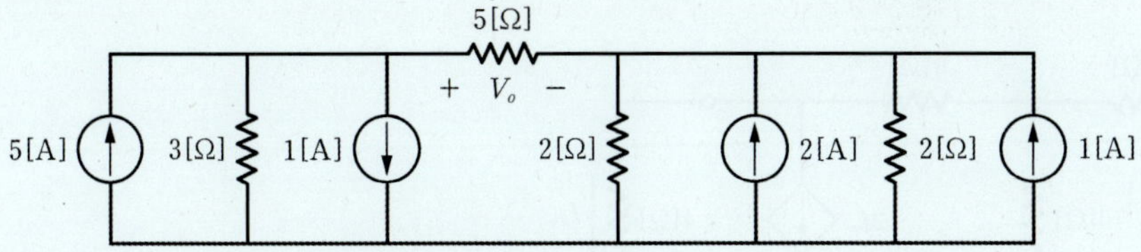


**[그림 4-51]** 전압원을 전류원으로 변경한 회로

[그림 4-51]에서 두 전류원이 병렬로 연결되어 있으므로 두 전류원을 합치면 [그림 4-52]와 같다.

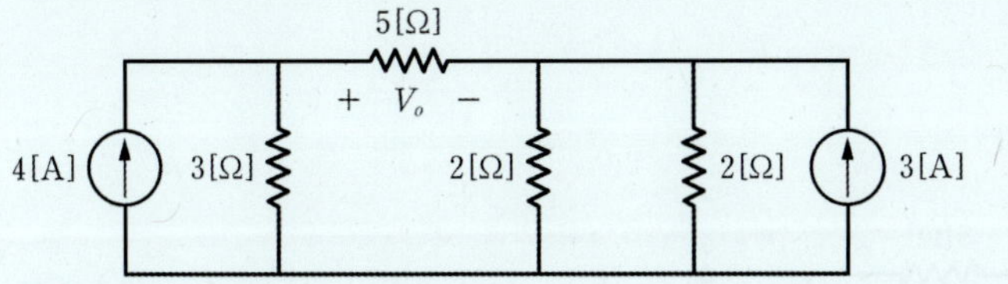


**[그림 4-52]** 전류원을 합친 회로

병렬연결된 두 저항을 하나의 저항으로 처리하고 다시 전류원을 전압원으로 변환하면 [그림 4-53]과 같이 표현된다.

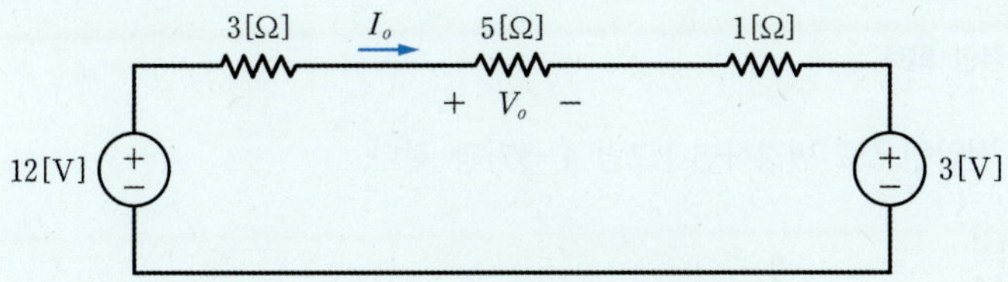


**[그림 4-53]** 양 끝점의 전류원을 전압원으로 변경한 회로

[그림 4-53]에서 5[Ω]의 저항에 흐르는 전류 $I_o$를 구하고, 옴의 법칙을 사용하면 전압 $V_o$를 구할 수 있다.

$$I_o = \frac{12\,[\mathrm{V}] - 3\,[\mathrm{V}]}{3\,[\Omega] + 5\,[\Omega] + 1\,[\Omega]} = 1\,[\mathrm{A}]$$

$$V_o = 5\,[\Omega] \cdot I_o = 5\,[\mathrm{V}]$$

**실전문제 4-9**

다음 회로에서 전원변환을 이용해 전류 $I_o$를 구하라.

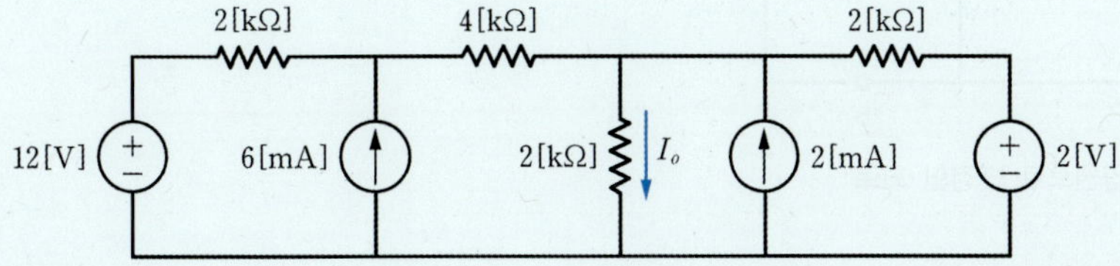


**[그림 4-54]**

## 예제 4-10

다음 회로에서 전원변환을 이용해 전류 $I_o$를 구하라.

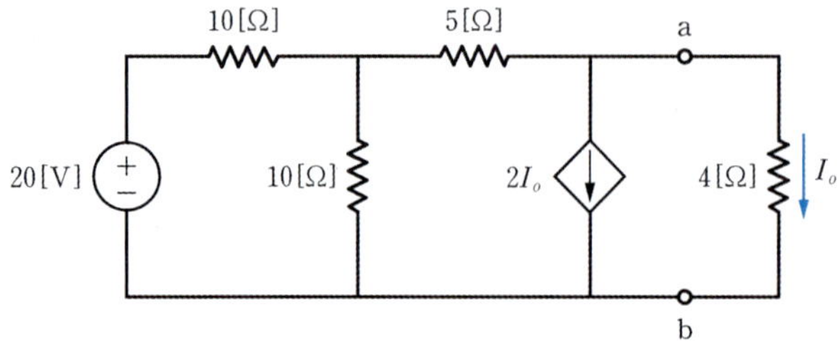


**[그림 4-55]** [예제 4-10]의 회로

### 풀이

먼저 전압원을 전류원으로 변경하자.

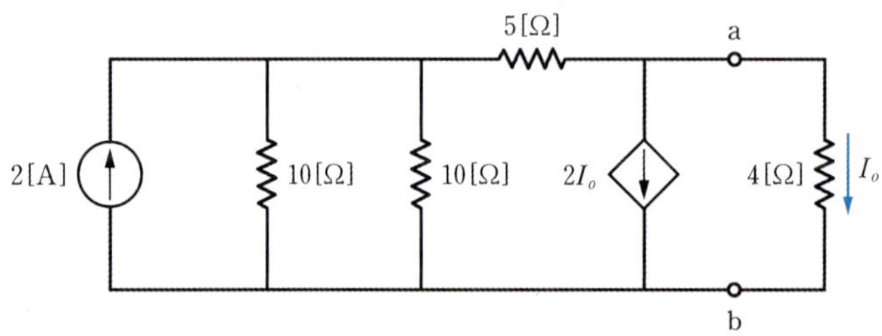


**[그림 4-56]** 전압원을 전류원으로 변경한 회로

두 병렬저항을 합친 후 전류원을 전압원으로 변경하면 [그림 4-57]과 같다.

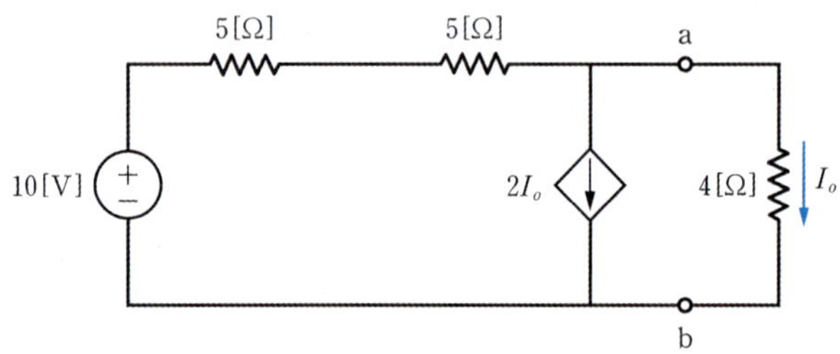


**[그림 4-57]** 전류원을 전압원으로 변경한 회로

직렬로 연결된 두 저항을 합치고, 다시 전압원을 전류원으로 변경하면 [그림 4-58]과 같다.

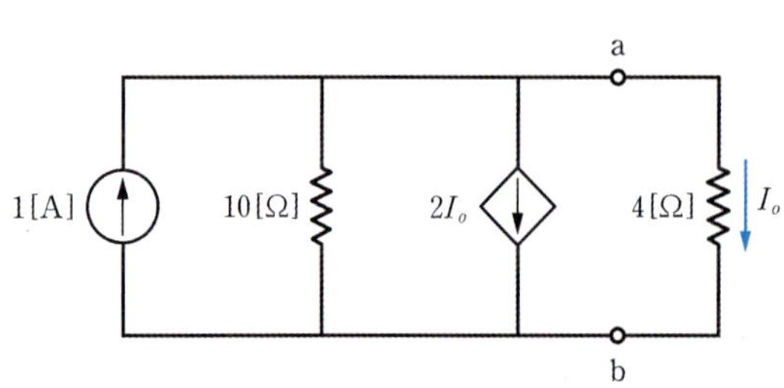


**[그림 4-58]** 전류원을 전압원으로 변경한 회로

전류원을 합치고 전류분배법칙을 사용해 전류 관계식을 구하면 다음과 같다.

$$I_o = \frac{10\,[\Omega]}{10\,[\Omega] + 4\,[\Omega]} \cdot (1 - 2I_o)$$

$$= \frac{5}{17}\,[\text{A}]$$

**실전문제 4-10**

다음 회로에서 전원변환을 이용해 전류 $I_o$를 구하라.

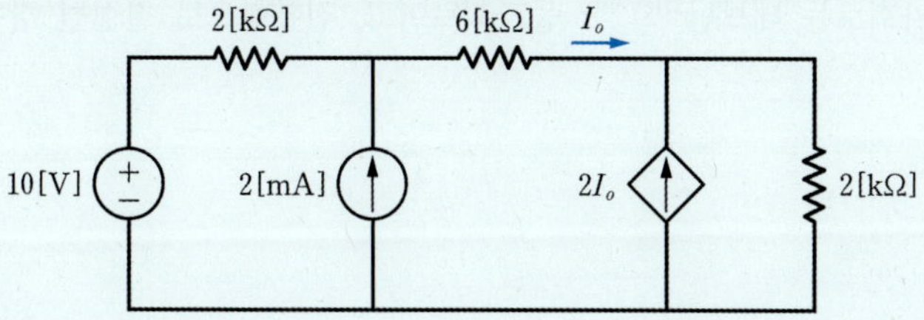


[그림 4-59]

SECTION 4.5

# 테브난 등가회로와 노턴 등가회로

임의의 2단자회로의 특성식은 식 (4.11)로, 종속변수가 $I$인 경우와 $V$인 경우로 나뉜다. 종속변수가 전압항으로 결정될 경우 나타내는 등가회로는 테브난Thevenin 등가회로이고, 전류항으로 결정될 경우는 노턴Norton 등가회로로 표현된다.

## 4.5.1 테브난 등가회로

[그림 4-60]과 같은 2단자 선형회로에 전류원을 인가하면 소자 양단에 나타나는 전압은 $V = R_{TH} \cdot I + V_{OC}$로 표현된다. 이 특성식을 만족하는 회로는 무수히 많지만, 그중 가장 간단한 회로를 그리면 [그림 4-61]과 같이 하나의 독립전압원과 저항이 직렬로 연결된 회로이다.

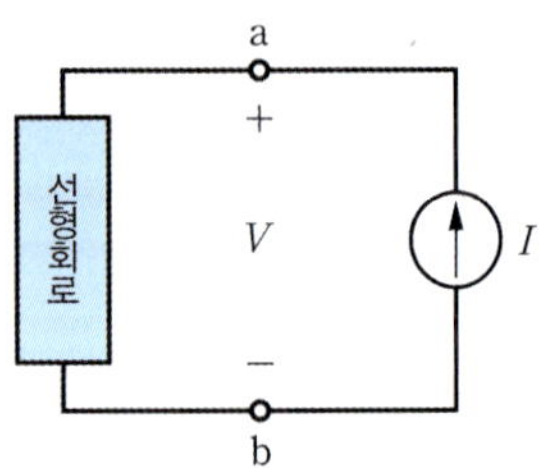

[그림 4-60] 2단자 선형회로

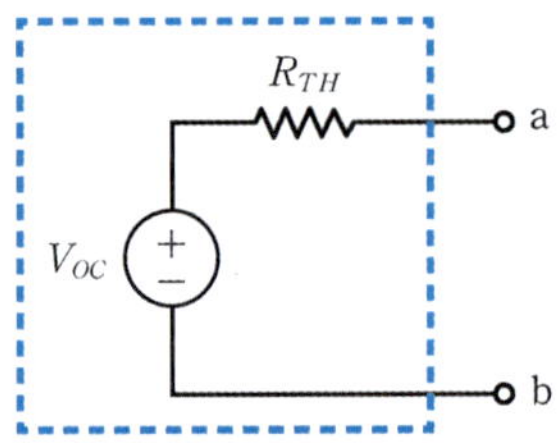

[그림 4-61] 선형회로의 테브난 등가회로

즉 수식을 보면 두 항의 합으로 이루어져 있어 $R_{TH} \cdot I$로 표현된 소자와 $V_{OC}$로 표현된 소자가 직렬로 연결되어야 한다. $R_{TH} \cdot I$로 표현된 소자는 전압과 전류가 서로 비례하는 관계이므로 저항소자로 표현할 수 있고, $V_{OC}$로 표현된 소자는 흐르는 전류와 무관한 상수이므로 전압원으로 표현된다.

따라서 이 특성식을 만족하는 회로는 [그림 4-61]과 같이 전압원과 저항을 직렬로 연결한 회로와 같다. 이를 **테브난 등가회로**라고 한다. 따라서 임의의 2단자망의 테브난 등가회로를 구하는 경우, 특성식을 표현하는 항인 $V_{OC}$와 $R_{TH}$로만 표현된다. 여러 가지 예제를 통해 좀더 자세히 알아보자.

**예제 4-11**

다음 2단자망의 특성식을 구하고, 테브난 등가회로를 그려라.

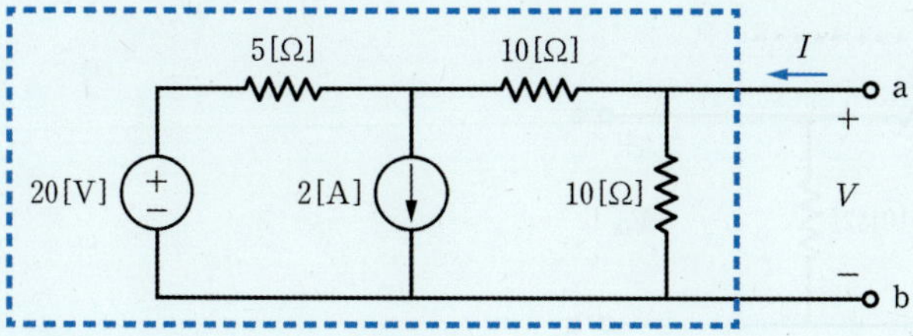


**[그림 4-62]** [예제 4-11]의 회로

**풀이**

중첩의 원리를 사용해 전압 $V$를 구하면 다음과 같다.

❶ 20[V]에 대한 응답 : $V_{o1}$

20[V]의 전압원 외 다른 전원을 제거한 후 전압분배법칙을 사용하면 다음을 얻는다.

$$V_{o1}=\frac{10[\Omega]}{(5[\Omega]+10[\Omega])+10[\Omega]}\cdot 20[\mathrm{V}]=8[\mathrm{V}]$$

❷ 2[A]에 대한 응답 : $V_{o2}$

20[V]의 전압원은 단락회로로, 인가전류원은 개방회로로 처리하고 전류분배법칙을 사용하면 다음과 같다.

$$V_{o2}=10[\Omega]\cdot\frac{5[\Omega]}{5[\Omega]+(10[\Omega]+10[\Omega])}\cdot(-2[\mathrm{A}])=-4[\mathrm{V}]$$

❸ 외부에서 인가하는 전류 $I$에 대한 응답 : $V_{o3}$

전압원은 단락회로로, 전류원은 개방회로로 처리한 후 옴의 법칙을 적용하면 다음과 같다.

$$V_{o3}=\{10[\Omega]//(5[\Omega]+10[\Omega])\}\cdot I=6I$$

$$\therefore\ V_o=V_{o1}+V_{o2}+V_{o3}=6I+8-4=6I+4$$

특성식과 $V_{OC}$와 $R_{TH}$는 다음과 같이 표현된다.

$$V=6I+4,\ V_{OC}=4[\mathrm{V}],\ R_{TH}=6[\Omega]$$

테브난 등가회로는 [그림 4-63]과 같다.

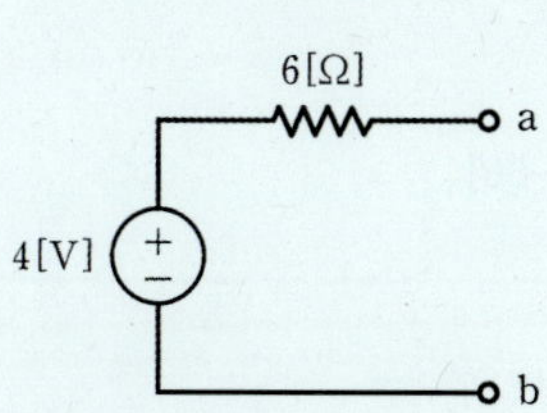


**[그림 4-63]** 테브난 등가회로

**별해**

❶ $V_{OC}$ 구하기

주어진 회로에서 $V_{OC}$를 구하기 위해서는 [그림 4-64]와 같이 점 a와 b 사이의 전압을 구하면 된다.

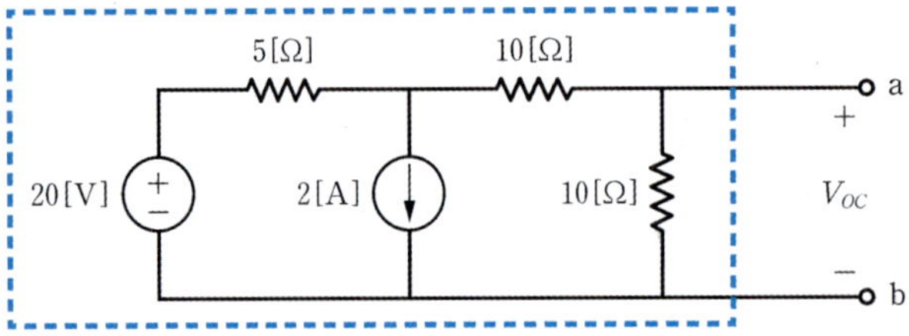


**[그림 4-64]** $V_{OC}$를 구하는 회로

중첩의 원리를 적용해 전압원에 대한 응답은 전압분배법칙을 사용하고, 전류원에 대한 응답은 전류분배법칙을 사용해 구할 수 있다.

$$V_{OC} = \frac{10[\Omega]}{5[\Omega]+10[\Omega]+10[\Omega]} \cdot 20[V] + 10[\Omega] \cdot \frac{5[\Omega]}{5[\Omega]+10[\Omega]+10[\Omega]} \cdot (-2[A])$$
$$= 4[V]$$

❷ $R_{TH}$ 구하기

$R_{TH}$를 구하려면 먼저 [그림 4-65]에서 등가저항을 바로 구해야 한다. 독립전원이 없는 회로이므로 점 a, b에서 들여다본 저항을 구하면 된다.

$$R_{TH} = 10[\Omega]//(5[\Omega]+10[\Omega]) = 6[\Omega]$$

따라서 특성식을 구하면 $V = 6I + 4$이고, 테브난 등가회로는 [그림 4-63]과 같다.

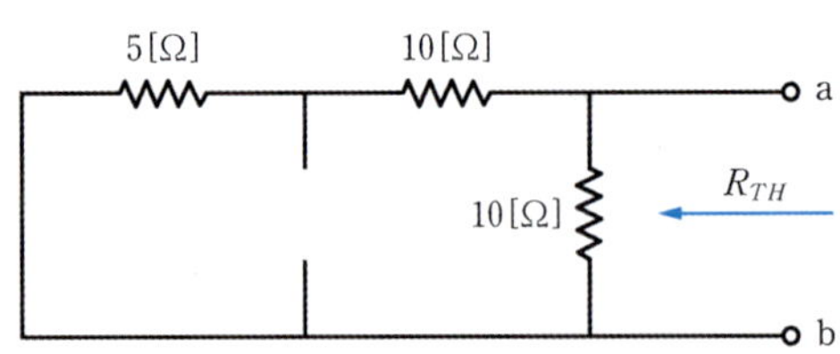


**[그림 4-65]** $R_{TH}$를 구하는 회로

## 실전문제 4-11

다음 2단자망의 특성식을 구하고 테브난 등가회로를 구하라.

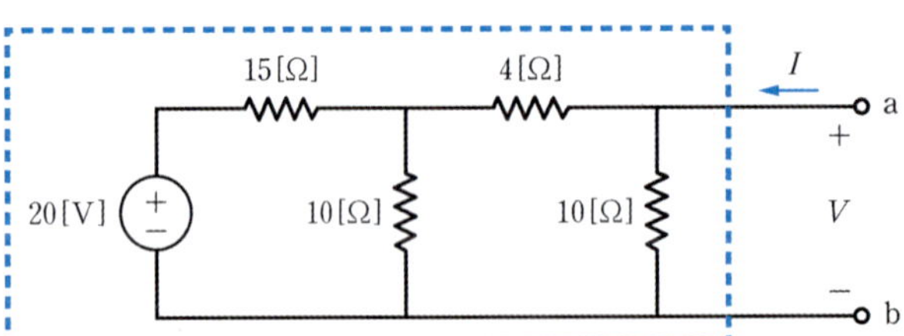


**[그림 4-66]**

## 예제 4-12

다음 2단자망에서 $V_{OC}$와 $R_{TH}$를 구해 테브난 등가회로를 그려라.

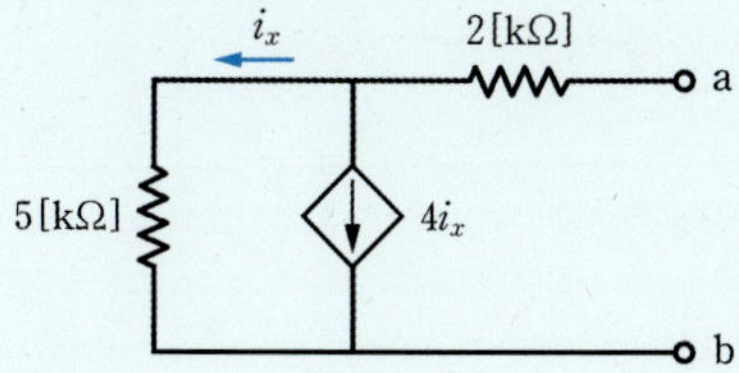


**[그림 4-67]** [예제 4-12]의 회로

### 풀이

❶ $V_{OC}$ 구하기

주어진 회로에서 $V_{OC}$를 구하기 위해서는 [그림 4-68]과 같이 점 a와 b 사이의 전압을 구하면 된다. [그림 4-68]에서는 독립전원이 존재하지 않는 회로이므로 모든 소자에 흐르는 전류가 0이고 모든 소자에 걸리는 전압 또한 0이므로 $V_{OC} = 0$가 된다.

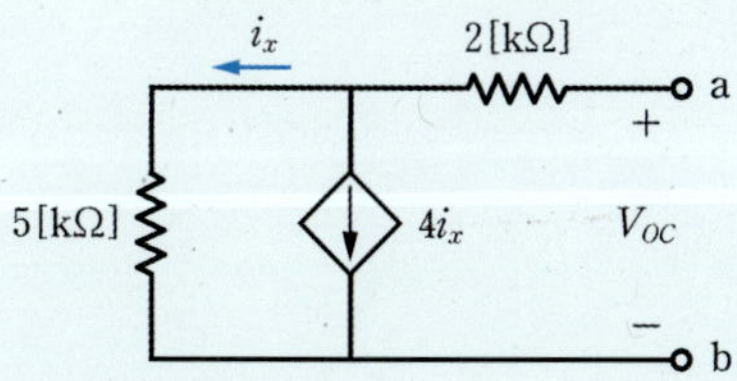


**[그림 4-68]** $V_{OC}$를 구하는 회로

❷ $R_{TH}$ 구하기

$R_{TH}$를 구하려면 먼저 [그림 4-68]에서 등가저항을 바로 구해야 한다. 독립전원이 없는 회로이므로 점 a, b에서 들여다본 저항을 구하면 된다.

전류분배법칙을 사용하면 5 [kΩ]에 흐르는 전류와 종속전류원에 흐르는 전류의 비가 1 : 4이므로, 종속전류원은 $\frac{5\,[\mathrm{k}\Omega]}{4} = 1.25\,[\mathrm{k}\Omega]$의 저항값과 동일하다.

$$R_{TH} = (5\,[\mathrm{k}\Omega] // 1.25\,[\mathrm{k}\Omega]) + 2\,[\mathrm{k}\Omega] = 3\,[\mathrm{k}\Omega]$$

따라서 테브난 등가회로는 [그림 4-69]와 같다.

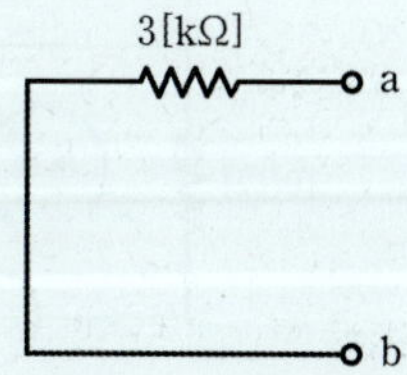


**[그림 4-69]** 테브난 등가회로

## 실전문제 4-12

다음 회로의 테브난 등가회로를 구하라.

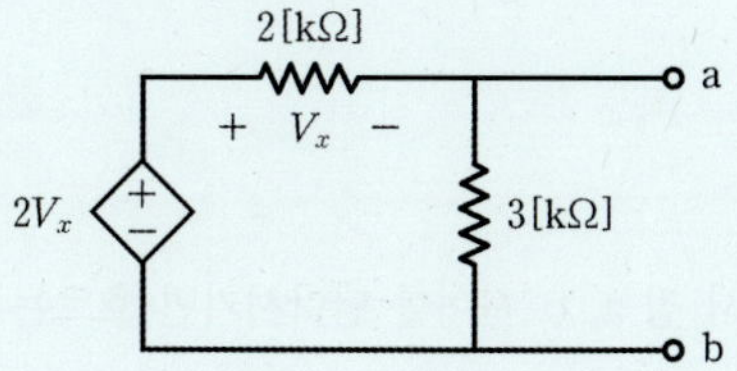


**[그림 4-70]**

## 예제 4-13

점선 영역인 2단자망의 테브난 등가회로를 이용해 다음 회로에서 출력전압 $V_o$를 구하라.

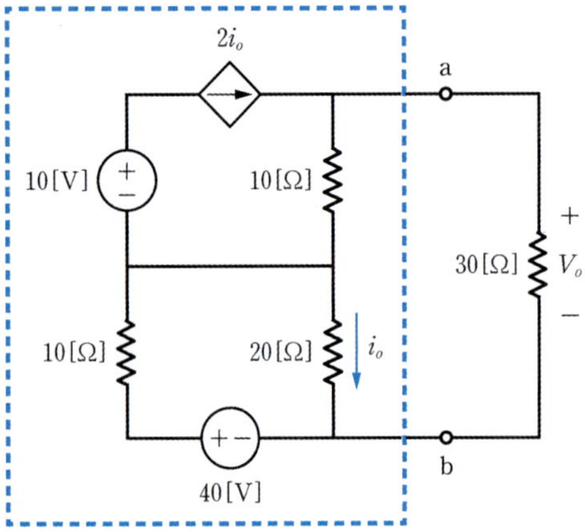


**[그림 4-71]** [예제 4-13]의 회로

### 풀이

❶ $V_{OC}$ 구하기

$V_{OC}$를 구하는 회로를 나타내면 [그림 4-72]와 같다.

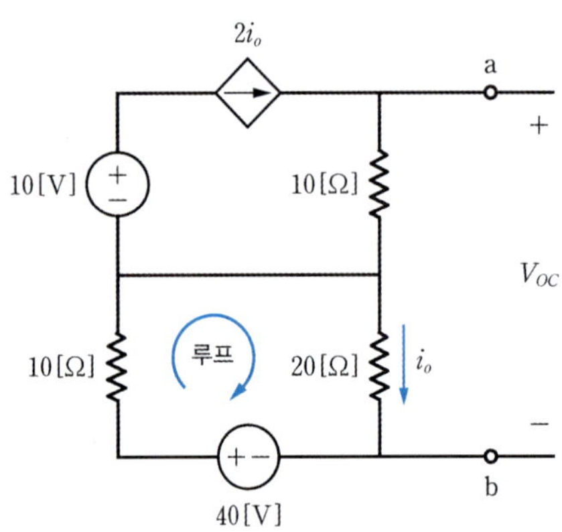


**[그림 4-72]** $V_{OC}$를 구하는 회로

$$V_{OC} = 2i_o \cdot 10\,[\Omega] + i_o \cdot 20\,[\Omega] = 40i_o$$

루프방정식으로부터 $i_o$를 구하면 다음과 같다.

$$40 = 10i_o + 20i_o \quad \rightarrow \quad i_o = \frac{4}{3}\,[\text{A}]$$

$$\therefore\ V_{OC} = \frac{160}{3}\,[\text{V}]$$

❷ $I_{SC}$ 구하기

$I_{SC}$를 구하는 회로를 나타내면 [그림 4-73]과 같다. 회로에서 점 a, b 사이를 단락시키면 흐르는 전류가 $i_x$인 10[Ω]과 20[Ω]이 병렬로 연결된다.

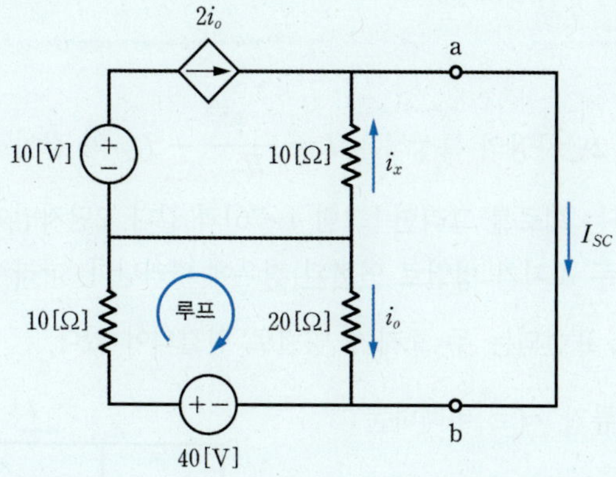


**[그림 4-73]** $I_{SC}$를 구하는 회로

$$\therefore\ i_x = 2i_o \ \rightarrow \ I_{SC} = 4i_o$$

한편 40[V]의 전압원에 흐르는 전류는 $i_o + I_{SC}$이므로 루프방정식을 구하면 다음과 같다.

$$40 = 10 \cdot (I_{SC} + i_o) + 20 \cdot i_o = 70i_o$$

$$i_o = \frac{4}{7}[\text{A}]$$

$$\therefore\ I_{SC} = 4i_o = \frac{16}{7}[\text{A}]$$

❸ $R_{TH}$ 구하기

$$R_{TH} = \frac{V_{OC}}{I_{SC}} = \frac{160/3}{16/7} = \frac{70}{3}[\Omega]$$

따라서 테브난 등가회로를 이용해 전체회로의 등가회로를 그려보면 [그림 4-74]와 같다. 회로로부터 출력전압 $V_o$를 전압분배법칙을 이용해 구하면 다음과 같다.

$$v_o = \frac{30}{30 + \frac{70}{3}} \cdot \frac{160}{3}[\text{V}] = 30[\text{V}]$$

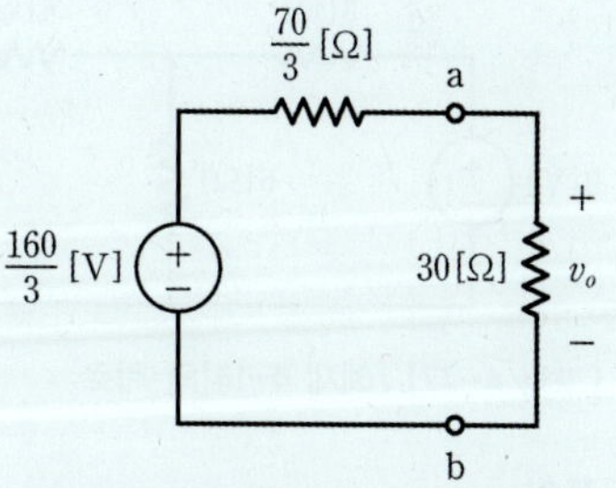


**[그림 4-74]** [그림 4-71]의 등가회로

## 실전문제 4-13

다음 회로에서 테브난 등가회로를 사용해 출력전압 $V_o$를 구하라.

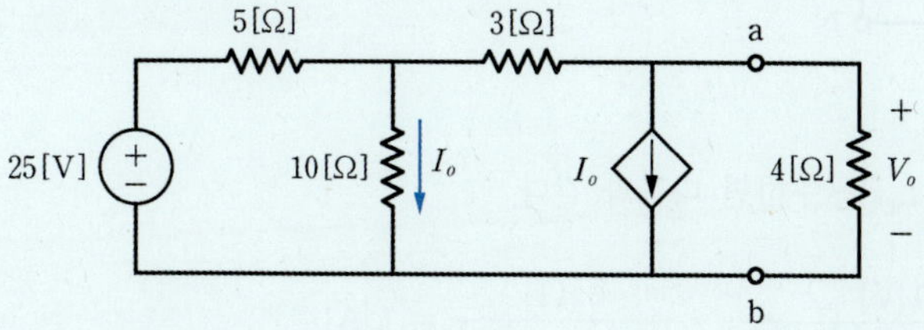


**[그림 4-75]**

## 4.5.2 노턴 등가회로

노턴 등가회로는 테브난 등가회로와 쌍대이다. 2단자망의 특성식은 $I = \frac{V}{R_{TH}} - I_{SC}$와 같이 전류 $I$에 대해 표현되며, 이와 같은 특성식을 만족하는 회로를 그리면 [그림 4-76]과 같다. 2단자망에 흐르는 전류 $I$가 두 항의 합으로 표현되는 것은 두 소자가 병렬로 연결된 경우에 나타난다. 따라서 위 식을 만족하는 회로는 크기가 $\frac{V}{R_{TH}}$와 $I_{SC}$로 표현되는 두 소자가 병렬로 연결되어 있다.

또한 $\frac{V}{R_{TH}}$의 크기를 갖는 소자는 전압과 전류가 서로 비례하는 항이므로 저항소자로 표현할 수 있고, $I_{SC}$로 표현되는 항은 소자에 인가되는 전압과 무관한 상수이므로 전류원으로 표현된다. 따라서 위 특성식을 만족하는 회로는 [그림 4-76]과 같이 전류원과 저항을 병렬로 연결한 회로와 같고, 이를 **노턴 등가회로**라고 한다.

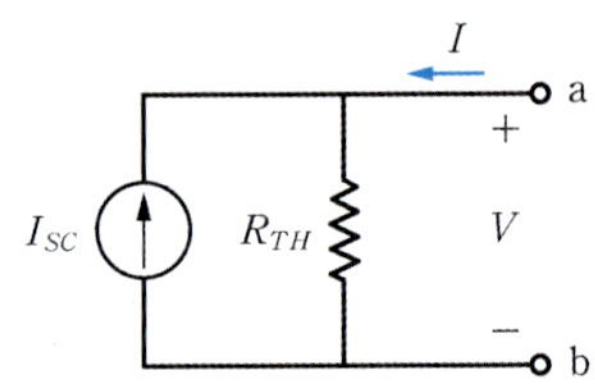


**[그림 4-76]** 노턴 등가회로

따라서 임의의 2단자망의 노턴 등가회로는 $I_{SC}$와 $R_{TH}$로만 표현된다. 여러 예제를 통해 좀더 자세히 알아보자.

**예제 4-14**

다음 회로의 점 a, b에서 들여다본 노턴 등가회로를 그려라.

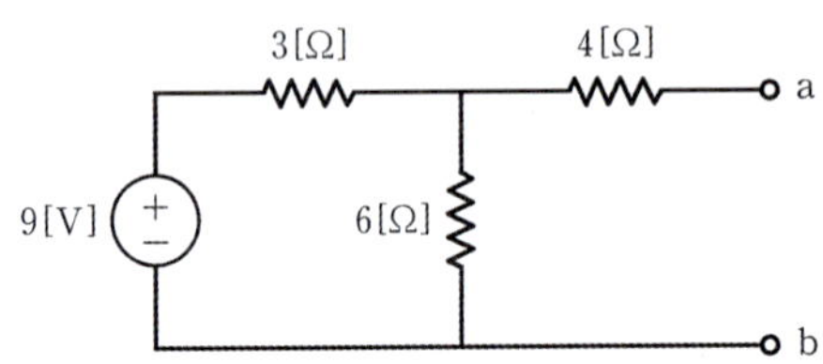


**[그림 4-77]** [예제 4-14]의 회로

**풀이**

❶ $I_{SC}$ 구하기

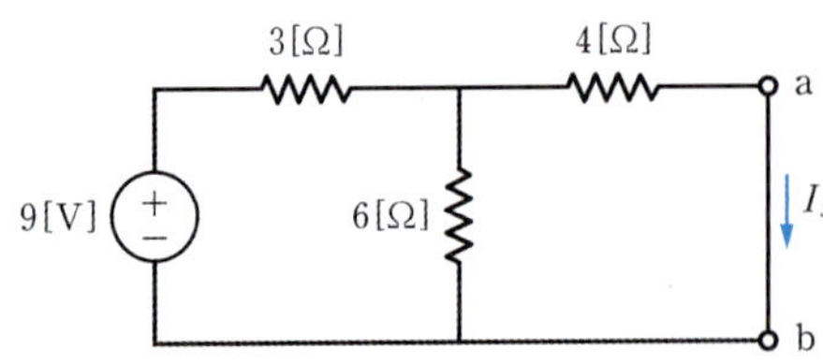


**[그림 4-78]** $I_{SC}$를 구하는 회로

옴의 법칙과 전류분배법칙을 적용해 $I_{SC}$를 구하면 다음과 같다.

$$I_{SC} = \frac{9\,[\text{V}]}{3\,[\Omega] + 6\,[\Omega] /\!/ 4\,[\Omega]} \cdot \frac{6\,[\Omega]}{6\,[\Omega] + 4\,[\Omega]} = 1\,[\text{A}]$$

❷ $R_{TH}$ 구하기

[그림 4-77]에서 독립전압원을 제거한 [그림 4-79]로부터 $R_{TH}$를 구하면 다음과 같고, 노턴 등가회로는 [그림 4-80]과 같다.

$$R_{TH} = 4[\Omega] + (3[\Omega] // 6[\Omega]) = 6[\Omega]$$

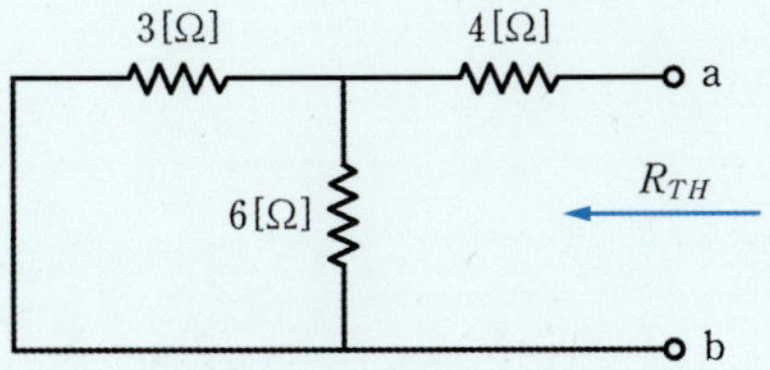


[그림 4-79] $R_{TH}$를 구하는 회로

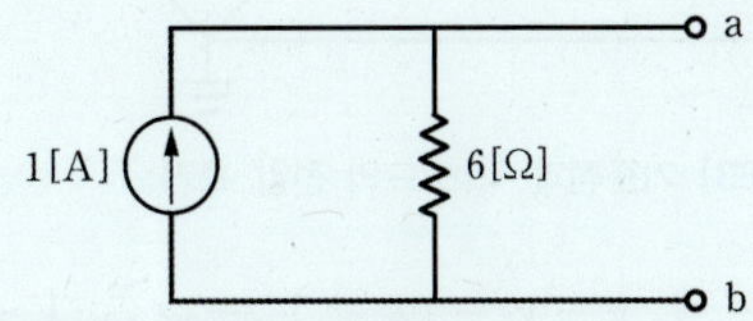


[그림 4-80] 노턴 등가회로

## 실전문제 4-14

다음 2단자망의 노턴 등가회로를 구하라.

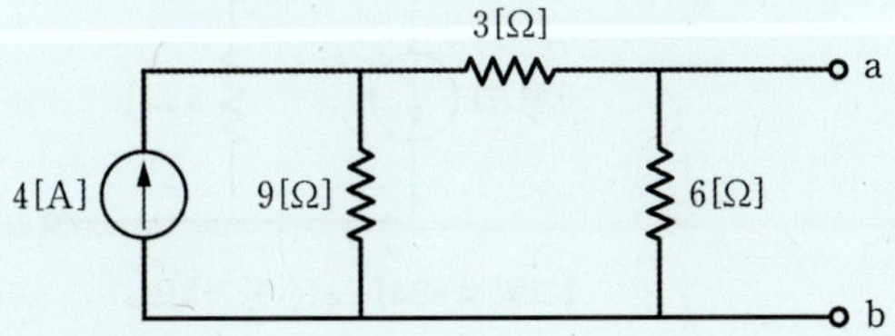


[그림 4-81]

## 예제 4-15

다음 회로의 점 a, b에서 들여다본 2단자망의 특성식을 구하고, 노턴 등가회로를 그려라.

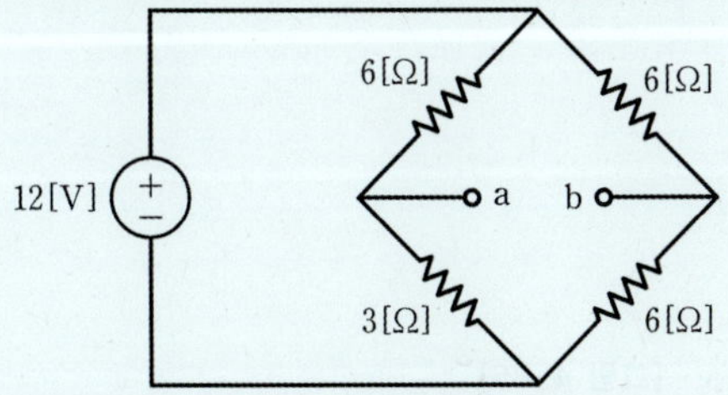


[그림 4-82] [예제 4-15]의 회로

**풀이**

주어진 회로에서 특성식은 [그림 4-83]과 같이 인가한 전압 $V$와 전류 $I$의 관계식이다. 슈퍼 노드에 대한 노드방정식을 구하면 다음과 같다.

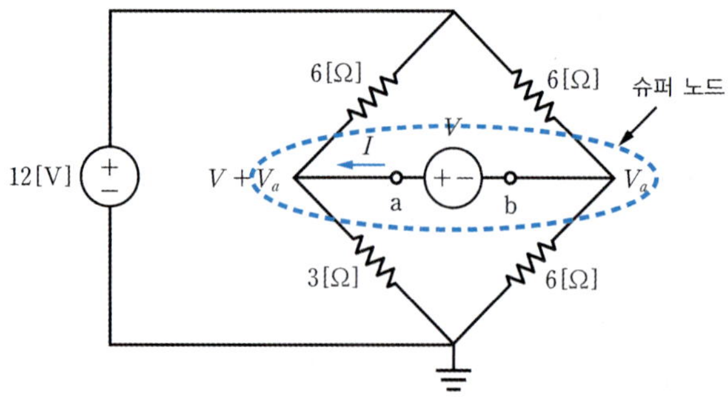


**[그림 4-83]** 기준점과 각 노드의 전압 표기

$$\frac{V+V_a-12}{6}+\frac{V_a-12}{6}+\frac{V+V_a}{3}+\frac{V_a}{6}=0 \quad \rightarrow \quad 5V_a+3V=24$$

전원에서 공급하는 전류 $I$를 구하면 다음과 같다.

$$I=\frac{V+V_a-12}{6}+\frac{V+V_a}{3} \quad \rightarrow \quad V_a+V=2I+4$$

두 식으로부터 2단자망의 특성식을 구하면 다음과 같고, 노턴 등가회로는 [그림 4-84]와 같다.

$$I=0.2V+0.4$$
$$\therefore \ R_{TH}=5\,[\Omega], \quad I_{SC}=-0.4\,[\text{A}]$$

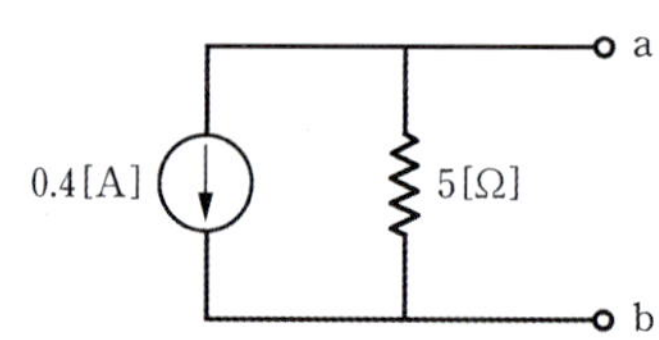


**[그림 4-84]** 노턴 등가회로

## 실전문제 4-15

다음 점 a, b에서 들여다본 2단자망의 특성식을 구하고, 노턴 등가회로를 구하라.

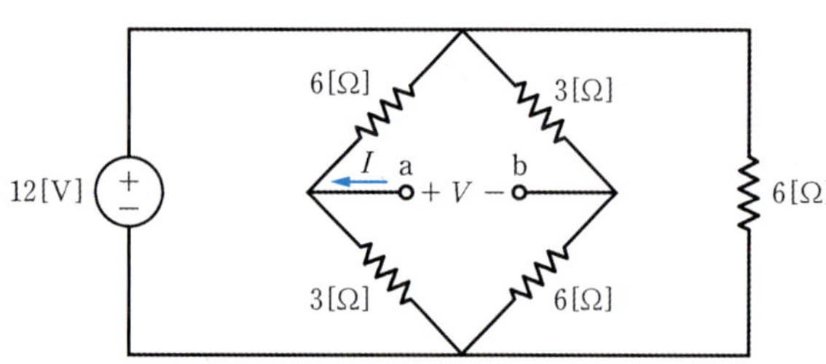


**[그림 4-85]**

## 예제 4-16

점선 영역인 2단자망에 대한 노턴 등가회로를 이용해 출력전류 $I_o$를 구하라.

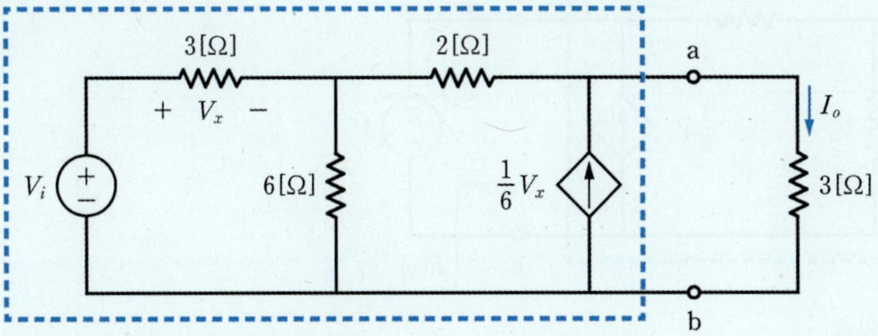


**[그림 4-86]** [예제 4-16]의 회로

**풀이**

❶ $I_{SC}$ 구하기

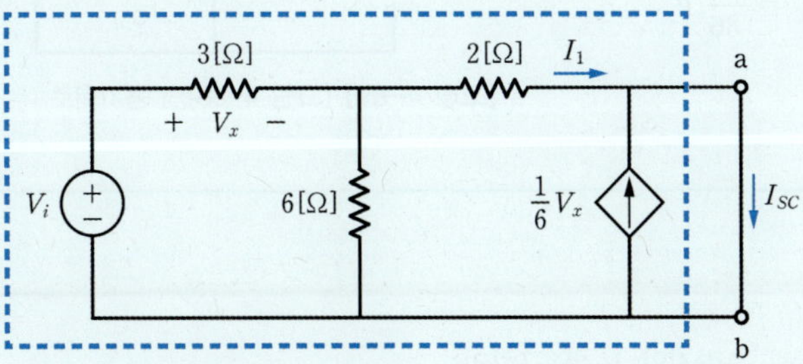


**[그림 4-87]** $I_{SC}$를 구하는 회로

점 a, b 사이가 단락회로이므로 종속전류원에 흐르는 전류는 $I_1$에 영향을 미치지 않는다. 전압분배 법칙을 사용하면 다음을 얻는다.

$$V_x = \frac{3\,[\Omega]}{3\,[\Omega] + (6\,[\Omega] // 2\,[\Omega])} \cdot V_i = \frac{2}{3} V_i$$

$$\therefore\ I_1 = \frac{V_i - V_x}{2} = \frac{1}{6} V_i$$

$$I_{SC} = I_1 + \frac{1}{6} V_x = \frac{1}{6} V_i + \frac{1}{6} \cdot \frac{2}{3} V_i = \frac{5}{18} V_i$$

❷ $R_{TH}$ 구하기

독립전압원을 단락시키고 점 a, b 사이의 전압 $V$와 흐르는 전류 $I$의 관계로부터 $R_{TH}$를 구할 수 있다.

$$I_1 = \frac{V_x}{3} + \frac{V_x}{6} = \frac{1}{2} V_x$$

$$I = -I_1 - \frac{1}{6} V_x = -\frac{2}{3} V_x$$

$$V + V_x + 2I_1 = 0 \quad \rightarrow \quad V = -2V_x$$

$$\therefore\ R_{TH} = \frac{V}{I} = 3\,[\Omega]$$

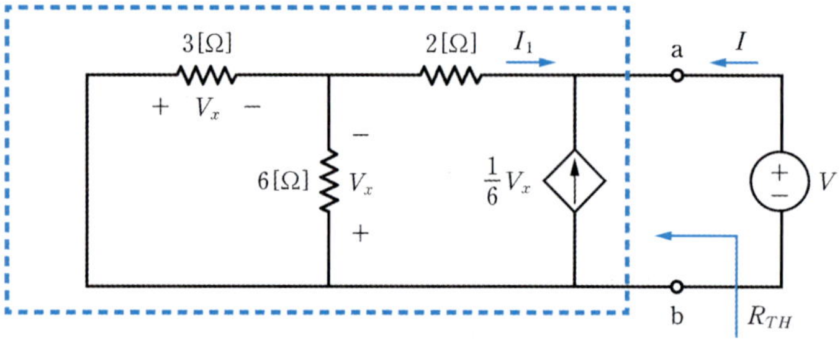


**[그림 4-88]** $R_{TH}$를 구하는 회로

따라서 [그림 4-88] 회로의 등가회로는 [그림 4-89]와 같고, 출력전류 $I_o$를 구하면 다음과 같다.

$$I_o = \frac{3\,[\Omega]}{3\,[\Omega]+3\,[\Omega]}\cdot I_{SC} = \frac{5}{36}V_i$$

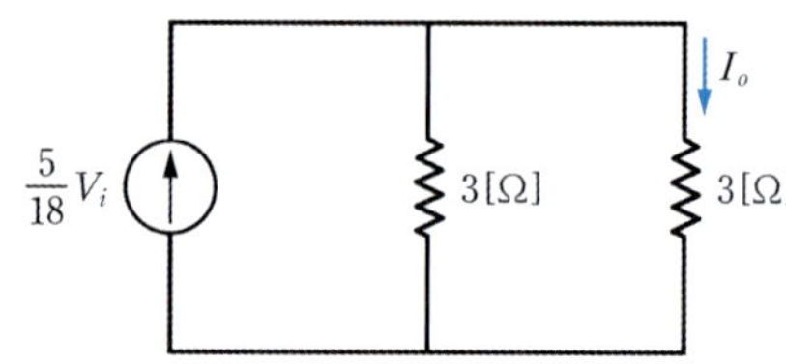


**[그림 4-89]** [그림 4-88]의 등가회로

## 실전문제 4-16

다음 회로에서 노턴 등가회로를 이용해 출력전압 $V_o$를 구하라.

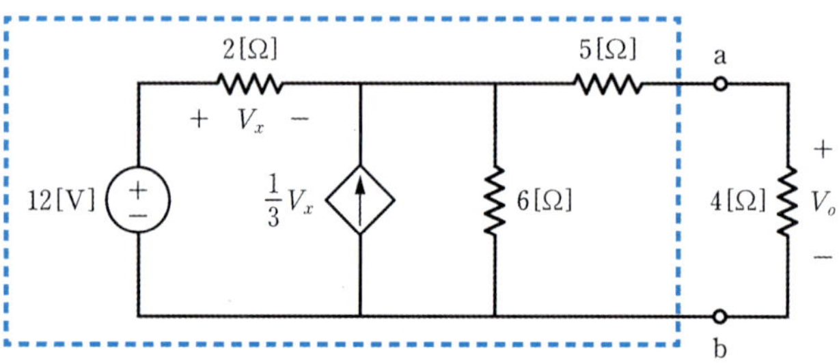


**[그림 4-90]**

SECTION 4.6

# 최대전력 전달

전기를 이용하는 경우는 크게 두 가지로 나누어 생각해 볼 수 있다. 전열기나 에어컨과 같이 전원이 직접 부하에 연결되어 에너지를 전달하는 경우와 스마트폰과 같은 통신장비에서 신호를 이용하는 경우이다.

신호를 이용하는 경우에는 신호가 여러 단계를 거치면서 처리되어 최종적으로 모니터나 스피커에서 전기적 신호를 인식하게 된다. 각 단계에서 신호를 처리하고 그 결과를 다음 단계에 전달할 때 전달되는 전력의 크기는 전원부(신호를 전달하는 부분)와 부하부(신호를 전달받는 부분)의 회로 조건에 따라 달라진다. 부하부에서 신호를 처리할 때는 신호가 갖는 전력의 크기가 클수록 유리하므로 회로에서는 전원부에서 부하부로 최대전력을 전송하는 것이 가장 중요하다. 따라서 임의의 전원부에 부하(부하부의 등가저항)를 연결할 경우, 부하의 크기에 따라 전송되는 전력의 변화를 조사해야 한다.

[그림 4-91]은 일반적인 전력 전달 회로로서 전원이 포함된 임의의 회로(전원부)에 부하부의 등가저항 $R_L$을 연결함으로써 전원에서 부하로 전력이 전달되고, 전달되는 전력은 부하 $R_L$의 크기에 따라 변한다.

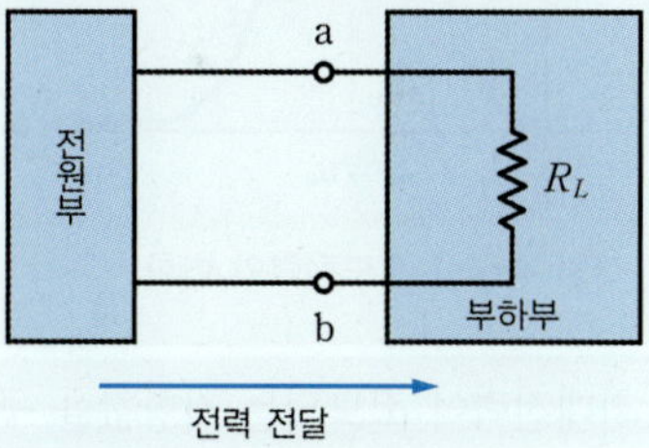


**[그림 4-91]** 전력 전달 시스템

전원부가 변화하면 전달되는 전력도 변하겠지만, 여기서는 전원부의 변화는 고려하지 않고 부하부의 변화만 고려할 것이다. [그림 4-92]는 전원부를 테브난 등가회로로 표현한 것이다. 전원 $V_{OC}$와 테브난 등가저항 $R_{TH}$는 전원부로부터 결정된 값이고, 변화하는 것은 부하저항 $R_L$이다.

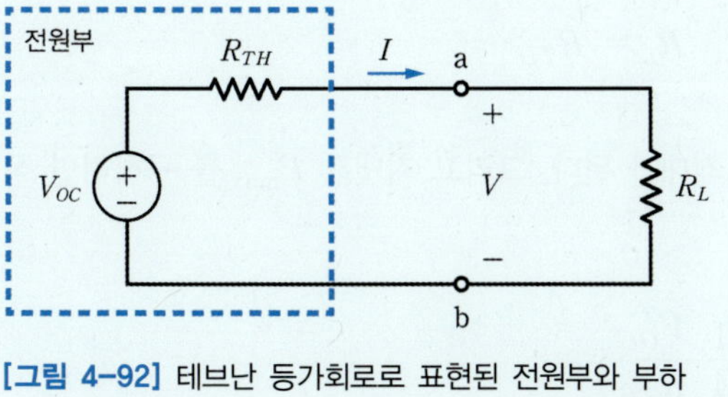


**[그림 4-92]** 테브난 등가회로로 표현된 전원부와 부하

이 절에서 다루고자 하는 것은 저항 $R_L$에 따른 저항에서 소모하는 전력 $P_{R_L}$의 변화를 조사하고, 그 결과 최대전력이 전송되는 조건과 최대전력을 구하는 것이다. 먼저 전압분배법칙으로부터 저항 $R_L$에

걸리는 전압 $V$를 구하면 다음과 같다.

$$V = \frac{R_L}{R_{TH} + R_L} \cdot V_{OC}$$

흐르는 전류 $I$를 구하면 다음과 같다.

$$I = \frac{V_{OC}}{R_{TH} + R_L}$$

이 두 항을 곱하면 소모전력 $P_{R_L}$을 얻는다.

$$P_{R_L} = V \cdot I = \frac{R_L}{(R_{TH} + R_L)^2} \cdot V_{OC}^2 \tag{4.14}$$

식 (4.14)를 사용해 $R_L$에 따른 $P_{R_L}$의 변화를 그래프로 나타내면 [그림 4-93]과 같다. 여기서 $R_L = R_{TH}$일 때 소모하는 전력이 최대가 되는데, 이 값을 $P_{\max}$로 나타냈다.

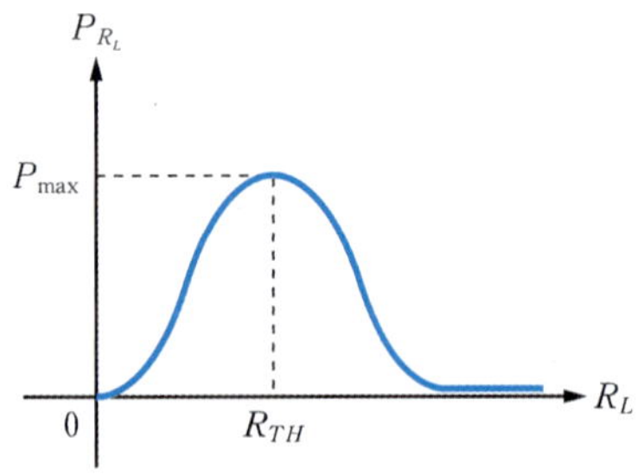


**[그림 4-93]** 소모전력의 변화

최대전력이 소모되는 저항값을 구하려면 다음 과정이 필요하다. 먼저 식 (4.14)로부터 $P_{R_L}$의 극점(극대와 극소점)을 구한다($\partial P_{R_L}/\partial R_L$을 구하고 그 값이 0가 될 때 $P_{R_L}$의 극점이 된다).

$$\frac{\partial P_{R_L}}{\partial R_L} = \frac{R_{TH} - R_L}{(R_{TH} + R_L)^3} \cdot V_{OC}^2$$

$$\frac{\partial P_{R_L}}{\partial R_L} = 0 \quad \rightarrow \quad R_L = R_{TH}$$

$R_L = R_{TH}$를 만족하면 부하에서 소모하는 전력이 최대가 된다. 그리고 최댓값 $P_{\max}$를 구하려면 식 (4.14)에서 $R_L = R_{TH}$를 대입하면 된다.

$$P_{\max} = \frac{1}{4}\frac{V_{OC}^2}{R_{TH}}$$

이상의 결과로부터, 임의의 전원부와 부하부가 연결되어 전력를 전송하는 시스템에서는 전원부로 들여다본 저항값과 부하부로 들여다본 저항값이 같을 때, 최대전력이 전송된다는 것을 알 수 있다.

## 예제 4-17

다음 회로에서 부하 $R_L$에서 소모하는 전력이 최대가 되기 위한 $R_L$의 조건과 최대전력 $P_{max}$를 구하라.

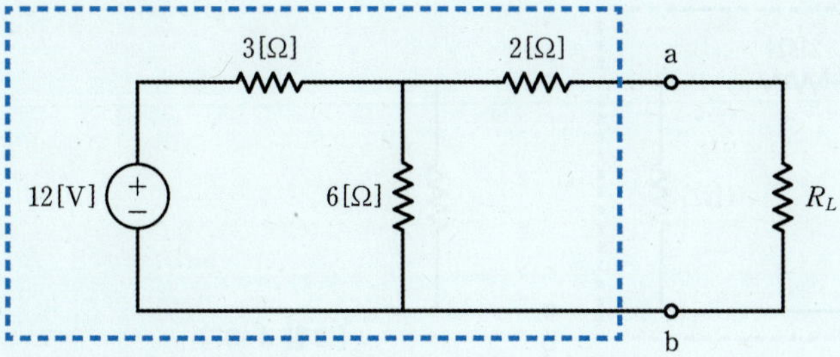


**[그림 4-94]** [예제 4-17]의 회로

**풀이**

먼저 점 a, b에서 들여다본 테브난 등가회로를 그리면 다음과 같다.

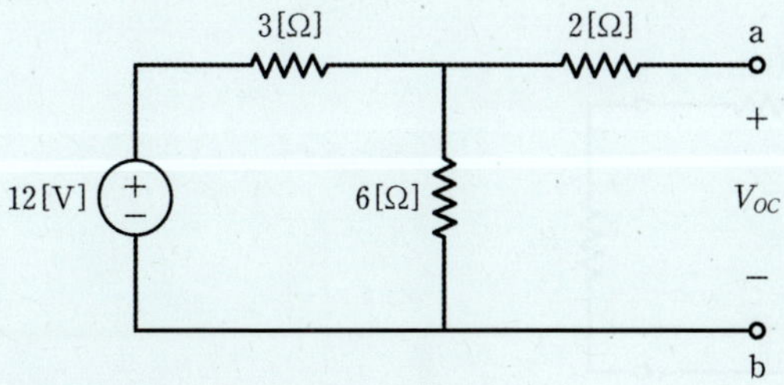


**[그림 4-95]** $V_{OC}$를 구하는 회로

❶ $V_{OC}$ 구하기

$$V_{OC} = \frac{6\,[\Omega]}{3\,[\Omega] + 6\,[\Omega]} \cdot 12\,[\text{V}] = 8\,[\text{V}]$$

❷ $R_{TH}$ 구하기

점 a, b에서 들여다본 저항 $R_{TH}$를 구하면 다음과 같다.

$$R_{TH} = 2\,[\Omega] + (6\,[\Omega] // 3\,[\Omega]) = 4\,[\Omega]$$

따라서 $R_L = 4\,[\Omega]$일 경우 최대전력을 소모한다. 이 경우 [그림 4-94]의 등가회로를 그려보면 [그림 4-96]과 같다. 따라서 최대전력 $P_{max}$는 [그림 4-96]에서 구할 수 있다.

$$P_{max} = \frac{(4\,[\text{V}])^2}{4\,[\Omega]} = 4\,[\text{W}]$$

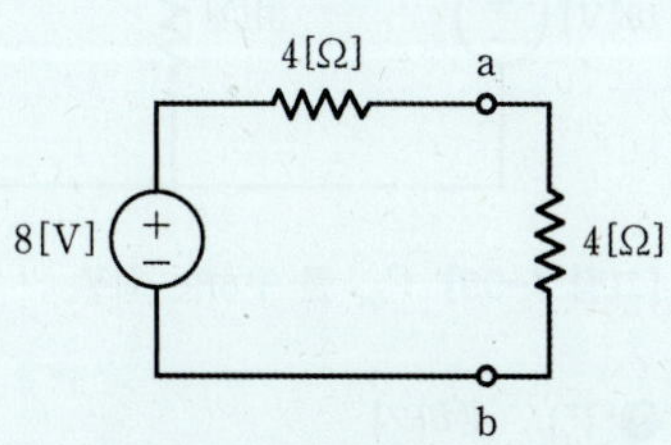


**[그림 4-96]** [그림 4-94]의 등가회로

## 실전문제 4-17

다음 회로에서 부하가 최대전력을 소모하게 해주는 $R_L$과 그때 소모하는 최대전력 $P_{max}$를 구하라.

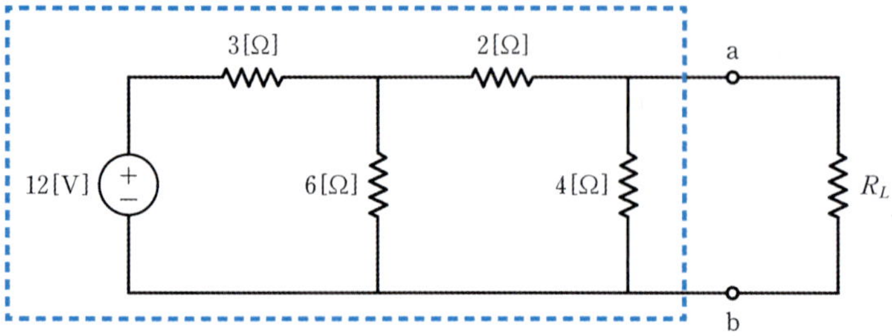


[그림 4-97]

## 예제 4-18

다음 회로에서 부하 $R_L$이 소모하는 전력이 최대가 되기 위한 $R_L$의 조건과 최대전력 $P_{max}$를 구하라.

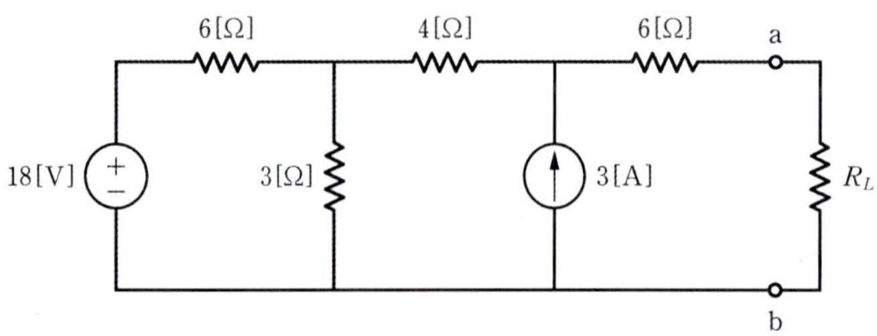


[그림 4-98] [예제 4-18]의 회로

### 풀이

먼저 점 a, b에서 들여다본 테브난 등가회로를 그리면 다음과 같다.

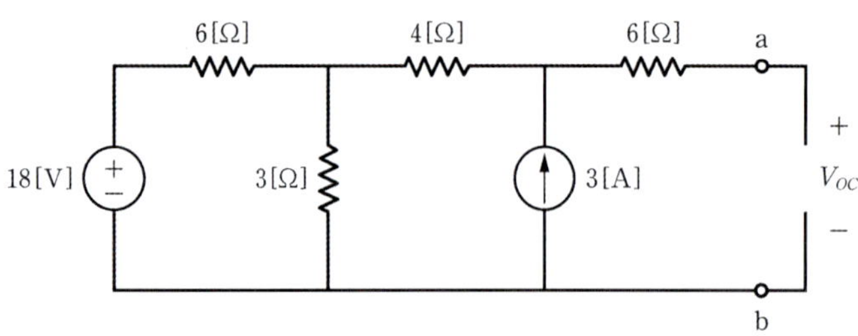


[그림 4-99] $V_{OC}$를 구하는 회로

❶ $V_{OC}$ 구하기

먼저 18[V]의 전압원에 대한 응답을 구하기 위해 전류원을 개방회로로 처리하면 3[Ω]에 걸리는 전압이 $V_{OC1}$이고 전압분배법칙으로 6[V]가 된다. 두 번째로 전류원에 대한 응답을 구하기 위해 전압원을 단락회로로 만들면 $V_{OC2}$가 다음과 같이 표현된다.

$$V_{OC2} = 3\,[\text{A}] \cdot \{4\,[\Omega] + (6\,[\Omega] // 3\,[\Omega])\} = 18\,[\text{V}]$$
$$\therefore\; V_{OC} = 6\,[\text{V}] + 18\,[\text{V}] = 24\,[\text{V}]$$

❷ $R_{TH}$ 구하기

점 a, b에서 들여다본 저항 $R_{TH}$를 구하면 다음과 같다.

$$R_{TH} = 6\,[\Omega] + 4\,[\Omega] + (6\,[\Omega] // 3\,[\Omega]) = 12\,[\Omega]$$

따라서 $R_L = 12\,[\Omega]$일 경우 최대전력을 소모한다. 이 경우 [그림 4-98]의 등가회로를 그려보면 [그림 4-100]과 같다. 따라서 최대전력 $P_{\max}$는 [그림 4-100]에서 구할 수 있다.

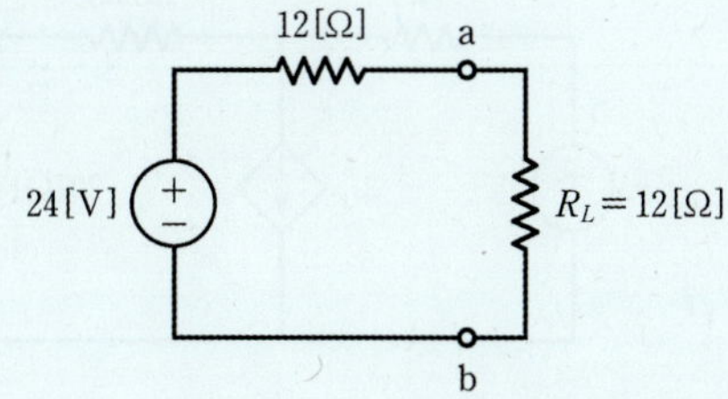


[그림 4-100] $R_L = 12\,[\Omega]$일 경우 등가회로

$$P_{\max} = \frac{(12\,[\mathrm{V}])^2}{12\,[\Omega]} = 12\,[\mathrm{W}]$$

## 실전문제 4-18

다음 회로에서 부하가 최대전력을 소모하게 해주는 $R_L$과 그때 소모하는 최대전력 $P_{\max}$를 구하라.

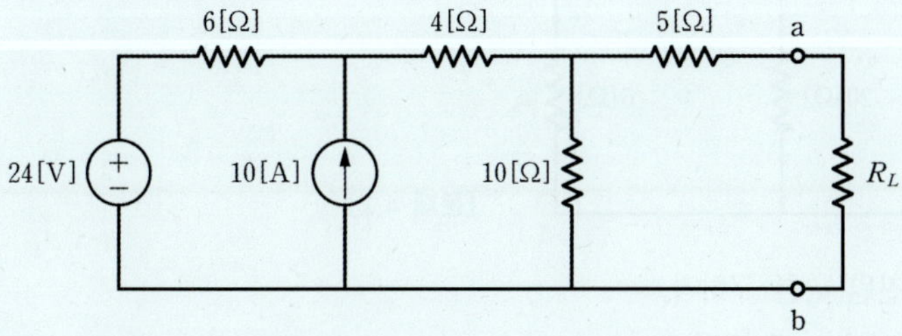


[그림 4-101]

**4.1** 다음 회로에 대해 주어진 물음에 답하라.

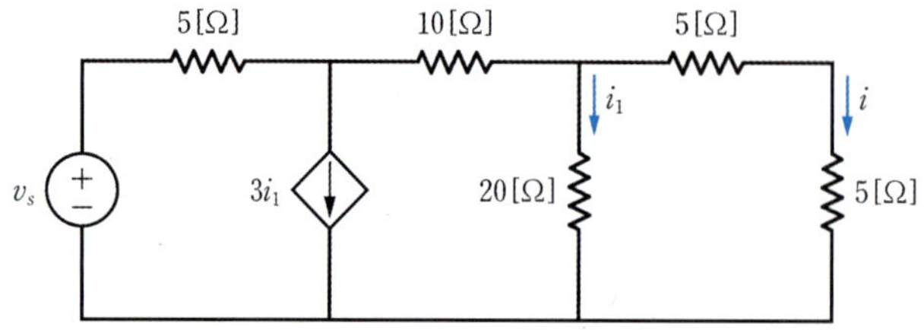


[문제 4.1]

(a) $i = 1\,[\mathrm{A}]$일 경우, 인가전압 $v_s$를 구하라.

(b) $v_s = 10\,[\mathrm{V}]$일 경우, 전류 $i$를 구하라.

**4.2** 다음 회로에 대해 주어진 물음에 답하라.

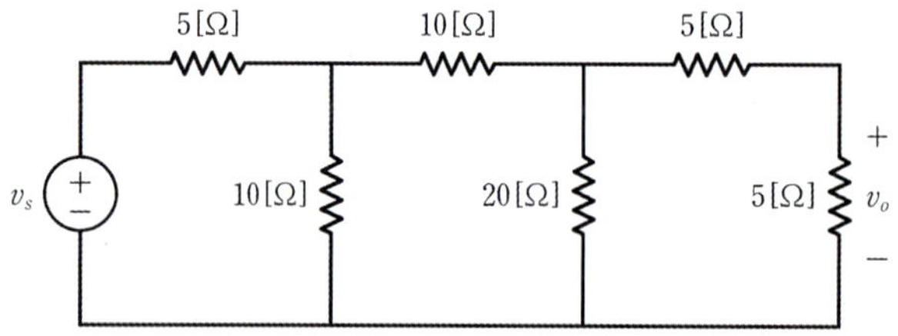


[문제 4.2]

(a) $v_o = 5\,[\mathrm{V}]$가 되기 위한 전원 $v_s$를 구하라.

(b) $v_s = 10\,[\mathrm{V}]$일 경우, 출력전압 $v_o$를 구하라.

**4.3** 다음 회로에 대해 주어진 물음에 답하라.

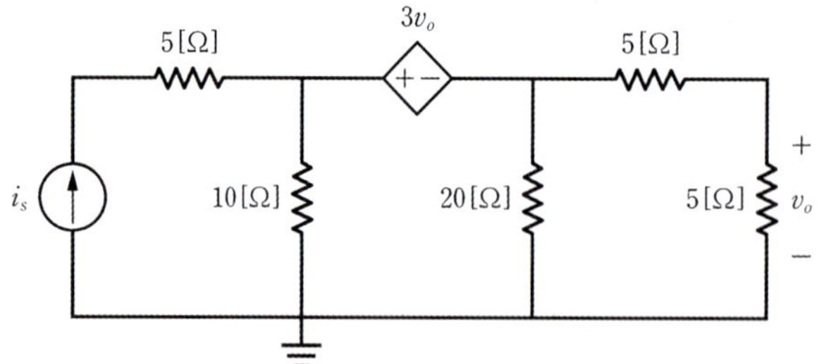


[문제 4.3]

(a) 노드 해석법으로 $i_s = 8\,[\mathrm{A}]$일 경우, 전압 $v_o$를 구하라.

(b) $v_o = 1\,[\mathrm{V}]$일 경우, 전원의 전류 $i_s$를 구하라.

(c) $i_s = 14\,[\mathrm{A}]$일 경우, 전압 $v_o$를 구하라.

**4.4** 다음 회로에서 중첩의 원리를 이용해 전압 $v_o$를 구하라.

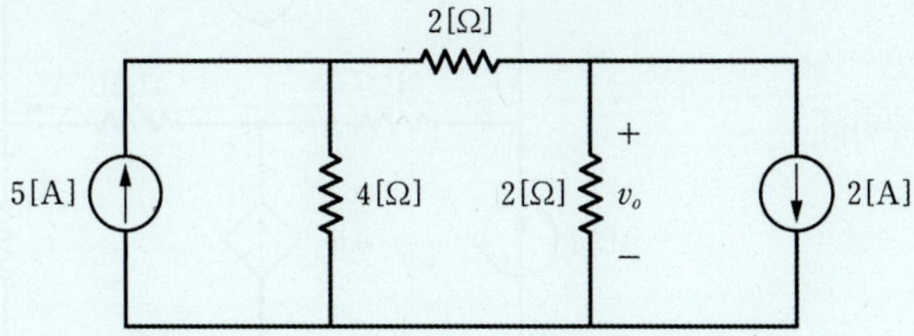


[문제 4.4]

**4.5** 다음 회로에서 중첩의 원리를 이용해 전압 $V_x$를 구하라.

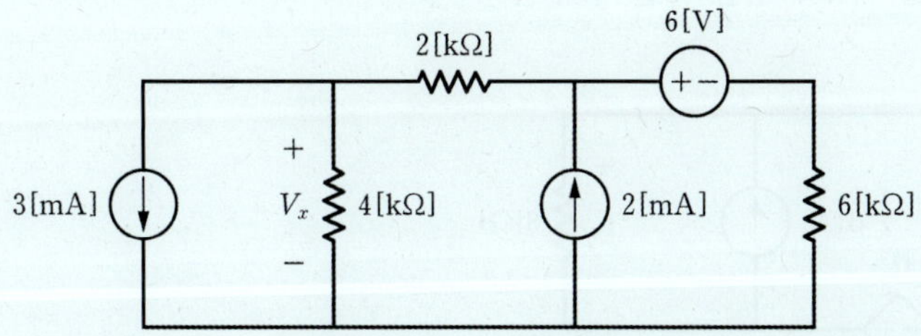


[문제 4.5]

**4.6** 다음 회로에서 중첩의 원리를 이용해 전류 $I$를 구하라.

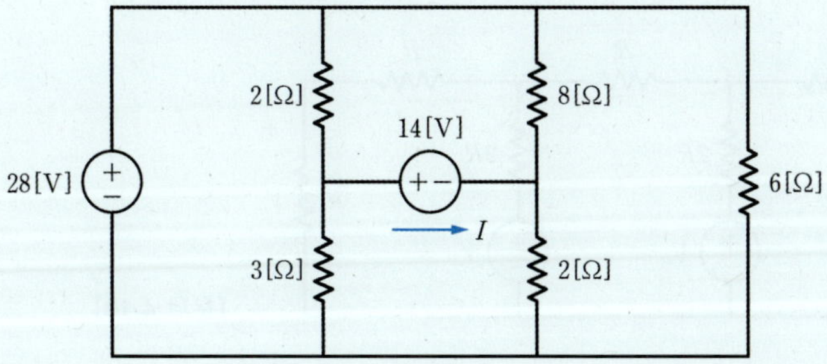


[문제 4.6]

**4.7** 다음 회로에서 중첩의 원리를 이용해 15[V]의 전압원이 공급하는 전력을 구하라.

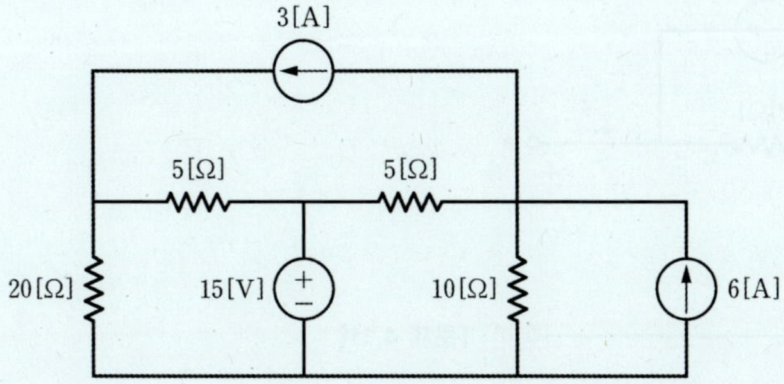


[문제 4.7]

**4.8** 다음 회로에서 중첩의 원리를 이용해 주어진 물음에 답하라.

(a) 전압 $v_o$를 구하라.

(b) 2[Ω]에서 소모하는 전력을 구하라.

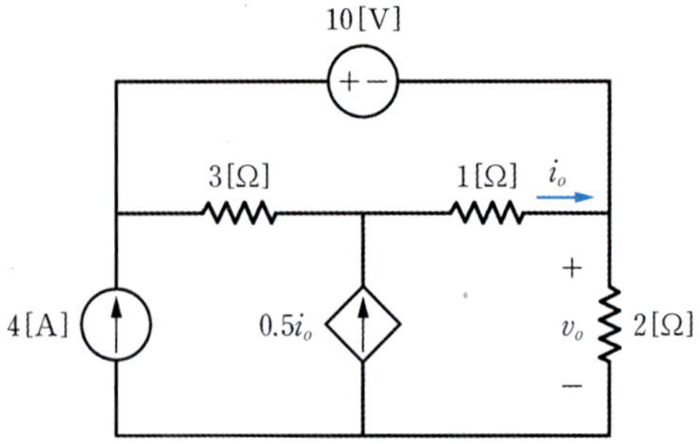


[문제 4.8]

**4.9** 다음 회로에서 중첩의 원리를 이용해 전압 $v_x$를 구하라.

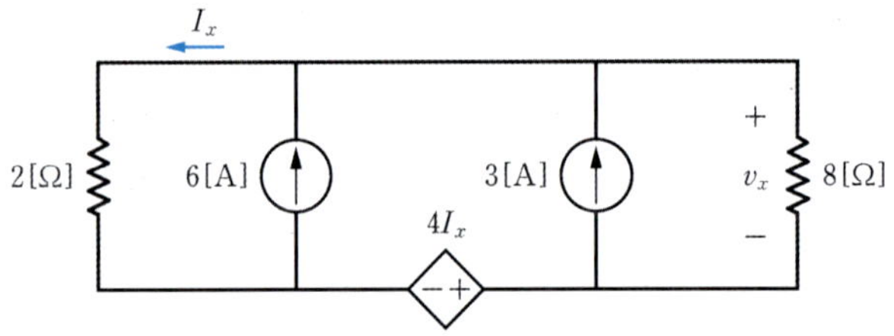


[문제 4.9]

**4.10** 다음 회로에서 중첩의 원리를 이용해 출력전압 $V_o$를 구하라.

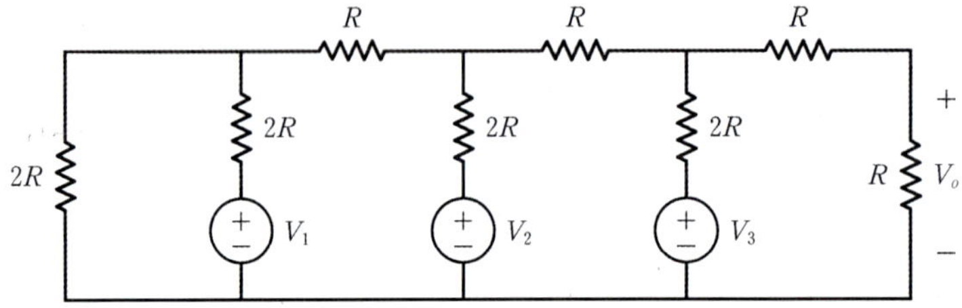


[문제 4.10]

**4.11** 다음 회로의 특성식을 구하라.

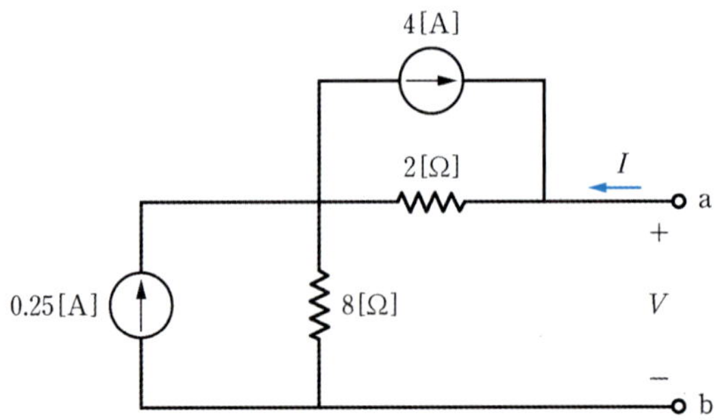


[문제 4.11]

**4.12** 다음 회로에서 점 a, b에서 들여다본 회로의 특성식을 구하라.

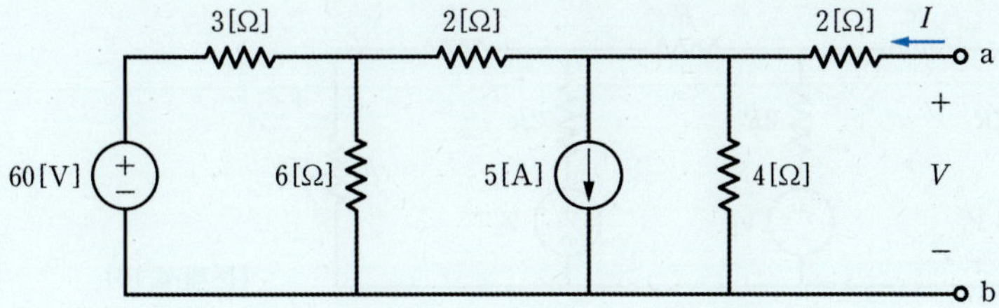


[문제 4.12]

**4.13** 다음 회로에서 점 a, b에서 들여다본 회로의 특성식을 구하라.

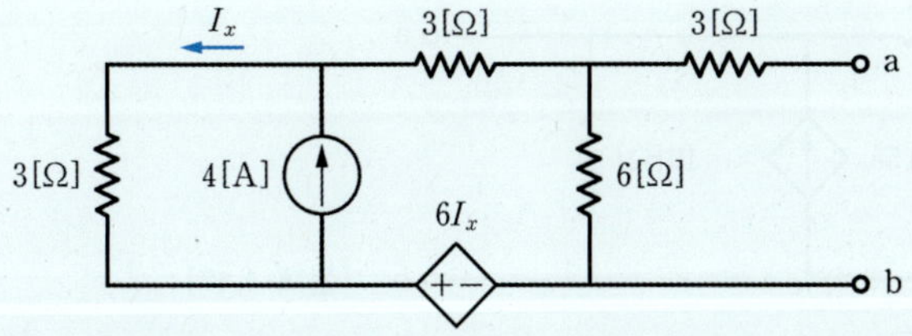


[문제 4.13]

**4.14** 다음 회로에서 점 a, b에서 들여다본 회로의 특성식을 구하라.

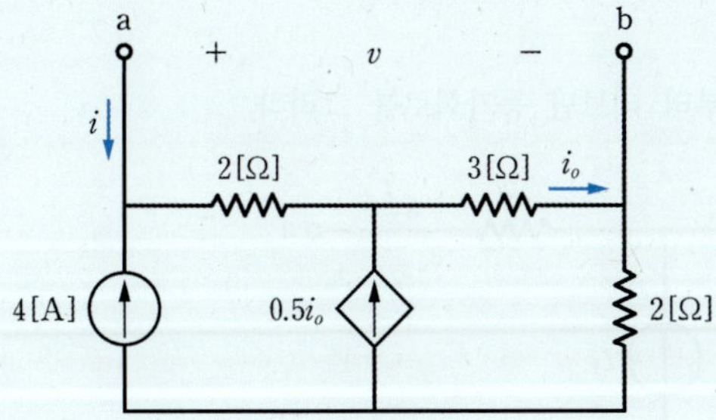


[문제 4.14]

**4.15** 다음 회로에서 전원변환을 이용해 전압 $V_o$를 구하라.

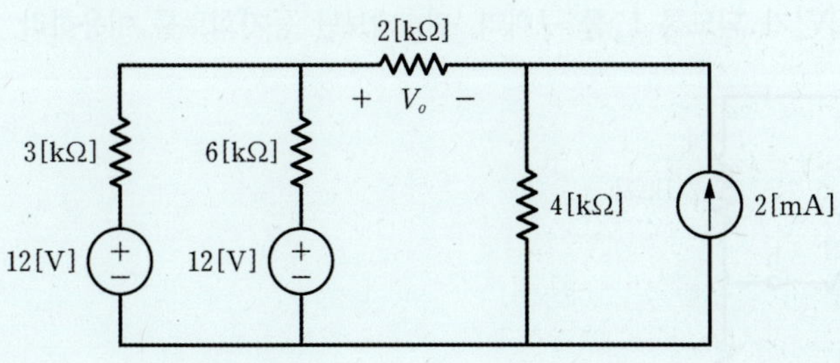


[문제 4.15]

**4.16** 다음 회로에서 전원변환을 이용해 전압 $V_o$를 구하라.

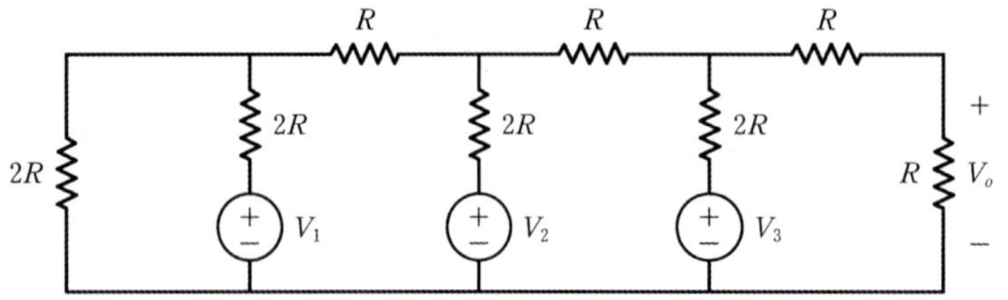


[문제 4.16]

**4.17** 다음 회로에 대해 주어진 물음에 답하라.

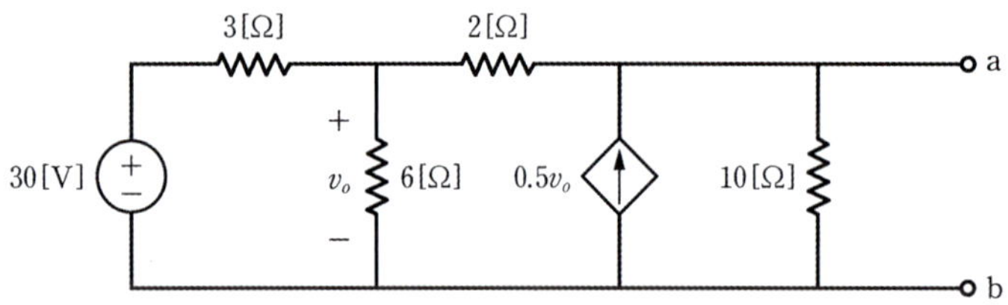


[문제 4.17]

(a) 직접 회로의 특성식을 구하라.

(b) $V_{OC}$와 $R_{TH}$를 구하라.

(c) 테브난 등가회로를 그려라.

**4.18** 다음 2단자망의 특성식을 구하고 그 결과로부터 테브난 등가회로를 그려라.

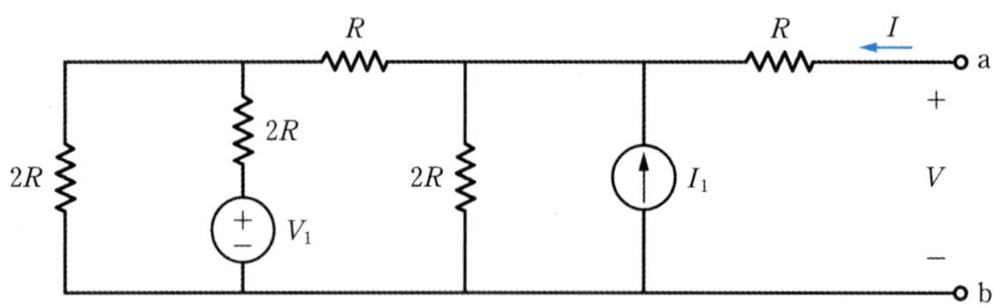


[문제 4.18]

**4.19** 주어진 회로에서 전압 $V_o$가 1[V]가 되도록 $V_s$를 구하라. 단, 테브난 등가회로를 이용하라.

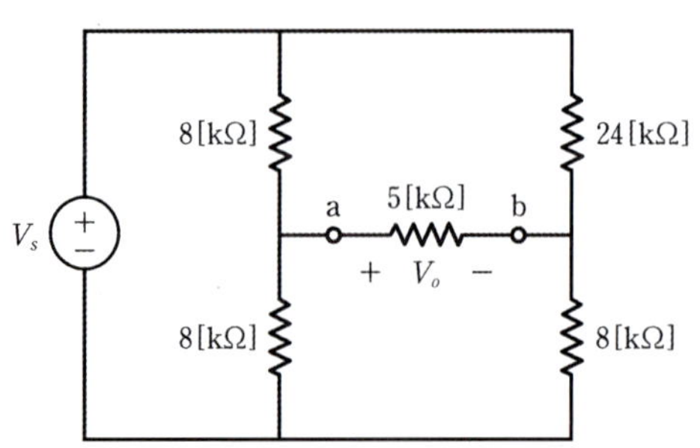


[문제 4.19]

**4.20** 3개의 2단자망($N_1$, $N_2$, $N_3$)을 연결한 다음 회로의 테브난 등가회로를 그려라. 단, 3개의 2단자망의 특성식은 다음과 같다.

$$N_1 : V_1 = 10I_1 + 5$$

$$N_2 : I_1 = 0.2\,V_2 - 3$$

$$N_3 : V = 30I_2 + 2$$

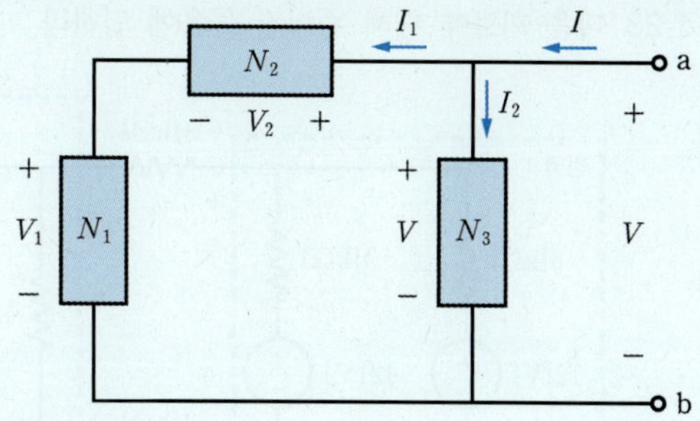


[문제 4.20]

**4.21** 다음 회로에 대해 주어진 물음에 답하라.

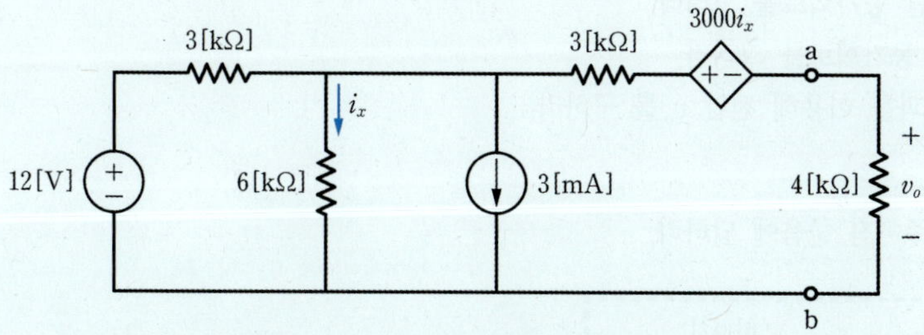


[문제 4.21]

(a) 점 a, b에서 들여다본 테브난 등가회로를 그려라.

(b) (a)의 결과를 이용해 전압 $v_o$를 구하라.

**4.22** 다음과 같은 2단자망에 두 가지 실험 결과를 가지고 주어진 물음에 답하라.

(i) 5[V]일 경우, $I = 0.2$[A]가 된다.

(ii) 전류 0.5[A]를 흘렸을 때 $V = 8$[V]가 된다.

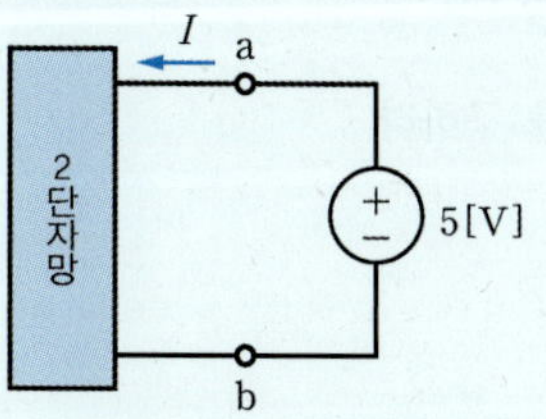


(a) (i)의 결과를 위한 회로

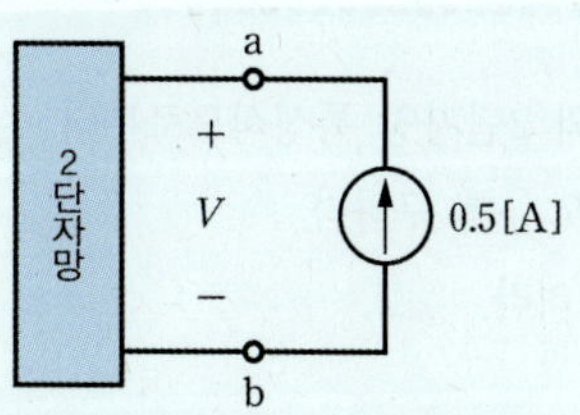


(b) (ii)의 결과를 위한 회로

[문제 4.22]

(a) 주어진 2단자망의 특성식을 구하라.

(b) 점 a, b에서 들여다본 테브난 등가회로를 그려라.

(c) 점 a, b에서 들여다본 노턴 등가회로를 그려라.

**4.23** 다음 회로에 대해 주어진 물음에 답하라.

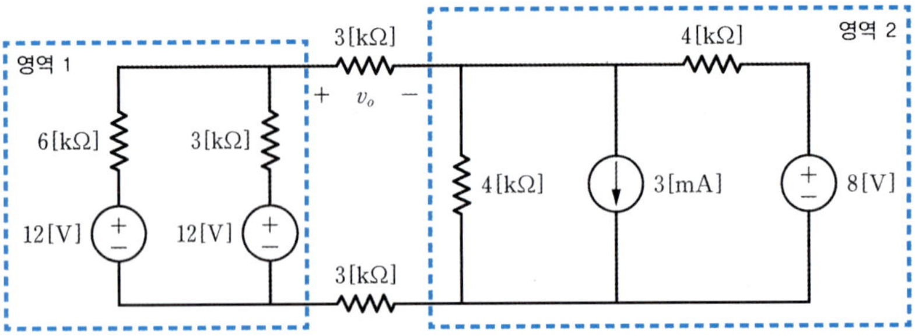


[문제 4.23]

(a) 영역 1의 테브난 등가회로를 그려라.

(b) 영역 2의 노턴 등가회로를 그려라.

(c) (a)와 (b)의 결과를 이용해 전압 $v_o$를 구하라.

**4.24** 다음 회로에 대해 주어진 물음에 답하라.

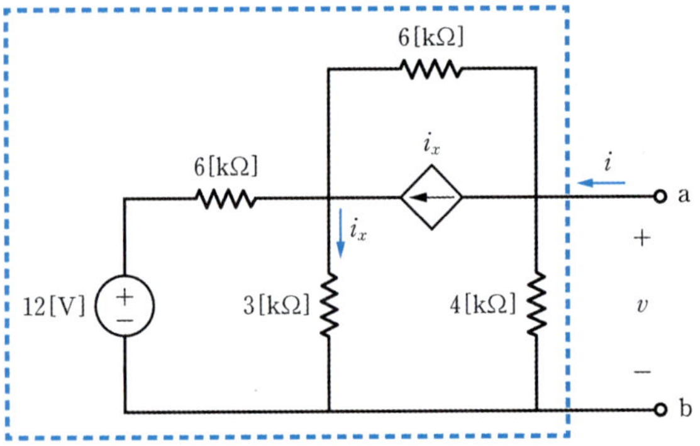


[문제 4.24]

(a) 점선 영역 안 회로의 2단자망 특성식으로부터 $i_{SC}$와 $R_{TH}$를 구하라.

(b) 회로로부터 $i_{SC}$와 $R_{TH}$를 구하라.

(c) 노턴 등가회로를 그려라.

**4.25** 점 a, b에서 들여다본 테브난 등가회로를 이용해 전류 $I_o$를 구하라.

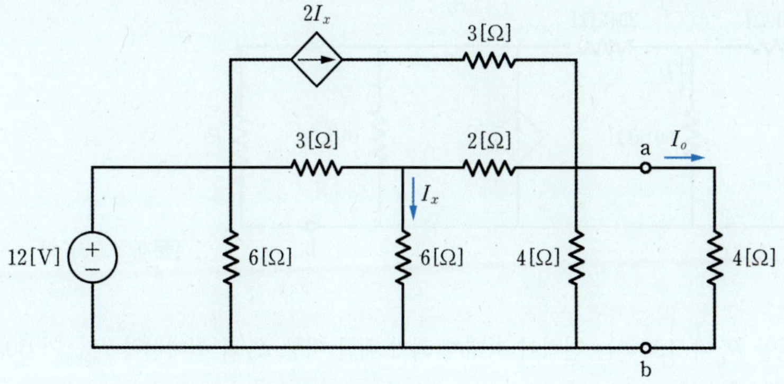


[문제 4.25]

**4.26** 다음 회로에 대해 주어진 물음에 답하라.

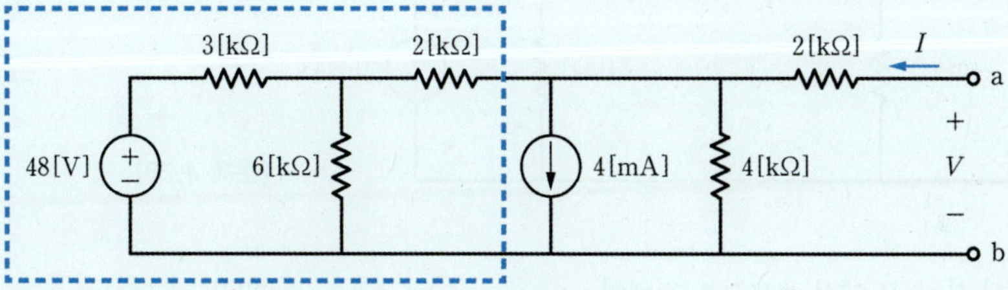


[문제 4.26]

(a) 점선 영역 안 회로의 노턴 등가회로를 그려라.

(b) 점 a, b에서 들여다본 회로의 특성식을 구하라.

(c) (b)의 결과를 이용해 회로의 노턴 등가회로를 그려라.

**4.27** 다음 회로에 대해 주어진 물음에 답하라.

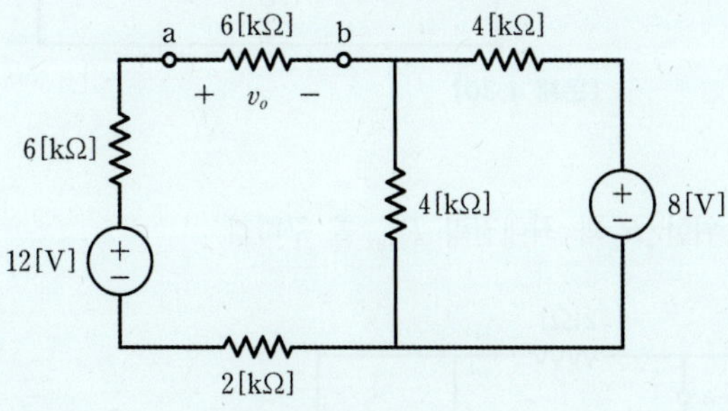


[문제 4.27]

(a) 점 a, b에서 들여다본 테브난 등가회로와 노턴 등가회로를 그려라.

(b) (a) 결과로부터 전압 $v_o$를 구하라.

**4.28** 다음 회로에서 저항 $R$에 전송되는 최대전력 $P_{\max}$를 구하라.

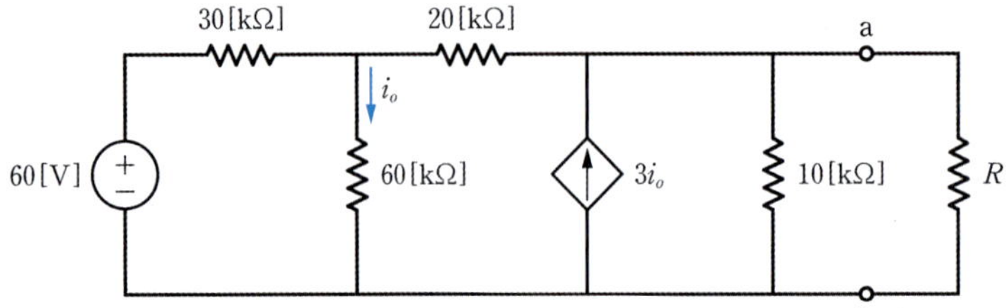


[문제 4.28]

**4.29** 다음 회로에서 저항 $R_L$이 소모하는 전력이 최대가 되기 위한 저항 $R_L$과 최대전력 $P_{\max}$가 30 [mW]일 경우, $V_s$를 구하라.

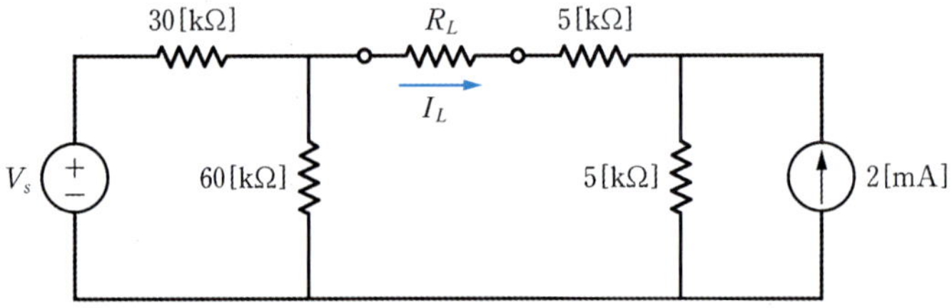


[문제 4.29]

**4.30** 다음 회로에서 부하 $R_L$에서 소모하는 전력이 최대가 되기 위한 저항 $R_L$을 구하고, 소모하는 최대전력 $P_{\max}$를 구하라.

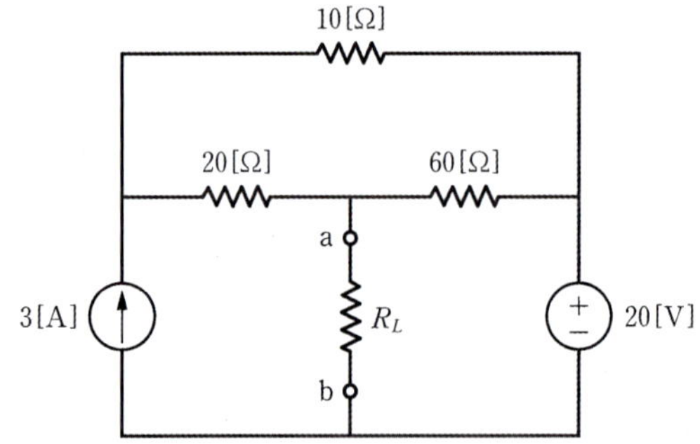


[문제 4.30]

**4.31** $R_L$에서 소모하는 전력이 최대가 되기 위한 $R_L$과 최대전력 $P_{\max}$를 구하라.

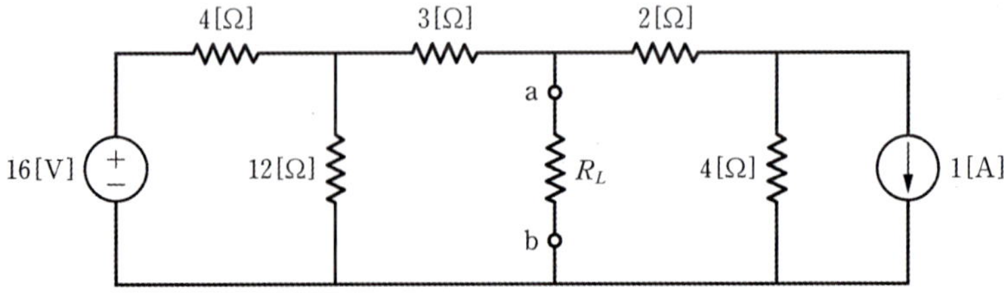


[문제 4.31]

**4.32** 다음 회로에서 부하 $R_L$에서 소모하는 전력이 최대가 되게 저항 $R_L$을 정하고, 그때 소모하는 최대전력 $P_{\max}$를 구하라.

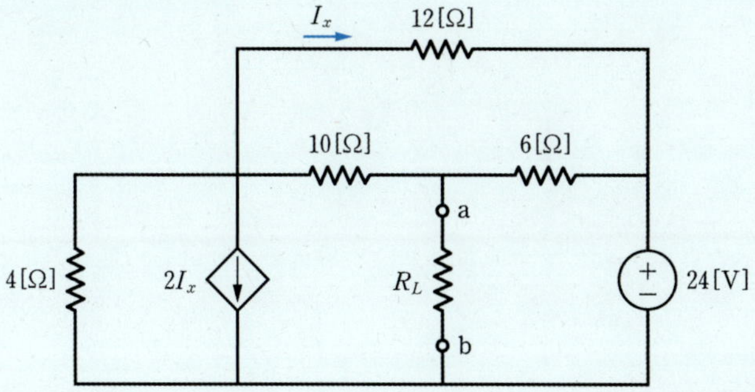


[문제 4.32]

**4.33** 다음 회로의 점선 영역 안에서 소모하는 전력이 최대가 되기 위한 저항 $R_L$을 구하고, 그때 저항 $R_L$에서 소모하는 전력을 구하라.

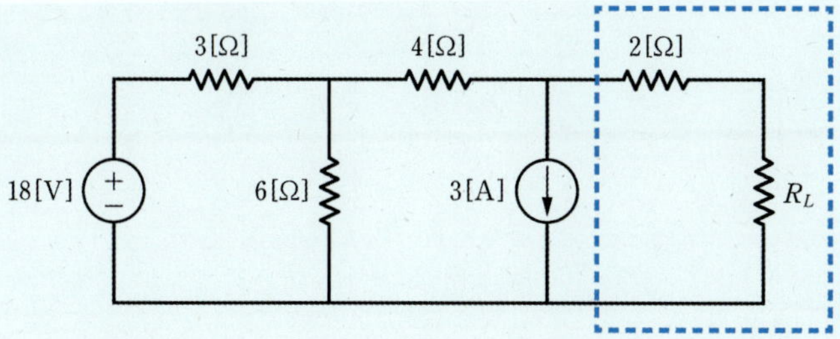


[문제 4.33]

**4.34** 다음 회로에서 두 가지 결과를 얻었다. 음영으로 표시된 회로의 저항 $R_L$에서 소모하는 최대전력 $P_{\max}$를 구하라.

(i) $V = 7$ [V]일 경우, $I = 0.5$ [A]이다.

(ii) $I = 1$ [A]일 경우, $V = 12$ [V]이다.

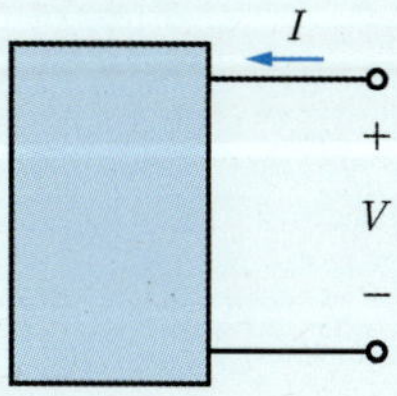


[문제 4.34]

**4.35** 다음 회로의 저항 $R_L$에서 소모하는 최대전력 $P_{\max}$를 구하라.

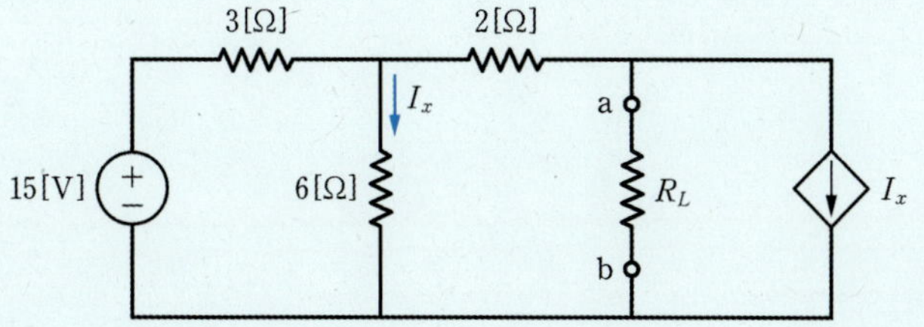


[문제 4.35]

CHAPTER

# 05

# 연산증폭기 회로 해석

Analysis of Operational Amplifiers Circuits



**학습목표**

- 연산증폭기의 동작원리에 대해 이해할 수 있다.
- 이상적인 연산증폭기와 실제 연산증폭기의 차이에 대해 이해할 수 있다.
- 반전증폭기와 비반전증폭기의 전달특성에 대해 이해할 수 있다.
- 반전 가산증폭기와 비반전 가산증폭기에 대해 이해할 수 있다.
- 차동증폭기에 대해 이해할 수 있다.
- 계측증폭기의 회로 해석에 대해 이해할 수 있다.
- 종속 접속된 연산증폭기에 대해 이해할 수 있다.

SECTION 5.1

# 연산증폭기

**연산증폭기** Operational Amplifier, OP Amp.는 내부에 다소 많은 트랜지스터가 연결되어 있는 매우 복잡한 회로로 1개의 칩chip 형태로 만들어진 반도체 집적회로소자이다. [그림 5-1]은 연산증폭기의 칩 사양을 보여준다. 칩에는 8개의 단자가 외부 회로와 연결되어 있지만 실제 사용하는 단자는 3개이고, 추가적으로 연산증폭기가 정상 동작하기 위해 외부에서 공급해야 하는 직류 전압단자 2개가 있다. 즉 2번은 반전단자, 3번은 비반전단자로 입력단자이고, 6번 단자는 출력단자이다. 그리고 4번 단자에는 최소전압이, 7번 단자에는 최대전압이 외부로부터 인가된다.

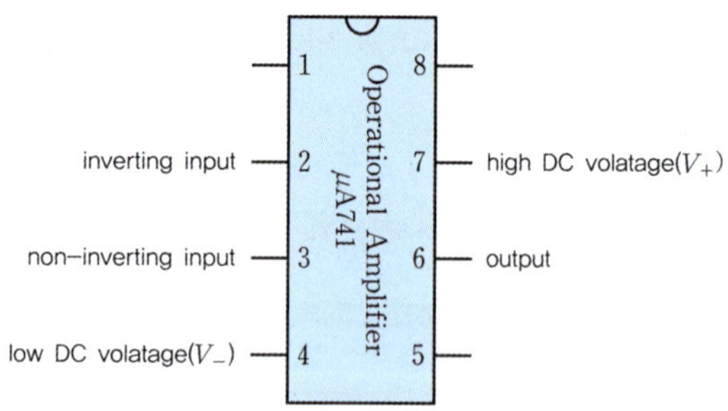


[그림 5-1] $\mu A741$ 연산증폭기의 구조 및 단자의 역할

설계회로에서는 [그림 5-2(a)]와 같이 간단한 기호로 표기한다. 일반적으로 외부에서 인가되는 전압은 충분한 값을 갖는다고 가정하므로 외부와 연결하는 단자는 표기에서 제외하는 경우가 많다([그림 5-2(b)] 참조). 따라서 연산증폭기의 회로는 입력단자 2개와 출력단자 1개로 간단히 나타낸다.

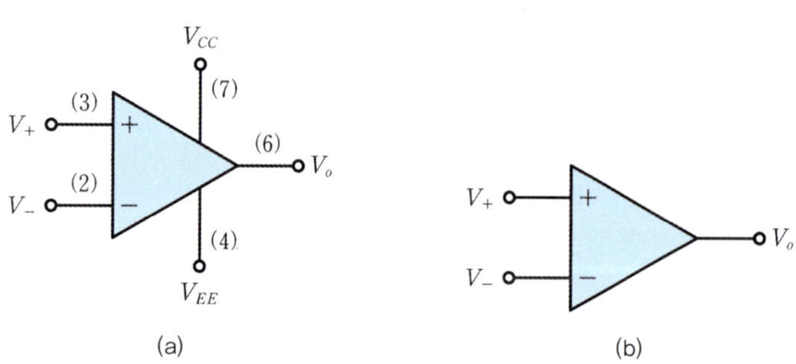


[그림 5-2] 연산증폭기 기호

한편 [그림 5-2(b)]로 표현된 연산증폭기의 회로를 해석하려면 [그림 5-3]과 같은 등가회로가 필요하다. 연산증폭기의 등가회로에는 입력단에 입력저항 $R_i$가 존재하고, 출력단에는 입력전압 $V_i$를 $A$

배 증폭한 종속전압원과 출력저항 $R_o$가 있다. 이 구조는 일반적인 전압증폭기의 등가회로와 유사하지만, 입력전압이 기준점에 대한 절댓값이 아니라 입력단자에 인가되는 두 전압의 차이를 나타내는 상댓값이라는 점이 다르다. 즉 연산증폭기가 두 입력전압의 차만큼 증폭시키는 차동증폭기 같은 역할을 한다. 또한 두 단자에 인가하는 입력전압과 출력전압은 기준점에 대한 절댓값으로 표현되므로, 기준점에 해당하는 단자도 필요하다. 결과적으로 연산증폭기는 입력단자 2개, 출력단자 1개 및 기준점인 접지인 단자까지 총 4단자로 이루어져 있다. 따라서 연산증폭기는 4단자망으로 해석해야 한다.

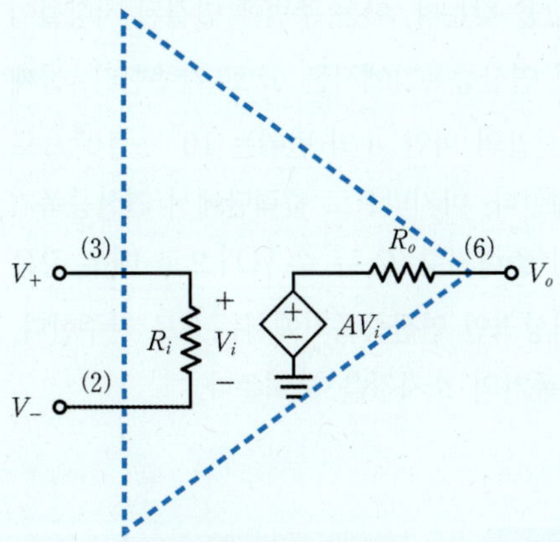


**[그림 5-3]** 연산증폭기의 등가회로

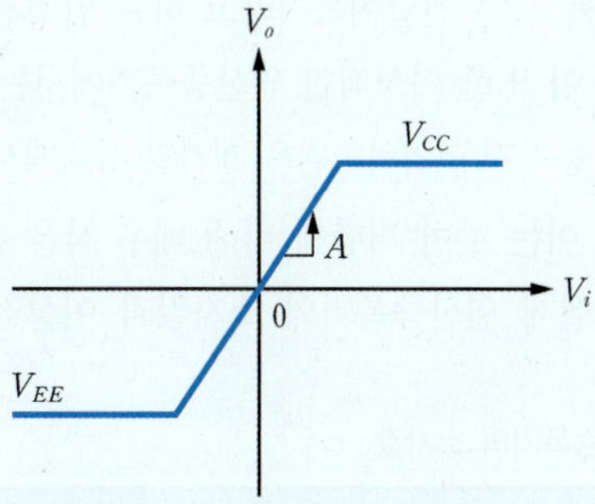


**[그림 5-4]** 연산증폭기의 전달특성

[그림 5-4]는 이와 같은 연산증폭기의 전달특성을(입력전압과 출력전압의 관계) 나타낸 것이다. 일정 구간에서는 입력전압의 차($V_i$)와 출력전압($V_o$)이 서로 비례관계가 있고, 구간 밖에서는 출력전압이 최댓값($+V_{CC}$), 최솟값($V_{EE}$)으로 제한되는 것이다. 이는 실제 연산증폭기에서는 출력전압이 외부에서 인가하는 직류 전압으로 제한되는 경우를 보여준다([그림 5-2(a)] 참조).

[그림 5-4]의 그래프에서 입력과 출력전압이 비례하는 구간은 있지만, $A$는(입력과 출력전압의 비인 전압이득을 의미함) 보통 $10^5 \sim 10^6$ 정도로 매우 크고, 또한 외부에서 인가되는 전압의 범위는 수십 [V]이므로 비례하는 구간은 수십 ~ 수백 [$\mu$V]로 극히 작은 구간이다. 따라서 연산증폭기는 비례 구간에서 적용되는 차동증폭기보다는 주로 비교기로 사용된다. 즉 $V_+ > V_-$인 관계를 만족하면 $V_i > 0$가 되어 출력전압은 $V_o = V_{CC}$로 최댓값을 나타내고, 반대로 $V_+ < V_-$인 관계를 만족하면 $V_i < 0$가 되어 출력전압은 $V_o = V_{EE}$로 최솟값을 나타낸다. 즉 두 단자에 인가되는 전압을 비교해 출력을 High 혹은 Low로 나타내는 비교기 역할을 한다.

이와 같이 연산증폭기가 비교기로 사용되는 경우는 출력단과 입력단의 연결고리가 없는 단순회로로 작동하는 경우이다. 일반 증폭기와 같이 아날로그 회로에서 사용되는 연산증폭기는 출력단과 입력단을 저항으로 잇는 궤환회로를 사용한다.[1] 연산증폭기에 궤환회로를 사용할 경우 출력전압은 최댓값 혹은 최솟값을 나타내지 않고 어떤 유한한 출력값을 나타내게 된다. 따라서 궤환회로가 연결된 연산증폭기 회로를 해석하려면 [그림 5-3]의 등가회로를 사용해야 한다.

1 궤환회로의 동작원리는 전공심화과정에서 다루는 내용이므로 여기서는 언급하지는 않겠다.

한편 등가회로를 구성하는 회로가 다소 복잡하여 여러 개의 연산증폭기가 다단으로 연결되는 경우 노드 수와 루프 수도 증가한다. 따라서 회로 해석에 필요한 노드방정식 혹은 루프방정식의 수도 늘어나므로 풀이 과정이 다소 복잡해진다. 그러나 연산증폭기의 등가회로를 구성하는 소자값과 연산증폭기를 연결하는 주변 소자값의 차이가 매우 커서 등가회로에 있는 소자값을 0 혹은 $\infty$로 적용할 수 있다. 이와 같이 소자값이 0 혹은 $\infty$인 이상적인 연산증폭기로 보다 쉽게 회로를 해석할 수 있다.

연산증폭기에 포함된 3개의 소자값을 살펴보자. 첫째로, 두 입력 단자에서 연산증폭기로 들여다본 등가저항을 의미하는 입력저항 $R_i$는 수 $[\mathrm{M}\Omega]$으로 매우 큰 값을 갖는다. 이는 주변에 연결된 저항들이 수 $[\mathrm{k}\Omega] \sim$ 수십 $[\mathrm{k}\Omega]$인 것에 비해 매우 크므로 이상적인 연산증폭기에서는 $\infty$로 간주한다. 둘째로, 전압증폭률 혹은 전압이득이라고 하는 입력전압과 출력전압의 비인 $A$의 범위는 $10^5 \sim 10^6$으로 매우 크므로, 이 또한 이상적인 연산증폭기에서는 $\infty$로 가정한다. 마지막으로 출력단에서 연산증폭기로 들여다본 등가저항(입력전원은 제거된 상태에서 구한 값)인 출력저항 $R_o$는 수 $[\Omega]$으로 매우 작은 값을 갖는다. 이는 주변 저항에 비해 매우 작은 값이므로 이상적인 연산증폭기에서는 0로 간주한다. [표 5-1]은 실제 연산증폭기의 소자값과 이상적인 연산증폭기의 소자값을 보여준다.

**[표 5-1]** 연산증폭기의 소자값

| 분류 | 실제 연산증폭기 | 이상적인 연산증폭기 |
|---|---|---|
| **전압이득 $A$** | $A = 10^5 \sim 10^6$ | $A = \infty$ |
| **입력저항 $R_i$** | $R_i = 10^6 \sim 10^7$ | $R_i = \infty$ |
| **출력저항 $R_o$** | $R_o = 1 \sim 10\,[\Omega]$ | $R_o = 0$ |

이상적인 연산증폭기의 수치를 대입하는 경우보다 등가회로로부터 만들어지는 특성식을 적용하면 보다 편리하게 회로를 해석할 수 있다. 연산증폭기는 4단자망이므로 다음과 같은 특성식이 2개 존재한다.

❶ 전압증폭률은 $A = \infty$이고 유한한 출력 $V_o$를 얻기 위해서는 다음을 만족해야 한다.

$$V_o = A \cdot V_i \quad \rightarrow \quad V_i = 0 \quad \rightarrow \quad V_+ = V_- \tag{5.1a}$$

❷ 입력저항은 $R_i = \infty$이므로 연산증폭기의 입력전류 $i$는 다음과 같다.

$$i = i_+ = i_- = 0 \tag{5.1b}$$

특성식과는 무관하지만 출력저항은 $R_o = 0$이므로 출력단은 전압원에 병렬로 연결되어 있고, 따라서 출력단에서는 노드방정식을 사용할 수 없다. 또한 출력단에 연결된 회로는 전압원에 병렬로 연결되므로 회로를 해석하는 데 아무런 영향이 없다. 즉 부하효과loading effect [2]가 나타나지 않는다는 뜻이다. 다음 절에서는 이상의 내용을 바탕으로 연산증폭기의 회로 해석 과정을 살펴볼 것이다.

2 부하효과란 일반 회로에서 부하의 종류나 크기에 따라 출력전압이 변화하는 것을 의미한다.

## 예제 5-1

연산증폭기를 사용한 다음 회로에 대해 주어진 물음에 답하라.

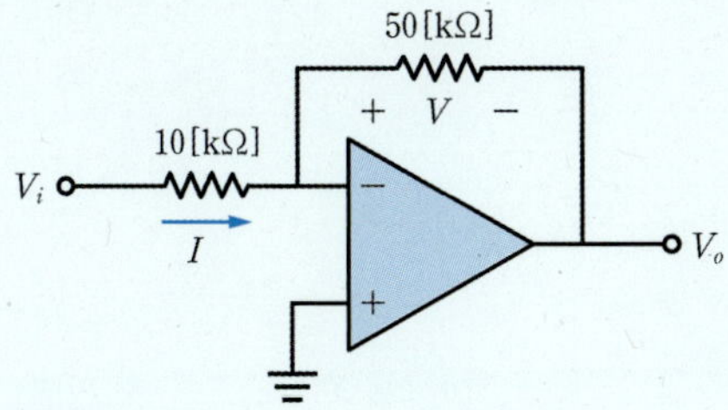


**[그림 5-5]** [예제 5-1]의 회로

(a) 이상적인 연산증폭기를 사용한 회로에 대해 전압이득($A_v = V_o / V_i$)을 구하라.

(b) 실제 연산증폭기를 사용한 회로에 대해 전압이득($A_v = V_o / V_i$)을 구하라. 단, 연산증폭기의 개방루프 전압이득은 $A = 1.5 \times 10^5$, 입력저항은 $R_i = 2\,[\mathrm{M\Omega}]$, 출력저항은 $R_o = 50\,[\Omega]$이다.

### 풀이

(a) 이상적인 연산증폭기이므로 다음과 같은 두 가지 특성식을 사용해 회로를 해석한다.

① 입력저항이 무한대이므로 입력전류가 흐르지 않는다($i = 0$).

② 유한한 출력값과 무한대의 증폭률을 감안하면 입력전압(두 단자 사이의 전압)이 0이 되어야 한다.

비반전단자가 접지로 연결되어 있으므로 반전단자의 전압은 0로 서로 같다. 따라서 $10\,[\mathrm{k\Omega}]$에 흐르는 전류 $I$는 다음과 같다.

$$I = \frac{V_i - 0}{10\,[\mathrm{k\Omega}]} = \frac{V_i}{10\,[\mathrm{k\Omega}]}$$

연산증폭기 내부에 흐르는 전류가 0이므로 전류 $I$는 모두 저항 $50\,[\mathrm{k\Omega}]$ 쪽으로 흘러간다. 따라서 $50\,[\mathrm{k\Omega}]$에 걸리는 전압은 $V = 50\,[\mathrm{k\Omega}] \cdot I = 5V_i$가 된다. 출력전압은 $V_o = -5V_i$가 되므로 전압이득을 구하면 다음과 같다.

$$A_v = \frac{V_o}{V_i} = -5$$

(b) 주어진 연산증폭기의 등가회로를 이용해 [그림 5-5]의 등가회로를 그리면 [그림 5-6]과 같다. 반전단자 (2)에서의 노드방정식을 구하고 정리하면 식 ①과 같다.

$$\frac{V_- - V_i}{10\,[\mathrm{k\Omega}]} + \frac{V_-}{R_i} + \frac{V_- - V_o}{50\,[\mathrm{k\Omega}]} = 0$$

$$\left(6 + \frac{50\,[\mathrm{k\Omega}]}{R_i}\right) V_- - V_o = 5V_i \qquad \cdots ①$$

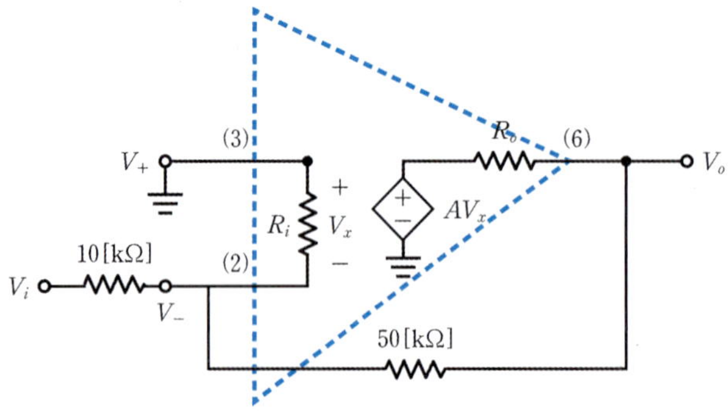


**[그림 5-6]** [그림 5-5]의 등가회로

출력단자 (6)에서의 노드방정식을 구하고 정리하면 식 ②와 같다.

$$\frac{V_o - V_-}{50\,[\mathrm{k}\Omega]} + \frac{V_o - AV_x}{R_o} = 0$$

$$\left(1 + \frac{50\,[\mathrm{k}\Omega]}{R_o}\right) V_o = V_- + \frac{50\,[\mathrm{k}\Omega] \cdot A}{R_o} V_x \qquad \cdots ②$$

식 ①과 식 ②에 $R_i$, $A$, $R_o$를 대입하고 $V_x = -V_-$를 대입해 정리하면 다음과 같다.

$$6.025\,V_- - V_o = 5\,V_i$$

$$1001\,V_o = (1 - 1.5 \times 10^8)\,V_-$$

따라서 두 식으로부터 다음을 얻는다.

$$\left(\frac{6.025 \cdot 1001}{1 - 1.5 \times 10^8} - 1\right) \cdot V_o = -5 \cdot V_i$$

$$\therefore\ V_o = -4.9998\,V_i \quad \rightarrow \quad A_v = -4.9998 \simeq -5$$

이는 이상적인 연산증폭기를 사용했던 (a)의 결과와 거의 차이가 없다.

### 실전문제 5-1

연산증폭기를 사용한 다음 회로에 대해 주어진 물음에 답하라.

(a) 이상적인 연산증폭기를 사용한 회로에 대해 전압이득을 구하라.

(b) 실제 연산증폭기를 사용한 회로에 대해 전압이득을 구하라. 단, 연산증폭기의 개방루프 전압이득은 $A = 1.5 \times 10^5$, 입력저항은 $R_i = 2\,[\mathrm{M}\Omega]$, 출력저항은 $R_o = 50\,[\Omega]$이다.

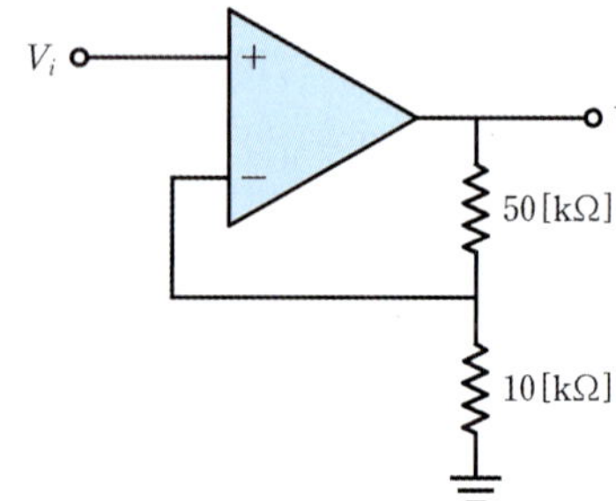


**[그림 5-7]**

SECTION

# 5.2 반전 및 비반전증폭기

## 5.2.1 반전증폭기

**반전증폭기**inverting amplifier는 [그림 5-8]과 같이 연산증폭기의 전원부가 반전단자(− 단자)에 연결된 경우를 말한다. [그림 5-8]은 저항 $R_2$를 통해 출력단과 입력단이 연결되는 궤환회로로 유한한 출력전압을 얻는다.[3]

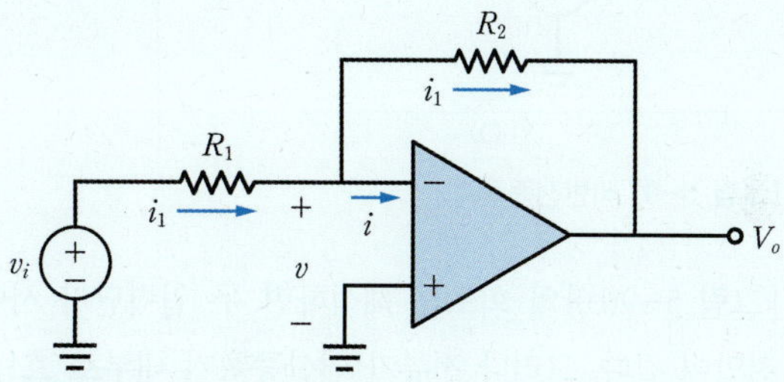

**[그림 5-8]** 반전증폭기 회로

이와 같이 출력전압이 유한한 값으로 유지된다면 이상적인 연산증폭기의 특성식을 사용할 수 있다. 먼저 두 입력단자 사이에 걸리는 전압은 $v = 0$이다. 따라서 (+) 단자가 접지되어 (−) 단자도 접지의 전압인 0 [V]가 된다. 그러나 전압이 접지와 같이 0 [V]가 되어도 전류는 접지로 흐르지 않아 접지와 다르게 동작한다. 이와 같은 경우를 **가상접지**virtual ground라고 한다. 인가전압 $v_i$가 저항 $R_1$에 모두 걸리므로 저항 $R_1$에 흐르는 전류는 $i_1 = v_i/R_1$가 된다. 한편 연산증폭기 내부로 흐르는 전류는 $i = 0$이므로 모든 전류는 저항 $R_2$로 흐르고, 이로 인해 저항 $R_2$에 걸리는 전압은 $R_2 \cdot i_1$이 된다. 출력전압은 $v_o = -R_2 \cdot i_1$을 만족하므로 입력전압과 출력전압의 관계는 다음과 같다.

$$v_o = -R_2 \cdot i_1 = -\frac{R_2}{R_1} \cdot v_i \tag{5.2a}$$

식 (5.2a)의 부호가 (−)라는 것은 입력파형과 출력파형이 서로 반전됨을 의미한다. 또한 출력값은 입력에 비해 $R_2/R_1$배 증가하여 나타난다. 따라서 반전증폭기의 전압이득(증폭률, $A_v = v_o/v_i$)을 구하면 식 (5.2b)와 같다.

$$A_v = \frac{v_o}{v_i} = -\frac{R_2}{R_1} \tag{5.2b}$$

---

3 주의할 점은 출력단에서 입력단으로 궤환될 경우, 반드시 (−) 단자에 연결해야 유한한 출력값을 얻을 수 있다는 것이다. 반대로 (+) 단자와 연결되면 출력이 극한값으로 수렴한다.

## 5.2.2 비반전증폭기

비반전증폭기는 [그림 5-9(a)]와 같이 연산증폭기의 전원부가 비반전단자(+ 단자)에 연결된 경우를 말한다. [그림 5-9]의 (a), (b)는 연산증폭기를 대칭으로 회전시킨 회로이다.

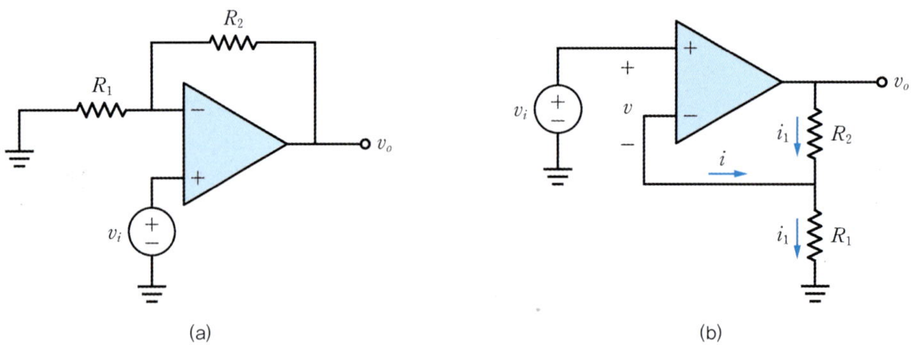


**[그림 5-9]** 비반전증폭기

[그림 5-9(b)]의 회로를 해석하면 두 입력단자 사이의 전압이 $v = 0$이므로 (+) 단자와 (−) 단자는 전압이 같다. 그러나 전류가 연산증폭기 내부로 흐르지 않기 때문에 서로 연결되지 않는다. 즉 단락회로는 아니지만 전압관계에서는 단락회로와 같은 의미가 있으므로 이를 **가상단락회로** virtual short circuit 라고 한다. (−) 단자의 전압이 입력전압 $v_i$와 같으므로 저항 $R_1$에 흐르는 전류는 $i_1 = v_i / R_1$이고 연산증폭기에 흐르는 전류는 $i = 0$이므로 저항 $R_2$에 흐르는 전류 역시 $i_1$이 된다. 저항 $R_2$에 걸리는 전압은 $R_2 \cdot i_1$이므로 출력전압 $v_o$는 식 (5.3)과 같이 표현된다.

$$v_o = \left(1 + \frac{R_2}{R_1}\right) \cdot v_i \tag{5.3}$$

마찬가지로 전압이득을 구하면 식 (5.4)와 같다.

$$A_v = \frac{v_o}{v_i} = 1 + \frac{R_2}{R_1} \tag{5.4}$$

식 (5.4)와 같이 비반전증폭기의 전압이득은 항상 양의 값을 가지고 또한 그 크기가 1보다 크게 나타난다. 즉 전압이득이 1 이하가 되는 비반전증폭기는 설계할 수 없다. 또한 입력전류가 흐르지 않으므로 입력저항이 무한대로 크게 나타난다. 즉 비반전증폭기 회로를 부하로 연결한 경우, 전원부에서는 부하효과가 나타나지 않는다. [그림 5-10]의 전압 팔로우 voltage follower 회로는 증폭률이 1인 증폭기이다. 이 회로는 출력과 입력신호는 동일하면서 부하효과는 제거해주는 버퍼 buffer 회로에 쓰인다. 지금까지 설명한 반전 및 비반전증폭기가 쓰인 연산증폭 회로의 해석 방법을 예제를 통해 살펴보자.

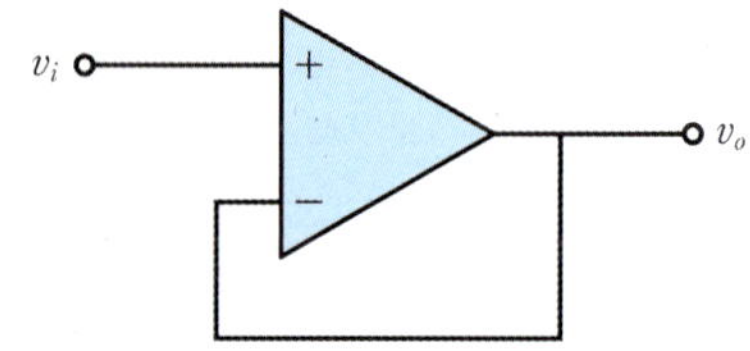


**[그림 5-10]** 전압 팔로우

## 예제 5-2

다음 회로에서 출력전압 $V_o$와 전류 $I_o$를 구하라.

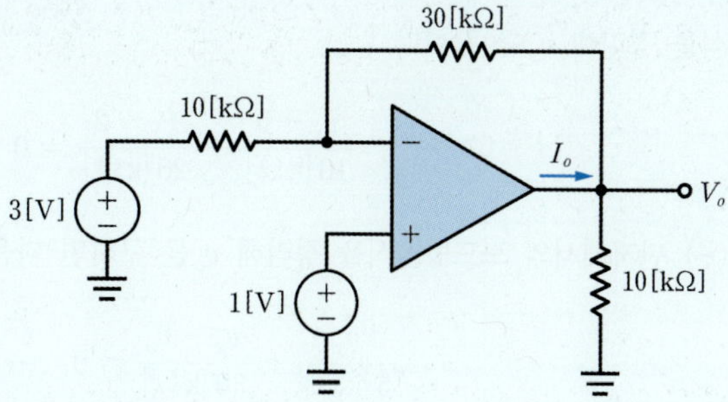


[그림 5-11]

### 풀이

$V_+ = V_- = 1\,[\mathrm{V}]$이므로 (−) 단자에서의 노드방정식을 정리하면 $V_o$를 얻는다.

$$\frac{1-3}{10\,[\mathrm{k}\Omega]} + \frac{1-V_o}{30\,[\mathrm{k}\Omega]} = 0$$

$$V_o = -5\,[\mathrm{V}]$$

출력단에서의 노드방정식을 정리하면 $I_o$를 얻는다.

$$I_o = \frac{V_o - 1}{30\,[\mathrm{k}\Omega]} + \frac{V_o}{10\,[\mathrm{k}\Omega]} = -0.7\,[\mathrm{mA}]$$

## 실전문제 5-2

다음 회로에서 전류 $i_o$와 전압 $v_o$를 구하라.

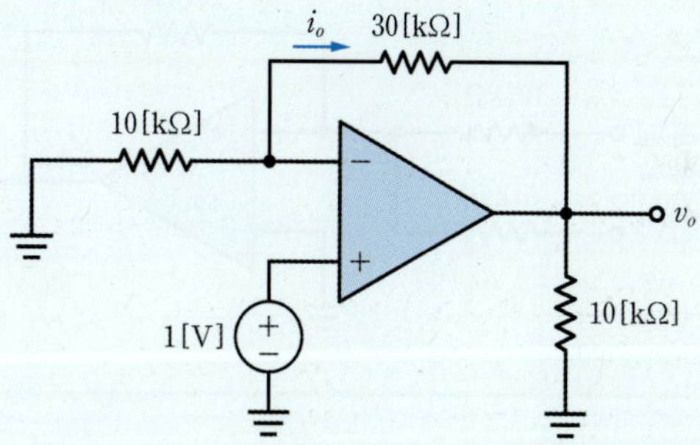


[그림 5-12]

## 예제 5-3

다음 회로에서 전압 $v_o$와 전류 $i_o$를 구하라.

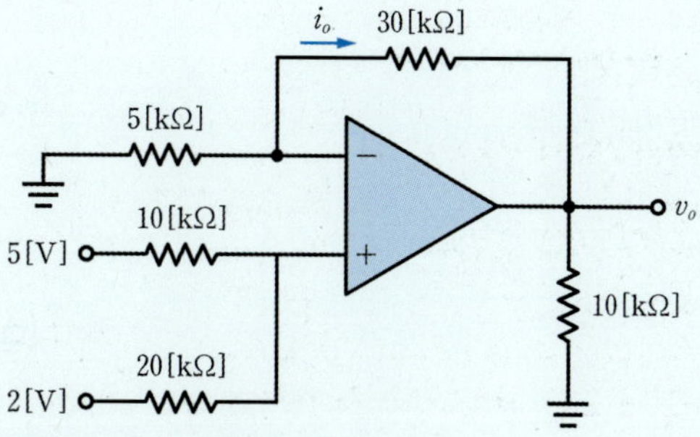


[그림 5-13] [예제 5-3]의 회로

**풀이**

(+) 단자와 (−) 단자가 가상단락회로이므로 전압을 $v_x$로 동일하게 두고, 먼저 (+) 단자에서의 노드방정식을 정리해 $v_x$를 구한다.

$$\frac{v_x - 5}{10\,[\mathrm{k}\Omega]} + \frac{v_x - 2}{20\,[\mathrm{k}\Omega]} = 0 \quad \rightarrow \quad v_x = 4\,[\mathrm{V}]$$

(−) 단자에서의 노드방정식을 정리해 $v_o$를 구하면 다음과 같다.

$$\frac{v_x}{5\,[\mathrm{k}\Omega]} + \frac{v_x - v_o}{30\,[\mathrm{k}\Omega]} = 0 \quad \rightarrow \quad v_o = 7v_x = 28\,[\mathrm{V}]$$

$v_x$와 $v_o$를 대입해 $i_o$를 구하면 다음과 같다.

$$i_o = \frac{v_x - v_o}{30\,[\mathrm{k}\Omega]} = -0.8\,[\mathrm{mA}]$$

## 실전문제 5-3

다음 회로에서 전류 $i_o$와 전압 $v_o$를 구하라.

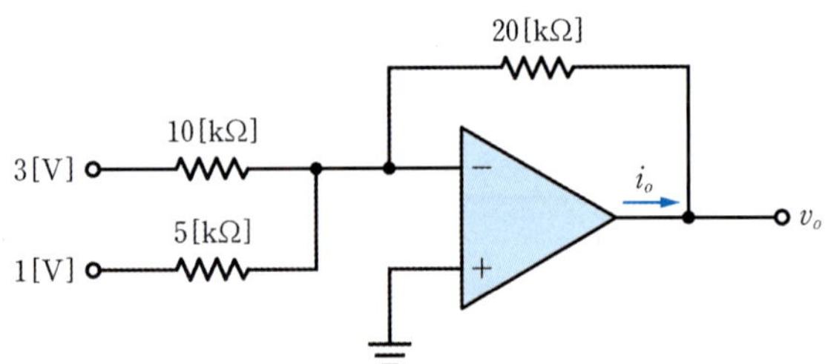


[그림 5-14]

## 예제 5-4

이상적인 연산증폭기를 사용하는 다음 회로에서 출력전압 $v_o$를 구하라.

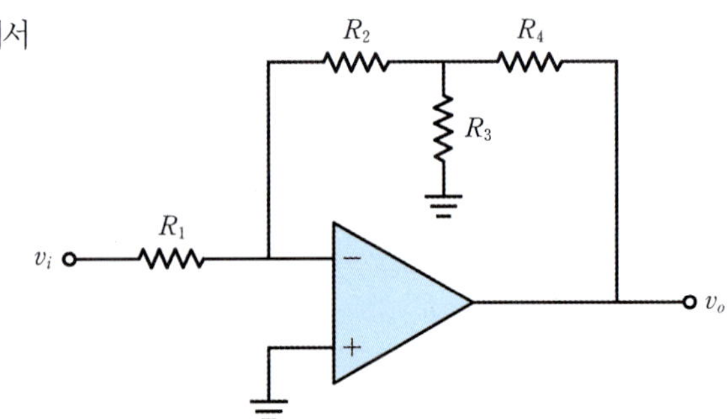


[그림 5-15] [예제 5-4]의 회로

### 풀이

각 노드의 전압을 표기하면 [그림 5-16]과 같다.

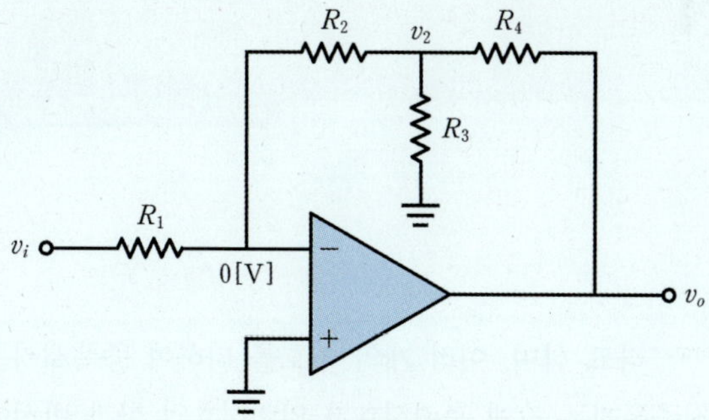


[그림 5-16] 각 노드의 전압 표기

(−) 단자에서 노드방정식을 구하면 다음과 같다.

$$\frac{v_i - 0}{R_1} + \frac{v_2 - 0}{R_2} = 0 \quad \rightarrow \quad v_2 = -\frac{R_2}{R_1} \cdot v_i$$

$v_2$에서의 노드방정식을 구하면 다음과 같다.

$$\frac{v_2 - 0}{R_2} + \frac{v_2}{R_3} + \frac{v_2 - v_o}{R_4} = 0 \quad \rightarrow \quad \left(\frac{1}{R_1} + \frac{1}{R_3} + \frac{1}{R_4}\right) v_2 = \frac{v_o}{R_4}$$

두 식으로부터 출력 $v_o$를 구하면 다음과 같다.

$$\begin{aligned} v_o &= -R_4 \cdot \left(\frac{R_2}{R_1}\right) \cdot \left(\frac{1}{R_2} + \frac{1}{R_3} + \frac{1}{R_4}\right) \cdot v_i \\ &= -\left(\frac{R_2 \cdot R_3 + R_3 \cdot R_4 + R_2 \cdot R_4}{R_1 \cdot R_3}\right) \cdot v_i \end{aligned}$$

### 실전문제 5-4

다음 회로에서 출력 $v_o$를 구하라.

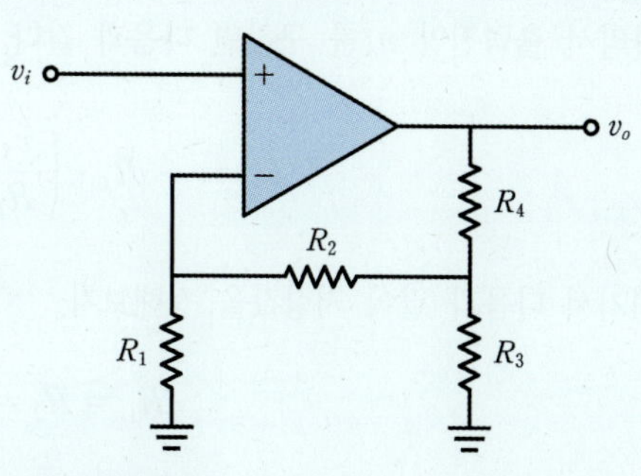


[그림 5-17]

SECTION

# 5.3 가산증폭기

사칙연산 중 덧셈을 수행하는 회로를 **가산기**summer라고 하며, 여러 개의 신호를 더하여 증폭시키는 회로를 **가산증폭기**summing amplifier라고 한다. 가산증폭기는 크게 출력신호가 입력신호의 합과 반전이 되는 반전 가산기inverting summer, 반전되지 않는 비반전 가산기, 반전과 비반전이 섞여 있는 일반 가산기로 나뉜다.

## 5.3.1 반전 가산증폭기

반전 가산증폭기는 가산하고자 하는 신호를 반전단자에 연결해 증폭률을 (−)로 만듦으로써 입력신호의 위상을 반전시켜서 보여준다. [그림 5-18]은 일반적인 반전 가산증폭기 회로를 표현한 것이다.

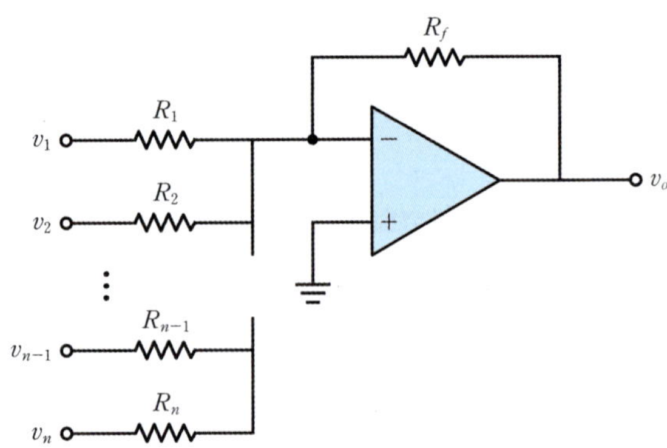


[그림 5-18] 반전 가산증폭기 회로

(+) 단자가 접지이므로 (−) 단자는 가상접지가 된다. 따라서 (−) 단자에서의 노드방정식을 구하면 다음과 같다.

$$\frac{v_1}{R_1} + \frac{v_2}{R_2} + \cdots + \frac{v_n}{R_n} + \frac{v_o}{R_f} = 0$$

따라서 출력전압 $v_o$를 구하면 다음과 같다.

$$v_o = -R_f \cdot \left( \frac{v_1}{R_1} + \frac{v_2}{R_2} + \cdots + \frac{v_n}{R_n} \right) \tag{5.5}$$

여기서 다음과 같이 저항값을 정해보자.

$$R_1 = R_2 = \cdots = R_n = R$$

그러면 출력전압 $v_o$는 다음과 같다.

$$v_o = -\frac{R_f}{R}(v_1 + v_2 + \cdots + v_n) \tag{5.6}$$

식 (5.5)는 각 신호마다 가중치를 부여한 가산증폭기이고, 식 (5.6)은 가중치를 부여하지 않은 가산증폭기이다. 증폭률이 $-R_f/R$이므로 입력과 위상이 반전된 출력이 나타난다.

**예제 5-5**

$v_o(t) = -\{2v_1(t) + 4v_2(t)\}$를 만족하는 반전 가산증폭기 회로를 설계하라.

**풀이**

[그림 5-18]을 참고해 회로를 설계해보자. 먼저 입력이 2개이므로 입력신호가 2개 들어가는 회로여야 한다. 이때 가중치가 있으므로 $R_1 \neq R_2$가 된다. 또한 상숫값을 고려하면 $R_f/R_1 = 2$, $R_f/R_2 = 4$를 만족해야 하므로, 다음과 같은 회로가 된다.

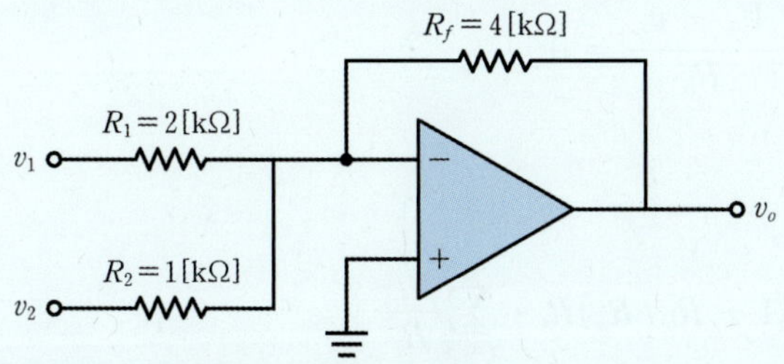


**[그림 5-19]** [예제 5-5]의 결과 회로

**실전문제 5-5**

$v_o(t) = -\{3v_1(t) + 5v_2(t)\}$를 만족하는 반전 가산증폭기 회로를 설계하라.

## 5.3.2 비반전 가산증폭기

비반전 가산증폭기는 반전 가산증폭기와 입력단자가 서로 반대로 연결된 회로로 [그림 5-20]과 같이 표현된다.

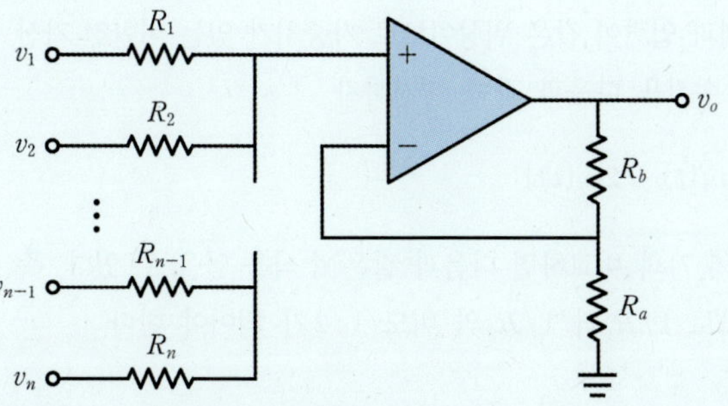


**[그림 5-20]** 비반전 가산증폭기 회로

연산증폭기의 입력전류는 $i=0$이므로 (+) 단자의 전압을 $V_+$로 두고 노드방정식을 구해보자.

$$\frac{v_1 - V_+}{R_1} + \frac{v_2 - V_+}{R_2} + \cdots + \frac{v_n - V_+}{R_n} = 0$$

이를 정리하면 다음과 같다. 여기서 $R_t^{-1} = R_1^{-1} + R_2^{-2} + \cdots + R_n^{-1}$으로 $n$개의 저항이 병렬로 연결될 경우 등가저항을 의미한다.

$$V_+ = R_t\left(\frac{v_1}{R_1} + \frac{v_2}{R_2} + \cdots + \frac{v_n}{R_n}\right) = R_t \cdot \sum_{i=1}^{n} \frac{v_i}{R_i}$$

한편 (–) 단자에서의 노드방정식은 다음과 같다.

$$\frac{V_+}{R_a} + \frac{V_+ - v_o}{R_b} = 0$$

따라서 출력전압 $v_o$를 구하면 다음과 같다.

$$v_o = \left(1 + \frac{R_b}{R_a}\right)V_+ = (1 + R_b/R_a)R_t \cdot \sum_{i=1}^{n} \frac{v_i}{R_i} \tag{5.7}$$

여기서 $R_1 = R_2 = \cdots = R_n = R$과 같이 동일한 저항을 사용할 경우 $R_t = R/n$이므로, 출력전압 $v_o$는 다음과 같다.

$$v_o = \frac{1 + R_b/R_a}{n}(v_1 + v_2 + \cdots + v_n) \tag{5.8}$$

식 (5.7)은 가중치가 있는 가산증폭기이고, 식 (5.8)은 가중치가 없는 가산증폭기이다. 증폭률이 $(1 + R_b/R_a)/n$이므로 입력과 위상이 동일한 출력이 나타난다.

### 예제 5-6

$v_o(t) = 2v_1(t) + 4v_2(t)$를 만족하는 비반전 가산증폭기 회로를 설계하라.

#### 풀이

입력신호는 2개이고 증폭률이 서로 다르다. 출력과 입력이 같은 위상이므로 가중치가 있는 비반전 가산증폭기 회로로 구현된다. 풀이를 위해 주어진 수식을 다음과 같이 변경하자.

$$v_o = 2\{v_1(t) + 2v_2(t)\}$$

입력이 2개인 비반전 가산증폭기의 출력인 식 (5.7)과 비교하면 다음과 같은 수식을 얻을 수 있다. 즉 $v_1(t)$의 계수와 $v_2(t)$의 계수의 비가 $1:2$이므로 $1/R_1$과 $1/R_2$의 비도 $1:2$가 되어야 한다.

$$R_1 = 2R_2 \quad \rightarrow \quad R_t = \frac{1}{3}R_1$$

또한 전체의 증폭률이 2이므로 다음과 같은 수식을 얻을 수 있다.

$$\left(1+\frac{R_b}{R_a}\right)R_t = 2R_1$$

$$1 + R_b/R_a = 6, \quad R_b = 5R_a$$

이상의 결과를 [그림 5-20]에 대입하면 [예제 5-6]의 결과 회로를 [그림 5-21]과 같이 그릴 수 있다.

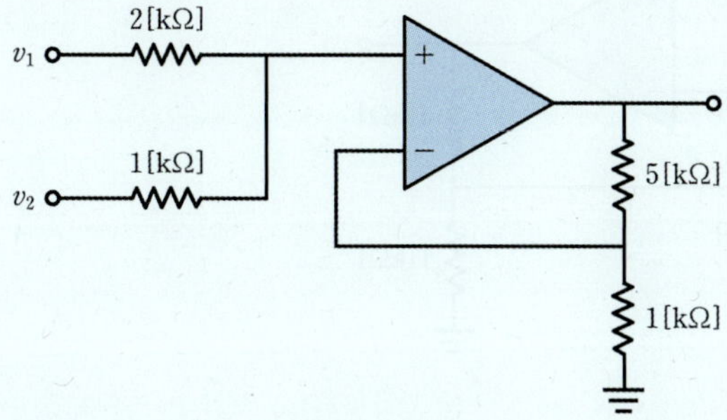


**[그림 5-21]** [예제 5-6]의 결과 회로

### 실전문제 5-6

$v_o(t) = 5v_1(t) + 3v_2(t)$를 만족하는 회로를 설계하라.

부호가 다른 항이 존재하는 가산증폭기 회로는 어떻게 설계해야 할까? 다음 예제를 통해 살펴보자.

### 예제 5-7

$v_o(t) = 2v_1(t) + 3v_2(t) - 6v_3(t)$를 만족하는 비반전 가산증폭기 회로를 설계하라.

**풀이**

모든 항을 덧셈으로 표현해보자.

$$v_o(t) = 2v_1(t) + 3v_2(t) + 3\{-2v_3(t)\}$$

이때 $-2v_3(t)$ 항은 다음과 같이 반전증폭기를 하나 더 사용해 나타낼 수 있다.

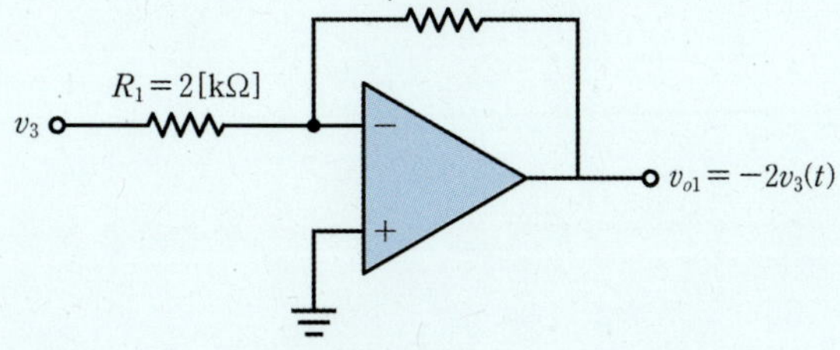


**[그림 5-22]** 반전증폭기를 이용한 부호 변경 회로

따라서 위 수식을 만족하는 비반전 가산증폭기를 설계해보자. 식 (5.7)을 이용해 각 저항값을 구하면 다음과 같다. 계수의 비가 2:3:3이므로 $1/R_1 : 1/R_2 : 1/R_3 = 2:3:3$이 되어야 한다.

$$R_1 = 3\,[\mathrm{k}\Omega],\ R_2 = R_3 = 2\,[\mathrm{k}\Omega] \quad \rightarrow \quad R_t = \frac{6}{7}\,[\mathrm{k}\Omega]$$

$$(1 + R_b/R_a)R_t = 6\,[\mathrm{k}\Omega] \quad \rightarrow \quad R_a = 1\,[\mathrm{k}\Omega],\ R_b = 6\,[\mathrm{k}\Omega]$$

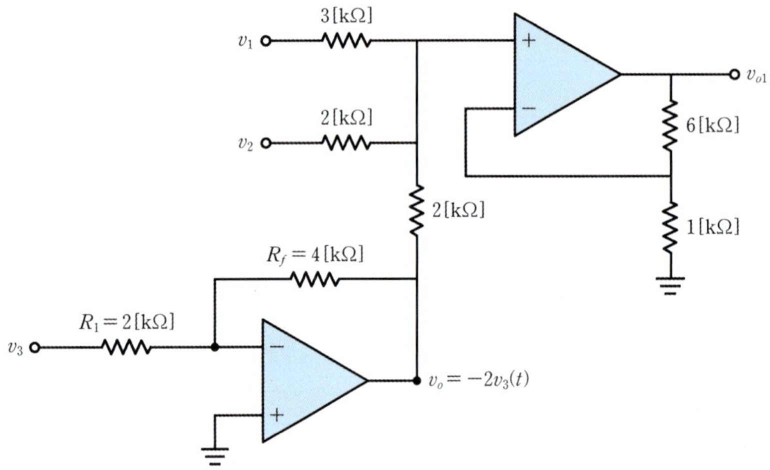


[그림 5-23] [예제 5-7]의 결과 회로

**실전문제 5-7**

$v_o(t) = 2v_1(t) + 3v_2(t) - 6v_3(t)$를 만족하는 반전 가산증폭기 회로를 설계하라.

## 5.3.3 일반적인 가산기

[예제 5-7]에서 살펴본 것처럼 부호가 다른 항이 존재하는 가산기 회로를 설계할 때는 연산증폭기를 하나 더 사용하면 된다는 것을 알았다. 그러나 덧셈일 때는 입력을 비반전단자에 연결하고, 뺄셈일 때는 반전단자에 연결하면 연산증폭기 하나로 덧셈과 뺄셈이 모두 가능해진다. 즉 일반적인 가산기에서는 입력단자를 [그림 5-24]와 같이 반전단자와 비반전단자 모두에 연결함으로써 덧셈과 뺄셈을 동시에 구현할 수 있다.

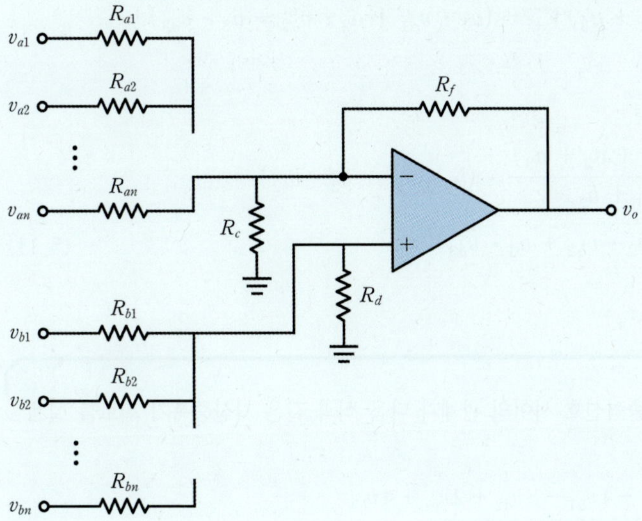


**[그림 5-24]** 일반적인 가산기 회로

[그림 5-24]의 회로를 해석해보자. 여기서 모든 저항값의 최소 공배수가 $R_f$가 되도록 회로에 표기된 모든 저항값을 $R_{ai} = R_f / a_i$, $R_{bj} = R_f / b_j$, $R_c = R_f / c$, $R_d = R_f / d$로 둔다($a_i$, $b_j$, $c$, $d$는 자연수이다). 먼저 (+) 단자의 전압을 $V_+$로 가정하고 노드방정식을 구하면 다음과 같다.

$$\sum_{j=1}^{m} \frac{v_{bj} - V_+}{R_{bj}} = \frac{V_+}{R_d} \quad \rightarrow \quad \sum_{j=1}^{m} b_j (v_{bj} - V_+) = d V_+$$

이를 정리하면 다음과 같다.

$$V_+ = \frac{\sum_{j=1}^{m} b_j v_{bj}}{d + \sum_{j=1}^{m} b_j} \tag{5.9}$$

다음으로 (−) 단자에서의 노드방정식을 구하면 다음과 같다.

$$\sum_{i=1}^{n} \frac{v_{ai} - V_+}{R_{ai}} = \frac{V_+}{R_c} + \frac{V_+ - v_o}{R_f} \quad \rightarrow \quad \sum_{i=1}^{n} a_i (v_{ai} - V_+) = c V_+ + V_+ - v_o$$

이를 정리하면 다음과 같다.

$$v_o = (1 + c + \sum_{i=1}^{n} a_i) V_+ - \sum_{i=1}^{n} a_i \cdot v_{ai} \tag{5.10}$$

예를 들어, 반전단자에 연결되는 입력이 $i = 3$이고, 비반전단자에 연결되는 입력이 $j = 2$일 경우에 대해 표현하면 다음과 같다.

$$V_+ = \frac{b_1 \cdot v_{bi} + b_2 \cdot v_{b2}}{d + b_1 + b_2}$$

$$v_o = (1 + c + a_1 + a_2 + a_3)V_+ - (a_1 \cdot v_{a1} + a_2 \cdot v_{a2} + a_3 \cdot v_{a3})$$

따라서 다음과 같이 나타낼 수 있다.

$$v_o = \frac{(1 + c + a_1 + a_2 + a_3)}{d + b_1 + b_2} \cdot (b_1 \cdot v_{b1} + b_2 \cdot v_{b2}) - (a_1 \cdot v_{a1} + a_2 \cdot v_{a2} + a_3 \cdot v_{a3}) \tag{5.11}$$

## 예제 5-8

연산증폭기 1개를 사용해 입력신호와 출력신호 사이의 관계가 다음 식과 같은 가산증폭기 회로를 설계하라.

$$v_o = -4v_{a1} - 8v_{a2} + 2v_{b1} + 4v_{b2}$$

### 풀이

출력을 표현하는 식에서 부호가 음인 항이 2개이고 양인 항이 2개이므로 $i = 2$, $j = 2$인 경우이다. 주어진 식은 $v_o = 2(v_{b1} + 2v_{b2}) - (4v_{a1} + 8v_{a2})$로 표현할 수 있으므로 식 (5.11)과 비교하면 $b_1 = 1$, $b_2 = 2$, $a_1 = 4$, $a_2 = 8$을 만족해야 한다. 또한 $1 + c + 12 = 2(d + 3)$을 만족해야 하므로 $d = 4$, $c = 1$이 되어야 한다.

각 저항값을 구하면 다음과 같다.

$$R_f = 8\,[\text{k}\Omega],\quad R_{a1} = 2\,[\text{k}\Omega],\quad R_{a2} = 1\,[\text{k}\Omega]$$
$$R_{b1} = 8\,[\text{k}\Omega],\quad R_{b2} = 4\,[\text{k}\Omega],\quad R_c = 8\,[\text{k}\Omega],\quad R_d = 2\,[\text{k}\Omega]$$

따라서 위 수식을 만족하는 가산기 회로는 [그림 5-25]와 같다.

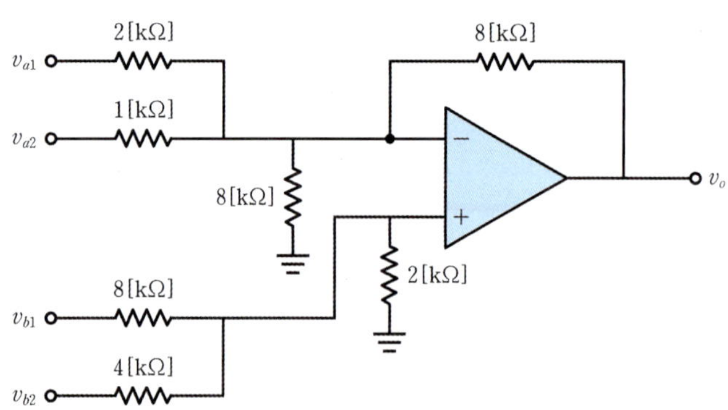


**[그림 5-25]** [예제 5-8]의 결과 회로

## 실전문제 5-8

$v_o = -2v_{a1} - 4v_{a2} + 3v_{b1} + 6v_{b2}$를 만족하는 가산증폭기 회로를 설계하라.

## 예제 5-9

연산증폭기 1개를 사용해 입력 및 출력신호 사이의 관계가 다음 식과 같은 가산증폭기 회로를 설계하라.

$$v_o = -4v_{a1} - 8v_{a2} - 2v_{a3} + 2v_{b1} + 6v_{b2}$$

**풀이**

위 식을 만족하기 위해서는 $i = 3$, $j = 2$를 만족해야 한다. 주어진 식은 다음과 같이 표현할 수 있다.

$$v_o = 2(v_{b1} + 3v_{b2}) - (4v_{a1} + 8v_{a2} + 2v_{a3})$$

따라서 $b_1 = 1$, $b_2 = 3$, $a_1 = 4$, $a_2 = 8$, $a_3 = 2$를 만족해야 한다. 또한 $1 + c + 14 = 2(d+4)$를 만족해야 하므로 $d = 4$, $c = 1$이 되어야 한다.

따라서 각 저항값을 구하면 다음과 같다.

$$R_f = 24\,[\text{k}\Omega],\quad R_{a1} = 6\,[\text{k}\Omega],\quad R_{a2} = 3\,[\text{k}\Omega],\quad R_{a3} = 12\,[\text{k}\Omega]$$
$$R_{b1} = 24\,[\text{k}\Omega],\quad R_{b2} = 8\,[\text{k}\Omega],\quad R_c = 24\,[\text{k}\Omega],\quad R_d = 6\,[\text{k}\Omega]$$

위 수식을 만족하는 가산기 회로는 [그림 5-26]과 같다.

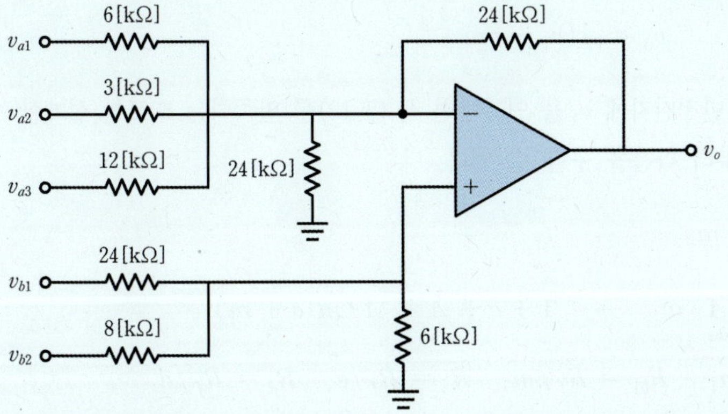


**[그림 5-26]** [예제 5-9]의 결과 회로

## 실전문제 5-9

$v_o = 2v_{b1} + 4v_{b2} + 8v_{b3} - (4v_{a1} + 8v_{a2} + 2v_{a3})$를 만족하는 일반적인 가산기 회로를 설계하라.

SECTION 5.4

# 차동증폭기

연산증폭기 자체가 차동증폭기의 역할을 하고 있지만, 증폭률이 너무 크기 때문에 차동증폭기로 사용하기에는 부적합하다. **차동증폭기**differential amplifier는 두 입력전압의 차를 증폭하는 역할을 한다. 이때 증폭률은 너무 크지 않은 적정한 값이어야 한다.

## 5.4.1 일반 가산기를 사용한 차동증폭기 회로

식 (5.12)는 차동증폭기의 일반식으로, 두 입력의 차($v_1 - v_2$)를 증폭률 $A$만큼 증폭시키는 가산기로 나타낼 수 있다.

$$v_o = A(v_1 - v_2) \tag{5.12}$$

반전 입력단에 $v_2$를 인가하고 비반전단자에 $v_1$을 인가하면 식 (5.12)를 만족하는 회로를 설계할 수 있다. 식 (5.11)과 식 (5.12)로부터 다음을 구할 수 있다.

$$a_1 = A, \quad b_1 = m$$

$$\frac{1+c+a_1}{d+b_1} = A/m \quad \rightarrow \quad 1+c+A = A/m(d+m)$$

$$\therefore \ R_{a1} = R_f/a_1, \quad R_{b1} = R_f/m, \quad R_c = R_f/c, \quad R_d = R_f/d$$

여기서 $c = 0$로 두면 $d = m/A$를 만족하므로 $R_c = \infty$, $R_d = A \cdot R_f/m$이다.

위 수식을 만족하는 회로를 설계하면 [그림 5-27]과 같다. 여기서 $R_f \rightarrow R_2$, $R_{a1} \rightarrow R_1$, $R_{b1} \rightarrow R_3$, $R_d \rightarrow R_4$로 대신했다.

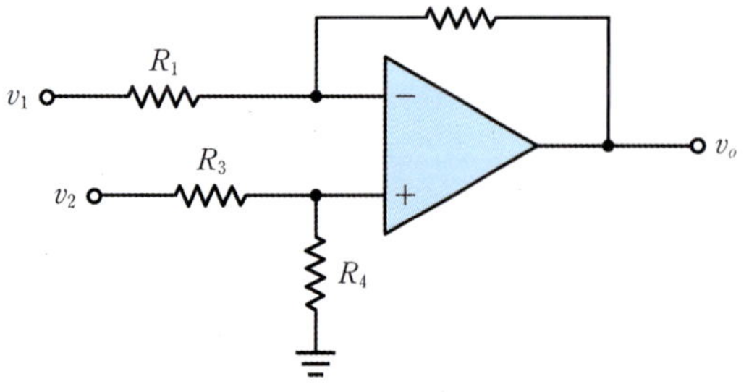


**[그림 5-27]** 차동증폭기 회로

[그림 5-27]의 차동증폭기의 회로를 해석하면 다음과 같은 결과를 얻을 수 있다.

$$v_o = \frac{R_2}{R_1}(v_2 - v_1) \tag{5.13a}$$

$$\frac{R_1}{R_2} = \frac{R_3}{R_4} \tag{5.13b}$$

차동증폭기의 증폭률은 식 (5.13a)와 같이 $R_2 / R_1$이고, 설계된 회로가 차동증폭기가 되려면 4개의 저항값은 식 (5.13b)를 만족해야만 한다.

이 차동증폭기에는 두 가지 단점이 있다.

❶ 입력저항 값이 비교적 작으므로 **부하효과**가 나타날 수 있다.

❷ 식 (5.13)의 관계로부터 $R_2$를 변화시켜 증폭률을 변화시키면 식 (5.13b)를 만족하지 않으므로 또 다른 저항값을 변화시켜야 한다. 즉 하나의 저항만 변화시키는 게 아니라 2개 이상의 저항값을 변화시켜야 하므로 증폭률을 변화시키기가 매우 어렵다.

이러한 단점을 보완하기 위해 차동증폭기를 집적회로(칩 형태)로 만들어 범용으로 사용하는데, 이를 **계측증폭기**instrumentation amplifier라고 한다.

## 5.4.2 계측증폭기

[그림 5-28]은 계측증폭기 회로를 나타낸 것이다. 입력단에 비반전증폭기 회로를 사용함으로써 입력저항은 무한대가 되어 앞의 차동증폭기와 달리 부하효과가 나타나지 않는다. 차동증폭기 역할을 하는 두 번째 단에서는 모든 저항을 동일한 값을 갖게 하여 식 (5.13b)를 만족하게 했고, 증폭률은 첫 번째 단에서 해결하도록 했다.

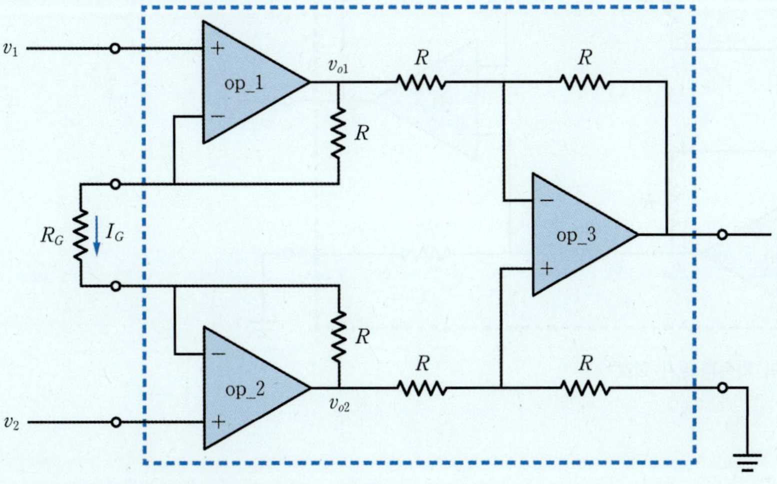


**[그림 5-28]** 계측증폭기 회로

op_3의 연산증폭기 회로에서 $R_1 = R_2 = R_3 = R_4 = R$이 되므로 출력전압 $v_o$는 식 (5.14)와 같이 표현된다.

$$v_o = v_{o2} - v_{o1} \tag{5.14}$$

또한 op_1과 op_2의 입력단으로부터 $R_G$ 양단에 걸리는 전압은 $v_1 - v_2$ 값이 된다. 따라서 $R_G$에 흐르는 전류는 $I_G = (v_1 - v_2)/R_G$이므로 첫 번째 단의 출력전압 $v_{o1}$, $v_{o2}$는 각각 다음과 같이 표현된다.

$$v_{o1} = v_1 + RI_G \tag{5.15a}$$

$$v_{o2} = v_2 - RI_G \tag{5.15b}$$

따라서 출력전압 $v_o$는 다음 식과 같이 표현된다.

$$\begin{aligned} v_o &= v_{o2} - v_{o1} = v_2 - v_1 - 2RI_G = \left(1 + \frac{2R}{R_G}\right) \cdot (v_2 - v_1) \\ &= A_G(v_2 - v_1) \end{aligned} \tag{5.15c}$$

식 (5.15c)에서 보는 바와 같이 차동증폭기의 특성을 갖고 저항 $R_G$를 변화시킴으로써 증폭률 $A_G$를 변화시킨다.

## 예제 5-10

[그림 5-29]와 같은 차동증폭기 내부에 있는 저항이 $R_1 = 10\,[\text{k}\Omega]$, $R_2 = 10\,[\text{k}\Omega]$, $R_3 = 9\,[\text{k}\Omega]$일 때, 증폭률이 10인 차동증폭기를 설계하라.

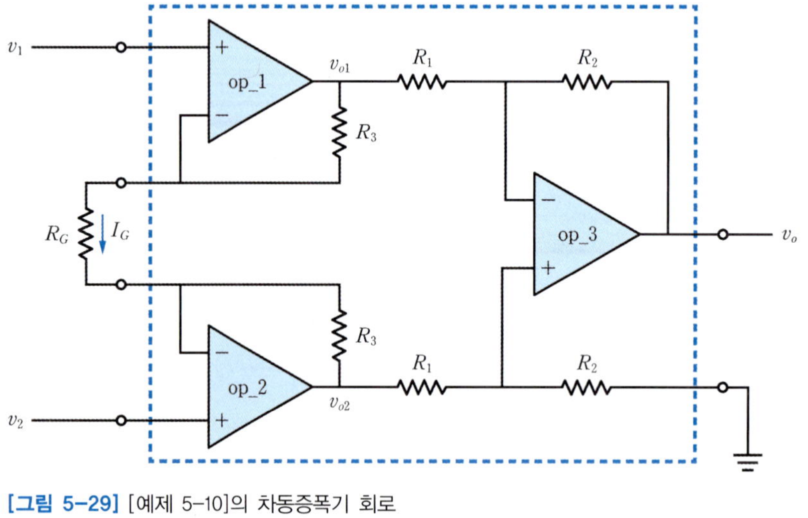


**[그림 5-29]** [예제 5-10]의 차동증폭기 회로

**풀이**

$R_1 = R_2 = 10\,[\mathrm{k}\Omega]$이므로 차동증폭기는 계측증폭기의 조건을 만족한다. 따라서 식 (5.14)와 같다.

$$v_o = v_{o2} - v_{o1}$$

저항 $R_G$에 흐르는 전류 $i_G$를 표현하면 다음과 같다.

$$i_G = \frac{v_1 - v_2}{R_G}$$

$$v_{o1} = v_1 + R_3 \cdot i_G,\ v_{o2} = v_2 - R_3 \cdot i_G$$

$$v_o = \left(1 + \frac{2R_3}{R_G}\right) \cdot (v_2 - v_1)$$

$$A_G = 1 + \frac{2R_3}{R_G} = 10 \quad \rightarrow \quad R_G = \frac{2R_3}{9} = 2\,[\mathrm{k}\Omega]$$

**실전문제 5-10**

[그림 5-29]와 같은 차동증폭기 내부에 있는 저항이 $R_1 = 10\,[\mathrm{k}\Omega]$, $R_2 = 20\,[\mathrm{k}\Omega]$, $R_3 = 10\,[\mathrm{k}\Omega]$일 때, 증폭률이 10인 차동증폭기를 설계하라.

SECTION

# 5.5 종속 접속된 연산증폭기 회로 해석

여러 개의 4단자망이 종속 접속된 회로는 각 단의 회로가 다음 단의 회로에 의해 영향을 받으므로, 다음 단의 회로를 고려하여 해석해야 한다. 그러나 [그림 5-30]과 같이 연산증폭기를 이용하여 종속 접속된 회로는 일반 회로와 달리 부하효과가 나타나지 않으므로 다음 단의 회로를 고려하지 않아도 된다. 즉 연산증폭기의 출력저항이 0이므로 출력단에 연결되는 회로와 무관하게 연산증폭기의 출력값이 결정된다.

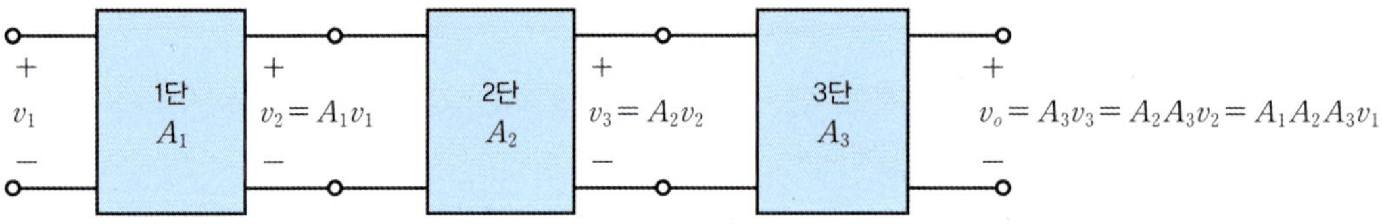


**[그림 5-30]** 연산증폭기의 종속 접속

[그림 5-30]은 3단으로 증폭하는 증폭기 회로이다. 첫 번째 단 회로의 증폭률은(단독으로 존재할 경우) $A_1$, 두 번째 단은 $A_2$, 세 번째 단은 $A_3$라고 할 때, 전체 증폭률 $A_v$는 다음과 같다.

$$v_o = A_3v_3 = A_3 \cdot (A_2v_2) = A_3 \cdot A_2 \cdot (A_1v_1) = A_3 \cdot A_2 \cdot A_1v_1 \tag{5.16a}$$

$$A_v = \frac{v_o}{v_1} = A_1 \cdot A_2 \cdot A_3 \tag{5.16b}$$

## 예제 5-11

2개의 연산증폭기가 연결되어 있는 다음 회로에서 전압이득을 구하라.

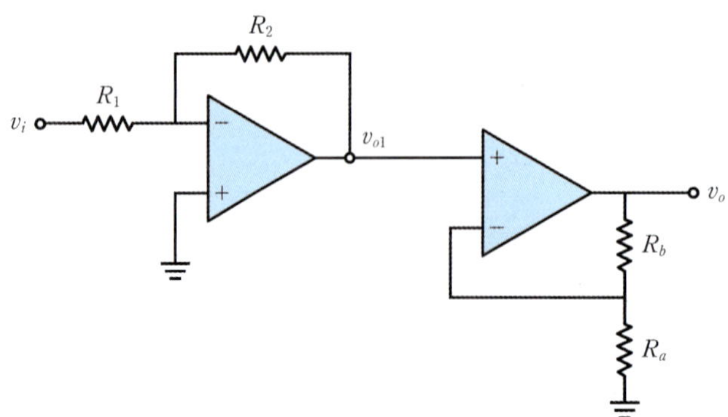


**[그림 5-31]** [예제 5-11]의 회로

**풀이**

첫 번째 단은 반전증폭기이므로 다음이 성립한다.

$$v_{o1} = -\frac{R_2}{R_1}v_i \qquad \cdots ①$$

두 번째 단은 비반전증폭기이므로 다음이 성립한다.

$$v_o = \left(1 + \frac{R_b}{R_a}\right)v_{o1} \qquad \cdots ②$$

식 (5.16)의 결과를 고려하고 식 ①과 식 ②를 이용하면 출력전압 $v_o$는 다음과 같다.

$$v_o = \left(1 + \frac{R_b}{R_a}\right)\left(-\frac{R_2}{R_1}\right)v_i$$

따라서 증폭률 $A_v$는 다음과 같다.

$$A_v = \frac{v_o}{v_i} = -\frac{R_2(R_a + R_b)}{R_1 R_b}$$

**실전문제 5-11**

다음 회로에서 전압이득을 구하라.

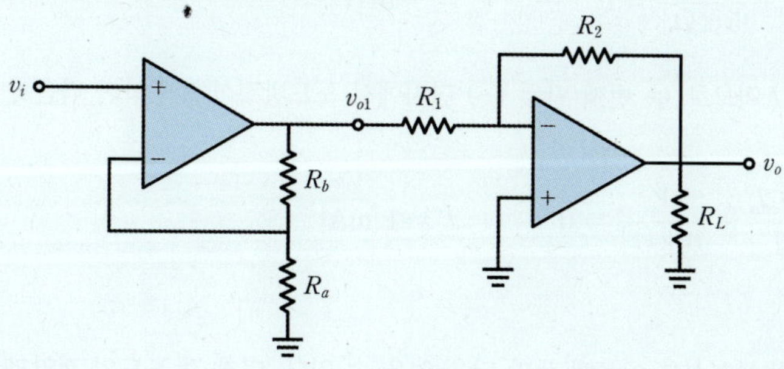


[그림 5-32]

## 예제 5-12

다음 회로에서 전압 $V_o$와 전류 $I_o$를 구하라.

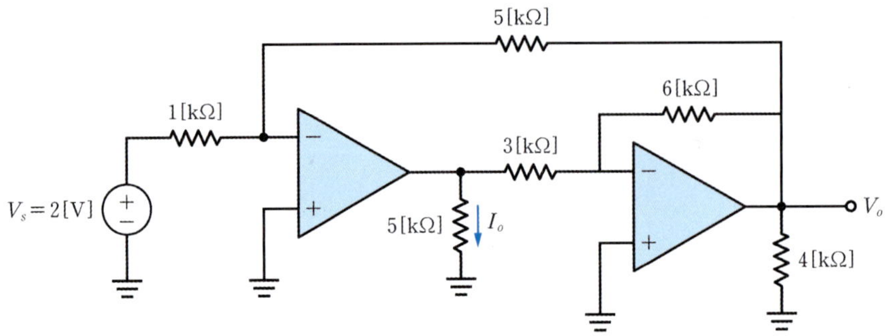


**[그림 5-33]** [예제 5-12]의 회로

### 풀이

출력단에서 입력단으로 5[kΩ]의 저항이 연결되어 있어 앞의 다단증폭기 회로와 다르므로 각자의 증폭률을 구해 두 증폭률을 곱하는 방식은 부적합하며, 노드방정식을 이용해 회로를 해석한다.

연산증폭기의 출력단에서는 노드방정식을 만들 수 없고 입력단에서는 만들 수 있으므로, 위 회로에서는 2개의 점에서 노드방정식을 만들 수 있다.

첫 번째 단의 연산증폭기의 (−) 단자에서의 노드방정식을 구하면 다음과 같다.

$$\frac{2-0}{1[\text{k}\Omega]} + \frac{V_o - 0}{5[\text{k}\Omega]} = 0 \quad \rightarrow \quad V_o = -10[\text{V}]$$

첫 번째 단의 출력전압은 $5[\text{k}\Omega] \cdot I_o$이므로 두 번째 단의 (−) 단자에서 노드방정식을 구하면 다음과 같다.

$$\frac{5[\text{k}\Omega] \cdot I_o}{3[\text{k}\Omega]} + \frac{V_o}{6[\text{k}\Omega]} = 0 \quad \rightarrow \quad I_o = 1[\text{mA}]$$

### 별해

입력단에서 출력단으로 연산증폭기의 특성식을 이용해 풀면 답을 얻을 수 있다. 먼저 각 노드의 전압과 소자에 흐르는 전류를 표기하면 [그림 5-34]와 같이 표현된다.

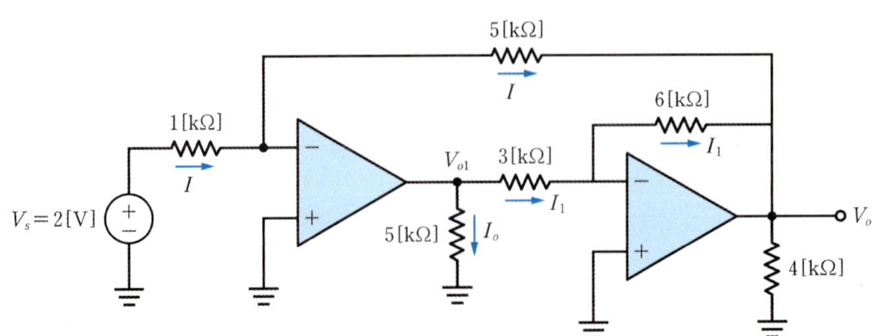


**[그림 5-34]** 각 노드의 전압과 저항에 흐르는 전류 표기

$1\,[\mathrm{k}\Omega]$에 흐르는 전류 $I$를 구하면 다음과 같다.

$$I = \frac{2\,[\mathrm{V}]}{1\,[\mathrm{k}\Omega]} = 2\,[\mathrm{mA}]$$

연산증폭기의 입력전류가 $i = 0$이므로 $5\,[\mathrm{k}\Omega]$의 저항에 흐르는 전류 또한 $I$이다.

$$V_o = -5\,[\mathrm{k}\Omega] \cdot I = -10\,[\mathrm{V}]$$

한편 두 번째 연산증폭기의 (−) 단자는 가상접지이므로 $6\,[\mathrm{k}\Omega]$에 흐르는 전류 $I_1$은 다음과 같다.

$$I_1 = \frac{0 - V_o}{6\,[\mathrm{k}\Omega]} = \frac{0 + 10\,[\mathrm{V}]}{6\,[\mathrm{k}\Omega]} = \frac{5}{3}\,[\mathrm{mA}]$$

또한 (−) 단자는 접지와 같은 의미이다. 두 저항 $3\,[\mathrm{k}\Omega]$, $5\,[\mathrm{k}\Omega]$은 병렬연결이므로 $5\,[\mathrm{k}\Omega]$에 흐르는 전류 $I_o$는 다음과 같다.

$$I_o = \frac{3\,[\mathrm{k}\Omega]}{5\,[\mathrm{k}\Omega]} \cdot I_1 = 1\,[\mathrm{mA}]$$

### 실전문제 5-12

다음 회로에서 전류 $I_o$와 전압 $V_o$를 구하라.

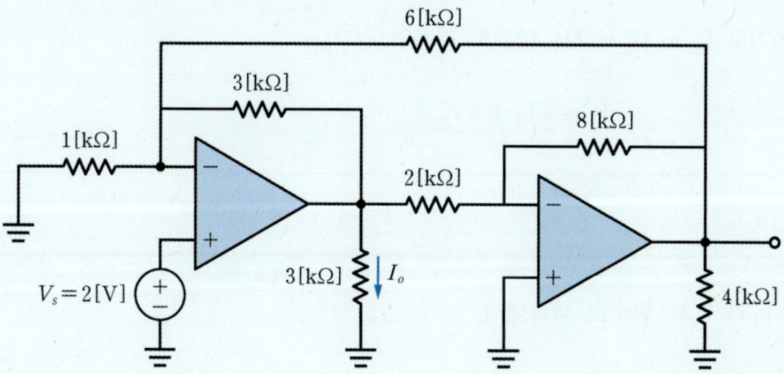


[그림 5-35]

## 예제 5-13

다음 회로에서 출력 $V_o$를 $V_1$과 $V_2$의 함수로 나타내라.

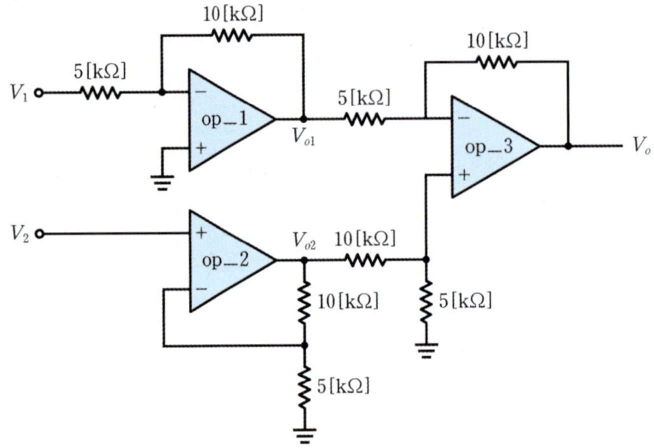


[그림 5-36] [예제 5-13]의 회로

### 풀이

op_1은 반전증폭기이고, op_2는 비반전증폭기이므로 각각 다음과 같다.

$$V_{o1} = -2V_1, \quad V_{o2} = 3V_2$$

op_3는 일반적인 가산증폭기로 $V_o = V_{o2} - 2V_{o1}$이므로 다음과 같다.

$$V_o = 4V_1 + 3V_2$$

## 실전문제 5-13

다음 회로에서 출력 $V_o$를 $V_1$과 $V_2$의 함수로 나타내라.

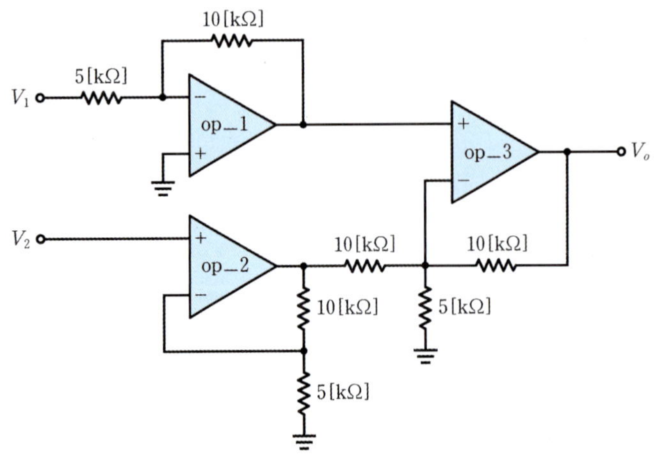


[그림 5-37]

**5.1** 다음 회로에서 입력전압 $v_i$와 출력전압 $v_o$의 관계를 구하라. 단, 연산증폭기의 특성은 $R_i = 1\,[\mathrm{M\Omega}]$, $A_v = 10^5$, $R_o = 10\,[\Omega]$이다.

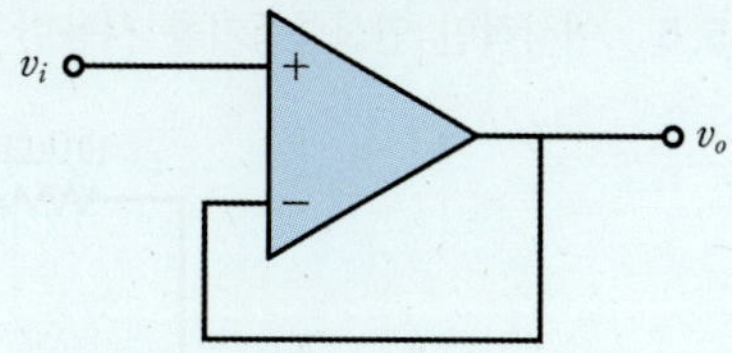


[문제 5.1]

**5.2** 다음 회로에 대해 주어진 물음에 답하라.

(a) 연산증폭기가 이상적인 경우, 입력전압 $v_i$와 출력전압 $v_o$의 관계를 구하라.

(b) 연산증폭기의 특성이 다음과 같을 경우, 입력전압 $v_i$와 출력전압 $v_o$의 관계를 구하라. 단, $R_i = 1\,[\mathrm{M\Omega}]$, $A_v = 10^5$, $R_o = 10\,[\Omega]$이다.

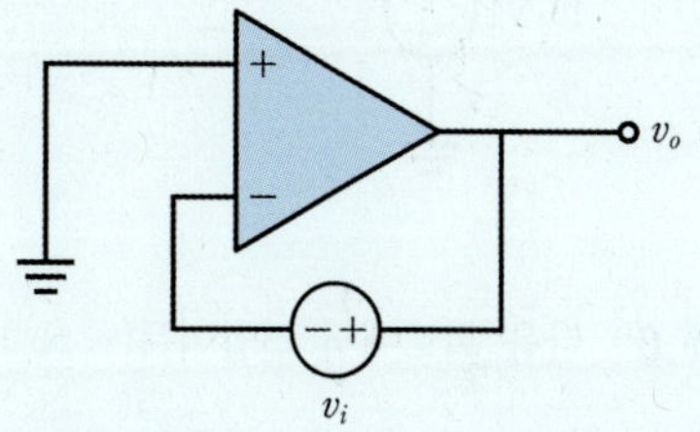


[문제 5.2]

**5.3** 이상적인 연산증폭기를 사용한 다음 회로에서 전류 $I_o$를 구하라.

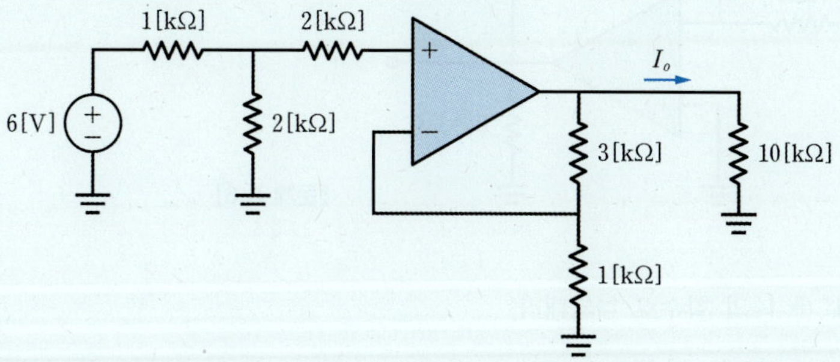


[문제 5.3]

**5.4** 이상적인 연산증폭기를 사용한 다음 회로에서 출력전류 $I_o$와 출력전압 $V_o$를 구하라.

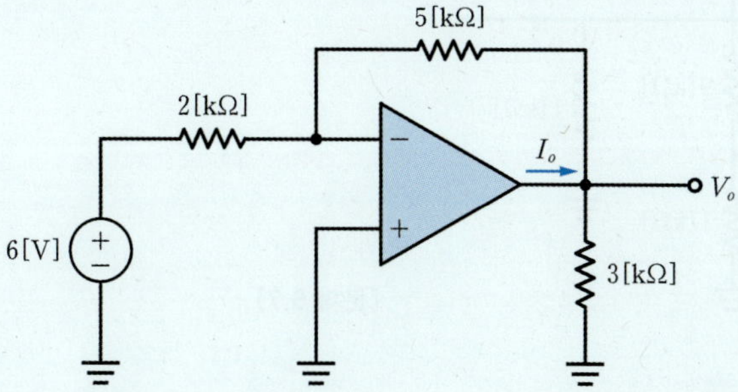


[문제 5.4]

**5.5** 이상적인 연산증폭기를 사용한 다음 회로에서 출력전압 $V_o$를 구하라.

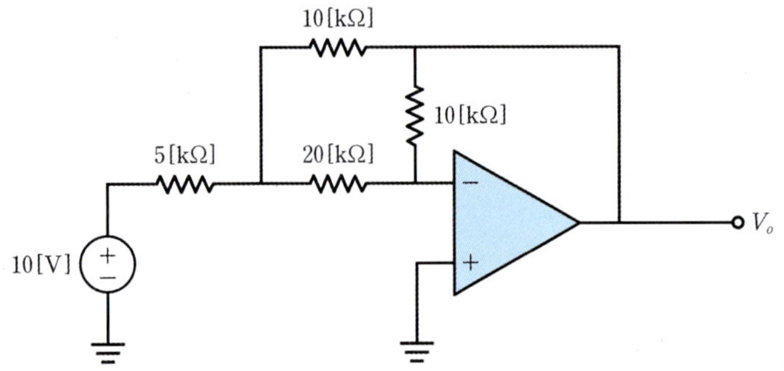


[문제 5.5]

**5.6** 다음 회로에서 전압이득($v_o/v_i$)을 구하라.

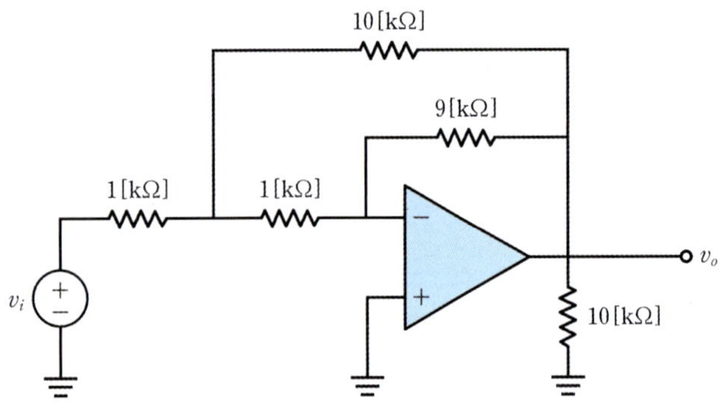


[문제 5.6]

**5.7** 다음 회로에서 전압 $V_o$를 $V_i$의 함수로 나타내라.

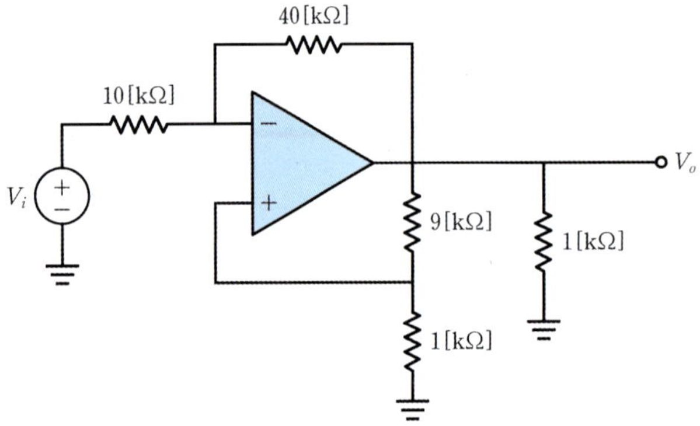


[문제 5.7]

**5.8** 이상적인 연산증폭기를 사용한 다음 회로에서 출력전압 $v_o$를 구하라.

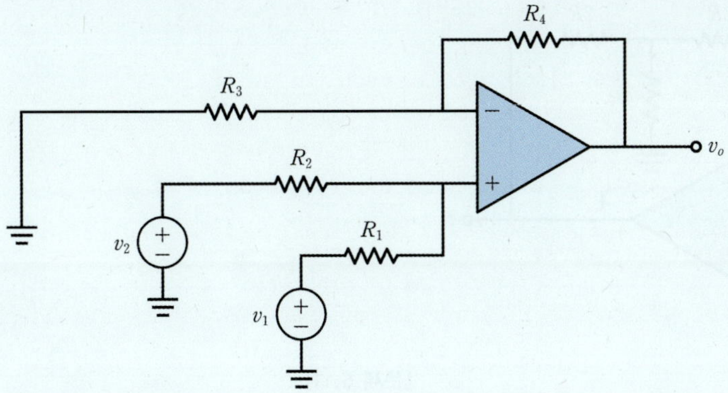


[문제 5.8]

**5.9** 다음 회로에서 전류 $I_o$를 구하라.

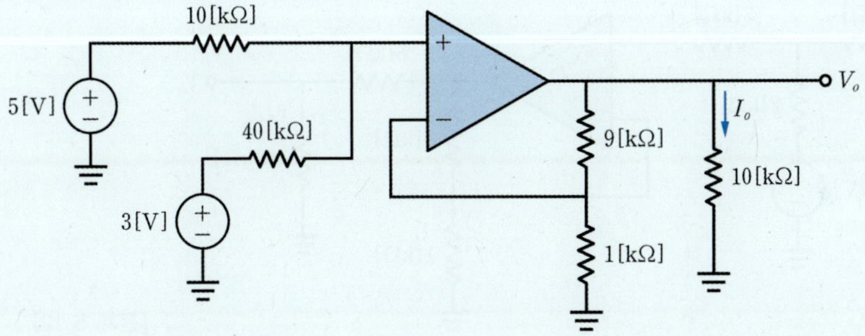


[문제 5.9]

**5.10** 이상적인 연산증폭기를 사용한 다음 회로에서 출력전류 $i_o$를 구하라.

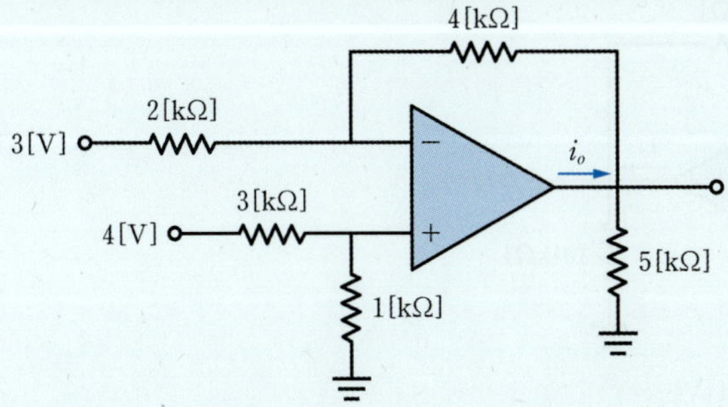


[문제 5.10]

5.11 이상적인 연산증폭기를 사용한 다음 회로에서 출력전압 $v_o$를 $v_1$과 $v_2$의 함수로 표현하라.

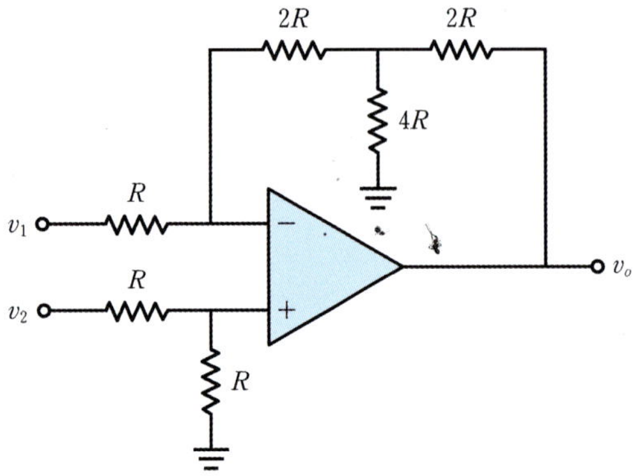


[문제 5.11]

5.12 이상적인 연산증폭기를 사용한 다음 회로에서 전압 $V_o$를 구하라.

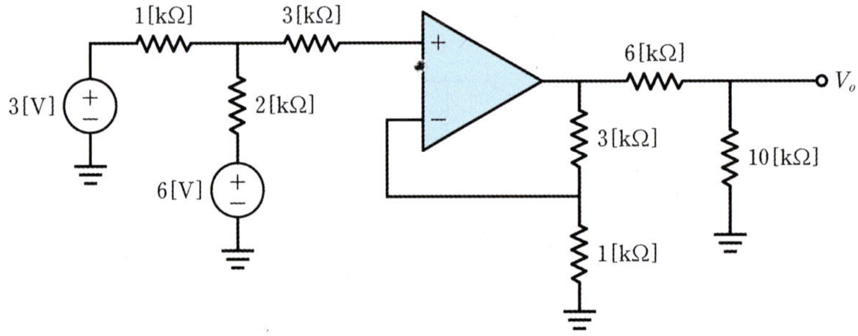


[문제 5.12]

5.13 이상적인 연산증폭기를 사용한 다음 회로에서 전류 $i_o$와 전압 $v_o$를 구하라.

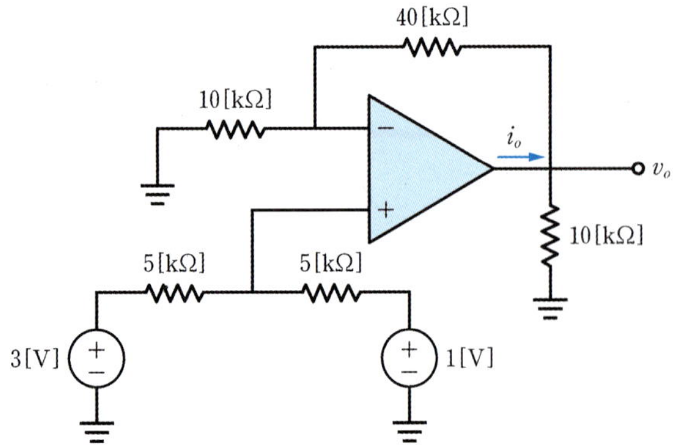


[문제 5.13]

**5.14** 이상적인 연산증폭기를 사용한 다음 회로에서 출력 $v_o$를 $v_1$과 $v_2$로 표현하라.

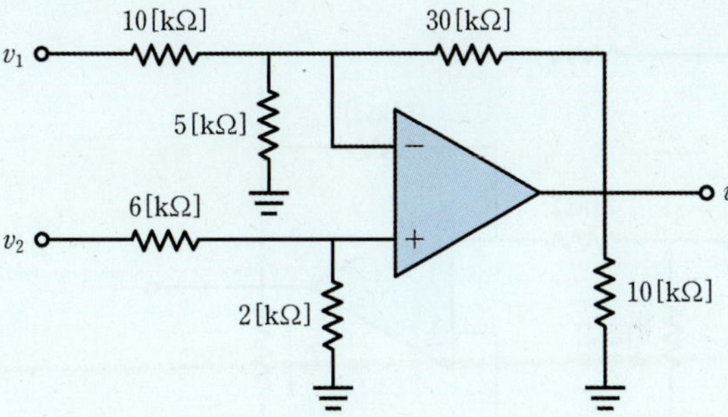


[문제 5.14]

**5.15** 이상적인 연산증폭기를 사용한 다음 회로에서 출력 $v_o$를 입력전압 $v_1$, $v_2$, $v_3$, $v_4$로 표현하라.

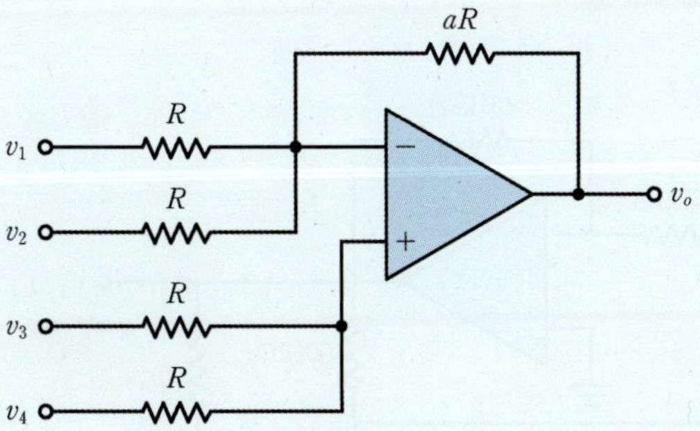


[문제 5.15]

**5.16** 다음 수식을 만족하는 회로를 설계하라.

(a) $V_o = -2V_1 - 6V_2$ (b) $V_o = -3V_1 - 2V_2 - 6V_3$

(c) $V_o = -3V_1 + 6V_2$ (d) $V_o = 3V_1 - 2V_2 - 4V_3$

(e) $V_o = 3V_1 + V_2 - 2V_3 - 6V_4$

**5.17** 다음 회로에서 전압이득($v_o/v_i$)을 구하라.

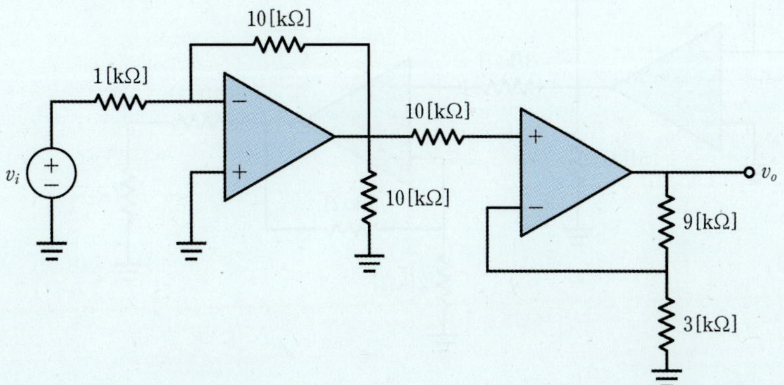


[문제 5.17]

**5.18** 이상적인 연산증폭기를 사용한 다음 회로에서 출력전압 $V_o$와 출력전류 $I_o$를 구하라.

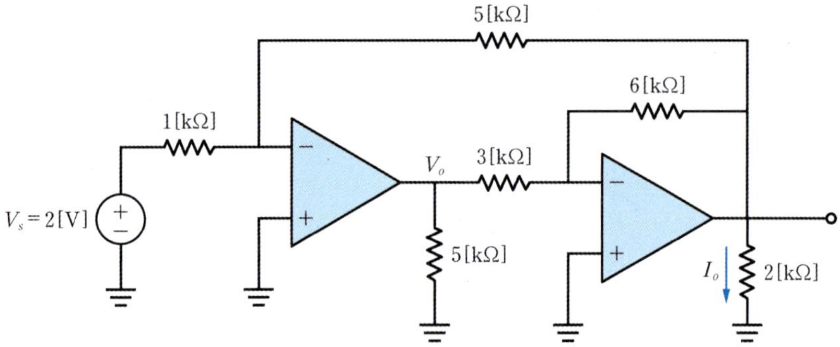


[문제 5.18]

**5.19** 다음 회로에서 전압 $V_o$를 $V_i$의 함수로 나타내라.

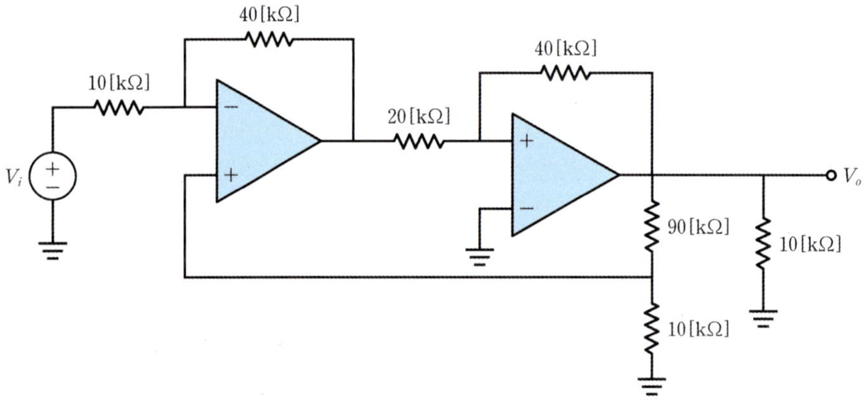


[문제 5.19]

**5.20** 다음 회로의 저항 $R_L$에서 소모하는 전력이 최대가 되기 위한 $R_L$과 최대전력이 5[mW]일 경우, $V_s$를 구하라.

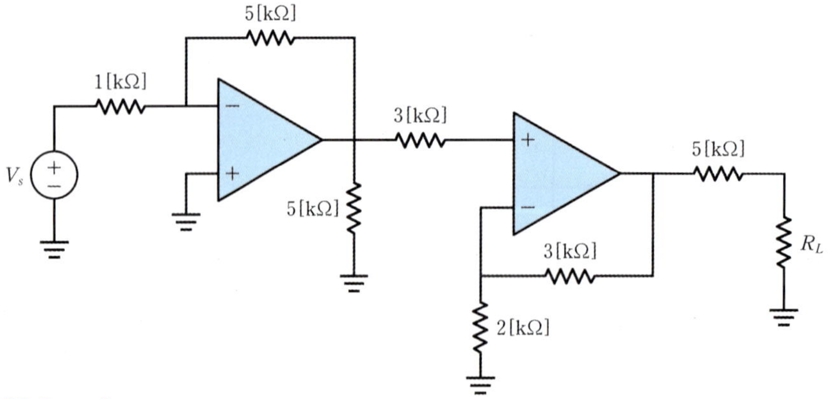


[문제 5.20]

**5.21** 이상적인 연산증폭기를 사용한 다음 회로에서 출력전압 $V_o$를 $V_1$과 $V_2$의 함수로 나타내라.

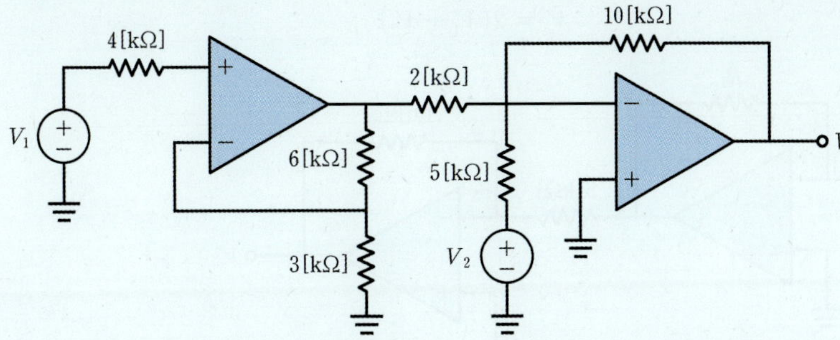


**[문제 5.21]**

**5.22** 이상적인 연산증폭기를 사용한 회로가 다음 식을 연산하는 회로일 경우, 상수 $a$, $b$, $d$를 구하라.

$$V_o = 3V_1 + 2V_2 + dV_3$$

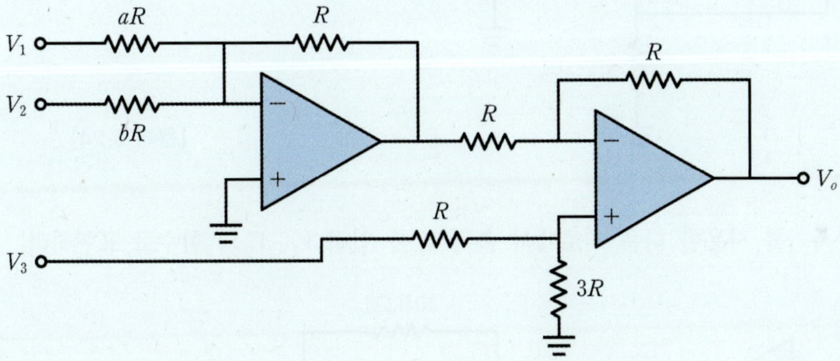


**[문제 5.22]**

**5.23** 이상적인 연산증폭기를 사용한 다음 회로에서 출력 $V_o$가 0가 되게 저항 $R_1$을 정하라.

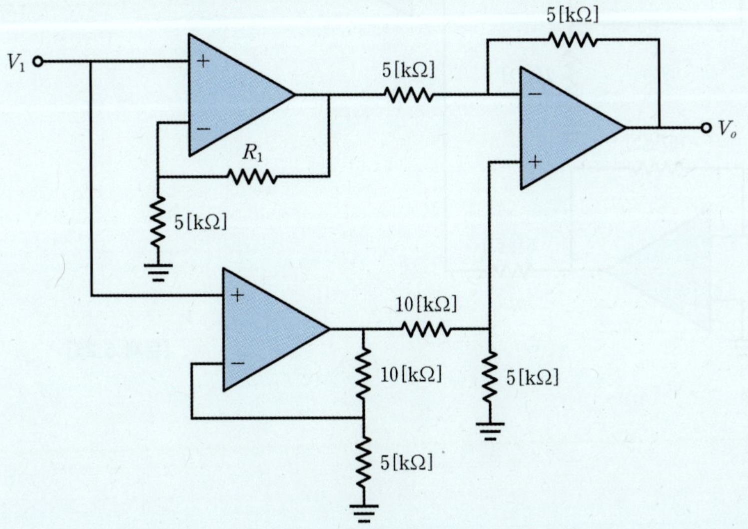


**[문제 5.23]**

**5.24** 주어진 회로의 출력이 다음과 같은 식을 만족하게 $R_1$과 $R_2$를 구하라.

$$V_o = 2(V_1 + V_2)$$

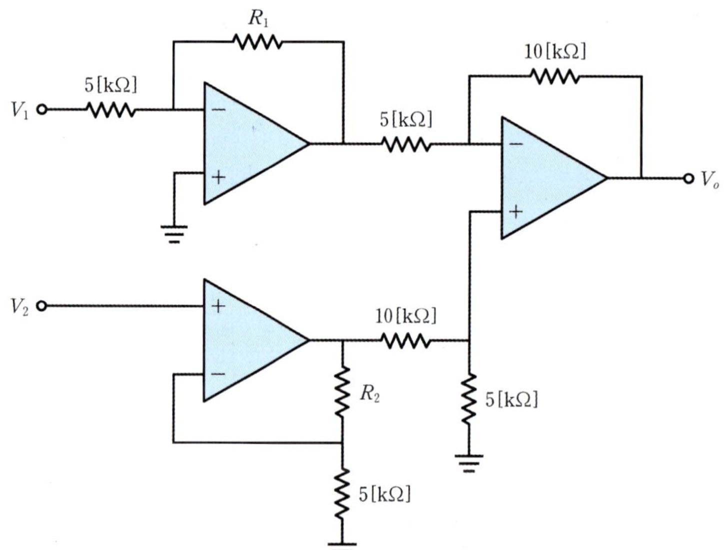


[문제 5.24]

**5.25** 이상적인 연산증폭기를 사용한 다음 회로에서 출력 $V_o$를 입력 $V_1$, $V_2$의 함수로 표현하라.

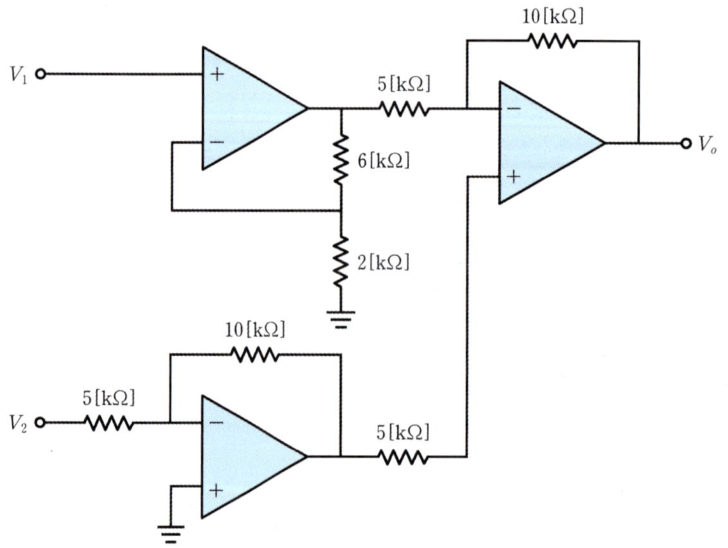


[문제 5.25]

**5.26** 이상적인 연산증폭기를 사용한 다음 회로에서 출력전류 $I_o$를 구하라.

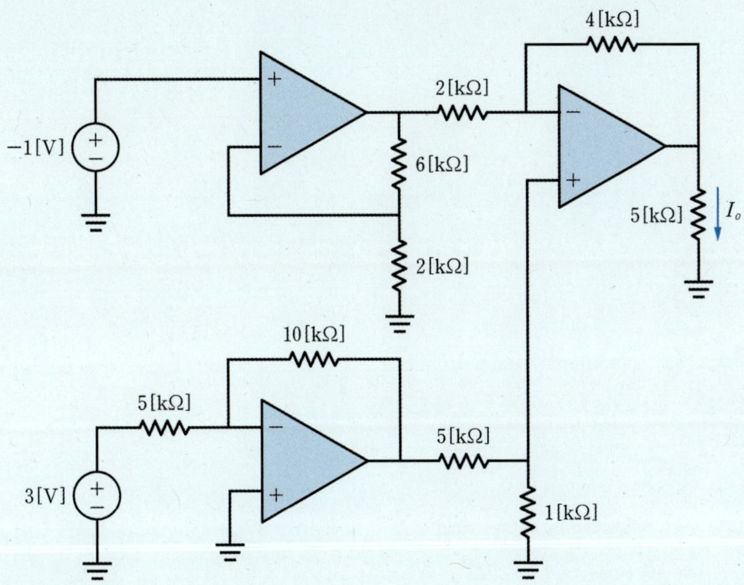


[문제 5.26]

CHAPTER

# 06

# 라플라스 변환

Laplace Transformation



**학습목표**

- 라플라스 변환에 대한 정의를 이해할 수 있다.
- 특이함수의 정의에 대해 이해할 수 있다.
- 특이함수의 라플라스 변환을 구해본다.
- 라플라스 변환의 성질을 알아본다.
- 초깃값 정리와 최종값 정리에 대해 이해할 수 있다.
- 단순근만 존재하는 함수의 역 라플라스 변환을 이해할 수 있다.
- 다중근이 존재하는 함수의 역 라플라스 변환을 이해할 수 있다.
- 복소근이 존재하는 함수의 역 라플라스 변환을 이해할 수 있다.
- 라플라스 변환을 이용한 선형 미분방정식 풀이에 대해 이해할 수 있다.

SECTION 6.1

# 라플라스 변환의 소개

시간에 따라 그 크기가 변화하지 않는 직류전원과 저항만으로 이루어진 회로에서 구해지는 노드방정식이나 루프방정식은 1차 연립방정식이다. 이 경우 회로 해석은 1차 연립방정식의 해를 구하는 비교적 간단한 작업이다. 그러나 앞으로 다루게 될 커패시터capacitor나 인덕터inductor는 전압-전류 특성식이 미분식 또는 적분식으로 표현되고, 인가전압이나 전류는 시간에 따라 변화하는 정현파 신호나 지수함수 형태로 표현된다. 이에 따라 지금까지의 직류 형태보다 복잡해지며, 회로를 해석하는 것도 더 어려워진다. 커패시터나 인덕터가 있는 회로에서 구해지는 노드방정식이나 루프방정식은 미분방정식으로 표현된다. 따라서 회로 해석은 미분방정식의 해를 구해야 하는 문제로 귀결된다.

미분방정식을 푸는 방법에는 해를 직접 구하는 방법과 라플라스 변환을 이용하는 방법이 있다. [그림 6-1]은 미분방정식의 해를 구하는 두 가지 방법을 보여준다. 시간영역에서 미분방정식의 해를 직접 구하는 방법은 비교적 복잡하므로, 시간영역에서의 미분방정식을 s-영역에서의 연립방정식으로 변환한 후 연립방정식의 해를 역 라플라스 변환함으로써 미분방정식의 해를 구한다. 라플라스 변환을 통한 풀이 방법은 과정은 약간 길지만 비교적 쉽게 해를 구할 수 있다는 장점이 있다. 이 책에서는 미분방정식을 직접 풀어서 해를 구하는 방법과 라플라스 변환을 이용해서 해를 구하는 방법을 모두 다룰 것이다.

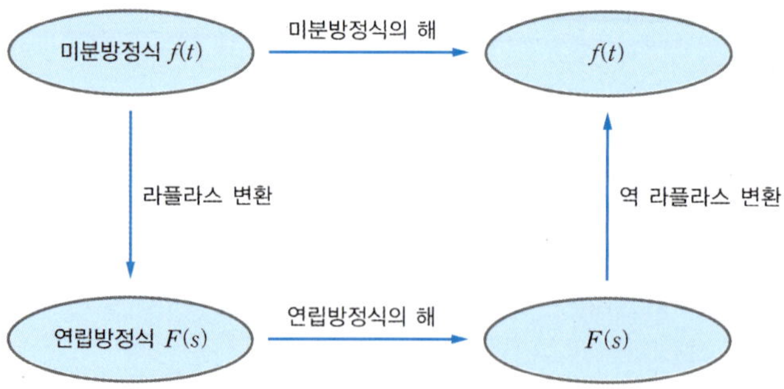


**[그림 6-1]** 미분방정식의 해를 구하는 방법

SECTION 6.2

# 라플라스 변환의 정의

시간영역에서의 실함수 $f(t)$를 가상영역인 s-영역의 함수 $F(s)$로 1:1 대응시키는 것을 **라플라스 변환** Lapalce transformation이라고 한다. 반대로 함수 $F(s)$를 시간영역에서의 함수 $f(t)$로 나타내는 것을 **역 라플라스 변환** inverse Lapalce transformation이라고 한다. 이와 같은 관계를 [그림 6-2]에 나타냈다. 즉 s-영역에서의 함수 $F(s)$를 구하는 라플라스 변환[1]은 식 (6.1a)와 같이 적분을 행함으로써 얻을 수 있다.

$$F(s) = \mathcal{L}\{f(t)\} = \int_0^{\infty} f(t)e^{-st}\,dt \tag{6.1a}$$

반대로 시간영역에서의 함수 $f(t)$는 식 (6.1b)와 같이 역 라플라스 변환을 통해 얻을 수 있다.

$$f(t) = \mathcal{L}^{-1}\{f(t)\} = \frac{1}{j2\pi}\int_{\sigma_1 - j\infty}^{\sigma_1 + j\infty} F(s)e^{st}\,ds \tag{6.1b}$$

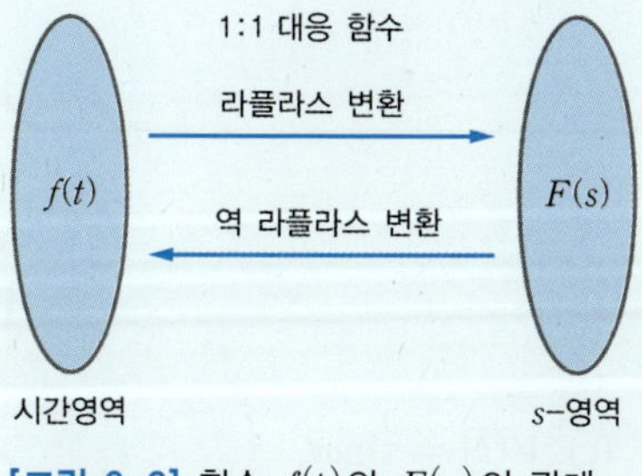


**[그림 6-2]** 함수 $f(t)$와 $F(s)$의 관계

식 (6.1a)에서 보듯이, 적분구간이 $0 \sim \infty$이므로 $t > 0$ 영역에서만 적분을 행하게 되어 $t < 0$ 영역에서의 함수값은 아무 의미가 없다. 따라서 $t < 0$ 영역에서의 함수값은 그 크기에 관계없이 $f(t) = 0$로 두어도 무방하다.

1 라플라스 변환에는 단방향 라플라스 변환과 양방향 라플라스 변환이 있지만, 여기서는 식 (6.1a)에 표현된 단방향 라플라스 변환에 대해서만 다룰 것이다.

한편 식 (6.1)에서 표기된 $s$는 $s = \sigma + j\omega$로 복소수를 의미한다. 식 (6.1a)에서 적분값이 존재하여 함수 $F(s)$가 존재하기 위해서는 식 (6.2)의 수렴조건을 만족해야 한다.[2]

$$\int_0^{\infty} |f(t) \cdot e^{-\sigma t}| \cdot dt < \infty \tag{6.2}$$

## 예제 6-1

다음 함수의 라플라스 변환 함수를 구하라.

(a) $f(t) = e^{-2t}$ (b) $g(t) = 2t$ (c) $v(t) = \cos\omega t$

**풀이**

(a) $F(s) = \int_0^{\infty} e^{-2t} e^{-st} dt = \int_0^{\infty} e^{-(s+2)t} dt = \frac{1}{s+2}$

(b) $G(s) = \int_0^{\infty} 2te^{-st} dt = 2t\left(-\frac{1}{s}\right)e^{-st}\Big|_0^{\infty} - \int_0^{\infty}\left(-\frac{2}{s}\right)e^{-st}dt = \frac{2}{s^2}$

(c) $V(s) = \int_0^{\infty} \cos\omega t \cdot e^{-st} \cdot dt = \cos\omega t\left(-\frac{1}{s}\right)e^{-st}\Big|_0^{\infty} - \int_0^{\infty} \frac{\omega}{s}\sin\omega t \cdot e^{-st} dt$

$= \frac{1}{s} - \frac{\omega}{s}\left[\sin\omega t\left(-\frac{1}{s}\right)e^{-st}\Big|_0^{\infty} - \int_0^{\infty} \omega\cos\omega t\left(-\frac{1}{s}\right)e^{-st}dt\right] = \frac{1}{s} - \left(\frac{\omega}{s}\right)^2 V(s)$

$= \frac{s}{s^2+\omega^2}$

## 실전문제 6-1

다음 함수의 라플라스 변환 함수를 구하라.

(a) $f(t) = e^{-5t}$ (b) $g(t) = 2t+3$ (c) $V(t) = \sin\omega t$

2 일반적으로 회로에 사용되는 모든 함수에 대해서 식 (6.2)가 만족되므로 회로이론에서는 식 (6.2)를 고려할 필요는 없다.

SECTION 6.3

# 특이함수의 라플라스 변환

이 절에서는 실제 존재하지 않는 함수이지만 회로에서 자주 적용되는 특이함수에 대해 살펴보고, 이들 함수에 대한 라플라스 변환에 대해 알아보자. 특이함수는 크게 세 가지로 나뉜다.

❶ 단위 계단 함수unit step fuction : 스위치가 있는 회로를 표현할 때 사용한다.
❷ 델타 함수delta function : 단위 계단 함수를 미분한 함수로, 임펄스impulse 신호를 표현할 때 사용한다.
❸ 램프 함수ramp function : 단위 계단 함수를 적분한 함수로, 톱니파sawtooth wave 신호를 표현할 때 사용한다.

## 6.3.1 단위 계단 함수

**단위 계단 함수**는 $u(t)$로 표기하며, 식 (6.3)과 같이 시간영역에 따라 서로 다른 값을 갖는 함수이고 파형은 [그림 6-3]과 같이 나타난다. $t=0$에서는 함수값이 정의되어 있지 않다.

$$u(t) = \begin{cases} 1 & : \ t > 0 \\ 0 & : \ t < 0 \end{cases} \tag{6.3}$$

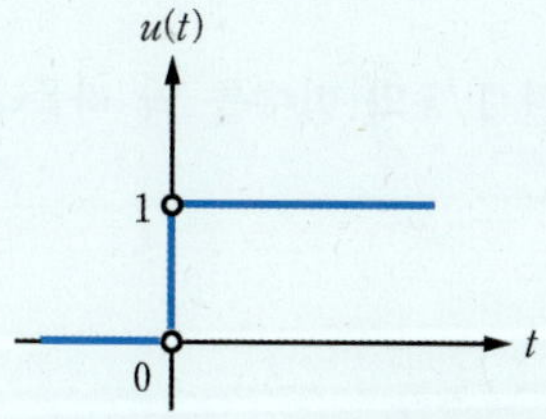

**[그림 6-3]** 단위 계단 함수의 파형

**예제 6-2**

다음 함수의 파형을 그려라.

(a) $u(t-3)$　　(b) $u(t^2-3t+2)$

**풀이**

(a) 괄호 안의 함수 $t-3>0$인 영역에서는 함수값이 1이고, $t-3<0$인 영역에서는 함수값이 0인 함수이다. 이를 그림으로 나타내면 [그림 6-4(a)]와 같다.

(b) $u(t^2-3t+2)=u\{(t-1)(t-2)\}$이므로 $t<1$ 혹은 $t>2$인 영역에서는 괄호 안의 값이 양이 되어 함수값은 1이 된다. 반대로 $1<t<2$인 영역에서는 괄호 안의 값이 음이 되어 함수값이 0가 된다. 이 함수를 그림으로 나타내면 [그림 6-4(b)]와 같다.

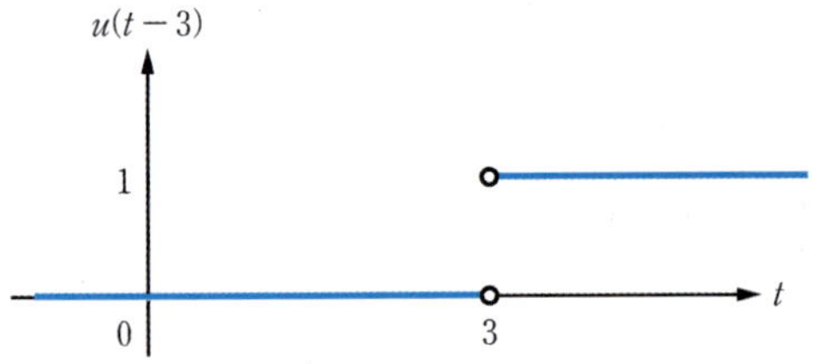

(a)

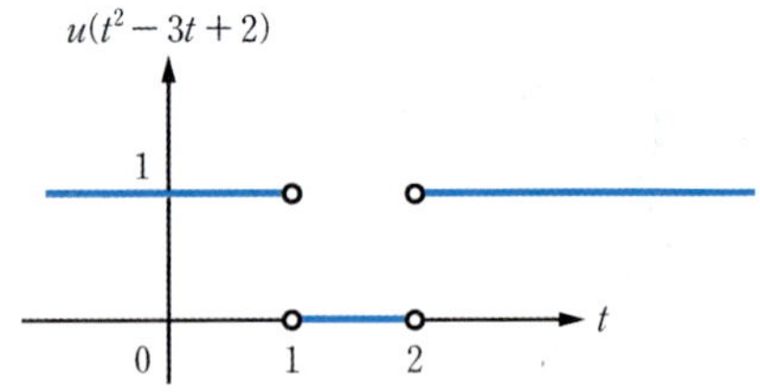

(b)

**[그림 6-4]** [예제 6-2]의 결과 파형

**실전문제 6-2**

다음에 주어진 함수의 파형을 그려라.

(a) $u(t+5)$ (b) $u(-t)$

다음으로 단위 계단 함수의 라플라스 변환 함수를 식 (6.4a)와 같이 구할 수 있다. 단위 계단 함수는 적분구간 내의 함수값 $u(t)=1$을 대입했다.

$$\mathcal{L}\,u(t)=\int_0^{\infty}u(t)e^{-st}dt=\int_0^{\infty}e^{-st}\cdot dt=\frac{1}{s} \tag{6.4a}$$

한편 $1/s$의 함수를 역 라플라스 변환하면 식 (6.4b)와 같이 $u(t)$가 된다.

$$u(t)=\frac{1}{j2\pi}\int_{\sigma_1-j\infty}^{\sigma_1+j\infty}\left(\frac{1}{s}\right)e^{st}ds \tag{6.4b}$$

식 (6.4b)의 결과는 실제로 수식을 계산한 것이 아닌, 라플라스 변환과 역 라플라스 변환이 서로 1:1 대응한다는 상관관계로부터 구한 값이다.

## 6.3.2 델타 함수

**델타 함수**는 $\delta(t)$로 표기하며, 식 (6.5)와 같이 단위 계단 함수를 미분함으로써 얻어진다. 파형은 [그림 6-5]와 같이 나타난다.

$$\delta(t)=\frac{d}{dt}u(t)=\begin{cases}\infty & : t=0\\ 0 & : t\neq 0\end{cases},\quad \text{그리고}\quad \int_{0_-}^{0_+}\delta(t)dt=1 \tag{6.5}$$

델타 함수는 [그림 6-6]에 표기된 $h(t)$를 이용해 정의할 수 있다. $h(t)$는 면적이 1인 사각 모양의 파형으로, $a$ 값에 따라 밑변의 길이와 높이가 결정되는 함수이다. 함수 $h(t)$를 사용해 델타 함수를 정의하면 식 (6.6)과 같이 표현된다.

$$\delta(t) = \lim_{a \to 0} h(t) \tag{6.6}$$

또한 [그림 6-6]에서와 같이 $h(t)$가 우함수^even function^이므로 델타 함수도 우함수가 된다. 따라서 식 (6.5)의 델타 함수의 적분구간이 식 (6.7)과 같이 반으로 줄면 적분값도 반으로 줄어든다.

$$\int_{0_-}^{0} \delta(t) \cdot dt = \int_{0}^{0_+} \delta(t) \cdot dt = \frac{1}{2} \tag{6.7a}$$

식 (6.5)의 정의에 따라, $u(t)$의 함수값은 델타 함수를 적분해 구할 수 있다. 즉 델타 함수로부터 $t=0$에서 단위 계단 함수의 값을 구하면 다음과 같다.

$$u(0) = \int_{-\infty}^{0} \delta(t)dt = \frac{1}{2} \tag{6.7b}$$

식 (6.3)에서는 $u(0)$가 정의되어 있지 않았지만, $\delta(t)$의 적분식인 식 (6.7b)로부터 단위 계단 함수의 정의는 식 (6.7c)와 같이 바뀌고 파형은 [그림 6-7]과 같이 나타난다.

$$u(t) = \begin{cases} 1 & : \ t > 0 \\ \frac{1}{2} & : \ t = 0 \\ 0 & : \ t < 0 \end{cases} \tag{6.7c}$$

여기서 사용되는 0라는 개념은 세 가지 경우로 표기된다. ① 정확히 0로 사용되는 경우, ② 0보다 미소만큼 큰 경우($0_+$), ③ 0보다 미소만큼 작은 경우($0_-$)이다.

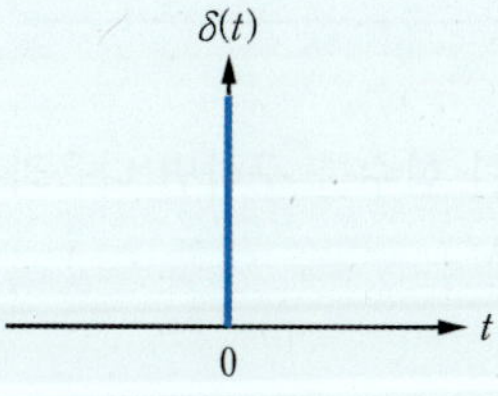

**[그림 6-5]** 델타 함수의 파형

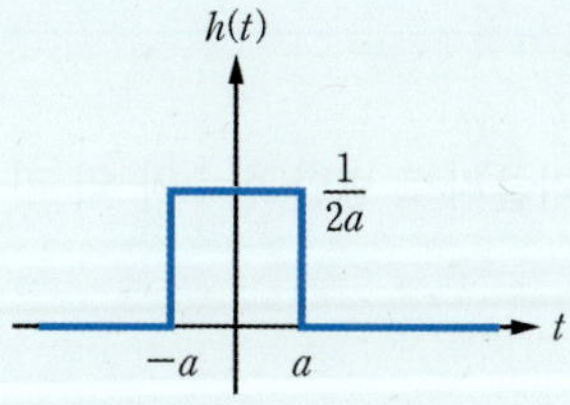

**[그림 6-6]** $h(t)$의 파형

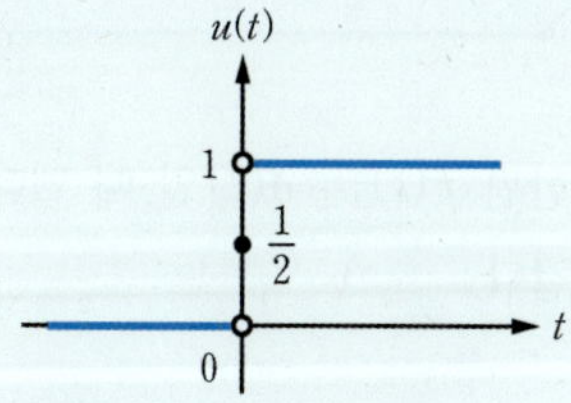

**[그림 6-7]** $u(t)$의 파형

**예제 6-3**

함수 $\delta(t-3)$의 파형을 그려라.

**풀이**

괄호 안의 값이 0가 되는 경우, 즉 $t=3$일 때 함수값이 무한대가 되고 그 외는 0가 된다. 이 파형을 그리면 [그림 6-8]과 같다.

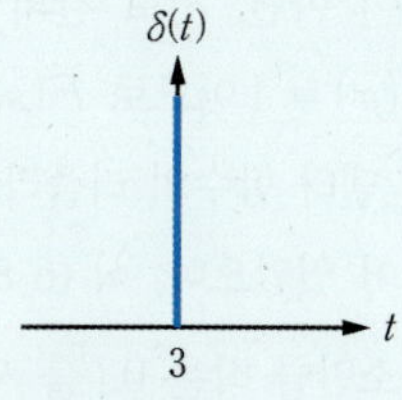

**[그림 6-8]**
[예제 6-3]의 결과 파형

### 실전문제 6-3

함수 $\delta(5-t)$의 파형을 그려라.

### 예제 6-4

델타 함수가 포함된 적분식 $\int_{-a}^{a} f(t)\cdot\delta(t)dt$를 계산하라. 단, $a>0$이다.

**풀이**

$[-a,\ a]$ 구간을 $[-a,\ 0_-]$ 구간, $[0_-,\ 0_+]$ 구간 그리고 $[0_+,\ a]$ 구간으로 나누어 적분하면 다음과 같다.

$$\begin{aligned}\int_{-a}^{a}\delta(t)\cdot f(t)dt &= \int_{-a}^{0_-}\delta(t)\cdot f(t)dt + \int_{0_-}^{0_+}\delta(t)\cdot f(t)dt + \int_{0_+}^{a}\delta(t)\cdot f(t)dt \\ &= \int_{0_-}^{0_+}\delta(t)\cdot f(t)dt = f(0)\int_{0_-}^{0_+}\delta(t)dt = f(0)\end{aligned}$$

### 실전문제 6-4

델타 함수가 포함된 적분식 $\int_{-a}^{a}\delta(t-\alpha)\cdot f(t)dt$를 계산하라. 단, $a>0$이고, $|\alpha|<a$이다.

한편 $f(t)=\delta(t)$일 때 델타 함수의 라플라스 변환 함수와 역 라플라스 변환 함수를 구하면 다음과 같다.

$$F(s)=\mathcal{L}\,\delta(t)=\int_{0_-}^{\infty}\delta(t)e^{-st}dt=1 \tag{6.8a}$$

$$f(t)=\frac{1}{j2\pi}\int_{\sigma_1-j\infty}^{\sigma_1+j\infty}F(s)\cdot e^{st}\cdot ds=\frac{1}{j2\pi}\int_{\sigma_1-j\infty}^{\sigma_1+j\infty}e^{st}\cdot ds=\delta(t) \tag{6.8b}$$

단위 계단 함수와 마찬가지로 식 (6.8b)에 표기된 델타 함수의 역 라플라스 변환도 실제 수식을 계산한 것이 아닌, 서로 간의 상관관계로부터 구한 것이다. 즉 델타 함수의 라플라스 변환 함수를 구하면 $F(s)=1$이므로 $F(s)=1$을 다시 역 라플라스 변환하면 델타 함수가 된다. 한편 식 (6.8a)에서 표현된 델타 함수의 라플라스 변환식에서 적분구간을 주의해서 봐야 한다. 앞에서는 적분구간이 $0\sim\infty$로 되어 있었으나, 식 (6.8a)에서는 $0_-$에서 시작된다. 라플라스 변환식에 사용되는 0의 개념은 0보다는 미소만큼 작은 $0_-$를 사용한다. 그러지 않으면 델타 함수의 라플라스 변환 결과가 달라진다. 결론적으로 라플라스 변환은 식 (6.9a)와 같이 $0_-$부터 $\infty$까지 적분해야 한다.

$$F(s) = \mathcal{L}\{f(t)\} = \int_{0_-}^{\infty} f(t)e^{-st}\,dt \tag{6.9a}$$

그러나 델타 함수 외 다른 일반 함수 $f(t)$는 그 크기가 유한한 값을 가지므로 구간 $[0_-,\ 0_+]$에서 적분할 경우, 적분값이 0가 되므로 적분구간을 $[0_+,\ \infty]$에서 적분한 식 (6.9b)로 라플라스 변환하는 것이 바람직하다. 즉 함수 $f(t)$가 적분구간 내에서 유한한 값을 유지할 필요가 있다.

$$F(s) = \mathcal{L}\{f(t)\} = \int_{0_+}^{\infty} f(t)e^{-st}\,dt \tag{6.9b}$$

## 6.3.3 램프 함수

단위 계단 함수를 미분하면 델타 함수가 되고, 식 (6.10)과 같이 적분을 하면 **램프 함수**가 된다. 또한 파형을 그리면 [그림 6-9]와 같다.

$$r(t) = \int_{-\infty}^{t} u(t) \cdot dt$$
$$= t \cdot u(t) = \begin{cases} t & : \ t \geq 0 \\ 0 & : \ t \leq 0 \end{cases} \tag{6.10}$$

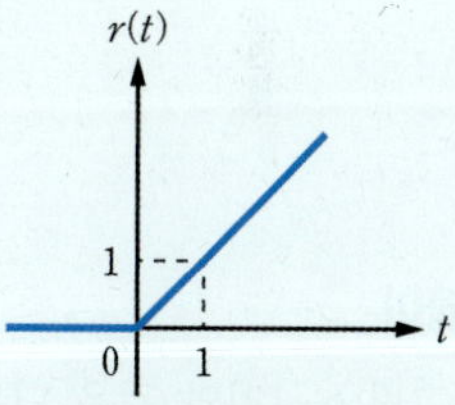


**[그림 6-9]** 램프 함수의 파형

**예제 6-5**

함수 $r(t-3)$의 파형을 그려라.

**풀이**

$r(t-3)$은 시간축으로 3만큼 평행이동한 램프 함수이며, 파형을 그리면 [그림 6-10]과 같다.

$$r(t-3) = (t-3) \cdot u(t-3)$$
$$= \begin{cases} t-3 & : \ t \geq 3 \\ 0 & : \ t < 0 \end{cases}$$

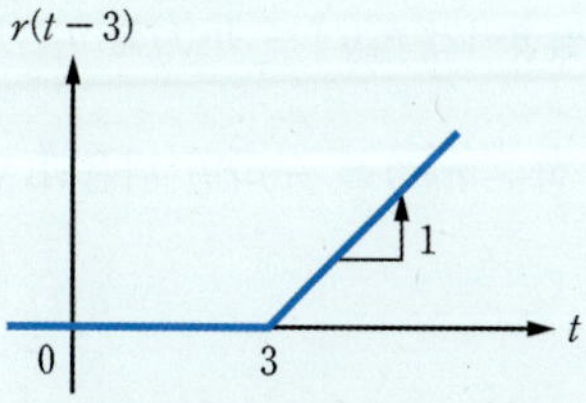


**[그림 6-10]** [예제 6-5]의 결과 파형

**실전문제 6-5**

함수 $r(5-t)$의 파형을 그려라.

한편 램프 함수의 라플라스 변환 함수와 역 라플라스 변환 함수를 구하면 다음과 같다. 여기서도 마찬가지로 라플라스 변환 함수를 참조해 역 라플라스 변환 함수를 구한 것이다.

$$\mathcal{L}\, r(t) = \int_0^\infty t \cdot e^{-st} dt = \frac{1}{s^2} \tag{6.11a}$$

$$r(t) = \frac{1}{j2\pi} \int_{\sigma_1 - j\infty}^{\sigma_1 + j\infty} \frac{e^{st}}{s^2} \cdot ds \tag{6.11b}$$

지금까지 살펴본 세 가지 특이함수를 이용하면 다양한 파형들을 함수 형태로 나타낼 수 있다. 다음 예제를 살펴보자.

### 예제 6-6

[그림 6-11]의 파형을 함수 형태로 나타내라.

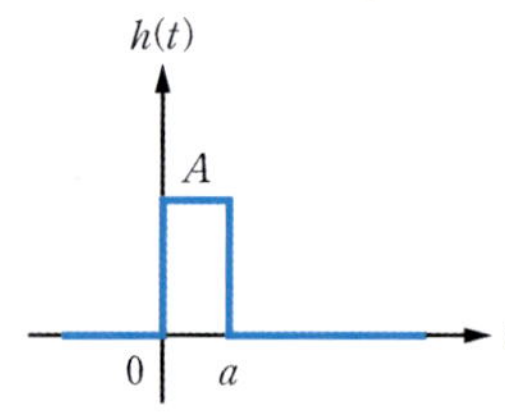


**[그림 6-11]** [예제 6-6]의 파형

**풀이**

[그림 6-12]와 같은 단위 계단 함수 2개를 이용하면 [그림 6-11]의 파형을 구할 수 있다.

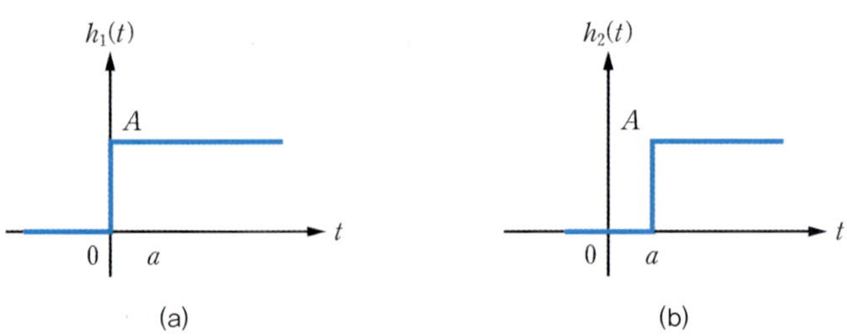


**[그림 6-12]** $h_1(t) = Au(t)$와 $h_2(t) = Au(t-a)$의 파형

즉 함수 $h(t)$를 구하면 다음과 같다.

$$h(t) = h_1(t) - h_2(t) = A\{u(t) - u(t-a)\}$$

### 실전문제 6-6

[그림 6-13]의 파형을 함수 형태로 나타내라.

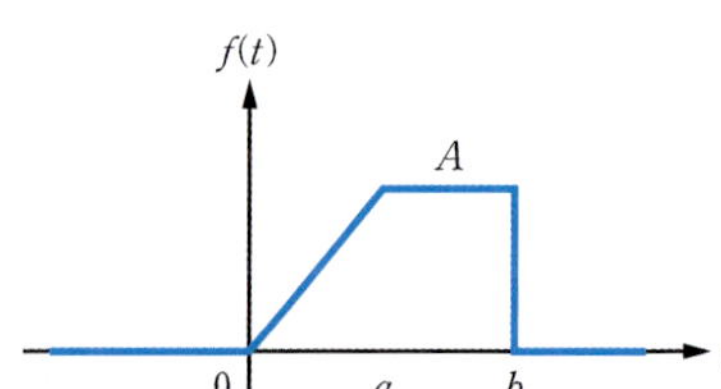


**[그림 6-13]**

SECTION 6.4

# 라플라스 변환의 성질

일반적으로 라플라스 변환 함수를 구하기 위해서는 식 (6.1)과 같이 적분 과정이 필요하다. 하지만 함수의 종류가 많고 복잡한 경우에는 적분을 거쳐 라플라스 변환 함수를 구하는 것은 상당히 번거로운 일이다. 이때 라플라스 변환의 성질을 알고 있으면 모든 함수의 라플라스 변환 함수를 간단히 구할 수 있다. 이 절에서는 라플라스 변환의 여덟 가지의 성질과 두 가지의 유용한 정리를 살펴볼 것이다.

## 6.4.1 선형성

함수 $f$가 선형성을 만족하면 식 (6.12)와 같이 표현된다.

$$f(\alpha \cdot x \pm \beta \cdot y) = \alpha \cdot f(x) \pm \beta \cdot f(y) \tag{6.12}$$

여기서 $f = \mathcal{L}$, $x = f(t)$ 그리고 $y = g(t)$로 두면 라플라스 변환 함수도 이와 같은 선형성을 만족한다. 즉 식 (6.13)이 성립한다. 이때 $\alpha$와 $\beta$는 임의의 상수이다.

$$\mathcal{L}\{\alpha f(t) \pm \beta g(t)\} = \alpha \mathcal{L} f(t) \pm \beta \mathcal{L} g(t) = \alpha F(s) \pm \beta G(s) \tag{6.13}$$

이를 간단히 증명해보자.

$$\begin{aligned}
\mathcal{L}\{\alpha f(t) \pm \beta g(t)\} &= \int_0^\infty \{\alpha f(t) \pm \beta g(t)\} e^{-st} \cdot dt \\
&= \int_0^\infty \alpha f(t) e^{-st} \cdot dt \pm \int_0^\infty \beta g(t) e^{-st} \cdot dt \\
&= \alpha \int_0^\infty f(t) e^{-st} dt \pm \beta \int_0^\infty g(t) e^{-st} dt \\
&= \alpha F(s) \pm \beta G(s)
\end{aligned}$$

**예제 6-7**

함수 $f(t) = 2u(t) + 3\delta(t) - 5r(t)$의 라플라스 변환 함수 $F(s)$를 구하라.

**풀이**

함수 $f(t)$는 $u(t)$, $\delta(t)$, $r(t)$의 합으로 표현되므로 각각의 라플라스 변환 함수를 사용해 $f(t)$의 라플라스 변환 함수를 구할 수 있다.

$\mathcal{L}\,u(t) = \dfrac{1}{s}$, $\mathcal{L}\,\delta(t) = 1$, $\mathcal{L}\,r(t) = \dfrac{1}{s^2}$이므로 다음과 같이 구해진다.

$$F(s) = \frac{2}{s} + 3 - \frac{5}{s^2} = \frac{3s^2 + 2s - 5}{s^2}$$

**실전문제 6-7**

함수 $g(t) = 3u(t) - 5\delta(t) + 4tu(t)$의 라플라스 변환 함수 $G(s)$를 구하라.

## 6.4.2 시간 스케일링

함수 $f(t)$의 파형을 시간축으로 $a$배 확대시킨 함수 $f(at)$의 라플라스 변환 함수를 구하면, 식 (6.14)와 같이 s-영역(라플라스 영역)에서 $1/a$배로 축소된 모양이 된다.

$$\mathcal{L}\,f(at) = \frac{1}{a}F(s/a) \tag{6.14}$$

이를 간단히 증명해보자.

$$\mathcal{L}\,f(at) = \int_0^\infty f(at)e^{-st} \cdot dt$$

$at = t'$으로 치환해보자.

$$\int_0^\infty f(at)e^{-st} \cdot dt = \int_0^\infty f(t')e^{-(s/a)t'} \cdot \left(\frac{1}{a}\right)dt' = \frac{1}{a}\int_0^\infty f(t')e^{-s't'} \cdot dt'$$

여기서 $s' = s/a$이다. 따라서 다음이 성립한다.

$$\mathcal{L}\,f(at) = \frac{1}{a}\int_0^\infty f(t')e^{-s't'} \cdot dt' = \frac{1}{a}F(s') = \frac{1}{a}F(s/a)$$

**예제 6-8**

다음 함수의 라플라스 변환 함수를 구하라.

(a) $f(t) = 2t \cdot u(t)$ (b) $g(t) = e^{-5t} \cdot u(t)$ (c) $h(t) = \cos t \cdot u(t)$

**풀이**

(a) $f(t) = 2t \cdot u(t) = 2t \cdot u(2t) = r(2t)$

$$F(s) = \mathcal{L}\, r(2t) = \frac{1}{2} \cdot \frac{1}{(s/2)^2} = \frac{2}{s^2}$$

(b) $g(t) = e^{-5t} \cdot u(t) = e^{-(5t)} \cdot u(5t)$

$$G(s) = \mathcal{L}\,[e^{-(5t)} \cdot u(5t)] = \frac{1}{5}\frac{1}{s/5+1} = \frac{1}{s+5}$$

(c) $h(t) = \cos t = \cos\left(\frac{1}{\omega} \cdot \omega t\right) u(t)$

$$H(s) = \mathcal{L}\,[\cos\left(\frac{1}{\omega} \cdot \omega t\right) u(t)] = \omega \mathcal{L} \cos \omega t \Big|_{s \to \omega s} = \omega \frac{\omega s}{(\omega s)^2 + \omega^2} = \frac{s}{s^2+1}$$

**실전문제 6-8**

함수의 시간 스케일링을 이용해 다음 함수를 라플라스 변환하라.

(a) $f(t) = 10 \cdot \delta(5t)$ (b) $g(t) = 10e^{-5t} \cdot u(5t)$ (c) $h(t) = \sin(10t) \cdot u(\omega t)$

## 6.4.3 시간 미분

임의의 함수 $f(t)$의 시간 미분time differentiation 함수의 라플라스 변환 함수는 다음과 같이 표현된다.

$$\mathcal{L}\left[\frac{d}{dt}f(t)\right] = sF(s) - f(0_+) \tag{6.15a}$$

이를 간단히 증명해보자.

$$\mathcal{L}\left[\frac{d}{dt}f(t)\right] = \int_{0_+}^{\infty}\left[\frac{d}{dt}f(t)\right]e^{-st}dt = f(t)e^{-st}\Big|_{0_+}^{\infty} - \int_{0_+}^{\infty} f(t)(-s)e^{-st} \cdot dt$$
$$= -f(0_+) + sF(s) = sF(s) - f(0_+)$$

또한 2차 미분에 대해서도 똑같이 적용하면 다음과 같다.

$$\mathcal{L}\left[\frac{d^2}{dt^2}f(t)\right] = s \cdot \mathcal{L}\left[\frac{d}{dt}f(t)\right] - f'(0_+) = s\{sF(s) - f(0_+)\} - f'(0_+)$$
$$= s^2F(s) - sf(0_+) - f'(0_+) \tag{6.15b}$$

이를 $n$차까지 확장하면 다음과 같다.

$$\mathcal{L}\left[\frac{d^n}{dt^n}f(t)\right] = s^nF(s) - s^{n-1}f(0_+) - s^{n-2}f'(0_+) - \cdots - f^{(n-1)}(0_+) \tag{6.15c}$$

**예제 6-9**

다음 관계식으로부터 델타 함수의 라플라스 변환 함수 $\mathcal{L}\,\delta(t)$를 구하라.

$$\delta(t) = \frac{d}{dt}u(t)$$

**풀이**

$$\mathcal{L}\,\delta(t) = s[\mathcal{L}\,u(t)] - u(0_-) = s \cdot \frac{1}{s} - 0 = 1$$

여기서 델타 함수의 라플라스 변환이므로 적분구간을 $[0_-,\ \infty]$로 해야 한다.

**실전문제 6-9**

다음 관계식으로부터 $g(t)$의 라플라스 변환 함수 $G(s)$를 구하라.

$$g(t) = \frac{1}{\omega} \cdot \frac{d}{dt}f(t),\ F(s) = \frac{\omega}{s^2+\omega^2},\ f(0) = 0$$

**예제 6-10**

$f(t) = \cos\omega t$인 경우, 만족하는 다음 관계식으로부터 코사인함수의 라플라스 변환 함수 $F(s)$를 구하라.

$$\frac{d^2}{dt^2}f(t) = -\omega^2 f(t),\ f(0) = 1,\ f'(0) = 0$$

**풀이**

$\mathcal{L}\left[\frac{d^2}{dt^2}f(t)\right] = s^2\mathcal{L}[f(t)] - sf(0) - f'(0)$이므로 $s^2F(s) - s = -\omega^2F(s)$이다.

즉 $F(s) = \frac{s}{s^2+\omega^2}$이다.

**실전문제 6-10**

$g(t)=\sin\omega t$인 경우, 만족하는 다음 관계식으로부터 함수 $G(s)$를 구하라.

$$\frac{d^2}{dt^2}\cdot g(t) = -\omega^2\cdot g(t),\ g'(0)=\omega,\ g(0)=0$$

## 6.4.4 시간 적분

임의의 함수 $g(t)$의 시간 적분함수time integration인 $f(t)$를 라플라스 변환한 함수 $F(s)$는 다음과 같이 표현된다. 여기서 $G(s) = \mathcal{L}\,g(t)$이다.

$$f(t) = \int_{-\infty}^{t} g(\tau)d\tau$$

$$F(s) = \frac{G(s)}{s} + \frac{\int_{-\infty}^{0} g(\tau)d\tau}{s} = \frac{G(s)}{s} + \frac{f(0)}{s} \tag{6.16a}$$

이를 간단히 증명해보자.

$$\begin{aligned}\mathcal{L}\,f(t) &= \int_{0}^{\infty}\left[\int_{-\infty}^{t} g(\tau)d\tau\right]e^{-st}\cdot dt \\ &= \int_{-\infty}^{t} g(\tau)d\tau\left(-\frac{1}{s}\right)e^{-st}\Bigg|_{0}^{\infty} - \int_{0}^{\infty} g(t)\left(-\frac{1}{s}\right)e^{-st}dt \\ &= \frac{\int_{-\infty}^{0} g(\tau)d\tau}{s} + \frac{G(s)}{s}\end{aligned}$$

$$\therefore\ F(s) = \frac{G(s)}{s} + \frac{\int_{-\infty}^{0} g(\tau)d\tau}{s} = \frac{G(s)}{s} + \frac{f(0)}{s}$$

한편 미분관계식으로부터 유도할 수도 있다.

$$g(t) = \frac{d}{dt}f(t),\quad f(0) = \int_{-\infty}^{0} g(t)dt$$

이를 라플라스 변환하면 다음과 같은 결과를 얻을 수 있다.

$$G(s) = sF(s) - f(0),\quad \therefore\ F(s) = \frac{G(s)}{s} + \frac{f(0)}{s}$$

이를 확장한 2차 적분함수인 경우는 다음과 같다.

$$\mathcal{L}\left[\int_0^t \int_0^\tau g(x)dx \cdot d\tau\right] = \frac{G(s)}{s^2} \tag{6.16b}$$

이를 간단히 증명해보자.

$f(t) = \int_0^t \int_0^\tau g(x)dx \cdot d\tau$라고 두면, 적분구간이 없으므로 $f(0) = 0$, $f'(0) = 0$가 된다.

$$\frac{d^2}{dt^2}f(t) = g(t)$$

$$s^2F(s) = G(s) \quad \rightarrow \quad F(s) = \frac{G(s)}{s^2}$$

이를 $n$차 적분으로 확장하면 다음과 같다.

$$\mathcal{L}\left\{\int_0^t \int_0^{t_1} \cdots \int_0^{t_{n-1}} f(\tau)\, d\tau dt_{n-1} \cdots dt_2\, dt_1\right\} = \frac{F(s)}{s^n} \tag{6.16c}$$

**예제 6-11**

적분 관계를 사용해 램프 함수 $r(t) = \int_0^t u(\tau)d\tau$의 라플라스 변환 함수 $R(s)$를 구하라.

**풀이**

$R(s) = \mathcal{L}\, r(t) = \frac{1}{s}\mathcal{L}\, u(t) = \frac{1}{s^2}$

**실전문제 6-11**

적분 관계를 사용해 지수함수 $g(t)$의 라플라스 변환 함수 $G(s)$를 구하라.

$$f(t) = Ae^{-\alpha t} \quad \rightarrow \quad g(t) = \int_0^t f(\tau)d\tau$$

### 6.4.5 주파수 미분

라플라스 함수를 주파수 미분한(s-영역에서의 미분) 함수와 시간영역에서의 함수 사이의 관계를 고찰해보자. 즉 $\frac{d}{ds}F(s)$와 $f(t)$의 관계를 알아보자.

$$\frac{d}{ds}F(s) = \frac{d}{ds}\int_0^\infty f(t)e^{-st} \cdot dt = \int_0^\infty f(t)\frac{d}{ds}(e^{-st}) \cdot dt = \int_0^\infty \{-tf(t)\}e^{-st}dt$$

그러므로 다음의 식이 성립한다.

$$\mathcal{L}[t \cdot f(t)] = -\frac{d}{ds}F(s) \tag{6.17a}$$

2차로 확장하면 다음과 같다.

$$\begin{aligned}\mathcal{L}[t^2 \cdot f(t)] &= \mathcal{L}[t \cdot tf(t)] = -\frac{d}{ds}[\mathcal{L}\,t \cdot f(t)] = -\frac{d}{ds}\left[-\frac{d}{ds}F(s)\right] \\ &= (-1)^2\frac{d^2}{ds^2}F(s)\end{aligned} \tag{6.17b}$$

이를 $n$차로 확장하면 다음과 같다.

$$\mathcal{L}[t^n \cdot f(t)] = (-1)^n\frac{d^n}{ds^n}F(s) \tag{6.17c}$$

**예제 6-12**

다음 함수의 라플라스 변환 함수를 구하라.

(a) $f(t) = t \cdot r(t)$ (b) $g(t) = t \cdot \sin\omega t$ (c) $h(t) = t^2 \cdot e^{-2t}$

**풀이**

(a) $F(s) = -\frac{d}{ds}[\mathcal{L}\,r(t)] = -\frac{d}{ds}\left(\frac{1}{s^2}\right) = -\left(-\frac{2}{s^3}\right) = \frac{2}{s^3}$

(b) $G(s) = -\frac{d}{ds}[\mathcal{L}\sin\omega t] = -\frac{d}{ds}\left(\frac{\omega}{s^2+\omega^2}\right) = \frac{2\omega s}{(s^2+\omega^2)^2}$

(c) $H(s) = \frac{d^2}{ds^2}[\mathcal{L}\,e^{-2t}] = \frac{d^2}{ds^2}\left(\frac{1}{s+2}\right) = \frac{2}{(s+2)^3}$

**실전문제 6-12**

다음 함수의 라플라스 변환 함수를 구하라.

(a) $f(t) = t^3u(t)$ (b) $g(t) = t \cdot \cos\omega t$ (c) $h(t) = t^n \cdot e^{-t}$

## 6.4.6 시간 이동

임의의 함수 $f(t)$를 시간축으로 $T$만큼 평행이동시킨 함수인 $g(t)$를 라플라스 변환한 함수 $G(s)$를 얻기 위해서는 먼저 $g(t)$의 함수를 구해야 한다. 라플라스 변환 함수는 $t<0$ 영역에서의 함수에 대해 적분을 하지 않기 때문에 이 영역에서의 함수값은 무의미하다. 그러나 시간축으로 평행이동한 함수인 $g(t)$의 라플라스 변환 함수를 구하는 경우는 $-T<t<0$ 영역에서 $f(t)$의 값이 의미가 있으므로, [그림 6-14]에서 보는 바와 같이 $t<0$ 영역에서 서로 다른 값을 갖는 함수 $f_1(t)$와 $f_2(t)$의 라플라스 변환 함수는 서로 같은 함수가 된다. 그러나 두 함수를 시간축으로 이동시킨 함수는 $t>0$ 영역에서 서로 다른 함수가 되므로 라플라스 변환된 함수 역시 달라질 것이다.

time shift

이와 같은 모순을 없애기 위해 $t<0$ 영역에서의 함수값을 0으로 둬야 한다. 따라서 함수 $f(t)$를 평행이동시키는 함수에 대해 논하지 않고, $f(t)\cdot u(t)$ 함수를 평행이동시키는 경우 [그림 6-15]에서 보는 바와 같이 $t<0$ 영역에서의 함수값을 고려할 필요가 없다.

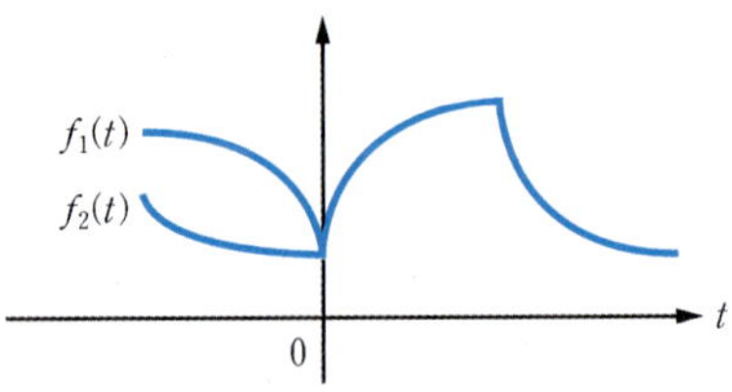


**[그림 6-14]** $t<0$ 영역에 함수값이 서로 다른 두 함수

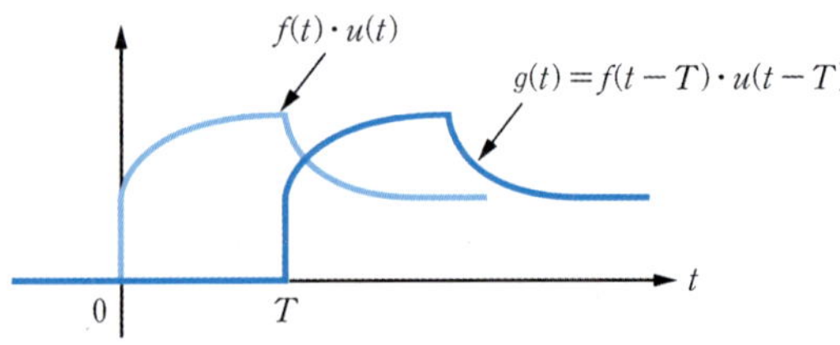


**[그림 6-15]** $f(t)\cdot u(t)$와 $g(t)$의 파형 관계

$F(s)=\mathcal{L}\,f(t)\cdot u(t)$인 경우, $G(s)$를 구하면 다음과 같다.

$$G(s)=\int_0^\infty g(t)e^{-st}dt=\int_0^\infty f(t-T)u(t-T)e^{-st}dt$$

$$\int_0^\infty f(t-T)u(t-T)e^{-st}dt=\int_T^\infty f(t-T)e^{-st}dt=\int_0^\infty f(t')e^{-s(t'+T)}dt'$$

$$G(s)=e^{-sT}\int_0^\infty f(t')e^{-st'}\cdot dt'=e^{-sT}F(s) \tag{6.18}$$

**예제 6-13**

다음과 같이 표현된 함수 $f(t)$의 라플라스 변환 함수 $F(s)$를 구하라.

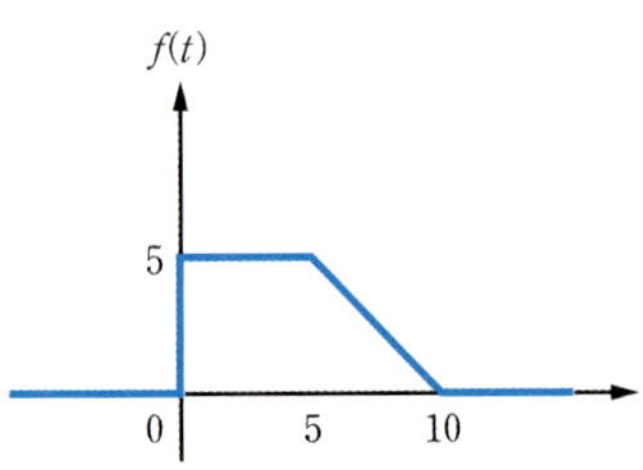


**[그림 6-16]** [예제 6-13]의 함수 파형

**풀이**

[그림 6-16]의 파형은 크기가 5인 단위 함수에서 $r(t-5)$ 인 함수를 뺀 후 다시 $r(t-10)$ 인 함수를 더하면 얻을 수 있으므로 함수 $f(t)$는 다음과 같이 표현된다.

$$f(t) = 5u(t) - r(t-5) + r(t-10)$$

이 함수를 라플라스 변환하면 다음 함수를 얻는다.

$$F(s) = \frac{5}{s} - e^{-5s}\frac{1}{s^2} + e^{-10s}\frac{1}{s^2} = \frac{5s - e^{-5s} + e^{-10s}}{s^2}$$

**실전문제 6-13**

다음과 같이 표현된 함수 $h(t)$의 라플라스 변환 함수 $H(s)$를 구하라.

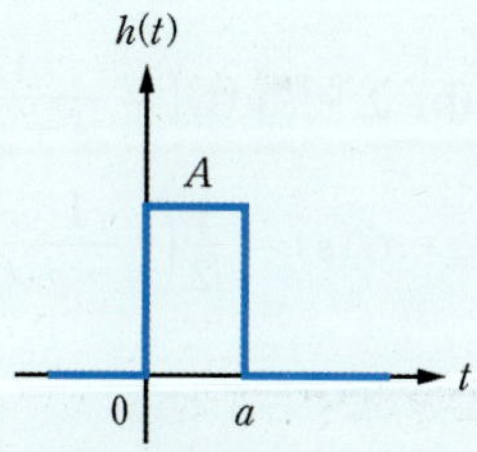


[그림 6-17]

## 6.4.7 주파수 이동

임의의 함수에 $e^{-at}$를 곱한 함수는 주파수영역에서 **주파수 축으로 평행이동**frequency shift한 함수가 된다. 즉 함수 $f(t)$를 주파수 축으로 $a$만큼 평행이동시킨 함수 $g(t)$는 식 (6.19a)와 같이 표현된다.

$$g(t) = e^{-at} \cdot f(t) \tag{6.19a}$$

한편 주파수 축으로 평행이동시킨 함수의 라플라스 변환은 다음과 같이 표현된다.

$$G(s) = F(s+a) \tag{6.19b}$$

이를 간단히 증명해보자.

$$G(s) = \int_0^{\infty} e^{-at} f(t) e^{-st} dt = \int_0^{\infty} f(t) e^{-(s+a)t} \cdot dt$$

$s+a$ 대신 $s'$을 대입해보자.

$$G(s) = \int_0^{\infty} f(t) e^{-s't} dt = F(s')$$

$s'$ 대신 다시 $s+a$를 대입하면 다음이 성립한다.

$$G(s) = F(s+a)$$

**예제 6-14**

다음 함수의 라플라스 변환 함수를 구하라.

(a) $f(t) = e^{-5t}u(t)$ (b) $g(t) = \cos\omega t \cdot u(t) = \dfrac{e^{j\omega t} + e^{-j\omega t}}{2} \cdot u(t)$

**풀이**

(a) $\mathcal{L}\, u(t) = \dfrac{1}{s}$ 이므로 $F(s) = \left.\dfrac{1}{s'}\right|_{s'=s+5} = \dfrac{1}{s+5}$ 이다.

(b) $\mathcal{L}\,[e^{j\omega t}u(t)] = \dfrac{1}{s - j\omega t}$, $\mathcal{L}\,[e^{-j\omega t}u(t)] = \dfrac{1}{s + j\omega t}$ 이므로

$$G(s) = \frac{1}{2}\left(\frac{1}{s - j\omega t} + \frac{1}{s + j\omega}\right) = \frac{s}{s^2 + \omega^2}$$ 이다.

**실전문제 6-14**

다음 함수의 라플라스 변환 함수를 구하라.

(a) $f(t) = e^{-3t} \cdot r(t)$ (b) $g(t) = e^{-10t} \cdot \sin 10t \cdot u(t)$

## 6.4.8 주기함수에 대한 라플라스 변환

[그림 6-18]과 같이 주기가 $T$인 주기함수의 표현은 식 (6.20a)와 같다.

$$f(t) = \sum_{n=0}^{\infty} f_1(t - nT) \qquad (6.20a)$$

여기서 $f_1(t)$는 [그림 6-19]와 같이 $t \le 0$ 영역과 $t \ge T$ 영역에서는 함수값이 0인 조건을 반드시 만족해야만 한다. 만약 위 조건을 만족하지 않는 함수인 경우, 함수에서 $u(t) - u(t-T)$를 곱해 위의 조건을 만족시켜야 한다.

$$f_1(t) = g(t)\{u(t) - u(t-T)\} \qquad (6.20b)$$

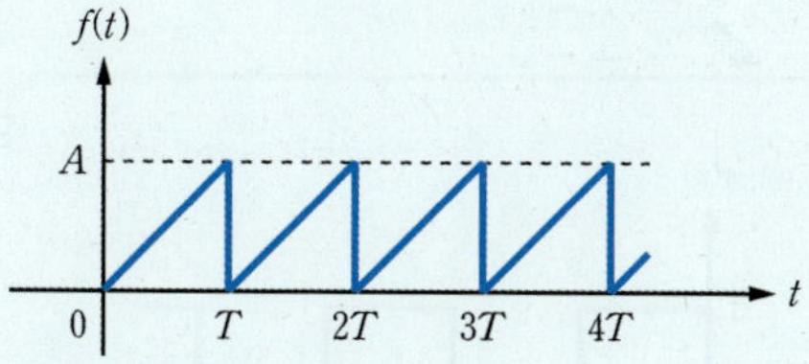


**[그림 6-18]** 주기함수의 파형

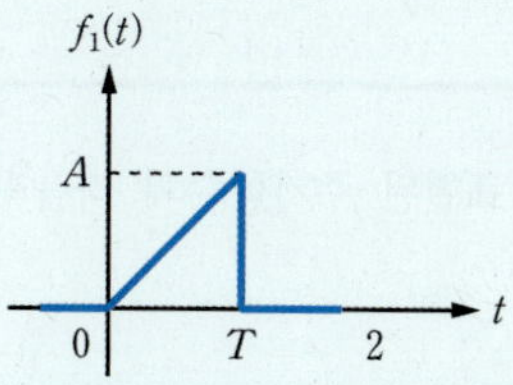


**[그림 6-19]** 주기함수에 사용되는 한 주기 동안의 파형

따라서 식 (6.20)의 주기함수를 라플라스 변환하면 다음과 같이 표현된다.

$$F(s) = \int_0^\infty \left[ \sum_{n=0}^{\infty} f_1(t-nT) \right] \cdot e^{-st} dt = \sum_{n=0}^{\infty} \int_0^\infty f_1(t-nT) \cdot e^{-st} dt$$

시간 이동에 대한 라플라스 성질을 이용하면 식 (6.21)을 얻을 수 있다.

$$\int_0^\infty f_1(t-nT) e^{-st} dt = e^{-nTs} \cdot F_1(s) \tag{6.21}$$

식 (6.21)과 무한급수의 합을 이용하면 다음 식을 얻을 수 있다.

$$F(s) = \sum_{n=0}^{\infty} \left[ e^{-nTs} \cdot F_1(s) \right] = \frac{F_1(s)}{1-e^{-Ts}} \tag{6.22}$$

**예제 6-15**

[그림 6-20]과 같이 표현된 주기함수의 라플라스 변환 함수를 구하라.

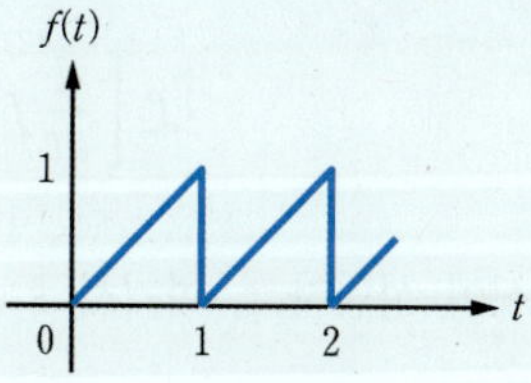


**[그림 6-20]** [예제 6-15]의 파형

**풀이**

구간 [0, 1]에서 함수 $g(t)$는 다음과 같이 표현된다.

$$g(t) = r(t)$$

따라서 한 주기 동안의 함수 $f_1(t)$는 다음과 같이 표현된다.

$$f_1(t) = r(t)[u(t) - u(t-1)] = r(t) - r(t-1) - u(t-1)$$

$f_1(t)$의 라플라스 변환 함수 $F_1(s)$를 구하면 다음과 같이 표현된다.

$$F_1(s) = \frac{1-e^{-s}(1+s)}{s^2}$$

따라서 주기함수 전체에 대한 라플라스 변환 함수 $F(s)$는 다음과 같이 표현된다.

$$F(s) = \frac{F_1(s)}{1-e^{-s}} = \frac{1-e^{-s}(1+s)}{s^2(1-e^{-s})}$$

**실전문제 6-15**

[그림 6-21]과 같이 표현된 주기함수의 라플라스 변환 함수를 구하라.

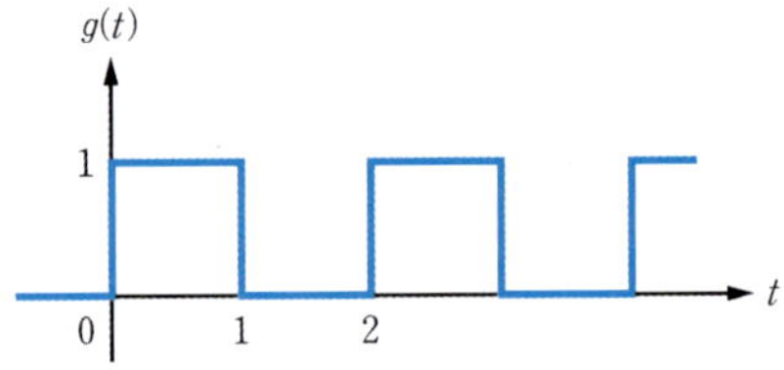


[그림 6-21]

이상으로 라플라스 변환에 사용되는 여덟 가지의 성질을 알아보았다. 이 외에도 라플라스 변환으로 회로를 해석할 때 쓰이는 두 가지 정리가 더 있다.

### 6.4.9 초깃값 정리

임의의 함수 $f(t)$의 초깃값은 라플라스 변환 함수 $F(s)$에 식 (6.23)의 초깃값 정리initial value theorem를 이용해 구할 수 있다.

$$\lim_{t \to 0} f(t) = \lim_{s \to \infty} sF(s) \tag{6.23}$$

이를 간단히 증명해보자.

$$\mathcal{L}\left[\frac{d}{dt}f(t)\right] = \int_{0_+}^{\infty} \frac{d}{dt}f(t)e^{-st}dt = sF(s) - f(0_+)$$

위 식이 성립하고, 여기서 $s \to \infty$로 수렴시키면 다음과 같다.

$$\lim_{s \to \infty} \int_{0}^{\infty} \frac{d}{dt}f(t)e^{-st}dt = 0$$

따라서 다음 식이 성립하는 것을 알 수 있다.

$$f(0_+) = \lim_{s \to \infty} sF(s)$$

### 예제 6-16

초깃값 정리를 이용해 $t=0$에서 다음 함수값을 구하라.

(a) $f(t)=\sin\omega t\cdot u(t)$　　(b) $g(t)=\cos\omega t\cdot u(t)$　　(c) $h(t)=u(t)$

**풀이**

(a) $F(s)=\dfrac{\omega}{s^2+\omega^2}\quad\rightarrow\quad\lim_{s\to\infty}sF(s)=0$

즉 $f(0)=0$가 된다. 이는 성립한다.

(b) $G(s)=\dfrac{s}{s^2+\omega^2}\quad\rightarrow\quad\lim_{s\to\infty}sG(s)=1$

즉 $g(0_+)=1$이 된다. 이는 성립한다.

(c) $H(s)=\dfrac{1}{s}\quad\rightarrow\quad\lim_{s\to 0}sH(s)=1$

즉 $u(0_+)=1$이 된다. 이는 성립한다.

### 실전문제 6-16

$t=0$에서 다음 함수값을 구하라.

(a) $H(s)=\dfrac{s+4}{s(s^2+3s+1)}$　　(b) $G(s)=\dfrac{s+2}{s^2}$　　(c) $F(s)=\dfrac{s(s^2+2s+4)}{5s^4+3s+1}$

## 6.4.10 최종값 정리

시간영역에서 미분한 함수의 라플라스 변환 함수를 구하면 다음과 같다.

$$\mathcal{L}\left[\frac{d}{dt}f(t)\right]=sF(s)-f(0)\qquad\cdots ①$$

$s\rightarrow 0$로 수렴시키면 다음과 같다.

$$\lim_{s\to 0}\mathcal{L}\left[\frac{d}{dt}f(t)\right]=\lim_{s\to 0}sF(s)-f(0)\qquad\cdots ②$$

또한 라플라스 변환 함수를 구하면 다음과 같다.

$$\mathcal{L}\left[\frac{d}{dt}f(t)\right] = \int_0^\infty \left[\frac{d}{dt}f(t)\right]e^{-st}dt = f(t)e^{-st}\Big|_0^\infty + s\int_0^\infty f(t)e^{-st}dt$$

$$\mathcal{L}\left[\frac{d}{dt}f(t)\right] = \lim_{t\to\infty} f(t)\cdot e^{-st} - f(0) + s\int_0^\infty f(t)e^{-st}dt \qquad \cdots ③$$

$s \to 0$로 수렴시키면 다음과 같다.

$$\lim_{s\to 0}\int_0^\infty \left[\frac{d}{dt}f(t)\right]e^{-st}dt = \lim_{t\to\infty} f(t) - f(0) \qquad \cdots ④$$

식 ②와 식 ④는 같은 값이므로 다음을 만족한다.

$$\lim_{s\to 0} sF(s) = \lim_{t\to\infty} f(t) \tag{6.24}$$

우선 식 (6.24)를 만족하기 위해서는 $sF(s) = 0$가 되는 근($sF(s)$의 극점)이 $s$ 평면의 좌측 반평면에만 존재해야 한다. 만약 $sF(s)$의 극점이 우측 반평면에 존재할 경우, 그에 해당하는 시간함수는 시간이 증가할수록 함수값이 증가하는 형태이므로 $t \to \infty$에서 함수값이 발산한다. 또한 극점이 허수축 상에 존재하면 크기가 일정하지만 정현파 신호처럼 진동oscillation인 파형이 되므로 $t \to \infty$에서 함수값이 일정한 값으로 수렴하지 않는다.

**예제 6-17**

최종값 정리를 이용해 $\lim_{t\to\infty} f(t)$를 구하라.

$$F(s) = \frac{s+3}{s(s+1)(s^2+2s+2)}$$

**풀이**

$sF(s)$의 극점을 구하면 $s = -1$과 $s = -1 \pm j$로 모두 좌측 반평면에 극점이 존재하므로 함수값이 수렴한다. 그러므로 $t \to \infty$에서 함수값을 구하면 다음과 같다.

$$\lim_{t\to\infty} f(t) = \lim_{s\to 0} sF(s) = \lim_{s\to 0}\frac{s+3}{(s+1)(s^2+2s+2)} = \frac{3}{2}$$

**실전문제 6-17**

최종값 정리를 이용해 $\lim_{t\to\infty} g(t)$를 구하라.

$$G(s) = \frac{s+3}{s(s+1)(s+3)}$$

**예제 6-18**

최종값 정리를 이용해 $h(\infty)$를 구하라. 단, $H(s) = \dfrac{s}{s^2 + \omega^2}$이다.

**풀이**

최종값을 구하면 다음과 같다.

$$\lim_{s \to 0} sH(s) = 0$$

그러므로 $\lim_{t \to \infty} h(t) = 0$로 수렴할 것으로 나타난다. 그러나 $sH(s)$의 극점을 구하면 $s = \pm j\omega$에서 존재하므로 '모든 극점이 좌측 반평면에 존재해야 한다'는 가정이 성립하지 않는다. 따라서 위 값은 정답이 될 수 없다. 실제로 $h(t)$를 구하면 $h(t) = \cos\omega t$이므로, $t = \infty$의 경우 함수값은 1과 $-1$ 사이를 진동한다. 따라서 $h(t)$는 수렴하지 않는다.

**실전문제 6-18**

최종값 정리를 이용해 $\lim_{t \to \infty} g(t)$를 구하라. 단, $G(s) = \dfrac{s+3}{s(s+1)(s^2+1)}$이다.

지금까지 살펴본 라플라스 변환의 여덟 가지의 성질과 두 가지의 유용한 정리는 표로 정리해 '부록 A.1'에 수록했다. 또한 기본적으로 알고 있으면 편리한 함수와 라플라스 변환 함수의 짝을 '부록 A.2'에 수록했다.

SECTION

# 6.5 역 라플라스 변환

시간영역의 함수를 라플라스 변환하거나, s-영역에서 연산을 처리한 함수는 라플라스 변환된 함수로 표현되어 있을 것이다. 이렇게 얻어진 라플라스 변환 함수를 다시 시간영역의 함수로 변환하는 작업을 역 라플라스 변환이라고 한다. 식 (6.1b)에 나타낸 수식적으로 역 라플라스 변환하는 방법은 그 계산이 복잡하다. 따라서 실제로는 식을 이용한 역 라플라스 변환을 하지 않고, '부록 A.1'에 수록한 라플라스 변환의 여덟 가지 성질을 이용해 역 라플라스 변환 함수를 구한다. 라플라스 변환 함수는 $s$에 대한 분수함수 형태로 나타난다. 이를 부분분수로 전개함으로써 역 라플라스 변환을 할 수 있다. 지금부터 부분분수 전개 방법과 역 라플라스 변환 함수를 얻는 방법에 대해 살펴보자.

## 6.5.1 단순근만 존재하는 경우

식 (6.25)에서 보는 바와 같이, 분모의 차수는 $n$이고 분자의 차수는 $m$으로 $n \geq m$의 관계를 만족해야만 함수 $F(s)$에 대응되는 시간영역에서의 함수가 존재한다.

$$F(s) = \frac{b_m s^m + b_{m-1} s^{m-1} + \cdots + b_1 s + b_0}{s^n + a_{n-1} s^{n-1} + a_{n-2} s^{n-2} + \cdots + a_1 s + a_0} \tag{6.25}$$

분자의 경우 차수가 분모의 차수보다 작거나 같아야 한다는 조건 외에 다른 조건은 없으나, 분모의 경우는 분모의 값이 0가 되는 $n$개의 근(극점)이 반드시 $s$평면의 좌측 반평면이나 허수축 상에 존재해야만 시간영역의 함수가 식 (6.2)를 만족하는 함수로 나타난다. 즉 우측 반평면에 근이 하나 이상이 존재하면 시간영역에서의 함수가 시간에 따라 지수함수적으로 증가해 라플라스 변환에 대한 조건인 식 (6.2)를 만족하지 못한다. 따라서 함수 $F(s)$의 모든 극점은 반드시 $s$평면의 좌측 반평면 혹은 허수축 상에만 존재해야 한다. 함수 $F(s)$의 극점을 나타내는 근이 단순근(실수이면서 근의 값이 서로 다른 경우)일 경우에 역 라플라스 변환하는 과정을 알아보자.

먼저 분모의 근을 구해서 인수분해를 하면 식 (6.26)과 같이 표현할 수 있다.

$$F(s) = \frac{N(s)}{D(s)} = \frac{N(s)}{\prod_{i=1}^{n}(s + p_i)} = \frac{N(s)}{(s + p_1)\cdots(s + p_i)\cdots(s + p_n)} \tag{6.26}$$

여기서 $p_i$는 실수이고 서로 다른 값을 갖는다. 또한 식 (6.26)은 식 (6.27)과 같이 $n$개 항의 부분분수로 표현할 수 있다.

$$F(s) = \sum_{i=1}^{n} \frac{A_i}{s+p_i} = \frac{A_1}{s+p_1} + \cdots + \frac{A_i}{s+p_i} + \cdots + \frac{A_n}{s+p_n} \tag{6.27}$$

여기서 $A_i$는 $F(s)$에 의해 결정되는 상수로 $A_i$는 다음과 같이 구해진다. 먼저 식 (6.27)의 양변에 $(s+p_i)$를 곱한다.

$$F(s)\cdot(s+p_i) = A_i + (s+p_i)\left(\frac{1}{s+p_1} + \cdots + \frac{1}{s+p_{i-1}} + \frac{1}{s+p_{i+1}} + \cdots + \frac{1}{s+p_n}\right)$$

양변에 $s = -p_i$를 대입하면 다음과 같이 $A_i$를 구할 수 있다.

$$A_i = F(s)(s+p_i)\big|_{s=-p_i}$$

따라서 함수 $F(s)$의 역 라플라스 변환을 구하면 다음과 같다. 여기서 $u(t)$를 곱한 이유는 $t>0$에서만 유효하기 때문이다.

$$f(t) = \mathcal{L}^{-1}\left[\sum_{i=1}^{n}\frac{A_i}{s+p_i}\right] = \sum_{i=1}^{n}\left(A_i e^{-p_i\cdot t}\right)\cdot u(t)$$

**예제 6-19**

함수 $F(s) = \dfrac{1}{(s+2)(s+3)}$을 역 라플라스 변환해 함수 $f(t)$를 구하라.

**풀이**

먼저 부분분수 전개를 하면 다음과 같다.

$$F(s) = \frac{A_1}{s+2} + \frac{A_2}{s+3}$$

여기서 각 계수를 구하면 다음과 같다.

$$A_1 = F(s)\cdot(s+2)\big|_{s=-2} = \frac{1}{s+3}\bigg|_{s=-2} = \frac{1}{(-2+3)} = 1$$

$$A_2 = F(s)\cdot(s+3)\big|_{s=-3} = \frac{1}{s+2}\bigg|_{s=-3} = \frac{1}{(-3+2)} = -1$$

따라서 $F(s)$는 다음과 같이 표현된다.

$$F(s) = \frac{1}{s+2} - \frac{1}{s+3}$$

이 식을 역 라플라스 변환하면 시간영역에서의 함수 $f(t)$를 구할 수 있다.

$$f(t) = \mathcal{L}^{-1}F(s) = (e^{-2t} - e^{-3t})u(t)$$

**실전문제 6-19**

함수 $G(s) = \dfrac{25s + 200}{(s+5)(s+10)(s+20)}$을 역 라플라스 변환해 함수 $g(t)$를 구하라.

## 6.5.2 중근이 존재하는 경우

식 (6.28)과 같이 $m$개의 단순근과 $(n-m)$개의 중근이 존재하는 경우에 역 라플라스 변환하는 방법을 살펴보자.

$$F(s) = \frac{N(s)}{\prod_{i=1}^{m}(s+p_i)\prod_{j=m+1}^{n}(s+p_j)^2} \tag{6.28}$$

식 (6.28)을 부분분수 전개를 하면 식 (6.29)와 같다.

$$F(s) = \sum_{i=1}^{m}\left(\frac{A_i}{s+p_i}\right) + \sum_{j=m+1}^{n}\left(\frac{B_{j1}}{s+p_j} + \frac{B_{j2}}{(s+p_j)^2}\right) \tag{6.29}$$

여기서 각 항의 계수를 구하면 단순근에 대한 계수는 앞 절에서 언급한 바와 동일한 방법으로 구할 수 있다.

$$A_i = (s+p_i)F(s)\big|_{s=-p_i}$$

한편 중근에 대한 계수를 구하기 위해서는 다음과 같이 먼저 식 (6.29)의 양변에 $(s+p_k)^2$을 곱한다.

$$(s+p_k)^2 \cdot F(s) = (s+p_k)^2 \cdot D(s) + B_{k1}(s+p_k) + B_{k2} \tag{6.30}$$

여기서 $D(s) = \sum_{i=1}^{m}\left(\frac{A_i}{s+p_i}\right) + \sum_{j=m+1}^{n}\left(\frac{B_{j1}}{s+p_j} + \frac{B_{j2}}{(s+p_j)^2}\right)\Bigg|_{j \neq k}$ 이다. 식 (6.30)에 $s = -p_k$를 대입하면 우변에는 $B_{k2}$ 항만 남는다. 그러므로 $B_{k2}$를 구할 수 있다.

$$B_{k2} = (s+p_k)^2 \cdot F(s)\big|_{s=-p_k}$$

$B_{k1}$을 구하기 위해 식 (6.30)의 양변을 미분하면 다음을 얻는다.

$$\frac{d}{ds}\left[(s+p_k)^2 \cdot F(s)\right] = 2(s+p_k) \cdot D(s) + (s+p_k)^2 \cdot \frac{d}{ds}D(s) + B_{k1}$$

양변에 $s = -p_k$를 대입하면 $B_{k1}$을 구할 수 있다.

$$B_{k1} = \frac{d}{ds}\left[(s+p_k)^2 \cdot F(s)\right]\Bigg|_{s=-p_k}$$

부분분수 전개가 완료되면 함수 $F(s)$의 역 라플라스 변환을 할 수 있고, 그 결과는 다음과 같다.

$$f(t) = \mathcal{L}^{-1}F(s) = \left[\sum_{i=1}^{m} A_i e^{-p_i t} + \sum_{j=m+1}^{n}\left(B_{j1}e^{-p_j t} + B_{j2}te^{-p_j t}\right)\right]\cdot u(t)$$

## 예제 6-20

함수 $F(s) = \dfrac{1}{(s+1)^2(s+2)^2}$을 역 라플라스 변환하라.

**풀이**

먼저 부분분수 전개를 하면 다음을 얻는다.

$$F(s) = \frac{A_1}{s+1} + \frac{B_2}{s+2} + \frac{B_3}{(s+2)^2}$$

여기서 각 계수를 구하면 다음과 같다.

$$A_1 = (s+1)F(s)\big|_{s=-1} = \frac{1}{(s+2)^2}\bigg|_{s=-1} = 1$$

$$B_3 = (s+2)^2F(s)\big|_{s=-2} = \frac{1}{s+1}\bigg|_{s=-2} = -1$$

$$B_2 = \frac{d}{ds}\left[(s+2)^2F(s)\right]\bigg|_{s=-2} = -\frac{1}{(s+1)^2}\bigg|_{s=-2} = -1$$

함수 $F(s)$를 부분분수꼴로 표현하면 다음과 같다.

$$F(s) = \frac{1}{s+1} - \frac{1}{s+2} - \frac{1}{(s+2)^2}$$

이 식을 역 라플라스 변환하면 다음을 얻는다.

$$f(t) = \mathcal{L}^{-1}F(s) = \{e^{-t} - (1+t)e^{-2t}\}\cdot u(t)$$

한편 $B_2$를 구하는 또 다른 방법은 $A_1$과 $B_3$를 대입한 후 통분하는 것이다.

$$F(s) = \frac{1}{s+1} - \frac{1}{(s+2)^2} + \frac{B_2}{s+2} = \frac{(1+B_2)s^2 + 3(1+B_2)s + 3 + 2B_2}{(s+1)(s+2)^2}$$

즉 이 식은 주어진 식과 $s$에 대한 항등식이므로 $B_2 = -1$을 얻는다. 여기서 항의 숫자가 많을 경우 통분하기가 복잡하기 때문에 미분해서 구한 첫 번째 방법이 보다 간단할 수 있다. 그러나 항의 숫자가 작아 통분하기가 간단하면 이 방법으로 구하는 것이 나을 것이다.

### 실전문제 6-20

함수 $G(s)=\dfrac{s^2+8s+11}{(s+1)(s+2)(s+3)^2}$ 을 역 라플라스 변환하라.

### 예제 6-21

함수 $F(s)=\dfrac{1}{(s+1)(s+2)^2}$ 을 역 라플라스 변환하라.

**풀이**

먼저 부분분수 전개를 하면 다음을 얻는다.

$$F(s)=\frac{A_1}{s+1}+\frac{A_2}{(s+1)^2}+\frac{B_1}{s+2}+\frac{B_2}{(s+2)^2}$$

여기서 각 계수를 구하면 다음과 같다.

$$A_1=\frac{d}{ds}(s+1)^2F(s)\bigg|_{s=-1}=\frac{d}{ds}(s+2)^{-2}\bigg|_{s=-1}=\frac{-2}{(s+2)^3}\bigg|_{s=-1}=-2$$

$$A_2=(s+1)^2F(s)\mid_{s=-1}=\frac{1}{(s+2)^2}\bigg|_{s=-1}=1$$

$$B_1=\frac{d}{ds}(s+2)^2F(s)\bigg|_{s=-2}=\frac{d}{ds}(s+1)^2\bigg|_{s=-2}=\frac{-2}{(s+1)^3}\bigg|_{s=-2}=2$$

$$B_2=(s+2)^2F(s)\mid_{s=-2}=\frac{1}{(s+1)^2}\bigg|_{s=-2}=1$$

부분분수 전개된 $F(s)$는 다음과 같다.

$$F(s)=-\frac{2}{s+1}+\frac{1}{(s+1)^2}+\frac{2}{s+2}+\frac{1}{(s+2)^2}$$

이 식을 역 라플라스 변환하면 다음을 얻는다.

$$f(t)=\{(t-2)e^{-t}+(t+2)e^{-2t}\}\cdot u(t)$$

### 실전문제 6-21

함수 $G(s)=\dfrac{1}{(s+2)^2(s+3)^2}$ 을 역 라플라스 변환하라.

### 6.5.3 다중근이 존재하는 경우

식 (6.31)과 같이 다중근이 존재하는 경우의 역 라플라스 변환 방법은 앞에서 설명한 것과 같다(부분분수 전개 후 역 라플라스 변환).

$$F(s) = \frac{N(s)}{(s+p)^n} \tag{6.31}$$

먼저 부분분수는 식 (6.32)와 같이 전개된다.

$$F(s) = \sum_{i=1}^{n} \frac{A_i}{(s+p)^i} \tag{6.32}$$

여기서 다음과 같은 과정으로 $A_i$를 구할 수 있다.

$$(s+p)^n \cdot F(s) = A_n + \sum_{i=1}^{n-1} A_i (s+p)^{n-i}$$

$$A_i = \frac{1}{(n-i)!} \cdot \frac{d^{n-i}}{ds^{n-i}} (s+p)^n F(s) \Big|_{s=-p}$$

**예제 6-22**

함수 $F(s) = \dfrac{s^3 + s^2 - 2s}{(s+1)^4}$를 역 라플라스 변환하라.

**풀이**

부분분수 전개를 하면 다음을 얻는다.

$$F(s) = \frac{A_1}{s+1} + \frac{A_2}{(s+1)^2} + \frac{A_3}{(s+1)^3} + \frac{A_4}{(s+1)^4}$$

각 항의 계수를 구하면 다음과 같다.

$$A_4 = (s+1)^4 F(s)\Big|_{s=-1} = s^3 + s^2 - 2s\Big|_{s=-1} = 2$$

$$A_3 = \frac{d}{ds}\left[(s+1)^4 F(s)\right]\Big|_{s=-1} = 3s^2 + 2s - 2\Big|_{s=-1} = -1$$

$$A_2 = \frac{1}{2}\frac{d^2}{ds^2}\left[(s+1)^4 F(s)\right]\Big|_{s=-1} = 3s + 1\Big|_{s=-1} = -2$$

$$A_1 = \frac{1}{3!}\frac{d^3}{ds^3}\left[(s+1)^4 F(s)\right]\Big|_{s=-1} = \frac{6}{3!} = 1$$

따라서 부분분수 전개된 $F(s)$는 다음과 같다.

$$F(s) = \frac{1}{s+1} - \frac{2}{(s+1)^2} - \frac{1}{(s+1)^3} + \frac{2}{(s+1)^4}$$

이 식을 역 라플라스 변환하면 다음을 얻는다.

$$f(t) = e^{-t}\left(1 - 2t - \frac{1}{2}t^2 + \frac{1}{3}t^3\right) \cdot u(t)$$

**실전문제 6-22**

함수 $G(s) = \dfrac{s^2 + 3s}{(s+2)^3}$를 역 라플라스 변환하라.

여기에서는 다중근이 존재하는 경우만 다뤘지만 세 가지 형태(단순근, 중근, 다중근) 모두 존재할 경우에도 앞에서 언급한 세 가지 방법을 병렬로 처리하면 된다. 한 가지 알아둘 것은 회로에서 사용되는 역 라플라스 변환은 일반적으로 분모의 차수가 3차 혹은 4차까지만 있고, 5차 이상은 거의 나타나지 않으므로 단순근과 다중근이 동시에 존재하는 경우는 거의 발생하지 않는다는 점이다.

## 6.5.4 복소근이 존재하는 경우

식 (6.33)과 같이 복소근을 극점으로 갖는 함수에 대한 역 라플라스 변환 방법은 두 가지가 있다.

❶ 복소근을 단순근으로 처리하는 방법

$$F(s) = \frac{N(s)}{(s+\alpha)^2 + \beta^2} \tag{6.33}$$

먼저 복소근을 단순근으로 처리하는 방법이다. 식 (6.33)을 복소수로 인수분해하면 다음을 얻는다.

$$F(s) = \frac{N(s)}{(s+\alpha+j\beta)(s+\alpha-j\beta)} = \frac{A_1}{s+\alpha+j\beta} + \frac{A_2}{s+\alpha-j\beta}$$

여기서 분모가 서로 공액복소수이므로 $A_1$과 $A_2$는 서로 공액복소수가 되어야 $f(t)$가 실함수가 된다. 따라서 $A_1$을 구한 후 $A_1$의 공액복소수를 구하면 된다. 위 식을 역 라플라스 변환하면 다음과 같다.

$$f(t) = \mathcal{L}^{-1}F(s) = \left[A_1 \cdot e^{-(\alpha+j\beta)t} + A_1^* e^{-(\alpha-j\beta)t}\right] \cdot u(t)$$

여기서 오일러Euler 공식[3]을 사용하면 다음과 같이 표현된다.

$$f(t) = (C_1 \cdot \cos\beta t + C_2 \cdot \sin\beta t) \cdot e^{-\alpha t} \cdot u(t)$$

3 오일러 공식 : $e^{j\omega t} = \cos\omega t + j\sin\omega t$

여기서 $C_1$, $C_2$는 $A_1$, $A_1^*$에 의해 결정되는 상수이다.

❷ 완전제곱식으로 표현하는 방법

식 (6.33)을 완전제곱식으로 표현하면 다음과 같다.

$$F(s) = \frac{N(s)}{(s+\alpha)^2+\beta^2} = C_1 \cdot \frac{s+\alpha}{(s+\alpha)^2+\beta^2} + C_2 \cdot \frac{\beta}{(s+\alpha)^2+\beta^2}$$

여기서 $C_1$과 $C_2$를 구해보자. 양변에 $(s+\alpha)^2+\beta^2$을 곱한 후 복소근인 $s=-\alpha \pm j\beta$ 중 하나를 대입하면 다음과 같다.

$$N(s)|_{s=-\alpha \mp j\beta} = C_1(-\alpha \mp j\beta) + \alpha C_1 + \beta C_2$$

양변의 실수부와 허수부가 같아야 하므로 $C_1$과 $C_2$를 구할 수 있다. 이를 역 라플라스 변환하면 다음과 같다.

$$f(t) = (C_1 \cdot \cos\beta t + C_2 \cdot \sin\beta t) \cdot e^{-\alpha t} \cdot u(t)$$

여기서 $C_1$과 $C_2$는 $N(s)$에 의해 결정되는 상수이다.

**예제 6-23**

복소근을 극점으로 갖는 함수 $F(s) = \dfrac{2}{s(s^2+2s+2)}$를 역 라플라스 변환하라.

**풀이**

먼저 복소수로 인수분해하면 다음과 같다.

$$F(s) = \frac{2}{s(s+1+j)(s+1-j)} = \frac{A_1}{s} + \frac{A_2}{s+1+j} + \frac{A_3}{s+1-j}$$

$$A_1 = s \cdot F(s)|_{s=0} = 1$$

$$A_2 = (s+1+j) \cdot F(s)|_{s=-1-j} = \frac{2}{(-1-j)(-1-j+1-j)} = -\frac{1}{2} - \frac{j}{2}$$

$$A_3 = A_2^* = -\frac{1}{2} + \frac{j}{2}$$

$$F(s) = \frac{1}{s} - \frac{1}{2}\left(\frac{1}{s+1+j} + \frac{1}{s+1-j}\right) - \frac{j}{2}\left(\frac{1}{s+1+j} - \frac{1}{s+1-j}\right)$$

따라서 역 라플라스 변환하고 오일러의 공식을 사용하면 다음과 같다.

$$\begin{aligned} f(t) &= \left(1 - e^{-t} \cdot \frac{e^{jt}+e^{-jt}}{2} + e^{-t} \cdot \frac{e^{-jt}-e^{jt}}{j2}\right) \cdot u(t) \\ &= \{1 - e^{-t}(\cos t + \sin t)\} \cdot u(t) \end{aligned}$$

## 실전문제 6-23

함수 $G(s)=\dfrac{2s+6}{(s+1)(s^2+2s+5)}$ 을 역 라플라스 변환하라.

## 예제 6-24

함수 $F(s)=\dfrac{8}{s(s^2+4s+8)}$ 을 역 라플라스 변환하라.

### 풀이

주어진 식을 완전제곱식으로 표현해보자.

$$F(s)=\frac{8}{s\{(s+2)^2+4\}}=\frac{A_1}{s}+\frac{B_1s+B_2}{(s+2)^2+4} \quad \cdots ①$$

$$A_1=sF(s)=\left.\frac{8}{(s+2)^2+4}\right|_{s=0}=1$$

식 ①의 좌변에 $(s^2+4s+8)$을 곱한 후 $s^2+4s+8=0$가 되는 하나의 근 $s=-2+j2$를 대입하면 다음과 같다.

$$(s^2+4s+8)F(s)|_{s=-2+j2}=\left.\frac{8}{s}\right|_{s=-2+j2}=\frac{8}{-2+j2}$$

식 ①의 우변에 $(s^2+4s+8)$을 곱한 후 $s=-2+j2$를 대입해도 두 값은 같아야 한다.

$$B_1(-2+j2)+B_2=\frac{8}{-2+j2}=-2-j2$$

그러므로 $B_1=-1$, $B_2=-4$가 된다.

$$F(s)=\frac{1}{s}-\frac{s+2}{(s+2)^2+4}-\frac{2}{(s+2)^2+4}$$

역 라플라스 변환을 하면 다음을 얻는다.

$$f(t)=[1-e^{-2t}(\cos 2t+\sin 2t)\}\cdot u(t)$$

## 실전문제 6-24

함수 $G(s)=\dfrac{-s-2}{(s+3)(s^2+6s+10)}$ 를 역 라플라스 변환하라.

SECTION 6.6

# 라플라스 변환의 응용

라플라스 변환은 미분방정식의 해를 구할 때, 회로를 해석할 때 이용할 수 있다. 또한 노드방정식이나 루프방정식으로부터 만들어지는 미분방정식을 풀기 위해 라플라스 변환을 이용할 수도 있다. 여기서는 미분방정식의 해를 구하는 방법에 대해서만 다루고 회로 해석에 응용하는 방법은 다음 장에서 살펴볼 것이다.

미분방정식 중에서도 풀이가 용이한 선형 미분방정식을 라플라스 변환하면 $s$에 대한 고차 방정식을 얻을 수 있다. 얻어진 고차 방정식의 해를 구해 역 라플라스 변환을 함으로써 미분방정식의 해를 구할 수 있다.

다음 예제들을 통해 라플라스 변환을 활용해 미분방정식의 해를 구하는 방법을 살펴보자.

**예제 6-25**

라플라스 변환을 이용해 $t > 0$ 영역에서 미분방정식의 해를 구하라.

$$\frac{dx(t)}{dt} + 2x(t) = 6u(t),\ x(0) = 4$$

**풀이**

주어진 미분방정식을 라플라스 변환하면 다음과 같다.

$$sX(s) - x(0) + 2X(s) = \frac{6}{s}$$

$$\therefore\ X(s) = \frac{4s+6}{s(s+2)} = \frac{3}{s} + \frac{1}{s+2}$$

이 식을 역 라플라스 변환하면 다음을 얻는다.

$$x(t) = (3 + e^{-2t}) \cdot u(t)$$

## 예제 6-26

다음 미분방정식의 해를 구하라.

$$\frac{dx(t)}{dt} + x(t) = 5\cos 2t \cdot u(t), \quad x(0) = 3$$

**풀이**

주어진 미분방정식을 라플라스 변환하면 다음과 같다.

$$sX(s) - x(0) + X(s) = \frac{5s}{s^2+4}$$

$$\therefore \; X(s) = \frac{3s^2 + 5s + 12}{(s+1)(s^2+4)} = \frac{2}{s+1} + \frac{s+4}{s^2+4}$$

이 식을 역 라플라스 변환하면 다음을 얻는다.

$$x(t) = (2e^{-t} + \cos 2t + 2\sin 2t) \cdot u(t)$$

## 예제 6-27

다음 선형 미분방정식의 해를 구하라.

$$\frac{d^2v(t)}{dt^2} + 5\frac{dv(t)}{dt} + 6v(t) = 6u(t), \quad v(0) = 1, \quad v'(0) = 2$$

**풀이**

주어진 미분방정식을 라플라스 변환하면 다음과 같다.

$$s^2V(s) - sv(0) - v'(0) + 5sV(s) - 5v(0) + 6V(s) = \frac{6}{s}$$

이를 정리하면 다음과 같다.

$$V(s) = \frac{\frac{6}{s} + s + 7}{(s+2)(s+3)} = \frac{s^2 + 7s + 6}{s(s+2)(s+3)}$$

이를 부분분수 전개하면 다음과 같다.

$$V(s) = \frac{1}{s} + \frac{2}{s+2} - \frac{2}{s+3}$$

이 식을 역 라플라스 변환하면 다음을 얻는다.

$$v(t) = (1 + 2e^{-2t} - 2e^{-3t}) \cdot u(t)$$

### 예제 6-28

다음 미분방정식의 해를 구하라.

$$\frac{d^2 v(t)}{dt^2} + 4\frac{dv(t)}{dt} + 4v(t) = e^{-t} \cdot u(t), \quad v(0) = 1, \quad \dot{v}(0) = 1$$

**풀이**

주어진 미분방정식을 라플라스 변환하면 다음과 같다.

$$s^2 V(s) - sv(0) - v'(0) + 4sV(s) - 4v(0) + 4V(s) = \frac{1}{s+1}$$

이를 정리하면 다음과 같다.

$$V(s) = \frac{s^2 + 6s + 6}{(s+1)(s+2)^2}$$

이를 부분분수 전개하면 다음과 같다.

$$V(s) = \frac{1}{s+1} + \frac{2}{(s+2)^2}$$

이 식을 역 라플라스 변환하면 다음을 얻는다.

$$v(t) = (e^{-t} + 2t \cdot e^{-2t}) \cdot u(t)$$

### 예제 6-29

다음 미분방정식의 해를 구하라.

$$\frac{d^2 v(t)}{dt^2} + 2\frac{dv(t)}{dt} + 2v(t) = 2u(t), \quad v(0) = 0, \quad \dot{v}(0) = 0$$

**풀이**

주어진 미분방정식을 라플라스 변환하면 다음과 같다.

$$s^2 V(s) - sv(0) - v'(0) + 2sV(s) - 2v(0) + 2V(s) = \frac{2}{s}$$

이를 정리하면 다음과 같다.

$$V(s) = \frac{2}{s(s^2 + 2s + 2)}$$

이를 부분분수 전개하면 다음과 같다.

$$V(s) = \frac{1}{s} - \frac{s+1}{(s+1)^2 + 1} - \frac{1}{(s+1)^2 + 1}$$

이 식을 역 라플라스 변환하면 다음을 얻는다.

$$v(t) = \{1 - e^{-t}(\cos t + \sin t)\} \cdot u(t)$$

**예제 6-30**

다음 미분방정식의 해를 구하라.

$$\frac{dy(t)}{dt} + 5y(t) + 6\int_0^t y(\tau)d\tau = 6u(t),\ y(0) = 1$$

**풀이**

주어진 미분방정식을 라플라스 변환하면 다음과 같다.

$$sY(s) - y(0) + 5Y(s) + \frac{6}{s}Y(s) = \frac{6}{s}$$

이를 정리하면 다음과 같다.

$$Y(s) = \frac{s+6}{(s+2)(s+3)} = \frac{4}{s+2} - \frac{3}{s+3}$$

이 식을 역 라플라스 변환하면 다음을 얻는다.

$$y(t) = (4e^{-2t} - 3e^{-3t}) \cdot u(t)$$

**실전문제 6-25**

다음 미분방정식의 해를 구하라.

(a) $\dfrac{dx(t)}{dt} + 4x(t) = 6e^{-t} \cdot u(t),\ x(0) = 3$

(b) $\dfrac{d}{dt}v(t) + 2v(t) = 2\sin t \cdot u(t),\ v(0) = 2$

(c) $\dfrac{d^2v(t)}{dt^2} + 3\dfrac{dv(t)}{dt} + 2v(t) = 10e^{-3t} \cdot u(t),\ v(0) = \dot{v}(0) = 0$

(d) $\dfrac{d^2v(t)}{dt^2} + 2v(t) + v(t) = 4u(t),\ v(0) = 1,\ \dot{v}(0) = 1$

(e) $\dfrac{d^2v(t)}{dt^2} + 4\dfrac{dv(t)}{dt} + 8v(t) = 16u(t),\ v(0) = 0,\ \dot{v}(0) = 0$

(f) $\dfrac{dy(t)}{dt} + 3y(t) + 2\int_0^t y(\tau)d\tau = 4e^{-4t}u(t),\ y(0) = 2$

**6.1** 다음 함수의 라플라스 변환 함수를 구하라. 단, 라플라스 변환의 성질을 이용하지 않고 라플라스 변환의 정의로 표현된 적분식을 사용해 풀어라.

(a) $g(t) = e^{-3t} \cdot u(t)$  (b) $f(t) = tu(t)$  (c) $h(t) = \cos 5t \cdot u(t)$

**6.2** 다음 함수의 라플라스 변환 함수를 구하라. 단, 라플라스 변환의 성질을 이용하지 않고 라플라스 변환의 정의로 표현된 적분식을 사용해 풀어라.

(a) $g(t) = 3\delta(t)$  (b) $f(t) = 2r(t-3)$

(c) $h(t) = e^{-3t} \cdot u(t-2)$  (d) $v(t) = \sin(t-2) \cdot u(t-2)$

**6.3** 라플라스 변환의 성질을 이용해 다음 함수를 라플라스 변환하라.

(a) $f(t) = e^{-3t} \cdot \sin 2t \cdot u(t)$  (b) $g(t) = t \cdot e^{-2t} \cdot u(t-2)$

(c) $h(t) = e^{-3t} \cdot t \cdot u(t)$

**6.4** 라플라스 변환의 성질을 이용해 다음 함수를 라플라스 변환하라.

(a) $f(t) = e^{-2t} \cdot \cos 2t \cdot u(t) + e^{-3t} \int_0^t \tau \cdot d\tau$

(b) $f(t) = t \cdot e^{-3t} \cdot \cos 10t \cdot u(t)$

(c) $g(t) = te^{-4t} \cdot u(t) + te^{-3(t-1)} \cdot u(t-1)$

(d) $f(t) = e^{-3t} \cdot \sin 2(t-1) \cdot u(t-1)$

**6.5** 다음 함수의 라플라스 변환식을 구하라.

(a) $g(t) = e^{-3t} \cdot \cos 10t \cdot u(t)$

(b) $f(t) = 3\delta(t) + \frac{d}{dt}(t^2 e^{-5t})u(t)$

(c) $f(t) = e^{-2t} \cdot \cos 2t \cdot u(t) + e^{-3t} \cdot r(t)$

(d) $f(t) = \sum_{n=0}^{\infty} \{u(t-2n) - u(t-2n-1)\}$

**6.6** 다음 주기함수 $f(t)$의 라플라스 변환식을 구하라.

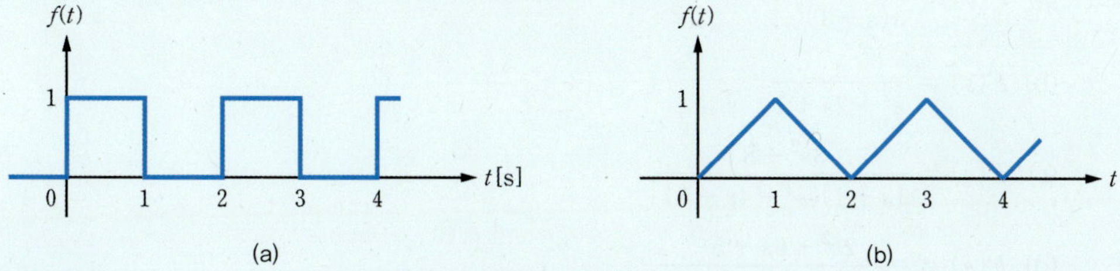


**[문제 6.6]**

**6.7** 다음 파형에 대한 함수 $f(t)$의 라플라스 변환식을 구하라.

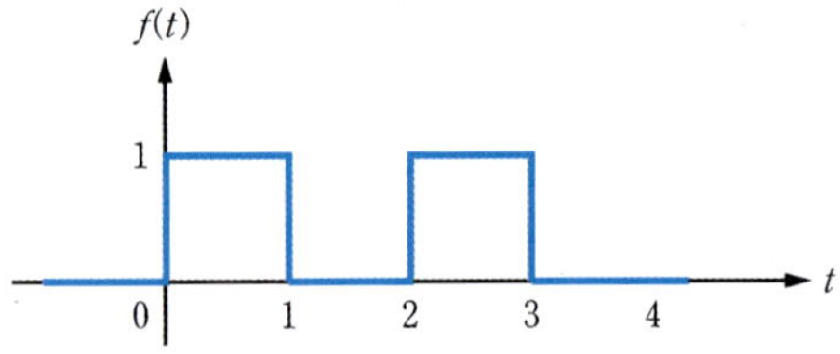


(a)

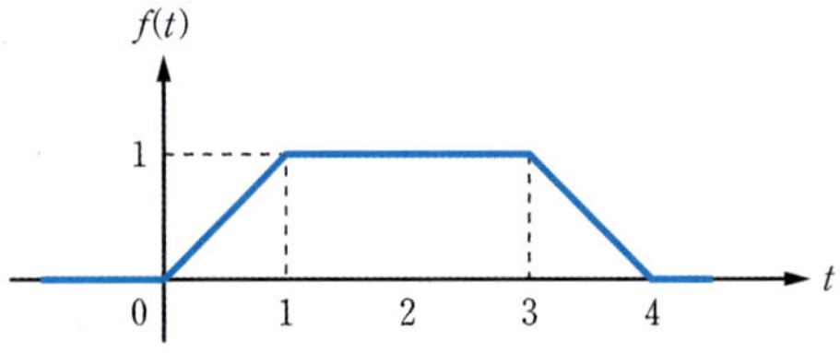


(b)

**[문제 6.7]**

**6.8** 다음 라플라스 변환 함수 $F(s)$로부터 함수 $f(t)$의 초깃값과 최종값을 구하라. 또한 역 라플라스 변환 함수 $f(t)$를 구하여 그 값을 비교해보라.

(a) $F(s) = \dfrac{s^2+4}{s(s+1)^2}$

(b) $F(s) = \dfrac{4}{(s+1)(s^2+2s+2)}$

(c) $F(s) = \dfrac{4}{s(s+1)(s^2+1)}$

**6.9** 다음 함수 $F(s)$의 역 라플라스 변환 함수 $f(t)$를 구하라.

(a) $F(s) = \dfrac{(s+6)}{s(s+1)(s+2)}$

(b) $F(s) = \dfrac{(s+2)e^{-2s}}{s(s+1)}$

(c) $F(s) = \dfrac{(s+8)}{s(s+1)(s+4)}$

(d) $F(s) = \dfrac{(s+9)(1-e^{-3s})}{s(s+1)(s+3)}$

**6.10** 다음 함수 $F(s)$를 역 라플라스 변환하라.

(a) $F(s) = \dfrac{s+4}{s(s+1)^2}$

(b) $F(s) = \dfrac{s}{s^2+2s+1}$

(c) $F(s) = \dfrac{3s^2+8}{(s+1)(s^2+4s+4)}$

(d) $F(s) = \dfrac{2s^2+6s+5}{(s+2)(s^2+6s+9)}$

**6.11** 다음 함수 $F(s)$를 역 라플라스 변환하라.

(a) $F(s) = \dfrac{(s+2)}{(s^2+2s+1)^2}$

(b) $F(s) = \dfrac{3s^2+6}{(s+1)^2(s^2+4s+4)}$

(c) $F(s) = \dfrac{3s^2+7}{(s+1)(s^2+6s+9)(s+5)}$

(d) $F(s) = \dfrac{(s+1)^2}{s(s+3)^3}$

**6.12** 다음 함수 $F(s)$를 역 라플라스 변환하라.

(a) $F(s) = \dfrac{4}{(s+1)(s^2+4s+5)}$

(b) $F(s) = \dfrac{4s^2+26}{s(s+1)(s^2+4s+13)}$

(c) $F(s) = \dfrac{s+8}{(s^2+2s+2)(s^2+4s+8)}$

(d) $F(s) = \dfrac{3s^2+3}{(s+1)^2(s^2+4s+5)}$

**6.13** 라플라스 변환식을 이용해 다음 미분방정식의 해를 구하라.

(a) $\dfrac{d}{dt}i(t) + 5i(t) = 0$ (단, $i(0) = 2$)

(b) $\dfrac{d}{dt}i(t) + 10i(t) = 5u(t)$ (단, $i(0) = 0$)

(c) $\dfrac{d}{dt}i(t) + 5i(t) = 2u(t)$ (단, $i(0) = 2$)

(d) $2\dfrac{d}{dt}i(t) + 4i(t) = 2r(t)$ (단, $i(0) = 5$)

**6.14** 라플라스 변환식을 이용해 다음 미분방정식의 해를 구하라.

(a) $\dfrac{d}{dt}v(t) + 4v(t) = 48 \cdot r(t)$ (단, $v(0) = 0$)

(b) $\dfrac{d}{dt}v(t) + 2v(t) = \sin 4t \cdot u(t)$ (단, $v(0) = 0$)

(c) $\dfrac{d}{dt}v(t) + 4v(t) = 5e^{-2t}\cos 2t \cdot u(t)$ (단, $v(0) = 0$)

**6.15** 라플라스 변환식을 이용해 다음 미분방정식의 해를 구하라.

(a) $\frac{d^2}{dt^2}v(t) + 5\frac{d}{dt}v(t) + 4v(t) = 0$ (단, $v(0) = v'(0) = 2$)

(b) $\frac{d^2}{dt^2}i(t) + 4\frac{d}{dt}i(t) + 4i(t) = 0$ (단, $i(0) = i'(0) = 1$)

(c) $\frac{d^2}{dt^2}i(t) + 2\frac{d}{dt}i(t) + 5i(t) = 0$ (단, $i(0) = i'(0) = 2$)

(d) $\frac{d}{dt}v(t) + 6v(t) + 9\int_0^t v(\tau)d\tau = 0$ (단, $v(0) = 5$)

**6.16** 라플라스 변환식을 이용해 다음 미분방정식의 해를 구하라.

(a) $\frac{d^2}{dt^2}v(t) + 5\frac{d}{dt}v(t) + 4v(t) = 48 \cdot r(t)$ (단, $v(0) = 0$, $v'(0) = 0$)

(b) $\frac{d^2}{dt^2}v(t) + 4\frac{d}{dt}v(t) + 4v(t) = 8u(t)$ (단, $v(0) = v'(0) = 0$)

(c) $\frac{d^2}{dt^2}i(t) + 2\frac{d}{dt}i(t) + 2i(t) = 5e^{-3t}u(t)$ (단, $i(0) = i'(0) = 0$)

(d) $\frac{d}{dt}v(t) + 9\int_0^t v(\tau)d\tau = \cos 2t \cdot u(t)$ (단, $v(0) = 0$)

**6.17** 라플라스 변환식을 이용해 다음 미분방정식의 해를 구하라.

(a) $\frac{d^2}{dt^2}i(t) + 5\frac{d}{dt}i(t) + 6i(t) = te^{-t}u(t)$ (단, $i(0) = 1$, $i'(0) = -1$)

(b) $\frac{d^2}{dt^2}v(t) + 2\frac{d}{dt}v(t) + v(t) = \cos 2t \cdot u(t)$ (단, $v(0) = 1$, $v'(0) = -1$)

(c) $\frac{d^2}{dt^2}i(t) + 4\frac{d}{dt}i(t) + 5i(t) = 5\delta(t)$ (단, $i(0) = i'(0) = 1$)

(d) $\frac{d^2}{dt^2}i(t) + 2\frac{d}{dt}i(t) + 2i(t) = 6u(t)$ (단, $i(0) = 1$, $i'(0) = 1$)

CHAPTER

# 07

# 커패시터와 인덕터

Capacitors and Inductors



**학습목표**

- 커패시터의 물성에 대해 이해할 수 있다.
- 커패시터의 특성식과 저장에너지를 이해할 수 있다.
- 커패시터의 직렬연결과 전압분배에 대해 이해할 수 있다.
- 커패시터의 병렬연결과 전류분배에 대해 이해할 수 있다.
- 인덕터의 물성에 대해 이해할 수 있다.
- 인덕터의 특성식과 저장에너지를 이해할 수 있다.
- 인덕터의 직렬연결과 전압분배에 대해 이해할 수 있다.
- 인턱터의 병렬연결과 전류분배에 대해 이해할 수 있다.
- 커패시터의 라플라스 변환 회로를 이해할 수 있다.
- 인덕터의 라플라스 변환 회로를 이해할 수 있다.
- 회로의 라플라스 변환에 대해 이해할 수 있다.

SECTION
# 7.1 커패시터

1장에서 배운 '저항체'를 기억하는가? 저항체resistance는 인가된 전압에 따라 흐르는 전류가 비례하는 회로소자를 말하고, 인가된 전압에 따라 축적되는 전하량이 비례하는 회로소자를 **커패시터**capacitor라고 한다. 저항체의 크기를 저항resistance의 $R$로 표기한 것처럼 커패시터의 크기인 **커패시턴스**capacitance는 [그림 7-1]과 같이 문자 기호 $C$로 표기하며, 단위는 패럿Farad, F을 사용한다. 1 [F]은 1 [C]의 전하를 축적하는 데 필요한 전압이 1 [V]인 경우를 의미한다. 식 (7.1)은 커패시터의 특성식을 나타낸 것이다. 특성식의 유도 과정은 7.1.1절에서 살펴볼 것이다.

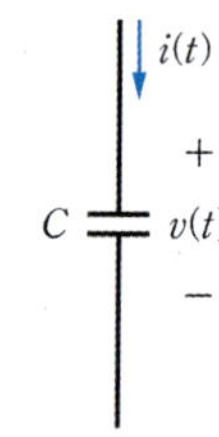

**[그림 7-1]** 커패시터의 기호

$$i(t) = C\frac{d}{dt}v(t) \tag{7.1a}$$

$$v(t) = \frac{1}{C}\int_{-\infty}^{t} i(t)dt = \frac{1}{C}\int_{0}^{t} i(t)dt + v(0) \tag{7.1b}$$

**예제 7-1**

커패시터에 걸리는 전압 $v(t)$의 파형이 다음과 같을 때, 전류 $i(t)$의 파형을 그려라. 단, $C = 2\,[\mu\text{F}]$이다.

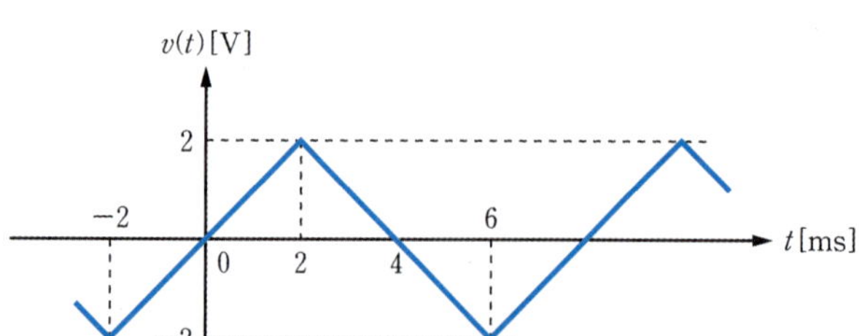

**[그림 7-2]** [예제 7-1]의 전압 $v(t)$의 파형

**풀이**

$$-2\,[\text{ms}] < t < 2\,[\text{ms}] \;:\; \frac{d}{dt}v(t) = 10^3\,[\text{V/s}] \;\rightarrow\; i(t) = C\frac{d}{dt}v(t) = 2\,[\text{mA}]$$

$$2\,[\text{ms}] < t < 6\,[\text{ms}] \;:\; \frac{d}{dt}v(t) = -10^3\,[\text{V/s}] \;\rightarrow\; i(t) = C\frac{d}{dt}v(t) = -2\text{m}\,[\text{mA}]$$

위 계산은 한 주기 동안을 고려한 것이므로 계산 결과를 이용해 파형을 유추하면 다음과 같다.

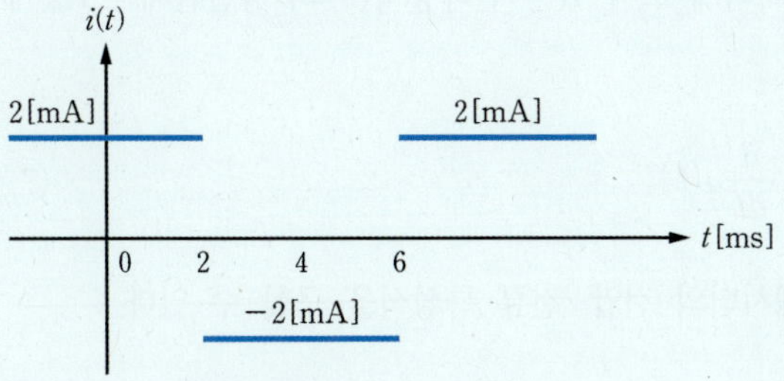


**[그림 7-3]** 커패시터에 흐르는 전류 $i(t)$의 파형

**실전문제 7-1**

커패시터에 흐르는 전류파형이 $i(t) = 10\cos 10t\,[\text{mA}]$일 때, 전압 $v(t)$의 파형을 구하라.
단, $C = 5\,[\text{mF}]$, $v(t=0) = 0\,[\text{V}]$이다.

## 7.1.1 커패시터의 물성

커패시터의 구조는 여러 가지가 있지만, [그림 7-4]와 같이 단면적이 $A$인 2개의 금속판이 거리 $d$만큼 떨어져 평행하게 있는 구조가 커패시터의 물성을 이해하기에 가장 쉽다. 위 판에 축적된 전하량이 $+Q$이면 이를 중화하기 위해 아래 판에는 $-Q$만큼의 전하량이 축적되고, 판에 있는 전하 $+Q$와 $-Q$에 의해 두 판 사이에 전위차 $V$가 발생한다. 두 판 사이의 전위차 $V$는 모여 있는 전하량 $Q$에 비례하므로 식 (7.2)와 같이 전압과 전하량의 관계식을 표현할 수 있다.

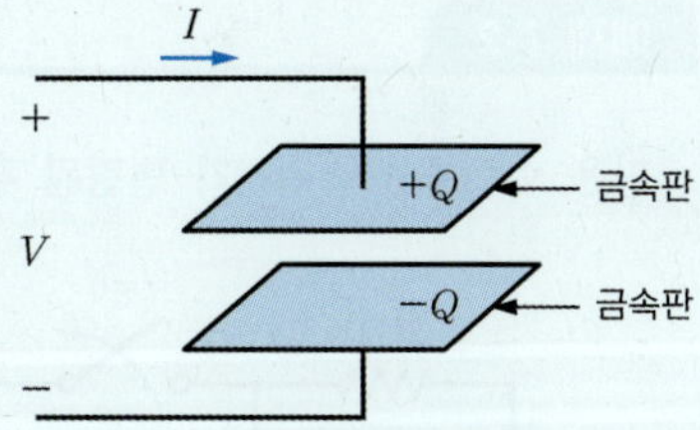


**[그림 7-4]** 커패시터의 구조

$$Q = C \cdot V \tag{7.2}$$

여기서 비례상수 $C$는 **커패시턴스**라고 하며, 이 값은 전자기학적으로 구해지는 값으로, 식 (7.3)으로 표현된다.[1] 여기서 $\varepsilon_s$는 금속판 사이에 존재하는 유전체의 유전율을 의미한다.

$$C = \varepsilon_s \frac{A}{d} \tag{7.3}$$

1 이 값을 구하는 과정은 비교적 복잡하므로 여기서는 구체적으로 다루지 않는다.

한편 커패시터에 모이는 전하량 $Q$ 혹은 $q(t)$가 시간에 따라 변하면 커패시터의 양쪽 단자도선에 전류가 흐른다. 도선에 흐르는 전류 $i(t)$와 커패시터에 모여 있는 전하량 $q(t)$의 상관관계는 1장에서 언급했던 것처럼 식 (7.4)와 같이 표현된다.

$$i(t) = \frac{d}{dt}q(t) \tag{7.4}$$

식 (7.2)의 양변을 미분하면 다음과 같이 커패시터의 전압-전류 특성식을 구할 수 있다.

$$i(t) = \frac{d}{dt}q(t) = \frac{d}{dt}\{C \cdot v(t)\} = C\frac{d}{dt}v(t) \tag{7.5}$$

여기서 $q(t)$는 커패시터에 모인 전하량으로 시간의 함수로 표현된 것이고, $v(t)$는 커패시터 양단에 걸리는 전압으로 시간에 대한 함수로 표현된 것이다. 전압의 미분값과 전류가 비례하는 커패시터의 특성식에서 두 가지의 특성을 알 수 있다.

❶ 전압을 미분해 전류값을 결정하므로 전압 $v(t)$는 미분가능한 함수가 되어야 한다. 미분가능함수는 연속함수이므로 전압 $v(t)$는 모든 시간대에서 연속이 되어야 한다.

❷ 시간이 지나도 인가전원의 크기가 변하지 않는 직류[DC]일 경우, 소자에 흐르는 전류는 $i(t) = C\frac{d}{dt}v(t) = 0$이므로 커패시터는 개방회로로 처리한다.

## 예제 7-2

다음 회로에서 스위치가 변경된 후의 커패시터에 충전되는 전압 $v_C(t=0_+)$를 구하라.

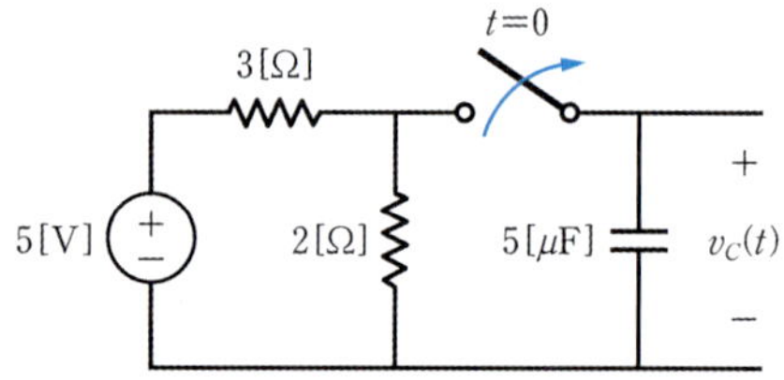


**[그림 7-5]** [예제 7-2]의 회로

### 풀이

$t < 0$ 영역에서는 스위치가 닫혀 있는 상태이므로 [그림 7-6]과 같은 회로가 된다.

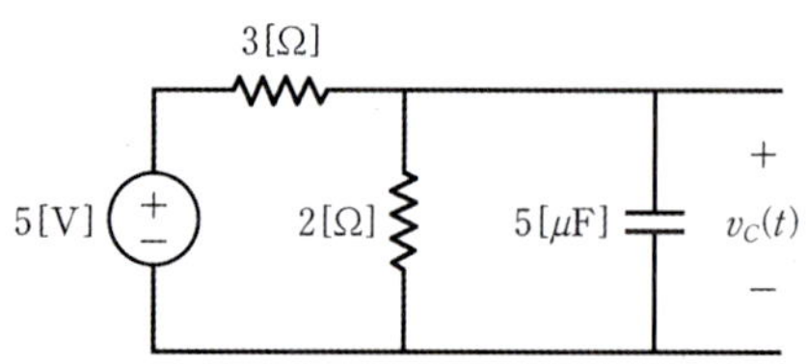


**[그림 7-6]** $t < 0$ 영역에서의 회로

[그림 7-6]의 인가전압은 5 [V]로 시간에 따라 변화하지 않는 직류전압이다. 어느 정도 시간이 흐른 후에는 커패시터에 전류가 흐르지 않으므로 개방회로가 된다. 따라서 전압분배법칙을 이용해 커패시터에 충전되는 전압 $v_C(t)$를 구하면 다음과 같다.

$$v_C(t) = \frac{2\,[\Omega]}{2\,[\Omega] + 3\,[\Omega]} \cdot 5\,[\text{V}] = 2\,[\text{V}]$$

$t > 0$ 영역에서 스위치가 개방되어도 전압 $v_C(t)$는 변하지 않는다. 따라서 전압 $v_C(t)$는 스위치가 개방되기 바로 전의 전압을 그대로 유지한다.

$$v_C(t = 0_+) = v_C(t = 0_-) = 2\,[\text{V}]$$

**실전문제 7-2**

다음 회로에서 $v_C(t = 0_+)$를 구하라.

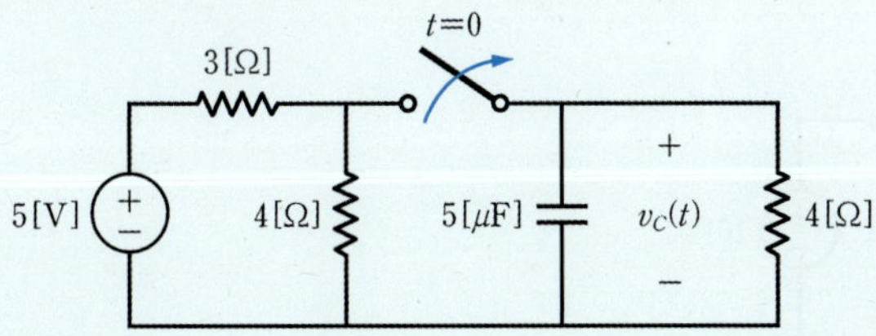


[그림 7-7]

한편 저항은 에너지를 소모하는 소자인 반면, 커패시터는 에너지를 소모하지 않고 전원으로부터 전달받은 에너지를 저장하는 소자이다. 즉 소자에 인가된 전압 $v(t)$에 의해 전하 $q(t)$가 축적되고, 축적된 전하에 의해 에너지가 저장된다. 이를 수식적으로 설명하면 다음과 같다.

전하가 축적된 커패시터 양단에 저항을 연결하면 축적된 전하에 의해 전위차가 발생해 저항에 전류가 흐르게 되어 저항에서 에너지 소모가 일어난다. 이는 전하가 축적된 커패시터에 에너지가 저장된 것을 의미한다. 커패시터에 충전된 전압 $v(t)$에 대한 커패시터에 저장된 에너지 $W(t)$를 구하면 다음과 같다.

$$W(t) = \int_{t_o}^{t} p(t) \cdot dt + W(t_o)$$

여기서 $p(t)$는 커패시터가 공급받는 전력을 의미하며, $W(t_o)$는 $t = t_o$에서 저장된 에너지를 의미한다. $p(t) = v(t) \cdot i(t)$이므로 위 식에 대입하면 다음과 같이 정리된다.

$$W(t) = \int_{t_o}^{t} v(t) \cdot i(t) \cdot dt + W(t_o) = \int_{t_o}^{t} v(t)\left\{C\frac{d}{dt}v(t)\right\} \cdot dt + W(t_o)$$

$$W(t) = \frac{1}{2}C\left[\{v(t)\}^2 - \{v(t_o)\}^2\right] + W(t_o)$$

$$\therefore \quad W(t) - W(t_o) = \frac{1}{2}C\{v(t)\}^2 - \frac{1}{2}C\{v(t_o)\}^2 \tag{7.6a}$$

식 (7.6a)는 시간 $t$에 대한 항등식이므로 다음과 같은 식을 만족한다.

$$W(t_o) = \frac{1}{2}C\{v(t_o)\}^2$$

$$W(t) = \frac{1}{2}C\{v(t)\}^2 = \frac{1}{2}v(t) \cdot q(t) \tag{7.6b}$$

식 (7.6b)는 커패시터에 저장된 에너지가 축적된 전하 $q(t)$와 충전전압 $v(t)$에 의해 결정된다는 것을 의미한다.

## 예제 7-3

다음 회로의 커패시터에 저장된 에너지 $W_C$를 구하라.

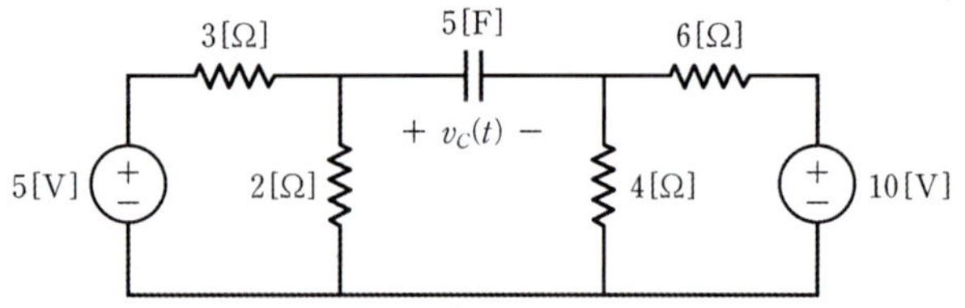


**[그림 7-8]** [예제 7-3]의 회로

### 풀이

두 인가전압의 크기가 직류이므로, 소자에 걸리는 전압이나 소자에 흐르는 전류 모두 시간에 따라 그 크기가 변화하지 않는 직류이다. 따라서 시간 미분값은 0가 되므로 커패시터는 [그림 7-9]와 같이 개방회로가 된다.

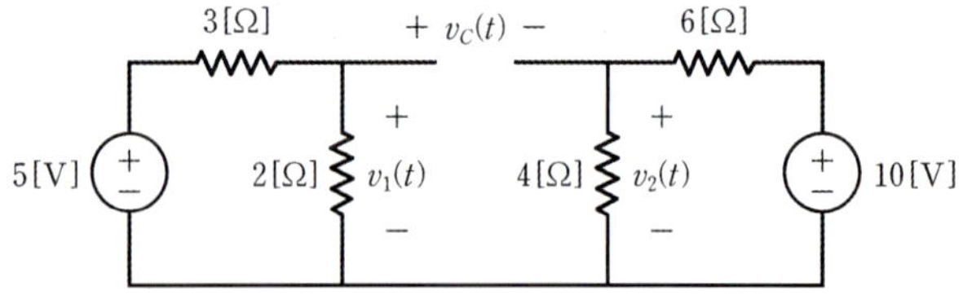


**[그림 7-9]** 커패시터를 개방회로로 한 등가회로

5[V]인 전압원의 분배법칙에 의해 2[Ω]에 걸리는 전압 $v_1(t)$와 10[V]인 전압원의 분배법칙에 의해 4[Ω]에 걸리는 전압 $v_2(t)$를 구하면 다음과 같다.

$$v_1(t) = \frac{2}{2+3} \cdot 5\,[\mathrm{V}] = 2\,[\mathrm{V}]$$

$$v_2(t) = \frac{4}{4+6} \cdot 10\,[\mathrm{V}] = 4\,[\mathrm{V}]$$

루프방정식을 구하면 다음과 같다.

$$v_1(t) = v_2(t) + v_C(t)$$

따라서 $v_C(t) = v_1(t) - v_2(t) = 2\,[\mathrm{V}] - 4\,[\mathrm{V}] = -2\,[\mathrm{V}]$이다.

커패시터에 저장된 에너지 $W_C$를 구하면 다음과 같다.

$$W_C = \frac{1}{2}C\{v_C(t)\}^2 = \frac{1}{2}5\,[\mathrm{F}](-2\,[\mathrm{V}])^2 = 10\,[\mathrm{J}]$$

**실전문제 7-3**

다음 회로의 커패시터에 저장된 에너지 $W_C$를 구하라.

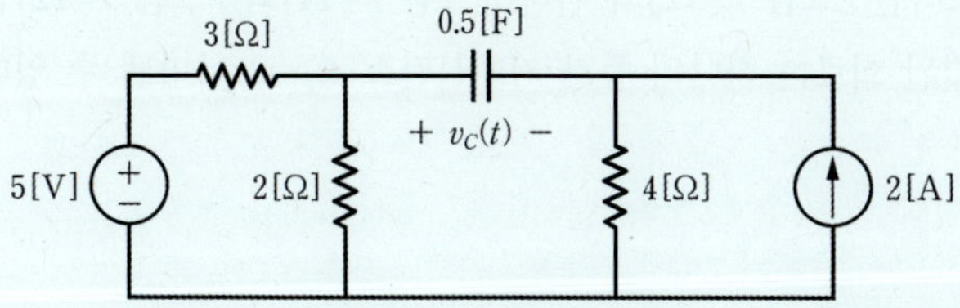


[그림 7-10]

## 7.1.2 커패시터의 직렬연결

[그림 7-11]과 같이 $n$개의 커패시터를 직렬로 연결할 때, 인가전압 $v(t)$와 흐르는 전류 $i(t)$의 관계를 구해보자.

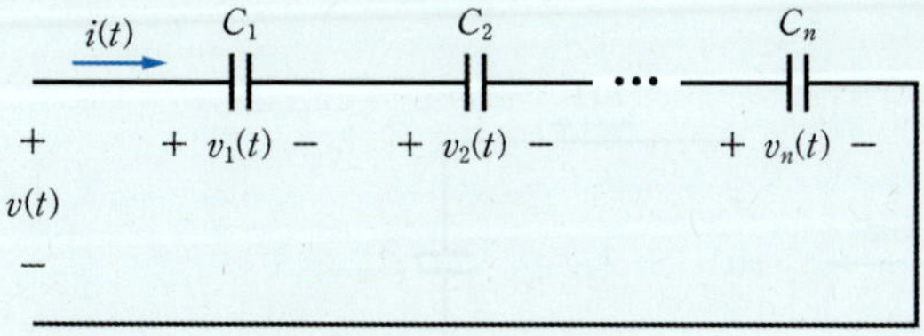


[그림 7-11] 커패시터가 직렬연결된 회로

먼저 루프방정식을 구해보자.

$$v(t) = \sum_{i=1}^{n} v_i(t) = v_1(t) + v_2(t) + \cdots + v_n(t) \tag{7.7}$$

식 (7.7)의 양변을 시간에 대해 미분하면 다음과 같다.

$$\frac{d}{dt}\{v(t)\} = \sum_{i=1}^{n}\left\{\frac{d}{dt}v_i(t)\right\} = \frac{d}{dt}v_1(t) + \frac{d}{dt}v_2(t) + \cdots + \frac{d}{dt}v_n(t)$$

한편 회로에 흐르는 전류 $i(t)$와 커패시터의 특성식으로부터 다음과 같이 표현할 수 있다.

$$i(t) = C_1 \frac{d}{dt} v_1(t) = C_2 \frac{d}{dt} v_2(t) = \cdots = C_n \frac{d}{dt} v_n(t) \tag{7.8a}$$

$$\frac{d}{dt} v(t) = \sum_{i=1}^{n} \frac{1}{C_i} \cdot i(t) = \frac{1}{C_{eq}} \cdot i(t) \tag{7.8b}$$

$$C_{eq}^{-1} = \sum_{i=1}^{n} C_i^{-1} \tag{7.8c}$$

식 (7.8b)를 전류 $i(t)$에 대해 전개하면 다음과 같다.

$$i(t) = C_{eq} \cdot \frac{d}{dt} v(t) \tag{7.8d}$$

식 (7.8d)의 특성식을 만족하는 회로를 그리면 [그림 7-12]와 같다. [그림 7-11]과 [그림 7-12]를 비교해보면 $n$개의 커패시터가 직렬로 연결된 회로는 하나의 등가 커패시턴스 $C_{eq}$로 나타낼 수 있다 (식 (7.8c) 참조).

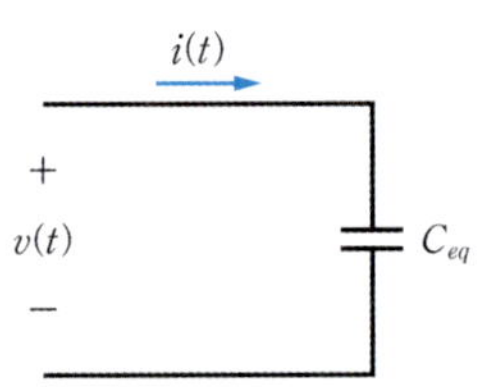


**[그림 7-12]** [그림 7-11]의 등가회로

## 예제 7-4

여러 개의 커패시터가 직렬로 연결된 다음 회로의 등가 커패시턴스 $C_{eq}$를 구하라.

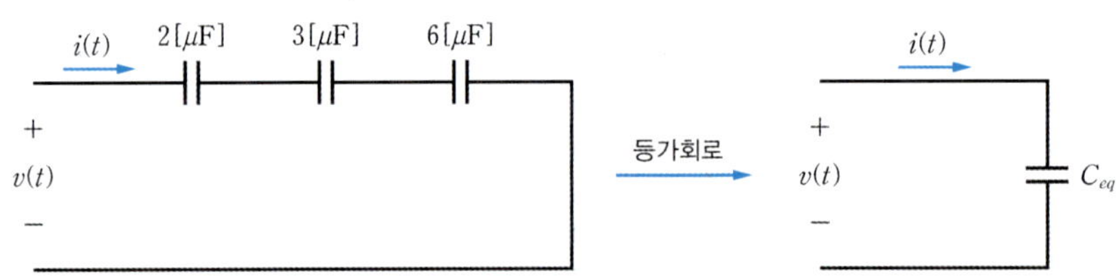


**[그림 7-13]** [예제 7-4]의 회로와 등가회로

### 풀이

식 (7.8c)에 따라 다음과 같이 계산된다.

$$\frac{1}{C_{eq}} = \frac{1}{2\,[\mu F]} + \frac{1}{3\,[\mu F]} + \frac{1}{6\,[\mu F]} = \frac{6}{6\,[\mu F]}$$

$$\therefore \; C_{eq} = 1\,[\mu F]$$

### 실전문제 7-4

여러 개의 커패시터가 직렬로 연결된 다음 회로의 등가 커패시턴스 $C_{eq}$를 구하라.

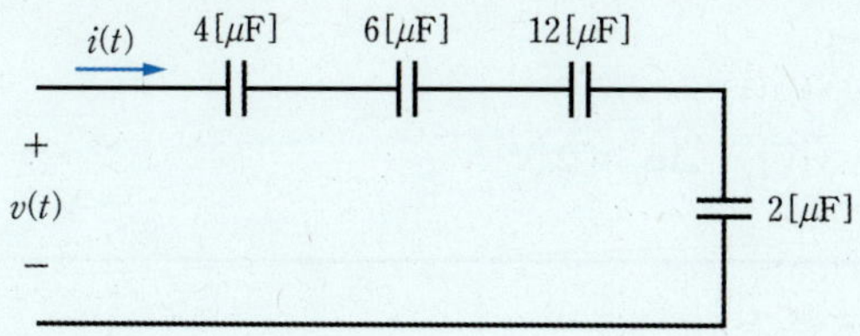


[그림 7-14]

한편 [그림 7-11]의 각 커패시터에 걸리는 전압의 관계를 나타낸 식 (7.8a)로부터 전압의 비를 다음과 같이 나타낼 수 있다.

$$\frac{d}{dt}v_1 : \frac{d}{dt}v_2 : \cdots : \frac{d}{dt}v_n = \frac{1}{C_1} : \frac{1}{C_2} : \cdots : \frac{1}{C_n} \qquad (7.9)$$

식 (7.9)와 같이 각 커패시터에 걸리는 전압 변화율의 비는 각 커패시턴스 $C$의 역수에 비례한다. 여기서 주의해야 할 사항은 각 커패시터에 충전된 초기전압을 알 수 없으므로, 각 커패시터에 걸리는 전압의 비를 구할 수 없다는 점이다. 만약 각 커패시터에 충전된 초기전압의 비가 각 커패시턴스 $C$의 역수에 비례한다면, 각 커패시터에 걸리는 전압의 비도 각 커패시턴스 $C$의 역수에 비례한다.

### 예제 7-5

커패시터 3개가 직렬로 연결되어 있는 다음 회로에서 인가전압의 크기가 1 [V]에서 10 [V]로 9 [V]만큼 증가할 경우, 각 커패시터의 전압의 변화량을 구하라.

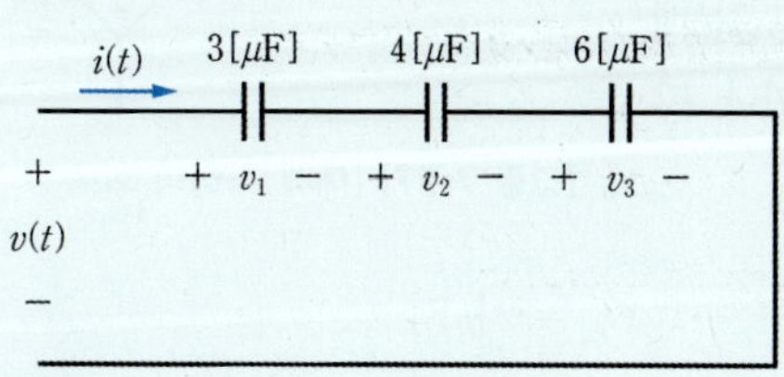


[그림 7-15] [예제 7-5]의 회로

**풀이**

루프방정식으로부터, 각 커패시터에 걸리는 전압의 변화의 합은 전체 인가전압의 변화량과 같다.

$$\Delta v = \Delta v_1 + \Delta v_2 + \Delta v_3 = 9\,[\mathrm{V}]$$

또한 각 커패시터에 걸리는 전압의 변화량 비는 커패시턴스의 역수에 비례한다.

$$3\,[\mu\mathrm{F}] \cdot \Delta v_1 = 4\,[\mu\mathrm{F}] \cdot \Delta v_2 = 6\,[\mu\mathrm{F}] \cdot \Delta v_3$$

$\frac{\Delta v_1}{4} = \frac{\Delta v_2}{3} = \frac{\Delta v_3}{2} = k$로 두면 다음과 같다.

$$9k = 9\,[\mathrm{V}] \quad \rightarrow \quad k = 1\,[\mathrm{V}]$$

따라서 각 커패시터의 전압의 변화량은 다음과 같다.

$$\Delta v_1 = 4\,[\mathrm{V}], \quad \Delta v_2 = 3\,[\mathrm{V}], \quad \Delta v_3 = 2\,[\mathrm{V}]$$

### 실전문제 7-5

커패시터가 직렬연결된 회로와 인가전압 $v(t)$의 파형이 다음과 같을 때, 각 커패시터의 최종 전압의 크기를 구하라. 단, 각 커패시터의 초기 충전전압은 $v_1(0) = 2\,[\mathrm{V}]$, $v_2(0) = 3\,[\mathrm{V}]$, $v_3(0) = 5\,[\mathrm{V}]$이다.

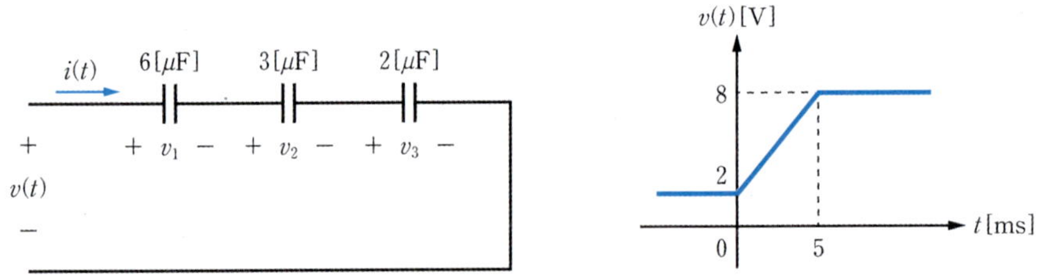


**[그림 7-16]**

### 예제 7-6

다음 회로의 등가 커패시턴스 $C_{eq}$를 구하라.

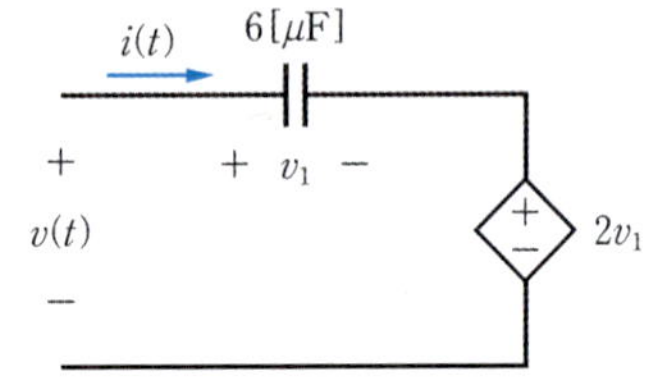


**[그림 7-17]** [예제 7-6]의 회로

**풀이**

커패시터와 종속전압원에 걸리는 전압의 비가 1 : 2이고 전압분배 법칙을 이용하면 종속전압원은 3 [μF]의 커패시터와 등가이다. 따라서 다음을 얻는다.

$$\frac{1}{C_{eq}} = \frac{1}{6\,[\mu\mathrm{F}]} + \frac{1}{3\,[\mu\mathrm{F}]} = \frac{1}{2\,[\mu\mathrm{F}]} \quad \rightarrow \quad C_{eq} = 2\,[\mu\mathrm{F}]$$

### 실전문제 7-6

다음 회로의 등가 커패시턴스 $C_{eq}$를 구하라.

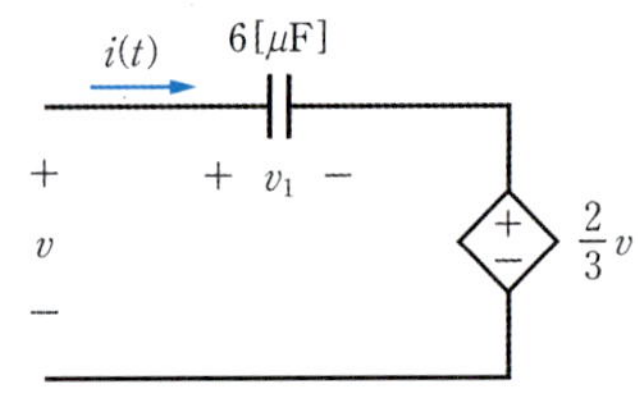


**[그림 7-18]**

## 예제 7-7

2 [V]로 충전된 3 [μF]의 커패시터와 4 [V]로 충전된 6 [μF]의 커패시터를 [그림 7-19]와 같이 극성이 동일하게 직렬로 연결할 경우, 충전전압 $V_C$와 저장된 에너지 $W$를 구하라.

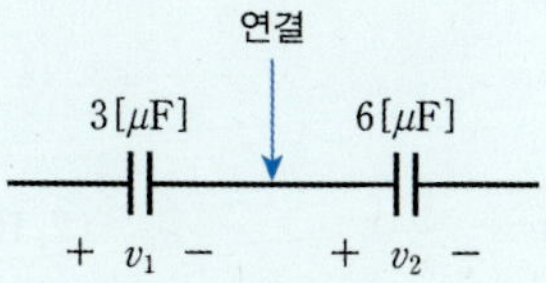


**[그림 7-19]** [예제 7-7]의 회로

**풀이**

- 직렬연결된 두 커패시터의 등가 커패시턴스 : $C_{eq} = \dfrac{3\,[\mu\mathrm{F}] \cdot 6\,[\mu\mathrm{F}]}{3\,[\mu\mathrm{F}] + 6\,[\mu\mathrm{F}]} = 2\,[\mu\mathrm{F}]$
- 양 끝점의 전위차인 충전전압 : $V_C = v_1 + v_2 = 2\,[\mathrm{V}] + 4\,[\mathrm{V}] = 6\,[\mathrm{V}]$
- 전체 커패시터에 저장된 에너지 : $W = \dfrac{1}{2} C_{eq} V_C^2 = 36\,[\mu\mathrm{J}]$

연결하기 전, 각 커패시터에 저장된 에너지의 합($W_t$)을 구하면 다음과 같다.

$$W_t = \frac{1}{2} C_1 V_1^2 + \frac{1}{2} C_2 V_2^2 = 6\,[\mu\mathrm{J}] + 48\,[\mu\mathrm{J}] = 54\,[\mu\mathrm{J}]$$

이는 두 커패시터를 직렬로 연결하면 이용 가능한 저장에너지가 54 [μJ]에서 36 [μJ]로 18 [μJ] 감소한다는 것을 의미한다. 두 커패시터를 직렬로 연결할 경우, 연결 후 연결 부위에 존재하는 전하량은 외부로 빠져 나오지 못하고 두 커패시터 사이에 갇혀 있다. 갇혀 있는 전하에 의한 저장에너지는 이용할 수 없다.

## 실전문제 7-7

[예제 7-7]의 결과로부터 [그림 7-20]과 같이 양 끝을 저항 $R$로 연결해 전체의 충전전압 $V_C$를 0으로 바꿨다. 이후 각 커패시터에 걸리는 전압 $v_1$, $v_2$와 각 커패시터에 저장된 에너지의 합 $W_t$를 구하라.

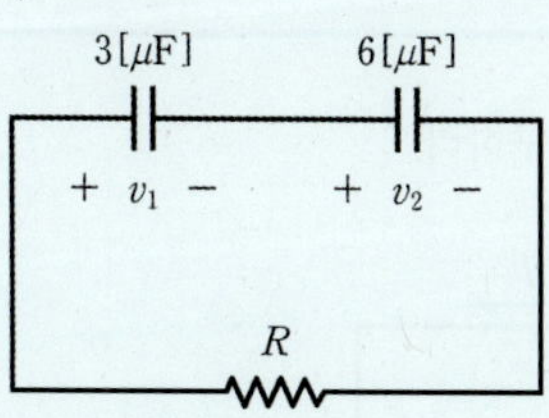


**[그림 7-20]**

## 7.1.3 커패시터의 병렬연결

[그림 7-21]과 같이 $n$개의 커패시터를 병렬로 연결할 경우, 인가전압과 흐르는 전류와의 관계를 구해보자.

먼저 노드방정식을 구해보자.

$$i(t) = \sum_{i=1}^{n} i_i(t) = i_1(t) + i_2(t) + \cdots + i_n(t) \tag{7.10}$$

식 (7.10)에 각 커패시터의 특성식을 대입하면 다음과 같다.

$$i(t) = C_1 \frac{d}{dt}v(t) + C_2 \frac{d}{dt}v(t) + \cdots + C_n \frac{d}{dt}v(t) = \sum_{i=1}^{n} C_i \cdot v(t) \tag{7.11}$$

$$i(t) = \left( \sum_{i=1}^{n} C_i \right) \cdot \frac{d}{dt}v(t) = C_{eq} \cdot \frac{d}{dt}v(t) \tag{7.12}$$

$$\therefore \ C_{eq} = \sum_{i=1}^{n} C_i \tag{7.13}$$

[그림 7-21]과 [그림 7-22]를 비교해보자. $n$개의 커패시터가 병렬로 연결된 회로는 하나의 등가 커패시턴스 $C_{eq}$로 표현할 수 있으며, 이 값은 식 (7.13)과 같다. 즉 병렬로 연결된 커패시터의 등가 커패시턴스 $C_{eq}$는 각 커패시턴스의 합과 같다.

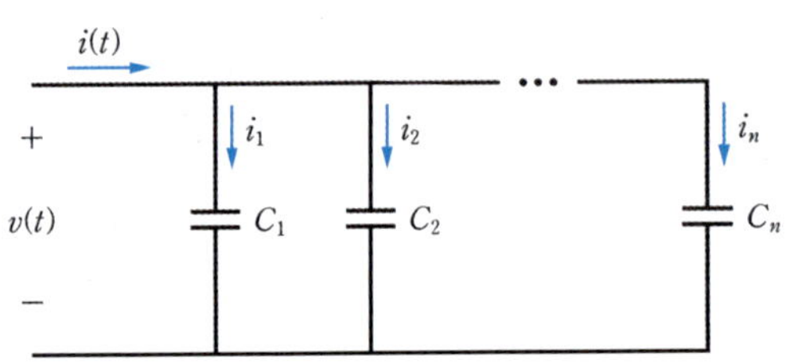


[그림 7-21] 커패시터가 병렬연결된 회로

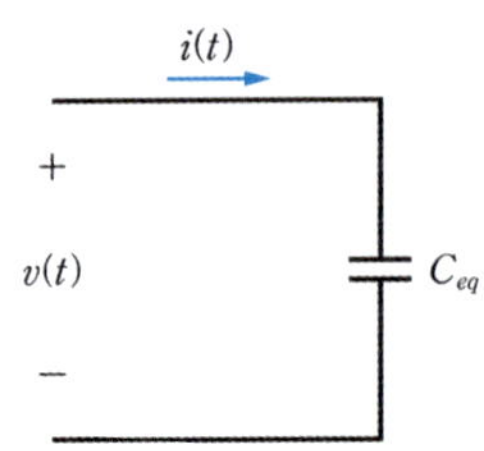


[그림 7-22] [그림 7-21]의 등가회로

**예제 7-8**

커패시터가 병렬로 연결되어 있는 다음 회로의 등가 커패시턴스 $C_{eq}$를 구하라.

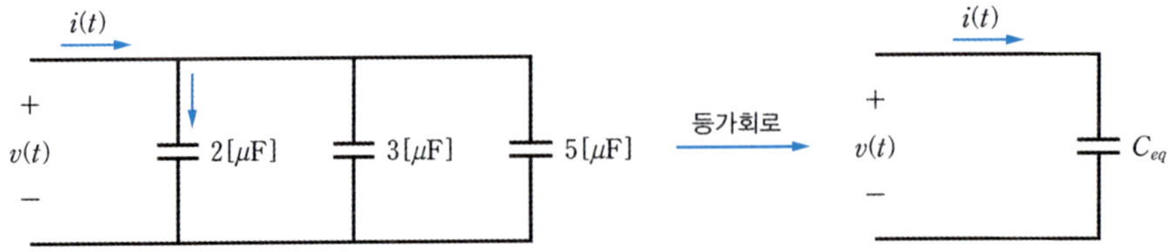


[그림 7-23] [예제 7-8]의 회로와 등가회로

**풀이**

식 (7.13)을 사용해 계산하면 다음을 얻는다.

$$C_{eq} = 2\,[\mu\text{F}] + 3\,[\mu\text{F}] + 5\,[\mu\text{F}] = 10\,[\mu\text{F}]$$

## 실전문제 7-8

커패시터가 병렬로 연결된 다음 회로의 등가 커패시턴스 $C_{eq}$를 구하라.

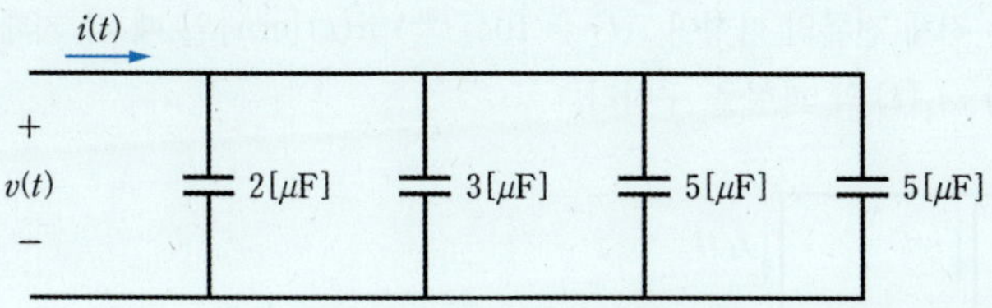


[그림 7-24]

한편 [그림 7-21]의 각 커패시터에 흐르는 전류의 관계를 나타낸 식 (7.11)로부터 전류의 비를 다음과 같이 나타낼 수 있다. 즉 각 커패시터에 흐르는 전류의 비는 각 커패시턴스 $C$에 비례한다.

$$i_1 : i_2 : \cdots : i_n = C_1 : C_2 : \cdots : C_n \tag{7.14}$$

## 예제 7-9

3개의 커패시터가 병렬로 연결된 다음 회로에서 각 커패시터에 흐르는 전류 $i_1(t)$, $i_2(t)$, $i_3(t)$를 구하라. 단, $i(t) = 10\,[\text{mA}]$이다.

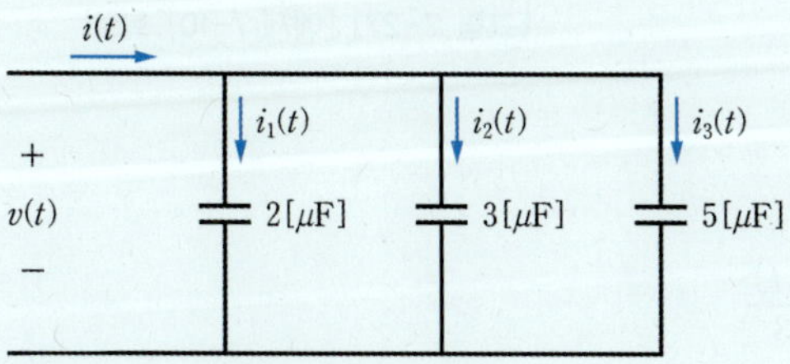


**[그림 7-25]** [예제 7-9]의 회로

**풀이**

등가 커패시턴스 $C_{eq}$를 구하면 다음과 같다.

$$C_{eq} = 2\,[\mu\text{F}] + 3\,[\mu\text{F}] + 5\,[\mu\text{F}] = 10\,[\mu\text{F}]$$

이때 커패시터에 걸리는 전압의 변화량과 각 커패시터에 흐르는 전류를 구하면 다음과 같다.

$$\left.\frac{d}{dt}v(t)\right|_{t=t_1} = \frac{i(t)}{C_{eq}} = \frac{10\,[\text{mA}]}{10\,[\mu\text{F}]} = 1\times 10^3\,[\text{A/F}]$$

$$i_1(t) = 2\,[\mu\text{F}] \cdot \frac{d}{dt}v(t) = 2\,[\text{mA}]$$

$$i_2(t) = 3\,[\mu\text{F}] \cdot \frac{d}{dt}v(t) = 3\,[\text{mA}]$$

$$i_3(t) = 5\,[\mu\text{F}] \cdot \frac{d}{dt}v(t) = 5\,[\text{mA}]$$

## 실전문제 7-9

커패시터가 병렬연결된 회로에 공급하는 전체 전류의 파형이 $i(t) = 10e^{-10t} \cdot u(t)\,[\text{mA}]$일 때 각 커패시터에 흐르는 전류 $i_1(t)$, $i_2(t)$, $i_3(t)$, $i_4(t)$의 파형을 구하라.

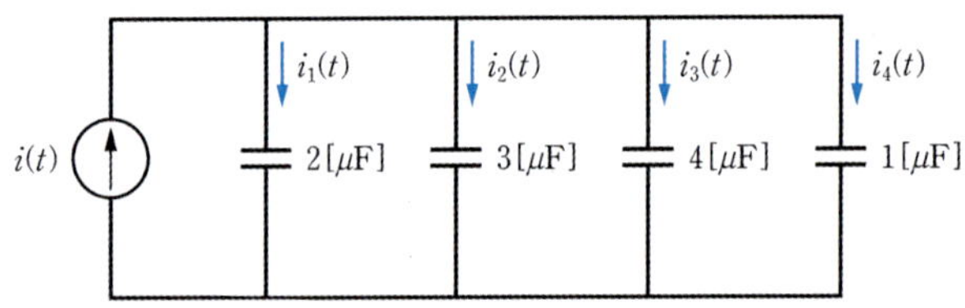


**[그림 7-26]**

## 예제 7-10

다음 회로의 등가 커패시턴스 $C_{eq}$를 구하라.

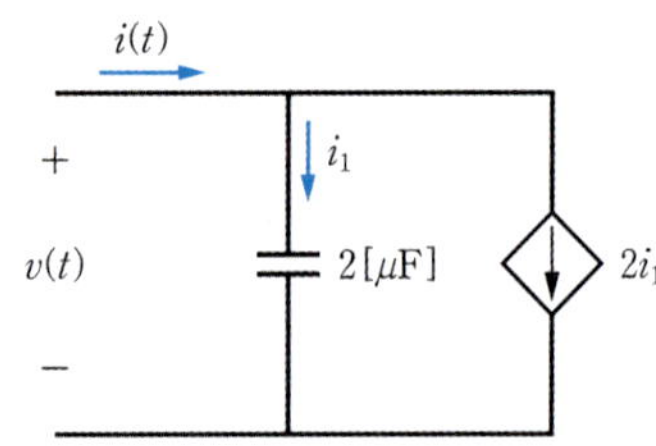


**[그림 7-27]** [예제 7-10] 회로

### 풀이

커패시터와 종속전류원에 흐르는 전류의 비가 $1:2$이므로 종속전류원은 $4\,[\mu\text{F}]$의 커패시터와 등가이다. 따라서 다음 값을 얻는다.

$$C_{eq} = 2\,[\mu\text{F}] + 4\,[\mu\text{F}] = 6\,[\mu\text{F}]$$

### 별해

- 노드방정식 : $i(t) = i_1(t) + 2i_1(t) = 3i_1(t)$
- 커패시터의 특성식 : $i_1(t) = 2\,[\mu\text{F}] \cdot \frac{d}{dt}v(t) = \frac{i(t)}{3}$

$$i(t) = 6\,[\mu\text{F}] \cdot \frac{d}{dt}v(t)$$

- 등가 커패시턴스 : $C_{eq} = 6\,[\mu\text{F}]$

**실전문제 7-10**

다음 회로의 등가 커패시턴스 $C_{eq}$를 구하라.

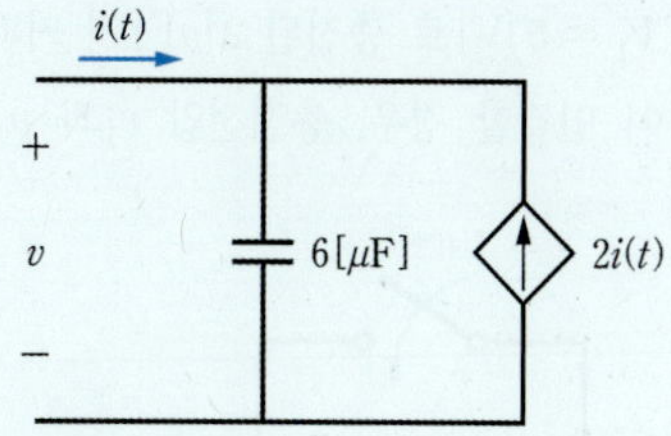


[그림 7-28]

**예제 7-11**

1[V]로 충전된 3[μF]의 커패시터와 4[V]로 충전된 6[μF]의 커패시터를 극성이 동일하게 병렬로 연결할 경우, 충전전압 $V_C$와 저장된 에너지 $W$를 구하라.

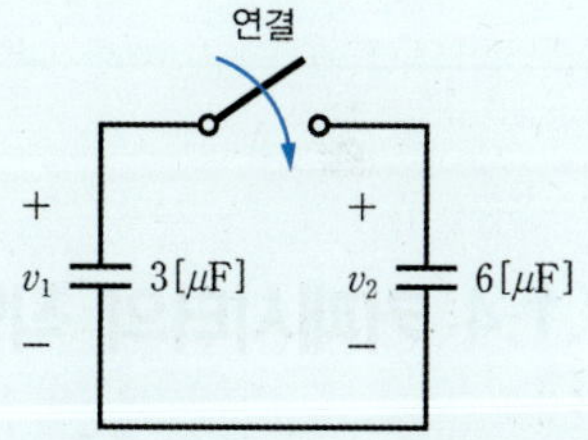


[그림 7-29] [예제 7-11]의 회로

**풀이**

연결 전후로 변화하지 않는 변수는 충전된 전하량이다.

- 3[μF]에 충전된 전하량 : $Q_1 = 3\,[\mu F] \cdot 1\,[V] = 3\,[\mu C]$
- 6[μF]에 충전된 전하량 : $Q_2 = 6\,[\mu F] \cdot 4\,[V] = 24\,[\mu C]$
- 총 전하량 : $Q = 27\,[\mu C]$
- 등가 커패시턴스 : $C_{eq} = C_1 + C_2 = 9\,[\mu F]$

연결 후 충전전압 $V_C$는 총 전하량과 등가 커패시턴스 $C_{eq}$에 의해 결정된다.

- 충전전압 : $V_C = \dfrac{Q}{C_{eq}} = 3\,[V]$
- 저장된 에너지 : $W = \dfrac{1}{2} C_{eq} V_C^2 = 40.5\,[\mu J]$

연결하기 전, 각 커패시터에 저장된 에너지의 합($W_t$)을 구하면 다음과 같다.

$$W_t = \frac{1}{2} C_1 V_1^2 + \frac{1}{2} C_2 V_2^2 = 1.5\,[\mu J] + 48\,[\mu J] = 49.5\,[\mu J]$$

이는 두 커패시터를 병렬로 연결하면 저장에너지가 감소한다는 것을 의미한다. 두 커패시터를 병렬로 연결할 경우, 연결통로로 전하가 이동하고 이와 같은 전하의 이동은 에너지 소모로 이어진다.

## 실전문제 7-11

$V_1 = 5\,[\mathrm{V}]$로 충전된 $2\,[\mu\mathrm{F}]$의 커패시터와 $V_2 = 4\,[\mathrm{V}]$로 충전된 $4\,[\mu\mathrm{F}]$의 커패시터를 다음 회로와 같이 연결할 경우, 충전전압 $v_1$과 $v_2$를 구하라.

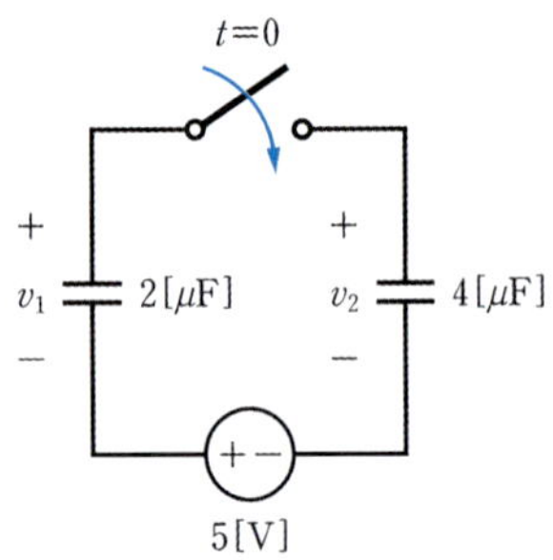


[그림 7-30]

# 7.1.4 커패시터의 직병렬이 아닌 연결

커패시터가 직병렬로 연결된 경우라면 등가 커패시턴스 $C_{eq}$를 공식을 활용해 구할 수 있다. 하지만 그 외의 경우에는 커패시터의 특성식으로부터 구해야 한다. 예제를 통해 좀더 자세히 살펴보자.

## 예제 7-12

다음과 같이 커패시터로 구성된 브릿지 회로에서 등가 커패시턴스 $C_{eq}$를 구하라.

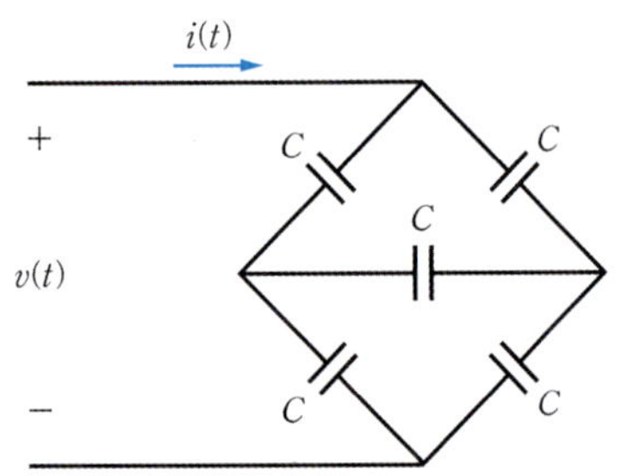


[그림 7-31] [예제 7-12]의 회로

**풀이**

노드방정식을 구하기 위해 [그림 7-32]와 같이 각 노드에 전압 $v_a$, $v_b$를 지정해보자. 전압 $v(t)$의 (+) 지점에서의 노드방정식을 구하면 다음과 같다.

$$i(t) = C\frac{d}{dt}(v - v_a) + C\frac{d}{dt}(v - v_b) \qquad \cdots ①$$

$$= 2C\frac{d}{dt}v - C\frac{d}{dt}v_a - C\frac{d}{dt}v_b$$

전압 $v_a$에서의 노드방정식은 다음과 같다.

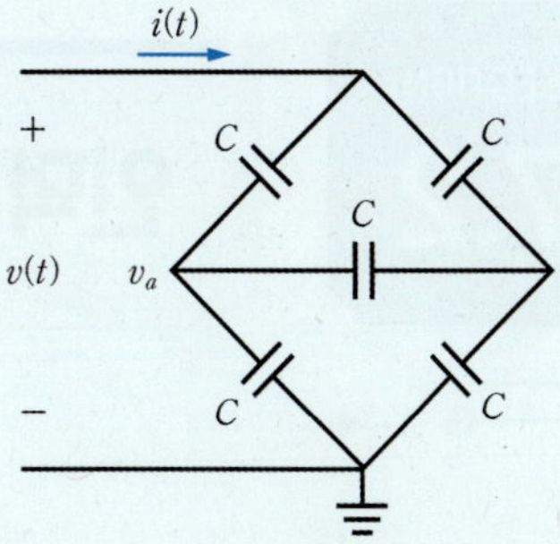


[그림 7-32] 각 노드에 전압을 지정한 브릿지 회로

$$C\frac{d}{dt}(v-v_a)=C\frac{d}{dt}v_a+C\frac{d}{dt}(v_a-v_b)$$

정리하면 다음과 같다.

$$C\frac{d}{dt}v=3C\frac{d}{dt}v_a-C\frac{d}{dt}v_b \qquad \cdots ②$$

전압 $v_b$에서의 노드방정식은 다음과 같다.

$$C\frac{d}{dt}(v-v_b)=C\frac{d}{dt}v_b+C\frac{d}{dt}(v_b-v_a)$$

정리하면 다음과 같다.

$$C\frac{d}{dt}v=-C\frac{d}{dt}v_a+3C\frac{d}{dt}v_b \qquad \cdots ③$$

식 ②와 식 ③의 연립방정식을 크래머 공식으로 풀면 다음과 같은 결과를 얻을 수 있다.

$$\frac{d}{dt}v_a=\frac{1}{2}\frac{d}{dt}v \qquad \cdots ④$$

$$\frac{d}{dt}v_b=\frac{1}{2}\frac{d}{dt}v \qquad \cdots ⑤$$

식 ④와 식 ⑤를 식 ①에 대입하면 다음을 얻는다.

$$i(t)=\left\{2C-\frac{1}{2}C-\frac{1}{2}C\right\}\frac{d}{dt}v(t)=C\frac{d}{dt}v(t)$$

$$\therefore\ C_{eq}=C$$

## 실전문제 7-12

다음과 같이 커패시터로 이루어진 $Y$형 회로와 $\Delta$형 회로가 등가회로가 되기 위한 조건을 구하라 (2.5절 참조).

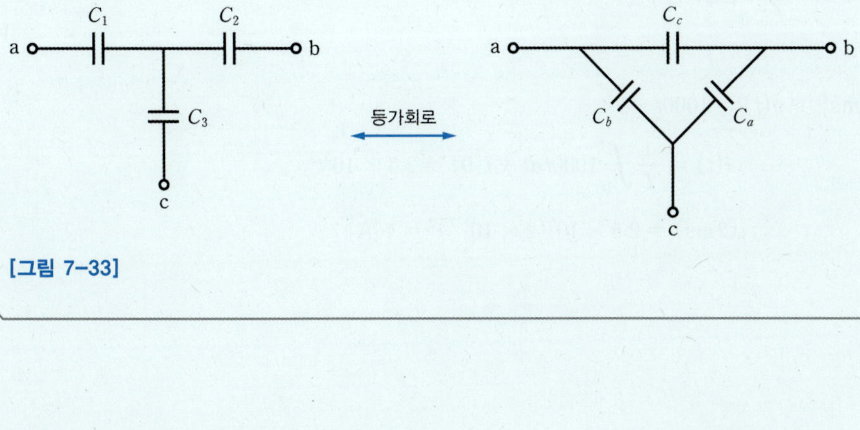


[그림 7-33]

SECTION 7.2

# 인덕터

커패시터는 흐르는 전류와 인가전압의 미분값이 서로 비례하는 반면, 커패시터와 쌍대인 **인덕터**inductor는 소자에 걸리는 전압이 흐르는 전류의 미분값과 비례한다. 인덕터의 크기인 **인덕턴스**inductance는 문자 기호 $L$로 표기하며, 단위는 헨리Henry, H를 사용한다. 식 (7.15)는 인덕터의 특성식을 나타낸 것이다. 특성식의 유도 과정은 7.2.1절에서 살펴볼 것이다.

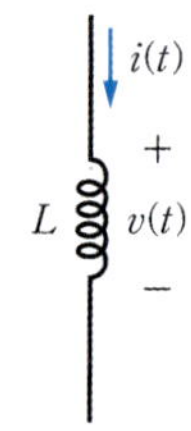


[그림 7-34] 인덕터의 기호

$$v(t) = L\frac{d}{dt}i(t) \tag{7.15a}$$

$$i(t) = \frac{1}{L}\int_{-\infty}^{t} v(t)\cdot dt = \frac{1}{L}\int_{0}^{t} v(t)\cdot dt + i(0) \tag{7.15b}$$

### 예제 7-13

[그림 7-34]와 같은 인덕터에 [그림 7-35]와 같은 전압파형을 인가하는 경우, 한 주기 동안$(0 < t < 8$ ms) 인덕터에 흐르는 전류파형을 그려라. 단, $L = 2\,[\text{mH}]$, $i(0) = 0$이다.

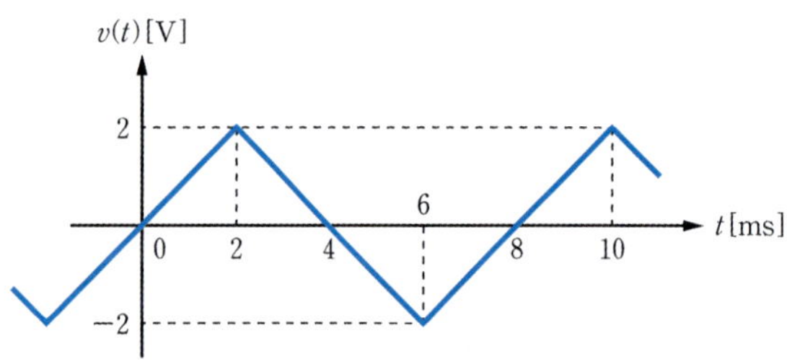


[그림 7-35] [예제 7-13]의 전압파형

**풀이**

- $0 < t < 2\,[\text{ms}]$ : $v(t) = 1000t$

$$\rightarrow \quad i(t) = \frac{1}{L}\int_{0}^{t} 1000t\,dt + i(0) = 2.5\times 10^5 t^2$$

$$\therefore \ i(2\,\text{ms}) = 2.5\times 10^5 (2\times 10^{-3})^2 = 1\,[\text{A}]$$

- $2\,[\text{ms}] < t < 6\,[\text{ms}]$ : $v(t) = -10^3(t - 4 \times 10^{-3})$

$$\rightarrow \quad i(t) = \frac{1}{L}\int_{2\text{ms}}^{t} \{-10^3(t - 4 \times 10^{-3})\}dt + i(2\,\text{ms})$$

$$i(t) = 2 \times 10^3 t - 2.5 \times 10^5 t^2 - 2$$

$$\therefore\ i(4\,\text{ms}) = 2\,[\text{A}],\ i(6\,\text{ms}) = 1\,[\text{A}]$$

- $6\,[\text{ms}] < t < 8\,[\text{ms}]$ : $v(t) = 1000(t - 8 \times 10^{-3})$

$$\rightarrow \quad i(t) = \frac{1}{L}\int_{6\text{ms}}^{t} 1000(t - 6 \times 10^{-3})dt + i(6\,\text{ms})$$

$$i(t) = 2.5 \times 10^5 (t - 8 \times 10^{-3})^2$$

$$\therefore\ i(8\,\text{ms}) = 0$$

파형을 그리면 다음과 같다.

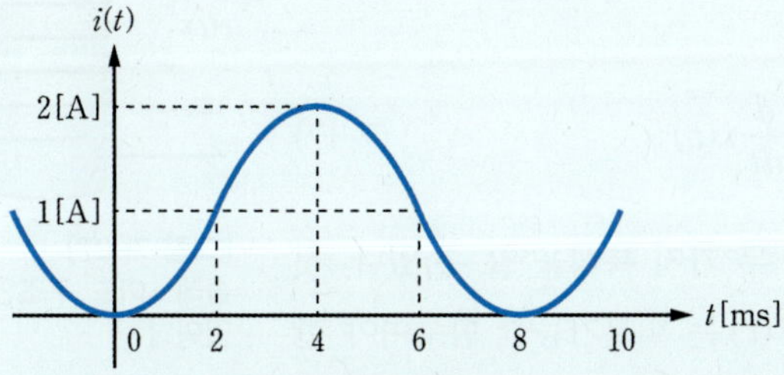


**[그림 7-36]** [예제 7-13]의 전류파형

[그림 7-35]의 전압파형에서 $0 < t < 4\,[\text{ms}]$의 구간에서는 $v(t) > 0$이므로 [그림 7-36]의 전류파형은 증가하고, $4\,[\text{ms}] < \text{t} < 8\,[\text{ms}]$의 구간에서는 반대로 $v(t) < 0$를 만족하므로 전류파형은 감소한다. 또한 $t = 2\,[\text{ms}]$, $6\,[\text{ms}]$일 경우, [그림 7-36]의 전류파형에서 기울기가 최대가 되는 것은 그 시각에 전압 $v(t)$의 크기가 최대이기 때문이다. $t = 0$, $4\,[\text{ms}]$, $8\,[\text{ms}]$에서 전류 $i(t)$의 변화가 0인 것은 그 시각에 전압이 $v(t) = 0$가 되기 때문이다. 이와 같은 파형은 함수의 미분과 적분의 관계에서 똑같이 볼 수 있다.

**실전문제 7-13**

인덕터에 흐르는 전류파형이 $i(t) = 10\cos 10^5 t\,[\text{mA}]$일 때 전압파형을 구하라. 단, $L = 5\,[\text{mH}]$이다.

### 7.2.1 인덕터의 물성

도선에 전류가 흐르면 어떤 형태로든 자속이 발생하고, 그 자속의 변화에 의해 기전력, 즉 전압이 발생한다. 이와 같은 현상을 인덕턴스로 설명할 수 있다. 가장 쉬운 모델 중 하나가 [그림 7-37]과 같은 솔레노이드 구조이다. 중앙에 철심이 존재하고 그 주변에 코일이 감겨 있어 코일에 전류가 흐르면 코일 내부, 즉 철심에 자속 $\phi$가 발생한다. 자속 $\phi$는 식 (7.16)과 같이 철심의 단면적 $A$, 투자율 $\mu$, 길이 $l$, 권선 수 $N$에 의해 결정된다.

$$\phi(t) = \left(\frac{\mu NA}{l}\right) \cdot i(t) \tag{7.16}$$

여기서 $l$은 솔레노이드의 길이이고, $i$는 흐르는 전류를 의미한다. 한편 코일 양단에는 식 (7.17)과 같이 시간에 따른 자속의 변화를 통해 유도된 전압 $v(t)$가 나타난다(패러데이[Faraday]의 유도법칙 참조).

$$v(t) = N \cdot \frac{d}{dt}\phi(t) = L \cdot \frac{d}{dt}i(t) \tag{7.17}$$

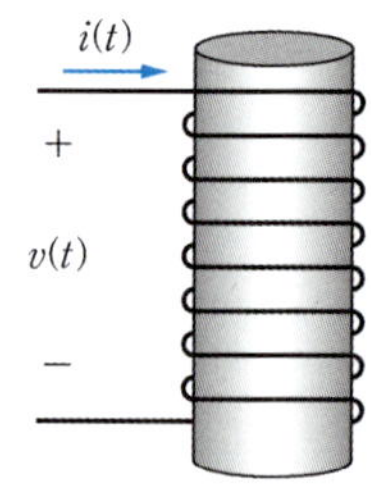


**[그림 7-37]** 솔레노이드 구조인 인덕터

인덕터의 특성식인 식 (7.17)에서 인덕터가 갖는 두 가지 특성을 알 수 있다. 첫째로 전류를 미분해 전압값을 결정하므로 전류 $i(t)$는 미분가능한 함수여야 한다. 미분가능한 함수는 연속함수이므로 전류 $i(t)$는 모든 시간대에서 연속이어야 한다. 이는 단위 계단 함수 $u(t)$와 같이 순간적으로 전류의 크기가 변화할 수 없다는 것을 의미한다. 또 다른 특성은 인가전원이 직류인 경우, 시간이 지나도 그 크기가 변하지 않기 때문에 시간에 대해 미분한 값은 0가 된다. 따라서 $v(t) = L\frac{d}{dt}i(t) = 0$가 성립하여 인덕터는 단락회로가 된다. 물론 회로가 변경된 후 충분한 시간이 지나지 않은 상태(과도상태)에서는 인덕터에 흐르는 전류가 변하므로 단락회로가 되지 않는다.

**예제 7-14**

다음 회로에서 스위치가 변경된 후 인덕터에 흐르는 전류 $i(t=0_+)$를 구하라.

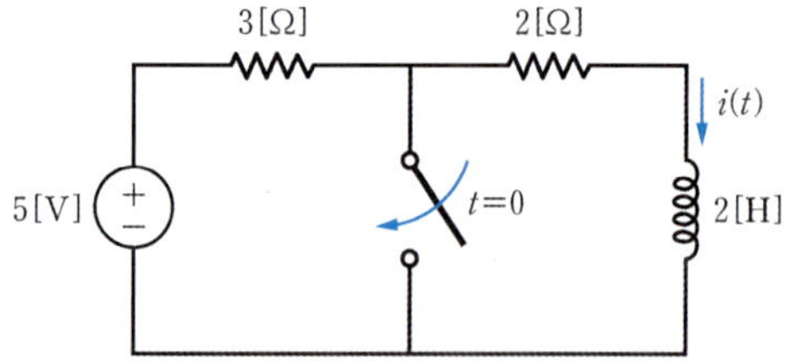


**[그림 7-38]** [예제 7-14] 회로

**풀이**

$t < 0$ 영역에서는 스위치가 열려 있는 상태이므로 [그림 7-39]와 같은 회로가 된다.

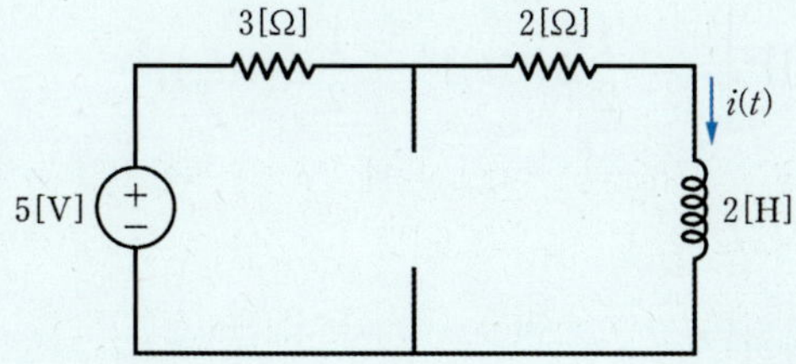


**[그림 7-39]** $t < 0$ 영역에서의 등가회로

[그림 7-39]에서 인가전압은 5[V]로 시간에 따라 변화하지 않는 직류전압이다. 즉 인덕터에 걸리는 전압이 0이므로 인덕터는 단락회로가 된다. 이에 따라 인덕터에 흐르는 전류 $i(t)$를 구하면 다음과 같다.

$$i(t) = \frac{5\,[\mathrm{V}]}{3\,[\Omega] + 2\,[\Omega]} = 1\,[\mathrm{A}]$$

$t > 0$ 영역에서는 스위치가 닫혀도 인덕터에 흐르는 전류값이 갑자기 변하지 않는다. 따라서 전류 $i(t)$는 스위치가 닫히기 직전의 전류값을 유지한다.

$$i(t = 0_+) = i(t = 0_-) = 1\,[\mathrm{A}]$$

## 실전문제 7-14

다음 회로에서 전류 $i(t = 0_+)$를 구하라.

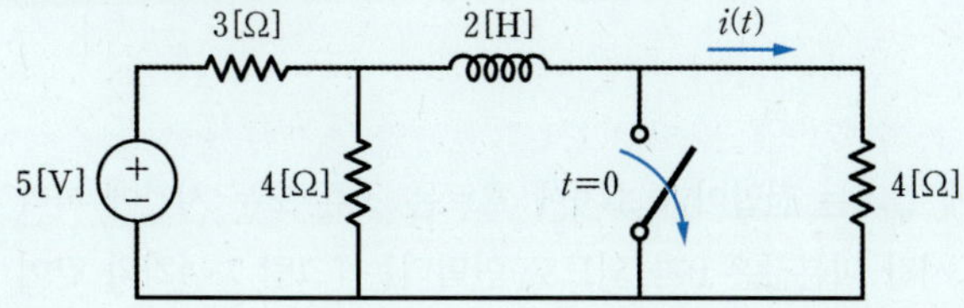


**[그림 7-40]**

한편 앞에서 언급한 바와 같이 커패시터가 에너지 저장소자인 것처럼 인덕터도 에너지 저장소자이다. 소자에 흐르는 전류가 $i(t) = 0$이면 코일에서 발생하는 자속은 $\phi(t) = 0$를 의미하고 또한 저장된 에너지도 $W(t) = 0$를 의미한다. 인덕터에 흐르는 전류가 $i(t) = I$이면 코일에서 발생한 자속인 $\phi(t) = \Phi$에 의해 저장된 에너지가 존재하며, 그 값을 구하면 다음과 같다.

$$W(t) = \int_{t_o}^{t} p(t) \cdot dt + W(t_o) \tag{7.18}$$

여기서 $p(t)$는 커패시터가 공급받는 전력을 의미하며, $W(t_o)$는 $t = t_o$에서 저장된 에너지를 의미한다. $p(t) = v(t) \cdot i(t)$이므로 다음과 같이 정리할 수 있다.

$$W(t) = \int_{t_o}^{t} v(t) \cdot i(t) \cdot dt + W(t_o) = \int_{t_o}^{t} \left\{ L\frac{d}{dt}i(t) \right\} i(t) \cdot dt + W(t_o)$$

$$= Li(t) \cdot i(t)\Big|_{t_o}^{t} - L\int_{t_o}^{t} \left\{ i(t) \cdot \frac{d}{dt}i(t) \right\} \cdot dt + W(t_o)$$

$$\therefore \ L\int_{t_o}^{t}\left\{\frac{d}{dt}i(t)\right\}\cdot i(t)dt = \frac{1}{2}L\cdot\{i(t)\}^2\Big|_{t_o}^{t} = \frac{1}{2}L\{i(t)\}^2 - \frac{1}{2}L\{i(t_o)\}^2$$

$$W(t) = \frac{1}{2}L\left[\{i(t)\}^2 - \{i(t_o)\}^2\right] + W(t_o)$$

$$W(t) - W(t_o) = \frac{1}{2}L\{i(t)\}^2 - \frac{1}{2}L\{i(t_o)\}^2$$

위 식은 $t$에 대한 항등식이므로 $t = t_o$에 인덕터에 흐르는 전류 $i(t_o)$에 의해 저장된 에너지인 $W(t_o) = \frac{1}{2}L\{i(t_o)\}^2$과 인덕터에 흐르는 전류 $i(t)$에 의해 저장된 에너지인 $W(t) = \frac{1}{2}L\cdot\{i(t)\}^2$으로 결정된다.

## 예제 7-15

다음 회로에서 인덕터에 저장된 에너지 $W_L$을 구하라.

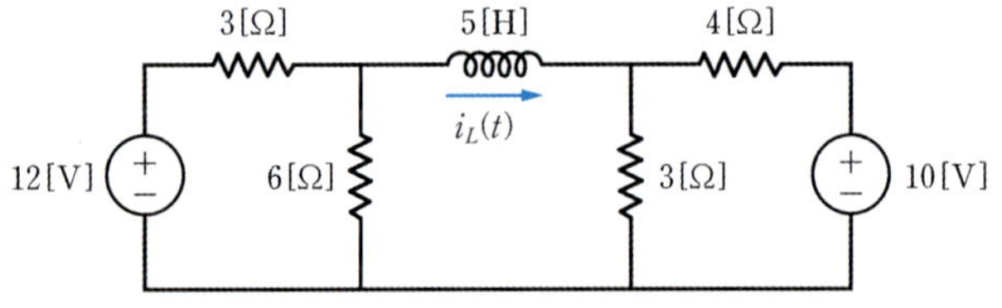


**[그림 7-41]** [예제 7-15]의 회로

### 풀이

2개의 인가전압의 크기가 직류이므로 소자에 걸리는 전압이나 소자에 흐르는 전류 모두 시간에 따라 그 크기가 변화하지 않는 직류이다. 따라서 시간 미분값은 0가 되므로 인덕터는 [그림 7-42]와 같이 단락회로가 된다.

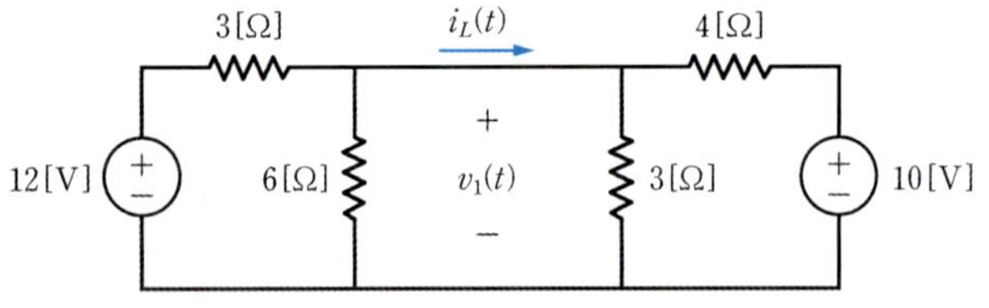


**[그림 7-42]** 인덕터를 단락회로로 처리한 회로

노드방정식을 구하면 다음과 같다.

$$\frac{v_1-12}{3}+\frac{v_1}{6}+\frac{v_1}{3}+\frac{v_1-10}{4}=0 \quad\rightarrow\quad v_1 = 6\,[\text{V}]$$

인덕터에 흐르는 전류 $i_L$은 $3\,[\Omega]$에 흐르는 전류와 $4\,[\Omega]$에 흐르는 전류의 합과 같다.

$$i_L = \frac{6-10}{4}+\frac{6}{3} = 1\,[\text{A}]$$

따라서 인덕터에 저장된 에너지 $W_L$을 구하면 다음과 같다.

$$W_L = \frac{1}{2}L\{i_L\}^2 = 2.5\,[\mathrm{J}]$$

**실전문제 7-15**

다음 회로에서 인덕터에 저장된 에너지 $W_L$을 구하라.

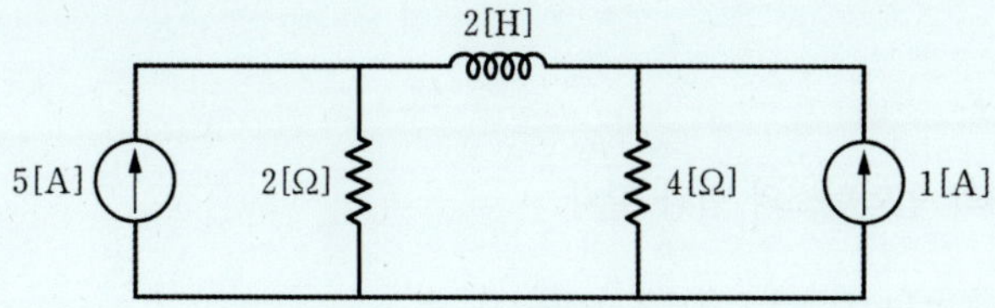


[그림 7-43]

## 7.2.2 인덕터의 직렬연결

[그림 7-44]와 같이 $n$개의 인덕터를 직렬로 연결한 경우, 전체 회로의 전압-전류 관계식을 구해보자. 먼저 루프방정식을 구하면 다음과 같다.

$$v(t) = v_1(t) + v_2(t) + \cdots + v_n(t) = \sum_{i=1}^{n} v_i(t)$$

여기에 특성식 (7.15a)를 대입하면 다음과 같다.

$$v(t) = \sum_{i=1}^{n}\left\{L_i \cdot \frac{d}{dt}i(t)\right\} = L_{eq}\frac{d}{dt}i(t) \tag{7.19}$$

$$L_{eq} = \sum_{i=1}^{n} L_i \tag{7.20}$$

식 (7.19)를 만족하는 회로를 그리면 [그림 7-45]와 같다. 즉 [그림 7-44]와 같이 직렬로 연결된 $n$개의 인덕터를 하나의 인덕터로 나타낼 수 있고, 그 인덕터의 값 $L_{eq}$는 인덕턴스 $n$개의 합과 같다.

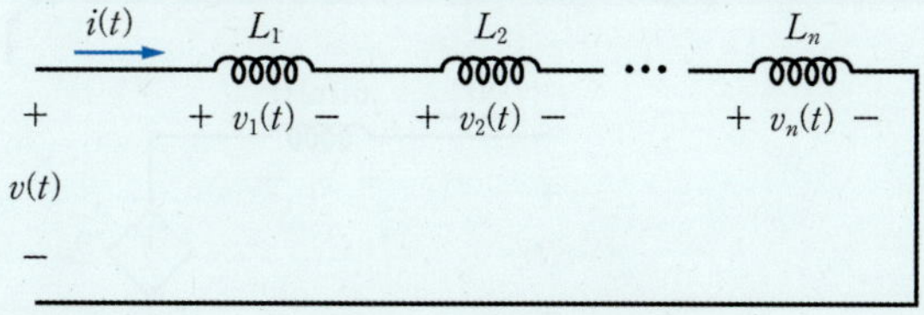


**[그림 7-44]** $n$개의 인덕터를 직렬로 연결한 회로

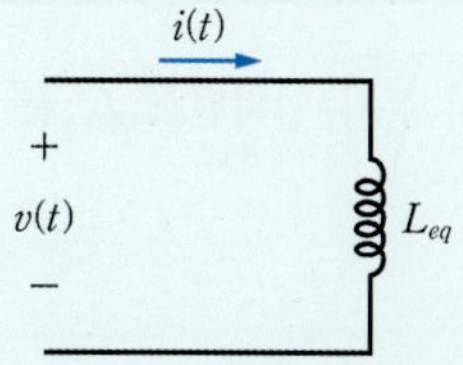


**[그림 7-45]** 등가 인덕턴스 $L_{eq}$로 표현된 등가회로

## 예제 7-16

다음과 같이 인덕터 3개가 직렬로 연결된 회로의 등가 인덕턴스 $L_{eq}$를 구하라.

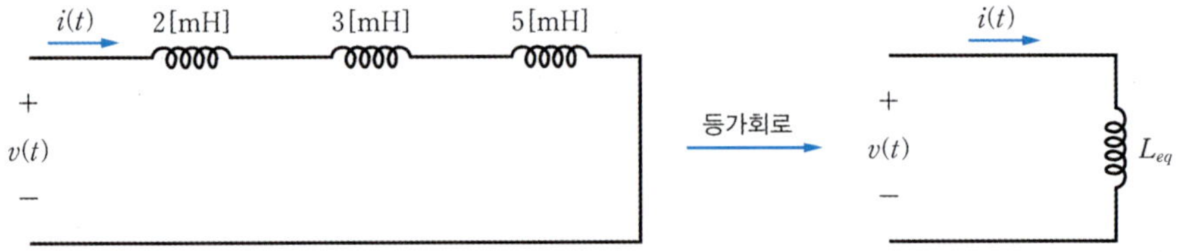


[그림 7-46] [예제 7-16]의 회로

**풀이**

직렬연결이므로 등가 인덕턴스 $L_{eq}$는 3개의 인덕턴스의 합과 같다.

$$L_{eq} = 2\,[\text{mH}] + 3\,[\text{mH}] + 5\,[\text{mH}] = 10\,[\text{mH}]$$

## 실전문제 7-16

다음과 같이 인덕터가 직렬연결된 회로의 등가 인덕턴스 $L_{eq}$를 구하라.

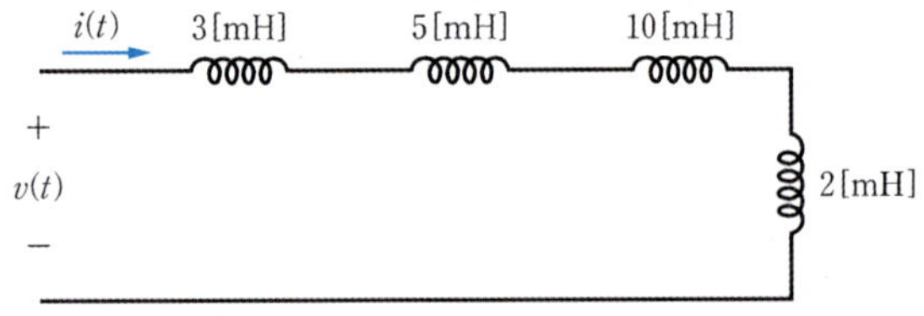


[그림 7-47]

한편 [그림 7-44]와 같이 직렬로 연결된 인덕터 회로에서 각 인덕터에 걸리는 전압의 비를 구하면, 식 (7.21)과 같이 각 인덕턴스의 값에 비례한다.

$$v_1 : v_2 : \cdots : v_n = L_1 \frac{d}{dt} i(t) : L_2 \frac{d}{dt} i(t) : \cdots : L_n \frac{d}{dt} i(t)$$

$$v_1 : v_2 : \cdots : v_n = L_1 : L_2 : \cdots : L_n \tag{7.21}$$

## 예제 7-17

다음 회로에서 등가 인덕턴스 $L_{eq}$를 구하라.

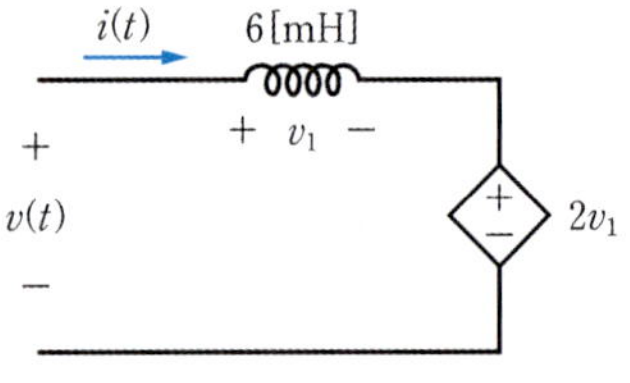


[그림 7-48] [예제 7-17]의 회로

**풀이**

6 [mH]의 인덕터와 종속전압원에 걸리는 전압의 비가 1 : 2이므로 종속전압원은 12 [mH]의 인덕턴스와 등가회로가 된다. 두 인덕터가 직렬로 연결되어 있으므로 등가 인덕턴스 $L_{eq}$를 구하면 다음과 같다.

$$L_{eq} = 6\,[\text{mH}] + 12\,[\text{mH}] = 18\,[\text{mH}]$$

**별해**

인가전압과 흐르는 전류의 관계식을 구하면 다음과 같다.

$$v_1(t) = 6\,[\text{mH}]\frac{d}{dt}i(t)$$

루프방정식으로부터 등가 인덕턴스 $L_{eq}$를 구하면 다음과 같다.

$$v(t) = 3v_1(t) = 3 \cdot 6\,[\text{mH}]\frac{d}{dt}i(t) = 18\,[\text{mH}]\frac{d}{dt}i(t)$$

$$\therefore\ L_{eq} = 18\,[\text{mH}]$$

**실전문제 7-17**

다음 회로에서 등가 인덕턴스 $L_{eq}$를 구하라.

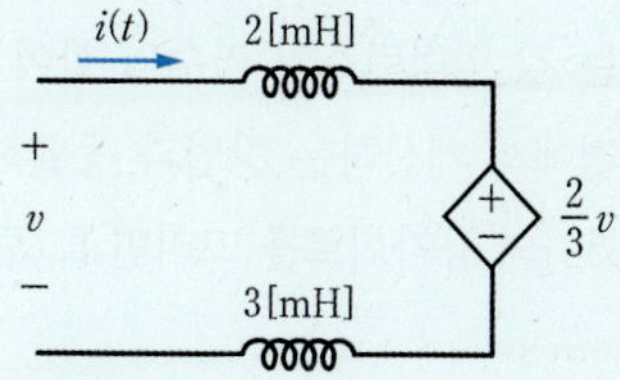


[그림 7-49]

## 7.2.3 인덕터의 병렬연결

[그림 7-50]과 같이 $n$개의 인덕터를 병렬로 연결한 경우, 전체 회로의 전압-전류 관계식을 구해보자.

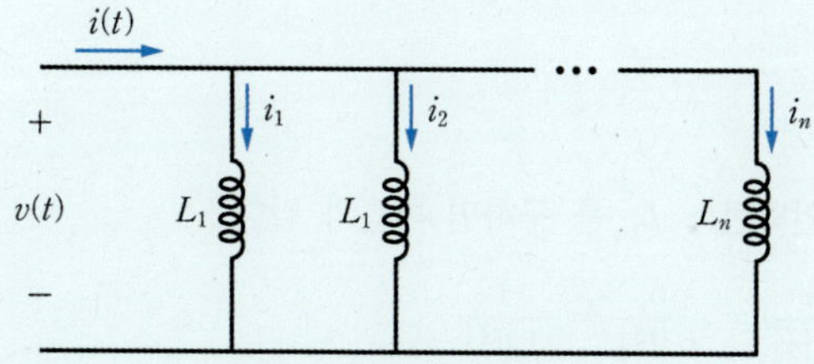


[그림 7-50] 인덕터를 병렬로 연결한 회로

먼저 각 소자의 특성식을 구해보자.

$$v(t) = L_i \frac{d}{dt} i_i(t)$$

노드방정식을 구하면 다음과 같다.

$$i(t) = i_1(t) + i_2(t) + \cdots + i_n(t) = \sum_{i=1}^{n} i_i(t)$$

이 식의 양변을 미분하면 다음을 얻는다.

$$\frac{d}{dt} i(t) = \sum_{i=1}^{n} \frac{d}{dt} i_i(t) = \sum_{i=1}^{n} \frac{v(t)}{L_i} = \left( \sum_{i=1}^{n} \frac{1}{L_i} \right) \cdot v(t)$$

따라서 전압 $v(t)$에 대해 전개해 등가 인덕턴스 $L_{eq}$를 구하면 다음과 같다.

$$v(t) = \left( \sum_{i=1}^{n} \frac{1}{L_i} \right)^{-1} \frac{d}{dt} i(t)$$

$$L_{eq}^{-1} = \sum_{i=1}^{n} L_i^{-1} \tag{7.22}$$

이는 각 인덕턴스의 역수의 합이 등가 인덕턴스 $L_{eq}$의 역수가 된다는 뜻이다. 이는 커패시터의 직렬 연결에서 계산하는 방법과 동일하다. 인덕터와 커패시터가 서로 쌍대관계를 이루기 때문이다. [그림 7-50]의 등가회로를 그리면 [그림 7-45]와 같이 등가 인덕턴스 $L_{eq}$를 가진 인덕터 하나로 표현된다.

## 예제 7-18

다음 회로에서 등가 인덕턴스 $L_{eq}$를 구하라.

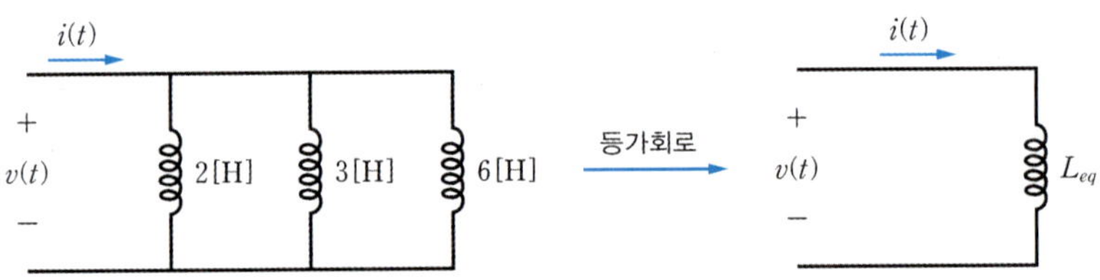


[그림 7-51] [예제 7-18]의 회로

### 풀이

인덕터 3개가 병렬로 연결되어 있는 회로에서 등가 인덕턴스 $L_{eq}$를 구하면 다음과 같다.

$$\frac{1}{L_{eq}} = \frac{1}{2\,[\mathrm{H}]} + \frac{1}{3\,[\mathrm{H}]} + \frac{1}{6\,[\mathrm{H}]} = \frac{6}{6\,[\mathrm{H}]} = \frac{1}{1\,[\mathrm{H}]}$$

$$\therefore\ L_{eq} = 1\,[\mathrm{H}]$$

### 실전문제 7-18

다음 회로에서 등가 인덕턴스 $L_{eq}$를 구하라.

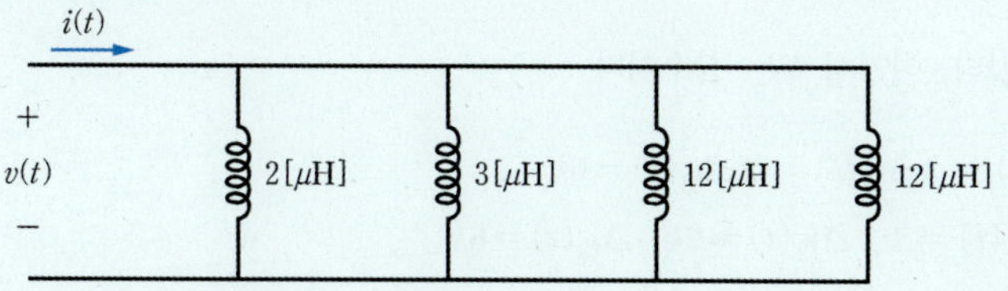


[그림 7-52]

한편 [그림 7-50]과 같이 인덕터가 병렬로 연결된 경우, 각 인덕터에 흐르는 전류의 미분값과 인덕터의 역수가 비례하는 것을 알 수 있다.

$$v(t) = L_1 \frac{d}{dt} i_1 = L_2 \frac{d}{dt} i_2 = \cdots = L_n \frac{d}{dt} i_n$$

$$\frac{d}{dt} i_1 : \frac{d}{dt} i_2 : \cdots : \frac{d}{dt} i_n = \frac{1}{L_1} : \frac{1}{L_2} : \cdots : \frac{1}{L_n} \tag{7.23}$$

저항에서는 병렬회로에서 저항에 흐르는 전류의 비가 저항의 역수에 비례하지만, 인덕터의 경우 흐르는 전류의 비가 아니고 전류의 변화량의 비가 인덕턴스의 역수에 비례한다. 여기서 전류의 비와 인덕턴스의 역수의 비가 같기 위해서는 전류의 초깃값의 비가 인덕턴스의 역수의 비와 같아야 하는 조건이 필요하다. 이는 쌍대소자인 커패시터의 직렬연결의 경우와 동일하다.

### 예제 7-19

인가전류가 다음과 같을 경우, 각 인덕터에 흐르는 전류의 최종값을 구하라. 단, $i_1(0) = 1\,[\text{mA}]$, $i_2(0) = 0.5\,[\text{mA}]$, $i_3(0) = 0.5\,[\text{mA}]$이다.

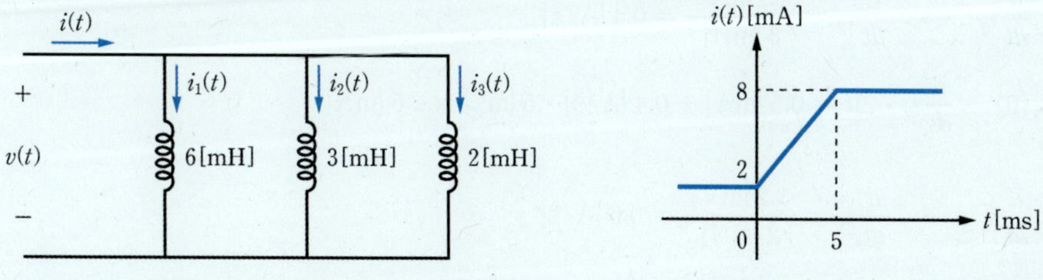


[그림 7-53] [예제 7-19]의 회로와 인가전류 파형

#### 풀이

노드방정식으로부터 변화량을 계산해보자.

$$i(t) = i_1(t) + i_2(t) + i_3(t)$$
$$\Delta i(t) = \Delta i_1(t) + \Delta i_2(t) + \Delta i_3(t)$$

또한 병렬회로이므로 각 인덕터에 걸리는 전압이 같으므로 다음과 같다.

$$6\,[\mathrm{mH}]\frac{d}{dt}i_1(t) = 3\,[\mathrm{mH}]\frac{d}{dt}i_2(t) = 2\,[\mathrm{mH}]\frac{d}{dt}i_3(t)$$

이를 변화량으로 표시하면 다음과 같다. 여기서 $k$는 상수이다.

$$6\Delta i_1(t) = 3\Delta i_2(t) = 2\Delta i_3(t) = 6k$$
$$\therefore\ \Delta i_1(t) = k,\ \Delta i_2(t) = 2k,\ \Delta i_3(t) = 6k$$

위의 식에 대입하면 다음과 같다.

$$\Delta i(t) = k + 2k + 3k = 6k = 8\,[\mathrm{mA}] - 2\,[\mathrm{mA}] \quad\rightarrow\quad k = 1\,[\mathrm{mA}]$$

따라서 다음을 얻는다.

$$\Delta i_1(t) = 1\,[\mathrm{mA}] \quad\rightarrow\quad i_1(t) = 2\,[\mathrm{mA}]$$
$$\Delta i_2(t) = 2\,[\mathrm{mA}] \quad\rightarrow\quad i_2(t) = 2.5\,[\mathrm{mA}]$$
$$\Delta i_3(t) = 3\,[\mathrm{mA}] \quad\rightarrow\quad i_3(t) = 3.5\,[\mathrm{mA}]$$

**별해**

- $\dfrac{1}{L_{eq}} = \dfrac{1}{6\,[\mathrm{mH}]} + \dfrac{1}{3\,[\mathrm{mH}]} + \dfrac{1}{2\,[\mathrm{mH}]} \quad\rightarrow\quad L_{eq} = 1\,[\mathrm{mH}]$

- $v(t) = L_{eq}\dfrac{d}{dt}i(t) = 1\,[\mathrm{mH}]\cdot\dfrac{6}{5}[\mathrm{A/s}] = 1.2\,[\mathrm{mV}]$

- $v(t) = L_1\dfrac{d}{dt}i_1 \quad\rightarrow\quad \dfrac{d}{dt}i_1 = \dfrac{1.2[\mathrm{mV}]}{6\,[\mathrm{mH}]} = 0.2\,[\mathrm{A/s}]$

  $\therefore\ i_1 = i_1(0) + \dfrac{d}{dt}i_1\cdot\Delta t = 1\,[\mathrm{mA}] + 0.2\,[\mathrm{A/s}]\cdot 5\,[\mathrm{ms}] = 2\,[\mathrm{mA}]$

- $v(t) = L_2\dfrac{d}{dt}i_2 \quad\rightarrow\quad \dfrac{d}{dt}i_2 = \dfrac{1.2[\mathrm{mV}]}{3\,[\mathrm{mH}]} = 0.4\,[\mathrm{A/s}]$

  $\therefore\ i_2 = i_2(0) + \dfrac{d}{dt}i_2\cdot\Delta t = 0.5\,[\mathrm{mA}] + 0.4\,[\mathrm{A/s}]\cdot 5\,[\mathrm{ms}] = 2.5\,[\mathrm{mA}]$

- $v(t) = L_3\dfrac{d}{dt}i_3 \quad\rightarrow\quad \dfrac{d}{dt}i_3 = \dfrac{1.2\,[\mathrm{mV}]}{2\,[\mathrm{mH}]} = 0.6\,[\mathrm{A/s}]$

  $\therefore\ i_3 = i_3(0) + \dfrac{d}{dt}i_3\cdot\Delta t = 0.5\,[\mathrm{mA}] + 0.6\,[\mathrm{A/s}]\cdot 5\,[\mathrm{ms}] = 3.5\,[\mathrm{mA}]$

## 실전문제 7-19

다음 회로에서 흐르는 전체 전류의 값이 1[mA]에서 10[mA]로 증가했다면 각 인덕터에 흐르는 전류의 증가량은 얼마인지 구하라.

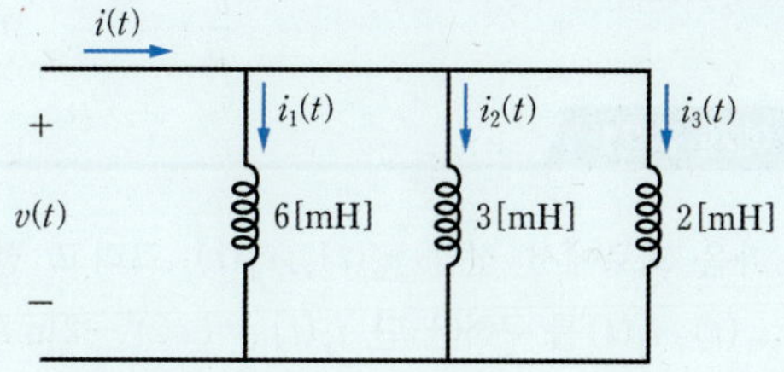


**[그림 7-54]**

## 예제 7-20

다음 회로에서 등가 인덕턴스 $L_{eq}$를 구하라.

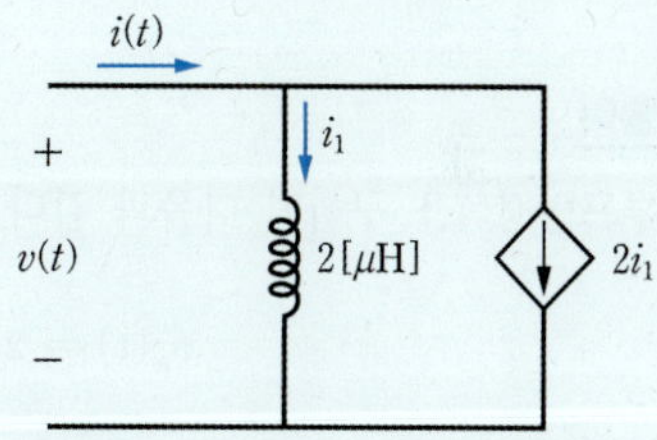


**[그림 7-55]** [예제 7-20]의 회로

**풀이**

2[$\mu$H]의 인덕터와 종속전류원은 병렬연결이며, 흐르는 전류의 비가 1 : 2이므로 인덕턴스의 비는 2 : 1을 만족한다. 종속전류원은 1[$\mu$H]의 인덕터로 변환된다. 따라서 전체 회로의 인덕턴스는 2[$\mu$H]와 1[$\mu$H]의 병렬연결이다.

$$L_{eq} = \frac{2\,[\mu\text{H}] \cdot 1\,[\mu\text{H}]}{2\,[\mu\text{H}] + 1\,[\mu\text{H}]} = \frac{2}{3}\,[\mu\text{H}]$$

**별해**

$$v(t) = 2\,[\mu\text{H}]\frac{d}{dt}i_1(t) = 2\,[\mu\text{H}]\frac{d}{dt}\frac{i(t)}{3} = \frac{2}{3}\,[\mu\text{H}]\frac{d}{dt}i(t)$$

$$\therefore\ L_{eq} = \frac{2}{3}\,[\mu\text{H}]$$

## 실전문제 7-20

다음 회로에서 등가 인덕턴스 $L_{eq}$를 구하라.

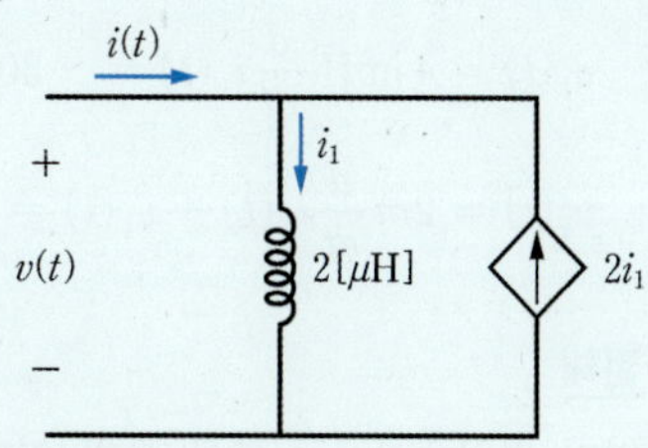


**[그림 7-56]**

지금까지 인덕터의 직렬연결과 병렬연결에 대해 알아보았다. 이제부터는 직렬연결과 병렬연결이 혼성되어 있는 회로에 대해 알아보자.

## 예제 7-21

다음 회로에서 전압 $v_s(t)$, $v_1(t)$ 그리고 전류 $i_1(t)$, $i_2(t)$를 구하라. 단, $i_s(t) = 5e^{-2t} - 2\,[\text{mA}]$, $i_1(t=0) = 1\,[\text{mA}]$이다.

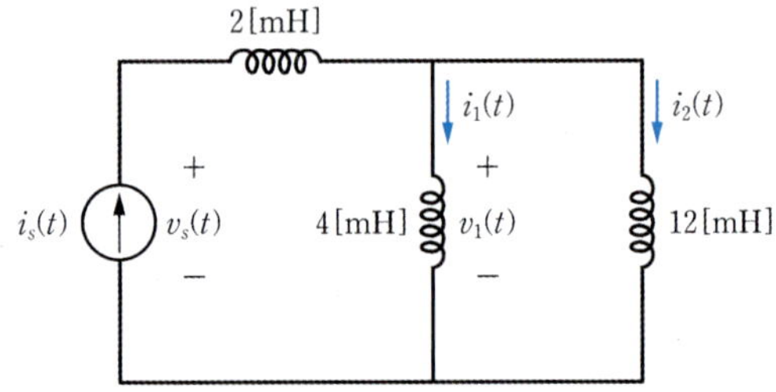


[그림 7-57] [예제 7-21]의 회로

### 풀이

루프방정식을 구하면 다음과 같다.

$$v_s(t) = 2\,[\text{mH}]\frac{d}{dt}i_s(t) + 4\,[\text{mH}]\frac{d}{dt}i_1(t) \qquad \cdots ①$$

$$v_1(t) = 4\,[\text{mH}]\frac{d}{dt}i_1(t) = 12\,[\text{mH}]\frac{d}{dt}i_2(t)$$

$$\therefore\ \frac{d}{dt}i_2(t) = \frac{4[\text{mH}]}{12[\text{mH}]}\frac{d}{dt}i_1(t) = \frac{1}{3}\frac{d}{dt}i_1(t)$$

노드방정식을 구하면 다음과 같다.

$$i_s(t) = i_1(t) + i_2(t) \quad \rightarrow \quad \frac{d}{dt}i_s(t) = \frac{d}{dt}i_1(t) + \frac{d}{dt}i_2(t) = \frac{4}{3}\frac{d}{dt}i_1(t) \qquad \cdots ②$$

$$\frac{d}{dt}i_1(t) = \frac{3}{4}\frac{d}{dt}i_s(t) = \frac{3}{4}(-10e^{-2t})\,[\text{mA/s}]$$

$$i_1(t) = \int_0^t \frac{d}{dt}i_1(t)dt + i_1(0) = \left[\int_0^t \frac{3}{4}(-10e^{-2t})dt + 1\right][\text{mA}] = \left[\frac{15}{4}e^{-2t} - \frac{11}{4}\right][\text{mA}]$$

$$i_2(t) = i_s(t) - i_1(t) = 5e^{-2t} - 2 - \frac{15}{4}e^{-2t} + \frac{11}{4} = \frac{5}{4}e^{-2t} + \frac{3}{4}\,[\text{mA}]$$

$$v_1(t) = 4\,[\text{mH}]\frac{d}{dt}i_1(t) = -30e^{-2t}\,[\mu\text{V}]$$

$$v_s(t) = 2m\frac{d}{dt}i_s(t) + v_1(t) = -50e^{-2t}\,[\mu\text{V}]$$

### 별해

먼저 전원에서 들여다본 등가 인덕턴스 $L_{eq}$를 구해보자.

$$L_{eq} = 2\,[\text{mH}] + 4\,[\text{mH}] // 12\,[\text{mH}] = 5\,[\text{mH}]$$

$$\therefore\ v_s(t) = L_{eq}\cdot i_s(t) = 5\,[\text{mH}]\,(-10e^{-2t}\,[\text{mA/s}]) = -50e^{-2t}\,[\mu\text{V}]$$

인덕터의 직렬연결에서 인가전압의 비는 인덕턴스의 비와 같다.

$$v_s(t) : v_1(t) = 5\,[\mathrm{mH}] : 3\,[\mathrm{mH}] = 5 : 3$$

$$\therefore\ v_1(t) = \frac{3}{5} \cdot v_s(t) = -30e^{-2t}\,[\mu\mathrm{V}]$$

인덕터에 흐르는 전류는 인가전압의 적분으로 구할 수 있다.

$$i_1(t) = \frac{1}{4\,[\mathrm{mH}]}\int_0^t v_1(t)dt + i_1(0) = \frac{15}{4}e^{-2t} - \frac{11}{4}\,[\mathrm{mA}]$$

$$i_2(t) = \frac{1}{12\,[\mathrm{mH}]}\int_0^t v_1(t)dt + i_2(0) = \frac{5}{4}e^{-2t} + \frac{3}{4}\,[\mathrm{mA}]$$

$$(\because\ i_2(0) = i_s(0) - i_1(0) = 3\,[\mathrm{mA}] - 1\,[\mathrm{mA}] = 2\,[\mathrm{mA}])$$

## 실전문제 7-21

다음 회로에서 전압 $v_s(t)$와 전류 $i_1(t)$를 구하라. 단, $i_s(t) = 5\sin 10t\,[\mathrm{mA}]$이다.

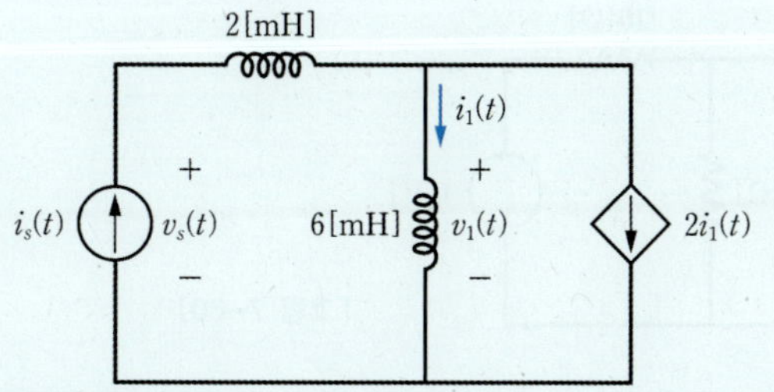


[그림 7-58]

## 예제 7-22

다음 회로에서 커패시터의 충전전압의 초깃값과 최종값인 $v_C(0)$, $v_C(\infty)$와 인덕터의 초깃값과 최종값인 $i_L(0)$, $i_L(\infty)$를 구하라.

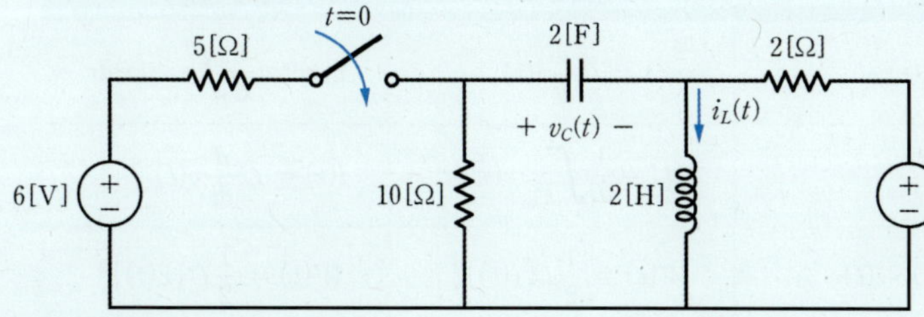


[그림 7-59] [예제 7-22]의 회로

### 풀이

• $t < 0$ 영역 : 스위치가 개방상태이므로 인덕터는 단락회로, 커패시터는 개방회로이므로 $v_C(t) = 0$, $i_L(t) = 1\,[\mathrm{A}]$를 가진다.

- $t > 0$ 영역 : 스위치가 단락상태가 되어도 순간적으로 커패시터에 걸리는 전압은 변하지 않고, 인덕터에 흐르는 전류도 갑자기 변하지 않는다.

$$v_C(0_+) = 0\,[\mathrm{V}],\ i_L(0_+) = 1\,[\mathrm{A}]$$

- 한편 시간이 충분히 흐르고 나면 인가전압이 직류이므로 인덕터는 단락회로, 커패시터는 개방회로가 되므로 다음과 같다.

$$v_C(\infty) = \frac{10}{10+5} \cdot 6 = 4\,[\mathrm{V}]$$

즉 인덕터에 흐르는 전류는 변화가 없으므로 $i_L(\infty) = 1\,[\mathrm{A}]$가 된다.

**실전문제 7-22**

다음 회로에서 $t=0$에서 인덕터와 커패시터에 저장된 에너지 $W_L$과 $W_C$, $t=\infty$에서 저장된 에너지 $W_L$과 $W_C$를 구하라.

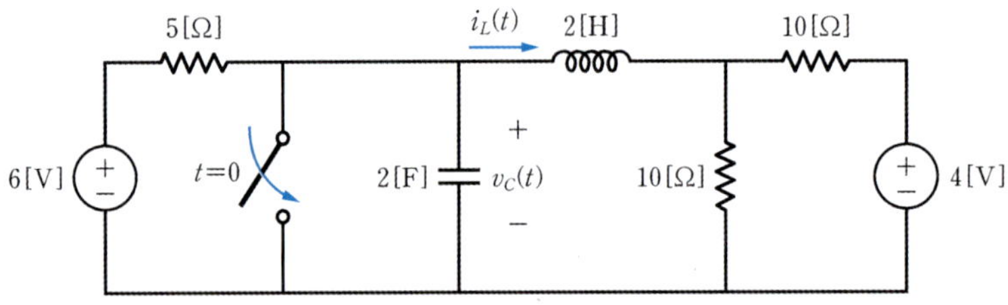


[그림 7-60]

[표 7-1]에 지금까지 다룬 수동적인 회로소자인 저항, 인덕터 및 커패시터의 전기적 특성에 대해 간단히 요약해두었다.

[표 7-1] 수동소자의 전기적 특성

| 관계 | 저항($R$) | 인덕터($L$) | 커패시터($C$) |
|---|---|---|---|
| 특성식 $v = f(i)$ | $v(t) = Ri(t)$ | $v(t) = L\frac{d}{dt}i(t)$ | $v(t) = \frac{1}{C}\int_{-\infty}^{t} i(\tau)d\tau$ |
| 특성식 $i = g(v)$ | $i(t) = \frac{v(t)}{R}$ | $i(t) = \frac{1}{L}\int_{-\infty}^{t} v(\tau)d\tau$ | $i(t) = C\frac{d}{dt}v(t)$ |
| 소모전력 $p(t)$<br>저장에너지 $W(t)$ | $p(t) = v(t) \cdot i(t)$ | $W(t) = \frac{1}{2}L\{i(t)\}^2$ | $W(t) = \frac{1}{2}C\{v(t)\}^2$ |
| 직렬연결($n=2$) | $R_{eq} = R_1 + R_2$ | $L_{eq} = L_1 + L_2$ | $C_{eq} = \frac{C_1 C_2}{C_1 + C_2}$ |
| 병렬연결($n=2$) | $R_{eq} = \frac{R_1 R_2}{R_1 + R_2}$ | $L_{eq} = \frac{L_1 L_2}{L_1 + L_2}$ | $C_{eq} = C_1 + C_2$ |
| 함수의 연속성 | – | $i(t)$가 연속 | $v(t)$가 연속 |

SECTION
# 7.3 회로소자의 라플라스 변환

앞에서 언급한 시간영역에서의 특성식은 시간영역에서 회로를 해석하는 데 필요하며, 라플라스 변환을 한 소자의 특성식은 s-영역에서 회로를 해석하고자 할 때 필요하다. 그러나 [그림 7-61]과 같이 시간영역에서의 함수와 s-영역에서의 함수가 1 : 1 함수관계를 만족하므로 소자의 특성식 또한 1 : 1 함수관계를 만족한다.

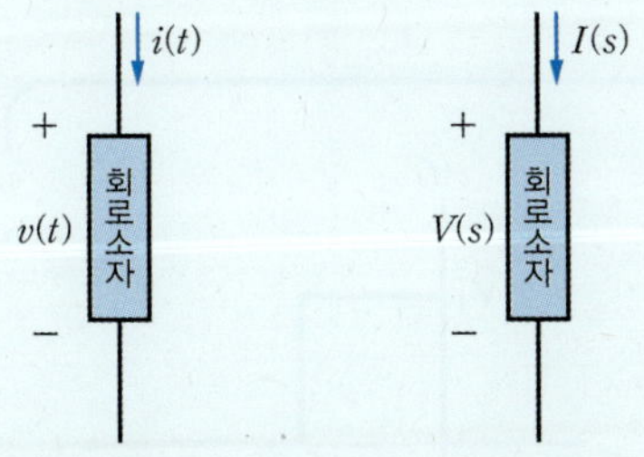

(a) 시간영역　(b) s-영역

**[그림 7-61]** 회로소자의 전압과 전류 표기

## 7.3.1 전원의 라플라스 변환

전원은 전압원과 전류원으로 나뉘고, 또 독립전원과 종속전원으로 나뉜다. 각각의 경우에 대해 라플라스 변환을 하면 다음과 같다.

### ■ 독립전압원의 라플라스 변환

독립전압원의 특성식은 식 (7.24)와 같이 표현된다. 여기서 $\alpha$는 상수를 의미한다.[2]

$$v(t) = \alpha \tag{7.24}$$

함수를 라플라스 변환을 한다는 것은 $t > 0$ 영역에서만 유효하고, $t < 0$ 영역에서는 의미가 없다. 따라서 식 (7.24)에 표기된 전압 $v(t)$도 $t < 0$ 영역에서는 의미가 없다. 따라서 단위 계단 함수 $u(t)$를 곱해 $t < 0$ 영역에서의 함수값을 0으로 만들어야 하므로 식 (7.24)에 $u(t)$를 곱한다.

2 전압원이 정현파인 경우나 지수함수에 대한 논의는 생략하기로 한다.

$$v(t) = \alpha \cdot u(t) \tag{7.25}$$

따라서 s-영역에서의 독립전압원의 특성식은 다음과 같다.

$$V(s) = \frac{\alpha}{s} \tag{7.26}$$

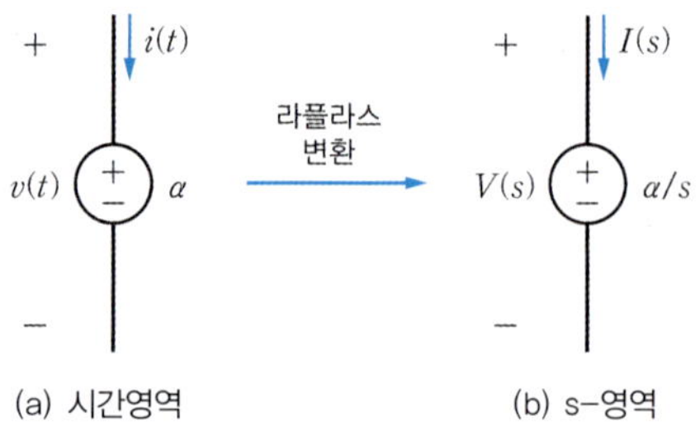


**[그림 7-62]** 독립전압원의 라플라스 변환

## 예제 7-23

전압원의 크기가 다음 그래프와 같을 경우, s-영역에서의 함수를 구하라.

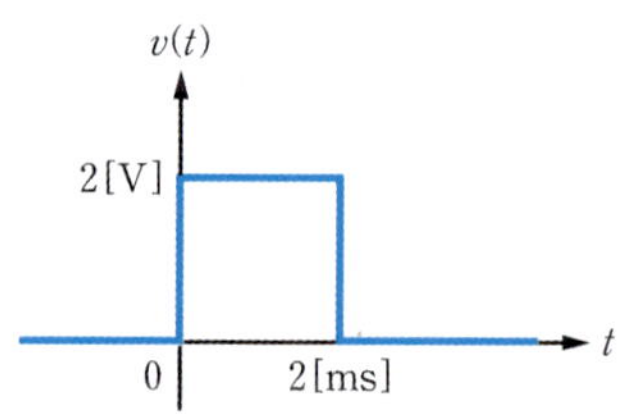


**[그림 7-63]** [예제 7-23]의 파형

**풀이**

시간영역에서 전압 $v(t)$의 함수를 나타내면 다음과 같다.

$$v(t) = 2u(t) - 2u(t - 2 \times 10^{-3})$$

이 식을 라플라스 변환하면 다음을 얻는다.

$$V(s) = \frac{2}{s}\left(1 - e^{-2\times 10^{-3}s}\right)$$

## 실전문제 7-23

전압원의 크기가 다음 그래프와 같을 경우, s-영역에서의 함수를 구하라.

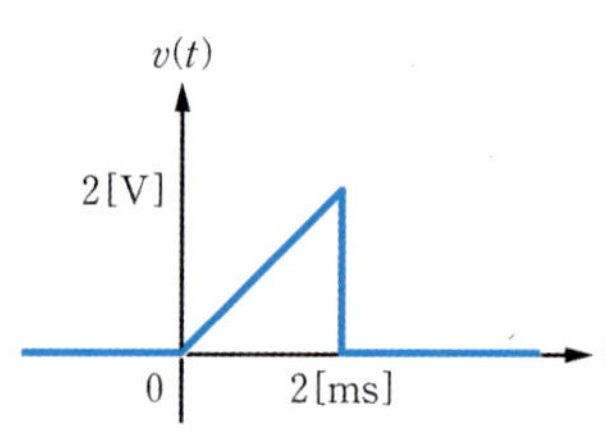


**[그림 7-64]**

## ■ 독립전류원의 라플라스 변환

시간영역에서의 특성식을 라플라스 변환한 s-영역에서의 특성식은 식 (7.27)과 같다. 이를 기호로 나타내면 [그림 7-65]와 같다.

$$i(t) = \alpha \cdot u(t) \tag{7.27a}$$

$$I(s) = \frac{\alpha}{s} \tag{7.27b}$$

## ■ 종속전압원의 라플라스 변환

시간영역에서의 특성식을 라플라스 변환한 s-영역에서의 특성식은 식 (7.28)과 같다. 이를 기호로 나타내면 [그림 7-66]과 같다.

$$v(t) = f(t) \tag{7.28a}$$

$$V(s) = F(s) \tag{7.28b}$$

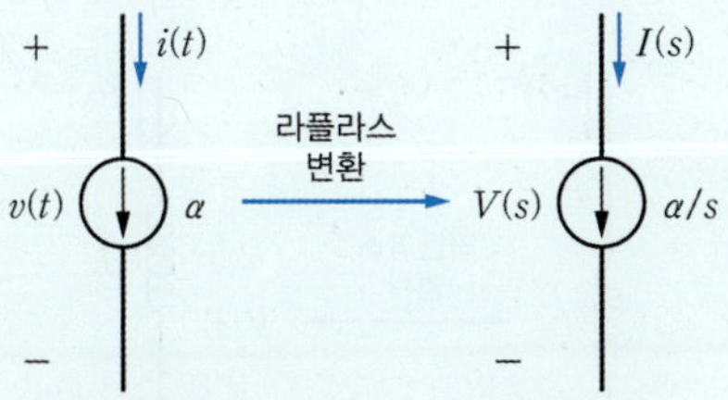


(a) 시간영역 (b) s-영역

**[그림 7-65]** 독립전류원의 라플라스 변환

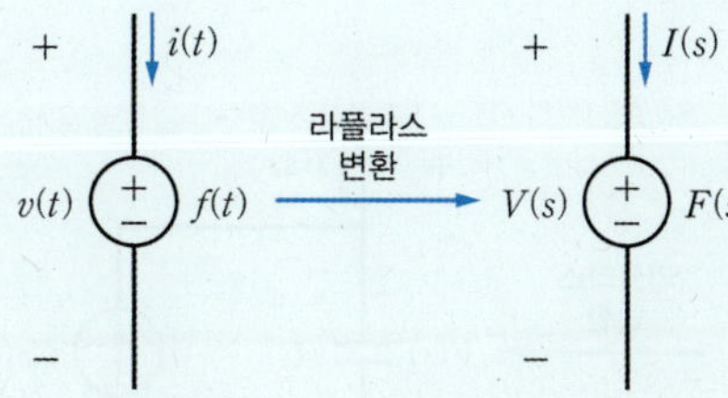


(a) 시간영역 (b) s-영역

**[그림 7-66]** 종속전압원의 라플라스 변환

## ■ 종속전류원의 라플라스 변환

시간영역에서의 특성식을 라플라스 변환한 s-영역에서의 특성식은 식 (7.29)와 같다. 이를 기호로 나타내면 [그림 7-67]과 같다.

$$i(t) = g(t) \tag{7.29a}$$

$$I(s) = G(s) \tag{7.29b}$$

## ■ 저항의 라플라스 변환

시간영역에서의 특성식을 라플라스 변환한 s-영역에서의 특성식은 식 (7.30)과 같다. 이를 기호로 나타내면 [그림 7-68]과 같다.

$$v(t) = R \cdot i(t) \tag{7.30a}$$

$$V(s) = R \cdot I(s) \tag{7.30b}$$

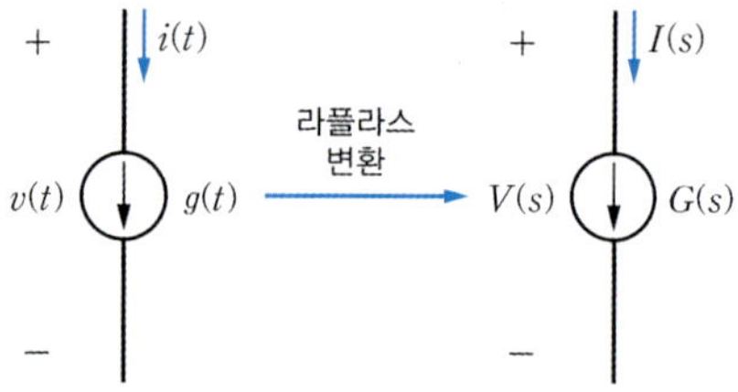


(a) 시간영역 (b) s−영역

**[그림 7-67]** 종속전류원의 라플라스 변환

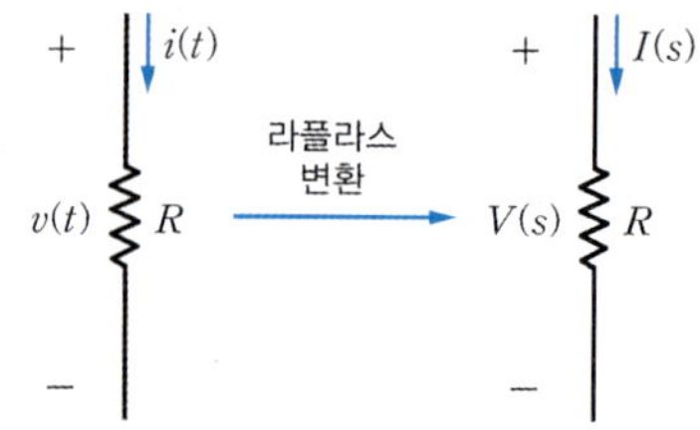


(a) 시간영역 (b) s−영역

**[그림 7-68]** 저항의 라플라스 변환

## ■ 커패시터의 라플라스 변환

시간영역에서의 특성식을 라플라스 변환한 s−영역에서의 특성식은 식 (7.31)과 같다. 이를 기호로 나타내면 [그림 7-69]와 같다.

$$i(t) = C\frac{d}{dt}v(t) \tag{7.31a}$$

$$I(s) = sC \cdot V(s) - C \cdot v(0) \tag{7.31b}$$

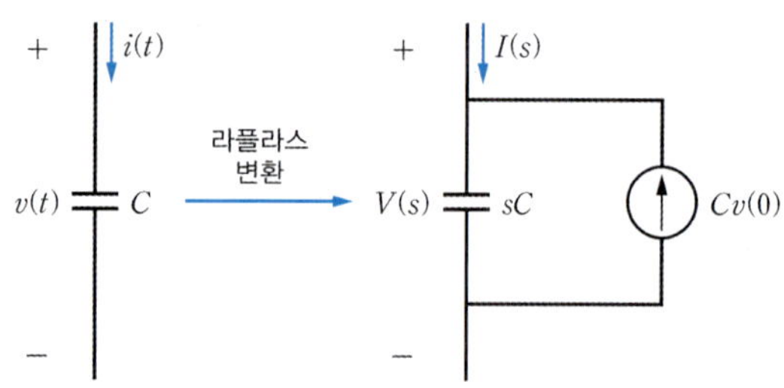


(a) 시간영역 (b) s−영역

**[그림 7-69]** 커패시터의 라플라스 변환

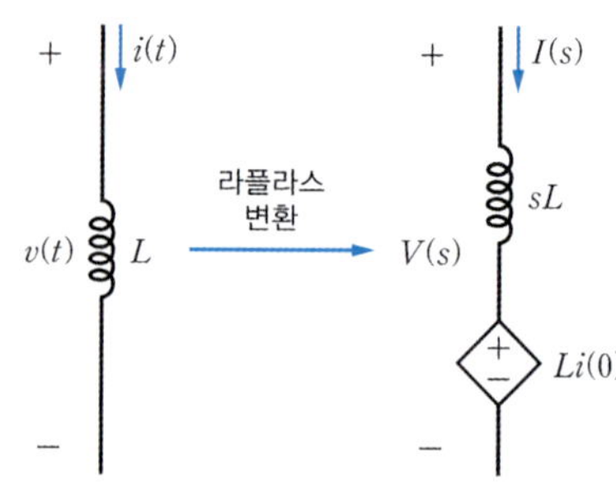


(a) 시간영역 (b) s−영역

**[그림 7-70]** 인덕터의 라플라스 변환

## ■ 인덕터의 라플라스 변환

시간영역에서의 특성식을 라플라스 변환한 s−영역에서의 특성식은 식 (7.32)와 같다. 이를 기호로 나타내면 [그림 7-70]과 같다.

$$v(t) = L\frac{d}{dt}i(t) \tag{7.32a}$$

$$V(s) = sL \cdot I(s) - L \cdot i(0) \tag{7.32b}$$

한편 시간영역에서의 키르히호프 전류법칙을 라플라스 변환하면 식 (7.33a)에서 식 (7.33b)와 같이 변한다.

$$\sum_{i=1}^{n} i_i(t) = 0 \tag{7.33a}$$

$$\sum_{i=1}^{n} I_i(s) = 0 \tag{7.33b}$$

또한 키르히호프 전압법칙을 라플라스 변환하면 식 (7.34)와 같다.

$$\sum_{i=1}^{n} v_i(t) = 0 \tag{7.34a}$$

$$\sum_{i=1}^{n} V_i(s) = 0 \tag{7.34b}$$

이상의 설명으로 다음과 같은 결론을 얻을 수 있다.

s-영역에서의 키르히호프 전압 및 전류법칙이 성립하고, s-영역에서 소자의 특성식이 주어짐으로써 3장의 회로 해석법에 따라 s-영역에서도 소자에 걸리는 전압과 소자에 흐르는 전류의 값을 구할 수 있다.

그러나 회로 해석의 결과가 $s$의 함수 형태인 라플라스 변환 함수이므로 시간영역에서의 해는 역 라플라스 변환을 함으로써 얻을 수 있다. 이에 대해서는 8장에서 자세히 설명할 것이다.

시간영역에서의 회로에 포함된 모든 소자를 라플라스 변환된 회로로 대신함으로써 회로의 라플라스 변환을 할 수 있다.

## 예제 7-24

다음 회로의 라플라스 변환 회로를 그려라. 단, $i_1(0) = 0\,[\text{A}]$, $i_2(0) = 1\,[\text{A}]$, $v_C(0) = 10\,[\text{V}]$이다.

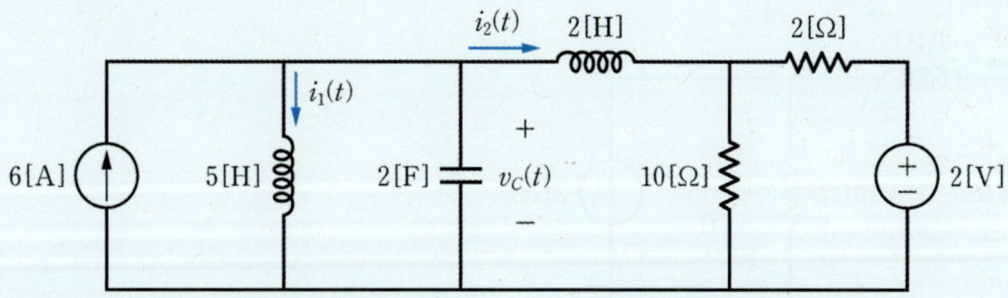


**[그림 7-71]** [예제 7-24]의 회로

### 풀이

- 6 [A]인 전류원을 라플라스 변환하면 $6/s$이다.
- 2 [V]인 전압원을 라플라스 변환하면 $2/s$이다.
- 2 [Ω]과 10 [Ω]의 저항은 변환해도 그대로이다.
- 5 [H]인 인덕터를 라플라스 변환하면, 초기전류가 0 [A]이므로 [그림 7-72(a)]와 같다.
- 2 [H]인 인덕터를 라플라스 변환하면, 초기전류가 1 [A]이므로 [그림 7-72(b)]와 같다.
- 2 [F]인 커패시터를 라플라스 변환하면, 초기전압이 10 [V]이므로 [그림 7-72(c)]와 같다.

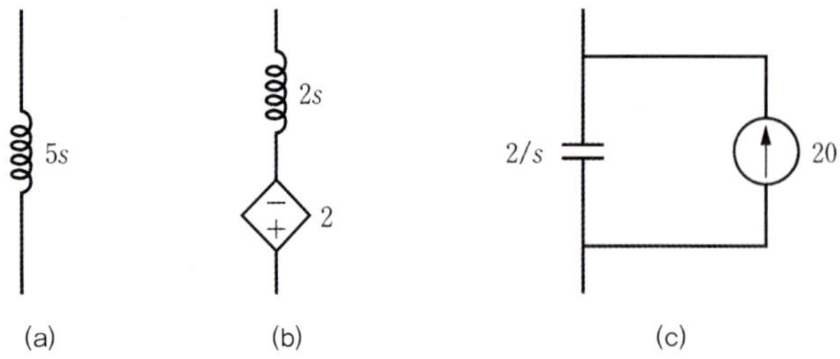


**[그림 7-72]** 인덕터와 커패시터의 라플라스 변환 회로

따라서 모든 회로소자를 라플라스 변환을 하면 다음과 같다.

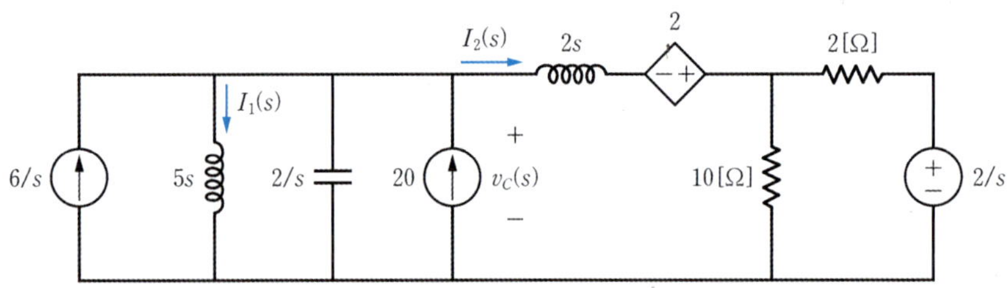


**[그림 7-73]** [예제 7-24]의 라플라스 변환 회로

## 실전문제 7-24

다음 회로의 라플라스 변환 회로를 그려라. 단, $i(0) = 2\,[\mathrm{A}]$, $v_C(0) = 5\,[\mathrm{V}]$이다.

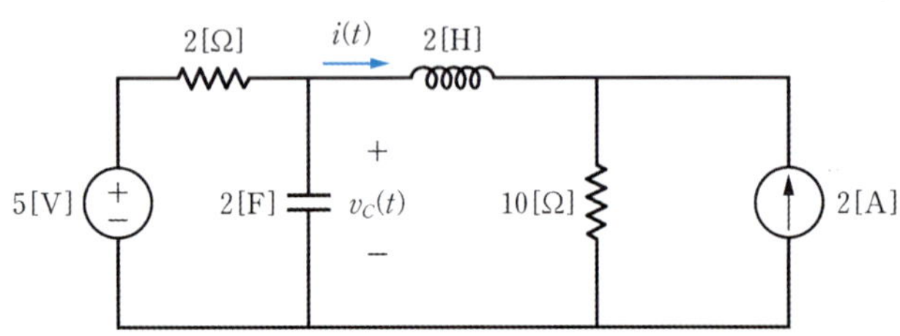


**[그림 7-74]**

**7.1** 다음 회로 (a)에 인가되는 입력전류 $i_s(t)$의 파형이 (b)와 같을 때, $t \geq 0$ 영역에서의 출력전압 $v_o(t)$의 파형을 구하라. 단, $v_o(0) = 0$이다.

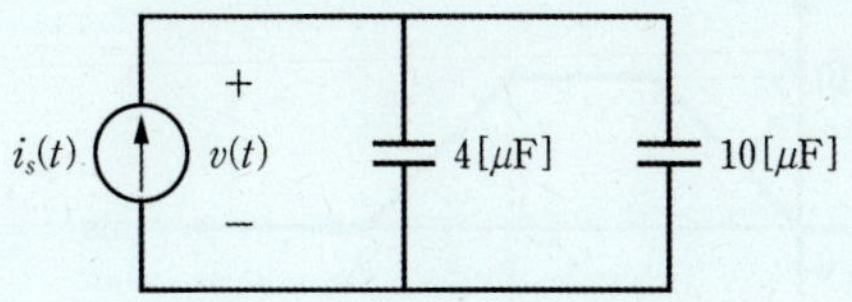


(a)

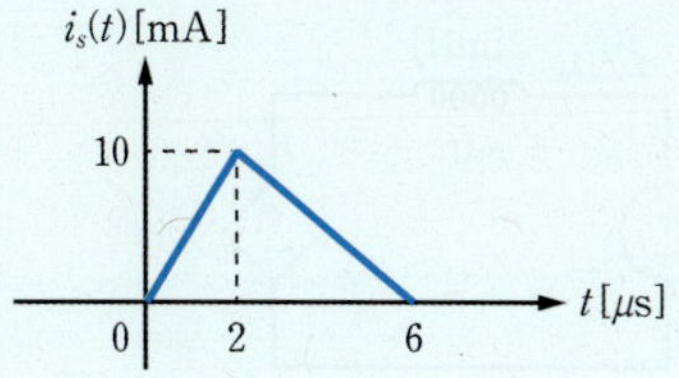


(b)

**[문제 7.1]**

**7.2** 다음 회로 (a)에 인가되는 입력전류 $i_s(t)$의 파형이 (b)와 같을 때 다음을 구하라.

(a) $t \geq 0$ 영역에서 전압 $v_o(t)$의 파형을 구하라.

(b) 전류원이 공급한 전력 $p_s(t)$를 구하라. 단, $v(0) = 10\,[\mathrm{V}]$이다.

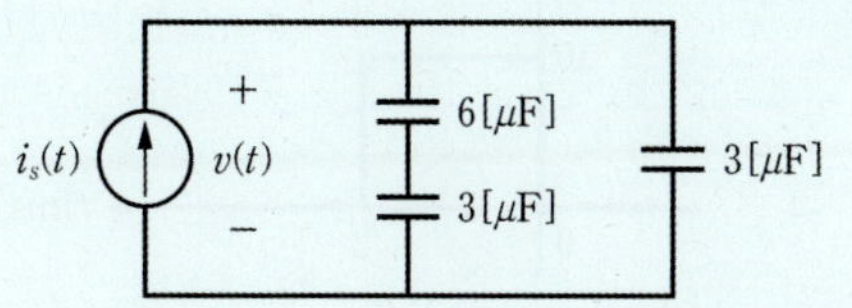


(a)

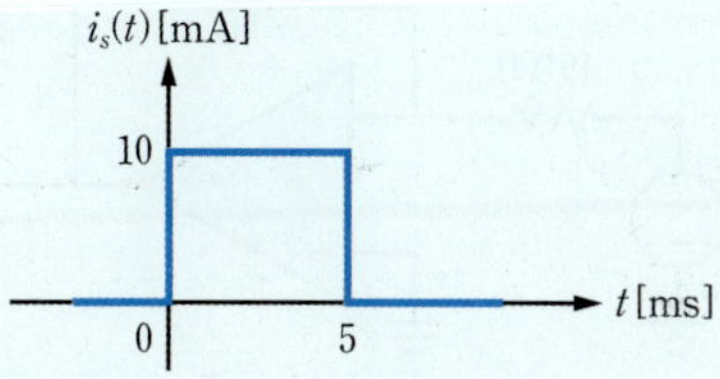


(b)

**[문제 7.2]**

**7.3** 다음 회로 (a)에 인가되는 입력전류 $i_s(t)$의 파형이 (b)와 같을 때 다음을 구하라.

(a) $t \geq 0$ 영역에서 전원에 걸리는 전압 $v(t)$를 구하라.

(b) 전압 $v(t)$의 한 주기 동안의 파형을 구하라.

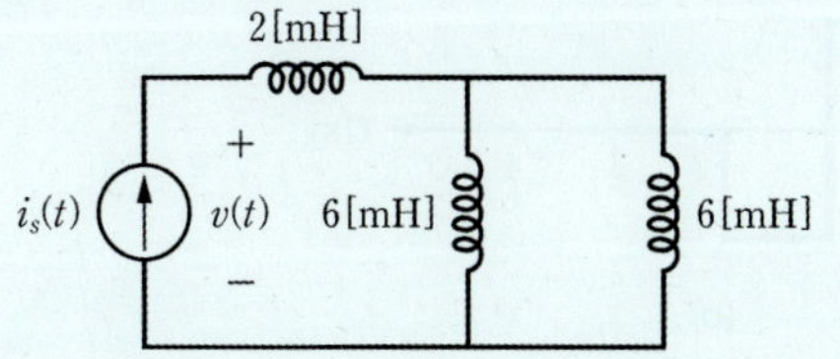


(a)

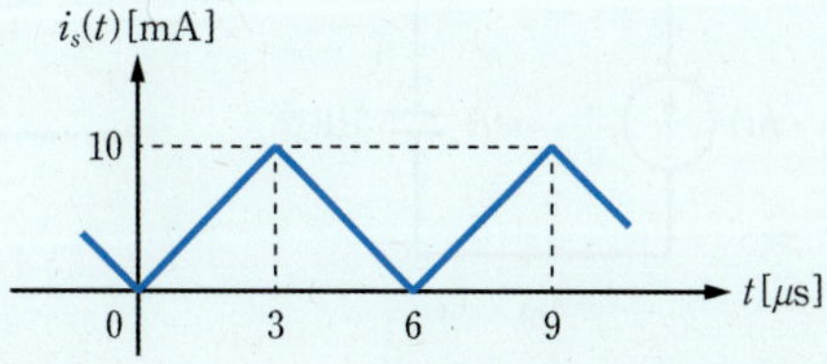


(b)

**[문제 7.3]**

**7.4** 다음 회로 (a)에 인가되는 입력전압 $v_s(t)$의 파형이 (b)와 같을 때, 전원이 공급하는 전류 $i(t)$의 파형을 구하라. 단, $i(t=0)=0$이다.

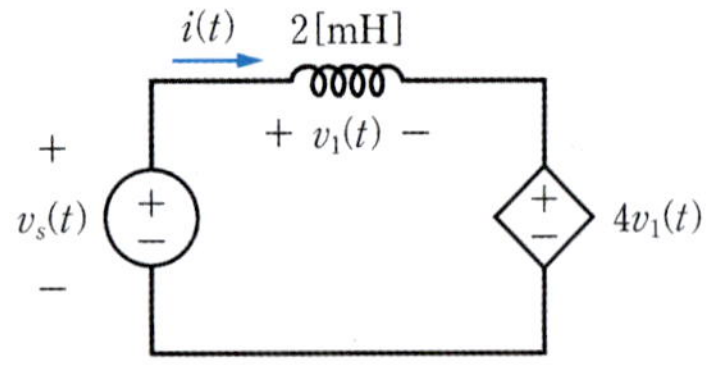

(a)

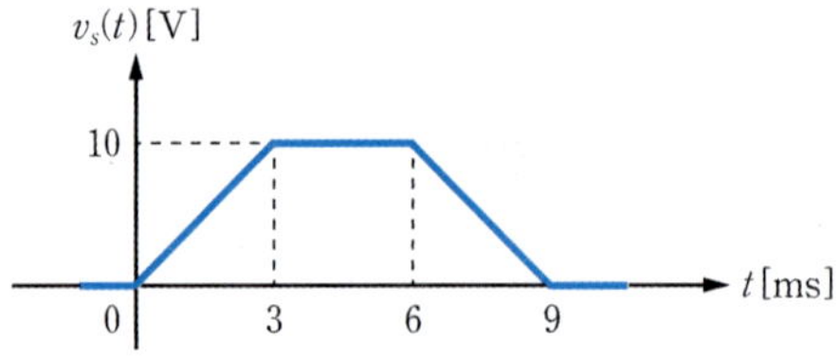

(b)

**[문제 7.4]**

**7.5** 이상적인 연산증폭기 (a)에 인가되는 전압 $v_s(t)$의 파형이 (b)와 같을 때, 출력전압 $v_o(t)$의 파형을 그려라. 단, 커패시터에 충전된 초깃값은 $0\,[\text{V}]$이다.

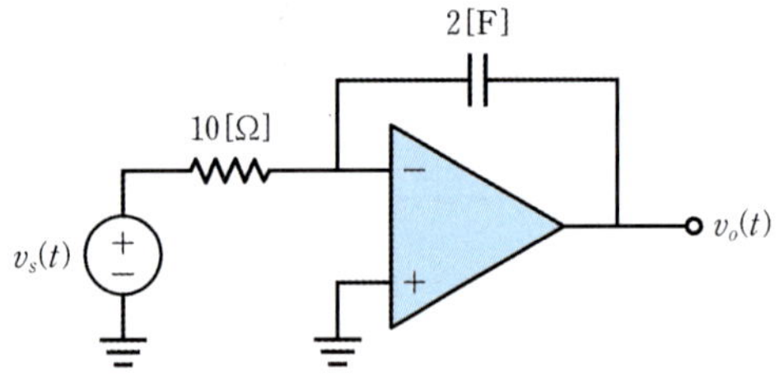

(a)

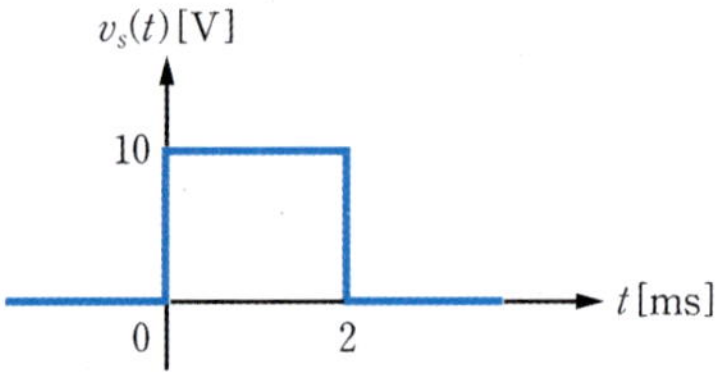

(b)

**[문제 7.5]**

**7.6** 다음 회로 (a)에서 $5\,[\text{F}]$의 커패시터에 공급되는 전류 $i(t)$의 파형이 (b)와 같을 경우, $0<t<2s$ 영역에서 전원이 공급하는 전력 $p(t)$의 파형을 구하라. 단, $v(0)=0$이다.

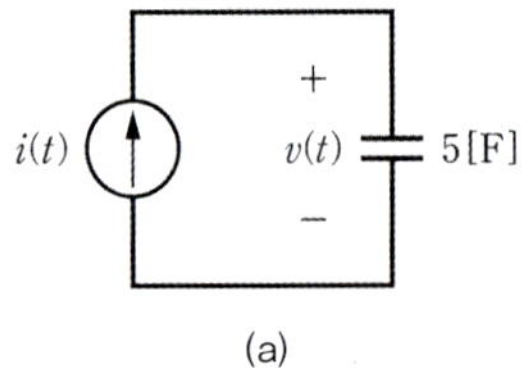

(a)

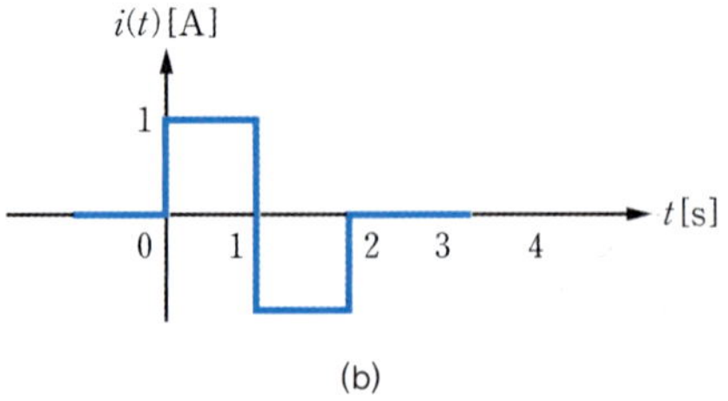

(b)

**[문제 7.6]**

**7.7** 점 a, b에서 들여다본 등가 커패시턴스 $C_{eq}$를 구하라.

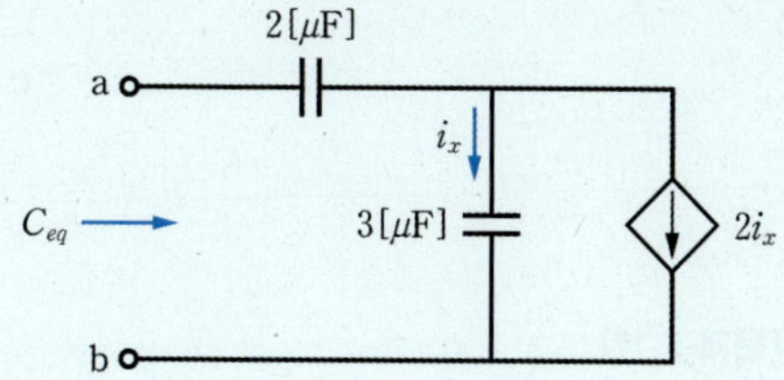


[문제 7.7]

**7.8** 다음 회로의 입력단자에서 들여다본 등가 인덕턴스 $L_{eq}$를 구하라.

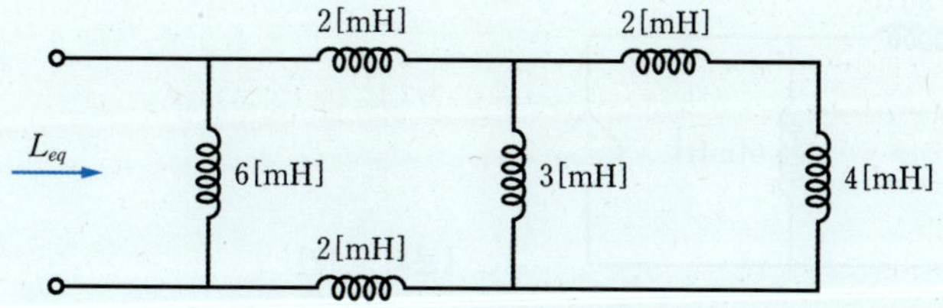


[문제 7.8]

**7.9** 다음 회로의 입력단자에서 들여다본 등가 커패시턴스 $C_{eq}$를 구하라.

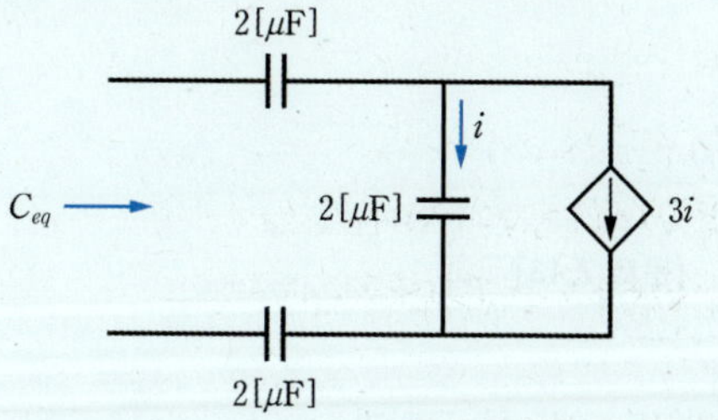


[문제 7.9]

**7.10** 다음 회로에서 등가 인덕턴스 $L_{eq}$를 구하라.

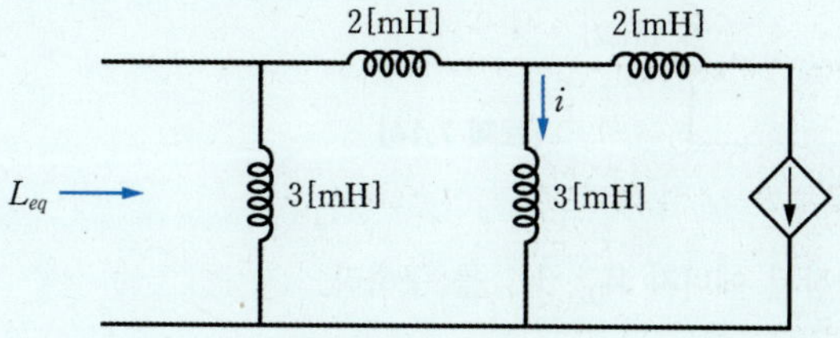


[문제 7.10]

**7.11** 다음 회로의 단자 a, b에서 들여다본 등가 인덕턴스 $L_{eq}$를 구하라.

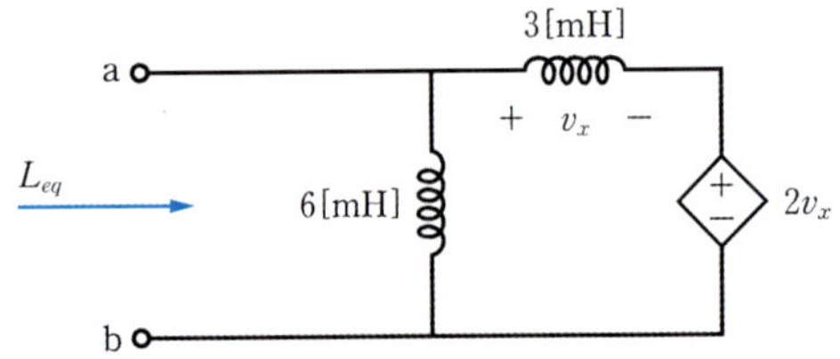


[문제 7.11]

**7.12** 다음 회로의 등가 인덕턴스 $L_{eq}$를 구하라.

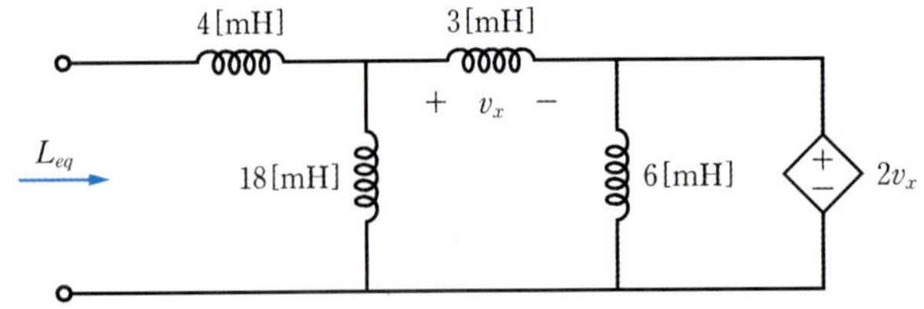


[문제 7.12]

**7.13** 다음 회로의 등가 커패시턴스 $C_{eq}$를 구하라.

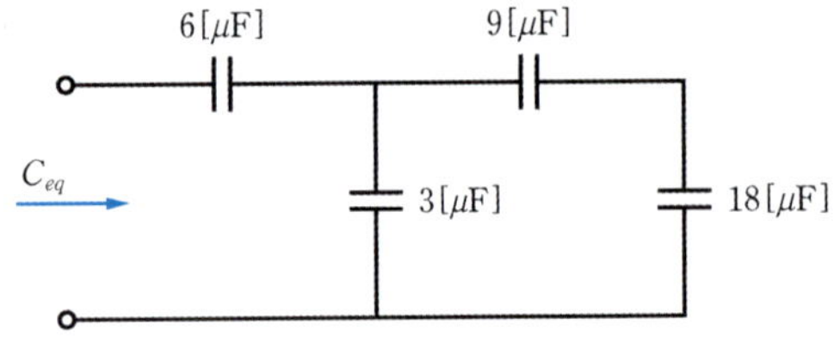


[문제 7.13]

**7.14** 다음 회로에서 인덕터와 커패시터에 저장된 에너지 $W_L$, $W_C$를 구하라.

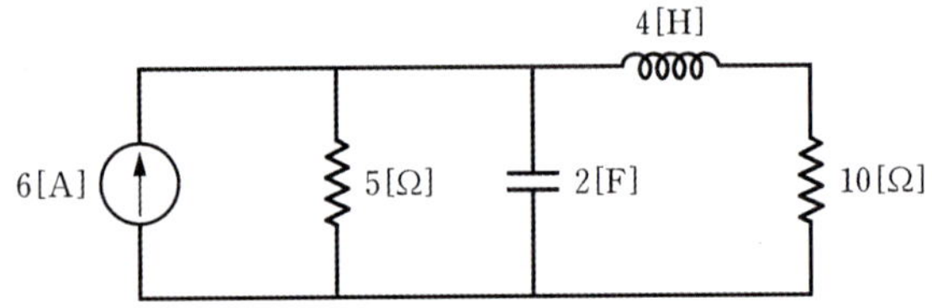


[문제 7.14]

**7.15** 다음 회로에서 인덕터와 커패시터에 저장된 에너지 $W_L$, $W_C$를 구하라.

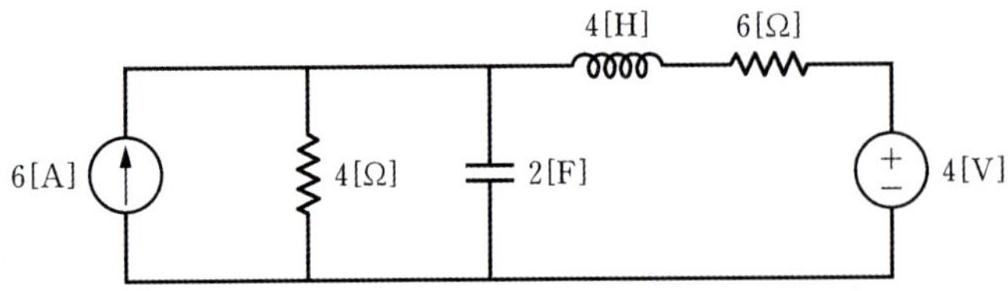


[문제 7.15]

**7.16** 다음 회로에서 인덕터와 커패시터에 저장된 에너지 $W_L$, $W_C$를 구하라.

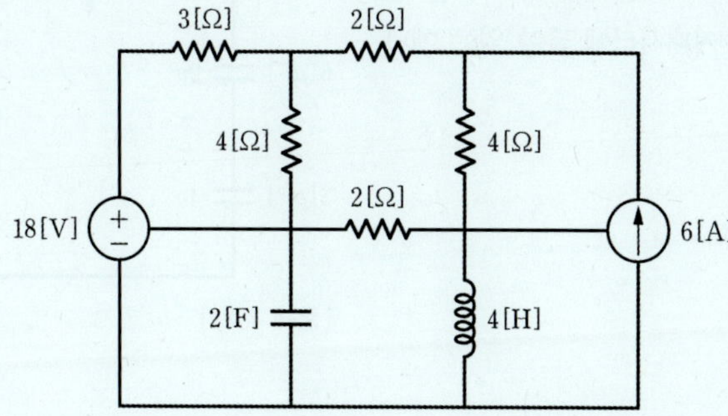


[문제 7.16]

**7.17** 다음 회로의 점선 영역 안에 저장된 에너지를 구하라.

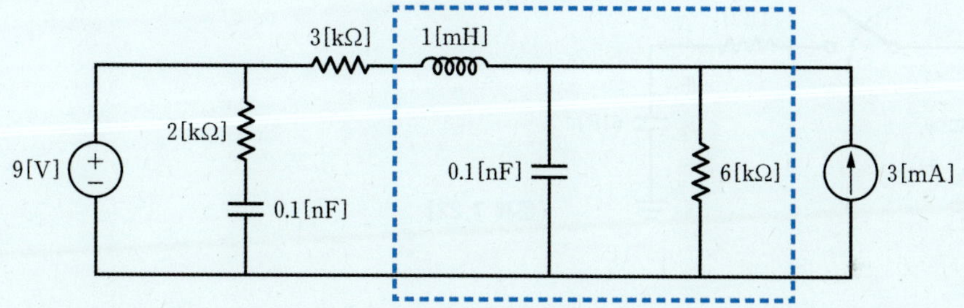


[문제 7.17]

**7.18** 다음 회로의 점선 영역 안에 저장된 에너지를 구하라.

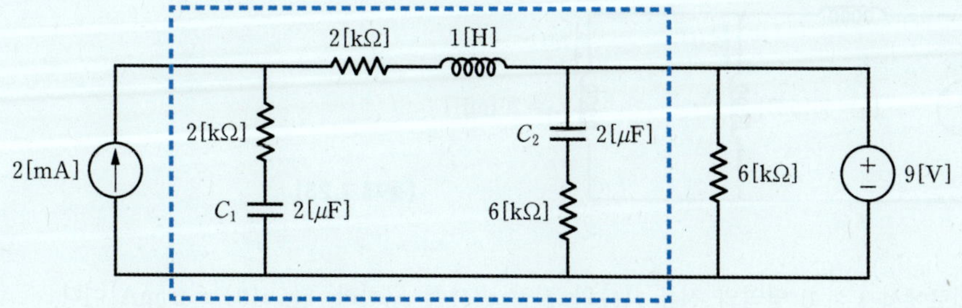


[문제 7.18]

**7.19** 4[V]로 충전된 2[$\mu$F]의 커패시터와 6[V]로 충전된 1[$\mu$F]의 커패시터를 병렬로 연결할 경우, 커패시터에 충전되는 전압을 구하라.

**7.20** 2[V]로 충전된 5[$\mu$F]의 커패시터와 4[V]로 충전된 3[$\mu$F]의 커패시터를 병렬로 연결할 경우, 연결되기 전후의 에너지 변화에 대해 기술하라.

**7.21** 3[V]로 충전된 6[μF]의 커패시터와 4[V]로 충전된 3[μF]의 커패시터가 직렬로 연결된 회로에서 $t > 0$ 영역에 저항 $R$을 연결할 경우, 시간이 충분히 지난 후 각 커패시터에 남아 있는 에너지를 구하라.

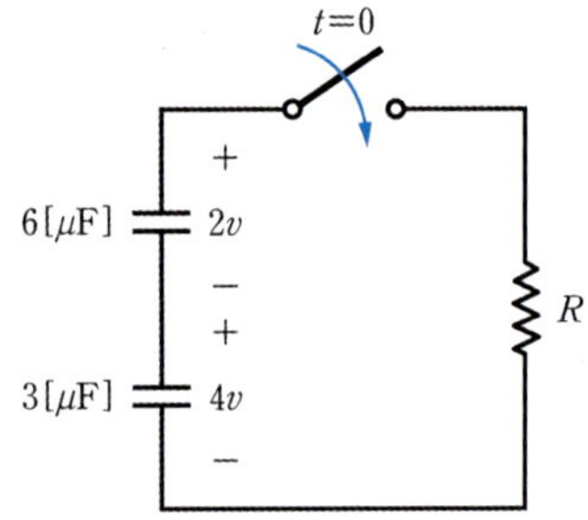


[문제 7.21]

**7.22** 다음 회로의 저항이 $t > 0$ 영역에서 소모하는 총 에너지를 구하라. 단, $v_1(t=0) = 6$[V], $v_2(t=0) = 3$[V]이다.

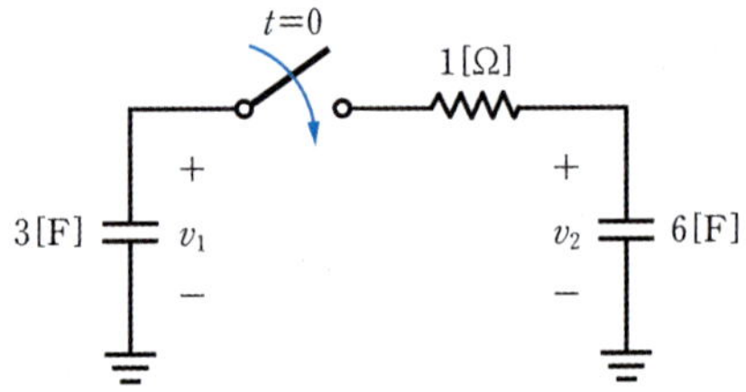


[문제 7.22]

**7.23** 다음 회로에서 $t \geq 0$ 영역의 전류 $i_1(t)$와 $i_2(t)$를 구하라. 단, $i_s(t) = 6e^{-2t}$[mA] : $t \geq 0$, $i_1(0) = 4$[mA]이다.

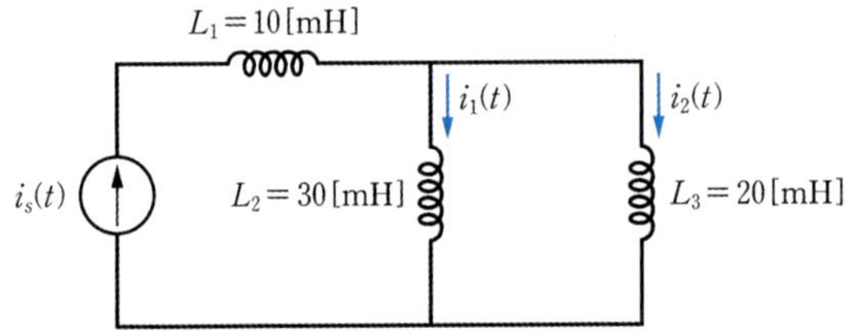


[문제 7.23]

**7.24** 다음 회로에서 $t \geq 0$ 영역의 전류 $i(t)$와 전압 $v(t)$를 구하라. 단, $i(0) = 0$[mA]이다.

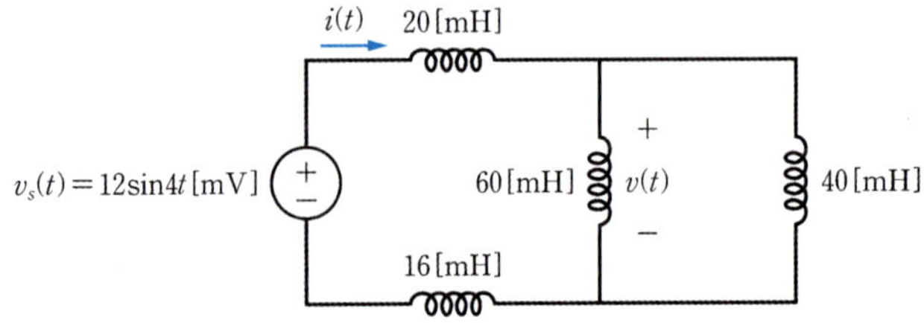


[문제 7.24]

**7.25** 다음 회로에서 전압 $v(t)$와 전류 $i_L(t)$를 구하라. 단, $i_s(t) = 10\exp(-10^3 t) + 3$[mA], $i_L(0) = 2$[mA]이다.

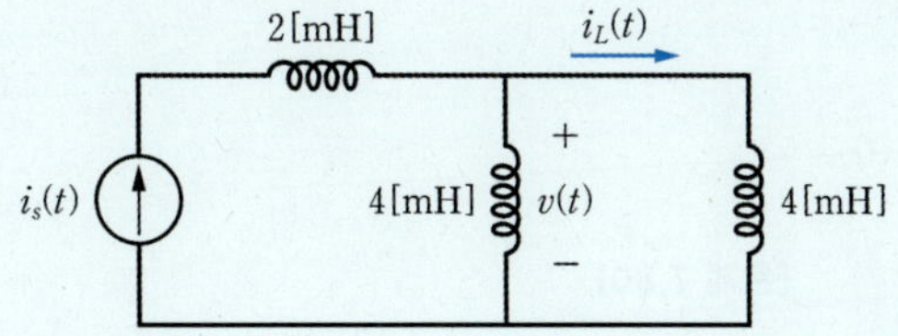


[문제 7.25]

**7.26** 다음 회로에서 전압 $v_1(t)$와 $v_2(t)$를 구하라. 단, $v_s(t) = 2e^{-2t} + 3$, $v_1(0) = 1$이다.

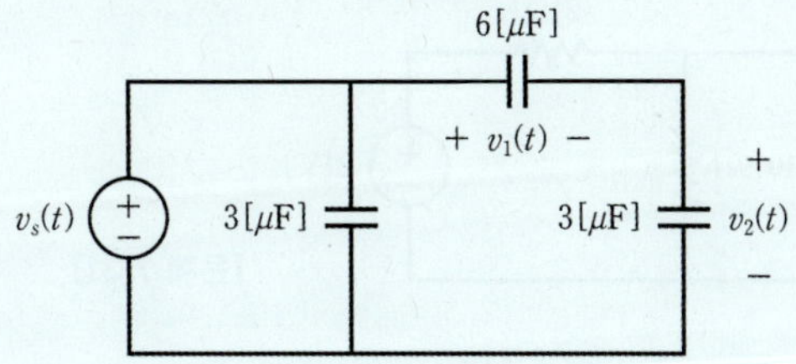


[문제 7.26]

**7.27** 다음 회로에서 전압 $v_x$와 전류 $i_o(t)$를 구하라.
단, $i_o(t=0) = 0$, $v_s(t) = 3\sin 10^3 t$[V]이다.

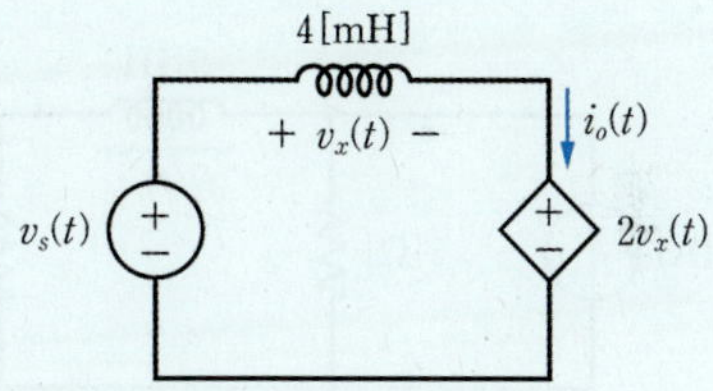


[문제 7.27]

**7.28** 다음 회로에서 전류 $i_x$를 구하라.
단, $v_s(t) = 2e^{-2t} + 3$이다.

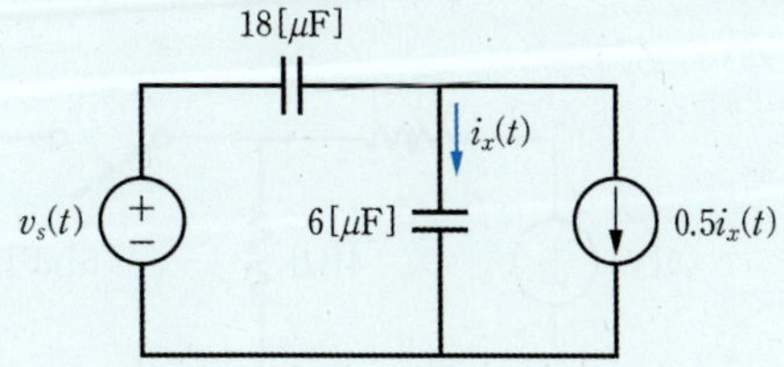


[문제 7.28]

**7.29** 다음 회로에서 전압 $v_C(t)$와 전류 $i_s(t)$를 구하라.
단, $v_s(t) = 10\exp(-10^3 t) + 3$[V], $v_C(0) = 2$[V]이다.

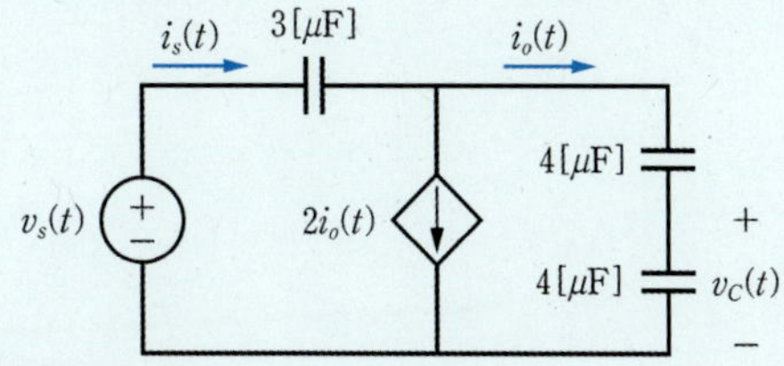


[문제 7.29]

**7.30** 다음 회로에서 전압 $v_x$를 구하라. 단, $i_s(t) = 3\sin 10^3 t$ [mA]이다.

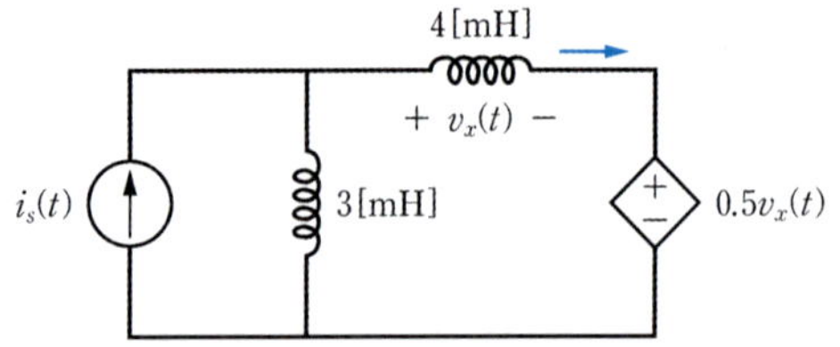


[문제 7.30]

**7.31** $t > 0$ 영역에서 다음 회로의 라플라스 변환 회로를 그려라.

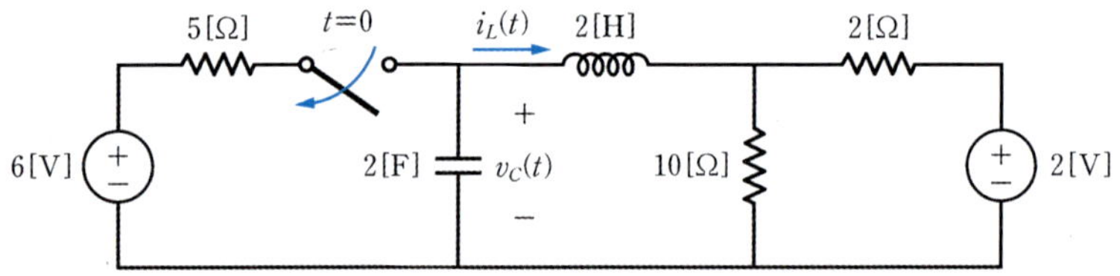


[문제 7.31]

**7.32** 다음 회로의 라플라스 변환 회로를 그려라. 단, $i_L(0) = 3$ [A]이다.

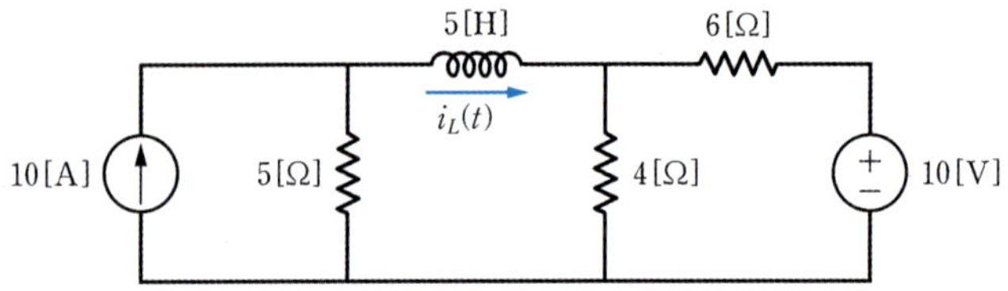


[문제 7.32]

**7.33** $t > 0$ 영역에서 다음 회로의 라플라스 변환 회로를 그려라.

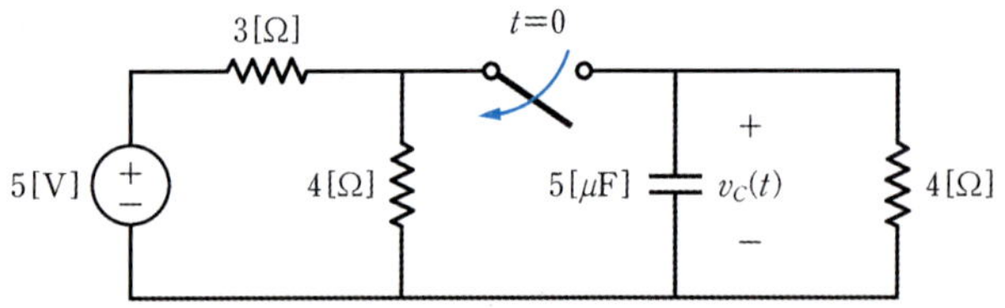


[문제 7.33]

CHAPTER

# 08

# 1차 회로

First-order Circuit



**학습목표**

- 1차 미분방정식 풀이에 대해 이해할 수 있다.
- 라플라스 변환을 이용한 1차 회로 해석법에 대해 이해할 수 있다.
- $RC$ 회로의 자연응답에 대해 이해할 수 있다.
- $RL$ 회로의 자연응답에 대해 이해할 수 있다.
- $RC$ 회로의 강제응답에 대해 이해할 수 있다.
- $RL$ 회로의 강제응답에 대해 이해할 수 있다.
- $RC$ 회로의 완전응답에 대해 이해할 수 있다.
- $RL$ 회로의 완전응답에 대해 이해할 수 있다.
- 시상수에 대해 이해할 수 있다.
- 연산증폭기를 이용한 1차 회로를 이해할 수 있다.
- 미분기 및 적분기에 대해 이해할 수 있다.

SECTION
# 8.1 1차 회로 해석법

우리는 앞서 에너지 저장소자인 인덕터나 커패시터가 들어 있는 회로의 노드방정식이나 루프방정식을 구하면 미분방정식이 된다는 것을 배웠다. 이와 같이 회로로부터 만들어지는 미분방정식이 1차 미분방정식이면 그 회로는 **1차 회로**이다. 일반적으로 1차 회로에는 에너지 저장소자인 인덕터나 커패시터가 오직 하나만 존재한다. [그림 8-1]과 같이 입력전압 $v_i(t)$를 인가한 1차 회로에서 출력전압 $v_o(t)$에 대한 방정식을 구하면 식 (8.1)과 같은 1차 미분방정식이 만들어진다.

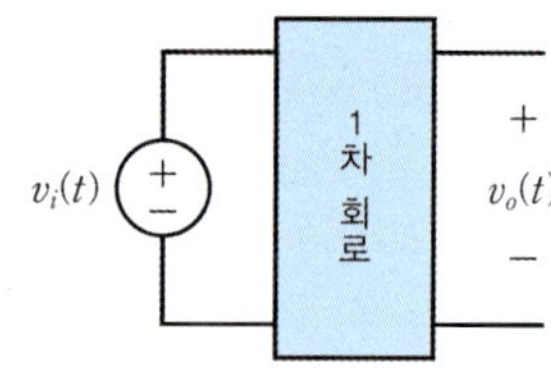

**[그림 8-1]** 1차 회로

$$a_o \frac{d}{dt} v_o(t) + a_1 v_o(t) = v_i(t) \tag{8.1}$$

주어진 회로를 해석하는 것은 식 (8.1)의 해를 구하는 것과 같다. 주어진 회로로부터 출력 $v_o(t)$를 구하는 방법은 아래의 세 가지가 있다. 이때 방법 ❷, ❸은 역 라플라스 변환 과정이 필요하다.

❶ 미분방정식인 식 (8.1)을 직접 푸는 방법
❷ 회로로부터 구해지는 미분방정식인 식 (8.1)을 라플라스 변환을 이용해 푸는 방법
❸ [그림 8-1]의 회로를 s-영역의 회로로 변경한 후 s-영역에서 회로를 해석하는 방법

지금부터 각 방법에 대해 자세히 살펴볼 것이다. 여러분은 이 중 편리한 방법을 선택해서 회로 해석을 하면 된다.

## 8.1.1 미분방정식 풀이

일반적으로 미분방정식의 해는 특수해와 일반해로 나뉜다. 먼저 일반해는 식 (8.1)의 우변을 제거한 식 (8.2)를 만족하는 해이다.

$$a_o \frac{d}{dt} v_o(t) + a_1 v_o(t) = 0 \tag{8.2}$$

이 미분방정식의 해는 다음의 과정을 거쳐 얻는다.

$$\frac{d}{dt}v_o(t) = -\frac{a_1}{a_o}\cdot v_o(t)$$

양변을 $v_o(t)$로 나누면 다음과 같다.

$$\frac{1}{v_o(t)}\cdot\frac{d}{dt}v_o(t) = -\frac{1}{\tau}$$

여기서 $\tau = a_o/a_1$이며, $\tau$는 시상수를 의미한다. 양변을 적분해보자.

$$\int\frac{1}{v_o(t)}\cdot\frac{d}{dt}v_o(t)dt = \int -\frac{1}{\tau}dt \quad\rightarrow\quad \int\frac{1}{v_o(t)}\cdot dv_o(t) = -\frac{t}{\tau}$$

$$\ln v_o(t) + C = -\frac{t}{\tau}$$

여기서 $C$는 적분상수이다.

$$v_o(t) = Ae^{-t/\tau} \tag{8.3}$$

식 (8.3)과 같이 1차 미분방정식의 일반해를 구하면 반드시 미지수 1개가 발생한다.[1] 한편 식 (8.1)의 특수해는 $v_i(t)$에 의해 결정되는 해로 오직 1개만 존재한다.[2]

예를 들어, $v_i(t) = V_o\cdot u(t)$인 경우, $t > 0$ 영역에서 특수해를 구하면 다음과 같다.

$$a_o\frac{d}{dt}v_o(t) + a_1v_o(t) = V_o \tag{8.4}$$

이 식을 만족하는 $v_o(t)$는 상수 외에는 만족하는 함수가 없을 것이다. 따라서 $v_o(t)$의 미분값은 0가 되므로 식 (8.4)의 해는 다음과 같다.

$$a_1v_o(t) = V_o$$

특수해는 다음과 같다.

$$v_o(t) = \frac{V_o}{a_1} \tag{8.5}$$

식 (8.2)를 만족하는 완전해는 일반해와 특수해를 더한 값이다. 즉 일반해와 특수해를 더한 함수를 식 (8.4)에 대입하면 등식이 성립한다. 따라서 완전해는 다음과 같다.

$$v_o(t) = Ae^{-t/\tau} + \frac{V_o}{a_1} \tag{8.6}$$

---

**1** $n$차 미분방정식의 일반해에는 $n$개의 미지수가 발생한다.
**2** 모든 미분방정식의 특수해는 오직 하나뿐이다.

식 (8.6)에서 $A$는 미지수이므로 회로로부터 구해야 한다. 회로에서 어느 특정한 시간에서의 함수값을 구해 대입하면 미지수 $A$의 값을 구할 수 있다. 즉 $t = 0$에서의 출력전압 $v_o(0)$를 식 (8.6)에 대입해 $A$의 값을 구하면 다음과 같다.

$$A + \frac{V_o}{a_1} = v_0(0) \quad \rightarrow \quad A = v_o(0) - \frac{V_o}{a_1}$$

따라서 출력전압 $v_o(t)$를 구하면 다음과 같다.

$$v_o(t) = \left[ \frac{V_o}{a_1} + \{v_o(0) - V_o/a_1\} e^{-t/\tau} \right] \cdot u(t) \tag{8.7}$$

### 예제 8-1

미분방정식 $2\frac{d}{dt} i_o(t) + 5i_o(t) = 4$의 해를 구하라. 단, $i_o(0) = 0$이다.

**풀이**

일반해를 구하면 다음과 같다.

$$\frac{d}{dt} i_o(t) + \frac{5}{2} i_o(t) = 0$$

$$\therefore \; i_o(t) = Ae^{-5t/2} : A\text{는 미지수}$$

이제 특수해를 구해보자. 우변이 4라는 상수이므로 $i_o(t)$는 상수를 제외한 어떠한 함수로도 만들 수 없다. 따라서 $i_o(t)$는 상수가 되고 $i_o(t)$가 상수이면 미분값은 0가 되어 다음을 만족한다.

$$i_o(t) = \frac{4}{5}$$

따라서 완전해를 구하면 다음과 같다.

$$i_o(t) = \frac{4}{5} + Ae^{-(5/2)t}$$

여기에 초깃값을 대입하면 다음을 얻는다.

$$i_o(0) = \frac{4}{5} + A = 0 \quad \rightarrow \quad A = -\frac{4}{5}$$

이 값을 대입해 미분방정식의 해를 구하면 다음과 같다.

$$i_o(t) = \frac{4}{5}\{1 - e^{-(5/2)t}\}$$

**실전문제 8-1**

미분방정식 $\frac{d}{dt}v_x(t)+3v_x(t)=0$의 해를 구하라. 단, $v_x(0)=5$이다.

## 8.1.2 라플라스 변환을 이용한 미분방정식 풀이

[그림 8-1]에서 인가전압을 $v_i(t)=V_o\cdot u(t)$로 두고, 식 (8.1)을 라플라스 변환하면 다음과 같다. 여기서 $V_o$는 상수이다.

$$a_o\{sV_o(s)-v_o(0)\}+a_1V_o(s)=\frac{V_o}{s}$$

위 식을 정리하면 다음과 같다.

$$sV_o(s)-v_o(0)+\frac{1}{\tau}V_o(s)=\frac{V_o}{a_os},\ \tau=\frac{a_o}{a_1}$$

$$V_o(s)=\frac{V_o/a_o+v_o(0)\cdot s}{s(s+1/\tau)}=\frac{V_o/a_1}{s}+\frac{v_o(0)-V_o/a_1}{s+1/\tau}$$

$$\therefore\ v_o(t)=\left[\frac{V_o}{a_1}+\{v_o(0)-V_o/a_1\}e^{-t/\tau}\right]\cdot u(t)$$

식 (8.7)과 비교해보면 두 방법의 결과는 같음을 알 수 있다.

**예제 8-2**

라플라스 변환을 이용해 다음 미분방정식의 해를 구하라. 단, $i_o(0)=1$이다.

$$2\frac{d}{dt}i_o(t)+5i_o(t)=4$$

**풀이**

미분방정식을 라플라스 변환해 정리하면 다음과 같다.

$$2\{sI_o(s)-i_o(0)\}+5I_o(s)=\frac{4}{s}$$

$$I_o(s)=\frac{2s+4}{s(2s+5)}=\frac{s+2}{s(s+5/2)}=\frac{4/5}{s}+\frac{1/5}{s+5/2}$$

역 라플라스 변환하면 다음을 얻는다.

$$i_o(t)=\frac{4}{5}+\frac{1}{5}e^{-5t/2}\ \ (t\geq 0)$$

**실전문제 8-2**

라플라스 변환을 이용해 다음 미분방정식의 해를 구하라. 단, $v_x(0) = 5$이다.

$$\frac{d}{dt}v_x(t) + 3v_x(t) = 3$$

## 8.1.3 회로의 라플라스 변환

[그림 8-2]의 회로에서 노드방정식을 구하면 다음과 같다.

$$\frac{v_o(t) - v_i(t)}{R} + C\frac{d}{dt}v_o(t) = 0$$

위 식을 정리하면 다음과 같고, $a_o = RC$, $a_1 = 1$로 간주하면 식 (8.1)과 같아진다.

$$RC\frac{d}{dt}v_o(t) + v_o(t) = v_i(t)$$

[그림 8-2]의 회로를 라플라스 변환한 [그림 8-3]에서 $V_o(s)$에 대해 풀면 다음과 같다.

$$V_o(s) = \frac{V_i(s)}{1 + sRC} + \frac{RCv_o(0)}{1 + sRC}$$

8.1.2절과 같이 $V_i(s) = \frac{V_o}{s}$, $RC = \tau$를 대입하면 다음을 얻는다.

$$V_o(s) = \frac{V_o/a_o + v_o(0) \cdot s}{s(s + 1/\tau)} = \frac{V_o/a_1}{s} + \frac{v_o(0) - V_o/a_1}{s + 1/\tau}$$

$$\therefore\ v_o(t) = \left[\frac{V_o}{a_1} + \{v_o(0) - V_o/a_1\}e^{-t/\tau}\right] \cdot u(t)$$

결과는 8.1.2절의 경우와 같다.

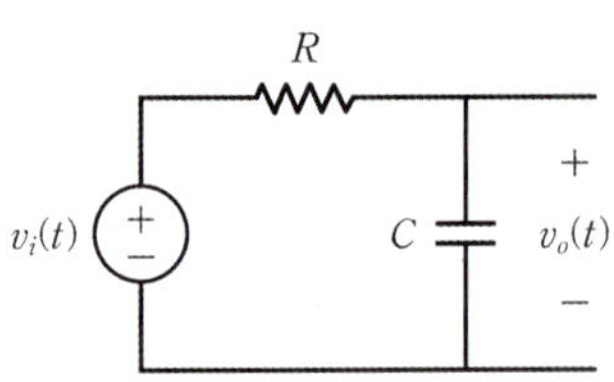


[그림 8-2] $RC$ 직렬회로

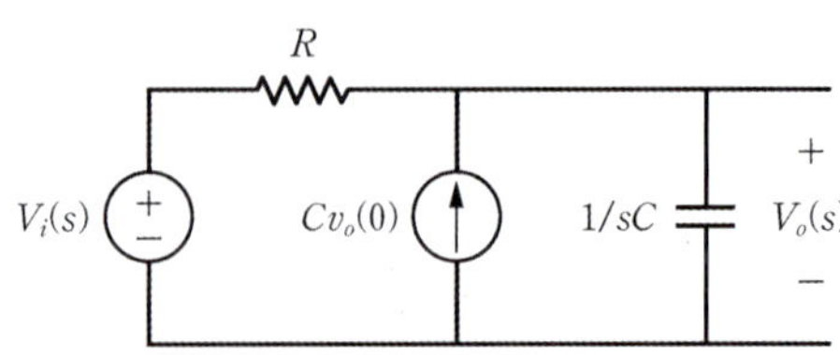


[그림 8-3] [그림 8-2]의 라플라스 변환 회로

## 예제 8-3

라플라스 변환을 이용해 다음 회로에서 전압 $v_C(t)$를 구하라. 단, $t \geq 0$ 영역에서 성립하며, $v_C(0) = 5\,[\mathrm{V}]$이다.

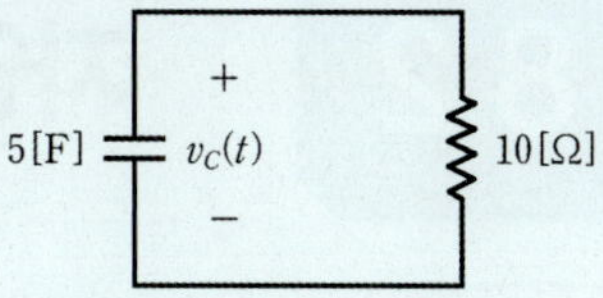


**[그림 8-4]** [예제 8-3]의 회로

**풀이**

[그림 8-4]의 회로를 라플라스 변환하면 [그림 8-5]와 같다.

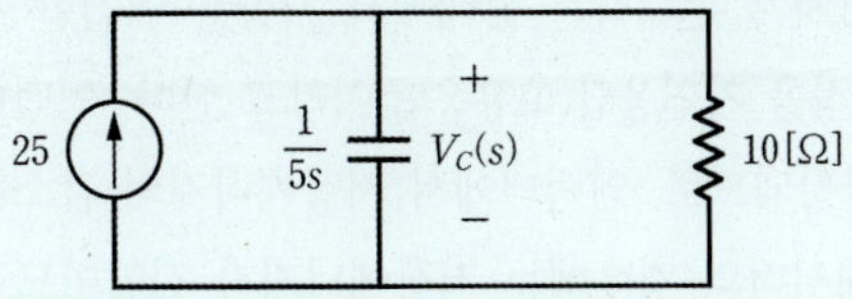


**[그림 8-5]** [그림 8-4]의 라플라스 변환 회로

이 회로로부터 $V_C(s)$를 구하면 다음과 같다.

$$V_C(s) = 25 \cdot (10) // (1/5s) = \frac{250}{1+50s} = \frac{5}{s+1/50}$$

역 라플라스 변환하면 다음을 얻는다.

$$v_C(t) = 5e^{-t/50} \quad (t \geq 0)$$

## 실전문제 8-3

라플라스 변환을 이용해 다음 회로에서 전류 $i_L(t)$를 구하라. 단, $t \geq 0$ 영역에서 성립하며, $i_L(0) = 5\,[\mathrm{A}]$이다.

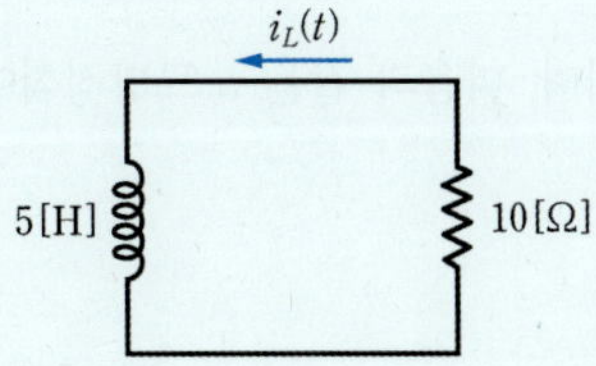


**[그림 8-6]**

# SECTION 8.2 자연응답 (고유응답)

인덕터나 커패시터는 에너지 저장소자이므로 저장된 에너지가 존재하는 상태에서 저항을 연결할 경우, 저장된 에너지는 저항을 통해 소모된다. 이런 소모 과정을 **자연응답**(고유응답)이라고 한다. 인덕터의 경우, 저장에너지는 인덕터에 흐르는 전류의 값으로 결정되므로, 인덕터에서 저장에너지의 감소를 나타내는 전류의 감소 과정이 자연응답이 된다. 반면 커패시터의 경우에는 저장에너지가 전압이므로 전압의 감소 과정이 자연응답이 된다. $t = 0$에서 저장에너지를 나타내는 인덕터에 흐르는 전류와 커패시터에 걸리는 전압은 $t > 0$ 영역에서는 초깃값이다. 이 초깃값은 $t = 0$에서 저장에너지의 크기를 결정한다. 따라서 자연응답을 **초깃값에 대한 응답**이라고도 한다.

## 8.2.1 $RC$ 회로의 자연응답

초기 충전전압이 $v_C = V_o$인 커패시터에 저항 $R$을 [그림 8-7]과 같이 연결할 경우, 커패시터에 걸리는 전압 $v_C(t)$의 파형을 구해보자. 먼저 $t < 0$ 영역에서는 스위치가 개방되어 있으므로 커패시터의 전압은 식 (8.8a)와 같이 $V_o$를 그대로 유지하고 있으며, 식 (8.8b)와 같이 저항에는 전류가 흐르지 않고 있다.

$$v_C(t) = V_o \tag{8.8a}$$

$$i_C(t) = i_R(t) = 0 \tag{8.8b}$$

$t > 0$ 영역에서는 스위치가 닫히므로 회로가 [그림 8-8]과 같이 바뀌며, 다음과 같은 노드방정식이 만들어진다.

$$i_C(t) + i_R(t) = 0$$

$$C\frac{d}{dt}v_C(t) + \frac{v_C(t)}{R} = 0$$

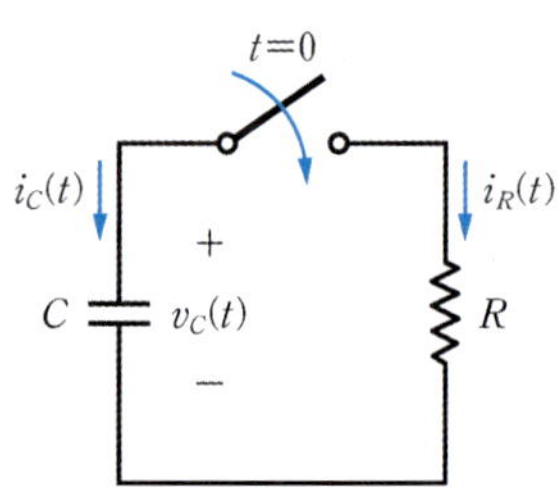


**[그림 8-7]** $RC$ 회로

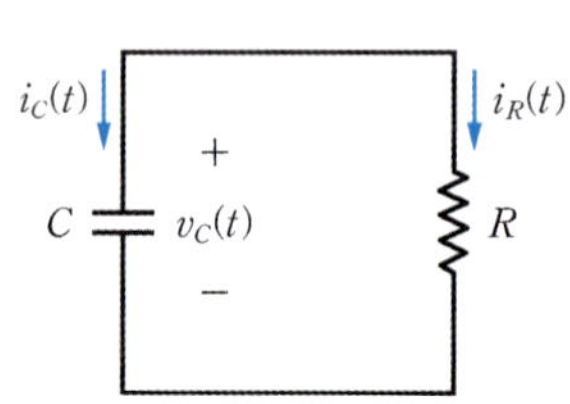


**[그림 8-8]** $t>0$ 영역에서의 회로

정리하면 다음과 같다.

$$\frac{d}{dt}v_C(t) + \frac{1}{\tau}v_C(t) = 0 \tag{8.9}$$

여기서 $\tau = RC$로서 **시상수**라고 한다. 식 (8.9)는 특수해가 0이므로(우변이 0) 일반해와 완전해가 같은 경우이다. 일반해를 구하는 방법을 통해 다음 식을 얻을 수 있다.

$$v_C(t) = Ae^{-t/\tau} \tag{8.10}$$

커패시터에 걸리는 전압 $v_C(t)$는 연속함수이므로 다음 식과 같이 $t = 0$에서 연속인 특성을 갖는다.

$$v_C(0_+) = v_C(0_-) = V_o$$

초깃값과 식 (8.10)을 이용해 미지수 $A$의 값을 구한다.

$$v_C(0_+) = A = V_o$$

그러므로 [그림 8-8]의 회로에서 커패시터에 걸리는 전압 $v_C(t)$의 파형은 다음과 같고, 이를 파형으로 그리면 [그림 8-9]와 같다.

$$v_C(t) = V_o e^{-t/\tau}$$

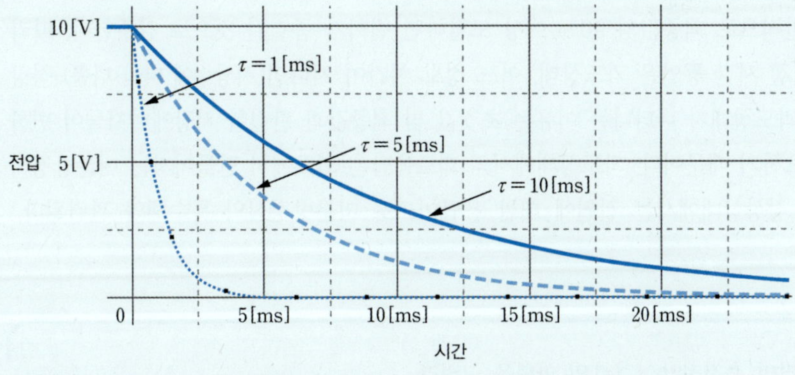


**[그림 8-9]** 전압 $v_C(t)$의 파형($\tau = 1$[ms], 5[ms], 10[ms], $V_o = 10$[V])

한편 식 (8.9)를 변형하면 다음과 같이 표현할 수 있다.

$$\frac{d}{dt}v_C(t) = -\frac{v_C(t)}{\tau} \tag{8.11}$$

식 (8.11)에서 커패시터 충전전압의 변화율은 현재의 충전전압을 시상수로 나눈 값과 같다. 이때 시상수는 단위 충전전압이 감소하는 데 소요되는 평균시간을 의미한다. [그림 8-9]에서 보듯이, 시상수가 큰 회로에서는 커패시터의 충전전압이 천천히 감소하고, 시상수가 작은 회로에서는 커패시터의 충전전압이 빨리 감소한다. 또한 시상수는 저항과 커패시턴스를 곱한 값이므로 저항과 커패시턴스가 클수록 시상수가 커져서 충전전압이 천천히 감소하는 회로가 되며, 반대의 경우는 충전전압이 빨리 감소하는 회로가 된다.

한편 에너지 관계를 살펴보면 다음과 같다. 먼저 $t < 0$ 영역에서 커패시터가 저장하고 있는 에너지 $W_C$를 구해보자.

$$W_C = \frac{1}{2}CV_o^2$$

저항 $R$에서 소모하는 전력 $P_R$을 구하면 다음과 같다.

$$P_R = \frac{\{v_C(t)\}^2}{R} = \frac{V_o^2}{R}e^{-2t/\tau}$$

저항 $R$에서 소모한 전체 에너지 $W_R$을 구해보자.

$$W_R = \int_0^\infty P_R \cdot dt = \int_0^\infty \frac{V_o^2}{R}e^{-2t/\tau}dt = \frac{\tau}{2}\cdot\frac{V_o^2}{R} = \frac{1}{2}CV_o^2$$

이 값은 앞에서 구했던 커패시터에 저장된 에너지의 양과 같다. 이는 커패시터에 저장된 에너지가 저항을 통해 모두 소모된다는 것을 의미한다.

한편 [그림 8-9]의 파형을 살펴보면 $t = 0$에서의 초깃값($V_o$)과 $t = \infty$에서의 최종값(0V)이 서로 다르기 때문에 초깃값에서 최종값으로의 파형이 변화한다. 파형의 변화가 일어나는 동안을 **과도상태**transient state, 변화가 종결된 후를 **정상상태**steady state라고 한다. 엄밀히 말하면 $t = \infty$가 되기 전까지 변화가 계속되지만, 일반적으로 최종값의 90% 이상 도달하면 변화가 종결된 것으로 간주한다. 따라서 회로가 변경된 후 일정 시간 동안은 과도상태, 어느 정도 시간이 지나면(시상수에 따라 다름) 정상상태에 도달하게 된다. 과도상태가 나타나는 이유는 초깃값 및 최종값과 관련한 저장에너지들이 변하는 과정에서 시간이 필요하기 때문이다. 과도상태에서의 회로응답은 회로에서 만들어지는 미분방정식의 일반해와 관련되고, 정상상태에서는 전원에 대한 응답이므로 미분방정식의 특수해와 관련된다.

### 예제 8-4

다음 회로에서 커패시터의 충전전압 $v_C(t)$의 파형을 그려라.

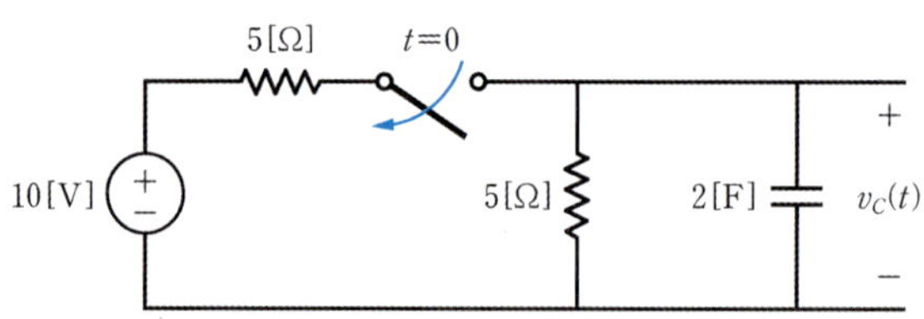


[그림 8-10] [예제 8-4]의 회로

**풀이**

❶ $t < 0$ 영역 : 회로 해석을 하면 스위치가 닫혀 있으므로 [그림 8-11]과 같이 변경된다.

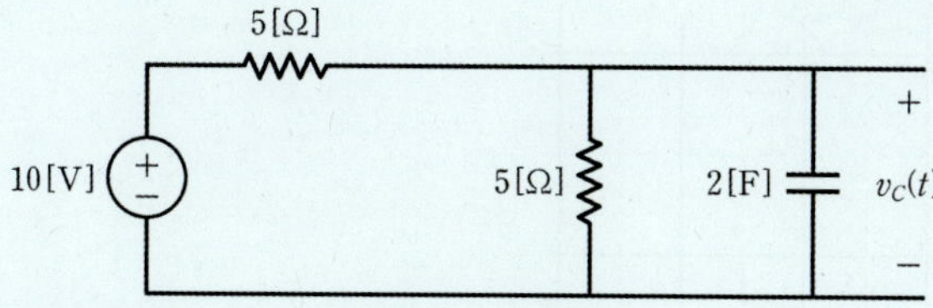


**[그림 8-11]** $t < 0$ 영역에서의 등가회로

인가전압은 10 [V]로 시간의 함수가 아니다. 또한 이와 같은 회로가 형성된 후 충분한 시간이 지나서 시간에 따라 커패시터의 충전전압이 변하지 않으면 $\frac{d}{dt} = 0$가 성립한다. 따라서 커패시터는 개방회로와 같으므로 전압분배법칙을 이용하면 다음과 같다.

$$v_C(t) = 5\,[\mathrm{V}]$$

❷ $t > 0$ 영역 : 회로 해석을 하면 [그림 8-12]와 같이 변경된다.

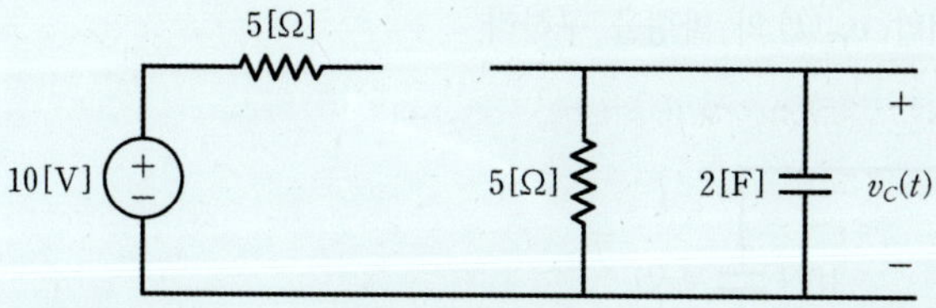


**[그림 8-12]** $t > 0$ 영역에서의 등가회로

구하고자 하는 값은 충전전압 $v_C(t)$로, 스위치가 개방회로이다. 따라서 스위치의 왼쪽 회로가 $v_C(t)$에는 영향을 미치지 않으므로 $v_C(t)$를 구하기 위해서는 스위치의 오른쪽 회로만 해석하면 된다. 오른쪽 회로에서 노드방정식을 구하면 다음과 같다.

$$\frac{v_C(t)}{5} + 2\frac{d}{dt}v_C(t) = 0$$

이를 라플라스 변환해보자.

$$\frac{V_C(s)}{5} + 2\{s\,V_C(s) - v_C(0)\} = 0$$

여기서 충전전압 $v_C(t)$는 $t = 0$에서 연속함수가 되어야 한다.

$$v_C(0) = 5\,[\mathrm{V}] \;\; (\because\; v_C(0_-) = v_C(0_+))$$

$$\therefore\; V_C(s) = \frac{50}{10s+1} = \frac{5}{s+0.1}$$

$$v_C(t) = \mathcal{L}^{-1}V_C(s) = 5e^{-0.1t}$$

따라서 충전전압 $v_C(t)$를 파형으로 그리면 [그림 8-13]과 같다.

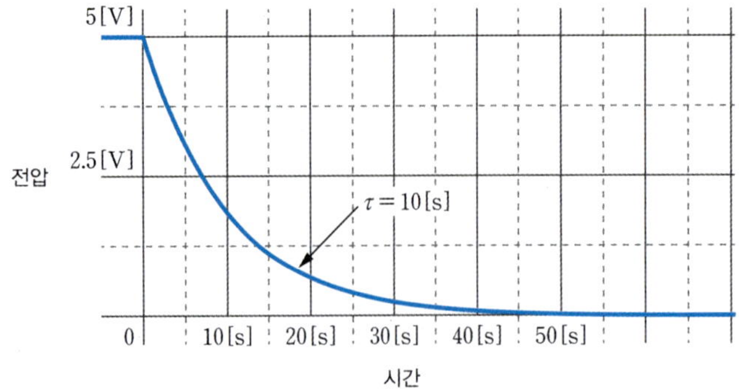


**[그림 8-13]** 충전전압 $v_C(t)$의 파형

**실전문제 8-4**

다음 회로에서 저항 10[Ω]에 걸리는 전압 $v_C(t)$의 파형을 구하라.

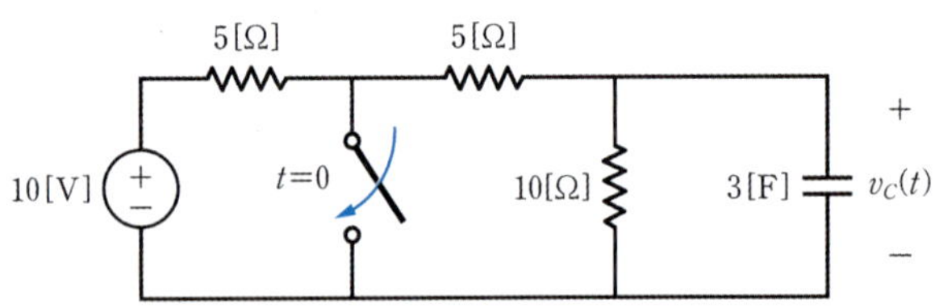


**[그림 8-14]**

## 8.2.2 *RL* 회로의 자연응답

*RC* 회로의 자연응답이 커패시터에 저장된 에너지가 소모되는 과정을 표현한 것이라면, *RL* 회로의 자연응답은 인덕터에 저장된 에너지가 소모되는 과정을 표현한 것이다. 저장에너지는 인덕터 $L$에 흐르는 전류 $i_L(t)$에 의해 결정되므로, $i_L(t) = I_o$인 상태에서 [그림 8-15]와 같이 저항 $R$을 연결해 전류 $i_L(t)$의 파형 변화인 자연응답을 볼 것이다.

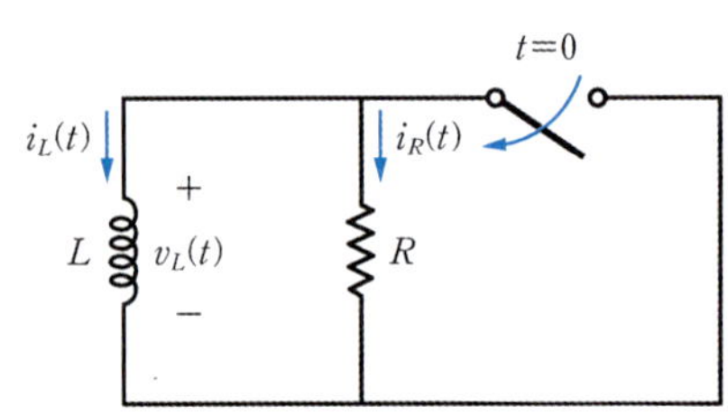


**[그림 8-15]** *RL* 회로

$t < 0$ 영역에서는 스위치가 닫혀 있어 인덕터 양단이 단락된 경우로 다음 식이 성립한다.

$$i_L(t) = I_o, \quad v_L(t) = 0$$

$t > 0$ 영역에서는 스위치가 개방된 상태이므로 인덕터에 흐르는 전류가 모두 저항으로 흐르고, 저항에 흐르는 전류로 인해 인덕터 양단에 전압이 걸린다. 인덕터에 걸리는 전압의 극성과 인덕터에 흐르는 전류 방향을 고려하면 인덕터에 흐르는 전류가 감소한다. 이를 회로적으로 해석하면 다음과 같다(이번에는 회로의 라플라스 변환 방법으로 해석한다).

$t > 0$ 영역에서의 회로를 라플라스 변환하면 [그림 8-16]과 같다. 회로로부터 루프방정식을 구하면 다음과 같다.

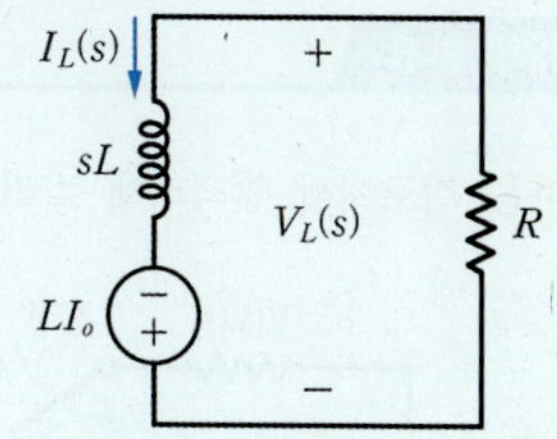

**[그림 8-16]** 라플라스 변환된 회로

$$sLI_L(s) - LI_o + RI_L(s) = 0$$

$$I_L(s) = \frac{I_o}{s + R/L}$$

$$\therefore\ i_L(t) = \mathcal{L}^{-1}I_L(s) = I_o e^{-t/\tau}\ (\text{단, } \tau = \frac{L}{R})$$

전류 $i_L(t)$의 파형을 그리면 [그림 8-17]과 같다.

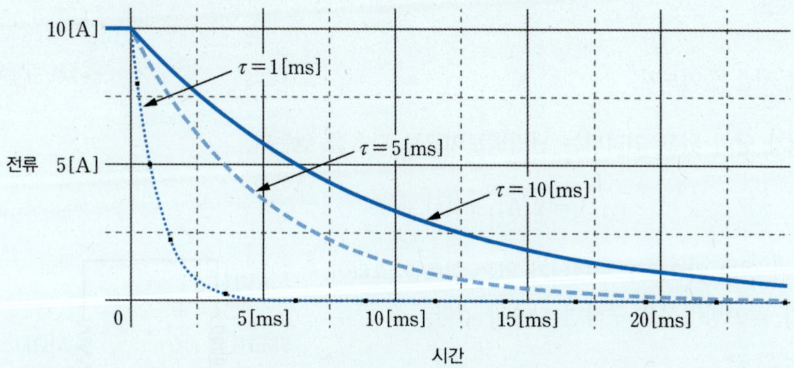

**[그림 8-17]** 전류 $i_L(t)$의 파형 ($I_o = 10$[A], $\tau = 1$[ms], 5[ms], 10[ms])

저항 $R$, 인덕턴스 $L$로 결정되는 시상수 $\tau$는 $RL$ 회로에서도 같은 의미를 갖는다. $RL$ 회로는 $RC$ 회로와 동일한 특성을 갖고 있지만, $\tau$를 결정하는 요소가 다르다. 또한 $RC$ 회로에서는 전압 $v_C(t)$의 파형을 기준으로 해석하지만, $RL$ 회로에서는 전류 $i_L(t)$의 파형을 기준으로 해석한다.

에너지 관계에 대해 알아보기 위해 저항 $R$에서 소모하는 전력 $P_R$을 구해보자.

$$P_R(t) = R\{i_L(t)\}^2 = RI_o e^{-2t/\tau}$$

저항 $R$에서 소모되는 전체 에너지의 양 $W_R$을 구하면 다음과 같다. 이는 인덕터에 저장된 에너지의 양과 같다.

$$W_R = \int_0^\infty P_R(t)dt = RI_o^2\int_0^\infty e^{-2t/\tau}dt = \frac{1}{2}LI_o^2$$

이 결과는 인덕터에 저장된 에너지가 저항을 통해 모두 소진되는 것을 의미한다.

## 예제 8-5

다음 회로에서 인덕터에 걸리는 전압 $v_L(t)$의 파형을 그려라.

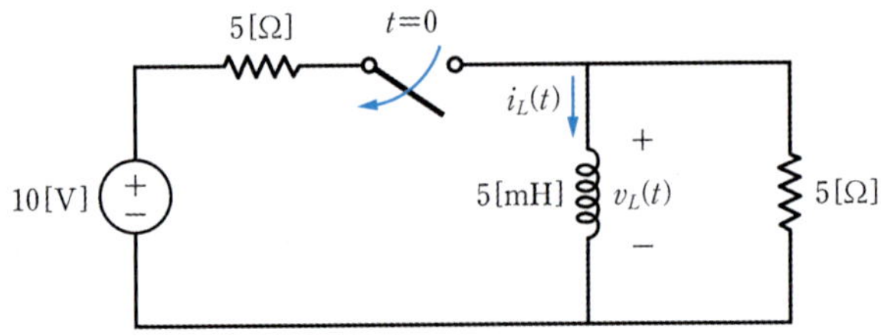


[그림 8-18] [예제 8-5]의 회로

### 풀이

미분방정식을 활용해 문제를 풀어보자.

❶ $t < 0$ 영역 : 스위치가 닫혀 있고 인덕터는 단락회로이므로 다음을 얻는다.

$$i_L(t) = 2\,[\mathrm{A}],\ v_L(t) = 0$$

❷ $t > 0$ 영역 : 스위치가 열려 있으므로 인덕터가 있는 회로를 그리면 [그림 8-19]와 같다. 루프방정식을 구하면 다음과 같다.

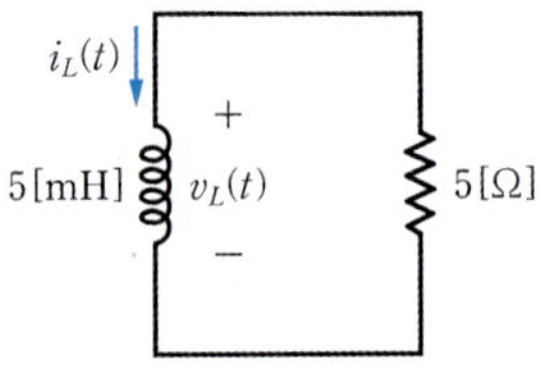


[그림 8-19] $t > 0$ 영역

$$5 \times 10^{-3} \cdot \frac{d}{dt} i_L(t) + 5 i_L(t) = 0$$

우변이 0인 수식을 만족하기 위해서는 $i_L(t) = 0$가 되어야 하고 이는 특수해를 의미한다. 일반해는 위 수식을 만족하는 또 다른 하나의 해를 구하면 얻을 수 있다.

$$i_L(t) = Ae^{-10^3 t}$$

❸ $t = 0$ : 연속함수가 되어야 하므로 다음 결과를 얻는다.

$$i_L(0) = 2 = A$$

$$\therefore\ i_L(t) = 2e^{-10^3 t}$$

$$v_L(t) = 2 \times 10^{-3} \cdot \frac{d}{dt} i_L(t) = -4e^{-10^3 t}\,[\mathrm{V}]$$

이를 그림으로 나타내면 [그림 8-20]과 같다.

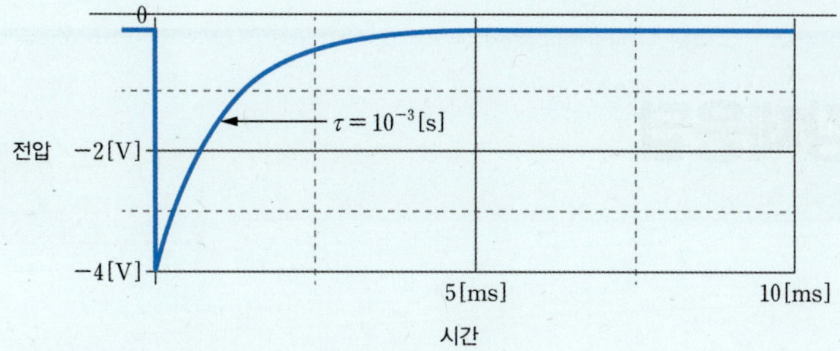


**[그림 8-20]** 인덕터에 걸리는 전압 $v_L(t)$의 파형

[그림 8-20]에서 보듯이, 인덕터에 걸리는 전압 $v_L(t)$의 파형은 $t=0$에서는 연속함수가 되지 않는다. 인덕터의 경우에는 전류함수는 연속함수, 전압함수는 불연속함수가 된다. 반면 커패시터의 경우에는 전류함수가 불연속함수가 된다. 이는 저장에너지가 순간적으로 변화할 수 없으므로 저장에너지에 관련된 파라미터만 연속함수가 되어야 한다는 뜻이다.

**실전문제 8-5**

다음 회로에서 인덕터에 걸리는 전압 $v_L(t)$를 구하라.

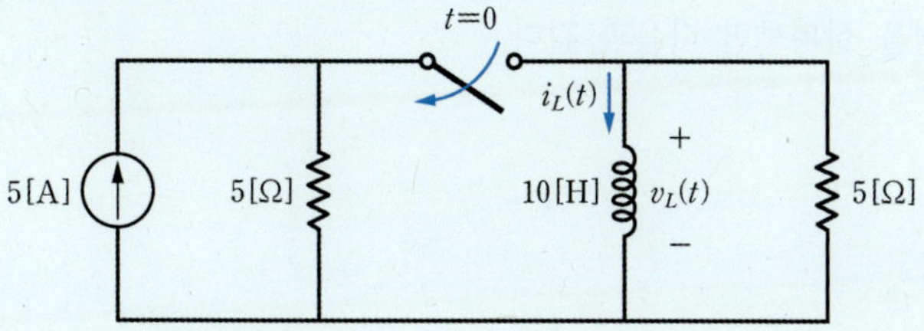


**[그림 8-21]**

SECTION 8.3

# 강제응답

자연응답이 에너지 저장소자에 저장된 에너지가 저항을 통해 소모되는 과정을 나타낸 것이라면, 강제응답은 전원을 통해 에너지 저장소자에 에너지를 저장하는 과정을 나타낸 것이다. 회로가 주어졌을 때 회로의 저항 $R$과 인덕턴스 $L$, 커패시턴스 $C$에 의해 시상수 $\tau$가 결정되고, 이 시상수에 의해 에너지가 저장되는 속도가 결정된다. 지금부터 이 과정을 자세히 알아보자.

## 8.3.1 *RC* 회로의 강제응답

$t < 0$ 영역에서는 커패시터에 저장된 에너지가 없는 상태에서 [그림 8-22]와 같이 전원을 인가하면 커패시터에 에너지가 저장된다. 그 과정을 살펴보면 다음과 같다.

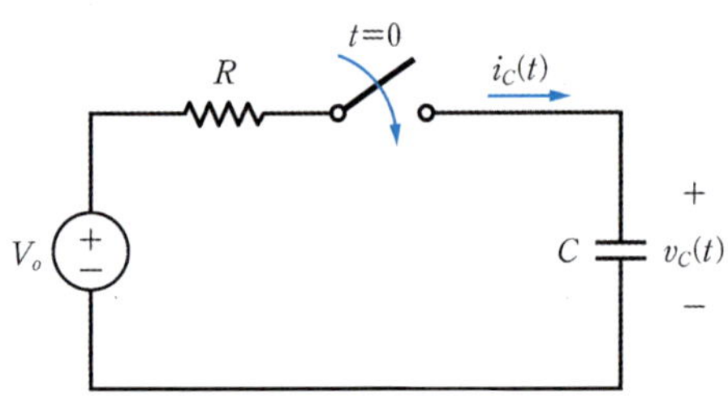


[그림 8-22] *RC* 회로의 강제응답

먼저 $t < 0$ 영역에서 커패시터에 충전되는 전압을 $v_C(t) = 0$로 가정해 커패시터에 저장되는 에너지가 $W_C = 0$일 때 $t > 0$ 영역에서 회로를 해석해보자.

$t > 0$ 영역에서는 스위치 양단이 단락된 경우로, 루프방정식을 이용해 커패시터의 특성식을 구하면 다음을 얻는다.

$$V_o = R \cdot i_C(t) + v_C(t) \tag{8.12}$$

$$i_C(t) = C\frac{d}{dt}v_C(t) \tag{8.13}$$

식 (8.12)와 식 (8.13)을 라플라스 변환하면 각각 다음을 얻을 수 있다.

$$\frac{V_o}{s} = R \cdot I_C(s) + V_C(s)$$

$$I_C(s) = C\{s V_C(s) - v_c(0)\}$$

두 식을 정리하면 다음 식을 얻는다. 여기서 $v_C(0) = 0$를 대입한다.

$$\frac{V_o}{s} = (sRC + 1) V_C(s)$$

이 식을 정리하고, 역 라플라스 변환한 결과는 다음과 같다.

$$V_C(s) = \frac{V_o/\tau}{s\left(s + \frac{1}{\tau}\right)} = \frac{V_o}{s} - \frac{V_o}{s + 1/\tau}$$

$$v_C(t) = \mathcal{L}^{-1} V_C(s) = V_o(1 - e^{-t/\tau})$$

[그림 8-23]은 커패시터에 걸리는 전압 $v_C(t)$의 파형을 나타낸다. 시간이 흐를수록 커패시터에 충전되는 전압이 증가하며, 증가속도는 시상수 $\tau$에 의해 결정된다. 저장에너지 계산식은 $W_C = \frac{1}{2}C\{v_C(t)\}^2$이므로 저장에너지도 시간이 지날수록 증가한다. 한편 커패시터에 흐르는 전류 $i_C(t)$의 파형을 그리면 $t = 0$에서 불연속인 것을 볼 수 있다([그림 8-24] 참고).

$$i_C(t) = C\frac{d}{dt} v_C(t) = \frac{V_o}{R} e^{-t/\tau}$$

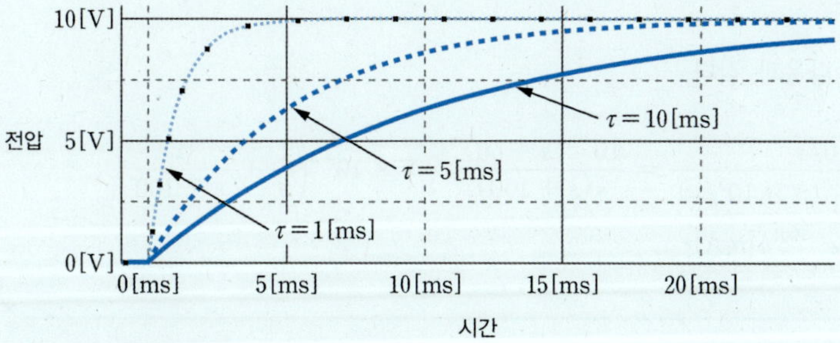


**[그림 8-23]** 충전전압 $v_C(t)$의 파형

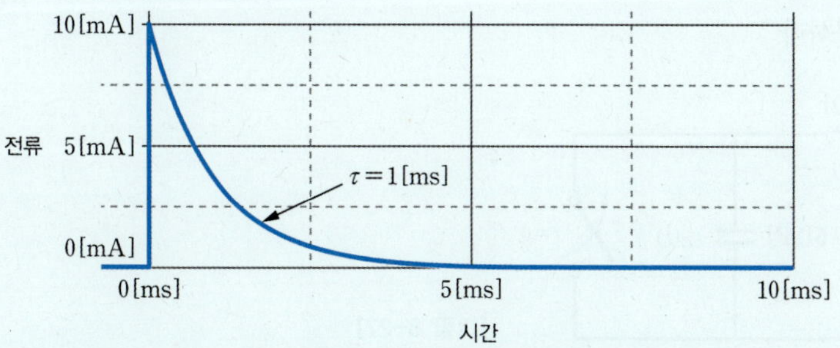


**[그림 8-24]** 전류 $i_C(t)$의 파형($R = 1\,[\text{k}\Omega]$, $C = 1\,[\mu\text{F}]$, $V_o = 10\,[\text{V}]$)

한편 저항에 걸리는 전압 $v_R(t)$를 구하면 다음과 같다. 파형은 $i_C(t)$의 파형과 유사하다.

$$v_R(t) = R \cdot i_C(t) = V_o \cdot e^{-t/\tau}$$

### 예제 8-6

다음 회로에서 전류 $i_R(t)$를 구하라.

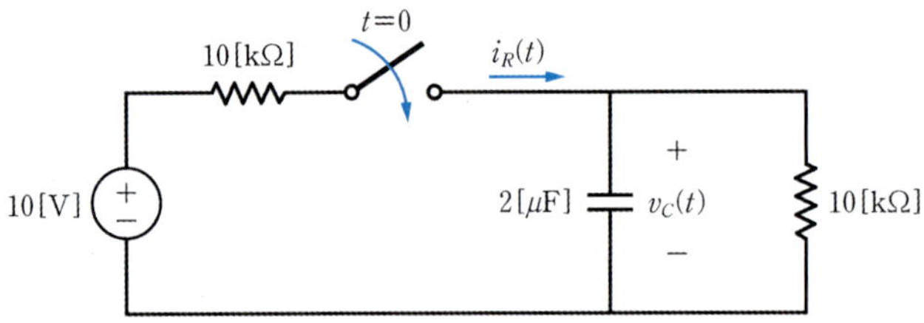


[그림 8-25] [예제 8-6]의 회로

**풀이**

❶ $t < 0$ 영역 : $i_R(t) = 0$, $v_C(t) = 0$

❷ $t > 0$ 영역 : 회로를 라플라스 변환하면 [그림 8-26]과 같다.

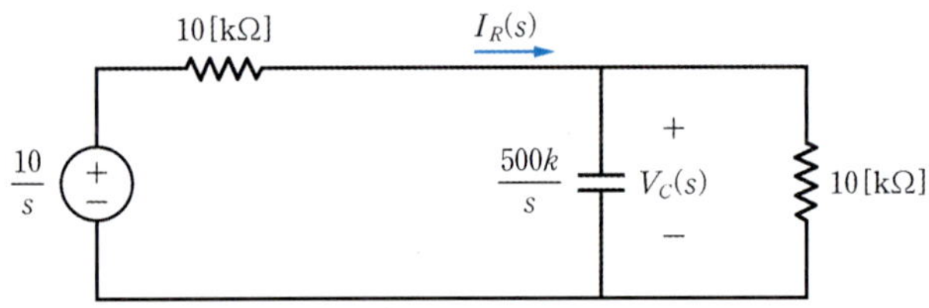


[그림 8-26] s-영역에서의 회로

회로로부터 $I_R(s)$를 구하면 다음과 같다.

$$I_R(s) = \frac{10/s}{10^4 + 10^4 // (5 \times 10^5/s)} = \frac{10^{-3}(s+50)}{s(s+100)} = 5 \times 10^{-4}\left(\frac{1}{s} + \frac{1}{s+100}\right)$$

$$\therefore\ i_R(t) = 0.5(1 + e^{-100t})\,[\text{mA}]$$

### 실전문제 8-6

다음 회로에서 전압 $v_R(t)$를 구하라.

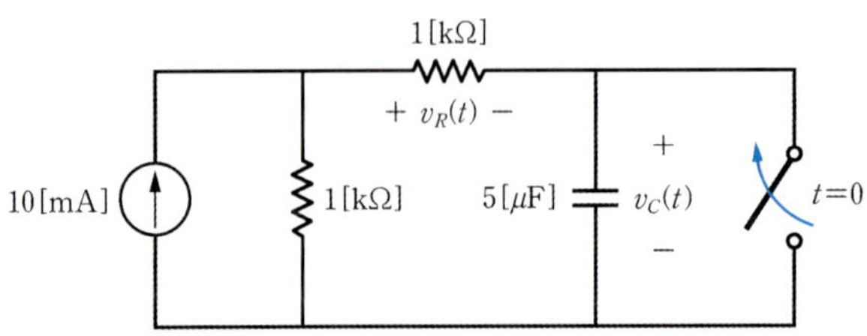


[그림 8-27]

## 8.3.2 *RL* 회로의 강제응답

$RC$ 회로와 마찬가지로 강제응답은 전원에 대한 응답을 의미한다. [그림 8-28]과 같은 회로에 전원을 인가하면 $t > 0$ 영역에서는 저항 $R$을 통해 인덕터에 에너지가 저장된다. 그 과정을 살펴보면 다음과 같다. 먼저 $t < 0$ 영역에서는 스위치가 열려 있으므로 전류와 전압이 $i_L(t) = 0$, $v_L(t) = 0$로 초깃값이 0인 상태이다.

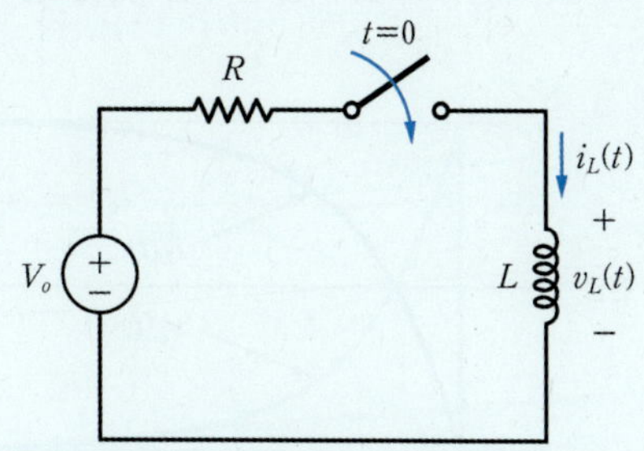

**[그림 8-28]** *RL* 회로의 강제응답

$t > 0$ 영역에서는 전압원이 연결되어 있어 저항을 통해 인덕터에 전류 $i_L(t)$가 흐른다. 회로에서 루프방정식을 구하면 다음과 같다.

$$R \cdot i_L(t) + L\frac{d}{dt}i_L(t) = V_o$$

특수해를 구하면 우변이 상수이므로 좌변도 상수가 되어야 한다. 임의의 함수와 그 미분값을 더한 결과가 상수가 되려면 임의의 함수는 상수가 되어야 하므로 다음을 만족해야 한다.

$$i_L(t) = \frac{V_o}{R}$$

한편 일반해를 구하면 다음과 같다.

$$Ri(t) + L\frac{d}{dt}i_L(t) = 0$$

$$i_L(t) = Ae^{-t/\tau}$$

여기서 $\tau = \dfrac{L}{R}$로서 시상수를 의미한다. 따라서 완전해로 나타내면 다음과 같다.

$$i_L(t) = \frac{V_o}{R} + Ae^{-t/\tau}$$

여기에 초깃값을 대입하면 다음을 얻는다.

$$\frac{V_o}{R} + A = 0 \quad \rightarrow \quad A = -\frac{V_o}{R}$$

결론적으로 다음 식을 얻는다.

$$i_L(t) = \frac{V_o}{R}(1 - e^{-t/\tau})$$

한편 인덕터에 걸리는 전압 $v_L(t)$의 파형을 구하면 다음과 같다.

$$v_L(t) = L\frac{d}{dt}i_L(t) = V_o e^{-t/\tau}$$

[그림 8-29]는 전압과 전류의 파형을 나타낸 것으로, 전류 $i_L(t)$의 파형은 연속이지만 전압 $v_L(t)$의 파형은 $t=0$에서 불연속인 것을 알 수 있다.

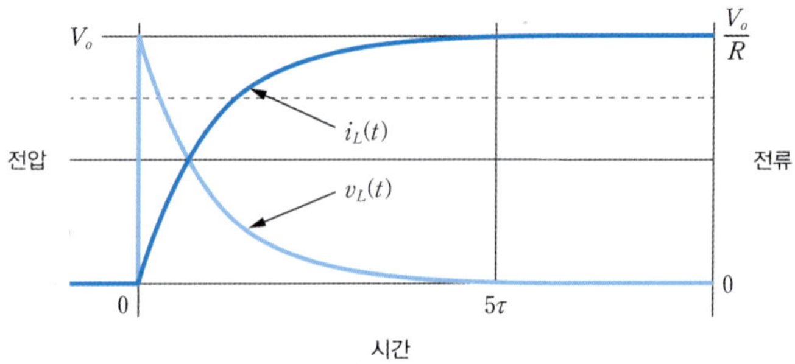


**[그림 8-29]** 인덕터에 걸리는 전압 $v_L(t)$와 흐르는 전류 $i_L(t)$의 파형

## 예제 8-7

다음 회로에서 전류 $i_L(t)$, 전압 $v_L(t)$의 파형을 그려라.

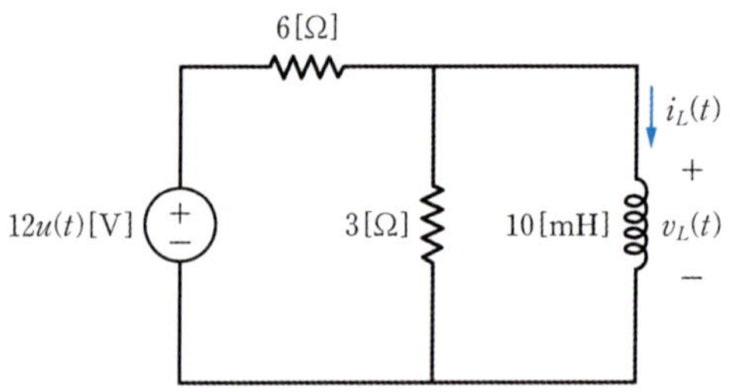


**[그림 8-30]** [예제 8-7]의 회로

### 풀이

인가전압이 $12u(t)$이므로 $t<0$ 영역에서는 $0\,[\mathrm{V}]$이다. 따라서 인가전원이 없는 회로이므로 전류는 $i_L(t)=0$이고, 전압은 $v_L(t)=0$이다. $t>0$ 영역에서는 $12u(t)=12$이다. 따라서 노드방정식을 구하면 다음과 같다.

$$\frac{v_L(t)-12}{6}+\frac{v_L(t)}{3}+i_L(t)=0$$

이 식을 정리한 후, 라플라스 변환하면 식 ①을 얻는다.

$$v_L(t)+2i_L(t)=4$$

$$V_L(s)+2I_L(s)=\frac{4}{s} \qquad \cdots ①$$

인덕터의 특성식을 구하고, 이를 라플라스 변환하면 식 ②를 얻는다.

$$v_L(t)=10\times10^{-3}\cdot\frac{d}{dt}i_L(t)$$

$$V_L(s)=10^{-2}\{sI_L(s)-i_L(0)\}=0.01sI_L(s) \qquad \cdots ②$$

식 ②를 ①에 대입해 풀면 다음을 얻는다.

$$I_L(s) = \frac{4}{s(0.01s+2)} = \frac{400}{s(s+200)} = \frac{2}{s} - \frac{2}{s+200}$$

이를 역 라플라스 변환하면 다음을 얻는다.

$$i_L(t) = 2(1-e^{-200t})\,[\mathrm{A}]$$

$$V_L(s) = 0.01sI_L(s) = \frac{4}{s+200}$$

$$\therefore\ v_L(t) = 4e^{-200t}\,[\mathrm{V}]$$

인덕터에 걸리는 전압 $v_L(t)$와 흐르는 전류 $i_L(t)$의 파형을 그리면 [그림 8-31]과 같다.

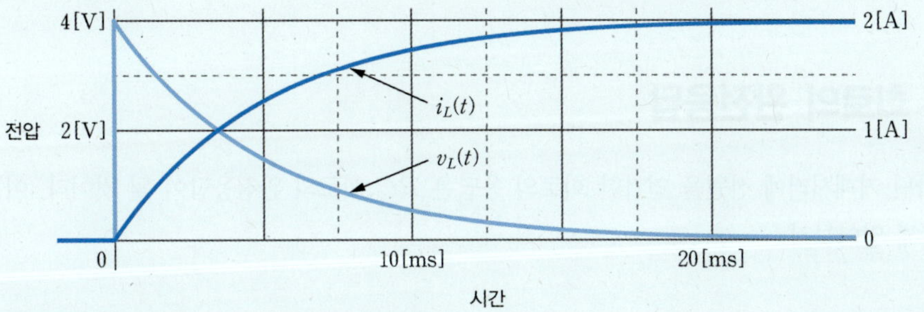


**[그림 8-31]** 전류 $i_L(t)$와 전압 $v_C(t)$의 파형

## 실전문제 8-7

다음 회로에서 전압 $v_R(t)$를 구하라.

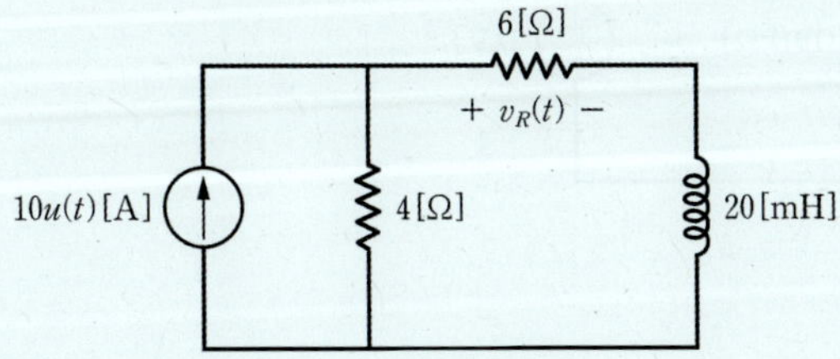


**[그림 8-32]**

SECTION 8.4

# 완전응답

초깃값에 대한 응답은 자연응답이고, 전원에 대한 응답은 강제응답이다. 이 모두를 포함하는 것이 완전응답이다. 즉 이 절에서는 초깃값도 존재하고 전원도 존재하는 회로에 대한 응답을 구해보자.

## 8.4.1 *RC* 회로의 완전응답

초깃값이 0가 아닌 커패시터에 전원을 인가한 회로의 응답은 $RC$ 회로의 완전응답이 될 것이다. 이를 다음 예제를 통해 알아보자.

**예제 8-8**

다음 회로에서 전압 $v_C(t)$, 전류 $i_C(t)$의 파형을 그려라.

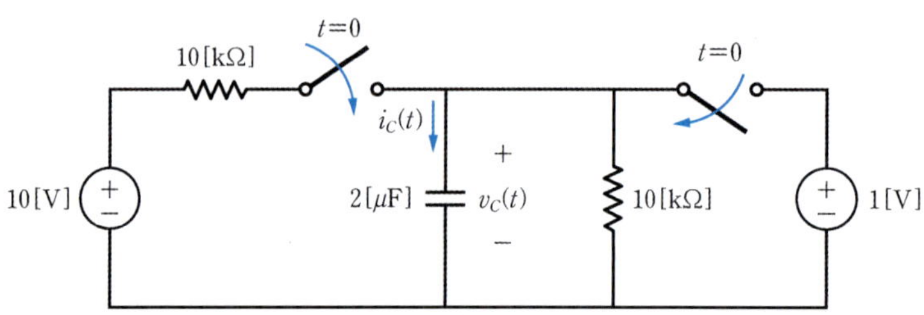


**[그림 8-33]** [예제 8-8]의 회로

**풀이**

❶ $t < 0$ 영역 : 회로를 그리면 [그림 8-34]와 같다.

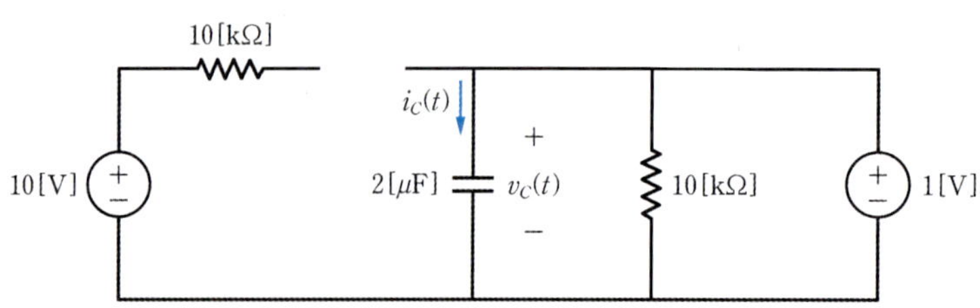


**[그림 8-34]** $t < 0$ 영역에서의 등가회로

$t<0$ 영역에서 충분히 시간이 지난 후이므로 정상상태에서의 해를 구해야 한다. 인가전원이 1 [V] 직류이므로 미분값은 0가 된다. 즉 $i_C(t)=\frac{d}{dt}v_C(t)=0$이므로 커패시터는 개방회로로 처리되어 다음을 얻는다.

$$i_C(t)=0,\quad v_C(t)=1\,[\mathrm{V}]$$

❷ $t>0$ 영역 : [그림 8-35]와 같은 회로로 변경된다.

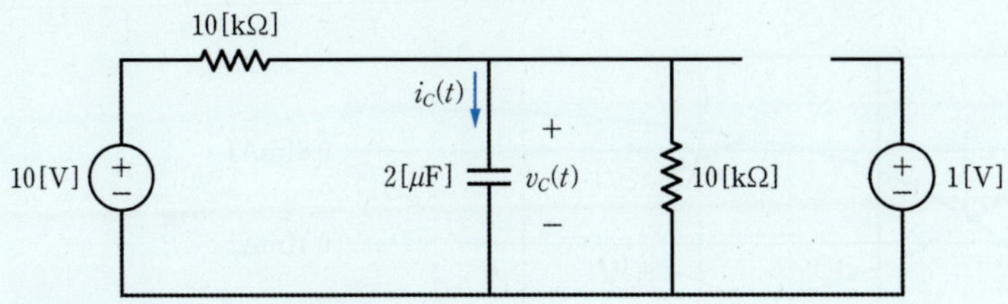


**[그림 8-35]** $t>0$ 영역에서의 등가회로

커패시터의 초깃값 $v_C(0)=1$은 회로의 라플라스 변환 시 $Cv(0)=2\times10^{-6}$의 전류원으로 변화하므로 [그림 8-35]로부터 회로를 라플라스 변환하면 [그림 8-36]과 같다.

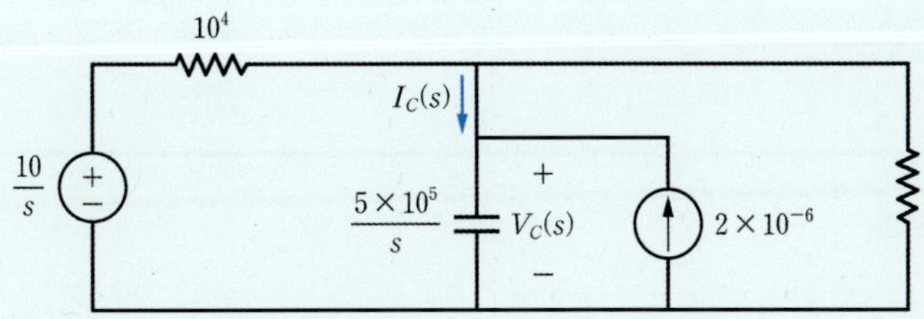


**[그림 8-36]** 라플라스 변환된 회로

커패시터의 (+) 단자에서의 노드방정식을 구하면 다음과 같다.

$$\frac{V_C(s)-10/s}{10^4}+\frac{V_C(s)}{5\times10^5/s}+\frac{V_C(s)}{10^4}=2\times10^{-6}$$

이를 정리하면 다음과 같은 식을 얻는다.

$$10^{-4}\left\{V_C(s)-\frac{10}{s}\right\}+2\times10^{-6}s\,V_C(s)+10^{-4}V_C(s)=2\times10^{-6}$$

$$V_C(s)=\frac{s+500}{s(s+100)}=\frac{5}{s}-\frac{4}{s+100}$$

이 식을 역 라플라스 변환하면 다음을 얻는다.

$$v_C(t)=5-4e^{-100t}\,[\mathrm{V}]$$

또한 커패시터에 흐르는 전류 $I_C(s)$를 구하면 다음과 같다.

$$I_C(s)=\frac{V_C(s)}{5\times10^5/s}-2\times10^{-6}$$

$$I_C(s) = \frac{8 \times 10^{-4}}{s + 100}$$

이 식을 역 라플라스 변환하면 다음을 얻는다.

$$i_C(t) = 0.8e^{-100t}\,[\text{mA}]$$

커패시터에 걸리는 전압 $v_C(t)$와 흐르는 전류 $i_L(t)$의 파형을 그리면 [그림 8-37]과 같다.

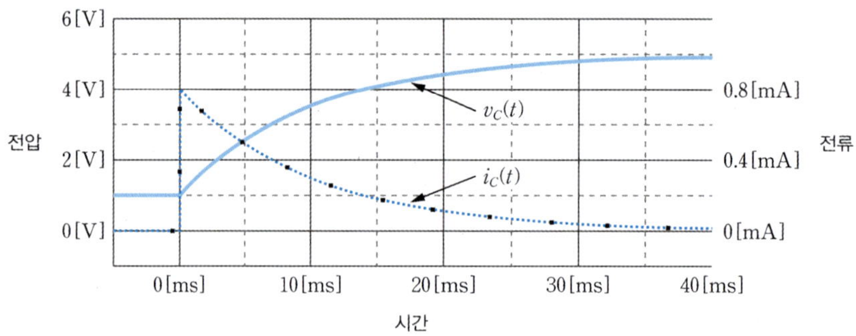


**[그림 8-37]** 전압 $v_C(t)$와 전류 $i_C(t)$의 파형

### 실전문제 8-8

다음 회로에서 전압 $v_R(t)$를 구하라.

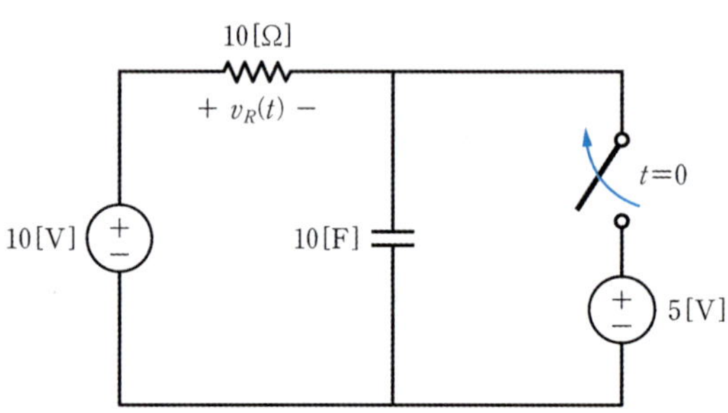


**[그림 8-38]**

### 예제 8-9

다음 회로 (a)에 인가되는 전원의 파형이 (b)와 같을 경우, 전압 $v_C(t)$의 파형을 그려라.

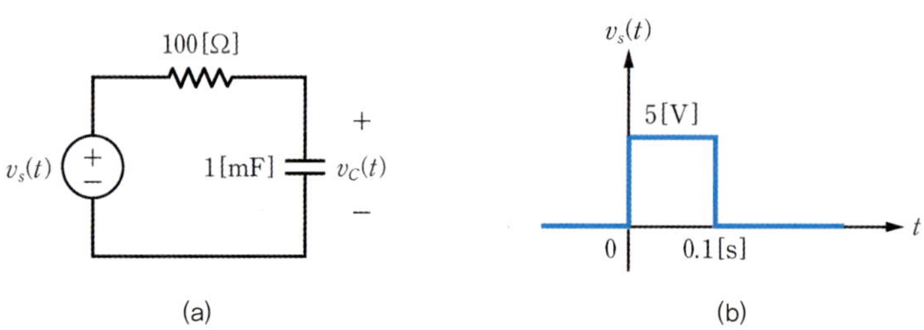


**[그림 8-39]** [예제 8-9]의 회로와 인가전압 파형

**풀이**

시간구간에 따라 인가전압의 크기가 다르므로 구간별로 나누어 살펴보자.

❶ $t < 0$ 영역

$v_s(t) = 0$인 상태에서 충분한 시간이 지난 후에는 초깃값도 0이고 전원의 크기도 0이므로 회로소자에 걸리는 전압과 흐르는 전류 모두 값이 0이다.

$$v_C(t) = 0$$

❷ $0 < t < 0.1$ 영역

전원이 $v_s = 5\,[\mathrm{V}]$이므로 [그림 8-40]과 같은 회로가 된다.

이 회로의 루프방정식과 커패시터의 전류 특성식은 다음과 같다.

$$100 i_C(t) + v_C(t) = 5$$

$$i_C(t) = 10^{-3} \frac{d}{dt} v_C(t)$$

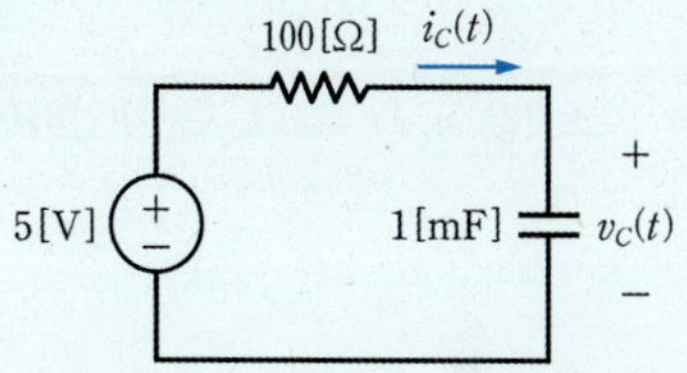


**[그림 8-40]** $0 < t < 0.1$ 영역에서의 등가회로

루프방정식에 커패시터의 특성식을 대입하면 다음과 같다.

$$\frac{d}{dt} v_C(t) + 10 v_C(t) = 50$$

이 미분방정식의 우변이 상수이므로 $v_C(t)$가 상수이고 그 미분값이 0이므로, 수식을 풀면 특수해는 다음과 같이 표현된다.

$$v_C(t) = 5$$

일반해를 구하면 다음과 같다.

$$\frac{d}{dt} v_C(t) + 10 v_C(t) = 0 \quad \rightarrow \quad \left(\frac{d}{dt} + 10\right) v_C(t) = 0 \quad \rightarrow \quad \frac{d}{dt} = -10$$

위의 결과는 미분하면 그 값이 $-10$이 되는 함수이므로 일반해는 다음과 같이 표현된다.

$$v_C(t) = Ae^{-10t}$$

특수해와 일반해를 사용해 완전해를 구하면 다음을 얻는다.

$$v_C(t) = 5 + Ae^{-10t}$$

이 식에 초깃값을 대입하면 다음을 얻는다.

$$v_C(0_+) = v_C(0_-) = 0 \quad \rightarrow \quad = A = -5$$

$$\therefore\ v_C(t) = 5 - 5e^{-10t}$$

다음 구간($t > 0.1s$)에서의 해를 구하기 위해서는 초깃값이 필요하다. 다음 구간의 초깃값은 이 구간($0 < t < 0.1s$)에서의 최종값이 된다. 따라서 $v_C(t = 0.1s)$를 구할 필요가 있다.

$$v_C(0.1) = 5 - 5e^{-1} = 3.16\,[\mathrm{V}]$$

❸ $t > 0.1$ 영역

$v_s(t) = 0$인 루프방정식을 구해보자.

$$\frac{d}{dt}v_C(t) + 10v_C(t) = 0$$

우변이 0이므로 특수해는 0가 된다. 다음으로 일반해를 구해보자.

이전 구간($0 < t < 0.1s$)에서 구한 경우와 동일하므로 일반해는 다음과 같이 표현된다. 여기서 미지수를 다르게 표현한 것은 그 값이 앞의 경우와 다르기 때문이다.

$$v_C(t) = A'e^{-10t}$$

초깃값 $v_C(t = 0.1)$를 대입하면 다음을 얻는다.

$$v_C(0.1) = 3.16 = A'e^{-1}$$

$$\therefore\ A' = 3.16e^{1}$$

즉 이 구간에서의 전압 $v_C(t)$는 다음 식과 같고 파형을 전 영역에 걸쳐 그리면 [그림 8-41]과 같다.

$$v_C(t) = 3.16e^{-10(t-0.1)}$$

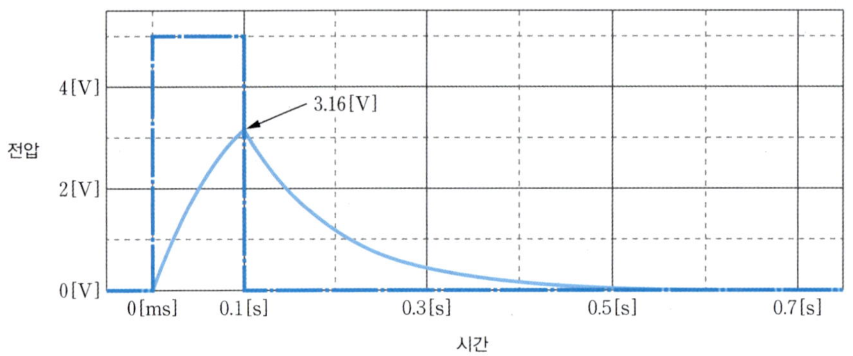


**[그림 8-41]** 전압 $v_C(t)$의 파형

## 별해 1

전원 $v_s(t)$를 단위 계단 함수로 표현하면 $v_S(t) = 5u(t) - 5u(t-0.1)$이므로 [그림 8-42]와 같이 2개의 전원으로 표현할 수 있다. 중첩의 원리를 적용해 회로의 응답을 구하고자 한다. 먼저 $5u(t)$에 대한 응답은 앞의 풀이 중 $0 < t < 0.1$ [s] 영역에서의 풀이와 동일하다.

$$v_C'(t) = \{5 - 5e^{-10t}\} \cdot u(t)$$

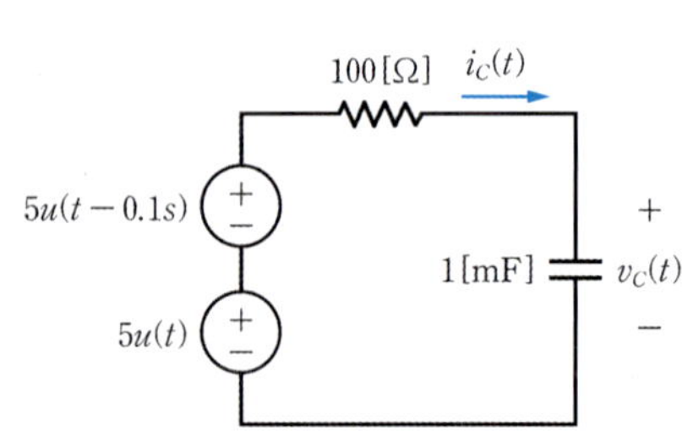


**[그림 8-42]** [그림 8-39(a)]의 또 다른 표현

다음으로 $5u(t-0.1)$에 대한 응답을 구하기 위해 새로운 시간축 $t' = t - 0.1$로 치환하면 위의 풀이와 동일하다. 또한 극성이 반대이므로 결과식에 (−) 부호를 첨가하고, $t$ 대신 $t'$을 대입해야 한다.

$$v_C''(t) = -\{5 - e^{-10t'}\} \cdot u(t') = -\{5 - 5e^{-10(t-0.1)}\} \cdot u(t-0.1)$$

따라서 전체에 대한 응답은 두 신호의 합과 같다.

$$v_C(t) = v_C'(t) + v_C''(t) = \{5 - 5e^{-10t}\}u(t) - \{5 - 5e^{-10(t-0.1)}\} \cdot u(t-0.1)$$

구간별 함수를 표현하면 다음과 같다.

$$\begin{aligned} t < 0 \quad &\rightarrow \quad v_C(t) = 0 \\ 0 < t < 0.1s \quad &\rightarrow \quad v_C(t) = 5 - 5e^{-10t} \\ t > 0.1s \quad &\rightarrow \quad v_C(t) = 5 - 5e^{-10t} - 5 + 5e^{-10(t-0.1)} \\ &\qquad = (5 - 5e^{-1}) \cdot e^{-10(t-0.1)} = 3.16e^{-10(t-0.1)} \end{aligned}$$

앞의 풀이와 같은 결과를 얻을 수 있다.

**별해 2**

입력전압의 라플라스 변환을 이용하는 경우로 입력전압과 회로를 라플라스 변환하면 [그림 8-43]과 같다. 전압 분배법칙을 사용해 전압 $V_C(s)$를 구하면 다음과 같다.

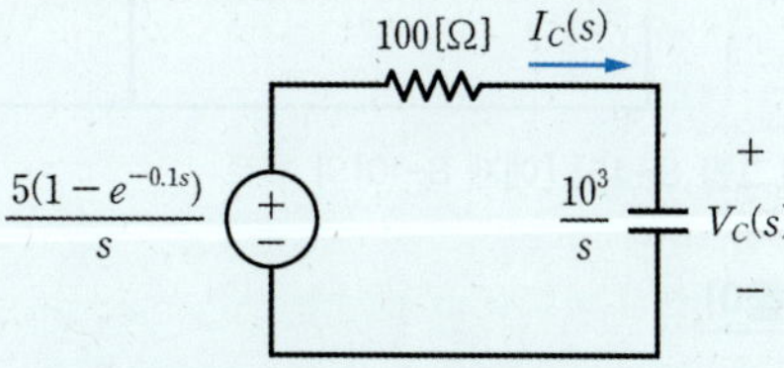


**[그림 8-43]** 라플라스 변환된 회로

$$V_C(s) = \frac{10^3/s}{100 + 10^3/s} \cdot \frac{5(1 - e^{-0.1s})}{s} = \frac{50(1 - e^{-0.1s})}{s(s+10)}$$

이 식을 부분분수 전개를 해 역 라플라스 변환하면 다음과 같다.

$$V_C(s) = \left(\frac{5}{s} - \frac{5}{s+10}\right)(1 - e^{-0.1s})$$

$$v_C(t) = 5(1 - e^{-10t})u(t) - 5\{1 - e^{-10(t-0.1)}\} \cdot u(t-0.1)$$

이 결과는 '별해 1'의 결과와 동일하다.

**실전문제 8-9**

다음 회로 (a)에 인가되는 전원의 파형이 (b)와 같을 때, 전류 $i_C(t)$를 구하라.

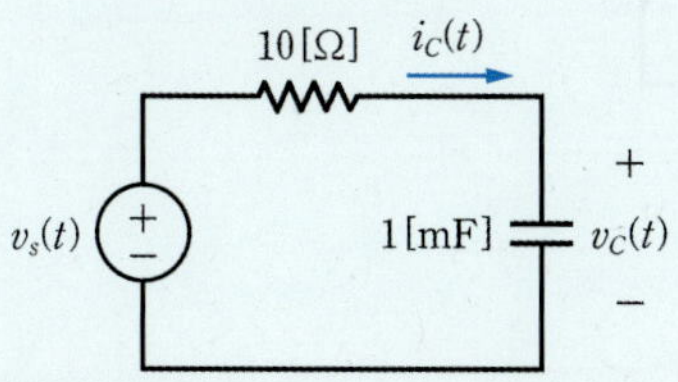


(a)

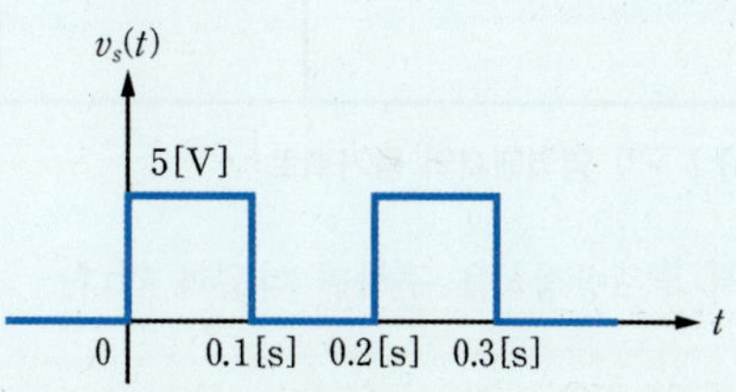


(b)

**[그림 8-44]**

### 8.4.2 *RL* 회로의 완전응답

$RC$ 회로에서 언급한 바와 같이 초깃값이 있고 전원도 있는 회로의 응답을 완전응답이라고 한다. 완전응답에 대해 다음 예제를 통해 알아보자.

**예제 8-10**

다음 회로에서 전류 $i_L(t)$의 파형을 그려라.

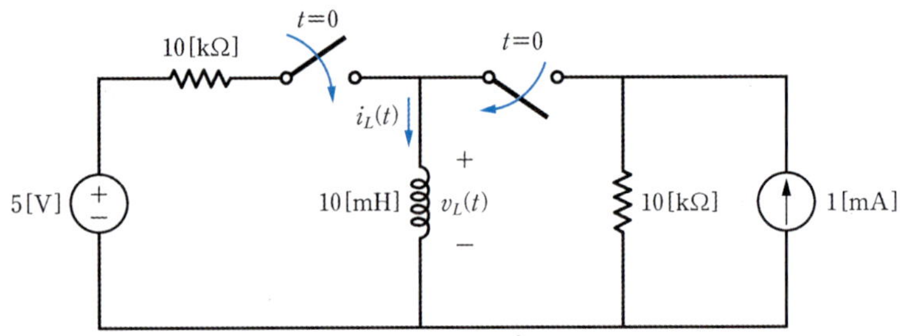


[그림 8-45] [예제 8-10]의 회로

**풀이**

미분방정식을 통해 회로를 해석하면 다음과 같다.

❶ $t < 0$ 영역

이 영역에서는 1[mA]의 전류가 직류이므로 인덕터는 단락회로가 된다. 따라서 1[mA]의 전류가 모두 인덕터로 흐르고 전압은 걸리지 않는다. 따라서 다음을 얻는다.

$$i_L(t) = 1\,[\text{mA}],\ \ v_L(t) = 0\,[\text{V}]$$

❷ $t > 0$ 영역

이 영역에서는 다음과 같은 회로로 변경된다.

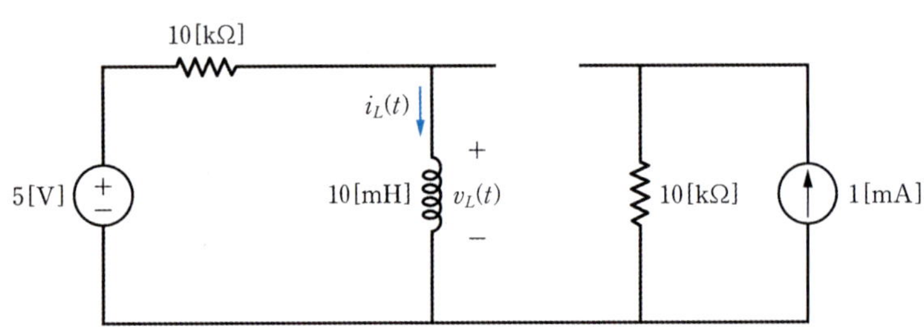


[그림 8-46] $t > 0$ 영역에서의 등가회로

위 회로에서 루프방정식을 구하면 다음과 같다.

$$5 = 10 \times 10^3 \cdot i_L(t) + 10 \times 10^{-3} \cdot \frac{d}{dt} i_L(t)$$

이 식에서 특수해, 일반해, 완전해를 순서대로 구하면 다음과 같다.

$$\text{특수해}: i_L(t) = 0.5\,[\text{mA}]$$

$$\text{일반해}: i_L(t) = Ae^{-10^6 t}$$

$$\text{완전해}: i_L(t) = 0.5 + Ae^{-10^6 t}\,[\text{mA}]$$

위 식에 초깃값인 $i_L(0) = 1\,[\text{mA}]$를 완전해에 대입하면 다음을 얻는다.

$$A = 0.5$$

따라서 결과는 다음과 같고, 이를 파형으로 그리면 [그림 8-47]과 같다.

$$i_L(t) = 0.5 + 0.5e^{-10^6 t}\,[\text{mA}]$$

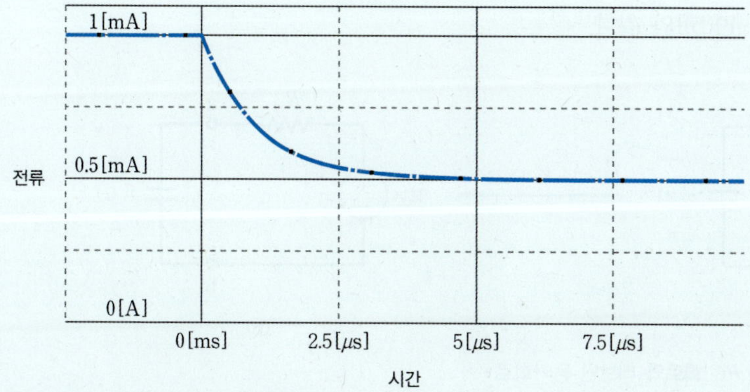


**[그림 8-47]** 전류 $i_L(t)$의 파형

## 실전문제 8-10

다음 회로에서 전압 $v_L(t)$를 구하라.

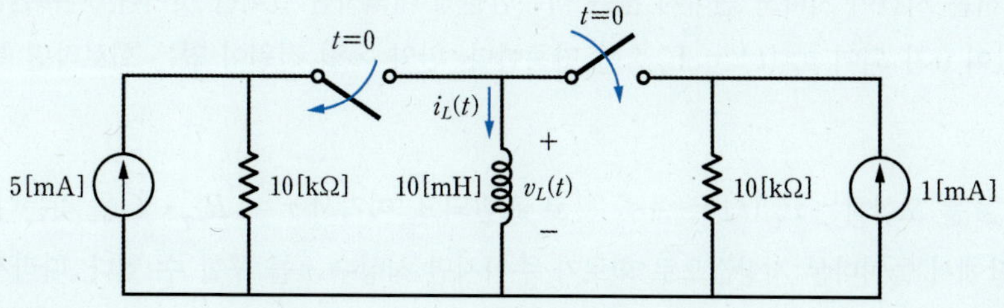


**[그림 8-48]**

SECTION
8.5
# 1차 회로 해석의 요약

## 8.5.1 *RC* 회로의 요약

[그림 8-49(a)]는 전원을 포함한 회로를 간단히 나타낸 것이다. 이 회로의 점 a, b에서 들여다본 테브난 등가회로는 [그림 8-49(b)]와 같다.

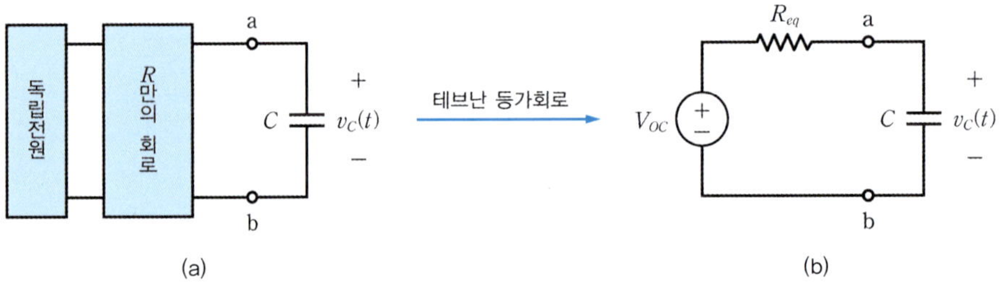


[그림 8-49] 전원이 포함된 *RC* 회로와 테브난 등가회로

따라서 임의의 *RC* 회로에서 전압 $v_C(t)$에 대한 미분방정식을 구하면 다음과 같다.

$$R_{eq}C\frac{d}{dt}v_C(t) + v_C(t) = V_{OC} \tag{8.14}$$

식 (8.14)의 미분방정식의 특수해는 [그림 8-49(a)]에 보이는 독립전원의 종류에 따라 다르게 나타날 것이다. 그러나 여기에서는 시간이 지나도 변하지 않는 직류전원에 대해서만 살펴볼 것이다. 직류전원에 대한 응답은 미분값이 0가 되어 $v_C(t) = V_{OC}$를 만족한다. 만약 독립 전원이 없는 회로라면 특수해는 0가 된다.

또한 일반해는 미지수 $A$를 포함하는 $v_C(t) = Ae^{-t/\tau}$로 표현되고, 여기서 $\tau = R_{eq} \cdot C$를 갖는다. $R_{eq}$는 커패시터의 양단에서 들여다본 저항값으로 회로가 주어지면 시상수 $\tau$를 구할 수 있다. 따라서 [그림 8-49(a)]의 회로에서 커패시터에 걸리는 전압 $v_C(t)$의 파형의 기본 형태는 다음과 같이 표현된다.

$$v_C(t) = V_{OC} + Ae^{-t/\tau} \tag{8.15}$$

미지수 $A$ 값은 커패시터의 충전전압의 초깃값인 $V_s = v_C(0)$로부터 얻을 수 있다.

$$V_{OC} + A = V_s \quad \rightarrow \quad A = V_s - V_{OC}$$

여기서 $v_C(t)$가 연속함수이므로 $v_C(0_-) = v_C(0_+) = V_s$로 표현되며, $t < 0$ 영역에서 그 값을 찾을 수 있다.

한편 [그림 8-49(a)]의 회로에서 시간이 충분히 지난 후, 즉 정상상태에서는 출력 $v_C(t)$는 직류전압이 된다. 그러면 미분값이 0가 되어 커패시터는 개방회로로 처리되므로 [그림 8-49(a)]의 회로에서 커패시터를 개방해서 얻어지는 $V_{OC}$가 된다. 따라서 $v_C(t)$의 최종값은 $V_f = V_{OC}$로 표현된다. 식 (8.15)의 기본 형태는 다음과 같이 변경해 사용한다.

$$v_C(t) = V_f + (V_s - V_f)e^{-t/\tau} \tag{8.16}$$

주어진 회로로부터 식 (8.16)에 표기된 파라미터 $V_f$, $V_s$, $\tau$를 구하면 커패시터에 걸리는 전압 $v_C(t)$의 파형을 보다 쉽게 구할 수 있다.

## 예제 8-11

다음 회로에서 전압 $v_C(t)$를 구하라.

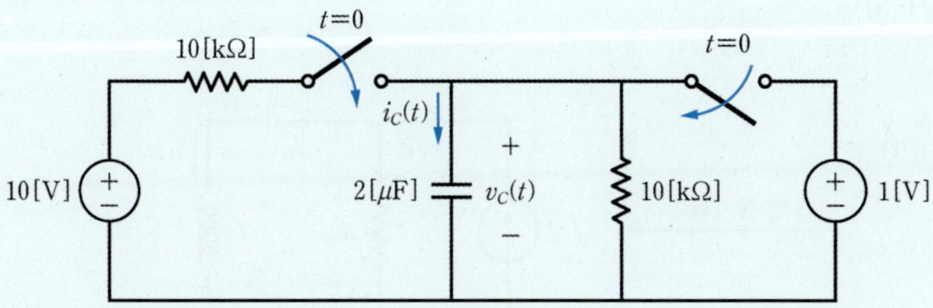


[그림 8-50] [예제 8-11]의 회로

**풀이**

❶ $t < 0$ 영역

왼쪽 스위치는 개방상태, 오른쪽 스위치는 단락상태이므로 커패시터 충전전압의 초깃값은 $V_s = v_C(0_+) = 1\,[\text{V}]$가 된다(커패시터의 충전전압은 연속함수).

❷ $t > 0$ 영역

왼쪽 스위치는 단락상태, 오른쪽 스위치는 개방상태이므로 전압분배법칙을 적용하면 $v_C(\infty) = 5\,[\text{V}]$가 되므로 커패시터 충전전압의 최종값은 $V_f = 5$가 된다.

❸ 전원을 단락시키고 커패시터 양단에서 회로로 들여다본 저항 $R_{eq}$와 커패시턴스 $C$를 곱하면 시상수 $\tau$가 된다. $R_{eq} = 10\,[\text{k}\Omega] // 10\,[\text{k}\Omega] = 5\,[\text{k}\Omega]$, $C = 2\,[\mu\text{F}]$이므로 다음과 같다.

$$\tau = R_{eq} \cdot C = 5 \times 10^3 \cdot 2 \times 10^{-6} = 10^{-2}\,[\text{s}]$$

이를 정리하면 다음과 같다. 이는 [예제 8-8]의 결과와 동일하다.

$$v_C(t) = 5 - 4e^{-100t}\,[\text{V}]$$

**실전문제 8-11**

다음 회로에서 전압 $v_C(t)$를 구하라.

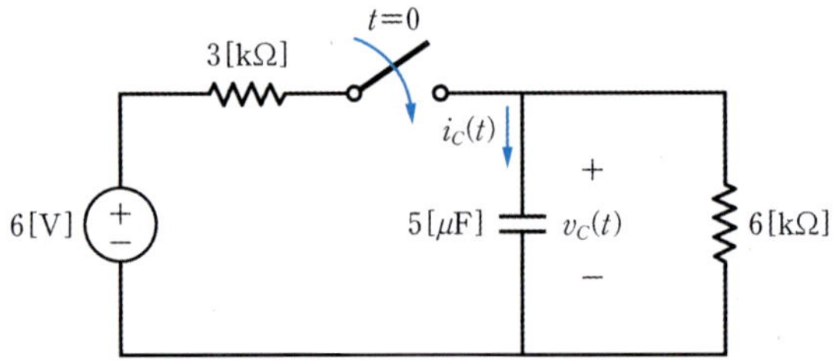


[그림 8-51]

## 8.5.2 *RL* 회로의 요약

[그림 8-52(a)]는 전원을 포함한 회로를 간단히 나타낸 것이다. 이 회로의 점 a, b에서 들여다본 노턴 등가회로는 [그림 8-52(b)]와 같다.

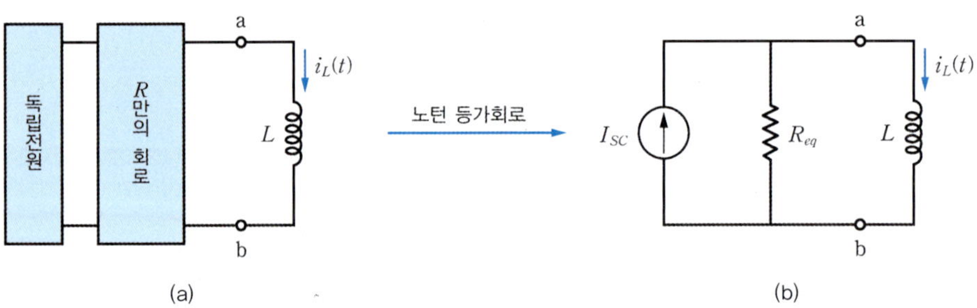


[그림 8-52] 전원이 포함된 *RL* 회로와 노턴 등가회로

따라서 임의의 *RL* 회로에서 전류 $i_L(t)$에 대한 미분방정식을 구하면 다음 식과 같다.

$$\frac{1}{R_{eq}} \cdot L\frac{d}{dt}i_L(t) + i_L(t) = I_{SC}$$

[그림 8-52(a)]의 회로에서 독립전원은 시간에 따라 변화하지 않는 직류전원으로 두면 특수해는 $i_L(t) = I_{SC}$를 만족한다. 전원이 없는 회로에 대해서 특수해는 0가 된다.

또한 일반해는 미지수 $A$를 포함하는 $i_L(t) = Ae^{-t/\tau}$로 표현되고, 여기서 $\tau = L/R_{eq}$를 갖는다. $R_{eq}$는 $L$의 양단에서 들여다본 저항값으로, 회로가 주어지면 시상수 $\tau$를 구할 수 있다. 따라서 [그림 8-52(a)]의 회로에서 $L$에 흐르는 전류 $i_L(t)$의 파형의 기본 형태는 다음과 같이 표현된다.

$$i_L(t) = I_{SC} + Ae^{-t/\tau} \tag{8.17}$$

미지수 $A$ 값은 초깃값인 $i_L(0) = I_s$로부터 얻을 수 있다.

$$I_{SC} + A = I_s \quad \rightarrow \quad A = I_s - I_{SC}$$

여기서 $I_s$는 인덕터에 흐르는 초기 전류 $i_L(0_+)$로, $t < 0$ 영역에서 구할 수 있다.

[그림 8-52(a)]의 회로에서 시간이 충분히 지난 후, 즉 정상상태에서는 출력 $i_L(t)$는 직류전류가 된다. 그러면 미분값이 0가 되어 인덕터는 단락회로로 처리되므로 [그림 8-52(a)]의 회로에서 인덕터를 단락해 얻어지는 $I_{SC}$가 된다. 따라서 $i_L(t)$의 최종값은 $I_f = I_{SC}$로 표현된다. 식 (8.17)의 기본 형태는 다음과 같이 변경해 사용한다.

$$i_L(t) = I_f + (I_s - I_f)e^{-t/\tau} \tag{8.18}$$

주어진 회로로부터 식 (8.18)에 표기된 파라미터 $I_f$, $I_s$, $\tau$를 구하면 인덕터에 흐르는 전류 $i_L(t)$의 파형을 보다 쉽게 구할 수 있다.

### 예제 8-12

다음 회로에서 전류 $i_L(t)$를 구하라.

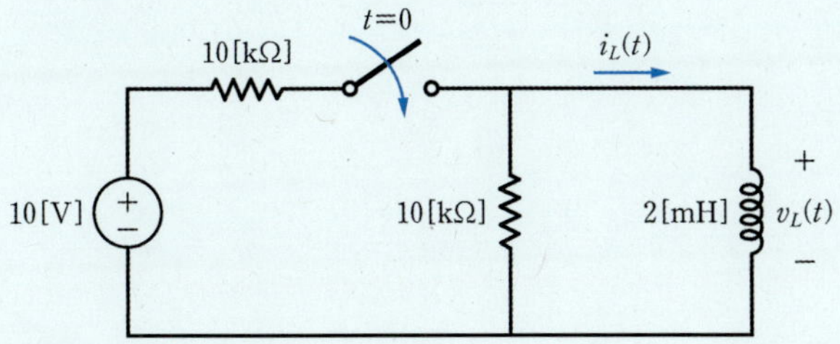


**[그림 8-53]** [예제 8-12]의 회로

**풀이**

❶ $t < 0$ 영역 : 스위치의 상태가 개방이므로 저장된 에너지가 저항을 통해 모두 소진되므로 인덕터에 흐르는 전류 $i_L(t) = 0$임을 알 수 있다. 따라서 $I_s = 0$가 된다.

❷ $t > 0$ 영역 : 스위치는 단락회로이고 인가전원의 값은 직류이므로 시간이 충분히 지난 후는 정상상태이므로 인덕터는 단락회로로 처리한다. 따라서 인덕터에 흐르는 전류는 $i_L(\infty) = 1\,[\text{mA}]$가 되므로 $I_f = 1\,[\text{mA}]$가 된다.

❸ 시상수를 구하면 $R_{eq} = 5\,[\text{k}\Omega]$이므로 $\tau = \dfrac{L}{R_{eq}} = 0.4\,[\mu\text{s}]$이다.

이를 정리하면 다음과 같다.

$$i_L(t) = 1 - e^{-2.5\times10^6 t}\,[\text{mA}]$$

## 실전문제 8-12

다음 회로에서 전류 $i_L(t)$를 구하라.

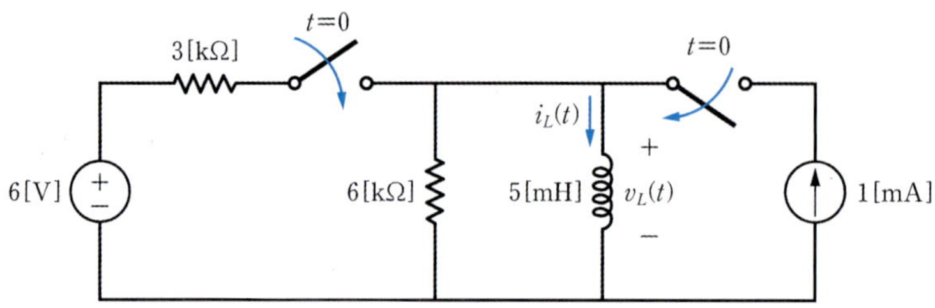


[그림 8-54]

SECTION

# 8.6 연산증폭기를 사용한 1차 회로

이제 연산증폭기 회로 내에 에너지 저장소자인 인덕터나 커패시터가 하나인 회로에 대해 알아보자. 연산증폭기를 사용한 1차 회로는 크게 두 종류로 나눌 수 있다.

❶ 연산증폭기를 통해 1차 회로의 결과를 증폭하는 경우, 반대로 증폭된 전원을 1차 회로에 연결해 사용하는 경우

❷ 연산증폭기의 궤환회로나 입력단자에 에너지 저장소자가 있어 특수용도로 사용되는 경우

각각의 경우에 대한 회로 해석을 살펴보면 다음과 같다.

## 8.6.1 일반적인 1차 회로

[그림 8-55]의 회로는 $RC$ 1차 회로와 비반전 증폭기의 결합으로 이루어진 회로이다. 비반전 증폭기의 입력저항이 무한대이므로 두 회로를 분리하여 해석할 수 있다.

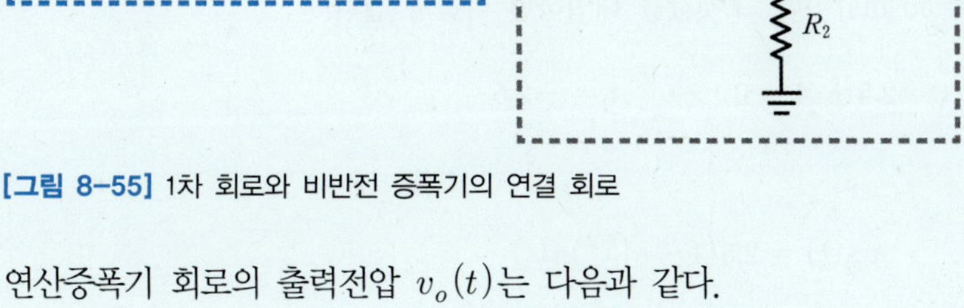


**[그림 8-55]** 1차 회로와 비반전 증폭기의 연결 회로

연산증폭기 회로의 출력전압 $v_o(t)$는 다음과 같다.

$$v_o(t) = \left(1 + \frac{R_2}{R_1}\right) \cdot v_C(t)$$

1차 회로의 결과는 다음과 같다. 여기서 $\tau$는 1차 회로의 시상수로 $\tau = R_s \cdot C$이다.

$$v_C(t) = V_s(1 - e^{-t/\tau})u(t)$$

결과적으로 출력전압 $v_o(t)$는 다음과 같다.

$$v_o(t) = V_s\left(1 + \frac{R_2}{R_1}\right)(1 - e^{-t/\tau}) \cdot u(t)$$

## 예제 8-13

다음 회로에서 전압 $v_o(t)$를 구하라.

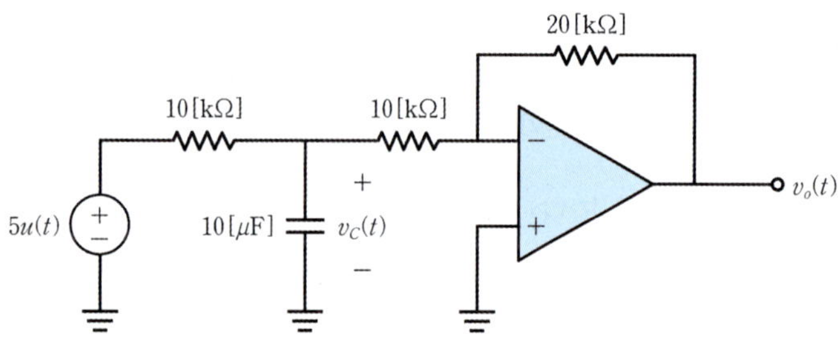


[그림 8-56] [예제 8-13]의 회로

**풀이**

$t < 0$ 영역에서는 전원이 모두 0이므로 커패시터에 충전된 전압은 $v_C(t) = 0$이다. 따라서 초깃값을 구하면 $v_C(0) = 0$가 된다. 커패시터의 (+) 단자에서의 노드방정식을 구하면 다음과 같다.

$$\frac{v_C(t) - 5}{10\,[\mathrm{k}\Omega]} + 10\,[\mu\mathrm{F}]\frac{d}{dt}v_C(t) + \frac{v_C(t)}{10\,[\mathrm{k}\Omega]} = 0$$

미분방정식의 해를 구하면 다음을 얻는다.

$$v_C(t) = 2.5 + Ae^{-t/\tau}$$

여기서 $\tau = 5\,[\mathrm{k}\Omega] \cdot 10\,[\mu\mathrm{F}] = 50\,[\mathrm{ms}]$이다. 초깃값을 대입하면 다음과 같다.

$$2.5 + A = 0 \quad \rightarrow \quad A = -2.5$$

결과적으로 다음과 같다.

$$v_C(t) = 2.5(1 - e^{-20t})u(t)$$

여기에 반전증폭기를 연결하면 다음 결과를 얻을 수 있다.

$$v_o(t) = -\frac{20k}{10k}v_C(t) = -5(1 - e^{-20t})u(t)$$

## 실전문제 8-13

다음 회로에서 전류 $i_C(t)$를 구하라.

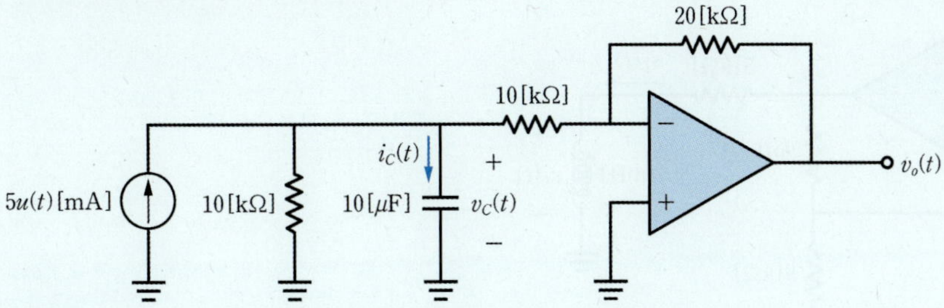


[그림 8-57]

## 예제 8-14

다음 회로에서 전류 $i_L(t)$를 구하라.

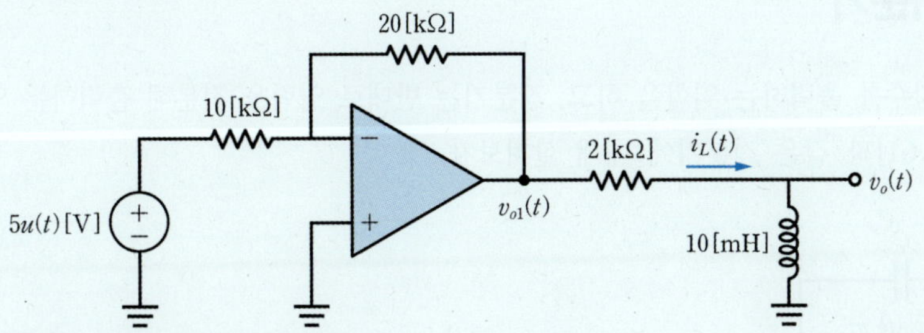


[그림 8-58] [예제 8-14]의 회로

### 풀이

$t < 0$ 영역에서는 전원의 크기가 0이므로 초깃값은 $i_L(0) = 0$이다. 따라서 이 회로를 라플라스 변환하면 [그림 8-59]와 같이 표현된다.

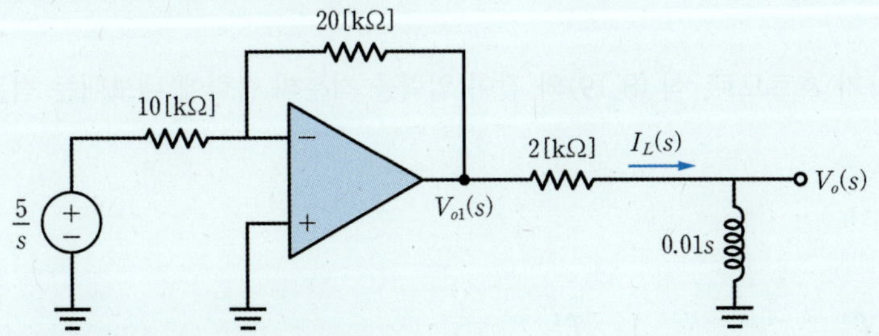


[그림 8-59] 라플라스 변환된 회로

$$V_{o1}(s) = -\frac{10}{s}$$

$$I_L(s) = -\frac{10/s}{0.01s + 2\times 10^3} = -\frac{1000}{s(s+2\times 10^5)} = -\frac{5\times 10^{-3}}{s} + \frac{5\times 10^{-3}}{s+2\times 10^5}$$

$$\therefore\ i_L(t) = -5(1-e^{-2\times 10^5 t})u(t)\,[\text{mA}]$$

**실전문제 8-14**

다음 회로에서 전류 $i_L(t)$를 구하라.

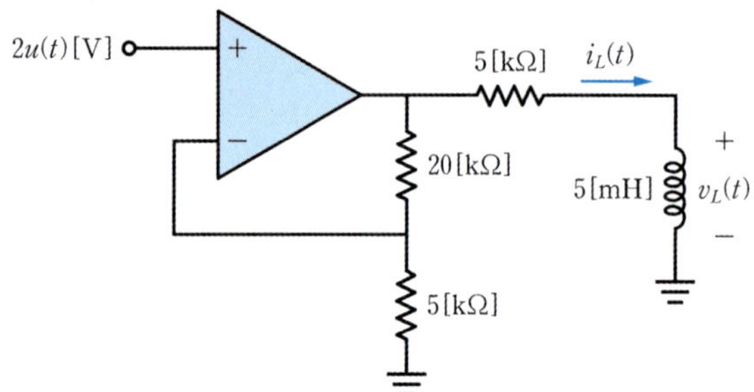


[그림 8-60]

## 8.6.2 적분기와 미분기

미분기는 입력을 미분한 함수를 출력하는 역할을 하고, 적분기는 반대로 입력을 적분해 출력하는 역할을 한다. 먼저 [그림 8-61]과 같은 적분기에 대해 살펴보자.

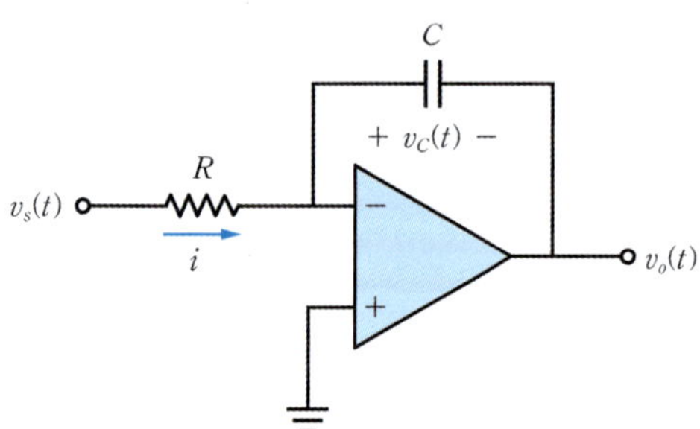


[그림 8-61] 적분기 회로

연산증폭기의 가상접지로 전류 $i$가 흐르므로, 식 (8.19)와 같이 입력을 적분해 출력에 내보내는 적분기 역할을 한다.

$$i = \frac{v_s(t)}{R}$$

$$v_C(t) = \frac{1}{C}\int_{-\infty}^{t} i(\tau)d\tau = \frac{1}{RC}\int_{-\infty}^{t} v_s(\tau)d\tau$$

$$v_o(t) = \frac{1}{RC}\int_{-\infty}^{t} v_s(\tau)d\tau = \frac{1}{RC}\int_{0}^{t} v_s(\tau)d\tau + v_o(0) \tag{8.19}$$

## 예제 8-15

다음 적분기의 출력전압 $v_o(t)$를 구하라.

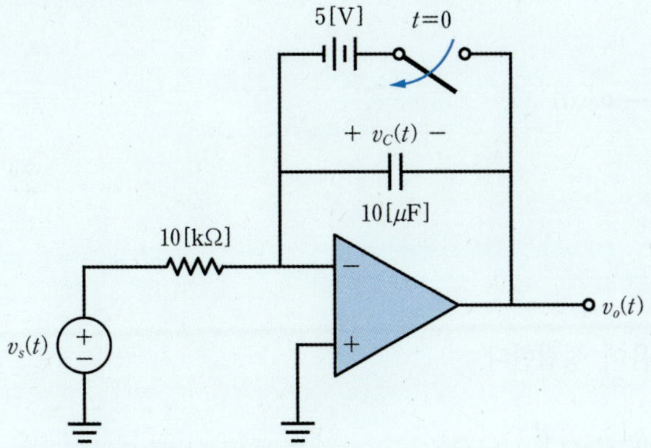


**[그림 8-62]** [예제 8-15]의 회로

**풀이**

❶ $t<0$ 영역 : 스위치가 단락회로이므로 5[V]의 전압이 모두 커패시터에 인가되므로 커패시터의 충전전압은 $v_C(t)=-5$[V]이다.

❷ $t>0$ 영역 : 스위치가 개방회로이고 커패시터의 충전전압은 10[kΩ]의 저항에 흐르는 전류를 적분하면 된다.

$$v_C(t)=\frac{1}{1\times 10^{-5}}\int_0^t \frac{v_s(\tau)}{10^4}\cdot d\tau+v_C(0)=10\int_0^t v_s(\tau)d\tau-5$$

따라서 출력전압 $v_o(t)$를 구하면 다음 식과 같다.

$$v_o(t)=-v_C(t)=-10\int_0^t v_s(\tau)d\tau+5$$

## 실전문제 8-15

다음 적분기의 출력전압 $v_o(t)$를 구하라.

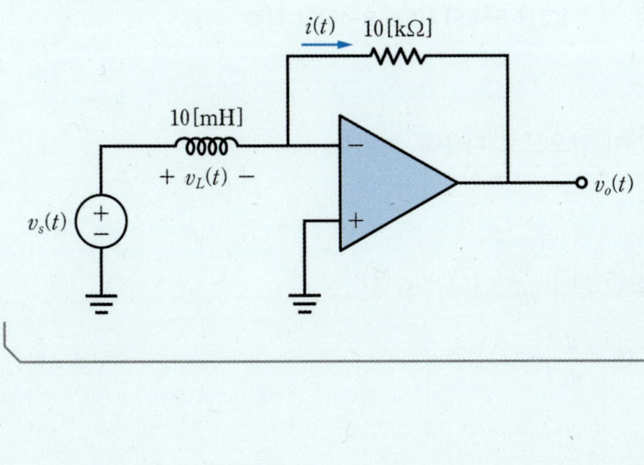


**[그림 8-63]**

한편 [그림 8-61]에서 저항 $R$과 커패시터 $C$의 위치를 변경한 [그림 8-64]는 미분기로 동작한다.

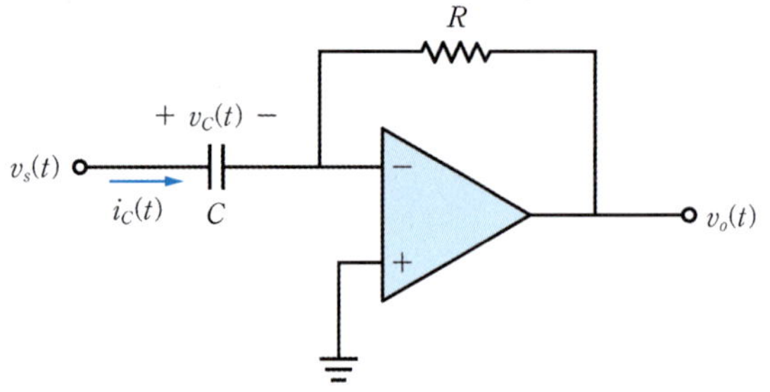


**[그림 8-64]** 미분기 회로

가상접지로 인해 $v_C(t) = v_s(t)$이므로 다음이 성립한다.

$$i_C(t) = C\frac{d}{dt}v_s(t)$$

또한 모든 전류가 저항으로 흐르기 때문에 식 (8.20)이 성립한다. 이 식은 입력을 미분해 출력으로 내보내는 미분기 역할을 한다.

$$v_o(t) = -R \cdot i_C(t) = -RC\frac{d}{dt}v_s(t) \qquad (8.20)$$

## 예제 8-16

다음 회로에서 입력전압 $v_s(t)$와 출력전압 $v_o(t)$의 관계식을 구하라.

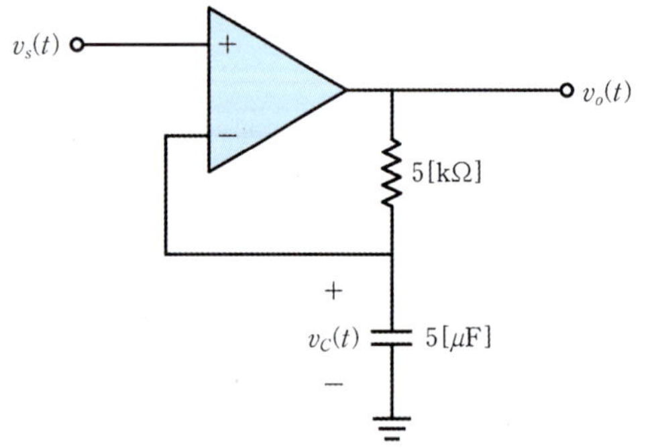


**[그림 8-65]** [예제 8-16]의 회로

### 풀이

연산증폭기의 반전단자와 비반전단자의 전압이 같으므로 다음을 얻는다.

$$v_C(t) = v_s(t)$$

$$\therefore\ v_o(t) = (5\,[\mathrm{k}\Omega])(5\,[\mu\mathrm{F}])\frac{d}{dt}v_s(t) + v_s(t)$$

$$v_o(t) = \left(1 + 2.5 \times 10^{-2}\frac{d}{dt}\right)v_s(t) \qquad (8.21)$$

식 (8.21)은 입력을 미분해서 출력에 내보내는 역할을 하지 못하고 미분값과 입력을 더해 출력에 내보내는 역할을 한다. 만약 괄호 안의 두 번째 항이 매우 크다면 첫 번째 항을 제거할 수 있으므로, 출력은 입력의 미분함수로 표현할 수 있다. 즉 $\frac{d}{dt}v_s(t) \gg 40v_s(t)$ 라는 조건을 만족하면 다음과 같이 표현된다.

$$v_o(t) \simeq 2.5 \times 10^{-2}\frac{d}{dt}v_s(t)$$

결과식은 미분기 역할을 하는 회로가 된다. $v_s(t)$ 의 시간적 변화가 클수록 두 번째 항의 크기가 증가하므로 미분기에 가깝게 동작한다. 즉 입력전압의 주파수가 클수록 미분기에 가깝게 동작하고 반대로 주파수가 작으면 버퍼로 동작한다.

### 실전문제 8-16

다음 회로에서 입력전압 $v_s(t)$ 와 출력전압 $v_o(t)$ 의 관계식을 구하라.

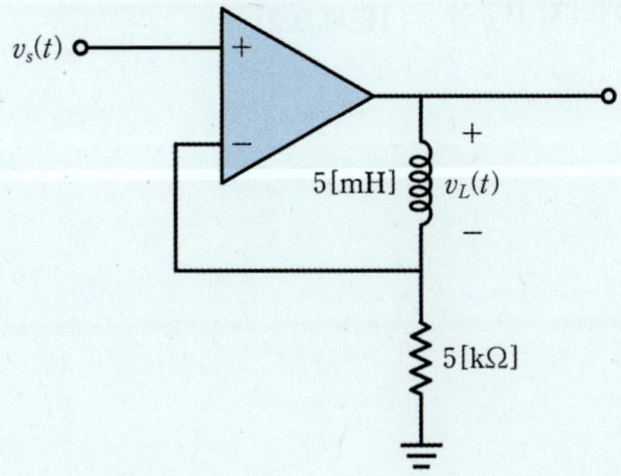


**[그림 8-66]**

**8.1** 다음 회로에 대해 주어진 물음에 답하라. 단, $v_C(0) = 10\,[\mathrm{V}]$이다.

(a) $t > 0$ 영역에서 루프방정식을 구하라.
(b) 저항 $R$에 흐르는 전류 $i(t)$를 구하라.
(c) 저항에서 소모하는 전력 $P_R(t)$를 구하라.
(d) 저항에서 소모하는 총 에너지 $W_R$을 구하라.

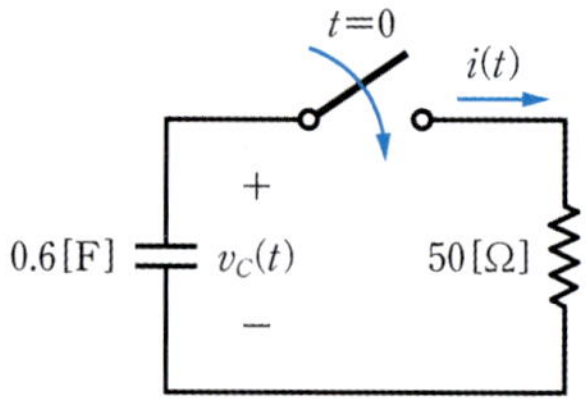

[문제 8.1]

**8.2** 다음 회로에 대해 주어진 물음에 답하라. 단, $v_C(t=0_-) = 5\,[\mathrm{V}]$이다.

(a) $t > 0$ 영역에서 회로를 라플라스 변환하라.
(b) $t > 0$ 영역에서 전류 $i_C(t)$를 구하라.
(c) $t > 0$ 영역에서 전압 $v_C(t)$를 구하라.
(d) $t > 0$ 영역에서 $20\,[\Omega]$의 저항이 소모하는 전체 에너지 $W_R$을 저항에서 소모하는 전력 $P_R(t)$로부터 구하라.

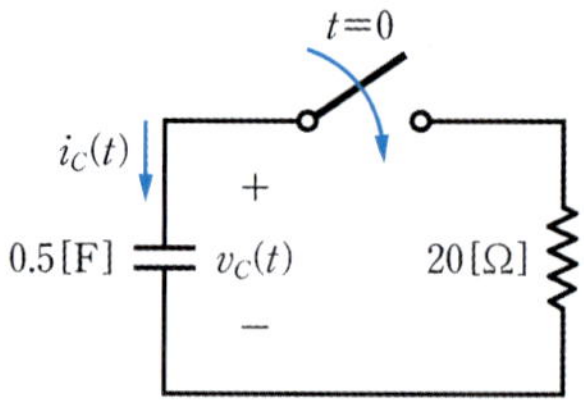

[문제 8.2]

**8.3** 다음 회로에 대해 주어진 물음에 답하라.

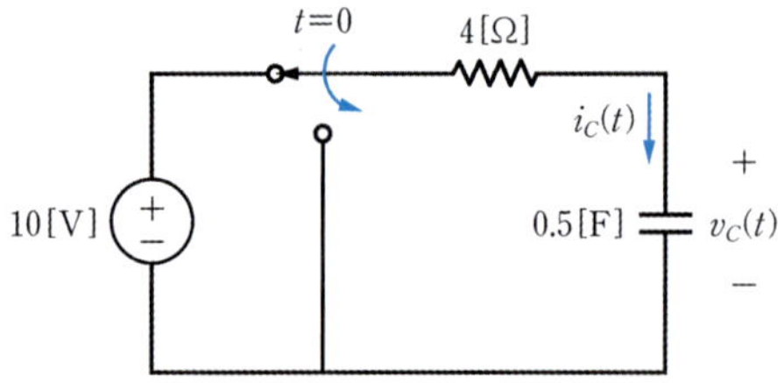

[문제 8.3]

(a) $t < 0$ 영역에서 커패시터에 저장된 에너지를 구하라.
(b) $t > 0$ 영역에서 전류 $i_C(t)$에 대한 루프방정식을 구하라.
(c) $t > 0$ 영역에서 라플라스 변환을 이용해 전류 $i_C(t)$를 구하라.
(d) 저항에서 소모하는 총 에너지 $W_R$을 구하라.

**8.4** 다음 회로에 대해 주어진 물음에 답하라.

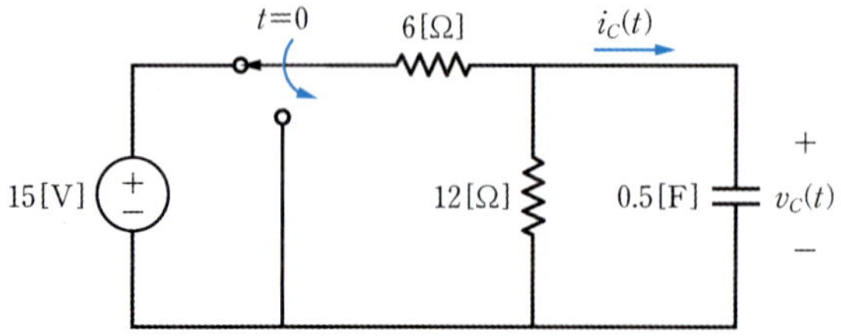

[문제 8.4]

(a) $t > 0$ 영역에서 미분방정식으로 전류 $i_C(t)$를 구하라.
(b) 전류 $i_C(t)$의 파형을 그려라.

**8.5** 다음 회로에 대해 주어진 물음에 답하라.

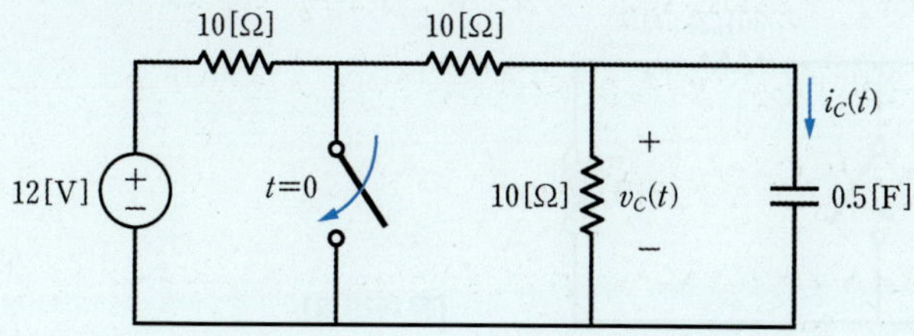


[문제 8.5]

(a) $t < 0$ 영역에서 전류 $i_C(t)$와 전압 $v_C(t)$를 구하라.

(b) $t > 0$ 영역에서 전류 $i_C(t)$와 전압 $v_C(t)$를 구하라.

**8.6** 다음 회로에서 전류 $i_x(t)$를 구하라.

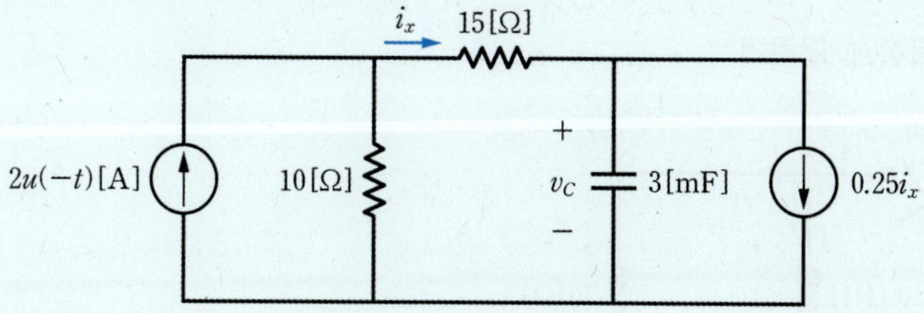


[문제 8.6]

**8.7** 다음 회로에 대해 주어진 물음에 답하라.

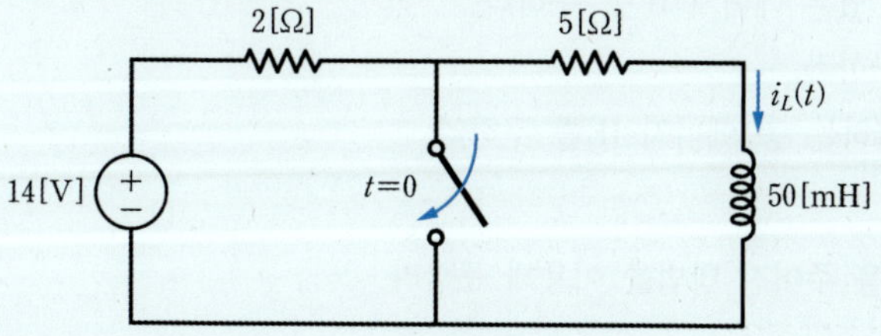


[문제 8.7]

(a) $t < 0$ 영역에서 전류 $i_L(t)$를 구하라.

(b) 회로에서 전류 $i_L(t)$에 대한 미분방정식을 구하라.

(c) 전류 $i_L(t)$를 구하라.

**8.8** 다음 회로에 대해 주어진 물음에 답하라.

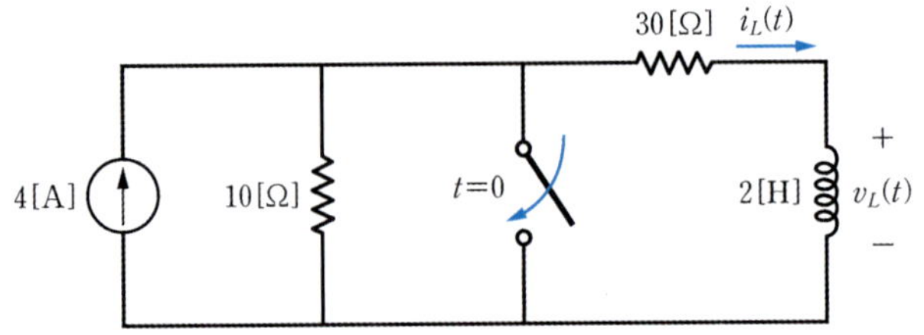


[문제 8.8]

(a) $t<0$ 영역에서 전류 $i_L(t)$와 전압 $v_L(t)$를 구하라.

(b) $t>0$ 영역에서 회로를 라플라스 변환하라.

(c) 전류 $i_L(t)$와 전압 $v_L(t)$를 구하라.

(d) $t>0$ 영역에서 30[Ω]의 저항이 소모한 총 에너지 $W_R$을 구하라.

**8.9** 다음 회로에 대해 주어진 물음에 답하라.

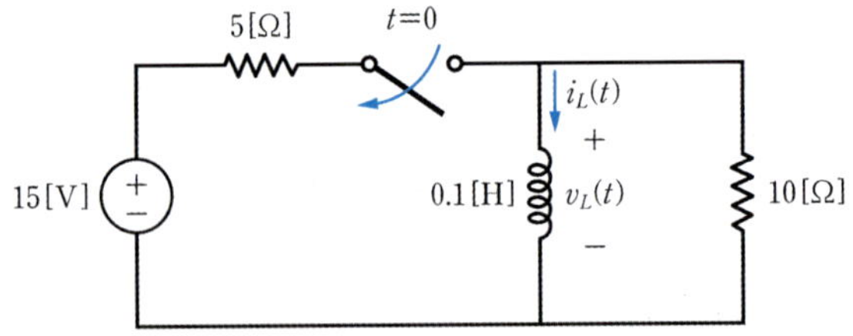


[문제 8.9]

(a) $t=0$에서 인덕터가 저장하고 있는 에너지 $W$를 구하라.

(b) 전류 $i_L(t)$와 전압 $v_L(t)$를 구하라.

(c) $t>0$ 영역에서 인덕터가 공급하는 총 에너지 $W$를 구하라.

**8.10** 다음 회로에서 전류 $i_L(t)$의 파형을 주어진 방법을 이용해 구하라.

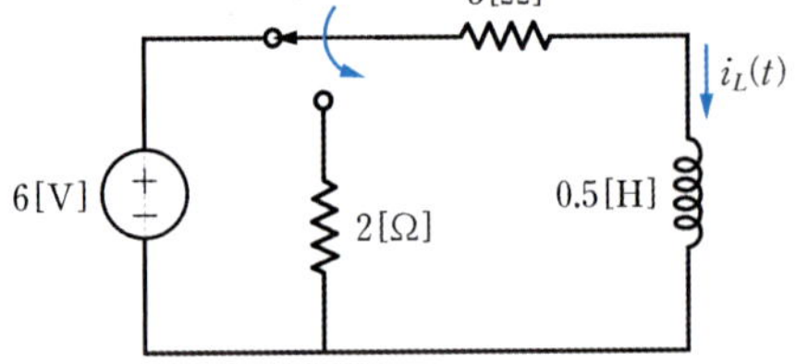


[문제 8.10]

(a) 미분방정식을 이용하기

(b) 회로의 라플라스 변환을 이용하기

**8.11** 다음 회로에 대해 주어진 물음에 답하라.

(a) $t < 0$ 영역에서 전류 $i_C(t)$와 전압 $v_C(t)$를 구하라.

(b) $t > 0$ 영역에서 회로를 라플라스 변환하라.

(c) 전압 $v_C(t)$와 전류 $i_C(t)$를 구하라.

(d) $t > 0$ 영역에서 커패시터에 공급된 총 에너지의 양 $W_C$를 구하라.

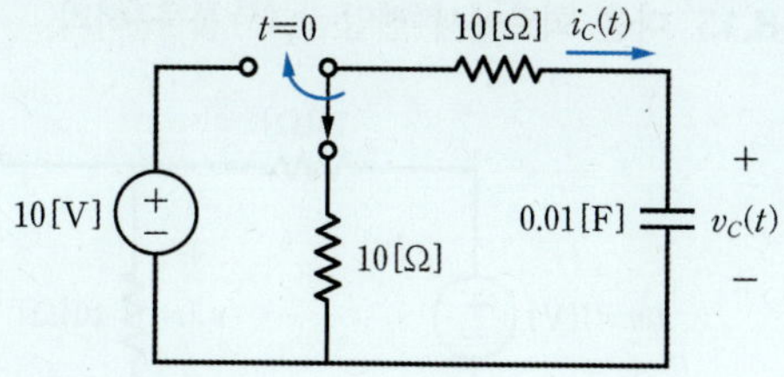


[문제 8.11]

**8.12** 다음 회로에 대해 주어진 물음에 답하라.

(a) $t > 0$ 영역에서 회로를 라플라스 변환하라.

(b) $t > 0$ 영역에서 전압 $v_x(t)$를 구하라.

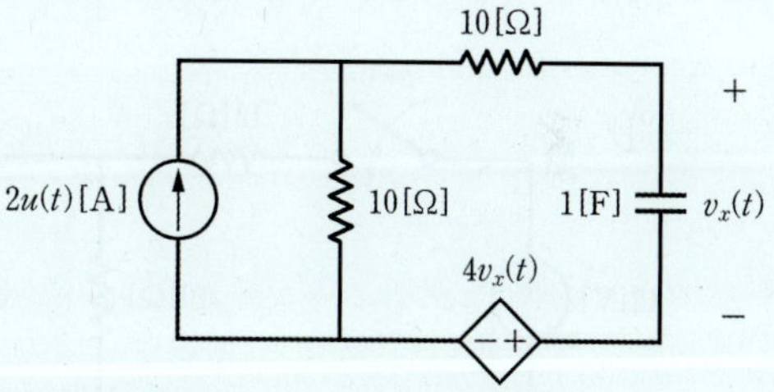


[문제 8.12]

**8.13** 다음 회로에서 전류 $i_C(t)$의 파형을 주어진 방법으로 구하라.

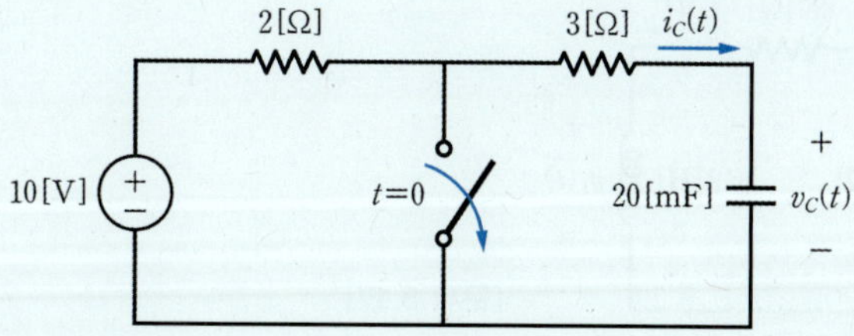


[문제 8.13]

(a) 미분방정식을 풀어서 구하기

(b) 회로를 라플라스 변환해 구하기

**8.14** 다음 회로에서 전압 $v_x(t)$를 구하라.

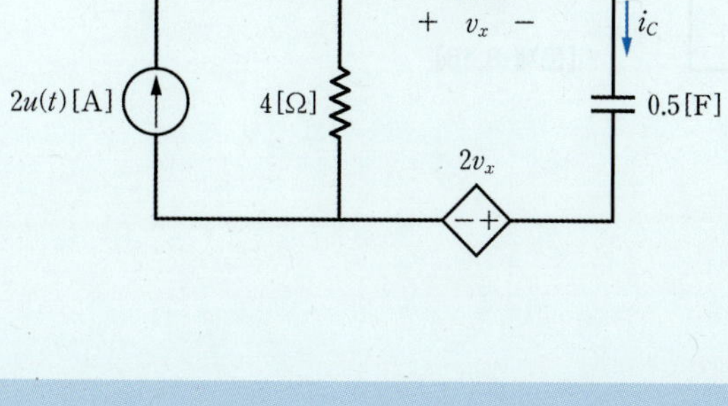


[문제 8.14]

**8.15** 다음 회로에서 전압 $v_x(t)$를 구하라.

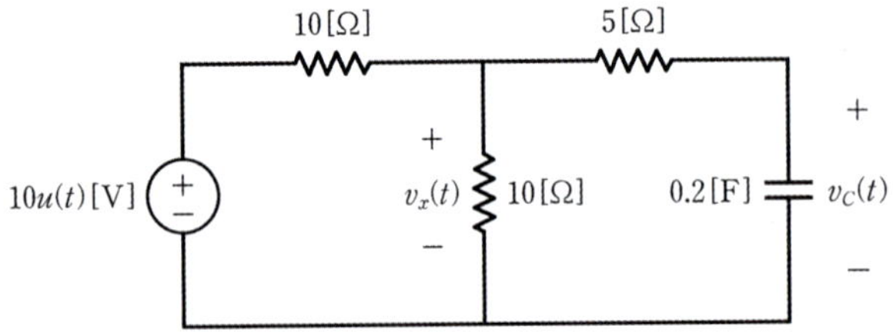


[문제 8.15]

**8.16** 다음 회로에서 전류 $i_C(t)$를 구하라.

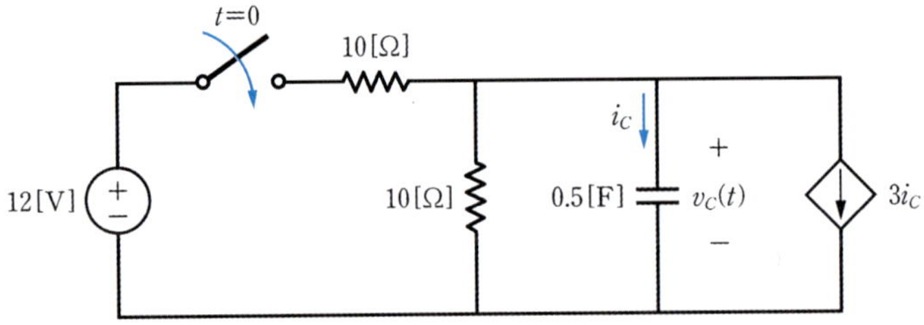


[문제 8.16]

**8.17** 다음 회로에서 전류 $i_L(t)$와 전압 $v_L(t)$를 구하라.

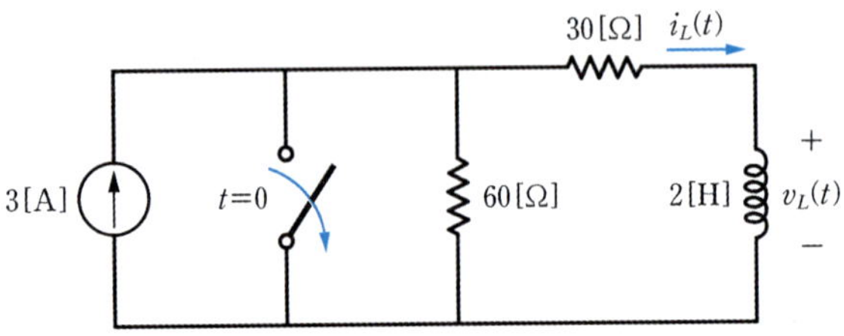


[문제 8.17]

**8.18** 다음 회로에서 전류 $i_L(t)$와 전압 $v_L(t)$를 구하라.

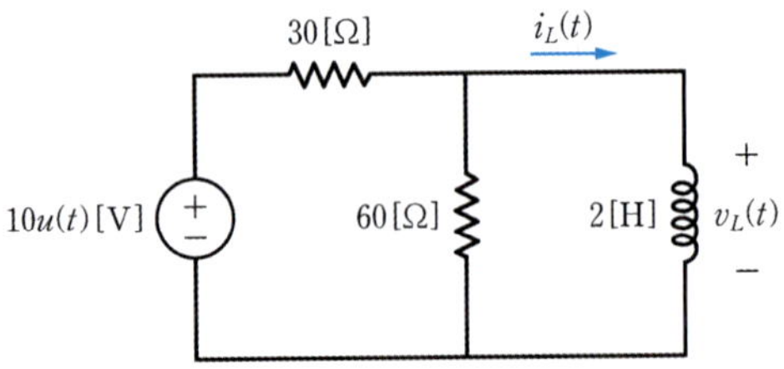


[문제 8.18]

**8.19** 다음 회로에 대해 주어진 물음에 답하라.

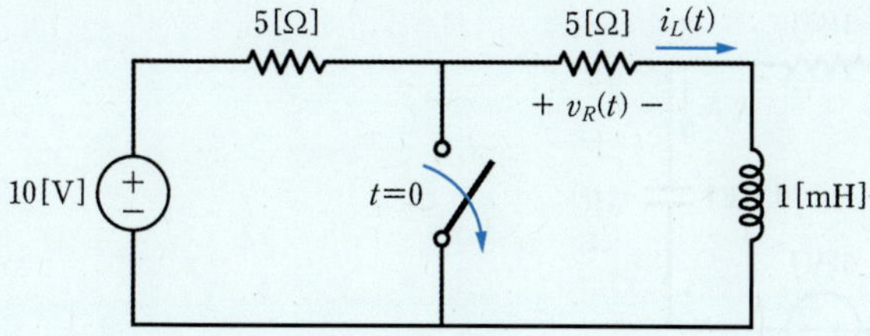


[문제 8.19]

(a) $i_L(0_-)$와 $v_R(0_+)$를 구하라.

(b) 전압 $v_R(t)$의 파형을 미분방정식을 이용해 구하라.

(c) 회로를 라플라스 변환하라.

(d) 위 회로를 이용해 전압 $v_R(t)$를 구하라.

**8.20** 다음 회로에서 출력전압 $v_o(t)$를 구하라. 단, 입력전압 $v_s(t)$의 파형은 오른쪽과 같다.

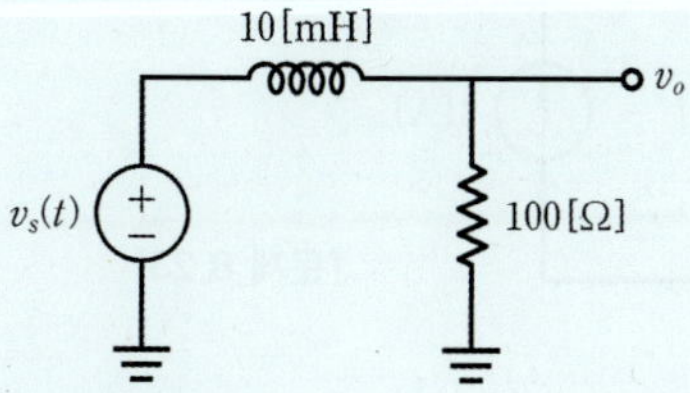


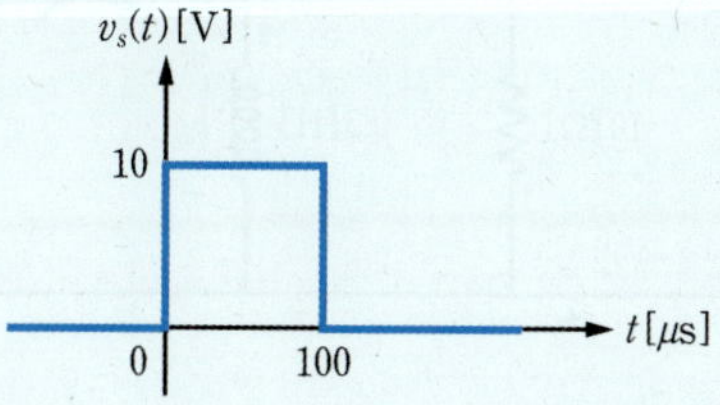


[문제 8.20]

**8.21** 다음 회로에 대해 주어진 물음에 답하라.

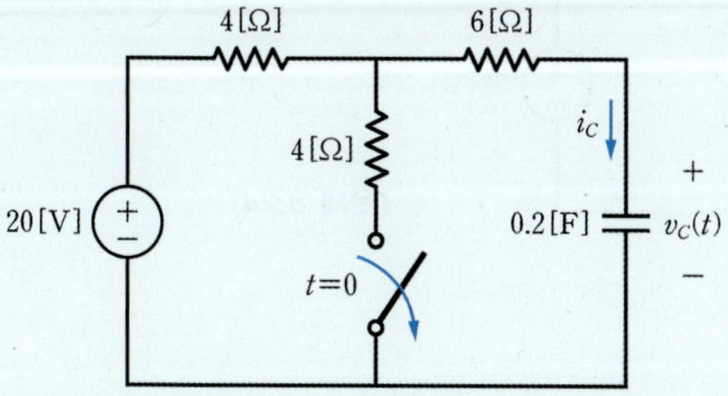


[문제 8.21]

(a) $t < 0$ 영역에서 전압 $v_C(t)$를 구하라.

(b) $t > 0$ 영역에서 루프방정식을 구하라.

(c) 전류 $i_C(t)$에 대한 미분방정식을 구하라.

(d) 위 미분방정식의 해를 구하라.

(e) 전압 $v_C(t)$를 구하라.

**8.22** 다음 회로에서 전압 $v_x(t)$를 주어진 방법으로 구하라.

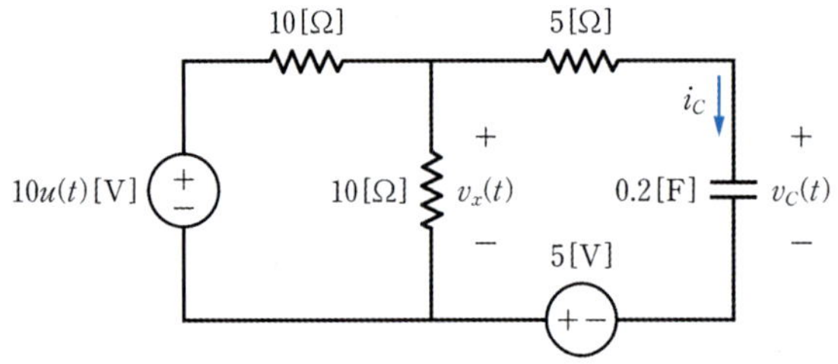


[문제 8.22]

(a) 미분방정식을 풀어서 구하기
(b) 회로를 라플라스 변환해 구하기

**8.23** 다음 회로에서 전압 $v_L(t)$를 구하라.

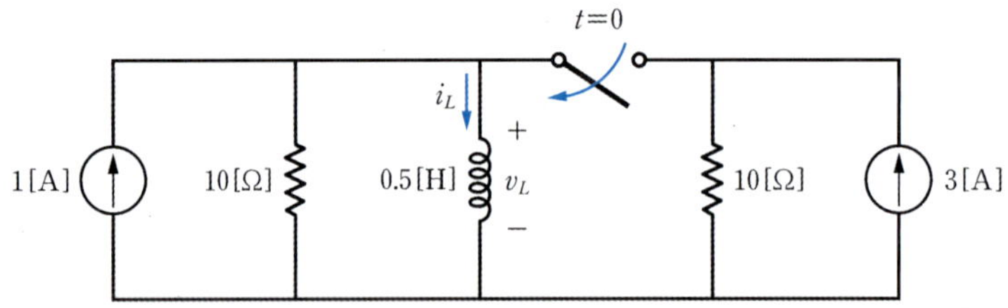


[문제 8.23]

**8.24** 다음 회로에서 전압 $v_L(t)$를 구하라.

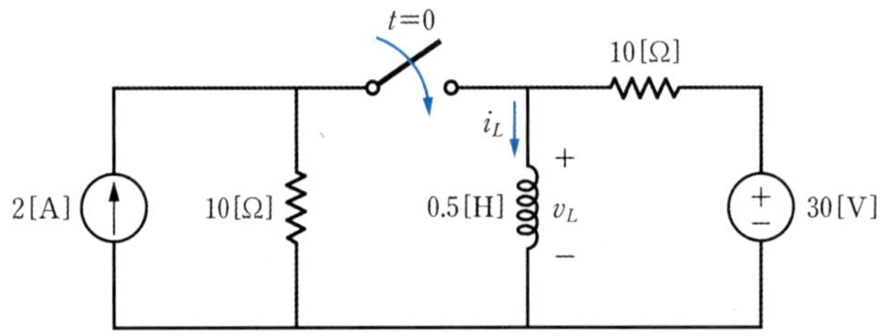


[문제 8.24]

**8.25** 다음 회로에서 전류 $i_L(t)$를 구하라.

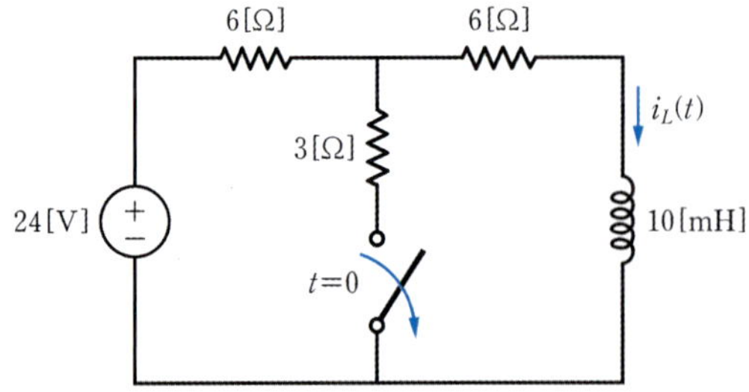


[문제 8.25]

**8.26** 다음 회로에서 전압 $v_L(t)$를 구하라.

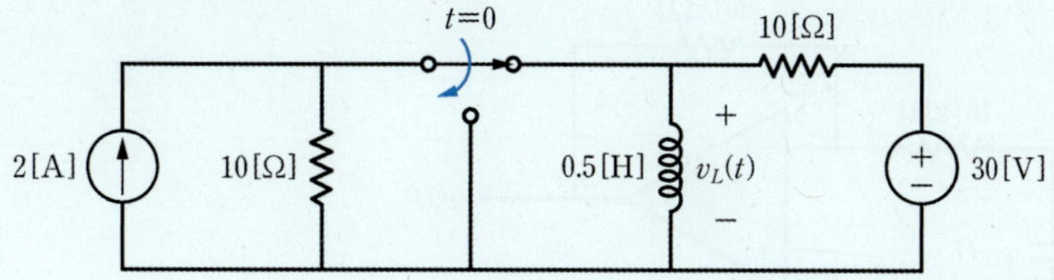


[문제 8.26]

**8.27** 다음 회로에 대해 주어진 물음에 답하라.

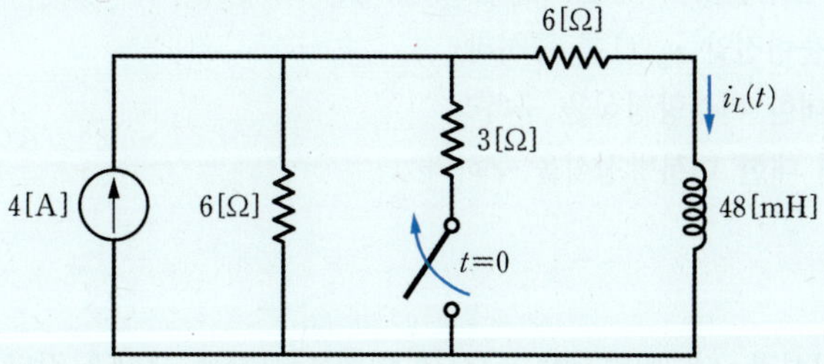


[문제 8.27]

(a) 전류 $i_L(t)$를 구하라.

(b) $t > 0$ 영역에서 인덕터에 공급된 총 에너지 $W_L$을 구하라.

**8.28** 다음 회로에서 입력전압이 $v_s(t) = e^{-2000t}u(t)$일 경우, 출력전압 $v_o(t)$를 구하라.

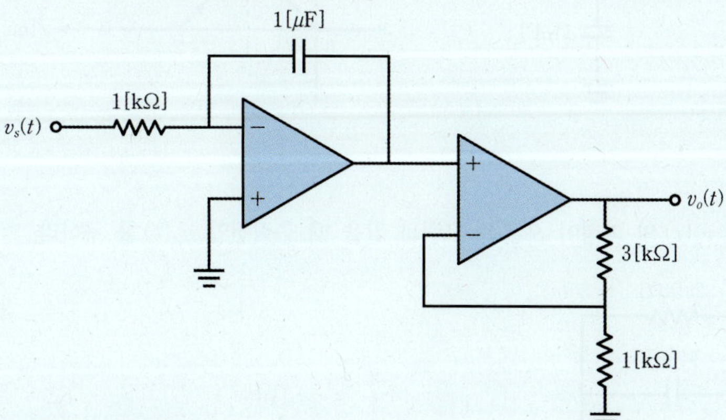


[문제 8.28]

**8.29** 다음 회로에 대해 주어진 물음에 답하라.

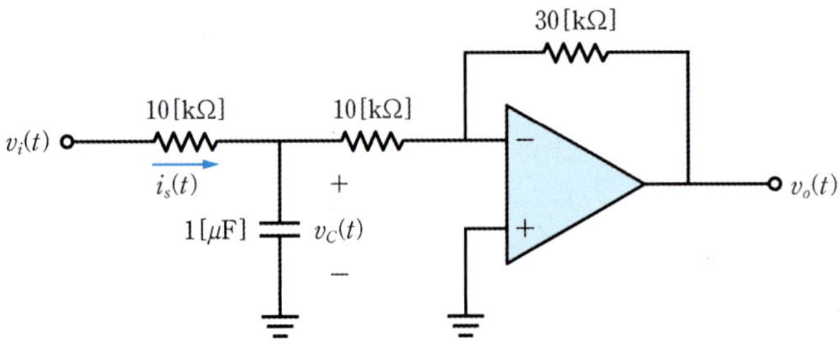


[문제 8.29]

(a) $v_i(t) = u(t)$일 경우, 위 회로의 라플라스 변환 회로를 구하라.

(b) 라플라스 변환 회로를 이용해 출력전압 $v_o(t)$를 구하라.

(c) $t > 0$ 영역에서 전압 $v_c(t)$에 대한 미분방정식을 구하라.

(d) (c)의 결과로부터 전압 $v_o(t)$에 대한 미분방정식을 구하라.

(e) 전압 $v_o(t)$와 $v_C(t)$를 구하라.

**8.30** 다음 회로에서 출력전압 $v_o(t)$를 구하라. 단, 입력전압 $v_s(t)$의 파형은 오른쪽 그림과 같다.

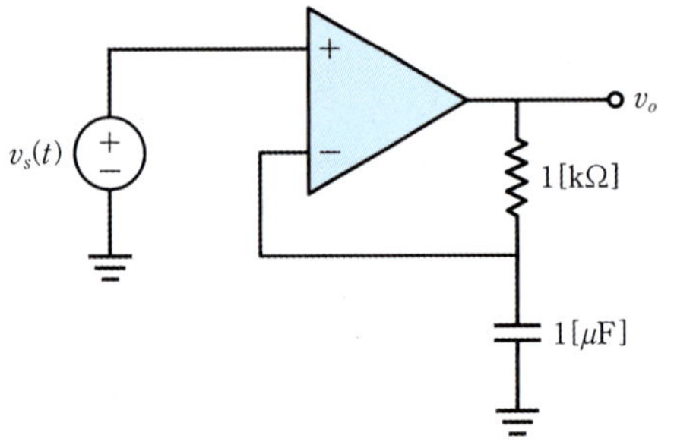


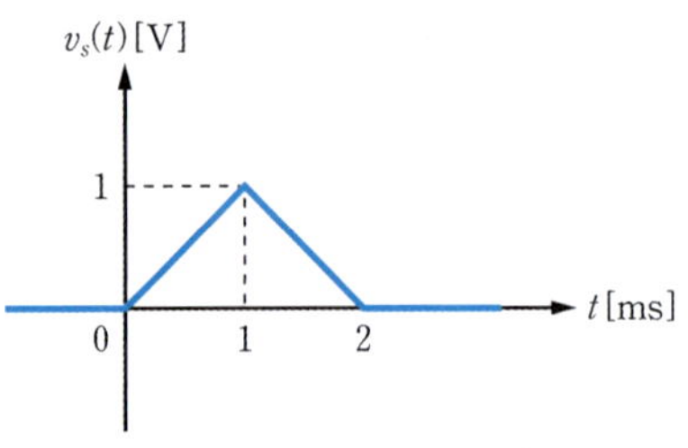


[문제 8.30]

**8.31** 다음 회로의 입력전압 $v_s(t)$의 파형이 오른쪽 그림과 같을 때 출력전압 $v_o(t)$를 구하라.

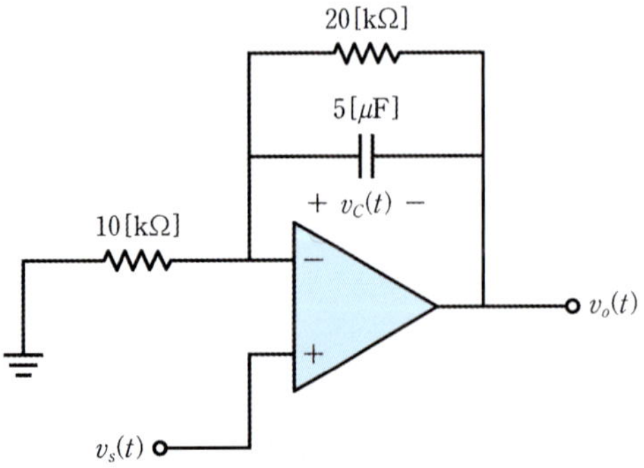


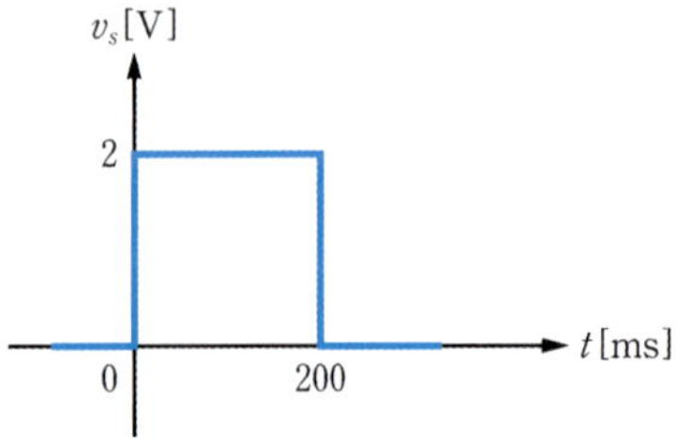


[문제 8.31]

**8.32** 다음 회로에서 입력전압이 $v_s(t) = (\sin 10^3 t)u(t)$일 경우, 출력전압 $v_o(t)$를 구하라.

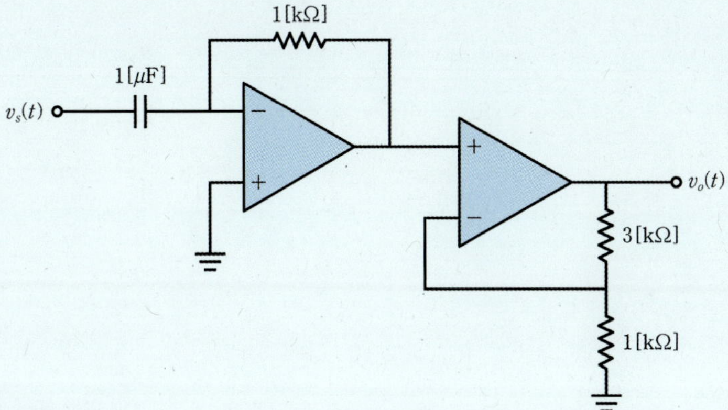


[문제 8.32]

CHAPTER

# 09

# 2차 회로

Second-order Circuit



### 학습목표

- 2차 미분방정식 풀이에 대해 이해할 수 있다.
- 라플라스 변환을 이용한 2차 회로 해석 방법에 대해 이해할 수 있다.
- $RLC$ 직렬회로의 자연응답에 대해 이해할 수 있다.
- $RLC$ 직렬회로의 강제응답에 대해 이해할 수 있다.
- $RLC$ 직렬회로의 완전응답에 대해 이해할 수 있다.
- $RLC$ 병렬회로의 과제동에 대해 이해할 수 있다.
- $RLC$ 병렬회로의 임계제동에 대해 이해할 수 있다.
- $RLC$ 병렬회로의 부족제동에 대해 이해할 수 있다.
- 같은 에너지 저장소자로 이루어진 2차 회로에 대해 이해할 수 있다.
- 연산증폭기를 이용한 2차 회로를 이해할 수 있다.

SECTION 9.1

# 2차 회로의 개념

에너지 저장소자인 인덕터 $L$이나 커패시터 $C$가 1개인 회로를 1차 회로, $L$이나 $C$가 2개인 회로를 **2차 회로**라고 한다. 2차 회로를 해석하기 위해 노드방정식이나 루프방정식으로부터 하나의 미지수에 대한 미분방정식을 구하면, 이는 반드시 식 (9.1)과 같이 2차 선형 미분방정식이 된다.

$$a_o \cdot \frac{d^2}{dt^2}v_o(t) + a_1 \cdot \frac{d}{dt}v_o(t) + a_2 \cdot v_o(t) = v_i(t) \tag{9.1}$$

[그림 9-1]과 같이 저항과 2개의 에너지 저장소자들의 조합으로 구성된 다양한 형태의 2차 회로를 살펴보자.

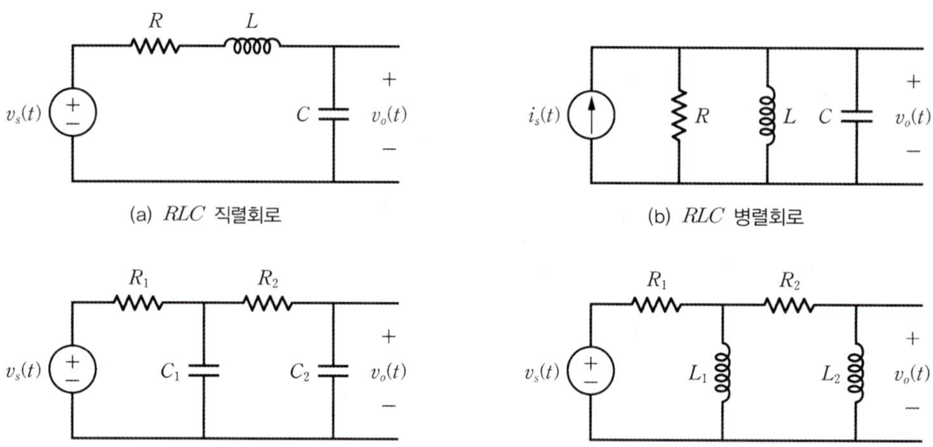

**[그림 9-1]** 2차 회로의 예

여기서 주의할 점은 차수를 결정하는 것은 에너지 저장소자의 수가 아니라 독립적인 에너지 저장소자의 수라는 점이다. 독립적인 에너지 저장소자란 초깃값을 임의로 지정할 수 있는 저장소자이다. 예를 들어, $C$로만 폐루프를 이루고 있는 경우 하나의 $C$에는 초깃값을 임의로 부여할 수 없고, 또 다른 $C$의 초깃값에 의존하게 된다(키르히호프 전압법칙 성립). 또한 $L$로만 연결된 하나의 노드가 있다면 역시 하나의 $L$에는 초깃값을 임의로 부여할 수 없다(키르히호프 전류법칙 성립). 따라서 독립적인 저장소자의 수는 하나씩 감소한다. 또한 여러 개의 에너지 저장소자가 병렬 또는 직렬로 연결되어 서로 합성할 수 있다면 독립적인 에너지 저장소자 1개로 취급된다.

SECTION 9.2

# $RLC$ 직렬회로

[그림 9-2]는 $RLC$ 직렬회로의 기본 형태를 나타낸 것이다.

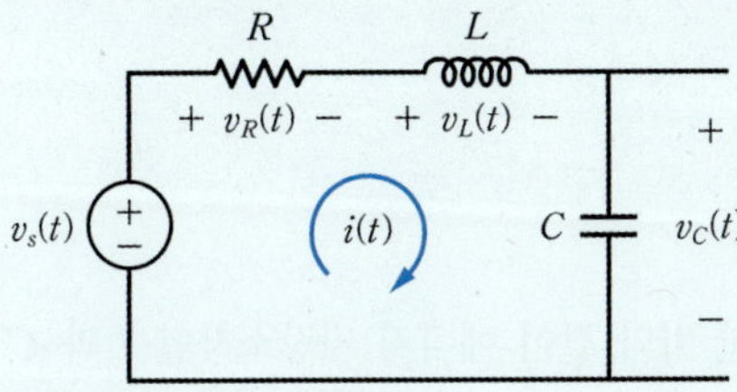


[그림 9-2] $RLC$ 직렬회로

루프전류를 $i(t)$로, 각 소자에 걸리는 전압을 $v_R(t)$, $v_L(t)$, $v_C(t)$로 표기하면, 각 소자의 특성식과 루프방정식을 다음과 같이 표현할 수 있다.

$$v_R(t) + v_L(t) + v_C(t) = v_s(t) \tag{9.2a}$$

$$v_R(t) = R \cdot i(t) \tag{9.2b}$$

$$v_L(t) = L \cdot \frac{d}{dt} i(t) \tag{9.2c}$$

$$i(t) = C \cdot \frac{d}{dt} v_C(t) \tag{9.2d}$$

식 (9.2c)와 식 (9.2d)로부터 다음을 얻을 수 있다.

$$v_L(t) = L \cdot \frac{d}{dt}\left\{C \cdot \frac{d}{dt} v_C(t)\right\} = LC \cdot \frac{d^2}{dt^2} v_C(t) \tag{9.2e}$$

식 (9.2b)와 식 (9.2d)로부터 다음을 얻을 수 있다.

$$v_R(t) = R \cdot \left\{C \cdot \frac{d}{dt} v_C(t)\right\} = RC \cdot \frac{d}{dt} v_C(t) \tag{9.2f}$$

식 (9.2e)와 식 (9.2f)를 식 (9.2a)에 대입하면 다음과 같은 2차 미분방정식을 얻을 수 있다.

$$LC\frac{d^2}{dt^2} v_C(t) + RC\frac{d}{dt} v_C(t) + v_C(t) = v_s(t) \tag{9.3}$$

식 (9.3)은 선형 2차 미분방정식으로 해는 특수해와 일반해로 나뉜다. 특수해는 전원에 대한 응답으로, 시간이 충분히 지난 뒤 나타나는 정상상태에서의 해와 같으므로 전원의 종류에 의해 결정된다. 이 장에서는 직류전원에 대한 응답을 구하는 것이 목적이므로, 위 회로에서 시간이 충분히 지난 후 정상상태에서는 모든 소자에 걸리는 전압과 모든 소자에 흐르는 전류는 직류가 되므로 미분값은 0가 된다. 따라서 $L$은 단락회로, $C$는 개방회로로 해석하면 된다. 즉 식 (9.3)의 미분방정식에서 $v_s(t)$가 상수이면 $\frac{d}{dt}=0$가 되므로 $v_C(t)=v_s(t)$의 특수해를 구할 수 있다. 다른 종류의 전원에 대한 특수해는 이 책에서 다루지 않지만, 정현파에 대한 특수해는 10장에서 설명하게 될 것이다.

식 (9.3)의 우변이 0가 되는 미분방정식의 해는 일반해로, 초깃값에 의해 나타나는 응답을 의미한다. 이는 자연응답(고유응답)으로 다음 절에서 알아본다.

### 9.2.1 *RLC* 직렬회로의 자연응답

[그림 9-2]에서 전원이 $v_s(t)=0$일 때, 1차 회로에서 언급한 바와 같이 에너지 저장소자인 $L$과 $C$에 저장된 에너지가 저항 $R$을 통해 소모되는 과정을 나타내는 것을 **자연응답** 혹은 **고유응답**이라고 한다. 이는 회로를 통해 얻은 미분방정식의 일반해와 같다. 따라서 자연응답은 미분방정식의 일반해를 구하는 것과 같으므로, 식 (9.3)의 우변을 0로 놓고 다음과 같이 다시 쓸 수 있다.

$$LC\frac{d^2}{dt^2}v_C(t)+RC\frac{d}{dt}v_C(t)+v_C(t)=0 \tag{9.4}$$

식 (9.4)를 만족하는 일반해는 2개의 항으로 표현되며, 조건에 따라 두 항의 모양은 달라진다. 식 (9.4)를 만족하는 0가 아닌 함수는 지수함수나 정현파 함수 외에는 존재할 수 없고, 정현파 함수도 지수가 허수인 지수함수이므로 지수가 $\alpha$인 지수함수 $v_C(t)=Ae^{\alpha t}$로 둘 수 있다. 따라서 지수함수를 식 (9.4)에 대입해 $\alpha$의 조건을 구하면 식 (9.5)와 같다.

$$LC\alpha^2+RC\alpha+1=0 \tag{9.5}$$

식 (9.5)는 $\alpha$에 대한 2차 방정식이고, 근의 종류는 다음과 같이 판별식 $D$의 조건에 따라 달라진다.

① $D=(RC)^2-4LC>0$를 만족하면, 서로 다른 두 실근을 갖는다.
② $D=(RC)^2-4LC=0$를 만족하면, 중근을 갖는다.
③ $D=(RC)^2-4LC<0$를 만족하면, 서로 켤레복소수인 복소근을 갖는다.

세 가지 근의 종류에 따라 회로는 **과제동**, **임계제동**, **부족제동**으로 동작한다.

## ■ 과제동

회로가 과제동over-damping으로 동작하는 경우는, 소자의 값이 식 (9.6)의 조건을 만족해 미분방정식에서 만들어지는 2차 방정식의 근이 서로 다른 두 실근 $-\alpha_1$, $-\alpha_2$를 가질 때이다.

$$RC > 2\sqrt{LC} \quad \rightarrow \quad R > 2\sqrt{L/C} \tag{9.6}$$

식 (9.4)에 근($-\alpha_1$, $-\alpha_2$)을 넣어 다시 나타내면 식 (9.7)과 같다.

$$\frac{d^2}{dt^2}v_C(t) + (\alpha_1 + \alpha_2)\frac{d}{dt}v_C(t) + (\alpha_1 \cdot \alpha_2) \cdot v_C(t) = 0 \tag{9.7}$$

여기서 $\alpha_1$과 $\alpha_2$는 식 (9.8)과 같이 표현된다. 단, $0 < \alpha_1 < \alpha_2$의 관계를 만족한다.

$$\alpha_1,\ \ \alpha_2 = \frac{R}{2L} \mp \sqrt{\left(\frac{R}{2L}\right)^2 - \frac{1}{LC}} \tag{9.8}$$

식 (9.7)은 인수분해가 가능하므로 다음과 같이 표현할 수 있다.

$$\left(\frac{d}{dt} + \alpha_1\right)\left(\frac{d}{dt} + \alpha_2\right) \cdot v_C(t) = 0$$

새로운 함수 $f(t)$를 다음과 같이 놓자.

$$f(t) = \left(\frac{d}{dt} + \alpha_2\right) \cdot v_C(t) = \frac{d}{dt}v_C(t) + \alpha_2 \cdot v_C(t) \tag{9.9}$$

식 (9.7)의 미분방정식은 식 (9.10)과 같다.

$$\frac{d}{dt}f(t) + \alpha_1 \cdot f(t) = 0 \tag{9.10}$$

식 (9.10)은 $f(t)$에 대한 1차 미분방정식이므로, 해를 구하면 $f(t) = A_1 e^{-\alpha_1 t}$가 된다(이는 8장에서 언급했다). 여기서 $A_1$은 초깃값으로부터 구할 수 있는 미지수이다. 따라서 결과식을 식 (9.9)에 대입하면 다음과 같다.

$$\frac{d}{dt}v_C(t) + \alpha_2 \cdot v_C(t) = A_1 e^{-\alpha_1 t} \tag{9.11}$$

식 (9.11)의 미분방정식은 특수해와 일반해가 모두 있는 상태이다. 먼저 특수해를 구하면 우변이 지수함수이므로 전압 $v_C(t)$도 지수함수가 될 뿐만 아니라 지수가 $-\alpha_1 t$로 같아야 하므로 $v_C(t) = Be^{-\alpha_1 t}$로 두고 대입해서 $B$를 구하면 된다. 그러나 $A_1$ 자체가 미지수이므로 미지수 $B_1$으로 표현되며, 특수해를 $v_C(t) = B_1 \cdot e^{-\alpha_1 t}$로 둘 수 있다. 다음으로 일반해는 1차 미분방정식이므로 다음과 같이 둘 수 있다.

$$v_C(t) = B_2 \cdot e^{-\alpha_2 t}$$

결론적으로 일반해와 특수해를 더해 완전해를 구하면 식 (9.12a)와 같다.

$$v_C(t) = B_1 \cdot e^{-\alpha_1 t} + B_2 \cdot e^{-\alpha_2 t} \tag{9.12a}$$

두 항의 지수에 있는 $\alpha_1$, $\alpha_2$는 양의 값을 가지므로 두 항 모두 시간이 지날수록 지수함수적으로 감소하며, 각 항의 시상수는 $\tau_1 = \dfrac{1}{\alpha_1}$, $\tau_2 = \dfrac{1}{\alpha_2}$이다. 즉 과제동으로 동작하는 회로에서 각 소자의 전압과 전류는 서로 다른 시상수를 갖는 두 항의 합으로 표현된다.

한편 에너지 저장소자의 초깃값을 $v_C(0) = V_o$, $i(0) = 0$로 둘 경우, 식 (9.12a)에 $t = 0$를 대입해 실제 과제동 응답특성을 살펴보면 다음과 같다.

$$B_1 + B_2 = V_o \tag{9.12b}$$

식 (9.2d)의 $C$의 특성식에 식 (9.12a)을 대입하면 다음과 같은 조건을 얻을 수 있다.

$$i(0) = C\frac{d}{dt}v_C(t)\bigg|_{t=0} = C[-\alpha_1 B_1 - \alpha_2 B_2] = 0 \tag{9.12c}$$

식 (9.12b)와 식 (9.12c)로부터 $B_1$과 $B_2$를 구할 수 있다.

$$B_1 = \frac{\alpha_2}{\alpha_2 - \alpha_1}V_o, \quad B_2 = -\frac{\alpha_1}{\alpha_2 - \alpha_1}V_o$$

$B_1$과 $B_2$를 식 (9.11a)에 대입한 후 $v_{C1}$, $v_{C2}$에 대해 정리하면 다음과 같다.

$$v_C(t) = \frac{V_o}{\alpha_2 - \alpha_1}\left\{\alpha_2 \cdot e^{-\alpha_1 t} - \alpha_1 \cdot e^{-\alpha_2 t}\right\} = v_{C1}(t) - v_{C2}(t)$$

$$v_{C1}(t) = \frac{V_o \cdot \alpha_2}{\alpha_2 - \alpha_1} \cdot e^{-\alpha_1 t}, \quad v_{C2}(t) = \frac{V_o \cdot \alpha_1}{\alpha_2 - \alpha_1} \cdot e^{-\alpha_2 t}$$

각 함수의 파형을 그리면 [그림 9-3]과 같다.

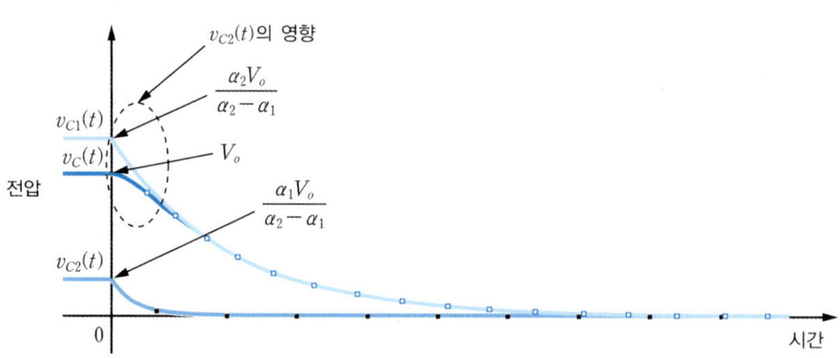


**[그림 9-3]** 전압 $v_{C1}(t)$, $v_{C2}(t)$, $v_C(t)$의 파형

[그림 9-3]에서 보는 바와 같이 $t=0$ 근방에서는 $v_{C2}$가 값이 있어 $v_C$에 영향을 미치지만 시상수가 너무 작아 금방 사라지게 된다. 따라서 시간이 좀 지난 후에는 $v_C \cong v_{C1}$의 관계를 만족하게 된다. 식 (9.8)에서 구해지는 $\alpha_1$과 $\alpha_2$의 차이가 클수록 $v_{C2}$의 영향은 거의 없게 된다.

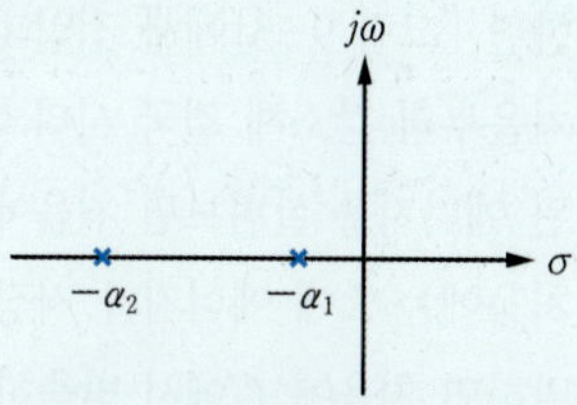


**[그림 9-4]** 복소평면에서의 근의 위치

복소평면에 위에 두 근($-\alpha_1$, $-\alpha_2$)을 표시하면 [그림 9-4]와 같이 음의 실수축 상에 존재한다. 식 (9.8)에서 보는 바와 같이 두 근의 위치 차이가 저항 $R$에 의해 결정된다. 즉 저항 $R$이 증가할수록 $\alpha_1$은 원점으로, $\alpha_2$는 무한대 점으로 이동하므로 두 근의 위치차가 커진다. 따라서 전압 $v_C(t)$는 $\alpha_2$의 영향을 거의 받지 않고, $\alpha_1$에 의해서만 영향을 받는 1차 회로와 유사하게 동작한다. 또한 $\alpha_1$의 위치가 원점에 가까워지므로 전압 $v_C(t)$의 변화가 완만하여 $C$에 저장된 에너지가 소모되는 데 걸리는 시간이 매우 커진다. 반대로 저항 $R$이 감소할수록 두 근은 서로 가까워지며, 최종적으로 두 근이 만나는 경우가 발생한다. 이와 같을 경우, $\alpha_1=\alpha_2$가 되어 다음에 설명하게 될 임계제동이 된다.

한편 루프전류 $i(t)$의 함수는 $C$의 특성식으로부터 구할 수 있다.

$$\begin{aligned} i(t) &= C\frac{d}{dt}v_C(t) \\ &= C\left\{\frac{V_o\cdot\alpha_2}{\alpha_2-\alpha_1}(-\alpha_1)e^{-\alpha_1 t}-\frac{V_o\cdot\alpha_1}{\alpha_2-\alpha_1}(-\alpha_2)e^{-\alpha_2 t}\right\} \\ &= A\left(e^{-\alpha_1 t}-e^{-\alpha_2 t}\right) \end{aligned}$$

여기서 $A=-\dfrac{CV_o\alpha_1\alpha_2}{\alpha_2-\alpha_1}$ 이다.

[그림 9-5]는 이를 파형으로 나타낸 것이다. 전류 $i(t)$의 파형은 처음에는 증가하다가 어느 시점이 되면 다시 감소해 0로 수렴한다.

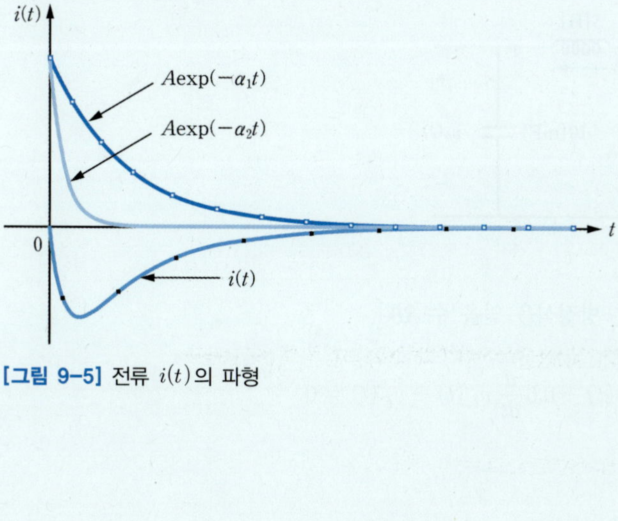


**[그림 9-5]** 전류 $i(t)$의 파형

한편 [그림 9-3]에서 전압파형은 처음부터 감소하는 것으로 나타나며, 이는 $C$에 저장된 에너지가 처음부터 감소해 결국 사라지는 것을 의미한다. [그림 9-5]의 전류파형으로부터 유추되는 $L$에 저장된 에너지를 살펴보면 처음에는 저장에너지가 증가하다가 어느 시점에 이르면 다시 감소하는데, 이는 처음에는 $L$에 에너지가 저장되다가 어느 시점이 되면 에너지가 소모되는 것을 의미한다. 종합적으로 말하면 처음에 $C$에서 방출하는 에너지는 저항 $R$에서 소모하고 남은 에너지가 $L$에 저장되지만, 어느 시간에 이르면 $C$에서 방출하는 에너지가 저항 $R$에서 소모하는 에너지보다 작아 $L$에서도 에너지를 방출해야 하는 시스템인 것이다.

### 예제 9-1

다음 회로에서 전압 $v_C(t)$, 전류 $i_L(t)$의 파형을 그려라.

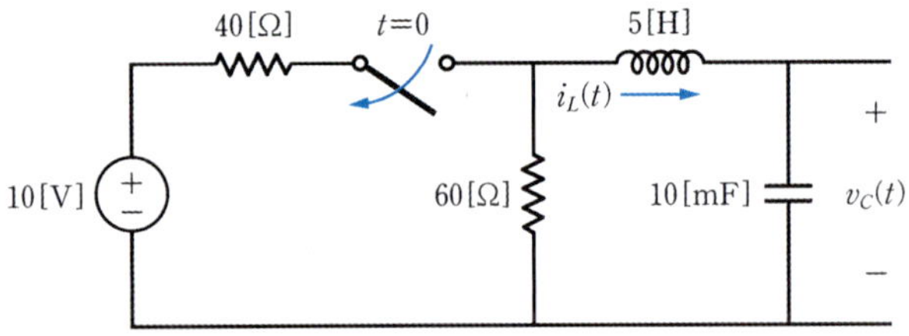


[그림 9-6] [예제 9-1]의 회로

**풀이**

$t < 0$ 영역에서는 스위치가 닫혀 있고 정상상태이다. 따라서 $L$은 단락회로, $C$는 개방회로이므로 전류는 $i_L(t) = 0$, 전압분배법칙을 적용하면 전압은 $v_C(t) = 6\,[\text{V}]$가 된다.

$t > 0$ 영역에서의 회로를 그리고, 루프방정식으로 나타내면 다음과 같다.

$$60 i_L(t) + 5\frac{d}{dt} i_L(t) + v_C(t) = 0 \qquad \cdots ①$$

$$i_L(t) = 0.01\frac{d}{dt} v_C(t) \qquad \cdots ②$$

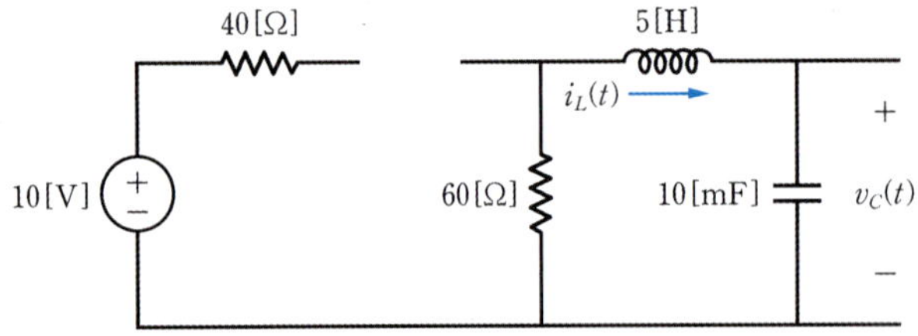


[그림 9-7] $t > 0$ 영역에서의 회로

식 ②를 식 ①에 대입하면 다음과 같은 방정식을 얻을 수 있다.

$$0.05\frac{d^2}{dt^2} v_C(t) + 0.6\frac{d}{dt} v_C(t) + v_C(t) = 0$$

특수해는 0이고 일반해를 구하기 위한 2차 방정식은 다음과 같다.

$$\alpha^2 + 12\alpha + 20 = 0$$

$$\alpha_1 = -2, \quad \alpha_2 = -10$$

따라서 일반해는 다음과 같이 표현되며, 이는 완전해와 같다($\because$ 특수해 = 0).

$$v_C(t) = Ae^{-2t} + Be^{-10t}$$

초깃값을 대입해 상수 $A$, $B$를 구하면 다음과 같다.

$$v_C(0) = A + B = 6 \qquad \cdots③$$

$$i_L(0) = -2Ae^{-2t} - 10Be^{-10t}\Big|_{t=0} = -2A - 10B = 0 \qquad \cdots④$$

두 식 ③, ④로부터 $A$, $B$를 구해 식에 대입하면 다음을 얻는다.

$$v_C(t) = 7.5e^{-2t} - 1.5e^{-10t}\,[\mathrm{V}]$$

$$i_L(t) = 10^{-2}\frac{d}{dt}v_C(t) = -0.15\left(e^{-2t} - e^{-10t}\right)[\mathrm{A}]$$

이를 파형으로 나타내면 [그림 9-8]과 같다.

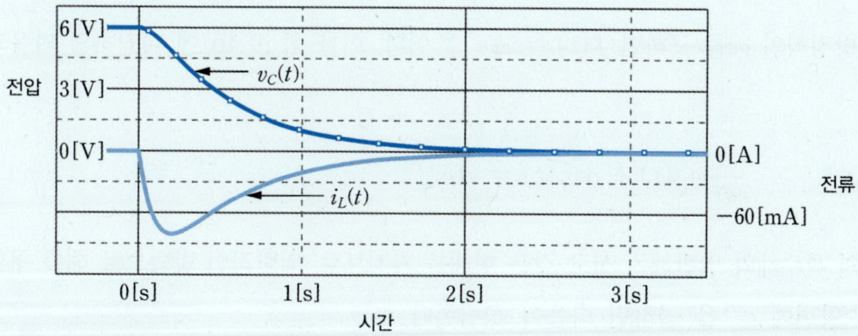


**[그림 9-8]** 전압 $v_C(t)$와 전류 $i_L(t)$의 파형

## 실전문제 9-1

다음 회로에서 전압 $v_C(t)$, 전류 $i_L(t)$의 파형을 구하라.

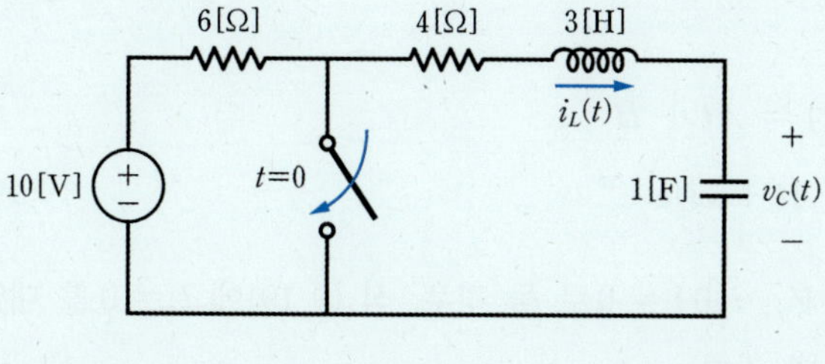


**[그림 9-9]**

## ■ 임계제동

회로가 임계제동critical damping으로 동작하는 경우는, 소자의 값이 식 (9.13)의 조건을 만족해 미분방정식에서 만들어지는 2차 방정식의 근이 중근 $-\alpha$를 가질 때이다([그림 9-10] 참조).

$$RC = 2\sqrt{LC} \quad \rightarrow \quad R = 2\sqrt{L/C} \tag{9.13}$$

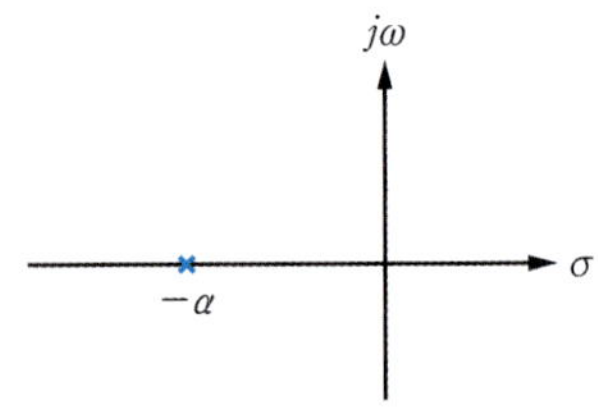


**[그림 9-10]** 복소평면에서 근의 위치

미분방정식은 다음과 같이 표현된다. 여기서 $\alpha = R/2L$이다.

$$\frac{d^2}{dt^2}v_C(t) + 2\alpha\frac{d}{dt}v_C(t) + \alpha^2 v_C(t) = 0 \tag{9.14}$$

식 (9.14)는 다음과 같이 표현할 수 있다.

$$\left(\frac{d}{dt} + \alpha\right)^2 v_C(t) = 0 \quad \rightarrow \quad \left(\frac{d}{dt} + \alpha\right)f(t) = 0 \tag{9.15}$$

여기서 $f(t)$는 다음과 같다.

$$f(t) = \left(\frac{d}{dt} + \alpha\right)v_C(t) \tag{9.16}$$

식 (9.15)의 1차 미분방정식의 해를 구하면 $f(t) = Ae^{-\alpha t}$이다. 이를 식 (9.16)에 대입하면 다음과 같다.

$$\frac{d}{dt}v_C(t) + \alpha v_c(t) = Ae^{-\alpha t} \tag{9.17}$$

공교롭게도 식 (9.17)의 특수해와 일반해는 서로 같은 형태를 가지므로, 일반적인 방법으로 해를 구할 수 없다. 식 (9.17)의 양변에 $e^{\alpha t}$을 곱하면 다음이 성립한다.

$$e^{\alpha t} \cdot \frac{d}{dt}v_C(t) + \alpha \cdot e^{\alpha t}v_C(t) = A$$

$$\frac{d}{dt}\left\{e^{\alpha t} \cdot v_C(t)\right\} = A \tag{9.18}$$

식 (9.18)의 양변을 적분하면 전압 $v_C(t)$를 구할 수 있다. 여기서 $A$, $B$는 초깃값으로부터 구할 수 있는 상수로, $B$는 적분상수를 의미한다.

$$e^{\alpha t} \cdot v_C(t) = At + B$$

$$v_C(t) = (At + B)e^{-\alpha t} \tag{9.19}$$

한편 에너지 저장소자의 초깃값을 $v_C(0) = V_o$, $i(0) = 0$로 둘 경우, 식 (9.19)에 $t = 0$를 대입 시 실제 임계제동 응답특성을 살펴보면 다음과 같다.

$$B = V_o \tag{9.20a}$$

식 (9.2d)의 $C$의 특성식과 식 (9.19)로부터 다음 식을 얻는다.

$$i(0) = C\frac{d}{dt}v_C(t)\bigg|_{t=0} = C[A - \alpha B] = 0 \tag{9.20b}$$

식 (9.20a)와 식 (9.20b)를 이용하면 상수 $A$를 구할 수 있다.

$$A = \alpha V_o$$

상수 $A$와 $B$를 식 (9.19)에 대입하면 다음을 얻는다.

$$v_C(t) = V_o(1 + \alpha t)e^{-\alpha t} \tag{9.21}$$

또한 루프전류 $i(t)$의 함수는 $C$의 특성식으로부터 구할 수 있다.

$$i(t) = C\frac{d}{dt}v_C(t) = -\alpha C \cdot te^{-\alpha t} \tag{9.22}$$

식 (9.21)과 식 (9.22)로부터 전압 $v_C(t)$와 전류 $i_L(t)$의 파형을 그리면 [그림 9-11]과 같다.

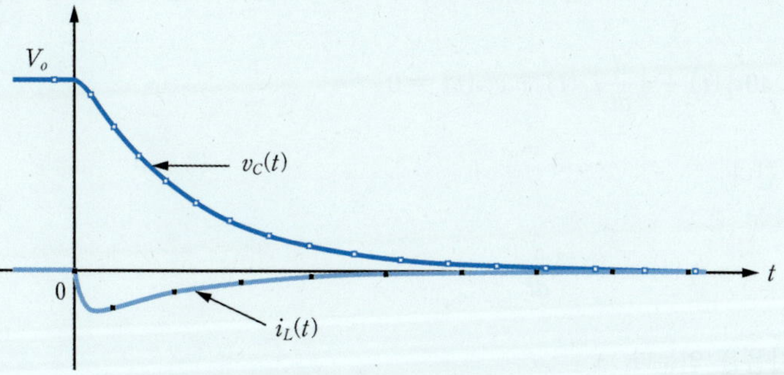


**[그림 9-11]** 임계제동에서의 전압 $v_C(t)$와 전류 $i_L(t)$의 파형

과제동에서의 파형을 나타낸 [그림 9-8]과 임계제동에서의 파형을 나타낸 [그림 9-11]을 비교해보면 비록 파형의 수식은 서로 다르지만, 파형의 변화 양상은 거의 비슷함을 알 수 있다.

실제로 임계제동은 과제동과 부족제동의 사이에 존재하는 경계점으로서 에너지 관점으로도 과제동과 거의 유사한 모양을 보인다. 즉 $C$에서 방출한 에너지는 저항에서 먼저 소모되고, 나머지는 $L$에 저장되다가 시간이 지나면 $L$에서도 에너지를 방출하는 것이다. 따라서 임계제동은 과제동에서 가장 빠르게 에너지가 소모되는 경우로 생각해도 무방하다.

## 예제 9-2

다음 회로에서 전압 $v_C(t)$와 전류 $i_L(t)$의 파형을 그려라.

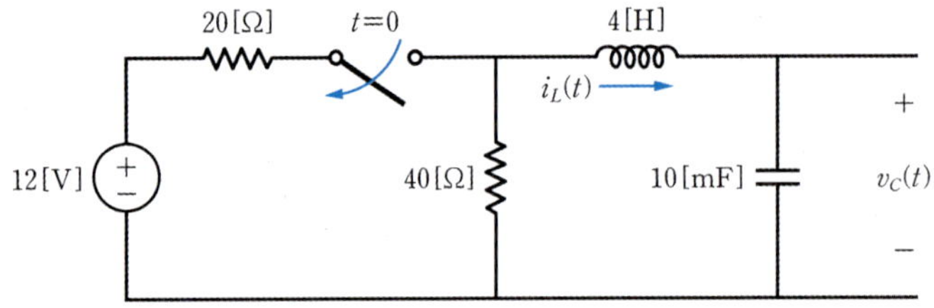


**[그림 9-12]** [예제 9-2]의 회로

### 풀이

이 예제는 미분방정식의 라플라스 변환으로 풀어볼 것이다. 먼저 초깃값을 구하기 위해 $t<0$ 영역에서 회로를 해석해보자. $t<0$에서 스위치가 닫혀 있고 입력전압이 직류이므로 $L$은 단락회로로, $C$는 개방회로로 처리한다. 따라서 전압분배법칙을 적용하면 $C$의 충전전압 $v_C(t)$를 구할 수 있다. 물론 $L$은 개방회로와 직렬연결이므로 전류는 흐르지 않는다.

$$v_C(t) = 8\,[\mathrm{V}], \quad i_L(t) = 0$$

$t>0$ 영역에서는 스위치가 개방회로가 되므로 오른쪽 회로에서 루프방정식을 구하면 다음과 같다.

$$40 i_L(t) + 4\frac{d}{dt} i_L(t) + v_C(t) = 0$$

$C$의 특성식을 표현하면 다음과 같다.

$$i_L(t) = 10^{-2}\frac{d}{dt} v_C(t)$$

위 두 식을 라플라스 변환하면 다음을 얻는다.

$$\begin{aligned} &40 I_L(s) + 4\{s I_L(s) - i_L(0)\} + V_C(s) = 0 \\ &I_L(s) = 10^{-2}\{s V_C(s) - v_C(0)\} \end{aligned}$$

위 두 식으로부터 $V_C(s)$를 구해 부분분수로 전개하면 다음과 같다.

$$V_C(s) = \frac{8s+80}{(s+5)^2} = \frac{8}{s+5} + \frac{40}{(s+5)^2}$$

이를 역 라플라스 변환하면 다음과 같다.

$$\begin{aligned} &v_C(t) = 8(1+5t)e^{-5t}\,[\mathrm{V}] \\ &I_L(s) = -\frac{2}{(s+5)^2} \\ &\therefore\ i_L(t) = -2te^{-5t}\,[\mathrm{A}] \end{aligned}$$

전압 $v_C(t)$와 전류 $i_L(t)$를 파형으로 그리면 [그림 9-13]과 같다.

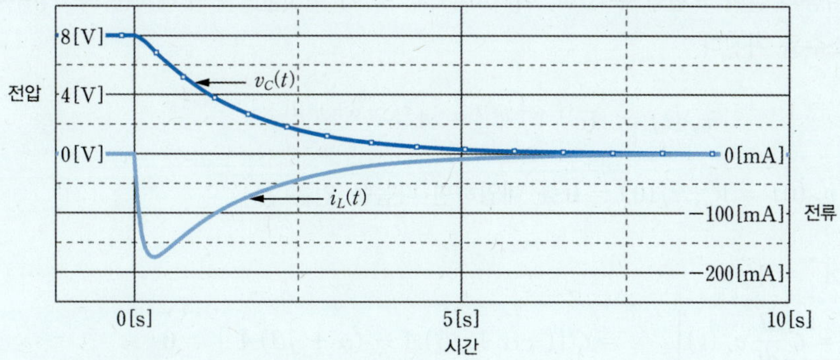


**[그림 9-13]** 전압 $v_C(t)$와 전류 $i_L(t)$의 파형

**실전문제 9-2**

다음 회로에서 전압 $v_R(t)$와 전류 $i_L(t)$의 파형을 구하라.

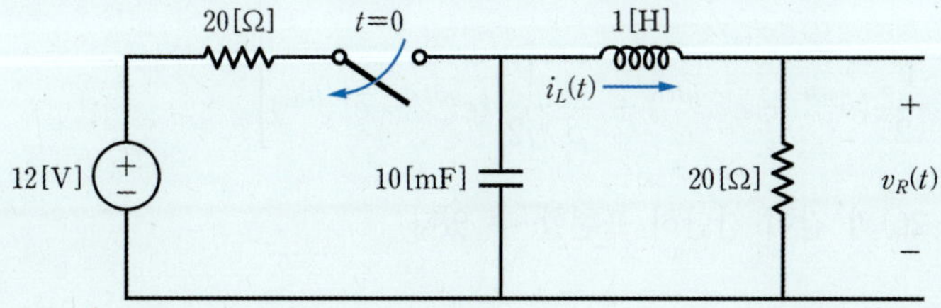


**[그림 9-14]**

## ■ 부족제동

회로가 부족제동under damping으로 동작하는 경우는 소자의 값이 식 (9.23)의 조건을 만족해 미분방정식으로부터 만들어지는 2차 방정식의 근이 복소근 $-\alpha \pm j\beta$를 가질 때이다.

$$RC < 2\sqrt{LC} \quad \rightarrow \quad R < 2\sqrt{L/C} \tag{9.23}$$

$$-\alpha \pm j\beta = -\frac{R}{2L} \pm j\sqrt{\frac{1}{LC} - \left(\frac{R}{2L}\right)^2} \tag{9.24}$$

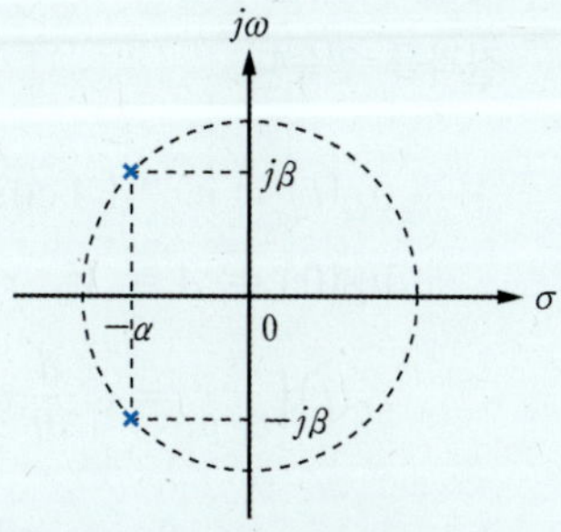


**[그림 9-15]** 복소평면에서의 근의 위치

복소평면에 근을 표시하면 [그림 9-15]와 같다. 따라서 2차 미분방정식은 다음과 같이 표현할 수 있다.

$$\frac{d^2}{dt^2}v_C(t) + 2\alpha\frac{d}{dt}v_C(t) + (\alpha^2 + \beta^2)v_C(t) = 0 \tag{9.25}$$

식 (9.25)의 미분방정식의 해를 구하는 방법은 두 가지이다.

❶ 서로 다른 두 복소수를 가지는 경우

이 경우의 식을 다음과 같이 표현할 수 있다. 여기서 $A$와 $A^*$가 초깃값으로 구해지는 복소상수이면 서로 켤레복소수를 가진다.

$$v_C(t) = Ae^{(-\alpha + j\beta)t} + A^* e^{(-\alpha - j\beta)t}$$

이 식에 초깃값 $v_C(0) = V_o$, $i_L(0) = 0$를 대입하면 다음을 얻는다.

$$A + A^* = V_o \qquad \cdots ①$$

$$i_L(t) = C\frac{d}{dt}v_C(t)\bigg|_{t=0} = C[(-\alpha + j\beta)A - (\alpha + j\beta)A^*] = 0 \qquad \cdots ②$$

식 ①과 식 ②로부터 $A$, $A^*$를 구하면 다음과 같다.

$$A = \frac{V_o}{2} + \frac{\alpha}{j2\beta}V_o, \quad A^* = \frac{V_o}{2} - \frac{\alpha}{j2\beta}V_o$$

따라서 전압 $v_C(t)$를 구하면 다음과 같다.

$$v_C(t) = e^{-\alpha t}\left[\frac{V_o}{2}(e^{j\beta t} + e^{-j\beta t}) + \frac{\alpha}{\beta}\frac{V_o}{j2}(e^{j\beta t} - e^{-j\beta t})\right]$$

오일러 공식을 사용하면 식 (9.26)과 같이 간단히 표현할 수 있다.

$$v_C(t) = V_o e^{-\alpha t}\left(\cos\beta t + \frac{\alpha}{\beta}\sin\beta t\right) \tag{9.26}$$

❷ 미분방정식을 만족하는 해가 정현파일 경우

이 경우 식을 다음과 같이 표현할 수 있다. 초깃값으로부터 상수 $A$, $B$를 구한 후 대입해도 같은 결과를 얻는다.

$$v_C(t) = e^{-\alpha t}(A\cos\beta t + B\sin\beta t)$$

$$v_C(0) = A = V_o$$

$$i_L(t)\big|_{t=0_+} = C\frac{d}{dt}v_C(t)\bigg|_{t=0_+} = 0 \quad \rightarrow \quad -\alpha A + \beta B = 0 \quad \rightarrow \quad B = \frac{\alpha}{\beta}V_o$$

$$\therefore\ v_C(t) = V_o e^{-\alpha t}\left(\cos\beta t + \frac{\alpha}{\beta}\sin\beta t\right)$$

식 (9.26)과 $C$의 특성식으로부터 루프전류 $i_L(t)$를 구하면 다음과 같다.

$$\begin{aligned} i_L(t) = C\frac{d}{dt}v_C(t) &= -CV_o e^{-\alpha t}\left[\frac{\alpha^2 + \beta^2}{\beta}\sin\beta t\right] \\ &= -\frac{C(\alpha^2 + \beta^2)V_o}{\beta} \cdot e^{-\alpha t} \cdot \sin\beta t \end{aligned} \tag{9.27}$$

삼각함수의 합성을 이용하면 다음을 얻는다('부록 A.3' 참조).

$$v_C(t) = V_o\sqrt{1+\frac{\alpha^2}{\beta^2}}\cdot e^{-\alpha t}\cos\left(\beta t - \tan^{-1}\frac{\alpha}{\beta}\right)$$

$$i_L(t) = -\frac{V_o e^{-\alpha t}}{L\beta}\cdot\sin\beta t$$

이를 파형으로 나타내면 [그림 9-16]과 같다.

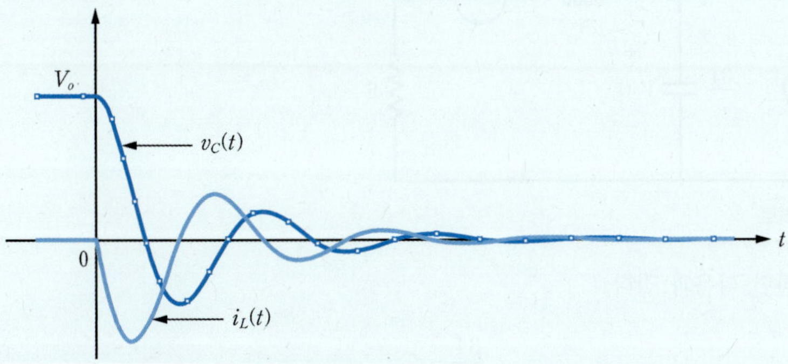


**[그림 9-16]** 전압 $v_C(t)$와 전류 $i_L(t)$의 파형

한편 [그림 9-16]에서 보듯이 전압 $v_C(t)$의 파형은 감소하다가 다시 증가한다. 처음에는 전압이 0에 수렴하지 않고 계속해서 (−) 극성으로 증가한다. 이는 $C$의 충전전압이 반대 극성으로 증가함으로써 저장에너지가 다시 증가한다는 것을 의미한다. 즉 처음에 $C$에 저장된 에너지는 저항 $R$에서 소모된 후 나머지는 $L$에 저장되는데, 이는 전류 $i_L(t)$의 파형을 보면 이해가 된다.

그러나 저항 $R$이 비교적 작아서 소모에너지가 적어지면 비교적 많은 양의 에너지가 $L$에 저장된다. $C$에 저장된 에너지를 모두 소진하더라도 $L$에 저장된 에너지가 남아 있다. $L$에 남아 있는 에너지는 다시 저항 $R$에서 소모하고 나머지를 $C$에 저장한다. 이렇게 에너지가 $C$에서 $L$로, 다시 $L$에서 $C$로 이동하면서 파형은 진동한다. 진동하면서 저장에너지가 점차 감소하는데, 이는 저항 $R$에서 에너지를 소모하기 때문이다.

## 예제 9-3

다음 회로에서 전압 $v_C(t)$와 전류 $i_L(t)$의 파형을 그려라.

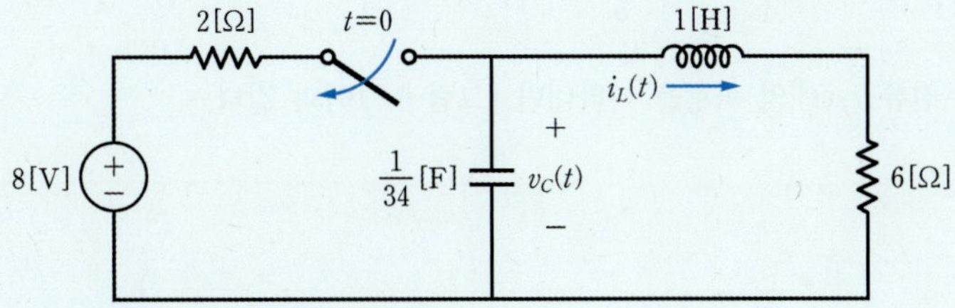


**[그림 9-17]** [예제 9-3]의 회로

### 풀이

$t < 0$ 영역에서는 스위치가 닫혀 있고 정상상태에서의 응답이므로 $L$은 단락되고 $C$는 개방회로로 처리한다. 따라서 $L$에 흐르는 전류와 $C$의 충전전압은 다음과 같다.

$$i_L(t) = 1\text{A}, \quad v_C(t) = 6\,[\text{V}]$$

$t > 0$ 영역에서 회로를 라플라스 변환하면 [그림 9-18]과 같다.

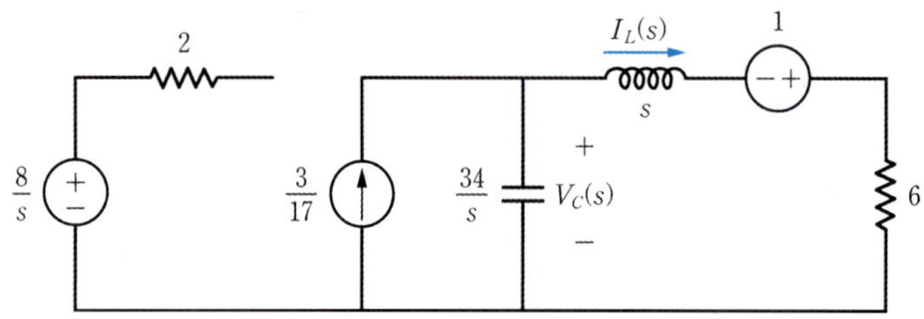


[그림 9-18] 라플라스 변환된 회로

중첩의 원리로 $V_C(s)$를 구하면 다음과 같다.

$$V_C(s) = \left\{\frac{34}{s} // (s+6)\right\} \cdot \frac{3}{17} - \frac{\frac{34}{s}}{\frac{34}{s} + s + 6} = \frac{6s+2}{(s+3)^2 + 25}$$

이를 역 라플라스 변환하면 다음과 같다.

$$v_C(t) = e^{-3t}\left\{6\cos 5t - \frac{16}{5}\sin 5t\right\}[\text{V}]$$

$L$에 흐르는 전류 $I_L(s)$를 구하면 다음을 얻는다.

$$I_L(s) = \frac{3}{17} - \frac{s}{34} \cdot V_C(s) = \frac{6\{(s+3)^2 + 25\} - s(6s+2)}{34 \cdot \{(s+3)^2 + 25\}}$$

이를 정리하면 다음과 같다.

$$I_L(s) = \frac{s+3}{(s+3)^2 + 25} + \frac{3}{(s+3)^2 + 25}$$

전류 $I_L(s)$의 역 라플라스 변환을 구하면 다음과 같다.

$$i_L(t) = e^{-3t}\left(\cos 5t + \frac{3}{5}\sin 5t\right)[\text{A}]$$

앞서 구한 결과로 전압 $v_C(t)$와 전류 $i_L(t)$의 파형을 나타내면 [그림 9-19]와 같다.

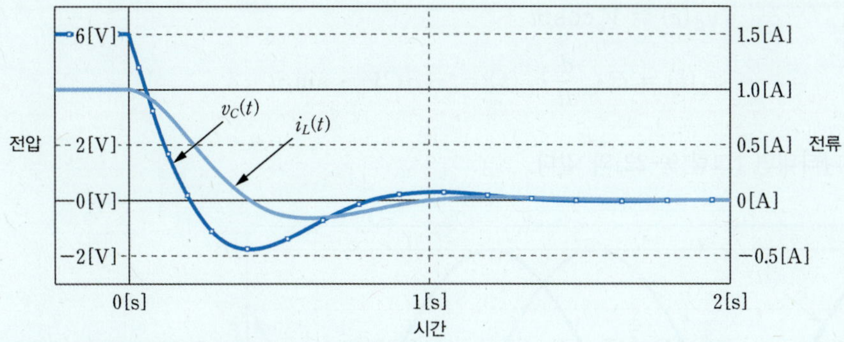


**[그림 9-19]** 전압 $v_C(t)$와 전류 $i_L(t)$의 파형

**실전문제 9-3**

다음 회로에서 $t > 0$ 영역의 전압 $v_C(t)$와 전류 $i_L(t)$의 파형을 구하라.

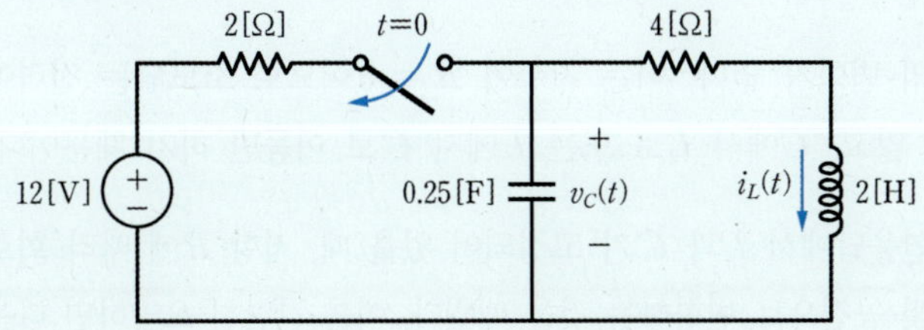


**[그림 9-20]**

## ■ *LC* 공진

저항 $R = 0$가 성립하면 근의 위치가 [그림 9-21]과 같이 허수축 상에 존재하며, 회로로부터 얻는 식 (9.4)의 미분방정식은 다음 식과 같다.

$$LC\frac{d^2}{dt^2}v_C(t) + v_C(t) = 0 \tag{9.28}$$

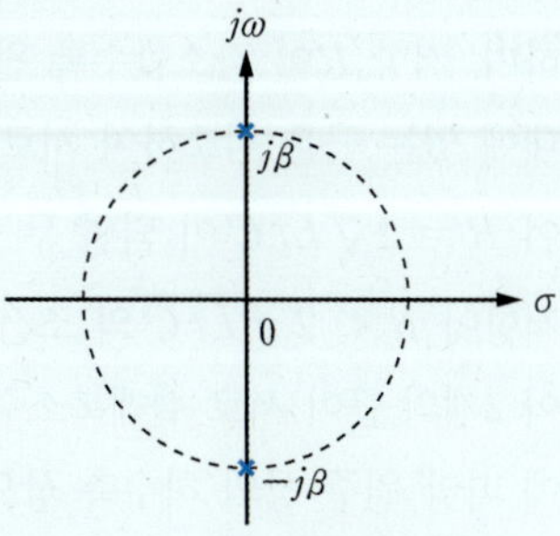


**[그림 9-21]** 복소평면에서의 근의 위치

식 (9.28)의 미분방정식의 해는 다음과 같다. 여기서 $\beta = \dfrac{1}{\sqrt{LC}}$이다.

$$v_C(t) = A\cos\beta t + B\sin\beta t$$

이 식에 초깃값 $v_C(0) = V_o$, $i_L(0) = 0$를 대입해 $A$, $B$를 구한다.

$$v_C(0) = A = V_o$$

$$i_L(0) = C\frac{d}{dt}v_C(t)\bigg|_{t=0} = C\cdot\beta B = 0$$

$B = 0$이므로 전압 $v_C(t)$, 전류 $i_L(t)$를 구하면 다음과 같다.

$$v_C(t) = V_o \cos\beta t$$

$$i_L(t) = C \cdot \frac{d}{dt} v_C(t) = -\beta C V_o \cdot \sin\beta t$$

이를 파형으로 나타내면 [그림 9-22]와 같다.

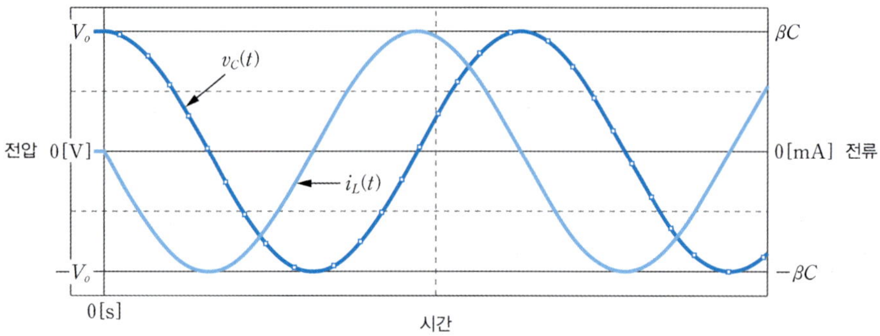


**[그림 9-22]** $LC$ 공진일 때의 전압 $v_C(t)$와 전류 $i_L(t)$의 파형

[그림 9-22]의 파형을 살펴보면 진폭의 변화가 없다. 이는 저항이 $R = 0$이므로 소모되는 전력이 없기 때문이다. 저장에너지는 소모되지 않고, $C$에서 $L$로 또는 $L$에서 $C$로 이동만 하기 때문이다.

지금까지 우리는 $RLC$ 직렬회로의 자연응답에서 $L$과 $C$가 고정되어 있을 때, 저항 $R$에 따라 회로의 특성이 과제동, 임계제동, 부족제동 및 공진으로 변화하는 것을 배웠다. 이를 간단히 요약하면 다음과 같다.

복소평면에서의 두 근의 위치를 나타낸 [그림 9-23]을 살펴보자. 먼저 $R = \infty$에서는 원점과 무한대 점에 두 근이 존재하며, 저항 $R$이 감소할수록 원점에 있는 근은 증가하고 무한대에 있는 근은 감소하여 서로 근접하는 쪽으로 이동해 저항이 $R = 2\sqrt{L/C}$이 되면 두 근이 만나서 중근이 된다. 다시 저항이 $R < 2\sqrt{L/C}$의 조건을 만족하면 [그림 9-23]과 같이 2개의 근이 서로 켤레복소수를 이루면서 저항 $R$이 감소함에 따라 원주 상의 허수축 상으로 이동하게 되고 최종적으로 $R = 0$가 되면 허수축 상에 두 근이 존재한다. 두 근의 위치에 따라 회로의 동작을 살펴보면, 먼저 두 근이 실수축 상의 서로 다른 위치에 존재하는 경우에는 회로가 과제동으로 동작하고, 저장에너지의 감소 속도는 두 근 중 작은 근(원점에 가까이 있는 근)의 값이 작을수록 느리다. 따라서 저항 $R$이 증가할수록 저장에너지는 빠르게 감소하고, 최종적으로 중근이 되는 임계제동이 되어 가장 빠르게 저장에너지가 감소한다. 두 근의 위치가 원주 상에 존재하면(2개의 근이 켤레복소수) 회로는 부족제동으로 동작하고, 저장에너지는 저항 $R$에서 일부 소모가 일어나며, 여분의 에너지는 다른 쪽 에너지 저장소자에 저장된다. 저장된 에너지는 다시 위와 같은 과정으로 소모가 일어난다. 이와 같은 과정이 에너지가 모두 소진될 때까지 반복해서 일어나며 이는 전압파형이나 전류파형이 진동하는 것을 의미한다.

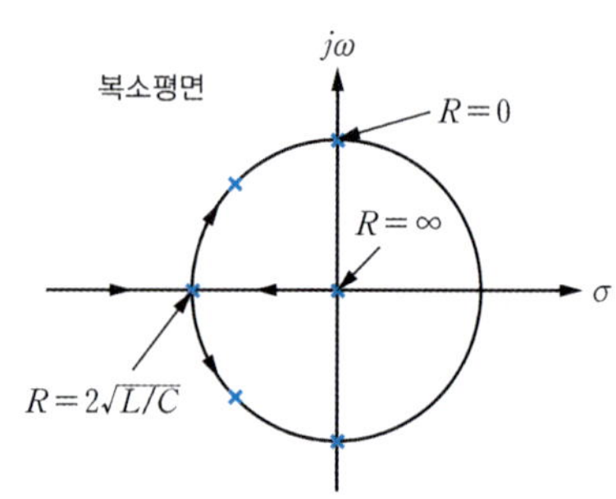


**[그림 9-23]** $R$에 따른 근의 이동궤적

이때 저항 $R$이 클수록 저장에너지의 소모가 커서 빠른 시간에 최종값에 수렴하게 된다. 마지막으로 저항이 $R=0$인 경우에는 에너지가 소모되지 않고, 저장에너지를 서로 상대방 저장소자에 전달만 하므로 $LC$ 공진이 일어난다.

## 예제 9-4

저항 $R$이 다음과 같이 변할 때, 주어진 회로의 전압 $v_C(t)$와 전류 $i_L(t)$의 파형을 그려라.

(a) $R = 104\,[\Omega]$ (b) $R = 40\,[\Omega]$ (c) $R = 24\,[\Omega]$

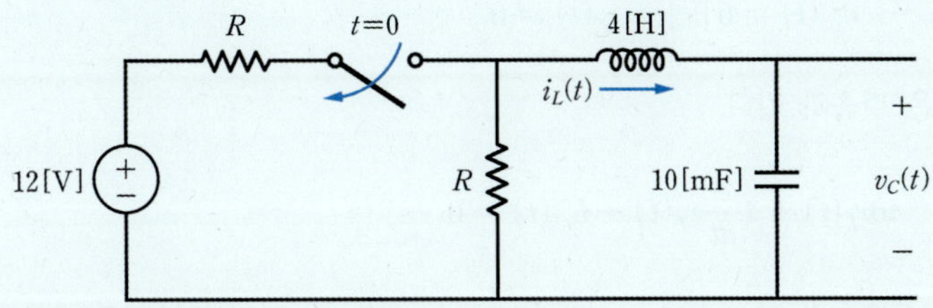


**[그림 9-24]** [예제 9-4]의 회로

### 풀이

(a) $R = 104\,[\Omega]$

$t<0$ 영역에서의 해를 구하면 다음과 같다.

$$v_C(t) = 6\,[\mathrm{V}], \quad i_L(t) = 0$$

$t>0$ 영역에서의 루프방정식은 다음과 같다.

$$104 i_L(t) + 4\frac{d}{dt} i_L(t) + v_C(t) = 0$$

$C$에 흐르는 전류가 $i_L(t)$이므로 $C$의 특성식을 구하면 다음과 같다.

$$i_L(t) = 0.01\frac{d}{dt} v_C(t)$$

두 식을 정리하면 다음을 얻는다.

$$\frac{d^2}{dt^2} v_C(t) + 26\frac{d}{dt} v_C(t) + 25 v_C(t) = 0$$

$$\left(\frac{d}{dt}+1\right)\left(\frac{d}{dt}+25\right) v_C(t) = 0$$

따라서 전압 $v_C(t)$는 다음과 같다.

$$v_C(t) = Ae^{-t} + Be^{-25t}$$

이 식에 초깃값을 대입해 상수 $A$, $B$를 구한 후 식에 대입한다.

$$A + B = 6$$

$$i_L(0) = 0.01(-A - 25B) = 0$$

$$\therefore\ A = \frac{25}{4},\quad B = -\frac{1}{4}$$

$$v_C(t) = \frac{1}{4}(25e^{-t} - e^{-25t})\,[\mathrm{V}],\quad i_L(t) = -\frac{1}{16}(e^{-t} - e^{-25t})\,[\mathrm{A}]$$

(b) $R = 40\,[\Omega]$

미분방정식을 라플라스 변환해 회로를 해석해보자. 먼저 $t < 0$ 영역에서의 해를 구하면 다음과 같다.

$$v_C(t) = 6\,[\mathrm{V}],\quad i_L(t) = 0$$

$t > 0$ 영역에서의 루프방정식은 다음과 같다.

$$40i_L(t) + 4\frac{d}{dt}i_L(t) + v_C(t) = 0$$

이 식을 라플라스 변환하면 다음을 얻는다.

$$40I_L(s) + 4\{sI_L(s) - i_L(0)\} + V_C(s) = 0$$

$C$의 특성식을 표현하면 다음과 같다.

$$i_L(t) = 0.01\frac{d}{dt}v_C(t)$$

이를 라플라스 변환하면 다음과 같다.

$$I_L(s) = 0.01\{sV_C(s) - v_C(0)\}$$

두 식을 정리하면 다음과 같다.

$$V_C(s) = \frac{6s + 60}{s^2 + 10s + 25} = \frac{6(s+5) + 30}{(s+5)^2} = \frac{6}{s+5} + \frac{30}{(s+5)^2}$$

이를 역 라플라스 변환하면 다음을 얻는다.

$$v_C(t) = 6(1 + 5t)e^{-5t}\,[\mathrm{V}]$$

$$I_L(s) = -\frac{1.5}{(s+5)^2} \quad\rightarrow\quad i_L(t) = -1.5te^{-5t}\,[\mathrm{A}]$$

(c) $R = 24\,[\Omega]$

주어진 회로를 라플라스 변환해 회로를 해석해보자. 먼저 $t < 0$ 영역에서 해를 구하면 다음과 같다.

$$v_C(t) = 6\,[\mathrm{V}],\quad i_L(t) = 0$$

초깃값을 이용해 회로를 라플라스 변환하면 [그림 9-25]와 같다.

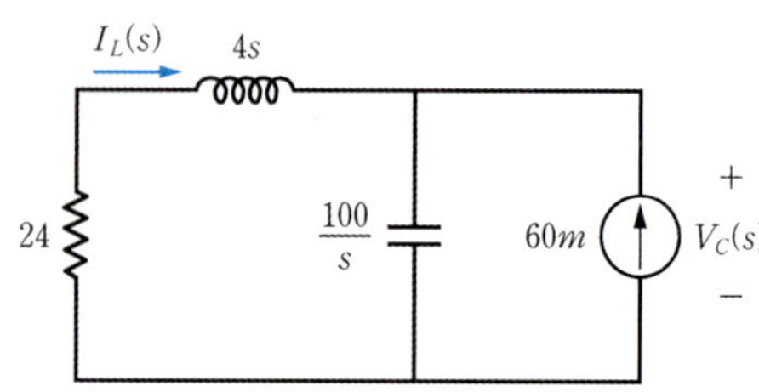

**[그림 9-25]** 라플라스 변환된 회로

[그림 9-25]로부터 다음을 얻는다.

$$V_C(s) = \left\{\frac{100}{s}//(4s+24)\right\}\cdot 6\times 10^{-2} = \frac{6s+36}{s^2+6s+25} = \frac{6(s+3)+18}{(s+3)^2+16}$$

$$= 6\frac{s+3}{(s+3)^2+16} + \frac{9}{2}\cdot\frac{4}{(s+3)^2+16}$$

이를 역 라플라스 변환하면 다음을 얻는다.

$$v_C(t) = 3e^{-3t}\left(2\cos 4t + \frac{3}{2}\sin 4t\right)\,[\mathrm{V}]$$

전류파형을 구하면 다음과 같다.

$$I_L(s) = -\frac{100/s}{100/s+4s+24}\cdot 6\times 10^{-2} = -\frac{3}{2}\cdot\frac{1}{(s+3)^2+16}$$

이를 역 라플라스 변환하면 다음을 얻는다.

$$i_L(t) = -\frac{3}{8}e^{-3t}\cdot\sin 4t\,[\mathrm{A}]$$

저항의 변화에 따른 전압 $v_C(t)$와 전류 $i_L(t)$의 파형을 [그림 9-26]과 [그림 9-27]에 나타냈다.

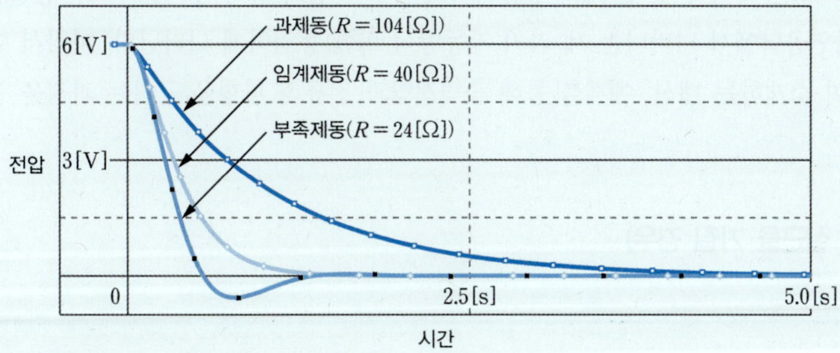


**[그림 9-26]** 전압 $v_C(t)$의 파형

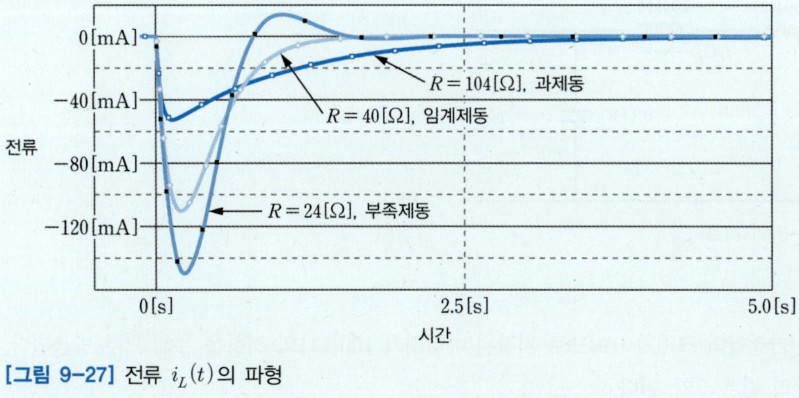


**[그림 9-27]** 전류 $i_L(t)$의 파형

**실전문제 9-4**

다음 회로에서 저항 $R$에 따른 전압 $v_C(t)$와 전류 $i_L(t)$의 파형을 구하라.

(a) $R = 20\,[\Omega]$ (b) $R = 10\,[\Omega]$

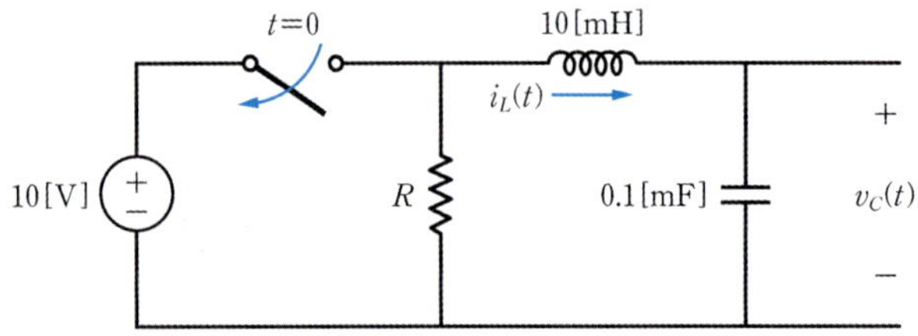


[그림 9-28]

## 9.2.2 *RLC* 직렬회로의 강제응답

1차 회로에서 살펴본 바와 같이, 회로의 자연응답은 저장된 에너지가 방출되는 과정을 나타내는 반면, 회로의 강제응답은 에너지 저장소자에 에너지를 저장하는 과정을 나타낸 것이다. 이제부터 살펴볼 강제응답에서 나타나는 현상은 앞서 살펴본 자연응답의 내용들과 큰 차이가 없다. 전압의 경우 절댓값의 차이는 있지만 상대적으로는 차이가 없다. 특히 전류의 경우는 기준점이 같아 두 경우 모두 동일한 결과를 나타낸다. 또한 자연응답에서 나타나는 세 가지 제동방식 또한 동일하게 나타난다. 따라서 이 절에서는 이론을 반복하여 소개하는 대신, 예제를 통해 출력전압과 전류의 파형을 구하는 과정을 살펴볼 것이다.

### ■ 과제동(서로 다른 두 실근을 가질 경우)

**예제 9-5**

다음 회로에서 출력전압 $v_C(t)$의 파형을 그려라.

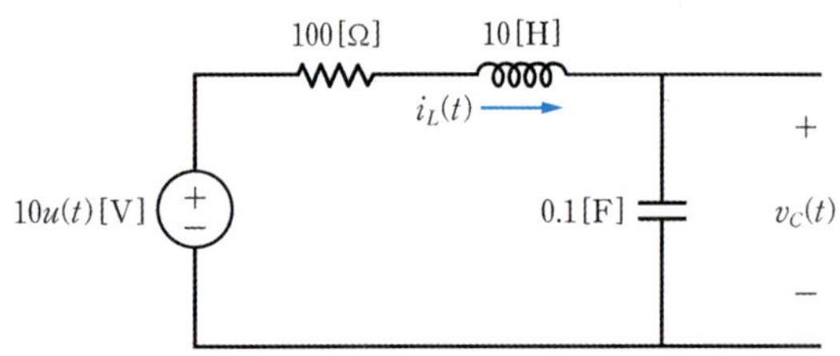


[그림 9-29] [예제 9-5]의 회로

**풀이**

$t < 0$ 영역에서는 인가전압의 크기가 0이므로 저장된 에너지가 $100[\Omega]$의 저항을 통해 모두 방출된다. 따라서 전압과 전류의 값은 0가 된다.

$$v_C(t) = 0, \quad i_L(t) = 0$$

$t > 0$ 영역에서의 루프방정식은 다음과 같다.

$$100 i_L(t) + 10 \frac{d}{dt} i_L(t) + v_C(t) = 10 \quad \cdots ①$$

$C$의 특성식인 식 ②을 식 ①에 대입해 전압 $v_C(t)$에 대한 미분방정식을 구하면 다음과 같다.

$$i_L(t) = 0.1 \frac{d}{dt} v_C(t) \quad \cdots ②$$

$$10 \frac{d}{dt} v_C(t) + \frac{d^2}{dt^2} v_C(t) + v_C(t) = 10$$

우변이 상수이므로 미분방정식의 특수해인 $v_C(t)$도 상수이고, 따라서 미분값도 0이다.

$$v_C(t) = 10$$

다음 식을 만족하는 일반해를 구하자.

$$\frac{d^2}{dt^2} v_C(t) + 10 \frac{d}{dt} v_C(t) + v_C(t) = 0$$

자연응답과 마찬가지로 다음과 같이 구해진다.

$$v_C(t) = Ae^{-\alpha_1 t} + Be^{-\alpha_2 t}$$

이때 $\alpha_1$, $\alpha_2$는 다음 2차 방정식을 만족하는 근이다.

$$\alpha^2 + 10\alpha + 1 = 0$$
$$-\alpha_1, \quad -\alpha_2 = -5 \pm \sqrt{24}$$

따라서 완전해는 다음과 같이 나타낼 수 있다.

$$v_C(t) = 10 + Ae^{-(5-2\sqrt{6})t} + Be^{-(5+2\sqrt{6})t}$$

이 식에 초깃값을 대입해 상수 $A$, $B$에 대한 하나의 식을 얻는다.

$$10 + A + B = 0$$

식 ②를 이용해 $L$에 흐른 전류에 대한 초깃값을 대입해 또 다른 식을 얻을 수 있다.

$$i_L(t) = 0.1\{(-5+2\sqrt{6})A \cdot e^{-(5-2\sqrt{6})t} - (5+2\sqrt{6})B \cdot e^{-(5+2\sqrt{6})t}\}$$
$$i_L(0) = 0.1\{(-5+2\sqrt{6})A - (5+2\sqrt{6})B\} = 0$$

따라서 $A = -5 - \dfrac{25}{2\sqrt{6}}$, $B = \dfrac{25}{2\sqrt{6}} - 5$이고, 이 값을 대입하면 다음을 얻는다.

$$v_C(t) = 10 - \left(5 + \frac{25}{2\sqrt{6}}\right) \cdot e^{-(5-2\sqrt{6})t} + \left(\frac{25}{2\sqrt{6}} - 5\right) \cdot e^{-(5+2\sqrt{6})t} \text{ [V]}$$

$$i_L(t) = 0.1 \frac{d}{dt} v_C(t) = \frac{1}{4\sqrt{6}} \left(e^{-(5-2\sqrt{6})t} - e^{-(5+2\sqrt{6})t}\right) \text{ [A]}$$

결과적으로 회로는 과제동으로 동작하고, 전압 $v_C(t)$와 전류 $i_L(t)$의 파형을 나타내면 다음과 같다.

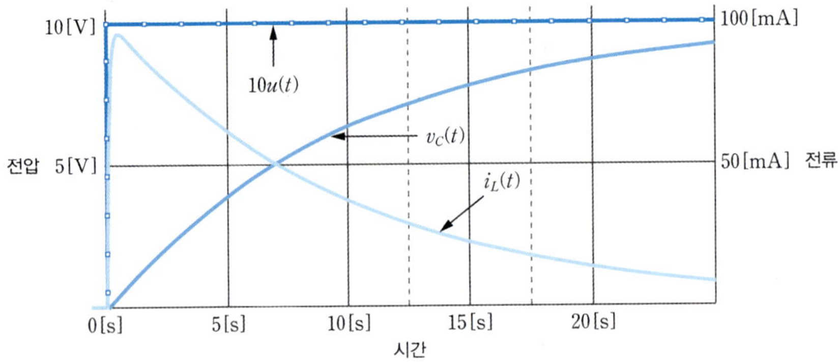


[그림 9-30] 과제동에서의 전압 $v_C(t)$와 전류 $i_L(t)$의 파형

## 실전문제 9-5

다음 회로에서 회로응답, 즉 전압 $v_C(t)$의 파형을 구하라.

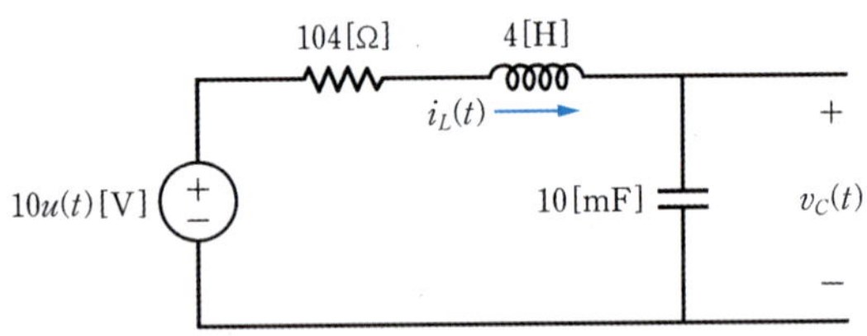


[그림 9-31]

### ■ 임계제동 (중근을 가질 경우)

## 예제 9-6

다음 회로에서 출력전압 $v_C(t)$와 전류 $i_L(t)$의 파형을 그려라.

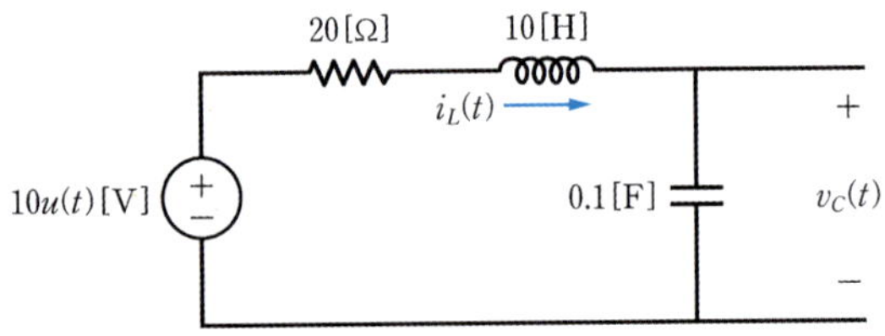


[그림 9-32] [예제 9-6]의 회로

**풀이**

$t < 0$ 영역에서는 인가전압의 크기가 0이므로 저장된 에너지가 20[Ω]의 저항을 통해 모두 방출된다. 따라서 전압과 전류의 값은 0가 된다.

$$v_C(t) = 0, \quad i_L(t) = 0$$

$t > 0$ 영역에서의 루프방정식은 다음과 같다.

$$20i_L(t) + 10\frac{d}{dt}i_L(t) + v_C(t) = 10$$

이 식을 라플라스 변환하면 다음을 얻는다.

$$20I_L(s) + 10\{sI_L(s) - i_L(0)\} + V_C(s) = \frac{10}{s} \qquad \cdots ①$$

또한 $C$의 특성식은 다음과 같다.

$$i_L(t) = 0.1\frac{d}{dt}v_C(t)$$

이 식을 라플라스 변환하면 다음을 얻는다.

$$I_L(s) = 0.1s\,V_C(s) - v_C(0) \qquad \cdots ②$$

$i_L(0) = v_C(0) = 0$를 대입하고, 식 ②를 식 ①에 대입하면 다음을 얻는다.

$$s^2V_C(s) + 2s\,V_C(s) + V_C(s) = \frac{10}{s}$$

이 식을 정리하고 부분분수로 전개하면 다음과 같다.

$$V_C(s) = \frac{10}{s(s+1)^2} = \frac{10}{s} - \frac{10}{s+1} - \frac{10}{(s+1)^2}$$

$$I_L(s) = s\,V_C(s) = \frac{10}{(s+1)^2}$$

이를 역 라플라스 변환하면 다음과 같이 임계제동을 나타내게 된다.

$$v_C(t) = 10\{1 - (1+t)e^{-t}\}\ [\text{V}]$$

$$i_L(t) = 10t \cdot e^{-t}\ [\text{A}]$$

앞서 구한 결과로 전압 $v_C(t)$와 전류 $i_L(t)$의 파형을 나타내면 [그림 9-33]과 같다.

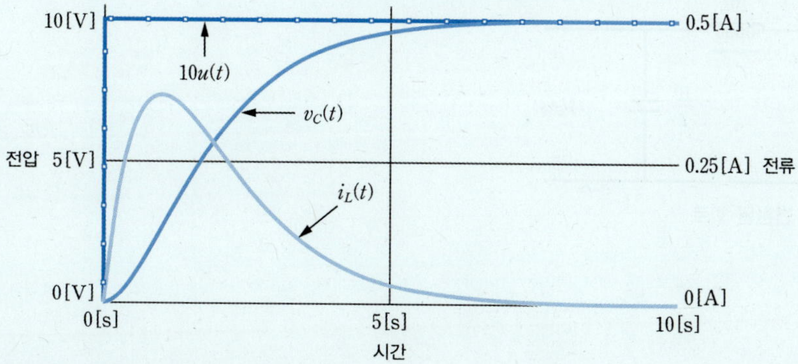


**[그림 9-33]** 임계제동에서의 전압 $v_C(t)$와 전류 $i_L(t)$의 파형

**실전문제 9-6**

다음 회로에서 주어진 저항 $R$에 따른 회로응답, 즉 전압 $v_C(t)$의 파형을 구하라.

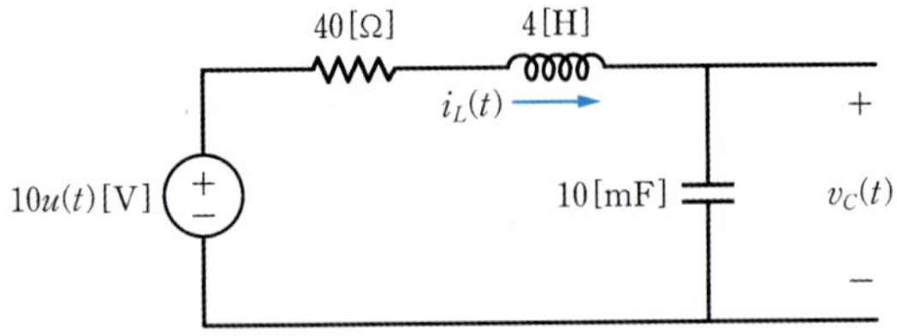


[그림 9-34]

## ■ 부족제동(복소근을 가질 경우)

**예제 9-7**

다음 회로에서 출력전압 $v_C(t)$와 전류 $i_L(t)$의 파형을 그려라.

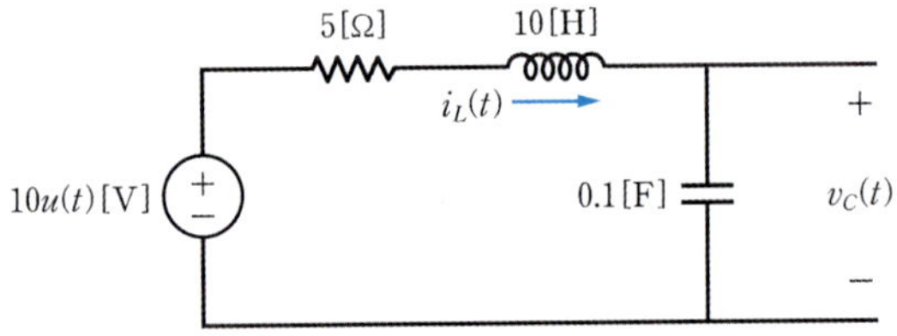


[그림 9-35] [예제 9-7]의 회로

**풀이**

$t < 0$ 영역에서는 인가전압의 크기가 0이므로 저장된 에너지가 5[Ω]의 저항을 통해 모두 방출된다. 따라서 전압과 전류의 값은 0가 된다.

$$v_C(t) = 0, \quad i_L(t) = 0$$

$t > 0$ 영역에서 회로의 라플라스 변환을 하면 [그림 9-36]과 같다.

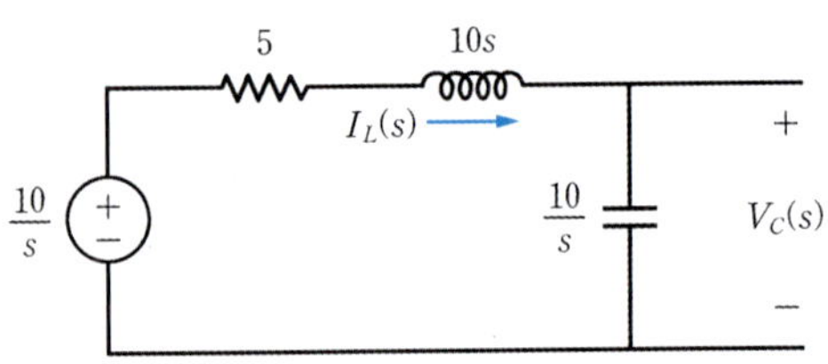


[그림 9-36] 라플라스 변환된 회로

직렬연결된 회로에서 전압분배법칙에 의해 $V_C(s)$를 구하면 다음과 같다.

$$V_C(s) = \frac{10/s}{5+10s+10/s} \cdot \frac{10}{s} = \frac{10}{s(s^2+0.5s+1)} = \frac{10}{s\{(s+1/4)^2+15/16\}}$$

이 식을 부분분수로 전개하면 다음과 같다.

$$\begin{aligned} V_C(s) &= \frac{10}{s} - \frac{10s+5}{(s+1/4)^2+15/16} \\ &= \frac{10}{s} - \frac{10(s+1/4)}{(s+1/4)^2+15/16} - \frac{5/2}{(s+1/4)^2+15/16} \end{aligned}$$

$$I_L(s) = V_C(s) \cdot \frac{s}{10} = \frac{1}{(s+1/4)^2+15/16}$$

이 식을 역 라플라스 변환하면 다음을 얻는다.

$$\begin{aligned} v_C(t) &= 10\left\{1 - e^{-t/4} \cdot \left(\cos\frac{\sqrt{15}}{4}t + \frac{1}{\sqrt{15}}\sin\frac{\sqrt{15}}{4}t\right)\right\} \cdot u(t)\ [\mathrm{V}] \\ i_L(t) &= \frac{4}{\sqrt{15}} \cdot e^{-t/4} \cdot \cos\left(\frac{\sqrt{15}}{4}t\right) \cdot u(t)\ [\mathrm{A}] \end{aligned}$$

결과적으로 전압 $v_C(t)$와 전류 $i_L(t)$의 파형을 나타내면 [그림 9-37]과 같다.

[그림 9-37]에서 보는 바와 같이 부족제동인 경우 출력이 인가전압보다 높게 나타나는 것을 알 수 있다. 높게 나타나는 정도를 오버슈트over shoot라고 표기하는데, 이 값은 [그림 9-37]에 표기된 $\Delta V_C$이다. 2차 회로에서 만들어지는 복소근의 위치가 허수축으로 가까워질수록 오버슈트가 증가하고, 근이 허수축 상에 있을 때 최대가 된다. 즉 $LC$ 공진이 일어나면 출력전압이 인가전압의 2배로 최대가 된다([그림 9-40] 참조).

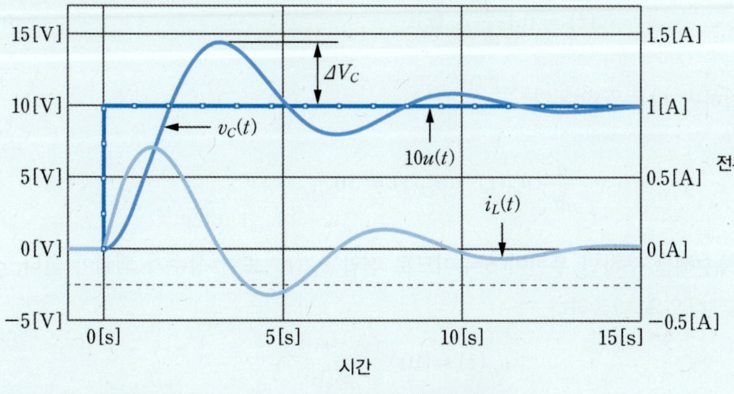


**[그림 9-37]** 부족제동에서의 전압 $v_C(t)$와 전류 $i_L(t)$의 파형

## 실전문제 9-7

다음 회로에서 회로응답, 즉 전압 $v_C(t)$의 파형을 구하라.

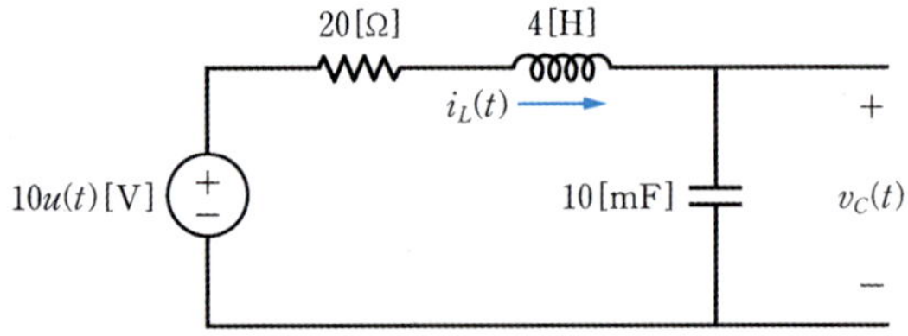


[그림 9-38]

### ■ $LC$ 공진 (근이 허수축 상에 존재)

## 예제 9-8

다음 회로에서 출력전압 $v_C(t)$와 전류 $i_L(t)$의 파형을 그려라. 단, $t=0$에서 저장에너지는 없다.

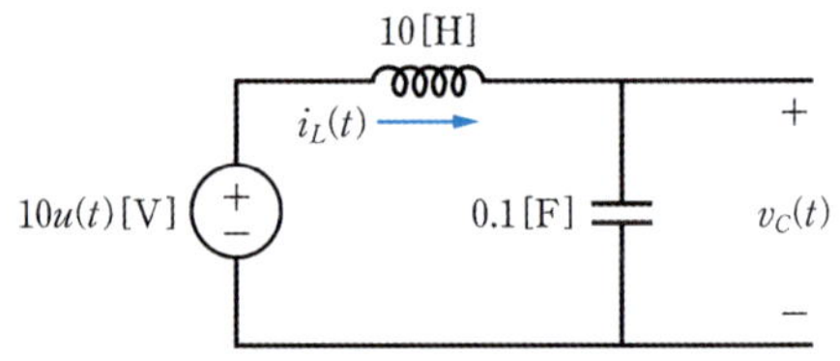


[그림 9-39] [예제 9-8]의 회로

**풀이**

$t=0$에서 저장에너지가 없으므로 $C$의 전압과 $L$의 전류가 0이다.

$$v_C(0)=0,\quad i_L(0)=0$$

$t>0$ 영역에서 루프방정식을 구하면 식 ①과 같고, $C$의 특성식은 식 ②이다.

$$10\frac{d}{dt}i_L(t)+v_C(t)=10 \qquad \cdots ①$$

$$i_L(t)=0.1\frac{d}{dt}v_C(t) \qquad \cdots ②$$

식 ②를 식 ①에 대입하면 다음을 얻는다.

$$\frac{d^2}{dt^2}v_C(t)+v_C(t)=10$$

구해진 미분방정식의 특수해를 구하면 우변이 상수이므로 전압 $v_C(t)$ 또한 상수가 되어야 한다. 상수이면 미분값이 0이므로 다음을 만족한다.

$$v_C(t)=10$$

또한 일반해를 구하면 식 ③을 얻는다.

$$\frac{d^2}{dt^2}v_C(t)+v_C(t)=0$$

$$v_C(t)=A\cos t+B\sin t \qquad \cdots ③$$

특수해와 일반해의 결과로부터 완전해를 구하면 다음과 같이 표현한다.

$$v_C(t) = 10 + A\cos t + B\sin t$$

초깃값을 대입해 미지수를 구하면 다음을 얻는다.

$$10 + A = 0 \quad \rightarrow \quad A = -10$$
$$i_L(0) = B = 0$$

미지수를 완전해에 대입하면 다음과 같다.

$$v_C(t) = 10 - 10\cos t\,[\text{V}]$$
$$i_L(t) = 0.1\frac{d}{dt}v_C(t) = \sin t\,[\text{A}]$$

전압 $v_C(t)$와 전류 $i_L(t)$에 대한 결과식으로부터 얻은 $LC$ 공진 파형을 나타내면 다음과 같다.

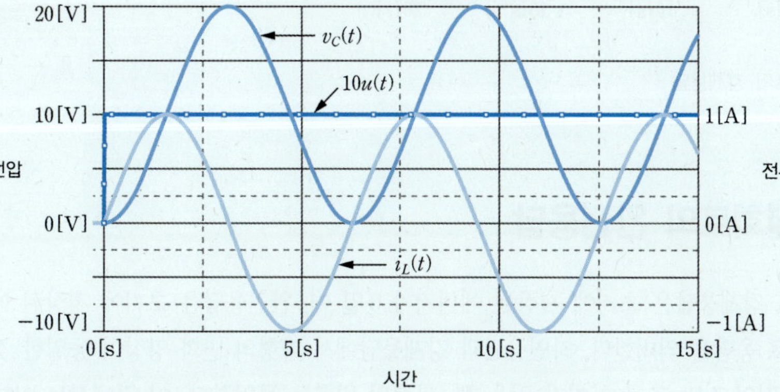


**[그림 9-40]** $LC$ 공진에서의 전압 $v_C(t)$와 전류 $i_L(t)$의 파형

## 실전문제 9-8

다음 회로에서 회로응답, 즉 전압 $v_C(t)$의 파형을 구하라. 단, 저장에너지는 없다.

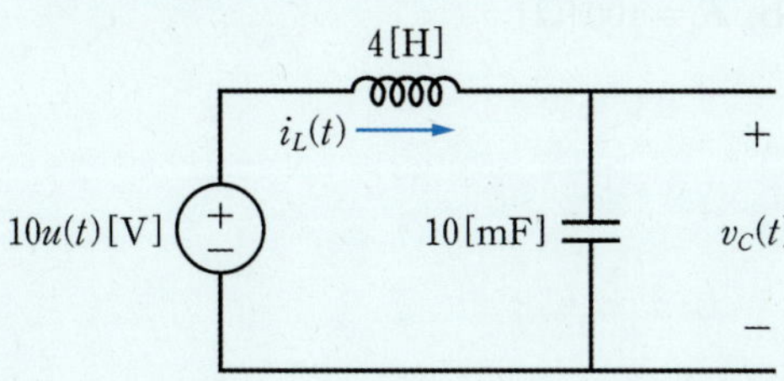


**[그림 9-41]**

지금까지 살펴본 네 가지의 경우에 대한 전압파형을 하나의 좌표에 나타내 비교해보자.

저항 $R$이 100 [Ω] 인 경우 과제동으로 전압파형이 가장 천천히 증가하고 저항 $R$이 감소할수록 임계제동을 거쳐 부족제동으로 변하면서 증가속도는 빨라진다. 최종적으로 저항 $R$이 0가 되면 전압파형의 크기가 감소하지 않고 계속해서 진동이 일어난다.

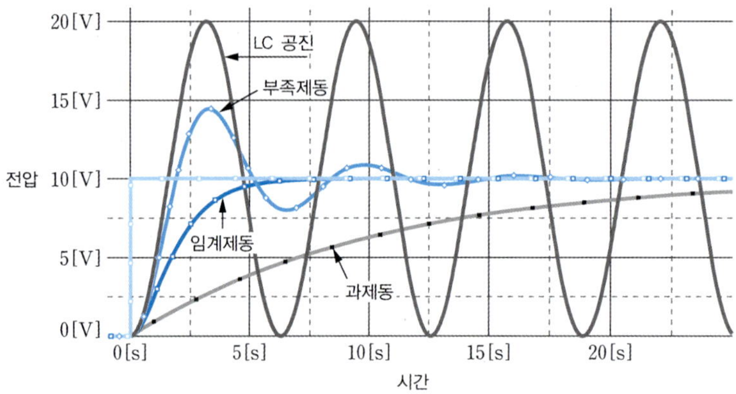


[그림 9-42] $RLC$ 직렬회로의 강제응답

## 9.2.3 $RLC$ 직렬회로의 완전응답

9.2.2절에서 살펴보았듯, 강제응답은 초기에 저장된 에너지가 0일 때, 완전응답은 초기에 저장된 에너지가 0가 아닐 때의 회로 응답을 의미한다. 자연응답과 강제응답에서 파형의 변화 양상이 동일한 것처럼 완전응답에서도 절대적인 값만 조금 차이가 있을 뿐, 파형의 변화는 동일하다. 이 절에서는 이론을 반복하여 소개하는 대신, 예제를 통해 출력전압과 전류의 파형을 구하는 과정을 살펴볼 것이다.

**예제 9-9**

다음 회로에서 저항값에 따른 전압 $v_C(t)$와 전류 $i_L(t)$의 파형을 그려라.

(a) $R = 400\,[\Omega]$ (b) $R = 100\,[\Omega]$

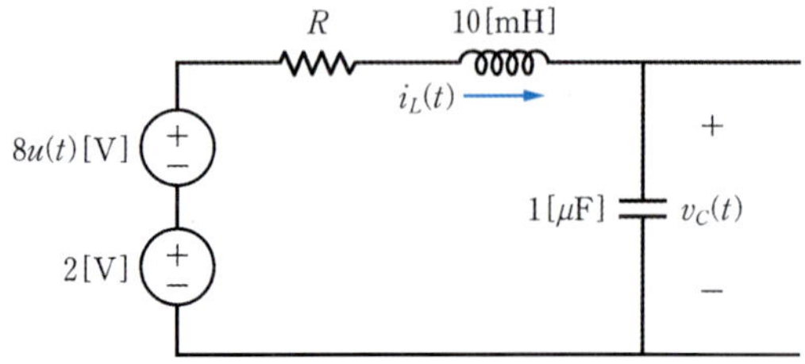


[그림 9-43] [예제 9-9]의 회로

**풀이**

(a) $R = 400\,[\Omega]$ (과제동)

$t < 0$ 영역에서는 인가되는 전압값이 $2\,[\mathrm{V}]$이므로 다음과 같다.

$$v_C(t) = 2\,[\mathrm{V}], \quad i_L(t) = 0$$

$t > 0$ 영역에서는 다음과 같은 루프방정식을 구하면 된다.

$$400 i_L(t) + 10^{-2}\frac{d}{dt} i_L(t) + v_C(t) = 10$$

이 식을 라플라스 변환하면 식 ①이 된다.

$$400 I_L(s) + 10^{-2} s I_L(s) + V_C(s) = \frac{10}{s} \qquad \cdots ①$$

$C$의 특성식은 식 ②와 같고, 이를 라플라스 변환하면 식 ③이 된다.

$$i_L(t) = 10^{-6}\frac{d}{dt} v_C(t) \qquad \cdots ②$$

$$I_L(s) = 10^{-6}\{s V_C(s) - 2\} \qquad \cdots ③$$

식 ③을 식 ①에 대입해 정리하면 식 ④가 된다.

$$V_C(s) = \frac{2s^2 + 8 \times 10^4 s + 10^9}{s(s^2 + 4 \times 10^4 s + 10^8)} = \frac{2s^2 + 8 \times 10^4 s + 10^9}{s(s+\alpha_1)(s+\alpha_2)} \qquad \cdots ④$$

$$\alpha_1 = (2 - \sqrt{3}) \times 10^4, \quad \alpha_2 = (2 + \sqrt{3}) \times 10^4$$

식 ④를 부분분수 전개하면 다음과 같다.

$$V_C(s) = \frac{10}{s} + \frac{A}{s+\alpha_1} + \frac{B}{s+\alpha_2}$$

$$A = \frac{4}{3 - 2\sqrt{3}}, \quad B = \frac{4}{3 + 2\sqrt{3}}$$

이를 역 라플라스 변환하면 다음과 같다.

$$v_C(t) = \left\{10 + A \cdot e^{-\alpha_1 t} + B \cdot e^{-\alpha_2 t}\right\} \cdot u(t)\,[\mathrm{V}]$$

따라서 전압 $v_C(t)$의 파형이 결정되고, 전류파형을 구하기 위해 식 ③으로부터 $I_L(s)$를 구한다.

$$I_L(s) = \frac{800}{s^2 + 4 \times 10^4 s + 10^8} = 10^{-2}\left(\frac{4/\sqrt{3}}{s+\alpha_1} - \frac{4/\sqrt{3}}{s+\alpha_2}\right)$$

이를 역 라플라스 변환하면 다음과 같이 전류 $i_L(t)$의 파형을 구할 수 있다.

$$i_L(t) = \frac{40}{\sqrt{3}}\left(e^{-\alpha_1 t} - e^{-\alpha_2 t}\right) \cdot u(t)\,[\mathrm{mA}]$$

전압 $v_C(t)$와 전류 $i_L(t)$의 파형을 그리면 [그림 9-44]와 같다.

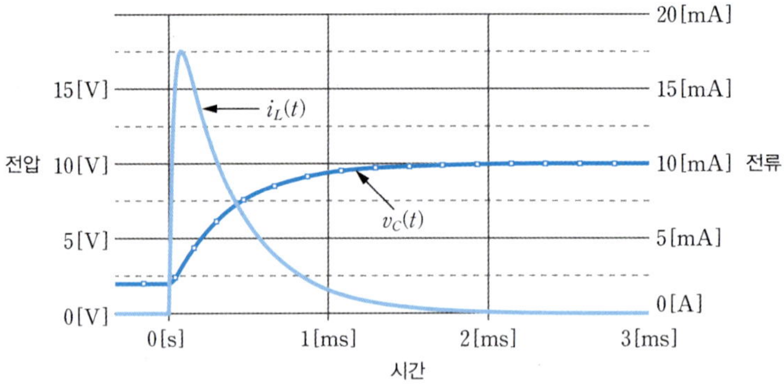


**[그림 9-44]** 과제동에서의 전압 $v_C(t)$와 전류 $i_L(t)$의 파형

여기서는 다루지 않았지만, $R = 200[\Omega]$일 경우는 임계제동으로, 표현식은 과제동과는 다르지만 파형의 모양은 과제동과 유사하다. 다만 빠른 시간에 최종값으로 도달한다.

(b) $R = 100[\Omega]$(부족제동)

[그림 9-43]의 회로에서 저항 $R$이 $100[\Omega]$일 경우, $C$의 전압 $v_C(t)$와 $L$의 전류 $i_L(t)$를 구하면 다음과 같다.

먼저 $t < 0$ 영역에서의 값을 구하면 다음과 같다.

$$v_C(t) = 2[\text{V}], \quad i_L(t) = 0$$

$t > 0$ 영역에서의 루프방정식은 식 ⑤와 같고, $C$의 특성식은 식 ⑥과 같다.

$$100 i_L(t) + 10^{-2}\frac{d}{dt}i_L(t) + v_C(t) = 10 \qquad \cdots ⑤$$

$$i_L(t) = 10^{-6} \cdot \frac{d}{dt}v_C(t) \qquad \cdots ⑥$$

식 ⑥을 식 ⑤에 대입하면 다음과 같이 전압 $v_C(t)$에 대한 2차 미분방정식을 얻을 수 있다.

$$\frac{d^2}{dt^2}v_C(t) + 10^4\frac{d}{dt}v_C(t) + 10^8 v_C(t) = 10^9$$

미분방정식의 특수해는 $v_C(t) = 10$이다. 이때 일반해를 구하기 위한 2차 방정식과 두 근은 다음과 같다.

$$D^2 + 10^4 D + 10^8 = 0$$
$$\alpha \pm j\beta = -5 \times 10^3 \pm j\sqrt{10^8 - 2.5 \times 10^7}$$

따라서 $\alpha = -5 \times 10^3$, $\beta = 5\sqrt{3} \times 10^3$으로 일반해를 구하면 다음과 같다.

$$v_C(t) = e^{\alpha t}(A\cos\beta t + B\sin\beta t)$$

따라서 완전해를 구하면 다음 식이 된다.

$$v_C(t) = 10 + e^{-5\times 10^3}\{A\cos(5\sqrt{3} \times 10^3 t) + B\sin(5\sqrt{3} \times 10^3 t)\}$$

여기에 초깃값을 대입하면 2개의 방정식을 얻을 수 있다.

$$v_C(0) = 10 + A = 2$$
$$i_L(0) = 10^{-6}(\alpha A + \beta B) = 0$$

이로부터 상수 $A$와 $B$를 구하면 다음과 같다.

$$A = -8, \quad B = -\frac{\alpha}{\beta}A = \frac{8}{\sqrt{3}}$$

이 값을 앞에서 구한 전압 $v_C(t)$의 파형과 전류 $i_L(t)$의 파형에 대입하면 다음을 얻는다.

$$v_C(t) = 10 - 8e^{-5\times10^3 t}\left\{\cos(5\sqrt{3}\times10^3 t) + \frac{1}{\sqrt{3}}\sin(5\sqrt{3}\times10^3 t)\right\}$$
$$i_L(t) = \frac{160}{\sqrt{3}}e^{-5\times10^3 t}\cdot\sin(5\sqrt{3}\times10^3 t)\,[\text{mA}]$$

앞서 구한 결과로 전압 $v_C(t)$와 전류 $i_L(t)$의 파형을 나타내면 [그림 9-45]와 같다.

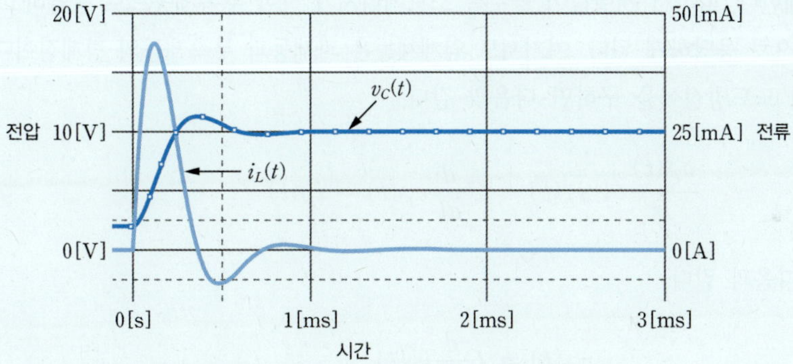


**[그림 9-45]** 부족제동에서의 전압 $v_C(t)$와 전류 $i_L(t)$의 파형

여기서는 다루지 않았지만 $R = 0$일 때 $LC$ 공진이 일어나며, 크기의 범위는 2[V] ~ 18[V]이고, 주파수가 $\omega = \sqrt{LC} = 10^4$ [rad/s]인 정현파로 나타날 것이다.

## 실전문제 9-9

다음 회로에서 주어진 저항 $R$에 따른 전압 $v_C(t)$와 전류 $i_L(t)$의 파형을 구하라.

(a) $R = 10\,[\Omega]$ (b) $R = 5\,[\Omega]$

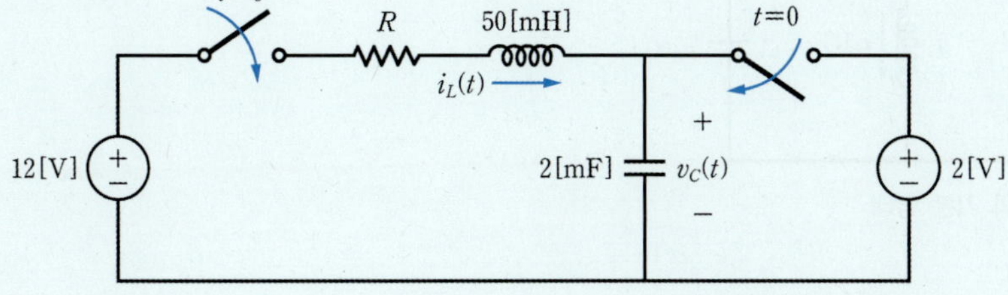


**[그림 9-46]**

SECTION 9.3

# $RLC$ 병렬회로

$RLC$ 병렬회로는 $RLC$ 직렬회로와 쌍대이기 때문에 앞에서 설명한 내용을 반대로 생각하면 된다. 직렬회로에서는 소자에 흐르는 전류의 값이 동일하므로 저장에너지는 인덕턴스의 값에 비례하고 소모전력은 저항값에 비례한다. 따라서 저항값이 증가할수록 소모에너지가 증가해 과제동 쪽으로 이동하게 된다. 즉 저항값이 작을 경우, 부족제동으로 응답하고 저항값이 클수록 과제동으로 응답한다.

한편 병렬회로에서는 인가되는 전압이 동일하므로 저장에너지는 커패시턴스에 비례하고, 소모전력은 저항 $R$의 역수에 비례한다. 따라서 저항값이 클수록 소모에너지가 작아 부족제동으로 응답하고 저항값이 작을수록 과제동으로 응답하게 된다. 여기서도 임계제동은 과제동과 부족제동의 경계점이다. [그림 9-47]의 회로에서 노드방정식을 구하면 다음과 같다.

$$\frac{v_C(t)}{R} + i_L(t) + C\frac{d}{dt}v_C(t) = i_S(t)$$

또한 $L$의 특성식은 다음과 같다.

$$v_C(t) = L\frac{d}{dt}i_L(t)$$

두 식을 이용해 전류 $i_L(t)$에 대한 미분방정식을 구하면 다음과 같다.

$$LC\frac{d^2}{dt^2}i_L(t) + \frac{L}{R}\frac{d}{dt}i_L(t) + i_L(t) = i_S(t) \quad (9.29)$$

식 (9.29)의 특수해는 전원인 $i_S(t)$에 의해 결정되므로 나중에 언급하기로 하고 일반해를 구하기 위해 $i_S(t) = 0$로 놓고 2차 방정식을 구하면 다음과 같다.

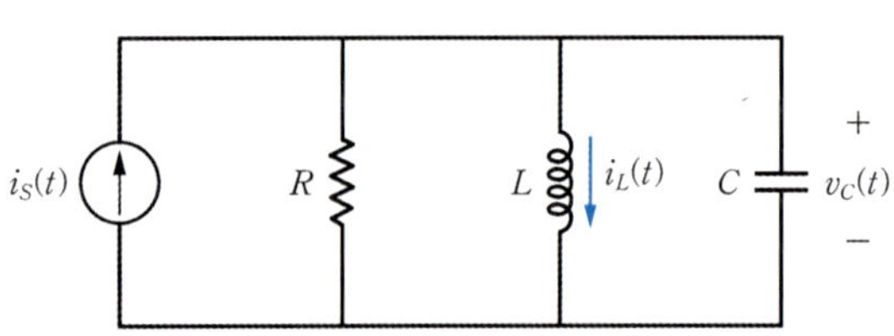


[그림 9-47] $RLC$ 병렬회로의 기본 형태

$$LC \cdot \alpha^2 + \frac{L}{R} \cdot \alpha + 1 = 0$$

위 방정식의 근을 구하면 다음과 같다.

$$\alpha_1,\quad \alpha_2 = \frac{-L/R \pm \sqrt{(L/R)^2 - 4LC}}{2LC} = -\frac{1}{2RC} \pm \sqrt{\left(\frac{1}{2RC}\right)^2 - \frac{1}{LC}}$$

회로의 동작은 판별식 $D$의 부호에 따른 근의 형태에 따라 달라진다. 각각의 동작조건은 다음과 같다.

❶ 과제동 동작조건 : $\left(\frac{1}{2}RC\right)^2 > 1/LC \quad \rightarrow \quad R < \frac{1}{2}\sqrt{L/C}$ (9.30a)

❷ 임계제동 동작조건 : $R = \frac{1}{2}\sqrt{L/C}$ (9.30b)

❸ 부족제동 동작조건 : $R > \frac{1}{2}\sqrt{L/C}$ (9.30c)

$RLC$ 직렬회로에서는 자연응답, 강제응답, 완전응답으로 구분하여 각각에 대해 회로의 동작(과제동, 임계제동, 부족제동)을 비교 · 검토했다. 이 절에서는 회로의 세 가지 동작에 대한 회로응답(자연응답, 강제응답, 완전응답)을 비교 · 검토할 것이다.

## 9.3.1 과제동

$RLC$ 병렬회로에서 과제동으로 회로가 응답하기 위해서는 다음 조건을 만족해야 한다.

$$R < \frac{1}{2}\sqrt{L/C}$$

따라서 [그림 9-48]의 회로는 $RLC$가 위 조건에 부합하므로 과제동으로 동작하게 되고, 인가하는 전류원의 파형에 따라 자연응답, 강제응답, 완전응답으로 나뉜다.

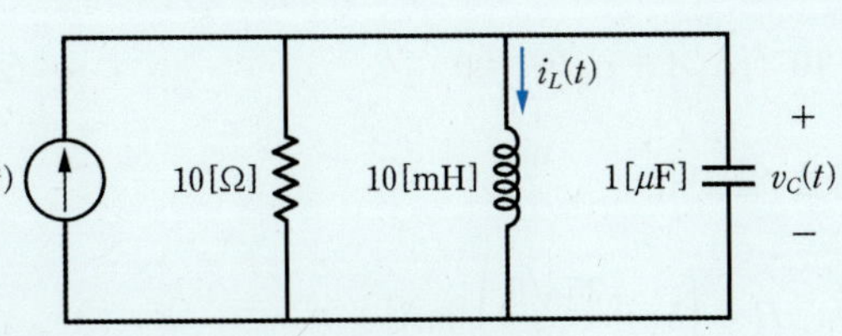


**[그림 9-48]** 과제동으로 응답하는 회로

다음 예제들을 통해 자연응답, 강제응답에 대한 전압 $v_C(t)$와 전류 $i_L(t)$의 파형에 대해 알아보자.

## ■ 자연응답(초깃값에 대한 응답)

**예제 9-10**

[그림 9-48]의 회로에서 인가되는 전류의 파형이 [그림 9-49]와 같을 때 전압 $v_C(t)$, 전류 $i_L(t)$의 파형을 그려라.

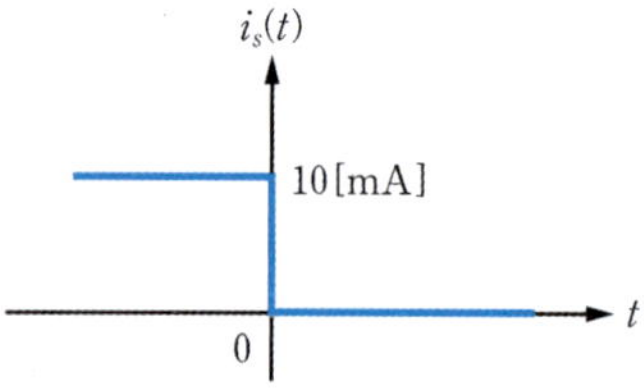


**[그림 9-49]** 전류 파형

**풀이**

$t < 0$ 영역에서는 인가전류가 $i_s(t) = 10\,[\mathrm{mA}]$인 직류전류가 흐르고 있다. 따라서 $L$은 단락회로, $C$는 개방회로이므로 $i_L(t) = 10\,[\mathrm{mA}]$, $v_C(t) = 0$가 된다.

$t > 0$ 영역에서는 [그림 9-48]의 회로로부터 노드방정식을 구하면 다음과 같다.

$$10^{-8} \cdot \frac{d^2}{dt} i_L(t) + 10^{-3} \cdot \frac{d}{dt} i_L(t) + i_L(t) = 0$$

우변이 0이므로 특수해는 0이고 일반해는 다음과 같다.

$$i_L(t) = Ae^{\alpha_1 t} + Be^{\alpha_2 t}$$

여기서 $\alpha_1$과 $\alpha_2$는 위 미분방정식으로부터 만들어지는 다음과 같은 2차 방정식의 근이다.

$$10^{-8}\alpha^2 + 10^{-3}\alpha + 1 = 0 \quad \rightarrow \quad \alpha^2 + 10^5\alpha + 10^8 = 0$$
$$\alpha_1,\quad \alpha_2 = -5 \times 10^4 \pm \sqrt{25 \times 10^8 - 10^8}$$
$$\alpha_1 = (-5 + 2\sqrt{6}) \times 10^4, \quad \alpha_2 = (-5 - 2\sqrt{6}) \times 10^4$$

두 실근을 가지므로 위 회로는 과제동으로 동작한다. 상수 $A$와 $B$를 구하기 위해 초깃값을 대입하면 다음과 같다.

$$i_L(0_+) = i_L(0_-) = 10\,[\mathrm{mA}] \quad \rightarrow \quad A + B = 1 \times 10^{-2} \qquad \cdots ①$$
$$v_C(t) = L\frac{d}{dt} i_L(t) = L\left(\alpha_1 Ae^{\alpha_1 t} + \alpha_2 Be^{\alpha_2 t}\right)$$
$$v_C(0_+) = v_C(0_-) = 0 \quad \rightarrow \quad 10^{-2}(\alpha_1 A + \alpha_2 B) = 0 \qquad \cdots ②$$

식 ①과 식 ②로부터 상수 $A$, $B$를 구하면 다음을 얻는다.

$$A = \left(5 + \frac{25\sqrt{6}}{12}\right)[\mathrm{mA}], \quad B = \left(5 - \frac{25\sqrt{6}}{12}\right)[\mathrm{mA}]$$

따라서 완전해(일반해)는 다음과 같다.

$$i_L(t) = \left(5 + \frac{25\sqrt{6}}{12}\right) \cdot e^{\alpha_1 t} + \left(5 - \frac{25\sqrt{6}}{12}\right) \cdot e^{\alpha_2 t}\ [\mathrm{mA}]$$
$$v_C(t) = 10^{-2}\frac{d}{dt} i_L(t) = -\frac{\left(e^{\alpha_1 t} - e^{\alpha_2 t}\right)}{4\sqrt{6}}\ [\mathrm{V}]$$

앞서 구한 결과로 전압 $v_C(t)$와 전류 $i_L(t)$의 파형을 나타내면 [그림 9-50]과 같다.

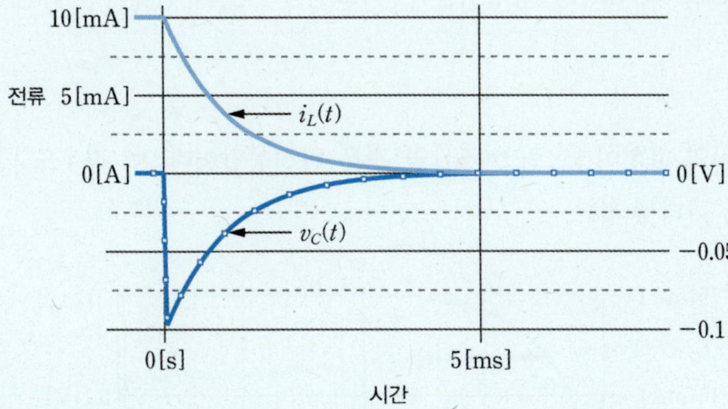


[그림 9-50] 자연응답에 대한 전압 $v_C(t)$와 전류 $i_L(t)$의 파형

### 실전문제 9-10

[그림 9-51]과 같은 회로에 인가되는 전류의 파형이 [그림 9-49]와 같을 때, $C$에 걸리는 전압 $v_C(t)$와 $L$에 흐르는 전류 $i_L(t)$의 파형을 구하라.

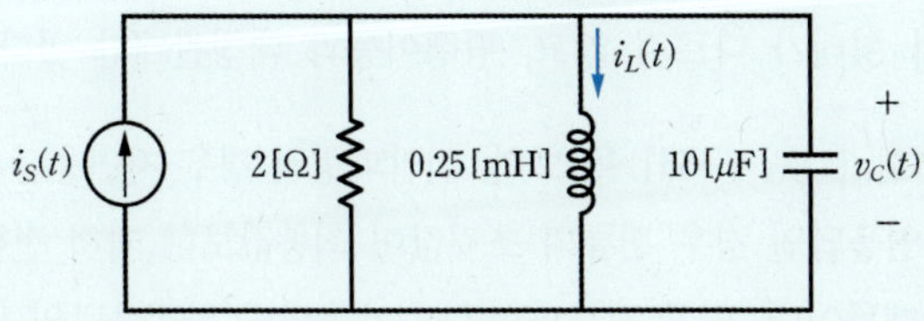


[그림 9-51]

## ■ 강제응답

[그림 9-48]의 회로에 인가되는 전류원의 파형이 [그림 9-52]일 경우는 강제응답이다. 앞의 경우와 풀이 방법이 동일하므로 여기서는 언급하지 않고 [그림 9-53]과 같이 그 결과만 그래프로 나타냈다.

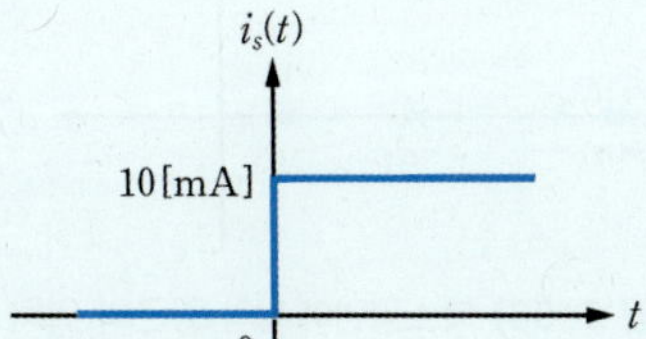


[그림 9-52] 인가되는 전류원의 파형

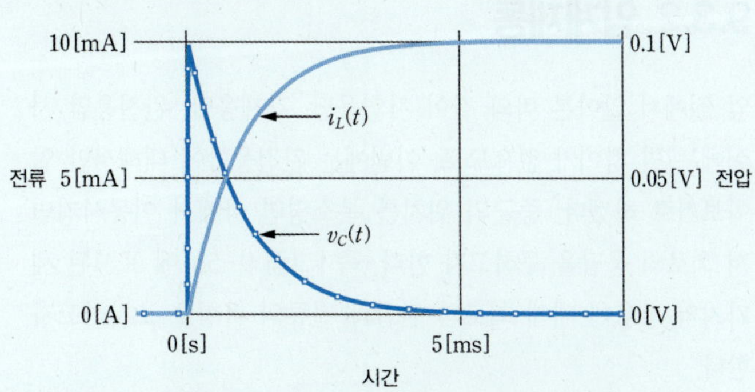


[그림 9-53] 강제응답에 대한 전압 $v_C(t)$와 전류 $i_L(t)$의 파형

[그림 9-50]과 [그림 9-53]을 비교해보면, 전압파형은 시간축에 서로 대칭이 되고, [그림 9-50]의 전류파형을 시간축에 대칭한 후 전류축으로 10 [mA] 평행이동하면 [그림 9-53]의 전류파형이 된다.

### ■ 완전응답

[그림 9-48]의 회로에 인가되는 전류원의 파형이 [그림 9-54]일 경우 완전응답이다. 이 경우도 [그림 9-55]와 같이 그 결과만 그래프로 나타냈다.

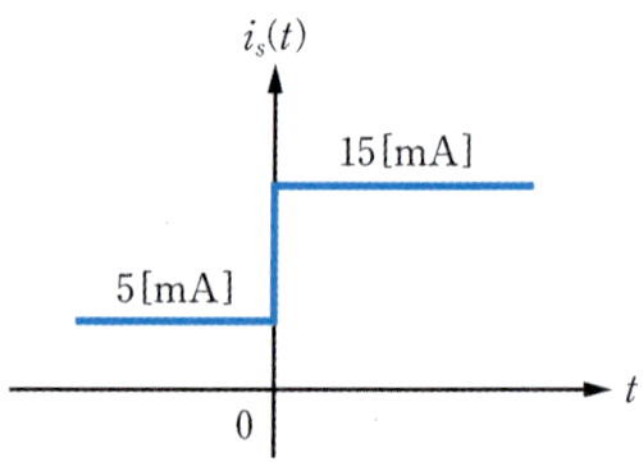


[그림 9-54] 인가되는 전류원의 파형

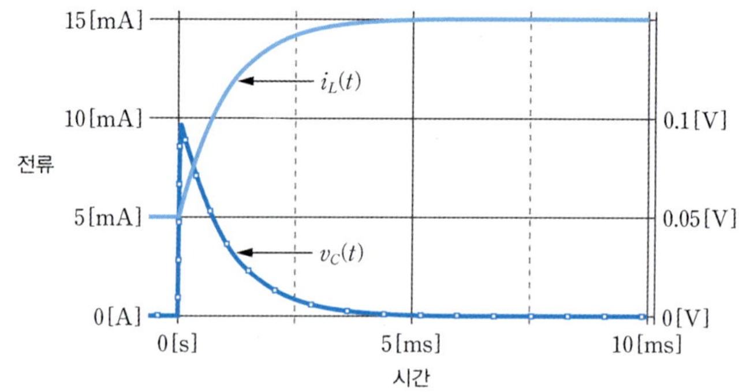


[그림 9-55] 완전응답에 대한 전압 $v_C(t)$와 전류 $i_L(t)$의 파형

[그림 9-55]의 결과 역시 앞에서 구한 결과와 형태가 다르지 않고, 평행이동과 대칭관계가 있다.

앞에서 구한 3개의 파형([그림 9-50], [그림 9-53], [그림 9-55])을 보면, 전압파형의 경우 자연응답은 다른 두 경우에 비해 극성이 반대이다. 이는 자연응답인 경우 전류의 초깃값이 최종값보다 커서 전류가 감소하는 것이고, 다른 두 경우는 반대이기 때문이다. 또한 전류파형은 강제응답과 완전응답의 경우 전류축으로 평행이동한 경우와 동일하고 자연응답과는 극성이 반대이다. 결론적으로 자연응답, 강제응답, 완전응답은 초깃값과 최종값의 차이로 인해 수치적으로 차이가 있지만 변화 양상에는 차이가 없음을 보여준다.

## 9.3.2 임계제동

앞 절에서 알아본 바와 같이 자연응답, 강제응답, 완전응답 사이에는 별 차이가 없으므로, 이번에는 완전응답에 대해서만 알아보기로 하겠다. 중근의 위치를 복소평면 상에서 이동시키면서 회로의 응답을 구하고자 한다. 즉 [그림 9-56]에 표시된 세 가지의 경우에 대해 회로의 전압과 전류의 파형을 조사하고자 한다.

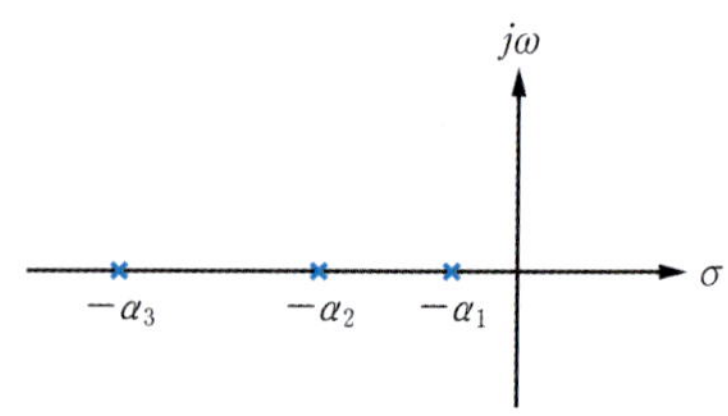


[그림 9-56] 복소평면에서의 중근의 위치

먼저 임계제동으로 회로가 동작하려면 $RLC$ 병렬회로에서는 식 (9.30b)를 만족해야 한다($R = \frac{1}{2}\sqrt{L/C}$). $RLC$ 병렬회로에서 $R = 50\,[\Omega]$으로 고정했을 때 [그림 9-55]의 회로와 같이 $C$를 $L$에 연동해서 정하게 되면 항상 임계제동으로 회로가 동작한다.

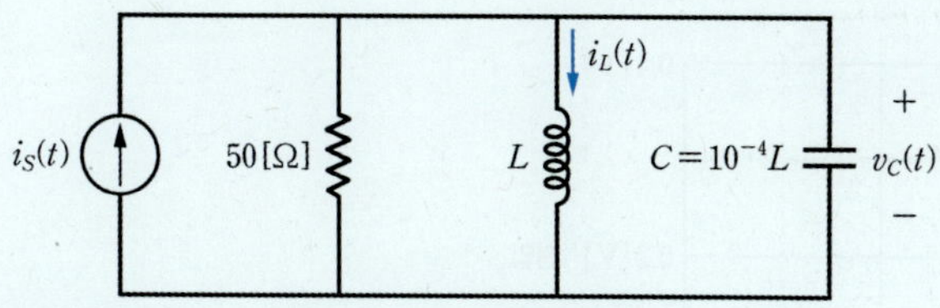


**[그림 9-57]** 임계제동으로 동작하는 회로

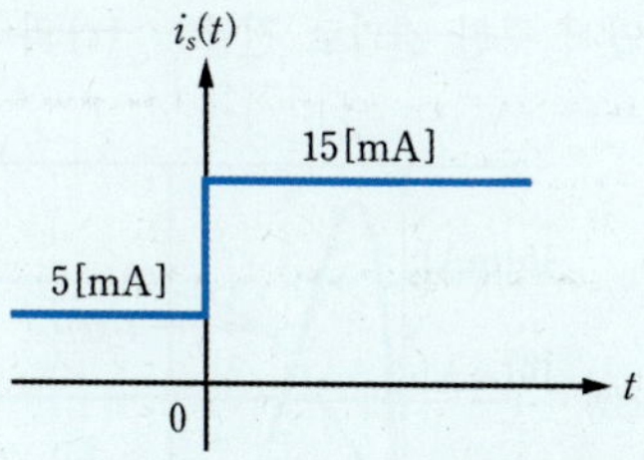


**[그림 9-58]** 인가되는 전류원의 파형

또한 완전응답에 대한 회로 동작을 고찰하려면 [그림 9-58]과 같은 파형의 전류가 인가되어야 한다.

## ■ $\alpha_1 = -10^4$에 중근이 존재할 경우

**예제 9-11**

[그림 9-57]의 회로에 인가되는 전류원의 파형이 [그림 9-58]과 같고, $R = 50\,[\Omega]$, $L = 10\,[\text{mH}]$, $C = 1\,[\mu\text{F}]$으로 소자의 값을 정할 경우, 전압 $v_C(t)$와 전류 $i_L(t)$의 파형을 그려라.

**풀이**

$t < 0$ 영역에서는 전류는 $i_L(t) = i_s(t) = 5\,[\text{mA}]$, 전압은 $v_C(t) = 0$가 된다.

$t > 0$ 영역에서는 주어진 회로에서 노드방정식과 $L$의 특성식을 구하면 다음과 같다.

$$\frac{v_C(t)}{50} + i_L(t) + 10^{-6}\frac{d}{dt}v_C(t) = 15 \times 10^{-3}$$

$$v_C(t) = 10^{-2}\frac{d}{dt}i_L(t)$$

두 식으로부터 전류 $i_L(t)$에 대한 미분방정식을 구하면 다음을 얻는다.

$$\frac{d^2}{dt^2}i_L(t) + 2 \times 10^4\frac{d}{dt}i_L(t) + 10^8 i_L(t) = 1.5 \times 10^6$$

미분방정식의 우변이 상수이므로 특수해를 구하면 $i_L(t) = 15\,[\text{mA}]$가 된다. 또한 일반해를 구하면 $i_L(t) = (A + Bt)e^{-10^4 t}$이 되므로 일반해와 특수해를 더해 구해지는 완전해는 다음과 같다.

$$i_L(t) = 15 + (A + Bt)e^{-10^4 t}\,[\text{mA}]$$

여기에 초깃값을 대입해 상수 $A$, $B$를 구하면 다음과 같다.

$$A = -10\,[\text{mA}], \quad B = 10^4 A$$

이를 완전해에 대입하면 다음을 얻는다.

$$i_L(t) = 15 - 10(1 + 10^4 t)e^{-10^4 t}\,[\text{mA}]$$

$$v_C(t) = 10^4 t \cdot e^{-10^4 t}\,[\text{V}]$$

앞서 구한 결과로 전압 $v_C(t)$와 전류 $i_L(t)$의 파형을 나타내면 [그림 9-59]와 같다.

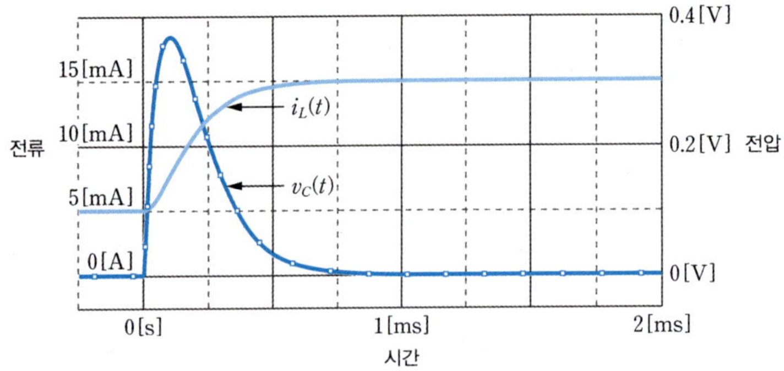


[그림 9-59] 전압 $v_C(t)$와 전류 $i_L(t)$의 파형

### 실전문제 9-11

[그림 9-57]의 회로에 인가되는 전류원의 파형이 [그림 9-60]과 같을 때, 회로로부터 전압 $v_C(t)$와 전류 $i_L(t)$의 파형을 구하라.

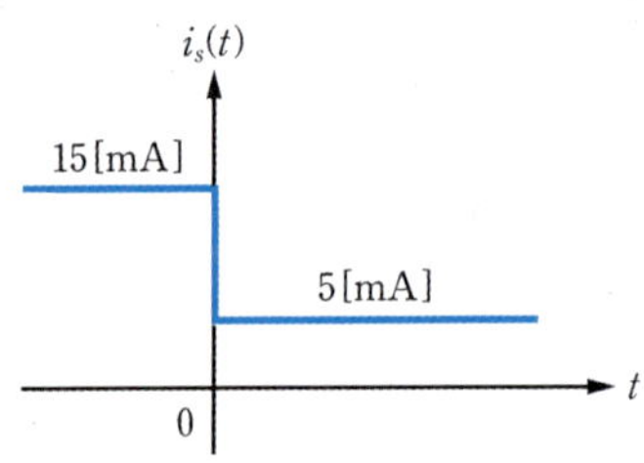


[그림 9-60]

## ■ $\alpha_1 = 10^5$에 중근이 존재할 경우

[그림 9-57]의 회로가 $R = 50\,[\Omega]$, $L = 1\,[\text{mH}]$, $C = 0.1\,[\mu\text{F}]$일 경우, 복소평면에서 근의 위치는 $\alpha_1 = -10^5$으로 임계제동으로 동작한다. 인가되는 전류의 파형이 [그림 9-58]과 같을 때, 회로 해석 방법은 앞에서 구한 방법과 유사하므로 여기서는 생략한다. 다만 전압 $v_C(t)$와 전류 $i_L(t)$에 대한 수식은 식 (9.31)에 표현했으며, 파형은 [그림 9-61]에 표현했다.

$$i_L(t) = 15 - 10(1 + 10^5 t)e^{-10^5 t} \tag{9.31a}$$

$$v_C(t) = 10^5 t \cdot e^{-10^5 t}\,[\text{V}] \tag{9.31b}$$

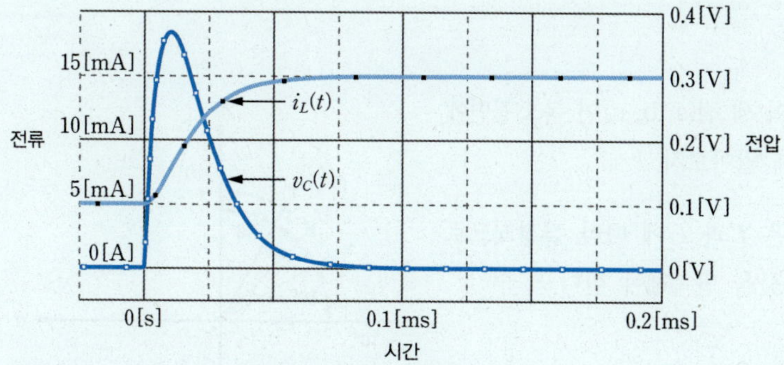


[그림 9-61] 전압 $v_C(t)$와 전류 $i_L(t)$의 파형

## ■ $\alpha_1 = -10^6$에 중근이 존재할 경우

$R = 50\,[\Omega]$, $L = 0.1\,[\mathrm{mH}]$, $C = 10\,[\mathrm{nF}]$으로 소자의 값을 정할 경우, 회로는 임계제동으로 동작하며 복소평면에서의 근의 위치는 $\alpha_1 = -10^6$이다. [그림 9-57]의 회로에 인가되는 전류의 파형이 [그림 9-58]일 경우, 전압 $v_C(t)$와 전류 $i_L(t)$의 파형을 구한 결과만 표현하면 식 (9.32)와 같고, 전압 $v_C(t)$와 전류 $i_L(t)$의 파형을 나타내면 [그림 9-62]와 같다.

$$v_C(t) = 10^6 t \cdot e^{-10^6 t}\,[\mathrm{V}] \tag{9.32a}$$

$$i_L(t) = 15 - 10(1 + 10^6 t) \cdot e^{-10^6 t}\,[\mathrm{mA}] \tag{9.32b}$$

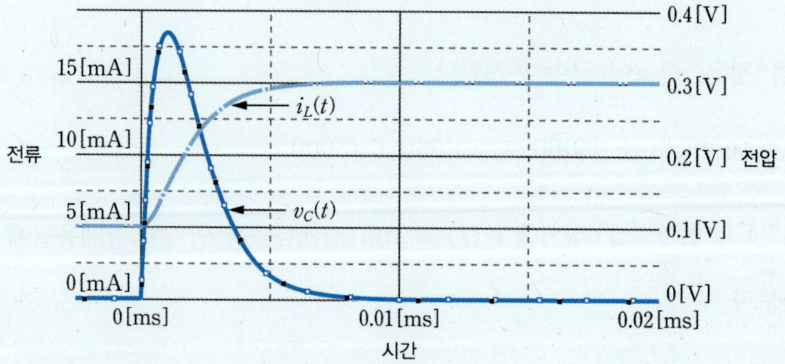


[그림 9-62] 전압 $v_C(t)$와 전류 $i_L(t)$의 파형

앞에서 구한 3개의 파형([그림 9-59], [그림 9-61], [그림 9-62])을 보면, 파형의 변화 양상이나 전압과 전류의 크기는 동일하지만, 시간축으로는 축소되어 있다. 2차 회로(부족제동과 과제동 포함)에서 만들어지는 근이 원점에서 같은 방향으로 크기만 변하는 경우, 전압파형과 전류파형은 변화 양상은 동일하지만 크기에 비례하게 시간축으로 축소되는 것을 알 수 있다.

## 9.3.3 부족제동

이 절에서는 [그림 9-63]과 같이 세 점(a, b, c)이 복소평면에 존재할 경우의 회로응답에 대해 알아보자.

먼저 근이 존재하는 원의 반경은 $L$과 $C$에 따라 결정되므로 $RLC$ 병렬회로에서는 식 (9.33)을 만족해야 한다.

$$\frac{1}{\sqrt{LC}} = 10^4 \quad (9.33)$$

[그림 9-64]와 같이 $RLC$ 병렬회로에서 $L = 10\,[\mathrm{mH}]$로 고정하고, 식 (9.33)을 만족하도록 $C = 1\,[\mu\mathrm{F}]$으로 정하면 항상 2차 회로의 근이 [그림 9-63]의 원주 위에 존재한다.

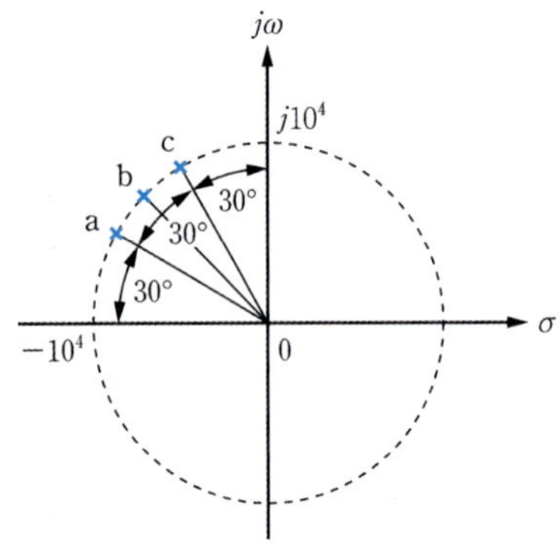

[그림 9-63] 2차 회로의 근의 위치

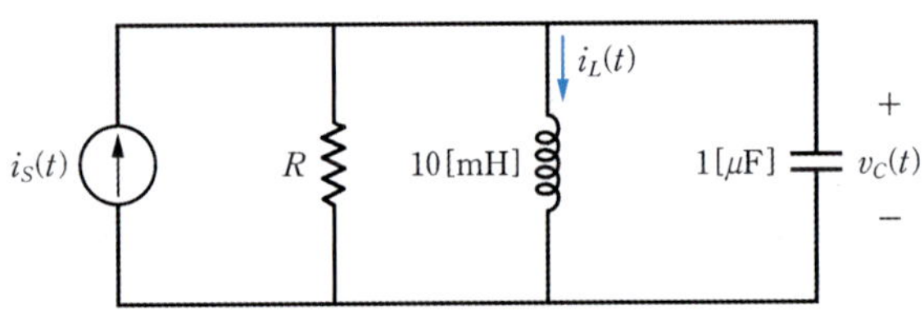

[그림 9-64] 부족제동으로 동작하는 $RLC$ 병렬회로

### ■ 점 a에 근이 존재할 경우

2차 방정식의 근이 다음과 같을 경우, 점 a에 근이 존재한다.

$$\alpha = -5000\sqrt{3} \pm j5000 = -8660 \pm j5000$$

따라서 $R = \frac{100}{\sqrt{3}} = 57.7\,[\Omega]$으로 결정된다. 여기에 $i_s(t) = 10u(t)\,[\mathrm{mA}]$를 인가한 강제응답에 대한 풀이를 예제를 통해 알아보자.

#### 예제 9-12

[그림 9-64]의 회로에서 만들어지는 2차 방정식의 근이 점 a에 존재할 때, $C$의 전압 $v_C(t)$와 전류 $i_L(t)$의 파형을 그려라. 단, $R = 57.7\,[\Omega]$, $i_s(t) = 10u(t)$이다.

**풀이**

미분방정식을 구하면 다음과 같다.

$$\frac{1}{LC}\frac{d^2}{dt^2}i_L(t) + \frac{1}{RC}\frac{d}{dt}i_L(t) + i_L(t) = i_s(t)$$

$t < 0$ 영역에서는 전원의 크기가 0이므로 전류는 $i_L(t) = 0$, 전압도 $v_C(t) = 0$가 된다.

$t > 0$ 영역에서 특수해와 일반해를 구하면 다음과 같다.

$$i_L(t) = 10\,[\text{mA}]$$
$$i_L(t) = e^{-8660t} \cdot (A\cos 5000t + B\sin 5000t)$$

일반해와 특수해를 더한 완전해는 다음과 같다.

$$i_L(t) = 10^{-2} + e^{-8660t}(A\cos 5000t + B\sin 5000t)$$

이 식에 초깃값을 대입해 상수 $A$, $B$를 구하면 다음을 얻는다.

$$10^{-2} + A = 0 \quad \rightarrow \quad A = -10^{-2}$$
$$v_C(0) = L\frac{d}{dt}i_L(t)\Big|_{t=0} = -8660A + 5000B = 0$$
$$B = 1.73A = -17.3 \times 10^{-3}$$

따라서 전류 $i_L(t)$, 전압 $v_C(t)$에 상수 $A$, $B$를 대입하면 다음을 얻는다.

$$i_L(t) = 10 - 10e^{-8660t}(\cos 5000t + 1.73\sin 5000t)\,[\text{mA}]$$
$$v_C(t) = 2e^{-8660t} \cdot \sin 5000t\,[\text{V}]$$

앞서 구한 결과로 전압 $v_C(t)$와 전류 $i_L(t)$의 파형을 나타내면 [그림 9-65]와 같다. 근의 위치가 실수축에 가까이 있으면 수식으로는 부족제동의 형태가 되지만, 파형은 오버슈터가 없는 임계제동과 유사하다.

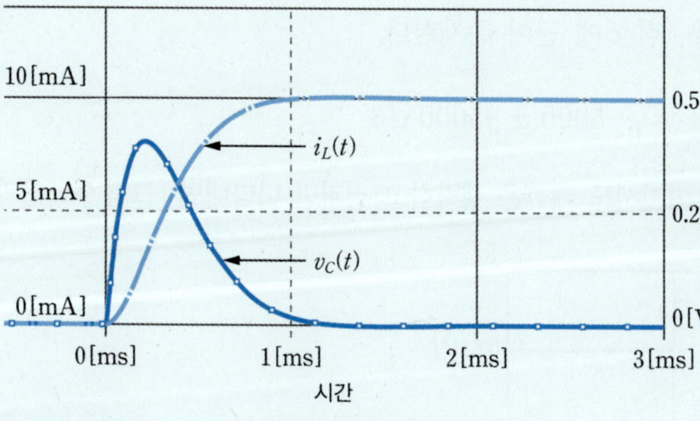


**[그림 9-65]** 전압 $v_C(t)$와 전류 $i_L(t)$의 파형

**실전문제 9-12**

[그림 9-63]의 회로에서 만들어지는 2차 방정식의 근이 점 a에 존재할 때, 자연응답에 대한 커패시터의 전압 $v_C(t)$와 전류 $i_L(t)$의 파형을 구하라. 단, $R = 57.7\,[\Omega]$, $i_s(t) = 10u(-t)$이다.

## ■ 점 b에 근이 존재할 경우

2차 방정식의 근이 다음과 같을 경우, 점 b에 근이 존재한다.

$$\alpha = \frac{-10^4}{\sqrt{2}} \pm j\frac{10^4}{\sqrt{2}}$$

따라서 $R = \dfrac{100}{\sqrt{2}}\,[\Omega]$으로 결정된다. 전압 $v_C(t)$와 전류 $i_L(t)$의 파형을 구하는 방법은 앞에서 언급했으므로 여

기서는 생략하고, 파형을 나타내면 [그림 9-66]과 같다.

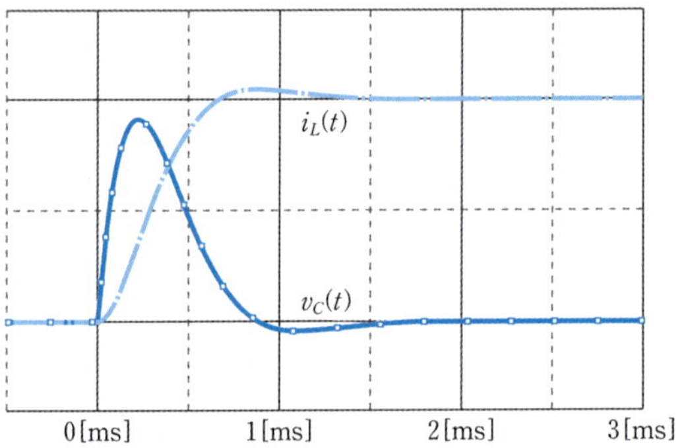


[그림 9-66] 전압 $v_C(t)$와 전류 $i_L(t)$의 파형

## ■ 점 c에 근이 존재할 경우

2차 방정식의 근이 다음과 같을 경우, 점 c에 근이 존재한다.

$$\alpha = -5000 \pm j5000\sqrt{3}$$

따라서 $R = 100\,[\Omega]$으로 결정된다. 여기서도 계산은 생략하고 결과만 나타내면 [그림 9-67]과 같다.

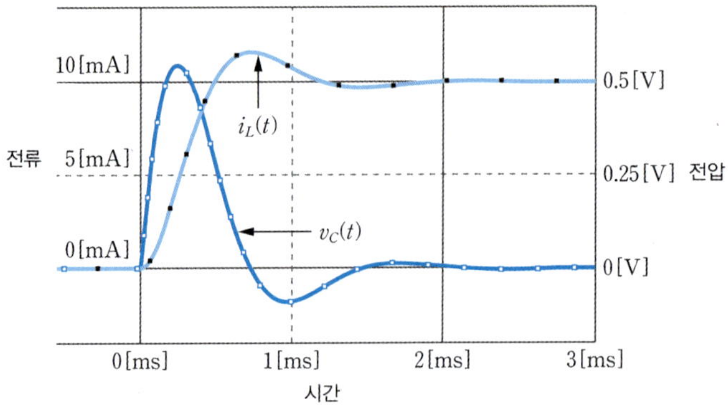


[그림 9-67] 전압 $v_C(t)$와 전류 $i_L(t)$의 파형

이상의 세 가지 경우에 대한 결과로부터 근의 위치가 허수축 쪽으로 이동할수록 오버슈터가 크게 나타나게 된다는 결론을 얻을 수 있다.

SECTION

# 9.4 기타 2차 회로들의 응답

지금까지는 서로 다른 종류의 에너지 저장소자를 사용한 2차 회로에 대해 살펴보았다. 지금부터는 같은 종류의 에너지 저장소자를 사용한 2차 회로에 대해 살펴볼 것이다. 이 경우에는 저장에너지가 다른 저장소자로 이동하지 않으므로 회로는 항상 과제동으로만 동작한다.

## 9.4.1 커패시터 $C$가 2개 있는 회로

합성이 되지 않고 초깃값을 임의로 부여할 수 있는 $C$가 2개 있는 회로를 해석하는 방법을 예제를 통해 알아본다.

**예제 9-13**

다음 회로에서 $C$에 걸리는 전압 $v_{C1}(t)$, $v_{C2}(t)$의 파형을 그려라.

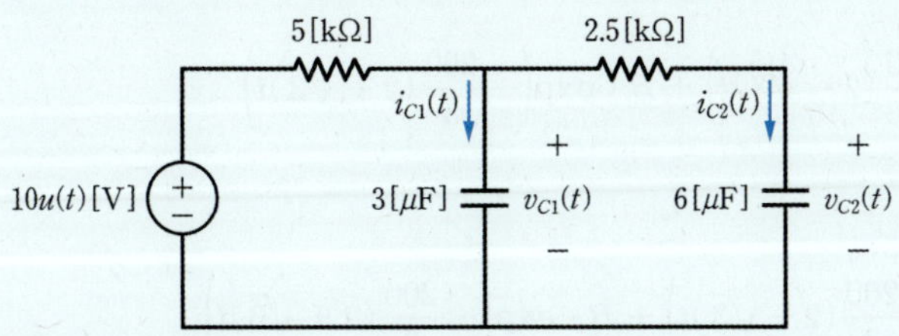


[그림 9-68] [예제 9-13]의 회로

**풀이**

$t < 0$ 영역에서는 인가전압이 0이므로 $C$에 저장된 에너지는 각각 5[kΩ]과 2.5[kΩ]의 저항을 통해 모두 소모되어 $v_{C1}(t) = v_{C2}(t) = 0$가 성립한다.

$t > 0$ 영역에서 2개의 루프방정식을 구하면 다음과 같다.

$$5 \times 10^3\{i_{C1}(t) + i_{C2}(t)\} + v_{C1}(t) = 10$$
$$v_{C1}(t) = 2.5 \times 10^3 \cdot i_{C2}(t) + v_{C2}(t)$$

$C$의 특성식은 각각 다음과 같다.

$$i_{C1}(t) = 3 \times 10^{-6} \cdot \frac{d}{dt} v_{C1}(t)$$

$$i_{C2}(t) = 6 \times 10^{-6} \cdot \frac{d}{dt} v_{C2}(t)$$

특성식 2개를 루프방정식에 대입하면 다음과 같다.

$$15 \times 10^{-3} \frac{d}{dt} v_{C1}(t) + 30 \times 10^{-3} \frac{d}{dt} v_{C2}(t) + v_{C1}(t) = 10 \qquad \cdots ①$$

$$v_{C1}(t) = 15 \times 10^{-3} \frac{d}{dt} v_{C2}(t) + v_{C2}(t) \qquad \cdots ②$$

식 ②를 식 ①에 대입하면 다음을 얻는다.

$$225 \times 10^{-6} \frac{d^2}{dt^2} v_{C2}(t) + 60 \times 10^{-3} \frac{d}{dt} v_{C2}(t) + v_{C2}(t) = 10 \qquad \cdots ③$$

식 ③의 특수해를 구하면 우변이 상수이므로 전압 $v_C(t)$도 상수이고, 따라서 $v_{C2}(t) = 10$이 된다. 일반해를 구하기 위한 2차 방정식을 구하면 다음과 같다.

$$\alpha^2 + \frac{800}{3}\alpha + \frac{4}{9} \times 10^4 = 0$$

$$\alpha_1 = -\frac{400}{3} + \frac{\sqrt{12}}{3} \times 10^2 = -\frac{200}{3}(2 - \sqrt{3})$$

$$\alpha_2 = -\frac{400}{3} - \frac{\sqrt{12}}{3} \times 10^2 = -\frac{200}{3}(2 + \sqrt{3})$$

일반해는 다음과 같다.

$$v_{C2}(t) = A \cdot \exp\left(-\frac{200}{3}(2 - \sqrt{3})t\right) + B \cdot \exp\left(-\frac{200}{3}(2 + \sqrt{3})t\right)$$

따라서 완전해는 다음과 같다.

$$v_{C2}(t) = 10 + A \cdot \exp\left(-\frac{200}{3}(2 - \sqrt{3})t\right) + B \cdot \exp\left(-\frac{200}{3}(2 + \sqrt{3})t\right)$$

위 식을 미분한 후 $15 \times 10^{-3}$을 곱하면 다음과 같다.

$$\begin{aligned} 15 \times 10^{-3} \frac{d}{dt} v_{C2}(t) &= -(2 - \sqrt{3})A \cdot \exp\left(-\frac{200}{3}(2 - \sqrt{3})t\right) \\ &\quad -(2 + \sqrt{3})B \cdot \exp\left(-\frac{200}{3}(2 + \sqrt{3})t\right) \end{aligned}$$

식 ②를 사용하면 다음을 얻을 수 있다.

$$\begin{aligned} v_{C1}(t) &= 10 - (1 - \sqrt{3})A \cdot \exp\left(-\frac{200}{3}(2 - \sqrt{3})t\right) \\ &\quad - (1 + \sqrt{3})B \cdot \exp\left(-\frac{200}{3}(2 + \sqrt{3})t\right) \end{aligned}$$

상수 $A$, $B$를 구하기 위해 초깃값을 대입하면 다음을 얻는다.

$$10 + A + B = 0$$
$$10 - (1 - \sqrt{3})A - (1 + \sqrt{3})B = 0$$

두 방정식으로부터 $A$, $B$를 구하면 $A = -\left(\dfrac{10}{\sqrt{3}} + 5\right)$, $B = \left(\dfrac{10}{\sqrt{3}} - 5\right)$가 된다. 이 값을 대입하면 다음 식을 얻는다.

$$\begin{aligned} v_{C1}(t) &= 10 - 5(1 + \frac{1}{\sqrt{3}}) \cdot \exp\left(-\frac{200}{3}(2 - \sqrt{3})t\right) \\ &\quad - 5(1 - \frac{1}{\sqrt{3}}) \cdot \exp\left(-\frac{200}{3}(2 + \sqrt{3})t\right) \end{aligned}$$

$$\begin{aligned} v_{C2}(t) &= 10 - 5\left(\frac{2}{\sqrt{3}} + 1\right) \cdot \exp\left(-\frac{200}{3}(2 - \sqrt{3})t\right) \\ &\quad + 5\left(\frac{2}{\sqrt{3}} - 1\right) \cdot \exp\left(-\frac{200}{3}(2 + \sqrt{3})t\right) \end{aligned}$$

$C$에 걸리는 각 전압의 파형을 그리면 [그림 9-69]와 같다.

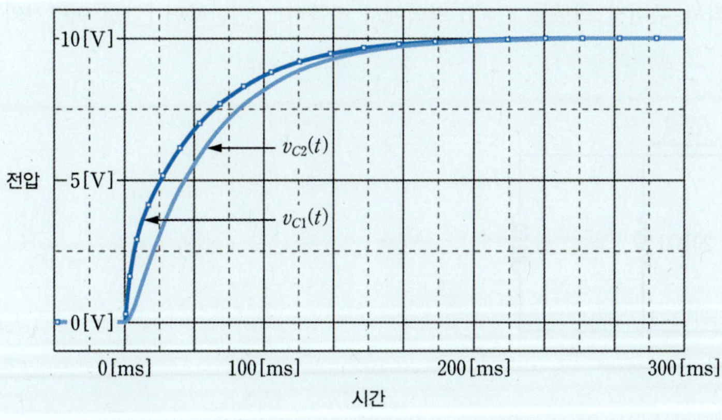


**[그림 9-69]** 전압 $v_{C1}(t)$와 $v_{C2}(t)$의 파형

## 실전문제 9-13

다음 회로에서 전압 $v_{C1}(t)$, $v_{C2}(t)$의 파형을 구하라.

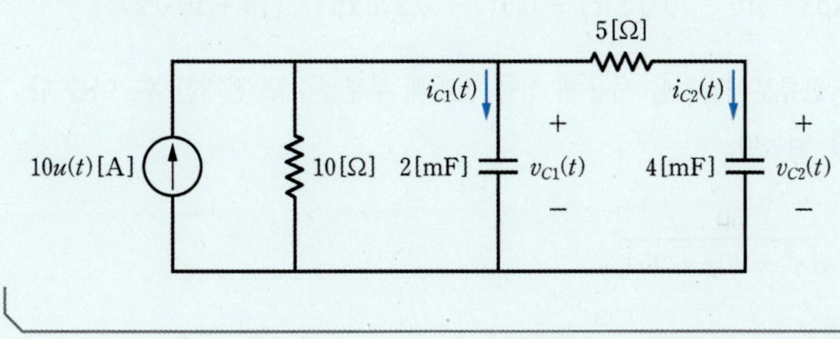


**[그림 9-70]**

## 9.4.2 인덕터 $L$이 2개 있는 회로

하나로 합성이 되지 않는 $L$이 2개 있는 회로에 대한 해석을 다음 예제를 통해 알아보자.

### 예제 9-14

다음 회로에서 $L$에 흐르는 전류 $i_{L1}(t)$, $i_{L2}(t)$의 파형을 그려라.

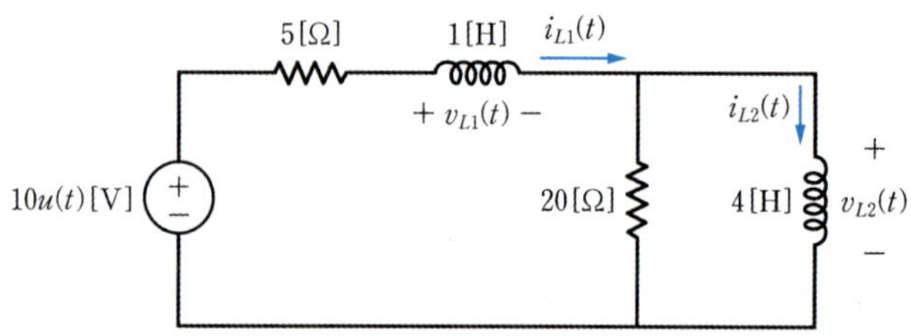


[그림 9-71] [예제 9-14]의 회로

**풀이**

$t < 0$ 영역에서는 인가전압의 크기가 0이므로 $L$에 저장된 에너지는 저항에 의해 모두 소모되어 $i_{L1}(t) = i_{L2}(t) = 0$가 성립한다. 따라서 주어진 회로를 $t > 0$ 영역에서 라플라스 변환하면 [그림 9-72]와 같다.

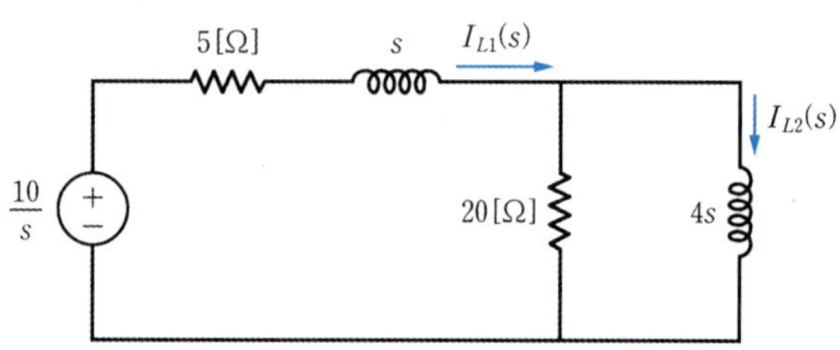


[그림 9-72] 라플라스 변환된 회로

회로로부터 전류 $I_{L1}(s)$를 정리한 후, 다시 역 라플라스 변환하면 $i_{L1}(t)$를 얻는다.

$$I_{L1}(s) = \frac{10/s}{5 + s + 20//4s} = \frac{10}{s} \cdot \frac{4s + 20}{(s+5)(4s+20) + 20 \cdot 4s}$$

$$I_{L1}(s) = \frac{10(s+5)}{s(s^2 + 30s + 25)} = \frac{2}{s} - \frac{0.5(2+\sqrt{2})}{s + 15 - 10\sqrt{2}} + \frac{0.5(2-\sqrt{2})}{s + 15 + 10\sqrt{2}}$$

$$i_{L1}(t) = 2 - 0.5(2+\sqrt{2})\exp\{-(15 - 10\sqrt{2})t\} - 0.5(2-\sqrt{2})\exp\{-(15+10\sqrt{2})t\}$$

전류 $I_{L2}(s)$는 $I_{L1}(s)$의 일부이다. 전류분배법칙을 사용해 식을 정리해 부분분수로 전개한 후, 이를 다시 역 라플라스 변환하면 $i_{L2}(t)$를 얻는다.

$$I_{L2}(s) = \frac{20}{4s + 20} \cdot I_{L1}(s) = \frac{50}{s(s^2 + 30s + 25)}$$

$$I_{L2}(s)=\frac{2}{s}-\frac{1+3\sqrt{2}/4}{s+15-10\sqrt{2}}-\frac{1-3\sqrt{2}/4}{s+15+10\sqrt{2}}$$

$$i_{L1}(t)=2-\left(1+\frac{3\sqrt{2}}{4}\right)\cdot\exp\{-(15-10\sqrt{2})t\}-\left(1-\frac{3\sqrt{2}}{4}\right)\cdot\exp\{-(15+10\sqrt{2})t\}$$

각 $L$에 흐르는 전류의 파형을 그리면 [그림 9-73]과 같다.

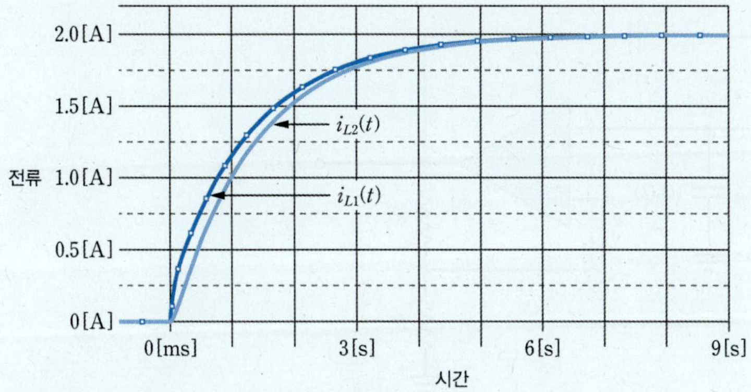


**[그림 9-73]** 전류 $i_{L1}(t)$와 $i_{L2}(t)$의 파형

**실전문제 9-14**

다음 회로에서 $L$에 흐르는 전류 $i_{L1}(t)$, $i_{L2}(t)$의 파형을 구하라.

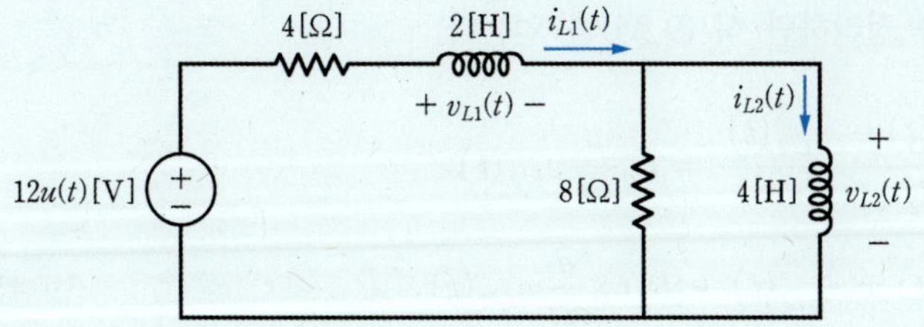


**[그림 9-74]**

## 9.4.3 연산증폭기를 사용한 회로

연산증폭기를 사용하면 같은 종류의 저장소자를 사용하더라도 회로가 부족제동으로 동작할 수 있다. 이는 연산증폭기가 출력전압을 증폭시킴으로써 2개의 저장소자의 저장에너지가 서로 이동하는 경우가 생길 수 있기 때문이다. 다음 회로에 대해 가능한 동작모드를 살펴보자.

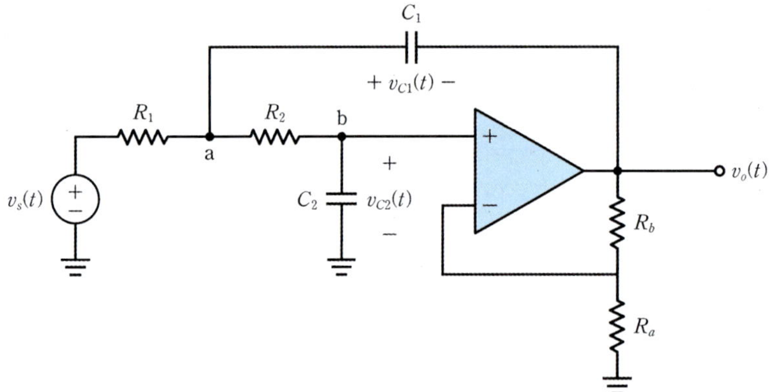


[그림 9-75] 연산증폭기를 사용한 2차 회로

연산증폭기는 비반전증폭기이므로 다음이 성립한다.

$$v_o(t) = \left(\frac{1 + R_b}{R_a}\right) \cdot v_{C2}(t) = A_v \cdot v_{C2}(t) \tag{9.34}$$

점 b에서 노드방정식을 구한 후, 이를 정리하면 식 (9.35)를 얻는다.

$$\frac{v_o(t) + v_{C1}(t) - v_{C2}(t)}{R_2} = C_2 \frac{d}{dt} v_{C2}(t)$$

$$v_o(t) + v_{C1}(t) = v_{C2}(t) + R_2 C_2 \frac{d}{dt} v_{C2}(t) \tag{9.35}$$

점 a에서 노드방정식을 구한 후, 식 (9.35)를 이용해 정리하면 식 (9.36)을 얻는다.

$$\frac{v_o(t) + v_{C1}(t) - v_s(t)}{R_1} + C_2 \frac{d}{dt} v_{C2}(t) + C_1 \frac{d}{dt} v_{C1}(t) = 0$$

$$v_{C2}(t) + R_2 C_2 \frac{d}{dt} v_{C2}(t) + R_1 C_2 \frac{d}{dt} v_{C2}(t) + R_1 C_1 \frac{d}{dt} v_{C1}(t) = v_s(t) \tag{9.36}$$

식 (9.34)와 식 (9.35)를 사용하면 다음을 얻는다.

$$v_{C1}(t) = (1 - A_v) v_{C2}(t) + R_2 C_2 \frac{d}{dt} v_{C2}(t)$$

이를 식 (9.36)에 대입하면 다음 식과 같이 전압 $v_{C2}(t)$에 대한 2차 미분방정식을 얻을 수 있다.

$$R_1R_2C_1C_2\frac{d^2}{dt^2}v_{C2}(t)+\{(1-A_v)R_1C_1+R_1C_2+R_2C_2\}\frac{d}{dt}v_{C2}(t)+v_{C2}(t)=v_s(t)$$

$\dfrac{d}{dt}=D$로 치환해 정리하면 다음과 같다.

$$\left[R_1R_2C_1C_2D^2+\{(1-A_v)R_1C_1+R_1C_2+R_2C_2\}D+1\right]v_{C2}=v_s(t)$$

세 가지 제동방식의 동작조건을 판별식을 사용해 나타내면 다음과 같다. 이 조건을 통해 응답 가능한 회로를 설계할 수 있다.

❶ 과제동 동작조건 : $(R_1C_1+R_1C_2+R_2C_2-A_vR_1C_1)^2-4R_1R_2C_1C_2>0$

❷ 임계제동 동작조건 : $(R_1C_1+R_1C_2+R_2C_2-A_vR_1C_1)^2-4R_1R_2C_1C_2=0$

❸ 부족제동 동작조건 : $(R_1C_1+R_1C_2+R_2C_2-A_vR_1C_1)^2-4R_1R_2C_1C_2<0$

이 세 가지 동작모드로 응답 가능한 회로를 설계할 수 있다. 세 가지 풀이 방법이 유사하므로 과제동에 대해서 예제를 통해 알아보고 나머지는 결과만 표현하기로 하자.

❶ 과제동 동작조건 : $(R_1C_1+R_1C_2+R_2C_2-A_vR_1C_1)^2-4R_1R_2C_1C_2>0$

### 예제 9-15

다음 회로에서 출력전압 $v_o(t)$의 파형을 그려라.

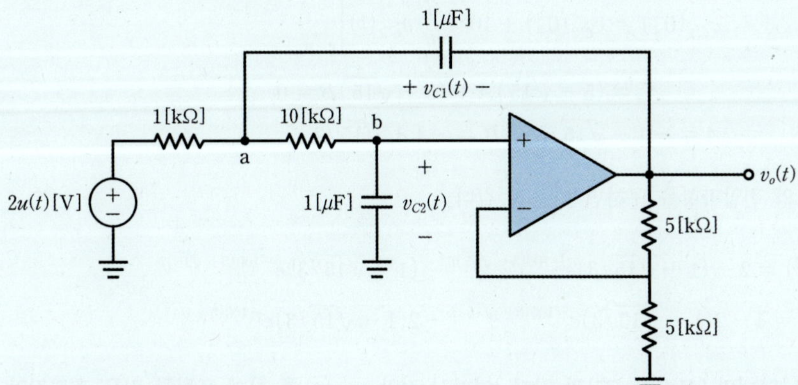


**[그림 9-76]** [예제 9-15]의 회로

#### 풀이

$t<0$ 영역에서는 인가전압의 크기가 0이고 $C$의 방전루프가 존재하므로, $C$에 저장된 에너지가 모두 소모된다. 즉 $v_{C1}(t)=v_{C2}(t)=0$가 된다.

$t>0$ 영역에서는 $v_s(t)=2\,[\mathrm{V}]$이므로, 이에 대해 회로를 해석해보자. 연산증폭기는 증폭률이 2인 비반전증폭기이므로 $v_o(t)=2v_{C2}(t)$가 성립한다.

점 b에서 노드방정식을 구한 후, 이를 정리하면 식 ①이 된다.

$$\frac{v_o(t)+v_{C1}(t)-v_{C2}(t)}{10^4} = 1\times 10^{-6}\frac{d}{dt}v_{C2}(t)$$

$$v_{C1}(t) = -v_{C2}(t) + 10^{-2}\frac{d}{dt}v_{C2}(t) \qquad \cdots ①$$

점 a에서 노드방정식을 구한 후, 이를 정리하면 식 ②가 된다.

$$\frac{v_o(t)+v_{C1}(t)-2}{10^3} + 10^{-6}\frac{d}{dt}v_{C2}(t) + 10^{-6}\frac{d}{dt}v_{C1}(t) = 0$$

$$2v_{C2}(t) + v_{C1}(t) + 10^{-3}\frac{d}{dt}v_{C2}(t) + 10^{-3}\frac{d}{dt}v_{C1}(t) = 2 \qquad \cdots ②$$

식 ②에 식 ①을 대입하면 다음과 같이 전압 $v_{C2}(t)$에 대한 2차 미분방정식을 얻을 수 있다.

$$10^{-5}\frac{d^2}{dt^2}v_{C2}(t) + 10^{-2}\frac{d}{dt}v_{C2}(t) + v_{C2}(t) = 2$$

미분방정식의 특수해는 $v_{C2}(t) = 2$이다. 일반해는 식 ③과 같고, 완전해는 식 ④가 된다.

$$v_{C2}(t) = A\cdot e^{-100(5-\sqrt{15})t} + B\cdot e^{-100(5+\sqrt{15})t} \qquad \cdots ③$$

$$v_{C2}(t) = 2 + A\cdot e^{-100(5-\sqrt{15})t} + B\cdot e^{-100(5+\sqrt{15})t} \qquad \cdots ④$$

식 ④를 식 ①에 대입해 푼 뒤, 초깃값을 대입하면 $A$와 $B$를 구할 수 있다.

$$v_{C2}(0_+) = 2 + A + B = 0$$

$$\begin{aligned} v_{C1}(0_+) &= v_{C2}(0_+) + 10^{-2}\frac{d}{dt}v_{C2}(t)\Big|_{t=0_+} \\ &= (5-\sqrt{15})A + (5+\sqrt{15})B = 0 \end{aligned}$$

$$A = -1-\sqrt{15}/3, \quad B = -1+\sqrt{15}/3$$

최종적으로 각 노드의 전압파형을 구하면 다음과 같다.

$$v_{C2}(t) = 2-(1+\sqrt{15}/3)e^{-100(5-\sqrt{15})t} - (1-\sqrt{15}/3)e^{-100(5+\sqrt{15})t}$$

$$v_o(t) = 4-2(1+\sqrt{15}/3)e^{-100(5-\sqrt{15})t} - 2(1-\sqrt{15}/3)e^{-100(5+\sqrt{15})t}$$

이를 전압파형으로 나타내면 [그림 9-77]과 같다. 여기서 전압 $v_{C2}(t)$를 함께 표현한 것은 출력전압 $v_o(t)$가 전압 $v_{C2}(t)$를 증폭하여 나타남을 보여주기 위해서다.

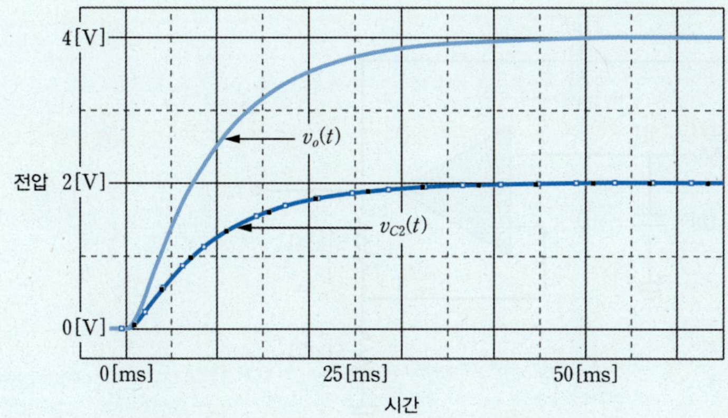


**[그림 9-77]** 과제동에서의 전압 $v_{C2}(t)$와 $v_o(t)$의 파형

❷ 임계제동 동작조건 : $(R_1C_1 + R_1C_2 + R_2C_2 - A_vR_1C_1)^2 - 4R_1R_2C_1C_2 = 0$

임계제동으로 동작하는 회로인 [그림 9-79]의 출력전압 $v_o(t)$는 다음 식과 같다.

$$v_o(t) = 4 - (4 + 2000t)e^{-500t}$$

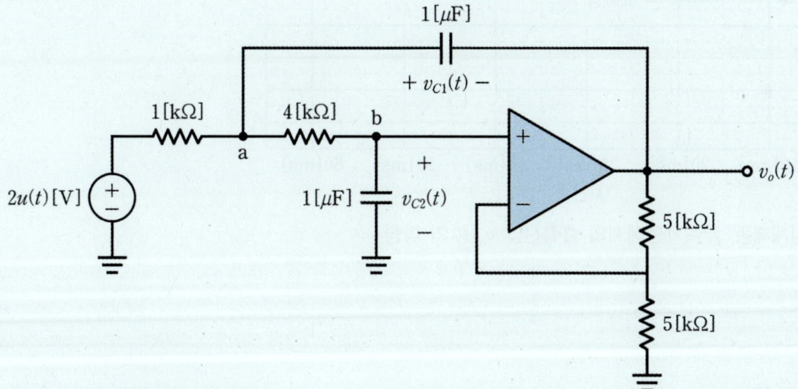


**[그림 9-79]** 임계제동 회로

❸ 부족제동 동작조건 : $(R_1C_1 + R_1C_2 + R_2C_2 - A_vR_1C_1)^2 - 4R_1R_2C_1C_2 < 0$

부족제동으로 동작하는 회로인 [그림 9-80]의 출력전압 $v_o(t)$는 다음 식과 같다.

$$v_o(t) = 4 + e^{-500t}(-4\cos 866t + 2.3\sin 866t)$$

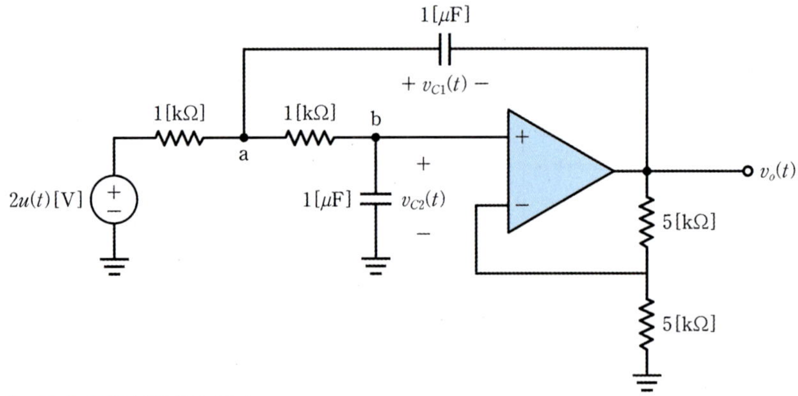


**[그림 9-80]** 부족제동 회로

지금까지 구한 3개의 결과를 모두 나타내면 [그림 9-81]과 같다.

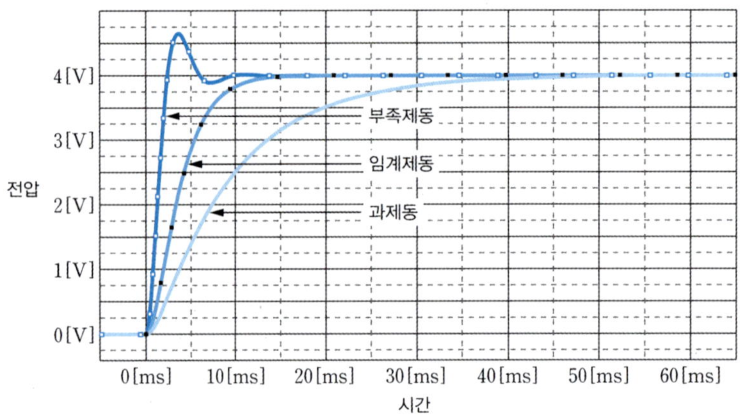


**[그림 9-81]** 과제동, 임계제동, 부족제동에서의 출력전압 $v_o(t)$의 파형

## 실전문제 9-15

다음 회로에서 출력전압 $v_o(t)$의 파형을 구하라.

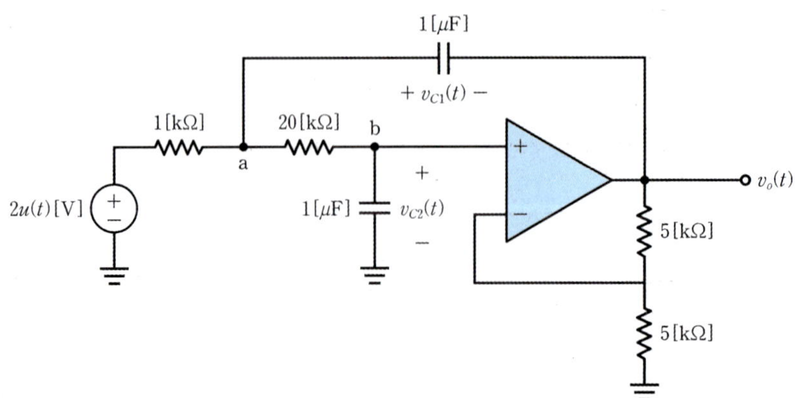


**[그림 9-78]**

**9.1** 다음에 주어진 미분방정식의 해를 구하라.

(a) $\frac{d^2}{dt^2}f(t)+4\frac{d}{dt}f(t)+8f(t)=8$ (단, $f(0)=0$, $f'(0)=2$)

(b) $\frac{d^2}{dt^2}h(t)+2\times10^3\frac{d}{dt}h(t)+10^6h(t)=0$ (단, $h(0)=5$, $h'(0)=0$)

(c) $\frac{d^2}{dt^2}g(t)+6\frac{d}{dt}g(t)+8g(t)=16$ (단, $g(0)=0$, $g'(0)=10$)

**9.2** 다음 회로에 대해 주어진 물음에 답하라.

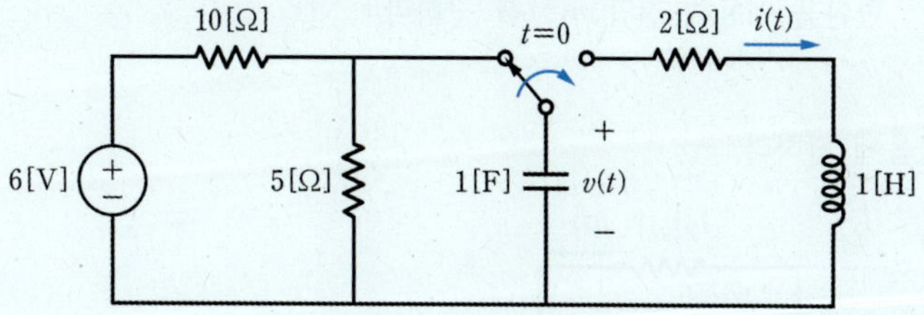


[문제 9.2]

(a) $t<0$ 영역에서 전류 $i(t)$, 전압 $v(t)$를 구하라.
(b) $t>0$ 영역에서 전압 $v(t)$를 구하는 루프방정식을 구하라.
(c) 위 루프방정식으로부터 회로의 동작모드(과제동, 임계제동, 부족제동)에 대해 설명하라.
(d) 전류 $i(t)$, 전압 $v(t)$의 파형을 구하라.

**9.3** 다음 회로에 대해 주어진 물음에 답하라.

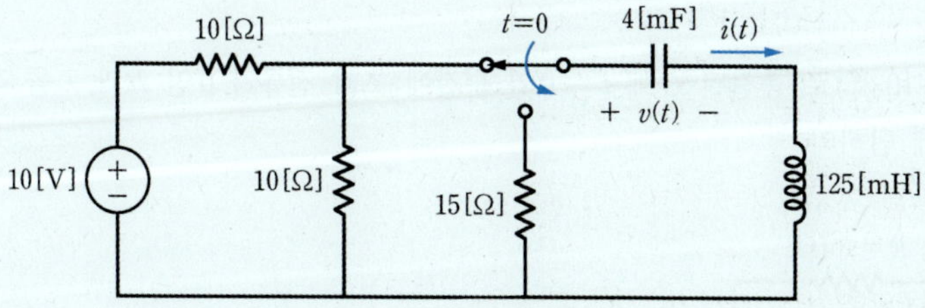


[문제 9.3]

(a) $t>0$ 영역에서 미분방정식을 이용해 전류 $i(t)$의 파형을 구하라.
(b) $t>0$ 영역에서 라플라스 변환을 이용해 전압 $v(t)$의 파형을 구하라.

**9.4** 다음 회로에 대해 주어진 물음에 답하라.

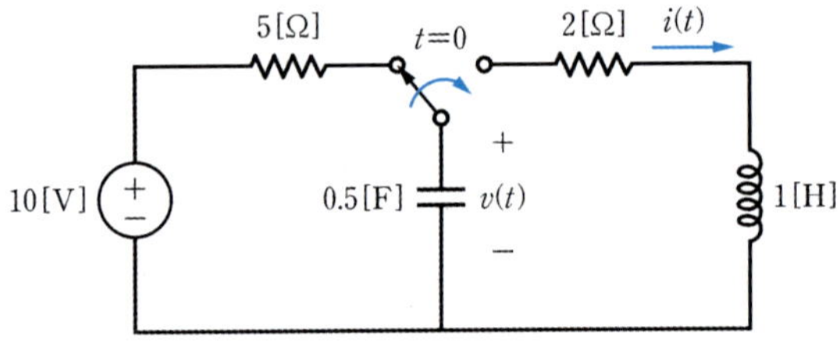


[문제 9.4]

(a) $t < 0$ 영역에서 전류 $i(t)$, 전압 $v(t)$를 구하라.

(b) $t > 0$ 영역에서 미분방정식을 이용해 전류 $i(t)$를 구하라.

(c) $t > 0$ 영역에서 라플라스 변환을 이용해 전압 $v(t)$를 구하라.

**9.5** 다음 회로에 대해 주어진 물음에 답하라.

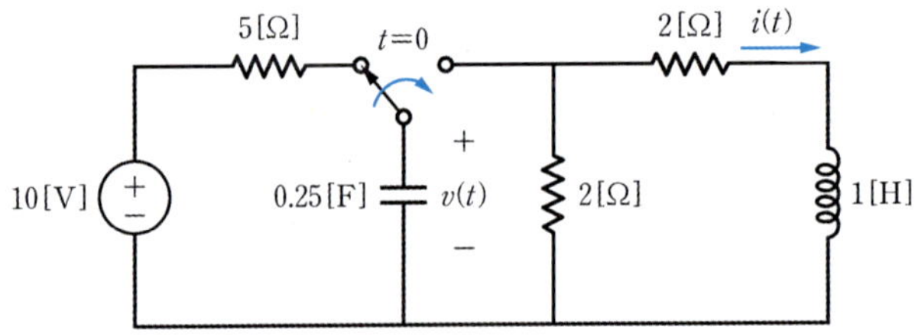


[문제 9.5]

(a) $t < 0$ 영역에서 전류 $i(t)$, 전압 $v(t)$를 구하라.

(b) $t > 0$ 영역에서 미분방정식을 이용해 전류 $i(t)$를 구하라.

(c) 라플라스 변환을 이용해 전압 $v(t)$를 구하라.

**9.6** 다음 회로와 같이 $v_C = 10\,[\mathrm{V}]$로 충전된 $C$에 $t = 0$인 순간에 초기 전류가 0인 $R$과 $L$을 직렬로 연결했다. 주어진 물음에 답하라.

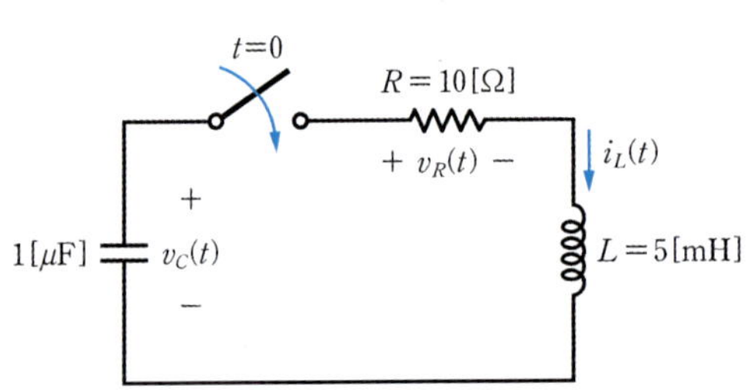


[문제 9.6]

(a) 전압 $v_R(t)$를 구하라.

(b) $t > 0$ 영역에서 저항 $R$에 걸리는 전압의 최댓값을 구하라.

**9.7** 다음 회로의 $t > 0$ 영역에서 $L$에 흐르는 전류 $i_L(t)$를 구하라.

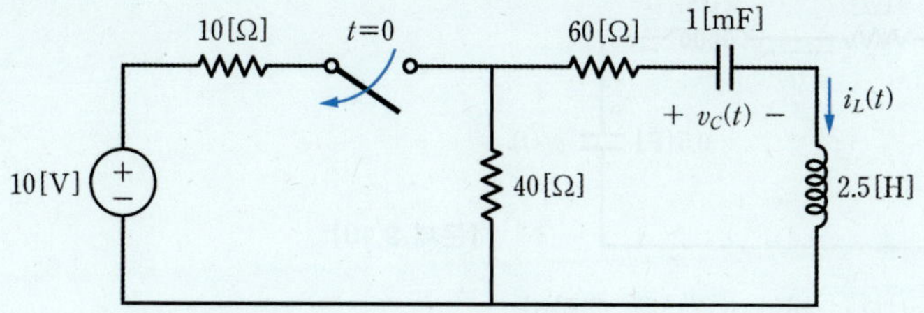


**[문제 9.7]**

**9.8** 다음 회로에 대해 주어진 물음에 답하라.

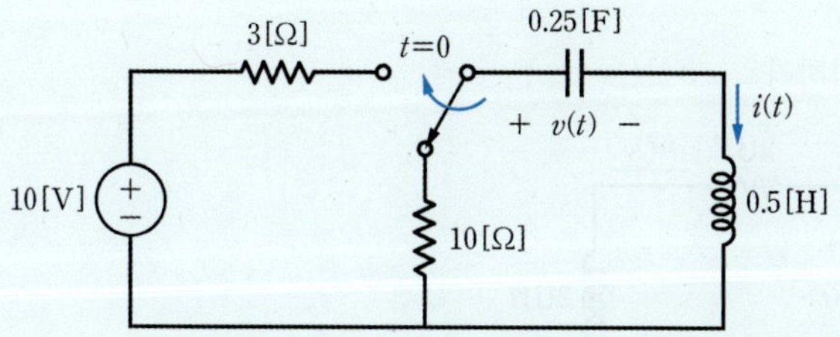


**[문제 9.8]**

(a) $t < 0$ 영역에서 전류 $i(t)$, 전압 $v(t)$를 구하라.
(b) $t > 0$ 영역에서 전압 $v(t)$를 구하라.

**9.9** 다음 회로에서 $t > 0$일 경우, 전압 $v(t)$를 구하라.

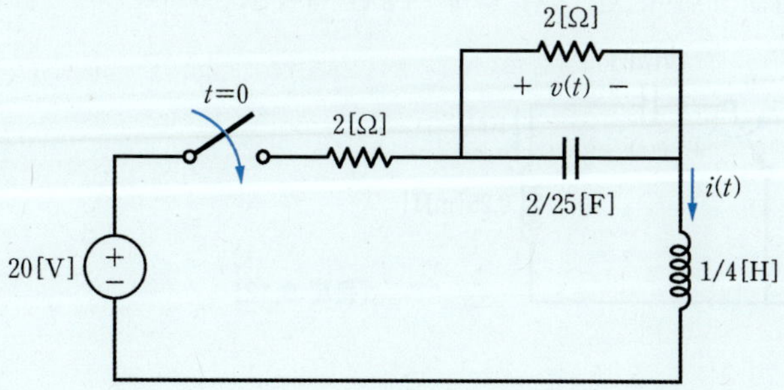


**[문제 9.9]**

**9.10** 다음 회로에 대해 주어진 물음에 답하라.

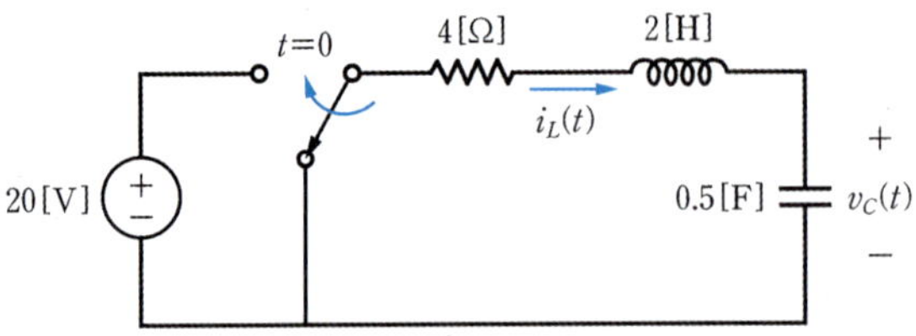


[문제 9.10]

(a) $t < 0$ 영역에서 전류 $i_L(t)$, 전압 $v_C(t)$를 구하라.

(b) $t > 0$ 영역에서 전압 $v_C(t)$에 대한 미분방정식을 구하라.

(c) $t > 0$ 영역에서 전압 $v_C(t)$를 구하라.

**9.11** 다음 회로에 대해 주어진 물음에 답하라.

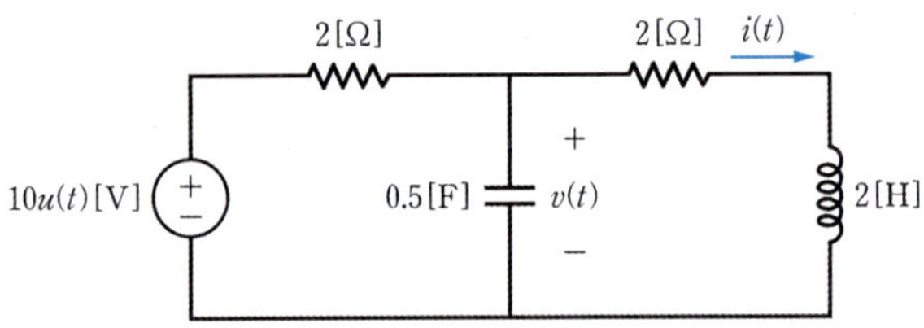


[문제 9.11]

(a) $t$의 전 영역에 대해 전류 $i(t)$를 구하라.

(b) 전류 $i(t)$의 최댓값을 구하라.

**9.12** 다음 회로에서 전류 $i(t)$의 파형을 구하라. 단, $L$과 $C$에 저장된 에너지는 0이다.

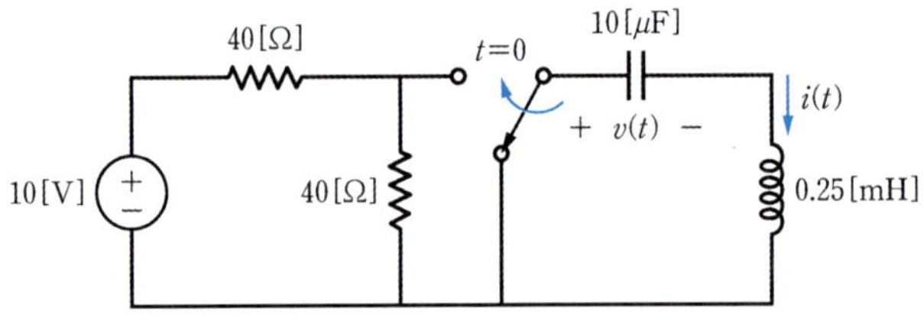


[문제 9.12]

**9.13** 다음 회로에 대해 주어진 물음에 답하라.

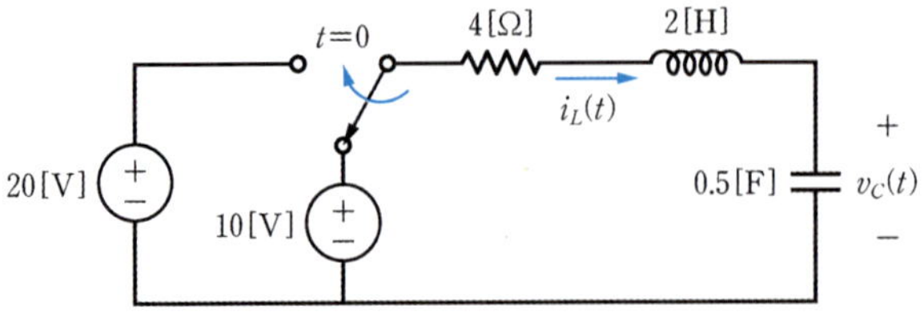


[문제 9.13]

(a) $t < 0$ 영역에서 전류 $i_L(t)$, 전압 $v_C(t)$를 구하라.

(b) $t > 0$ 영역에서 전류 $i_L(t)$를 구하라.

**9.14** 다음 회로에서 $t > 0$일 때 전압 $v_C(t)$, 전류 $i_L(t)$를 구하라.

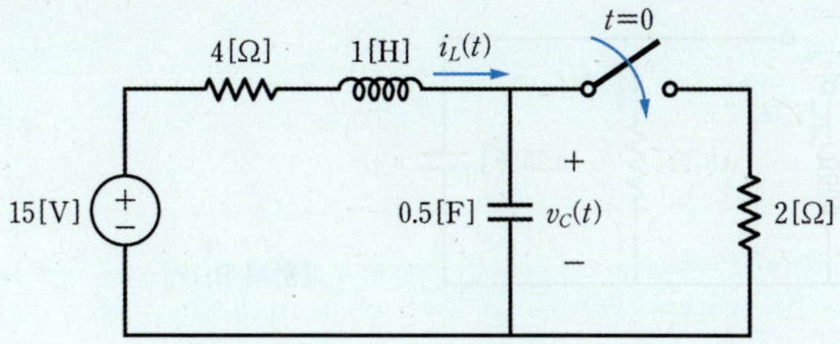


[문제 9.14]

**9.15** 다음 회로에 대해 주어진 물음에 답하라.

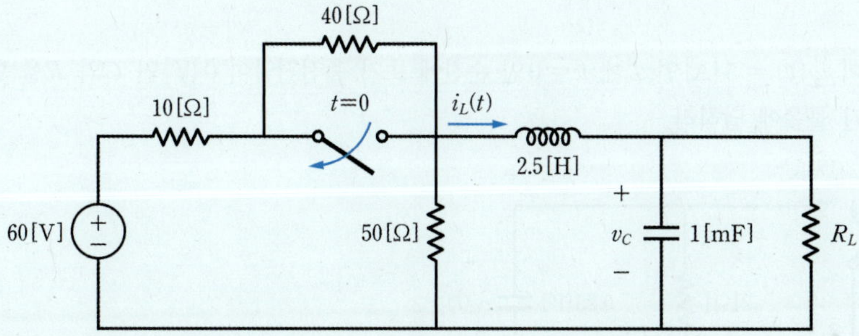


[문제 9.15]

(a) $R_L = \infty$일 경우, $t > 0$ 영역에서 전류 $i_L(t)$를 구하라.

(b) 위 회로가 임계제동으로 동작하기 위한 $R_L$을 구하라.

**9.16** 다음 회로의 각 영역에서 전압 $v_C(t)$의 파형을 구하라.

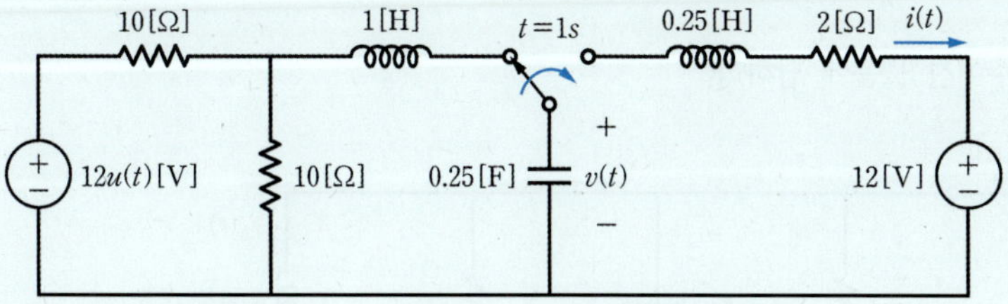


[문제 9.16]

(a) $t < 1$ 영역

(b) $t > 1$ 영역

**9.17** 다음 회로에 대해 주어진 물음에 답하라.

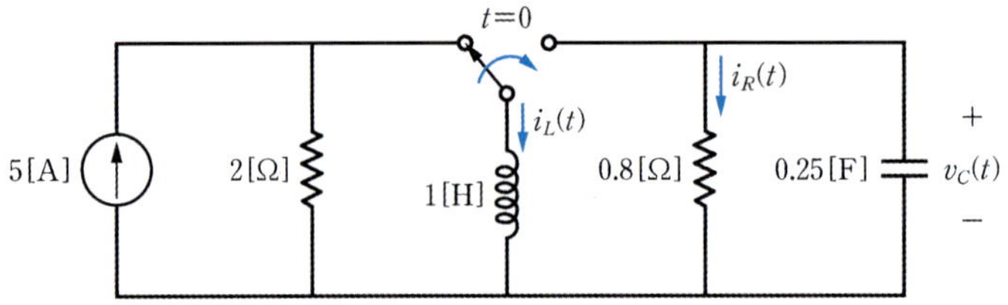


[문제 9.17]

(a) $t < 0$ 영역에서 전류 $i(t)$, 전압 $v(t)$를 구하라.
(b) $t > 0$ 영역에서 라플라스 변환된 회로를 그려라.
(c) 저항 0.8[Ω]에 흐르는 전류 $i_R(t)$를 구하라.

**9.18** 다음 회로와 같이 $i_L(t) = 5$[A]인 $L$에 $t = 0$인 순간에 초기 충전전압이 0[V]인 $C$와 $R$을 병렬로 연결했다. 주어진 물음에 답하라.

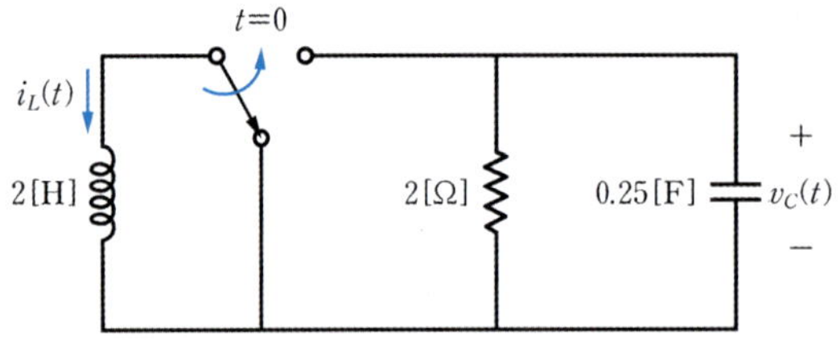


[문제 9.18]

(a) 전압 $v_C(t)$를 구하라.
(b) $t > 0$ 영역에서 저항에서 소모하는 전력 $p_R(t)$를 구하라.
(c) $t > 0$ 영역에서 저항에서 소모하는 총 에너지의 양을 구하라.

**9.19** 다음 회로에 대해 주어진 물음에 답하라.

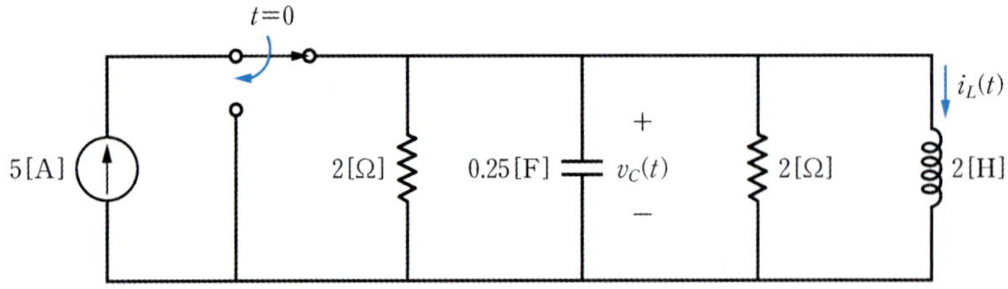


[문제 9.19]

(a) $t > 0$ 영역에서 전류 $i_L(t)$, 전압 $v_C(t)$를 구하라.
(b) $t > 0$ 영역에서 전류 $i_L(t)$를 구하라.

**9.20** 다음 회로에 대해 주어진 물음에 답하라.

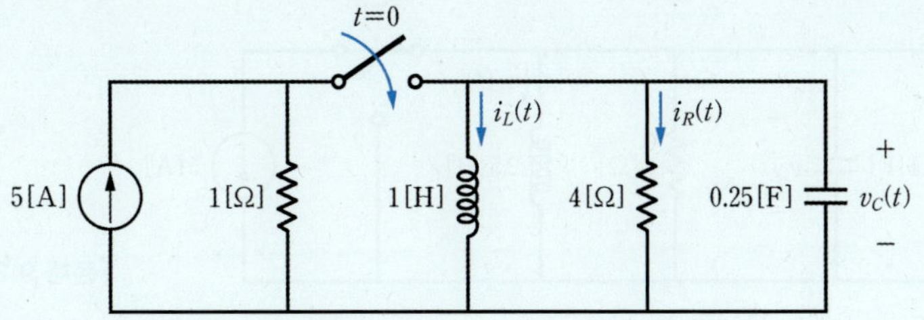


[문제 9.20]

(a) $t < 0$ 영역에서 전압 $v_C(t)$, 전류 $i_L(t)$를 구하라.

(b) $t > 0$ 영역에서 전압 $v_C(t)$, 전류 $i_L(t)$를 구하라.

**9.21** 다음 회로에서 전류 $i_L(t)$의 파형을 구하라.

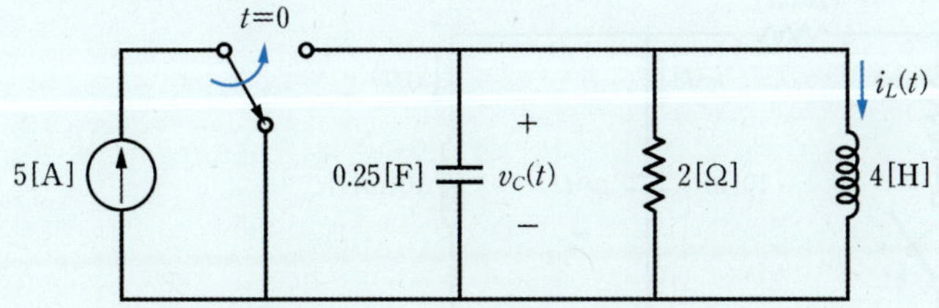


[문제 9.21]

**9.22** 다음 회로에 대해 주어진 물음에 답하라.

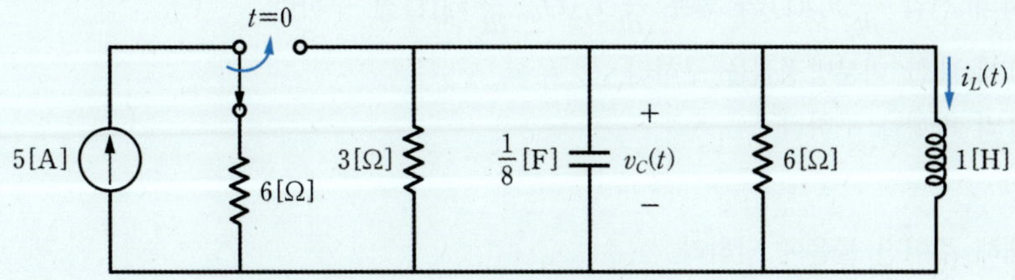


[문제 9.22]

(a) $t < 0$ 영역에서 전류 $i_L(t)$, 전압 $v_C(t)$를 구하라.

(b) $t > 0$ 영역에서 노드방정식을 이용해 전류 $i_L(t)$의 미분방정식을 구하라.

(c) 위 미분방정식으로부터 회로의 동작모드(과제동, 임계제동, 부족제동)에 대해 설명하라.

(d) 전압 $v_c(t)$의 파형을 구하라.

**9.23** 다음 회로에 대해 주어진 물음에 답하라.

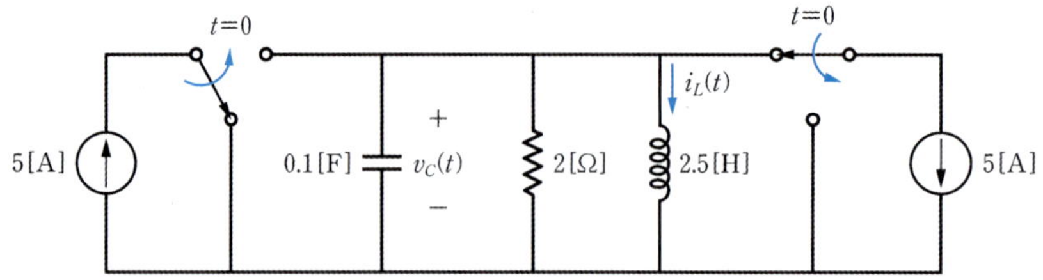


[문제 9.23]

(a) $t < 0$ 영역에서 전류 $i_L(t)$, 전압 $v_C(t)$를 구하라.

(b) $t > 0$ 영역에서 전류 $i_L(t)$를 구하라.

**9.24** 다음 회로에 대해 주어진 물음에 답하라.

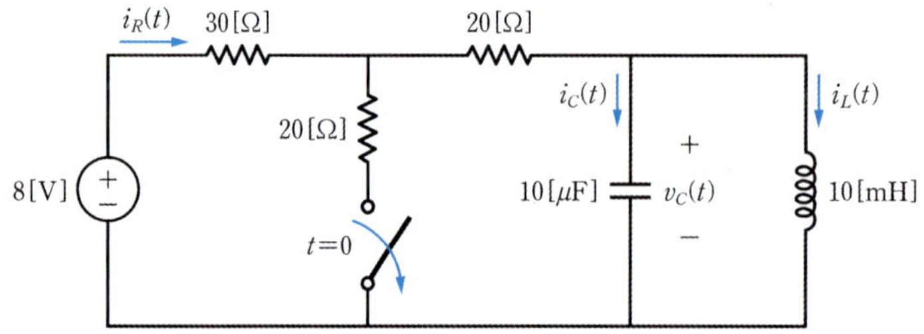


[문제 9.24]

(a) $t = 0^+$에서의 전압 $v_C(0^+)$와 전류 $i_L(0^+)$, $i_R(0^+)$를 구하라.

(b) $t = 0^+$에서의 전압 $\frac{d}{dt}v_C(t)$와 전류 $\frac{d}{dt}i_L(t)$, $\frac{d}{dt}i_R(t)$를 구하라.

(c) 전류 $i_R(t)$에 대한 미분방정식을 구하라.

(d) 전류 $i_R(t)$의 파형을 구하라.

**9.25** 다음 회로에 대해 주어진 물음에 답하라.

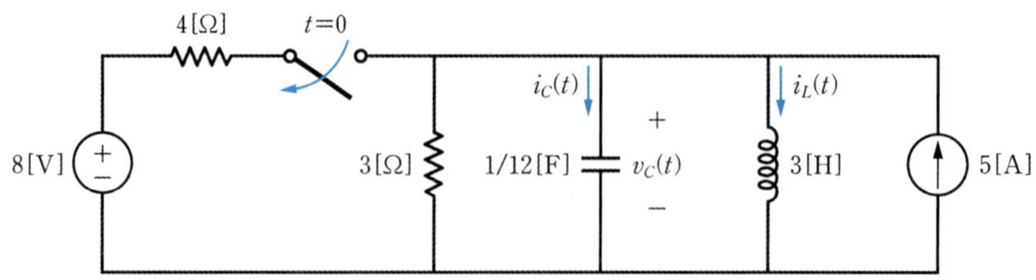


[문제 9.25]

(a) $t > 0$ 영역에서 미분방정식을 이용해 전류 $i_L(t)$를 구하라.

(b) $t > 0$ 영역에서 라플라스 변환 회로를 통해 전압 $v_C(t)$의 파형을 구하라.

**9.26** 다음 회로에서 $t > 0$일 경우, 전압 $v_1(t)$, $v_2(t)$를 구하라.

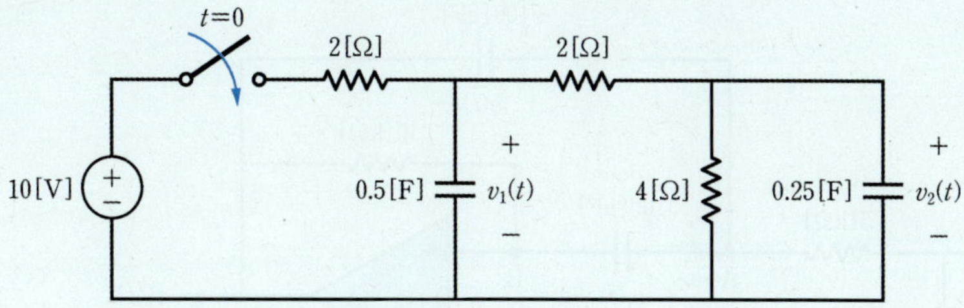


[문제 9.26]

**9.27** 다음 회로에 대해 주어진 물음에 답하라.

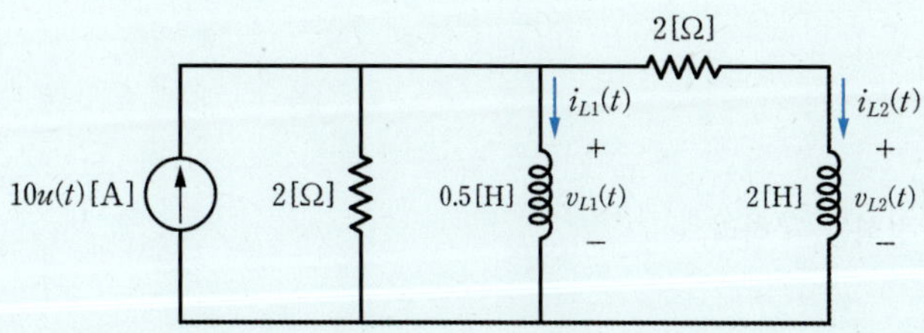


[문제 9.27]

(a) 전류 $i_{L2}(0^+)$와 $\left.\dfrac{d}{dt}i_{L2}(t)\right|_{t=0^+}$를 구하라.

(b) $t > 0$ 영역에서 전류 $i_{L2}(t)$에 대한 미분방정식을 구하라.

(c) 위 미분방정식으로부터 전류 $i_{L2}(t)$를 구하라.

**9.28** 다음 회로의 $t > 0$ 영역에서 출력전압 $v_o(t)$를 구하라. 단, $v_s(t) = u(t)$, $R_1 = 5[\text{k}\Omega]$, $R_2 = 10[\text{k}\Omega]$, $C_1 = C_2 = 1[\mu\text{F}]$이다.

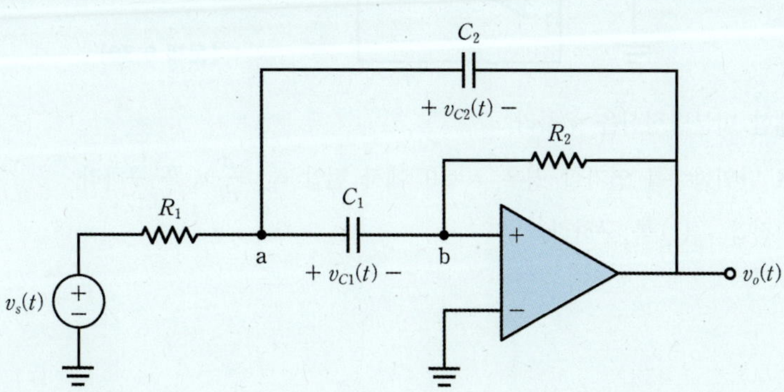


[문제 9.28]

**9.29** 다음 회로에 대해 주어진 물음에 답하라.

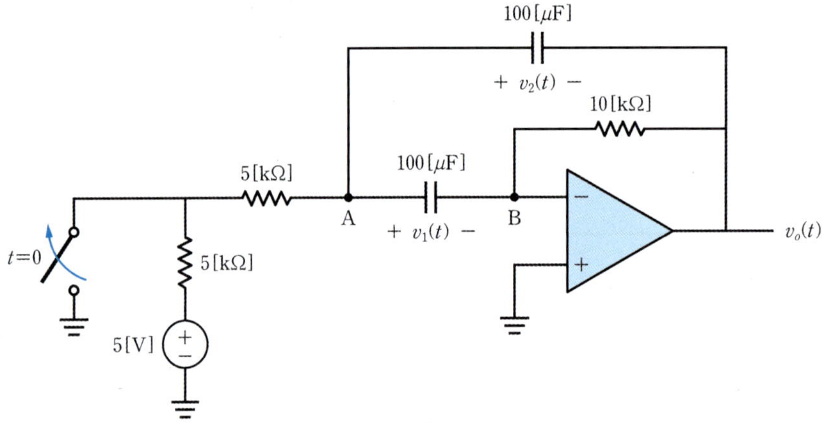


[문제 9.29]

(a) 전압 $v_1(t)$에 대한 미분방정식을 구하라.

(b) 전압 $v_o(t)$를 구하라.

**9.30** 다음 회로에 대해 주어진 물음에 답하라. 단, $R = 100\,[\mathrm{k\Omega}]$, $C_1 = 1.8\,[\mu\mathrm{F}]$, $C_2 = 5\,[\mu\mathrm{F}]$이다.

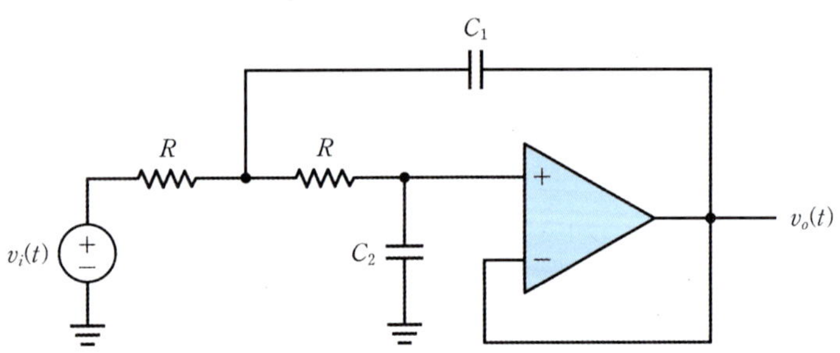


[문제 9.30]

(a) 전압 $v_o(t)$에 대한 미분방정식을 구하라.

(b) $v_i(t) = 5u(t)$로 단위함수를 인가할 경우, $t = 0^+$에서 전압 $v_o$, $\frac{d}{dt}v_o$를 구하라.

(c) $t > 0$ 영역에서 전압 $v_o(t)$를 구하라.

CHAPTER

# 10

# 정현파와 페이저

Sinusoids and Phasors



**학습목표**

- 정현파 신호에 대해 이해할 수 있다.
- 정현파 입력신호에 대한 회로의 강제응답에 대해 이해할 수 있다.
- 정현파 신호의 페이저를 이해할 수 있다.
- 페이저의 성질에 대해 이해할 수 있다.
- 주파수영역에서의 회로 해석에 대해 이해할 수 있다.
- 임피던스와 어드미턴스에 대해 이해할 수 있다.
- 임피던스의 합성 방법에 대해 이해할 수 있다.

# SECTION 10.1 정현파 신호

[그림 10-1]과 같이 반지름이 $r$인 원 위를 각속도 $\omega$로 원 운동하는 점 $P(x, y)$의 $x$ 좌표와 $y$ 좌표는 각각 다음과 같다.

$$x = r\cos(\omega t + \theta)$$
$$y = r\sin(\omega t + \theta)$$

이처럼 시간 $t$를 변수로 잡고 sin 함수나 cos 함수로 표현되는 전압원이나 전류원을 정현파 신호라 한다. 일반적으로 정현파 신호는 식 (10.1)과 같이 표현한다.

$$v(t) = V_m\cos(\omega t + \theta_v) \tag{10.1a}$$
$$i(t) = I_m\cos(\omega t + \theta_i) \tag{10.1b}$$

여기서 $V_m$과 $I_m$은 **진폭**amplitude, $\omega$는 **각주파수**rad/s, $\theta_v$와 $\theta_i$는 **위상**phase을 의미한다. 또한 정현파 신호는 **주기함수**로서, 주기 $T$와 주파수 $f$는 식 (10.2)와 같이 표현된다. 여기서 주기 $T$의 단위는 초second, s이고, 주파수 $f$의 단위는 헤르츠Hertz, Hz이다. 각주파수 $\omega$는 단위시간당 회전하는 속도를

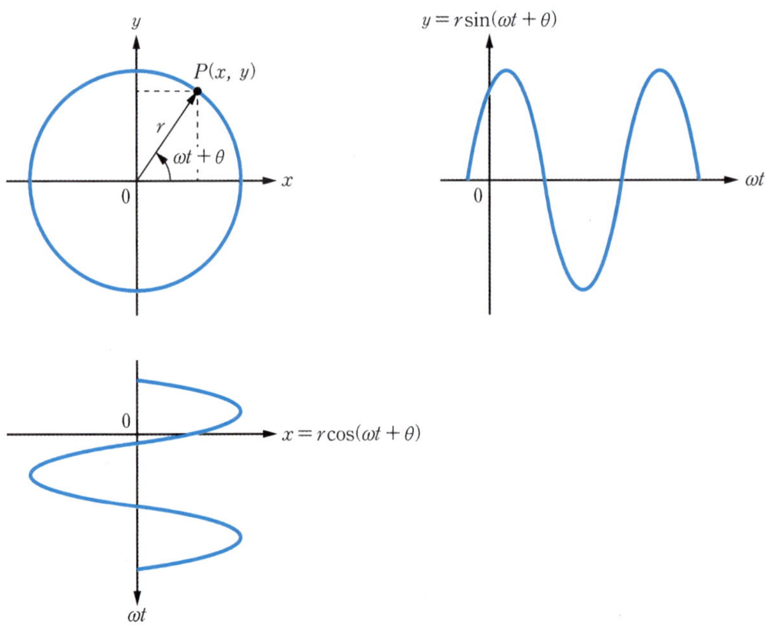


[그림 10-1] 원 운동하는 점 $P$의 $x$, $y$축 좌표

라디안radian으로 표현하고, 주파수 $f$는 단위시간당 회전하는 속도를 회전수로 표현한다는 차이가 있지만 1회전은 $2\pi$ 라디안이므로 둘 다 주파수를 의미한다. 실제 $\omega$와 $f$를 모두 주파수라고 칭한다.

$$T = \frac{2\pi}{\omega}, \quad f = \frac{1}{T} = \frac{\omega}{2\pi}, \quad \omega = 2\pi f \tag{10.2}$$

식 (10.1)에 나타낸 전압과 전류의 위상관계는 [그림 10-2]와 같이 표현할 수 있다. 전압신호의 위상이 $\theta_v$이고, 전류신호의 위상은 $\theta_i$로, 전압신호가 전류신호에 비해 $\theta_v - \theta_i$만큼 위상이 앞서 있다. 또는 전압신호가 전류신호에 비해 $\theta_i - \theta_v$만큼 위상이 뒤처져 있다고 표현한다.

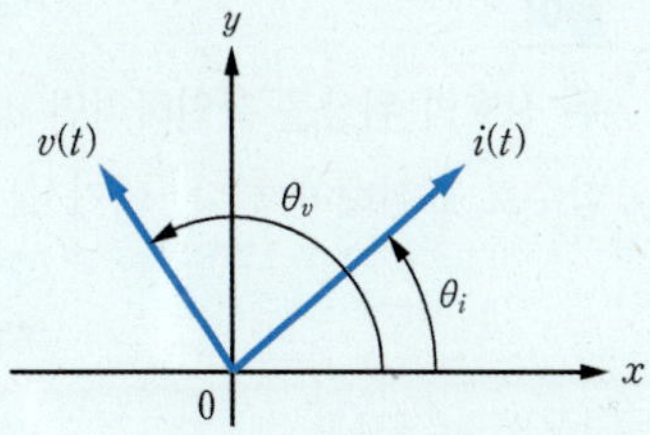


**[그림 10-2]** 전압과 전류의 위상관계

### 예제 10-1

전압신호 $v(t) = 5\sin(10^3 t + 30°) + 3\cos(10^3 t + 45°)$의 진폭 $V_m$, 주파수 $\omega$, 위상 $\theta$를 구하라.

**풀이**

삼각함수의 변환으로부터 다음의 식을 얻는다.[1]

$$\begin{aligned} v(t) &= 5(\sin 10^3 t \cos 30° + \cos 10^3 t \sin 30°) + 3(\cos 10^3 t \cos 45° - \sin 10^3 t \sin 45°) \\ &= \left(\frac{5\sqrt{3}}{2} - \frac{3\sqrt{2}}{2}\right)\sin 10^3 t + \left(\frac{5}{2} + \frac{3\sqrt{2}}{2}\right)\cos 10^3 t \\ &= 2.21\sin 10^3 t + 4.62\cos 10^3 t \end{aligned}$$

$v(t)$를 cos 함수로 표현해야 하므로 다음과 같이 cos 함수로 합성한다.

$$\begin{aligned} v(t) &= \sqrt{2.21^2 + 4.62^2}\cos\left(10^3 t - \tan^{-1}\frac{2.21}{4.62}\right) \\ &= 5.12\cos(10^3 t - 25.6°) \end{aligned}$$

따라서 진폭은 $V_m = 5.12$이고, 주파수는 $\omega = 10^3$[rad/s]이며, 위상은 $\theta = -25.6°$이다.

### 실전문제 10-1

전압신호 $v(t) = 4\sin(10t + 45°) - 8\cos(10t + 45°)$의 진폭 $V_m$, 주파수 $\omega$, 위상 $\theta$를 구하라.

1 삼각함수의 합성 방법에 대해서는 '부록 A.3'를 참고하라.

### 예제 10-2

다음 두 신호의 위상관계를 설명하라.

$$v_1(t) = 10\sin 10^3 t, \quad v_2(t) = 5\cos(10^3 t + 30°)$$

**풀이**

두 신호의 위상을 확인하려면 $v_1$을 cos 함수로 표현하거나 $v_2$를 sin 함수로 표현해, 두 신호를 같은 함수로 표현해야 한다. 여기서는 cos 함수로 표현하자.

$$v_1(t) = 10\sin 10^3 t = 10\cos(10^3 t - 90°)$$

$v_1$의 위상이 $\theta_1 = -90°$, $v_2$의 위상이 $\theta_2 = 30°$이므로 $v_1$이 $v_2$보다 120° 뒤처진다. 또는 $v_2$가 $v_1$보다 120° 앞선다.

### 실전문제 10-2

다음 두 신호의 위상관계를 설명하라.

$$v_1(t) = 5\cos(10^3 t - 30°), \quad v_2(t) = 10\sin(10^3 t + 30°)$$

SECTION 10.2

# 정현파 입력신호의 강제응답

회로에 정현파 신호가 입력될 때, 정상상태에서의 응답은 $RLC$ 회로의 노드방정식이나 루프방정식으로부터 도출되는 미분방정식의 특수해와 같다. 예를 들어, [그림 10-3]과 같은 $RL$ 직렬회로에 $v_s(t) = V_m \cos \omega t\,[\text{V}]$인 정현파 신호가 인가될 경우, 루프방정식은 식 (10.3)과 같이 나타낸다.

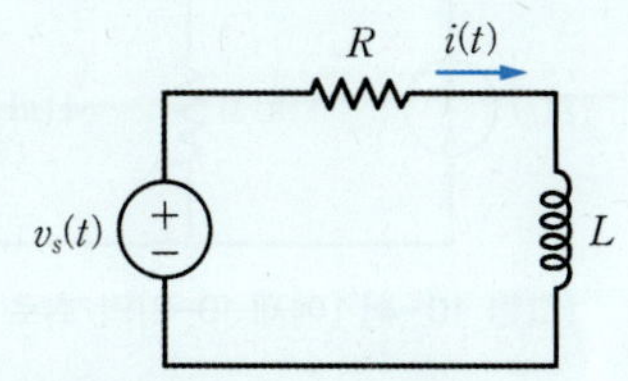


**[그림 10-3]** $RL$ 직렬회로

$$R \cdot i(t) + L \cdot \frac{d}{dt} i(t) = V_m \cos \omega t \tag{10.3}$$

식 (10.3)에 대한 전류 $i(t)$의 특수해를 구하면 [그림 10-3]의 회로의 정상상태에서의 응답이 된다. [그림 10-3]에서 전원이 정현파이므로 정상상태에서의 전류 $i(t)$도 전원의 주파수와 동일한 정현파일 것이다. 따라서 식 (10.3)의 전류 $i(t)$에 대한 특수해는 식 (10.4)와 같이 나타낼 수 있다. 여기서 진폭 $I_m$과 위상 $\theta_i$는 미지수이다.

$$i(t) = I_m \cos(\omega t + \theta_i) \tag{10.4}$$

식 (10.4)를 식 (10.3)에 대입하면 다음과 같이 표현된다.

$$RI_m \cos(\omega t + \theta_i) + L\frac{d}{dt}\{I_m \cos(\omega t + \theta_i)\} = V_m \cos \omega t$$

$$RI_m \cos(\omega t + \theta_i) - \omega L I_m \sin(\omega t + \theta_i) = V_m \cos \omega t$$

좌변의 항을 cos 함수로 합성하면 다음의 식을 얻는다.

$$\sqrt{R^2 + (\omega L)^2}\, I_m \cos\left(\omega t + \theta_i + \tan^{-1}\frac{\omega L}{R}\right) = V_m \cos \omega t \tag{10.5}$$

여기서 식 (10.5)는 시간 $t$에 대한 항등식이므로 진폭과 위상이 같아야 한다. 따라서 다음이 성립한다.

$$\sqrt{R^2 + (\omega L)^2}\, I_m = V_m \quad \rightarrow \quad I_m = \frac{V_m}{\sqrt{R^2 + (\omega L)^2}}$$

$$\theta_i + \tan^{-1}\frac{\omega L}{R} = 0 \quad \rightarrow \quad \theta_i = -\tan^{-1}\frac{\omega L}{R}$$

이 값을 식 (10.4)에 대입하면 전류 $i(t)$는 다음과 같다.

$$i(t) = \frac{V_m}{\sqrt{R^2 + \omega^2 L^2}} \cos\left(\omega t - \tan^{-1}\frac{\omega L}{R}\right) [\mathrm{A}] \qquad (10.6)$$

## 예제 10-3

다음 회로에서 정상상태에서의 전압 $v(t)$를 구하라. 단, $i_s(t) = 10\cos 10^3 t\,[\mathrm{mA}]$이다.

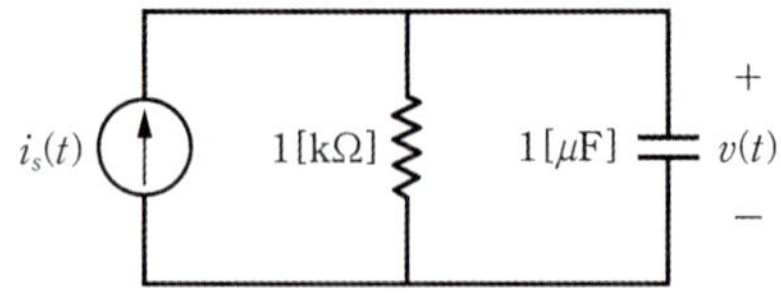


**[그림 10-4]** [예제 10-3]의 회로

### 풀이

회로로부터 노드방정식을 구하면 다음과 같다.

$$10^{-3} v(t) + 10^{-6}\frac{d}{dt} v(t) = 10^{-2}\cos 10^3 t \qquad \cdots ①$$

식 ①의 우변이 주파수가 $10^3$인 정현파이므로 전압 $v(t)$도 동일한 주파수를 갖는 정현파이다. 따라서 전압 $v(t)$는 다음과 같이 표현된다.

$$v(t) = V_m \cos(10^3 t + \theta_v) \qquad \cdots ②$$

식 ②를 식 ①에 대입하면 다음과 같이 표현된다.

$$V_m \cos(10^3 t + \theta_v) - V_m \sin(10^3 t + \theta_v) = 10\cos 10^3 t$$

$$\sqrt{2}\, V_m \cos\left(10^3 t + \theta_v + \frac{\pi}{4}\right) = 10\cos 10^3 t$$

이 식은 항등식이므로 다음과 같이 계산된다.

$$V_m = \frac{10}{\sqrt{2}} = 5\sqrt{2}, \quad \theta_v = -\frac{\pi}{4}$$

따라서 식 ②에 대입하면 전압 $v(t)$는 다음과 같이 표현된다.

$$v(t) = 5\sqrt{2}\cos\left(10^3 t - \frac{\pi}{4}\right) [\mathrm{V}]$$

## 실전문제 10-3

다음 회로에서 정상상태에서의 전류 $i(t)$를 구하라. 단, $i_s(t) = 10\cos 10^3 t$[mA]이다.

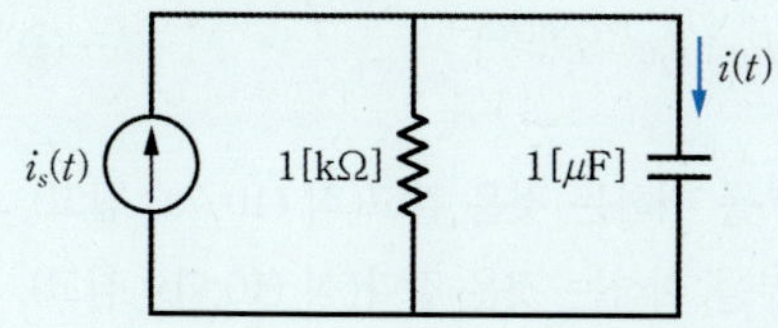


**[그림 10-5]**

이번에는 함수를 다른 방법으로 표기한 후 회로를 해석하는 예제를 알아보자.

## 예제 10-4

다음 회로에서 전원의 공급전류 $i(t)$에 대한 강제응답을 구하라. 단, $v_s(t) = 10\cos 10^3 t$[V]이다.

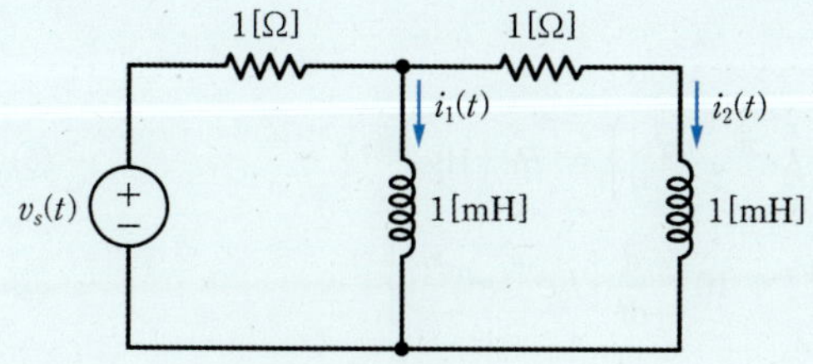


**[그림 10-6]** [예제 10-4]의 회로

**풀이**

2개의 루프방정식을 구하면 다음과 같다.

$$i_1(t) + i_2(t) + 10^{-3}\frac{d}{dt}i_1(t) = v_s(t) \qquad \cdots ①$$

$$10^{-3}\frac{d}{dt}i_1(t) = i_2(t) + 10^{-3}\frac{d}{dt}i_2(t) \qquad \cdots ②$$

[예제 10-3]의 방법으로 위 미분방정식을 풀 경우, 미지수가 4개이므로 풀이가 매우 복잡할 것이다. 따라서 새로운 방법으로 미지수를 지정해 풀이하는 방법을 도입하고자 한다.

오일러 공식을 사용하면 다음과 같이 나타낼 수 있다.

$$v_s(t) = 10\cos(10^3 t) = Re\{10e^{j10^3 t}\}$$

$$i_1(t) = I_1\cos(10^3 t + \theta_1) = Re\{I_1 e^{j\theta_1} \cdot e^{j10^3 t}\}$$

$$i_2(t) = I_2\cos(10^3 t + \theta_2) = Re\{I_2 e^{j\theta_2} \cdot e^{j10^3 t}\}$$

여기서 $Re\{Z\}$는 복소수 $Z$의 실수부를 의미한다. 식 ①, ②는 식 ③, ④로 바뀐다.

$$Re\{I_1e^{j\theta_1}e^{j10^3t}\} + Re\{I_2e^{j\theta_2}e^{j10^3t}\} + 10^{-3}\frac{d}{dt}Re\{I_1e^{j\theta_1}e^{j10^3t}\} = Re\{10e^{j10^3t}\} \quad \cdots ③$$

$$10^{-3}\frac{d}{dt}Re\{I_1e^{j\theta_1}e^{j10^3t}\} = Re\{I_2e^{j\theta_2}e^{j10^3t}\} + 10^{-3}\frac{d}{dt}Re\{I_2e^{j\theta_2}e^{j10^3t}\} \quad \cdots ④$$

복소수의 실수부를 미분하는 것과 먼저 복소수를 미분해 실수부를 취하는 것은 같고(식 (10.7a) 참고), 실수인 임의의 수를 실수부에 곱하는 것과 복소수에 곱해 실수부를 취하는 것은 같다(식 (10.7b) 참고). 또한 2개 이상의 실수부를 더하는 것은 복소수를 먼저 더하고 실수부를 취하는 것과도 같다(식 (10.7c) 참고).

$$\frac{d}{dt}Re\{z(t)\} = Re\left\{\frac{d}{dt}Z(t)\right\} \tag{10.7a}$$

$$a \cdot Re\{Z(t)\} = Re\{a \cdot Z(t)\} \quad (a : \text{실수}) \tag{10.7b}$$

$$\sum_{i=1}^{n}Re\{Z_i(t)\} = Re\left\{\sum_{i=1}^{n}Z_i(t)\right\} \tag{10.7c}$$

따라서 식 ③, ④는 식 ⑤, ⑥으로 바뀐다.

$$Re\left\{I_1e^{j\theta_1}e^{j10^3t} + I_2e^{j\theta_2}e^{j10^3t} + 10^{-3}\frac{d}{dt}\left[I_1e^{j\theta_1}e^{j10^3t}\right]\right\} = Re\{10e^{j10^3t}\} \quad \cdots ⑤$$

$$Re\left\{10^{-3}\frac{d}{dt}I_1e^{j\theta_1}e^{j10^3t}\right\} = Re\left\{I_2e^{j\theta_2}e^{j10^3t} + 10^{-3}\frac{d}{dt}\left[I_2e^{j\theta_2}e^{j10^3t}\right]\right\} \quad \cdots ⑥$$

한편 식 ⑤, ⑥을 만족하는 해는 오직 하나뿐이다(회로에 흐르는 전류의 값이므로). 그리고 실수부 대신 복소수 전체로 표시한 식 ⑦, ⑧의 해가 하나 존재한다면, 그 해는 반드시 식 ⑤, ⑥을 만족하게 된다.

$$I_1e^{j\theta_1}e^{j10^3t} + I_2e^{j\theta_2}e^{j10^3t} + 10^{-3}\frac{d}{dt}\left[I_1e^{j\theta_1}e^{j10^3t}\right] = 10e^{j10^3t} \quad \cdots ⑦$$

$$10^{-3}\frac{d}{dt}I_1e^{j\theta_1}e^{j10^3t} = I_2e^{j\theta_2}e^{j10^3t} + 10^{-3}\frac{d}{dt}\left[I_2e^{j\theta_2}e^{j10^3t}\right] \quad \cdots ⑧$$

따라서 식 ⑤, ⑥의 해를 식 ⑦, ⑧로부터 구할 수 있다. 식 ⑦, ⑧에서 미분을 처리하고 $e^{j10^3t}$을 나누면 다음을 얻는다.

$$I_1e^{j\theta_1} + I_2e^{j\theta_2} + j\left[I_1e^{j\theta_1}\right] = 10 \quad \cdots ⑨$$

$$jI_1e^{j\theta_1} = I_2e^{j\theta_2} + j\left[I_2e^{j\theta_2}\right] \quad \cdots ⑩$$

식 ⑨, ⑩으로부터 $I_1e^{j\theta_1}$과 $I_2e^{j\theta_2}$을 구하면 다음과 같다.

$$I_1e^{j\theta_1} = \frac{10\sqrt{2}}{3}e^{-j45°}, \quad I_2e^{j\theta_2} = \frac{10}{3}e^{-j0°}$$

따라서 전류 $i_1(t)$, $i_2(t)$를 구하면 다음과 같다.

$$i_1(t) = Re\{I_1 e^{j\theta_1} e^{j10^3 t}\} = \frac{10\sqrt{2}}{3}\cos(10^3 t - 45°)\,[\text{A}]$$

$$i_2(t) = Re\left\{I_2 e^{j\theta_2} e^{j10^3 t}\right\} = \frac{10}{3}\cos(10^3 t)\,[\text{A}]$$

**실전문제 10-4**

다음 회로가 정상상태에서 동작할 경우, 전류 $i(t)$를 구하라. 단, $v(t) = 10\cos(10^3 t)\,[\text{V}]$이다.

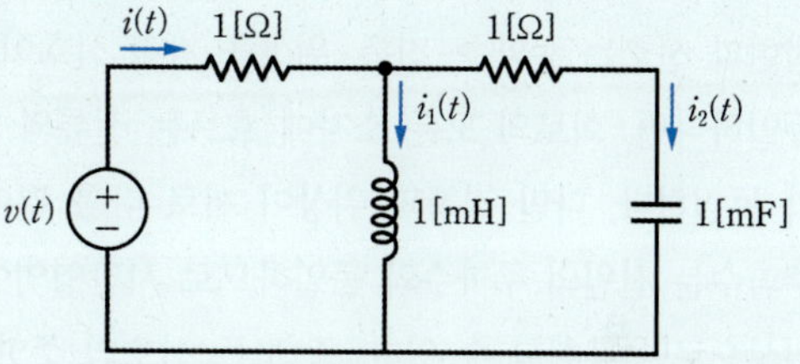


**[그림 10-7]**

이상과 같이 주어진 회로의 강제응답을 구하는 두 가지 방법 중 첫 번째 방법은 복잡한 과정을 거쳐야 하지만 두 번째 방법은 보다 쉽게 회로를 해석할 수 있다. 특히 두 번째 방법은 삼각함수 합성을 동원하지 않고도 풀 수 있다. 다음 절에서 설명하는 페이저 이론은 이와 같이 회로를 보다 쉽게 해석할 수 있는 하나의 방안이다.

SECTION 10.3

# 페이저 이론

정현파 신호는 주파수, 진폭, 위상을 가진 신호이다. 하나의 회로망에 인가되는 모든 전원의 주파수가 동일하다면, 회로의 모든 소자에 흐르는 전류와 모든 소자에 걸리는 전압의 주파수는 전원의 주파수와 동일하다. 다만 진폭과 위상이 서로 다를 뿐이다. 따라서 주어진 회로에서 발생되는 모든 신호의 주파수는 전원의 주파수와 동일하므로 시간영역에서 표현된 정현파 신호를 주파수영역에서는 진폭과 위상으로만 표현할 수 있다. 즉 모든 신호의 주파수가 동일하다고 가정하면 시간영역에서는 정현파로 표현되지만, 이를 주파수영역으로 옮기면 진폭과 위상으로 표현할 수 있다. 이와 같이 크기와 위상만을 복소수 평면에 표현한 것을 **페이저**phasor라고 한다. 예를 들어, 시간영역에서 정현파로 표현된 전류 $i(t)$가 식 (10.8a)와 같을 경우, 오일러 공식을 사용하면 식 (10.8b)와 같이 변형될 것이다.

$$i(t) = I_m \cos(\omega t + \theta) \tag{10.8a}$$

$$i(t) = I_m \cos(\omega t + \theta) = Re\{I_m e^{j(\omega t + \theta)}\} = Re\{\boldsymbol{I} \cdot e^{j\omega t}\} \tag{10.8b}$$

여기서 $\boldsymbol{I}$는 정현파 전류 $i(t)$의 페이저로 식 (10.9)와 같이 표현된다. 식 (10.9a)와 식 (10.9b)는 극좌표로 표현한 것이고, 식 (10.9c)는 직각좌표로 표현한 것이다.

$$\boldsymbol{I} = I_m e^{j\theta} \tag{10.9a}$$

$$= I_m \angle \theta \tag{10.9b}$$

$$= I_m \cos\theta + jI_m \sin\theta \tag{10.9c}$$

식 (10.9b)와 같은 극좌표에서 직각좌표로 표현하는 것은 식 (10.9c)를 이용하면 쉽게 되지만 반대로 직각좌표에서 극좌표계로 표현할 경우에는 식 (10.9d)가 필요하다.

$$x + jy = \sqrt{x^2 + y^2} \angle \tan^{-1}\left(\frac{y}{x}\right) \tag{10.9d}$$

여기서 $x$의 부호에 따라 $\tan^{-1}\left(\frac{y}{x}\right)$를 구하는 방법은 다음과 같다.

❶ $x > 0$일 경우에는 $y$의 부호와 무관하게 계산기 결과를 그대로 사용한다.

❷ $x < 0$일 경우에는 $\tan^{-1}(y/x) = \tan^{-1}\{-y/(-x)\} \pm 180°$로 계산한다.

이상의 설명을 그림으로 표현하면 [그림 10-8]과 같다.

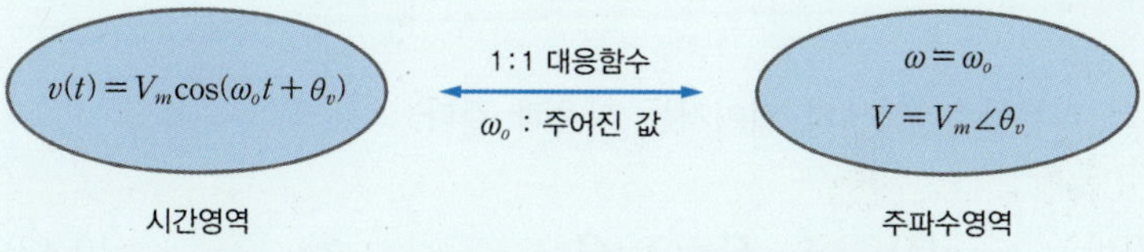


**[그림 10-8]** 임의의 정현파 신호의 표현(시간영역과 주파수영역)

한 가지 주의할 점은 진폭과 위상이 같고 주파수가 서로 다른 시간영역에서의 두 함수가 주파수영역에서는 페이저가 같은 함수가 된다는 점이다. 따라서 두 영역에서 1 : 1 대응함수가 되는 것은 주어진 주파수가 서로 같을 때만 가능하다. 즉 시간영역에서 동일한 두 함수의 페이저는 동일하지만, 주파수 영역에서 두 페이저가 동일하다고 해서 시간영역에 대응되는 두 함수가 같다는 보장이 없다. 다만 두 함수의 주파수가 동일하다는 조건을 만족할 때에만 시간영역에서의 함수가 동일하다. 이러한 페이저의 성질을 살펴보자.

## 10.3.1 페이저의 성질

미분방정식의 특수해를 구하거나 더 나아가 회로 해석을 할 경우, 페이저의 성질을 알고 있으면 훨씬 쉽게 할 수 있다.

### ■ 상수의 곱

실수인 상수를 곱한 정현파 신호의 페이저는 원함수의 페이저에 그 상수를 곱한 것과 동일하다.

$$f(t) = \alpha \cdot g(t) \quad \rightarrow \quad \boldsymbol{F} = \alpha \cdot \boldsymbol{G} \tag{10.10}$$

### ■ 가감함수의 페이저

시간영역에서 주파수가 동일한 두 신호의 가감함수의 페이저는 각 함수의 페이저의 가감과 같다.

$$f(t) = g(t) \pm h(t) \quad \rightarrow \quad \boldsymbol{F} = \boldsymbol{G} \pm \boldsymbol{H} \tag{10.11}$$

**예제 10-5**

신호 $v(t) = 3\cos(\omega t + 30°) + 4\sin(\omega t)$ 의 페이저를 구하라.

**풀이**

$$3\cos(\omega t + 30°) = 3\angle 30° = 3\cos 30° + j3\sin 30° = \frac{3\sqrt{3}}{2} + j\frac{3}{2}$$

$$4\sin\omega t = 4\cos(\omega t - 90°) = 4\angle -90° = -j4$$

$$\therefore \boldsymbol{V} = \frac{3\sqrt{3}}{2} + j\left(\frac{3}{2} - 4\right) = 3.6\angle -43.9$$

**실전문제 10-5**

신호 $i(t) = 4\cos(\omega t + 45°) + 4\sin(\omega t + 45°)$ 의 페이저를 구하라.

## ■ 미분함수의 페이저

페이저가 $\boldsymbol{G}$인 시간함수 $g(t)$의 미분함수 $f(t)$의 페이저는 다음과 같다.

$$f(t) = \frac{d}{dt}g(t) \quad \rightarrow \quad \boldsymbol{F} = j\omega \boldsymbol{G} \tag{10.12}$$

식 (10.12)에서 보는 바와 같이 미분된 함수의 페이저는 원함수의 페이저에 $j\omega$를 곱한 것과 동일하다. 이 원리를 확장하면 식 (10.13)과 같이 $n$차 미분함수의 페이저는 원함수의 페이저에 $(j\omega)^n$을 곱한 것과 동일하다.

$$f(t) = \frac{d^n}{dt^n}i(t) \quad \rightarrow \quad \boldsymbol{F} = (j\omega)^n \boldsymbol{I} \tag{10.13}$$

**예제 10-6**

정현파 신호 $f(t) = \frac{d}{dt}(\cos\omega t)$의 페이저를 구하라.

**풀이**

$g(t) = \cos\omega t$이면 $\boldsymbol{G} = 1$, $\boldsymbol{F} = j\omega$이다.

**실전문제 10-6**

정현파 신호 $f(t) = \frac{d^2}{dt^2}\{\cos(10t + 30°)\} - 5\frac{d}{dt}(\cos 10t) + \cos(10t - 30°)$의 페이저를 구하라.

## ■ 적분함수의 페이저

페이저가 $\boldsymbol{G}$인 시간함수 $g(t)$의 적분함수 $f(t)$의 페이저를 구하면 다음과 같다.

$$f(t) = \int g(t)dt = \int Re\{\boldsymbol{G}e^{j\omega t}\}dt = Re\left\{\int \boldsymbol{G}e^{j\omega t}dt\right\} = Re\left\{\frac{\boldsymbol{G}}{j\omega}e^{j\omega t}\right\}$$

$$\therefore \ \boldsymbol{F} = \frac{\boldsymbol{G}}{j\omega} \tag{10.14}$$

식 (10.14)에서 보듯이 적분함수의 페이저는 원함수의 페이저를 $j\omega$로 나눈 것과 동일하다.

**예제 10-7**

적분식으로 표현된 함수 $f(t) = \int \cos\omega t\,dt = \frac{1}{\omega}\sin\omega t$의 페이저를 구하라.

**풀이**

$g(t) = \cos\omega t$ 이면 $\boldsymbol{G} = 1$, $\boldsymbol{F} = \dfrac{1}{j\omega} = -\dfrac{j}{\omega}$ 이다.

**실전문제 10-7**

적분식으로 표현된 함수 $f(t) = 10\int \cos(10t - 30°)\,dt + \cos(10t - 30°)$ 의 페이저를 구하라.

## 10.3.2 페이저 이론을 이용한 미분방정식 풀이

미분방정식의 해를 구하는 방법은 일반해와 특수해를 직접 구하는 방법과, 라플라스 변환을 통해 일반해와 특수해를 구하는 방법이 있다. 특수해만 구하는 경우에는 페이저를 이용하는 것이 좋지만, 정현파 함수에 대해서만 사용할 수 있다는 제약이 있다.

**예제 10-8**

다음 미분방정식의 특수해를 페이저 이론으로 구하라.

$$3\frac{d^2}{dt^2}f(t) + 2\frac{d}{dt}f(t) + f(t) = 3\cos(2t + 30°)$$

**풀이**

주파수는 $\omega = 2[\mathrm{rad/s}]$ 이므로 페이저 이론에 의해 주어진 미분방정식은 다음과 같이 표현된다(식 (10.12), (10.13) 참조).

$$3(j2)^2\boldsymbol{F} + 2(j2)\boldsymbol{F} + \boldsymbol{F} = 3\angle 30°$$

$$\boldsymbol{F} = \frac{3\angle 30^o}{-11 + j4} = \frac{3\angle 30°}{\sqrt{(-11)^2 + 4^2}\angle\tan^{-1}\left(\dfrac{4}{-11}\right)} = 0.26\angle 130°$$

그러므로 다음과 같다.

$$f(t) = 0.26\cos(2t - 130°)$$

**실전문제 10-8**

$4\dfrac{d^2}{dt^2}f(t) - 6\dfrac{d}{dt}f(t) + 2f(t) = 10\cos(3t + 30°)$ 의 특수해를 페이저 이론으로 구하라.

### 10.3.3 페이저를 이용한 회로 해석

회로의 동작은 과도상태에서의 동작과 정상상태에서의 동작으로 나뉜다. 과도상태는 초깃값에 대한 응답으로, 스위치 온[on]이나 스위치 오프[off] 시 잠시 나타나는 현상이다. 시간이 조금 지나면 전원에 의해 응답하는 정상상태가 된다. 이때 전원이 정현파를 사용할 경우에는 페이저 이론으로 회로를 해석할 수 있다.

**예제 10-9**

다음 회로가 정상상태에서 동작할 경우, 루프전류 $i(t)$를 구하라.
단, $v_s(t) = V_m \cos\omega t$ [V]이다.

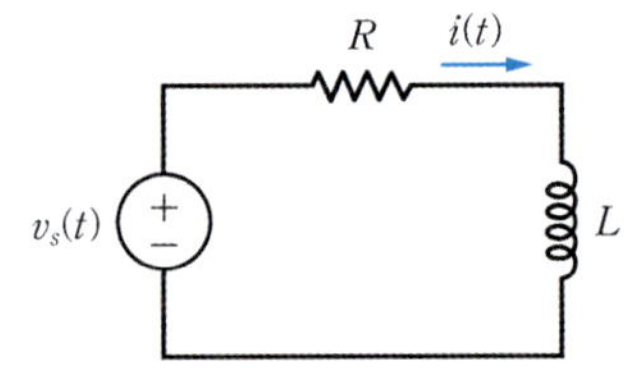


[그림 10-9] [예제 10-9]의 회로

**풀이**

회로로부터 루프방정식을 구하면 다음과 같다.

$$Ri(t) + L\frac{d}{dt}i(t) = V_m \cos\omega t \qquad \cdots ①$$

이를 페이저로 변환하면 식 ②를 얻고, 이를 $\boldsymbol{I}$에 대해 정리하면 식 ③과 같다.

$$R \cdot \boldsymbol{I} + j\omega L \cdot \boldsymbol{I} = V_m e^{j0°} \qquad \cdots ②$$

$$\boldsymbol{I} = \frac{V_m e^{j0°}}{R + j\omega L} = \frac{V_m}{\sqrt{R^2 + (\omega L)^2}} e^{-j\tan^{-1}\frac{\omega L}{R}} \qquad \cdots ③$$

식 ③으로부터 시간영역의 함수를 구하면 다음과 같다.

$$i(t) = \frac{V_m}{\sqrt{R^2 + (\omega L)^2}} \cos\left(\omega t - \tan^{-1}\frac{\omega L}{R}\right) \text{[A]}$$

이 결과는 앞에서 구한 식 (10.6)과 동일함을 알 수 있다.

**실전문제 10-9**

다음 회로가 정상상태에서 동작할 경우, 루프전류 $i(t)$를 구하라. 단, $i_s(t) = 10\cos(10^3 t)$ [mA]이다.

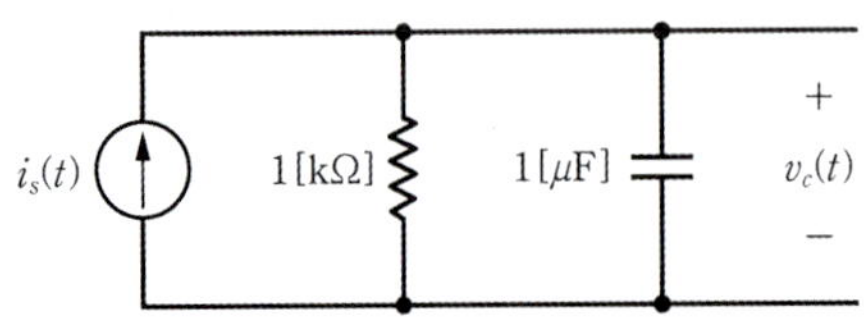


[그림 10-10]

SECTION

# 10.4 주파수영역에서의 회로 해석

[그림 10-11]에서 보듯, 시간영역에서의 $RLC$ 회로를 해석하기 위해서는 미분방정식의 특수해를 구해야 하므로 계산이 다소 복잡하다. 이를 대신하는 방법으로 6장에서 언급한 라플라스 변환과 같이, 주파수영역으로 회로를 변경해 해석하는 방법이 있다.

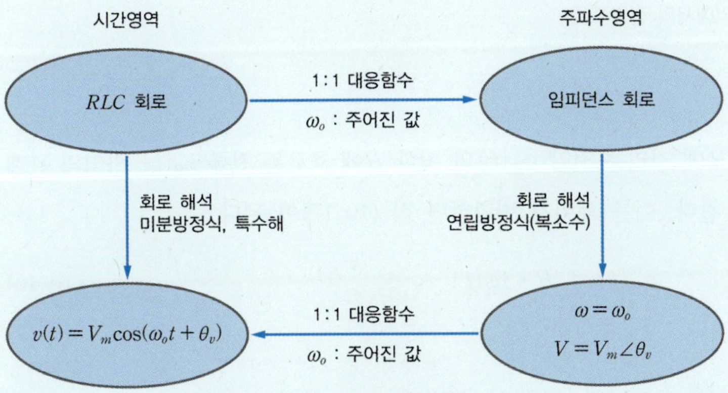


**[그림 10-11]** 주파수영역에서의 $RLC$ 회로 해석 방법

## 10.4.1 주파수영역에서의 회로소자 특성 및 특성식

[그림 10-11]과 같이 시간영역의 회로를 주파수영역에서 표현하기 위해서는 각 회로소자를 다음과 같은 페이저 형태로 나타내야 한다.

### ■ 전압원 $V_s$

$v_s(t) = V_m\cos(\omega t + \theta_v)$로 표현되는 전압원 페이저 $\boldsymbol{V}_s$는 다음과 같이 표현된다.

$$\boldsymbol{V}_s = V_m e^{j\theta_v} = V_m\angle\theta_v = V_m(\cos\theta_v + j\sin\theta_v) \tag{10.15a}$$

주파수영역에서의 전압원은 [그림 10-12(a)]와 같이 나타낸다.

## ■ 전류원 $I_s$

$i_s(t) = I_m \cos(\omega t + \theta_i)$로 표현되는 전류원의 페이저 $\boldsymbol{I}_s$는 다음과 같이 표현된다.

$$\boldsymbol{I}_s = I_m e^{j\theta_i} = I_m \angle \theta_i = I_m(\cos\theta_i + j\sin\theta_i) \tag{10.15b}$$

주파수영역에서의 전류원은 [그림 10-12(b)]와 같이 나타낸다.

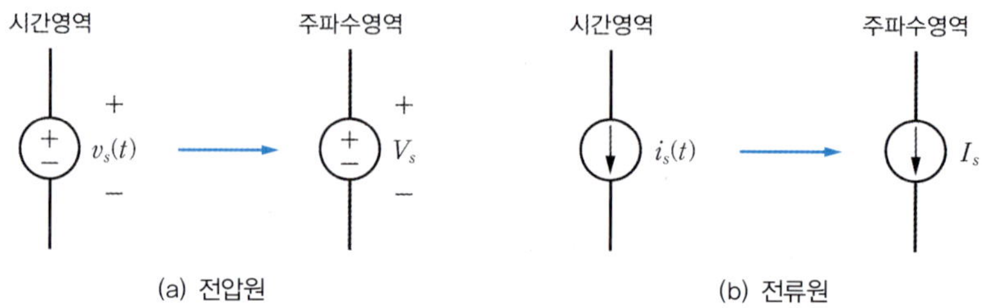


[그림 10-12] 시간영역과 주파수영역에서의 전원 표현

## ■ 저항 $R$

[그림 10-13(a)]와 같이 저항 $R$에 걸리는 전압 $v_R(t)$와 저항 $R$에 흐르는 전류 $i_R(t)$ 사이의 관계인 옴의 법칙은 식 (10.16)과 같다. 이를 페이저 변환하면 식 (10.17)이 된다.

$$v_R(t) = R \cdot i_R(t) \tag{10.16}$$

$$\boldsymbol{V}_R = R \cdot \boldsymbol{I}_R \tag{10.17}$$

따라서 주파수영역에서 저항회로를 표현하면 [그림 10-13(b)]와 같다. 식 (10.17)에서의 저항 $R$은 양의 실수이므로, 저항소자에 걸리는 전압과 흐르는 전류의 위상이 동일하다는 것을 알 수 있다.

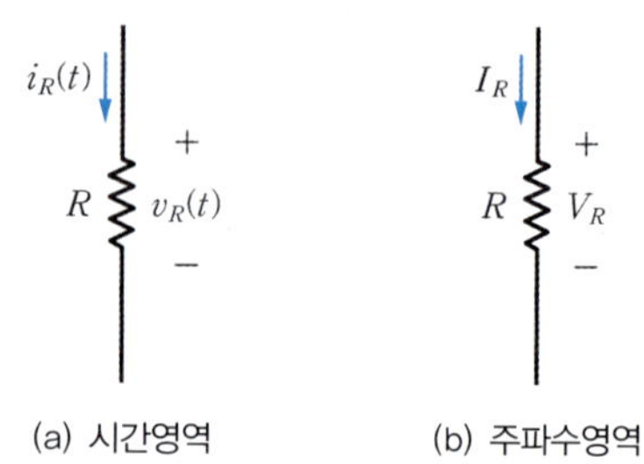


[그림 10-13] 저항소자의 표현

[그림 10-14(a)]는 저항에서 전압과 전류의 페이저를 복소평면에서 나타낸 것이고, [그림 10-14(b)]는 저항에 걸리는 전압과 흐르는 전류의 파형을 시간영역에서 나타낸 것이다. 저항에 인가되는 전압 $v_R(t)$와 저항에 흐르는 전류 $i_R(t)$는 다음과 같다(옴의 법칙 사용).

$$v_R(t) = V_m \cos(\omega t + \theta_v)$$

$$i_R(t) = \frac{V_m}{R}\cos(\omega t + \theta_v) = I_m \cos(\omega t + \theta_v)$$

식 (10.17)로부터 주파수영역에서의 인가전압 $\boldsymbol{V}_R$과 전류 $\boldsymbol{I}_R$을 구하면 다음과 같다.

$$\boldsymbol{V}_R = V_m \angle \theta_v$$

$$\boldsymbol{I}_R = \frac{V_m}{R} \angle \theta_v = I_m \angle \theta_v$$

따라서 저항에 걸리는 전압 $v_R(t)$와 흐르는 전류 $i_R(t)$는 동상이고, 진폭만 $V_m$과 $I_m$으로 서로 다르다.

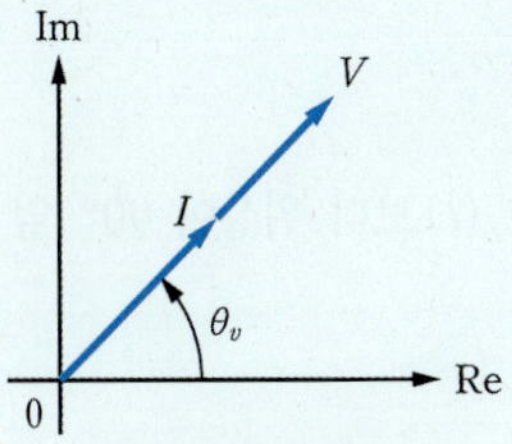


(a) 주파수영역

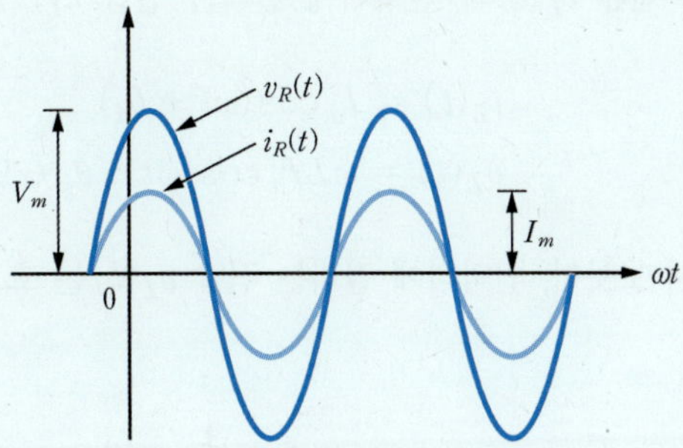


(b) 시간영역

**[그림 10-14]** 저항의 전압 $v_R(t)$와 전류 $i_R(t)$의 표현

한편 주파수영역에서 전압의 페이저와 저항에 대한 전류의 페이저 비는 식 (10.18)과 같이 $\boldsymbol{Z}_R$로 표현하고, 이를 **임피던스**impedance라고 부르며, 단위는 [Ω]을 사용한다.

$$\boldsymbol{Z}_R = \frac{\boldsymbol{V}_R}{\boldsymbol{I}_R} = R = R\angle 0° \tag{10.18}$$

## ■ 인덕터 $L$

시간영역에서 인덕터를 표현한 [그림 10-15(a)]에서 전압-전류 관계식은 식 (10.19)와 같이 표현되며, 이를 주파수영역의 페이저로 표현하면 식 (10.20)과 같다. 여기서 $\omega$는 전원 주파수이다.

$$v_L(t) = L\frac{d}{dt}i_L(t) \tag{10.19}$$

$$\boldsymbol{V}_L = j\omega L\boldsymbol{I}_L \tag{10.20}$$

이를 회로로 표현하면 [그림 10-15(b)]와 같다. 식 (10.20)을 크기와 위상으로 나누어 표현하면 식 (10.21)과 같다.

$$|\boldsymbol{V}_L| = \omega L|\boldsymbol{I}_L|, \quad V_m = \omega L I_m \tag{10.21a}$$

$$\angle\boldsymbol{V}_L = \angle\boldsymbol{I}_L + 90° \tag{10.21b}$$

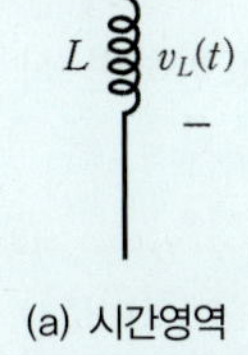


(a) 시간영역

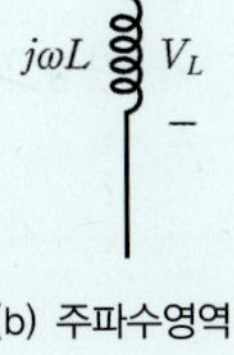


(b) 주파수영역

**[그림 10-15]** 인덕터 소자

식 (10.21b)에서 보듯이, 전압의 위상 $\angle \boldsymbol{V}_L$은 전류의 위상 $\angle \boldsymbol{I}_L$보다 90° 앞선다. 이를 이용해 인덕터의 전압과 전류의 페이저 관계를 복소평면에서 나타내면 [그림 10-16(a)]와 같다. 한편 시간영역에서 인덕터에 흐르는 전류 $i_L(t)$와 인덕터에 걸리는 전압 $v_L(t)$는 다음과 같다.

$$\begin{aligned} i_L(t) &= I_m \cos(\omega t + \theta_i) \\ v_L(t) &= \omega L I_m \cos(\omega t + \theta_i + 90°) \end{aligned}$$

[그림 10-16(b)]에서 보듯이, 인덕터에 걸리는 전압 $v_L(t)$는 흐르는 전류 $i_L(t)$보다 위상이 90° 앞선다.

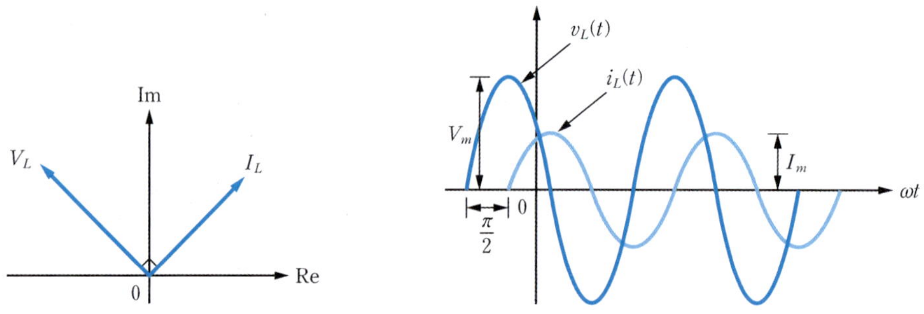


**[그림 10-16]** 인덕터의 전압 $v_L(t)$와 전류 $i_L(t)$의 표현

한편 인덕터에 대한 페이저 영역에서의 전압과 전류의 비 $\boldsymbol{Z}_L$은 식 (10.22)와 같이 표현할 수 있으며, 이를 **인덕터의 임피던스**라 부른다. 단위는 저항과 마찬가지로 [Ω]으로 나타낸다. 또한 $\boldsymbol{Z}_L$의 크기는 전원 주파수 $\omega$에 비례하며, 위상은 90°이다.

$$\boldsymbol{Z}_L = \frac{\boldsymbol{V}_L}{\boldsymbol{I}_L} = j\omega L = \omega L \angle 90° \tag{10.22}$$

## ■ 커패시터 $C$

시간영역에서 커패시터를 표현한 [그림 10-17(a)]에서 전압-전류 관계식은 식 (10.23)과 같이 표현되며, 이를 주파수영역의 페이저로 표현하면 식 (10.24)와 같다. 여기서 $\omega$는 전원 주파수이다.

$$i_C(t) = C\frac{d}{dt}v_C(t) \tag{10.23}$$

$$\boldsymbol{I}_C = j\omega C \cdot \boldsymbol{V}_C \tag{10.24}$$

이를 회로로 표현하면 [그림 10-17(b)]와 같다. 식 (10.24)를 크기와 위상으로 나누어 표현하면 식 (10.25)와 같다.

$$|\boldsymbol{V}_C| = \frac{1}{\omega C}|\boldsymbol{I}_C|, \quad V_m = \frac{I_m}{\omega C} \tag{10.25a}$$

$$\angle \boldsymbol{V}_C = \angle \boldsymbol{I}_C - 90° \tag{10.25b}$$

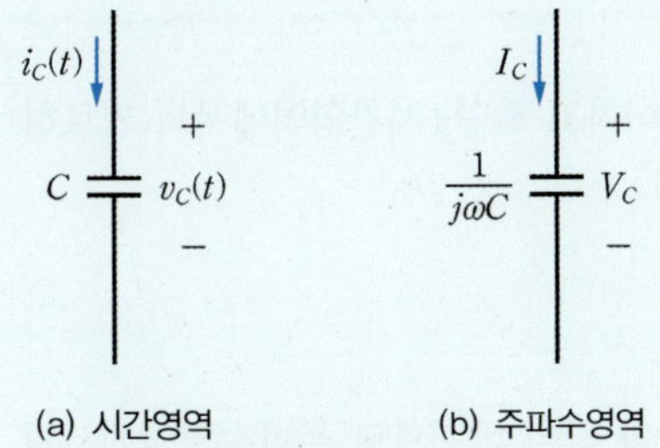


**[그림 10-17]** 커패시터 소자

식 (10.25)에서 보듯이, 전압의 위상 $\angle \boldsymbol{V}_C$는 전류의 위상 $\angle \boldsymbol{I}_C$보다 90° 뒤처진다. 이를 이용해 커패시터의 전압과 전류의 페이저 관계를 복소평면에서 나타내면 [그림 10-18(a)]와 같다. 한편 시간영역에서 커패시터에 걸리는 전압 $v_C(t)$와 커패시터의 특성식으로부터 흐르는 전류 $i_C(t)$는 다음과 같다.

$$v_C(t) = V_m \cos(\omega t + \theta_v)$$
$$i_C(t) = \omega C V_m \cos(\omega t + \theta + 90°)$$

[그림 10-18(b)]에서 보듯이, 커패시터에 흐르는 전류 $i_C(t)$는 인가된 전압 $v_C(t)$보다 위상이 90° 앞선다.

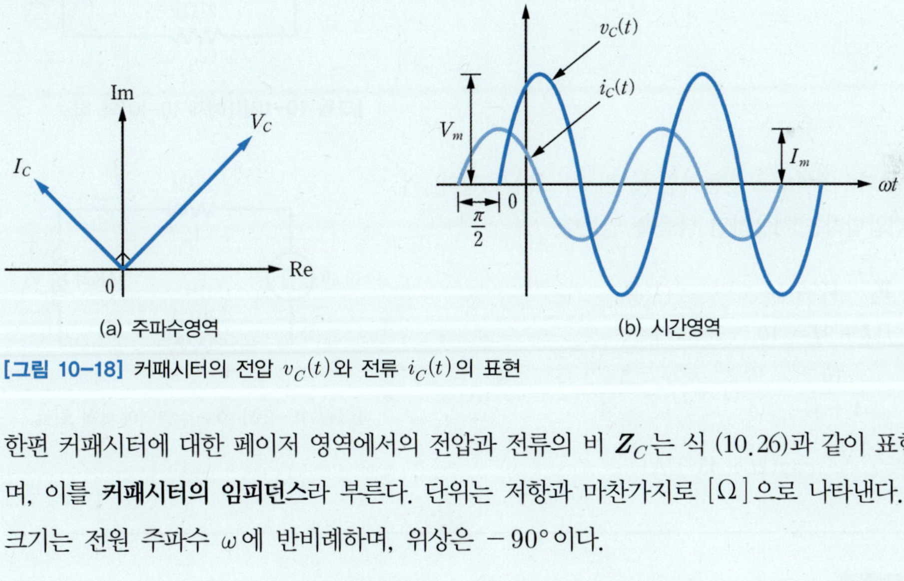


**[그림 10-18]** 커패시터의 전압 $v_C(t)$와 전류 $i_C(t)$의 표현

한편 커패시터에 대한 페이저 영역에서의 전압과 전류의 비 $\boldsymbol{Z}_C$는 식 (10.26)과 같이 표현할 수 있으며, 이를 **커패시터의 임피던스**라 부른다. 단위는 저항과 마찬가지로 $[\Omega]$으로 나타낸다. 또한 $\boldsymbol{Z}_C$의 크기는 전원 주파수 $\omega$에 반비례하며, 위상은 $-90°$이다.

$$\boldsymbol{Z}_C = \frac{\boldsymbol{V}_C}{\boldsymbol{I}_C} = \frac{1}{j\omega C} = \frac{1}{\omega C} \angle -90° \tag{10.26}$$

## 10.4.2 주파수영역에서의 키르히호프 전압 및 전류법칙

시간영역의 회로는 주파수영역으로 변환 가능하며 주파수영역에서 소자의 특성식과 키르히호프 전압 및 전류법칙을 사용하면 주파수영역에서의 회로 해석이 가능하다(3장 참조). 이렇듯 회로 해석을 위해서는 주파수영역에서의 키르히호프 법칙이 필요하므로 지금부터 자세히 살펴보자.

## ■ 키르히호프 전압법칙에 대한 페이저 표현

임의의 폐루프에서 각 소자에 걸리는 전압을 $v_1,\ v_2,\ v_3,\ \cdots,\ v_n$이라고 하면, 시간영역에서의 키르히호프 전압법칙에 따라 다음이 성립한다.

$$v_1 + v_2 + v_3 + \ \cdots\ + v_n = 0 \tag{10.27}$$

식 (10.27)을 페이저 변환하면 페이저의 성질에 의해 식 (10.28)과 같이 바뀌므로 주파수영역에서의 키르히호프 전압법칙은 시간영역의 경우와 동일하게 성립한다. 즉 주파수영역에서도 식 (10.28)과 같이 폐루프를 형성하는 각 소자에 걸리는 전압의 합은 0이다.

$$\boldsymbol{V}_1 + \boldsymbol{V}_2 + \boldsymbol{V}_3 + \ \cdots\ + \boldsymbol{V}_n = 0 \tag{10.28}$$

### 예제 10-10

다음 회로에서 전류 $i(t)$와 전류의 페이저 $\boldsymbol{I}$를 구하라.
단, $v_s(t) = 10\cos 2t$[V]이다.

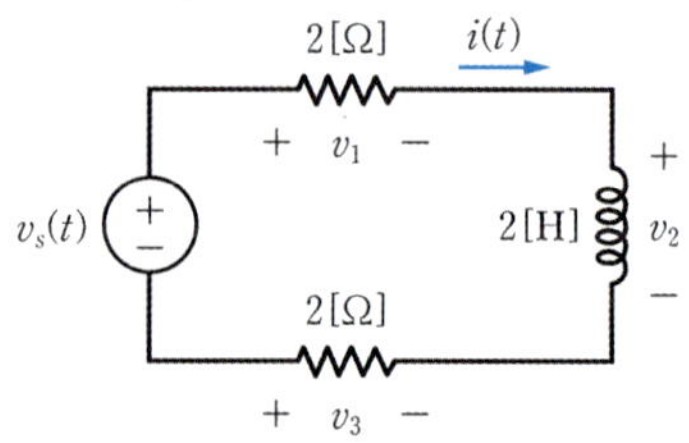


**[그림 10-19]** [예제 10-10]의 회로

**풀이**

위 회로를 주파수영역으로 변환하면 [그림 10-20]과 같다. 키르히호프 전압법칙을 사용하면 다음을 얻는다.

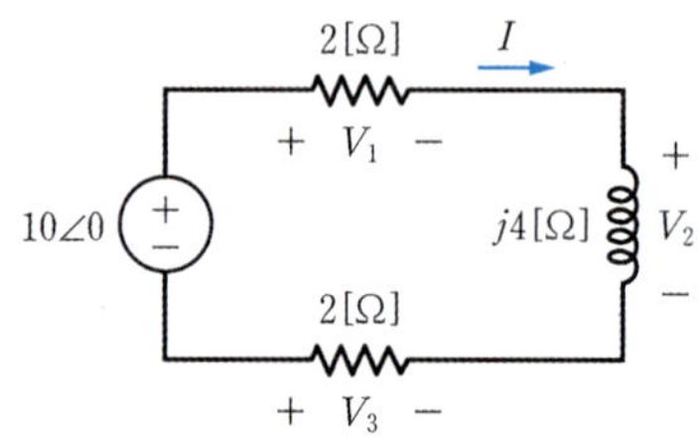


**[그림 10-20]** 주파수영역에서의 회로

$$\boldsymbol{V}_1 + \boldsymbol{V}_2 - \boldsymbol{V}_3 = 10$$

$$2\boldsymbol{I} + j4\boldsymbol{I} + 2\boldsymbol{I} = 10$$

$$\therefore\ \boldsymbol{I} = \frac{10}{4+j4} = \frac{5}{4}(1-j) = \frac{5\sqrt{2}}{4}\angle -45°\,[\text{A}]$$

$$i(t) = \frac{5\sqrt{2}}{4}\cos(2t - 45°)\,[\text{A}]$$

### 실전문제 10-10

다음 회로에서 전류 $i(t)$의 페이저 $\boldsymbol{I}$를 구하라.
단, $v_s(t) = 10\cos 2t$[V]이다.

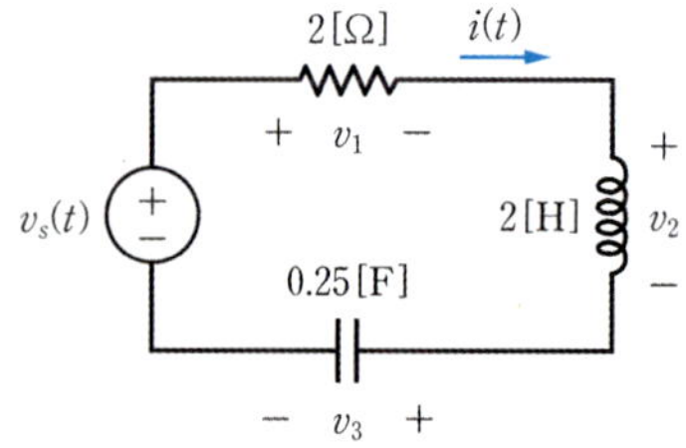


**[그림 10-21]**

## ■ 키르히호프 전류법칙에 대한 페이저 표현

임의의 마디에서 각각의 소자를 통해 유출되는 전류를 $i_1$, $i_2$, $i_3$, $\cdots$, $i_n$이라고 하면, 시간영역에서의 키르히호프 전류법칙에 따라 다음이 성립한다.

$$i_1 + i_2 + i_3 + \cdots + i_n = 0 \tag{10.29}$$

식 (10.29)를 페이저 변환하면 페이저의 성질에 의해 식 (10.30)과 같이 바뀌므로 주파수영역에서의 키르히호프 전류법칙은 시간영역의 경우와 동일하게 성립한다. 즉 하나의 노드에 연결된 모든 가지에 흐르는 전류의 합은 0이다.

$$\boldsymbol{I}_1 + \boldsymbol{I}_2 + \boldsymbol{I}_3 + \cdots + \boldsymbol{I}_n = 0 \tag{10.30}$$

### 예제 10-11

다음 회로에서 전압 $v(t)$의 페이저 $\boldsymbol{V}$를 구하라. 단, $i_s(t) = 10\cos(4t)$[A]이다.

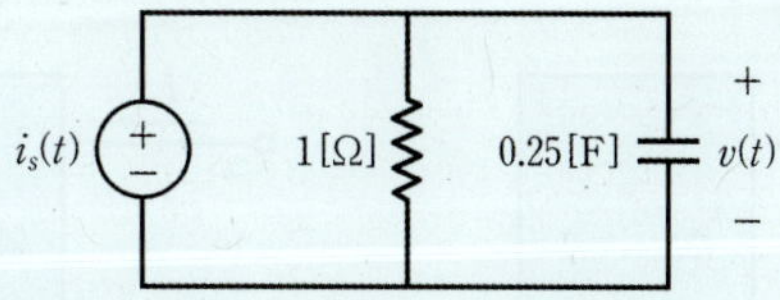


**[그림 10-22]** [예제 10-11]의 회로

**풀이**

주파수영역에서 회로를 그리면 [그림 10-23]과 같다. [그림 10-23]에서 키르히호프 전류법칙을 적용하면 다음을 얻을 수 있다.

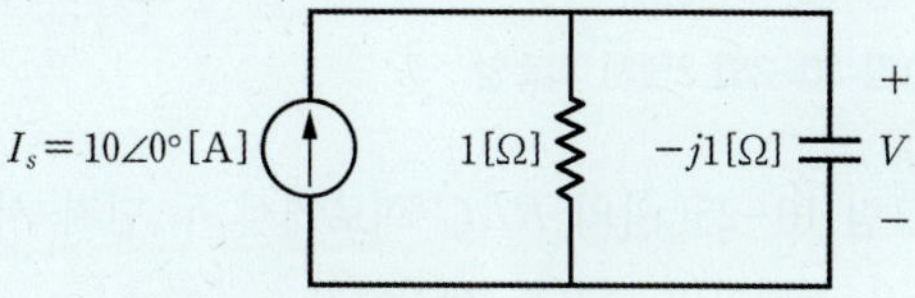


**[그림 10-23]** 주파수영역에서의 회로

$$\frac{\boldsymbol{V}}{1} + \frac{\boldsymbol{V}}{-j1} = 10$$

$$\therefore \boldsymbol{V} = \frac{10}{1+j} = 5(1-j) = 5\sqrt{2}\angle -45°\,[\text{V}]$$

### 실전문제 10-11

다음 회로에서 전압 $v(t)$의 페이저 $\boldsymbol{V}$를 구하라. 단, $i_s(t) = 10\cos(4t)$[A]이다.

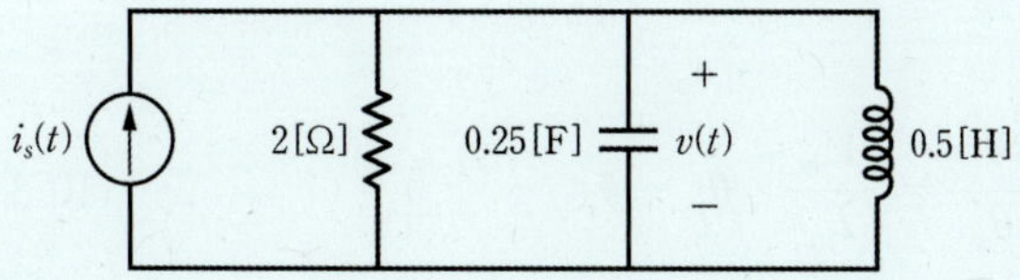


**[그림 10-24]**

SECTION 10.5

# 임피던스와 어드미턴스의 관계

2장에서 언급한 저항의 특성식과 유사하게, 주파수영역에서 임피던스의 특성식은 식 (10.31)과 같이 표현된다.

$$\mathbf{V} = \mathbf{Z} \cdot \mathbf{I} \tag{10.31}$$

이때 $\mathbf{V}$와 $\mathbf{I}$는 [그림 10-25]에 표기된 전압 $v(t)$와 전류 $i(t)$의 페이저를 의미한다.

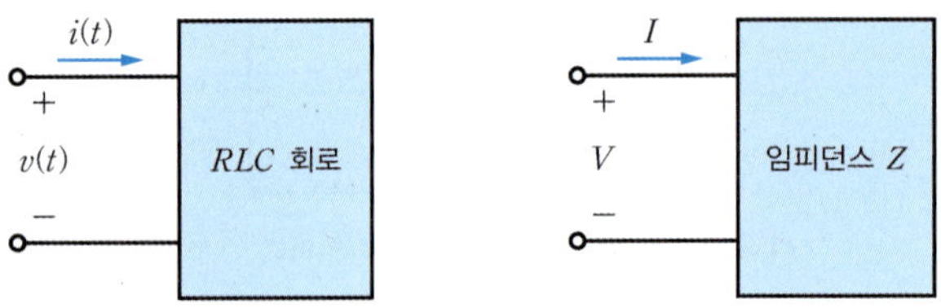


[그림 10-25] 2단자 회로망

[그림 10-25(a)]의 $RLC$ 회로에서 두 단자 사이의 전압 $v(t)$와 흐르는 전류 $i(t)$가 식 (10.32)와 같은 정현파인 경우를 생각하자.

$$v(t) = V_m \cos(\omega t + \theta_v), \quad i(t) = I_m \cos(\omega t + \theta_i) \tag{10.32}$$

식 (10.32)의 정현파 전압과 전류를 페이저로 표현하면 식 (10.33)과 같다.

$$\mathbf{V} = V_m e^{j\theta_v} = V_m \angle \theta_v \tag{10.33a}$$

$$\mathbf{I} = I_m e^{j\theta_i} = I_m \angle \theta_i \tag{10.33b}$$

또한 [그림 10-25(b)]에서 임피던스 $\mathbf{Z}$의 단위는 $[\Omega]$이고, 식 (10.31)의 관계식으로부터 다음을 얻는다.

$$\mathbf{Z} = \frac{\mathbf{V}}{\mathbf{I}} = \frac{V_m \angle \theta_v}{I_m \angle \theta_i} = \frac{V_m}{I_m} \angle \theta_v - \theta_i \tag{10.34}$$

임피던스 $\boldsymbol{Z}$의 크기 $|\boldsymbol{Z}|$와 위상 $\angle \boldsymbol{Z}$는 식 (10.35)와 같이 표현된다.

$$|\boldsymbol{Z}| = \frac{V_m}{I_m} \tag{10.35a}$$

$$\angle \boldsymbol{Z} = \theta_v - \theta_i \tag{10.35b}$$

식 (10.35)는 임피던스를 극좌표 형식으로 나타낸 것이며, 이를 직각좌표 형식으로 나타내면 식 (10.36)과 같다. [그림 10-26]은 임피던스 삼각형으로 $\boldsymbol{Z}$, $R$, $X$의 관계를 나타낸 것이다.

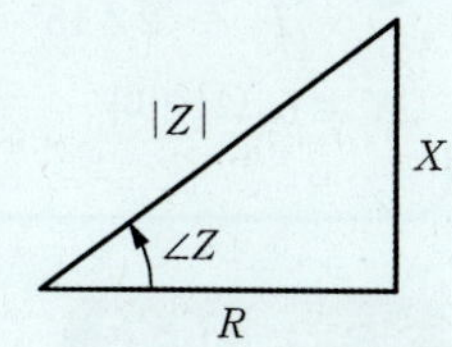


**[그림 10-26]** 임피던스 삼각형

$$\boldsymbol{Z} = R + jX \tag{10.36}$$

여기서 $R = Re\{\boldsymbol{Z}\}$를 **저항**resistance이라 하고, $X = Im\{\boldsymbol{Z}\}$를 **리액턴스**reactance라고 한다. 회로에서 연결된 소자의 종류에 따라 $X$는 양이 될 수도 있고 음이 될 수도 있다. $X > 0$인 경우를 **유도성 리액턴스**(유도성 부하)라고 하며, 반대로 $X < 0$인 경우를 **용량성 리액턴스**(용량성 부하)라고 한다. 식 (10.35)와 식 (10.36)을 비교하면 다음 식을 얻을 수 있다.

$$|\boldsymbol{Z}| = \sqrt{R^2 + X^2} = \frac{V_m}{I_m} \tag{10.37a}$$

$$\angle \boldsymbol{Z} = \tan^{-1}\frac{X}{R} = \theta_v - \theta_i \tag{10.37b}$$

$$R = Re\{\boldsymbol{Z}\} = |\boldsymbol{Z}|\cos(\angle \boldsymbol{Z}) \tag{10.38a}$$

$$X = Im\{\boldsymbol{Z}\} = |\boldsymbol{Z}|\sin(\angle \boldsymbol{Z}) \tag{10.38b}$$

저항의 역수는 컨덕턴스conductance이고, 임피던스의 역수는 **어드미턴스**admittance이다. 어드미턴스의 표기는 $\boldsymbol{Y}$로 하며, 단위는 컨덕턴스와 같이 모mho [℧] 혹은 지멘스Simens [S]이다. 임피던스와 어드미턴스의 관계를 수식으로 표현하면 식 (10.39)와 같고, $G = Re\{\boldsymbol{Y}\}$를 **컨덕턴스**라 하고, $B = Im\{\boldsymbol{Y}\}$를 **서셉턴스**susceptance라고 한다.

$$\boldsymbol{Y} = \frac{1}{\boldsymbol{Z}} = G + jB \tag{10.39}$$

한편 식 (10.36)과 식 (10.39)를 비교해 다음과 같은 관계식을 얻을 수 있다.

$$G + jB = \frac{1}{R + jX} = \frac{R}{R^2 + X^2} - j\frac{X}{R^2 + X^2}$$

$$G = \frac{R}{R^2 + X^2}, \quad B = -\frac{X}{R^2 + X^2} \tag{10.40}$$

$$R + jX = \frac{1}{G + jB} = \frac{G}{G^2 + B^2} - j\frac{B}{G^2 + B^2}$$

$$R = \frac{G}{G^2 + B^2}, \quad X = -\frac{B}{G^2 + B^2} \tag{10.41}$$

### 예제 10-12

$\boldsymbol{V} = 20\angle 45°$ [V], $\boldsymbol{I} = 2\angle 15°$ [A]일 때, 임피던스 $\boldsymbol{Z}$, 저항성분 $R$, 리액턴스 성분 $X$를 구하라.

**풀이**

$\boldsymbol{Z} = \dfrac{\boldsymbol{V}}{\boldsymbol{I}} = \dfrac{20\angle 45°}{2\angle 15°} = 10\angle 30° = 10\cos 30° + j10\sin 30° = 5\sqrt{3} + j5$ [Ω]이고, $R = 5\sqrt{3}$ [Ω], $X = 5$ [Ω]이다.

### 실전문제 10-12

임피던스 $\boldsymbol{Z}$에 인가되는 전압 $\boldsymbol{V}$, 흐르는 전류 $\boldsymbol{I}$가 다음과 같을 때, 임피던스의 저항성분 $R$, 리액턴스 성분 $X$를 구하라.

$$\boldsymbol{V} = 30\angle 60° \text{ [V]}, \quad \boldsymbol{I} = 3\sqrt{3} + j3 \text{ [mA]}$$

SECTION 10.6
# 임피던스의 합성

이 절에서는 직렬회로에서의 전압분배와 등가 임피던스, 병렬회로에서의 전류분배와 등가 임피던스에 대해 알아볼 것이다.

## 10.6.1 직렬회로에서의 전압분배와 등가 임피던스

[그림 10-27]과 같이 $n$개의 임피던스가 직렬로 연결된 경우에 대해 살펴보자.

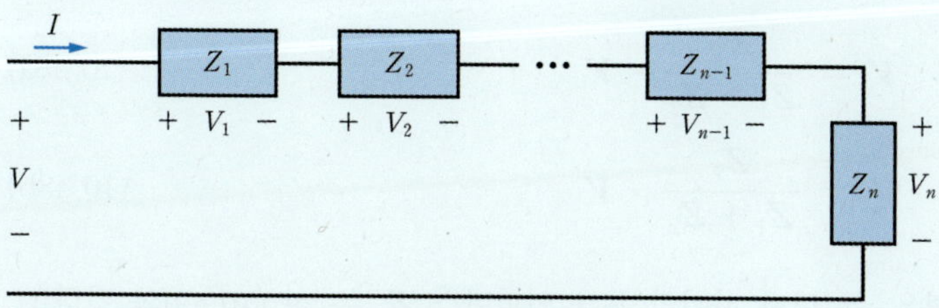


**[그림 10-27]** 임피던스 $n$개가 직렬로 연결된 회로

[그림 10-27]의 회로에서, 임피던스의 특성식과 키르히호프 전압법칙에 의해 다음의 식 (10.42)를 얻는다.

$$\boldsymbol{V} = \boldsymbol{Z}_1\boldsymbol{I} + \boldsymbol{Z}_2\boldsymbol{I} + \cdots + \boldsymbol{Z}_n\boldsymbol{I} = \left(\sum_{i=1}^{n}\boldsymbol{Z}_i\right)\cdot\boldsymbol{I} \qquad (10.42)$$

따라서 등가 임피던스 $\boldsymbol{Z}_{eq}$를 구하면 식 (10.43)과 같이 표현할 수 있다.

$$\boldsymbol{Z}_{eq} = \frac{\boldsymbol{V}}{\boldsymbol{I}} = \boldsymbol{Z}_1 + \boldsymbol{Z}_2 + \cdots + \boldsymbol{Z}_n = \sum_{i=1}^{n}\boldsymbol{Z}_i \qquad (10.43)$$

이와 같이 $n$ 개의 임피던스가 직렬로 연결된 경우, 등가 임피던스는 모든 임피던스의 합과 같다. 한편 임피던스의 특성식에 의해 식 (10.44)를 얻을 수 있으므로 각 임피던스에 걸리는 전압의 비는 임피던스의 비와 같다.

$$\boldsymbol{V}_k = \boldsymbol{Z}_k\boldsymbol{I} \quad (k = 1,\ 2,\ \cdots,\ n) \qquad (10.44a)$$

$$\boldsymbol{V}_i : \boldsymbol{V}_j = \boldsymbol{Z}_i : \boldsymbol{Z}_j \quad (i,\ j = 1,\ 2,\ \cdots,\ n) \qquad (10.44b)$$

식 (10.42)와 식 (10.43)을 이용하면 $\boldsymbol{I}$는 식 (10.45)와 같다.

$$\boldsymbol{I} = \frac{\boldsymbol{V}}{\boldsymbol{Z}_1 + \boldsymbol{Z}_2 + \cdots + \boldsymbol{Z}_n} = \frac{\boldsymbol{V}}{\boldsymbol{Z}_{eq}} \tag{10.45}$$

식 (10.45)를 식 (10.44a)에 대입하면 $\boldsymbol{V}_k$는 식 (10.46)과 같이 표현된다.

$$\boldsymbol{V}_k = \boldsymbol{Z}_k \boldsymbol{I} = \frac{\boldsymbol{Z}_k}{\boldsymbol{Z}_{eq} \cdot \boldsymbol{V}} \quad (k = 1,\ 2,\ \cdots,\ n) \tag{10.46}$$

$n = 2$인 경우에 대해 생각해보자. [그림 10-28]과 같이 임피던스 2개가 직렬로 연결된 경우, 식 (10.45)에 의해 $\boldsymbol{I}$를 구할 수 있다.

$$\boldsymbol{I} = \frac{\boldsymbol{V}}{\boldsymbol{Z}_1 + \boldsymbol{Z}_2} \tag{10.47}$$

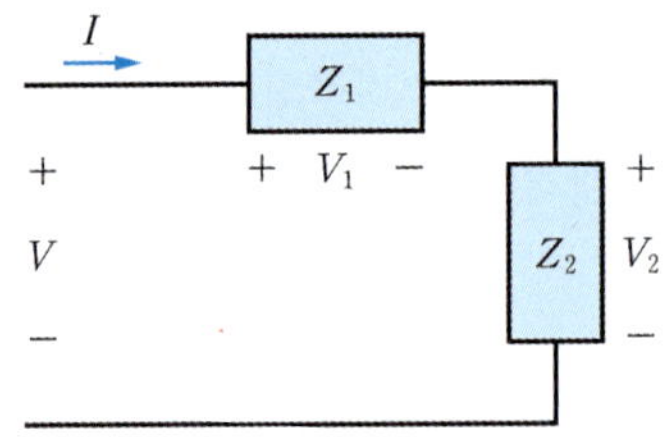

**[그림 10-28]** 임피던스의 직렬연결

식 (10.46)을 이용하면 $\boldsymbol{V}_1$, $\boldsymbol{V}_2$는 식 (10.48)로 직렬회로에서의 전압분배 공식이다. 직렬로 연결된 경우는 직렬로 연결된 저항회로와 마찬가지로 임피던스에 비례해 전압이 분배된다.

$$\boldsymbol{V}_1 = \frac{\boldsymbol{Z}_1}{\boldsymbol{Z}_1 + \boldsymbol{Z}_2} \cdot \boldsymbol{V} \tag{10.48a}$$

$$\boldsymbol{V}_2 = \frac{\boldsymbol{Z}_2}{\boldsymbol{Z}_1 + \boldsymbol{Z}_2} \cdot \boldsymbol{V} \tag{10.48b}$$

임피던스 2개가 직렬로 연결된 경우, 두 단자 사이의 등가 임피던스 $\boldsymbol{Z}_{eq}$는 식 (10.49)와 같다.

$$\boldsymbol{Z}_{eq} = \frac{\boldsymbol{V}}{\boldsymbol{I}} = \boldsymbol{Z}_1 + \boldsymbol{Z}_2 \tag{10.49}$$

저항성분과 리액턴스 성분을 나누어 생각해보면, 식 (10.50)과 같이 각 성분에 대해서도 전체 값은 각각의 합과 같다.

$$R_{eq} + jX_{eq} = R_1 + jX_1 + R_2 + jX_2 \tag{10.50a}$$

$$R_{eq} = R_1 + R_2 \tag{10.50b}$$

$$X_{eq} = X_1 + X_2 \tag{10.50c}$$

### 예제 10-13

다음 회로의 등가 임피던스 $Z_{eq}$를 구하라.
단, $\omega = 100\,[\text{rad/s}]$이다.

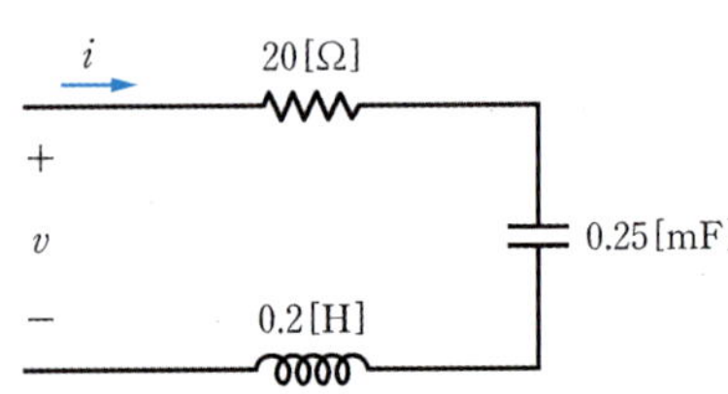

**[그림 10-29]** [예제 10-13]의 회로

**풀이**

사용 주파수가 100[rad/s]이므로 각 소자의 임피던스는 다음과 같다.

$$\boldsymbol{Z}_R = 20\,[\Omega],\quad \boldsymbol{Z}_C = \frac{1}{j\omega C} = -j40\,[\Omega],\quad \boldsymbol{Z}_L = j\omega L = j20\,[\Omega]$$

[그림 10-29]의 회로를 주파수영역으로 변화시키면 [그림 10-30]과 같다.

따라서 등가 임피던스는 각 임피던스의 합과 같다.

$$\boldsymbol{Z}_{eq} = \frac{\boldsymbol{V}}{\boldsymbol{I}} = 20 - j20 = 20\sqrt{2}\angle -45°\,[\Omega]$$

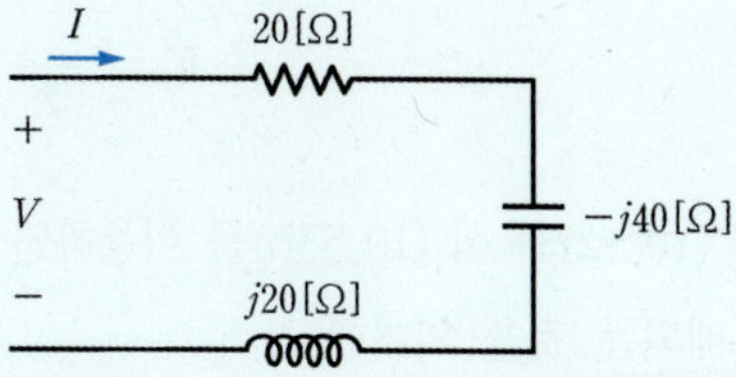


**[그림 10-30]** 주파수영역에서의 회로

**실전문제 10-13**

다음 회로의 등가 임피던스 $\boldsymbol{Z}_{eq}$를 구하라.

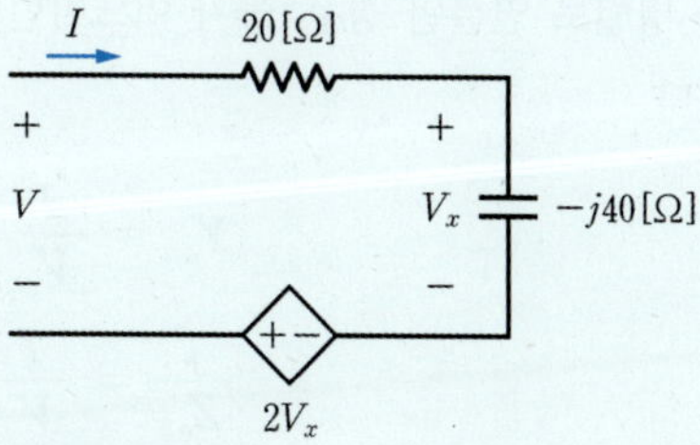


**[그림 10-31]**

## 10.6.2 병렬회로에서의 전류분배와 등가 임피던스

[그림 10-32]와 같이 $n$개의 임피던스가 병렬로 연결된 경우에 대해 살펴보자. [그림 10-32]의 회로에서 키르히호프 전류법칙에 의해 다음의 식 (10.51)을 얻을 수 있다.

$$\boldsymbol{I} = \boldsymbol{I}_1 + \boldsymbol{I}_2 + \cdots + \boldsymbol{I}_n \tag{10.51}$$

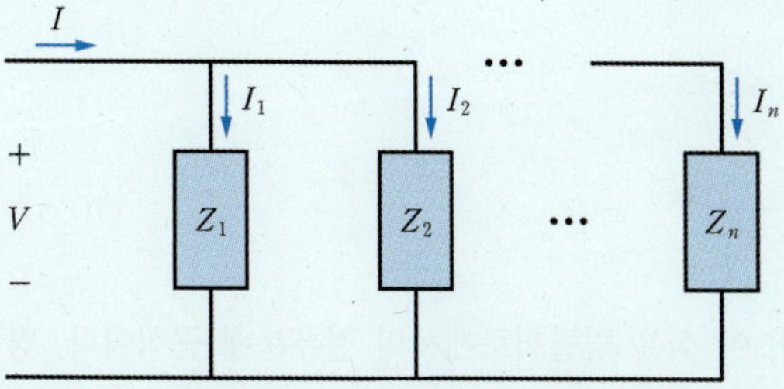


**[그림 10-32]** 임피던스 $n$개가 병렬로 연결된 회로

어드미턴스의 특성식인 식 (10.52)를 이용하면 식 (10.53)을 얻을 수 있다.

$$\boldsymbol{I}_k = \boldsymbol{Y}_k \cdot \boldsymbol{V} \quad (k = 1,\ 2,\ \cdots,\ n) \tag{10.52}$$

$$\boldsymbol{I} = \left(\sum_{k=1}^{k=n} \boldsymbol{Y}_K\right) \cdot \boldsymbol{V} = \boldsymbol{Y}_{eq} \cdot \boldsymbol{V} \tag{10.53a}$$

$$\boldsymbol{V} = \frac{\boldsymbol{I}}{\boldsymbol{Y}_1 + \boldsymbol{Y}_2 + \cdots + \boldsymbol{Y}_n} = \frac{\boldsymbol{I}}{Y_{eq}} \tag{10.53b}$$

식 (10.52)와 식 (10.53b)를 이용하면 $\boldsymbol{I}_k$는 식 (10.54)와 같고, 이 식은 어드미턴스에 비례해 전류가 분배되는 것을 의미한다.

$$\boldsymbol{I}_k = \frac{\boldsymbol{Y}_k}{\boldsymbol{Y}_1 + \boldsymbol{Y}_2 + \cdots + \boldsymbol{Y}_n} \cdot \boldsymbol{I} \quad (k = 1,\ 2,\ \cdots,\ n) \tag{10.54}$$

$n$ 개의 임피던스가 병렬로 연결된 경우, 두 단자 사이의 등가 어드미턴스 $\boldsymbol{Y}_{eq}$는 식 (10.55a)와 같다. 즉 병렬로 연결된 경우, 등가 어드미턴스는 각 어드미턴스의 합과 같다. 이는 저항의 병렬연결과 동일하다.

$$\boldsymbol{Y}_{eq} = \frac{\boldsymbol{I}}{\boldsymbol{V}} = \boldsymbol{Y}_1 + \boldsymbol{Y}_2 + \cdots + \boldsymbol{Y}_n \tag{10.55a}$$

$$\frac{1}{\boldsymbol{Z}_{eq}} = \frac{\boldsymbol{I}}{\boldsymbol{V}} = \frac{1}{\boldsymbol{Z}_1} + \frac{1}{\boldsymbol{Z}_2} + \cdots + \frac{1}{\boldsymbol{Z}_n} \tag{10.55b}$$

[그림 10-33]과 같이 2개의 임피던스가 병렬로 연결된 경우, 두 임피던스 $\boldsymbol{Z}_1$, $\boldsymbol{Z}_2$에 흐르는 전류를 구해보자.

직렬회로에서는 임피던스로 계산하면 좀더 단순하지만, 병렬회로에서는 임피던스의 역수인 어드미턴스에 대해 생각하는 편이 훨씬 단순하다. 따라서 병렬회로에 대해서는 어드미턴스를 $\boldsymbol{Y} = 1/\boldsymbol{Z}$으로 생각하기로 하자.

키르히호프 전류법칙에 의해 다음의 식 (10.56)을 얻는다.

$$\boldsymbol{I} = \boldsymbol{I}_1 + \boldsymbol{I}_2 \tag{10.56}$$

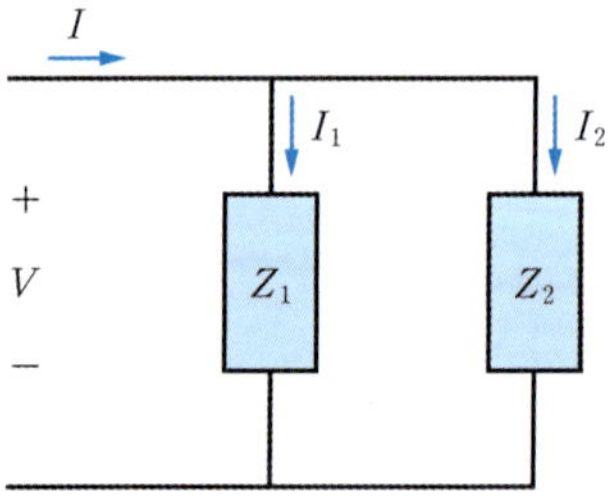

**[그림 10-33]** 임피던스의 병렬연결

각 소자에 걸리는 전압 $\boldsymbol{V}$는 다음의 식 (10.57)과 같다.

$$\boldsymbol{V} = \frac{\boldsymbol{I}}{\boldsymbol{Y}_1 + \boldsymbol{Y}_2} \tag{10.57}$$

식 (10.54)를 이용하면 $\boldsymbol{I}_1$, $\boldsymbol{I}_2$는 식 (10.58)과 같다. 이 식은 병렬회로에서의 전류분배 공식이다. 병렬로 연결된 경우에는 병렬저항 회로의 경우와 동일하게 어드미턴스에 비례해 전류가 분배된다.

$$I_1 = \frac{Y_1}{Y_1 + Y_2} \cdot I = \frac{Z_2}{Z_1 + Z_2} \cdot I \qquad (10.58a)$$

$$I_2 = \frac{Y_2}{Y_1 + Y_2} \cdot I = \frac{Z_1}{Z_1 + Z_2} \cdot I \qquad (10.58b)$$

임피던스 2개가 병렬로 연결된 경우, 두 단자 사이의 등가 어드미턴스 $Y_{eq}$는 식 (10.59a)와 같이 된다.

$$\frac{1}{Z_{eq}} = \frac{I}{V} = \frac{1}{Z_1} + \frac{1}{Z_2} \quad \rightarrow \quad Y_{eq} = Y_1 + Y_2 \qquad (10.59a)$$

$$Z_{eq} = \frac{Z_1 \cdot Z_2}{Z_1 + Z_2} \qquad (10.59b)$$

식 (10.59a)에서 보듯이, 두 임피던스가 병렬로 연결된 경우, 전체 어드미턴스의 값은 각각의 어드미턴스의 합과 같다.

## 예제 10-14

다음 회로의 등가 어드미턴스 $Y_{eq}$를 구하라. 단, 주파수는 $\omega = 10$ [rad/s]이다.

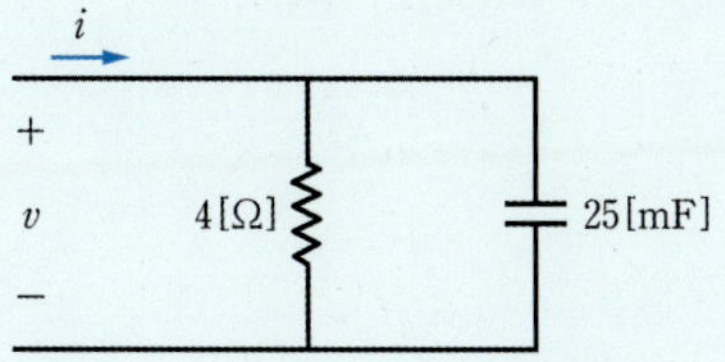


**[그림 10-34]** [예제 10-14]의 회로

### 풀이

사용 주파수가 10 [rad/s]이므로 각 소자의 임피던스와 어드미턴스는 다음과 같다.

$$Z_R = 4\,[\Omega] \quad \rightarrow \quad Y_G = 0.25\,[\mho]$$

$$Z_C = \frac{1}{j\omega C} = -j4\,[\Omega] \quad \rightarrow \quad Y_c = j0.25\,[\mho]$$

따라서 [그림 10-34]의 회로를 주파수영역으로 옮기면 [그림 10-35]와 같다.

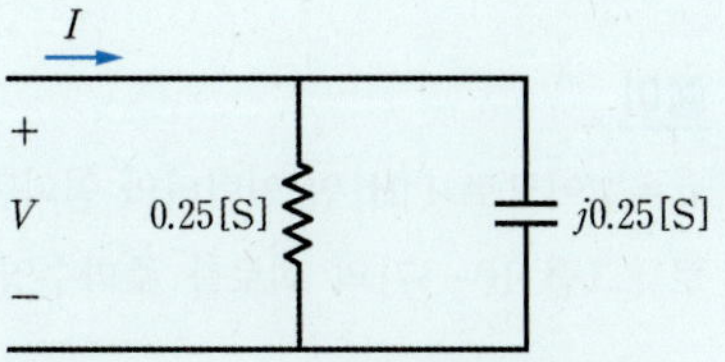


**[그림 10-35]** 주파수영역에서의 회로

$$Y_{eq} = \frac{I}{V} = Y_G + Y_C = 0.25 + j0.25\,[\mho]$$

$$Z_{eq} = \frac{4 \cdot (-j4)}{4 - j4} = 2 - j2$$

## 실전문제 10-14

다음 회로의 등가 어드미턴스 $\boldsymbol{Y}_{eq}$를 구하라.

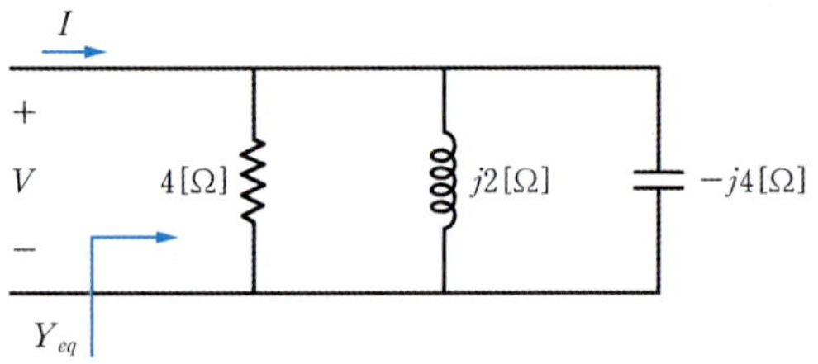


[그림 10-36]

2장 저항회로에서 설명한 바와 같이 임피던스회로에서도 같은 방법을 적용하면 된다. 즉 회로를 구성하는 임피던스의 연결이 직렬과 병렬이 혼용된 경우에 대한 회로 해석은 직병렬로 나누어 계산한 후 전체를 계산함으로써 해결할 수 있다.

## 예제 10-15

다음 회로에 대해 주어진 문제를 페이저를 이용해 풀어라. 단, $v_s(t) = 4\cos t\,[\mathrm{V}]$이다.

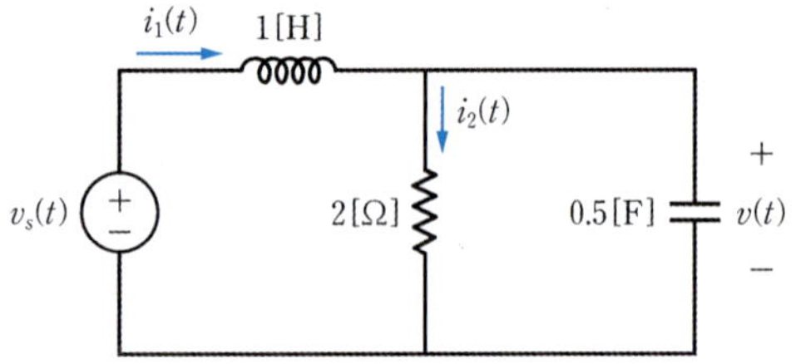


[그림 10-37] [예제 10-15]의 회로

(a) 전원 측에서 본 등가 임피던스 $\boldsymbol{Z}_{eq}$를 구하라.

(b) 정상상태에서의 전압 $v(t)$를 구하라.

(c) 정상상태에서의 전류 $i_1(t)$를 구하라.

(d) 정상상태에서의 전류 $i_2(t)$를 구하라.

### 풀이

$\omega = 1$이므로 $1\,[\mathrm{H}]$인 인덕터의 임피던스는 $j\,[\Omega]$이고, $0.5\,[\mathrm{F}]$인 커패시터의 임피던스는 $-j2\,[\Omega]$이므로 [그림 10-37]의 회로를 주파수영역에서 다시 그리면 [그림 10-38]과 같다.

(a) 전원 측에서 본 등가 임피던스 $\boldsymbol{Z}_{eq}$는 다음과 같다.

$$\boldsymbol{Z}_{eq} = j + \{(2) // (-j2)\} = j + \frac{2 \times (-j2)}{2 - j2} = j + 1 - j = 1[\Omega]$$

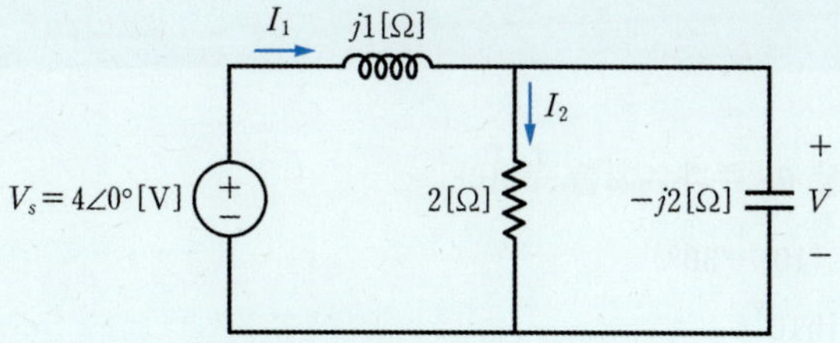


**[그림 10-38]** 주파수영역에서의 회로

(b) 전압분배법칙을 적용하면 $\boldsymbol{V}$는 다음과 같다.

$$\boldsymbol{V} = 4\angle 0° \times \frac{\{2//(-j2)\}}{j+\{2//(-j2)\}} = 4(1-j) = 4\sqrt{2}\angle -45°$$

따라서 다음을 얻는다.

$$v(t) = 4\sqrt{2}\cos(t-45°)\,[\mathrm{V}]$$

(c) [그림 10-38]의 회로에서 $\boldsymbol{I}_1$은 다음과 같다.

$$\boldsymbol{I}_1 = \frac{4\angle 0°}{\boldsymbol{Z}_{eq}} = 4\angle 0°$$

따라서 다음을 얻는다.

$$i_1(t) = 4\cos(t)\,[\mathrm{A}]$$

(d) [그림 10-38]의 회로에서 전류분배법칙을 적용하면 $\boldsymbol{I}_2$는 다음과 같다.

$$\boldsymbol{I}_2 = \boldsymbol{I}_1 \times \frac{-j2}{2-j2} = 4\angle 0° \times \frac{-j(1+j)}{2} = 2-j2 = 2\sqrt{2}\angle -45°$$

따라서 다음을 얻는다.

$$i_2(t) = 2\sqrt{2}\cos(t-45°)\,[\mathrm{A}]$$

## 실전문제 10-15

다음 회로에 대해 주어진 물음에 답하라.
단, $v(t) = 10\cos 10^3 t\,[\mathrm{V}]$이다.

(a) 전원 측에서 본 등가 임피던스 $\boldsymbol{Z}_{eq}$를 구하라.

(b) 페이저를 이용해 전류 $i(t)$를 구하라.

(c) 정상상태에서의 전류 $i_1(t)$를 구하라.

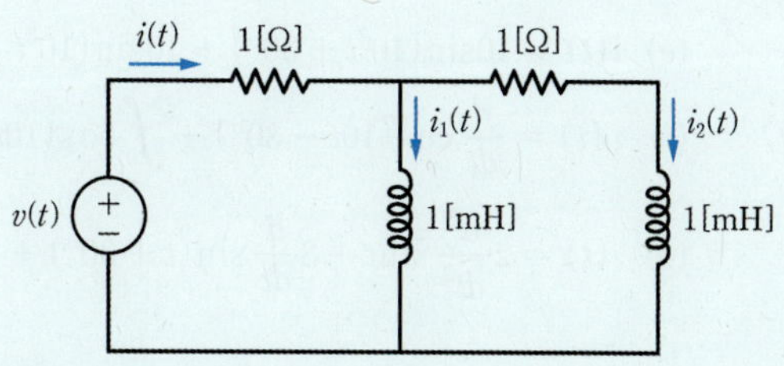


**[그림 10-39]**

**10.1** 다음에 주어진 신호의 진폭 $V_m$, 위상 $\theta$, 주파수 $\omega$를 구하라.

(a) $v(t) = 3\cos(10t - 30°) + 4\cos(10t - 30°)$

(b) $i(t) = 10\cos(10^3 t + 60°) - 5\sin 10^3 t$

(c) $v(t) = \sin(100t - 60°) + 2\sin(100t + 30°)$

**10.2** 다음에 주어진 두 신호의 위상관계에 대해 설명하라.

(a) $v_1(t) = 10\cos(10t - 30°)$, $v_2(t) = 100\cos(10t - 60°)$

(b) $v_1(t) = 100\cos(100t - 30°)$, $v_2(t) = 5\sin(100t - 60°)$

(c) $i_1(t) = \sin(t - 30°)$, $i_2(t) = 100\sin(t - 60°)$

**10.3** 다음 회로에서 미분방정식을 이용해 정상상태에서의 전압 $v(t)$, 전류 $i(t)$를 구하라.

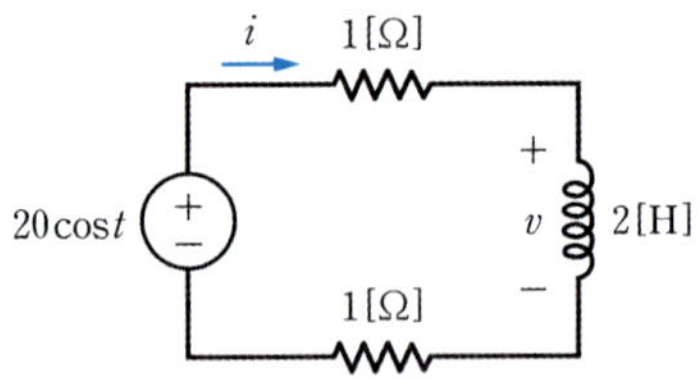


(a)

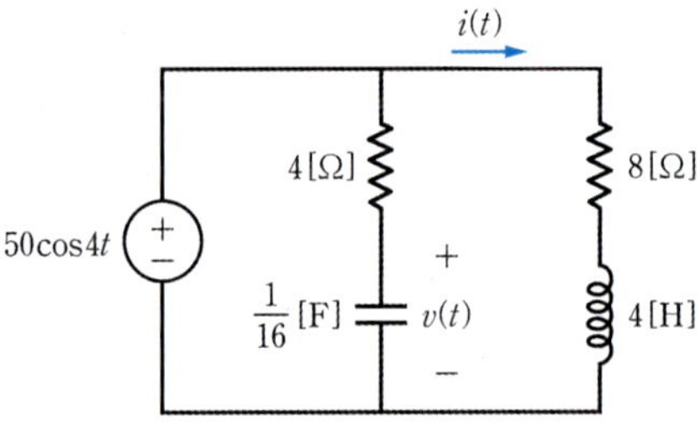


(b)

[문제 10.3]

**10.4** 다음 신호를 페이저로 나타내라.

(a) $v(t) = 4\cos\left(\omega t + \frac{\pi}{4}\right)$

(b) $v(t) = 40\sin(10t - 30°)$

(c) $i(t) = 3\cos\omega t + 4\sin(\omega t + 30°)$

(d) $i(t) = \cos(\omega t + 45°) - \cos(\omega t - 45°)$

(e) $i(t) = 10\sin(10^3 t + 30°) + 10\sin(10^3 t + 60°)$

(f) $v(t) = \frac{d}{dt}\cos(10t - 30°) + \int \cos(10t - 60°)dt$

(g) $i(t) = 2\frac{d^2}{dt^2}\sin t + 3\frac{d}{dt}\sin(t + 30°) + \sin(t + 60°)$

**10.5** 다음 페이저에 대응하는 정현파를 구하라.

(a) $\boldsymbol{V} = 40\angle -30°$ $(\omega = 10)$

(b) $\boldsymbol{V} = 20\angle 45° + 10\angle -60°$ $(\omega = 1)$

(c) $\boldsymbol{I} = -je^{j45°}$ $(\omega = 20)$

(d) $\boldsymbol{I} = 3 + j4$ $(\omega = 20)$

(e) $\boldsymbol{V} = 10e^{j30°} + 10$ $(\omega = 4)$

(f) $\boldsymbol{V} = 1 + \dfrac{j}{3+j4}$ $(\omega = 100)$

**10.6** 페이저를 이용해 다음 미분방정식의 특수해를 구하라.

(a) $3\dfrac{d}{dt}v(t) + 5v(t) = 10\cos 10t$

(b) $2\dfrac{d}{dt}v(t) + 3v(t) + 100\displaystyle\int v(t)dt = 10\sin(10t + 30°)$

(c) $2\displaystyle\int v(t)dt + 5v(t) = 3\sin 10t$

(d) $2\dfrac{d}{dt}v(t) + 3v(t) = 4\cos(2t - 45°)$

(e) $10\displaystyle\int v(t)dt + \dfrac{d}{dt}v(t) + 6v(t) = 5\cos(5t + 20°)$

**10.7** 다음 회로에 대해 주어진 물음에 답하라. 단, $v_s(t) = 10\cos 10t$이다.

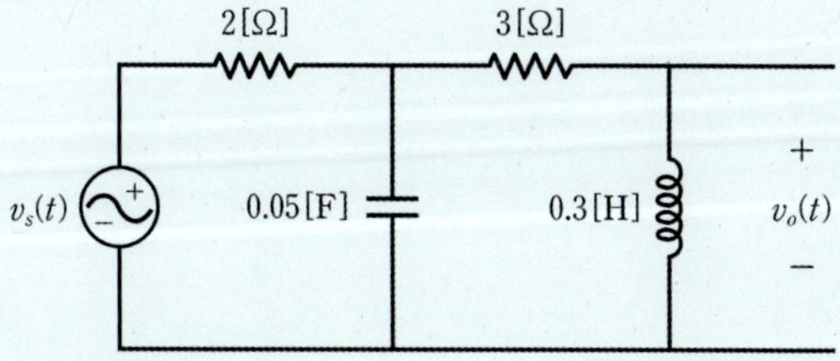


[문제 10.7]

(a) 전압 $v_o(t)$에 대한 미분방정식을 구하라.

(b) 페이저 이론으로 위 미분방정식의 특수해를 구하라.

**10.8** 다음 회로에 대해 주어진 물음에 답하라.

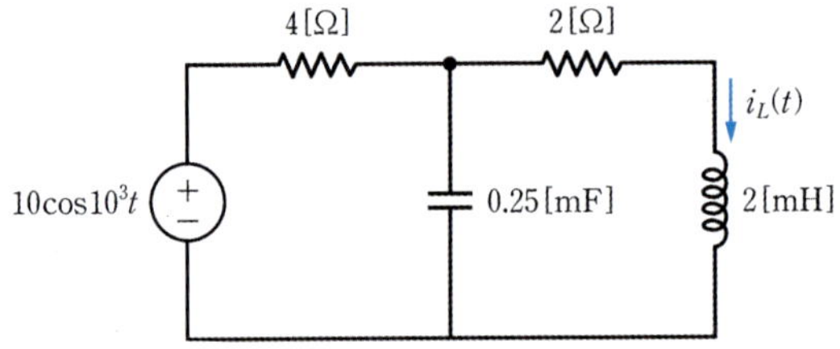


[문제 10.8]

(a) 전류 $i_L(t)$에 대한 미분방정식을 구하라.

(b) 페이저 이론으로 위 미분방정식의 특수해를 구하라.

**10.9** 다음 회로에서 전류 $I_o$를 구하라.

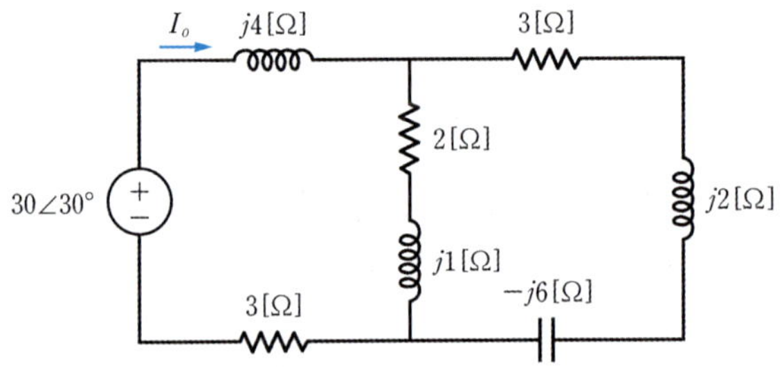


[문제 10.9]

**10.10** 다음 회로의 정상상태에서 전압 $v_o(t)$, 전류 $i(t)$를 구하라.

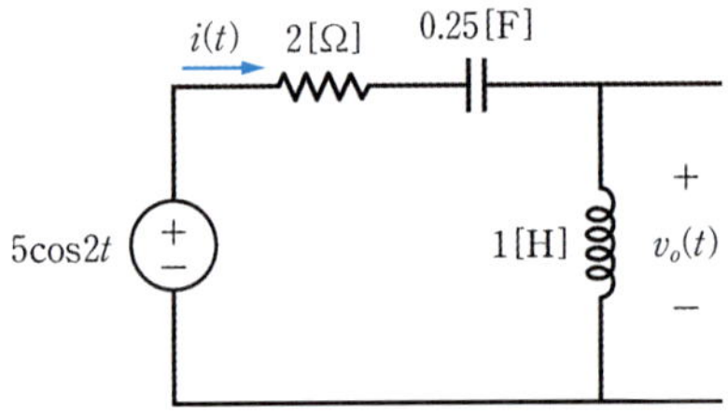


[문제 10.10]

**10.11** 다음 회로에서 전압 $v_o(t)$를 구하라. 단, $v_s(t) = 2\cos(10t)$이다.

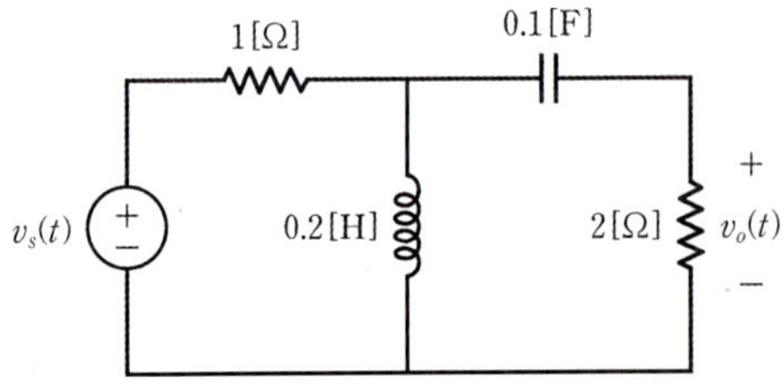


[문제 10.11]

**10.12** 다음 회로에서 전압 $v_o(t)$를 구하라. 단, $v_s(t) = 10\cos(100t + 45°)$이다.

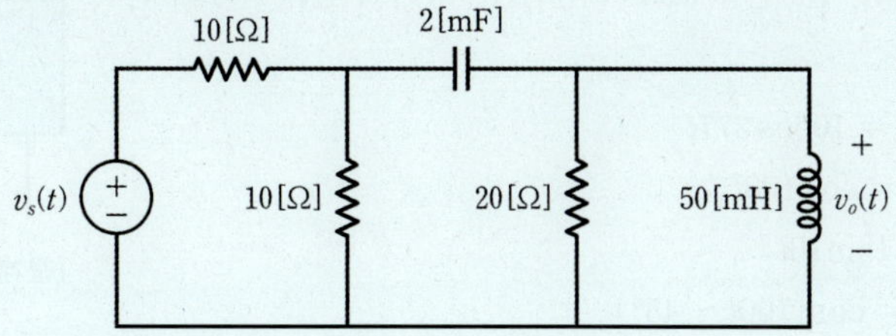


[문제 10.12]

**10.13** 다음 회로에서 전압 $v(t)$를 구하라.

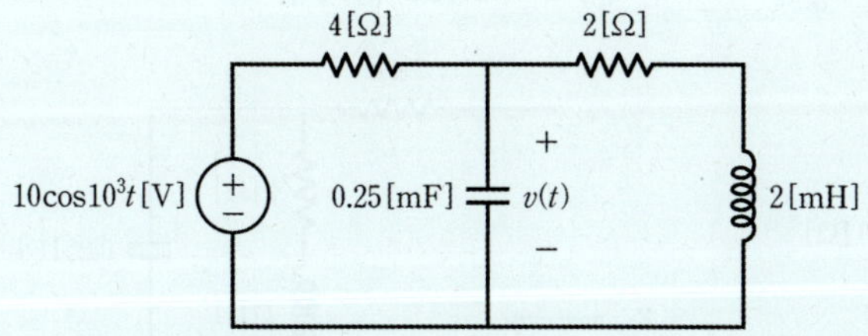


[문제 10.13]

**10.14** 다음 회로에서 전류 $I_o$를 구하라.

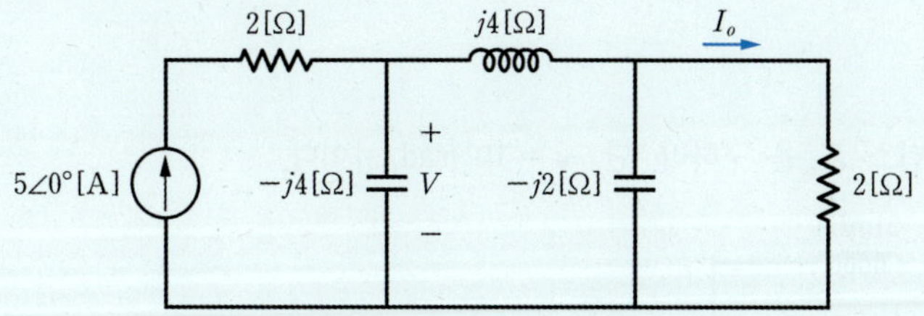


[문제 10.14]

**10.15** 다음 회로의 정상상태에서 전압 $v_o(t)$, 전류 $i(t)$를 구하라.

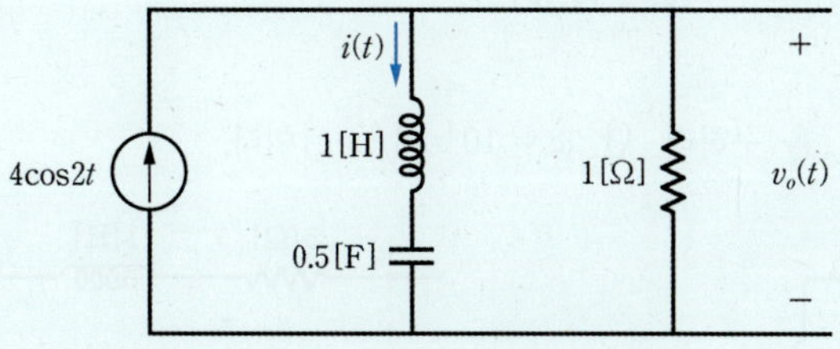


[문제 10.15]

**10.16** 다음 회로의 소자에 흐르는 전류 $i(t)$와 소자에 걸리는 전압 $v(t)$가 (a)~(e)와 같을 때, 소자의 등가회로를 구하라. 단, 전압 $v(t)$의 단위는 [V]이고 전류 $i(t)$의 단위는 [A]이다.

(a) $v(t) = 100\cos 377t$, $i(t) = 10\cos 377t$

(b) $v(t) = 100\sin 100t$, $i(t) = \cos 100t$

(c) $v(t) = \cos 10t$, $i(t) = 0.1\sin 10t$

(d) $v(t) = 10\cos 100t$, $i(t) = \cos(100t - 45°)$

(e) $v(t) = 10\cos(100t + 30°)$, $i(t) = 0.1\cos(100t - 30°)$

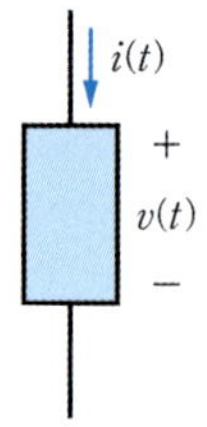


[문제 10.16]

**10.17** 다음 각 회로에서 입력 임피던스 $\boldsymbol{Z}_{in}$을 구하라. 단, $\omega = 2$ [rad/s]이다.

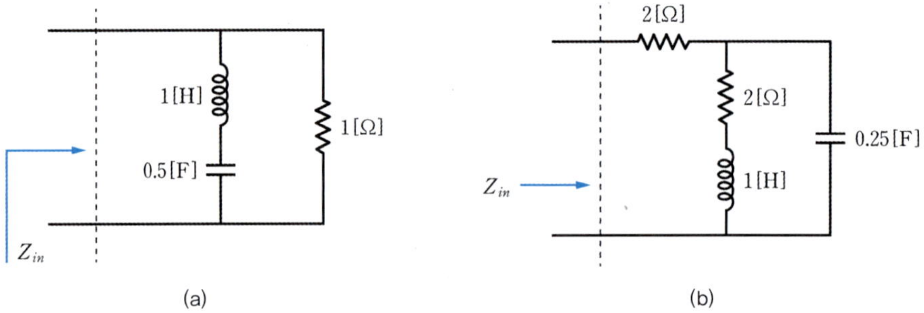


[문제 10.17]

**10.18** 다음 회로에서 입력 임피던스 $Z_{in}$을 구하라. 단, $\omega = 10^4$ [rad/s]이다.

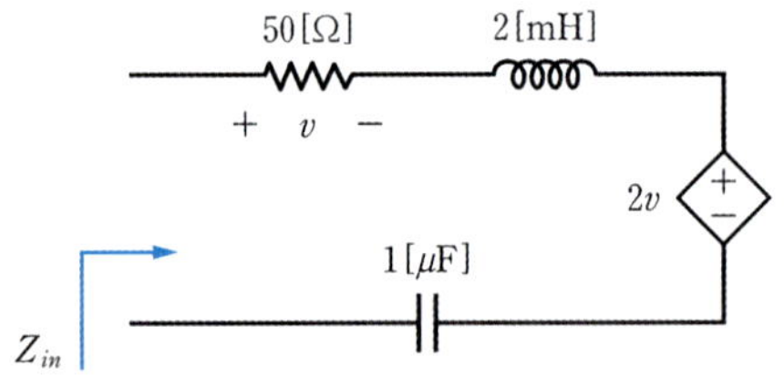


[문제 10.18]

**10.19** 다음 각 회로에서 입력 임피던스 $\boldsymbol{Z}_{in}$을 구하라. 단, $\omega = 10$ [rad/sec]이다.

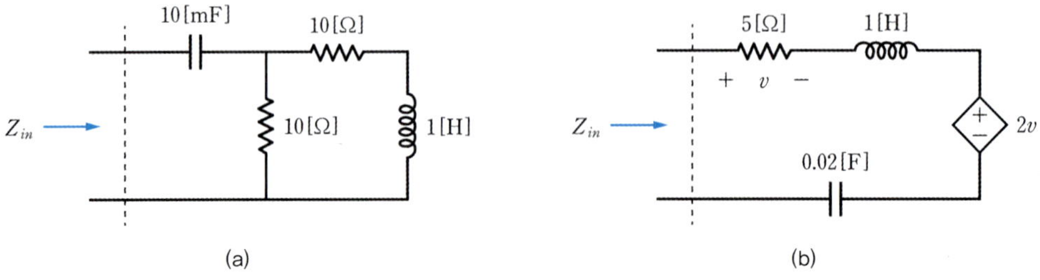


[문제 10.19]

**10.20** 다음 각 회로에서 전원이 공급하는 전류를 구하라.

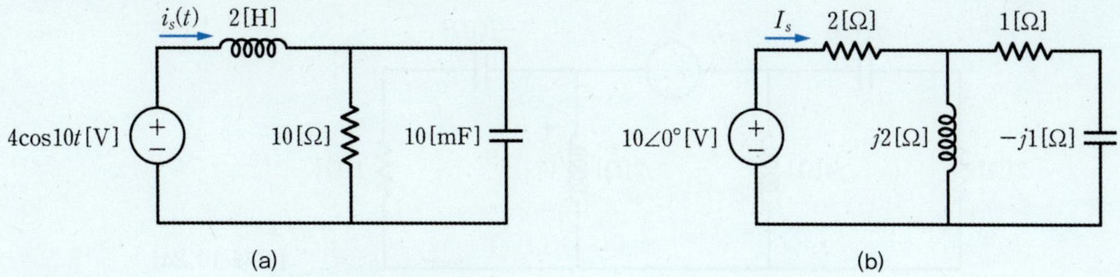


**[문제 10.20]**

**10.21** 다음 회로에서 전압 $v_o(t)$를 구하라. 단, $v_s(t) = 10\cos 100t$ [V]이다.

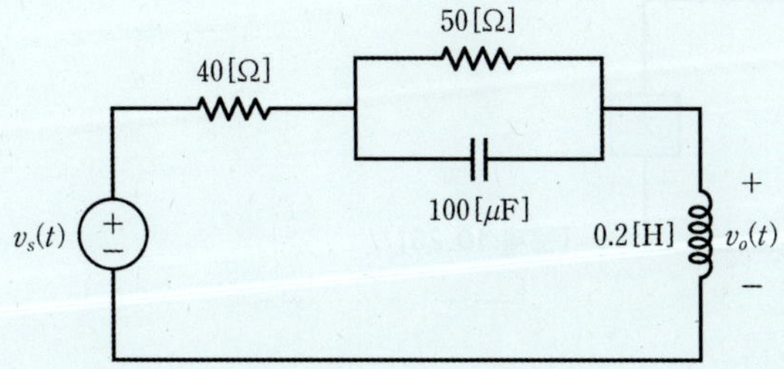


**[문제 10.21]**

**10.22** 다음 회로에서 전류 $i_o(t)$를 구하라.

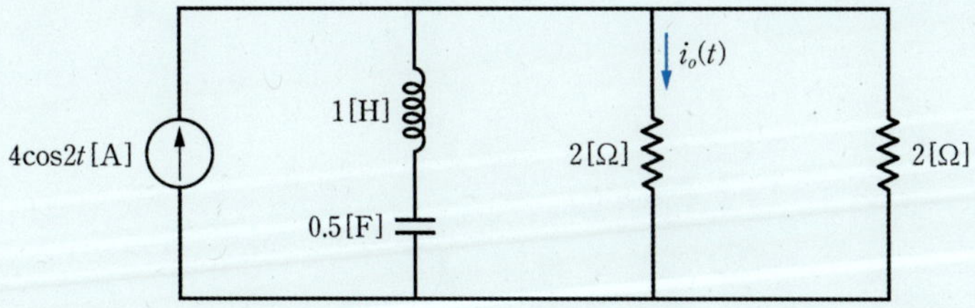


**[문제 10.22]**

**10.23** 다음 회로에서 전압이 $V_o = 8 + j8$일 때 전원 전류 $I_S$를 구하라.

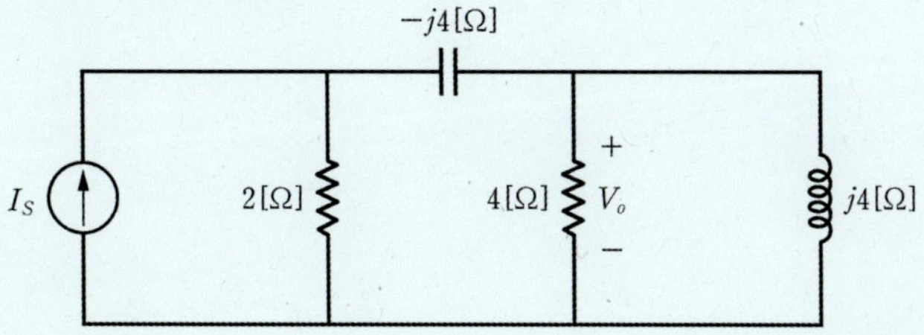


**[문제 10.23]**

**10.24** 다음 회로에서 전압이 $\boldsymbol{V}_o = 4 + j4$ 일 때 전원 전압 $\boldsymbol{V}_s$를 구하라.

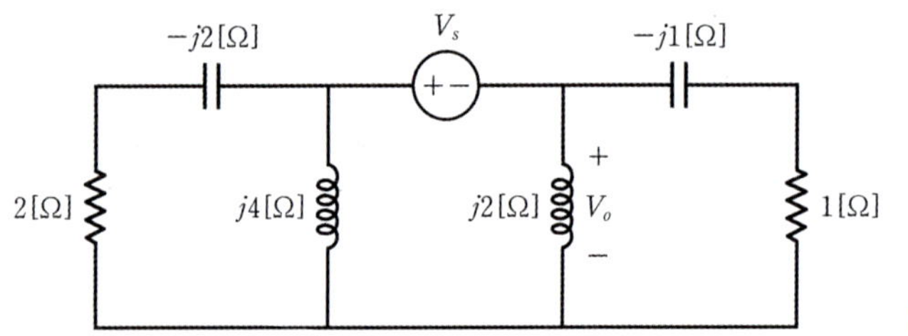


[문제 10.24]

**10.25** 다음 회로에서 전류가 $\boldsymbol{I}_o = 5\angle 0°$[A]일 때 임피던스 $\boldsymbol{Z}$를 구하라.

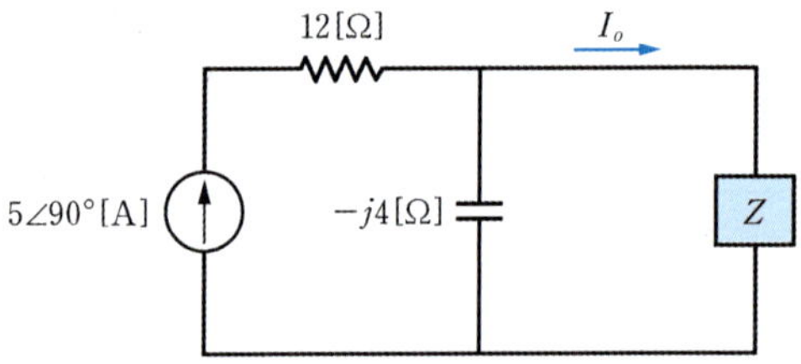


[문제 10.25]

CHAPTER

# 11

# 정현파의 정상상태 해석

Sinusoidal Steady-State Analysis



**학습목표**

- 주파수영역에서의 노드 해석법을 이해할 수 있다.
- 주파수영역에서의 루프 해석법을 이해할 수 있다.
- 주파수가 동일하거나 다른 교류전원에 대한 중첩의 원리를 이해할 수 있다.
- 주파수영역에서 2단자망의 특성식을 이해할 수 있다.
- 주파수영역에서 테브난 및 노턴 등가회로에 대해 이해할 수 있다.
- 교류전원을 가진 연산증폭기 회로 해석에 대해 이해할 수 있다.

SECTION 11.1

# 노드 해석법(마디 해석법)

우리는 3장에서 키르히호프 전류법칙을 활용해 주어진 회로에 대해 노드방정식을 추출해 회로 해석을 하는 노드 해석법(마디 해석법)을 배웠다. 이 절에서는 동일한 방법으로, 주파수영역에서 노드방정식을 추출해 회로를 해석하는 방법을 다룰 것이다. 전류원만 존재하는 회로에 대한 예제와 전압원이 있는 회로에 대한 예제로 설명할 것이다.

교류전원을 사용한 노드 해석 과정은 다음과 같다.

❶ 전원 주파수를 사용해 각 소자의 임피던스 계산하기
❷ 전원값을 페이저로 표현하기
❸ 페이저 영역에서 노드방정식 추출하기
❹ 추출된 방정식의 해로부터 구하려는 출력의 크기와 위상 추출하기
❺ 시간영역에서 출력 표현하기

### 예제 11-1

다음 회로에서 마디 해석법을 이용해 전류 $i_C(t)$를 구하라. 단, $i_s(t) = 2\cos(2t)$ [A]이다.

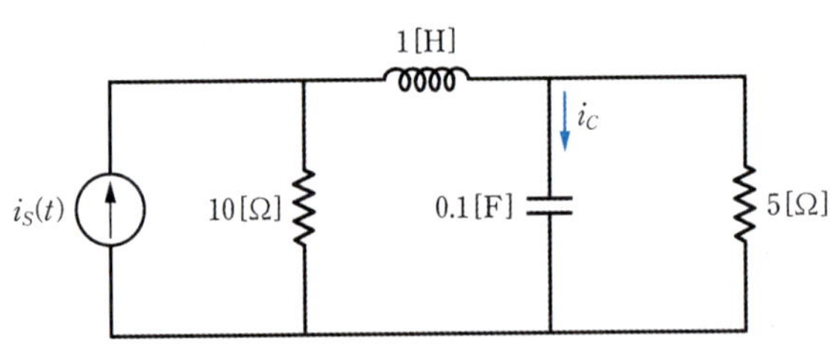


**[그림 11-1]** [예제 11-1]의 회로

**풀이**

주파수영역($\omega = 2$ [rad/s])에서 회로를 표현하기 위해 각 소자의 임피던스를 구한다.

$$L = 1\,[\mathrm{H}] \quad \rightarrow \quad \boldsymbol{Z}_L = j\omega L = j2\,[\Omega]$$

$$C = 0.1\,[\mathrm{F}] \quad \rightarrow \quad \boldsymbol{Z}_C = \frac{1}{j\omega C} = -j5\,[\Omega]$$

$$I_s = 2\angle 0 = 2$$

주파수영역에서의 회로로 표현하면 [그림 11-2]와 같다.

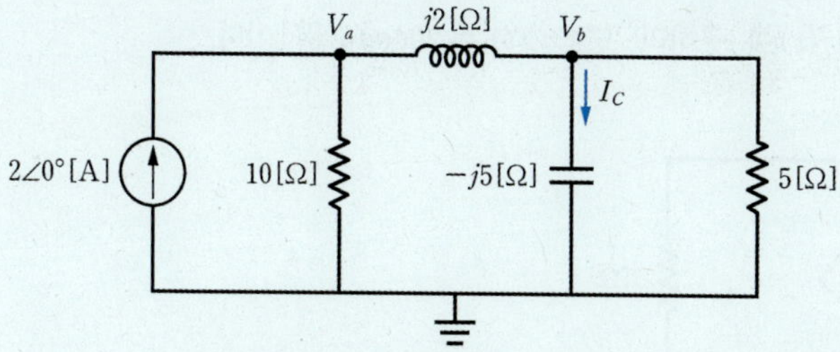


**[그림 11-2]** 주파수영역에서의 등가회로

[그림 11-2]와 같이 기준점과 나머지 노드에 전압을 지정해 각 노드에서 노드방정식을 구해보자.

점 $\boldsymbol{V}_a$에서의 노드방정식을 구한 후 정리하면 식 ①과 같다.

$$\boldsymbol{I}_s = \frac{\boldsymbol{V}_a}{10} + \frac{\boldsymbol{V}_a - \boldsymbol{V}_b}{j2} \quad \rightarrow \quad (5+j)\,\boldsymbol{V}_a - 5\,\boldsymbol{V}_b = j10 \cdot \boldsymbol{I}_s = j20 \qquad \cdots ①$$

또한 점 $\boldsymbol{V}_b$에서의 노드방정식을 구한 후 정리하면 식 ②와 같다.

$$\frac{\boldsymbol{V}_a - \boldsymbol{V}_b}{j2} = \frac{\boldsymbol{V}_b}{-j5} + \frac{\boldsymbol{V}_b}{5} \quad \rightarrow \quad -5\,\boldsymbol{V}_a + (3+j2)\,\boldsymbol{V}_b = 0 \qquad \cdots ②$$

식 ①과 식 ②로부터 $\boldsymbol{V}_b$를 구하면 $\boldsymbol{I}_C$를 구할 수 있다(3장의 크래머 공식 이용).

$$\begin{bmatrix} 5+j & -5 \\ -5 & 3+j2 \end{bmatrix} \cdot \begin{bmatrix} \boldsymbol{V}_a \\ \boldsymbol{V}_b \end{bmatrix} = \begin{bmatrix} j20 \\ 0 \end{bmatrix}$$

$$\boldsymbol{V}_b = \frac{\begin{vmatrix} 5+j & j20 \\ -5 & 0 \end{vmatrix}}{\begin{vmatrix} 5+j & -5 \\ -5 & 3+j2 \end{vmatrix}} = \frac{j100}{-12+j13} = \frac{100\angle 90°}{\sqrt{12^2+13^2}\angle\left(180° - \tan^{-1}\dfrac{13}{12}\right)}$$

$$= 5.65\angle -42.7°\,[\text{V}]$$

$$\therefore\ \boldsymbol{I}_C = \frac{\boldsymbol{V}_b}{-j5} = \frac{5.66\angle -42.7°}{5\angle -90°} = 1.13\angle 47.3°$$

주파수영역에서 구한 $\boldsymbol{I}_C$로부터 시간영역에서의 전류 $i_C(t)$를 구할 수 있다.

$$i_C(t) = 1.13\cos(2t + 47.3°)\,[\text{A}]$$

### 실전문제 11-1

다음 회로에서 각 노드의 전압 $v_a(t)$, $v_b(t)$를 구하라. 단, $v_s(t) = 20\cos 4t\,[\mathrm{V}]$이다.

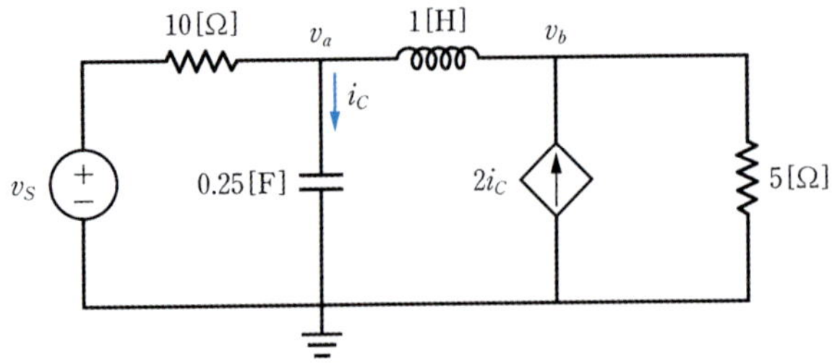


[그림 11-3]

### 예제 11-2

다음 회로에서 각 노드의 전압 $\boldsymbol{V}_a$, $\boldsymbol{V}_b$를 구하라.

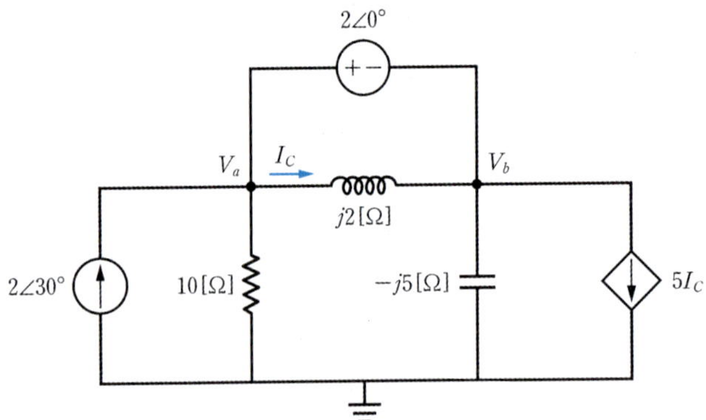


[그림 11-4] [예제 11-2]의 회로

#### 풀이

두 노드 사이에 전압원이 존재하므로 [그림 11-5]와 같이 슈퍼 노드가 존재한다.

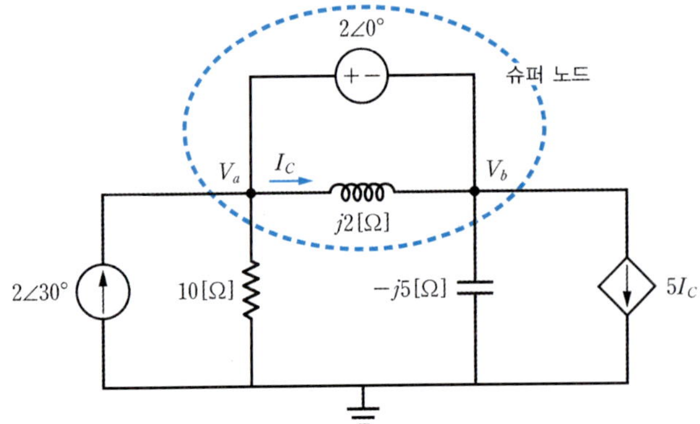


[그림 11-5] 슈퍼 노드를 표기한 회로

슈퍼 노드에 대해 노드방정식을 구한 후 정리하면 식 ①과 같다.

$$-2\angle 30° + \frac{\boldsymbol{V}_a}{10} + \frac{\boldsymbol{V}_b}{-j5} + 5\boldsymbol{I}_c = 0$$

$$\boldsymbol{V}_a + j2\boldsymbol{V}_b + 50\boldsymbol{I}_c = 10\sqrt{3} + j10 \quad \cdots ①$$

전압원의 특성식으로부터 다음을 얻을 수 있다.

$$\boldsymbol{V}_a - \boldsymbol{V}_b = 2\angle 0 = 2 \quad \rightarrow \quad \boldsymbol{V}_a = 2 + \boldsymbol{V}_b \quad \cdots ②$$

$$\boldsymbol{I}_c = \frac{2\angle 0}{j2} = -j \quad \cdots ③$$

식 ②와 식 ③을 식 ①에 대입하면 다음과 같이 표현할 수 있다.

$$\boldsymbol{V}_b + 2 + j2\boldsymbol{V}_b + 50(-j) = 10\sqrt{3} + j10$$

$$\boldsymbol{V}_b = \frac{(10\sqrt{3} - 2) + j60}{1 + j2} = \frac{61.9\angle 75.7°}{2.24\angle 63.4} = 27.6\angle 12.3°$$

$$\boldsymbol{V}_a = \boldsymbol{V}_b + 2 = \frac{10\sqrt{3} + j64}{1 + j2} = \frac{66.3\angle 74.9°}{2.24\angle 63.4} = 29.6\angle 11.5°$$

## 실전문제 11-2

다음 회로에서 각 노드의 전압 $\boldsymbol{V}_a$, $\boldsymbol{V}_b$를 구하라.

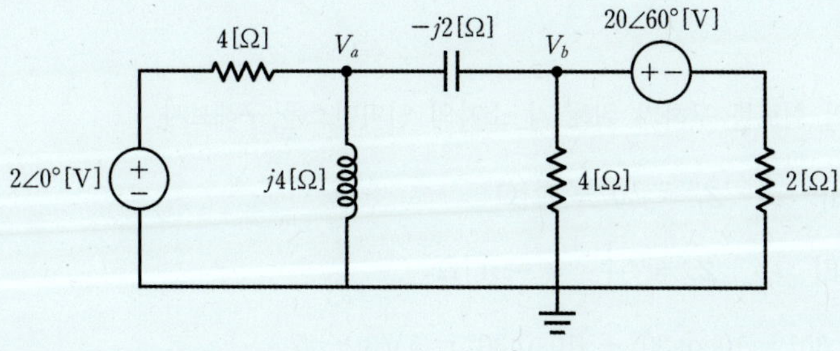


[그림 11-6]

SECTION 11.2

# 루프 해석법 (망로 해석법)

이 절에서는 키르히호프 전압법칙을 활용해 주파수영역에서 루프방정식을 추출해 회로를 해석하는 방법을 다룰 것이다.

### 예제 11-3

다음 회로에서 루프전류 $i_1(t)$, $i_2(t)$를 구하라. 단, $v_s(t) = 10\cos(10t + 30°)$이다.

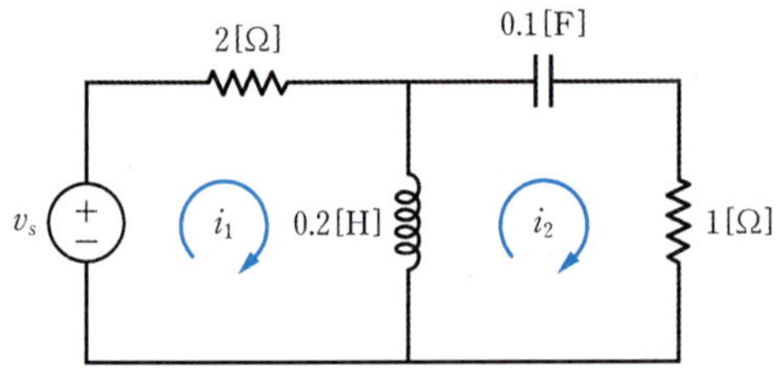


[그림 11-7] [예제 11-3]의 회로

**풀이**

주파수영역($\omega = 10$[rad/s])에서의 회로를 구하기 위해 각 소자의 임피던스를 구해보자.

$$L = 0.2\,[\mathrm{H}] \quad \rightarrow \quad \boldsymbol{Z}_L = j\omega L = j2\,[\Omega]$$

$$C = 0.1\,[\mathrm{F}] \quad \rightarrow \quad \boldsymbol{Z}_C = \frac{1}{j\omega C} = -j1\,[\Omega]$$

$$\boldsymbol{V}_s = 10\angle 30° = 10\cos 30° + j10\sin 30° = 5\sqrt{3} + j5$$

이를 회로로 표현하면 [그림 11-8]과 같다.

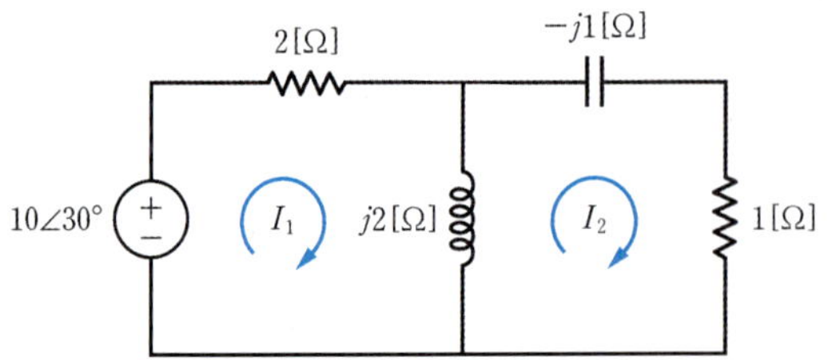


[그림 11-8] 주파수영역에서의 회로

$I_1$에 대한 루프방정식을 구한 후 정리하면 식 ①과 같다.

$$5\sqrt{3} + j5 = 2I_1 + j2(I_1 - I_2)$$
$$(2 + j2)I_1 - j2I_2 = 5\sqrt{3} + j5 \qquad \cdots ①$$

$I_2$에 대한 루프방정식을 구해 정리하면 식 ②와 같다.

$$j2(I_2 - I_1) - jI_2 + I_2 = 0$$
$$-j2I_1 + (1 + j)I_2 = 0 \qquad \cdots ②$$

식 ①과 식 ②로부터 $I_1$과 $I_2$를 구하면 다음과 같다.

$$\begin{bmatrix} 2+j2 & -j2 \\ -j2 & 1+j \end{bmatrix} \cdot \begin{bmatrix} I_1 \\ I_2 \end{bmatrix} = \begin{bmatrix} 5\sqrt{3}+j5 \\ 0 \end{bmatrix}$$

$$I_1 = \frac{\begin{vmatrix} 5\sqrt{3}+j5 & -j2 \\ 0 & 1+j \end{vmatrix}}{\begin{vmatrix} 2+j2 & -j2 \\ -j2 & 1+j \end{vmatrix}} = \frac{5(\sqrt{3} - 1) + j5(\sqrt{3} + 1)}{4 + j4}$$
$$= \frac{14.14\angle 75°}{5.66\angle 45°} = 2.5\angle 30°$$

$$I_2 = \frac{\begin{vmatrix} 2+j2 & 5\sqrt{3}+j5 \\ -j2 & 0 \end{vmatrix}}{\begin{vmatrix} 2+j2 & -j2 \\ -j2 & 1+j \end{vmatrix}} = \frac{-10+j10\sqrt{3}}{4+j4} = \frac{20\angle 120°}{4\sqrt{2}\angle 45°}$$
$$= \frac{5\sqrt{2}}{2}\angle 75°$$

주파수영역의 값을 시간영역으로 변환해 나타내면 다음과 같다.

$$i_1(t) = 2.5\cos(10t + 30°)$$
$$i_2(t) = \frac{5\sqrt{2}}{2}\cos(10t + 75°)$$

**실전문제 11-3**

루프 해석법을 이용해 다음 회로에서 전류 $I_o$를 구하라.

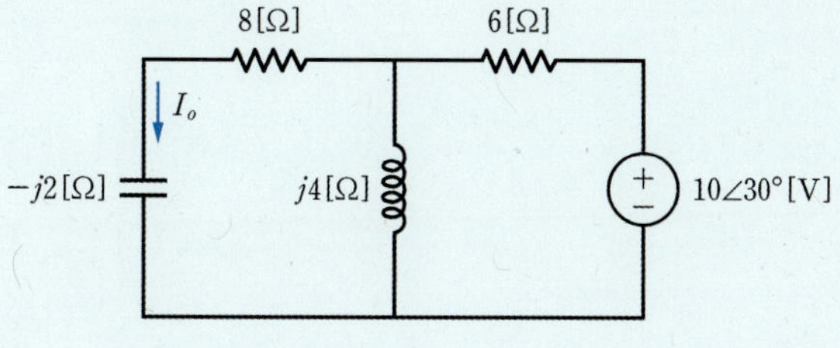


[그림 11-9]

## 예제 11-4

다음 회로에서 인덕터에 걸리는 전압 $V_o$를 구하라. 단, $V_s = 3 - j2$이다.

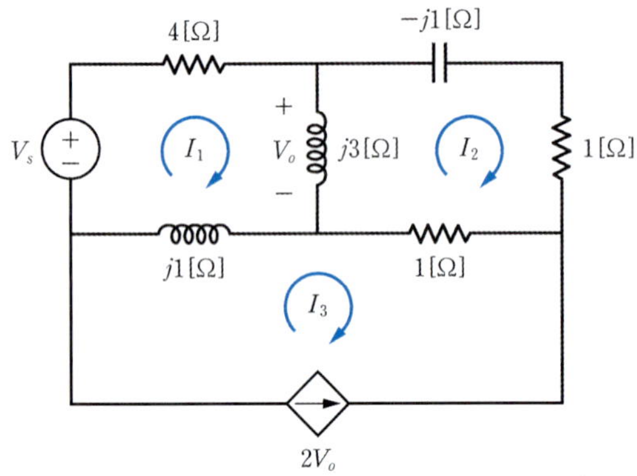


[그림 11-10] [예제 11-4]의 회로

### 풀이

루프 $I_1$에 대한 루프방정식을 구한 후 정리하면 식 ①과 같다.

$$V_s = 4I_1 + j3(I_1 - I_2) + j(I_1 - I_3)$$
$$4(1+j)I_1 - j3I_2 - jI_3 = V_s \quad \cdots ①$$

루프 $I_2$에 대한 루프방정식을 구한 후 정리하면 식 ②와 같다.

$$j3(I_2 - I_1) - jI_2 + I_2 + (I_2 - I_3)$$
$$-j3I_1 + 2(1+j)I_2 - I_3 = 0 \quad \cdots ②$$

루프 $I_3$에 대한 루프방정식은 전류원으로 인해 구할 수 없다. 다만 전류원의 특성식으로부터 루프전류 $I_3$가 결정된다.

$$I_3 = -2V_o \quad \cdots ③$$

$j3\,[\Omega]$에 인가되는 전압 $V_o$는 다음과 같이 표현되며 이를 식 ③에 대입하면 식 ④와 같다.

$$V_o = j3(I_1 - I_2)$$
$$I_3 = -2V_o = -j6(I_1 - I_2)$$
$$j6I_1 - j6I_2 + I_3 = 0 \quad \cdots ④$$

식 ①, ②, ④로부터 $I_3$를 구할 수 있다.

$$I_3 = \frac{\begin{vmatrix} 4(1+j) & -j3 & V_s \\ -j3 & 2(1+j) & 0 \\ j6 & -j6 & 0 \end{vmatrix}}{\begin{vmatrix} 4(1+j) & -j3 & -j1 \\ -j3 & 2(1+j) & -1 \\ j6 & -j6 & 1 \end{vmatrix}}$$

$$= \frac{-18V_s - j6 \cdot 2(1+j1)V_s}{8(1+j1)^2 - 18 + j18 - 6 \cdot 2(1+j1) - j6 \cdot 4(1+j1) + 9}$$

$$= \frac{-6 - j12}{3 - j2} V_s = -6(1+j2)$$

식 ③으로부터 전압 $V_o$를 구하면 다음과 같다.

$$V_o = -\frac{I_3}{2} = 3(1+j2)$$

## 실전문제 11-4

루프 해석법을 이용해 다음 회로에서 전류 $I_o$를 구하라.

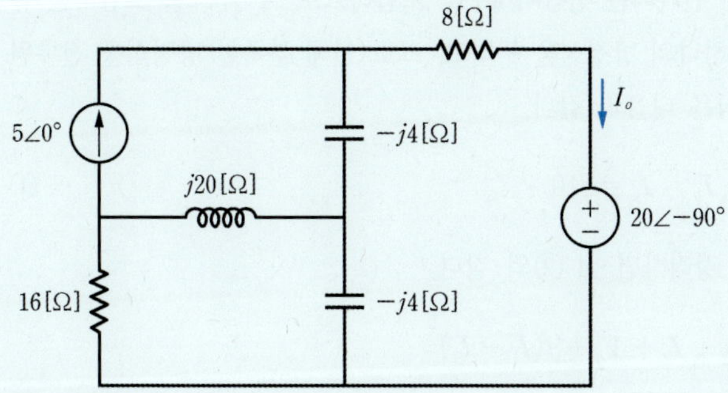


[그림 11-11]

## 예제 11-5

다음 회로에서 전압 $v_o$를 구하라. 단, $i_s(t) = 10\cos(2t + 90°)$이다.

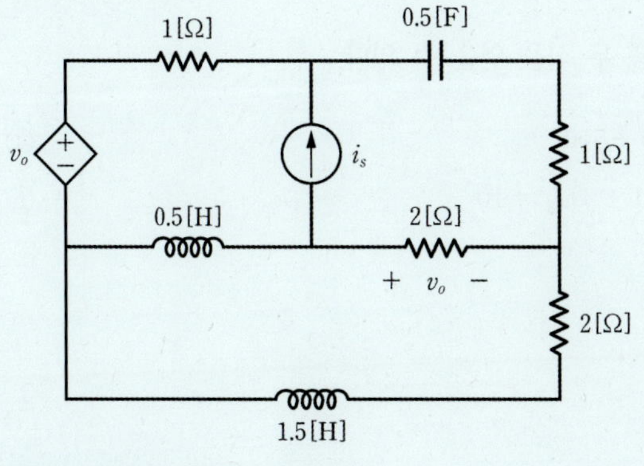


[그림 11-12] [예제 11-5]의 회로

### 풀이

주파수영역($\omega = 2\,[\text{rad/s}]$)에서의 회로를 구하기 위해 각 소자의 임피던스를 구한 후 회로로 표현하면 [그림 11-13]과 같다.

$$I_s = 10\angle 90° = j10,\quad 0.5F \;\rightarrow\; \boldsymbol{Z}_C = -j,\quad 0.5H \;\rightarrow\; \boldsymbol{Z}_L = j$$

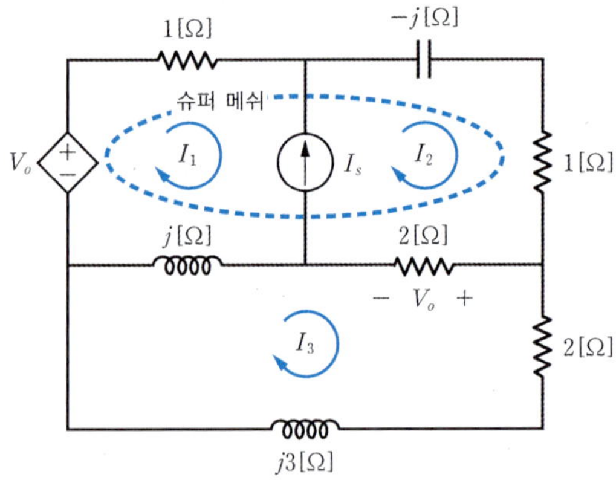


**[그림 11-13]** 주파수영역에서의 회로

루프 $\boldsymbol{I}_1$, $\boldsymbol{I}_2$에 대한 루프방정식은 전류원에 인가되는 전압미지수를 포함하므로, 두 루프를 포함하는 슈퍼 메쉬super-mesh에 대한 루프방정식으로 하나의 방정식을 구하고, 그로 인해 부족한 방정식을 전류원의 특성식으로 대신한다. 전류원의 특성식은 다음과 같다.

$$\boldsymbol{I}_2 - \boldsymbol{I}_1 = \boldsymbol{I}_s = j10 \qquad \cdots ①$$

슈퍼 메쉬에 의한 루프방정식을 구한 후 정리하면 식 ②와 같다.

$$\boldsymbol{V}_o = \boldsymbol{I}_1 - j\boldsymbol{I}_2 + \boldsymbol{I}_2 + \boldsymbol{V}_o + j(\boldsymbol{I}_1 - \boldsymbol{I}_3)$$
$$(1+j)\boldsymbol{I}_1 + (1-j)\boldsymbol{I}_2 - j\boldsymbol{I}_3 = 0 \qquad \cdots ②$$

루프 $\boldsymbol{I}_3$에 의한 루프방정식을 구한 후 정리하면 식 ③과 같다.

$$j(\boldsymbol{I}_3 - \boldsymbol{I}_1) + 2(\boldsymbol{I}_3 - \boldsymbol{I}_2) + 2\boldsymbol{I}_3 + j3\boldsymbol{I}_3 = 0$$
$$-j\boldsymbol{I}_1 - 2\boldsymbol{I}_2 + 4(1+j)\boldsymbol{I}_3 = 0 \qquad \cdots ③$$

식 ①을 식 ②, ③에 대입해 $\boldsymbol{I}_1$을 제거하면 다음 두 식을 얻을 수 있다.

$$2\boldsymbol{I}_2 - j\boldsymbol{I}_3 = -10 + j10 \qquad \cdots ④$$
$$-(2+j)\boldsymbol{I}_2 + 4(1+j)\boldsymbol{I}_3 = 10 \qquad \cdots ⑤$$

$\boldsymbol{I}_2$, $\boldsymbol{I}_3$를 구한 후, $\boldsymbol{V}_o$를 구하면 다음과 같다.

$$I_2 = \frac{\begin{vmatrix} -10(1-j) & -j \\ 10 & 4(1+j) \end{vmatrix}}{\begin{vmatrix} 2 & -j \\ -(2+j) & 4(1+j) \end{vmatrix}} = \frac{80 - j10}{-9 - j6}$$

$$I_3 = \frac{\begin{vmatrix} 2 & -10(1-j) \\ -(2+j) & 10 \end{vmatrix}}{\begin{vmatrix} 2 & -j \\ -2(1+j) & 4(1+j) \end{vmatrix}} = \frac{10 - j10}{-9 - j6}$$

$$V_o = 2(I_2 - I_3) = \frac{140}{-9 - j6} = 12.9\angle 146°$$

이를 시간영역에서의 전압파형으로 나타내면 다음을 얻는다.

$$v_o(t) = 12.9\cos(2t + 146°)$$

## 실전문제 11-5

다음 회로에서 전압 $v_o$를 구하라. 단, $i_s(t) = 10\cos(10^3 t - 45°)$ [A]이다.

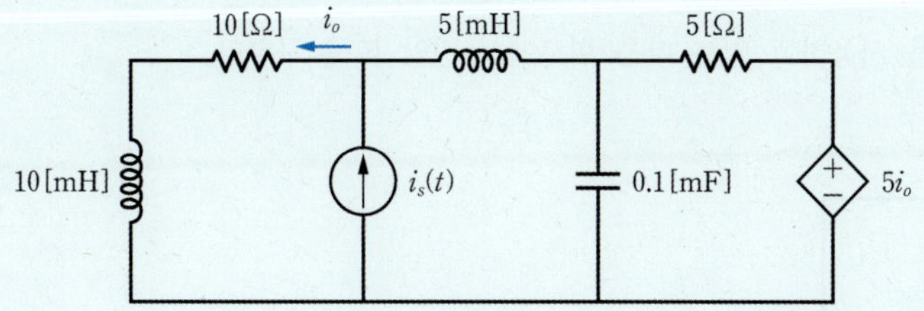


[그림 11-14]

SECTION 11.3

# 중첩의 원리

교류전원에 대한 회로 역시 선형회로이므로 중첩의 원리가 적용된다. 특히 서로 다른 주파수를 가진 전원을 동시에 사용할 경우, 전원의 주파수에 따라 임피던스 값이 변화하므로 모든 전원에 대한 회로 해석을 동시에 할 수 없다. 이때 시간영역에서 중첩의 원리를 적용하면 전원이 하나만 존재하는 회로로 바뀌므로 각 회로를 주파수영역으로 옮겨 회로를 해석한 후, 이 결과를 시간영역으로 옮기면 전체에 대한 응답을 구할 수 있다. 예제를 통해 중첩의 원리를 살펴보자.

### 예제 11-6

주파수가 동일한 전압원과 전류원을 사용하고 있는 다음 회로에서 전압 $V_o$를 구하라.

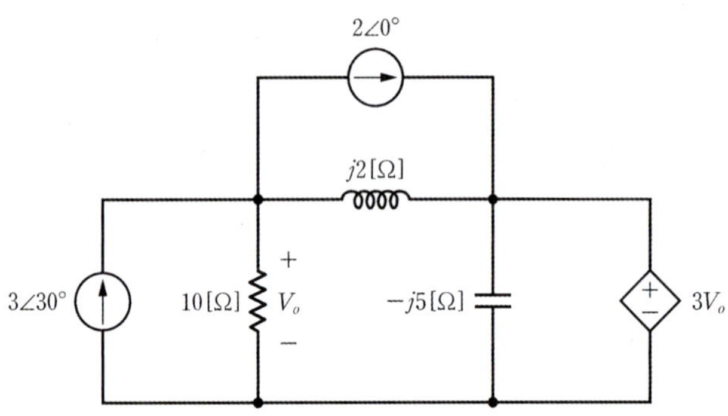


**[그림 11-15]** [예제 11-6]의 회로

**풀이**

(i) $3\angle 30°$의 전류원에 대한 응답 : $\boldsymbol{V}_{o1}$

$\boldsymbol{V}_{o1}$을 구하려면 [그림 11-16]과 같이 다른 전류원을 제거해야 한다.

종속전압원을 포함하는 루프에 대한 키르히호프 전압법칙을 만족하기 위해서 $j2\,[\Omega]$에 인가되는 전압은 $2\boldsymbol{V}_{o1}$이 되어야 한다. 점 a에서의 노드방정식을 구하면 다음과 같다.

$$\frac{\boldsymbol{V}_{o1}}{10} - \frac{2\boldsymbol{V}_{o1}}{j2} = 3\angle 30°$$

이를 정리하면 다음과 같다.

$$(1 + j10)\,\boldsymbol{V}_{o1} = 30\angle 30°$$
$$\boldsymbol{V}_{o1} = 1.74 - j2.43$$

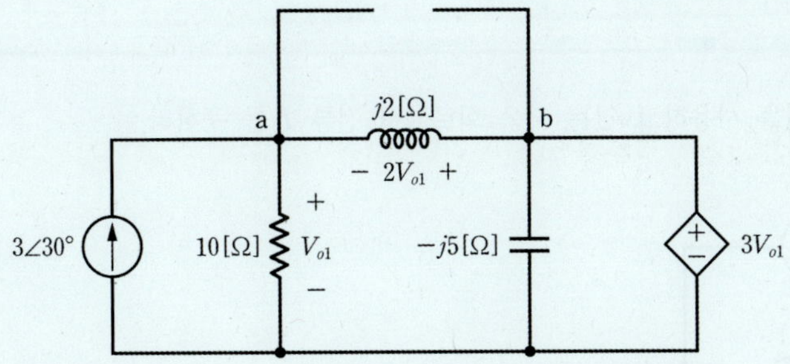


**[그림 11-16]** $3\angle 30°$의 전류원에 대한 응답을 구하기 위한 회로

(ii) $2\angle 0°$의 전류원에 대한 응답 : $\boldsymbol{V}_{o2}$

$\boldsymbol{V}_{o2}$를 구하려면 [그림 11-17]과 같이 다른 전류원을 제거해야 한다. 점 a에서의 노드방정식을 구하면 다음과 같다.

$$\frac{\boldsymbol{V}_{o2}}{10} - \frac{2\boldsymbol{V}_{o2}}{j2} + 2\angle 0° = 0$$

이 식을 정리하면 다음과 같다.

$$(1 + j10)\,\boldsymbol{V}_{o2} = -20\angle 0°$$

$$\boldsymbol{V}_{o2} = -0.20 + j1.98$$

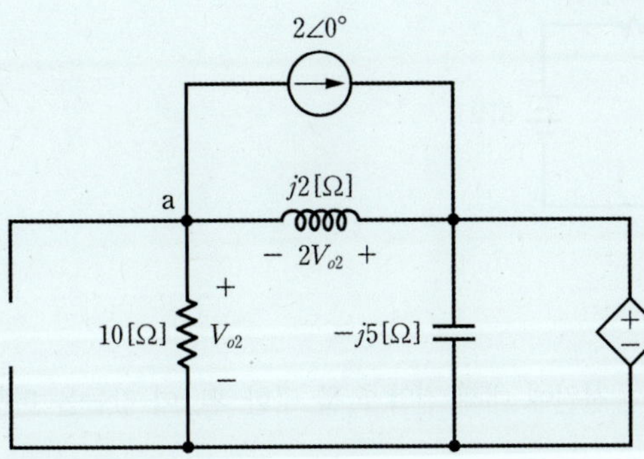


**[그림 11-17]** $2\angle 0°$의 전류원에 대한 응답을 구하기 위한 회로

전체 회로에 대한 응답 $\boldsymbol{V}_o$를 구하면 다음과 같다.

$$\boldsymbol{V}_o = \boldsymbol{V}_{o1} + \boldsymbol{V}_{o2} = 1.54 - j0.45 = 1.60\angle -16.3°$$

## 실전문제 11-6

주파수가 동일한 전압원과 전류원을 사용하고 있는 다음 회로에서 전류 $I_o$를 구하라.

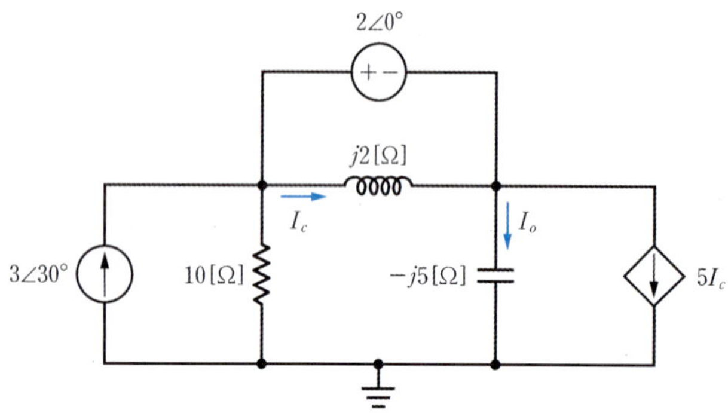


[그림 11-18]

## 예제 11-7

서로 다른 주파수를 가진 전원을 동시에 사용하고 있는 다음 회로에서 전압 $v_o(t)$를 구하라. 단, $v_s(t) = 5\sqrt{2}\cos(2t + 45°)$ [V], $i_s(t) = 5\sin 5t$ [A]이다.

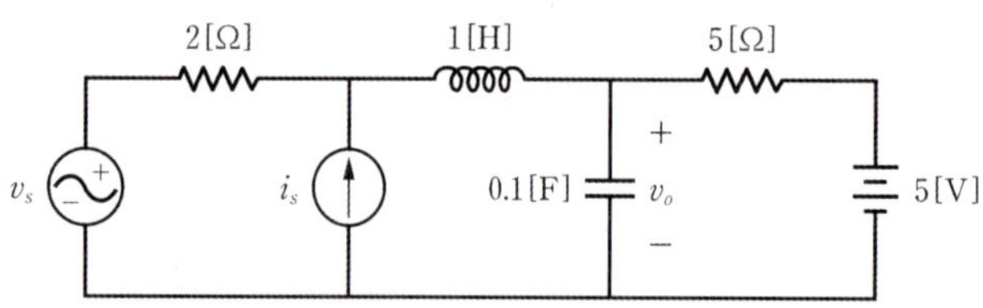


[그림 11-19] [예제 11-7]의 회로

### 풀이

[그림 11-19]에는 독립전원이 3개 존재하므로 각 전원에 대해 전압 $v_o$를 구한 후, 이 값들을 더하면 된다.

(i) DC 전원에 대한 응답 : $v_{o1}$

DC 전원의 주파수가 $\omega = 0$이므로 임피던스가 무한대이다. 즉 커패시터는 개방회로로 동작하고, 인덕터는 임피던스가 0이므로 단락회로로 동작한다. 따라서 [그림 11-19]를 DC 전원에 대한 등가회로로 나타내면 [그림 11-20]과 같다. 이로부터 $v_{o1}$을 구하면 다음과 같다.

$$v_{o1} = \frac{2}{2+5} \times 5\,[\mathrm{V}] = 1.43\,[\mathrm{V}] \qquad \cdots ①$$

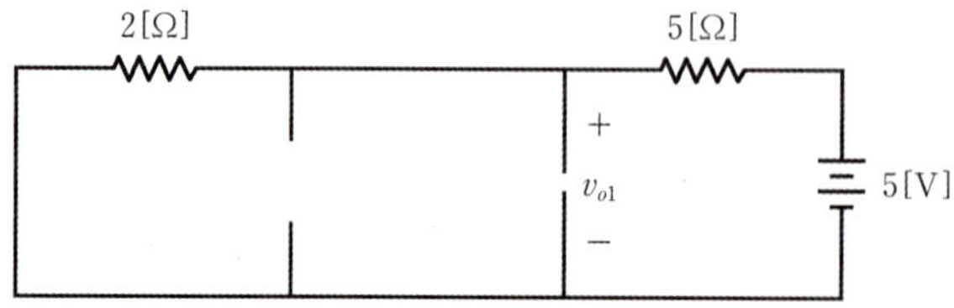


[그림 11-20] DC 전원에 대한 등가회로

(ii) 교류전압원에 대한 응답 : $v_{o2}$

교류전압원의 주파수가 $\omega = 2[\text{rad/s}]$이므로 각 소자의 임피던스를 구해 교류전압원에 대한 등가회로로 나타내면 [그림 11-21]과 같다.

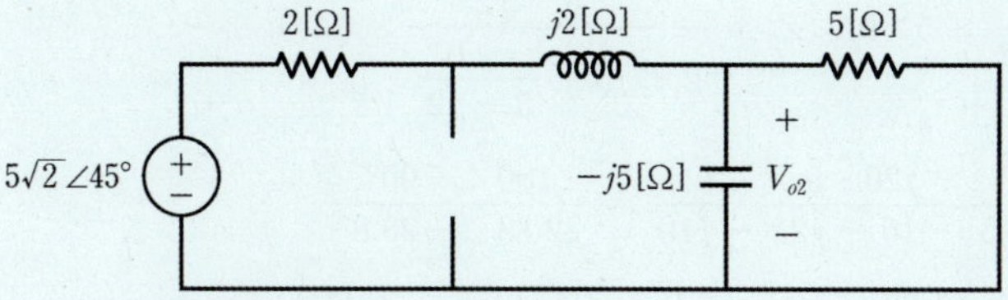


[그림 11-21] 교류전압원에 의한 등가회로

이 회로에서 출력전압 $\boldsymbol{V}_{o2}$를 구하면 다음과 같다.

$$\begin{aligned}\boldsymbol{V}_{o2} &= \frac{5//(-j5)}{2+j2+\{5//(-j5)\}} \times 5\sqrt{2}\angle 45° \\ &= \frac{\dfrac{-j25}{5-j5}}{2+j2+\dfrac{-j25}{5-j5}} \times (5+j5) \\ &= \frac{25(1-j)}{4-j5} = \frac{35.4\angle -45°}{6.4\angle -51.3°} = 5.52\angle 6.3°\end{aligned}$$

이를 시간영역으로 변환하면 식 ②를 얻는다.

$$v_{o2}(t) = 5.52\cos(2t + 6.3°)\,[\text{V}] \qquad \cdots ②$$

(iii) 교류전류원에 대한 응답 : $v_{o3}$

교류전류원의 주파수가 $\omega = 5[\text{rad/s}]$이므로 각 소자의 임피던스를 구해 교류전류원에 대한 등가회로로 나타내면 [그림 11-22]와 같다. 여기서 전류원이 sin 함수로 표현되어 있으므로 결과 또한 sin 함수로 표현될 것이다.

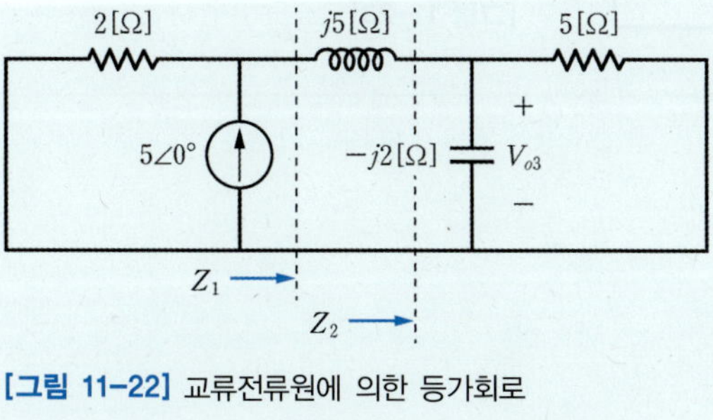


[그림 11-22] 교류전류원에 의한 등가회로

회로 해석을 하기 위해 먼저 $\boldsymbol{Z}_1$, $\boldsymbol{Z}_2$를 구한다.

$$\boldsymbol{Z}_2 = 5//(-j2) = \frac{-j10}{5-j2}, \quad \boldsymbol{Z}_1 = j5 + Z_2 = j5 + \frac{-j10}{5-j2}$$

이 값을 대입해 $\boldsymbol{V}_{o3}$를 구하면 다음과 같다. 즉 전류분배법칙을 사용해 $\boldsymbol{Z}_1$에 흐르는 전류를 구하고 전류와 임피던스를 곱해 전압을 구할 수 있다.

$$\boldsymbol{V}_{o3} = \frac{2}{\boldsymbol{Z}_1 + 2} \times 5\angle 0 \times Z_2 = \frac{2 \cdot \frac{-j10}{5-j2}}{2 + j5 + \frac{-j10}{5-j2}} \times 5\angle 0$$

$$= \frac{-j20 \cdot 5}{(2+j5)\cdot(5-j2) - j10} = \frac{100\angle -90°}{22.83\angle -28.8°}$$

$$= 4.38\angle -61.2°$$

이를 시간영역으로 변환하면 식 ③을 얻는다.

$$v_{o3}(t) = 4.38\sin(5t - 61.2°)\,[\mathrm{V}] \qquad \cdots ③$$

식 ①, ②, ③으로부터 $v_o$를 구하면 다음과 같다.

$$v_o(t) = 1.43 + 5.52\cos(2t + 6.3°) + 4.38\sin(5t - 61.2°)\,[\mathrm{V}]$$

## 실전문제 11-7

서로 다른 주파수를 가진 전원을 동시에 사용하고 있는 다음 회로에서 전압 $v_o$를 구하라. 단, $v_s(t) = 5\sqrt{2}\cos(5t + 30°)\,[\mathrm{V}]$, $i(t) = 5\sin(2t - 30°)\,[\mathrm{A}]$이다.

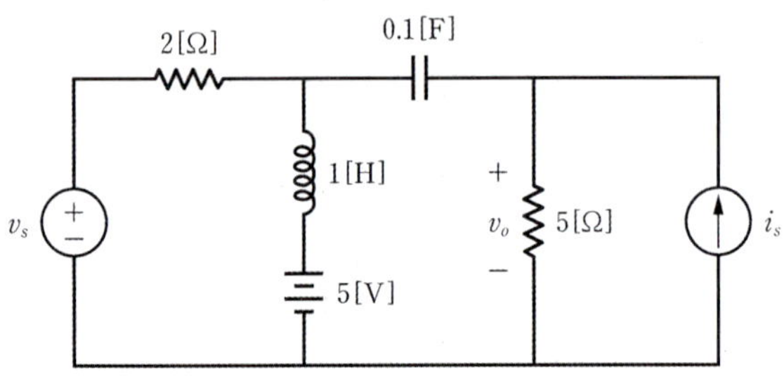


[그림 11-23]

SECTION 11.4

# 선형회로의 특성식

4장에서는 두 선형회로의 특성식이 같으면 등가회로가 된다는 것을 알아보았다. 이는 주파수영역에서도 마찬가지다. 주파수영역에서 2단자망의 특성식은 식 (11.1)과 같이 인가전압 $\boldsymbol{V}$와 흐르는 전류 $\boldsymbol{I}$와의 관계식을 의미한다.

$$\boldsymbol{V} = \boldsymbol{Z}_{TH} \cdot \boldsymbol{I} + \boldsymbol{V}_{OC} \tag{11.1}$$

여기서 $\boldsymbol{Z}_{TH}$와 $\boldsymbol{V}_{OC}$는 선형회로의 특성을 결정하는 상수이다. 또한 전류 $\boldsymbol{I}$에 대해 표현하면 식 (11.2)와 같다.

$$\boldsymbol{I} = \frac{\boldsymbol{V}}{\boldsymbol{Z}_{TH}} - \frac{\boldsymbol{V}_{OC}}{\boldsymbol{Z}_{TH}} = \frac{\boldsymbol{V}}{\boldsymbol{Z}_{TH}} - \boldsymbol{I}_{SC} \tag{11.2}$$

등가회로를 이용해 회로를 해석하기 위해서는 임의의 선형회로에 대한 특성식을 구할 필요가 있다. 4장에서 언급한 바와 같이 특성식을 구하는 방법에는 두 가지가 있다. 각각의 경우를 예제를 통해 알아보자.

## ■ 선형회로로 특성식 구하기

**예제 11-8**

다음 회로의 특성식을 구하라.

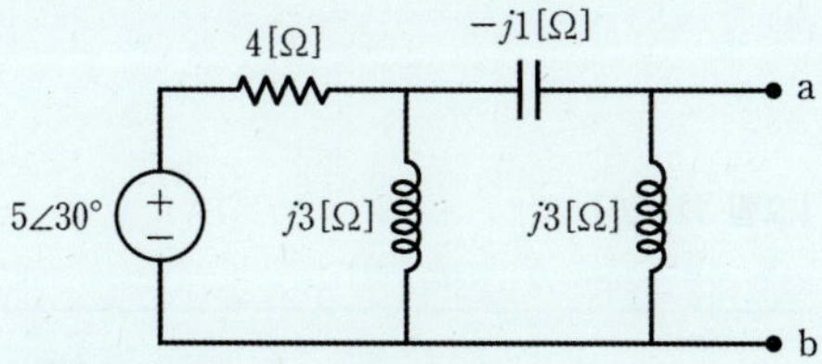


[그림 11-24] [예제 11-8]의 회로

**풀이**

점 a, b 사이에 전원을 인가할 경우, 전압원 혹은 전류원 중 하나를 선택해야 한다. 주어진 회로의 특성식을 루프 해석법으로 구할 경우에는 인가전원을 전류원으로, 노드 해석법으로 구할 경우에는 전압원으로 선택해야 회로 해석이 좀더 쉬워진다. [그림 11-24]에서 전압 $\boldsymbol{V}$를 [그림 11-25]와 같이 인가해 노드 해석법으로 회로를 해석해보자.

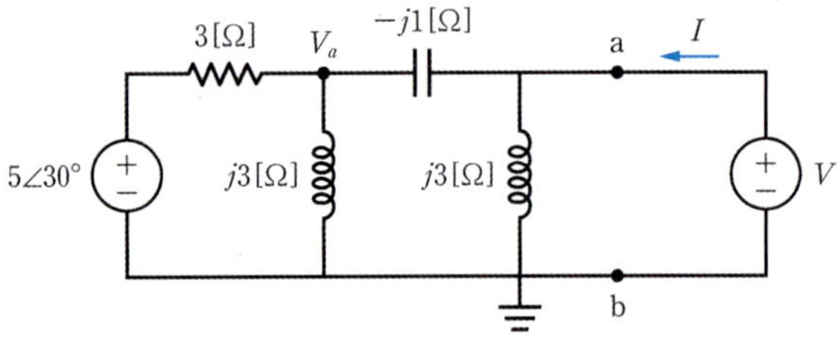


**[그림 11-25]** 전압 $\boldsymbol{V}$를 인가한 회로

$\boldsymbol{V}_a$로 표기된 점에서의 노드방정식을 구해 정리하면 식 ①과 같다.

$$\frac{\boldsymbol{V}_a - 5\angle 30^\circ}{3} + \frac{\boldsymbol{V}_a}{j3} + \frac{\boldsymbol{V}_a - \boldsymbol{V}}{-j} = 0$$

$$(1 + j2)\boldsymbol{V}_a = j3\boldsymbol{V} + 5\angle 30^\circ \qquad \cdots ①$$

점 a에서 노드방정식을 구해 정리하면 식 ②와 같다.

$$\frac{\boldsymbol{V}_a - \boldsymbol{V}}{-j} + \boldsymbol{I} = \frac{\boldsymbol{V}}{j3}$$

$$\boldsymbol{V}_a = \frac{2}{3}\boldsymbol{V} + j\boldsymbol{I} \qquad \cdots ②$$

식 ①, ②로부터 특성식을 구하면 다음과 같다.

$$\boldsymbol{V} = \frac{3(2-j)}{2-j5}\cdot\boldsymbol{I} + \frac{15\angle 30^o}{2-j5} = (0.93 + j0.83)\boldsymbol{I} + 2.79\angle 98.2^\circ$$

## 실전문제 11-8

다음 회로의 특성식을 구하라.

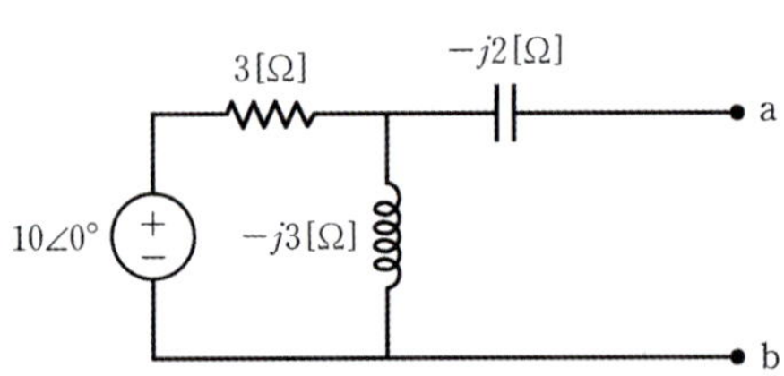


**[그림 11-26]**

## ■ 상수 $V_{OC}$, $I_{SC}$, $Z_{TH}$로 특성식 구하기

**예제 11-9**

[그림 11-27]의 회로에서 $V_{OC}$, $I_{SC}$, $Z_{TH}$를 구해 [예제 11-8]의 결과와 비교하라.

**풀이**

(i) [그림 11-27]로부터 $V_{OC}$를 구한다.

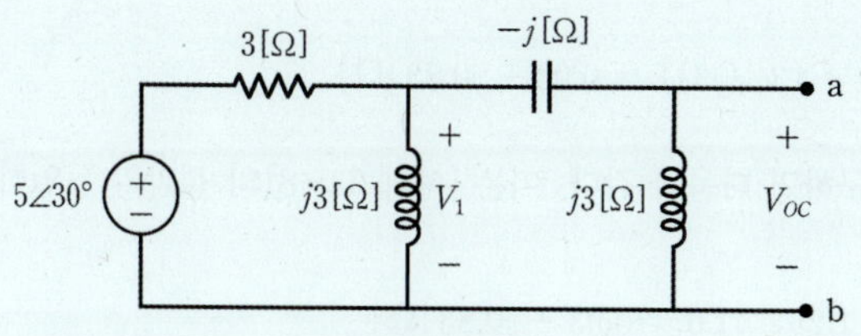


[그림 11-27] $V_{OC}$를 구하는 회로

$$V_{OC} = \frac{j3}{-j+3j} \cdot V_1 = \frac{3}{2} V_1$$

$$V_1 = \frac{j3//(-j+j3)}{3+j3//(-j+j3)} \cdot 5\angle 30° = \frac{j6/5}{3+j6/5} \cdot 5\angle 30° = 1.86\angle 98.2°$$

$$V_{OC} = \frac{3}{2}(1.86\angle 98.2°) = 2.79\angle 98.2°$$

(ii) [그림 11-28]로부터 $I_{SC}$를 구한다.

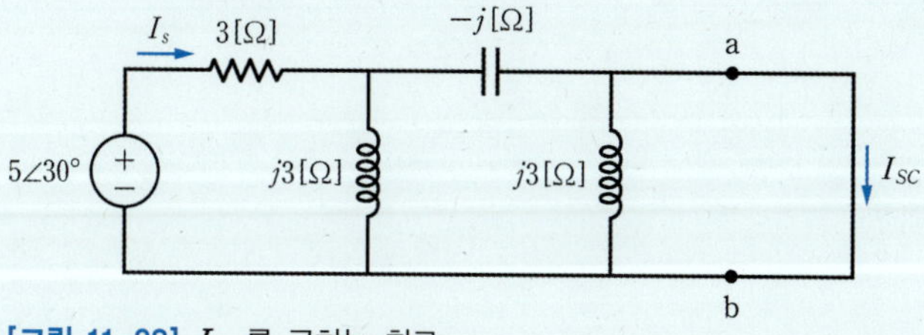


[그림 11-28] $I_{SC}$를 구하는 회로

전원에서 공급되는 전류 $I_s$를 구하면 다음과 같다.

$$I_s = \frac{5\angle 30°}{3+(j3//-j)} = \frac{5\angle 30°}{3(1-j0.5)} = 1.49\angle 56.6°$$

$$I_{SC} = \frac{j3}{-j+j3} \cdot I_s = \frac{3}{2} I_s = 2.24\angle 56.6°$$

(iii) [그림 11-29]로부터 $\boldsymbol{Z}_{TH}$를 구한다.

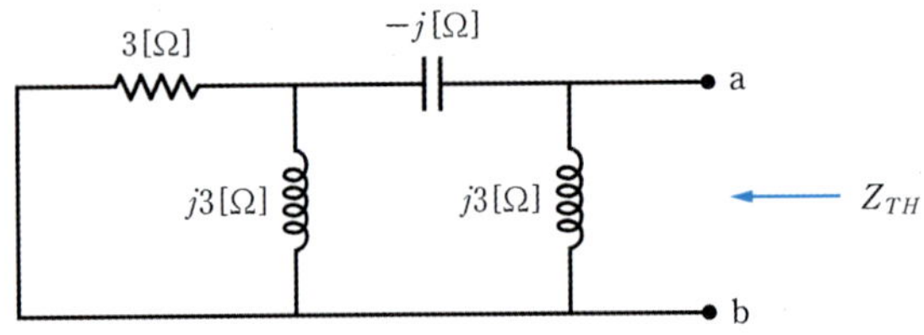


**[그림 11-29]** $\boldsymbol{Z}_{TH}$를 구하는 회로

$$\boldsymbol{Z}_{TH} = j3//\{-j1 + (3//j3)\} = 0.93 + j0.83\,[\Omega]$$

앞에서 구한 $\boldsymbol{V}_{OC}$와 $\boldsymbol{I}_{SC}$를 이용해 $\boldsymbol{Z}_{TH}$를 구하면 다음과 같다. 이는 [예제 11-8]의 결과와 동일하다.

$$\boldsymbol{Z}_{TH} = \frac{\boldsymbol{V}_{OC}}{\boldsymbol{I}_{SC}} = 1.25\angle 41.6 = 0.93 + j0.83\,[\Omega]$$

**실전문제 11-9**

[그림 11-26]의 회로에서 $\boldsymbol{V}_{OC}$, $\boldsymbol{I}_{SC}$, $\boldsymbol{Z}_{TH}$를 구하라.

SECTION 11.5

# 테브난 및 노턴 등가회로

2단자 선형회로의 특성식인 식 (11.1)과 같은 특성식을 갖는 회로는 모두 다 등가회로가 된다. 그중에서 가장 간단한 형태의 회로가 2개 있다. 하나는 [그림 11-30(a)]의 회로로 전압원 $\boldsymbol{V}_{OC}$, 임피던스 $\boldsymbol{Z}_{TH}$로 표현되는 테브난 등가회로이고, 다음으로는 식 (11.2)를 만족하는 [그림 11-30(b)]의 회로로 전류 $\boldsymbol{I}_{SC}$, 임피던스 $\boldsymbol{Z}_{TH}$로 표현되는 노턴 등가회로이다.

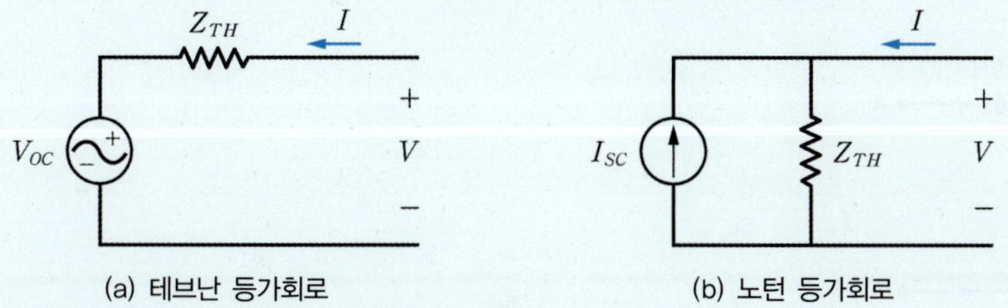


**[그림 11-30]** 2단자망의 등가회로

식 (11.1)과 식 (11.2)는 표현이 다르지만 같은 식이므로 테브난 등가회로와 노턴 등가회로 역시 서로 등가회로가 된다.

## 예제 11-10

다음 회로의 점 a, b에서 들여다본 테브난 등가회로를 그려라.

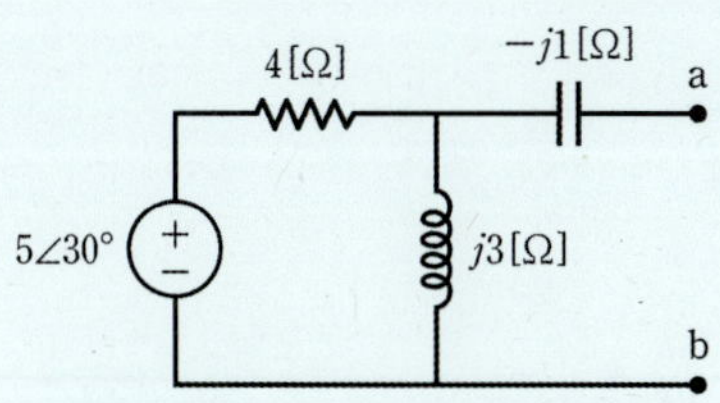


**[그림 11-31]** [예제 11-10]의 회로

### 풀이

[그림 11-32]와 같이 점 a, b 사이에 전압 $\boldsymbol{V}$를 인가해 특성식을 구하는 방법은 다음과 같다.

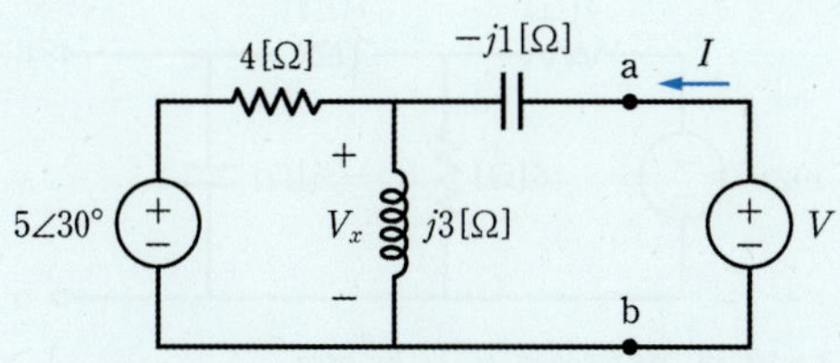


**[그림 11-32]** 특성식을 구하기 위한 회로

$j3\,[\Omega]$에 걸리는 전압 $\boldsymbol{V}_x$를 구하면 다음과 같다.

$$\boldsymbol{V}_x = \boldsymbol{V} - (-j1)\boldsymbol{I} = \boldsymbol{V} + j\boldsymbol{I} \qquad \cdots ①$$

전압 $\boldsymbol{V}_x$를 이용해 노드방정식을 구하면 다음과 같다.

$$\frac{\boldsymbol{V}_x - 5\angle 30°}{4} + \frac{\boldsymbol{V}_x}{j3} = \boldsymbol{I} \qquad \cdots ②$$

식 ①을 식 ②에 대입해 정리하면 다음을 얻는다.

$$\boldsymbol{V} = (1.44 + j0.92)\boldsymbol{I} + 3\angle 83.1°$$

결론적으로 $\boldsymbol{V}_{OC}$와 $\boldsymbol{Z}_{TH}$를 구하면 다음과 같다.

$$\boldsymbol{V}_{OC} = 3\angle 83.1°\,[\mathrm{V}], \quad \boldsymbol{Z}_{TH} = 1.44 + j0.92\,[\Omega]$$

이를 테브난 등가회로로 나타내면 [그림 11-33]과 같다.

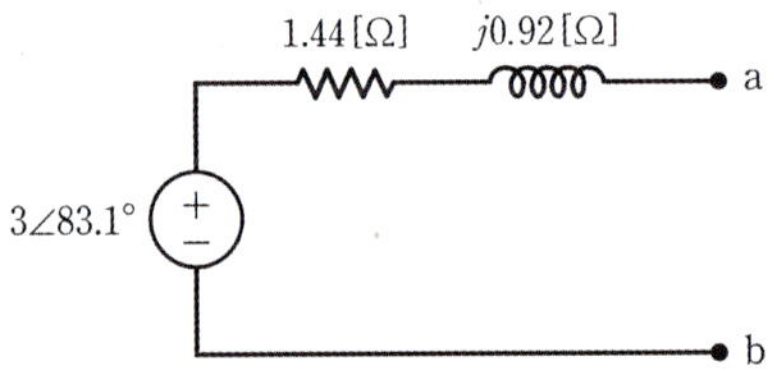


[그림 11-33] 테브난 등가회로

## 실전문제 11-10

다음 회로의 점 a, b에서 들여다본 테브난 등가회로를 구하라.

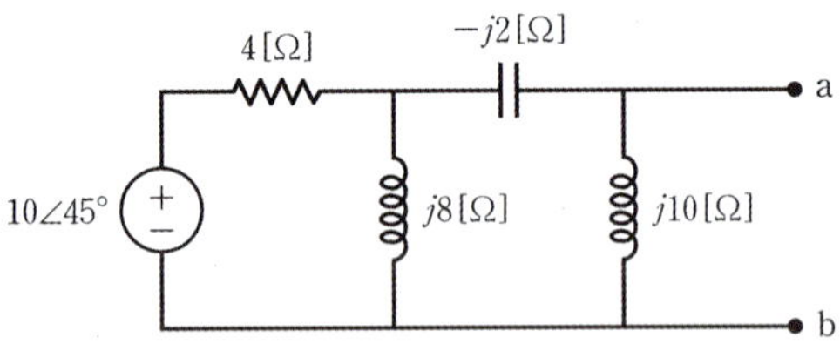


[그림 11-34]

## 예제 11-11

다음 회로의 점 a, b에서 들여다본 테브난 등가회로를 그려라.

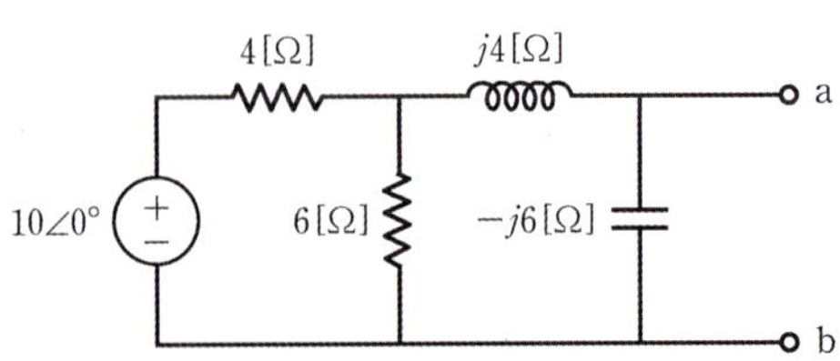


[그림 11-35] [예제 11-11]의 회로

**풀이**

[그림 11-36]의 회로로부터 $V_{OC}$를 구하면 다음과 같다.

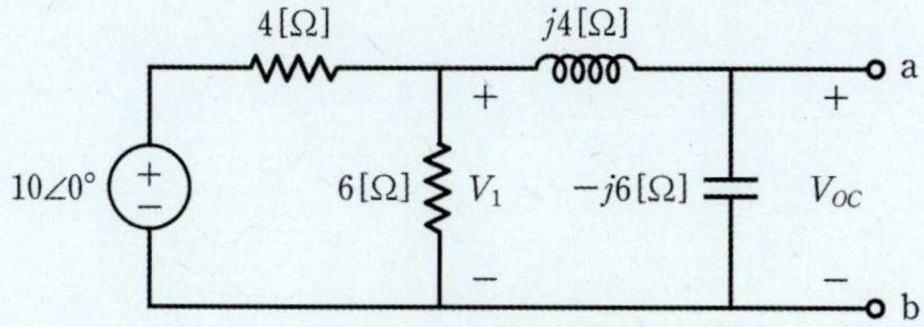


**[그림 11-36]** $V_{OC}$를 구하기 위한 회로

$$V_1 = \frac{6//(j4-j6)}{4+6//(j4-j6)} \cdot 10\angle 0 = \frac{-j3}{6-j5} \cdot 10\angle 0 = 3.84\angle -50.2°$$

$$V_{OC} = V_1 \cdot \frac{-j6}{j4-j6} = 3V_1 = 11.5\angle -50.2°$$

[그림 11-37]로부터 $I_{SC}$를 구하면 다음과 같다.

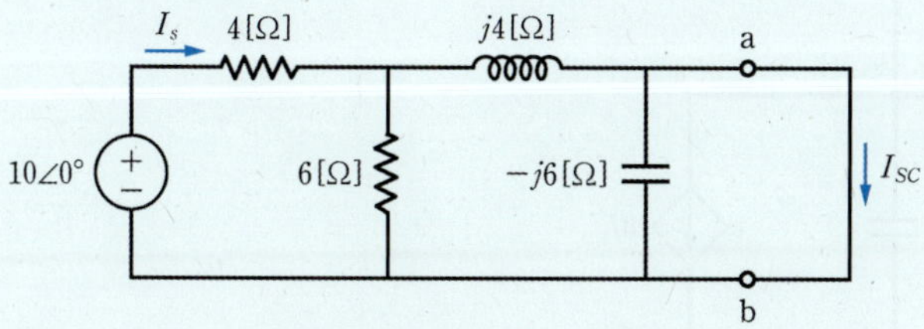


**[그림 11-37]** $I_{SC}$를 구하기 위한 회로

$$I_s = \frac{10\angle 0°}{4+6//j4} = \frac{3+j2}{4(3+j5)} \cdot 10\angle 0$$

$$I_{SC} = \frac{6}{6+j4} \cdot I_s = \frac{3}{3+j2} \cdot \frac{3+j2}{4(3+j5)} \cdot 10\angle 0 = 1.29\angle -59.0°$$

$V_{OC}$와 $I_{SC}$를 사용해 $Z_{TH}$를 구하면 다음과 같다.

$$Z_{TH} = \frac{V_{OC}}{I_{SC}} = \frac{11.5\angle -50.2°}{1.29\angle -59.0°} = 8.91\angle 8.8°$$

$$= 8.81 + j1.36\,[\Omega]$$

이를 테브난 등가회로로 나타내면 [그림 11-38]과 같다.

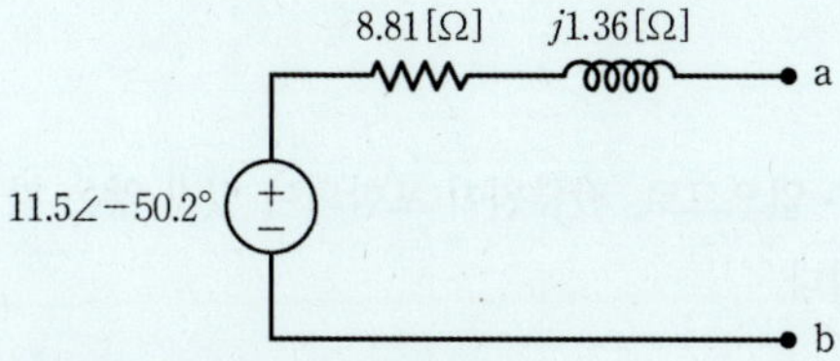


**[그림 11-38]** 테브난 등가회로

## 실전문제 11-11

다음 회로의 점 a, b에서 들여다본 테브난 등가회로를 구하라.

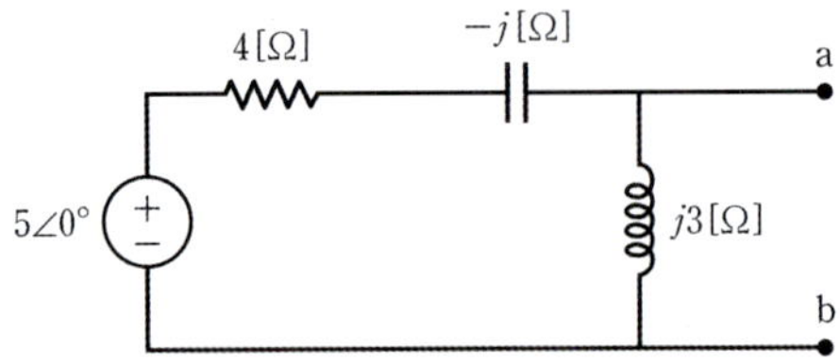


[그림 11-39]

## 예제 11-12

다음 회로의 점 a, b에서 들여다본 노턴 등가회로를 그려라.

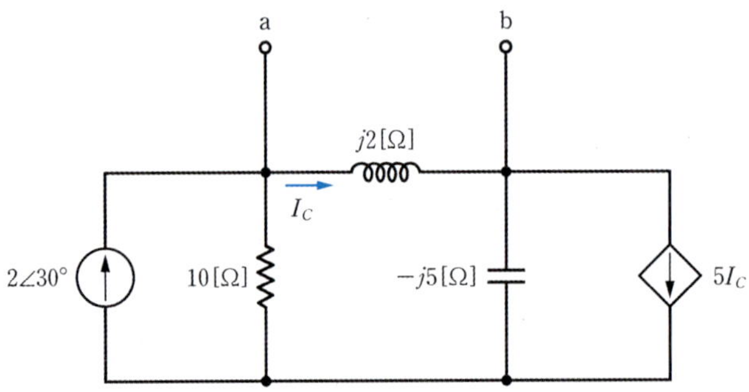


[그림 11-40] [예제 11-12]의 회로

### 풀이

[그림 11-41]로부터 $V_{OC}$를 구하는 방법은 다음과 같다.

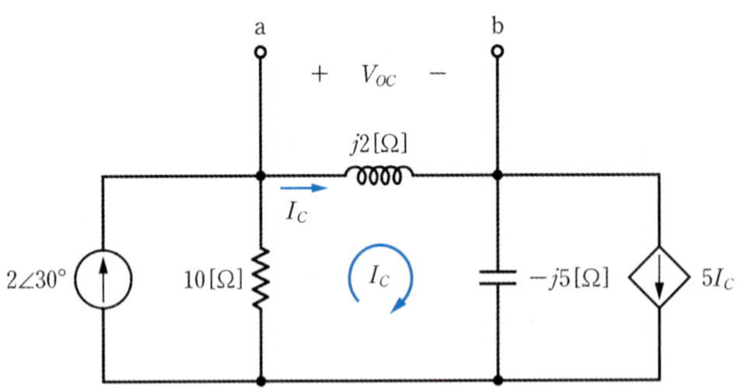


[그림 11-41] $V_{OC}$를 구하는 회로

루프에 전류원이 포함되어 있으면 루프방정식을 사용할 수 없으므로, 전류원이 포함되어 있지 않은 가운데 루프에 대해 방정식을 구해서 정리하면 식 ①과 같다.

$$10(\boldsymbol{I}_C - 2\angle 30°) + j2 \cdot \boldsymbol{I}_C - j5(\boldsymbol{I}_C - 5\boldsymbol{I}_C) = 0$$

$$(10 + j22)\boldsymbol{I}_C = 20\angle 30° \qquad \cdots ①$$

식 ①을 이용해 $V_{OC}$를 구하면 다음과 같다.

$$V_{OC} = j2 \cdot I_C = j2 \cdot \frac{20\angle 30^o}{2(5+j11)} = 1.66\angle 54.4°[\mathrm{V}]$$

종속전류원이 포함된 회로에서는 $Z_{TH}$를 구하기가 어렵다. 여기서는 $I_{SC}$를 구하는 편이 훨씬 쉽다. [그림 11-42]는 $I_{SC}$를 구하는 회로이다.

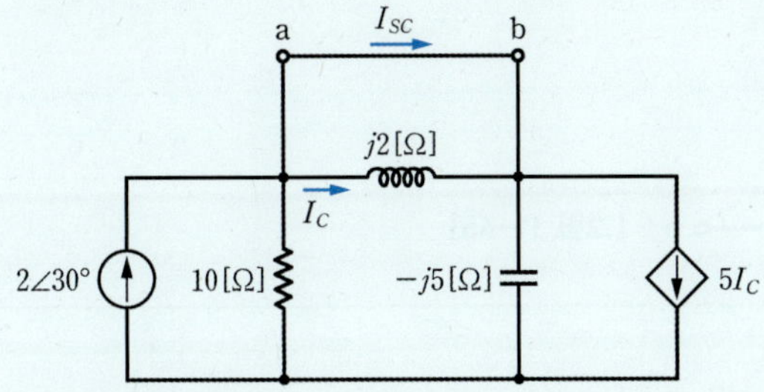


**[그림 11-42]** $I_{SC}$를 구하는 회로

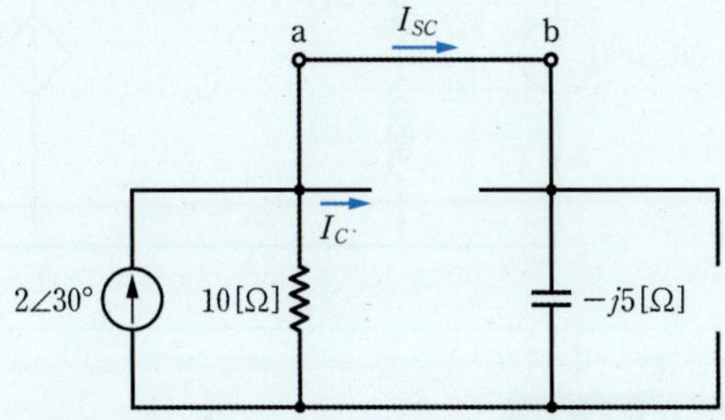


**[그림 11-43]** $I_C = 0$인 경우의 등가회로

[그림 11-42]를 보면 점 a, b가 단락되어 있어 $I_C = 0$임을 알 수 있다. 따라서 [그림 11-42]의 회로는 [그림 11-43]과 등가회로가 된다. [그림 11-43]에서 $I_{SC}$를 구하면 다음을 얻는다.

$$I_{SC} = \frac{10}{10-j5} \cdot 2\angle 30° = 1.79\angle 56.6°[\mathrm{A}]$$

따라서 구해진 $V_{OC}$, $I_{SC}$로부터 $Z_{TH}$를 구하면 다음을 얻는다.

$$Z_{TH} = \frac{V_{OC}}{I_{SC}} = \frac{1.66\angle 54.4°}{1.79\angle 56.6°} = 0.93\angle -2.2°$$
$$= 0.93 - j35.7 \times 10^{-3}[\Omega]$$

이를 노턴 등가회로로 나타내면 [그림 11-44]와 같다.

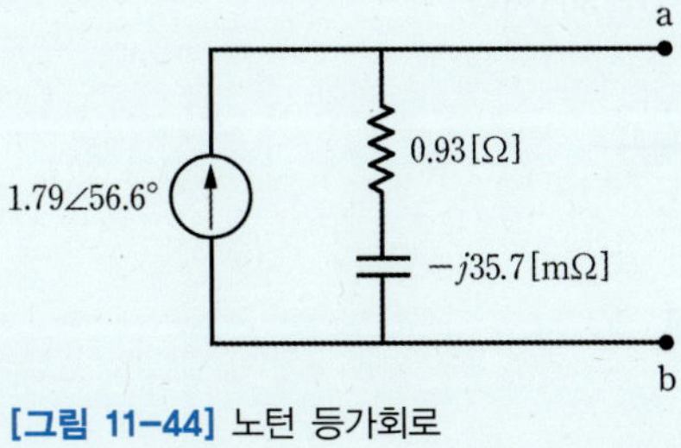


**[그림 11-44]** 노턴 등가회로

## 실전문제 11-12

다음 회로의 점 a, b에서 들여다본 노턴 등가회로를 구하라.

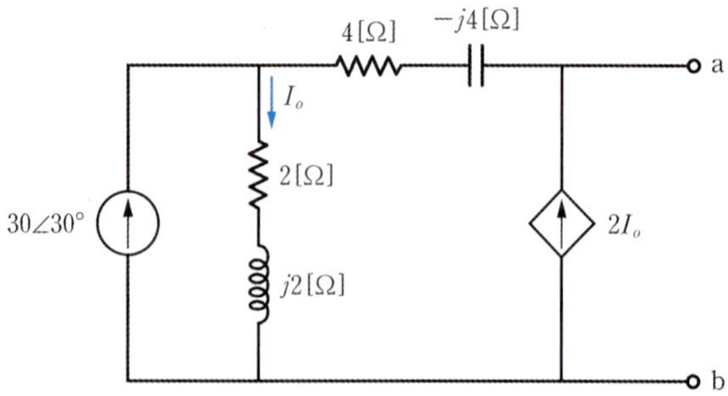


[그림 11-45]

## 예제 11-13

테브난 등가회로를 이용해 다음 회로에서 전압 $v_o(t)$를 구하라. 단, $v_s(t) = 5\cos(2t + 30°)$이다.

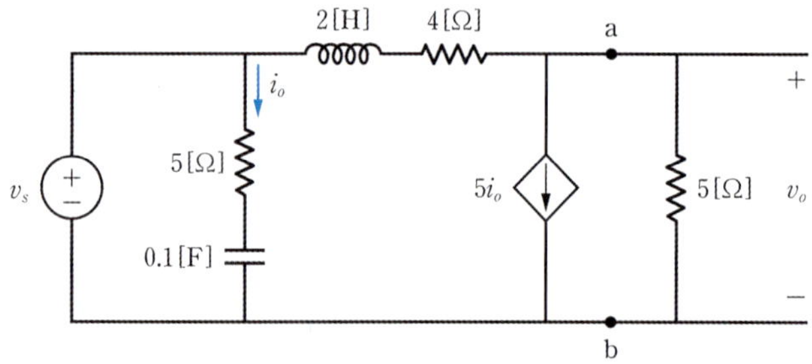


[그림 11-46] [예제 11-13]의 회로

### 풀이

전원 주파수가 $\omega = 2$[rad/s]이므로 각 소자의 임피던스를 구해 [그림 11-46]을 주파수영역에서 표현하면 [그림 11-47]과 같다. 전원을 페이저로 표현하면 $\boldsymbol{V}_s = 5\angle 30°$이다.

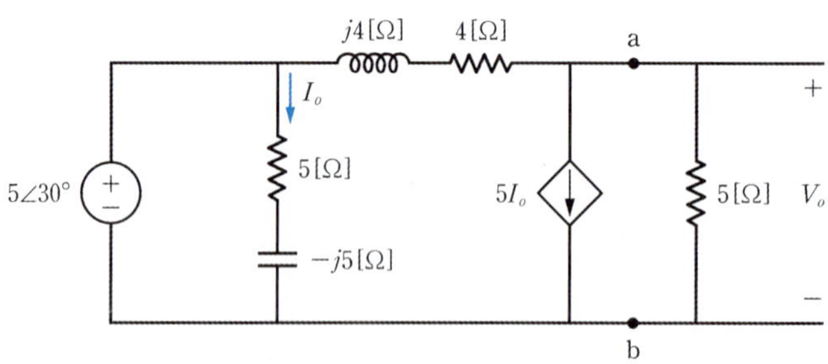


[그림 11-47] 주파수영역에서의 회로

점 a, b에서의 테브난 등가회로를 그리기 위해 부하 5[Ω]을 제거하고 $\boldsymbol{V}_{OC}$를 구하기 위한 회로를 그리면 [그림 11-48]과 같다.

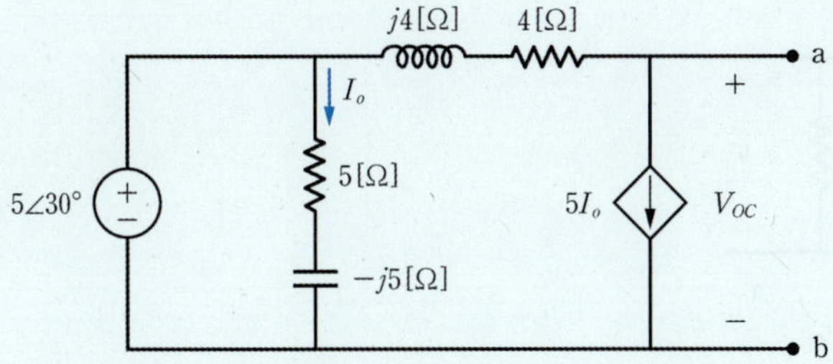


**[그림 11-48]** $V_{OC}$를 구하기 위한 회로

[그림 11-48]에서 전압원으로부터 $I_o$를 구하면 $I_o = \dfrac{5\angle 30°}{5-j5}$가 된다. 전류원을 포함하는 루프방정식으로부터 $V_{OC}$를 구하면 다음을 얻는다.

$$V_{OC} = 5\angle 30° - 5I_o \cdot (4+j4) = 5\angle 30° - 5 \cdot \frac{5\angle 30°}{5-j5} \cdot (4+j4)$$

$$= \left(1 - \frac{4+j4}{1-j}\right) \cdot 5\angle 30°$$

$$= 20.6\angle -46°$$

또한 $I_{SC}$를 구하기 위한 회로를 그리면 [그림 11-49]와 같다.

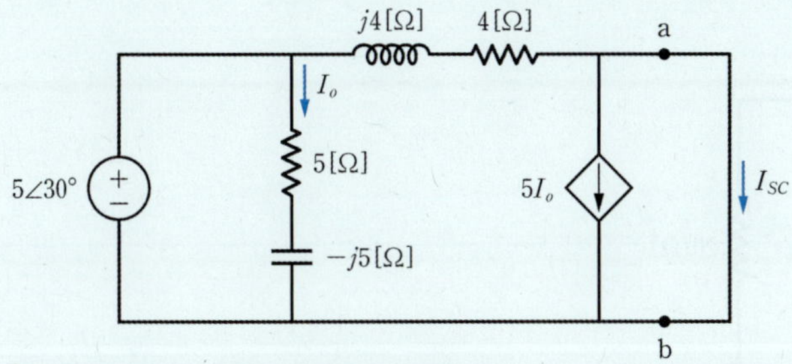


**[그림 11-49]** $I_{SC}$를 구하기 위한 회로

회로가 변경되어도 $I_o$는 변하지 않으므로 다음과 같다.

$$I_{SC} = \frac{5\angle 30°}{4+j4} - 5I_o = \frac{5\angle 30°}{4+j4} - 5 \cdot \frac{5\angle 30°}{5-j5}$$

$$= \left(\frac{1}{4+j4} - \frac{1}{1-j}\right) \cdot 5\angle 30° = \frac{-3-j5}{8} \cdot 5\angle 30°$$

$$= 3.64\angle -91°$$

$V_{OC}$, $I_{SC}$로부터 $Z_{TH}$를 구할 수 있다.

$$Z_{TH} = \frac{V_{OC}}{I_{SC}} = \frac{20.6\angle -46°}{3.64\angle -91°} = 5.64\angle 45° = 4 + j4\,[\Omega]$$

위의 $V_{OC}$와 $Z_{TH}$를 이용해 주어진 회로인 [그림 11-46]의 등가회로를 그리면 [그림 11-50]과 같다.

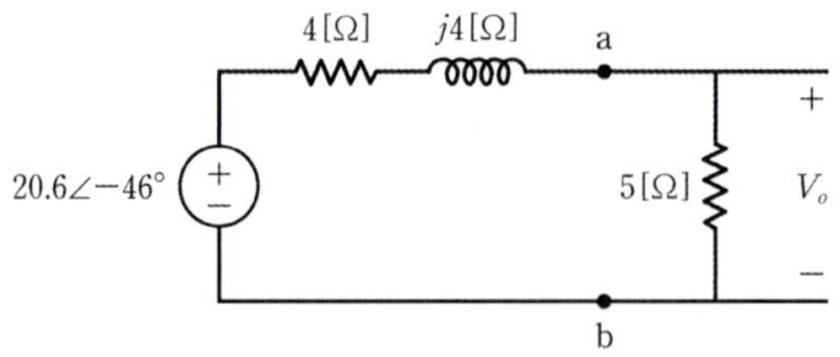


**[그림 11-50]** [그림 11-46]의 등가회로

[그림 11-50]으로부터 출력전압의 페이저 $\boldsymbol{V}_o$를 구하면 다음과 같다.

$$\boldsymbol{V}_o = \frac{5}{5+4+j4} \cdot 20.6\angle -46° = \frac{103\angle -46°}{9.65\angle 24°} = 10.46\angle -22°$$

시간영역에서의 출력전압 $v_o(t)$를 구하면 다음과 같다.

$$v_o(t) = 10.46\cos(2t - 22°)$$

## 실전문제 11-13

노턴 등가회로를 이용해 다음 회로에서 전압 $v_o(t)$를 구하라. 단, $v_s(t) = 40\cos(10t + 90°)$, $i_s(t) = 3\cos 10t$이다.

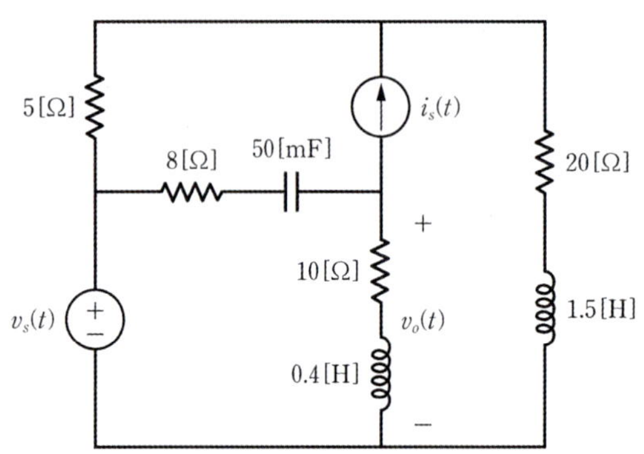


**[그림 11-51]**

SECTION 11.6

# 교류전원에 대한 연산증폭기 회로 해석

직류전원에 대한 연산증폭기 회로 해석에서 언급한 바와 같이, 이상적인 연산증폭기는 다음과 같은 성질을 갖는다.

❶ 입력 임피던스가 무한대이므로 입력전류가 $i = 0$이다.
❷ 증폭률이 무한대이므로 입력 두 단자의 전위차는 $v = 0$이다.
❸ 전원의 주파수에 대해 특성 변화가 없다.

## 11.6.1 반전증폭기

[그림 11-52]와 같이 연산증폭기에 저항이 연결된 경우와 임피던스가 연결된 경우 모두 동일한 결과를 얻는다.

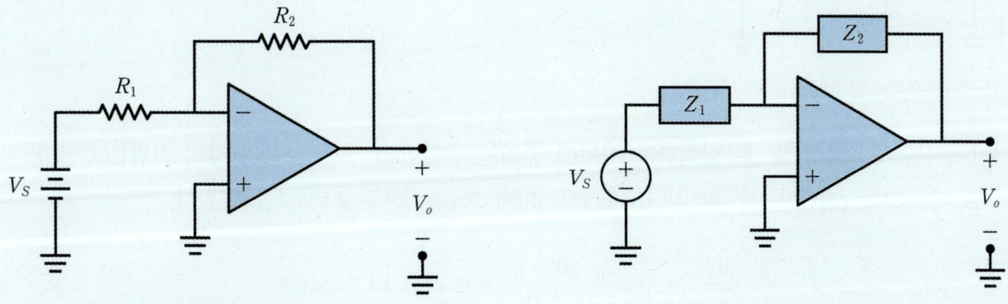


(a) 직류전원(저항회로)　　(b) 교류전원(임피던스회로)

**[그림 11-52]** 반전증폭기 회로

즉 저항이 연결된 경우에 출력전압 $V_o$를 구하는 식은 (11.3a)와 같고, 임피던스가 연결된 경우에는 식 (11.3b)와 같다.

$$V_o = -\frac{R_2}{R_1} V_s \qquad (11.3a)$$

$$\mathbf{V}_o = -\frac{\mathbf{Z}_2}{\mathbf{Z}_1} \cdot \mathbf{V}_s \qquad (11.3b)$$

## 예제 11-14

다음 회로에서 출력전압 $v_o(t)$를 구하라. 단, $v_s(t) = 2\cos(10^3 t + 30°)$이다.

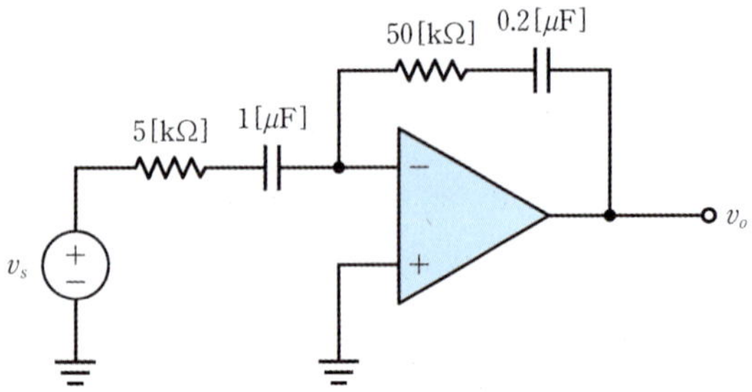


[그림 11-53] [예제 11-14]의 회로

### 풀이

전원 주파수는 $\omega = 10^3$[rad/s]이므로 각 소자의 임피던스를 구해 주파수영역에서의 등가회로를 표현하면 [그림 11-54]와 같다.

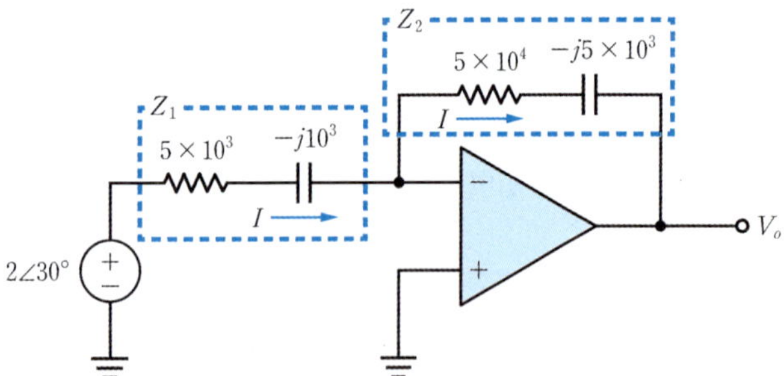


[그림 11-54] 주파수영역에서의 등가회로

이상적인 연산증폭기의 경우, 두 입력단자 사이에 걸리는 전압이 0이므로 (−) 단자의 전위는 0이다. 따라서 $Z_1$에 걸리는 전압은 2∠30°이다. 따라서 $Z_1$에 흐르는 전류 $I$는 다음과 같다.

$$I = \frac{2\angle 30°}{Z_1} = \frac{2\angle 30°}{(5-j)\times 10^3} = 0.39 \times 10^{-3}\angle 41.3°$$

또한 이상적인 연산증폭기의 두 단자로 흐르는 전류는 0이므로 $Z_2$에 흐르는 전류 또한 $I$이다. 따라서 $Z_2$에 걸리는 전압 $V_{Z_2}$는 다음과 같다.

$$V_{Z_2} = Z_2 \cdot I = 5(10-j)\times 10^3 \cdot 0.39 \times 10^{-3}\angle 41.3° = 19.6\angle 35.6°$$

따라서 출력전압 $V_o$와 이를 시간영역으로 다시 나타내면 다음과 같다.

$$V_o = -V_{Z_2} = -19.6\angle 35.6° = 19.6\angle -144°$$

$$v_o(t) = 19.6\cos(10^3 t - 144°)\,[\mathrm{V}]$$

실전문제 11-14

다음 회로에서 출력전압 $v_o(t)$를 구하라. 단, $v_s(t) = 10\cos(10^3 t - 90°)$이다.

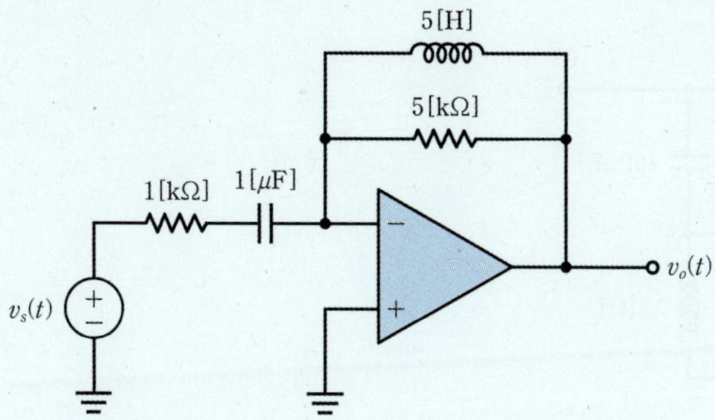


[그림 11-55]

## 11.6.2 비반전증폭기

[그림 11-56]은 일반적인 비반전증폭기를 나타낸 것이다.

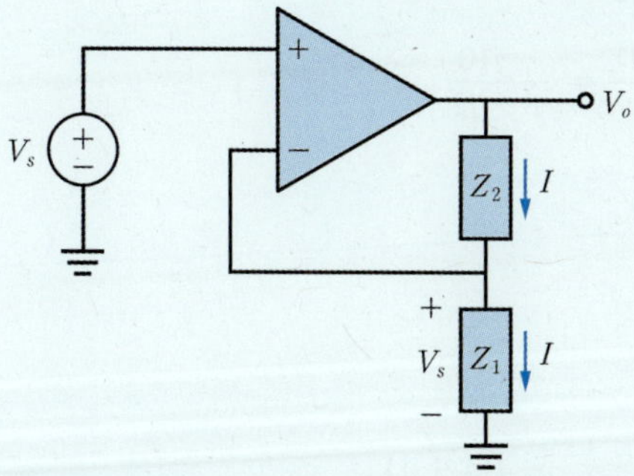


[그림 11-56] 비반전증폭기

이상적인 연산증폭기의 특성을 사용해 회로를 해석하면 먼저 연산증폭기의 두 단자 사이에 걸리는 전압이 0이므로 $Z_1$에 걸리는 전압은 $V_s$이다. 따라서 $Z_1$에 흐르는 전류는 $I = \frac{V_s}{Z_1}$로 표현된다. 또한 연산증폭기의 단자에 흐르는 전류가 0이므로 $Z_1$에 흐르는 전류 $I$가 $Z_2$에 흐르므로 $Z_2$에 걸리는 전압 $V_{Z_2}$를 구하면 다음과 같다.

$$V_{Z_2} = Z_2 \cdot I = Z_2 \cdot \frac{V_s}{Z_1} = \frac{Z_2}{Z_1} \cdot V_s$$

따라서 출력전압 $V_o$는 식 (11.4)와 같이 표현된다.

$$V_o = V_s + V_{Z_2} = \left(1 + \frac{Z_2}{Z_1}\right) \cdot V_s \tag{11.4}$$

## 예제 11-15

다음 회로에서 출력전압 $v_o(t)$를 구하라. 단, $v_s(t) = 2\cos(10t + 45°)$이다.

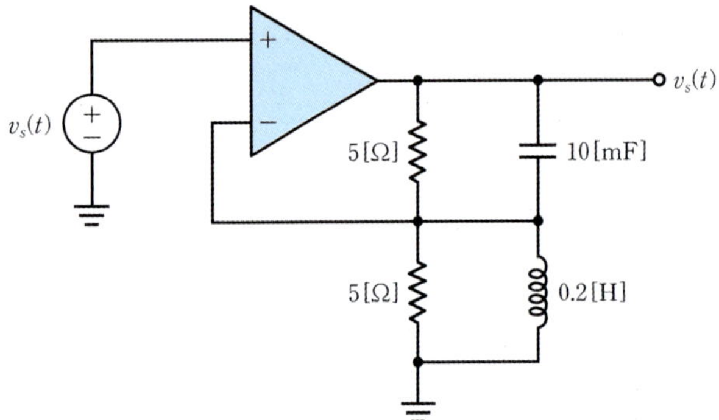


**[그림 11-57]** [예제 11-15]의 회로

### 풀이

전원 주파수는 $\omega = 10[\text{rad/s}]$이므로 [그림 11-57]의 주파수영역에서 등가회로를 그리면 [그림 11-58]과 같다. [그림 11-58]에서 $\boldsymbol{Z}_1$, $\boldsymbol{Z}_2$를 구하면 다음과 같다.

$$\boldsymbol{Z}_1 = 5//j2 = \frac{5 \times j2}{5 + j2} = \frac{j10}{5 + j2}$$

$$\boldsymbol{Z}_2 = 5//(-j10) = \frac{5 \times (-j10)}{5 - j10} = \frac{-j10}{1 - j2}$$

$$\boldsymbol{V}_o = \boldsymbol{V}_s + \boldsymbol{V}_{Z_2} = \left(1 + \frac{\boldsymbol{Z}_2}{\boldsymbol{Z}_1}\right) \cdot \boldsymbol{V}_s$$

식 (11.4)로부터 출력전압 $\boldsymbol{V}_o$를 구하면 다음과 같다.

$$\boldsymbol{V}_o = \left(1 + \frac{\boldsymbol{Z}_2}{\boldsymbol{Z}_1}\right) \cdot \boldsymbol{V}_s = \left(1 + \frac{\frac{-j10}{1 - j2}}{\frac{j10}{5 + j2}}\right) \cdot 2\angle 45° = \frac{-4(1 + j)}{1 - j2} \cdot 2\angle 45°$$

$$= 5.06\angle -26.6°$$

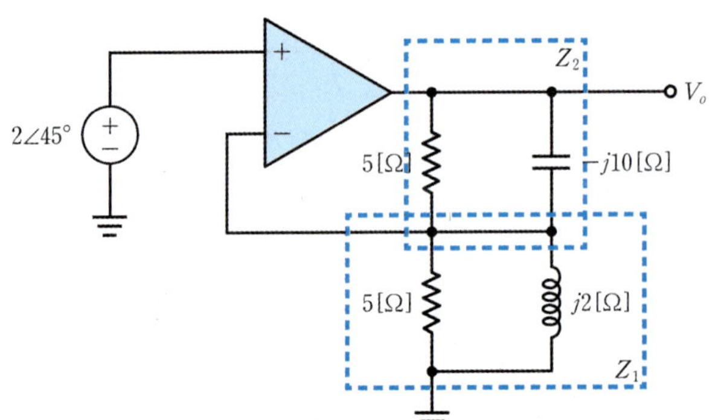


**[그림 11-58]** 주파수영역에서의 등가회로

따라서 시간영역에서의 출력전압 $v_o(t)$는 다음과 같다.

$$v_o(t) = 5.06\cos(10t - 26.6°)\,[\text{V}]$$

## 실전문제 11-15

다음 회로에서 출력전압 $v_o(t)$를 구하라. 단, $v_s(t) = 2\cos(100t + 45°)$이다.

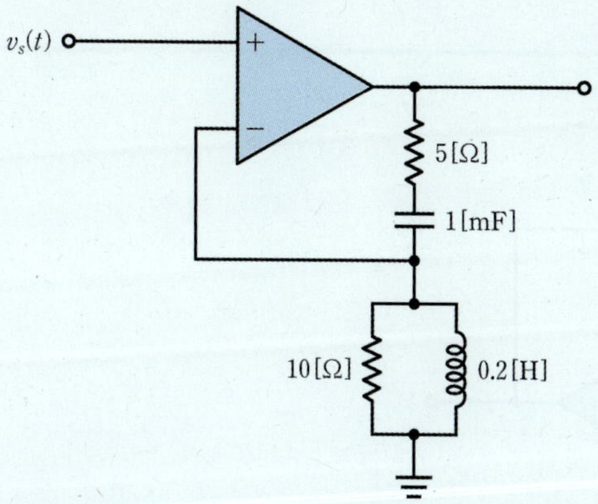


**[그림 11-59]**

## 예제 11-16

다음 회로에서 출력전압 $\boldsymbol{V}_o$를 구하라.

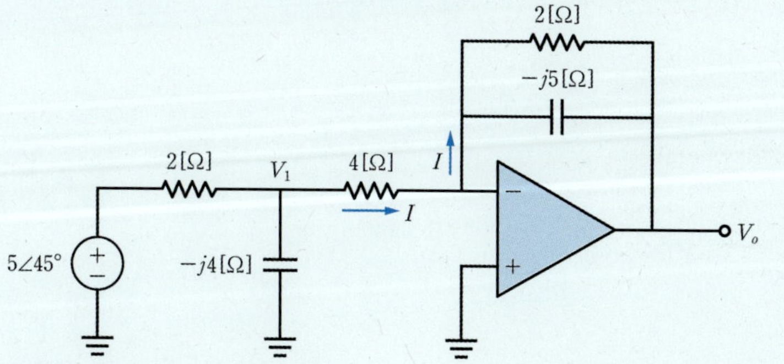


**[그림 11-60]** [예제 11-16]의 회로

### 풀이

연산증폭기의 두 입력단자 사이에 걸리는 전압이 0이므로 $\boldsymbol{I} = \dfrac{\boldsymbol{V}_1}{4}$이다. 점 $\boldsymbol{V}_1$에서 KCL 방정식을 만들면 다음과 같다.

$$\frac{\boldsymbol{V}_1 - 5\angle 45°}{2} + \frac{\boldsymbol{V}_1}{-j4} + \frac{\boldsymbol{V}_1}{4} = 0$$

$$(3 + j)\,\boldsymbol{V}_1 = 10\angle 45° \quad \rightarrow \quad \boldsymbol{V}_1 = \frac{10\angle 45°}{3 + j} = 3.16\angle 26.6°$$

한편 출력전압 $\boldsymbol{V}_o$를 구하면 다음과 같다.

$$\boldsymbol{V}_o = 2//(-j5)\cdot \boldsymbol{I} = \frac{2\cdot(-j5)}{2-j5}\cdot\frac{\boldsymbol{V}_1}{4}$$

$$= \frac{-j10}{2-j5}\cdot\frac{1}{4}\cdot 3.16\angle 26.6° = 1.47\angle 4.8°$$

$$= 1.46 + j0.12\,[\mathrm{V}]$$

## 실전문제 11-16

다음 회로에서 출력전압 $\boldsymbol{V}_o$를 구하라.

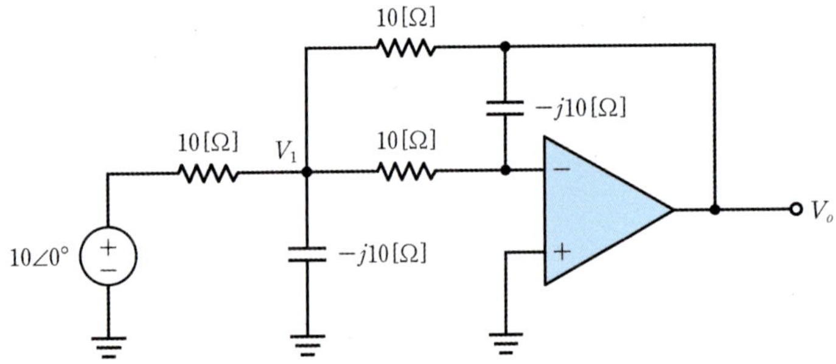


[그림 11-61]

**11.1** 다음 회로에서 출력전압 $v_o(t)$를 구하라.

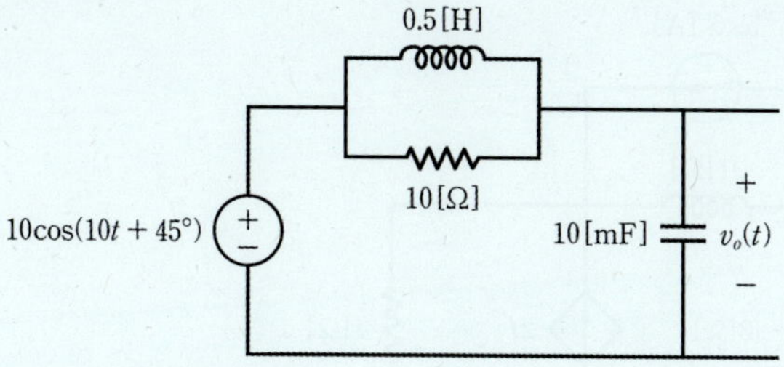


[문제 11.1]

**11.2** 다음 회로에서 출력전압 $v_o(t)$를 구하라. 단, $v_1(t) = 10\cos(t + 45°)$[V], $v_2(t) = 5\sin(t - 30°)$[V]이다.

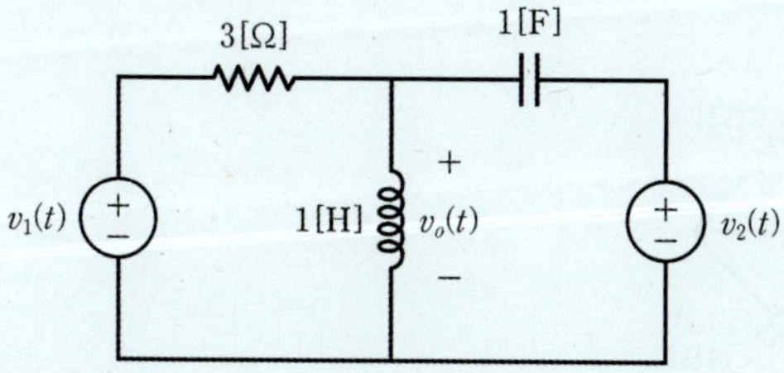


[문제 11.2]

**11.3** 다음 회로에서 출력전압 $v_o(t)$를 구하라. 단, $v_1(t) = 4\sin t$[V], $i_2(t) = 2\cos t$[A]이다.

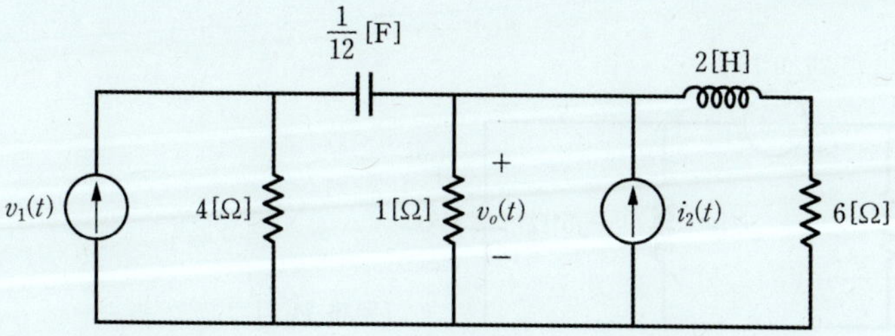


[문제 11.3]

**11.4** 다음 회로에서 전류 $I_o$를 구하라.

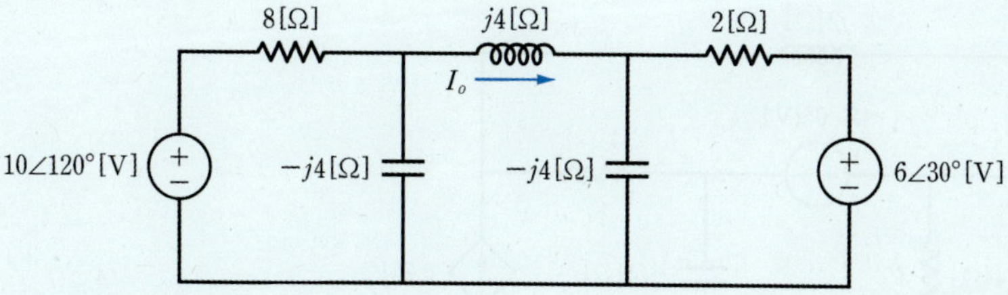


[문제 11.4]

**11.5** 다음 회로에서 노드 해석법을 이용해 전류 $I$를 구하라. 단, $I_s = 10\angle -90°$[A]이다.

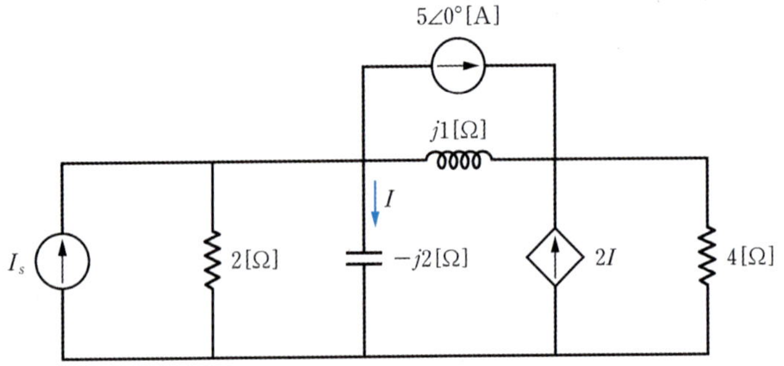


[문제 11.5]

**11.6** 다음 회로에서 노드 해석법을 이용해 전류 $I$를 구하라.

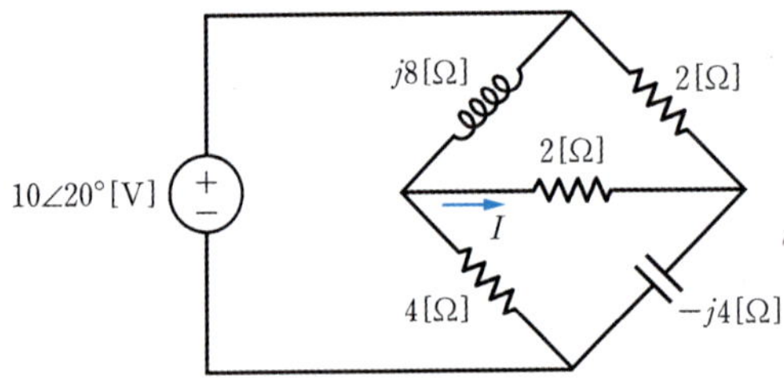


[문제 11.6]

**11.7** 다음 회로에서 노드 해석법을 이용해 전압 $V_o$를 구하라.

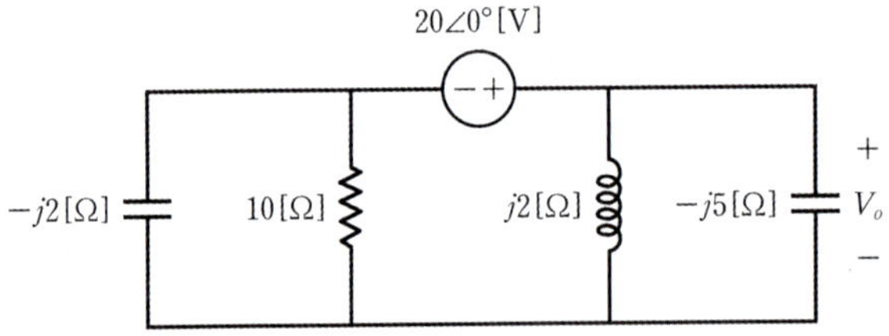


[문제 11.7]

**11.8** 다음 회로에서 노드 해석법을 이용해 전압 $V_o$를 구하라.

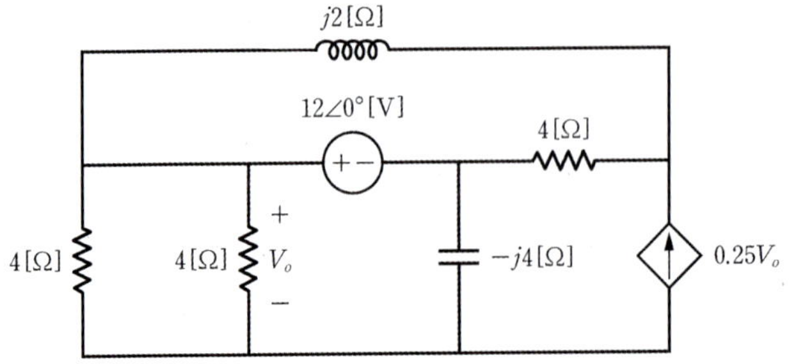


[문제 11.8]

**11.9** 다음 회로에서 출력전압 $v_o(t)$를 구하라. 단, $v_s(t) = 16\sin(4t - 10°)$ [V]이다.

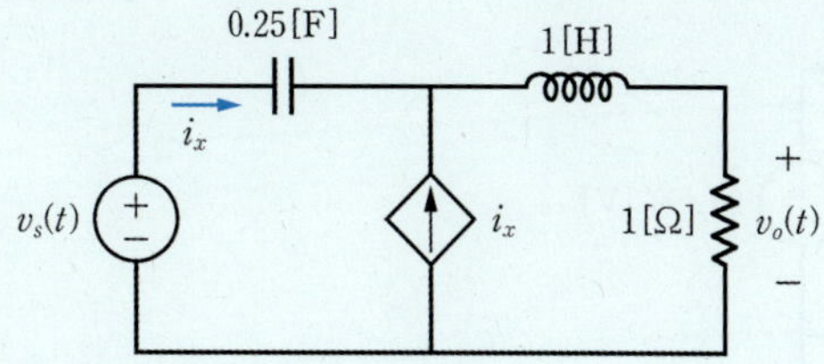


[문제 11.9]

**11.10** 다음 회로에서 루프 해석법을 이용해 전류 $I_o$를 구하라. 단, $\boldsymbol{V}_1 = 100\angle 120°$ [V], $\boldsymbol{V}_2 = 60\angle -30°$이다.

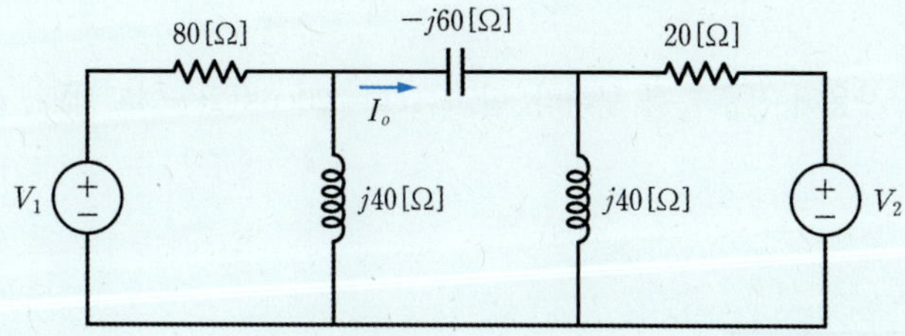


[문제 11.10]

**11.11** 다음 회로에서 루프 해석법을 이용해 전류 $I_o$를 구하라. 단, $\boldsymbol{I}_s = 4\angle -30°$ [A]이다.

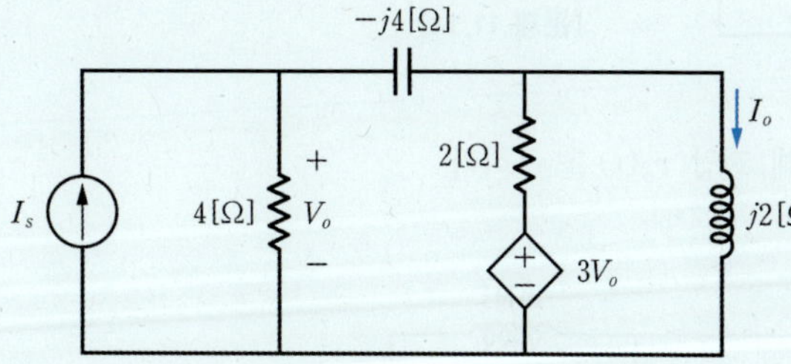


[문제 11.11]

**11.12** 다음 회로에서 루프 해석법을 이용해 전압 $V_o$를 구하라.

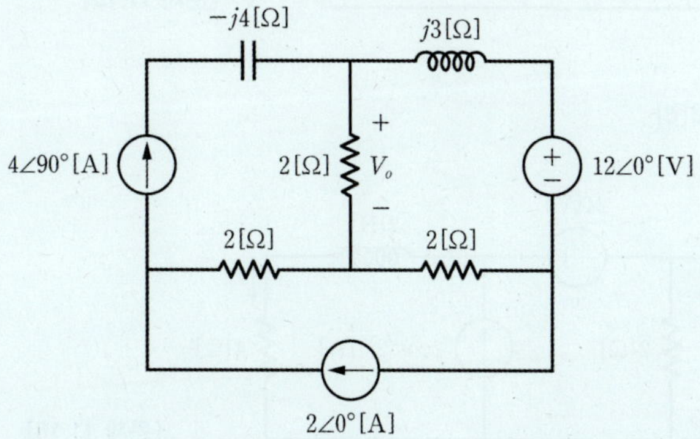


[문제 11.12]

**11.13** 다음 회로에서 루프 해석법을 이용해 전압 $I_o$를 구하라.

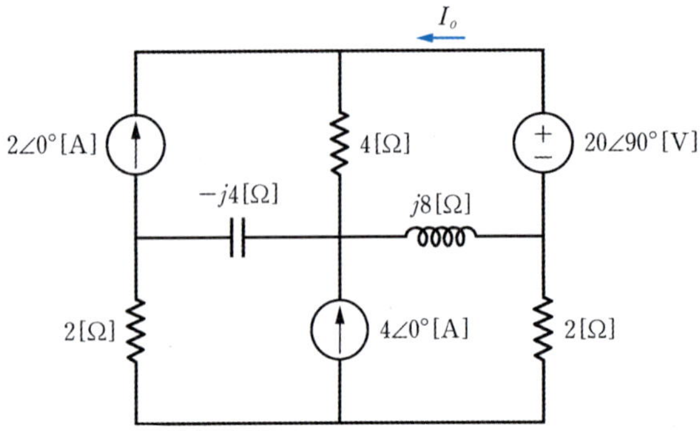


[문제 11.13]

**11.14** 다음 회로에서 중첩의 원리를 사용해 전류 $i_x$를 구하라. 단, $v_1(t) = 20\cos(2t - 45°)$[V], $i_2(t) = 5\cos(2t - 60°)$[A]이다.

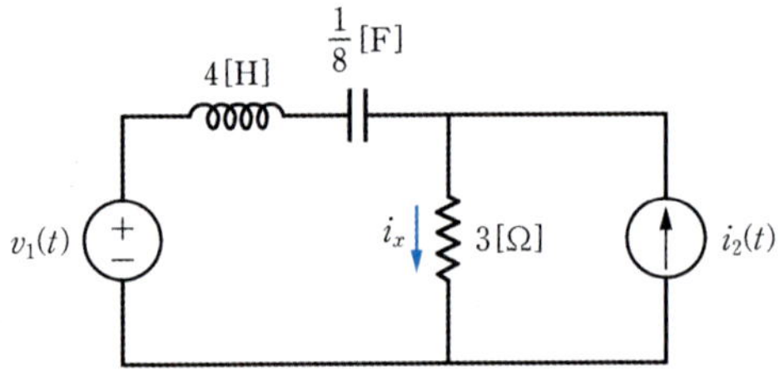


[문제 11.14]

**11.15** 다음 회로에서 중첩의 원리를 사용해 전압 $v_o(t)$를 구하라.

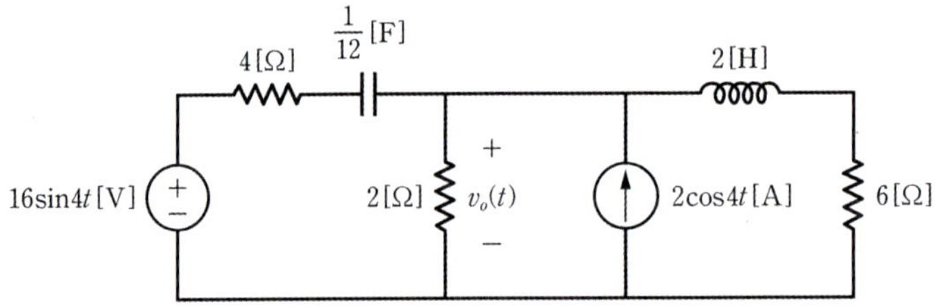


[문제 11.15]

**11.16** 다음 회로에서 전류 $i_o(t)$를 구하라.

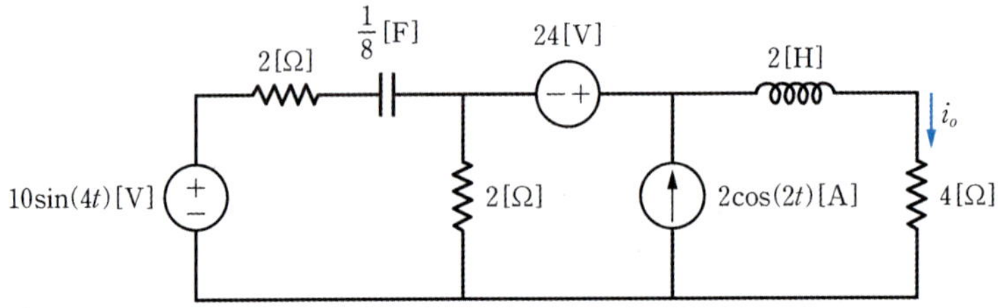


[문제 11.16]

**11.17** 다음 회로에서 전류 $i_o(t)$를 구하라. 단, $v_s(t) = 50\cos(2 \times 10^3 t)$ [V]이다.

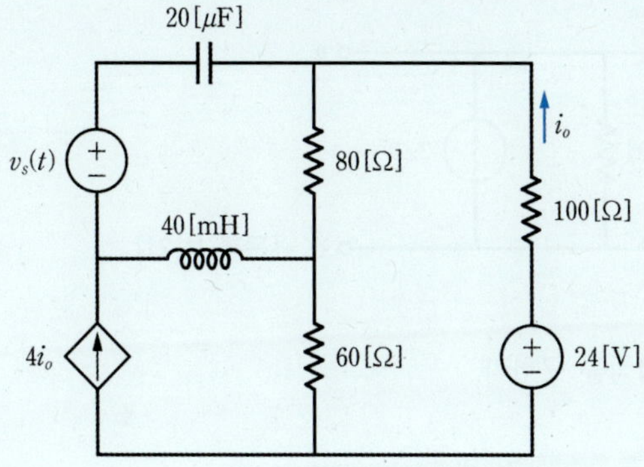


[문제 11.17]

**11.18** 다음 회로의 점 a, b에서 전원 쪽으로 들여다본 테브난 등가회로를 구해 출력전압 $v_o(t)$를 구하라. 단, $v_s(t) = 5\cos(10^5 t)$ [V]이다.

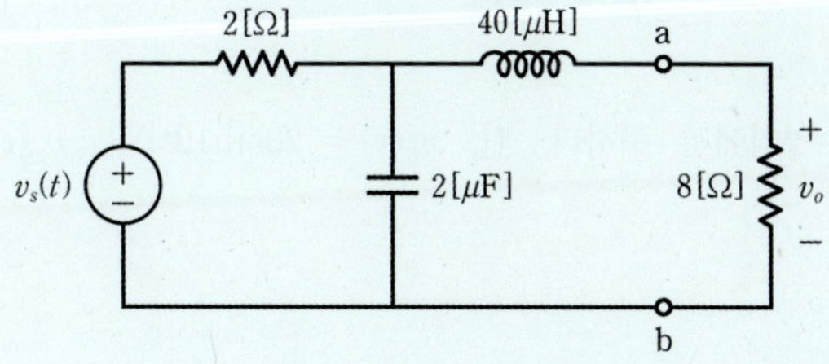


[문제 11.18]

**11.19** 다음 회로의 점 a, b에서 전원 쪽으로 들여다본 노턴 등가회로를 구해 출력전압 $V_o$를 구하라.

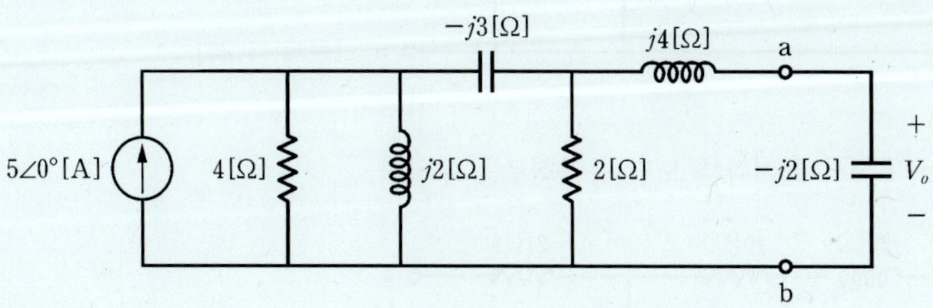


[문제 11.19]

**11.20** 다음 회로의 테브난 등가회로를 구하라.

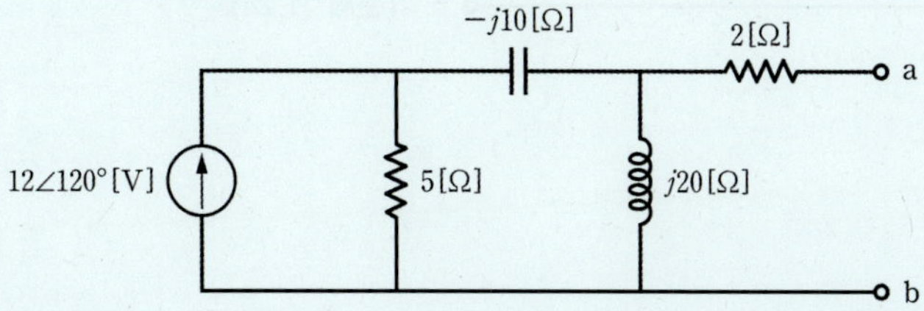


[문제 11.20]

**11.21** 다음 회로에서 점 a, b에서 들여다본 테브난 등가회로를 구하라.

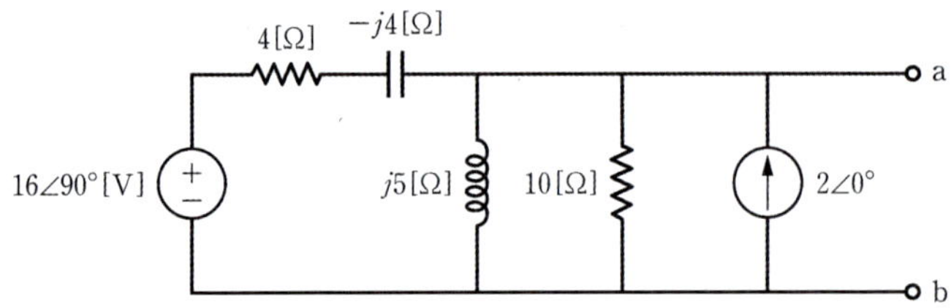


[문제 11.21]

**11.22** 다음 회로의 점 a, b에서 들여다본 특성식을 구하라.

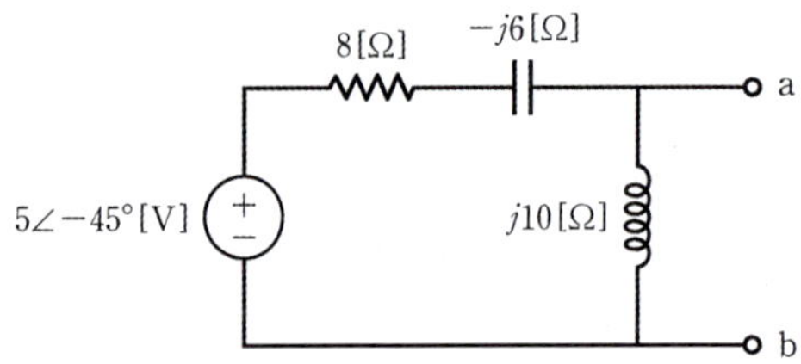


[문제 11.22]

**11.23** 다음 회로의 노턴 등가회로를 주파수영역에서 구하라. 단, $v_1(t) = 20\sin 10t$[V], $v_2(t) = 12\cos 10t$[V]이다.

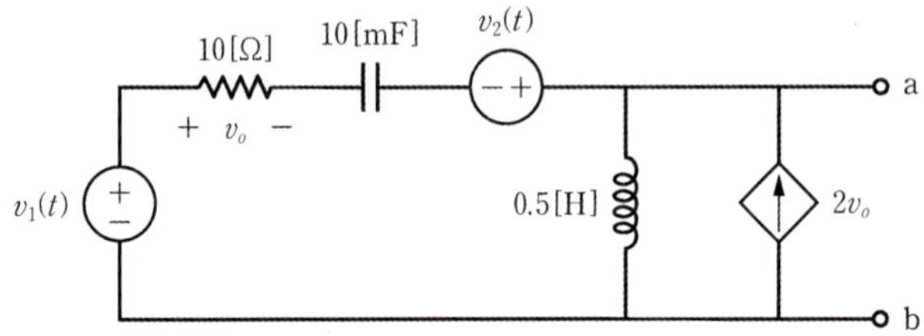


[문제 11.23]

**11.24** 다음 회로의 점 a, b에서 들여다본 노턴 등가회로를 구하라.

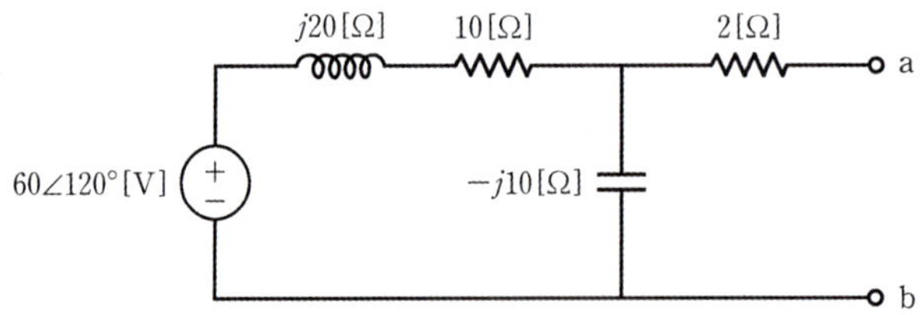


[문제 11.24]

**11.25** 다음 회로의 점 a, b에서 들여다본 노턴 등가회로를 구하라.

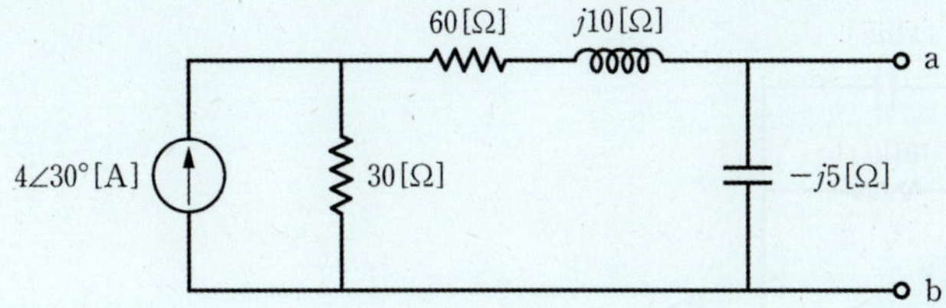


[문제 11.25]

**11.26** 다음 회로의 점 a, b에서 들여다본 노턴 등가회로를 주파수영역에서 그려라.

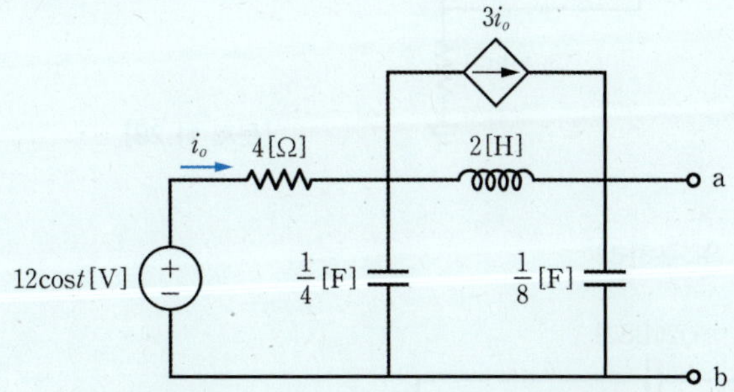


[문제 11.26]

**11.27** 다음 회로의 점 a, b에서 들여다본 노턴 등가회로를 구하라.

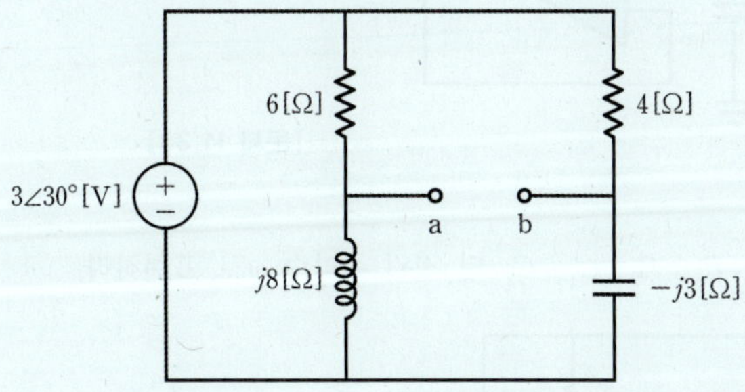


[문제 11.27]

**11.28** 다음 회로에서 출력전압 $v_o(t)$를 구하라. 단, $v_s(t) = 2\cos 10^3 t$이다.

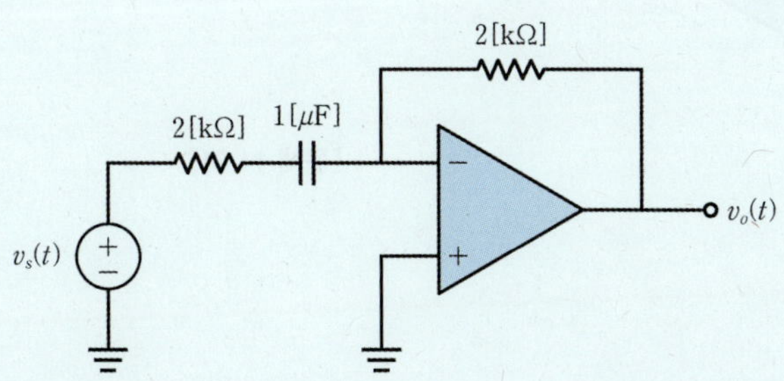


[문제 11.28]

**11.29** 다음 회로에서 출력전압 $v_o(t)$를 구하라. 단, $v_1(t) = 10\cos 10^3 t$, $v_2(t) = \cos(100t + 90°)$이다.

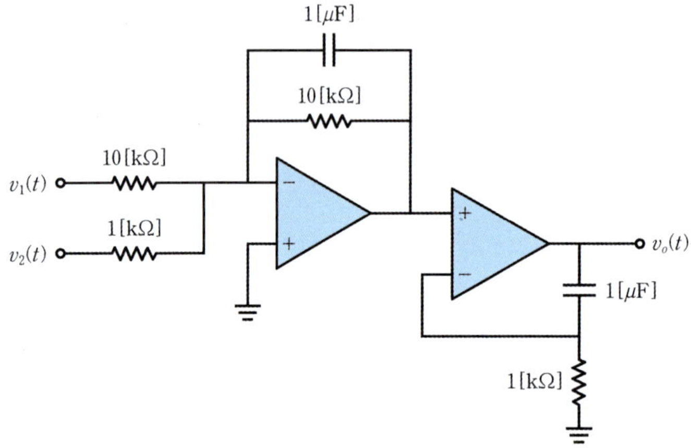


[문제 11.29]

**11.30** 다음 회로에서 입력 임피던스 $Z_{in}$을 구하라.

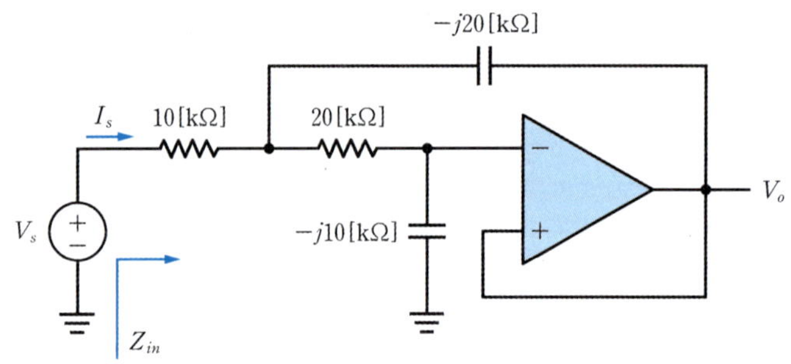


[문제 11.30]

**11.31** 다음 회로에서 전압이득 $V_o/V_s$를 $R_1$, $R_2$, $C_1$, $C_2$ 및 전원 주파수 $\omega$로 표현하라.

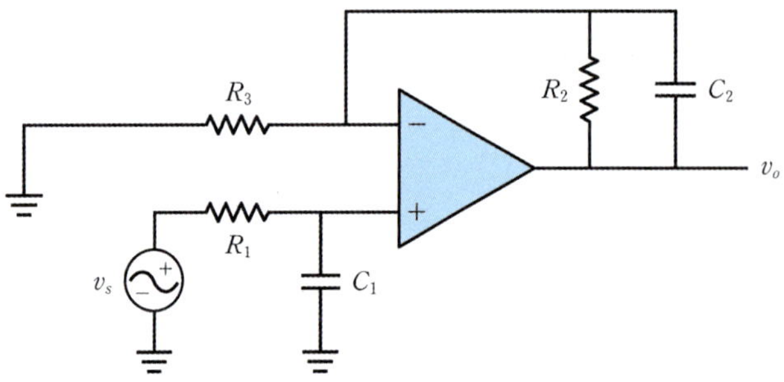


[문제 11.31]

CHAPTER

# 12

# 교류전력 및 실횻값

AC Power and RMS



**학습목표**

- 순시전력과 평균전력에 대해 이해할 수 있다.
- 부하에 전달되는 평균전력에 대해 이해할 수 있다.
- 부하에 최대전력이 전달되는 조건과 최대전력에 대해 이해할 수 있다.
- 교류전원의 실횻값에 대해 이해할 수 있다.
- 복소전력에 대해 이해할 수 있다.
- 교류전력의 보전에 대해 이해할 수 있다.
- 역률 개선에 대한 개념을 이해할 수 있다.

SECTION 12.1

# 순시전력과 평균전력

교류전원을 사용한 회로에서 순시전력은 임의의 시간에 소자가 소비하는 전력을 의미하며 식 (12.1)과 같이 소자에 걸리는 전압 $v(t)$와 소자에 흐르는 전류 $i(t)$의 단순 곱으로 표현한다.

$$p(t) = v(t) \cdot i(t) \tag{12.1}$$

[그림 12-1]과 같이 선형 수동소자에 식 (12.2)와 같은 정현파 전압이 인가될 경우, 전원이 공급하는 전류 $i(t)$는 식 (12.3)과 같이 표현할 수 있다.

$$v(t) = V_m \cos(\omega t + \theta_v) \tag{12.2}$$

$$i(t) = I_m \cos(\omega t + \theta_i) \tag{12.3}$$

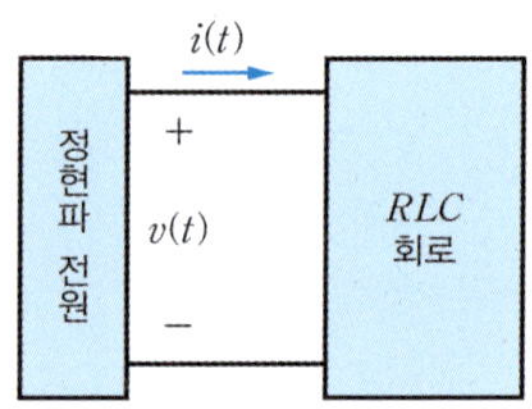

[그림 12-1] 정현파 전원을 사용한 회로

따라서 수동소자(*RLC* 회로)가 소비하는 순시전력 $p(t)$를 구하면 식 (12.4)와 같이 표현된다.

$$p(t) = \frac{1}{2} V_m \cdot I_m \cos(\theta_v - \theta_i) + \frac{1}{2} V_m \cdot I_m \cos(2\omega t + \theta_v + \theta_i) \tag{12.4}$$

식 (12.4)에서 보듯, 순시전력 $p(t)$는 시간에 따라 그 값이 변하지 않는 항과 전원 주파수보다 2배 큰 주파수 성분이 존재한다. 이때 순시전력의 최솟값과 최댓값은 다음과 같다(cos 함수의 최댓값은 1이고 최솟값은 $-1$임을 참고하라).

$$p(t)|_{\min} = \frac{1}{2} V_m \cdot I_m \{\cos(\theta_v - \theta_i) - 1\} \tag{12.5}$$

$$p(t)|_{\max} = \frac{1}{2} V_m \cdot I_m \{\cos(\theta_v - \theta_i) + 1\} \tag{12.6}$$

한편 9장에서 언급한 바와 같이 임피던스의 위상은 $-90° \sim 90°$ 사이에 존재하므로 식 (12.7)과 같이 전압과 전류의 위상차는 임피던스의 위상과 동일하다. 그러므로 식 (12.8)과 같이 전압과 전류의 위상차가 $-90° \sim 90°$ 사이에 존재하므로 식 (12.9)가 성립한다.

$$\theta_v - \theta_i = \angle \mathbf{V} - \angle \mathbf{I} = \angle \frac{\mathbf{V}}{\mathbf{I}} = \angle \mathbf{Z}_L \tag{12.7}$$

$$-90° \le \theta_v - \theta_i \le 90° \tag{12.8}$$

$$0 \le \cos(\theta_v - \theta_i) \le 1 \tag{12.9}$$

식 (12.5), (12.6), (12.9)에 의해 순시전력의 최댓값 범위와 최솟값 범위는 다음과 같다.

$$\frac{1}{2} V_m \cdot I_m \le p(t)|_{\max} \le V_m \cdot I_m \tag{12.10}$$

$$-\frac{1}{2} V_m \cdot I_m \le p(t)|_{\min} \le 0 \tag{12.11}$$

또한 순시전력의 평균 $P$는 **평균전력**이라고 하며, 표현식과 그 범위는 다음과 같다. 여기서 $T$는 $p(t)$의 주기이다.

$$P = \frac{1}{T}\int_{-\frac{T}{2}}^{\frac{T}{2}} p(t) \cdot dt = \frac{1}{2} V_m \cdot I_m \cdot \cos(\theta_v - \theta_i) \tag{12.12}$$

$$0 \le P \le \frac{1}{2} V_m \cdot I_m \tag{12.13}$$

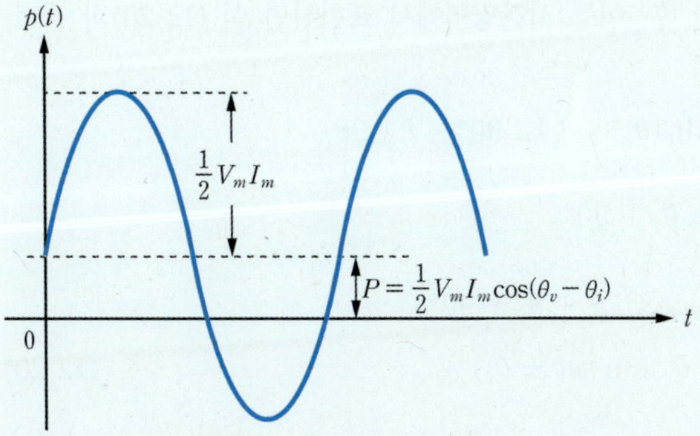


**[그림 12-2]** 순시전력 $p(t)$의 파형

이상의 결과를 그래프로 나타내면 [그림 12-2]와 같으며, 순시전력 $p(t)$의 파형은 평균전력 $P$를 중심으로 진폭이 $(V_m \cdot I_m)/2$인 정현파이다. [그림 12-2]에서 보는 바와 같이 모든 시간에 대해 수동소자가 항상 에너지를 소모하는 것은 아니다. 즉 $p(t) < 0$인 영역에서는 수동소자가 에너지를 발생시킨다. 이는 수동소자 회로 내에 있는 에너지 저장소자(인덕터 $L$, 커패시터 $C$)들이 저장된 에너지를 방출하기 때문이다. 수동소자의 임피던스는 실수부와 허수부로 나뉘고, 실수부는 저항에 의해, 허수부는 $L$이나 $C$에 의해 형성되는 것을 11장에서 배운 바 있다. 만약 임피던스가 식 (12.14)와 같이 주어질 경우, 순시전력과 평균전력에 대해 살펴보기로 하자.

$$\boldsymbol{Z}_L = \frac{\boldsymbol{V}}{\boldsymbol{I}} = R_L + jX_L = \frac{V_m}{I_m} \angle \theta_v - \theta_i \tag{12.14}$$

실수부와 허수부가 서로 같아야 하므로 다음과 같다.

$$R_L = \frac{V_m}{I_m} \cos(\theta_v - \theta_i) \tag{12.15}$$

$$X_L = \frac{V_m}{I_m}\sin(\theta_v - \theta_i) \tag{12.16}$$

따라서 저항 $R_L$에 걸리는 전압 $V_R$을 구한 후, 이를 시간영역에서 표현하면 식 (12.18)과 같다.

$$\boldsymbol{V_R} = R_L \cdot \boldsymbol{I} = \frac{V_m}{I_m}\cos(\theta_v - \theta_i) \cdot I_m \angle \theta_i \tag{12.17}$$

$$v_R(t) = V_m \cos(\theta_v - \theta_i) \cdot \cos(\omega t + \theta_i) \tag{12.18}$$

따라서 저항 $R_L$이 소모하는 순시전력 $p_R(t)$는 다음과 같이 나타낸다.

$$\begin{aligned} p_R(t) &= v_R(t) \cdot i(t) = V_m \cos(\theta_v - \theta_i)\cos(\omega t + \theta_i) \cdot I_m \cos(\omega t + \theta_i) \\ &= \frac{1}{2} V_m I_m \cos(\theta_v - \theta_i)\{1 + \cos(2\omega t + 2\theta_i)\} \end{aligned} \tag{12.19}$$

또한 리액턴스 $X_L$에 걸리는 전압 $V_X$를 구한 후, 이를 시간영역에서 표현하면 식 (12.20)과 같다.

$$\begin{aligned} V_X &= jX_L \cdot \boldsymbol{I} = \frac{V_m}{I_m}\sin(\theta_v - \theta_i)\angle 90° \cdot I_m \angle \theta_i \\ &= V_m \sin(\theta_v - \theta_i)\angle \theta_i + 90° \end{aligned}$$

$$\begin{aligned} v_X(t) &= V_m \sin(\theta_v - \theta_i)\cos(\omega t + \theta_i + 90°) \\ &= -V_m \sin(\theta_v - \theta_i)\sin(\omega t + \theta_i) \end{aligned} \tag{12.20}$$

따라서 리액턴스 $X_L$이 소모하는 순시전력 $p_X(t)$는 다음과 같이 나타낸다.

$$\begin{aligned} p_X(t) &= v_X(t) \cdot i(t) = -V_m \sin(\theta_v - \theta_i)\sin(\omega t + \theta_i) \cdot I_m \cos(\omega t + \theta_i) \\ &= -\frac{1}{2} V_m I_m \sin(\theta_v - \theta_i)\sin(2\omega t + 2\theta_i) \end{aligned} \tag{12.21}$$

식 (12.19)와 식 (12.21)을 합하면 $Z_L$이 소모하는 순시전력이 되므로 다음과 같다. 이는 식 (12.4)와 동일한 결과이다.

$$\begin{aligned} p(t) &= p_R(t) + p_X(t) \\ &= \frac{1}{2} V_m I_m \cos(\theta_v - \theta_i)\{1 + \cos(2\omega t + 2\theta_i)\} \\ &\quad - \frac{1}{2} V_m I_m \sin(\theta_v - \theta_i)\sin(2\omega t + 2\theta_i) \\ &= \frac{1}{2} V_m I_m \cos(\theta_v - \theta_i) + \frac{1}{2} V_m I_m \cos(2\omega t + \theta_v + \theta_i) \end{aligned} \tag{12.22}$$

한편 식 (12.19)의 파형을 표현한 [그림 12-3]을 보면 $0 \sim V_m \cdot I_m \cos(\theta_v - \theta_i)$ 사이를 스윙하는 전원 주파수의 2배가 되는 정현파이고, 또한 평균전력은 $\frac{1}{2} V_m I_m \cos(\theta_v - \theta_i)$로, 전체의 평균전

력과 동일하다. [그림 12-3]에서 보듯이 저항에서는 순시전력이 항상 양의 값을 갖고, 따라서 저항은 항상 전력을 소모한다.

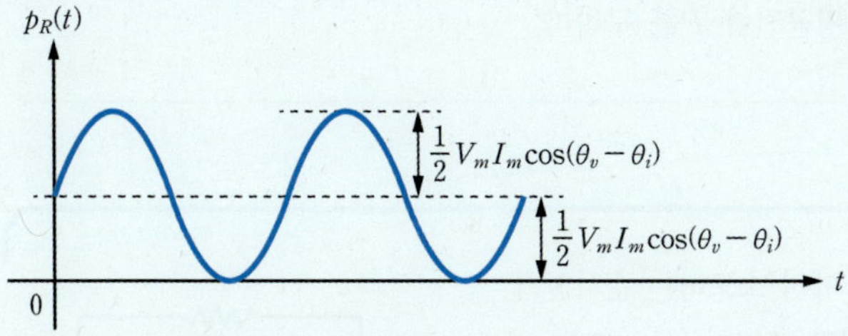


**[그림 12-3]** 저항에서 소모하는 전력 $p_R(t)$의 파형

또한 식 (12.21)의 순시전력 $p_X(t)$의 파형을 표현한 [그림 12-4]를 보면 리액턴스에서 소모하는 전력 $p_X(t)$는 평균전력이 0이고, 진폭이 $\frac{1}{2}V_mI_m\sin(\theta_v-\theta_i)$인 정현파이다. 따라서 반 주기 동안은 양의 값이 되어 전력을 흡수해 소자 내에 저장하고, 반 주기 동안은 음의 값이 되어 저장된 에너지를 방출하게 된다. 즉 $L$이나 $C$로 구성된 리액턴스는 전력을 소모하지 않고 단지 소자 내부에 저장하고 다시 저장된 에너지를 공급하는 에너지 저장소자이다.

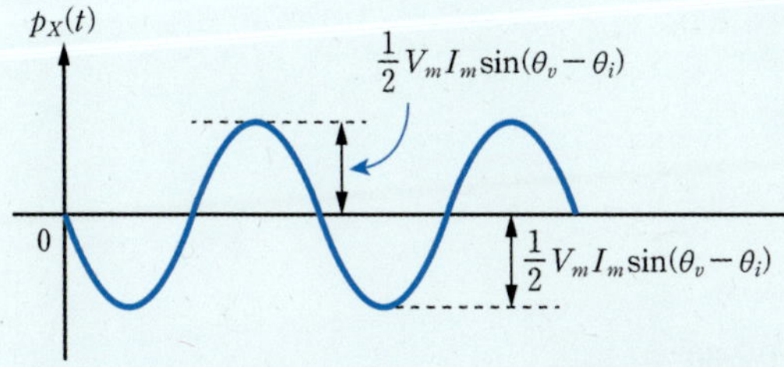


**[그림 12-4]** 리액턴스에서 소모하는 전력 $p_X(t)$의 파형

### 예제 12-1

[그림 12-1]의 수동소자에 걸리는 전압이 $v(t)=20\cos(10^3t+15°)$이고, 흐르는 전류가 $i(t)=2\cos(10^3t+45°)$일 때, 수동소자에서 소모하는 순시전력 $p(t)$와 평균전력 $P$를 구하라.

**풀이**

수동소자에서 소모하는 순시전력 $p(t)$와 평균전력 $P$를 구하면 다음과 같다.

$$\begin{aligned}p(t)&=v(t)\cdot i(t)=20\cos(10^3t+15°)\cdot 2\cos(10^3t+45°)\\&=20\{\cos(15°-45°)+\cos(2\times10^3t+60°)\}\\&=20\cos(2\times10^3t+60°)+10\sqrt{3}\ [\text{W}]\end{aligned}$$

$$P=\frac{1}{T}\int_{-\frac{T}{2}}^{\frac{T}{2}}p(t)dt=20\cos(15^o-45°)=10\sqrt{3}\ [\text{W}]$$

### 실전문제 12-1

$RLC$ 회로에 인가되는 전압이 $v(t) = 10\cos(10t + 60°)$ [V]이고, 흐르는 전류가 $i(t) = 10\cos(10t + 30°)$ [mA]일 때, 순시전력 $p(t)$와 평균전력 $P$를 구하라.

### 예제 12-2

다음 $RL$ 직렬회로에서 저항 $R$과 인덕터 $L$에서 소모하는 순시전력 $p_R(t)$, $p_L(t)$와 평균전력 $P_R$, $P_L$을 구하라. 단, $v_s(t) = 10\cos(100t + 30°)$, $R = 100$ [Ω], $L = 1$ [H]이다.

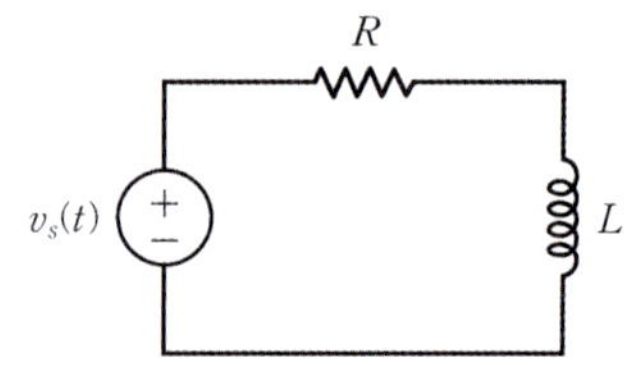


[그림 12-5] [예제 12-2]의 회로

**풀이**

전원 주파수는 $\omega = 100$ [rad/s]이므로 회로를 주파수영역으로 변환하면 다음과 같다.

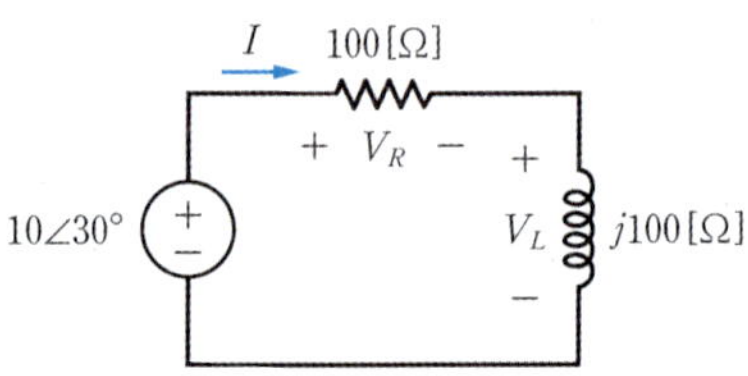


[그림 12-6] 주파수영역에서의 등가회로

[그림 12-6]에서 루프방정식을 구하면 다음과 같다.

$$100\boldsymbol{I} + j100\boldsymbol{I} = 10\angle 30°$$

$$\boldsymbol{I} = \frac{1\angle 30^o}{10 + j10} = \frac{\sqrt{2}}{20}\angle -15°$$

따라서 시간영역에서의 전류파형은 다음과 같다.

$$i(t) = \frac{\sqrt{2}}{20}\cos(100t - 15°)$$

또한 $\boldsymbol{V}_R$, $\boldsymbol{V}_L$을 구하면 다음과 같다.

$$\boldsymbol{V}_R = 100\boldsymbol{I} = 5\sqrt{2}\angle -15°$$

$$\boldsymbol{V}_L = j100\boldsymbol{I} = 5\sqrt{2}\angle 75°$$

시간영역에서의 전압파형은 다음과 같다.

$$v_R(t) = 5\sqrt{2}\cos(100t - 15°)$$

$$v_L(t) = 5\sqrt{2}\cos(100t + 75°)$$

저항 $R$에서 소모하는 순시전력 $p_R(t)$과 평균전력 $P_R$을 구하면 다음과 같다.

$$p_R(t) = \frac{1}{2}\cos^2(100t - 15°) = \frac{1}{4} + \frac{1}{4}\cos(200t - 30°)\,[\mathrm{W}]$$
$$P_R = 0.25\,[\mathrm{W}]$$

인덕터 $L$에서 소모하는 순시전력 $p_L(t)$, 평균전력 $P_L$을 구하면 다음과 같다.

$$p_L(t) = \frac{1}{2}\cos(100t - 15°)\cdot\cos(100t + 75°) = \frac{1}{4}\cos(200t + 60°)\,[\mathrm{W}]$$
$$P_L = 0$$

## 실전문제 12-2

다음 $RC$ 직렬회로에서 저항 $R$과 커패시터 $C$에서 소모하는 순시전력 $p_R(t)$, $p_C(t)$와 평균전력 $P_R$, $P_C$를 구하라. 단, $v_s(t) = 10\cos(100t + 30°)$, $R = 10\,[\Omega]$, $C = 1\,[\mathrm{mF}]$이다.

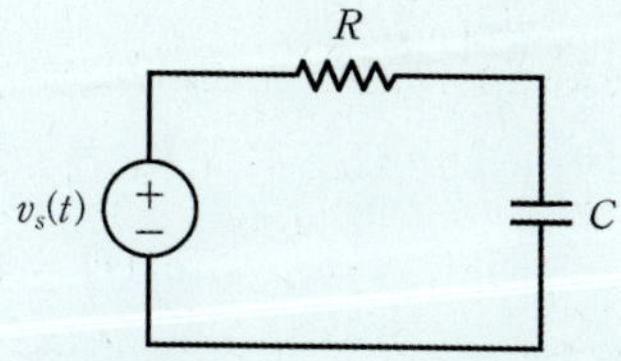

**[그림 12-7]**

## 예제 12-3

임피던스가 $\mathbf{Z}_L = 10 - j20\,[\Omega]$인 부하에 전압을 $v(t) = 10\cos(100t + 30°)$ 인가할 경우, (a) 부하의 순시전력 $p(t)$와 평균전력 $P$, (b) 저항에서 소모하는 순시전력 $p_R(t)$와 평균전력 $P_R$, (c) 리액턴스에서 소모하는 순시전력 $p_X(t)$와 평균전력 $P_X$를 구하라.

**풀이**

(a) 부하에 흐르는 전류 $\mathbf{I}$를 구한 후 시간영역에서의 전류 $i(t)$를 구하면 다음과 같다.

$$\mathbf{I} = \frac{\mathbf{V}}{\mathbf{Z}_L} = \frac{10\angle 30°}{10 - j20} = \frac{\sqrt{5}}{5}\angle 93.4°$$
$$i(t) = \frac{\sqrt{5}}{5}\cos(100t + 93.4°)$$

그러므로 부하의 순시전력 $p(t)$와 평균전력 $P$를 구하면 다음과 같다.

$$\begin{aligned} p(t) &= v(t)\cdot i(t) = 10\cos(100t + 30°)\cdot\frac{\sqrt{5}}{5}\cos(100t + 93.4°) \\ &= \sqrt{5}\{\cos(30° - 93.4°) + \cos(200t + 30° + 93.4°) \\ &= 1.0 + \sqrt{5}\cos(200t + 123.4°)\,[\mathrm{W}] \end{aligned}$$
$$P = 1.0\,[\mathrm{W}]$$

(b) 저항 $10[\Omega]$에 걸리는 전압 $\boldsymbol{V}_R$을 구한 후, 시간영역에서의 전압 $v_R(t)$를 구하면 다음과 같다.

$$\boldsymbol{V}_R = R \cdot \boldsymbol{I} = 10 \times \frac{\sqrt{5}}{5} \angle 93.4° = 2\sqrt{5} \angle 93.4°$$

$$v_R(t) = 2\sqrt{5}\cos(100t + 93.4°)$$

따라서 저항 $10[\Omega]$에서 소모하는 순시전력 $p_R(t)$와 평균전력 $P_R$은 다음과 같다.

$$p_R(t) = v_R(t) \cdot i(t) = 2\sqrt{5}\cos(100t + 93.4°) \cdot \frac{\sqrt{5}}{5}\cos(100t + 93.4°)$$

$$= 1.0 + \cos(200t + 186.8°)[\mathrm{W}]$$

$$P_R = 1.0[\mathrm{W}]$$

(c) 리액턴스 $-j20[\Omega]$에 걸리는 전압 $\boldsymbol{V}_X$를 구한 후 시간영역에서의 전압 $v_X(t)$를 구하면 다음과 같다.

$$\boldsymbol{V}_X = -j20 \cdot \boldsymbol{I} = 20\angle -90° \cdot \frac{\sqrt{5}}{5} \angle 93.4° = 4\sqrt{5} \angle 3.4°$$

$$v_X(t) = 4\sqrt{5}\cos(100t + 3.4°)$$

따라서 리액턴스가 소모하는 순시전력 $p_X(t)$는 다음과 같으므로 평균전력은 $P_X = 0[\mathrm{W}]$이다.

$$p_X(t) = v_X(t) \cdot i(t) = 4\sqrt{5}\cos(100t + 3.4°) \cdot \frac{\sqrt{5}}{5}\cos(100t + 93.4°)$$

$$= 2\cos(200t + 96.8°)[\mathrm{W}]$$

**실전문제 12-3**

임피던스 $\boldsymbol{Z}_L$인 부하에 전류 $i(t)$가 흐를 경우, (a) 부하의 순시전력 $p(t)$와 평균전력 $P$, (b) 저항에서 소모하는 순시전력 $p_R(t)$와 평균전력 $P_R$, (c) 리액턴스에서 소모하는 순시전력 $p_X(t)$와 평균전력 $P_X$를 구하라.

$$\boldsymbol{Z}_L = 20 + j20[\Omega], \quad i(t) = 10\cos(100t + 30°)[\mathrm{mA}]$$

순시전력은 시간의 함수인 반면, 평균전력은 시간과는 무관하다. 평균전력은 전원이 정현파일 경우, 전압과 전류의 진폭과 위상차에 의해서만 결정된다. 따라서 평균전력은 주파수영역에서 바로 구할 수 있다. 부하에 걸리는 전압과 흐르는 전류를 각각 $\boldsymbol{V}$와 $\boldsymbol{I}$로 표현할 수 있다.

$$\boldsymbol{V} = V_m \angle \theta_v = V_m e^{j\theta_v} \tag{12.23}$$

$$\boldsymbol{I} = I_m \angle \theta_i = I_m e^{j\theta_i} \tag{12.24}$$

평균전력 $P$는 다음과 같이 표현할 수 있다.

$$P = \frac{1}{2}V_m \cdot I_m \cos(\theta_v - \theta_i) = Re\left\{\frac{1}{2}V_m \cdot I_m e^{j(\theta_v - \theta_i)}\right\}$$
$$= \frac{1}{2}Re\{V_m e^{j\theta_v} \cdot I_m e^{-j\theta_i}\} = \frac{1}{2}Re\{\boldsymbol{V} \cdot \boldsymbol{I}^*\} \qquad (12.25)$$

또한 임피던스를 대입해 식 (12.25)를 풀면 다음을 얻을 수 있고, 여기서 $R_L = Re\{\boldsymbol{Z}_L\}$로 부하의 저항성분이다.

$$P = \frac{1}{2}Re\{\boldsymbol{V} \cdot \boldsymbol{I}^*\}$$
$$= \frac{1}{2}Re\{\boldsymbol{Z}_L \cdot \boldsymbol{I} \cdot \boldsymbol{I}^*\} = \frac{1}{2}|\boldsymbol{I}|^2 Re\{\boldsymbol{Z}_L\} = \frac{1}{2}R_L \cdot |\boldsymbol{I}|^2 \qquad (12.26)$$

$$P = \frac{1}{2}Re\{\boldsymbol{V} \cdot \boldsymbol{I}^*\} = \frac{1}{2}Re\left\{\boldsymbol{V} \cdot \frac{\boldsymbol{V}^*}{\boldsymbol{Z}_L^*}\right\} = \frac{1}{2}|\boldsymbol{V}|^2 \cdot Re\left\{\frac{1}{\boldsymbol{Z}_L^*}\right\}$$
$$= \frac{1}{2}|\boldsymbol{V}|^2 \cdot Re\left\{\frac{\boldsymbol{Z}_L}{|\boldsymbol{Z}_L|^2}\right\} = \frac{1}{2}|\boldsymbol{V}|^2 \cdot \frac{R_L}{|\boldsymbol{Z}_L|^2} \qquad (12.27)$$

### 예제 12-4

다음 회로에서 전원이 공급하는 평균전력 $P_{전원}$과 각 저항이 소모하는 평균전력 $P_R$을 구하라.

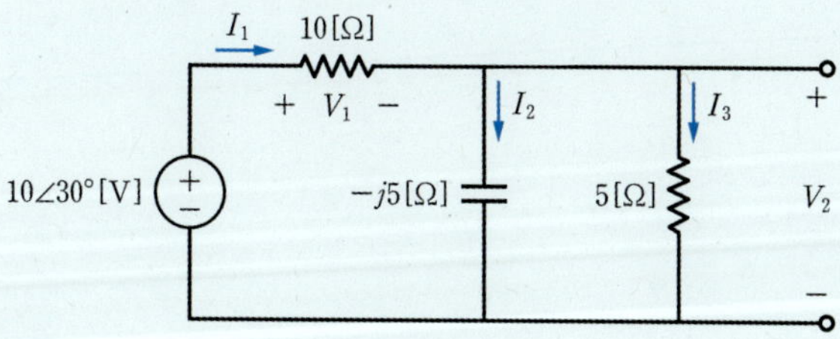


**[그림 12-8]** [예제 12-4]의 회로

**풀이**

먼저 10[Ω]에 걸리는 전압 $\boldsymbol{V}_1$과 5[Ω]에 걸리는 전압 $\boldsymbol{V}_2$를 구하면 다음과 같다.

$$\boldsymbol{V}_1 = \frac{10}{10 + (-j5//5)} \cdot 10\angle 30° = \frac{2 - j2}{2 - j3} \cdot 10\angle 30° = 7.84\angle 41.3°$$
$$\boldsymbol{V}_2 = \frac{-j5//5}{10 + (-j5//5)} \cdot 10\angle 30° = \frac{-j}{2 - j3} \cdot 10\angle 30° = 2.77\angle -3.7°$$

따라서 10[Ω]에서 소모하는 평균전력 $P_{10[\Omega]}$과 5[Ω]에서 소모하는 평균전력 $P_{5[\Omega]}$은 다음과 같다.

$$P_{10[\Omega]} = \frac{1}{2}\frac{|\boldsymbol{V}_1|^2}{10} = \frac{1}{2}\frac{7.84^2}{10} = 3.07\,[\mathrm{W}]$$
$$P_{5[\Omega]} = \frac{1}{2}\frac{|\boldsymbol{V}_2|^2}{5} = 0.77\,[\mathrm{W}]$$

한편 전원이 공급하는 평균전력 $P_{전원}$을 구하면 다음과 같다.

$$I_1 = \frac{\boldsymbol{V}_1}{10} = 0.78\angle 41.3°$$

$$P_{전원} = \frac{1}{2} \cdot 10 \cdot 0.78\cos(11.3°) = 3.82\,[\mathrm{W}]$$

위 식을 통해 계산상 약간의 오차는 있으나, 일반적으로 모든 저항에서 소모하는 평균전력의 합은 전원이 공급하는 평균전력과 동일한 것을 알 수 있다.

**실전문제 12-4**

다음 회로에서 전원이 공급하는 평균전력 $P_{전원}$과 각 소자가 소모하는 평균전력 $P_{소자}$를 구하라.

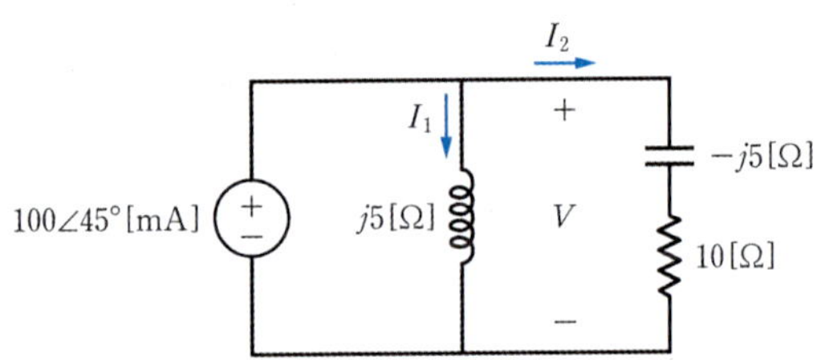


[그림 12-9]

SECTION 12.2

# 최대전력 전달

전기회로의 실질적인 목적은 전력을 전달하는 것이다. [그림 12-10]과 같이 전원이 포함된 선형회로망에 부하를 연결할 경우에 전력을 전달하는 문제에 대해 생각해보자. 전원이 공급하는 전력은 부하에 전달되는 양과 내부에서 손실되는 양으로 나뉜다. 에너지 전달효율을 증가시키려면 내부 손실에 비해 부하에 전달되는 전력량을 증가시켜야 한다. 이 절에서는 전원으로부터 최대전력을 전달받기 위한 부하의 조건을 구하는 과정을 살펴볼 것이다.

[그림 12-10]에서 부하는 전원이 포함된 선형회로로부터 전압 $v(t)$와 부하에 흐르는 전류 $i(t)$의 곱에 의해 결정되는 전력을 전달받는다. 따라서 부하에 공급되는 평균전력 $P_L$은 다음과 같이 표현할 수 있다.

$$P_L = \frac{1}{2} Re\{ \boldsymbol{V} \cdot \boldsymbol{I}^* \} \tag{12.28}$$

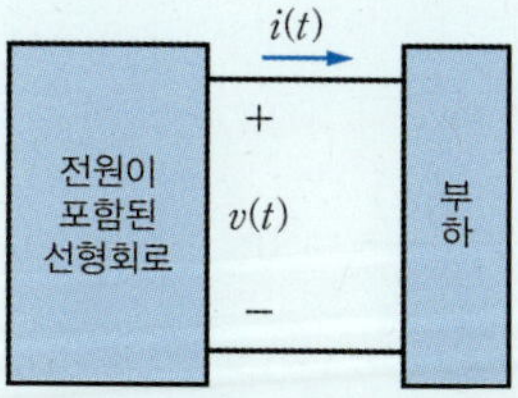


**[그림 12-10]** 전력 전달 회로

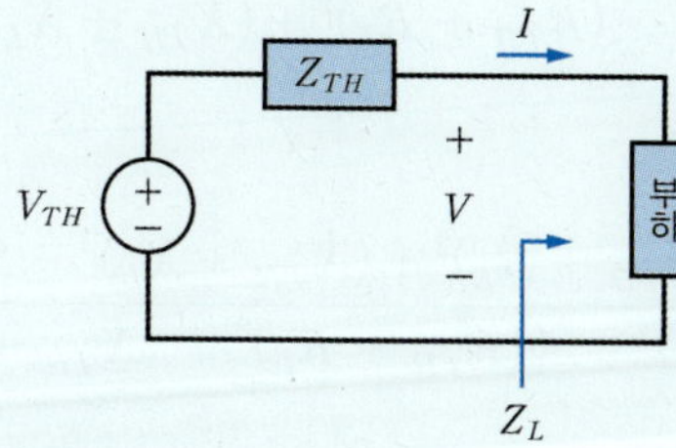


**[그림 12-11]** 전원의 테브난 등가회로

[그림 12-10]의 전원이 포함된 선형회로를 테브난 등가회로로 바꿔도 부하에 전달되는 평균전력은 변화하지 않는다. 따라서 먼저 테브난 등가회로로 변화시키면 [그림 12-11]과 같은 회로가 될 것이다. 여기서 $\boldsymbol{V}_{TH}$는 개방회로의 전압 $\boldsymbol{V}_{OC}$의 또 다른 표기법이다.

[그림 12-11]에서 부하에 공급되는 평균전력은 $\boldsymbol{V}_{TH}$, $\boldsymbol{Z}_{TH}$와 더불어 $\boldsymbol{Z}_L$에 의해 결정된다. 그러나 전력을 공급하는 전원부의 회로는 이미 주어진 값이므로 부하 $\boldsymbol{Z}_L$의 변화에 따른 $P_L$의 변화를 구하고, 그것으로부터 $P_L$이 최대가 되는 $\boldsymbol{Z}_L$의 조건을 구하면 된다. 먼저 [그림 12-11]에서 부하 양단에 걸리는 전압 $\boldsymbol{V}$를 구하면 다음과 같다.

$$\boldsymbol{V} = \frac{\boldsymbol{Z}_L}{\boldsymbol{Z}_{TH} + \boldsymbol{Z}_L} \cdot \boldsymbol{V}_{TH} \tag{12.29}$$

한편 $\boldsymbol{Z}_L$, $\boldsymbol{Z}_{TH}$는 임피던스로서 실수인 저항성분 $R_L$, $R_{TH}$를, 허수인 리액턴스 성분 $X_L$, $X_{TH}$를 가지므로 다음과 같이 표현할 수 있다.

$$\boldsymbol{Z}_{TH} = R_{TH} + j\,X_{TH} \tag{12.30}$$

$$\boldsymbol{Z}_L = R_L + j\,X_L \tag{12.31}$$

식 (12.30)과 식 (12.31)을 식 (12.29)에 대입하면 다음을 얻는다.

$$\boldsymbol{V} = \frac{R_L + j\,X_L}{(R_{TH} + R_L) + j\,(X_{TH} + X_L)} \cdot \boldsymbol{V}_{TH} \tag{12.32}$$

식 (12.28)로부터 부하에서 소모하는 평균전력 $P_L$을 얻을 수 있다.

$$\begin{aligned} P_L &= \frac{1}{2} Re\{\,\boldsymbol{V} \cdot \boldsymbol{I}^*\,\} = \frac{1}{2} Re\left\{\boldsymbol{V} \cdot \frac{\boldsymbol{V}^*}{\boldsymbol{Z}_L^*}\right\} = \frac{1}{2}|\boldsymbol{V}|^2 \cdot \frac{R_L}{|\boldsymbol{Z}_L|^2} \\ &= \frac{1}{2}\frac{|\boldsymbol{V}_{TH}|^2 \cdot R_L}{(R_{TH} + R_L)^2 + (X_{TH} + X_L)^2} \end{aligned} \tag{12.33}$$

식 (12.33)에서 보듯이 $P_L$은 $R_L$과 $X_L$의 함수로 이루어져 있다. 따라서 $P_L$이 최대가 되기 위한 조건은 식 (12.34)와 식 (12.36)을 동시에 만족해야 한다.

$$\frac{\partial P_L}{\partial X_L} = \frac{|\boldsymbol{V}_{TH}|^2 \cdot R_L}{2} \cdot \frac{-2(X_{TH} + X_L)}{(R_{TH} + R_L)^2 + (X_{TH} + X_L)^2} = 0 \tag{12.34}$$

$$\rightarrow \quad X_L = -X_{TH} \tag{12.35}$$

$$\frac{\partial P_L}{\partial R_L} = \frac{|\boldsymbol{V}_{TH}|^2}{2} \cdot \frac{(R_{TH} + R_L)^2 + (X_{TH} + X_L)^2 - 2R_L(R_{TH} + R_L)}{\{(R_{TH} + R_L)^2 + (X_{TH} + X_L)^2\}^2} = 0 \tag{12.36}$$

$$R_{TH}^2 - R_L^2 + (X_{TH} + X_L)^2 = 0 \quad \rightarrow \quad R_L = \sqrt{R_{TH}^2 + (X_{TH} + X_L)^2} \tag{12.37}$$

식 (12.35)와 식 (12.37)을 동시에 만족하는 부하의 조건을 구하기 위해 식 (12.35)를 식 (12.37)에 대입하면 다음 식이 성립한다.

$$R_L = R_{TH} \tag{12.38}$$

최대전력이 전송되기 위한 부하의 조건은 식 (12.35)와 식 (12.38)을 동시에 만족해야 하므로 식 (12.39a)를 만족해야 한다. 이와 같은 조건에서 부하가 소모하는 전력은 최대가 되며, 최대전력 $P_{\max}$는 식 (12.39b)와 같다.

$$\boldsymbol{Z}_L = \boldsymbol{Z}_{TH}^* \tag{12.39a}$$

$$P_{\max} = \frac{1}{8}\frac{|V_{TH}|^2}{R_{TH}} \tag{12.39b}$$

한편 부하에 순수한 저항성분만 존재하는 경우에는 $X_L = 0$이므로 식 (12.37)의 조건만 만족하면 된다. 따라서 순수한 저항성분으로만 구성된 부하에 최대전력을 전송하기 위한 조건은 식 (12.40a)와 같다. 이 조건에서 부하가 소모하는 전력은 최대가 되고 최대전력 $P_{\max}$는 식 (12.40b)와 같다.

$$R_L = \sqrt{R_{TH}^2 + X_{TH}^2} = |\boldsymbol{Z}_{TH}| \tag{12.40a}$$

$$P_{\max} = \frac{1}{2}\frac{|Z_{TH}||V_{TH}|^2}{(|Z_{TH}| + R_{TH})^2 + (X_{TH})^2} \tag{12.40b}$$

## 예제 12-5

다음 회로의 부하에 최대전력을 전송하게 하는 부하 $Z_L$과 부하에서 소모하는 최대 전력 $P_{\max}$를 구하라.

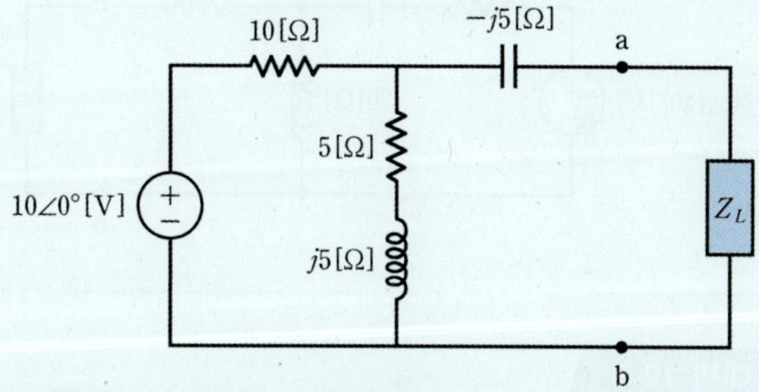


**[그림 12-12]** [예제 12-5]의 회로

### 풀이

점 a, b에서 들여다본 테브난 등가회로를 구하기 위해 $\boldsymbol{V}_{OC}$, $\boldsymbol{Z}_{TH}$를 구해보자.

i) $\boldsymbol{V}_{OC}$ 구하기

전압분배법칙을 사용해 $\boldsymbol{V}_{OC}$를 구하면 다음과 같다.

$$\begin{aligned}\boldsymbol{V}_{OC} &= \frac{5+j5}{10+5+j5}\cdot 10\angle 0\\ &= \frac{1+j}{3+j}\cdot 10\\ &= \frac{\sqrt{2}\angle 45°}{\sqrt{10}\angle 18.4°}\cdot 10\\ &= 4.47\angle 26.6°\end{aligned}$$

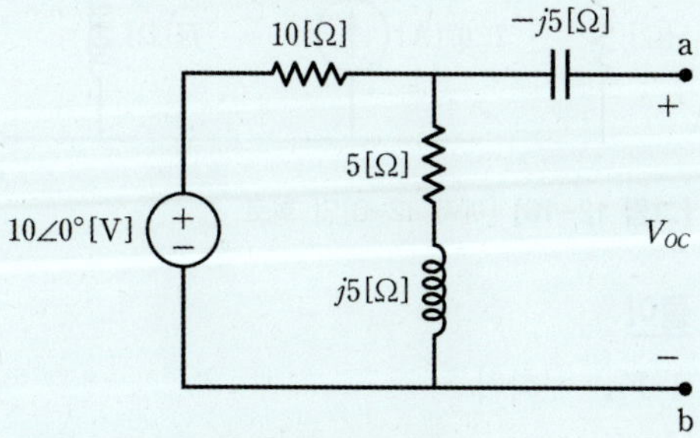


**[그림 12-13]** $V_{OC}$를 구하는 회로

ii) $\boldsymbol{Z}_{TH}$ 구하기

$$\begin{aligned}\boldsymbol{Z}_{TH} &= -j5 + 10 // (5+j5)\\ &= -j5 + \frac{10(5+j5)}{10+5+j5}\\ &= \frac{15-j5}{3+j}\\ &= 4-j3\end{aligned}$$

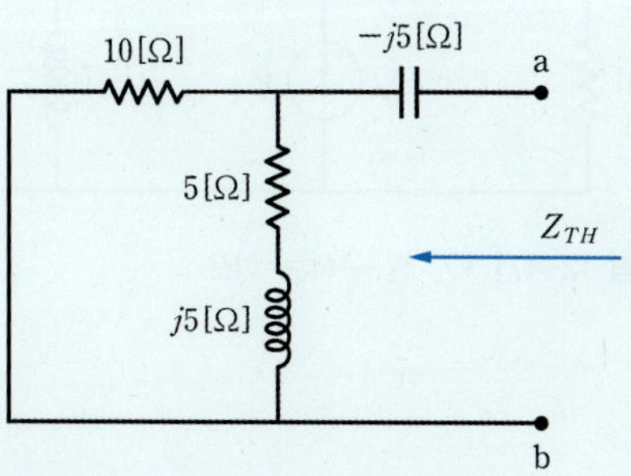


**[그림 12-14]** $Z_{TH}$를 구하는 회로

따라서 $\boldsymbol{Z}_L = \boldsymbol{Z}_{TH}^* = 4 + j3$의 경우에 최대전력이 부하에 전송된다. 이러한 조건을 만족하는 회로를 구현하면 [그림 12-14]와 같다. 식 (12.39b)로부터 전송되는 최대전력 $P_{\max}$는 다음과 같다.

$$P_{\max} = \frac{1}{8}\frac{4.47^2}{4} = 0.62\,[\mathrm{W}]$$

### 실전문제 12-5

다음 회로의 부하에 최대전력을 전송하게 하는 $Z_L$과 부하에서 소모하는 최대전력 $P_{\max}$를 구하라.

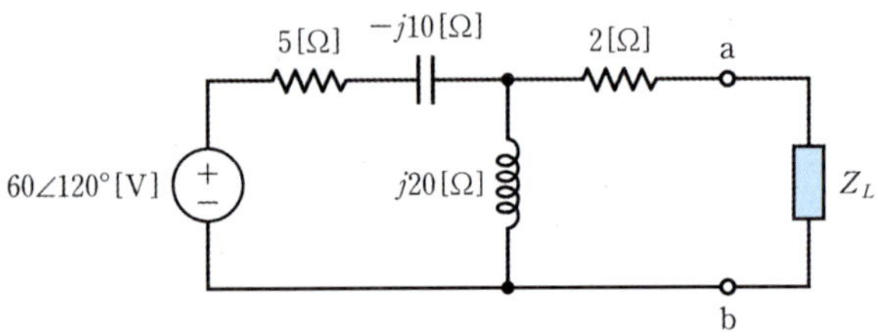


[그림 12-15]

### 예제 12-6

다음 회로의 부하 $R_L$에 전송되는 전력이 최대가 되기 위한 $R_L$과 전송되는 최대전력 $P_{\max}$를 구하라.

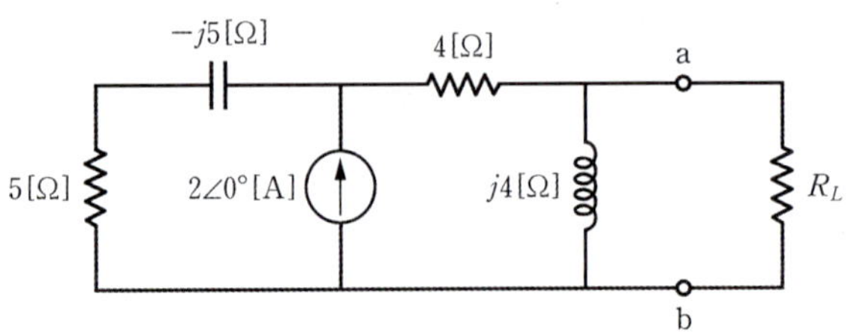


[그림 12-16] [예제 12-6]의 회로

**풀이**

i) $\boldsymbol{V}_{OC}$ 구하기

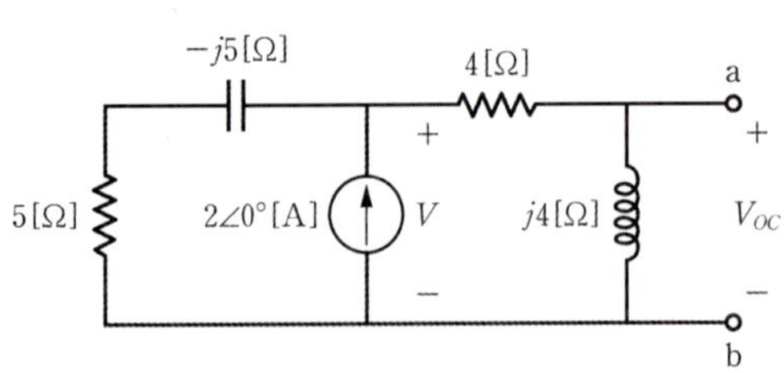


[그림 12-17] $\boldsymbol{V}_{OC}$를 구하는 회로

전압분배법칙을 적용해 $V_{OC}$와 전압 $V$의 관계식을 구하면 다음과 같다.

$$V_{OC} = \frac{j4}{4+j4} \cdot V$$

$$V = (5-j5)//(4+j4) \cdot 2\angle 0 = \frac{40}{9-j} \cdot 2 = 8.83\angle 6.3°$$

$$V_{OC} = \frac{1}{\sqrt{2}}\angle 45° \cdot 8.83\angle 6.3° = 6.24\angle 51.3°$$

ii) $Z_{TH}$ 구하기

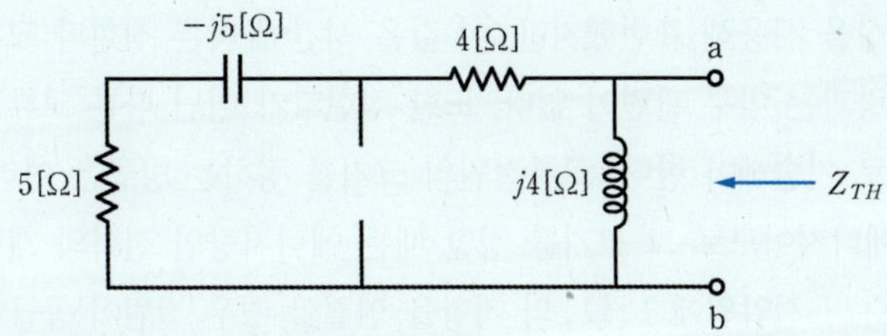


**[그림 12-18]** $Z_{TH}$를 구하는 회로

$$Z_{TH} = j4//(9-j5) = \frac{j4 \cdot (9-j5)}{9-j} = 1.76 + j4.20 = 4.55\angle 67.3° \,[\Omega]$$

부하에서 최대전력이 소모되기 위해서는 다음 조건을 만족해야 한다.

$$R_L = |Z_{TH}| = 4.55\,[\Omega]$$

따라서 식 (12.40b)를 이용해 최대전력 $P_{\max}$를 구하면 다음과 같다.

$$P_{\max} = \frac{1}{2}\frac{|Z_{TH}||V_{OC}|^2}{(|Z_{TH}| + R_{TH})^2 + (X_{TH})^2}$$

$$= \frac{1}{2}\frac{4.55 \cdot 6.24^2}{(4.55+1.76)^2 + 4.2^2} = 1.54\,[\mathrm{W}]$$

**실전문제 12-6**

다음 회로의 부하 $R_L$에 최대전력이 전송되기 위한 $R_L$과 전송되는 최대전력 $P_{\max}$를 구하라. 단, $i_s(t) = 4\cos(200t + 30°)\,[\mathrm{mA}]$이다.

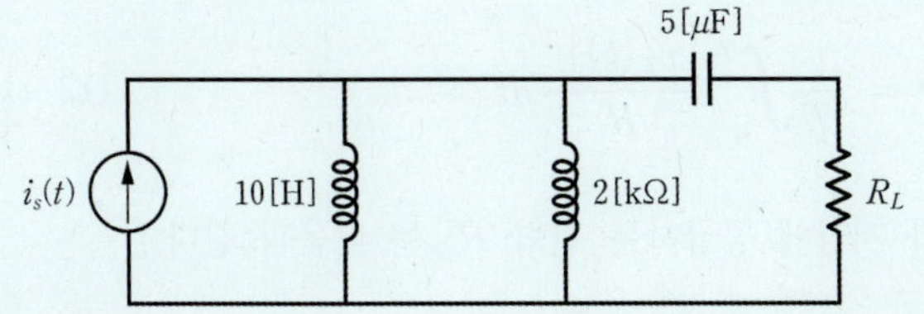


**[그림 12-19]**

SECTION 12.3

# 교류전원의 실횻값

앞 절에서 정현파 교류전원을 진폭과 위상을 사용해 표현했지만, 이 값은 시간에 따른 정현파 교류전원의 파형을 기술하는 것이지 실제 물리량과는 아무 관련이 없다. 또한 정현파가 아닌 다른 교류전원의 경우에는 전원의 크기를 다른 방법으로 기술해야 한다. 교류전원의 크기를 정하는 방법은 여러 가지를 생각해볼 수 있지만, 전원이 바로 에너지이므로 그 크기를 정할 때는 에너지량인 전력의 개념을 포함해야 한다. 예를 들어, 직류전압 1 [V]의 전압원에 1 [Ω]의 저항을 연결할 경우 전원이 공급하는 전력은 1 [W]이다. 따라서 교류전압 1 [V]의 의미는 단위저항에 공급하는 평균전력이 1 [W]일 경우로 정의할 수 있다. 이와 같은 방법으로 교류전원을 표현하는 것을 **실횻값**RMS : root mean square이라고 한다. 즉 교류전원의 실횻값은 동일한 저항에 동일한 전력을 공급하는 직류전원의 크기와 같다. 따라서 [그림 12-20(a)]의 교류전원이 공급하는 평균전력 $P$가 [그림 12-20(b)]의 직류전원 $V_{rms}$가 공급하는 전력과 동일할 때 교류전원의 실횻값은 $V_{rms}$가 된다.

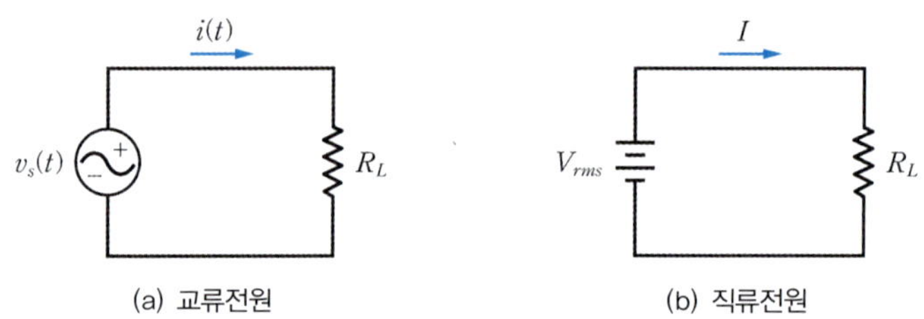


**[그림 12-20]** 전원별 공급 전력

[그림 12-20(a)]에서 교류전원이 저항 $R_L$에 공급하는 순시전력 $p(t)$를 구한 후, 평균전력 $P$를 구하면 식 (12.41)과 같다. 이때 $T$는 전원의 주기이다.

$$p(t) = v_s(t) \cdot i(t) = \frac{\{v_s(t)\}^2}{R}$$

$$P = \frac{1}{T}\int_0^T p(t)dt = \frac{1}{T}\int_0^T \frac{\{v_s(t)\}^2}{R}dt \tag{12.41}$$

한편 [그림 12-20(b)]에서 직류전원 $V_{rms}$가 저항에 공급하는 전력 $P_{dc}$는 다음과 같다.

$$P_{dc} = V_{rms} \cdot I = \frac{\{V_{rms}\}^2}{R} \tag{12.42}$$

따라서 식 (12.41)에 표현된 평균전력 $P$와 식 (12.42)에 표현된 전력 $P_{dc}$를 같게 두면 다음이 성립한다.

$$P = P_{dc}$$

$$\frac{\{V_{rms}\}^2}{R} = \frac{1}{T}\int_0^T \frac{\{v_s(t)\}^2}{R}dt$$

$$V_{rms} = \sqrt{\frac{1}{T}\int_0^T \{v_s(t)\}^2 dt} \tag{12.43}$$

이는 전류전원에서도 성립하므로 전류의 실횻값 $I_{rms}$는 식 (12.44)와 같다.

$$I_{rms} = \sqrt{\frac{1}{T}\int_0^T \{i_s(t)\}^2 dt} \tag{12.44}$$

**예제 12-7**

전압 $v_s(t) = V_m\cos(\omega t + \theta_v)$의 실횻값 $V_{rms}$를 구하라.

**풀이**

$T = \dfrac{2\pi}{\omega}$ 이므로 다음과 같이 구할 수 있다.

$$V_{rms} = \sqrt{\frac{\omega}{2\pi}\int_0^{\frac{2\pi}{\omega}} \{V_m\cos(\omega t + \theta_v)\}^2 dt} = \sqrt{\frac{\omega}{2\pi}\int_0^{\frac{2\pi}{\omega}} V_m^2\cos^2(\omega t + \theta_v)\cdot dt}$$

$$= \sqrt{\frac{\omega}{2\pi}\cdot V_m^2\int_0^{\frac{2\pi}{\omega}}\left\{\frac{1}{2} + \frac{1}{2}\cdot\cos 2(\omega t + \theta_v)\right\}\cdot dt}$$

$\cos 2(\omega t + \theta_v)$의 주기는 $\pi/\omega$이므로 $2\pi/\omega$는 주기의 2배이다. 따라서 $0 \sim 2\pi/\omega$까지 $\cos 2(\omega t + \theta_v)$를 적분하면 0가 된다. 따라서 다음을 얻는다.

$$V_{rms} = \sqrt{\frac{\omega}{2\pi}\cdot V_m^2\int_0^{\frac{2\pi}{\omega}}\frac{1}{2}\cdot dt} \qquad \cdots ①$$

$$= \sqrt{\frac{\omega}{2\pi}\cdot V_m^2\cdot\frac{1}{2}\cdot\frac{2\pi}{\omega}} = \frac{V_m}{\sqrt{2}}$$

식 ①의 결과로부터 정현파 신호의 실횻값을 구하려면 진폭에서 $\sqrt{2}$를 나누면 된다. 즉 정현파의 실횻값은 진폭에 의해서만 결정된다.

**실전문제 12-7**

전류 $i_s(t) = I_{dc} + I_m\sin(\omega t + \theta_i)$의 실횻값 $I_{rms}$를 구하라.

한편 주기함수는 함수의 크기가 주기적으로 변화하므로 식 (12.45)와 같이 $0 \sim T$까지 적분한 값이나 $-\frac{T}{2} \sim \frac{T}{2}$까지 적분한 값은 동일하다.

$$I_{rms} = \sqrt{\frac{1}{T}\int_0^T \{i_s(t)\}^2 dt} = \sqrt{\frac{1}{T}\int_{-\frac{T}{2}}^{\frac{T}{2}} \{i_s(t)\}^2 dt} \tag{12.45}$$

$\{i_s(t)\}^2$이 우함수일 경우, 식 (12.45)는 다음과 같이 간략하게 나타낸다.

$$I_{rms} = \sqrt{\frac{2}{T}\int_0^{\frac{T}{2}} \{i_s(t)\}^2 dt} \tag{12.46}$$

## 예제 12-8

전류 $i(t)$의 파형이 다음과 같이 삼각파일 경우, 전류원의 실횻값 $I_{rms}$를 구하라.

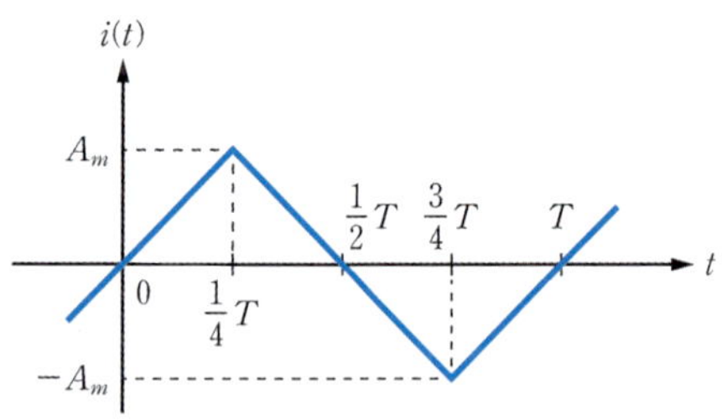


**[그림 12-21]** [예제 12-8]의 파형

### 풀이

$\{i(t)\}^2$이 우함수이므로 식 (12.46)을 이용해 실횻값 $I_{rms}$를 구하면 다음과 같다.

$$\begin{aligned} I_{rms} &= \sqrt{\frac{2}{T}\int_0^{\frac{T}{2}} \{i(t)\}^2 dt} \\ &= \sqrt{\frac{2}{T}\left\{\int_0^{\frac{T}{4}} \left\{\frac{4A_m}{T}t\right\}^2 dt + \int_{\frac{T}{4}}^{\frac{T}{2}} \left\{\frac{-4A_m}{T}\left(t-\frac{T}{2}\right)\right\}^2 dt\right\}} \\ &= \sqrt{\frac{2}{T}\cdot\left(\frac{4A_m}{T}\right)^2\cdot\left\{\int_0^{\frac{T}{4}} t^2 dt + \int_{\frac{T}{4}}^{\frac{T}{2}} \left(t-\frac{T}{2}\right)^2 dt\right\}} \quad \cdots ① \end{aligned}$$

식 ①의 두 번째 항을 변환시키면 다음과 같다.

$$\int_{\frac{T}{4}}^{\frac{T}{2}} \left(t-\frac{T}{2}\right)^2 dt = \int_{-\frac{T}{4}}^{0} t^2 dt = \int_0^{\frac{T}{4}} t^2 dt \quad \cdots ②$$

식 ②를 식 ①에 대입하면 식 ③을 얻는다. 식을 보면 삼각파 신호의 실횻값은 주기와 무관하고, 크기 $A_m$에 의해 결정되는 것을 알 수 있다.

$$I_{rms} = \sqrt{\frac{2}{T} \cdot \left(\frac{4A_m}{T}\right)^2 \cdot 2 \cdot \int_0^{\frac{T}{4}} t^2 dt} \quad \cdots ③$$

$$I_{rms} = 8A_m \sqrt{\frac{1}{T^3} \frac{1}{3} t^3 \Big|_0^{T/4}} = \frac{A_m}{\sqrt{3}}$$

**실전문제 12-8**

전압 $v(t)$의 파형이 다음과 같은 톱니파일 경우, 전압의 실횻값 $V_{rms}$를 구하라.

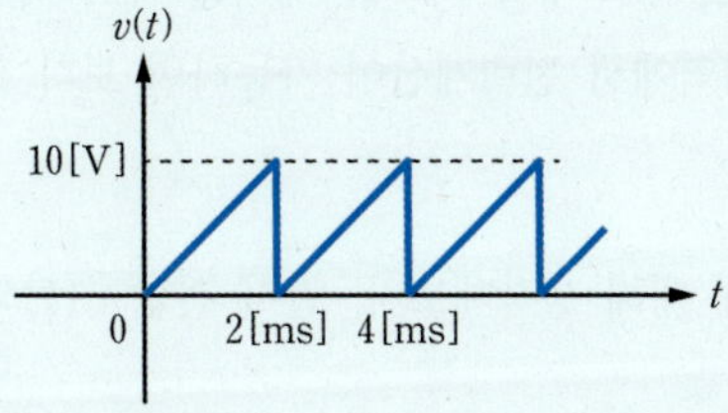


**[그림 12-22]**

SECTION 12.4

# 복소전력

지금까지 우리는 순시전력이나 평균전력을 시간영역에서 해석했다. 그러나 회로를 해석할 때와 마찬가지로 시간영역에서 계산하는 것은 매우 복잡하므로 주파수영역에서 전력계산이 가능하면 보다 편리하게 전력을 산출해낼 수 있을 것이다.

[그림 12-23]에서 보듯이 전원과 부하가 연결된 간단한 회로에 대해 생각해보자. 먼저 전압 $v(t)$와 전류 $i(t)$를 주파수영역에서 표현해보자.

$$v(t) = V_m \cos(\omega t + \theta_v) \quad \rightarrow \quad \boldsymbol{V} = V_m \angle \theta_v \tag{12.47}$$

$$i(t) = I_m \cos(\omega t + \theta_i) \quad \rightarrow \quad \boldsymbol{I} = I_m \angle \theta_i \tag{12.48}$$

식 (12.47)과 식 (12.48)로부터 부하 $\boldsymbol{Z}_L$을 표현하면 다음과 같다.

$$\boldsymbol{Z}_L = \frac{\boldsymbol{V}}{\boldsymbol{I}} = \frac{V_m}{I_m} \angle \theta_v - \theta_i \tag{12.49}$$

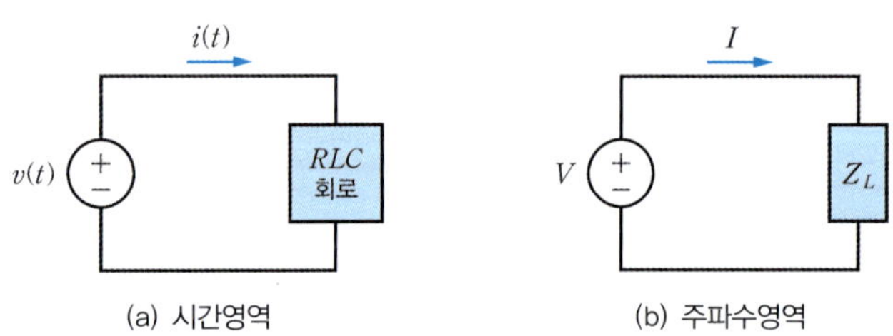


[그림 12-23] 전원과 부하

한편 식 (12.22)에서 보는 바와 같이 전원이 공급하는 순시전력은 부하의 저항성분이 흡수하는 순시전력과 리액턴스 성분이 흡수하는 순시전력의 합과 같다. 전원이 공급하는 평균전력 $P$는 다음과 같다.

$$P = \frac{1}{2} V_m I_m \cos(\theta_v - \theta_i)$$

$P$는 저항에서 소모하는 순시전력의 진폭과 같은 값이며, 부하 리액턴스가 소모하는 순시전력의 진폭 $Q$는 다음과 같다.

$$Q = \frac{1}{2} V_m I_m \sin(\theta_v - \theta_i)$$

따라서 부하에서 소모하는 전력 혹은 전원이 공급하는 전력에는 위 두 가지의 항이 포함된다. 이 두 가지 정보를 식 (12.50)과 같이 정의되는 복소전력 $\boldsymbol{S}$에 포함시키면 실제 회로에서의 전력문제는 쉽게 이해된다. 즉 두 가지 정보를 복소전력의 실수부와 허수부로 나누어 서로 혼합될 수 없게 한다면, 복소전력은 두 가지 정보를 모두 갖는다.

$$\boldsymbol{S} = P + jQ = \frac{1}{2} V_m I_m \cos(\theta_v - \theta_i) + j\frac{1}{2} V_m I_m \sin(\theta_v - \theta_i) \tag{12.50}$$

식 (12.50)을 다른 방법으로 표현하면 식 (12.51)과 같다.

$$\boldsymbol{S} = \frac{1}{2} V_m I_m e^{j(\theta_v - \theta_i)} = \frac{1}{2} V_m I_m \angle \theta_v - \theta_i = \frac{1}{2} V_m \angle \theta_v \cdot I_m \angle -\theta_i$$

$$= \frac{1}{2} \boldsymbol{V} \cdot \boldsymbol{I}^* \tag{12.51}$$

여기서 $\boldsymbol{S}$를 복소전력이라고 정의하며, 단위는 볼트 암페어Volt-Ampere, VA이다. 식 (12.51)의 결과를 다르게 표현하면 다음과 같다.

$$\boldsymbol{S} = \frac{1}{2} \boldsymbol{V} \cdot \boldsymbol{I}^* = \frac{1}{\sqrt{2}} \boldsymbol{V} \cdot \frac{1}{\sqrt{2}} \boldsymbol{I}^* = \boldsymbol{V}_{rms} \cdot \boldsymbol{I}_{rms}^* \tag{12.52}$$

여기서 $\boldsymbol{V}_{rms}$와 $\boldsymbol{I}_{rms}$는 다음과 같이 정의한다.

$$\boldsymbol{V}_{rms} = \frac{1}{\sqrt{2}} \boldsymbol{V} = \frac{1}{\sqrt{2}} V_m \angle \theta_v = V_{rms} \angle \theta_v \tag{12.53a}$$

$$\boldsymbol{I}_{rms} = \frac{1}{\sqrt{2}} \boldsymbol{I} = \frac{1}{\sqrt{2}} I_m \angle \theta_v = I_{rms} \angle \theta_i \tag{12.53b}$$

한편 식 (12.53)을 이용하면 복소전력 $\boldsymbol{S}$는 다음과 같이 나타낼 수 있다.

$$\boldsymbol{S} = \frac{1}{2} \boldsymbol{V} \cdot \boldsymbol{I}^* = \frac{1}{2} \boldsymbol{Z}_L \cdot \boldsymbol{I} \cdot \boldsymbol{I}^* = \frac{1}{2} \boldsymbol{Z}_L \cdot |\boldsymbol{I}|^2 = (I_{rms})^2 \cdot \boldsymbol{Z}_L \tag{12.54}$$

한편 식 (12.55)와 같이 부하 임피던스는 다음과 같이 저항성분 $R_L$과 리액턴스 성분 $X_L$로 구분한다.

$$\boldsymbol{Z}_L = R_L + jX_L \tag{12.55}$$

복소전력 $\boldsymbol{S}$는 다음과 같다.

$$\boldsymbol{S} = \boldsymbol{Z}_L (I_{rms})^2 = (I_{rms})^2 (R_L + jX_L) \equiv P + jQ \tag{12.56}$$

여기서 $P$와 $Q$는 복소전력 $\boldsymbol{S}$의 실수부와 허수부를 의미하며 다음과 같다.

$$P = Re\{\boldsymbol{S}\} = (I_{rms})^2 \cdot R_L \tag{12.57}$$

$$Q = I_m\{\boldsymbol{S}\} = (I_{rms})^2 \cdot X_L \tag{12.58}$$

$P$는 부하가 소모하는 평균전력(저항이 소모하는 평균전력과 동일함)을 의미하는 유효전력으로 단위는 와트Watt, W이고, $Q$는 리액턴스 $X_L$이 소모하는 순시전력의 진폭을 의미하는 무효전력으로 단위는 볼트 암페어 리액티브Volt-Ampere-Reactive, VAR로 유효전력의 단위 [W]와 구별해서 사용한다. 인덕터나 커패시터는 에너지 저장소자로서 자체에서 에너지를 소모하지 못하고, 저장하는 기능만 수행한다. 따라서 $Q$에 해당되는 전력은 부하에서 소모하는 것이 아니고, 저장되는 에너지를 나타낸다. 한편 $Q$에 따라 부하는 다음과 같이 구별된다.

❶ $Q=0$ : 저항성 부하
❷ $Q<0$ : 용량성 부하(진상leading)
❸ $Q>0$ : 유도성 부하(지상lagging)

한편 식 (12.59)와 같이 복소전력 $\boldsymbol{S}$의 크기 $S$를 피상전력이라 부르며, 단위는 복소전력과 동일하게 볼트 암페어VA이다. 식 (12.60)과 같이 평균전력 $P$와 피상전력 $S$의 비를 역률power factor, $pf$이라고 부르며, 단위는 없다. 역률의 크기는 0에서 1 사이의 값으로 크기가 증가할수록 부하의 유효전력 성분이 상대적으로 증가하는 것을 의미한다.

$$S=|\boldsymbol{S}|=|P+jQ|=\sqrt{P^2+Q^2}=\frac{1}{2}V_m\cdot I_m=V_{rms}\cdot I_{rms} \tag{12.59}$$

$$pf=\frac{P}{S}=\cos(\theta_v-\theta_i) \tag{12.60}$$

식 (12.60)에서 보듯, 역률은 항상 양의 값을 가지므로 역률의 크기로 리액턴스 성분이 용량성인지 유도성인지 구별할 수 없다. 따라서 부하의 역률을 표기할 경우, 반드시 진상 혹은 지상을 명기해야 부하가 용량성인지 유도성인지 정확히 구별할 수 있다. 여기서 $Q<0$인 경우 전류의 페이저가 전압의 페이저보다 앞서기 때문에 **진상**leading이라 칭하고, $Q>0$인 경우 전류의 페이저가 전압의 페이저보다 뒤처지기 때문에 **지상**lagging이라 칭한다.

한편 [그림 12-24(a)]를 보면 $\boldsymbol{S}$, $P$, $Q$는 삼각형을 이루는데, 이를 **전력삼각형**이라고 한다. [그림 12-24(b)]를 보면 임피던스 $\boldsymbol{Z}_L$, $R_L$, $X_L$도 삼각형을 이루는데, 이를 **임피던스 삼각형**이라고 부른다. 식 (12.56)과 같이 $\boldsymbol{S}$와 $\boldsymbol{Z}_L$의 위상이 동일하므로 [그림 12-24]에 나타난 두 삼각형은 닮은꼴을 이룬다. [그림 12-24(c)]에서 보는 바와 같이 복소전력 $\boldsymbol{S}$가 복소평면의 1사분면에 존재하면 $Q$는 양의 값으로, 유도성 부하이고 지상역률을 가진다. 반대로 4사분면에 존재하면 $Q$는 음의 값으로, 부하는 용량성 부하이고 진상역률을 가진다.

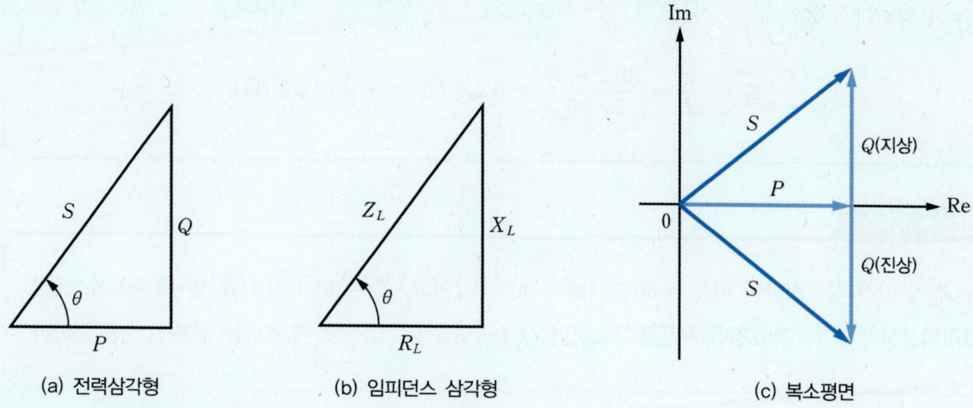


**[그림 12-24]** 전력삼각형과 임피던스 삼각형 및 복소평면

### 예제 12-9

부하 $\boldsymbol{Z}_L$에 인가되는 전압이 $v(t) = 30\cos(\omega t - 30°)$이고, 부하에 흐르는 전류가 $i(t) = 5\cos(\omega t + 30°)$일 때 (a) 복소전력 $\boldsymbol{S}$, (b) 피상전력 $S$, (c) 유효전력 $P$, (d) 무효전력 $Q$, (e) 역률 $pf$, (f) 부하 임피던스 $\boldsymbol{Z}_L$을 구하라.

**풀이**

전압과 전류를 주파수영역에서 표현하면 다음과 같다.

$$\boldsymbol{V} = 30\angle -30°, \quad \boldsymbol{I} = 5\angle 30°$$

(a) 복소전력 $\boldsymbol{S}$

$$\boldsymbol{S} = \frac{1}{2}\boldsymbol{V}\cdot\boldsymbol{I}^* = \frac{1}{2}\cdot 30\angle -30°\cdot 5\angle -30° = 75\angle -60°$$
$$= 37.5 - j65.0\,[\mathrm{VA}]$$

(b) 피상전력 $S = |\boldsymbol{S}|$

$$S = 75\,[\mathrm{VA}]$$

(c) 유효전력 $P$

$$P = Re\{\boldsymbol{S}\} = 37.5\,[\mathrm{W}]$$

(d) 무효전력 $Q$

$$Q = I_m\{\boldsymbol{S}\} = -65.0\,[\mathrm{VAR}]$$

(e) 역률 $pf$

$$pf = \frac{P}{S} = \frac{37.5}{75} = 0.5, \quad \text{진상}^{\text{leading}}$$

(f) 부하 임피던스 $\boldsymbol{Z}_L$

$$\boldsymbol{Z}_L = \frac{\boldsymbol{V}}{\boldsymbol{I}} = \frac{30\angle -30}{5\angle 30°} = 6\angle -60° = 3 - j3\sqrt{3}\,[\Omega]$$

## 실전문제 12-9

부하 $\boldsymbol{Z}_L$에 인가되는 전압이 $v(t) = 30\cos(\omega t - 30°)\,[\text{V}]$이고, $\boldsymbol{Z}_L = 10 + j10\,[\Omega]$일 때 (a) 복소전력 $\boldsymbol{S}$, (b) 피상전력 $S$, (c) 유효전력 $P$, (d) 무효전력 $Q$, (e) 역률 $pf$, (f) 부하에 흐르는 전류 $i(t)$를 구하라.

## 예제 12-10

다음 회로에 대해 주어진 물음에 답하라.

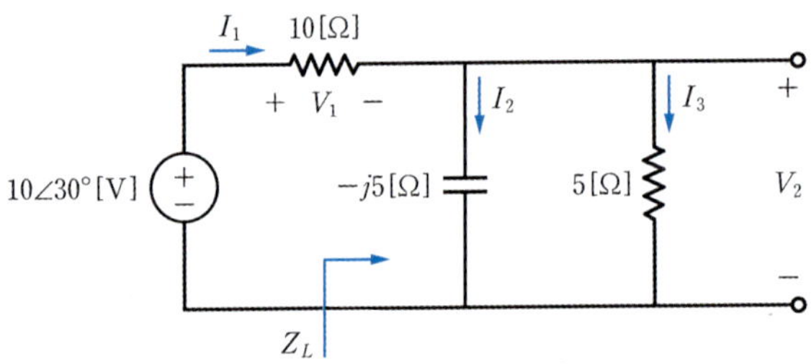


**[그림 12-25]** [예제 12-10]의 회로

(a) 부하 $\boldsymbol{Z}_L$의 역률 $pf$를 구하라.

(b) 부하 $\boldsymbol{Z}_L$이 소모하는 복소전력 $\boldsymbol{S}_L$을 구하라.

(c) 10[Ω]이 소모하는 평균전력 $P_{10[\Omega]}$을 구하라.

(d) 전원이 공급하는 복소전력 $\boldsymbol{S}_{전원}$을 구하라.

### 풀이

(a) $\boldsymbol{Z}_L = 5//(-j5) = \dfrac{-j25}{5-j5} = 3.54\angle -45° = 2.5 - j2.5\,[\Omega]$

$pf = \cos(-45°) = 0.707$, 진상[leading]

(b) $\boldsymbol{V}_2 = \dfrac{Z_L}{10+Z_L}\cdot 10\angle 30° = \dfrac{1-j}{5-j}\cdot 10\angle 30° = 2.774\angle -3.69°\,[\text{V}]$

저항 5[Ω]이 소모하는 유효전력 $P_L$은 다음과 같다.

$$P_L = \frac{1}{2}\cdot\frac{|V_2|^2}{5} = \frac{1}{2}\cdot\frac{2.774^2}{5} = 0.77\,[\text{W}]$$

리액턴스 $-j5\,[\Omega]$이 소모하는 무효전력 $Q_L$은 다음과 같다.

$$Q_L = -\frac{1}{2}\frac{|V_2|^2}{5} = -\frac{1}{2}\frac{2.774^2}{5} = -0.77\,[\mathrm{VAR}]$$

이때 부하가 용량성이므로 $Q$의 부호는 음이다. 그러므로 복소전력 $\boldsymbol{S}_L$은 다음과 같다.

$$\boldsymbol{S}_L = P_L + jQ_L = 0.77 - j0.77\,[\mathrm{VA}]$$

(c) $\boldsymbol{V}_1 = \dfrac{10}{10+Z_L}\cdot 10\angle 30° = \dfrac{10}{12.5-j2.5}\cdot 10\angle 30° = 7.845\angle 41.31°\,[\mathrm{V}]$

$P_{10[\Omega]} = \dfrac{1}{2}\cdot\dfrac{7.845^2}{10} = 3.08\,[\mathrm{W}]$

(d) $\boldsymbol{I}_1 = \dfrac{\boldsymbol{V}_1}{10} = 0.784\angle 41.31°\,[\mathrm{A}]$

$$\boldsymbol{S}_{\text{전원}} = \frac{1}{2}\boldsymbol{V}\cdot\boldsymbol{I}^* = \frac{1}{2}\cdot 10\angle 30°\cdot 0.784\angle -41.31° = 3.92\angle -11.31°$$
$$= 3.84 - j0.77\,[\mathrm{VA}]$$

이때 (b)에서 구한 $\boldsymbol{S}_L$과 (c)에서 구한 $P_{10[\Omega]}$의 합이 $\boldsymbol{S}_{\text{전원}}$이 된다.

### 실전문제 12-10

다음 회로에 대해 주어진 물음에 답하라.

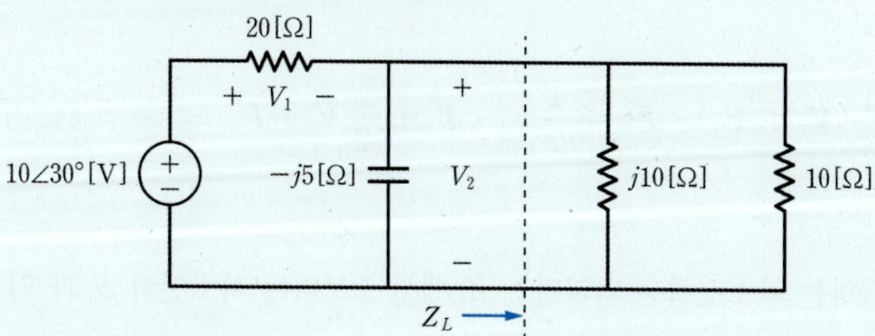


**[그림 12-26]**

(a) 부하 $\boldsymbol{Z}_L$의 역률을 구하라.

(b) 부하 $\boldsymbol{Z}_L$에서 소모하는 복소전력 $\boldsymbol{S}_L$을 구하라.

(c) 각 소자가 소모하는 복소전력 $\boldsymbol{S}_{\text{소자}}$를 구하라.

(d) 전원이 공급하는 복소전력 $\boldsymbol{S}_{\text{전원}}$을 구하라.

SECTION

# 12.5 교류전력 보전

앞서 살펴본 바와 같이, 직류회로에서 전력보존법칙이 성립하는 것과 같이 교류에서도 전력보존법칙이 성립한다. 즉 전원이 공급하는 유효전력, 무효전력 및 복소전력은 부하 측에서 소모하는 유효전력, 무효전력 및 복소전력의 합과 같다. 이를 증명하기 위해 [그림 12-27]의 직렬회로와 병렬회로에 대해 생각해보자.

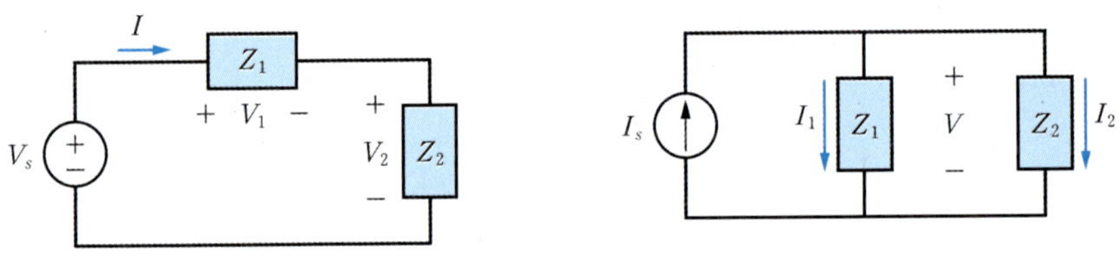


(a) 직렬회로 (b) 병렬회로

[그림 12-27] 임피던스의 직병렬회로

2개의 임피던스 $\boldsymbol{Z}_1$, $\boldsymbol{Z}_2$가 [그림 12-27(a)]와 같이 전압원에 직렬로 연결되어 있을 때 전원이 공급하는 복소전력 $\boldsymbol{S}$는 다음과 같다.

$$\begin{aligned}\boldsymbol{S} &= \frac{1}{2}\boldsymbol{V}_s \cdot \boldsymbol{I}^* = \frac{1}{2}(\boldsymbol{V}_1 + \boldsymbol{V}_2) \cdot \boldsymbol{I}^* = \frac{1}{2}\boldsymbol{V}_1 \cdot \boldsymbol{I}^* + \frac{1}{2}\boldsymbol{V}_2 \cdot \boldsymbol{I}^* \\ &= \boldsymbol{S}_1 + \boldsymbol{S}_2\end{aligned} \tag{12.61}$$

식 (12.61)에서 보듯이 전원이 공급하는 복소전력은 임피던스 $\boldsymbol{Z}_1$에서 소모하는 복소전력 $\boldsymbol{S}_1$과 임피던스 $\boldsymbol{Z}_2$에서 소모하는 복소전력 $\boldsymbol{S}_2$의 합과 같다. 식 (12.61)을 실수부와 허수부로 나누어 생각하면 다음과 같이 나타낼 수 있다.

$$P + jQ = P_1 + jQ_1 + P_2 + jQ_2 = (P_1 + P_2) + j(Q_1 + Q_2) \tag{12.62}$$

식 (12.62)에서 보듯이 전원이 공급하는 유효전력 $P$는 2개의 임피던스에서 소모하는 유효전력 $P_1$, $P_2$의 합과 같고, 전원이 공급하는 무효전력 $Q$는 2개의 임피던스가 소모하는 무효전력 $Q_1$, $Q_2$의 합과 같다. 2개의 임피던스 $\boldsymbol{Z}_1$, $\boldsymbol{Z}_2$가 [그림 12-27(b)]와 같이 전류원에 병렬로 연결된 경우에 대해서도 마찬가지이다. 전원이 공급하는 복소전력 $\boldsymbol{S}$는 다음과 같다.

$$S = \frac{1}{2}V \cdot I_s^* = \frac{1}{2}V \cdot (I_1 + I_2)^* = \frac{1}{2}V \cdot I_1^* + \frac{1}{2}V \cdot I_2^* \tag{12.63}$$
$$= S_1 + S_2$$

식 (12.63)을 실수부와 허수부를 나누어 생각하면 다음과 같이 나타낼 수 있다.

$$P + jQ = P_1 + jQ_1 + P_2 + jQ_2 = (P_1 + P_2) + j(Q_1 + Q_2) \tag{12.64}$$

일반적으로 전원에 $N$개의 부하 임피던스가 연결되어 있다면 다음이 성립한다.

$$S = S_1 + S_2 + \cdots + S_N \tag{12.65a}$$
$$P = P_1 + P_2 + \cdots + P_N \tag{12.65b}$$
$$Q = Q_1 + Q_2 + \cdots + Q_N \tag{12.65c}$$

### 예제 12-11

다음 회로에서 각 임피던스의 복소전력 $S_{소자}$를 구하고, 전원이 공급하는 복소전력 $S_{전원}$을 구하라.

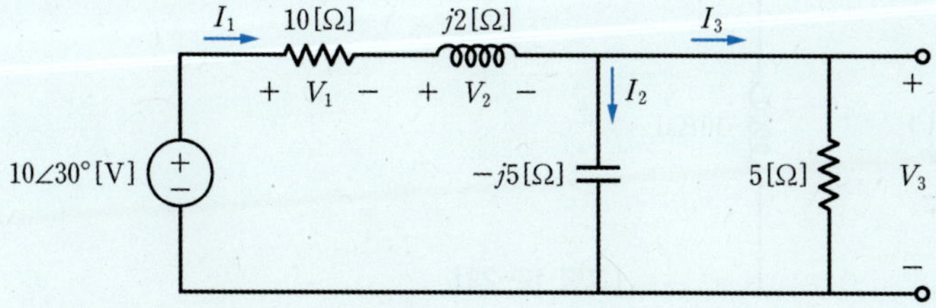


[그림 12-28] [예제 12-11]의 회로

#### 풀이

전원에서 들여다본 전체 임피던스 $Z_L$을 구하면 다음과 같다.

$$Z_L = 10 + j2 + (5 // -j5) = 10 + j2 - \frac{j25}{5-j5} = 12.5 - j0.5$$

따라서 전원이 공급하는 전류 $I_1$, $I_2$, $I_3$를 순차적으로 구하면 다음과 같다.

$$I_1 = \frac{10\angle 30°}{12.5 - j0.5} = \frac{10\angle 30°}{12.5\angle -2.3°} = 0.8\angle 32.3°$$
$$I_2 = I_1 \cdot \frac{5}{5-j5} = 0.8\angle 32.3 \cdot \frac{1}{\sqrt{2}}\angle 45° = 0.57\angle 77.3°$$
$$I_3 = I_1 \cdot \frac{-j5}{5-j5} = 0.8\angle 32.3 \cdot \frac{1}{\sqrt{2}}\angle -45° = 0.57\angle -12.7°$$

따라서 각 임피던스가 소모하는 복소전력을 구하면 다음과 같다.

$$S_{10[\Omega]} = \frac{1}{2}10 \cdot |I_1|^2 = 3.2\,[\mathrm{VA}]$$

$$S_{j2} = \frac{1}{2} j2 \cdot |I_1|^2 = j0.64\,[\mathrm{VA}]$$

$$S_{5[\Omega]} = \frac{5}{2} \cdot |I_3|^2 = 0.81\,[\mathrm{VA}]$$

$$S_{-j5} = \frac{1}{2}(-j5) \cdot |I_2|^2 = -j0.81\,[\mathrm{VA}]$$

따라서 전원이 공급하는 복소전력 $S$는 다음과 같다(두 결과가 다른 것은 계산상 발생하는 오차임).

$$S = \frac{1}{2}|I_1|^2 Z_L = \frac{0.8^2}{2}(12.5 - j0.5) = 4.00 - j0.16\,[\mathrm{VA}]$$

$$S = S_{10[\Omega]} + S_{j5} + S_{5[\Omega]} + S_{-j5} = 4.01 - j0.17\,[\mathrm{VA}]$$

### 실전문제 12-11

다음 회로에서 각 임피던스의 복소전력 $S_{소자}$를 구하고, 전원이 공급하는 복소전력 $S_{전원}$을 구하라.

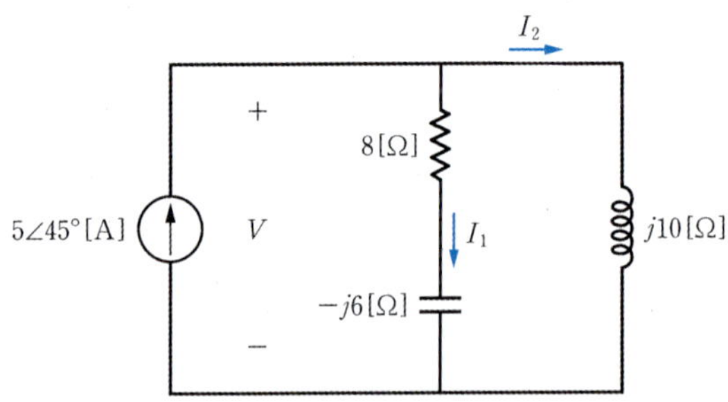


**[그림 12-29]**

### 예제 12-12

다음 회로에서 전원이 공급하는 피상전력과 각 부하 $Z_1$, $Z_2$에서 소모하는 피상전력을 구하라.

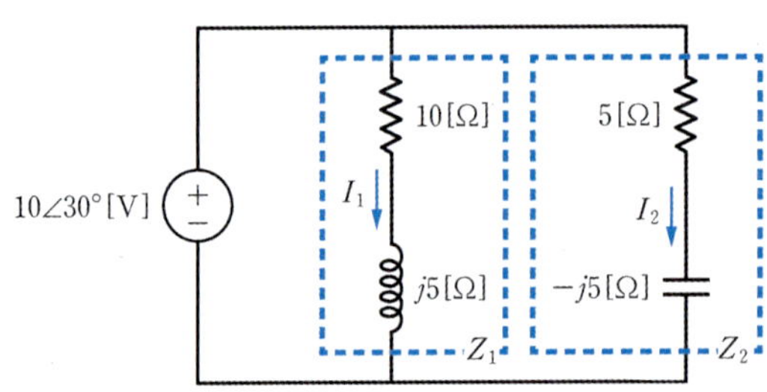


**[그림 12-30]** [예제 12-12]의 회로

#### 풀이

임피던스 $Z_1$에서 소모하는 복소전력 $S_1$은 다음과 같다.

$$S_1 = \frac{1}{2} V \cdot I_1^* = \frac{1}{2} V \cdot \left(\frac{V}{Z_1}\right)^* = \frac{1}{2}\frac{|V|^2}{Z_1^*} = \frac{1}{2}\frac{10^2}{(10 + j5)^*} = \frac{50}{10 - j5}$$
$$= 4 + j2\,[\mathrm{VA}]$$

또한 임피던스 $Z_2$에서 소모하는 복소전력 $\boldsymbol{S}_2$는 다음과 같다.

$$\boldsymbol{S}_2 = \frac{1}{2}\boldsymbol{V}\cdot \boldsymbol{I}_2^* = \frac{1}{2}\boldsymbol{V}\cdot\left(\frac{\boldsymbol{V}}{\boldsymbol{Z}_2}\right)^* = \frac{1}{2}\frac{|\boldsymbol{V}|^2}{\boldsymbol{Z}_2^*} = \frac{1}{2}\frac{10^2}{(5-j5)^*} = \frac{50}{5+j5}$$

$$= 5 - j5\,[\mathrm{VA}]$$

따라서 전원이 공급하는 복소전력 $\boldsymbol{S}$와 피상전력 $S$를 구하면 다음과 같다.

$$\boldsymbol{S} = \boldsymbol{S}_1 + \boldsymbol{S}_2 = 9 - j3$$

$$S = |\boldsymbol{S}| = \sqrt{(9^2+3^2)} = 9.49\,[\mathrm{VA}]$$

임피던스 $\boldsymbol{Z}_1$, $\boldsymbol{Z}_2$에서 소모하는 피상전력 $S_1$, $S_2$는 다음과 같다.

$$S_1 = |\boldsymbol{S}_1| = \sqrt{4^2+2^2} = 4.47\,[\mathrm{VA}]$$

$$S_2 = |\boldsymbol{S}_2| = \sqrt{5^2+5^2} = 7.07\,[\mathrm{VA}]$$

위의 결과로부터 임피던스에서 소모하는 피상전력의 합과 전원이 공급하는 피상전력의 합이 서로 다른 것을 알 수 있다.

**실전문제 12-12**

다음 회로에서 전원이 공급하는 피상전력과 각 부하 $\boldsymbol{Z}_1$, $\boldsymbol{Z}_2$에서 소모하는 피상전력을 구하라.

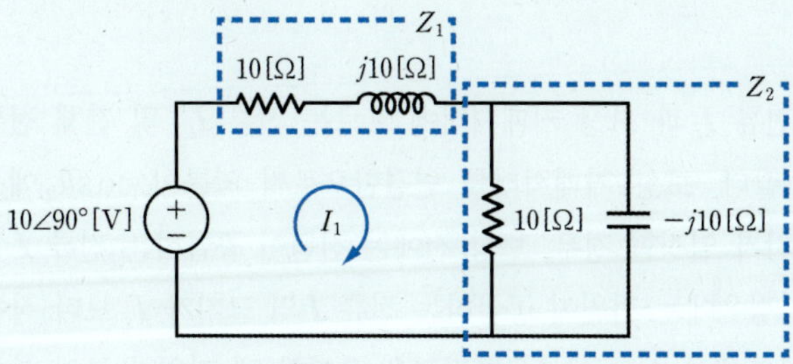


[그림 12-31]

SECTION

# 12.6 역률 개선

부하의 역률은 에너지 효율을 판단하는 중요한 요소이다. 즉 역률이 높다는 것은 부하 측에서 소모하는 무효전력에 비해 유효전력이 높다는 것을 의미한다. 또한 부하에서 에너지로 소모하는 전력은 유효전력이므로 역률이 높다는 것은 부하의 효율이 높다는 것을 의미한다. 따라서 전기제품의 효율을 증대시키기 위해서는 역률을 높여야 한다. 이와 같이 전원의 전압 크기를 유지한 채 부하의 역률을 증가시켜 효율을 개선하는 것을 **역률 개선**이라고 한다.

대부분의 가정용 전기기기나 산업용 전기기기는 [그림 12-32(a)]와 같이 유도성 부하로 작용한다. [그림 12-32(b)]와 같이 전기기기와 병렬로 용량성 부하를 연결하면 유도성 부하가 소모하는 무효전력을 용량성 부하가 상쇄시켜 전체적으로 무효전력이 감소해 역률을 개선할 수 있다. 즉 역률이 1이 아닌 경우, 부하는 인가전원의 반 주기 동안 에너지를 흡수하고 나머지 반 주기 동안은 흡수한 에너지를 방출한다. 방출된 에너지는 사용할 수 없으므로 전체적으로 효율이 낮게 나타난다. 그러나 방출된 에너지를 새로운 소자가 흡수해 다시 부하에 공급하면 효율이 증대되는 효과를 얻을 수 있다. 이런 경우에 역률이 개선된다.

[그림 12-32(b)]에서 전기기기에 흐르는 전류 $\boldsymbol{I}_L$과 보상 커패시터에 흐르는 전류 $\boldsymbol{I}_C$ 및 전체 전류 $\boldsymbol{I}$를 페이저로 나타내면 [그림 12-33]과 같다. 보상 커패시터를 연결함으로써 역률이 $\cos\theta_2$에서 $\cos\theta_1$으로 개선되었다. 인가전압 $\boldsymbol{V}$의 크기가 일정할 경우, 보상 전에는 전원이 공급하는 전류 $\boldsymbol{I}$는 $\boldsymbol{I}_L$과 동일하지만, 보상 커패시터를 연결한 경우에는 전원이 공급하는 전류 $\boldsymbol{I}$의 크기가 $\boldsymbol{I}_L$보다 작아진다. 이는 [그림 12-34]에서 보듯이 부하 측에서 소모하는 유효전력을 유지한 채 전원과 부하 사이에 전달되는 무효전력의 크기를 감소시켜 역률을 개선한 결과로 설명된다. 이는 [그림 12-34]에서 나타낸 전력삼각형에서 훨씬 잘 드러난다.

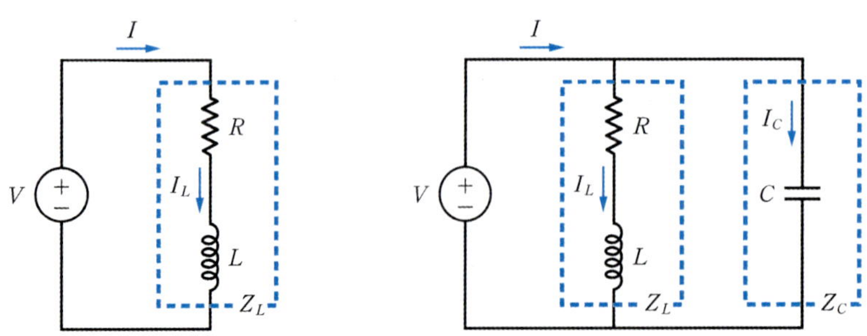

(a) 전기기기의 유도성 부하　　(b) 역률이 개선된 부하

**[그림 12-32]** 역률 개선을 위한 회로

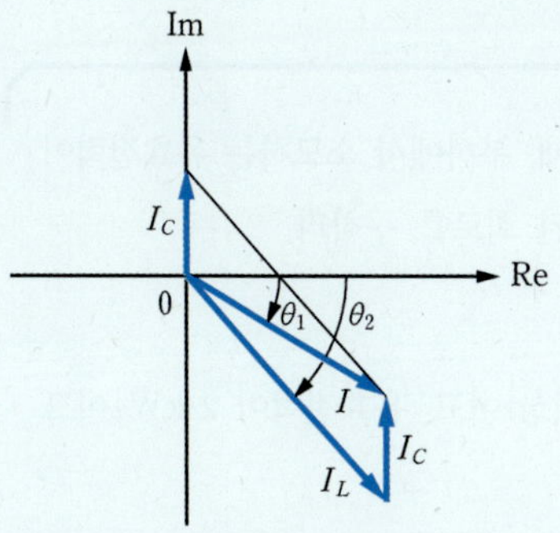


**[그림 12-33]** 역률 개선에 대한 페이저 다이어그램

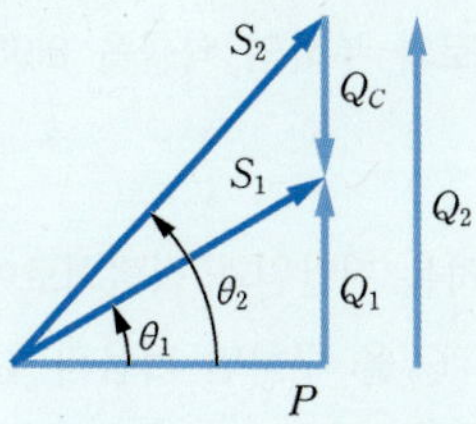


**[그림 12-34]** 전력삼각형

보상 커패시터가 연결되지 않을 경우, 부하 $\boldsymbol{Z}_L$이 소모하는 복소전력 $\boldsymbol{S}_2$는 다음과 같이 나타낼 수 있다.

$$\boldsymbol{S}_2 = P + jQ_2$$

보상 커패시터에서 소모하는 복소전력 $\boldsymbol{S}_C$는 다음과 같으므로, 부하 전체에서 소모하는 복소전력 $\boldsymbol{S}_1$은 식 (12.66)과 같다.

$$\begin{aligned} \boldsymbol{S}_C &= -jQ_C \\ \boldsymbol{S}_1 &= \boldsymbol{S}_2 + \boldsymbol{S}_C = P + jQ_2 - jQ_C \\ &= P + jQ_1 \end{aligned} \tag{12.66}$$

식 (12.66)에서 보는 바와 같이 보상 커패시터를 연결함으로써 무효전력을 감소시켜 역률을 증가시킬 수 있다. 전력삼각형을 참조하고, 보상 커패시터 $C$에서 소모하는 무효전력을 구해 식 (12.67)과 같이 보상 커패시턴스 $C$를 구할 수 있다.

$$\begin{aligned} Q_C &= Q_2 - Q_1 = P\tan\theta_2 - P\tan\theta_1 = P(\tan\theta_2 - \tan\theta_1) = \omega C V_{rms}^2 \\ C &= \frac{P(\tan\theta_2 - \tan\theta_1)}{\omega V_{rms}^2} \end{aligned} \tag{12.67}$$

한편 용량성 부하가 연결된 경우에는 보상 인덕터를 병렬로 연결해 역률을 개선할 수 있다. 즉 역률이 $\cos\theta_2$에서 $\cos\theta_1$으로 개선될 경우, 보상 인덕턴스 $L$을 구하면 식 (12.68)과 같다.

$$\begin{aligned} P(\tan\theta_2 - \tan\theta_1) &= \frac{V_{rms}^2}{\omega L} \\ L &= \frac{V_{rms}^2}{\omega P(\tan\theta_2 - \tan\theta_1)} \end{aligned} \tag{12.68}$$

### 예제 12-13

120 [$V_{rms}$], 60 [Hz] 인 전압원에 지상역률이 0.8 인 부하를 연결했을 때, 부하에서 소모하는 유효전력이 2 [kW] 였다. 부하회로와 부하의 역률을 0.95 로 향상시키도록 보상된 회로를 구하라.

**풀이**

지상역률을 가진 부하는 전압원과 직렬회로이다. 또한 역률이 0.8(지상)이고, 유효전력이 2 [kW] 이므로 부하의 무효전력 $Q_L$을 구하면 다음과 같다.

$$Q_L = P_L \cdot \tan(\cos^{-1}0.8) = 2\times10^3 \cdot \tan(36.87°) = 1.5\times10^3\,[\mathrm{VAR}]$$

따라서 부하가 소모하는 복소전력 $\boldsymbol{S}_L$을 계산하면 다음과 같다.

$$\boldsymbol{S}_L = 2\times10^3 + j1.5\times10^3$$

먼저 부하회로를 구하기 위해 부하임피던스 $\boldsymbol{Z}_L$을 구하면 다음과 같다.

$$\boldsymbol{S}_L = \boldsymbol{V}_{rms} \cdot \boldsymbol{I}^*_{rms} = \frac{|\boldsymbol{V}_{rms}|^2}{\boldsymbol{Z}^*_L}$$

$$\boldsymbol{Z}^*_L = \frac{|\boldsymbol{V}_{rms}|^2}{\boldsymbol{S}_L} = \frac{120^2}{2\times10^3 + j1.5\times10^3} = 4.61 - j3.46$$

부하회로의 저항 $R_L$과 인덕턴스 $L$을 구하면 다음과 같다.

$$Z_L = 4.61 + j3.46 = R_L + j\omega L$$

$$R_L = 4.61\,[\Omega], \quad L = \frac{3.46}{60\cdot 2\pi} = 9.18\,[\mathrm{mH}]$$

역률을 0.95 로 개선하기 위한 부하에 병렬로 연결된 보상회로의 무효전력 $Q_C$를 구하면 다음과 같다.

$$Q_C = P_L\tan(\cos^{-1}0.95) - Q_L = 2\times10^3\tan(\cos^{-1}0.95) - 1.5\times10^3$$
$$= -0.84\times10^3$$

$Q_C$가 음의 값이므로 보상회로에는 커패시터가 연결되어 있으며, 보상 커패시터에서 소모하는 무효전력이 $Q_C$이므로, 이를 통해 커패시턴스 $C$를 구할 수 있다.

$$Q_C = -\omega C V^2_{rms}$$

$$C = \frac{|Q_C|}{\omega\cdot V^2_{rms}} = \frac{0.84\times10^3}{60\cdot 2\pi\cdot 120^2} = 155\,[\mu\mathrm{F}]$$

부하회로와 보상된 회로를 그리면 [그림 12-35]와 같다.

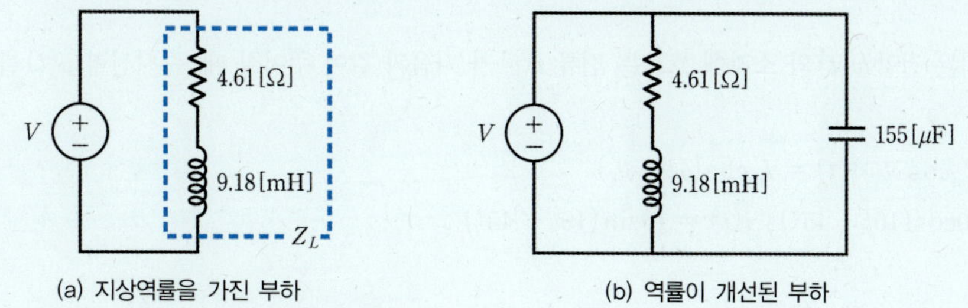


**[그림 12-35]** 부하회로와 보상된 회로

**실전문제 12-13**

120 [$V_{rms}$], 60 [Hz] 인 전압원에 지상역률이 0.65 인 부하를 연결했을 때, 부하에서 소모하는 유효전력이 2 [kW] 였다. 부하회로와 부하의 역률을 1 로 향상시키도록 보상된 회로를 구하라.

**12.1** 소자에 인가되는 전압 $v(t)$와 소자에 흐르는 전류 $i(t)$가 다음과 같이 주어질 때, 순시전력 $p(t)$를 구하라.

(a) $v(t) = V_m\cos\omega t$, $i(t) = I_m\cos(\omega t + \theta_i)$

(b) $v(t) = 10\cos(10t + 45°)$, $i(t) = 10\sin(10t - 45°)$

**12.2** 다음 회로에서 각 소자가 흡수하는 순시전력 $p(t)$를 구하라.

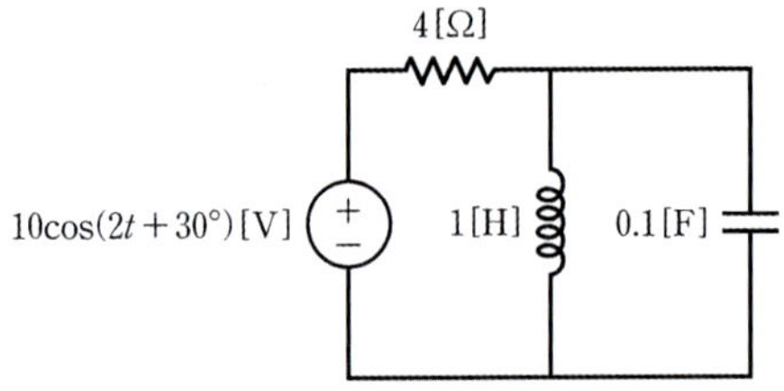


(a) 커패시터

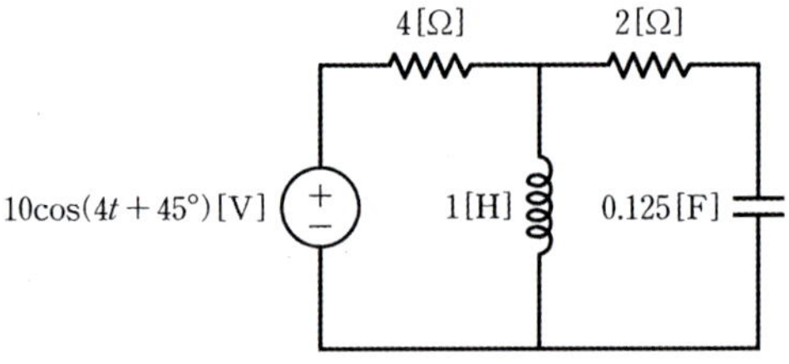


(b) 인덕터

[문제 12.2]

**12.3** 다음 회로에서 40[Ω]의 저항이 소모하는 평균전력 $P$를 구하라.

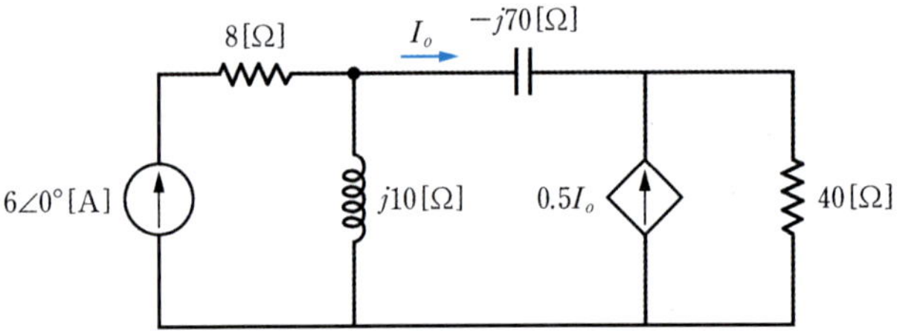


[문제 12.3]

**12.4** 다음 회로에서 부하 $R$이 소모하는 전력이 1[W]일 때, 저항 $R$을 구하라.

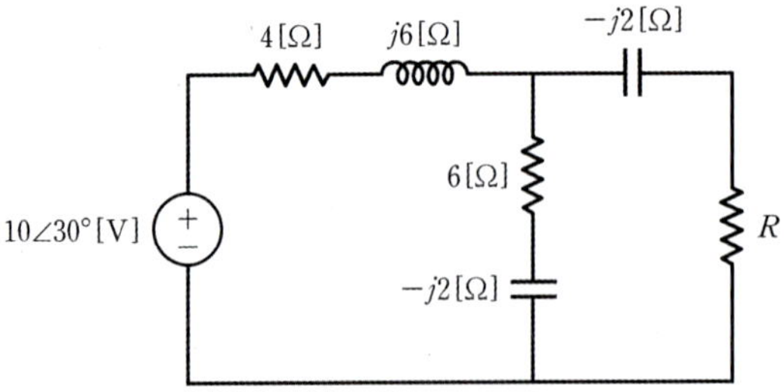


[문제 12.4]

12.5 다음 회로에서 종속전원이 공급하는 평균전력 $P$를 구하라.

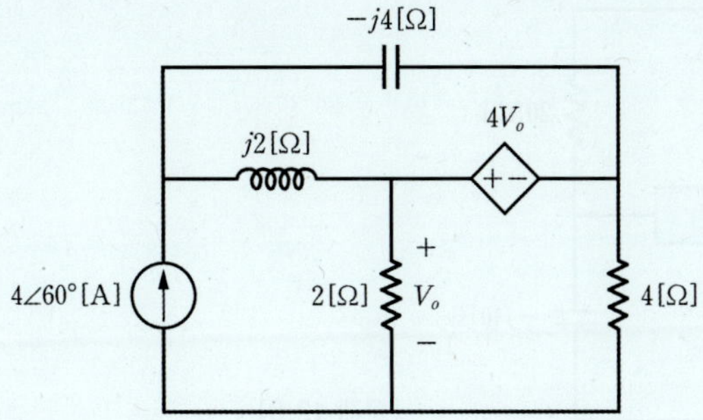


[문제 12.5]

12.6 다음 회로에서 부하에 인가되는 전압 $v(t)$와 부하에 흐르는 전류 $i(t)$의 관계식이 다음과 같을 때, 주어진 물음에 답하라.

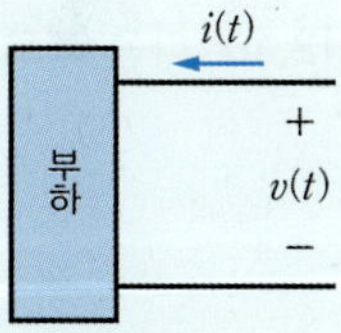


[문제 12.6]

$$\frac{d^2}{dt^2}v(t) + 10^3\frac{d}{dt}v(t) + 10^6 v(t) = 10^9 i(t) + 10^6\frac{d}{dt}i(t)$$

(a) $\omega = 10^3$ [rad/s]일 때 부하회로를 구하라.

(b) $v(t) = 10\cos(10^3 t + 30°)$일 때 부하가 소모하는 평균전력 $P$를 구하라.

12.7 다음 회로에서 전원이 공급하는 평균전력 $P$를 구하라. 단, $v_s(t) = 4\cos(1000t - 45°)$이다.

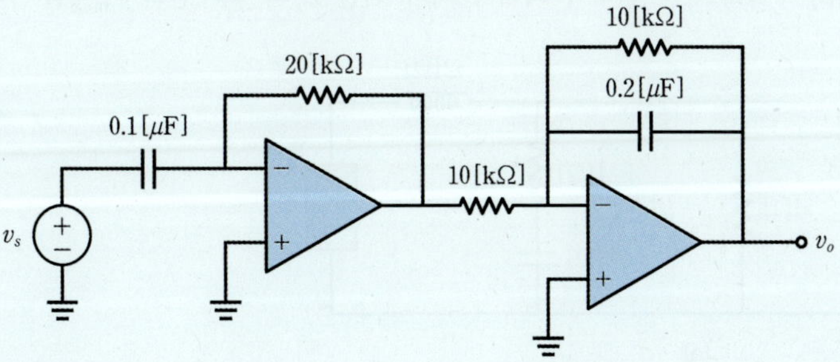


[문제 12.7]

12.8 다음 회로의 점선 영역 안에서 흡수되는 평균전력 $P$를 구하라.

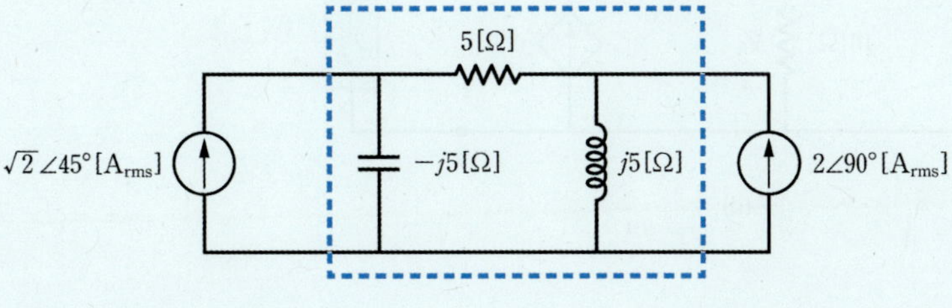


[문제 12.8]

**12.9** 다음 회로의 부하 $Z_L$에서 소모하는 최대 평균전력 $P_{max}$를 구하라.

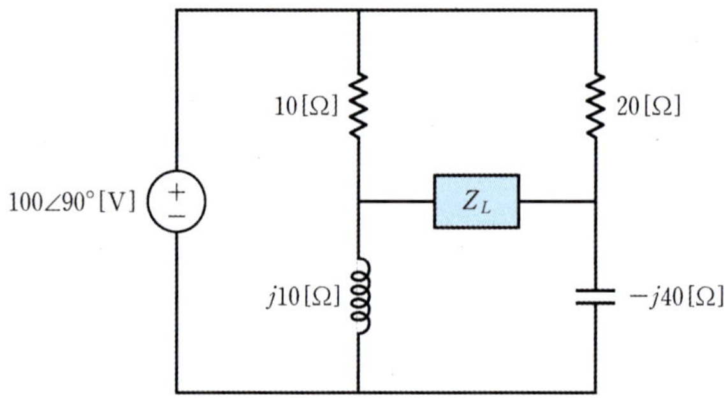


[문제 12.9]

**12.10** 다음 회로의 점선 영역 안에서 소모하는 평균전력이 최대가 되기 위한 $R_L$의 조건을 유도하라.

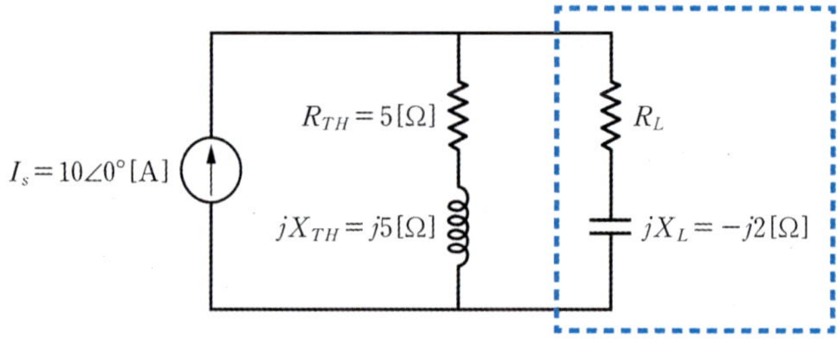


[문제 12.10]

**12.11** 다음 회로에서 부하 $Z_L$이 소모하는 전력이 최대가 되기 위한 $Z_L$과 최대전력 $P_{max}$를 구하라.

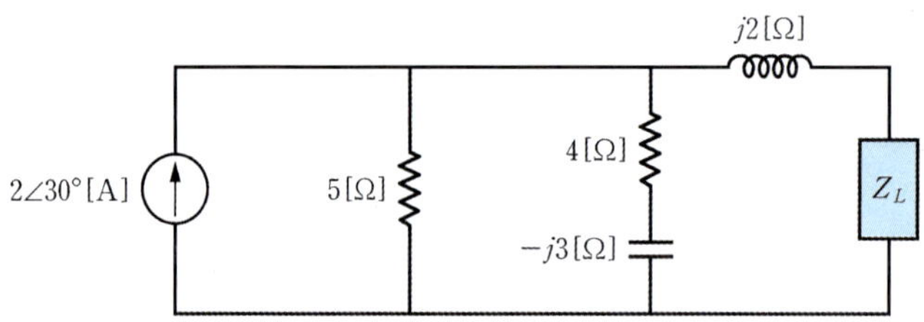


(a)

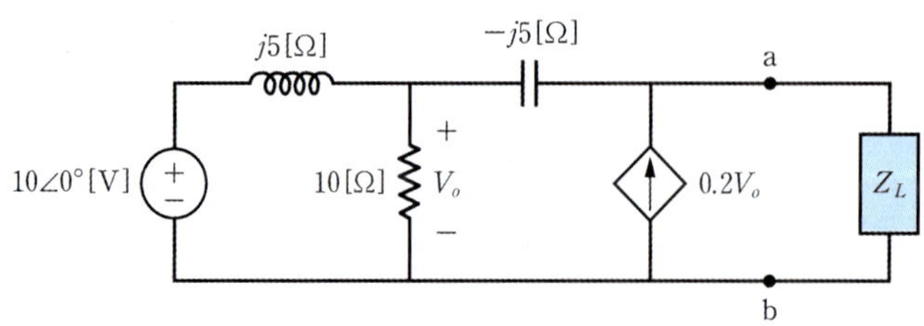


(b)

[문제 12.11]

**12.12** 다음 회로에서 부하가 소모하는 평균전력이 최대가 되도록 부하의 회로를 구하라.

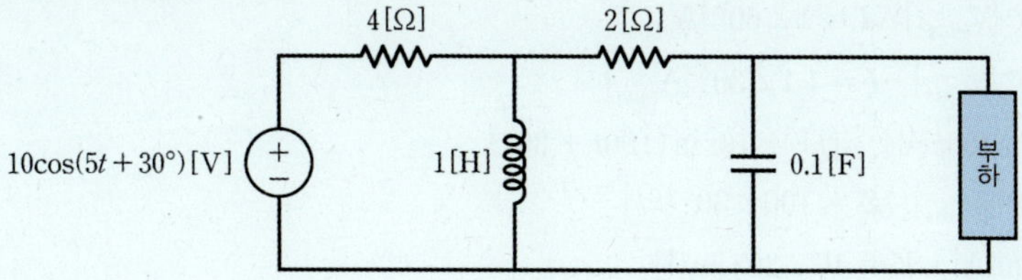


[문제 12.12]

**12.13** 다음 회로에서 저항 $R$이 소모하는 전력이 최대가 되기 위한 $R$을 구하라.

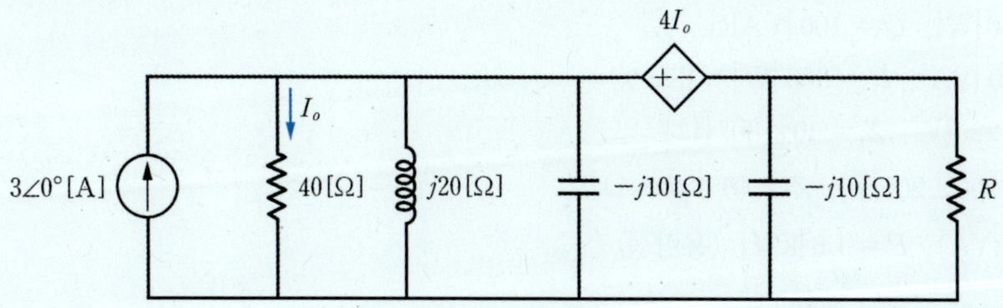


[문제 12.13]

**12.14** 전압 $v(t)$의 파형이 다음과 같은 경우, 실횻값 $V_{rms}$를 구하라.

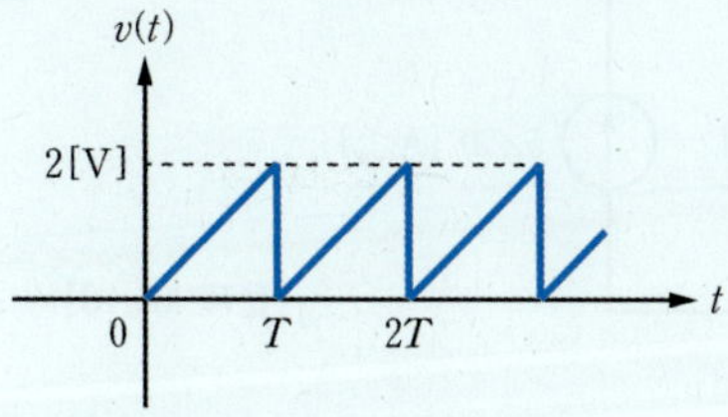


(a)

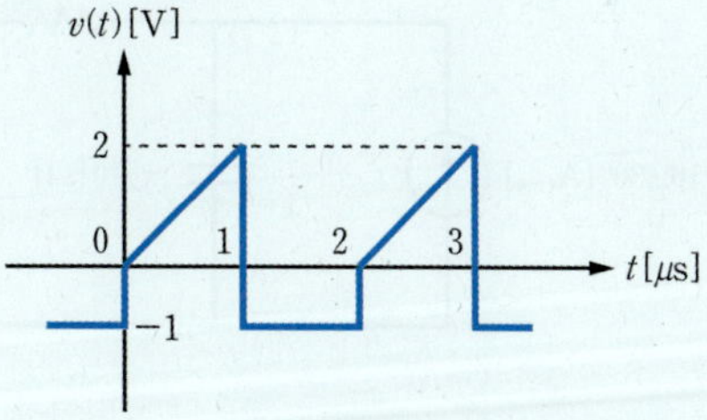


(b)

[문제 12.14]

**12.15** 주기신호가 다음과 같은 파형을 가지는 경우, 실횻값 $I_{rms}$를 구하라.

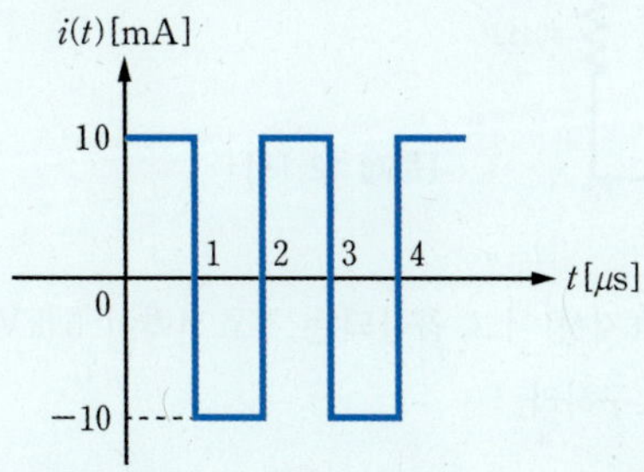


(a)

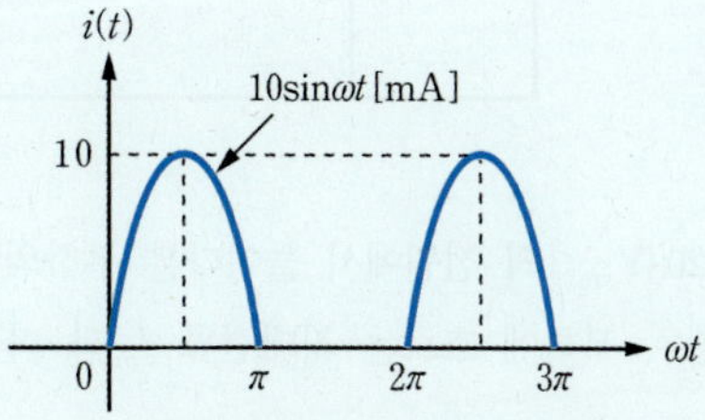


(b)

[문제 12.15]

**12.16** 다음에 주어진 전압과 전류로부터 복소전력 $\boldsymbol{S}$, 유효전력 $P$, 무효전력 $Q$, 역률 $pf$를 구하라.

(a) $\boldsymbol{V} = 220\angle 30°\,[\mathrm{V}_{rms}]$, $\boldsymbol{I} = 1\angle 60°\,[\mathrm{A}_{rms}]$

(b) $\boldsymbol{V} = 110\angle 90°\,[\mathrm{V}_{rms}]$, $\boldsymbol{I} = 1.1\angle 30°\,[\mathrm{A}_{rms}]$

(c) $v(t) = 160\cos 100t\,[\mathrm{V}]$, $i(t) = 10\sin(100t + 30°)$

(d) $\boldsymbol{V} = 800\angle 60°\,[\mathrm{V}_{rms}]$, $\boldsymbol{Z} = 100\angle 30°\,[\Omega]$

(e) $\boldsymbol{I} = 30\angle 45°\,[\mathrm{mA}]$, $\boldsymbol{Y} = 10\angle 30°\,[\mathrm{m℧}]$

**12.17** 다음에 주어진 조건을 만족하는 복소전력 $\boldsymbol{S}$를 구하라.

(a) $P = 260\,[\mathrm{W}]$, $Q = 100\,[\mathrm{VAR}]$

(b) $S = 600\,[\mathrm{VA}]$, $P = 300\,[\mathrm{W}]$ (유도성)

(c) $V_{rms} = 220\,[\mathrm{V}]$, $Z = 40\angle 30°\,[\Omega]$

(d) $\boldsymbol{V}_{rms} = 200\angle 20°\,[\mathrm{V}]$, $Z = 40 + j60\,[\Omega]$

(e) $S = 2\,[\mathrm{kVA}]$, $P = 1.6\,[\mathrm{kW}]$ (용량성)

**12.18** 다음 회로에서 인덕터가 흡수하는 복소전력 $\boldsymbol{S}$를 구하라.

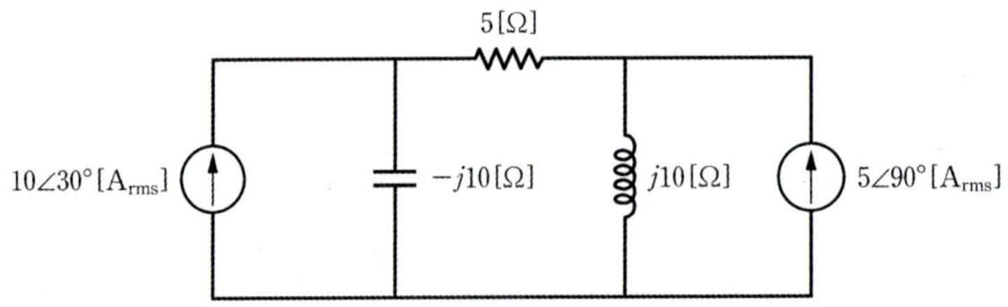


[문제 12.18]

**12.19** 다음 회로에서 전원에서 들여다본 역률 $pf$와 공급하는 평균전력 $P$를 구하라.

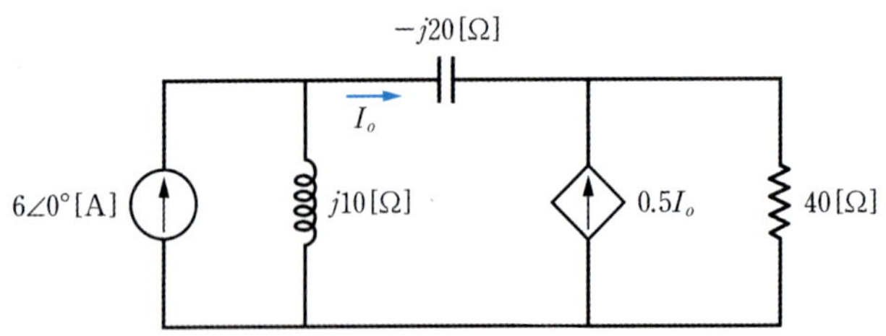


[문제 12.19]

**12.20** $220\,[\mathrm{V_{rms}}]$의 전원에서 들여다본 부하의 역률이 0.8(지상)이고 공급되는 무효전력이 5 [kVAR]일 경우, 부하에 흐르는 최대전류 $I_m$과 피상전력 $S$를 구하라.

**12.21** 다음 회로의 점선 영역 안에서 소모하는 복소전력 $\boldsymbol{S}$를 구하라.

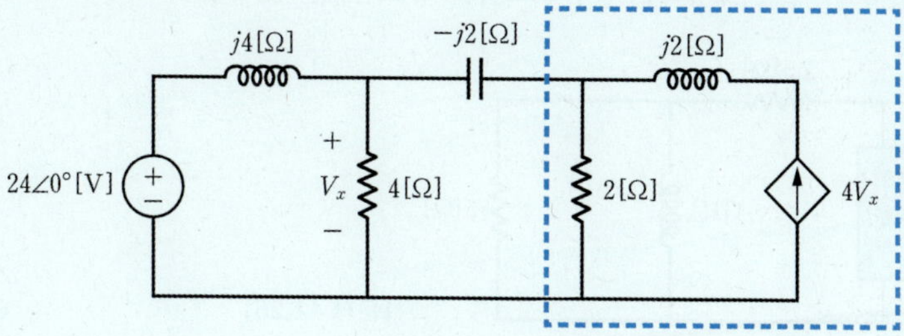


[문제 12.21]

**12.22** 다음 회로의 점선 영역 안에서 소모하는 전력에 대해 전력삼각형을 구하라.

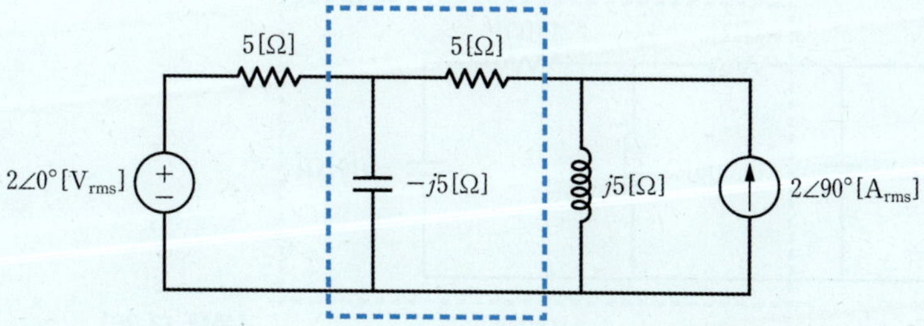


[문제 12.22]

**12.23** 다음 회로에서 출력전압 $V_o$를 구하라. 각 임피던스의 조건은 다음과 같다.

- $P_1 = 20\,[\mathrm{kW}]$, $0.8pf$ 지상
- $P_2 = 16\,[\mathrm{kW}]$, $0.9pf$ 지상

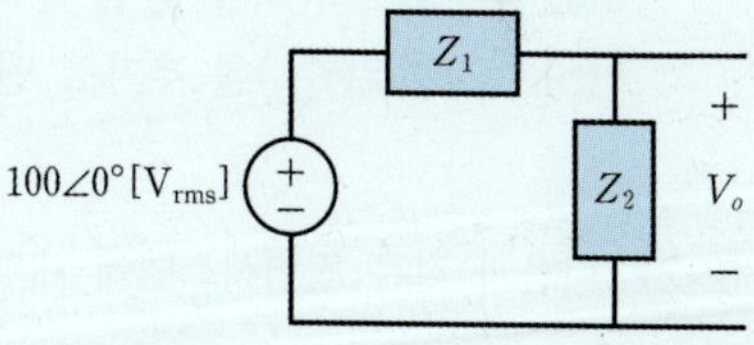


[문제 12.23]

**12.24** 다음 부하회로의 임피던스 삼각형을 그리고 역률 $pf$를 구하라.

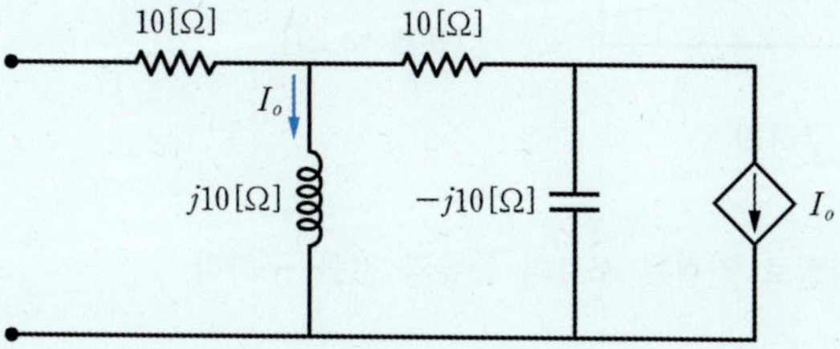


[문제 12.24]

**12.25** 다음 회로에서 전원에서 들여다본 부하의 역률이 0.95가 되도록 만드는 보상회로를 구하라. 단, $v_s(t) = 10\cos(5t + 30°)$이고, 보상회로에서 소모하는 유효전력은 0이다.

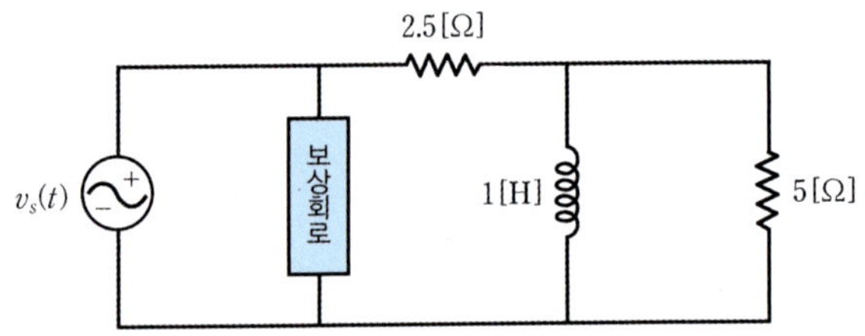


[문제 12.25]

**12.26** 다음 회로에 대해 주어진 물음에 답하라. 단, $v_s(t) = 10\cos(250t+30°)$이다.

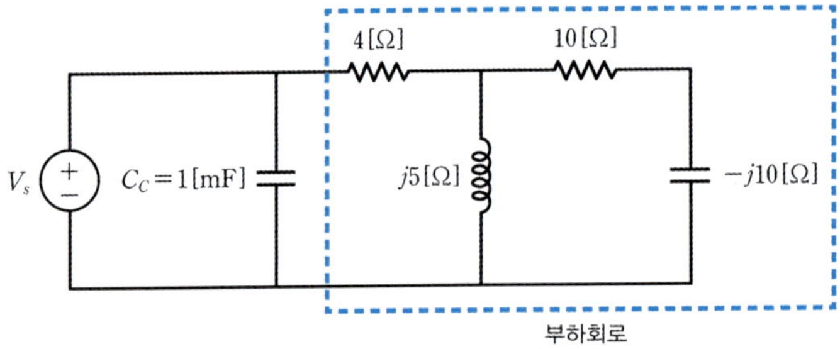


[문제 12.26]

(a) 부하회로의 역률 $pf$를 구하라.

(b) 보상회로($C_C$)를 추가로 연결할 경우, 역률 $pf$를 구하라.

**12.27** 다음과 같은 전력시스템에 대해 주어진 물음에 답하라.

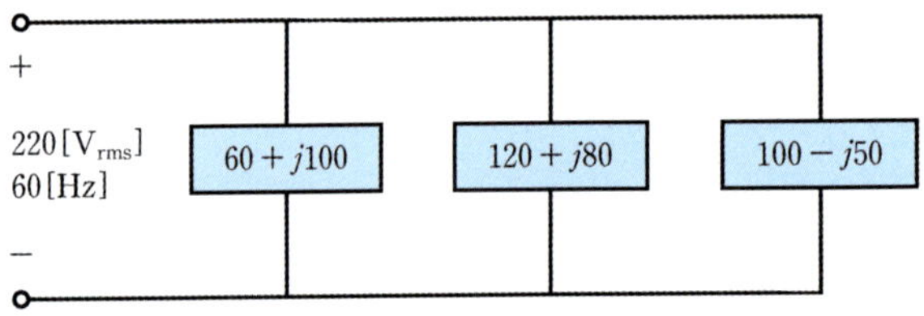


[문제 12.27]

(a) 전원이 공급하는 복소전력 $\boldsymbol{S}$를 구하라.

(b) 전체 부하의 역률 $pf$를 구하라.

(c) 역률을 0.95로 개선하기 위해 병렬로 연결된 소자의 종류와 값을 구하라.

CHAPTER

# 13

# 회로의 주파수 특성

Frequency Response



**학습목표**

- 회로의 전달특성에 대해 이해할 수 있다.
- 전달함수로부터 영점과 극점을 구할 수 있다.
- 전달함수에 대한 보데 선도에 대해 이해할 수 있다.
- 공진회로의 특성을 이해할 수 있다.
- 필터회로의 특성을 이해할 수 있다.
- 회로의 스케일링에 대해 이해할 수 있다.

SECTION 13.1

# 전달함수

주어진 회로에 대해 입력과 출력의 관계를 나타낸 것이 전달함수이다. 이 절에서는 전원이 정현파인 경우($s=j\omega$)에 대해서만 설명하고자 한다. [그림 13-1]과 같이 저항 $R$과 커패시터 $C$가 포함된 회로에서 저항의 크기는 전원의 주파수($s=j\omega$)와 무관하지만, 커패시터의 임피던스는 $1/sC(=1/j\omega C)$로 $s$(혹은 $j\omega$)에 의해 그 크기가 변화한다. 따라서 회로의 전달함수는 $s$의 함수가 될 것이다. 다음 회로에서 전달함수를 구해보자.

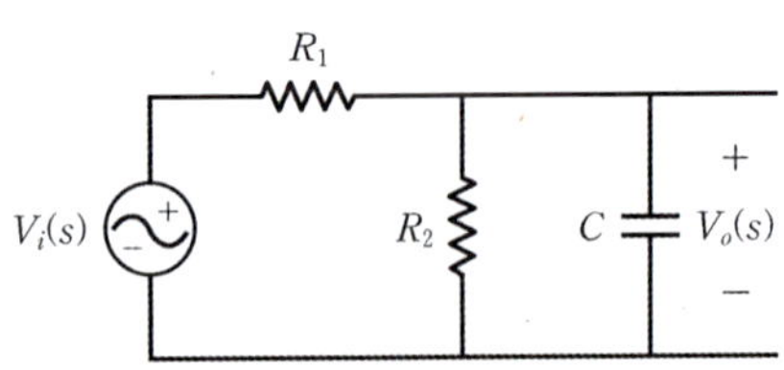


**[그림 13-1]** 전달함수를 구하기 위한 회로

커패시터의 임피던스는 $Z_C = 1/sC$이므로 출력전압 $V_o(s)$는 전압분배법칙을 적용해 구하고, 입력전압 $V_i(s)$와의 관계식인 전달함수 $T(s)$를 구하면 식 (13.1)과 같다.

$$V_o(s) = \frac{R_2 // \frac{1}{sC}}{R_1 + R_2 // \frac{1}{sC}} \cdot V_i(s) = \frac{R_2}{R_1 + R_2 + sR_1R_2C} \cdot V_i(s)$$

$$T(s) = \frac{V_o(s)}{V_i(s)} = \frac{R_2}{R_1 + R_2 + sCR_1R_2} \tag{13.1}$$

여기서 $s=j\omega$를 대입하면 전원 주파수에 대한 전달함수가 된다. 즉, 라플라스 변환된 회로로부터 전달함수를 구하면 전달함수는 $s$의 함수로 표현되고 주파수영역에서의 회로로부터 전달함수를 구하면 $j\omega$의 함수가 되지만 둘 사이에는 $s=j\omega$의 관계가 있다. 따라서 $s$의 함수로 표현된 전달함수에 $s$ 대신 $j\omega$를 대입하면 주파수영역에서의 전달함수가 된다.

## 예제 13-1

다음 회로에서 입력전압 $V_i(s)$와 출력전류 $I_o(s)$ 사이의 전달함수 $T(s)$를 구하라.

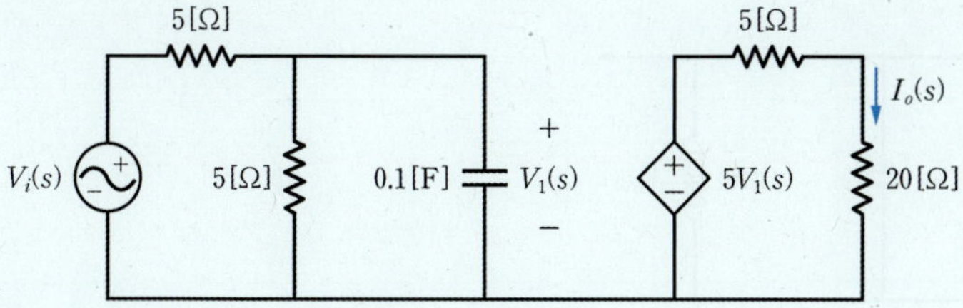


**[그림 13-2]** [예제 13-1]의 회로

### 풀이

출력 루프방정식으로부터 출력전류 $I_o(s)$를 얻는다.

$$I_o = \frac{5\,V_1(s)}{25} = \frac{1}{5}\,V_1(s)$$

또한 입력회로에서 전압분배법칙을 적용하면 전압 $V_1(s)$를 얻는다.

$$V_1(s) = \frac{5//\dfrac{10}{s}}{5+5//\dfrac{10}{s}} \cdot V_i(s) = \frac{\dfrac{10}{2+s}}{5+\dfrac{10}{2+s}}\,V_i(s) = \frac{2}{4+s}\,V_i(s)$$

따라서 전달함수 $T(s)$를 구하면 다음과 같다.

$$T(s) = \frac{I_o(s)}{V_i(s)} = \frac{1}{10} \cdot \frac{1}{1+s/4}$$

## 실전문제 13-1

다음 회로에서 입력전압 $V_i(s)$와 출력전압 $V_o(s)$ 사이의 전달함수 $T(s)$를 구하라.

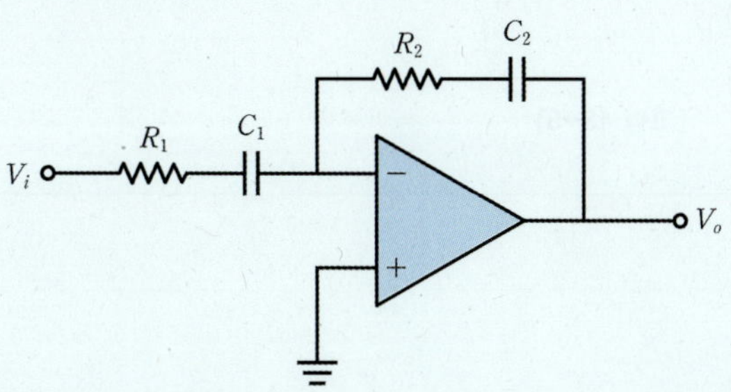


**[그림 13-3]**

## 예제 13-2

다음 회로에서 입력전류 $I_i(s)$와 출력전압 $V_o(s)$ 사이의 전달함수 $T(s)$를 구하라.

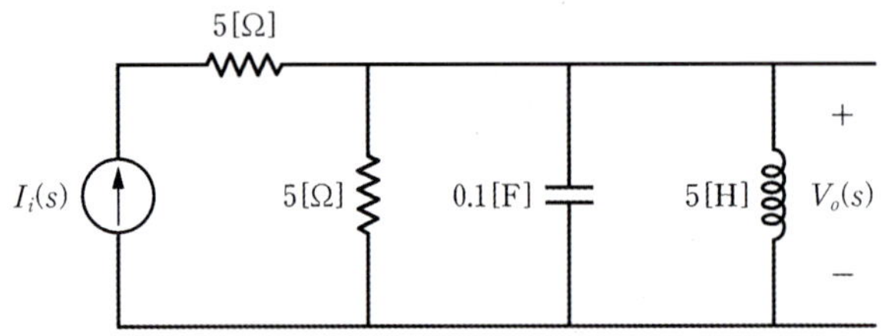


**[그림 13-4]** [예제 13-2]의 회로

### 풀이

0.1[F]의 임피던스는 $10/s$이고, 5[H]의 임피던스는 $5s$이므로 출력전압 $V_o(s)$는 다음과 같이 표현된다.

$$V_o(s) = \left(5 // \frac{10}{s} // 5s\right) \cdot I_i(s)$$

$$= \frac{1}{\frac{1}{5} + \frac{s}{10} + \frac{1}{5s}} \cdot I_i(s) = \frac{10s}{2 + 2s + s^2} \cdot I_i(s)$$

그러므로 전달함수 $T(s)$는 다음과 같다.

$$T(s) = \frac{V_o(s)}{I_i(s)} = \frac{10s}{s^2 + 2s + 2}$$

## 실전문제 13-2

다음 회로에서 입력전류 $I_i(s)$와 출력전압 $V_o(s)$ 사이의 전달함수 $T(s)$를 구하라.

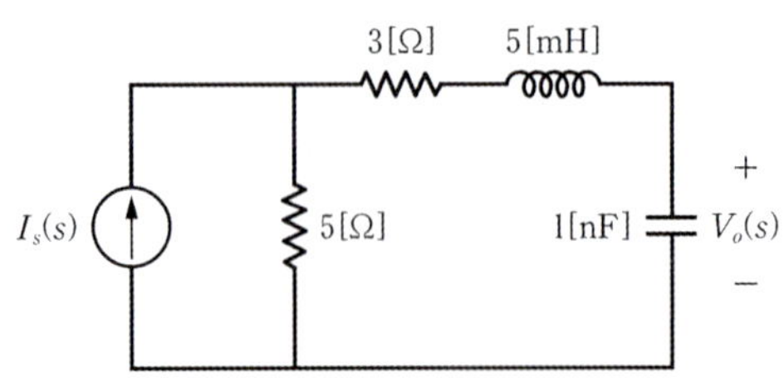


**[그림 13-5]**

SECTION 13.2

# $s$-평면에서의 극점과 영점

13.1절에서 알아본 것처럼 임의의 회로에서 구한 전달함수 $T(s)$는 식 (13.2)와 같이 분수 형태로 표현된다.

$$T(s) = \frac{N(s)}{D(s)} \tag{13.2}$$

식 (13.2)에서 분모가 $D(s) = 0$가 되는 $s$의 근을 **극점**pole이라고 하며, 극점에서 $T(s)$의 크기는 무한대가 된다. 반면 분자가 $N(s) = 0$가 되는 $s$의 근을 **영점**zero이라고 하며, 영점에서 $T(s)$의 크기는 0가 된다. 따라서 임의의 회로의 특성은 이와 같은 영점과 극점의 위치에 의해 결정된다.

### 예제 13-3

다음 회로에서 입력전압 $V_i(s)$와 출력전압 $V_o(s)$ 사이의 전달함수 $T(s)$를 구하고 전달함수의 극점과 영점을 구해 $s$-평면에 표기하라.

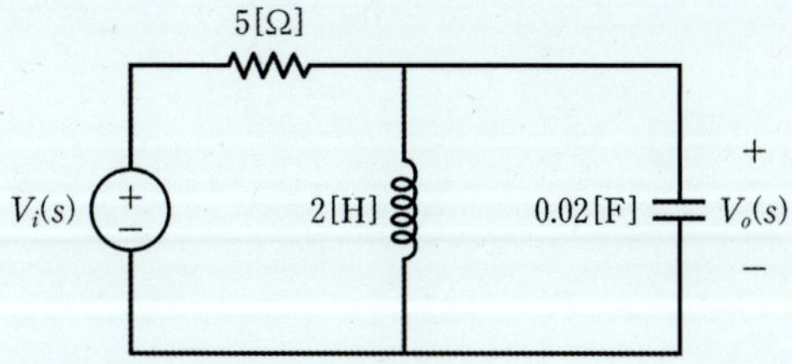


**[그림 13-6]** [예제 13-3]의 회로

**풀이**

$$V_o(s) = \frac{2s\,//\,(50/s)}{5 + 2s\,//\,(50/s)} \cdot V_i(s) = \frac{10s}{s^2 + 10s + 25} \cdot V_i(s)$$

$$T(s) = \frac{V_o(s)}{V_i(s)} = \frac{10s}{s^2 + 10s + 25} = \frac{10s}{(s+5)^2}$$

따라서 극점은 $s = -5$(중근), 영점은 $s = 0$이다. $s$-평면에 극점(×)과 영점(○)을 표기하면 [그림 13-7]과 같다.

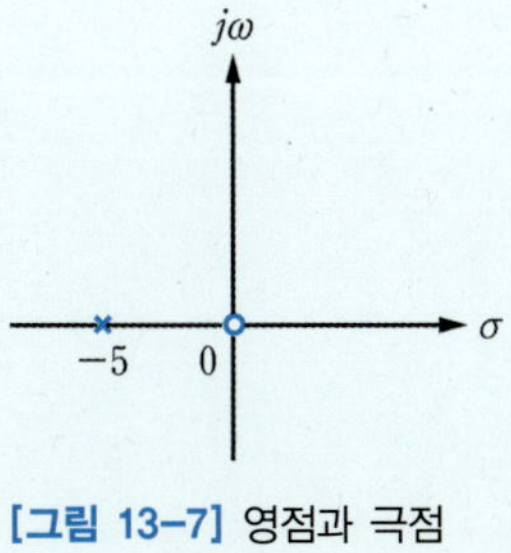


**[그림 13-7]** 영점과 극점

## 실전문제 13-3

다음 회로에서 입력전압 $V_i(s)$와 출력전압 $V_o(s)$ 사이의 전달함수 $T(s)$를 구하고 전달함수의 극점과 영점을 구해 $s$-평면에 표기하라.

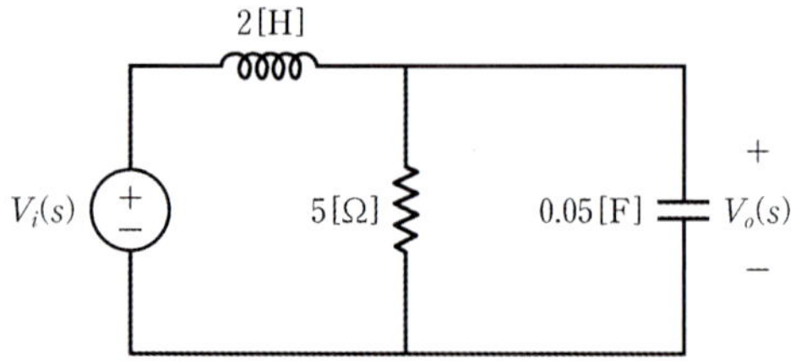


[그림 13-8]

SECTION 13.3

# 보데 선도

식 (13.2)의 전달함수는 $s$의 함수 형태로 표현되어 있다. 여기에 $s$ 대신 주파수인 $j\omega$를 대입하면 전달함수는 주파수 $\omega$에 따라 크기와 위상이 변한다. 주파수에 따른 변화 양상을 이해하기 위해서는 그래프 방식으로 분석하는 것이 바람직하다. 일반적으로 전달함수의 크기와 주파수는 변화하는 범위가 매우 넓기 때문에 선형눈금으로 그래프를 표현하는 것이 매우 어렵다. 위상의 경우 변화가 $0 \sim 360°$로 한정되므로 선형눈금을 사용해도 무방하지만 크기와 주파수의 변화는 범위가 한정되어 있지 않으므로 선형눈금보다는 상용대수[log] 눈금을 사용하는 것이 훨씬 효과적이다.

보데 선도는 주파수와 전달함수의 크기를 상용대수 눈금을 사용하며 그래프의 선형화 작업을 통해 그래프를 좀더 쉽게 얻고 이해할 수 있는 방법이다. 전달함수의 크기는 상용대수로 나타내며, 단위는 데시벨[decibels, dB]로 표현된다. 원래 벨[Bell, B]이라는 단위는 통신에서 입력전력 $P_1$과 출력전력 $P_2$의 비를 식 (13.3)과 같이 상용대수로 나타낼 경우의 값 $G_{\mathrm{B}}$에 사용된다.

$$G_{\mathrm{B}} = \log_{10}\left(\frac{P_2}{P_1}\right)[\mathrm{B}] \tag{13.3}$$

[B]이라는 단위보다는 [dB] 단위를 많이 사용하며 [dB]의 단위는 식 (13.4)에 표현되어 있다.

$$G_{\mathrm{dB}} = 10\,G_B = 10\log_{10}\left(\frac{P_2}{P_1}\right)[\mathrm{dB}] \tag{13.4}$$

예를 들어, 입력전력이 10 [mW]이고 출력전력이 100 [mW]이면, 전력의 비는 10이 되므로 전력의 비가 1 [B] 또는 10 [dB]이라고 한다. 한편 입력전압 $\boldsymbol{V}_1$, 전류 $\boldsymbol{I}_1$, 저항 $R_1$과 출력전압 $\boldsymbol{V}_2$, 전류 $\boldsymbol{I}_2$, 저항 $R_2$를 사용하면 다음과 같다.

$$P_1 = \frac{|\boldsymbol{V}_1|^2}{R_1},\quad P_2 = \frac{|\boldsymbol{V}_2|^2}{R_2} \quad \text{혹은} \quad P_1 = |\boldsymbol{I}_1|^2 \cdot R_1,\quad P_2 = |\boldsymbol{I}_2|^2 \cdot R_2$$

입력저항과 출력저항을 단위저항(1 [Ω])을 사용해 나타내면 다음과 같다.

$$P_1 = |\boldsymbol{V}_1|^2,\quad P_2 = |\boldsymbol{V}_2|^2 \quad \text{또는} \quad P_1 = |\boldsymbol{I}_1|^2,\quad P_2 = |\boldsymbol{I}_2|^2$$

식 (13.4)는 다음과 같이 표현된다.

$$G_{dB} = 10\log\left(\frac{P_2}{P_1}\right) = 10\log\left(\frac{|\boldsymbol{V}_2|^2}{|\boldsymbol{V}_1|^2}\right) = 20\log\left|\frac{\boldsymbol{V}_2}{\boldsymbol{V}_1}\right| \tag{13.5a}$$

$$|\boldsymbol{T}(j\omega)|_{dB} = 20 \cdot \log|\boldsymbol{T}(j\omega)| \tag{13.5b}$$

한편 식 (13.1)과 같이 전달함수가 전압의 비인 경우와 마찬가지로 전달함수가 전압의 비가 아닐지라도 전달함수의 크기를 dB로 나타낼 경우에는 식 (13.5b)와 같이 상용대수에 20을 곱하면 된다. 전달함수의 크기 또는 위상에 대한 보데 선도는 극점과 영점의 위치와 개수에 따라 특성이 결정된다. 지금부터 전달함수의 극점과 영점의 위치 및 개수에 따른 보데 선도의 특성을 살펴볼 것이다.

### ■ 원점에 극점이 하나 존재하는 경우

$$T(s) = \frac{1}{s} \quad \rightarrow \quad \boldsymbol{T}(j\omega) = \frac{1}{j\omega} \tag{13.6}$$

식 (13.6)에서 전달함수 $T(j\omega)$의 크기와 위상을 구하면 다음과 같다.

$$|\boldsymbol{T}(j\omega)| = \frac{1}{\omega} \tag{13.7a}$$

$$\angle \boldsymbol{T}(j\omega) = -90° \tag{13.7b}$$

식 (13.7a)의 크기를 dB로 표현하면 다음과 같다.

$$|\boldsymbol{T}(j\omega)|_{dB} = 20\log\left(\frac{1}{\omega}\right) = -20\log\omega \tag{13.8}$$

식 (13.7b)와 식 (13.8)로부터 식 (13.6)의 보데 선도를 그리면 [그림 13-9]와 같다.

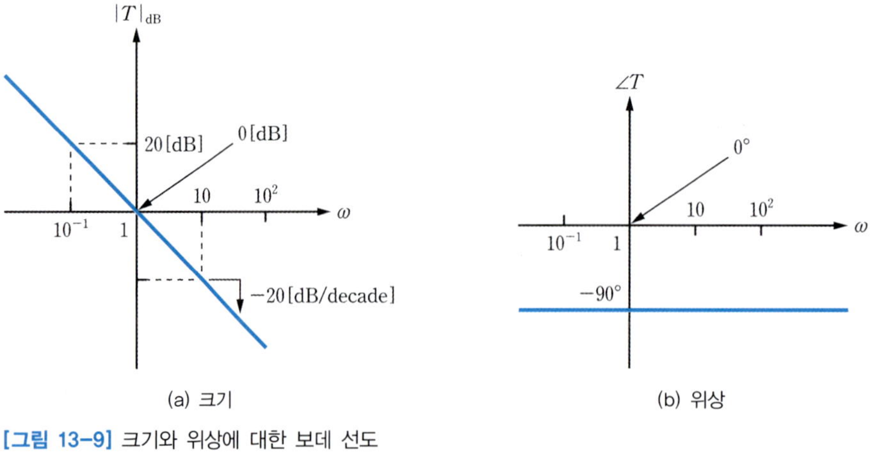


[그림 13-9] 크기와 위상에 대한 보데 선도

## ■ 원점에 영점이 하나 존재하는 경우

$$T(s) = s \quad \rightarrow \quad \boldsymbol{T}(j\omega) = j\omega \tag{13.9}$$

식 (13.9)에서 전달함수 $\boldsymbol{T}(j\omega)$의 크기와 위상을 구하면 다음과 같다.

$$|\boldsymbol{T}(j\omega)| = \omega \tag{13.10a}$$

$$\angle\, \boldsymbol{T}(j\omega) = +90° \tag{13.10b}$$

먼저 식 (13.10a)의 크기를 dB로 표현하면 다음과 같다.

$$|\boldsymbol{T}(j\omega)|_{\text{dB}} = 20\log\omega \tag{13.11}$$

식 (13.10b)와 식 (13.11)로부터 식 (13.9)의 보데 선도를 그리면 [그림 13-10]과 같다.

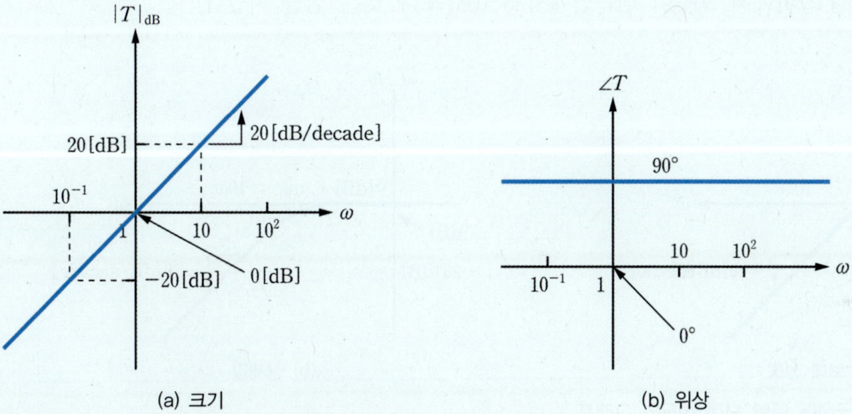


**[그림 13-10]** 크기와 위상에 대한 보데 선도

## ■ 실수축 상에 극점이 하나 존재할 경우

$$T(s) = \frac{1}{1 + s/\omega_o} \quad \rightarrow \quad \boldsymbol{T}(j\omega) = \frac{1}{1 + j\omega/\omega_o} \tag{13.12}$$

식 (13.12)에서 전달함수 $\boldsymbol{T}(j\omega)$의 크기와 위상을 구하면 다음과 같다.

$$|\boldsymbol{T}(j\omega)| = \frac{1}{\sqrt{1 + (\omega/\omega_o)^2}} \tag{13.13a}$$

$$\angle\, \boldsymbol{T}(j\omega) = -\tan^{-1}\left(\frac{\omega}{\omega_o}\right) \tag{13.13b}$$

먼저 식 (13.13a)의 크기를 dB로 표현하면 다음과 같다.

$$|\boldsymbol{T}(j\omega)|_{\text{dB}} = -20\log\sqrt{1 + (\omega/\omega_o)^2} = -10\log\{1 + (\omega/\omega_o)^2\} \tag{13.14}$$

식 (13.14)에서 주파수가 $\omega \ll \omega_o$의 조건을 만족하면 다음과 같다.

$$|\boldsymbol{T}(j\omega)|_{\mathrm{dB}} = 0 \tag{13.15}$$

주파수가 $\omega \gg \omega_o$의 조건을 만족하면 다음과 같다.

$$|\boldsymbol{T}(j\omega)|_{\mathrm{dB}} = -20\log(\omega/\omega_o) \tag{13.16}$$

두 직선이 만나는 주파수 $\omega_o$를 **코너 주파수** 혹은 차단주파수cutoff frequency라고 한다. [그림 13-11(a)]에 나타낸 2개의 직선을 점근선으로 하는 그래프가 보데 선도를 나타내며, $\omega = \omega_o$일 때 실제 크기를 구하면 다음과 같다.

$$|\boldsymbol{T}(j\omega_o)|_{\mathrm{dB}} = -10\log\{1 + (\omega_o/\omega_o)^2\} = -3$$

따라서 [그림 13-11(b)]에서 보듯이 점근선에서 3[dB]보다 낮은 점을 지난다.

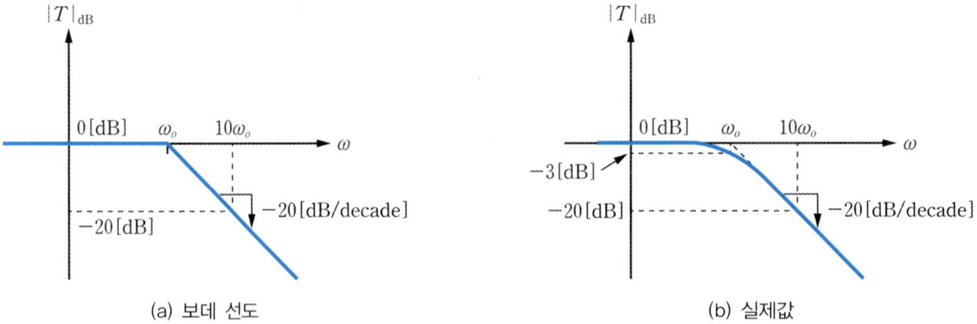


**[그림 13-11]** 단일 극점에 대한 보데 선도와 그래프

한편 식 (13.13b)에 표현한 위상 그래프도 계산기의 도움 없이는 쉽게 구할 수 없다. 따라서 다음과 같이 가정했다. 즉 [그림 13-12(a)]의 실제 그래프를 [그림 13-12(b)]와 같이 선형화해 나타냈다.

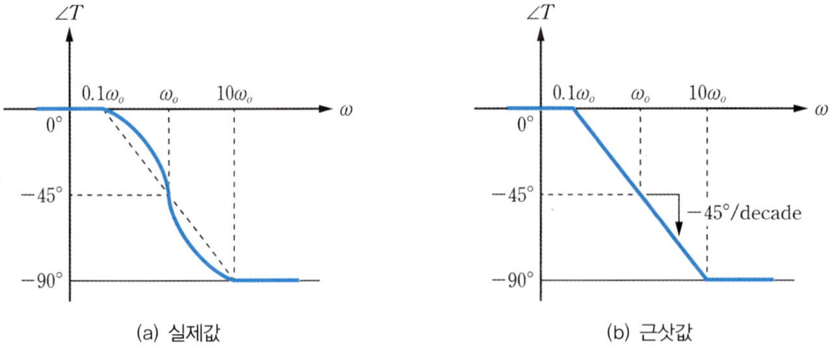


**[그림 13-12]** 전달함수의 위상에 대한 실제값과 근삿값

## ■ 실수축 상에 영점이 하나 존재할 경우

$$T(s) = 1 + s/\omega_o \quad \rightarrow \quad \boldsymbol{T}(j\omega) = 1 + j\omega/\omega_o \tag{13.17}$$

식 (13.17)에서 전달함수 $\boldsymbol{T}(j\omega)$의 크기와 위상을 구하면 다음과 같다.

$$|\boldsymbol{T}(j\omega)| = \sqrt{1 + (\omega/\omega_o)^2} \tag{13.18a}$$

$$\angle \boldsymbol{T}(j\omega) = \tan^{-1}\left(\frac{\omega}{\omega_o}\right) \tag{13.18b}$$

먼저 식 (13.18a)의 크기를 dB로 표현하면 다음과 같다.

$$|\boldsymbol{T}(j\omega)|_{\text{dB}} = 20\log\sqrt{1 + (\omega/\omega_o)^2} = 10\log\{1 + (\omega/\omega_o)^2\} \tag{13.19}$$

식 (13.19)와 식 (13.14)를 비교하면 크기는 동일하고 부호만 서로 반대이다. 또한 식 (13.13b)와 식 (13.18b)를 비교하면 위상도 크기는 동일하고 부호만 서로 반대이다. 따라서 보데 선도는 [그림 13-11]과 [그림 13-12]로부터 [그림 13-13]과 같이 주파수 축에 대칭으로 그리면 된다.

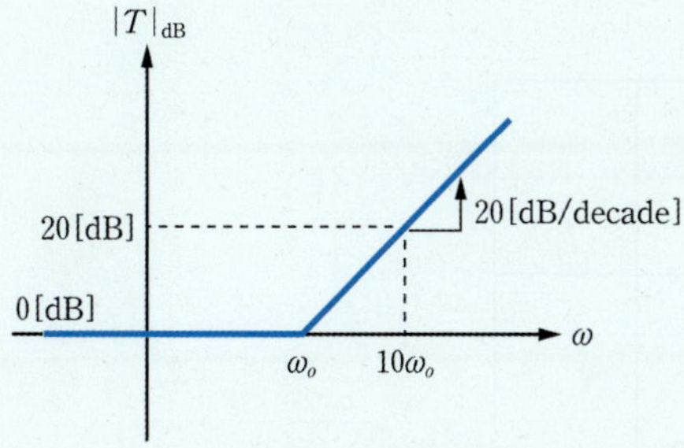


(a) 크기

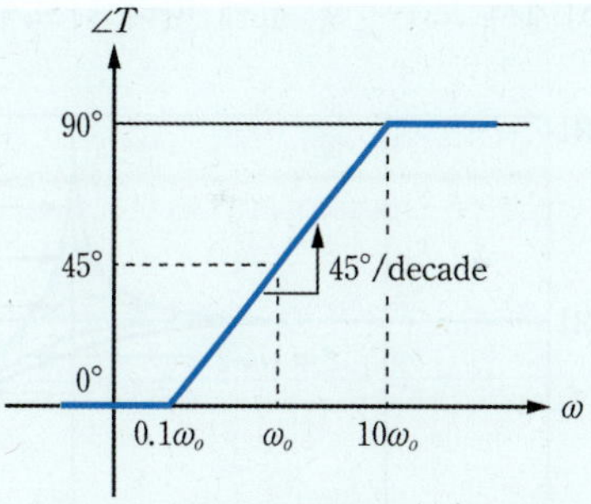


(b) 위상

**[그림 13-13]** 크기와 위상에 대한 보데 선도

## ■ 극점이 복소수일 경우

극점이 실수가 아니고 복소수일 경우에는 단일극점으로 존재하지 않고, 항상 켤레복소수로 존재한다. [그림 13-14]와 같이 복소평면에 극점이 2개 존재할 경우 전달함수는 다음과 같다.

$$T(s) = \frac{1}{1 + 2\xi(s/\omega_n) + (s/\omega_n)^2}$$

$$\rightarrow \quad \boldsymbol{T}(j\omega) = \frac{1}{1 + 2\xi(j\omega/\omega_n) + (j\omega/\omega_n)^2} \tag{13.20}$$

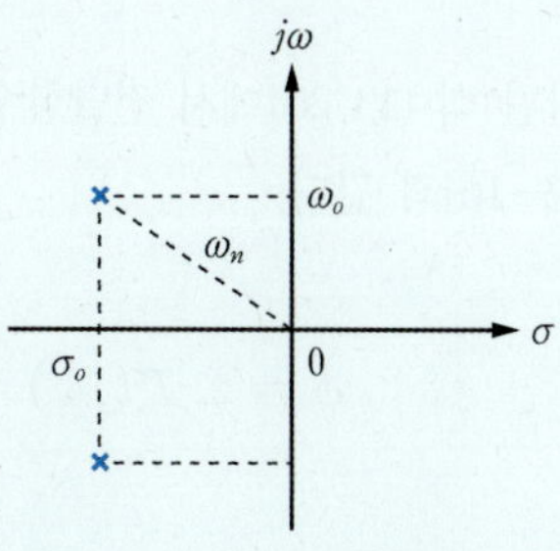


**[그림 13-14]** 복소평면에서의 극점

여기서 $\omega_n = \sqrt{\sigma_o^2 + \omega_o^2}$, $\xi = \dfrac{\sigma_o}{\omega_n}$ 이다. 식 (13.20)의 전달함수에 대해 크기와 위상을 구하면 다음과 같다.

$$|\boldsymbol{T}(j\omega)|_{\text{dB}} = -10\log[\{1-(\omega/\omega_n)^2\}^2 + 4\xi^2(\omega/\omega_n)^2] \tag{13.21}$$

식 (13.21)에서 주파수가 $\omega \ll \omega_n$ 의 조건을 만족하면 다음과 같다.

$$|\boldsymbol{T}(j\omega)|_{\text{dB}} = 0 \tag{13.22}$$

주파수가 $\omega \gg \omega_n$ 의 조건을 만족하면 다음과 같다.

$$|\boldsymbol{T}(j\omega)|_{\text{dB}} = -40\log(\omega/\omega_n) \tag{13.23}$$

두 직선이 만나는 주파수(코너 주파수)는 $\omega_n$ 이다. 식 (13.21)의 특성이 식 (13.22)와 식 (13.23)의 두 직선을 점근선으로 하는 그래프이면 $\omega = \omega_n$ 에서의 실제 크기는 다음과 같다.

$$|T(j\omega_n)|_{\text{dB}} = -20\log(2\xi) \tag{13.24}$$

[그림 13-15]에서 보듯이 $\xi$ 값에 따라 다르게 나타난다.

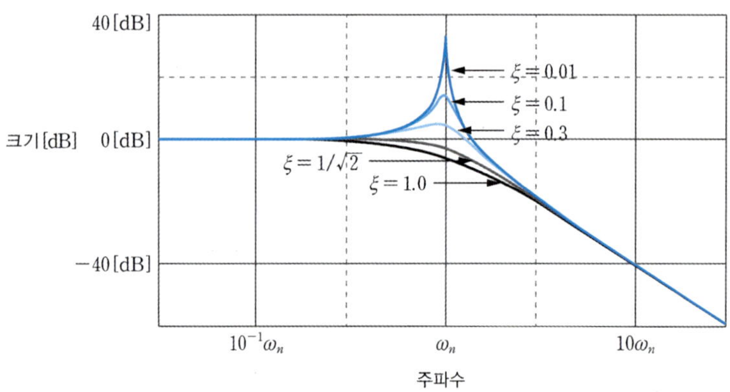


**[그림 13-15]** 극점이 복소수일 경우 전달함수의 크기에 대한 보데 선도

한편 식 (13.20)에서 전달함수의 위상을 구하면 식 (13.25)와 같고, 이를 그래프로 나타내면 [그림 13-16]과 같다.

$$\phi = \angle T(j\omega) = -\tan^{-1}\frac{2\xi(\omega/\omega_n)}{1-(\omega/\omega_n)^2} = \begin{cases} 0 & : \omega \to 0 \\ -90° & : \omega = \omega_n \\ -180° & : \omega \to \infty \end{cases} \tag{13.25}$$

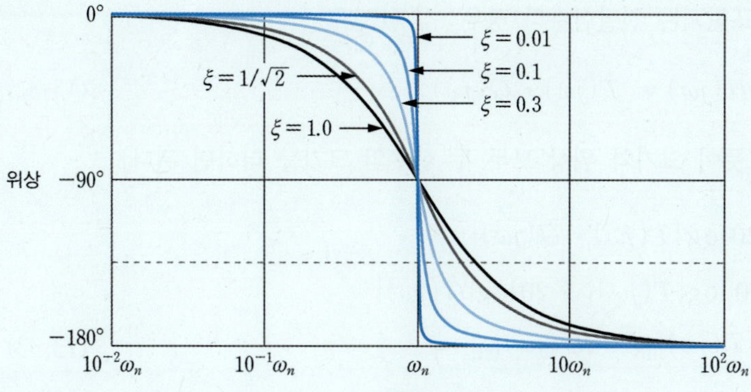


**[그림 13-16]** 극점이 복소수일 경우 전달함수의 위상에 대한 보데 선도

이상의 기본 그래프를 가지고 다음과 같은 성질을 이용하면 임의의 전달함수에 대한 보데 선도를 그릴 수 있다.

**성질 1** 주어진 전달함수 $\boldsymbol{T}(j\omega)$에 상수를 곱하는 경우 : 식 (13.26)

식 (13.27)과 같이 $H$의 크기에 대한 보데 선도는 $\boldsymbol{T}(j\omega)$의 크기에 대한 보데 선도에서 $20\log|C|$ 만큼 평행이동하면 된다. 또한 위상에 대한 보데 선도는 식 (13.28)과 같이 $C > 0$이면 $H$의 위상과 $\boldsymbol{T}(j\omega)$의 위상은 동일하고, $C < 0$이면 $H$의 위상은 $\boldsymbol{T}(j\omega)$의 위상에서 180°를 빼면 된다.

$$\boldsymbol{H}(j\omega) = C \cdot \boldsymbol{T}(j\omega) \tag{13.26}$$

$$\begin{aligned} |\boldsymbol{H}(j\omega)|_{\text{dB}} &= 20\log|C\boldsymbol{T}(j\omega)| = 20\log|C| + 20\log|\boldsymbol{T}(j\omega)| \\ &= |\boldsymbol{T}(j\omega)|_{\text{dB}} + 20\log|C| \end{aligned} \tag{13.27}$$

$$\begin{aligned} \angle \boldsymbol{H}(j\omega) &= \angle C \cdot \boldsymbol{T}(j\omega) = \angle C + \angle \boldsymbol{T}(j\omega) \\ &= \begin{cases} \angle \boldsymbol{T}(j\omega) & : C > 0 \\ \angle \boldsymbol{T}(j\omega) - 180° & : C < 0 \end{cases} \end{aligned} \tag{13.28}$$

**성질 2** 주어진 전달함수 $\boldsymbol{T}(j\omega)$의 역수일 경우 : 식 (13.29)

식 (13.30)과 식 (13.31)에서 보듯이 크기와 위상 모두 주파수 축($|\boldsymbol{T}(j\omega)|_{\text{dB}} = 0\,[\text{dB}]$, $\angle \boldsymbol{T}(j\omega) = 0°$)에 대칭인 모양이 된다([그림 13-11], [그림 13-12], [그림 13-13] 참조).

$$\boldsymbol{H}(j\omega) = \frac{1}{\boldsymbol{T}(j\omega)} \tag{13.29}$$

$$|\boldsymbol{H}(j\omega)|_{\text{dB}} = 20\log\left|\frac{1}{\boldsymbol{T}(j\omega)}\right| = -20\log|\boldsymbol{T}(j\omega)| = -|\boldsymbol{T}(j\omega)|_{\text{dB}} \tag{13.30}$$

$$\angle \boldsymbol{H}(j\omega) = \angle \frac{1}{\boldsymbol{T}(j\omega)} = -\angle \boldsymbol{T}(j\omega) \tag{13.31}$$

**성질 3** 두 전달함수의 곱으로 표현되는 전달함수의 경우 : 식 (13.32)

$$H(j\omega) = T(j\omega) \cdot G(j\omega) \tag{13.32}$$

식 (13.33)과 식 (13.34)에서 보듯이 크기와 위상 모두 두 함수의 크기를 더하면 된다.

$$\begin{aligned} |H(j\omega)|_{\text{dB}} &= 20\log|T(j\omega) \cdot G(j\omega)| \\ &= 20\log|T(j\omega)| + 20\log|G(j\omega)| \\ &= |T(j\omega)|_{\text{dB}} + |G(j\omega)|_{\text{dB}} \end{aligned} \tag{13.33}$$

$$\angle H(j\omega) = \angle T(j\omega) \cdot G(j\omega) = \angle T(j\omega) + \angle G(j\omega) \tag{13.34}$$

## 예제 13-4

전달함수 $T(s) = \dfrac{10s}{(1+s/10)(1+s/10^4)}$의 보데 선도를 그려라.

**풀이**

$$T(s) = 10 \cdot T_1(s) \cdot T_2(s) \cdot T_3(s)$$

이는 다음과 같이 쓸 수 있다.

$$T_1(s) = s, \quad T_2(s) = \frac{1}{1+s/10}, \quad T_3 = \frac{1}{1+s/10^4}$$

**성질 3**을 이용하면 다음을 얻는다.

$$|T(j\omega)|_{\text{dB}} = 20\log 10 + |T_1(j\omega)|_{\text{dB}} + |T_2(j\omega)|_{\text{dB}} + |T_3(j\omega)|_{\text{dB}} \quad \cdots ①$$

$$\angle T(j\omega) = \angle T_1(j\omega) + \angle T_2(j\omega) + \angle T_3(j\omega) \quad \cdots ②$$

따라서 식 ①로부터 전달함수의 크기에 대한 보데 선도를 그리면 [그림 13-17(a)]와 같고, 식 ②로부터 위상에 대한 보데 선도를 그리면 [그림 13-17(b)]와 같다.

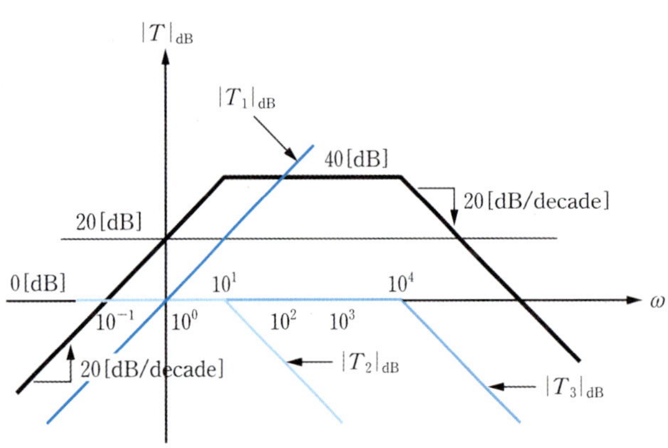


(a) 크기

**[그림 13-17]** [예제 13-4]에 대한 보데 선도 (계속)

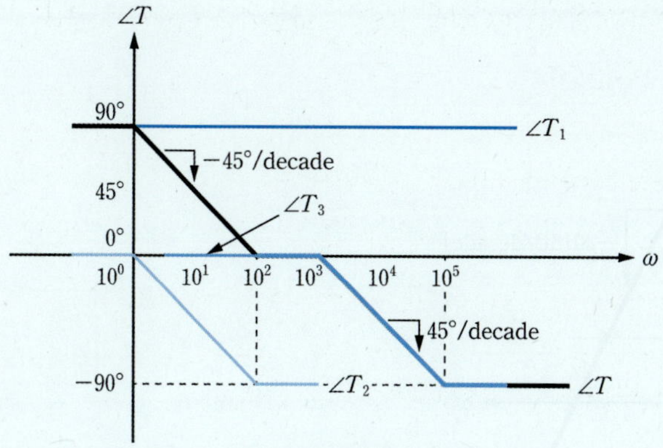


(b) 위상

**[그림 13-17]** [예제 13-4]에 대한 보데 선도

## 실전문제 13-4

전달함수 $T(s) = \dfrac{10(1+10^2 s)}{(1+s/10)(1+s/10^2)}$ 의 보데 선도를 그려라.

## 예제 13-5

전달함수 $T(s) = \dfrac{10s^2}{(1+s/10)(1+s/10^3)(1+s/10^4)^2}$ 의 보데 선도를 그려라.

**풀이**

$$T(s) = 10 \cdot T_1(s) \cdot T_1(s) \cdot T_2(s) \cdot T_3(s) \cdot T_4(s) \cdot T_4(s)$$

이는 다음과 같이 쓸 수 있다.

$$T_1(s) = s, \quad T_2(s) = \frac{1}{1+s/10}, \quad T_3 = \frac{1}{1+s/10^3}, \quad T_4 = \frac{1}{1+s/10^4}$$

**성질 3**을 이용하면 다음을 얻는다.

$$|T(j\omega)|_{\text{dB}} = 20 + 2|T_1(j\omega)|_{\text{dB}} + |T_2(j\omega)|_{\text{dB}} + |T_3(j\omega)|_{\text{dB}} + 2|T_4(j\omega)|_{\text{dB}}$$
$$\angle T(j\omega) = 2\angle T_1(j\omega) + \angle T_2(j\omega) + \angle T_3(j\omega) + 2\angle T_4(j\omega)$$

보데 선도를 그리면 [그림 13-18]과 같다.

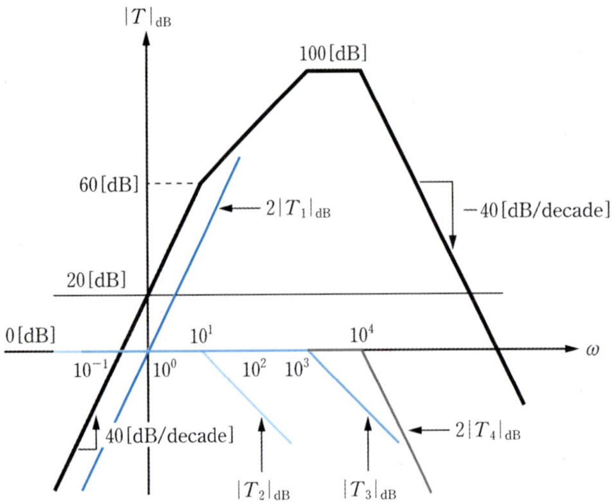


(a) 크기

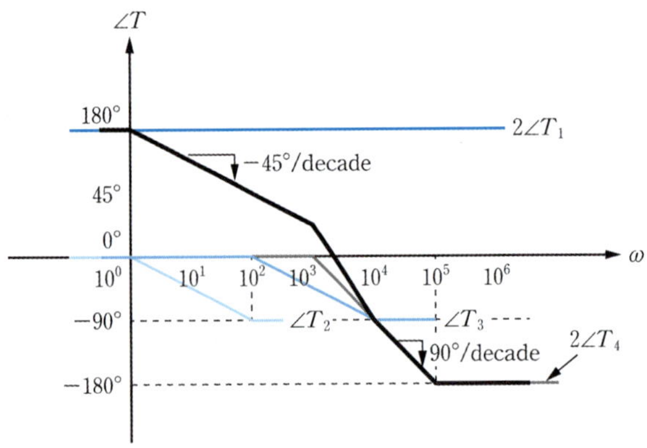


(b) 위상

**[그림 13-18]** [예제 13-5]에 대한 보데 선도

**실전문제 13-5**

전달함수 $T(s) = \dfrac{10s}{(1+s/10)(1+s/10^3)^2}$ 의 보데 선도를 그려라.

**예제 13-6**

극점이 복소수인 전달함수 $T(s) = \dfrac{10s}{(1+s/10^2)\{1+s/10^5+s^2/10^8\}}$ 에 대한 보데 선도를 그려라.

**풀이**

$$T(s) = 10 \cdot T_1(s) \cdot T_2(s) \cdot T_3(s)$$

이는 다음과 같이 쓸 수 있다.

$$T_1(s)=s,\quad T_2(s)=\frac{1}{1+s/10^2},\quad T_3(s)=\frac{1}{1+s/10^5+s^2/10^8}$$

특히 $T_3(s)$의 극점은 $\xi=0.05$, $\omega_n=10^4$[rad/s]인 복소수를 갖는다.

**성질 3**을 이용하면 다음을 얻는다.

$$|T(j\omega)|_{\text{dB}}=20+|T_1(j\omega)|_{\text{dB}}+|T_2(j\omega)|_{\text{dB}}+|T_3(j\omega)|_{\text{dB}}$$
$$\angle T(j\omega)=\angle T_1(j\omega)+\angle T_2(j\omega)+\angle T_3(j\omega)$$

보데 선도를 그리면 [그림 13-19]와 같다.

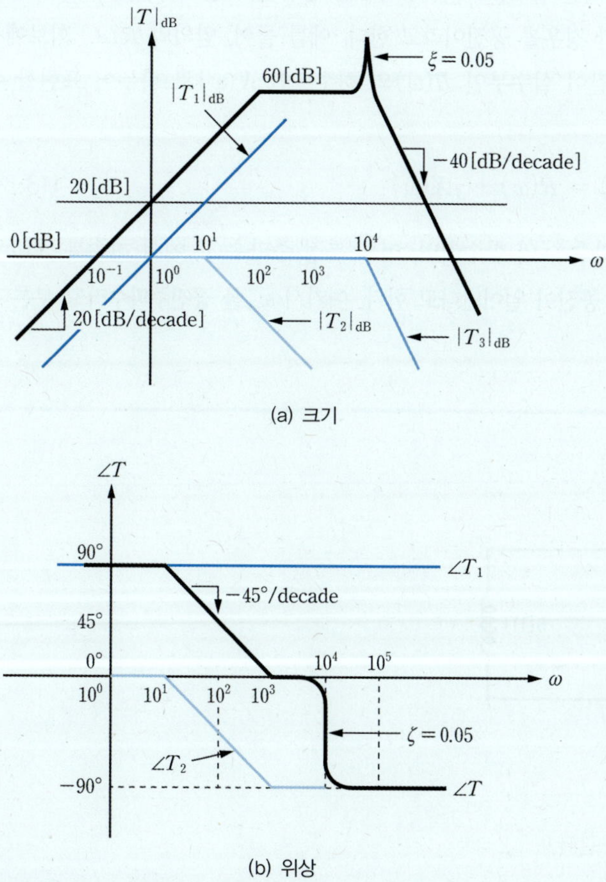


**[그림 13-19]** [예제 13-6]에 대한 보데 선도

## 실전문제 13-6

극점이 복소수인 전달함수 $T(s)=\dfrac{10s}{(1+s/10)\{1+s/(5\cdot 10^4)+s^2/10^8\}}$에 대한 보데 선도를 그려라.

SECTION 13.4

# 공진

**공진**resonance이란 맥놀이beat와 같이 특정 주파수에서 소리가 강하게 들리는 현상처럼 어떤 특정 주파수에서 특이한 현상을 나타내는 것을 의미한다. 회로적인 의미로는 입력 임피던스의 허수부가 0가 되어 입력전압과 입력전류의 위상이 동일한 경우를 공진이라고 한다. 예를 들어, 임의의 $RLC$ 회로에서 입력 임피던스를 구하면 식 (13.35)와 같이 실수부인 $R(\omega)$와 허수부인 $X(\omega)$로 나누어 표현할 수 있다.

$$\boldsymbol{Z}(\omega) = R(\omega) + jX(\omega) \tag{13.35}$$

허수부 $X(\omega)$는 반드시 입력신호의 주파수 $\omega$의 함수이며, 어느 특정 주파수 $\omega_o$에서 허수부 $X(\omega_o) = 0$를 만족한다면 특정 주파수 $\omega_o$에서 공진이 일어난다고 한다. 여기서 $\omega_o$를 **공진주파수**라고 부른다.

### 예제 13-7

다음 회로에서 공진주파수 $\omega_o$를 구하라.

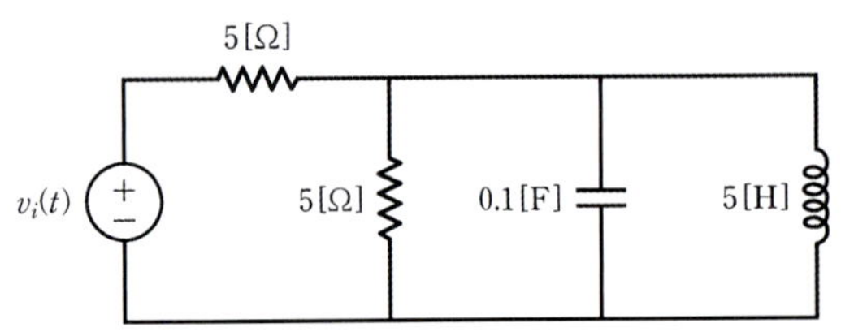


[그림 13-20] [예제 13-7]의 회로

**풀이**

주파수영역에서 회로를 그리면 다음과 같다.

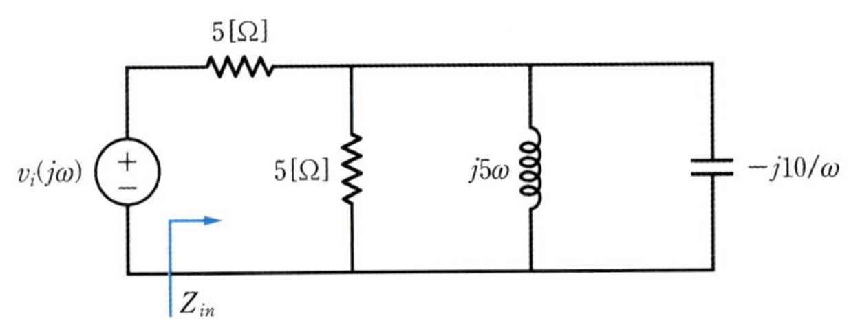


[그림 13-21] 주파수영역에서의 회로

[그림 13-21]의 회로에서 입력 임피던스 $\boldsymbol{Z}_{in}$을 구하면 다음과 같다.

$$\boldsymbol{Z}_{in} = 5 + \left(5 // \frac{10}{j\omega} // j5\omega\right) = 5 + \frac{1}{\dfrac{1}{5} + j\left(\dfrac{\omega}{10} - \dfrac{1}{5\omega}\right)}$$

$$= 5 + \frac{\dfrac{1}{5}}{\left(\dfrac{1}{5}\right)^2 + \left(\dfrac{\omega}{10} - \dfrac{1}{5\omega}\right)^2} - j\frac{\dfrac{\omega}{10} - \dfrac{1}{5\omega}}{\left(\dfrac{1}{5}\right)^2 + \left(\dfrac{\omega}{10} - \dfrac{1}{5\omega}\right)^2}$$

여기서 허수부가 0가 되는 주파수, 즉 공진주파수 $\omega_o$는 다음과 같다.

$$\frac{\omega_o}{10} - \frac{1}{5\omega_o} = 0, \quad \therefore\ \omega_o = \sqrt{2}\ [\mathrm{rad/s}]$$

이와 같이 공진주파수에서 입력 임피던스의 허수부가 0이므로 전류원 양단에 걸리는 전압은 전류원과 동위상으로서, 전원이 공급하는 전력은 모두 유효전력이 된다.

**실전문제 13-7**

다음 회로에서 공진주파수 $\omega_o$를 구하라.

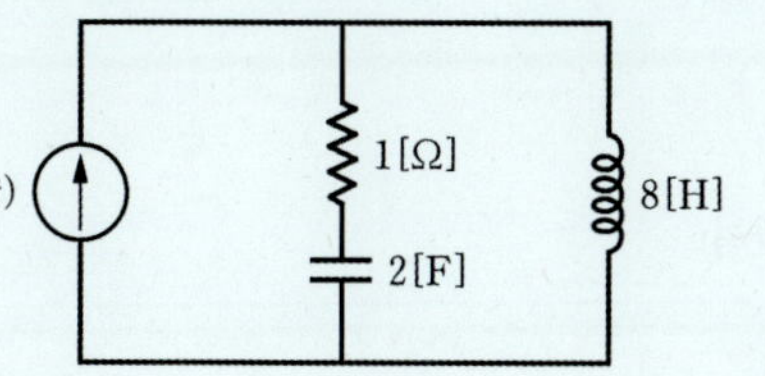


[그림 13-22]

## 13.4.1 직렬 공진회로

[그림 13-23]과 같은 $RLC$ 직렬회로에 대해 공진현상을 설명하면 다음과 같다.

주파수영역에서의 전원에서 들여다본 $RLC$ 회로의 입력 임피던스 $\boldsymbol{Z}_{in}(j\omega)$를 구하면 다음과 같다.

$$\boldsymbol{Z}_{in}(j\omega) = R + j\omega L + \frac{1}{j\omega C} = R + j\left(\omega L - \frac{1}{\omega C}\right) \tag{13.36}$$

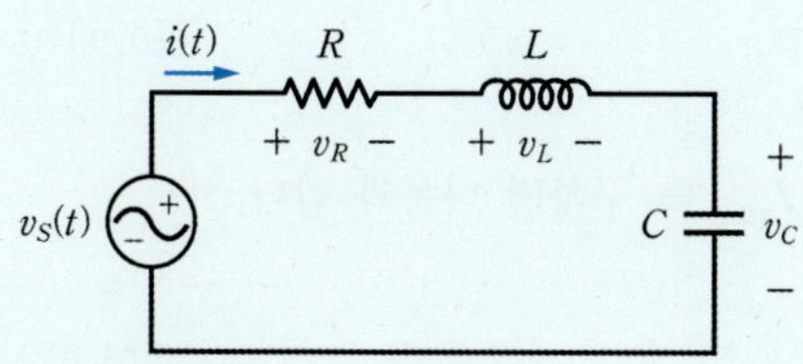


[그림 13-23] $RLC$ 직렬회로

허수부가 0가 되는 공진주파수 $\omega_o$는 다음과 같다.

$$\omega_o = \frac{1}{\sqrt{LC}} \tag{13.37}$$

한편 인가전압이 $\boldsymbol{V}_s = V_m \angle 0$일 경우, 루프에 흐르는 전류 $\boldsymbol{I}$를 구하면 다음과 같다.

$$\boldsymbol{I} = \frac{\boldsymbol{V}_s}{Z_{in}} = \frac{\boldsymbol{V}_s}{R + j(\omega L - 1/\omega C)} \tag{13.38}$$

식 (13.38)에서 전류 $\boldsymbol{I}$의 크기를 구하면 다음과 같다.

$$|\boldsymbol{I}| = \frac{V_m}{\sqrt{R^2 + (\omega L - 1/\omega C)^2}} \tag{13.39}$$

식 (13.39)로부터 주파수 $\omega$의 변화에 따른 전류 $\boldsymbol{I}$의 크기 변화를 그리면 [그림 13-24]와 같다.

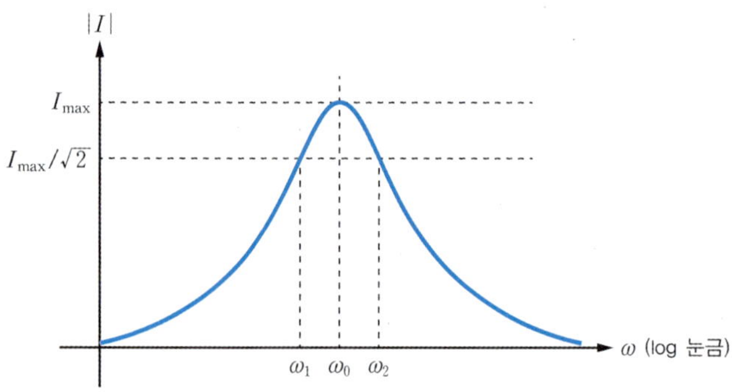


**[그림 13-24]** 주파수에 따른 루프전류의 크기 변화

한편 [그림 13-24]에서 보는 바와 같이 $\omega = \omega_o$에서 최대전류인 $I_{\max} = V_m / R$이 흐르며 식 (13.39)를 이용해 $\omega = \omega_o$에서 최대가 되는 것을 증명할 수 있다. 식 (13.39)에서 전류의 크기 $|\boldsymbol{I}|$를 $\omega$에 대해 미분하면 다음과 같다.

$$\frac{d}{d\omega}|\boldsymbol{I}| = -\frac{V_m}{2} \cdot \frac{2(\omega L - 1/\omega C)(L + 1/\omega^2 C)}{\{R^2 + (\omega L - 1/\omega C)^2\}^{3/2}} \tag{13.40}$$

$\frac{d}{d\omega}|\boldsymbol{I}| = 0$에서 극점이 존재하므로 식 (13.41a)를 얻고, 이를 정리하면 식 (13.41b)가 된다.

$$\omega L - 1/\omega C = 0 \tag{13.41a}$$

$$\omega = \frac{1}{\sqrt{LC}} = \omega_o \tag{13.41b}$$

따라서 $\omega = \omega_o$에서 회로에 최대전류가 흐르고, 최대전류 $I_{\max}$를 구하면 다음과 같다.

$$I_{\max} = |\boldsymbol{I}(j\omega_o)| = \frac{V_m}{R} \tag{13.42}$$

한편 [그림 13-23]의 회로에서 전원이 공급하는 평균전력 $P(\omega)$는 다음과 같다.

$$P(\omega) = \frac{1}{2}R \cdot |\boldsymbol{I}|^2 \tag{13.43a}$$

공진주파수 $\omega_o$에서의 평균전력 $P(\omega_o)$는 식 (13.43b)와 같고, 이는 전원이 공급하는 평균전력 혹은 $RLC$ 직렬회로에서 소모하는 평균전력의 최댓값이다.

$$P(\omega_o) = \frac{1}{2}\frac{(V_m)^2}{R} \tag{13.43b}$$

한편 [그림 13-24]에서 보듯이 전원이 공급하는 전류의 크기가 최댓값의 $\frac{1}{\sqrt{2}}$인 주파수를 $\omega_1$, $\omega_2$라고 두면, 이를 식 (13.39)에서 구할 수 있다.

$$|\boldsymbol{I}(j\omega)| = \frac{I_{\max}}{\sqrt{2}} = \frac{V_m}{\sqrt{2}\,R} \tag{13.44}$$

$$\sqrt{R^2 + (\omega L - 1/\omega C)^2} = \sqrt{2}\,R \tag{13.45}$$

식 (13.45)를 만족하는 주파수 $\omega_1$, $\omega_2$를 구하면 다음과 같다.

$$\omega_1,\quad \omega_2 = \mp\frac{R}{2L} + \sqrt{\left(\frac{R}{2L}\right)^2 + \frac{1}{LC}} \tag{13.46}$$

평균전력은 식 (13.47)과 같이 최대 평균전력의 반이 된다. 따라서 $\omega_1$, $\omega_2$를 **반전력주파수**라고 한다.

$$P(\omega_1) = P(\omega_2) = \frac{1}{2}P(\omega_o) = \frac{(V_m)^2}{4R} \tag{13.47}$$

식 (13.46)에서 $\omega_1$, $\omega_2$의 곱을 구하면 식 (13.41b)에서 나타낸 $\omega_o$의 제곱과 같다.

$$\omega_o^2 = \omega_1 \cdot \omega_2 \quad \rightarrow \quad \omega_o = \sqrt{\omega_1 \cdot \omega_2} \tag{13.48}$$

한편 [그림 13-24]에서 최대 높이는 저항 $R$에 의해 결정되고, 반전력주파수 $\omega_1$, $\omega_2$에 의해 식 (13.49)와 같이 **대역폭**band-width $B$가 결정된다.

$$B = \omega_2 - \omega_1 \tag{13.49}$$

이를 식 (13.46)과 식 (13.49)를 이용해 나타내면 다음과 같다.

$$B = \omega_2 - \omega_1 = \frac{R}{L} \tag{13.50}$$

한편 공진주파수에서의 루프전류 $\boldsymbol{I}$를 구하면 식 (13.51)과 같다.

$$\boldsymbol{I} = \frac{\boldsymbol{V}_s}{R} = \frac{V_m}{R}\angle 0 \tag{13.51}$$

따라서 $RLC$ 직렬회로에서 공진이 일어나면 전압과 전류의 위상은 동일하며, 인덕터 $L$과 커패시터 $C$에는 영향을 받지 않는다. $L$에 인가되는 전압 $\boldsymbol{V}_L$을 구하면 다음과 같다.

$$\boldsymbol{V}_L = j\omega_o L \cdot \boldsymbol{I} = j\omega_o L \cdot \frac{\boldsymbol{V}_s}{R} = \frac{\omega_o L V_m}{R} \angle 90° \tag{13.52}$$

$C$에 인가되는 전압 $\boldsymbol{V}_C$를 구하면 다음과 같다.

$$\boldsymbol{V}_C = \frac{\boldsymbol{I}}{j\omega C} = \frac{\boldsymbol{V}_s}{R} \cdot \frac{1}{j\omega_o C} = \frac{V_m}{\omega_o RC} \angle -90° \tag{13.53}$$

식 (13.52)와 식 (13.53)으로 $\boldsymbol{V}_L$, $\boldsymbol{V}_C$의 합을 구하면 식 (13.54)와 같이 0가 된다. 따라서 공진주파수에서는 인가되는 전원전압은 모두 저항 $R$에 걸린다.

$$\boldsymbol{V}_L + \boldsymbol{V}_C = \frac{\boldsymbol{V}_s}{R}\left(j\omega_o L - j\frac{1}{\omega_o C}\right) = j\frac{\boldsymbol{V}_s}{R}\left(\frac{L}{\sqrt{LC}} - \frac{\sqrt{LC}}{C}\right) = 0 \tag{13.54}$$

한편 에너지 저장 소자에 저장되는 에너지의 양을 구하면 다음과 같다. 먼저 $L$에 저장되는 에너지 $W_L$은 루프전류 $i(t)$에 의해 결정되므로 다음과 같다(여기서 $i(t) = \frac{V_m}{R}\cos(\omega_o t)$, 식 (13.51) 참조).

$$W_L(t) = \frac{1}{2}L\{i(t)\}^2 = \frac{1}{2}L\left(\frac{V_m}{R}\right)^2 \cos^2(\omega_o t) \tag{13.55}$$

다음으로 $C$에 저장되는 에너지 $W_C$는 $C$에 걸리는 전압 $v_C(t)$에 의해 결정되므로 다음과 같다(여기서 $v_C(t) = \frac{V_m}{\omega_o RC}\cos(\omega_o t)$, 식 (13.53) 참조).

$$\begin{aligned} W_C(t) &= \frac{1}{2}C\{v_C(t)\}^2 = \frac{1}{2}C\left(\frac{V_m}{\omega_o RC}\right)^2 \cos^2(\omega_o t - 90°) \\ &= \frac{1}{2}\frac{C}{\omega_o^2 C^2}\left(\frac{V_m}{R}\right)^2 \sin^2(\omega_o t) = \frac{1}{2}L\left(\frac{V_m}{R}\right)^2 \sin^2(\omega_o t) \end{aligned} \tag{13.56}$$

식 (13.55)와 식 (13.56)으로부터 $L$과 $C$에 저장되는 에너지의 합 $W_t$를 구하면, 그 값은 식 (13.57)과 같이 시간에 관계없이 항상 일정한 값을 갖는다는 것을 알 수 있다. 이는 $L$, $C$에 저장된 에너지는 서로 이동하면서 저장된다는 것을 의미한다.

$$W_t = W_L + W_C = \frac{1}{2}L\left(\frac{V_m}{R}\right)^2 \tag{13.57}$$

공진회로에서 양호도quality factor $Q$는 식 (13.58)과 같이 정의되며, 이 값은 공진의 날카로움을 나타낸다.

$$Q = 2\pi \frac{\text{회로에 저장된 최대 에너지}}{\text{공진주파수에서 한 주기 동안 소비되는 에너지}} \tag{13.58}$$

식 (13.57)에서 보듯이 $L$과 $C$에 저장된 에너지의 합은 항상 일정하므로 회로에 저장되는 최대 에너지 $W_t(\max)$는 다음과 같다.

$$W_t(\max) = \frac{1}{2}L\left(\frac{V_m}{R}\right)^2 = \frac{1}{2}\frac{(V_m)^2}{\omega_o^2 R^2 C} \tag{13.59}$$

한편 식 (13.43b)에 표현된 평균전력으로부터 공진주파수에서 한 주기 동안 소비되는 에너지 $W_T(\omega_o)$는 다음과 같이 표현된다.

$$W_T(\omega_o) = P(\omega_o) \cdot T = \frac{1}{2}\frac{(V_m)^2}{R} \cdot \frac{2\pi}{\omega_o} \tag{13.60}$$

식 (13.59)와 식 (13.60)을 식 (13.58)에 대입하면 다음과 같이 표현된다.

$$Q = \frac{\omega_o L}{R} = \frac{1}{\omega_o RC} \tag{13.61}$$

식 (13.50)과 식 (13.61)로부터 다음과 같이 대역폭 $B$ 와 양호도 $Q$ 의 관계를 얻을 수 있다.

$$Q = \frac{\omega_o}{B} \tag{13.62}$$

식 (13.62)에서 보는 바와 같이 대역폭 $B$와 양호도 $Q$ 는 서로 역수관계이다. 이는 높은 $Q$ 를 갖는 회로일수록 대역폭이 상대적으로 작아 공진의 날카로움(혹은 회로의 선택도)이 향상된다는 뜻이다. 또한 식 (13.46)에 식 (13.61)을 대입하면 다음을 얻을 수 있다.

$$\omega_1,\ \ \omega_2 = \mp\frac{\omega_o}{2Q} + \sqrt{\left(\frac{\omega_o}{2Q}\right)^2 + \omega_o^2} = \omega_o\left\{\sqrt{1+\left(\frac{1}{2Q}\right)^2} \mp \frac{1}{2Q}\right\} \tag{13.63}$$

$2Q \gg 1$인 조건을 만족하면 식 (13.63)은 식 (13.64)로 간략화된다.

$$\omega_1,\ \ \omega_2 \simeq \omega_o\left(1 \mp \frac{1}{2Q}\right) = \omega_o \mp \frac{\omega_o}{2Q} = \omega_o \mp \frac{1}{2}B \tag{13.64}$$

식 (13.64)의 의미는 높은 $Q$를 갖는 회로에서는 반전력주파수 $\omega_1$, $\omega_2$가 공진주파수 $\omega_o$를 중심으로 좌우로 같은 간격으로 존재하는 것을 의미한다.

한편 9장에서 언급한 $RLC$ 직렬회로의 강제응답과 비교하기 위해 [그림 13-23]의 $RLC$ 직렬회로에 대해 s-영역에서의 전달함수를 구하면 다음을 얻을 수 있다.

$$Y(s) = \frac{I(s)}{V(s)} = \frac{1}{R + sL + \frac{1}{sC}} = \frac{sC}{1 + sRC + s^2LC} \tag{13.65}$$

$$= \frac{sC}{1 + \frac{1}{Q}(s/\omega_o) + (s/\omega_o)^2}$$

식 (13.65)로부터 회로의 극점을 구하면 다음과 같다.

$$s_1, \quad s_2 = -\frac{\omega_o}{2Q} \pm \omega_o\sqrt{\left(\frac{1}{2Q}\right)^2 - 1} \tag{13.66}$$

식 (13.66)에서 $Q < 0.5$를 만족하면 $s_1$과 $s_2$가 실수가 되어 회로의 극점은 $s$-평면의 실수축 상에 존재하며, 회로는 **과제동**over damping으로 동작한다. 다음으로 $Q = 0.5$를 만족하면 $s_1 = s_2 = -\omega_o$로 회로의 두 극점이 실수축 상의 한 점에 함께 존재하며, 회로는 **임계제동**critical damping으로 동작한다. 마지막으로 $Q > 0.5$를 만족하면 $s_1$과 $s_2$는 허수부가 존재하는 복소수가 되어 회로는 **부족제동**under damping으로 동작한다. 이때 $Q$에 따른 극점의 위치를 $s$-평면에 나타내면 [그림 13-25]와 같이 반지름이 $\omega_o$인 좌측 반원 위에 존재한다. [그림 13-25]에서 보듯이 $Q$가 증가할수록 극점의 실수부인 $\alpha$exponential damping coefficient 값이 감소하고 허수부인 $\omega_d$natural resonant frequency 값은 증가한다. 식 (13.66)을 이용하면 $\alpha$와 $\omega_d$에 대해 다음과 같은 관계식을 얻을 수 있다.

$$\alpha = \frac{\omega_o}{2Q} \tag{13.67}$$

$$\omega_d = \omega_o\sqrt{1 - \left(\frac{1}{2Q}\right)^2} \tag{13.68}$$

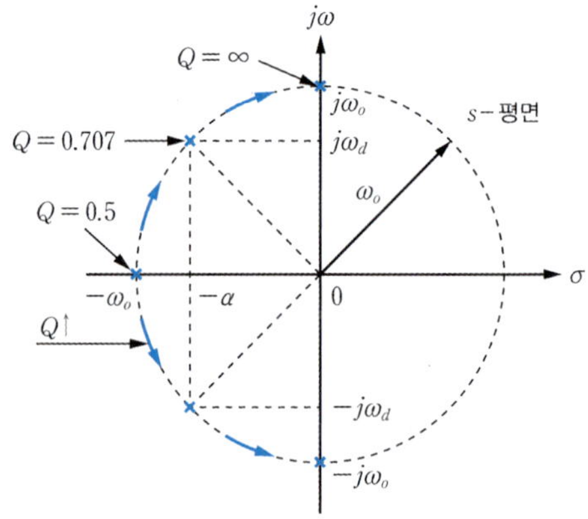


[그림 13-25] $Q$에 따른 전달함수의 극점 위치

## 예제 13-8

다음 직렬회로에서 (a) 공진주파수 $\omega_o$, (b) 공진주파수에서의 입력 임피던스 $\boldsymbol{Z}_{in}(j\omega_o)$를 구하라.

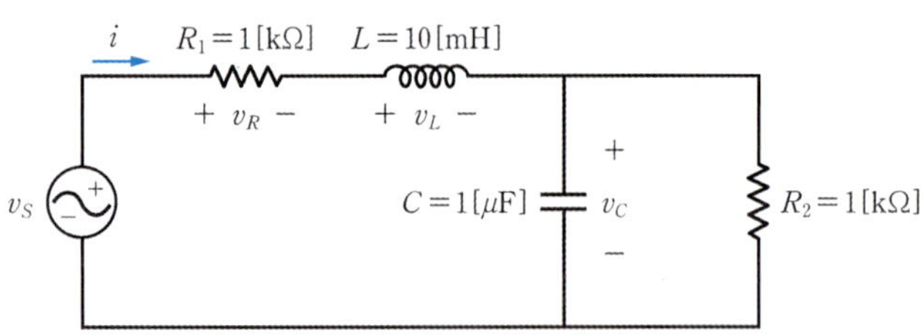


[그림 13-26] [예제 13-8]의 회로

**풀이**

(a) 입력 임피던스 $\boldsymbol{Z}_{in}(j\omega)$는 다음과 같이 나타낸다.

$$\boldsymbol{Z}_{in}(j\omega) = R_1 + j\omega L + \frac{R_2}{1 + j\omega R_2 C}$$

임피던스 $\boldsymbol{Z}_{in}(j\omega)$를 실수부와 허수부로 나누어 표현하면 다음과 같다.

$$\boldsymbol{Z}_{in}(j\omega) = R_1 + \frac{R_2}{1 + \omega^2 R_2^2 C^2} + j\left(\omega L - \frac{\omega R_2^2 C}{1 + \omega^2 R_2^2 C^2}\right) \quad \cdots ①$$

공진주파수에서의 임피던스는 실수부만 존재하므로 공진주파수 $\omega_o$는 다음을 만족한다.

$$\omega_o L - \frac{\omega_o R_2^2 C}{1+\omega_o^2 R_2^2 C^2} = 0 \qquad \cdots ②$$

그러므로 식 ②로부터 공진주파수 $\omega_o$를 구하면 다음과 같다.

$$\omega_o = \sqrt{\frac{1}{LC} - \frac{1}{R_2^2 C^2}} \simeq \sqrt{\frac{1}{LC}} = 10^4 [\text{rad/s}] \qquad \cdots ③$$

(b) 식 ③의 공진주파수를 식 ①에 대입하면 임피던스의 허수부는 0가 되어 입력 임피던스는 실수부만 남는다. 그러므로 $\boldsymbol{Z}_{in}(j\omega_o)$는 다음과 같다.

$$\boldsymbol{Z}_{in}(j\omega_o) = R_1 + \frac{R_2}{1+\omega_o^2 R_2^2 C^2} \simeq R_1 = 1[\text{k}\Omega] \qquad \cdots ④$$

식 ②에서 보듯이 $\omega_o R_2 C \gg 1$의 관계를 만족하면 회로의 공진주파수 $\omega_o$는 $R_2$에 거의 영향을 받지 않는다. 식 ④의 결과로부터 $R_1$이 비교적 클 경우에는 입력 임피던스 역시 $R_2$에 거의 영향을 받지 않는다. 따라서 양호도 $Q$ 또한 $R_2$에 거의 영향을 받지 않는다. 그러나 $R_1$이 작을 경우에는 입력 임피던스나 양호도 $Q$는 $R_2$에 영향을 받는다.

**실전문제 13-8**

다음 회로에서 (a) 공진주파수 $\omega_o$, (b) 공진주파수에서의 입력 임피던스 $\boldsymbol{Z}_{in}(j\omega_o)$를 구하라.

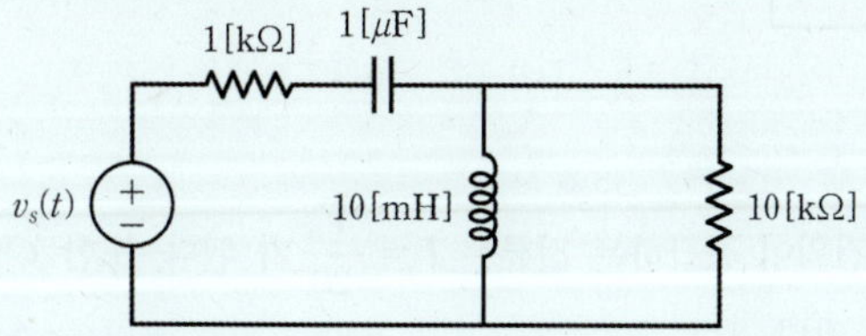


**[그림 13-27]**

**예제 13-9**

다음 회로에서 (a) 공진주파수 $\omega_o$, (b) 공진주파수에서의 입력 임피던스 $\boldsymbol{Z}_{in}(j\omega_o)$, (c) 양호도 $Q$를 구하라. 단, $v_S(t) = V_m \cos(\omega t)[\text{V}]$이다.

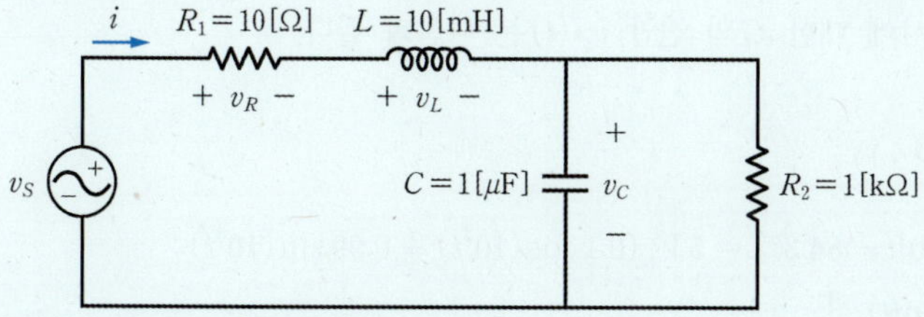


**[그림 13-28]** [예제 13-9]의 회로

**풀이**

(a) [예제 13-8]에서 유도한 식 ③으로부터 공진주파수 $\omega_o$를 구하면 다음과 같다.

$$\omega_o = \sqrt{\frac{1}{LC} - \frac{1}{R_2^2 C^2}} \simeq \sqrt{\frac{1}{LC}} = 10^4 \,[\text{rad/s}]$$

$R_1$에 관계없이 $\omega_o R_2 C \gg 1$의 조건을 만족하면 $R_2$는 공진주파수에 영향을 미치지 못한다.

(b) [예제 13-8]에서 유도한 식 ④로부터 공진주파수에서의 입력 임피던스 $\boldsymbol{Z}_{in}(j\omega_o)$를 구하면 다음과 같다.

$$\boldsymbol{Z}_{in}(j\omega_o) = R_1 + \frac{R_2}{1+\omega_o^2 R_2^2 C^2} = R_1 + \frac{1}{\omega_o^2 R_2 C^2} = 20\,[\Omega]$$

$R_1$이 작을 경우에는 $R_2$에 의해 입력 임피던스가 변화하는 것을 알 수 있다.

(c) 공진주파수에서 등가회로를 구하면 [그림 13-29]와 같다. $RC$ 병렬회로의 등가 임피던스 $\boldsymbol{Z}_C$를 구하면 다음과 같다.

$$\boldsymbol{Z}_C = \frac{(-j100)\cdot 10^3}{10^3 - j100} \simeq 10 - j100 \qquad \cdots ①$$

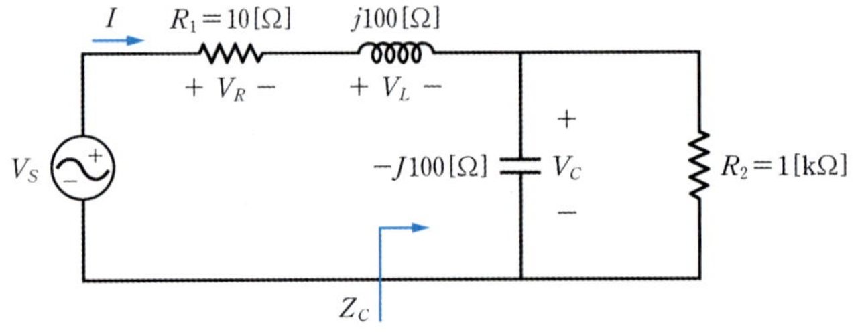


**[그림 13-29]** 공진주파수에서의 등가회로

따라서 입력 임피던스는 $\boldsymbol{Z}_{in} = 20\,[\Omega]$이 되며, 전원이 공급하는 전류는 $\boldsymbol{I} = \dfrac{\boldsymbol{V}_S}{20}$가 된다. 또한 $C$의 양단에 인가되는 전압 $\boldsymbol{V}_C$를 구하면 다음과 같다.

$$\begin{aligned} |\boldsymbol{V}_C| &= |\boldsymbol{I}\cdot 10^3 // (-j100)| = |\boldsymbol{I}\cdot(10 - j100)| \\ &= \sqrt{10^2 + 100^2}\cdot|\boldsymbol{I}| \simeq 100|\boldsymbol{I}| \end{aligned}$$

$$\begin{aligned} \angle \boldsymbol{V}_C &= \angle \boldsymbol{I} + \angle 10^3 // (-j100) = -\tan^{-1} 10 + \angle \boldsymbol{I} \\ &= \angle \boldsymbol{I} - 84.3° \end{aligned}$$

입력전원 $v_S(t) = V_m \cos(10^4 \cdot t)$에 대한 $C$의 전압 $v_C(t)$는 다음과 같다.

$$\begin{aligned} i(t) &= \frac{V_m}{20}\cos(10^4\cdot t) \\ v_C(t) &= 5V_m \cos(10^4 t - 84.3°) = 5V_m(0.1\cos(10^4 t) + 0.99\sin(10^4 t)) \\ &\simeq 5V_m \sin(10^4 t) \end{aligned}$$

공진주파수에서 한 주기 동안 소모하는 에너지 $W_R$은 다음과 같다.

$$W_R = P_R \cdot T = \frac{1}{2}|\boldsymbol{V}_S| \cdot |\boldsymbol{I}| \cdot T = \frac{V_m^2}{40} \cdot \frac{2\pi}{\omega_o} \quad \cdots ②$$

$L$과 $C$에 저장된 에너지의 합인 $W_L(t) + W_C(t)$를 구하면 다음과 같다.

$$\begin{aligned} W_L(t) + W_C(t) &= \frac{1}{2}L \cdot i(t)^2 + \frac{1}{2}C \cdot v_C(t)^2 \\ &= \frac{1}{2}L\left(\frac{V_m}{20}\right)^2 \cos^2\omega t + \frac{1}{2}C(5V_m)^2 \sin^2\omega t \\ &= 1.25 \times 10^{-5} V_m^2 \quad \cdots ③ \end{aligned}$$

따라서 식 ②와 식 ③으로부터 양호도 $Q$를 구하면 다음과 같다.

$$Q = 2\pi \cdot \frac{1.25 \times 10^{-5}(V_m)^2}{\frac{(V_m)^2}{40} \cdot \frac{2\pi}{\omega_o}} = 5 \times 10^{-4} \cdot \omega_o = 5$$

한편 공진주파수에서 식 ①을 이용해 $RC$ 병렬회로를 직렬회로로 처리하면 [그림 13-30]과 같이 표현되며 이는 [그림 13-29]의 등가회로와 같다.

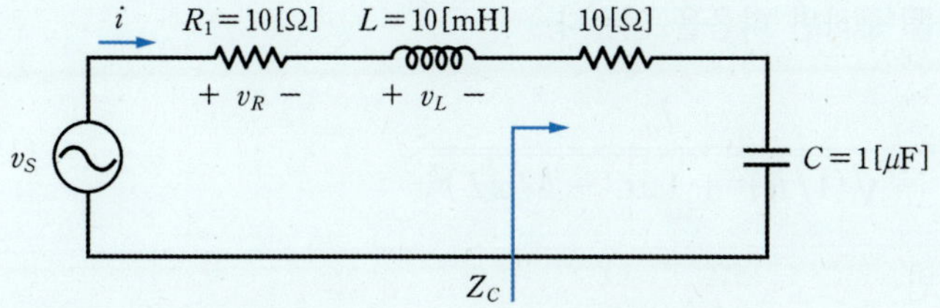


**[그림 13-30]** 공진주파수에서 [그림 13-29]의 등가회로

따라서 [그림 13-30]으로부터 양호도 $Q$를 구하면 다음과 같다.

$$Q = \frac{\omega_o L}{R} = \frac{10^4 \cdot 10 \times 10^{-3}}{20} = 5$$

이는 앞에서 구한 결과와 동일하며, $RC$ 병렬회로가 공진주파수에서 $RC$ 직렬회로로 대처할 수 있다는 것을 의미한다.

**실전문제 13-9**

다음 회로에서 (a) 공진주파수 $\omega_o$, (b) 공진주파수에서의 입력 임피던스 $\boldsymbol{Z}_{in}(j\omega_o)$, (c) 양호도 $Q$를 구하라.

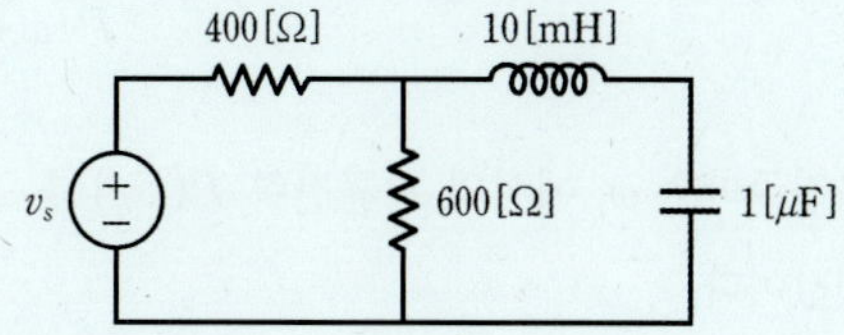


**[그림 13-31]**

## 13.4.2 병렬 공진회로

이제 $RLC$ 병렬회로의 공진현상에 대해 알아보자.

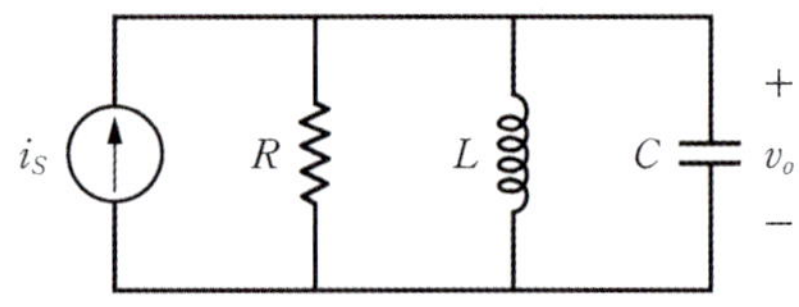

**[그림 13-32]** 병렬 공진회로

주파수영역에서의 전원에서 들여다본 $RLC$ 회로의 입력 임피던스 $\boldsymbol{Z}_{in}(j\omega)$를 구하면 다음과 같다.

$$\frac{1}{\boldsymbol{Z}_{in}(j\omega)} = \frac{1}{R} + \frac{1}{j\omega L} + j\omega C = \frac{1}{R} + j\left(\omega C - \frac{1}{\omega L}\right) \tag{13.69}$$

허수부가 0가 되는 공진주파수 $\omega_o$는 다음과 같다.

$$\omega_o = \frac{1}{\sqrt{LC}} \tag{13.70}$$

이는 직렬 공진과 동일한 수식이다. 한편 전류전원이 $\boldsymbol{I}_S = I_m \angle 0$일 경우, 소자에 걸리는 전압 $\boldsymbol{V}_o$는 다음 식으로 구한다.

$$\boldsymbol{V}_o = \boldsymbol{Z}_{in} \cdot \boldsymbol{I}_S = \frac{\boldsymbol{I}_S}{1/R + j(\omega C - 1/\omega L)} \tag{13.71}$$

식 (13.71)에서 전압 $\boldsymbol{V}_o$의 크기를 구하면 다음을 얻는다.

$$|\boldsymbol{V}_o| = \frac{I_m}{\sqrt{(1/R)^2 + (\omega C - 1/\omega L)^2}} \tag{13.72}$$

식 (13.72)로부터 주파수 $\omega$의 변화에 따른 전압 $\boldsymbol{V}_o$의 크기 변화를 그리면 [그림 13-33]과 같다. 그림에서 보듯이 $\omega = \omega_o$에서 최대전압이 소자에 인가되며, 식 (13.72)를 통해 $\omega = \omega_o$에서 최대가 되는 것을 쉽게 이해할 수 있다.

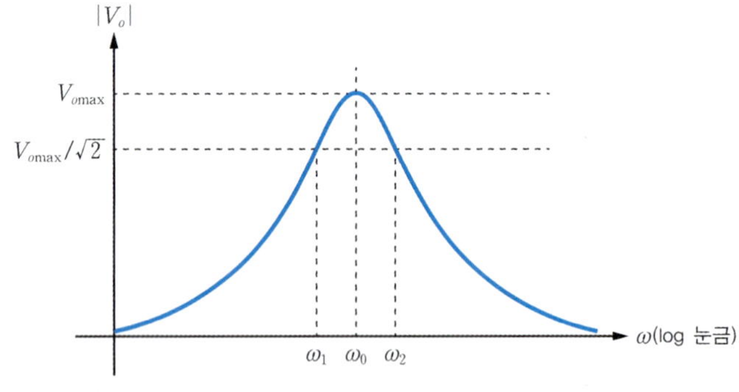

**[그림 13-33]** $RLC$ 병렬회로에서 전원 주파수에 따른 전압의 크기 변화

한편 [그림 13-32]의 회로에서 전원이 공급하는 평균전력 $P(\omega)$는 다음과 같다.

$$P(\omega) = \frac{1}{2}\frac{|\boldsymbol{V}_o|^2}{R} \tag{13.73}$$

공진주파수 $\omega_o$에서의 평균전력 $P(\omega_o)$를 구하면 다음과 같다. 이는 전원이 공급하는 평균전력의 최댓값이다.

$$P(\omega_o) = \frac{1}{2}R \cdot I_m^2 \tag{13.74}$$

한편 [그림 13-33]에서 보듯이 전원이 공급하는 전압의 크기가 최댓값의 $\frac{1}{\sqrt{2}}$ 배인 주파수를 $\omega_1$, $\omega_2$라고 두면 다음과 같이 표현된다.

$$\omega_1, \quad \omega_2 = \mp \frac{1}{2RC} + \sqrt{\left(\frac{1}{2RC}\right)^2 + \frac{1}{LC}} \tag{13.75}$$

또한 $\omega = \omega_1$, $\omega_2$에서 회로에 인가되는 전압의 크기가 최대전압의 $\frac{1}{\sqrt{2}}$ 배이므로 평균전력은 식 (13.76)과 같이 최대 평균전력의 반이 된다. 즉 $\omega_1$, $\omega_2$를 **반전력주파수**라고 한다.

$$P(\omega_1) = P(\omega_2) = \frac{1}{2}P(\omega_o) = \frac{1}{4}R \cdot I_m^2 \tag{13.76}$$

식 (13.75)에서 $\omega_1$과 $\omega_2$의 곱을 구하면 식 (13.70)에서 나타낸 $\omega_o$의 제곱과 같다.

$$\omega_o^2 = \omega_1 \cdot \omega_2 \quad \rightarrow \quad \omega_o = \sqrt{\omega_1 \cdot \omega_2} \tag{13.77}$$

[그림 13-33]에서 최대 높이는 저항 $R$에 의해 결정되고 폭은 반전력주파수 $\omega_1$, $\omega_2$에 의해 식 (13.78)과 같이 대역폭 $B$로 결정된다.

$$B = \omega_2 - \omega_1 \tag{13.78}$$

이를 식 (13.75)와 식 (13.78)을 이용해 나타내면 다음과 같다.

$$B = \omega_2 - \omega_1 = \frac{1}{RC} \tag{13.79}$$

한편 공진주파수에서 전압 $\boldsymbol{V}_o$를 구하면 다음과 같다.

$$\boldsymbol{V}_o = R \cdot \boldsymbol{I} = R \cdot I_m \angle 0 \tag{13.80}$$

따라서 $RLC$ 직렬회로와 마찬가지로 병렬회로에서도 공진이 일어나면 전압과 전류의 위상은 동일할 뿐만 아니라 $L$, $C$에는 영향을 받지 않는다. $L$에 흐르는 전류 $\boldsymbol{I}_L$을 구하면 다음과 같다.

$$\boldsymbol{I}_L = \frac{\boldsymbol{V}_o}{j\omega_o L} = \frac{R\boldsymbol{I}}{j\omega_o L} = \frac{RI_m}{\omega_o L} \angle -90° \tag{13.81}$$

$C$에 흐르는 전류 $\boldsymbol{I}_C$를 구하면 다음과 같다.

$$\boldsymbol{I}_C = j\omega C\boldsymbol{V}_o = \omega_o RCI_m \angle 90° \tag{13.82}$$

식 (13.81)과 식 (13.82)로부터 $\boldsymbol{I}_L$, $\boldsymbol{I}_C$의 합을 구하면 식 (13.83)과 같이 0가 된다. 이는 공진주파수에서 인가되는 전원전류는 모두 저항 $R$에만 흐르게 된다는 것을 의미한다.

$$\boldsymbol{I}_L + \boldsymbol{I}_C = R\boldsymbol{I}\left(j\omega_o C - j\frac{1}{\omega_o L}\right) = 0 \tag{13.83}$$

한편 에너지 저장소자에 저장되는 에너지의 양을 구하면 다음과 같다. $L$에 저장되는 에너지 $W_L$은 $L$에 흐르는 전류 $i_L(t)$에 의해 결정되므로 다음과 같다.

$$\begin{aligned} W_L(t) &= \frac{1}{2}L\{i_L(t)\}^2 = \frac{1}{2}L\frac{(RI_m)^2}{(\omega_o L)^2}\cos^2(\omega_o t - 90) \\ &= \frac{1}{2}\frac{R^2 I_m^2}{\omega_o^2 L}\sin^2\omega t = \frac{1}{2}CR^2 I_m^2 \sin^2\omega t \end{aligned} \tag{13.84}$$

$C$에 저장되는 에너지 $W_C$는 $C$에 걸리는 전압 $v_o(t)$에 의해 결정되므로 다음과 같다.

$$W_C(t) = \frac{1}{2}C\{v_o(t)\}^2 = \frac{1}{2}C(RI_m)^2\cos^2\omega_o t \tag{13.85}$$

식 (13.84)와 식 (13.85)로부터 $L$, $C$에 저장되는 에너지의 합 $W_t$를 구하면 다음과 같이 시간에 관계없이 항상 일정한 값을 나타낸다.

$$W_t = W_L + W_C = \frac{1}{2}C(RI_m)^2 \tag{13.86}$$

이는 직렬 공진과 마찬가지로 $L$, $C$에 저장된 에너지는 서로 이동하면서 저장된다. 식 (13.58)을 이용해 병렬 공진회로에서 양호도 $Q$를 구하면 다음과 같다. 먼저 회로에 저장되는 최대에너지는 식 (13.86)에 표현된 저장소자에 저장된 에너지이다.

또한 식 (13.76)에 표현된 평균전력으로부터 공진주파수에서 한 주기 동안 소비되는 에너지를 구하면 다음과 같다.

$$P_R T = \frac{1}{2}RI_m^2 \cdot \frac{2\pi}{\omega_o} \tag{13.87}$$

식 (13.86)과 식 (13.87)을 식 (13.58)에 대입하면 양호도 $Q$를 구할 수 있다.

$$Q = \omega_o RC = \frac{R}{\omega_o L} \tag{13.88}$$

식 (13.88)의 의미를 살펴보면 다음과 같다. 병렬회로에서는 각 소자에 걸리는 전압이 동일하므로 각 소자가 흡수하는 에너지는 임피던스의 역수에 비례한다. 양호도 $Q$는 저항에서 소모하는 에너지에 반비례하고 $L$이나 $C$에 저장되는 에너지에 비례한다. 따라서 양호도 $Q$는 저항의 임피던스에 비례하고 $L$이나 $C$의 임피던스에 반비례한다. 앞에서 언급하지는 않았지만 직렬의 경우에는 각 소자에 흐르는 전류가 동일하므로 각 소자가 흡수하는 전력은 소자의 임피던스에 비례한다. 따라서 식 (13.61)에서 보는 바와 같이 양호도 $Q$는 저항에 반비례하고 $L$이나 $C$의 임피던스에 비례한다.

식 (13.79)와 식 (13.88)로부터 식 (13.89)와 같이 대역폭 $B$와 양호도 $Q$의 관계를 얻을 수 있다.

$$Q = \frac{\omega_o}{B} \tag{13.89}$$

식 (13.89)에서 보듯이 대역폭 $B$와 양호도 $Q$가 서로 역수관계에 있는 것을 알 수 있으며, 이는 직렬 공진회로와 동일한 결과이다. 마찬가지로 식 (13.75)에 식 (13.88)을 대입하면 다음을 얻을 수 있다.

$$\omega_1,\quad \omega_2 = \mp\frac{\omega_o}{2Q} + \sqrt{\left(\frac{\omega_o}{2Q}\right)^2 + \omega_o^2} = \omega_o\left\{\sqrt{1+\left(\frac{1}{2Q}\right)^2} \mp \frac{1}{2Q}\right\} \tag{13.90}$$

$2Q \gg 1$인 조건을 만족하면 식 (13.90)은 다음과 같이 간략하게 된다.

$$\omega_1,\quad \omega_2 \simeq \omega_o\left(1 \mp \frac{1}{2Q}\right) = \omega_o \mp \frac{\omega_o}{2Q} = \omega_o \mp \frac{1}{2}B \tag{13.91}$$

이는 직렬 공진회로와 동일한 결과로 높은 $Q$를 갖는 회로에서는 반전력주파수 $\omega_1$, $\omega_2$가 공진주파수 $\omega_o$를 중심으로 좌우로 같은 간격으로 존재하는 것을 의미한다.

### 예제 13-10

다음과 같은 병렬회로에서 (a) 공진주파수 $\omega_o$, (b) 공진주파수에서의 입력 임피던스 $\boldsymbol{Z}_{in}(j\omega_o)$, (c) 양호도 $Q$를 구하라.

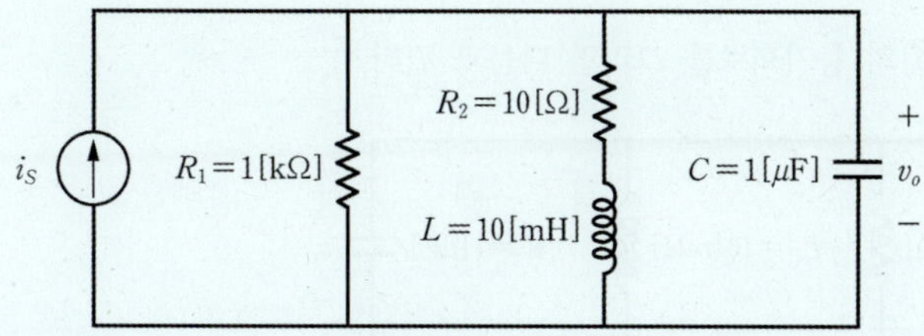


**[그림 13-34]** [예제 13-10]의 회로

**풀이**

(a) 입력 어드미턴스 $\boldsymbol{Y}_{in}(j\omega)$는 다음과 같이 나타낸다.

$$\boldsymbol{Y}_{in}(j\omega) = \frac{1}{R_1} + j\omega C + \frac{1}{R_2 + j\omega L}$$

어드미턴스 $\boldsymbol{Y}_{in}(j\omega)$를 실수부와 허수부로 나누어 표현하면 다음과 같다.

$$\boldsymbol{Y}_{in}(j\omega) = \frac{1}{R_1} + \frac{R_2}{R_2^2 + \omega^2 L^2} + j\left(\omega C - \frac{\omega L}{R_2^2 + \omega^2 L^2}\right)$$

공진주파수에서의 어드미턴스는 실수부만 존재하므로 공진주파수 $\omega_o$는 다음을 만족하게 된다.

$$\omega_o C - \frac{\omega_o L}{R_2^2 + \omega_o^2 L^2} = 0 \quad \cdots ①$$

그러므로 공진주파수 $\omega_o$를 구하면 다음과 같다.

$$\omega_o = \sqrt{\frac{1}{LC} - \left(\frac{R_2}{L}\right)^2} \simeq \sqrt{\frac{1}{LC}} = 10^4\,[\mathrm{rad/s}] \quad \cdots ②$$

(b) 식 ②의 공진주파수를 식 ①에 대입하면 어드미턴스의 허수부는 0가 되어 입력 어드미턴스는 실수부만 남는다. 그러므로 다음을 얻는다.

$$\boldsymbol{Y}_{in}(j\omega_o) = \frac{1}{R_1} + \frac{R_2}{R_2^2 + \omega_o^2 L^2} \simeq \frac{1}{R_1} + \frac{R_2}{\omega_o^2 L^2} = 2\,[\mathrm{m℧}]$$

입력 임피던스는 입력 어드미턴스의 역수이므로 다음을 얻는다.

$$\boldsymbol{Z}_{in}(j\omega_o) = \frac{1}{\boldsymbol{Y}(j\omega_o)} = 500\,[\Omega]$$

(c) 공진주파수 $\omega_o$에서 $R_2$, $L$의 직렬회로의 양호도 $Q_S$는 다음과 같다.

$$Q_S = \frac{|X_L|}{R_2} = \frac{\omega_o L}{R_2} = 10$$

$R_2 - L$ 직렬회로는 다음과 같은 값을 가진 $R_P - L_P$ 병렬회로로 바꿀 수 있다.

$$R_P = R_2(1 + Q^2) \simeq 1\,[\mathrm{k}\Omega]$$
$$L_P = L\left(1 + \frac{1}{Q^2}\right) \simeq 10\,[\mathrm{mH}]$$

따라서 공진주파수에서 [그림 13-34]의 등가회로를 그리면 다음과 같다.

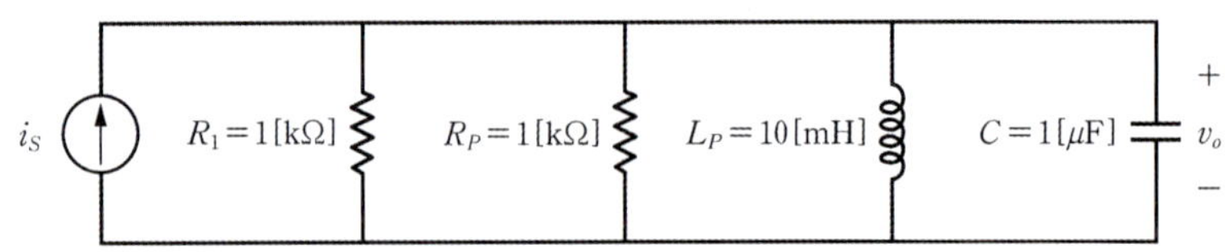


**[그림 13-35]** 공진주파수에서 [그림 13-34]의 등가회로

식 (13.88)을 이용해 [그림 13-35]에서 양호도 $Q$를 구하면 다음과 같다.

$$Q = \omega_o(R_1 // R_P)C = 5$$

### 실전문제 13-10

다음 회로에서 (a) 공진주파수 $\omega_o$, (b) 공진주파수에서의 입력 임피던스 $\boldsymbol{Z}_{in}(j\omega_o)$, (c) 양호도 $Q$를 구하라.

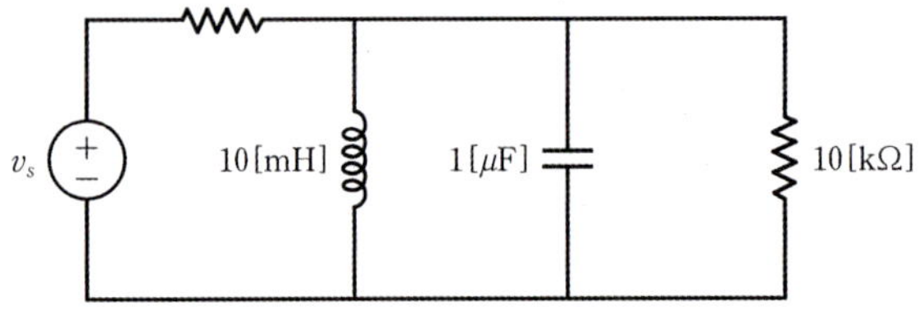


**[그림 13-36]**

SECTION

# 13.5 필터

필터란 전원장치에서 직류전원을 얻기 위해 교류성분을 제거하거나 통신 잡음을 제거할 때, 그리고 라디오나 텔레비전 안테나로부터 들어온 혼합신호에서 원하는 채널만 분리할 때 사용한다. 필터의 기본 원리는 원하는 주파수 성분은 출력으로 내보내는 반면, 원하지 않는 주파수 성분은 차단해 출력으로 내보내지 않는 것이다. 필터는 선택되는 주파수 성분에 따라 저역통과필터[LPF : low pass filter], 고역통과필터[HPF : high pass filter], 대역통과필터[BPF : band pass filter], 대역차단필터[BSF : band stop filter]로 나뉘며, 출력신호가 입력신호보다 항상 작은 수동필터와 출력신호가 입력신호보다 항상 큰 능동필터로 나뉜다.

## 13.5.1 저역통과필터

[그림 13-37]은 이상적인 저역통과필터로, 입력전압 $V_i(s)$와 출력전압 $V_o(s)$의 비인 전달함수 $H(s) = \dfrac{V_o(s)}{V_i(s)}$의 크기에 대한 주파수 특성을 나타냈다. 차단주파수 $\omega_c$ 이하의 낮은 주파수 성분은 출력으로 내보내고 차단주파수 이상의 주파수 성분은 차단시키는 역할을 한다.

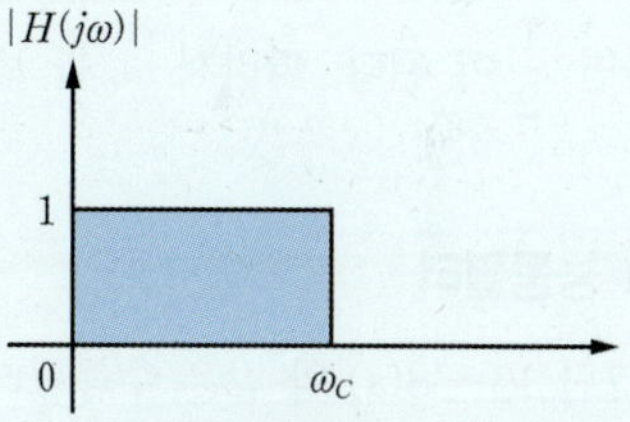


**[그림 13-37]** 이상적인 저역통과필터

### ■ 수동필터

[그림 13-38(a)]와 같은 $RC$ 직렬회로는 가장 간단한 저역통과필터를 나타낸 회로로서, 전달함수 $H(s)$를 구하면 다음과 같다.

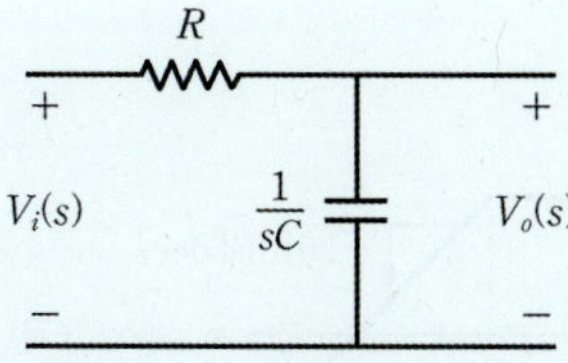


(a) 회로

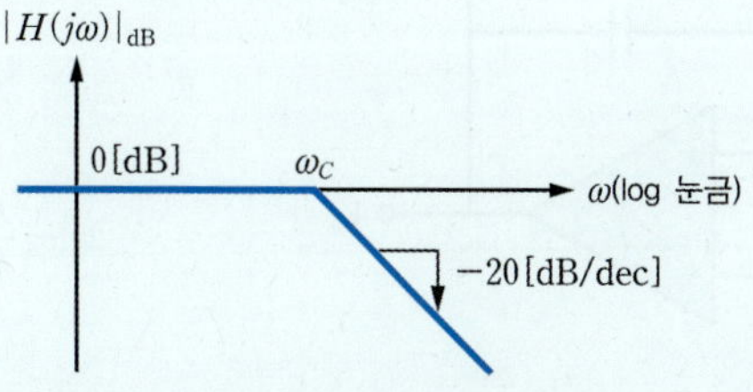


(b) 크기에 대한 보데 선도

**[그림 13-38]** 저역통과필터(수동필터)에 대한 회로 및 보데 선도

$$H(s) = \frac{V_o(s)}{V_i(s)} = \frac{1}{1 + sRC} \tag{13.92}$$

따라서 전달함수의 크기는 다음과 같다.

$$|\boldsymbol{H}(j\omega)| = \frac{1}{\sqrt{1 + \omega^2 R^2 C^2}} \tag{13.93}$$

이에 대한 보데 선도를 그리면 [그림 13-38(b)]와 같이 이상적인 저역통과필터와 유사한 그림이 된다. 전달함수의 크기가 $-3\,[\mathrm{dB}]$이 되는 주파수를 차단주파수 $\omega_c$라 정의하면, 식 (13.93)으로부터 $\omega_c$를 구할 수 있다.

$$|\boldsymbol{H}(j\omega_c)|_{\mathrm{dB}} = 20\log\left(\frac{1}{\sqrt{1 + (\omega_c)^2 R^2 C^2}}\right) = -3 \tag{13.94}$$

그러므로 차단주파수 $\omega_c$는 다음과 같다.

$$\omega_c = \frac{1}{RC} \tag{13.95}$$

식 (13.94)에서 보듯이 $\omega = \omega_c$에서의 전달함수 크기를 구하면 $\frac{1}{\sqrt{2}}H(0)$가 되므로 전력으로 계산하면 $\frac{1}{2}$이 된다. 따라서 $\omega_c$를 반전력주파수 또는 상위 3디비upper 3dB 주파수라고 한다.

## ■ 능동필터

[그림 13-38(a)]와 같은 수동필터 회로에서는 전달함수의 이득이 항상 1보다 작거나 같으므로 1 이상의 이득을 얻을 수 없다. 그러나 트랜지스터나 연산증폭기를 사용한 능동필터인 저역통과필터를 [그림 13-39(a)]와 같이 구성할 경우에는 1 이상의 이득을 얻을 수 있다. [그림 13-39(a)]의 전달함수 $H(s) = V_o(s)/V_i(s)$를 구하면 다음과 같다.

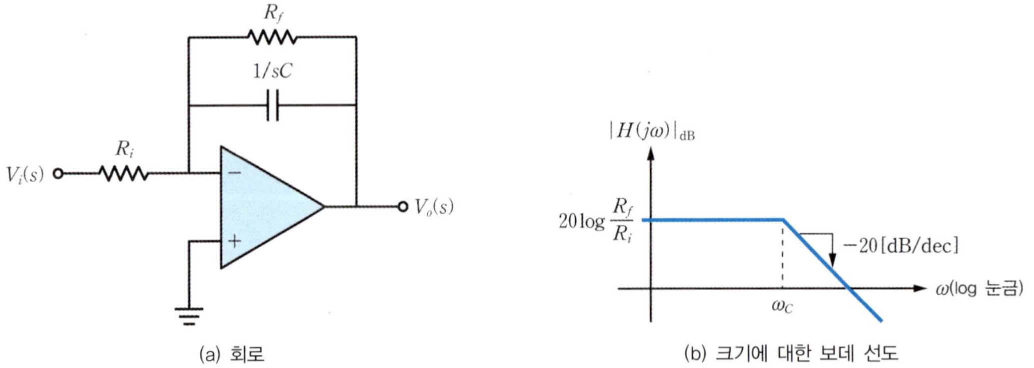


(a) 회로　　　(b) 크기에 대한 보데 선도

**[그림 13-39]** 저역통과필터(능동필터)에 대한 회로 및 보데 선도

$$V_o(s) = -\left(R_f // \frac{1}{sC}\right) \cdot \frac{V_i(s)}{R_i} = -\frac{R_f}{R_i} \cdot \frac{1}{1 + sR_fC} \cdot V_i(s) \tag{13.96}$$

그러므로 다음과 같다.

$$\boldsymbol{H}(j\omega) = \frac{\boldsymbol{V}_o(j\omega)}{\boldsymbol{V}_i(j\omega)} = -\frac{R_f}{R_i} \cdot \frac{1}{1 + j\omega R_f C} \tag{13.97}$$

식 (13.97)로부터 전달함수의 크기를 구하면 다음을 얻는다.

$$|\boldsymbol{H}(j\omega)| = \frac{R_f}{R_i} \cdot \frac{1}{\sqrt{1 + \omega^2 R_f^2 C^2}} \tag{13.98}$$

식 (13.98)로부터 전달함수의 크기에 대한 보데 선도를 그리면 [그림 13-39(b)]와 같다. 식 (13.98)로부터 차단주파수 $\omega_c$와 $|\boldsymbol{H}(j0)|$를 구하면 다음과 같다.

$$\omega_c = \frac{1}{R_f C} \tag{13.99}$$

$$|\boldsymbol{H}(j0)| = \frac{R_f}{R_i} \tag{13.100}$$

식 (13.99)는 수동필터와 동일한 결과이지만, 식 (13.100)에서는 $R_f > R_i$일 때 1보다 큰 이득을 얻을 수 있다.

### 13.5.2 고역통과필터

[그림 13-40]과 같은 이상적인 고역통과필터는 저역통과필터와는 반대로 차단주파수 $\omega_c$보다 높은 주파수 성분은 출력으로 통과시키고 낮은 주파수 성분은 제거하는 역할을 한다.

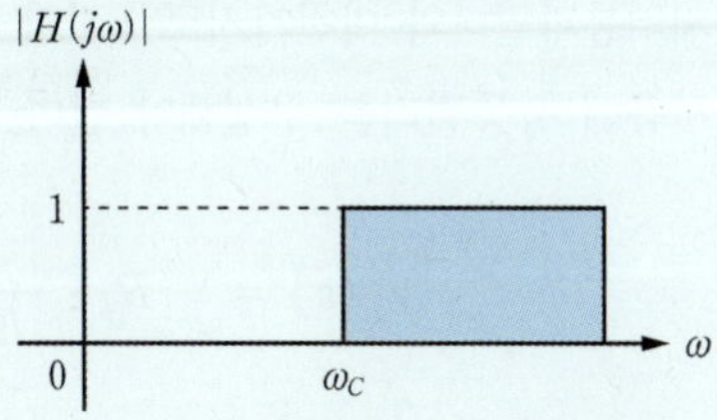


**[그림 13-40]** 이상적인 고역통과필터

#### ■ 수동필터

[그림 13-41(a)]와 같은 $RC$ 직렬회로는 가장 간단한 고역통과필터를 나타낸 회로로서, 전달함수 $H(s)$를 구하면 다음과 같다.

$$H(s) = \frac{V_o(s)}{V_i(s)} = \frac{sRC}{1 + sRC} \tag{13.101}$$

따라서 전달함수의 크기는 다음과 같다.

$$|\boldsymbol{H}(j\omega)| = \frac{\omega RC}{\sqrt{1 + \omega^2 R^2 C^2}} \tag{13.102}$$

이에 대한 보데 선도를 그리면 [그림 13-41(b)]와 같이 이상적인 고역통과필터와 유사한 그림이 된다. 저역통과필터와 마찬가지로 전달함수의 크기가 $-3\,[\mathrm{dB}]$이 되는 주파수를 차단주파수 $\omega_c$라 정의하면, 식 (13.102)로부터 $\omega_c$를 구할 수 있다.

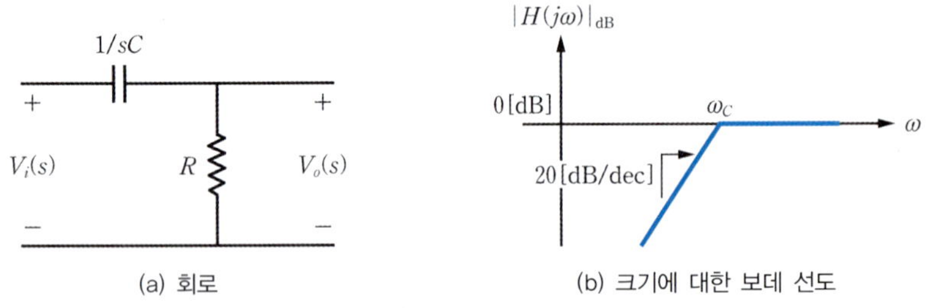


**[그림 13-41]** 고역통과필터의 회로와 보데 선도

$$|\boldsymbol{H}(j\omega_c)|_{\mathrm{dB}} = 20\log\left(\frac{\omega_c RC}{\sqrt{1+(\omega_c)^2 R^2C^2}}\right) = -3 \tag{13.103}$$

그러므로 차단주파수 $\omega_c$는 다음과 같다.

$$\omega_c = \frac{1}{RC} \tag{13.104}$$

식 (13.103)에서 보듯이 $\omega = \omega_c$에서의 전달함수 크기를 구하면 $\dfrac{1}{\sqrt{2}}H(\infty)$가 되므로 전력으로 계산하면 $\dfrac{1}{2}$이 된다. 따라서 $\omega_c$를 반전력주파수 또는 하위 3디비[lower 3dB]주파수라고도 한다.

## ■ 능동필터

저역통과필터와 마찬가지로 1보다 큰 이득을 얻기 위해서는 [그림 13-42(a)]와 같이 연산증폭기를 사용해 능동필터를 구성해야 한다. [그림 13-42(a)]의 전달함수 $H(s)$를 구하면 다음과 같다.

$$V_o(s) = -R_f \cdot \frac{V_i(s)}{R_i + 1/sC} = -\frac{R_f}{R_i}\cdot\frac{sR_iC}{1+sR_iC}\cdot V_i(s) \tag{13.105}$$

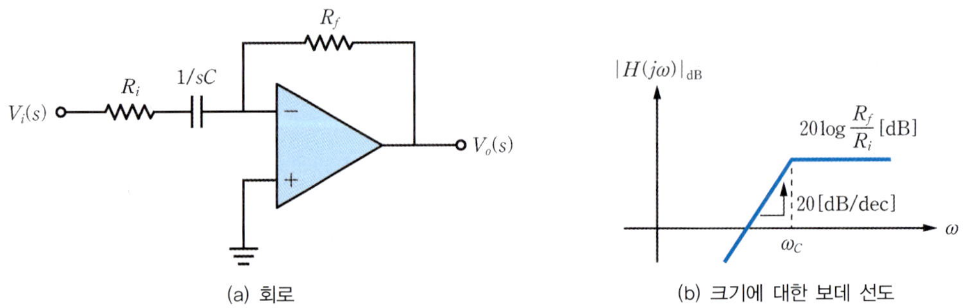


**[그림 13-42]** 고역통과필터(능동필터)의 회로와 보데 선도

$$\boldsymbol{H}(j\omega) = \frac{\boldsymbol{V}_o(j\omega)}{\boldsymbol{V}_i(j\omega)} = -\frac{R_f}{R_i} \cdot \frac{j\omega R_i C}{1 + j\omega R_i C} \tag{13.106}$$

식 (13.106)으로부터 전달함수의 크기를 구하면 다음을 얻는다.

$$|\boldsymbol{H}(j\omega)| = \frac{R_f}{R_i} \cdot \frac{\omega R_i C}{\sqrt{1 + \omega^2 R_i^2 C^2}} \tag{13.107}$$

식 (13.107)로부터 전달함수의 크기에 대한 보데 선도를 그리면 [그림 13-42(b)]와 같다. 식 (13.107)로부터 차단주파수와 $|\boldsymbol{H}(j\infty)|$를 구하면 다음과 같다.

$$\omega_c = \frac{1}{R_i C} \tag{13.108}$$

$$|\boldsymbol{H}(j\infty)| = \frac{R_f}{R_i} \tag{13.109}$$

식 (13.108)은 수동필터와 동일한 결과이지만, 식 (13.109)에서는 $R_f > R_i$를 만족할 때 1보다 큰 이득을 얻을 수 있다.

## 13.5.3 대역통과필터

[그림 13-43]과 같은 이상적인 대역통과필터는 차단주파수 $\omega_1$ (하위 3디비 주파수)보다 낮은 주파수 성분과 차단주파수 $\omega_2$(상위 3디비 주파수)보다 높은 주파수 성분은 제거하고 $\omega_1$과 $\omega_2$ 사이의 주파수 성분만 출력으로 통과시키는 역할을 한다.

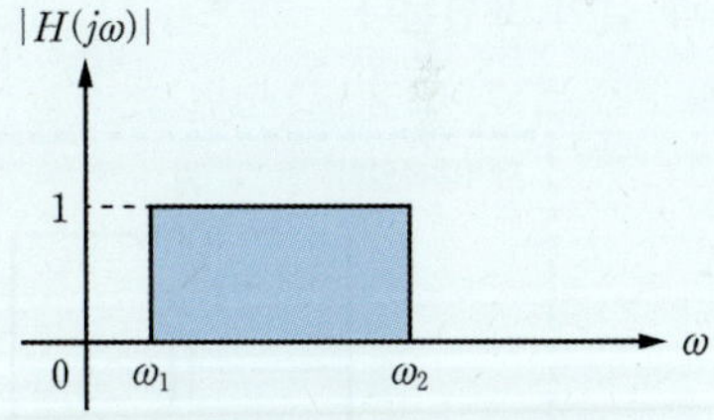


**[그림 13-43]** 이상적인 대역통과필터

### ■ 수동필터

[그림 13-44]와 같은 $RLC$ 직렬회로는 가장 간단한 대역통과필터를 나타낸 회로로서, 전달함수 $H(s)$를 구하면 다음과 같다.

$$H(s) = \frac{V_o(s)}{V_i(s)} = \frac{sRC}{1 + sRC + s^2 LC} \tag{13.110}$$

[그림 13-44]의 대역통과필터는 13.4.1절에서 언급한 $RLC$ 직렬 공진회로와 동일한 회로이며, 이 회로의 특성은 이미 공진회로에서 언급한 사항으로 전달함수의 크기를 주파수에 따른 변화로 그리면 [그림 13-45]와 같다.

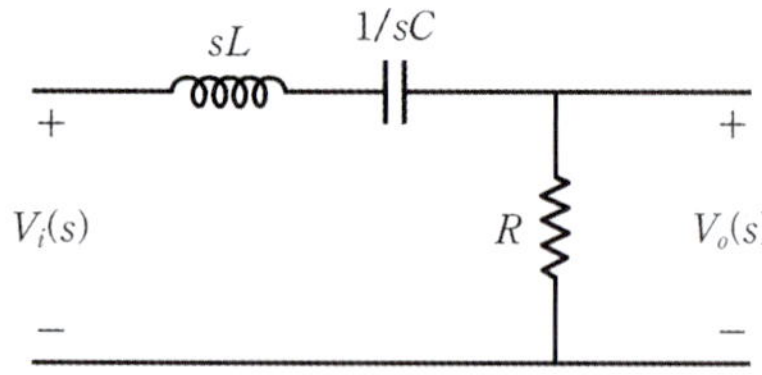


**[그림 13-44]** 대역통과필터 회로

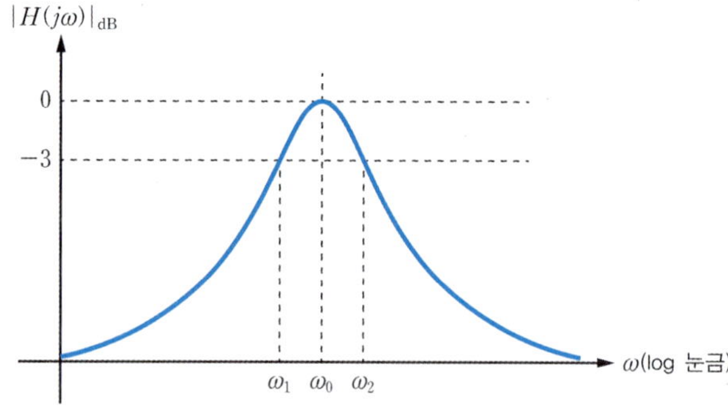


**[그림 13-45]** 주파수에 따른 크기 변화

## ■ 능동필터

차단주파수가 $\omega_2$인 저역통과필터와 차단주파수가 $\omega_1$인 고역통과필터를 [그림 13-46]과 같이 직렬로 연결할 경우, 대역통과필터의 역할을 한다.

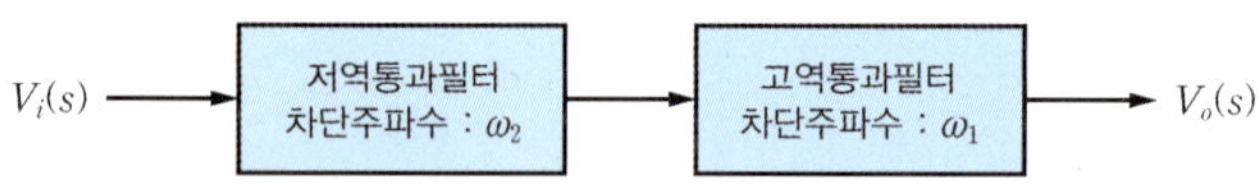


**[그림 13-46]** 대역통과필터의 블록 다이어그램

[그림 13-39(a)]와 [그림 13-42(a)]를 이용해 [그림 13-46]과 같은 회로를 구현하면 [그림 13-47]과 같이 표현된다.

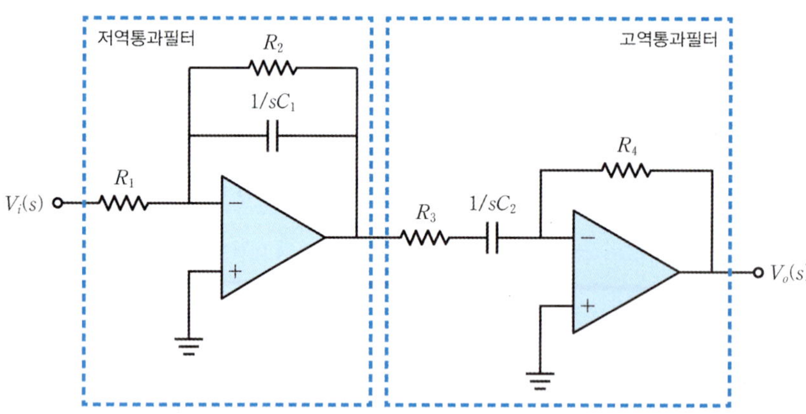


**[그림 13-47]** 대역통과필터(능동필터)의 회로

식 (13.96)과 식 (13.105)를 이용해 전달함수 $H(s)$를 구하면 식 (13.111)을 얻는다.

$$H(s) = \left(-\frac{R_2}{R_1}\cdot\frac{1}{1+sR_2C_1}\right)\left(-\frac{R_4}{R_3}\cdot\frac{sR_3C_2}{1+sR_3C_2}\right)$$

$$= \frac{R_2R_4}{R_1R_3}\cdot\frac{sR_3C_2}{(1+sR_2C_1)(1+sR_3C_2)} \tag{13.111}$$

$s = j\omega$를 대입해 주파수영역으로 표현하면 다음을 얻는다.

$$\begin{aligned} \boldsymbol{H}(j\omega) &= \left(-\frac{R_2}{R_1}\cdot\frac{1}{1+j\omega R_2 C_1}\right)\left(-\frac{R_4}{R_3}\cdot\frac{j\omega R_3 C_2}{1+j\omega R_3 C_2}\right) \\ &= \frac{R_2 R_4}{R_1 R_3}\cdot\frac{j\omega R_3 C_2}{(1+j\omega R_2 C_1)(1+j\omega R_3 C_2)} \end{aligned} \tag{13.112}$$

식 (13.112)로부터 전달함수의 크기를 구하면 다음과 같다.

$$|\boldsymbol{H}(j\omega)| = \frac{R_2 R_4}{R_1 R_3}\cdot\frac{\omega R_3 C_2}{\sqrt{1+\omega^2 R_2^2 C_1^2}\sqrt{1+\omega^2 R_3^2 C_2^2}} \tag{13.113}$$

식 (13.113)으로부터 전달함수의 크기에 대한 보데 선도를 그리면 [그림 13-48]과 같다.

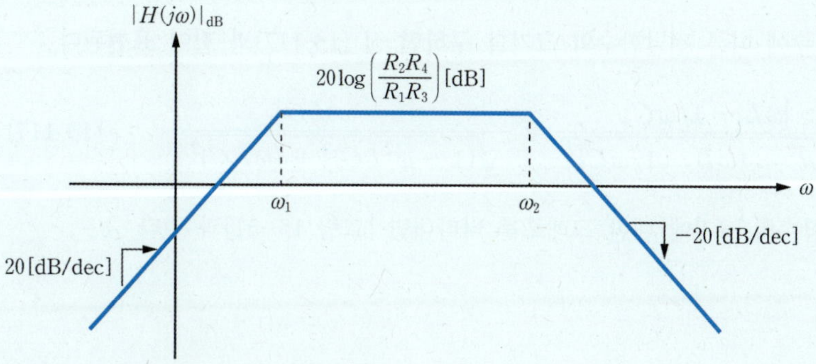


[그림 13-48] 대역통과필터의 보데 선도

식 (13.113)으로부터 차단주파수 $\omega_1$, 차단주파수 $\omega_2$ 및 통과대역에서의 이득 $|\boldsymbol{H}(j\omega_o)|$를 구하면 다음과 같다.

$$\omega_1 = \frac{1}{R_3 C_2},\quad \omega_2 = \frac{1}{R_2 C_1} \tag{13.114}$$

$$|\boldsymbol{H}(j\omega_o)| = \frac{R_2 R_4}{R_1 R_3} \tag{13.115}$$

## 13.5.4 대역차단필터

[그림 13-49]와 같은 이상적인 대역차단필터는 대역통과필터와는 반대로 차단주파수 $\omega_1$(하위 3디비 주파수)보다 낮은 주파수 성분과 차단주파수 $\omega_2$(상위 3디비 주파수)보다 높은 주파수 성분은 출력으로 통과하고 $\omega_1$과 $\omega_2$ 사이의 주파수 성분은 제거하는 역할을 한다.

### ■ 수동필터

[그림 13-50]과 같이 $RLC$ 직렬 공진회로는 대역통과필터와 달리 $L$과 $C$에 걸리는 전압을 출력으로 할 경우, 공진주파수에서 인가되는 전원전압이 모두 저항 $R$에 걸리므로 $L$과 $C$에 걸리는 전압의

합은 0가 된다. 따라서 공진주파수 $\omega_o$ 부근에서는 출력전압이 거의 나타나지 않는 대역차단필터로 동작한다. 먼저 [그림 13-50]의 회로에서 전달함수 $H(s)$를 구해보자.

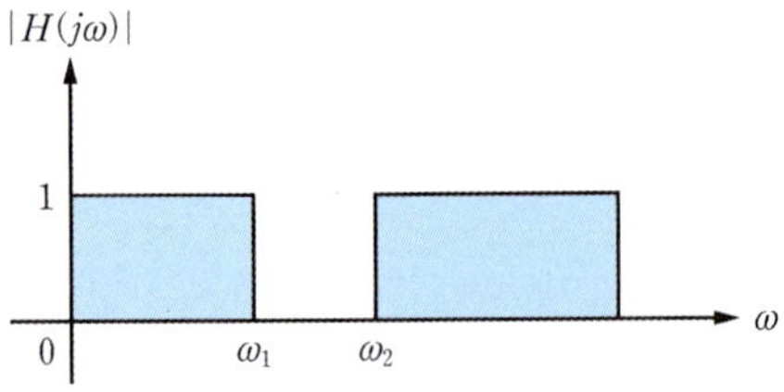


[그림 13-49] 이상적인 대역차단필터

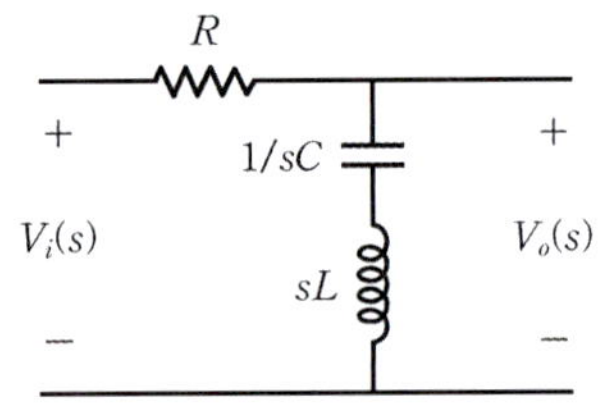


[그림 13-50] 대역차단필터(수동필터)

$$H(s)=\frac{V_o(s)}{V_i(s)}=\frac{1+s^2LC}{1+sRC+s^2LC} \tag{13.116}$$

식 (13.116)으로부터 주파수에 따른 전달함수의 크기를 구하면 식 (13.117)과 같이 표현된다.

$$|\boldsymbol{H}(j\omega)|=\frac{|\omega L-1/\omega C|}{\sqrt{R^2+(\omega L-1/\omega C)^2}}=\frac{|1-\omega^2LC|}{\sqrt{(1-\omega^2LC)^2+(\omega RC)^2}} \tag{13.117}$$

주파수 변화에 따른 전달함수의 크기에 대한 그래프를 나타내면 [그림 13-51]과 같다.

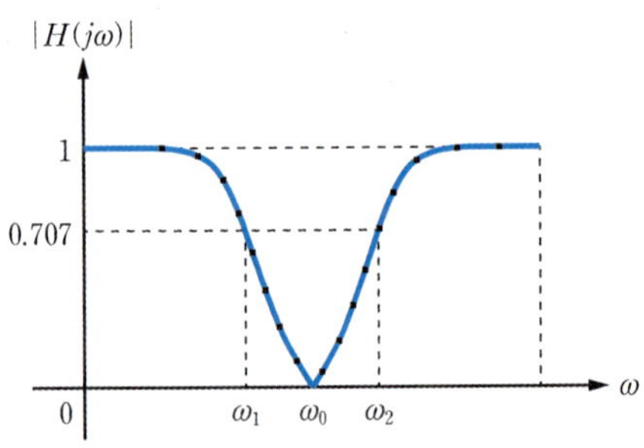


[그림 13-51] 주파수에 따른 전달함수의 크기 변화

[그림 13-51]에서 보듯 낮은 주파수에서나 높은 주파수에서는 전달함수의 크기가 1이 되어 출력전압의 크기가 입력전압의 크기와 동일하지만, 공진주파수 $\omega_o$에서는 출력전압이 0가 되고 반전력주파수 $\omega_1$, $\omega_2$에서는 출력전압의 크기가 입력전압의 크기에 비해 $\frac{1}{\sqrt{2}}$배로 작아진다.

## ■ 능동필터

차단주파수가 $\omega_1$인 저역통과필터와 차단주파수가 $\omega_2$인 고역통과필터를 [그림 13-52]와 같이 병렬로 연결할 경우, 대역차단필터의 역할을 한다. 즉 차단주파수 $\omega_1$ 이하의 주파수 성분은 저역통과필터를 통해 출력에 전달되고, $\omega_2$ 이상의 주파수 성분은 고역통과필터를 통해 출력에 전달되지만 $\omega_1<\omega<\omega_2$의 주파수 성분은 저역통과필터나 고역통과필터 모두 차단되어 출력으로 전달되지 않는다.

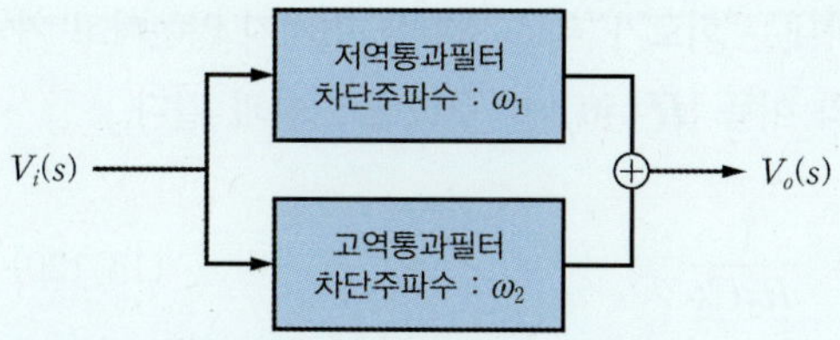


**[그림 13-52]** 대역차단필터의 블록 다이어그램

[그림 13-39(a)]와 [그림 13-42(a)]를 이용해 [그림 13-52]와 같은 회로를 구현하면 [그림 13-53]과 같이 표현된다.

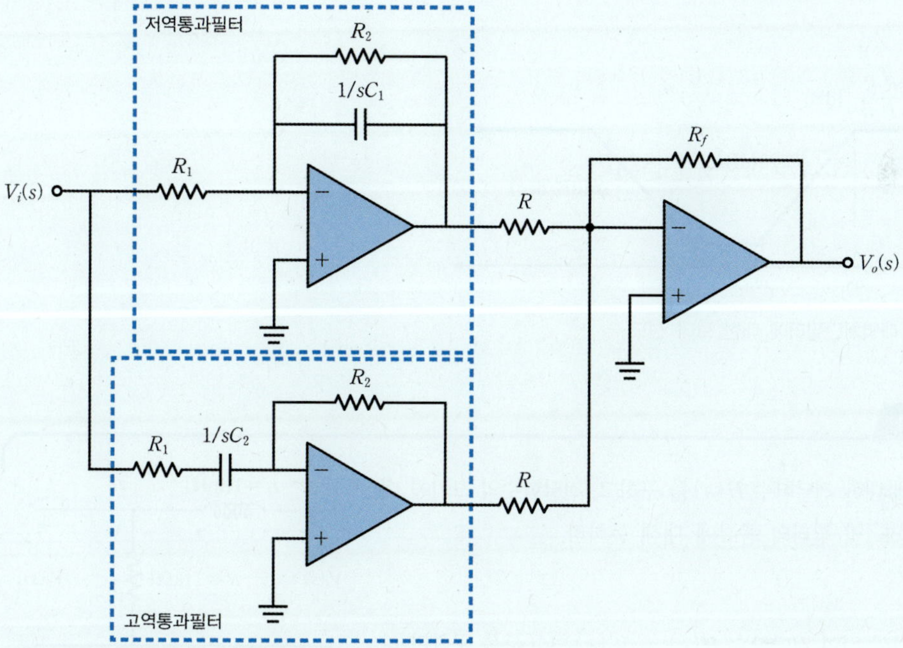


**[그림 13-53]** 대역차단필터(능동필터)의 회로

식 (13.96)과 식 (13.105)를 이용해 전달함수 $H(s)$를 구하면 식 (13.118)을 얻는다.

$$\begin{aligned} H(s) &= -\frac{R_f}{R}\left\{\left(-\frac{R_2}{R_1}\cdot\frac{1}{1+sR_2C_1}\right)+\left(-\frac{R_2}{R_1}\cdot\frac{sR_1C_2}{1+sR_1C_2}\right)\right\} \\ &= \frac{R_2R_f}{RR_1}\cdot\frac{(1+s/\omega_{z1})(1+s/\omega_{z2})}{(1+sR_2C_1)(1+sR_1C_2)} \end{aligned} \tag{13.118}$$

여기서 $\omega_{z1}$, $\omega_{z2}$는 다음 식을 만족하는 상수이다.

$$1/\omega_{z1}+1/\omega_{z2} = 2R_1C_2 \tag{13.119a}$$

$$1/\omega_{z1}\cdot 1/\omega_{z2} = R_1R_2C_1C_2 \tag{13.119b}$$

저역통과필터를 나타내는 회로와 고역통과필터를 나타내는 회로가 서로 영향을 미치지 않는다고 가정하면 각각의 차단주파수 $\omega_1$, $\omega_2$ 및 통과대역에서의 이득 $|\boldsymbol{H}(j0)|$를 구하면 다음과 같다.

$$\omega_1 = \frac{1}{R_1 C_1}, \quad \omega_2 = \frac{1}{R_2 C_2} \tag{13.120}$$

$$|\boldsymbol{H}(j0)| = |\boldsymbol{H}(j\infty)| = \frac{R_2 R_f}{R_1 R} \tag{13.121}$$

식 (13.118)로부터 전달함수의 크기에 대한 보데 선도를 그리면 [그림 13-54]와 같다.

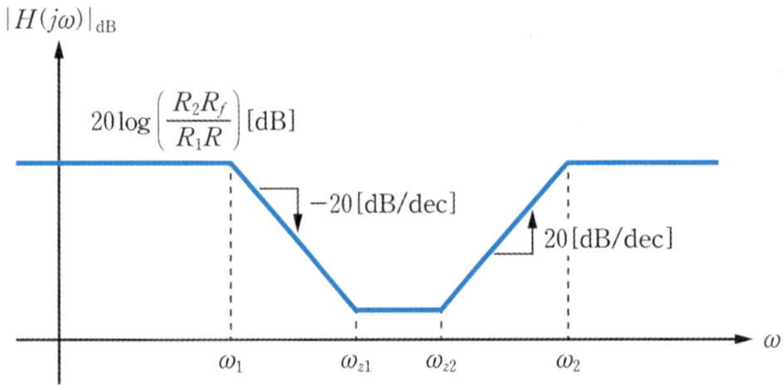


**[그림 13-54]** 대역차단필터에 대한 보데 선도

## 예제 13-11

다음 회로에 대한 전달함수 $H(s)$를 구하고, 전달함수의 크기에 대한 보데 선도 및 필터의 종류에 대해 논하라.

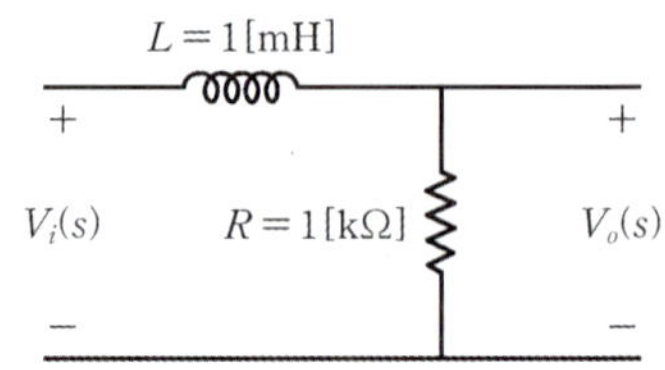


**[그림 13-55]** [예제 13-11]의 회로

### 풀이

입력과 출력의 비인 전달함수 $H(s) = V_o(s)/V_i(s)$를 구하면 다음과 같다. 여기서 $\omega_c = R/L$이다.

$$H(s) = \frac{R}{R + sL} = \frac{1}{1 + s/\omega_c} \qquad \cdots ①$$

식 ①로부터 전달함수 크기에 대한 보데 선도를 그리면 [그림 13-56]과 같다. 이로부터 [그림 13-55]의 회로는 차단주파수가 $\omega_c = 10^6$[rad/s]인 저역통과필터임을 알 수 있다.

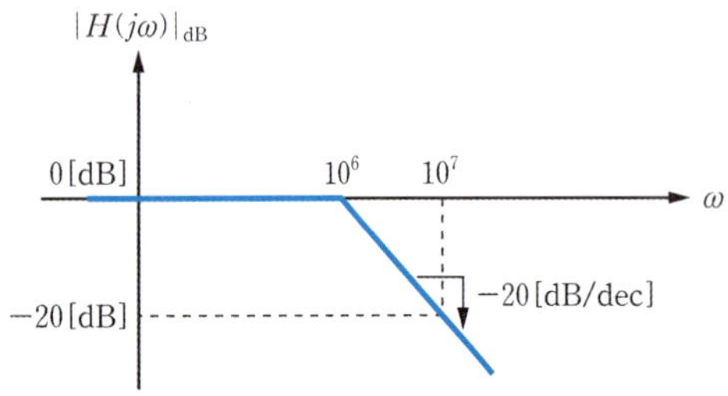


**[그림 13-56]** 크기에 대한 보데 선도

## 실전문제 13-11

다음 회로에 대한 전달함수 $H(s)$를 구하고, 전달함수의 크기에 대한 보데 선도 및 필터의 특성에 대해 논하라.

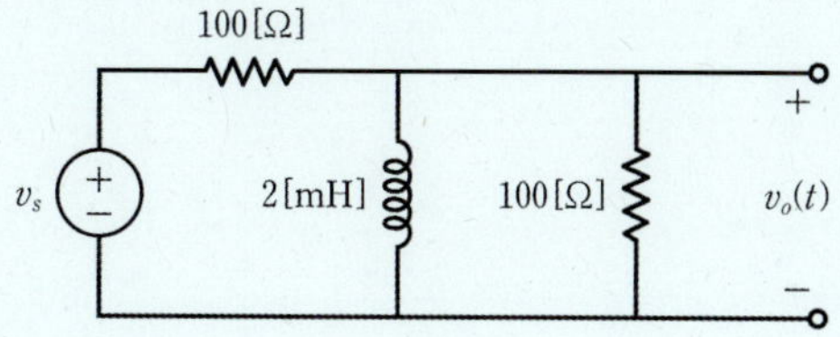


[그림 13-57]

## 예제 13-12

다음 회로에 대한 전달함수 $H(s)$를 구하고, 전달함수의 크기에 대한 보데 선도 및 필터의 종류에 대해 논하라.

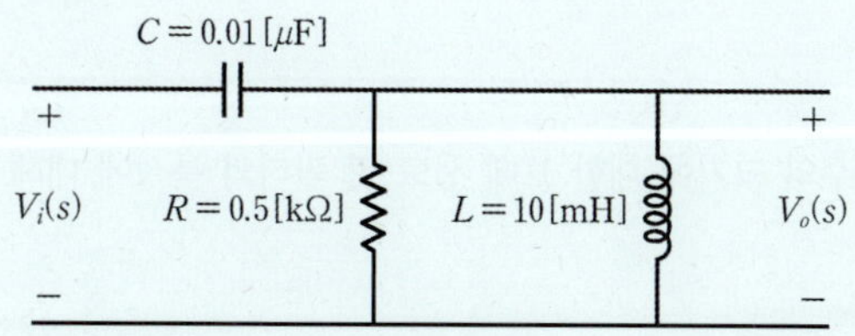


**[그림 13-58]** [예제 13-12]의 회로

### 풀이

[그림 13-58]의 회로로부터 전달함수를 구하면 다음을 얻는다.

$$H(s) = \frac{V_o(s)}{V_i(s)} = \frac{R//sL}{1/sC + R//sL} = \frac{s^2RLC}{R + sL + s^2RLC}$$

$$= \frac{s^2}{s^2 + 2\times 10^5 s + 10^{10}} = \frac{s^2}{(s+10^5)^2} \qquad \cdots ①$$

전달함수에 대한 보데 선도를 그리면 [그림 13-59]와 같다. 식 ①로부터 $\omega = 10^5$ [rad/s]에서의 전달함수 크기를 구하면 다음과 같다.

$$|\boldsymbol{H}(j10^5)| = \left|\frac{(j10^5)^2}{(j10^5 + 10^5)^2}\right| = \frac{1}{2} \quad \rightarrow \quad -6\,[\text{dB}]$$

따라서 $\omega = 10^5$ [rad/s]는 차단주파수가 아니다. 따라서 크기가 $-3$ [dB]이 되는 주파수 $\omega_c$를 식 ① 로부터 구해야 한다.

$$|\boldsymbol{H}(j\omega_c)| = \left|\frac{(j\omega_c)^2}{(j\omega_c + 10^5)^2}\right| = \frac{\omega_c^2}{10^{10} + \omega_c^2} = \frac{1}{\sqrt{2}}$$

그러므로 차단주파수 $\omega_c$는 다음과 같다.

$$\omega_c = 1.55 \times 10^5 \,[\text{rad/s}] \qquad \cdots ②$$

따라서 식 ②와 같이 [그림 13-58]의 회로는 차단주파수가 약 25 [kHz]인 고역통과필터이다.

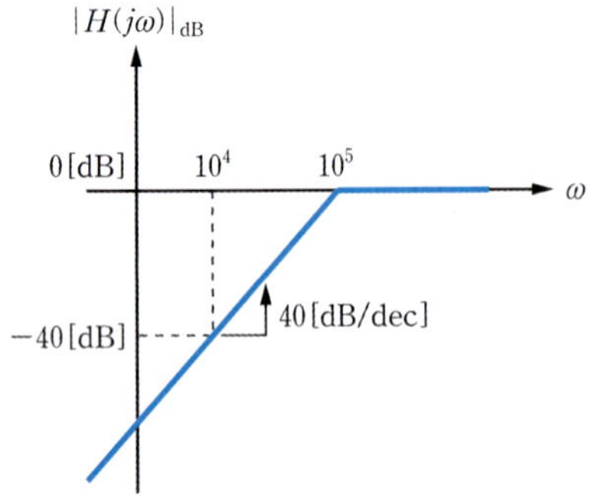


[그림 13-59] 크기에 대한 보데 선도

## 실전문제 13-12

다음 회로에 대한 전달함수 $H(s)$를 구하고, 전달함수의 크기에 대한 보데 선도 및 필터의 특성에 대해 논하라.

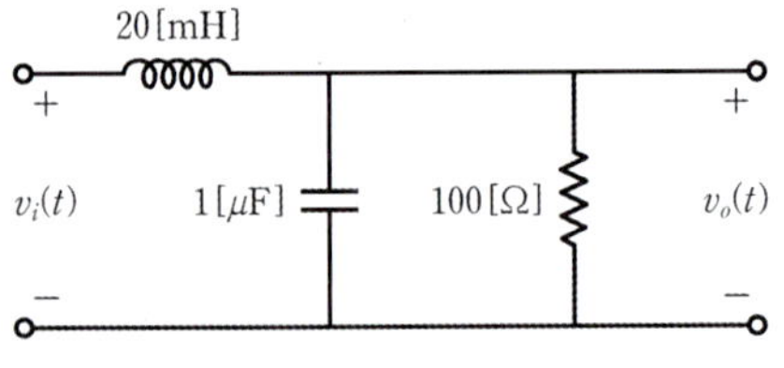


[그림 13-60]

## 예제 13-13

다음 회로에 대한 전달함수 $H(s)$를 구하고, 전달함수의 크기에 대한 보데 선도 및 필터의 종류에 대해 논하라. 단, $R_1 = 0.1\,[\text{k}\Omega]$, $R_2 = 1\,[\text{k}\Omega]$, $C = 0.1\,[\text{nF}]$, $L = 10\,[\text{mH}]$이다.

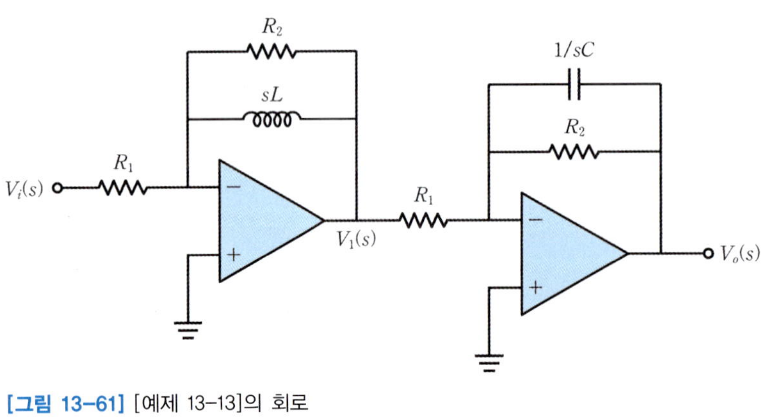


[그림 13-61] [예제 13-13]의 회로

**풀이**

[그림 13-61]의 회로에 대해 전달함수를 구하면 다음과 같다.

$$V_1(s) = -\frac{R_2//sL}{R_1}V_i(s) = -\frac{sR_2L}{R_1(R_2+sL)}V_i(s) \qquad \cdots ①$$

$$V_o(s) = -\frac{R_2//\dfrac{1}{sC}}{R_1}V_1(s) = -\frac{R_2}{R_1(1+sR_2C)}V_1(s) \qquad \cdots ②$$

그러므로 전달함수 $H(s)$는 다음과 같다.

$$H(s) = \frac{V_o(s)}{V_i(s)} = \frac{sR_2L}{R_1^2(1+sL/R_2)(1+sR_2C)}$$
$$= \frac{10^{-3}\mathrm{s}}{(1+s/10^5)(1+s/10^7)} \qquad \cdots ③$$

식 ③을 이용해 전달함수의 크기에 대한 보데 선도를 그리면 [그림 13-62]와 같다. [그림 13-62]에서 보는 바와 같이 [그림 13-61]의 회로는 통과대역의 이득이 40 [dB]이고 하위 3디비 주파수가 $\omega_1 = 10^5$ [rad/s], 상위 3디비 주파수가 $\omega_2 = 10^7$ [rad/s]인 대역통과필터이다. 또한 중심주파수는 $\omega_o = 10^6$ [rad/s]이고, 대역폭 $B$와 양호도 $Q$는 다음과 같다.

$$B = \omega_2 - \omega_1 \simeq \omega_2 = 10^7\,[\mathrm{rad/s}]$$

$$Q = \frac{\omega_o}{B} = \frac{10^6}{10^7} = 0.1$$

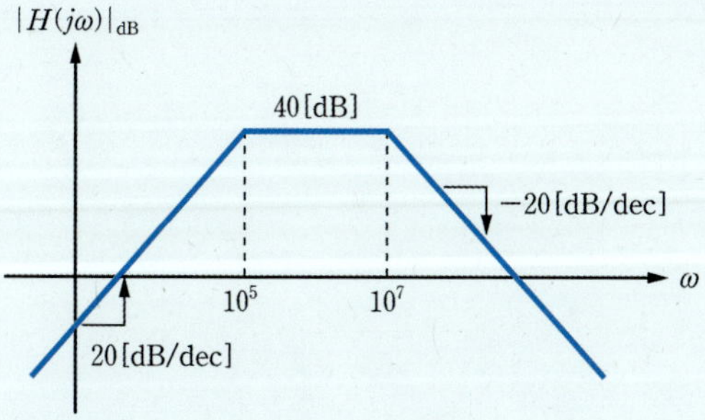


**[그림 13-62]** 크기에 대한 보데 선도

## 실전문제 13-13

다음 회로에 대한 전달함수 $H(s)$를 구하고, 전달함수의 크기에 대한 보데 선도 및 필터의 특성에 대해 논하라. 단, $R_1 = 1\,[\mathrm{k}\Omega]$, $R_2 = 10\,[\mathrm{k}\Omega]$, $C = 10\,[\mathrm{nF}]$, $L = 0.1\,[\mathrm{mH}]$이다.

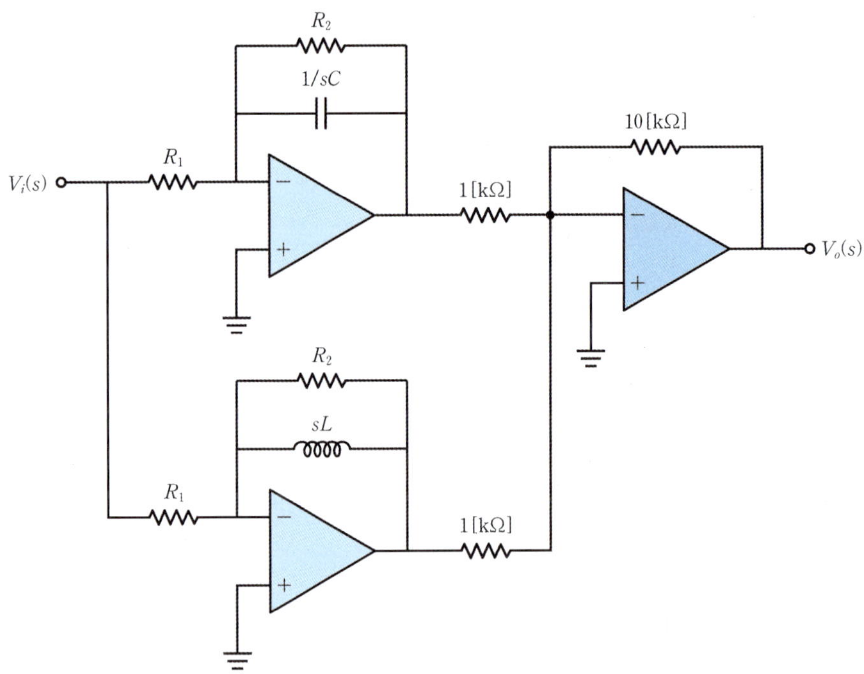


[그림 13-63]

SECTION 13.6

# 스케일링

회로를 설계하거나 분석할 때 쓰이는 소자의 크기가 1 [Ω], 1 [F], 1 [H] 처럼 간단한 수치라면 사용하기 편할 것이다. 따라서 간단한 부품값을 사용한 후 스케일링을 통해 실제 값으로 변환하면 작업이 수월해진다. 회로의 스케일링에는 다음 두 가지가 있다. 크기에 대한 스케일링은 주파수 응답은 변화시키지 않고 소자값만 비례적으로 변화하는 방법이고, 주파수 스케일링은 주파수의 크기를 변화시키는 방법이다.

## 13.6.1 크기 스케일링

독립전류원이 없는 임의의 회로에서 모든 소자의 임피던스의 크기를 비례적으로 증가시켜도 각 노드의 전압은 변하지 않는다. 즉 가지의 수가 $n$ 인 점 $a$ 에서의 노드방정식은 독립전류원이 존재하지 않기 때문에 식 (13.122)와 같이 우변이 0 이므로 분모항인 임피던스 $Z_i$에 같은 값을 곱하거나 나누어도 방정식은 변하지 않는다.

$$\sum_{i=1}^{n} \frac{V_a - V_i}{Z_i} = 0 \tag{13.122}$$

따라서 입력전압과 출력전압의 비로 표현되는 전달함수는 임피던스의 크기를 비례적으로 증가시켜도 변하지 않는다. 식 (13.123)과 같이 소자 $R$, $L$, $C$ 의 임피던스에 같은 값 $K_m$ 을 곱하면 식 (13.124)와 같이 되어 식 (13.125)와 같은 새로운 소자값 $R'$, $L'$, $C'$ 으로 바뀐다.

$$Z_R = R, \quad Z_L = j\omega L, \quad Z_C = \frac{1}{j\omega C} \tag{13.123}$$

$$Z_R' = R' = K_m \cdot Z_R = K_m R \tag{13.124a}$$

$$Z_L' = j\omega L' = K_m \cdot Z_L = j\omega K_m L \tag{13.124b}$$

$$Z_C' = \frac{1}{j\omega C'} = K_m \cdot Z_C = \frac{1}{j\omega C / K_m} \tag{13.124c}$$

$$R' = K_m \cdot R, \quad L' = K_m \cdot L, \quad C' = \frac{C}{K_m} \tag{13.125}$$

예를 들어, $R = 1\,[\Omega]$, $L = 1\,[\mathrm{H}]$, $C = 1\,[\mathrm{F}]$ 인 $RLC$ 직렬 공진회로에서 공진주파수 $\omega_o$와 양호도 $Q$ 및 대역폭 $B$는 다음과 같다.

$$\omega_o = \frac{1}{\sqrt{LC}} = 1\,[\text{rad/s}],\quad B = \frac{R}{L} = 1\,[\text{rad/s}],\quad Q = \frac{\omega_o}{B} = 1 \tag{13.126}$$

스케일링을 통해 저항값을 1 [kΩ]으로 바꾸면 새로운 공진회로에서의 소자값은 다음과 같다.

$$K_m = \frac{R'}{R} = 10^3 \quad \rightarrow \quad L' = K_m L = 1\,[\text{kH}],\quad C' = K_m C = 1\,[\text{mF}]$$

이 경우에는 다음과 같이 동일한 결과를 얻는다.

$$\omega_o = \frac{1}{\sqrt{L'C'}} = 1\,[\text{rad/s}],\quad B = \frac{R'}{L'} = 1\,[\text{rad/s}],\quad Q = \frac{\omega_o}{B} = 1 \tag{13.127}$$

## 13.6.2 주파수 스케일링

전원 주파수 $\omega$에 상수 $K_f$를 곱해 새로운 주파수 $\omega'$으로 사용하면 주파수 특성이 주파수 축을 축소 또는 확대하는 것과 동일한 결과를 얻을 수 있다. 즉 $K_f = 100$이면 $\omega = 10\,[\text{rad/s}]$, $\omega' = 1\,[\text{krad/s}]$인 경우와 동일하다. 예를 들어, 공진주파수가 $\omega_o = 100\,[\text{rad/s}]$, 대역폭이 $B = 10\,[\text{rad/s}]$인 공진회로에서 $K_f = 100$으로 주파수 스케일링을 할 경우, 공진주파수는 $\omega_o{}' = 10\,[\text{krad/s}]$, 대역폭은 $B = 1\,[\text{krad/s}]$인 공진회로로 변한다. $RLC$ 회로의 소자를 상수 $K_f$를 통해 주파수 스케일링을 하면 다음을 만족한다.

$$Z_R = R \quad \rightarrow \quad Z_R' = R' \tag{13.128a}$$

$$Z_L = j\omega L \quad \rightarrow \quad Z_L' = j(\omega \cdot K_f)L' = j\omega(K_f L') \tag{13.128b}$$

$$Z_C = \frac{1}{j\omega C} \quad \rightarrow \quad Z_C' = \frac{1}{j(\omega \cdot K_f)C'} = \frac{1}{j\omega(K_f C')} \tag{13.128c}$$

따라서 새로운 소자값은 다음과 같이 변경된다.

$$R' = R,\quad L' = \frac{L}{K_f},\quad C' = \frac{C}{K_f} \tag{13.129}$$

새로운 소자에서의 공진주파수 $\omega_o{}'$, 대역폭 $B$ 및 양호도 $Q$는 다음과 같으며, 공진주파수 $\omega_o$와 대역폭 $B$는 $K_f$배로 증가하지만 양호도 $Q$에는 변화가 없다.

$$\omega_o{}' = \frac{1}{\sqrt{L'C'}} = K_f \cdot \omega_o \tag{13.130a}$$

$$B' = \frac{1}{R'C'} = \frac{R'}{L'} = K_f \cdot B \tag{13.130b}$$

$$Q' = \frac{\omega_o{}'}{B'} = \frac{\omega_o}{B} = Q \tag{13.130c}$$

### 13.6.3 크기와 주파수 스케일링

임피던스의 크기를 $K_m$배로 스케일링하고, 상수 $K_f$로 주파수 스케일링을 행할 경우 새로운 소자값은 다음과 같이 바뀐다. 바뀐 회로는 공진주파수와 대역폭만 $K_f$배로 증가하고 나머지 값은 변하지 않는다.

$$R' = K_m R, \quad L' = \frac{K_m L}{K_f}, \quad C' = \frac{C}{K_m \cdot K_f} \tag{13.131}$$

**예제 13-14**

간편한 소자값을 사용한 대역통과필터인 다음의 회로에서 중심주파수 $\omega_o$를 구한 후 동일한 회로로 1 [kΩ]의 저항을 사용해 중심주파수가 10 [krad/s]인 대역통과필터를 설계하라.

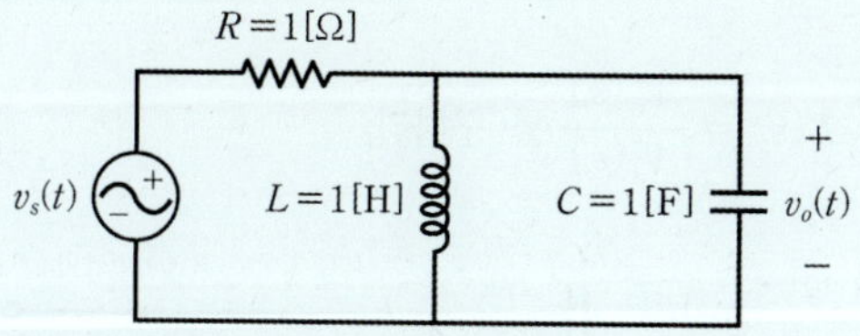


**[그림 13-64]** [예제 13-14]의 회로

**풀이**

[그림 13-64]의 회로에서 전달함수 $H(s)$를 구하면 다음과 같다.

$$H(s) = \frac{L}{R}\frac{s}{1 + \frac{L}{R}s + \frac{s^2}{LC}} = \frac{s}{1 + s + s^2} \quad \cdots ①$$

식 ①로부터 중심주파수를 구하면 $\omega_o = 1$ [rad/s]이다. 따라서 중심주파수를 10 [krad/s]로 이동시키기 위해서는 $K_f = 10^4$으로 주파수 스케일링을 행하고, 저항을 1 [kΩ]으로 변경하기 위해서는 $K_m = 10^3$으로 크기 스케일링을 해야 한다. 따라서 새로운 소자값은 다음과 같다.

$$R' = K_m R = 1\,[\text{k}\Omega], \quad L' = \frac{K_m}{K_f}L = 0.1\,[\text{H}], \quad C' = \frac{C}{K_m K_f} = 0.1\,[\mu\text{F}]$$

**실전문제 13-14**

간편한 소자값을 사용한 고역통과필터인 다음 회로에서 차단주파수 $\omega_c$를 구한 후 동일한 회로로 1 [kΩ]의 저항을 사용해 차단주파수가 10 [krad/s]인 고역통과필터를 설계하라.

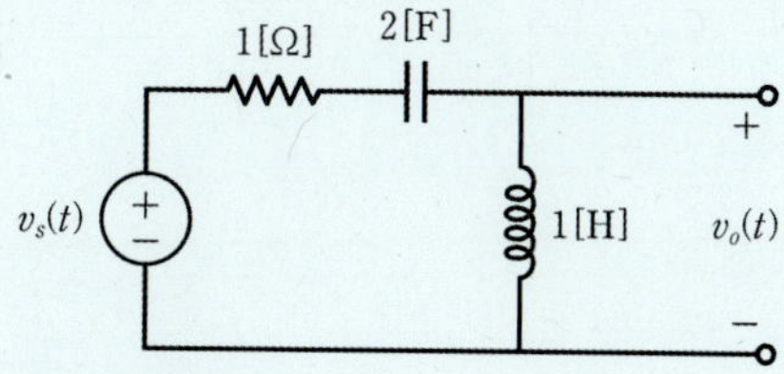


**[그림 13-65]**

**13.1** 다음 회로의 전달함수 $T(j\omega) = \dfrac{V_o(j\omega)}{V_i(j\omega)}$를 구하라.

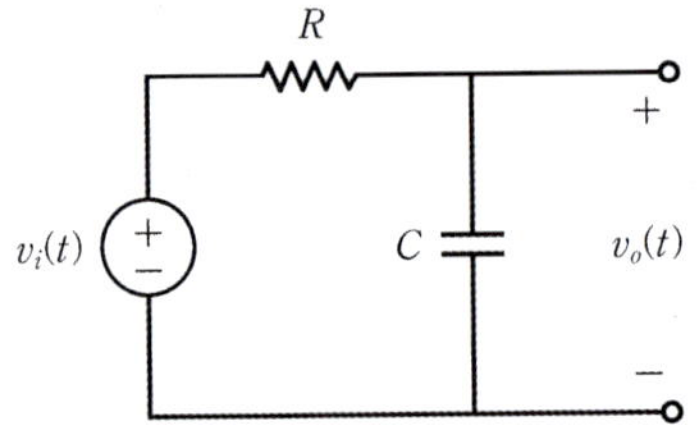


(a)

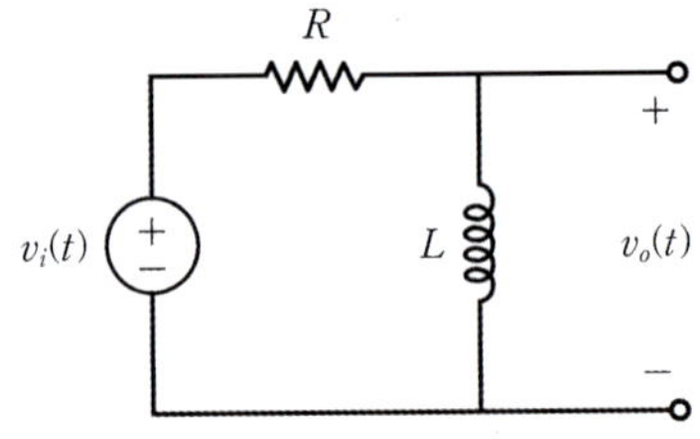


(b)

**[문제 13.1]**

**13.2** 복소주파수 $s$를 사용해 다음 회로의 전달함수 $T(s) = \dfrac{V_o(s)}{V_i(s)}$를 구하라.

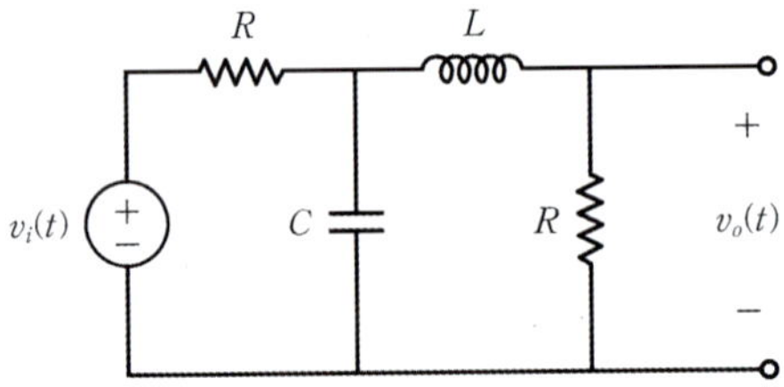


(a)

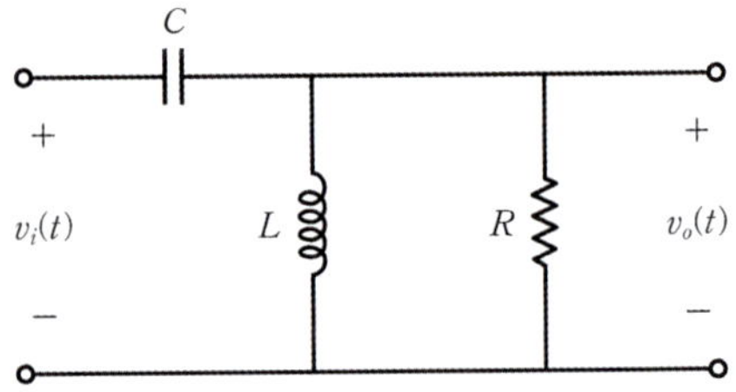


(b)

**[문제 13.2]**

**13.3** 다음 회로의 전달함수 $H(j\omega) = I_o(j\omega)/I_i(j\omega)$를 구하라.

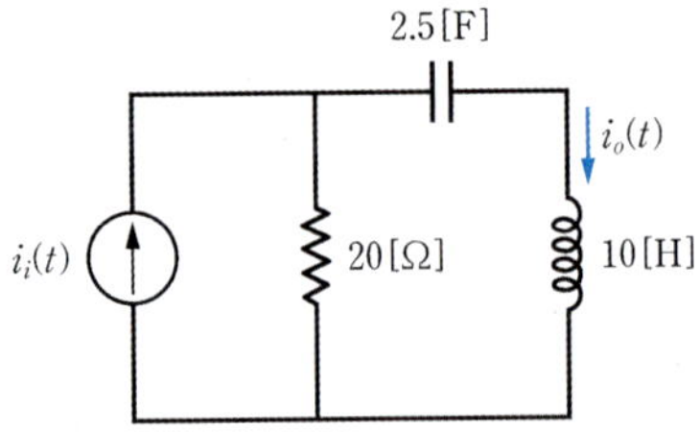


(a)

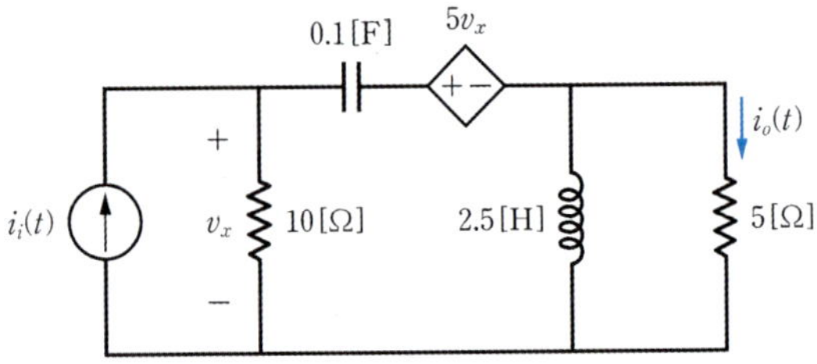


(b)

**[문제 13.3]**

**13.4** 다음에 주어진 전달함수에 대해 크기와 위상에 대한 보데 선도를 그려라.

(a) $H(\omega) = \dfrac{10^3}{j\omega + 10}$  (b) $H(\omega) = \dfrac{10^3 + j\omega}{(10 + j\omega)(100 + j\omega)}$

(c) $H(\omega) = \dfrac{1 + j\omega}{j\omega(10 + j\omega)}$  (d) $H(\omega) = \dfrac{10(10^3 + j\omega)}{j\omega(-\omega^2 + j20\omega + 100)}$

**13.5** 다음에 주어진 전달함수에 대해 크기와 위상에 대한 보데 선도를 그려라.

(a) $H(s) = \dfrac{(s+1)(s+100)}{s(s+10)(s+10^3)}$  (b) $H(s) = \dfrac{2(s+10^2)}{(s^2+2s+2)}$

(c) $H(s) = \dfrac{10^3 s(s^2+s+100)}{(s+10)(s+1000)}$

**13.6** 전달함수의 크기에 대한 보데 선도가 다음과 같을 때, 각각의 전달함수를 구하라. 단, $T_o > 0$ 이다.

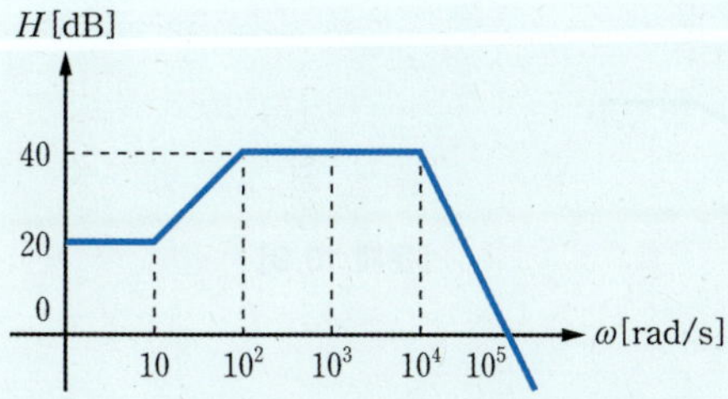


(a)

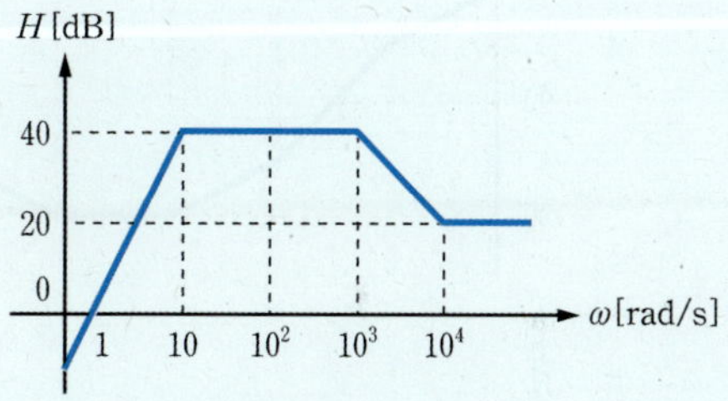


(b)

**[문제 13.6]**

**13.7** 크기에 대한 보데 선도가 다음과 같을 때, 전달함수를 구하라. 단, $T_o > 0$ 이다.

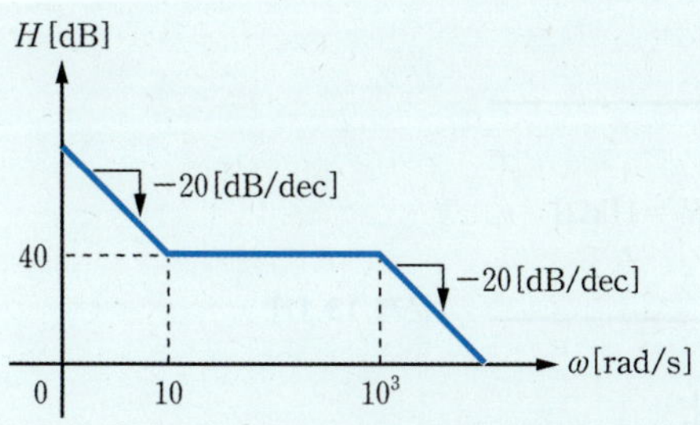


**[문제 13.7]**

**13.8** 전달함수의 위상에 대한 보데 선도가 다음과 같을 때, 전달함수를 구하라. 단, $T_o = 1$이다.

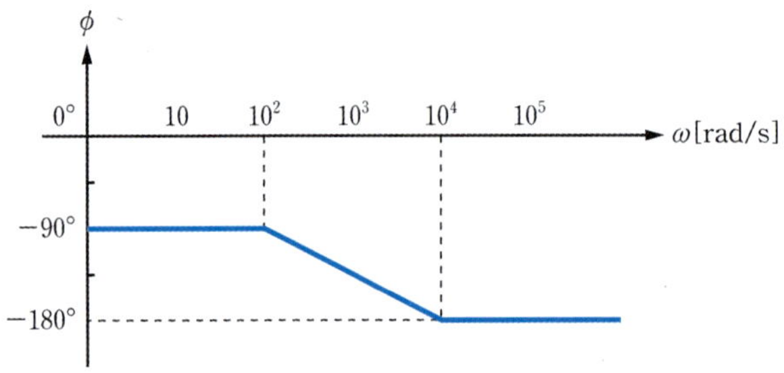


[문제 13.8]

**13.9** 전달함수의 위상에 대한 보데 선도가 다음과 같을 때, 전달함수를 구하라. 단, $T_o = 1$이다.

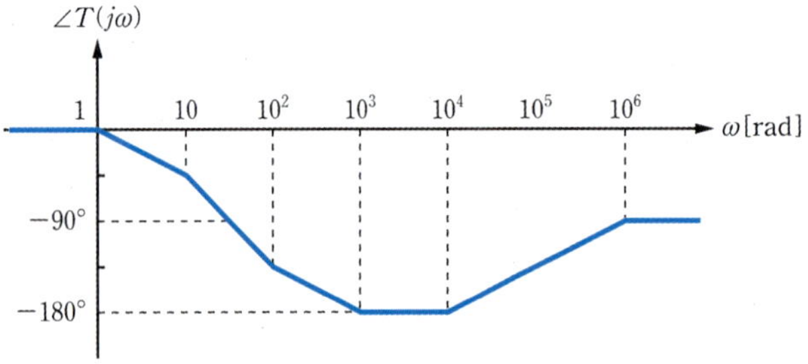


[문제 13.9]

**13.10** $R = 1\,[\text{k}\Omega]$, $L = 20\,[\text{mH}]$, $C = 2\,[\mu\text{F}]$인 $RLC$ 직렬회로의 공진주파수를 구하고 $\frac{1}{2}$ 공진주파수, 2배의 공진주파수에서 입력 임피던스를 구하라.

**13.11** 다음 회로에 대해 주어진 물음에 답하라.

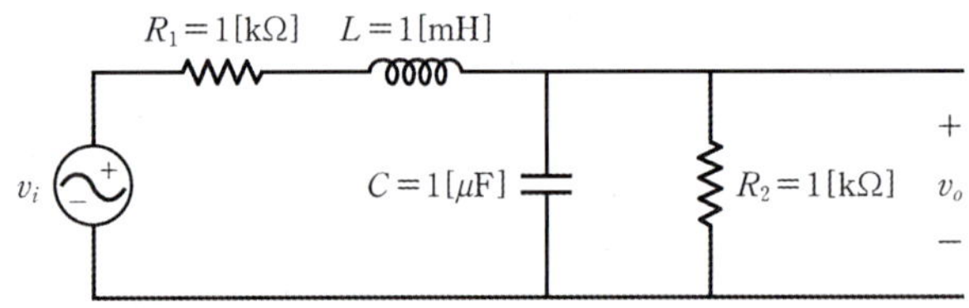


[문제 13.11]

(a) 전달함수 $T(s) = V_o(s)/V_i(s)$를 구하라.

(b) 위 전달함수의 영점과 극점을 구하라.

(c) 위 전달함수의 크기에 대한 보데 선도를 구하라.

(d) 위 전달함수의 위상에 대한 보데 선도를 구하라.

**13.12** 공진주파수가 $\omega_o = 100\,[\text{rad/s}]$, 입력 임피던스가 $Z(\omega_o) = 10\,[\Omega]$, 양호도가 $Q = 100$인 $RLC$ 직렬회로를 설계하라.

**13.13** 다음 회로에서 전압 $v_i(t)$, 전류 $i_o(t)$가 동상(위상이 동일)인 주파수를 구하라.

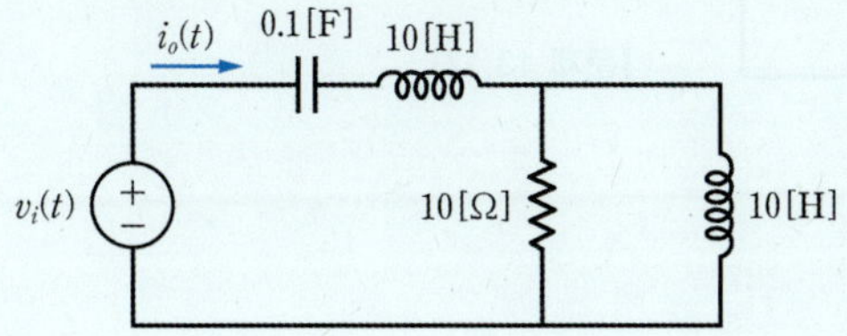


**[문제 13.13]**

**13.14** $\omega_o = 100\,[\text{rad/s}]$, $Q = 20$, $Z(j\omega_o) = 200\,[\Omega]$이라는 특성을 만족하는 $RLC$ 병렬회로를 설계하라.

**13.15** 다음 회로의 공진주파수 $\omega_o$를 구하라.

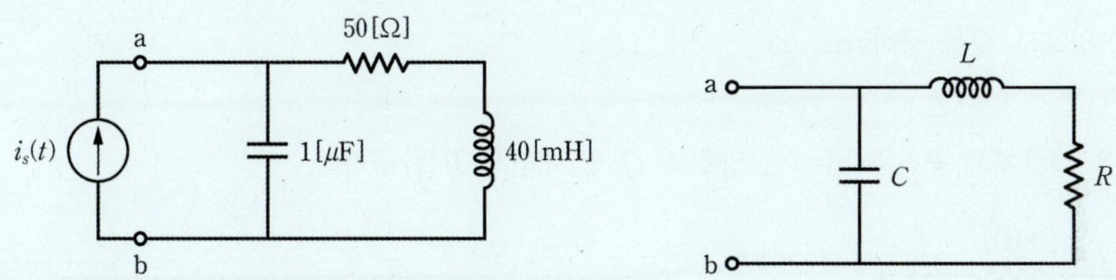


(a) (b)

**[문제 13.15]**

**13.16** 다음 회로의 공진주파수 $\omega_o$를 구하라.

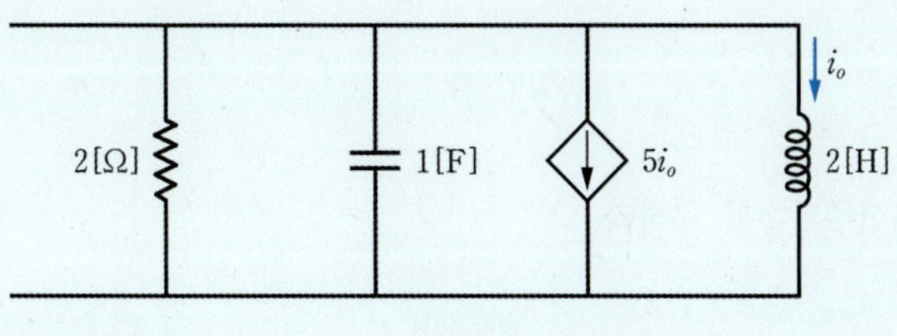


**[문제 13.16]**

**13.17** 다음 회로의 공진주파수 $\omega_o$를 구하라.

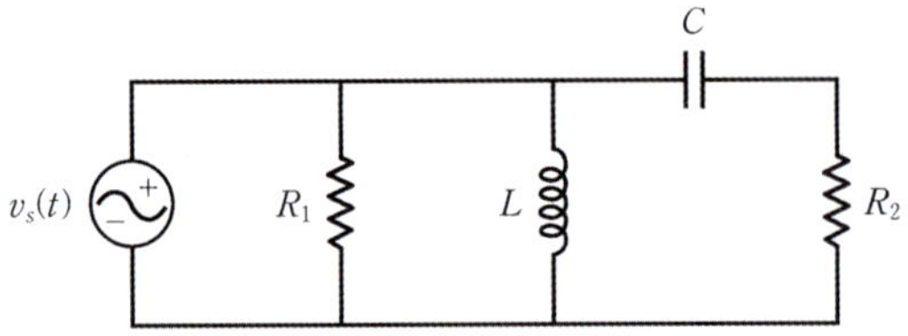


[문제 13.17]

**13.18** 다음 회로에 대해 주어진 물음에 답하라.

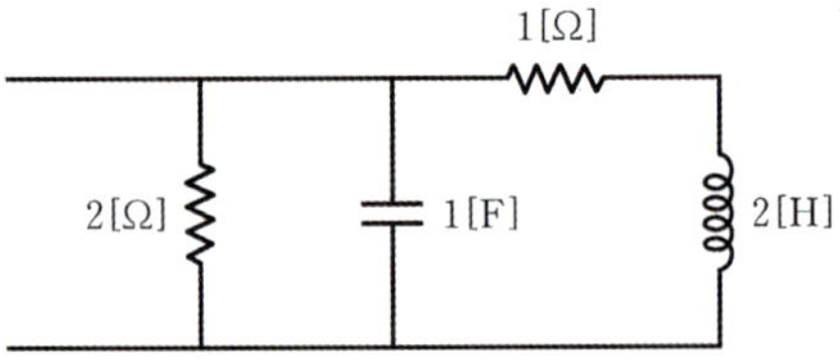


[문제 13.18]

(a) 공진주파수 $\omega_o$를 구하라.

(b) 양호도 $Q$를 구하라.

**13.19** 다음 회로에서 공진주파수 $\omega_o$, 양호도 $Q$ 및 대역폭 $B$를 구하라.

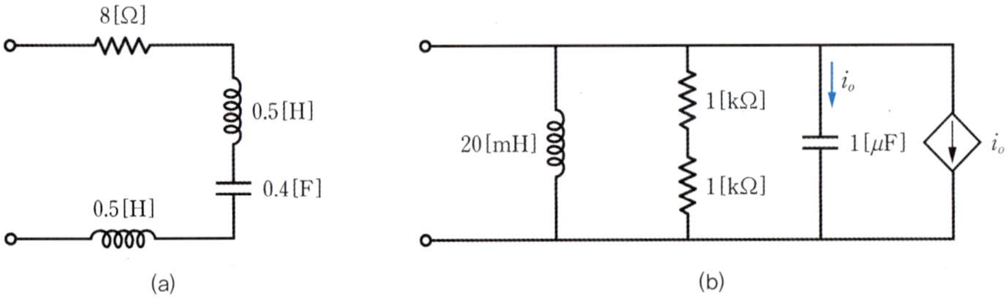


[문제 13.19]

**13.20** 다음 회로에서 필터의 종류와 차단주파수를 구하라.

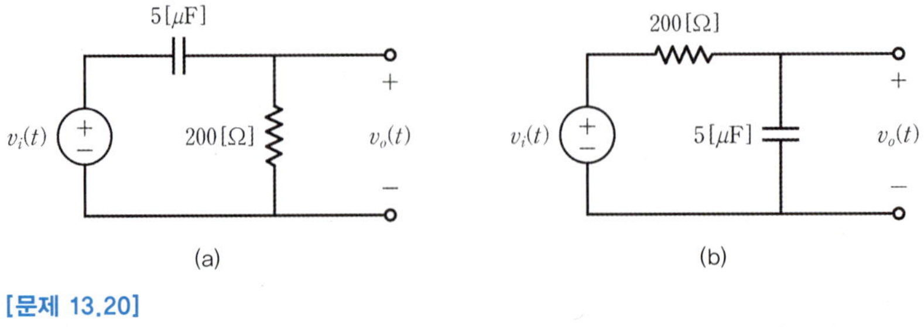


[문제 13.20]

**13.21** 다음 회로에서 필터의 종류와 차단주파수를 구하라.

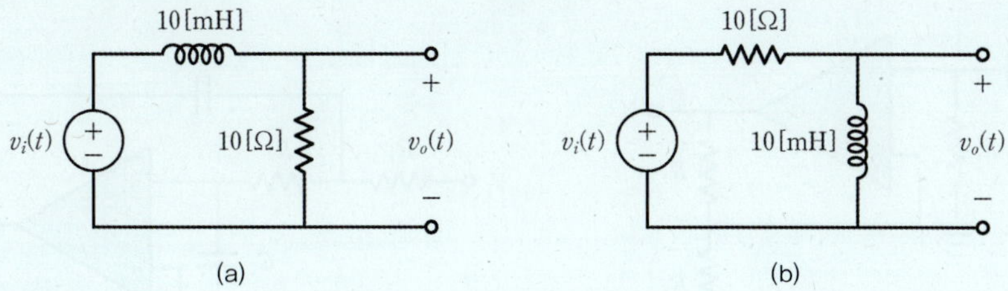


**[문제 13.21]**

**13.22** $C = 40\,[\mu\text{F}]$ 인 커패시터를 사용해 차단주파수가 10 [kHz]와 12 [kHz]인 직렬 $RLC$ 대역통과필터를 설계하라.

**13.23** 다음 대역통과필터의 중심주파수 $\omega_o$와 대역폭 $B$를 구하라.

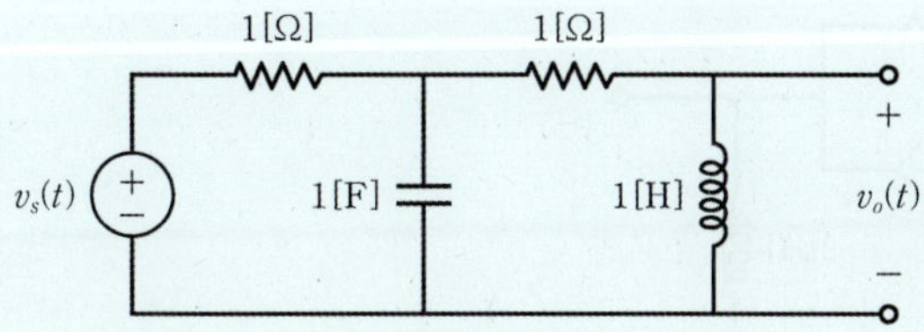


**[문제 13.23]**

**13.24** 다음 회로에서 전달함수를 구하고 필터의 종류와 특성에 대해 논하라.

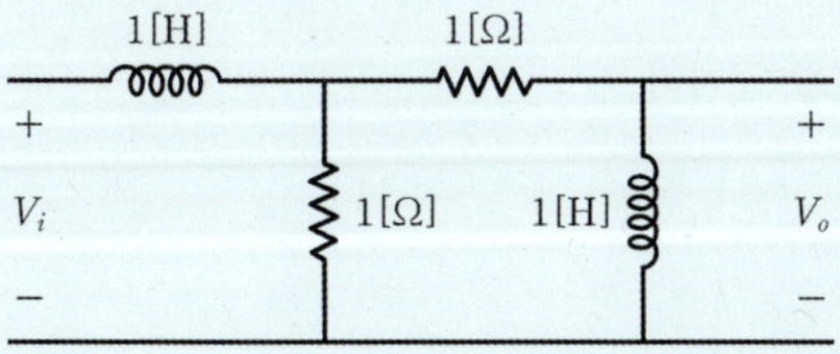


**[문제 13.24]**

**13.25** 다음 회로의 전달함수를 구하고 필터의 종류에 대해 설명하라.

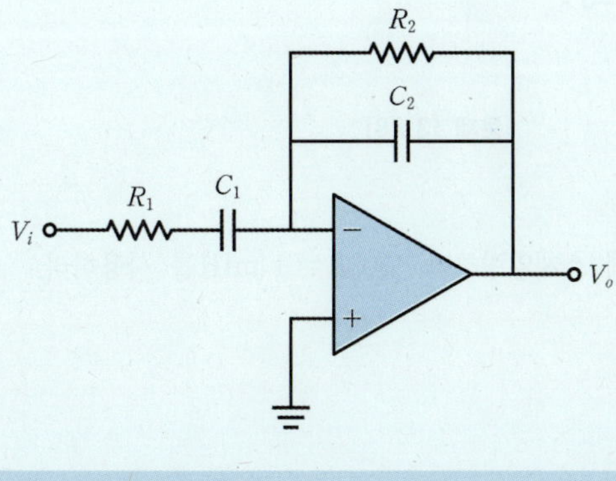


**[문제 13.25]**

**13.26** 다음 회로의 전달함수를 구하고 필터의 종류에 대해 설명하라.

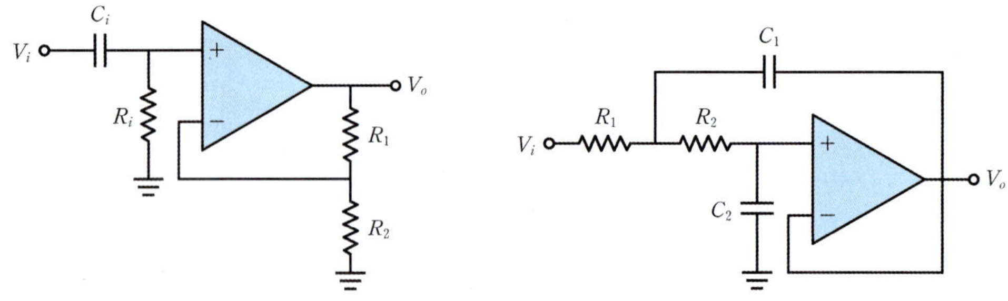


(a) (b)

[문제 13.26]

**13.27** 다음 회로에 대해 주어진 물음에 답하라.

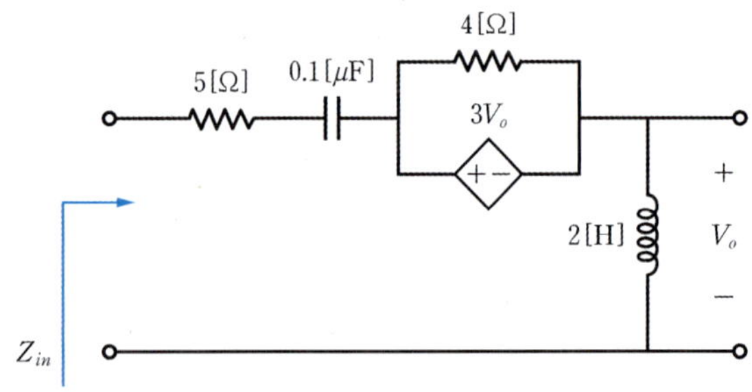


[문제 13.27]

(a) $Z_{in}(\omega)$를 구하라.

(b) $K_m = 10$, $K_f = 10$으로 스케일링된 회로를 구하라.

(c) 스케일링된 후 $Z_{in}(\omega)$를 구하라.

**13.28** 다음 회로에 대해 주어진 물음에 답하라.

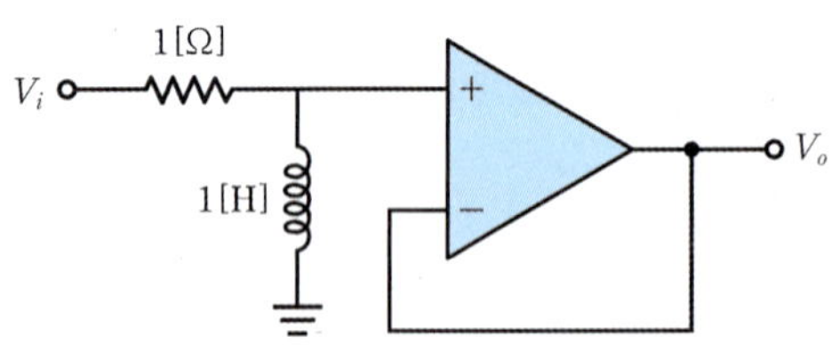


[문제 13.28]

(a) 전달함수를 구하라.

(b) 차단주파수가 $\omega_c = 10^6$ [rad/s]가 되게 스케일링하라. 단, $L = 1$ [mH]를 사용하라.

CHAPTER

# 14

# 자기결합회로

Magnetically Coupled Circuits



**학습목표**

- 상호 인덕턴스에 대한 개념을 이해할 수 있다.
- 자기결합회로에 저장된 에너지를 계산할 수 있다.
- 선형변압기의 구조와 동작원리에 대해 이해할 수 있다.
- 선형변압기를 사용한 회로 해석을 이해할 수 있다.
- 이상변압기의 구조와 동작원리에 대해 이해할 수 있다.
- 이상변압기를 사용한 회로 해석을 이해할 수 있다.
- 이상 단권변압기의 구조와 동작원리에 대해 이해할 수 있다.
- 이상 단권변압기를 사용한 회로 해석을 이해할 수 있다.

SECTION 14.1

# 상호 인덕턴스

자기 자신의 전류에 의해 유기되는 전압성분을 나타내는 자기 인덕턴스와는 달리 상대방 전류에 의해 유기되는 전압성분을 나타내는 인덕턴스를 상호 인덕턴스라고 한다.

2개의 코일이 자기적으로 결합되어 있을 경우, 상대방 코일에서 발생한 자속으로 인해 전압이 유기되며, 유기되는 전압은 상호 인덕턴스에 의해 정의된다. 우선 권선 수가 $N$인 하나의 인덕터를 [그림 14-1]과 같은 회로에 사용하면 루프전류 $i(t)$에 의해 코일 내부에 자속 $\phi(t)$가 발생해 코일에 쇄교하게 된다. 패러데이의 유도법칙에 의해 쇄교되는 자속이 변하면 코일 양단에 전압 $v(t)$가 유기된다. 유기된 전압의 크기는 식 (14.1)과 같이 권선 수와 쇄교된 자속 수의 변화량에 비례한다. 여기서 $a$는 **비례상수**이다.

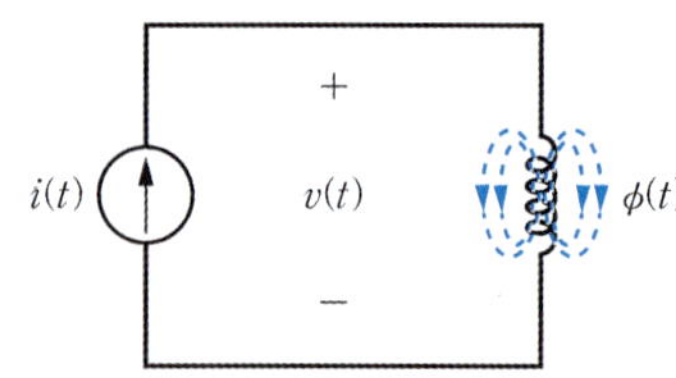


**[그림 14-1]** 인덕터 회로

$$v(t) = a \cdot N\frac{d}{dt}\phi(t) \tag{14.1}$$

한편 코일에서 발생되는 자속 $\phi(t)$는 코일에 흐르는 전류 $i(t)$, 코일의 권선 수 $N$에 의해 식 (14.2)와 같이 결정된다.

$$\phi(t) = b \cdot N \cdot i(t) \tag{14.2}$$

여기서 비례상수 $a$와 $b$는 인덕터의 구조와 내부재질에 의해 결정되는 상숫값이다. 식 (14.1)과 식 (14.2)로부터 유도되는 인덕터의 특성식인 식 (14.3)으로부터 인덕턴스 $L$을 구할 수 있다.

$$v(t) = aN\frac{d\phi(t)}{dt} = aN\frac{d\phi(t)}{di(t)} \cdot \frac{di(t)}{dt} = L\frac{d}{dt}i(t) \tag{14.3}$$

$$\therefore \ L = aN\frac{d\phi(t)}{di(t)} = abN^2 \tag{14.4}$$

이와 같이 자신의 코일에 흐르는 전류와 코일에 유기되는 전압의 관계를 표현한 식 (14.3)은 자기 인덕턴스 $L$을 나타낸 것이다. 지금부터는 상호 인덕턴스 $M$에 대해 알아보자.

[그림 14-2]와 같이 자기 인덕턴스가 $L_1$, $L_2$이고 권선 수가 $N_1$, $N_2$인 2개의 코일이 존재하는 회로가 있다.

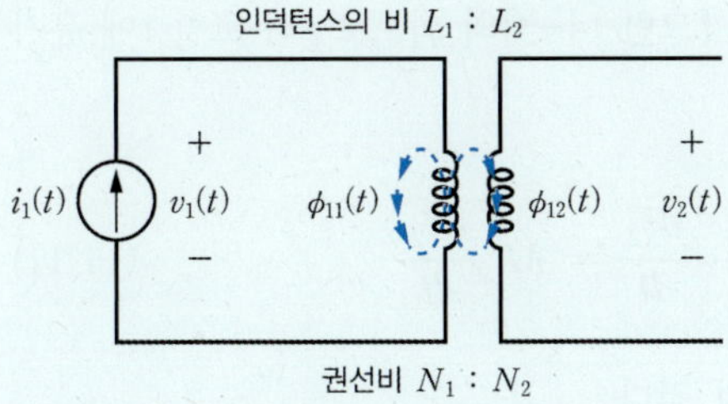


**[그림 14-2]** 자기결합된 코일 1과 코일 2

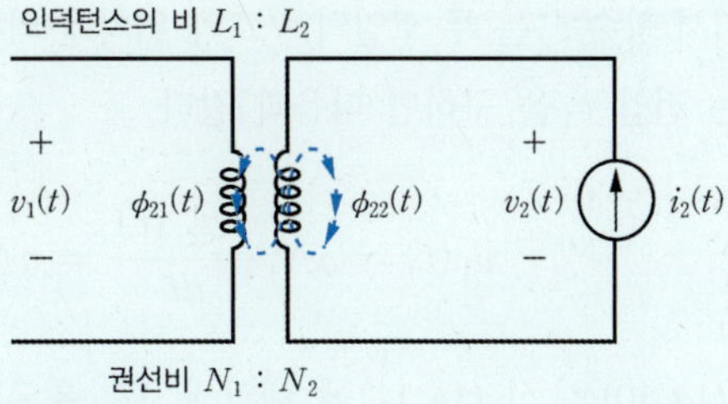


**[그림 14-3]** 자기결합된 두 코일

먼저 코일 1에 흐르는 전류 $i_1(t)$에 의해 생성되는 자속 $\phi_1(t)$는 식 (14.5)와 같이 코일 2에 쇄교하는 자속 수 $\phi_{12}(t)$와 쇄교하지 않는 자속 수 $\phi_{11}(t)$의 성분으로 나뉜다.

$$\phi_1(t) = \phi_{11}(t) + \phi_{12}(t) \tag{14.5}$$

또한 두 자속 수의 비 $\dfrac{\phi_{11}(t)}{\phi_{12}(t)}$는 흐르는 전류 $i_1(t)$에 따라 변하지 않는다.

$$\phi_{12}(t) \propto \phi_1(t) \quad \rightarrow \quad \phi_{12}(t) = c_1 \cdot \phi_1(t) \tag{14.6}$$

여기서 상수 $c_1$은 두 코일의 구조와 위치에 의해 결정된다. [그림 14-2]의 회로로부터 코일 2에 유기되는 전압 $v_2(t)$를 구하면 다음과 같다.

$$v_2(t) = aN_2 \frac{d\phi_{12}(t)}{dt} = aN_2 \frac{d\phi_{12}(t)}{di_1} \cdot \frac{di_1}{dt} = M_{21} \frac{di_1}{dt} \tag{14.7}$$

식 (14.6)을 식 (14.7)에 대입하면 $M_{21}$은 다음과 같다.

$$M_{21} = aN_2 \cdot \frac{d\phi_{12}(t)}{di_1} = aN_2 c_1 \cdot \frac{d\phi_1(t)}{di_1} = abc_1 N_1 N_2 \tag{14.8}$$

$M_{21}$은 코일 1에 흐르는 전류에 의해 코일 2에 유기되는 전압의 정도를 나타내는 **상호 인덕턴스**라고 한다.

반대로 [그림 14-3]과 같이 2차 코일에 전류 $i_2(t)$가 흐를 때, 코일 1에 유기되는 전압 $v_1(t)$를 구해보자. 코일 2에 흐르는 전류 $i_2(t)$에 의해 생성되는 자속 수 $\phi_2(t)$는 식 (14.9)와 같이 코일 1에 쇄교하는 자속 수 $\phi_{21}(t)$, 쇄교하지 않는 자속 수 $\phi_{22}(t)$의 성분으로 나뉜다. 또한 두 자속 수의 비 $\dfrac{\phi_{22}}{\phi_{21}}$는 흐르는 전류 $i_2(t)$와 무관하게 일정하다.

$$\phi_2(t) = \phi_{21}(t) + \phi_{22}(t) \tag{14.9}$$

$$\phi_{21}(t) \propto \phi_2(t) \quad \rightarrow \quad \phi_{21}(t) = c_2 \cdot \phi_2(t) \tag{14.10}$$

여기서 상수 $c_2$는 두 코일의 구조와 위치에 의해 결정된다. [그림 14-3]의 회로로부터 코일 1에 유기되는 전압 $v_1$을 구하면 다음과 같다.

$$v_1(t) = aN_1 \frac{d\phi_{21}(t)}{dt} = aN_1 \frac{d\phi_{21}(t)}{di_2} \cdot \frac{di_2}{dt} = M_{12}\frac{di_2}{dt} \tag{14.11}$$

식 (14.10)을 식 (14.11)에 대입해 $M_{21}$을 구하면 다음과 같다.

$$M_{12} = aN_1 \cdot \frac{d\phi_{21}(t)}{di_2} = aN_1 c_2 \cdot \frac{d\phi_2(t)}{di_2} = abc_2 \cdot N_1 N_2 \tag{14.12}$$

$M_{12}$는 코일 2에 흐르는 전류에 의해 코일 1에 유기되는 전압의 정도를 표시하는 **상호 인덕턴스**라고 한다. 식 (14.8)의 상호 인덕턴스 $M_{21}$과 식 (14.12)의 상호 인덕턴스 $M_{12}$는 동일한 값이므로(다음 절에서 증명함), 식 (14.13)과 같이 2개의 상호 인덕턴스를 $M$으로 통일해 표기한다.

$$M_{12} = M_{21} = M \tag{14.13}$$

한편 [그림 14-3]에서 코일 2를 감는 방향을 반대로 하면 렌츠의 법칙에 의해 자속의 방향이 반대가 되며, 코일 1에 쇄교하는 자속의 방향 또한 반대가 되므로 패러데이의 유도법칙에 따라 코일 1에 유기되는 전압의 극성이 바뀐다. 이와 같이 상호 인덕턴스에 의해 유기되는 전압은 코일을 감는 방향에 따라 극성이 바뀌므로 코일을 감는 방향은 두 코일에 흑점을 이용해 표기한다. 예를 들어, [그림 14-4]는 2개의 코일에 표기된 흑점과 유기되는 전압의 극성 관계를 표현한 것이다.

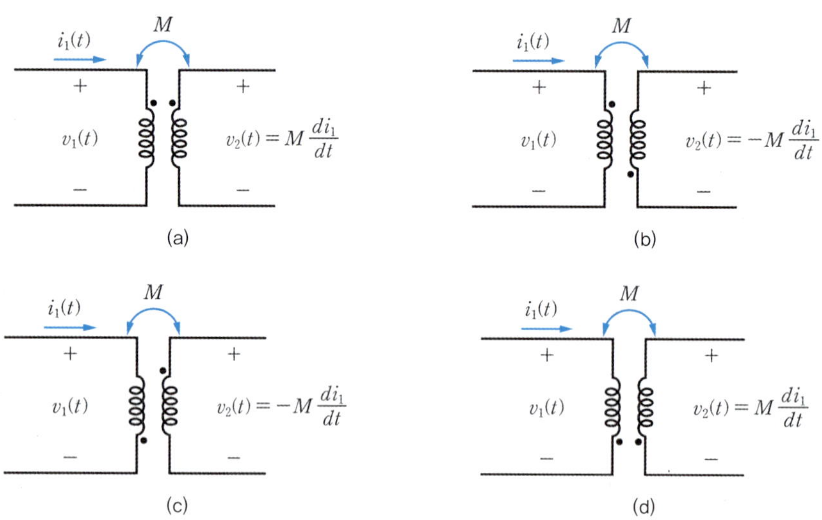


**[그림 14-4]** 흑점의 위치와 유기되는 전압의 극성 관계

❶ [그림 14-4(a)]의 경우 : 코일 1에 흐르는 전류 $i_1$, 자기 인덕턴스 $L_1$에 의해 유기되는 전압 $v_1$의 극성은 흑점이 있는 쪽이 양(+)의 극이다. 따라서 코일 2에 유기되는 전압 $v_2$도 흑점이 있는 쪽이 양의 극이 된다. 따라서 두 코일에 유기되는 전압은 식 (14.14)와 같다.

$$v_1(t) = L_1 \frac{d}{dt} i_1(t), \quad v_2(t) = M \frac{d}{dt} i_1(t) \tag{14.14}$$

❷ [그림 14-4(b)]의 경우 : 코일 1에 유기되는 전압 $v_1$의 극성은 [그림 14-4(a)]의 경우와 동일하지만 코일 2의 흑점이 반대로 연결되어 있으므로 코일 2에 유기되는 전압 $v_2(t)$는 식 (14.15)와 같다. 이는 [그림 14-4(a)]의 경우와 반대이다.

$$v_1(t) = L_1 \frac{d}{dt} i_1(t), \quad v_2(t) = -M \frac{d}{dt} i_1(t) \tag{14.15}$$

[그림 14-5]는 코일 1과 코일 2가 흑점의 위치가 다른 회로를 같은 위치로 변경할 경우, 상호 인덕턴스 $M$의 부호를 반대로 하면 두 회로는 등가회로가 된다.

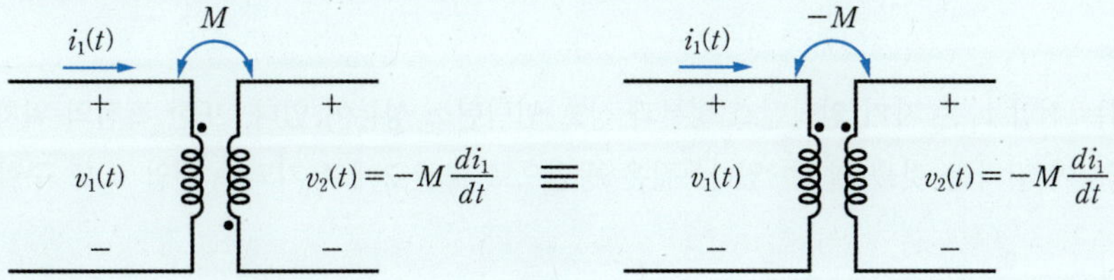


**[그림 14-5]** 서로 흑점의 위치가 다른 등가회로

❸ [그림 14-4(c)]의 경우 : 코일 1에 유기되는 전압 $v_1$의 양의 극이 흑점이 없는 쪽이므로 코일 2에서도 흑점이 없는 쪽이 양의 극이 된다. 따라서 [그림 14-4(b)]와 동일한 결과를 얻을 수 있으며, 두 코일에 유기되는 전압 관계는 식 (14.15)와 같다.

❹ [그림 14-4(d)]의 경우 : 코일 1에 유기되는 전압 $v_1$의 양의 극이 흑점이 없는 쪽이고 코일 2에 유기되는 전압의 양극이 흑점이 없는 쪽이므로 [그림 14-4(a)]의 경우와 동일한 결과를 얻을 수 있으며 유기되는 전압은 식 (14.14)와 같다.

실제 코일이 감긴 방향과 흑점의 위치를 설명한 [그림 14-6]에서 보듯이, 코일 1에 흐르는 전류 $i_1$에 의해 생성되는 자속 수 $\phi_{12}$의 방향과 코일 2에 흐르는 전류 $i_2$에 의해 생성되는 자속 수 $\phi_{21}$의 방향이 같을 경우, 흑점의 위치는 동일하다.

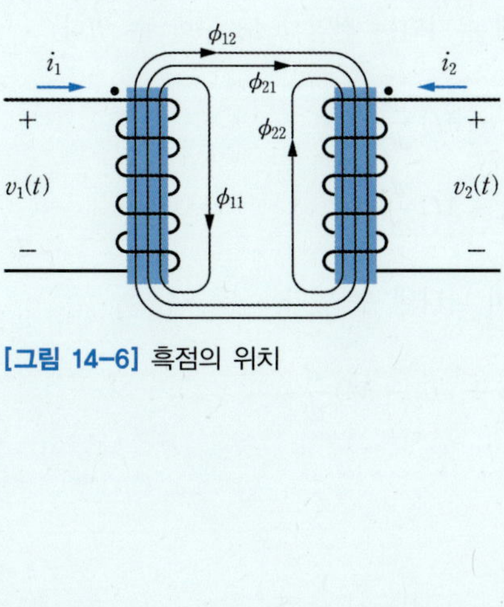


**[그림 14-6]** 흑점의 위치

## 예제 14-1

다음과 같이 2개의 코일이 직렬로 연결된 회로의 등가 인덕턴스 $L_{eq}$를 구하라.

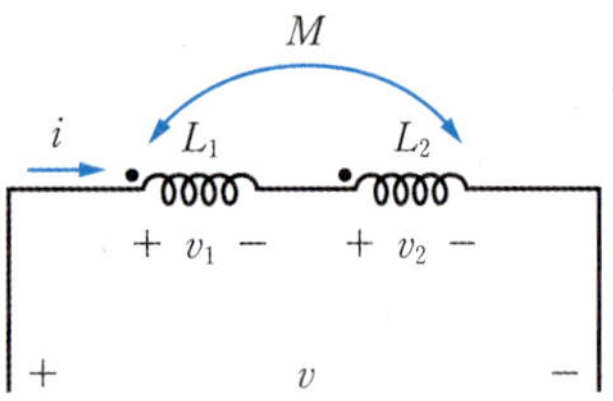


(a) 직렬-가산 연결

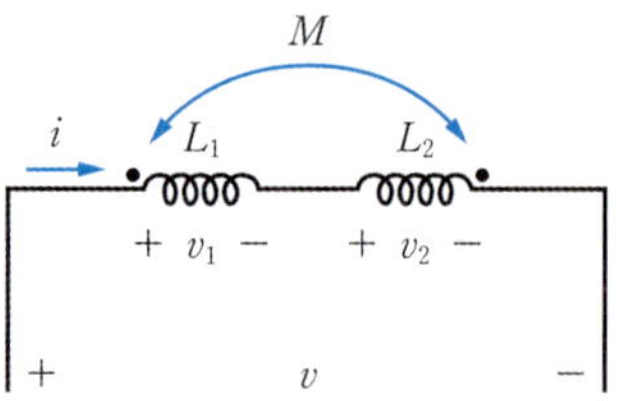


(b) 직렬-감산 연결

**[그림 14-7]** 직렬연결된 코일의 흑점

### 풀이

❶ 직렬-가산 연결

코일 1에 유기되는 전압 $v_1$은 자기 인덕턴스 성분과 상호 인덕턴스 성분이 있다. 또한 흑점의 위치로 두 성분의 극성이 같다는 것을 알 수 있다. 같은 방법으로 코일 2에 유기되는 전압 $v_2$도 구할 수 있다.

$$v_1(t) = L_1\frac{d}{dt}i + M\frac{d}{dt}i = (L_1 + M)\frac{d}{dt}i$$

$$v_2(t) = L_2\frac{d}{dt}i + M\frac{d}{dt}i = (L_2 + M)\frac{d}{dt}i$$

또한 전체 전압 $v$는 $v_1$과 $v_2$의 합과 같으므로 다음과 같이 나타낼 수 있다.

$$\begin{aligned} v(t) &= v_1(t) + v_2(t) = (L_1 + M)\frac{d}{dt}i + (L_2 + M)\frac{d}{dt}i \\ &= (L_1 + L_2 + 2M)\frac{d}{dt}i = L_{eq}\frac{d}{dt}i \end{aligned}$$

따라서 등가 인덕턴스 $L_{eq}$는 다음과 같다.

$$L_{eq} = L_1 + L_2 + 2M$$

❷ 직렬-감산 연결

코일 1에 유기되는 전압 $v_1$은 자기 인덕턴스 성분과 상호 인덕턴스 성분이 있으며, 흑점의 위치로 보아 두 성분의 극성이 반대이다. 같은 방법으로 코일 2에 유기되는 전압 $v_2$도 구할 수 있다.

$$v_1(t) = L_1\frac{d}{dt}i - M\frac{d}{dt}i = (L_1 - M)\frac{d}{dt}i$$

$$v_2(t) = L_2\frac{d}{dt}i - M\frac{d}{dt}i = (L_2 - M)\frac{d}{dt}i$$

또한 전체 전압 $v$는 $v_1$과 $v_2$의 합과 같으므로 다음과 같이 나타낼 수 있다.

$$\begin{aligned} v(t) &= v_1(t) + v_2(t) = (L_1 - M)\frac{d}{dt}i + (L_2 - M)\frac{d}{dt}i \\ &= (L_1 + L_2 - 2M)\frac{d}{dt}i = L_{eq}\frac{d}{dt}i \end{aligned}$$

따라서 등가 인덕턴스 $L_{eq}$는 다음과 같다.

$$L_{eq} = L_1 + L_2 - 2M$$

## 실전문제 14-1

다음과 같이 2개의 코일이 병렬로 연결된 회로의 등가 인덕턴스 $L_{eq}$를 구하라.

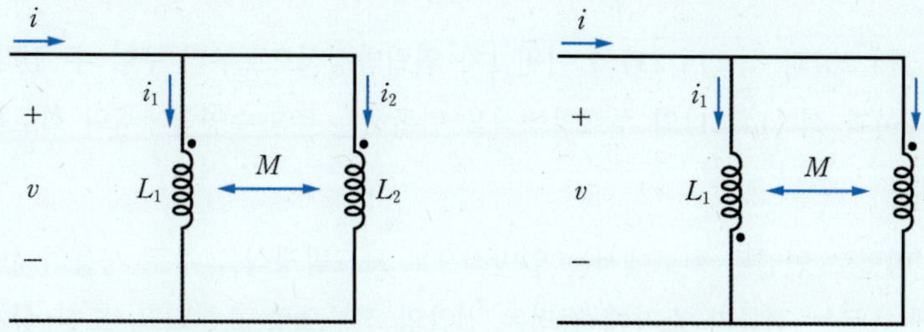


**[그림 14-8]**

[그림 14-9]와 같이 자기결합된 두 회로에서 만들어지는 시간영역에서의 루프방정식과 주파수영역에서의 루프방정식에 대해 살펴보자.

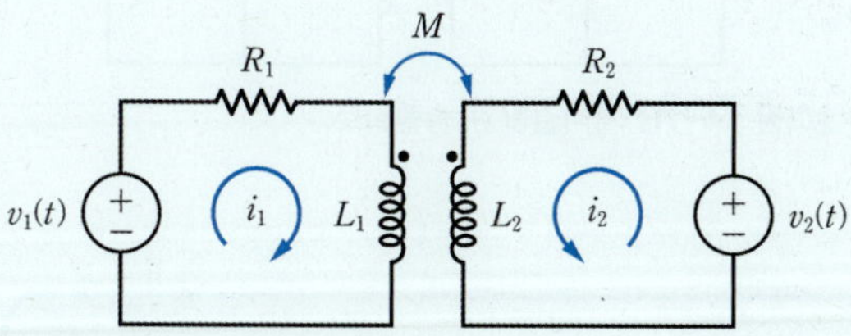


**[그림 14-9]** 자기결합된 두 회로

$L_1$ 양단에 걸리는 전압 $v_{L_1}$은 $L_1$에 흐르는 전류 $i_1$에 의한 성분과 $L_2$에 흐르는 전류 $i_2$에 의한 성분이 있으며 흑점의 위치로 보아 두 성분의 극성이 같다.

$$v_{L_1}(t) = L_1 \frac{d}{dt} i_1 + M \frac{d}{dt} i_2 \tag{14.16}$$

따라서 루프 $i_1$의 방정식은 다음과 같다.

$$v_1(t) = R_1 i_1 + v_{L_1}(t) = R_1 i_1 + L_1 \frac{d}{dt} i_1 + M \frac{d}{dt} i_2 \tag{14.17}$$

같은 방법으로 $L_2$ 양단에 인가되는 전압 $v_{L_2}$는 $i_1$에 의한 성분과 $i_2$에 의한 성분으로 표현된다.

$$v_{L_2}(t) = L_2 \frac{d}{dt} i_2 + M \frac{d}{dt} i_1 \tag{14.18}$$

따라서 루프 $i_2$의 방정식은 다음과 같다.

$$v_2(t) = R_2 i_2 + v_{L_2}(t) = R_2 i_2 + L_2 \frac{d}{dt} i_2 + M \frac{d}{dt} i_1 \qquad (14.19)$$

전원 주파수를 $\omega$로 두고 식 (14.17)과 식 (14.19)를 주파수영역으로 다시 쓰면 다음과 같다.

$$\boldsymbol{V}_1 = R_1 \boldsymbol{I}_1 + j\omega L_1 \boldsymbol{I}_1 + j\omega M \boldsymbol{I}_2 = (R_1 + j\omega L_1)\boldsymbol{I}_1 + j\omega M \boldsymbol{I}_2 \qquad (14.20)$$

$$\boldsymbol{V}_2 = R_2 \boldsymbol{I}_2 + j\omega L_2 \boldsymbol{I}_2 + j\omega M \boldsymbol{I}_1 = j\omega M \boldsymbol{I}_1 + (R_2 + j\omega L_2)\boldsymbol{I}_2 \qquad (14.21)$$

따라서 루프전류 $\boldsymbol{I}_1$, $\boldsymbol{I}_2$는 식 (14.20)과 식 (14.21)의 이원 1차 연립방정식으로부터 구할 수 있다. 한편 [그림 14-10]은 식 (14.20)과 식 (14.21)의 루프방정식을 만족하는 주파수영역에서의 회로를 나타낸 것이다.

반대로 [그림 14-11]과 같이 병렬로 연결된 회로에서는 일반적으로 노드방정식을 주로 사용하지만 자기결합된 회로에서는 소자에 흐르는 전류가 소자에 걸리는 전압의 적분으로 표현되고, 또한 상호 인덕턴스 처리에 다소 어려움이 있어 노드해석법의 사용빈도가 비교적 낮다. 따라서 일반적으로 자기결합된 회로에서는 루프방정식을 많이 사용한다.

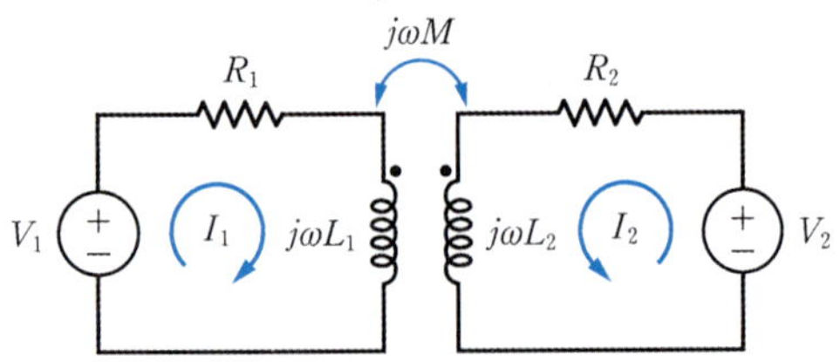


**[그림 14-10]** 주파수영역에서의 자기결합회로

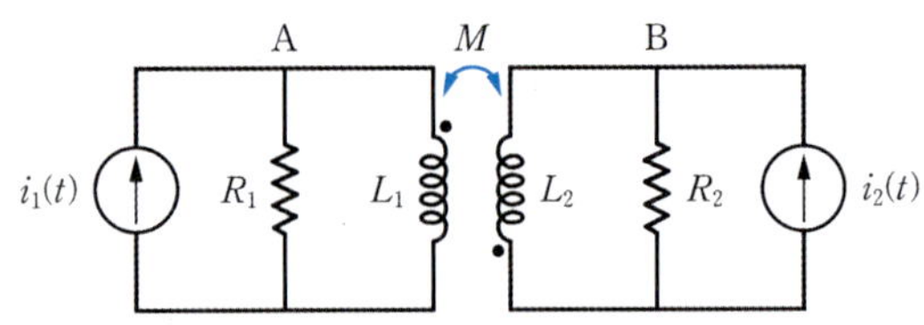


**[그림 14-11]** 자기결합된 병렬회로

## 예제 14-2

다음 회로에서 전류 $\boldsymbol{I}_1$, $\boldsymbol{I}_2$를 구하라.

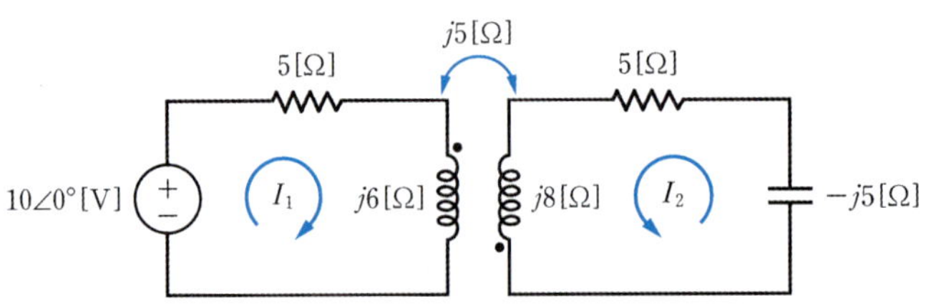


**[그림 14-12]** [예제 14-2]의 회로

**풀이**

흑점의 위치가 반대이므로 전류 $I_2$에 의해 나타나는 상호 인덕턴스 성분은 자기 인덕턴스 성분과 부호가 반대가 된다. 루프 $\boldsymbol{I}_1$에 대한 방정식을 세우면 다음과 같다.

$$10\angle 0° = 5\boldsymbol{I}_1 + j6\boldsymbol{I}_1 - j5\boldsymbol{I}_2 \qquad \cdots ①$$

같은 방법으로 루프 $I_2$에 대한 방정식을 세우고 정리하면 식 ②와 같다.

$$-j5I_2 + 5I_2 + j8I_2 - j5I_1 = 0$$

$$I_1 = (0.6 - j)I_2 \quad \cdots ②$$

식 ②를 식 ①에 대입하면 다음을 얻는다.

$$I_2 = \frac{10}{(5+j6)(0.6-j) - j5} = \frac{10}{9 - j6.4}$$

$$= 0.91\angle 35.4° \text{[A]} \quad \cdots ③$$

식 ③을 식 ②에 대입하면 다음과 같다.

$$I_1 = (0.6 - j)0.91\angle 35.4° = 1.06\angle -23.6° \text{[A]}$$

## 실전문제 14-2

다음 회로에서 출력전압 $V_o$를 구하라.

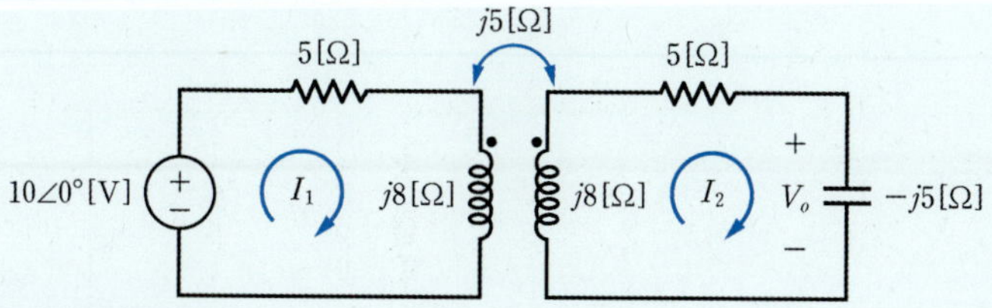


[그림 14-13]

## 예제 14-3

다음 회로에서 루프전류 $I_1$, $I_2$를 구하라.

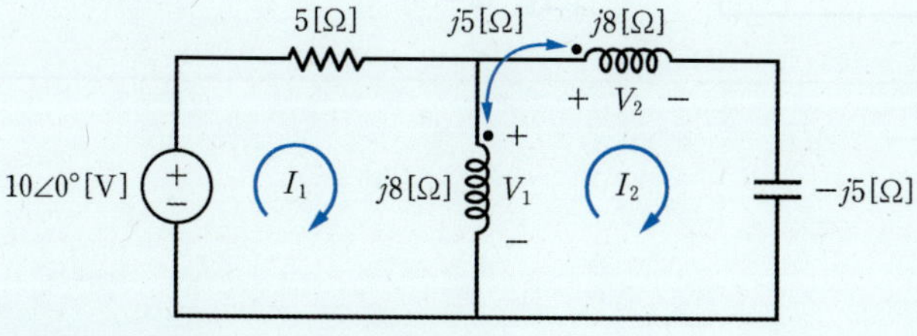


[그림 14-14] [예제 14-3]의 회로

### 풀이

각 코일에 걸리는 전압을 구하면 다음과 같다.

$$V_1 = j8(I_1 - I_2) + j5I_2 = j8I_1 - j3I_2$$

$$V_2 = j5(I_1 - I_2) + j8I_2 = j5I_1 + j3I_2$$

루프 $\boldsymbol{I}_1$, $\boldsymbol{I}_2$에 대한 방정식을 구하면 다음과 같다.

$$10\angle 0° = 5\boldsymbol{I}_1 + \boldsymbol{V}_1$$

$$10\angle 0° = 5\boldsymbol{I}_1 + j8\boldsymbol{I}_1 - j3\boldsymbol{I}_2 = (5 + j8)\boldsymbol{I}_1 - j3\boldsymbol{I}_2 \quad \cdots ①$$

$$\boldsymbol{V}_1 = \boldsymbol{V}_2 - j5\boldsymbol{I}_2$$

$$j8\boldsymbol{I}_1 - j3\boldsymbol{I}_2 = j5\boldsymbol{I}_1 + j3\boldsymbol{I}_2 - j5\boldsymbol{I}_2$$

$$-j3\boldsymbol{I}_1 + j\boldsymbol{I}_2 = 0 \quad \cdots ②$$

식 ②를 정리하면 식 ③과 같다.

$$\boldsymbol{I}_2 = 3\boldsymbol{I}_1 \quad \cdots ③$$

식 ③을 식 ①에 대입해 정리하면 식 ④를 얻는다. 다시 식 ④를 식 ③에 대입하면 $\boldsymbol{I}_2$를 얻는다.

$$(5 - j)\boldsymbol{I}_1 = 10$$

$$\boldsymbol{I}_1 = \frac{10}{5 - j} = 1.96\angle 11.3° \quad \cdots ④$$

$$\boldsymbol{I}_2 = 5.88\angle 11.3° \quad \cdots ⑤$$

## 실전문제 14-3

다음 회로에서 전압 $\boldsymbol{V}_o$를 구하라.

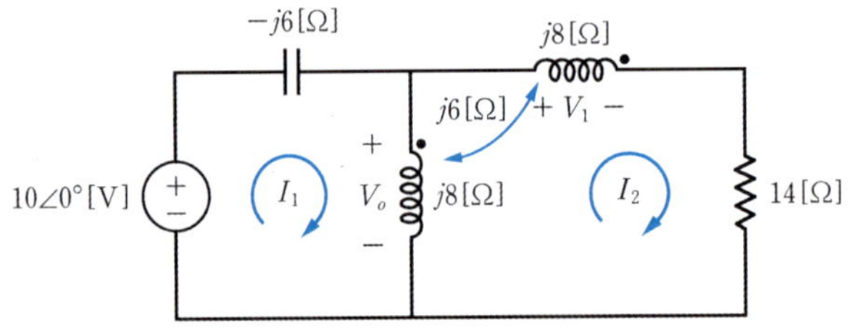


[그림 14-15]

SECTION

# 14.2 자기결합회로의 저장에너지

다음 회로와 같이 자기결합된 2개의 코일에 축적된 에너지의 양을 살펴보면 상호 인덕턴스에 대한 여러 가지 정보를 얻을 수 있다.

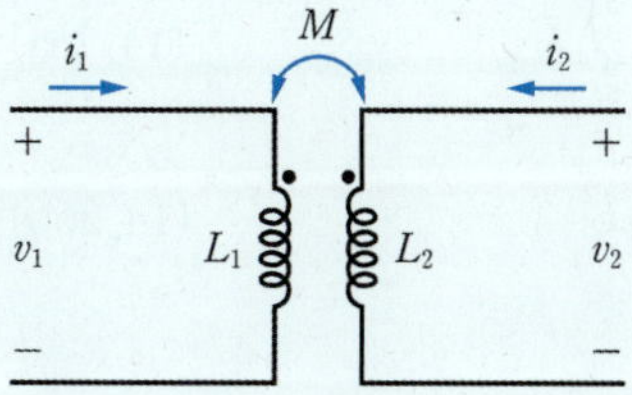


**[그림 14-16]** 자기결합된 두 코일

## 14.2.1 상호 인덕턴스 $M_{12}$, $M_{21}$의 관계

코일에 흐르는 전류의 최종값이 $i_1 = I_1$, $i_2 = I_2$일 경우, 2개의 코일에 축적된 에너지의 양은 전류의 변화과정과 무관하게 항상 전류 $I_1$, $I_2$에 의해 결정될 것이다. 두 코일에 축적된 에너지의 양을 구해보자. [그림 14-16]에서 각 코일에 유기되는 전압 $v_1$, $v_2$를 구하면 다음과 같다.

$$v_1 = L_1\frac{d}{dt}i_1 + M_{12}\frac{d}{dt}i_2 \tag{14.22a}$$

$$v_2 = M_{21}\frac{d}{dt}i_1 + L_2\frac{d}{dt}i_2 \tag{14.22b}$$

먼저 $i_2 = 0$로 두고, 전류 $i_1$이 0에서 $I_1$으로 증가할 경우, 코일 1에서 흡수하는 전력 $p_{11}$, 코일 2에서 흡수하는 전력 $p_{21}$은 다음과 같다.

$$p_{11} = i_1 \cdot v_1 = i_1 \cdot \left(L_1\frac{d}{dt}i_1\right) \tag{14.23a}$$

$$p_{21} = i_2 \cdot v_2 = 0 \tag{14.23b}$$

따라서 각 코일에 축적된 에너지 $W_{11}$, $W_{21}$은 각각 다음과 같다. 여기서 $i_1(t_1) = 0$, $i_1(t_2) = I_1$이다.

$$W_{11} = \int_{t_1}^{t_2} p_{11}dt = \int_0^{I_1} L_1 i_1 di_1 = \frac{1}{2}L_1 I_1^2 \tag{14.24a}$$

$$W_{21} = \int_{t_1}^{t_2} p_{21} dt = 0 \tag{14.24b}$$

다음으로 $i_1 = I_1$이고 전류 $i_2$를 0에서 $I_2$로 증가시킬 경우, 코일 1에서 흡수하는 전력 $p_{12}$와 코일 2에서 흡수하는 전력 $p_{22}$는 다음과 같다.

$$p_{12} = i_1 \cdot v_1 = I_1 \cdot (L_1 \frac{d}{dt} i_1 + M_{12} \frac{d}{dt} i_2) = I_1 \cdot \left( M_{12} \frac{d}{dt} i_2 \right) \tag{14.25a}$$

$$p_{22} = i_2 \cdot v_2 = i_2 \cdot (M_{21} \frac{d}{dt} i_1 + L_2 \frac{d}{dt} i_2) = i_2 \cdot \left( L_2 \frac{d}{dt} i_2 \right) \tag{14.25b}$$

따라서 각 코일에 축적된 에너지 $W_{12}$, $W_{22}$는 다음과 같다. 여기서 $i_2(t_3) = 0$, $i_2(t_4) = I_2$이다.

$$W_{12} = \int_{t_3}^{t_4} p_{12} \cdot dt = \int_0^{I_2} (M_{12} \cdot I_1) di_2 = M_{12} I_1 I_2 \tag{14.26a}$$

$$W_{22} = \int_{t_3}^{t_4} p_{22} \cdot dt = \int_0^{I_2} (L_2 \cdot i_2) di_2 = \frac{1}{2} L_2 I_2^2 \tag{14.26b}$$

따라서 최종적으로 두 코일에 축적된 에너지 $W_t$는 다음과 같다.

$$W_t = W_{11} + W_{21} + W_{12} + W_{22} = \frac{1}{2} L_1 I_1^2 + \frac{1}{2} L_2 I_2^2 + M_{12} I_1 I_2 \tag{14.27}$$

한편 전류의 변화과정을 위와 반대로 할 경우, 즉 먼저 $i_1 = 0$일 때 전류 $i_2$를 0에서 $I_2$로 증가시킨 후 다시 $i_1$을 0에서 $I_1$으로 증가시킬 경우, 위와 같은 방법으로 두 코일에 축적된 에너지의 양을 구하면 다음과 같다.

$$W_t = \frac{1}{2} L_1 I_1^2 + \frac{1}{2} L_2 I_2^2 + M_{21} I_1 I_2 \tag{14.28}$$

식 (14.27), (14.28)은 전류의 변화과정에 따라 축적된 에너지의 양이므로 두 식은 같아야 한다. 따라서 다음과 같은 식이 성립한다.

$$M_{12} = M_{21} = M \tag{14.29}$$

## 14.2.2 $M$의 범위 및 결합계수 $k$

[그림 14-17]과 같이 [그림 14-16]과는 흑점의 위치가 반대일 경우에 각 코일에 유기되는 전압 $v_1$, $v_2$를 구하면 다음과 같다.

$$v_1 = L_1 \cdot \frac{d}{dt} i_1 - M \cdot \frac{d}{dt} i_2 \tag{14.30a}$$

$$v_2 = -M \cdot \frac{d}{dt} i_1 + L_2 \cdot \frac{d}{dt} i_2 \tag{14.30b}$$

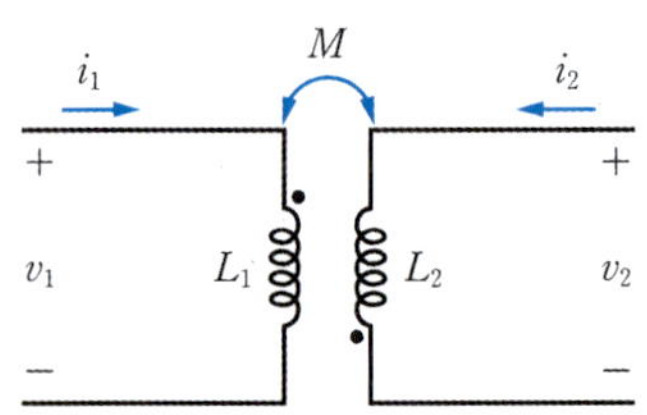

[그림 14-17] 자기결합회로

14.2.1절과 같은 과정을 반복하면 두 코일에 축적된 에너지는 다음과 같이 표현된다.

$$W_t = \frac{1}{2}L_1 I_1^2 + \frac{1}{2}L_2 I_2^2 - M I_1 I_2 \tag{14.31}$$

또한 축적된 에너지의 양은 식 (14.32)와 같이 항상 0보다 크다.

$$W_t = \frac{1}{2}L_1 I_1^2 + \frac{1}{2}L_2 I_2^2 - M I_1 I_2 \geq 0 \tag{14.32}$$

식 (14.32)로부터 다음을 얻을 수 있다.

$$\frac{1}{2}(\sqrt{L_1}\, I_1 - \sqrt{L_2}\, I_2)^2 + I_1 I_2 (\sqrt{L_1 L_2} - M) \geq 0 \tag{14.33}$$

식 (14.33)의 첫 번째 항이 항상 양의 값이고 $\boldsymbol{I_1} \cdot \boldsymbol{I_2} > 0$이면, 식 (14.33)이 항상 성립하기 위해서는 식 (14.34)를 만족해야 한다. 또한 상호 인덕턴스의 최솟값은 0이므로 $M$의 영역을 구할 수 있다.

$$\sqrt{L_1 L_2} - M \geq 0 \tag{14.34}$$

$$0 \leq M \leq \sqrt{L_1 L_2} \tag{14.35}$$

여기서 $I_1 \cdot I_2 < 0$이면 결과가 반대로 나타나는데 그런 경우에는 식 (14.31) 대신 식 (14.28)을 사용하면 같은 결과를 얻을 수 있다.

한편 식 (14.36)과 같이 결합계수 $k$는 상호 인덕턴스 $M$이 상한값에 근접하는 정도를 나타내는 값이다.

$$M = k\sqrt{L_1 L_2} \quad \rightarrow \quad k = \frac{M}{\sqrt{L_1 L_2}} \tag{14.36}$$

따라서 식 (14.35)와 식 (14.36)을 이용하면 결합계수 $k$의 범위는 $0 \leq k \leq 1$이다. $k = 0$로 최솟값일 경우, 두 코일 간에는 결합관계는 전혀 없고, $k = 1$로 최댓값일 경우에는 완전결합을 나타낸다. 즉 식 (14.5)에서 표현된 $\phi_1$, $\phi_{12}$의 비를 나타낸 식 (14.37)과 같이 코일 1에서 발생한 자속이 다른 코일에 얼마나 쇄교하는지를 나타내는 것이다.

$$k = \frac{\phi_{12}}{\phi_1} = \frac{\phi_{12}}{\phi_{11} + \phi_{12}} \tag{14.37}$$

예를 들어, $\phi_{11} = 0$이면 코일 1에서 발생된 모든 자속이 다른 코일에 쇄교하는 경우로 완전결합을 의미하며, $\phi_{12} = 0$이면 다른 코일에 쇄교하는 자속이 없는 경우로 두 코일 간 결합관계가 없는 것을 의미한다. 일반적으로 $k < 0.5$이면 느슨하게 결합되었다고 하고, $k > 0.5$이면 강하게 결합되었다고 하며, 코일 사이의 근접 정도, 권선 수 및 코어 등의 구조적 관계로부터 결합계수 $k$가 결정된다.

## 예제 14-4

다음 회로에 대해 주어진 물음에 답하라.

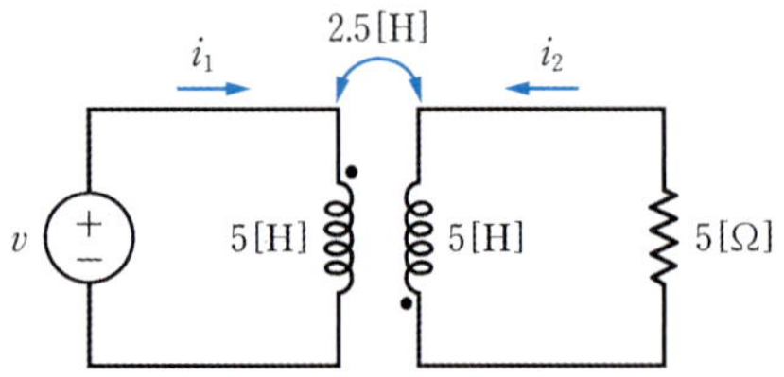


**[그림 14-18]** [예제 14-4]의 회로

(a) 결합계수 $k$를 구하라.

(b) 입력전압이 $v(t) = 20\cos(4t+30°)$일 때, $t = 1\,[\mathrm{s}]$에서 결합코일에 축적된 에너지의 양을 구하라.

**풀이**

(a) 상호 인덕턴스가 $M = 2.5\,[\mathrm{H}]$, 자기 인덕턴스가 $L_1 = 5\,[\mathrm{H}]$, $L_2 = 5\,[\mathrm{H}]$이므로 식 (14.36)으로부터 결합계수 $k$를 구하면 다음과 같다.

$$k = \frac{M}{\sqrt{L_1 L_2}} = \frac{2.5\,[\mathrm{H}]}{\sqrt{5\,[\mathrm{H}] \cdot 5\,[\mathrm{H}]}} = 0.5$$

(b) 각 인덕턴스에 대해 임피던스를 구하면 다음과 같다.

- 자기 인덕턴스 $L_1 = 5\,[\mathrm{H}]$의 임피던스 $\boldsymbol{Z}_1 = j\omega L_1 = j4 \times 5 = j20\,[\Omega]$
- 자기 인덕턴스 $L_2 = 5\,[\mathrm{H}]$의 임피던스 $\boldsymbol{Z}_2 = j\omega L_2 = j4 \times 5 = j20\,[\Omega]$
- 상호 인덕턴스 $M = 2.5\,[\mathrm{H}]$의 임피던스 $\boldsymbol{Z}_M = j\omega M = j4 \times 2.5 = j10\,[\Omega]$

[그림 14-18]의 회로에 대한 주파수영역에서의 등가회로를 그리면 [그림 14-19]와 같다.

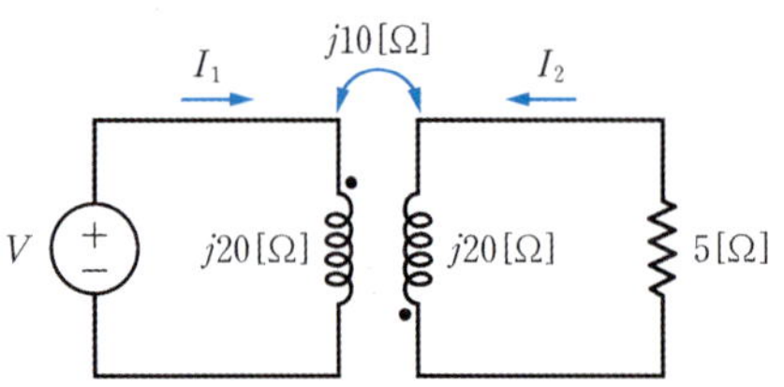


**[그림 14-19]** 주파수영역에서의 등가회로

[그림 14-19]에서 입력루프에 대한 방정식을 구하면 다음과 같다.

$$\boldsymbol{V} = j20\boldsymbol{I}_1 - j10\boldsymbol{I}_2 \qquad \cdots ①$$

$$-j20\boldsymbol{I}_2 + j10\boldsymbol{I}_1 - 5\boldsymbol{I}_2 = 0$$

$$\rightarrow \quad \boldsymbol{I}_1 = (2 - j0.5)\boldsymbol{I}_2 \qquad \cdots ②$$

식 ①과 식 ②로부터 $\boldsymbol{I}_1$, $\boldsymbol{I}_2$를 구하면 다음과 같다.

$$(10+j30)\boldsymbol{I}_2 = \boldsymbol{V} = 20\angle 30°$$
$$\therefore\ \boldsymbol{I}_2 = 0.63\angle -41.6°,\quad \boldsymbol{I}_1 = 1.3\angle -55.6° \qquad \cdots ③$$

식 ③의 결과를 이용해 시간영역에서의 함수를 구하면 다음과 같다.

$$i_1(t) = 1.3\cos(4t-55.6°),\quad i_2(t) = 0.63\cos(4t-41.6°) \qquad \cdots ④$$

따라서 $t=1\,[\mathrm{s}]$에서 각 코일에 흐르는 전류 $I_1$, $I_2$를 구하면 다음과 같다.

$$I_1 = i_1(t=1) = 1.3\cos\left(4\times 1\times \frac{180°}{\pi} - 55.6^o\right) = -1.3\,[\mathrm{A}]$$
$$I_2 = i_2(t=1) = 0.63\cos\left(4\times 1\times \frac{180°}{\pi} - 41.6^o\right) = -0.62\,[\mathrm{A}]$$

식 (14.31)과 같이 결합코일에 축적된 에너지 $W$를 구하면 다음과 같다.

$$\begin{aligned}W &= \frac{1}{2}L_1I_1^2 + \frac{1}{2}L_2I_2^2 - MI_1I_2\\ &= \frac{1}{2}5\,[\mathrm{H}](-1.3\,[\mathrm{A}])^2 + \frac{1}{2}5\,[\mathrm{H}](-0.62\,[\mathrm{A}])^2 - 2.5\,[\mathrm{H}](-1.3\,[\mathrm{A}])(-0.62\,[\mathrm{A}])\\ &= 3.17\,[\mathrm{J}]\end{aligned}$$

**실전문제 14-4**

다음 회로에 대해 주어진 물음에 답하라.

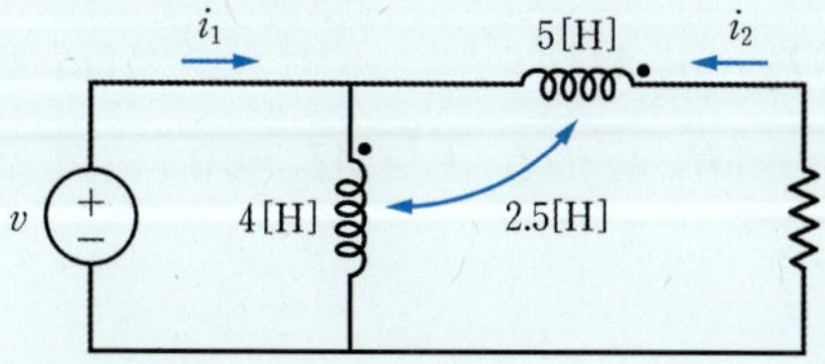


**[그림 14-20]**

(a) 결합계수 $k$를 구하라.

(b) 입력전압이 $v(t) = 10\cos(4t+45°)$일 때, $t=1\,[\mathrm{s}]$에서 결합코일에 축적된 에너지 $W$를 구하라.

# SECTION 14.3 선형변압기

자기결합으로 에너지를 전달하는 대표적인 전기적 장치인 변압기transformer는 1차 측 코일과 2차 측 코일로 구성되어 있으며, 일반적으로 [그림 14-21]과 같이 1차 측 코일은 전원에 연결되고, 2차 측 코일은 부하에 연결된다. 1차 측 코일은 인덕턴스 성분 $L_1$과 저항성분 $R_1$의 직렬연결이고, 2차 측 코일은 인덕턴스 성분 $L_2$와 저항성분 $R_2$로 구성되며, 상호 인덕턴스 $M$으로 자기결합된 회로이다.

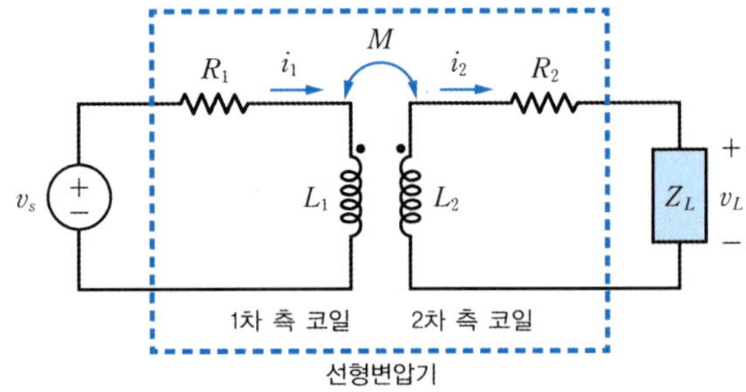


**[그림 14-21]** 선형변압기를 이용한 회로

## 14.3.1 반사 임피던스

[그림 14-21]에서 2개의 루프방정식을 구하면 다음과 같다.

$$\boldsymbol{V}_S = R_1\boldsymbol{I}_1 + j\omega L_1\boldsymbol{I}_1 - j\omega M\boldsymbol{I}_2 = (R_1 + j\omega L_1)\boldsymbol{I}_1 - j\omega M\boldsymbol{I}_2 \tag{14.38}$$

$$-j\omega M\boldsymbol{I}_1 + j\omega L_2\boldsymbol{I}_2 + R_2\boldsymbol{I}_2 + Z_L\boldsymbol{I}_2 = -j\omega M\boldsymbol{I}_1 + (R_2 + j\omega L_2 + Z_L)\boldsymbol{I}_2 = 0 \tag{14.39}$$

식을 간략하게 만들기 위해 다음과 같이 정의해보자.

$$\boldsymbol{Z}_{11} = R_1 + j\omega L_1, \quad \boldsymbol{Z}_{22} = R_2 + j\omega L_2 + \boldsymbol{Z}_L = R_{22} + jX_{22} \tag{14.40}$$

이에 따라 식 (14.38)과 식 (14.39)는 다음과 같이 표현된다.

$$\boldsymbol{Z}_{11}\boldsymbol{I}_1 - j\omega M\boldsymbol{I}_2 = \boldsymbol{V}_S \tag{14.41}$$

$$-j\omega M\boldsymbol{I}_1 + \boldsymbol{Z}_{22}\boldsymbol{I}_2 = 0 \tag{14.42}$$

식 (14.42)에서 $\boldsymbol{I}_2$를 구해 식 (14.41)에 대입하면 다음을 얻는다.

$$\boldsymbol{Z}_{11}\boldsymbol{I}_1 - \frac{(j\omega)^2M^2}{\boldsymbol{Z}_{22}}\boldsymbol{I}_1 = \boldsymbol{V}_S \tag{14.43}$$

따라서 입력 임피던스인 $\boldsymbol{Z}_{in} = \boldsymbol{V}_S/\boldsymbol{I}_1$를 구하면 다음과 같다.

$$Z_{in} = \frac{V_S}{I_1} = Z_{11} + \frac{\omega^2 M^2}{Z_{22}} \tag{14.44}$$

식 (14.44)는 2차 측 코일과의 결합으로 인해 전원에서 들여다본 임피던스가 변하는 것을 알 수 있다. 즉 상호 인덕턴스가 $M = 0$일 경우에는 입력 임피던스가 $Z_{11}$과 같은 값을 갖지만, 상호 인덕턴스 $M$이 증가하면 입력 임피던스는 $Z_{11}$에 비해 $\frac{\omega^2 M^2}{Z_{22}}$ 만큼 증가하는데, 이를 **반사 임피던스**라고 한다. 반사 임피던스를 유리화하면 다음과 같다.

$$\frac{\omega^2 M^2}{Z_{22}} = \frac{\omega^2 M^2}{R_{22} + jX_{22}} = \frac{R_{22} \cdot \omega^2 M^2}{|Z_{22}|^2} - j\frac{X_{22} \cdot \omega^2 M^2}{|Z_{22}|^2} \tag{14.45}$$

2차 측 부하에 의해 입력저항은 커진다. 2차 측 리액턴스가 1차 측으로 반사될 경우에는 2차 측 리액턴스인 $X_{22}$와는 반대 부호로 나타낸다.

## 예제 14-5

다음 회로에서 입력 임피던스 $Z_{in}$을 구하라. 단, $R_1 = 3\,[\Omega]$, $R_2 = 6\,[\Omega]$, $L_1 = 2\,[\text{mH}]$, $L_2 = 10\,[\text{mH}]$, $M = 4\,[\text{mH}]$, $\omega = 1000\,[\text{rad/s}]$, $Z_L = 10\,[\Omega]$이다.

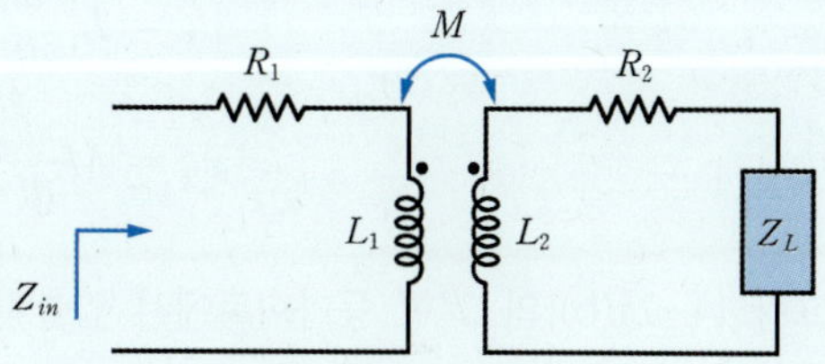


**[그림 14-22]** [예제 14-5]의 회로

**풀이**

식 (14.40)을 이용해 1차 측 임피던스 $Z_{11}$과 2차 측 임피던스 $Z_{22}$를 구하면 다음과 같다.

$$Z_{11} = R_1 + j\omega L_1 = 3 + j2, \quad Z_{22} = R_2 + j\omega L_2 + Z_L = 16 + j10$$

그러므로 식 (14.44)로부터 입력 임피던스 $Z_{in}$을 구하면 다음과 같다.

$$Z_{in} = Z_{11} + \frac{\omega^2 M^2}{Z_{22}} = 3 + j2 + \frac{16}{16 + j10} = 3 + j2 + \frac{16(16 - j10)}{16^2 + 10^2} = 3.72 + j1.55$$

## 실전문제 14-5

다음 회로에서 입력 임피던스 $Z_{in}$을 구하라.

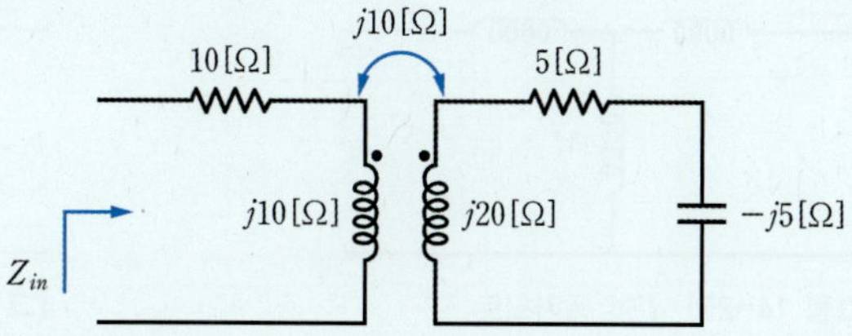


**[그림 14-23]**

## 14.3.2 $T$형 등가회로와 $\pi$형 등가회로

선형변압기로 회로를 해석할 때는 등가회로를 사용하는 것이 더 편할 때가 있다. 선형변압기의 등가회로는 $T$형과 $\pi$형으로 나뉜다. [그림 14-24(a)]와 같은 선형변압기를 [그림 14-24(b)]와 같이 $T$형 등가회로로 변환할 경우, 두 그림에서 추출되는 루프방정식은 동일한 관계를 만족해야만 한다.

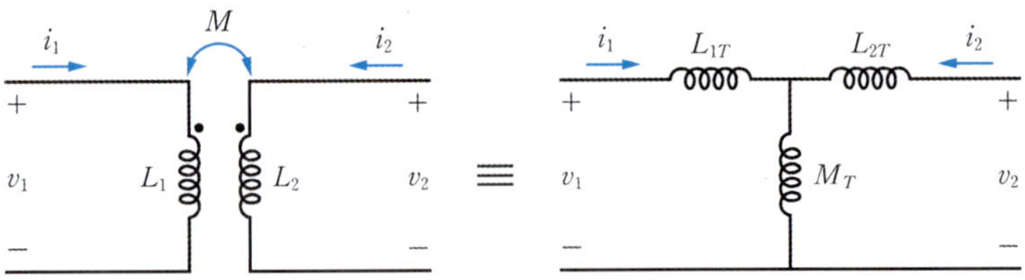


(a) 선형변압기 (b) $T$형 등가회로

**[그림 14-24]** 선형변압기와 $T$형 등가회로

[그림 14-24(a)]의 선형변압기에서 입출력 루프방정식을 구하면 다음과 같다.

$$v_1 = L_1\frac{d}{dt}i_1 + M\frac{d}{dt}i_2 \tag{14.46a}$$

$$v_2 = M\frac{d}{dt}i_1 + L_2\frac{d}{dt}i_2 \tag{14.46b}$$

[그림 14-24(b)]의 $T$형 등가회로에서 입출력 루프방정식을 구하면 다음과 같다.

$$v_1 = L_{1T}\cdot\frac{d}{dt}i_1 + M_T\cdot\frac{d}{dt}(i_1+i_2) = (L_{1T}+M_T)\cdot\frac{d}{dt}i_1 + M_T\cdot\frac{d}{dt}i_2 \tag{14.47a}$$

$$v_2 = M_T\cdot\frac{d}{dt}(i_1+i_2) + L_{2T}\cdot\frac{d}{dt}i_2 = M_T\cdot\frac{d}{dt}i_1 + (L_{2T}+M_T)\frac{\cdot\, d}{dt}i_2 \tag{14.47b}$$

식 (14.46), (14.47)의 관계를 고려하면 두 회로가 등가회로가 되기 위해서는 다음 관계식을 만족해야 한다.

$$L_{1T} = L_1 - M,\quad L_{2T} = L_2 - M,\quad M_T = M \tag{14.48}$$

따라서 [그림 14-24(a)]의 선형변압기의 $T$형 등가회로는 [그림 14-25]와 같이 표현된다. 또 다른 등가회로인 $\pi$형 등가회로는 [그림 14-26]과 같이 표현할 수 있다.

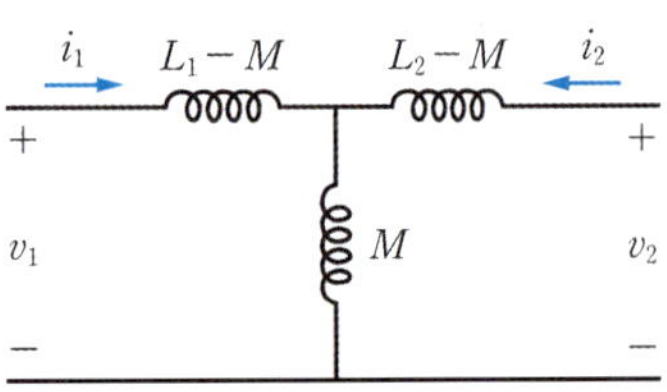


**[그림 14-25]** $T$형 등가회로

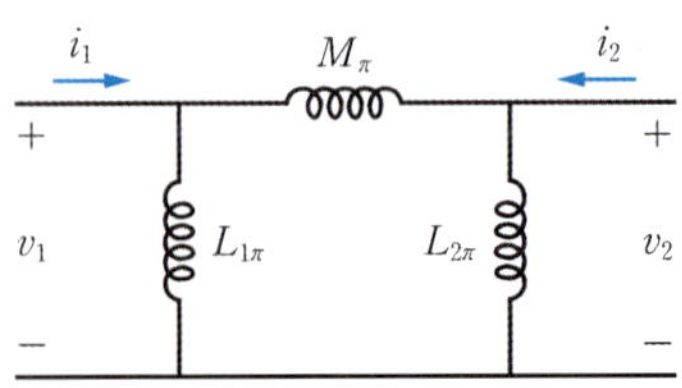


**[그림 14-26]** $\pi$형 등가회로

[그림 14-26]의 회로에서 입출력 루프방정식을 구하면 다음과 같다(인덕터에 흐르는 전류는 전압을 적분해서 구함).

$$v_1 = L_{1\pi} \cdot \frac{d}{dt}\left(i_1 - \frac{1}{M_\pi}\int (v_1 - v_2)dt\right) = L_{1\pi} \cdot \frac{d}{dt}i_1 - \frac{L_{1\pi}}{M_\pi}(v_1 - v_2) \tag{14.49a}$$

$$v_2 = L_{2\pi} \cdot \frac{d}{dt}\left(i_2 - \frac{1}{M_\pi}\int (v_2 - v_1)dt\right) = L_{2\pi} \cdot \frac{d}{dt}i_2 - \frac{L_{2\pi}}{M_\pi}(v_2 - v_1) \tag{14.49b}$$

식 (14.49a)와 식 (14.49b)를 정리하면 다음과 같다.

$$\frac{d}{dt}i_1 = \frac{v_1}{L_{1\pi}} + \frac{1}{M_\pi}(v_1 - v_2) = \left(\frac{1}{L_{1\pi}} + \frac{1}{M_\pi}\right)v_1 - \frac{1}{M_\pi}v_2 \tag{14.50a}$$

$$\frac{d}{dt}i_2 = \frac{1}{L_{2\pi}}v_2 + \frac{1}{M_\pi}(v_2 - v_1) = -\frac{1}{M_\pi}v_1 + \left(\frac{1}{L_{2\pi}} + \frac{1}{M_\pi}\right)v_2 \tag{14.50b}$$

앞에서 구한 선형변압기의 루프방정식인 식 (14.46)으로부터 $(d/dt)i_1$과 $(d/dt)i_2$의 표현식을 구하면 다음과 같다.

$$\frac{d}{dt}i_1 = \frac{L_2}{L_1L_2 - M^2} \cdot v_1 - \frac{M}{L_1L_2 - M^2} \cdot v_2 \tag{14.51a}$$

$$\frac{d}{dt}i_2 = -\frac{M}{L_1L_2 - M^2} \cdot v_1 + \frac{L_1}{L_1L_2 - M^2} \cdot v_2 \tag{14.51b}$$

식 (14.50)과 식 (14.51)을 이용해 $L_{1\pi}$, $L_{2\pi}$, $M_\pi$를 구하면 다음과 같다.

$$L_{1\pi} = \frac{L_1L_2 - M^2}{L_2 - M}, \quad L_{2\pi} = \frac{L_1L_2 - M^2}{L_1 - M}, \quad M_\pi = \frac{L_1L_2 - M^2}{M} \tag{14.52}$$

따라서 선형변압기의 $\pi$형 등가회로는 [그림 14-27]과 같이 표현된다.

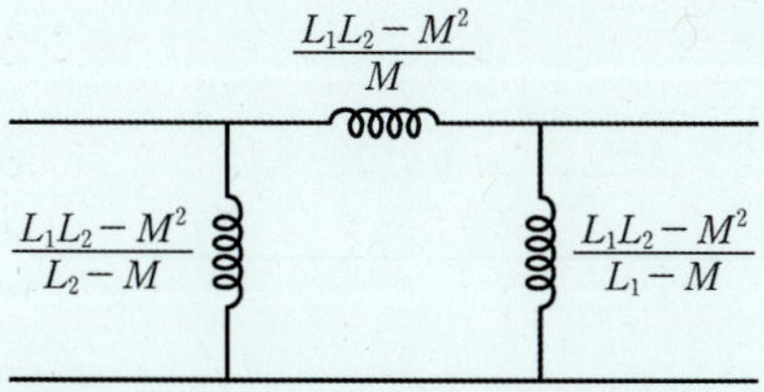


**[그림 14-27]** $\pi$형 등가회로

## 예제 14-6

다음 선형변압기의 등가회로를 구하라.

(a) $T$형 등가회로

(b) $\pi$형 등가회로

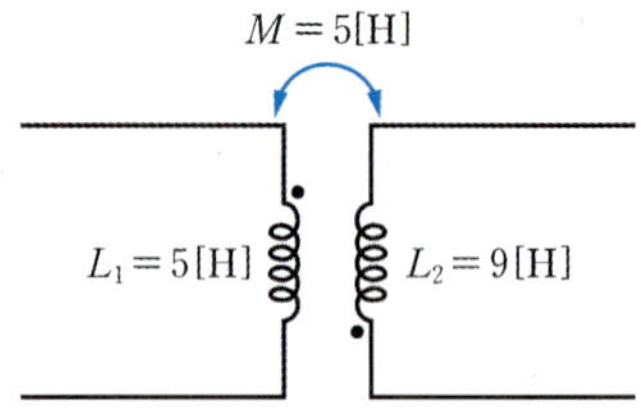


**[그림 14-28]** [예제 14-6]의 회로

### 풀이

흑점의 위치가 반대이므로 [그림 14-28]의 등가회로는 [그림 14-29]와 같이 표현할 수 있다.

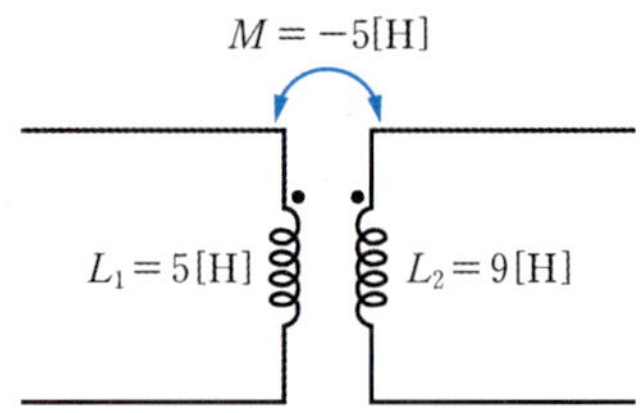


**[그림 14-29]** 흑점을 이동한 회로

(a) [그림 14-30]의 $T$형 등가회로에 나타난 $L_{1T}$, $L_{2T}$, $M_T$를 식 (14.48)을 이용해 구하면 다음과 같다.

$$L_{1T} = L_1 - M = 5\,[\mathrm{H}] - (-5\,[\mathrm{H}]) = 10\,[\mathrm{H}]$$
$$L_{2T} = L_2 - M = 9\,[\mathrm{H}] - (-5\,[\mathrm{H}]) = 14\,[\mathrm{H}]$$
$$M_T = M = -5\,[\mathrm{H}]$$

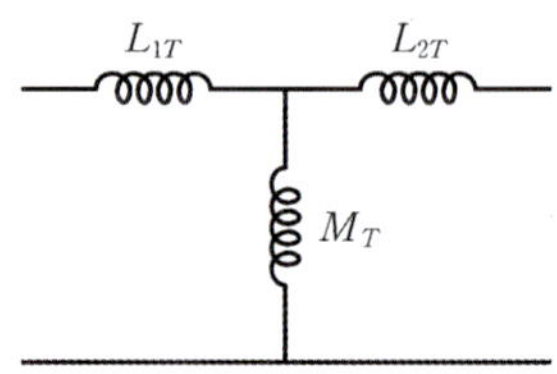


**[그림 14-30]** $T$형 등가회로

(b) [그림 14-31]의 $\pi$형 등가회로에 나타난 $L_{1\pi}$, $L_{2\pi}$, $M_\pi$를 식 (14.52)를 이용해 구하면 다음과 같다.

$$L_{1\pi} = \frac{L_1L_2 - M^2}{L_2 - M} = \frac{5[\mathrm{H}]9[\mathrm{H}] - (-5[\mathrm{H}])^2}{9[\mathrm{H}] - (-5[\mathrm{H}])} = \frac{10}{7}\,[\mathrm{H}]$$

$$L_{2\pi} = \frac{L_1L_2 - M^2}{L_1 - M} = \frac{5[\mathrm{H}]9[\mathrm{H}] - (-5[\mathrm{H}])^2}{5[\mathrm{H}] - (-5[\mathrm{H}])} = 2\,[\mathrm{H}]$$

$$M_\pi = \frac{L_1L_2 - M^2}{M} = \frac{5[\mathrm{H}]9[\mathrm{H}] - (-5[\mathrm{H}])^2}{-5[\mathrm{H}]} = -4\,[\mathrm{H}]$$

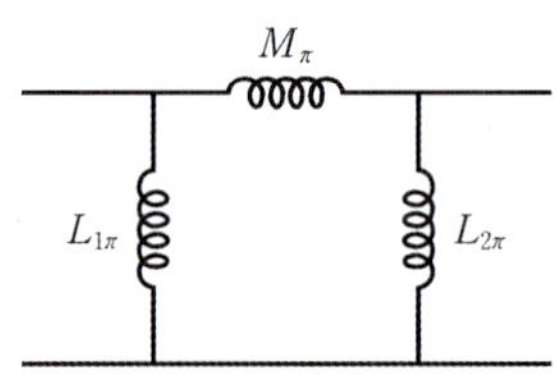


**[그림 14-31]** $\pi$형 등가회로

## 실전문제 14-6

다음 선형변압기의 등가회로를 구하라.

(a) $T$형 등가회로

(b) $\pi$형 등가회로

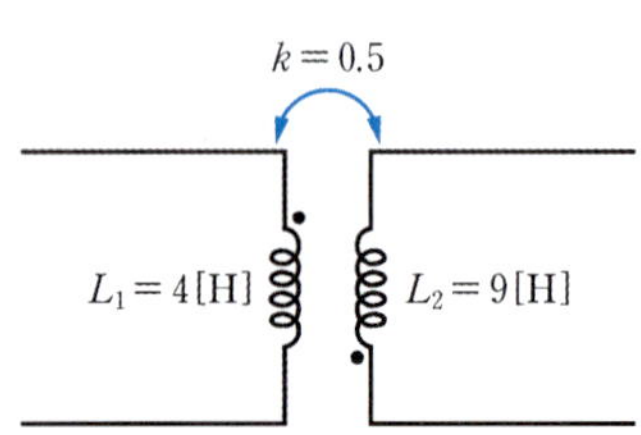


**[그림 14-32]**

SECTION 14.4

# 이상변압기

**이상변압기**ideal transformer란 결합계수가 최댓값인 1으로 강하게 결합되어 있으며, 코일을 감은 수가 매우 커서 1차 측과 2차 측 인덕턴스 $L_1$, $L_2$가 매우 큰 선형변압기를 의미한다. 일반적으로 많이 사용되는 철심변압기는 이상변압기의 특성과 매우 유사해 철심변압기의 등가회로로 이상변압기를 모델링해도 오차가 크지 않다.

## ■ 이상변압기의 조건

이상변압기는 [그림 14-33]의 선형변압기 회로로부터 다음 세 가지 조건을 만족해야 한다.

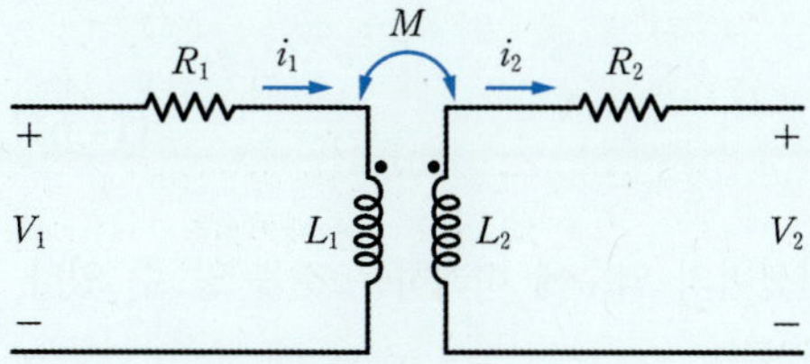


**[그림 14-33]** 선형변압기의 회로

❶ 1차 측과 2차 측 코일에서 손실이 없다($R_1 = R_2 = 0$).

$$\boldsymbol{V}_1 = R_1\boldsymbol{I}_1 + j\omega L_1\boldsymbol{I}_1 - j\omega M\boldsymbol{I}_2 = j\omega L_1\boldsymbol{I}_1 - j\omega M\boldsymbol{I}_2 \tag{14.53}$$

$$\boldsymbol{V}_2 = -R_2\boldsymbol{I}_2 + j\omega M\boldsymbol{I}_1 - j\omega L_2\boldsymbol{I}_2 = j\omega M\boldsymbol{I}_1 - j\omega L_2\boldsymbol{I}_2 \tag{14.54}$$

❷ 1차 측과 2차 측이 완전결합이다($k = 1$).

$$M = k\sqrt{L_1L_2} = \sqrt{L_1L_2} = L_1\sqrt{L_2/L_1} = nL_1 \tag{14.55}$$

여기서 $n = \sqrt{L_2/L_1}$는 1차 측과 2차 측의 권선비라 한다. 따라서 식 (14.53)과 식 (14.54)는 다음과 같이 나타낼 수 있다.

$$\begin{aligned}\boldsymbol{V}_1 &= j\omega L_1\boldsymbol{I}_1 - j\omega M\boldsymbol{I}_2 = j\omega L_1\boldsymbol{I}_1 - j\omega\sqrt{L_1L_2}\,\boldsymbol{I}_2 \\ &= j\omega L_1(\boldsymbol{I}_1 - \sqrt{L_2/L_1}\,\boldsymbol{I}_2)\end{aligned} \tag{14.56}$$

$$\begin{aligned}\boldsymbol{V}_2 &= j\omega M\boldsymbol{I}_1 - j\omega L_2\boldsymbol{I}_2 = j\omega\sqrt{L_1L_2}\,\boldsymbol{I}_1 - j\omega L_2\boldsymbol{I}_2 \\ &= j\omega\sqrt{L_1L_2}(\boldsymbol{I}_1 - \sqrt{L_2/L_1}\,\boldsymbol{I}_2)\end{aligned} \tag{14.57}$$

식 (14.56)과 식 (14.57)로부터 식을 얻은 후 정리하면 식 (14.58)과 같다.

$$\frac{\boldsymbol{V}_1}{j\omega L_1} = \frac{\boldsymbol{V}_2}{j\omega\sqrt{L_1L_2}} \quad \rightarrow \quad \frac{\boldsymbol{V}_2}{\boldsymbol{V}_1} = \sqrt{\frac{L_2}{L_1}} = n \tag{14.58}$$

이는 2차 측 전압과 1차 측 전압의 비가 권선비와 동일하다는 것을 의미한다.

❸ 코일을 감은 수가 매우 커서 코일의 인덕턴스가 무한대이다($L_1 = L_2 = M = \infty$).
식 (14.56)을 다시 표현하면 다음과 같다.

$$\boldsymbol{V}_1 = j\omega L_1(\boldsymbol{I}_1 - \sqrt{L_2/L_1}\,\boldsymbol{I}_2) = j\omega L_1(\boldsymbol{I}_1 - n\boldsymbol{I}_2) \tag{14.59}$$

$\boldsymbol{V}_1$은 유한한 값이고 $L_1 = \infty$ 이므로 다음을 만족한다.

$$\boldsymbol{I}_1 - n\boldsymbol{I}_2 = 0 \tag{14.60}$$

따라서 다음을 만족한다.

$$\frac{\boldsymbol{I}_2}{\boldsymbol{I}_1} = \frac{1}{n} \tag{14.61}$$

이를 통해 2차 측과 1차 측에 흐르는 전류의 비는 권선비의 역수에 비례하는 것을 알 수 있다.

이상의 결과로부터 이상변압기를 정의하면 '1차 및 2차 코일이 무한대의 자기 인덕턴스를 갖는 완전 결합된 무손실 선형변압기'라고 할 수 있다.

## ■ 권선비와 변압기의 구분

식 (14.58)의 결과식은 주파수영역에서의 관계식이고, 전원 주파수가 동일하므로 시간영역에서도 전압의 비가 권선비로 나타나는 것을 유추할 수 있다. 이와 달리 시간영역에서 바로 유도해보면 다음과 같다. [그림 14-34]와 같이 권선비가 $N_1 : N_2$인 이상변압기에서 1차 측과 2차 측에 쇄교하는 자속수가 각각 $\phi_1$과 $\phi_2$이면 1차 측과 2차 측에 유기되는 전압 $v_1$과 $v_2$는 다음과 같이 표현된다.

$$v_1 = N_1\frac{d}{dt}\phi_1 \tag{14.62}$$

$$v_2 = N_2\frac{d}{dt}\phi_2 \tag{14.63}$$

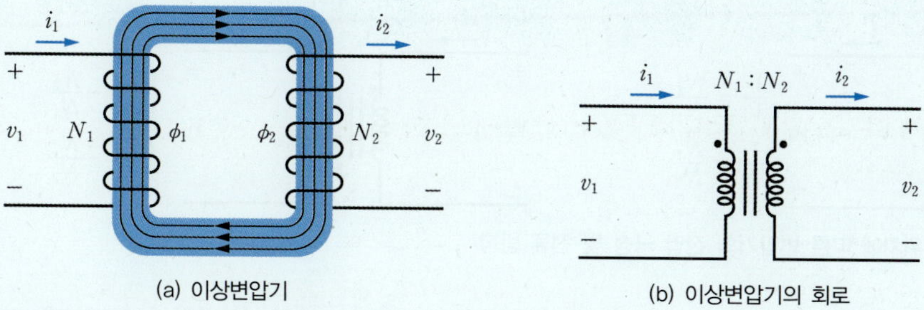


**[그림 14-34]** 이상변압기의 구조와 회로

1차 측과 2차 측이 완전결합으로 이루어져 있기 때문에 1차 측과 2차 측에 쇄교하는 자속 수가 서로 같다($\phi_1 = \phi_2$). 그러므로 1차 측과 2차 측에 유기되는 전압의 비는 식 (14.64)와 같이 1차 측과 2차 측의 권선비 $n$과 같다.

$$\frac{v_2}{v_1} = \frac{N_2 \cdot \frac{d}{dt}\phi_2}{N_1 \cdot \frac{d}{dt}\phi_1} = \frac{N_2}{N_1} = n \ (\because \ \phi_1 = \phi_2) \tag{14.64}$$

결과적으로 식 (14.58), (14.61), (14.64)로부터 [그림 14-35]와 같이 이상변압기를 사용한 회로에 인가되는 전압과 흐르는 전류의 관계를 페이저로 표현하면 다음과 같다.

$$\frac{\boldsymbol{V}_2}{\boldsymbol{V}_1} = \frac{\boldsymbol{I}_1}{\boldsymbol{I}_2} = \frac{N_2}{N_1} = n \tag{14.65}$$

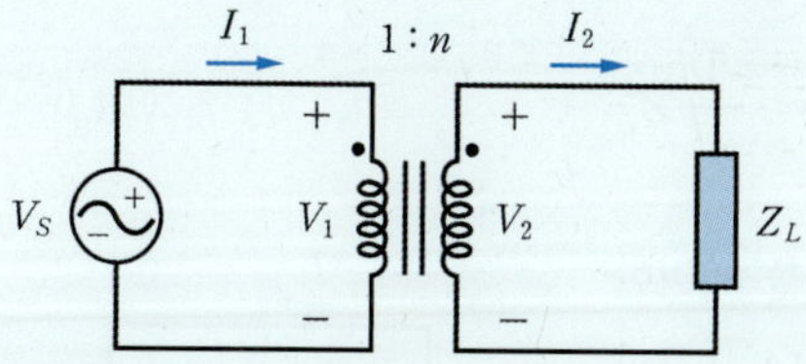


**[그림 14-35]** 이상변압기의 회로

$n = 1$인 경우에는 절연변압기라고 하며, $\boldsymbol{V}_1 = \boldsymbol{V}_2$로 전압의 변화 없이 1차 측과 2차 측 회로의 전기적 절연을 목적으로 사용된다. $n > 1$인 경우에는 승압변압기라고 하며, 1차 측에 인가되는 전압보다 높은 전압이 2차 측에 유기되는 변압기이다. 반대로 $n < 1$인 경우에는 강압변압기(감압변압기)라고 하며, 1차 측에 인가되는 전압보다 낮은 전압이 2차 측에 유기되는 변압기이다.

### ■ 흑점과 복소전력

변압기의 흑점의 위치에 따른 1차 측 전압 $V_1$과 2차 측 전압 $V_2$의 극성 및 1차 측 전류 $I_1$과 2차 측 전류 $I_2$의 방향은 [그림 14-36]과 같다.

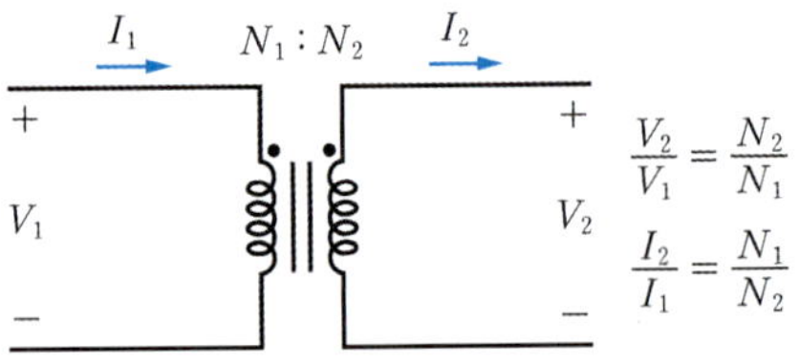

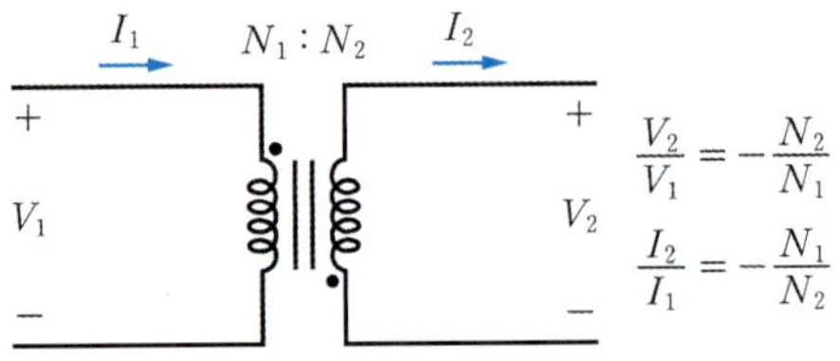

[그림 14-36] 흑점의 위치에 따른 변압기의 전압 극성 및 전류 방향

변압기의 정격전압은 보통 $V_1/V_2$로 나타낸다. 즉 전압정격이 2400/120 [V]인 변압기는 1차 측 전압이 $V_1 = 2400$ [V]이고, 2차 측 전압이 $V_2 = 120$ [V]인 강압변압기를 의미하며 전압은 모두 실횻값으로 나타낸다(여기서 /는 나누기 기호가 아니고 1차 측과 2차 측을 구별하는 기호임).

[그림 14-35]에서 1차 측에 공급되는 복소전력 $\boldsymbol{S}_1$과 2차 측에서 공급하는 복소전력 $\boldsymbol{S}_2$의 관계를 구하면 다음과 같이 서로 같은 값이 된다.

$$\boldsymbol{S}_1 = \boldsymbol{V}_1 \cdot \boldsymbol{I}_1^* = \frac{\boldsymbol{V}_2}{n} \cdot (n\boldsymbol{I}_2)^* = \boldsymbol{V}_2 \cdot \boldsymbol{I}_2^* = \boldsymbol{S}_2 \tag{14.66}$$

이는 1차 측에 공급되는 전력을 모두 2차 측에서 공급하기 때문에 이상변압기 내에서는 전력소모가 일어나지 않는다는 의미이다.

### ■ 1차측에서의 등가회로

한편 이상변압기를 사용한 회로인 [그림 14-35]의 전원에서 들여다본 입력 임피던스 $\boldsymbol{Z}_{in}$을 구하면 다음과 같다.

$$\boldsymbol{Z}_{in} = \frac{\boldsymbol{V}_1}{\boldsymbol{I}_1} = \frac{\boldsymbol{V}_2/n}{n\boldsymbol{I}_2} = \frac{1}{n^2}\frac{\boldsymbol{V}_2}{\boldsymbol{I}_2} = \frac{1}{n^2}\boldsymbol{Z}_L \tag{14.67}$$

이는 2차 측 부하인 $\boldsymbol{Z}_L$이 1차 측으로 투영된 투영 임피던스를 의미한다. 즉 전원의 입장에서 [그림 14-35]의 등가회로는 [그림 14-37]과 같다. 2차 측 부하를 1차 측으로 투영한 투영 임피던스는 부하 임피던스의 $\frac{1}{n^2}$ 배이다.

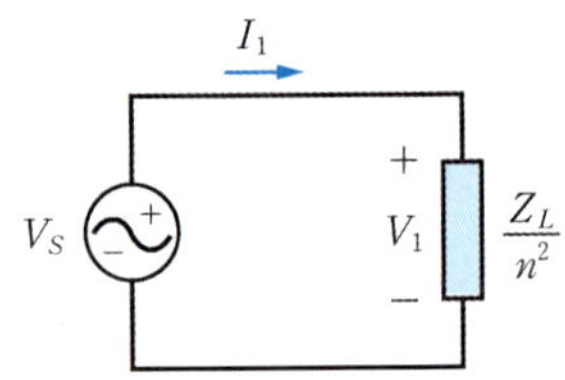

[그림 14-37] 전원에서 들여다본 등가회로

2차 측에 부하만 연결된 것이 아니고 [그림 14-38]과 같이 전원과 부하가 동시에 연결될 경우, 1차 측에서 들여다본 등가회로에 대해 살펴보면 다음과 같다.

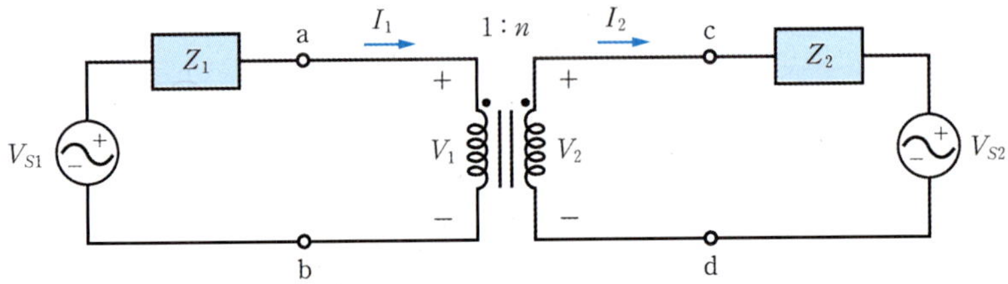

[그림 14-38] 부하와 전원이 함께 연결된 회로

1) $V_{OC}$ 구하기

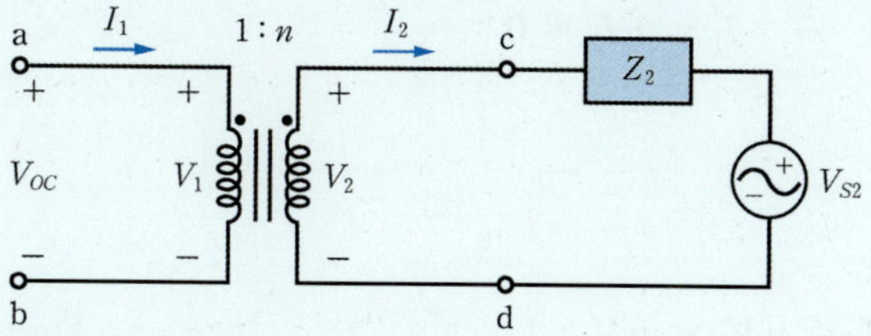

**[그림 14-39]** $V_{OC}$를 구하는 회로

[그림 14-39]에서 점 a, b 사이가 개방회로이므로 점 a, b 사이의 전압 $V_{OC}$는 다음과 같다.

$$I_1 = 0 \quad \rightarrow \quad I_2 = \frac{1}{n} I_1 = 0$$

따라서 $V_{OC}$는 다음과 같다.

$$V_2 = V_{S2}$$

$$V_{OC} = V_1 = \frac{1}{n} V_2 = \frac{1}{n} V_{S2} \tag{14.68}$$

2) $Z_{TH}$ 구하기

전원을 제거하고 1차 측에서 들여다본 임피던스는 식 (14.67)에 표현되어 있으므로 1차 측에서 들여다본 테브난 등가회로를 [그림 14-40]에 나타냈다.

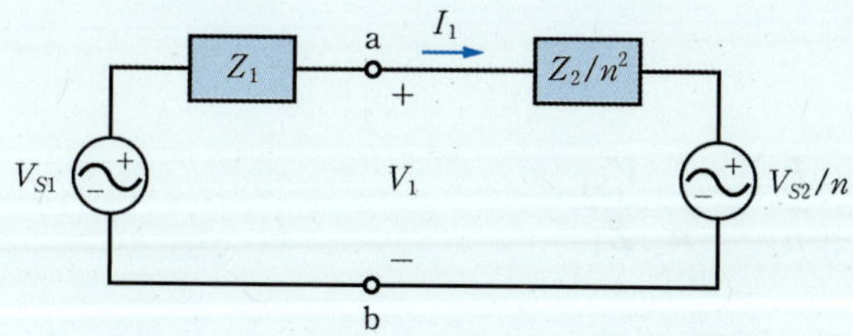

**[그림 14-40]** 1차 측에서 들여다본 테브난 등가회로

## ■ 2차측에서의 등가회로

[그림 14-38] 회로의 점 c, d에서 들여다본 1차 측 테브난 등가회로를 구해보면 다음과 같다.

1) $V_{OC}$ 구하기

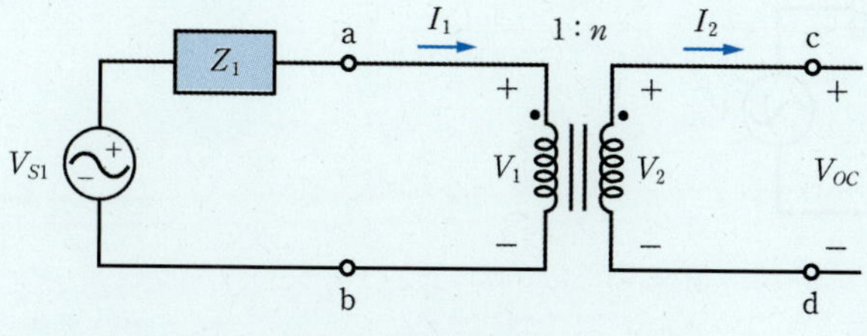

**[그림 14-41]** $V_{OC}$를 구하기 위한 회로

[그림 14-41]에서 $\boldsymbol{V}_{OC}$를 구하기 위해 점 c, d 사이를 개방하면 다음과 같다.

$$\boldsymbol{I}_2 = 0 \quad \rightarrow \quad \boldsymbol{I}_1 = n\boldsymbol{I}_2 = 0$$
$$\boldsymbol{V}_1 = \boldsymbol{V}_{S1}$$

따라서 $\boldsymbol{V}_{OC}$는 다음과 같다.

$$\boldsymbol{V}_{OC} = \boldsymbol{V}_2 = n\boldsymbol{V}_1 = n\boldsymbol{V}_{S1} \tag{14.69}$$

2) $\boldsymbol{I}_{SC}$ 구하기

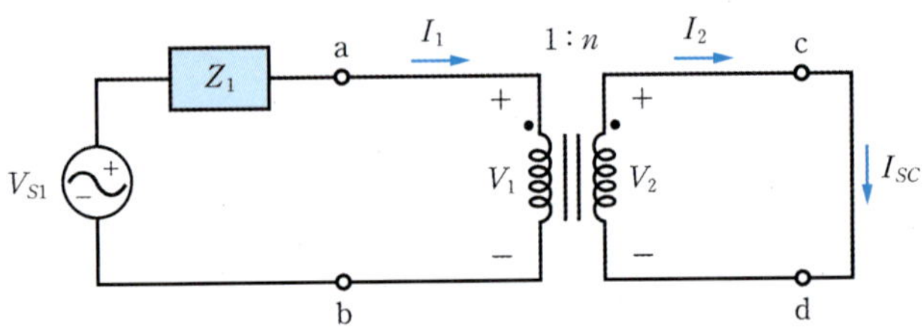


**[그림 14-42]** $I_{SC}$를 구하기 위한 회로

[그림 14-42]와 같이 $\boldsymbol{I}_{SC}$를 구하기 위해 점 c, d 사이를 단락시키면 다음을 얻는다.

$$\boldsymbol{V}_2 = 0 \quad \rightarrow \quad \boldsymbol{V}_1 = \boldsymbol{V}_2/n = 0$$
$$\boldsymbol{I}_1 = \frac{\boldsymbol{V}_{S1}}{\boldsymbol{Z}_1}$$

따라서 $\boldsymbol{I}_{SC}$는 다음과 같다.

$$\boldsymbol{I}_{SC} = \boldsymbol{I}_2 = \frac{\boldsymbol{I}_1}{n} = \frac{1}{n}\frac{\boldsymbol{V}_{S1}}{\boldsymbol{Z}_1} \tag{14.70}$$

식 (14.69), (14.70)으로부터 $\boldsymbol{Z}_{TH}$를 구하면 다음과 같다.

$$\boldsymbol{Z}_{TH} = \frac{\boldsymbol{V}_{OC}}{\boldsymbol{I}_{SC}} = n^2\boldsymbol{Z}_1 \tag{14.71}$$

식 (14.69), (14.71)로부터 2차 측에서 들여다본 등가회로를 [그림 14-43]에 나타냈다.

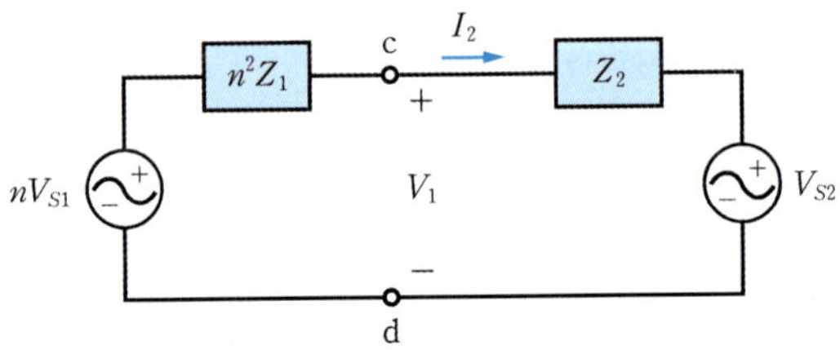


**[그림 14-43]** 2차 측에서 들여다본 등가회로

## 예제 14-7

다음 회로에 대해 주어진 물음에 답하라.

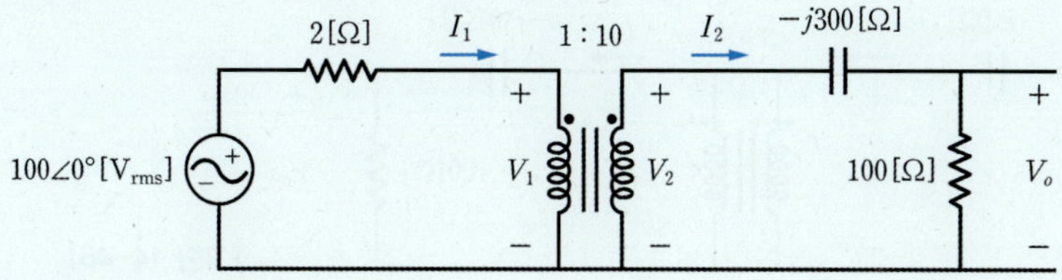


**[그림 14-44]** [예제 14-7]의 회로

(a) 전원이 공급하는 복소전력 $\boldsymbol{S}$　　　　(b) 출력전압 $\boldsymbol{V}_o$

### 풀이

(a) 2차 측 부하 $\boldsymbol{Z}_L$을 구하면 다음과 같다.

$$\boldsymbol{Z}_L = 100 - j300\,[\Omega]$$

이를 1차 측으로 투영한 투영 임피던스를 구하면 다음과 같다.

$$\frac{1}{n^2}\boldsymbol{Z}_L = \frac{1}{100}\boldsymbol{Z}_L = 1 - j3\,[\Omega]$$

그러므로 전원에서 들여다본 등가회로는 [그림 14-45]와 같다.

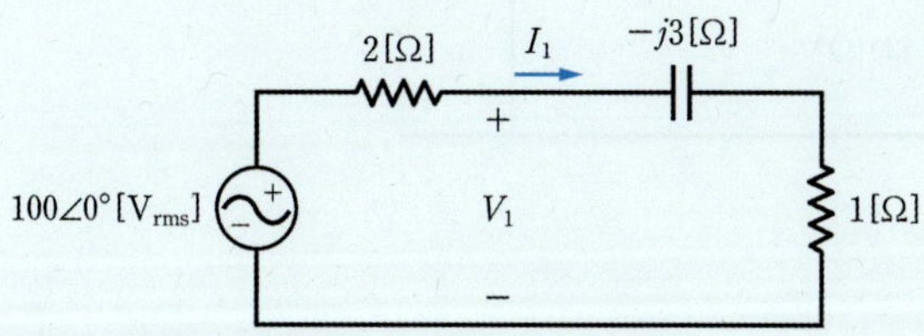


**[그림 14-45]** 1차 측에서 들여다본 등가회로

전원이 공급하는 전류 $\boldsymbol{I}_1$은 식 ①과 같으므로, 전원이 공급하는 복소전력 $\boldsymbol{S}$는 식 ②와 같다.

$$\boldsymbol{I}_1 = \frac{100}{3-j3} = \frac{50}{3}(1+j)\,[\mathrm{A_{rms}}] \qquad \cdots ①$$

$$\boldsymbol{S} = 100\angle 0° \cdot \left\{\frac{50}{3}(1+j)\right\}^* = \frac{5}{3}(1-j)\,[\mathrm{kVA}] \qquad \cdots ②$$

(b) 2차 측에 흐르는 전류 $\boldsymbol{I}_2$를 구하면 식 ③과 같다.

$$\boldsymbol{I}_2 = \frac{1}{10}\boldsymbol{I}_1 = \frac{5}{3}(1+j)\,[\mathrm{A_{rms}}] \qquad \cdots ③$$

[그림 14-44]의 저항 100[Ω]에 걸리는 전압 $\boldsymbol{V}_o$를 구하면 다음과 같다.

$$\boldsymbol{V}_o = 100 \cdot \boldsymbol{I}_2 = \frac{500}{3}(1+j) = \frac{500\sqrt{2}}{3}\angle 45°\,[\mathrm{V_{rms}}]$$

## 실전문제 14-7

다음 회로에 대해 주어진 물음에 답하라.

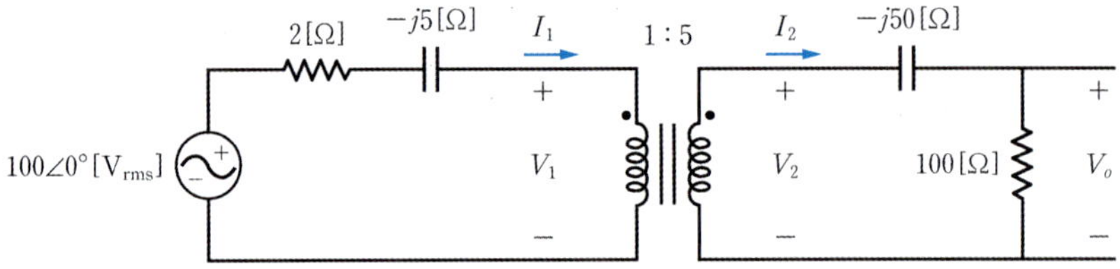


[그림 14-46]

(a) 전원에서 공급하는 복소전력 $\boldsymbol{S}$

(b) 출력전압 $\boldsymbol{V}_o$

## 예제 14-8

다음 회로에서 전원이 공급하는 전류 $\boldsymbol{I}_1$과 부하 100[Ω]이 소모하는 평균전력 $P$를 구하라.

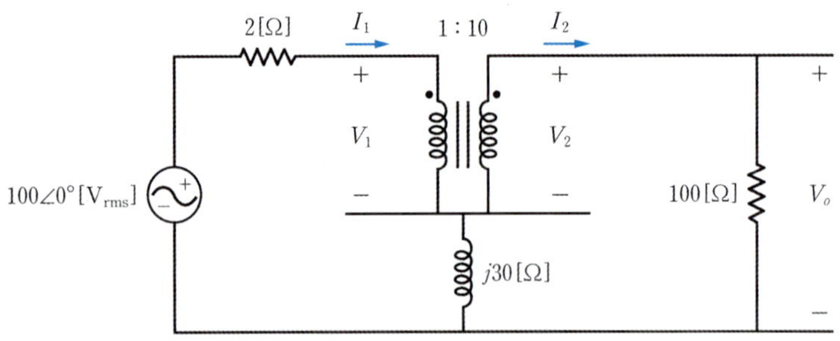


[그림 14-47] [예제 14-8]의 회로

### 풀이

1차 측 루프방정식은 식 ①, 2차 측 루프방정식은 식 ②와 같이 구한다.

$$100 = 2\boldsymbol{I}_1 + \boldsymbol{V}_1 + j30(\boldsymbol{I}_1 - \boldsymbol{I}_2) \quad \cdots ①$$

$$j30(\boldsymbol{I}_2 - \boldsymbol{I}_1) - \boldsymbol{V}_2 + 100\boldsymbol{I}_2 = 0 \quad \cdots ②$$

변압기의 전압-전류 관계식은 다음과 같다.

$$\boldsymbol{I}_2 = \frac{1}{10}\boldsymbol{I}_1 \quad \cdots ③$$

$$\boldsymbol{V}_2 = 10\,\boldsymbol{V}_1 \quad \cdots ④$$

식 ③을 식 ①에 대입하면 식 ⑤와 같고, 식 ③과 식 ④를 식 ②에 대입하면 식 ⑥과 같다.

$$(2 + j27)\boldsymbol{I}_1 + \boldsymbol{V}_1 = 100 \quad \cdots ⑤$$

$$\boldsymbol{V}_1 = \frac{1}{10}\boldsymbol{V}_2 = (1 - j2.7)\boldsymbol{I}_1 \quad \cdots ⑥$$

식 ⑥을 식 ⑤에 대입하면 다음을 얻는다.

$$\boldsymbol{I}_1 = \frac{100}{3 + j24.3} = 4.08\angle -83°$$

$$\boldsymbol{I}_2 = \frac{1}{10}\boldsymbol{I}_1 = 0.408\angle -83°$$

그러므로 저항 100[Ω]에서 소모하는 평균전력 $P$는 다음과 같다.

$$P = R|\boldsymbol{I}_2|^2 = 100 \cdot 0.408^2 = 16.6\,[\mathrm{W}]$$

## 실전문제 14-8

다음 회로에서 전원이 공급하는 복소전력 $\boldsymbol{S}$와 부하에 걸리는 전압 $\boldsymbol{V}_o$를 구하라.

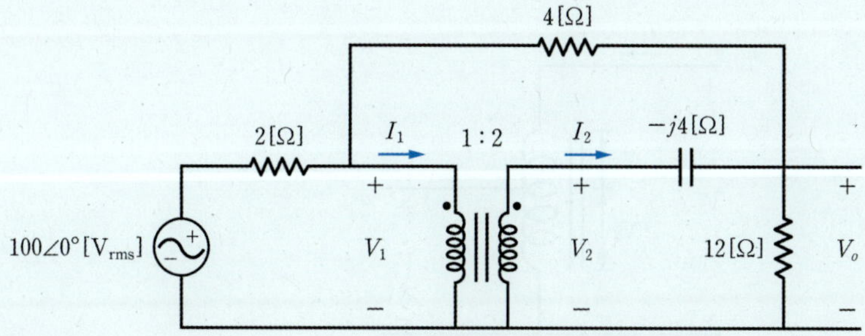


[그림 14-48]

SECTION 14.5

# 이상 단권변압기

지금까지 살펴본 변압기는 1차 코일과 2차 코일이 서로 다른 코일을 사용한 2권선 변압기이다. 이와 달리 [그림 14-49]와 같이 하나의 코일을 사용한 변압기를 **단권변압기**라고 한다. 이는 1차 측 코일의 권선 수가 $N_1 + N_2$이고, 2차 측 코일의 권선 수가 $N_2$인 강압변압기이다.

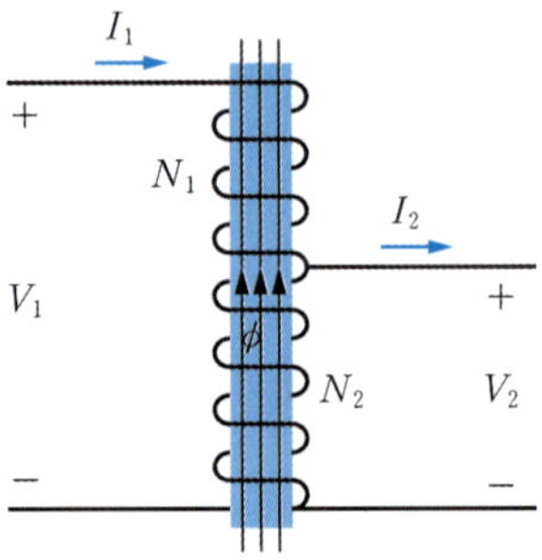


(a) 단권변압기

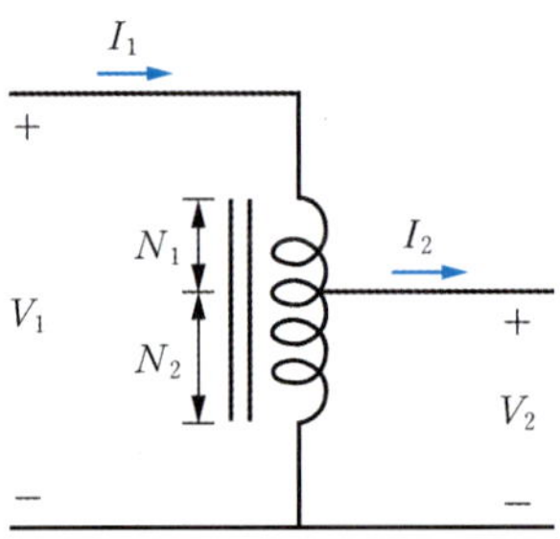


(b) 단권변압기의 회로

[그림 14-49] 단권변압기의 구조와 회로

단권변압기의 권선비 $n$은 다음과 같다.

$$n = \frac{N_2}{N_1 + N_2} \tag{14.72}$$

전압비 및 전류비는 이상변압기와 동일한 식 (14.73), (14.74)로 표현할 수 있다.

$$\frac{\boldsymbol{V}_2}{\boldsymbol{V}_1} = \frac{N_2}{N_1 + N_2} = n \tag{14.73}$$

$$\frac{\boldsymbol{I}_2}{\boldsymbol{I}_1} = \frac{N_1 + N_2}{N_2} = \frac{1}{n} \tag{14.74}$$

위와는 반대로 1차 측과 2차 측을 바꾸어 사용할 경우에는 승압변압기가 되며, 권선비는 식 (14.72)의 역수가 된다.

$$n = \frac{N_1 + N_2}{N_2} \tag{14.75}$$

## 예제 14-9

이상 단권변압기를 사용한 다음 회로에서 전원이 공급하는 복소전력 $\boldsymbol{S}$를 구하라. 단, $N_1 = N_2$이다.

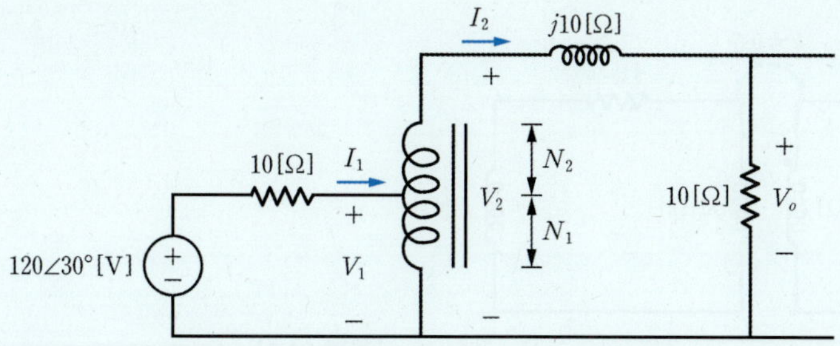


**[그림 14-50]** [예제 14-9]의 회로

### 풀이

권선비 $n$을 구하면 $n = \dfrac{N_1 + N_2}{N_2} = 2$이므로 2차 측 부하를 1차 측으로 투영해 전원에서 들여다본 등가회로를 그리면 [그림 14-51]과 같다.

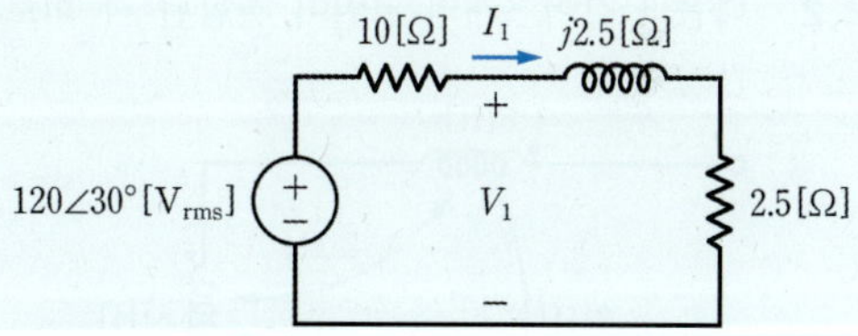


**[그림 14-51]** 전원에서 들여다본 등가회로

따라서 1차 측 전류 $\boldsymbol{I}_1$은 다음과 같다.

$$\boldsymbol{I}_1 = \frac{120\angle 30°}{10 + 2.5 + j2.5} = \frac{120\angle 30°}{12.7\angle 12.3°} = 9.45\angle 18.7° = 9.0 + j3.0\,[\mathrm{A_{rms}}]$$

전원이 공급하는 복소전력 $\boldsymbol{S}$는 다음과 같다.

$$\begin{aligned}\boldsymbol{S} &= \boldsymbol{V} \cdot \boldsymbol{I}_1^* = 120\angle 30° \cdot 9.45\angle -18.7° \\ &= 1134\angle 11.3° = 1112 + j222\,[\mathrm{VA}]\end{aligned}$$

## 실전문제 14-9

다음 회로에서 출력전압 $\boldsymbol{V}_o$를 구하라. 단, $N_1 : N_2 = 1 : 9$이다.

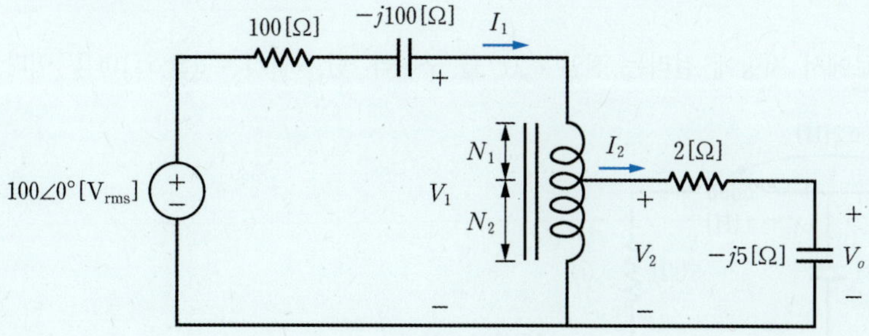


**[그림 14-52]**

**14.1** 선형변압기를 사용한 다음 회로에서 입력 임피던스 $Z_{in}$을 구하라.

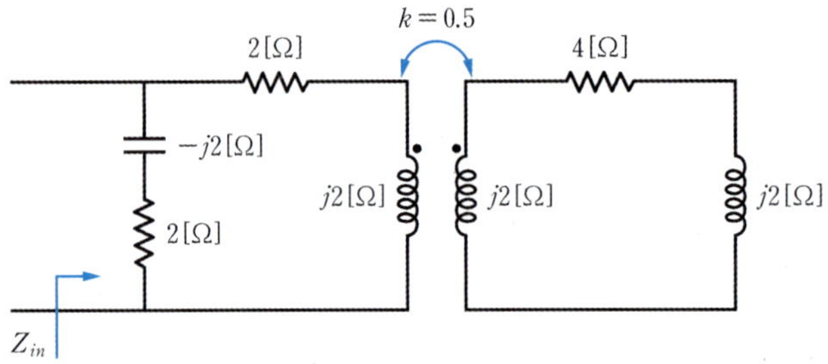


[문제 14.1]

**14.2** 다음과 같이 3개의 코일이 결합된 각 회로의 두 단자에서 들여다본 등가 인덕턴스 $L_{eq}$를 구하라.

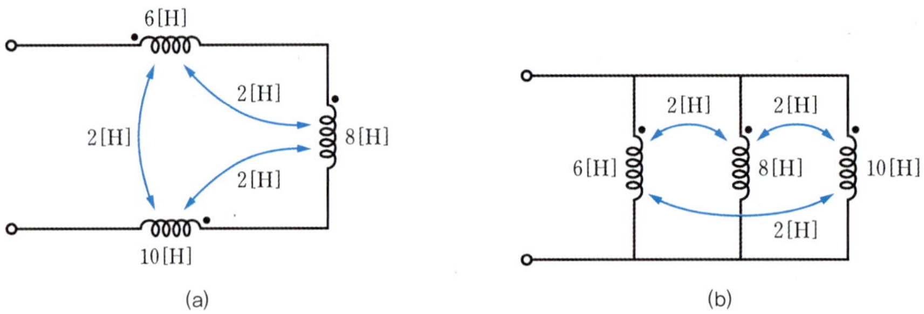


[문제 14.2]

**14.3** 다음 회로의 특성식($V_1$, $V_2$를 $I_1$, $I_2$로 표현)을 구하라.

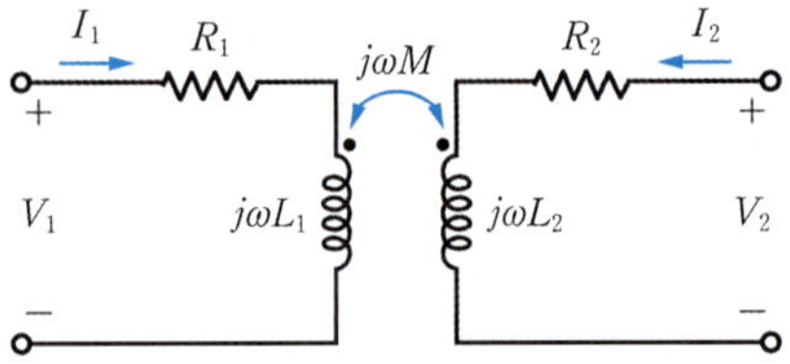


[문제 14.3]

**14.4** 자기결합된 다음 회로에서 저항에 걸리는 전압 $v_o(t)$를 구하라. 단, $v_s(t) = 12\cos 10t$[V]이다.

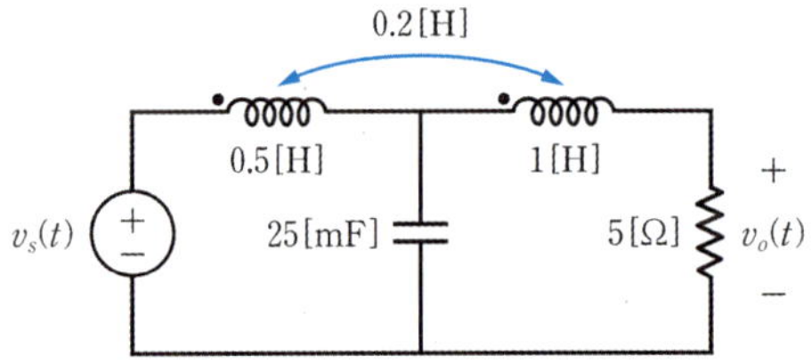


[문제 14.4]

**14.5** 다음 회로에서 전압 $v_o(t)$를 구하라.

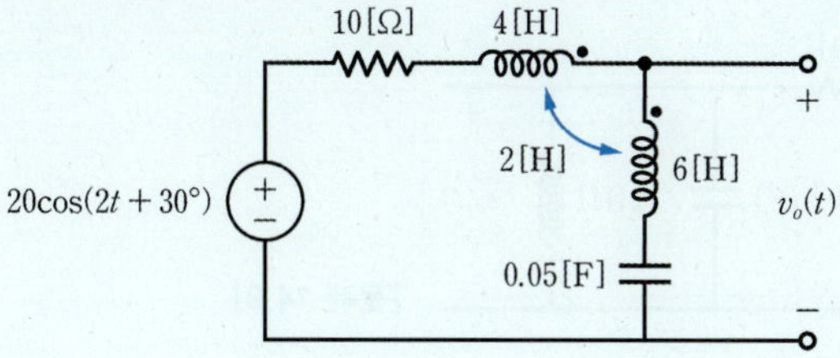


[문제 14.5]

**14.6** 다음 회로에서 전압 $V_1$, $V_2$를 구하라.

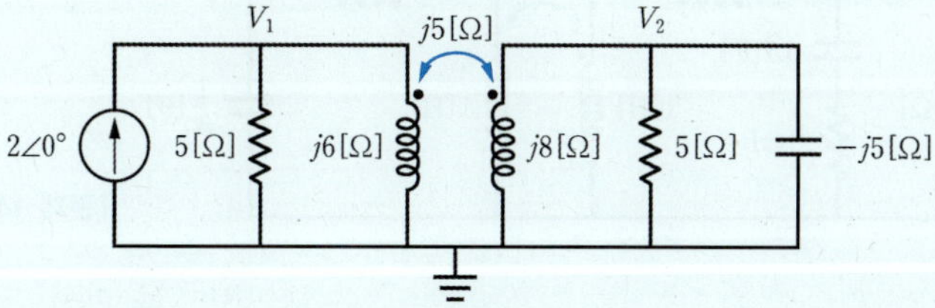


[문제 14.6]

**14.7** 다음 회로의 점 a, b에서 들여다본 노턴 등가회로를 그려라.

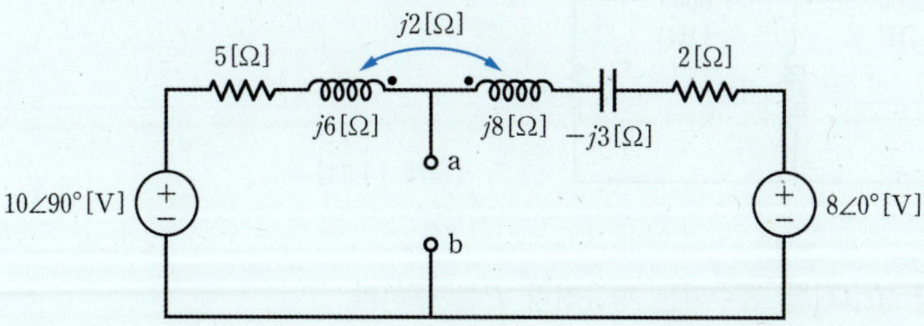


[문제 14.7]

**14.8** 다음 회로의 점 a, b에서 들여다본 테브난 등가회로를 그려라.

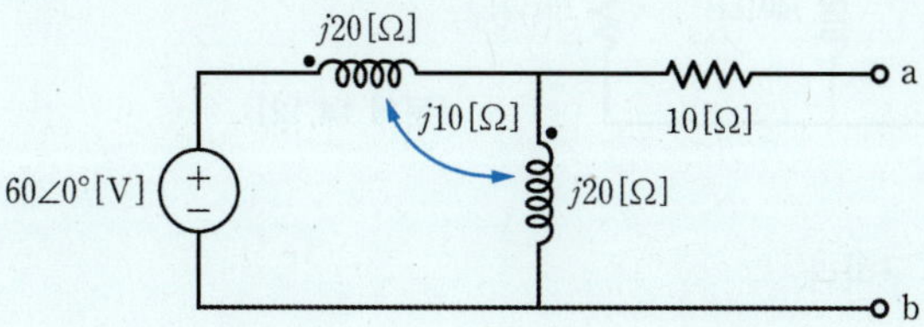


[문제 14.8]

**14.9** 선형변압기를 사용한 다음 회로에서 출력전압 $v_o(t)$를 구하라. 단, $v_s(t) = 10\sin(2t + 30°)$ [V]이다.

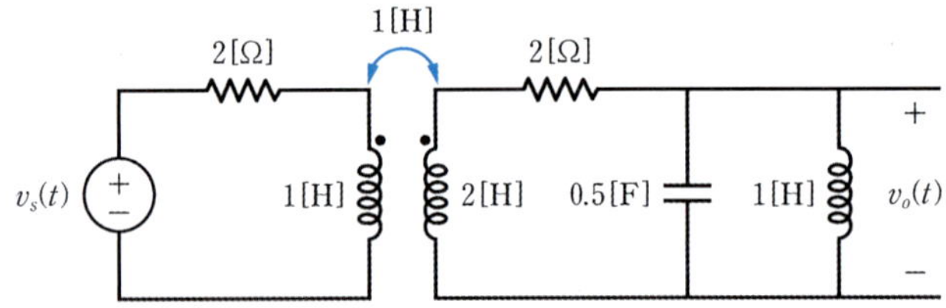


[문제 14.9]

**14.10** 다음 회로에서 $t = 2$ [s]일 때 결합코일에 축적된 에너지 $W$를 구하라.

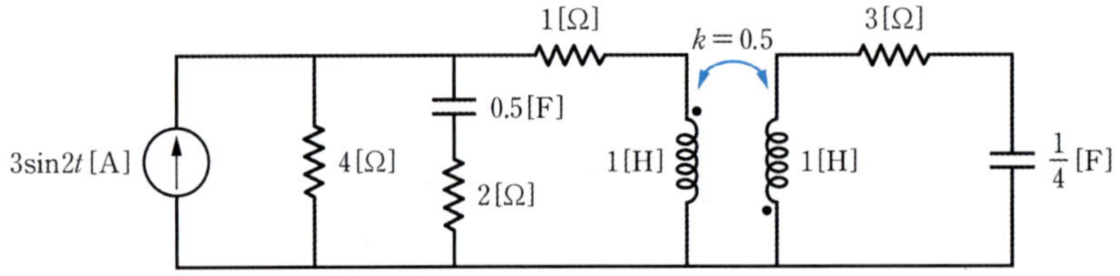


[문제 14.10]

**14.11** 다음 회로에서 $t = 0$일 때 결합코일에 축적된 에너지 $W$를 구하라.

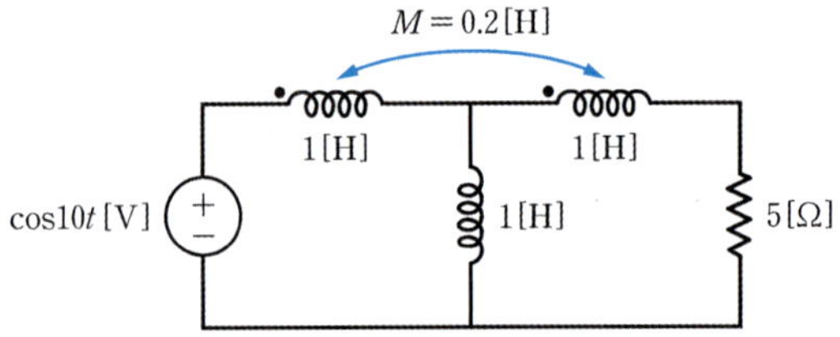


[문제 14.11]

**14.12** 다음 회로에서 저항 10 [Ω]에 흡수되는 평균전력 $P$를 구하라.

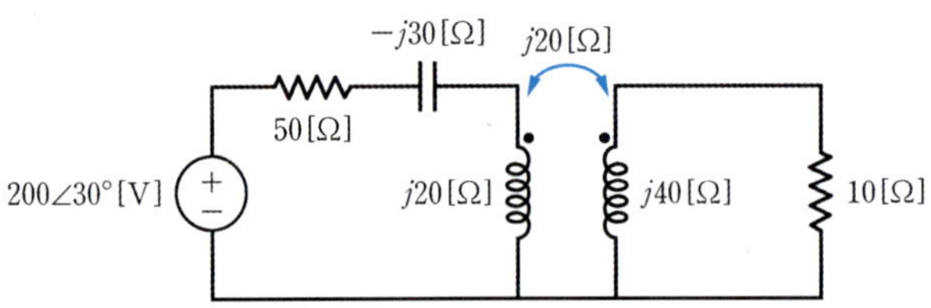


[문제 14.12]

**14.13** 다음 회로의 입력 임피던스 $Z_{in}$을 구하라.

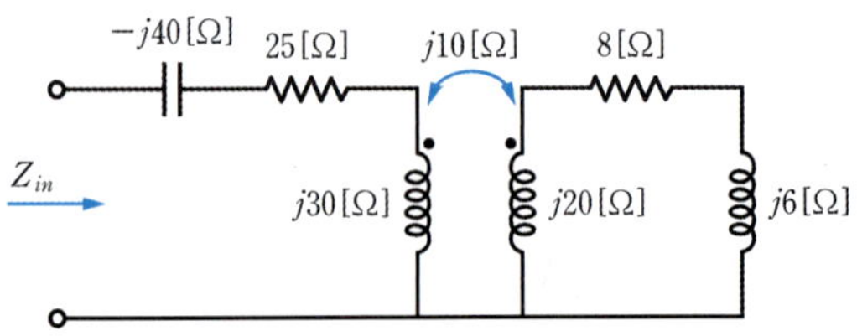


[문제 14.13]

**14.14** 2개의 선형변압기가 연속으로 연결된 다음 회로의 입력 임피던스 $Z_{in}$을 구하라.

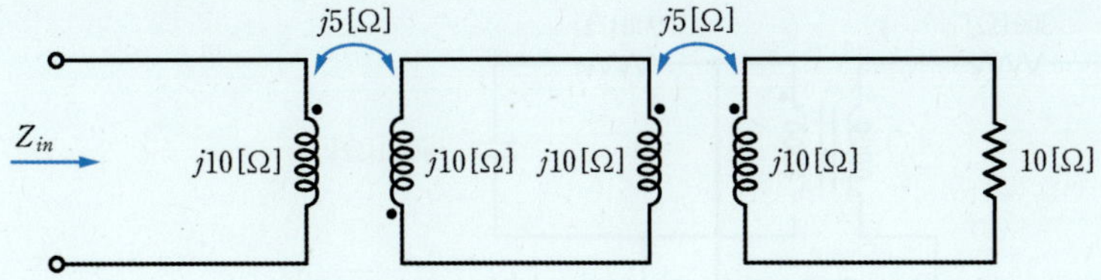


[문제 14.14]

**14.15** 이상변압기를 사용한 다음 회로에서 전류 $I_1$, $I_2$를 구하라.

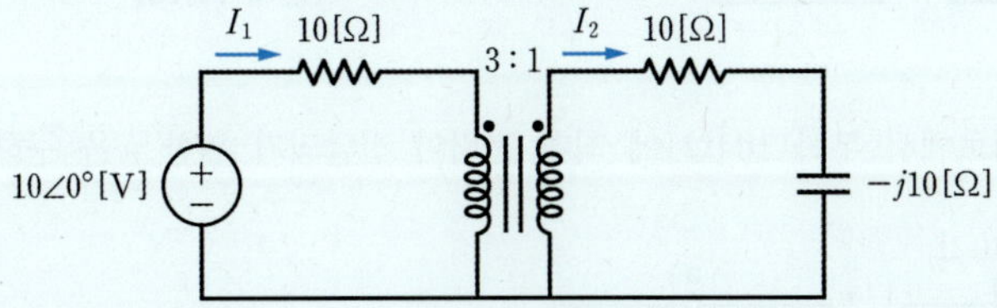


[문제 14.15]

**14.16** 이상변압기를 사용한 다음 회로에서 전압 $V_1$, $V_2$를 구하라.

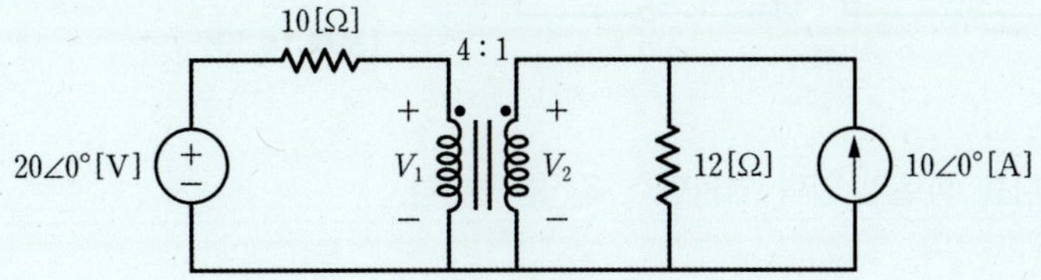


[문제 14.16]

**14.17** 다음 회로에서 출력전압 $V_o$를 구하라.

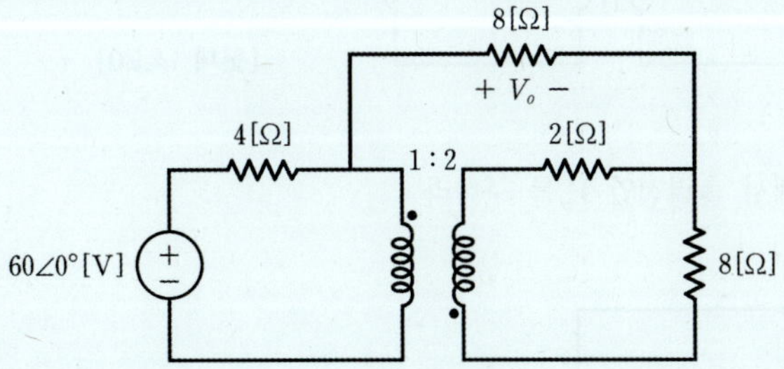


[문제 14.17]

**14.18** 이상변압기를 사용한 다음 회로에서 전원이 공급하는 복소전력 $\boldsymbol{S}$를 구하라.

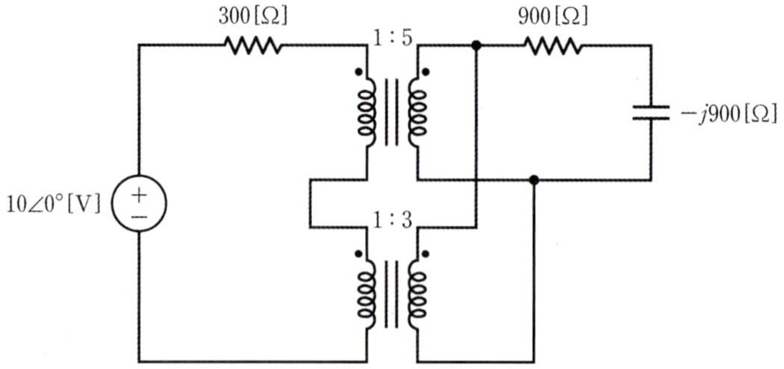


[문제 14.18]

**14.19** 이상변압기를 사용한 다음 회로에서 부하 10 [Ω]에 최대 전력이 전달되기 위한 $n$을 구하라.

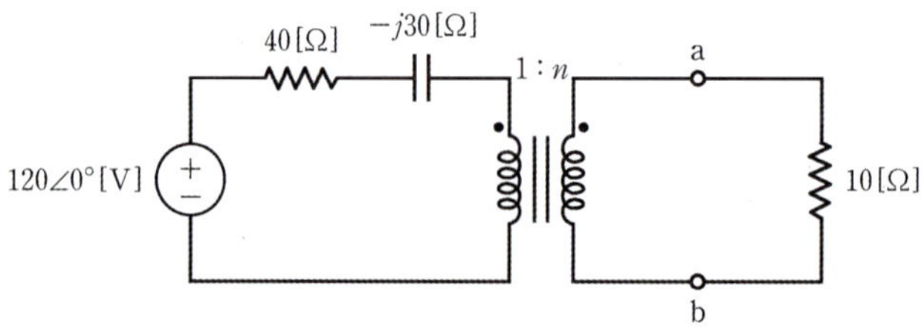


[문제 14.19]

**14.20** 이상변압기를 사용한 다음 회로의 입력 임피던스 $\boldsymbol{Z}_{in}$을 구하라.

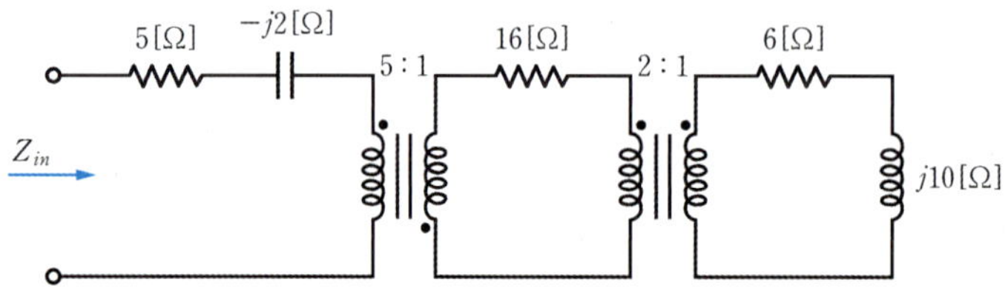


[문제 14.20]

**14.21** 이상변압기를 사용한 다음 회로에서 출력전압 $\boldsymbol{V}_o$를 구하라.

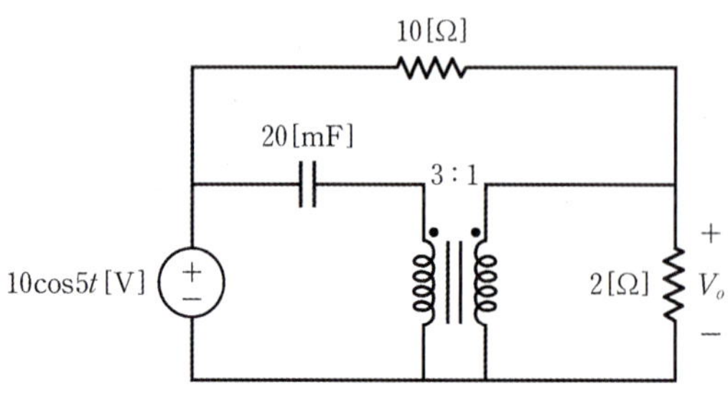


[문제 14.21]

**14.22** 다음 회로에서 부하 $Z_L$에 전달되는 평균전력 $P$를 구하라.

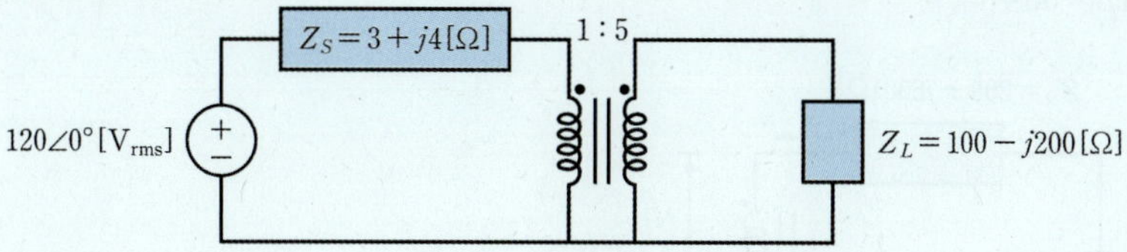


[문제 14.22]

**14.23** 이상변압기를 사용한 다음 회로에서 전류 $I_1$, $I_2$를 구하라.

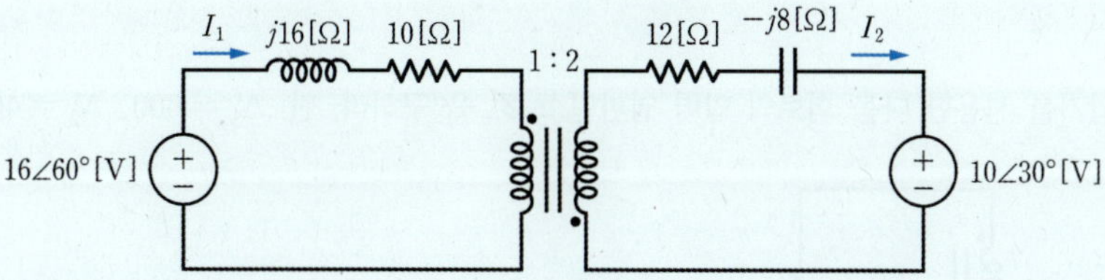


[문제 14.23]

**14.24** 이상변압기를 사용한 다음 회로에서 등가 임피던스 $Z_{eq}$를 구하라.

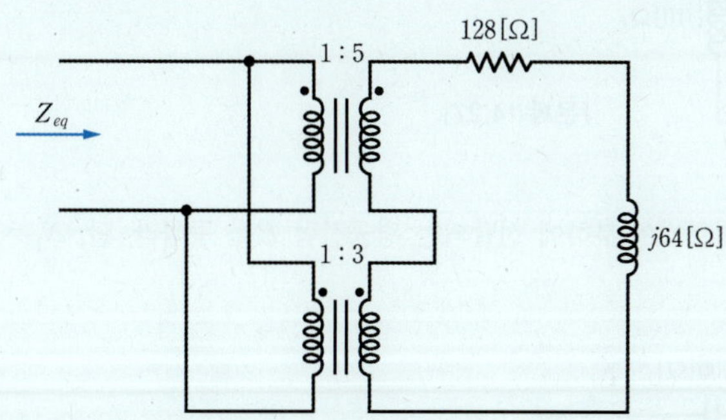


[문제 14.24]

**14.25** 다음 회로에서 각 저항이 소모하는 전력을 구하라.

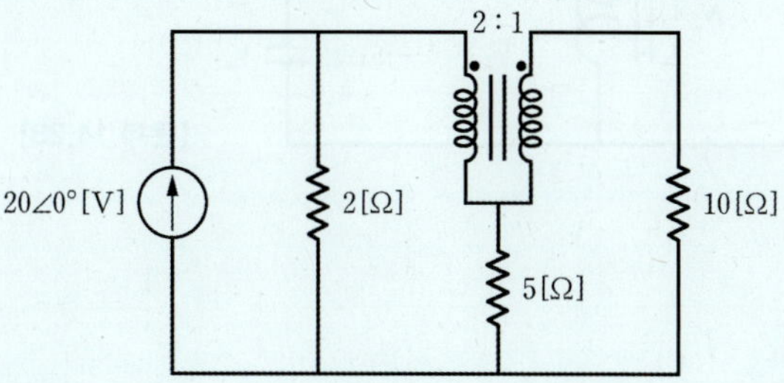


[문제 14.25]

**14.26** 이상 단권변압기를 사용한 다음 회로에서 $I_1$, $I_2$와 부하에 전달되는 평균전력 $P$를 구하라. 단, $N_1 = 200$, $N_2 = 50$이다.

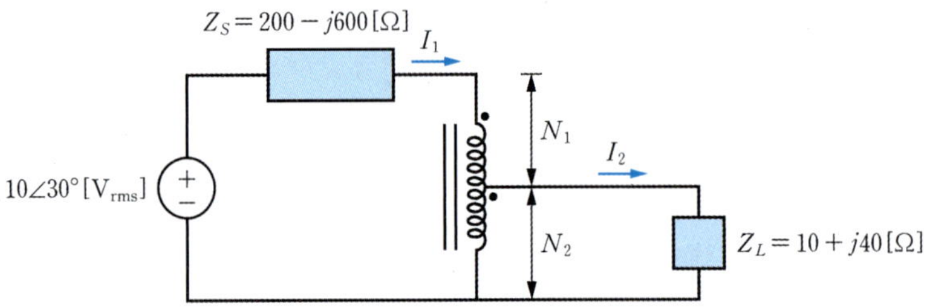


[문제 14.26]

**14.27** 이상 단권변압기를 사용한 다음 회로의 입력 임피던스 $Z_{in}$을 구하라. 단, $N_1 = 600$, $N_2 = 400$이다.

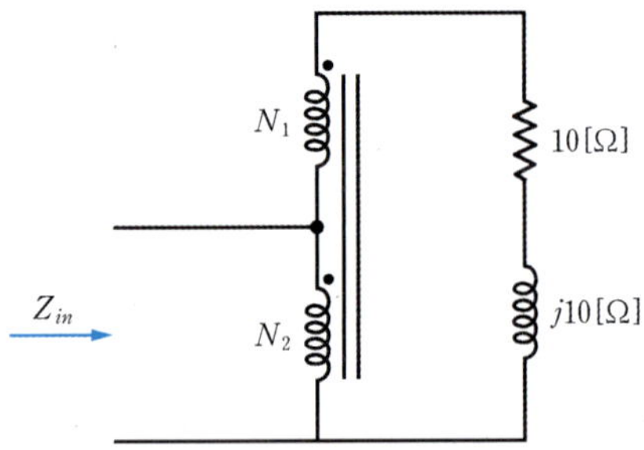


[문제 14.27]

**14.28** 이상 단권변압기를 사용한 다음 회로에서 부하에 전달되는 평균전력 $P$를 구하라. 단, $N_1 = 1000$, $N_2 = 200$이다.

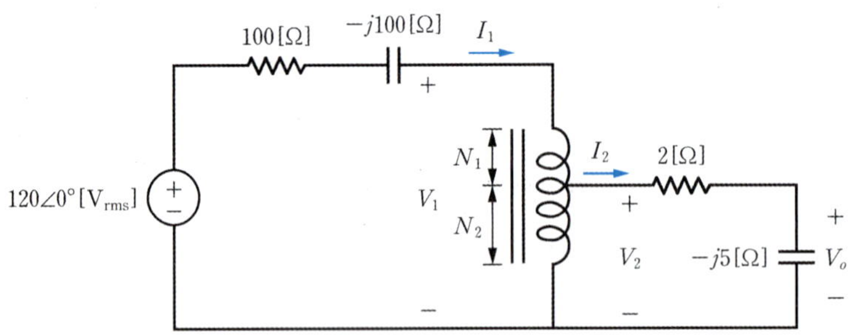


[문제 14.28]

CHAPTER

# 15

# 4단자망 회로의 이해

Four-Terminal Network



**학습목표**

- 4단자망의 특성식을 임피던스 파라미터로 표현하는 방법에 대해 이해할 수 있다.
- 어드미턴스 파라미터에 대해 이해할 수 있다.
- 하이브리드 파라미터와 역 하이브리드 파라미터에 대해 이해할 수 있다.
- 전송 파라미터와 역 전송 파라미터에 대해 이해할 수 있다.
- 여섯 가지 파라미터 사이의 관계를 이해할 수 있다.
- 가역회로망에 대해 이해할 수 있다.
- 4단자망의 직렬연결, 병렬연결 및 종속연결에 대해 이해할 수 있다.

# SECTION 15.1 4단자망의 개념

지금까지 살펴본 저항이나 커패시터 및 인덕터는 [그림 15-1(a)]와 같이 단자가 2개인 소자이다. 이를 2단자망 혹은 1포트 회로망이라고 한다. 이와 달리 일반적인 **4단자망**(2포트 회로망)은 [그림 15-1(b)]와 같이 입력 측 단자 2개와 출력 측 단자 2개가 있으며, 내부는 여러 개의 소자로 구성되어 있다. 입력 측 전압 $v_1$과 전류 $i_1$, 출력 측 전압 $v_2$와 전류 $i_2$로 총 4개의 변수로 이루어져 있다.

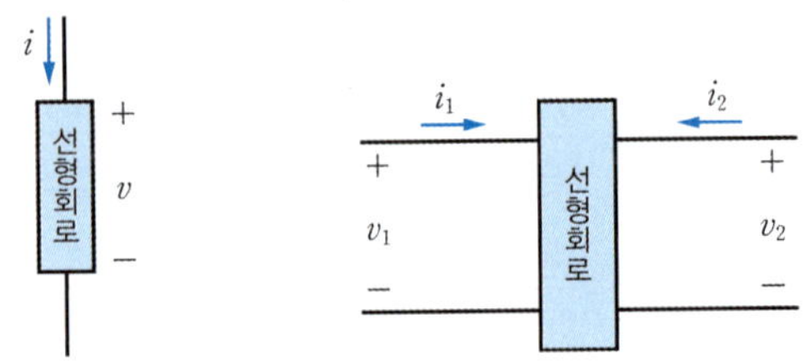


(a) 2단자망 (b) 4단자망

**[그림 15-1]** 2단자망과 4단자망

4단자망으로 구성된 회로에서는 입력 측에 구성된 회로로부터 방정식을 하나 구할 수 있고, 출력 측에 구성된 회로로부터 방정식 하나를 구할 수 있으므로 4개의 변수를 구하려면 방정식이 2개 더 필요하다. 이는 4단자망의 특성식 2개로 해결할 수 있다. 이 특성식은 4장에서 언급한 2단자망에서의 특성식을 구하는 방법을 확장해 구한다. 즉 [그림 15-2]의 네 가지 회로 중 하나를 선택해 4단자망의 특성식을 구할 수 있다.

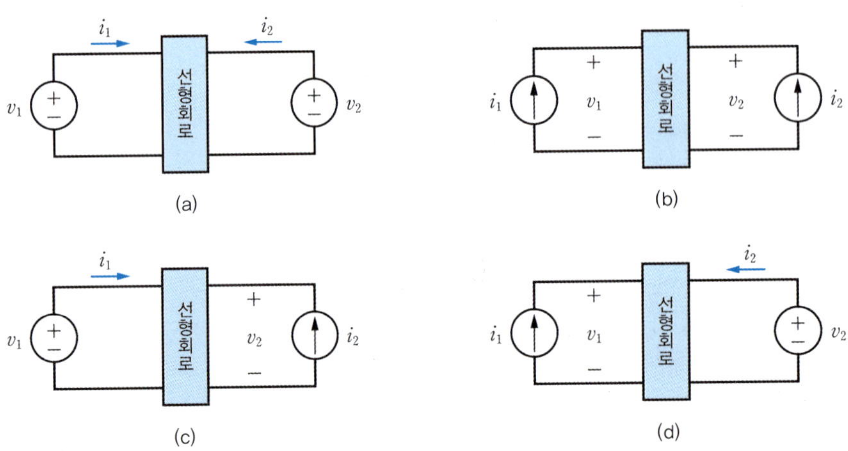


**[그림 15-2]** 4단자망의 특성식을 구하는 회로

4단자망 회로가 동일하므로 구하는 방법이 다를지라도 네 가지 모두 같은 특성식을 얻을 수 있다. 구한 특성식 2개는 식 (15.1)과 같은 관계식으로 나타낸다.

$$f(i_1,\ v_1,\ i_2,\ v_2) = C_1 \tag{15.1a}$$

$$g(i_1,\ i_2,\ v_1,\ v_2) = C_2 \tag{15.1b}$$

식 (15.1)의 표현식은 독립변수와 종속변수로 나누어 표현할 수 있다. 어떤 변수 2개가 독립변수로 선택되는가에 따라 다음과 같이 여섯 가지 모델로 표현한다.

❶ 임피던스 파라미터
❷ 어드미턴스 파라미터
❸ 하이브리드 파라미터
❹ 역 하이브리드 파라미터
❺ 전송 파라미터
❻ 역 전송 파라미터

SECTION

# 15.2 4단자망의 특성식 모델

❶ 임피던스 파라미터, ❷ 어드미턴스 파라미터, ❸ 하이브리드 파라미터, ❹ 역 하이브리드 파라미터, ❺ 전송 파라미터, ❻ 역 전송 파라미터 모델에 대해 좀더 자세히 알아보자.

## 15.2.1 임피던스 파라미터

4단자망의 특성식에서 전압 $V_1$, $V_2$를 종속변수로, 전류 $I_1$, $I_2$를 독립변수로 정하면 식 (15.2)와 같이 표현할 수 있다.

$$V_1 = z_{11} \cdot I_1 + z_{12} \cdot I_2 \tag{15.2a}$$

$$V_2 = z_{21} \cdot I_1 + z_{22} \cdot I_2 \tag{15.2b}$$

여기서 $z_{11}$, $z_{12}$, $z_{21}$, $z_{22}$는 4단자망의 특성을 결정하는 파라미터로서, **임피던스 파라미터**z-parameter라고 하며, 이를 행렬 형태로 나타내면 다음과 같다.

$$\begin{bmatrix} V_1 \\ V_2 \end{bmatrix} = \begin{bmatrix} z_{11} & z_{12} \\ z_{21} & z_{22} \end{bmatrix} \cdot \begin{bmatrix} I_1 \\ I_2 \end{bmatrix} \tag{15.3}$$

여기서 $z$항은 임피던스를 나타내며, 단위는 $[\Omega]$이다. 주어진 4단자망 회로에 대한 각각의 $z$-파라미터를 구하는 방법은 두 가지가 있다. [그림 15-2]와 같이 ① 입력과 출력에 전압원이나 전류원을 인가해 내부 회로로부터 직접 2개의 방정식을 구해서 식 (15.2)와 같이 표현해 파라미터를 구하는 방법과 ② 식 (15.2)를 이용해 각각의 파라미터를 구하는 방법이다. 방법 ①은 예제를 통해 살펴보고, 여기서는 방법 ②에 대해 살펴보기로 한다.

### ■ $z_{11}$ : 개방회로 입력 임피던스

식 (15.2a)에서 $I_2 = 0$로 출력단자를 개방하면 다음과 같다.

$$V_1 = z_{11} \cdot I_1 \quad \rightarrow \quad z_{11} = \left. \frac{V_1}{I_1} \right|_{I_2 = 0} \tag{15.4}$$

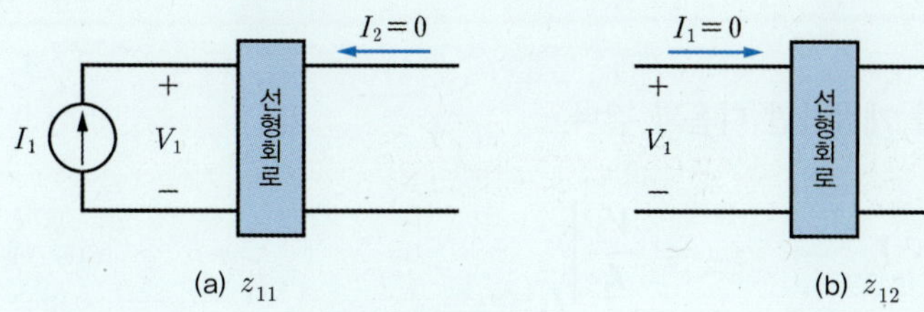


**[그림 15-3]** $z_{11}$과 $z_{12}$를 구하는 회로

따라서 [그림 15-3(a)]의 4단자망에서 입력단자에 전류원을 연결한 후 입력전압 $V_1$을 구해 식 (15.4)에 대입하면 $z_{11}$을 구할 수 있다(물론 전압원을 인가한 후 전류 $I_1$을 구해 식 (15.4)에 대입해도 같은 값을 얻음).

### ■ $z_{12}$ : 출력에서 입력으로의 개방회로 전달 임피던스

식 (15.2a)에서 $I_1 = 0$로 입력단자를 개방하면 다음과 같다.

$$V_1 = z_{12} \cdot I_2 \quad \rightarrow \quad z_{12} = \left.\frac{V_1}{I_2}\right|_{I_1=0} \tag{15.5}$$

따라서 [그림 15-3(b)]의 4단자망에서 출력에 전류원을 연결한 후 입력전압 $V_1$을 구해 식 (15.5)에 대입하면 $z_{12}$를 구할 수 있다.

### ■ $z_{21}$ : 입력에서 출력으로의 개방회로 전달 임피던스

식 (15.2b)에서 $I_2 = 0$로 출력단자를 개방하면 다음과 같다.

$$V_2 = z_{21} \cdot I_1 \quad \rightarrow \quad z_{21} = \left.\frac{V_2}{I_1}\right|_{I_2=0} \tag{15.6}$$

따라서 [그림 15-4(a)]의 4단자망에서 입력에 전류원을 연결한 후 출력전압 $V_2$를 구해 식 (15.6)에 대입하면 $z_{21}$을 구할 수 있다.

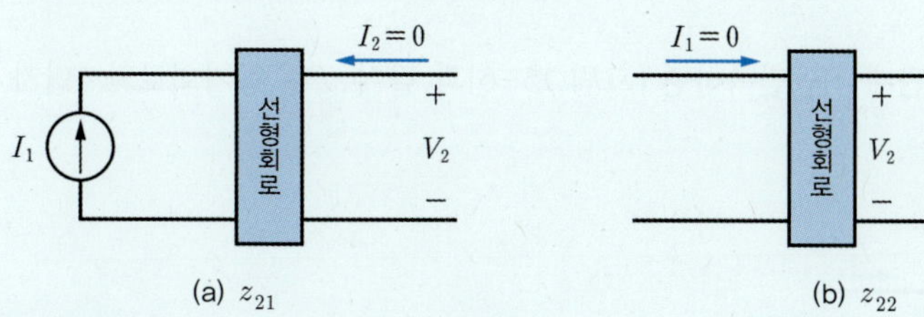


**[그림 15-4]** $z_{21}$과 $z_{22}$를 구하는 회로

### ■ $z_{22}$ : 개방회로 출력 임피던스

식 (15.2b)에서 $I_1 = 0$로 입력단자를 개방하면 다음과 같다.

$$V_2 = z_{22} \cdot I_2 \quad \rightarrow \quad z_{22} = \left. \frac{V_2}{I_2} \right|_{I_1 = 0} \tag{15.7}$$

따라서 [그림 15-4(b)]의 4단자망에서 출력에 전류원을 연결한 후 출력전압 $V_2$를 구해 식 (15.7)에 대입하면 $z_{22}$를 구할 수 있다.

이상의 방법으로 임의의 4단자망의 $z$-파라미터를 구할 수 있다. $z$-파라미터가 주어지면 입출력 전압-전류 관계식을 만족하므로 4단자망의 등가회로는 식 (15.2)를 만족하는 [그림 15-5]와 같다.

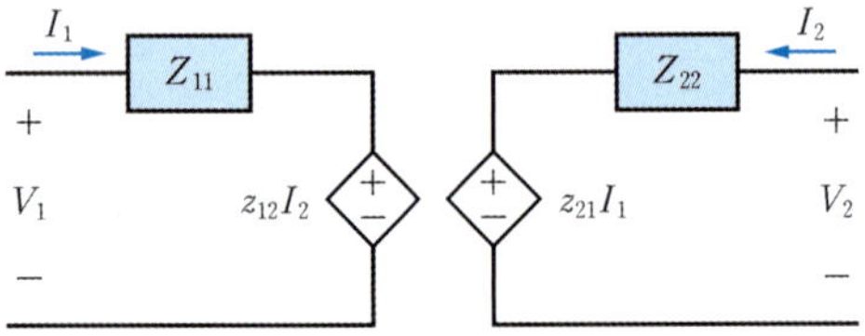


[그림 15-5] $z$-파라미터로 표현된 4단자망의 등가회로

한편 [그림 15-5]에는 2개의 종속전원이 포함되어 있는데 $z_{12}$, $z_{21}$에 따라 회로의 성격이 바뀐다.

❶ $z_{12} = z_{21} = 0$일 경우 : 종속전원이 사라짐으로써 4단자망의 입출력회로는 서로 연관성이 없어져 독립적인 회로로 동작한다.

❷ $z_{12} = 0$이고 $z_{21} \neq 0$일 경우 : 입력회로는 출력회로와 무관하게 동작하지만 출력회로는 입력회로에 흐르는 전류에 의해 영향을 받는다. 즉 입력신호의 변화에 따라 출력신호가 변화하므로 입력에서 출력으로 신호가 흐른다는 의미이다. 이를 **단방향성**unilateral **회로**라고 한다.

❸ $z_{12} \neq 0$이고 $z_{21} = 0$일 경우 : 단방향성 회로는 맞지만 출력에서 입력으로 신호가 흐른다는 것을 의미한다. 이런 경우는 거의 사용되지 않는다.

❹ $z_{12} \neq 0$, $z_{21} \neq 0$일 경우 : 입출력회로에 흐르는 전류가 서로 상관관계가 있으며, 이를 **양방향성**bilateral **회로**라고 한다.

한편 4단자망 회로에서 $z_{12} = z_{21}$의 관계식을 만족하면 [그림 15-6]과 같이 $T$형 등가회로와 4단자망 회로가 서로 등가회로가 된다.

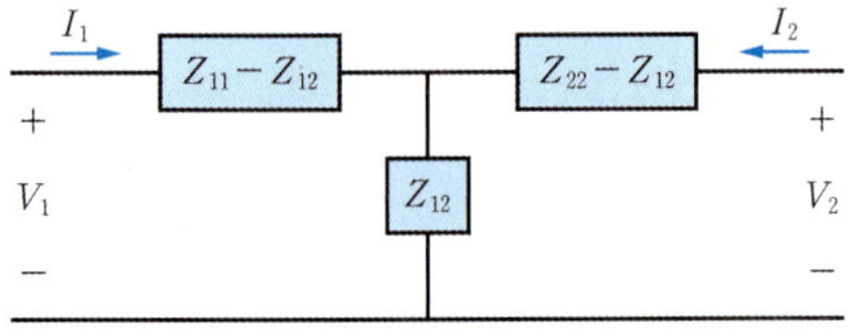


[그림 15-6] 4단자망의 $T$형 등가회로

## 예제 15-1

다음 회로에서 $z$-파라미터를 구하고 등가회로를 그려라.

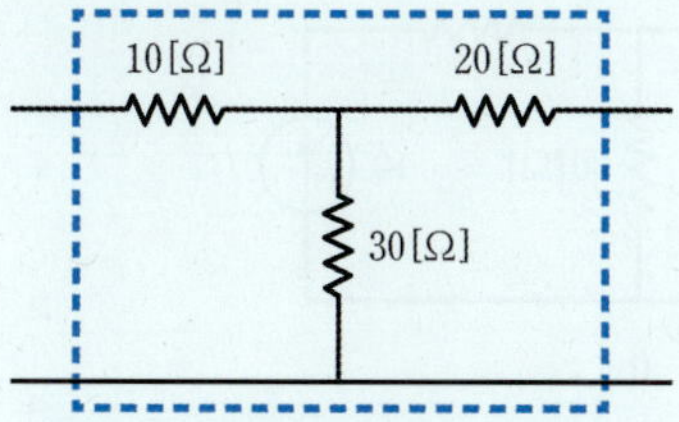


**[그림 15-7]** [예제 15-1]의 회로

**풀이**

[그림 15-8]과 같이 입력에 전압 $V_1$, 출력에 전압 $V_2$를 인가한 후 입력과 출력에서의 루프방정식을 구하면 다음과 같다.

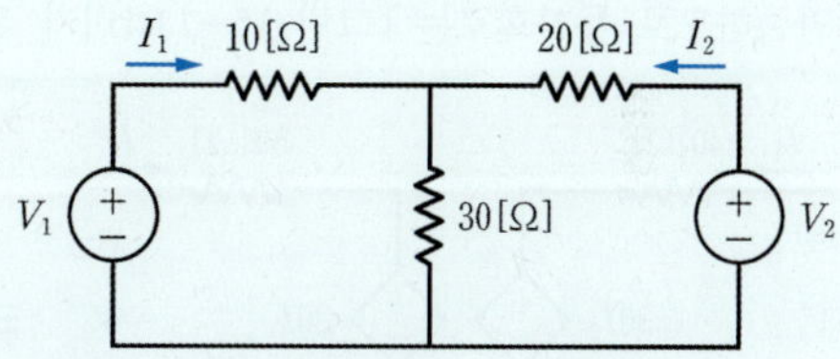


**[그림 15-8]** 특성식을 구하기 위한 회로

$$V_1 = 10I_1 + 30(I_1 + I_2) = 40I_1 + 30I_2$$
$$V_2 = 20I_2 + 30(I_1 + I_2) = 30I_1 + 50I_2$$

따라서 $z$-파라미터는 다음과 같다.

$$z_{11} = 40\,[\Omega],\quad z_{12} = 30\,[\Omega],\quad z_{21} = 30\,[\Omega],\quad z_{22} = 50\,[\Omega]$$

**별해**

$z_{11}$, $z_{12}$의 정의에 따라 [그림 15-9]의 회로로부터 $z$-파라미터를 구하면 다음과 같다.

❶ $z_{11} = \left.\dfrac{V_1}{I_1}\right|_{I_2=0}$, $\quad z_{11} = 40\,[\Omega]$

❷ $z_{12} = \left.\dfrac{V_1}{I_2}\right|_{I_1=0}$, $\quad V_1 = 30I_2 \quad \rightarrow \quad z_{12} = 30\,[\Omega]$

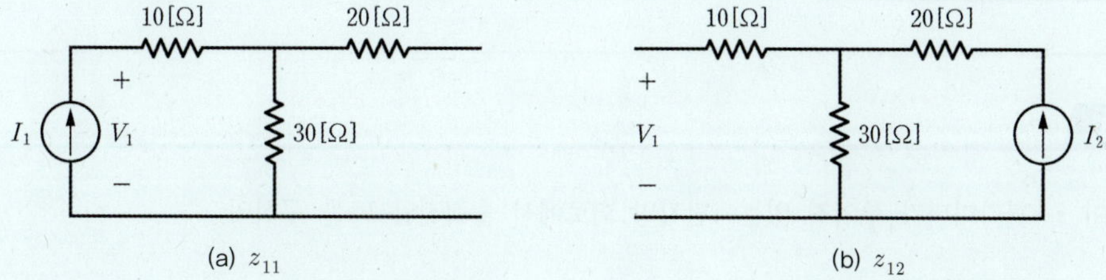


**[그림 15-9]** $z_{11}$과 $z_{12}$를 구하기 위한 회로

또한 $z_{21}$과 $z_{22}$의 정의에 따라 [그림 15-10]의 회로로부터 $z$-파라미터를 구하면 다음과 같다.

❸ $z_{21} = \left.\dfrac{V_2}{I_1}\right|_{I_2=0}$, $\quad V_2 = 30I_1 \quad \rightarrow \quad z_{21} = 30\,[\Omega]$

④ $z_{22} = \left.\dfrac{V_2}{I_2}\right|_{I_1=0}$, $V_2 = 20I_2 + 30I_2 \quad \rightarrow \quad z_{21} = 50\,[\Omega]$

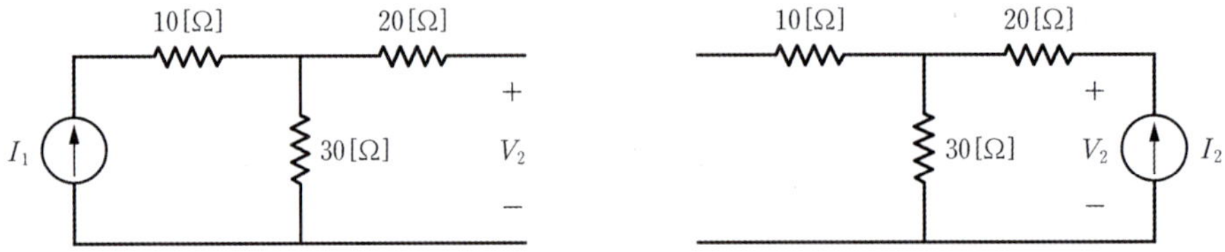


(a) $z_{21}$ (b) $z_{22}$

**[그림 15-10]** $z_{21}$과 $z_{22}$를 구하기 위한 회로

한편 $z$-파라미터로부터 등가회로를 그리면 [그림 15-11(a)]와 같다. 또한 주어진 회로가 $z_{12} = z_{21}$을 만족하므로 등가회로는 [그림 15-11(b)]가 된다.

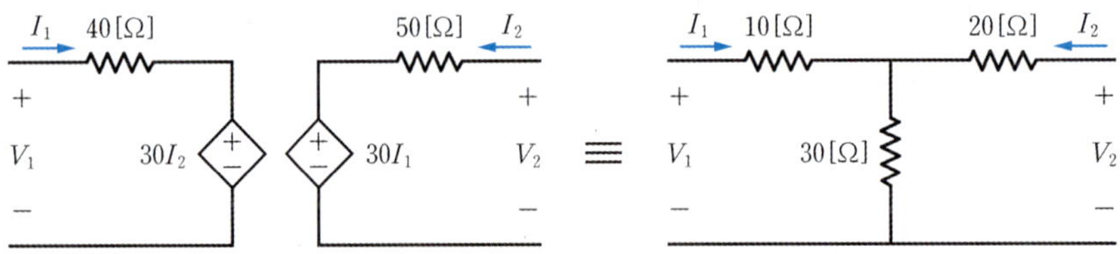


(a) (b)

**[그림 15-11]** $z$-파라미터로 표현된 4단자망의 등가회로

## 실전문제 15-1

다음 회로에서 $z$-파라미터를 구하고 등가회로를 그려라.

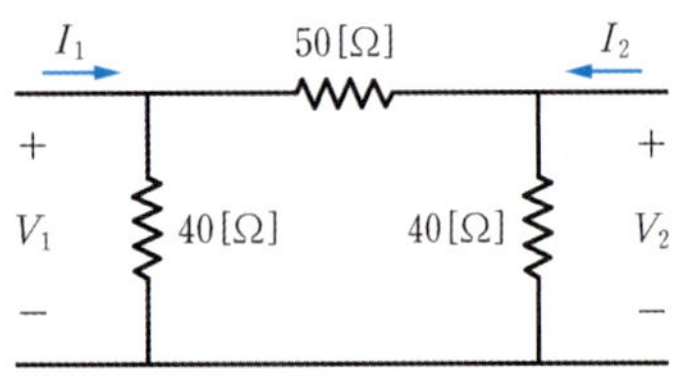


**[그림 15-12]**

## 예제 15-2

다음과 같이 $z$-파라미터가 주어져 있는 4단자망 회로에서 출력전압 $V_2$를 구하라.

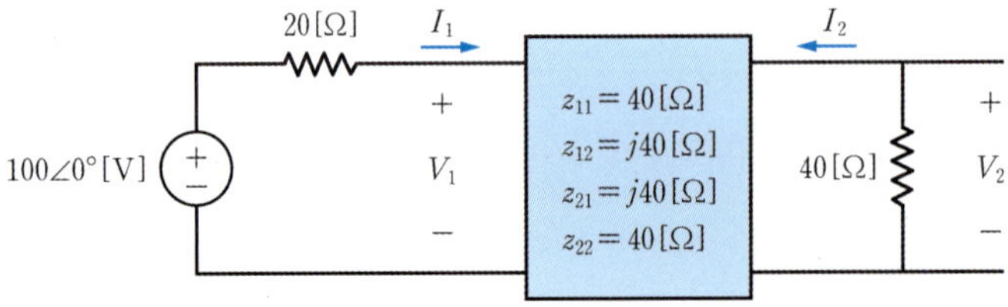


**[그림 15-13]** [예제 15-2]의 회로

**풀이**

4단자망의 특성식은 다음과 같다.

$$V_1 = z_{11}I_1 + z_{12}I_2 = 40I_1 + j40I_2 \quad \cdots ①$$

$$V_2 = z_{21}I_1 + z_{22}I_2 = j40I_1 + 40I_2 \quad \cdots ②$$

입력 루프방정식과 출력 루프방정식을 구하면 다음과 같다.

$$100 = 20I_1 + V_1 \quad \cdots ③$$

$$V_2 = -40I_2 \quad \cdots ④$$

식 ③, ④에서 입출력전류 $I_1$, $I_2$에 대한 식을 구해 식 ①, ②에 대입하면 다음을 얻는다.

$$3V_1 + jV_2 = 200 \quad \cdots ⑤$$

$$V_1 - jV_2 = 100 \quad \cdots ⑥$$

식 ⑤, ⑥으로부터 다음을 얻는다.

$$V_1 = 75\,[\mathrm{V}]$$

$$V_2 = j25 = 25\angle 90°\,[\mathrm{V}]$$

**실전문제 15-2**

다음과 같이 $z$-파라미터가 주어져 있는 4단자망 회로에서 입출력전류 $I_1$, $I_2$를 구하라.

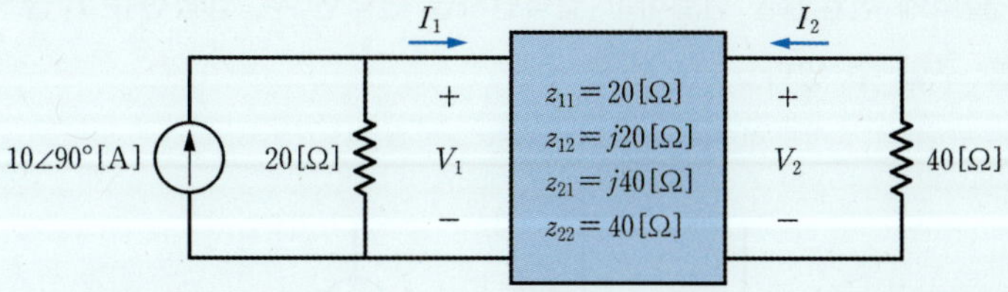


[그림 15-14]

## 15.2.2 어드미턴스 파라미터

4단자망의 특성식에서 전류 $I_1$, $I_2$를 종속변수로, 전압 $V_1$, $V_2$를 독립변수로 정하면 식 (15.8)과 같이 표현할 수 있다.

$$I_1 = y_{11}V_1 + y_{12}V_2 \quad (15.8a)$$

$$I_2 = y_{21}V_1 + y_{22}V_2 \quad (15.8b)$$

여기서 $y$항을 **어드미턴스 파라미터**[y-parameter]라 하며, 단위는 [℧]이다.

식 (15.8)을 행렬로 표현하면 다음과 같다.

$$\begin{bmatrix} \boldsymbol{I}_1 \\ \boldsymbol{I}_2 \end{bmatrix} = \begin{bmatrix} y_{11} & y_{12} \\ y_{21} & y_{22} \end{bmatrix} \cdot \begin{bmatrix} \boldsymbol{V}_1 \\ \boldsymbol{V}_2 \end{bmatrix} \tag{15.9}$$

$z$-파라미터와 마찬가지로 주어진 4단자망 회로로부터 각각의 $y$-파라미터를 식 (15.8)을 이용해 구할 수 있다.

### ■ $y_{11}$ : 단락회로 입력 어드미턴스

식 (15.8a)에서 $\boldsymbol{V}_2 = 0$로 정하면 다음과 같다.

$$\boldsymbol{I}_1 = y_{11} \cdot \boldsymbol{V}_1 \quad \rightarrow \quad y_{11} = \left. \frac{\boldsymbol{I}_1}{\boldsymbol{V}_1} \right|_{\boldsymbol{V}_2 = 0} \tag{15.10}$$

따라서 [그림 15-15(a)]와 같이 입력단자에 전압원을 연결하고 출력단자를 단락한 후, 입력전류 $\boldsymbol{I}_1$을 구해 식 (15.10)에 대입하면 $y_{11}$을 구할 수 있다.

### ■ $y_{12}$ : 출력에서 입력으로의 단락회로 전달 어드미턴스

식 (15.8a)에서 $\boldsymbol{V}_1 = 0$로 정하면 다음과 같다.

$$\boldsymbol{I}_1 = y_{12} \cdot \boldsymbol{V}_2 \quad \rightarrow \quad y_{12} = \left. \frac{\boldsymbol{I}_1}{\boldsymbol{V}_2} \right|_{\boldsymbol{V}_1 = 0} \tag{15.11}$$

따라서 [그림 15-15(b)]와 같이 출력에 전압원을 연결하고 입력단자를 단락한 후, 입력전류 $\boldsymbol{I}_1$을 구해 식 (15.11)에 대입하면 $y_{12}$를 구할 수 있다.

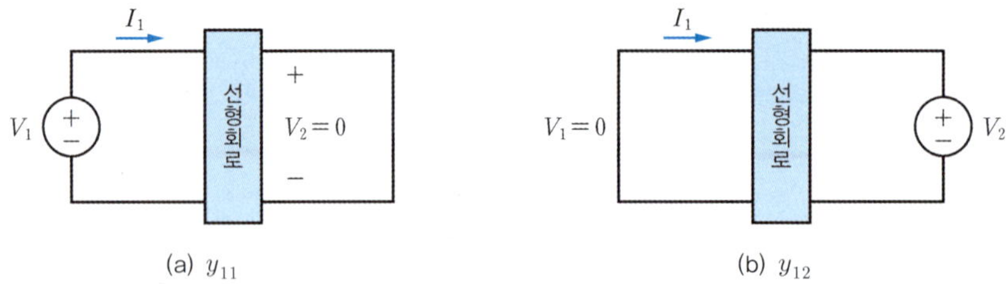


**[그림 15-15]** $y_{11}$과 $y_{12}$를 구하기 위한 회로

### ■ $y_{21}$ : 입력에서 출력으로의 단락회로 전달 어드미턴스

식 (15.8b)에서 $\boldsymbol{V}_2 = 0$로 정하면 다음과 같다.

$$\boldsymbol{I}_2 = y_{21} \cdot \boldsymbol{V}_1 \quad \rightarrow \quad y_{21} = \left. \frac{\boldsymbol{I}_2}{\boldsymbol{V}_1} \right|_{\boldsymbol{V}_2 = 0} \tag{15.12}$$

따라서 [그림 15-16(a)]와 같이 입력에 전압원을 연결하고 출력단자를 단락한 후, 출력전류 $I_2$를 구해 식 (15.12)에 대입하면 $y_{21}$을 구할 수 있다.

## ■ $y_{22}$ : 단락회로 출력 어드미턴스

식 (15.8b)에서 $V_1 = 0$로 정하면 다음과 같다.

$$I_2 = y_{22} \cdot V_2 \quad \rightarrow \quad y_{22} = \left. \frac{I_2}{V_2} \right|_{V_1 = 0} \tag{15.13}$$

따라서 [그림 15-16(b)]와 같이 출력에 전압원을 연결하고 입력단자를 단락한 후, 출력전류 $I_2$를 구해 식 (15.13)에 대입하면 $y_{22}$를 구할 수 있다.

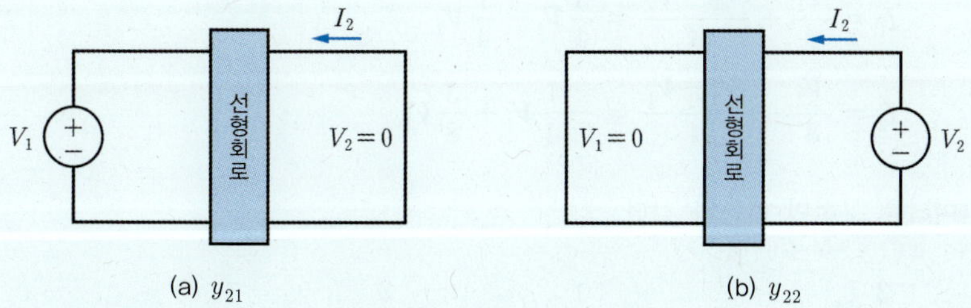


**[그림 15-16]** $y_{21}$과 $y_{22}$를 구하기 위한 회로

이상의 방법으로 임의의 4단자망의 $y$-파라미터를 구할 수 있으며, $y$-파라미터가 주어지면 입출력 전압-전류 관계식 (15.8)을 만족하므로 4단자망의 등가회로는 [그림 15-17]과 같다.

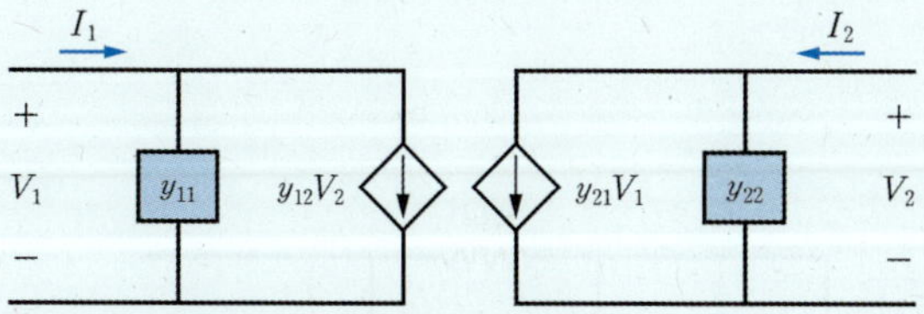


**[그림 15-17]** $y$-파라미터의 등가회로

또한 $z$-파라미터에서 설명한 바와 같이 [그림 15-17]에는 2개의 종속전원이 포함되어 있으며 $y_{12}$와 $y_{21}$에 따라 회로의 성격이 바뀐다. 한편 $y_{12} = y_{21}$이 성립할 경우, $z$-파라미터의 등가회로와는 달리 [그림 15-18]과 같이 $\pi$형 등가회로로 표현할 수 있다.

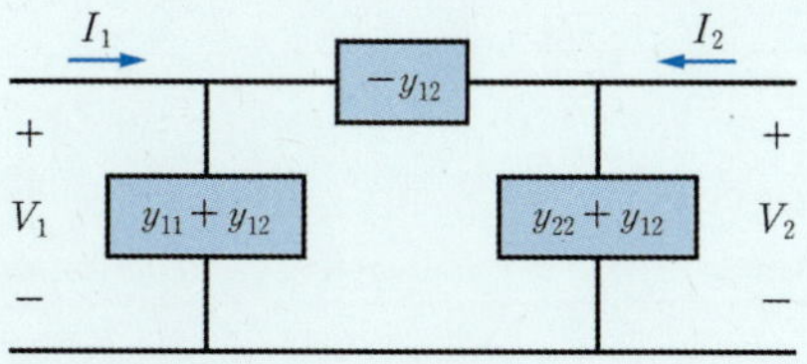


**[그림 15-18]** $\pi$형 등가회로

## 예제 15-3

다음 회로에서 $y$-파라미터를 구하라.

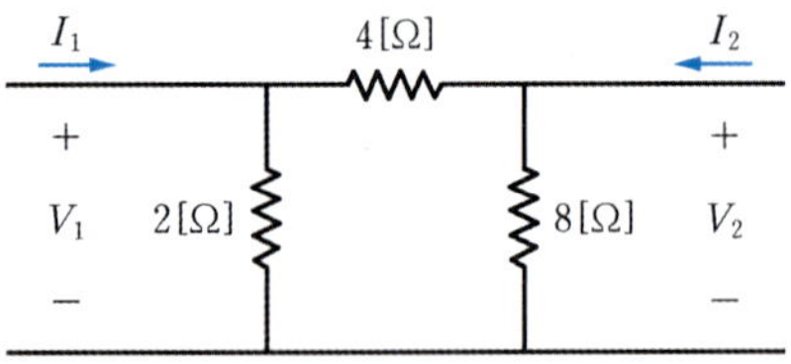


[그림 15-19] [예제 15-3]의 회로

**풀이**

노드방정식을 구하면 다음과 같다.

$$I_1 = \frac{V_1}{2} + \frac{V_1 - V_2}{4} = \frac{3}{4}V_1 - \frac{1}{4}V_2$$

$$I_2 = \frac{V_2}{8} + \frac{V_2 - V_1}{4} = -\frac{1}{4}V_1 + \frac{3}{8}V_2$$

위의 두 식으로부터 파라미터를 구하면 다음과 같다.

$$y_{11} = \frac{3}{4}[℧],\quad y_{12} = y_{21} = -\frac{1}{4}[℧],\quad y_{22} = \frac{3}{8}[℧]$$

**별해**

❶ $y_{11} = \left.\frac{I_1}{V_1}\right|_{V_2=0} \rightarrow y_{11} = \frac{1}{2} + \frac{1}{4} = \frac{3}{4}[℧]$

❷ $y_{12} = \left.\frac{I_1}{V_2}\right|_{V_1=0} \rightarrow y_{12} = -\frac{1}{4}[℧]$

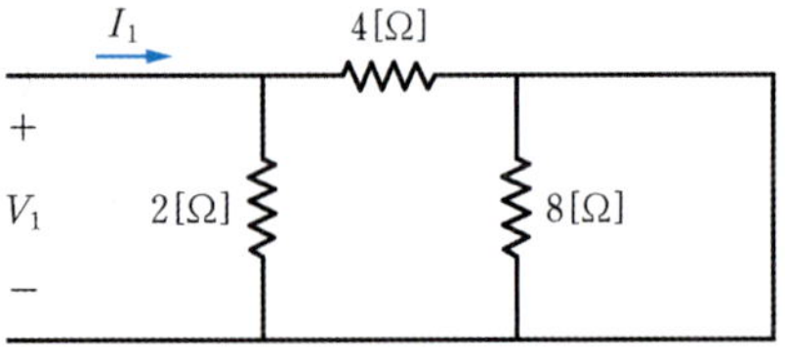


(a) $y_{11}(V_2=0)$

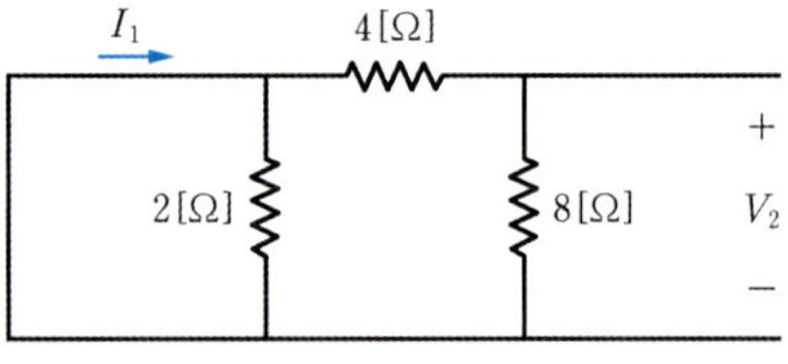


(b) $y_{12}(V_1=0)$

[그림 15-20] $y_{11}$과 $y_{12}$를 구하기 위한 회로

❸ $y_{21} = \left.\frac{I_2}{V_1}\right|_{V_2=0} \rightarrow y_{21} = -\frac{1}{4}[℧]$

❹ $y_{22} = \left.\frac{I_2}{V_2}\right|_{V_1=0} \rightarrow y_{22} = \frac{1}{4} + \frac{1}{8} = \frac{3}{8}[℧]$

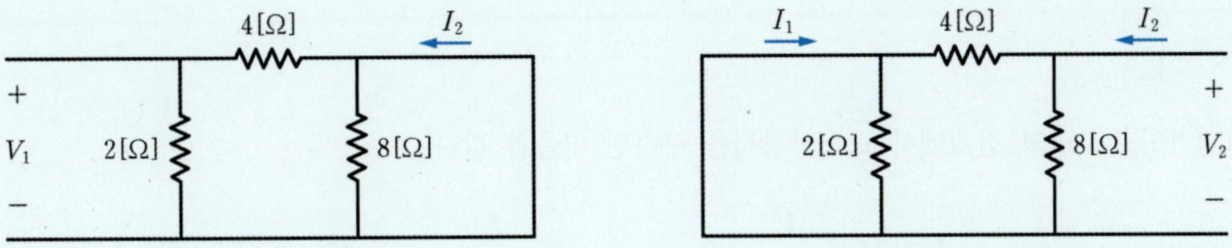


(a) $y_{21}(V_2=0)$ (b) $y_{22}(V_1=0)$

**[그림 15-21]** $y_{21}$과 $y_{22}$를 구하기 위한 회로

## 실전문제 15-3

다음 회로에서 $y$-파라미터를 구하라.

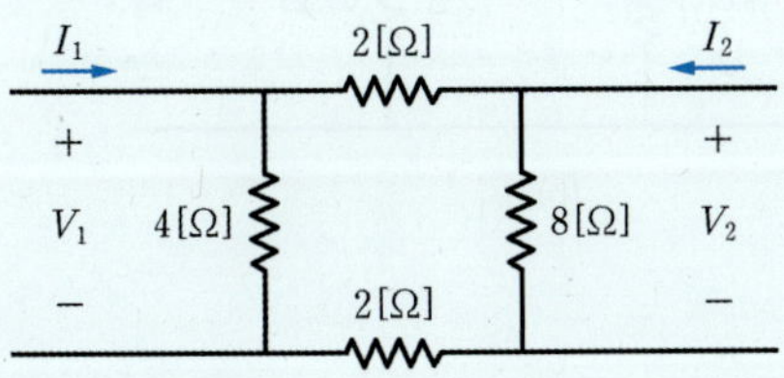


**[그림 15-22]**

## 예제 15-4

다음 회로에서 $y$-파라미터를 구하라.

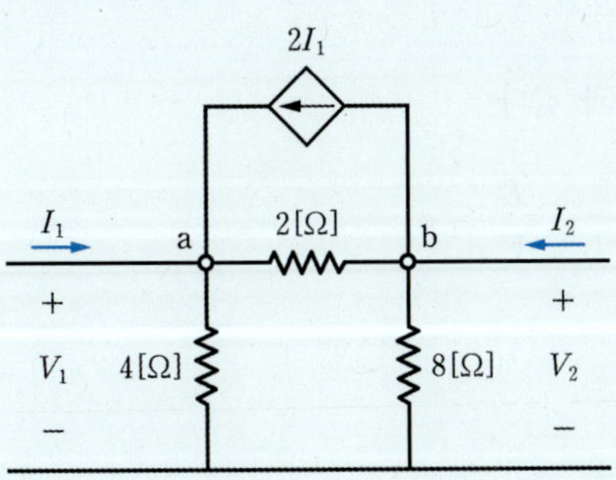


**[그림 15-23]** [예제 15-4]의 회로

**풀이**

❶ $y_{11} = \left.\dfrac{I_1}{V_1}\right|_{V_2=0}$

[그림 15-24(a)]의 점 a에서 노드방정식을 구하면 다음과 같다.

$$I_1 + 2I_1 - \frac{V_1}{4} - \frac{V_1}{2} = 0 \quad \rightarrow \quad y_{11} = \frac{I_1}{V_1} = \frac{1}{4}\,[\mho]$$

❷ $y_{12} = \left.\dfrac{I_1}{V_2}\right|_{V_1=0}$

[그림 15-24(b)]의 점 a에서 노드방정식을 구하면 다음과 같다.

$$I_1 + 2I_1 + \frac{V_2}{2} = 0 \quad \rightarrow \quad y_{12} = \frac{I_1}{V_2} = -\frac{1}{6}\,[\mho]$$

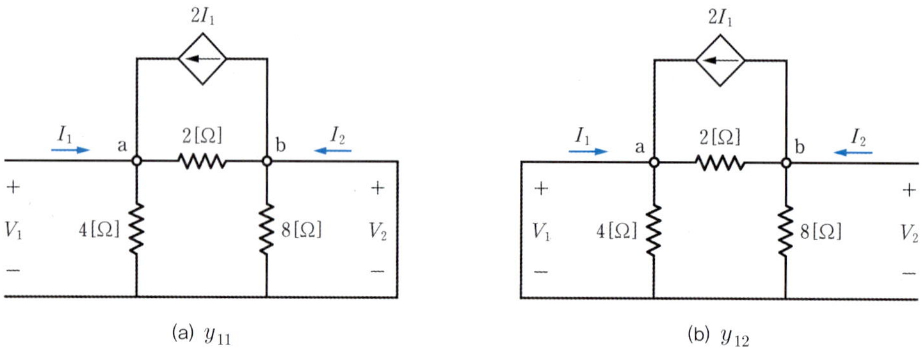


**[그림 15-24]** $y_{11}$과 $y_{12}$를 구하기 위한 회로

❸ $y_{21} = \left.\dfrac{I_2}{V_1}\right|_{V_2=0}$

[그림 15-25(a)]의 점 a에서 노드방정식을 구하면 다음과 같다.

$$I_1 + 2I_1 - \frac{V_1}{4} - \frac{V_1}{2} = 0 \quad \rightarrow \quad I_1 = \frac{V_1}{4}$$

[그림 15-25(a)]의 점 b에서 노드방정식을 구하면 다음과 같다.

$$I_2 - 2I_1 + \frac{V_1}{2} = 0 \quad \rightarrow \quad y_{21} = \frac{I_2}{V_1} = 0$$

❹ $y_{22} = \left.\dfrac{I_2}{V_2}\right|_{V_1=0}$

[그림 15-25(b)]의 점 a에서 노드방정식을 구하면 다음과 같다.

$$I_1 + 2I_1 + \frac{V_2}{2} = 0 \quad \rightarrow \quad I_1 = -\frac{V_2}{6}$$

[그림 15-25(b)]의 점 b에서 노드방정식을 구하면 다음과 같다.

$$I_2 - 2I_1 - \frac{V_2}{2} - \frac{V_2}{8} = 0 \quad \rightarrow \quad y_{22} = \frac{I_2}{V_2} = \frac{7}{24}\,[\mho]$$

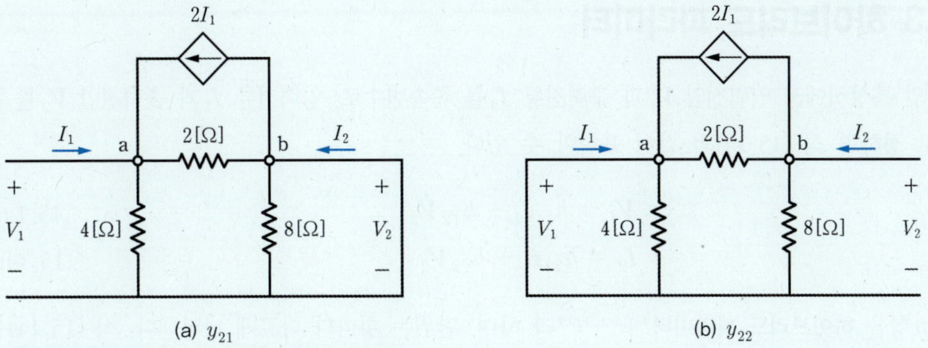


**[그림 15-25]** $y_{21}$과 $y_{22}$를 구하기 위한 회로

**별해**

[그림 15-23]의 점 a에서 노드방정식을 구하면 다음과 같다.

$$I_1 + 2I_1 - \frac{V_1}{4} + \frac{V_2 - V_1}{2} = 0 \quad \rightarrow \quad I_1 = \frac{1}{4}V_1 - \frac{1}{6}V_2$$

점 b에서 노드방정식을 구하면 다음과 같다.

$$I_2 - 2I_1 + \frac{V_1 - V_2}{2} - \frac{V_2}{8} = 0 \quad \rightarrow \quad I_2 = 2I_1 - \frac{1}{2}V_1 + \frac{5}{8}V_2$$

$$I_2 = \frac{7}{24}V_2$$

따라서 $y$-파라미터는 다음과 같다.

$$y_{11} = \frac{1}{4}\,[\mho], \quad y_{12} = -\frac{1}{6}\,[\mho]$$

$$y_{21} = 0, \quad y_{22} = \frac{7}{24}\,[\mho]$$

**실전문제 15-4**

다음 회로의 $y$-파라미터를 구하라.

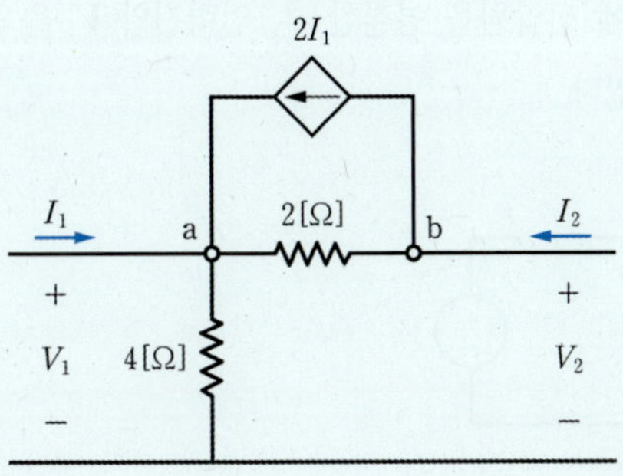


**[그림 15-26]**

### 15.2.3 하이브리드 파라미터

4단자망의 특성식에서 입력전압 $V_1$과 출력전류 $I_2$를 종속변수로, 입력전류 $I_1$과 출력전압 $V_2$를 독립변수로 정하면 식 (15.14)와 같이 표현할 수 있다.

$$V_1 = h_{11}I_1 + h_{12}V_2 \qquad (15.14a)$$

$$I_2 = h_{21}I_1 + h_{22}V_2 \qquad (15.14b)$$

여기서 $h$항을 **하이브리드 파라미터**[h-parameter]라 하며, 단위는 항마다 다르게 나타낸다. 식 (15.14)를 행렬로 표현하면 다음과 같다.

$$\begin{bmatrix} V_1 \\ I_2 \end{bmatrix} = \begin{bmatrix} h_{11} & h_{12} \\ h_{21} & h_{22} \end{bmatrix} \cdot \begin{bmatrix} I_1 \\ V_2 \end{bmatrix} \qquad (15.15)$$

앞의 경우와 마찬가지로 주어진 4단자망 회로로부터 각각의 $h$-파라미터를 식 (15.14)를 이용해 구할 수 있다.

#### ■ $h_{11}$ : 단락회로 입력 임피던스

식 (15.14a)에서 $V_2 = 0$로 정하면 다음과 같다.

$$V_1 = h_{11} \cdot I_1 \quad \rightarrow \quad h_{11} = \left.\frac{V_1}{I_1}\right|_{V_2 = 0} \qquad (15.16)$$

따라서 [그림 15-27(a)]와 같이 출력단자를 단락하고 입력에 전류원을 연결한 후, 입력전압 $V_1$을 구해 식 (15.16)에 대입하면 $h_{11}$을 구할 수 있다. 단위는 $[\Omega]$이다.

#### ■ $h_{12}$ : 개방회로 역방향 전압이득

식 (15.14a)에서 $I_1 = 0$로 정하면 다음과 같다.

$$V_1 = h_{12} \cdot V_2 \quad \rightarrow \quad h_{12} = \left.\frac{V_1}{V_2}\right|_{I_1 = 0} \qquad (15.17)$$

따라서 [그림 15-27(b)]와 같이 입력단자를 개방하고 출력에 전압원을 연결한 후, 입력전압 $V_1$을 구해 식 (15.17)에 대입하면 $h_{12}$를 구할 수 있다. 단위는 없다.

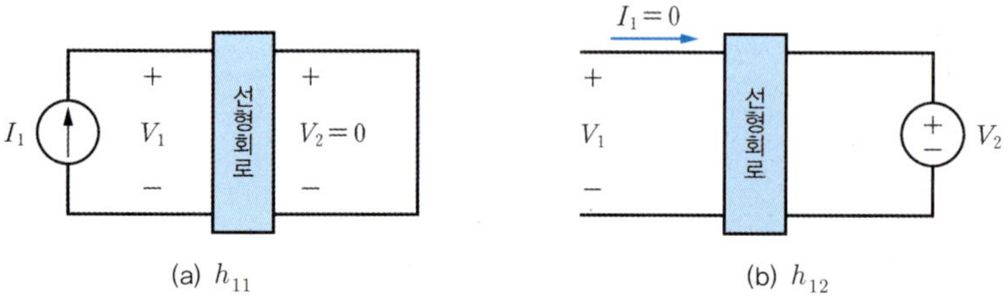


[그림 15-27] $h_{11}$과 $h_{12}$를 구하기 위한 회로

## ■ $h_{21}$ : 단락회로 순방향 전류이득

식 (15.14b)에서 $V_2 = 0$로 정하면 다음과 같다.

$$I_2 = h_{21} \cdot I_1 \quad \rightarrow \quad h_{21} = \left. \frac{I_2}{I_1} \right|_{V_2 = 0} \tag{15.18}$$

따라서 [그림 15-28(a)]의 출력단자를 단락하고 입력에 전류원을 연결한 후, 출력전류 $I_2$를 구해 식 (15.18)에 대입하면 $h_{21}$을 구할 수 있다. 이 또한 단위가 없다.

## ■ $h_{22}$ : 개방회로 출력 어드미턴스

식 (15.14b)에서 $I_1 = 0$로 정하면 다음과 같다.

$$I_2 = h_{22} \cdot V_2 \quad \rightarrow \quad h_{22} = \left. \frac{I_2}{V_2} \right|_{I_1 = 0} \tag{15.19}$$

따라서 [그림 15-28(b)]와 같이 입력단자를 개방하고 출력에 전압원을 연결한 후, 출력전류 $I_2$를 구해 식 (15.19)에 대입하면 $h_{22}$를 구할 수 있다. 단위는 [℧]이다.

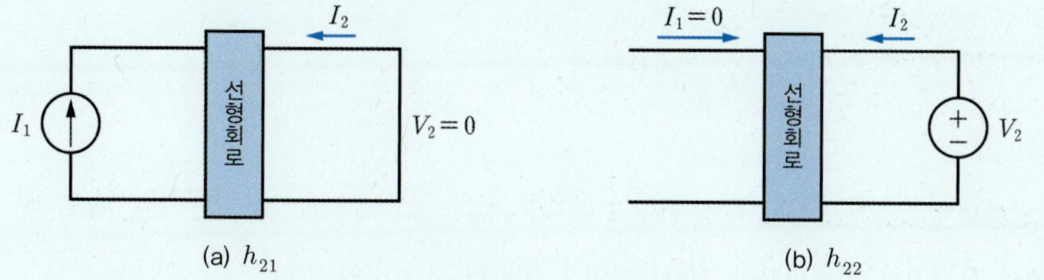


**[그림 15-28]** $h_{21}$과 $h_{22}$를 구하기 위한 회로

이상의 방법으로 임의의 4단자망의 $h$-파라미터를 구할 수 있으며, $h$-파라미터가 주어지면 입출력 전압-전류 관계식을 만족하므로 4단자망의 등가회로는 식 (15.14)를 만족하는 [그림 15-29]와 같다.

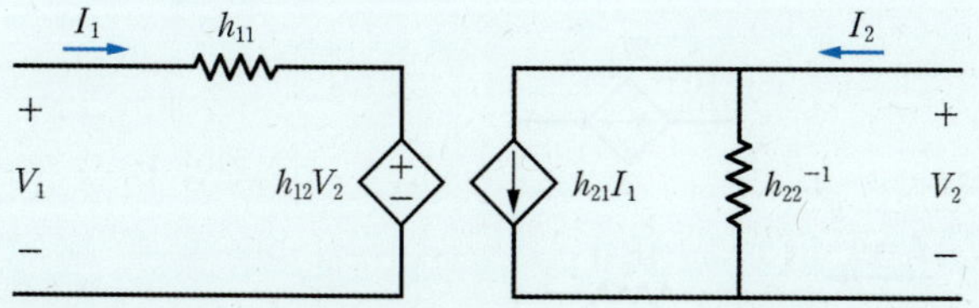


**[그림 15-29]** $h$-파라미터 등가회로

## 예제 15-5

다음 회로에서 $h$-파라미터를 구하라.

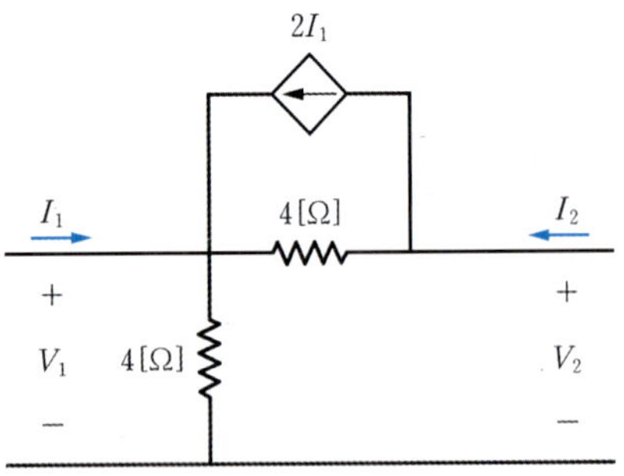


**[그림 15-30]** [예제 15-5]의 회로

**풀이**

❶ $h_{11} = \left.\dfrac{V_1}{I_1}\right|_{V_2=0}$

[그림 15-30]에서 $V_2 = 0$로 출력단자를 단락시키면 [그림 15-31(a)]와 같다.

$$V_1 = (4//4)\cdot(I_1 + 2I_1) = 6I_1$$

$$h_{11} = \frac{V_1}{I_1} = 6[\Omega]$$

❷ $h_{12} = \left.\dfrac{V_1}{V_2}\right|_{I_1=0}$

[그림 15-30]에서 $I_1 = 0$로 입력단자를 개방시키면 [그림 15-31(b)]와 같다.

$$V_1 = \frac{4}{4+4}\cdot V_2 = 0.5V_2$$

$$h_{12} = \frac{V_1}{V_2} = 0.5$$

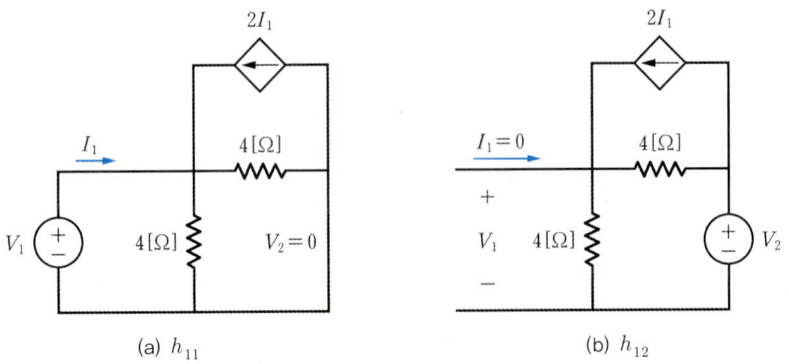


**[그림 15-31]** $h_{11}$과 $h_{12}$를 구하기 위한 회로

❸ $h_{21} = \left. \dfrac{I_2}{I_1} \right|_{V_2 = 0}$

[그림 15-30]에서 $V_2 = 0$로 출력단자를 단락시키면 [그림 15-32(a)]와 같다.

$$I_2 = 2I_1 - \frac{4}{4+4} \cdot (I_1 + 2I_1) = 0.5I_1$$

$$h_{21} = \frac{I_2}{I_1} = 0.5$$

❹ $h_{22} = \left. \dfrac{I_2}{V_2} \right|_{I_1 = 0}$

[그림 15-30]에서 $I_1 = 0$로 입력단자를 개방시키면 [그림 15-32(b)]와 같다.

$$I_2 = \frac{V_2}{4+4} = \frac{1}{8} \cdot V_2$$

$$h_{22} = \frac{I_2}{V_2} = \frac{1}{8}\ [\mho]$$

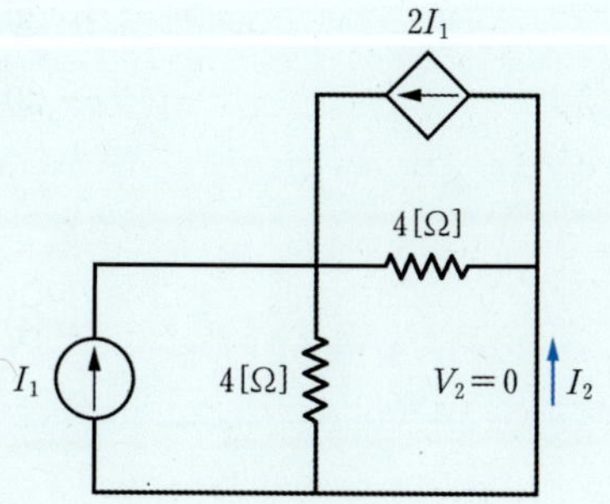

(a) $h_{21}$

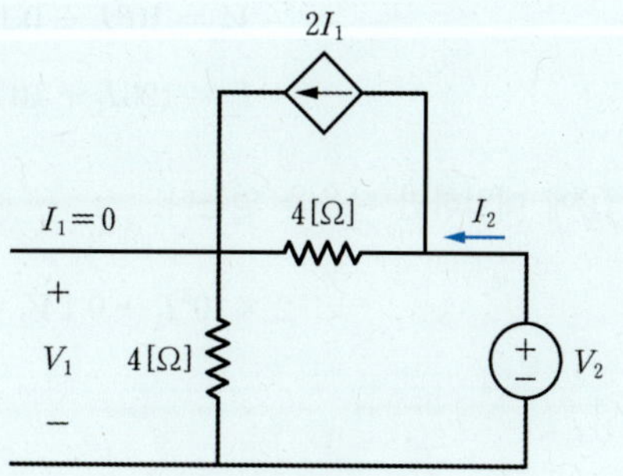

(b) $h_{22}$

**[그림 15-32]** $h_{21}$과 $h_{22}$를 구하기 위한 회로

## 실전문제 15-5

다음 회로에서 $h$-파라미터를 구하라.

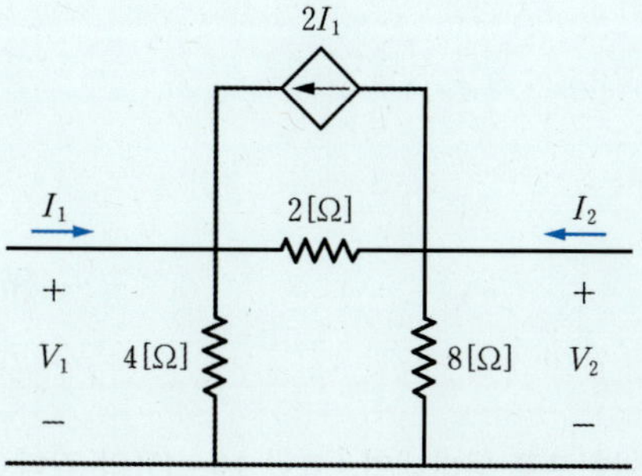

**[그림 15-33]**

## 예제 15-6

다음 회로에서 출력단자에서 들여다본 테브난 등가회로를 그려라.

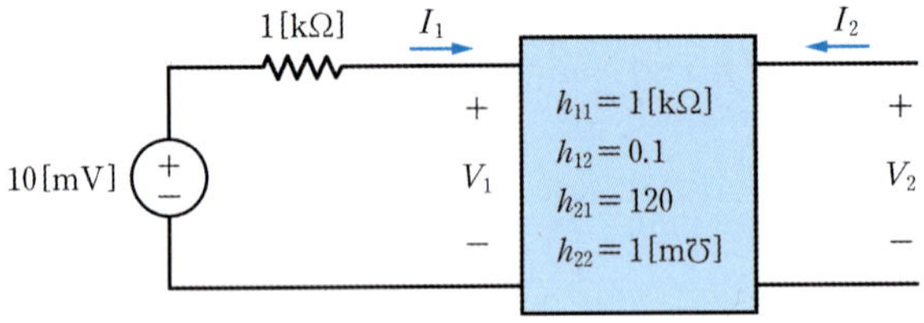


**[그림 15-34]** [예제 15-6]의 회로

### 풀이

입력 루프방정식을 구하면 다음과 같다.

$$10\times10^{-3}=10^3\cdot I_1+V_1 \quad \cdots ①$$

$h$-파라미터로 4단자망의 특성식을 정리하면 다음과 같다.

$$V_1=10^3 I_1+0.1V_2 \quad \cdots ②$$

$$I_2=120I_1+10^{-3}V_2 \quad \cdots ③$$

식 ②를 식 ①에 대입하면 다음을 얻는다.

$$2\times10^3 I_1+0.1V_2=10^{-2} \quad \cdots ④$$

❶ $V_{OC}=V_2\big|_{I_2=0}$

$I_2=0$로 두면 식 ③은 다음과 같다.

$$120I_1+10^{-3}V_2=0 \quad \cdots ⑤$$

식 ④와 식 ⑤로부터 $V_2(=V_{OC})$를 구하면 다음과 같다.

$$V_{OC}=V_2=\frac{\begin{vmatrix}2\times10^3 & 10^{-2}\\ 120 & 0\end{vmatrix}}{\begin{vmatrix}2\times10^3 & 0.1\\ 120 & 10^{-3}\end{vmatrix}}=0.12\,[\mathrm{V}]$$

❷ $I_{SC}=-I_2\big|_{V_2=0}$

$V_2=0$면 식 ③과 식 ④는 다음과 같다.

$$I_2=120I_1 \quad \cdots ⑥$$

$$2\times10^3 I_1=10^{-2} \quad \cdots ⑦$$

따라서 식 ⑥과 식 ⑦로부터 다음을 얻는다. 테브난 등가회로로 나타내면 [그림 15-35]와 같다.

$$I_2 = 0.6\,[\text{mA}] \quad \rightarrow \quad I_{SC} = -0.6\,[\text{mA}]$$

$$\therefore Z_{TH} = \frac{V_{OC}}{I_{SC}} = \frac{0.12\,[\text{V}]}{-0.6\,[\text{mA}]} = -200\,[\Omega]$$

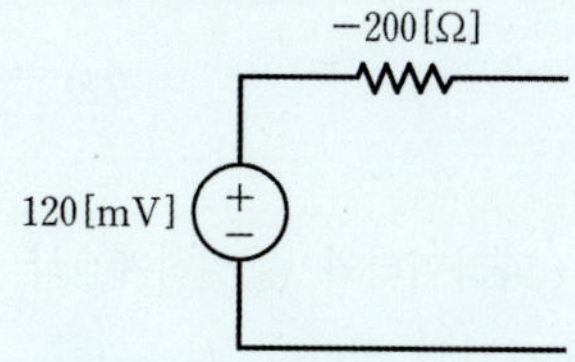


**[그림 15-35]** 테브난 등가회로

**실전문제 15-6**

다음 회로에서 노턴 등가회로를 그려라.

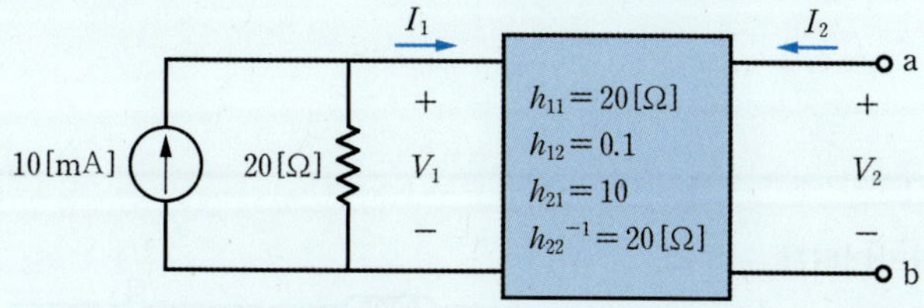


**[그림 15-36]**

## 15.2.4 역 하이브리드 파라미터

역 하이브리드 파라미터($g$-파라미터)는 $h$-파라미터와 역수 관계에 있으므로 식 (15.20)과 같이 표현할 수 있다.

$$I_1 = g_{11}V_1 + g_{12}I_2 \tag{15.20a}$$

$$V_2 = g_{21}V_1 + g_{22}I_2 \tag{15.20b}$$

여기서 $g$항을 **$g$-파라미터**라 하며, 단위는 항마다 다르게 나타낸다. 식 (15.20)을 행렬로 표현하면 다음과 같다.

$$\begin{bmatrix} I_1 \\ V_2 \end{bmatrix} = \begin{bmatrix} g_{11} & g_{12} \\ g_{21} & g_{22} \end{bmatrix} \cdot \begin{bmatrix} V_1 \\ I_2 \end{bmatrix} \tag{15.21}$$

앞의 경우와 마찬가지로 주어진 4단자망 회로로부터 $g$-파라미터를 식 (15.20)을 이용해 구할 수 있다.

$$g_{11} = \left.\frac{I_1}{V_1}\right|_{I_2=0} \quad : \text{개방회로 입력 어드미턴스} \tag{15.22a}$$

$$g_{12} = \left.\frac{I_1}{I_2}\right|_{V_1=0} \quad : \text{단락회로 역방향 전류이득} \tag{15.22b}$$

$$g_{21} = \left.\frac{V_2}{V_1}\right|_{I_2=0} \quad : \text{개방회로 순방향 전압이득} \tag{15.22c}$$

$$g_{22} = \left.\frac{V_2}{I_2}\right|_{V_1=0} \quad : \text{단락회로 출력 임피던스} \tag{15.22d}$$

$h$-파라미터와 동일하게 식 (15.20)으로부터 4단자망의 $g$-파라미터 등가회로를 그리면 [그림 15-37]과 같다.

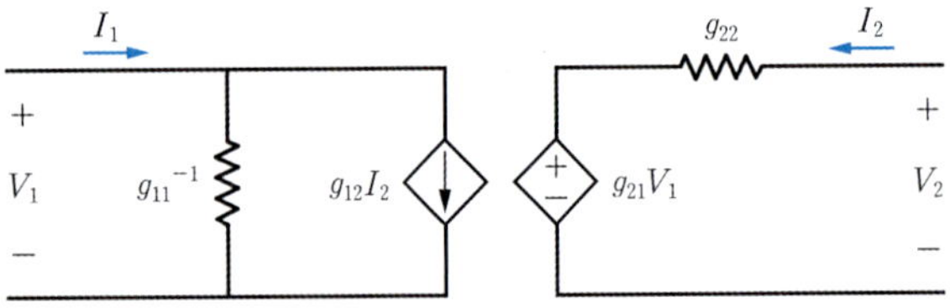


**[그림 15-37]** $g$-파라미터 등가회로

## 예제 15-7

s-영역에서 표시된 다음 회로에서 $g$-파라미터를 구하라.

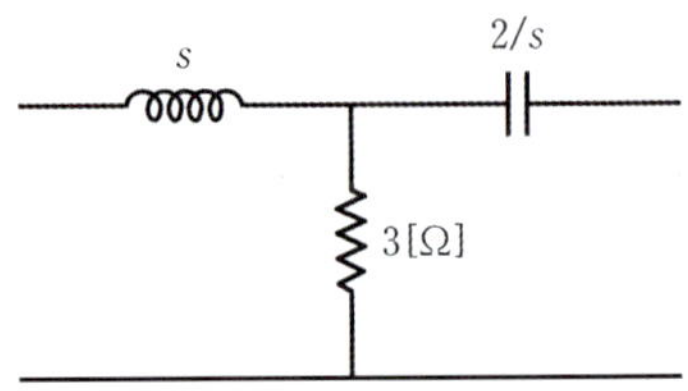


**[그림 15-38]** [예제 15-7]의 회로

### 풀이

식 (15.20)으로부터 정의된 $g$-파라미터를 구하면 다음과 같다.

❶ $g_{11} = \left.\dfrac{I_1}{V_1}\right|_{I_2=0}$

$I_2 = 0$이므로 출력단자를 개방하면 [그림 15-38]은 [그림 15-39(a)]가 된다. [그림 15-39(a)]로부터 $V_1$을 구하면 다음과 같다.

$$V_1 = sI_1 + 3I_1$$

$$g_{11} = \frac{I_1}{V_1} = \frac{1}{s+3}$$

❷ $g_{12} = \left.\dfrac{I_1}{I_2}\right|_{V_1=0}$

$V_1 = 0$이므로 입력단자를 단락시키면 [그림 15-38]은 [그림 15-39(b)]가 된다. [그림 15-39(b)]에서 전류분배법칙을 적용하면 다음과 같다.

$$I_1 = -\frac{3}{s+3}I_2$$

$$g_{12} = \frac{I_1}{I_2} = -\frac{3}{s+3}$$

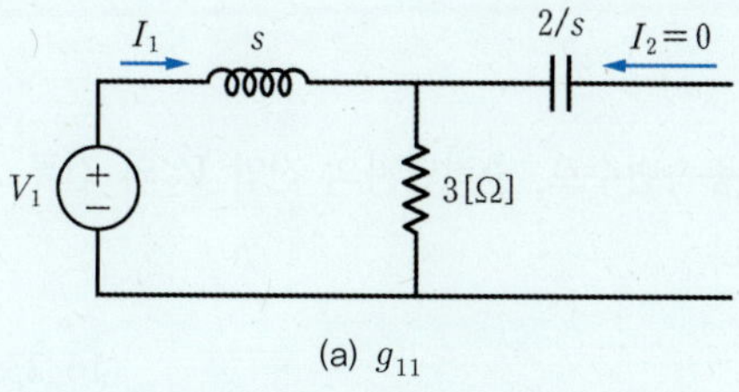

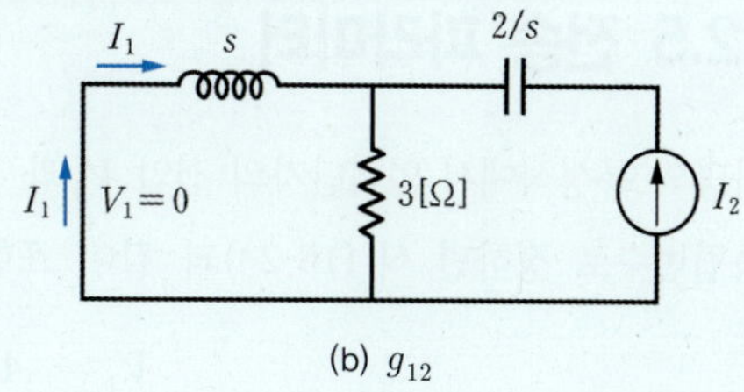

**[그림 15-39]** $g_{11}$과 $g_{12}$를 구하기 위한 회로

❸ $g_{21} = \left.\dfrac{V_2}{V_1}\right|_{I_2 = 0}$

$I_2 = 0$이므로 출력단자를 개방하면 [그림 15-38]은 [그림 15-40(a)]가 된다. [그림 15-40(a)]로부터 $V_2$를 구하면 다음과 같다.

$$V_2 = \frac{3}{s+3}V_1$$

$$g_{21} = \frac{V_2}{V_1} = \frac{3}{s+3}$$

❹ $g_{22} = \left.\dfrac{V_2}{I_2}\right|_{V_1 = 0}$

$V_1 = 0$이므로 입력단자를 단락시키면 [그림 15-38]은 [그림 15-40(b)]가 된다. [그림 15-40(b)]에서 $V_2$를 구하면 다음과 같다.

$$V_2 = \frac{2}{s}I_2 + \frac{3s}{s+3}I_2$$

$$g_{22} = \frac{V_2}{I_2} = \frac{2}{s} + \frac{3s}{s+3} = \frac{3s^2 + 2s + 6}{s(s+3)}$$

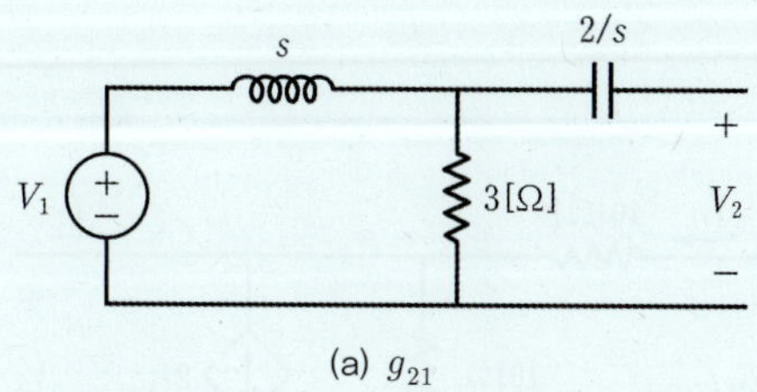

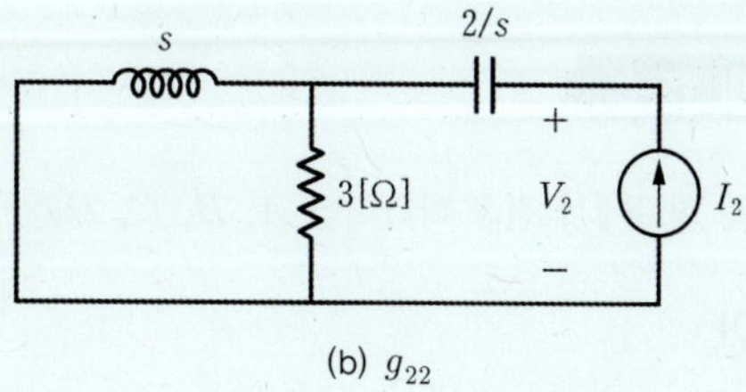

**[그림 15-40]** $g_{21}$과 $g_{22}$를 구하기 위한 회로

**실전문제 15-7**

s-영역에서 표시된 다음 회로에서 $g$-파라미터를 구하라.

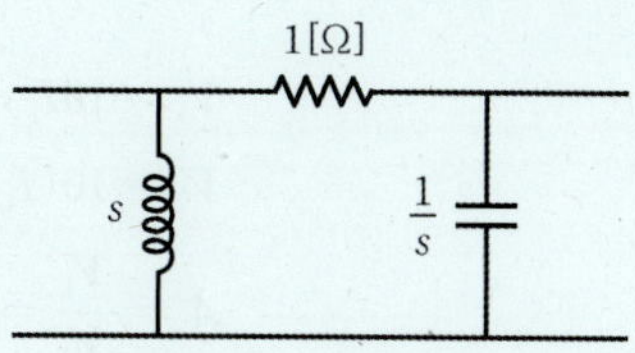

**[그림 15-41]**

## 15.2.5 전송 파라미터

4단자망의 특성식에서 입력단자의 전압 $V_1$과 전류 $I_1$을 종속변수로, 출력단자의 전압 $V_2$와 전류 $I_2$를 독립변수로 정하면 식 (15.23)과 같이 표현할 수 있다.

$$V_1 = AV_2 - BI_2 \tag{15.23a}$$

$$I_1 = CV_2 - DI_2 \tag{15.23b}$$

여기서 $A$, $B$, $C$, $D$를 **전송 파라미터** 혹은 ***ABCD* 파라미터**($T$-파라미터)라 하며, 단위는 항마다 다르게 나타낸다. 식 (15.23)을 행렬로 표현하면 다음과 같다.

$$\begin{bmatrix} V_1 \\ I_1 \end{bmatrix} = \begin{bmatrix} A & B \\ C & D \end{bmatrix} \cdot \begin{bmatrix} V_2 \\ -I_2 \end{bmatrix} = [T]\begin{bmatrix} V_2 \\ -I_2 \end{bmatrix} \tag{15.24}$$

앞의 경우와 마찬가지로 주어진 4단자망 회로로부터 $ABCD$ 파라미터를 식 (15.23)을 이용해 구할 수 있다.

$$A = \left.\frac{V_1}{V_2}\right|_{I_2=0} \quad : \text{개방회로 역방향 전압이득} \tag{15.25a}$$

$$B = -\left.\frac{V_1}{I_2}\right|_{V_2=0} \quad : \text{단락회로 역방향 전달 임피던스} \tag{15.25b}$$

$$C = \left.\frac{I_1}{V_2}\right|_{I_2=0} \quad : \text{개방회로 역방향 전달 어드미턴스} \tag{15.25c}$$

$$D = -\left.\frac{I_1}{I_2}\right|_{V_2=0} \quad : \text{단락회로 역방향 전류이득} \tag{15.25d}$$

**예제 15-8**

다음 회로에서 전송 파라미터 $A$, $B$, $C$, $D$를 구하라.

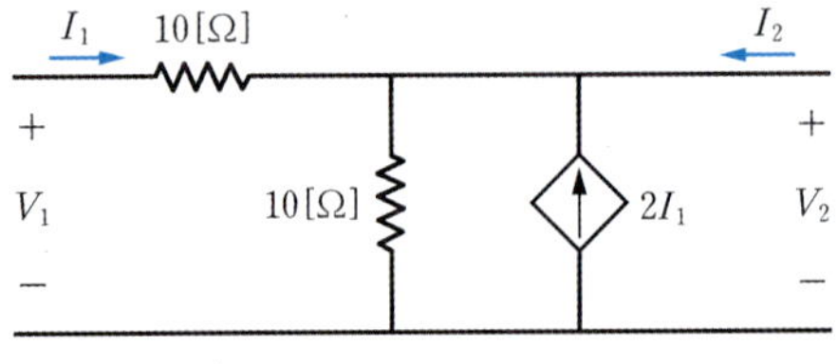


**[그림 15-42]** [예제 15-8]의 회로

**풀이**

❶ $A = \left.\frac{V_1}{V_2}\right|_{I_2=0}$

[그림 15-42]에서 $I_2 = 0$로 출력단자를 개방하면 [그림 15-43(a)]와 같다. [그림 15-43(a)]에서 입력전압 $V_1$을 인가한 후 출력전압 $V_2$를 구하면 다음과 같다.

$$V_1 = 10I_1 + 10(I_1 + 2I_1) = 40I_1$$

$$V_2 = 10(I_1 + 2I_1) = 30I_1$$

$$A = \frac{V_1}{V_2} = \frac{4}{3}$$

❷ $B = -\left.\dfrac{V_1}{I_2}\right|_{V_2=0}$

[그림 15-42]에서 $V_2 = 0$로 출력단자를 단락하면 [그림 15-43(b)]로 표현된다. [그림 15-43(b)]에 입력전압 $V_1$을 인가한 후 출력전류 $I_2$를 구하면 다음과 같다.

$$V_1 = 10I_1,\quad I_2 = -3I_1$$

$$B = -\frac{V_1}{I_2} = \frac{10}{3}\,[\Omega]$$

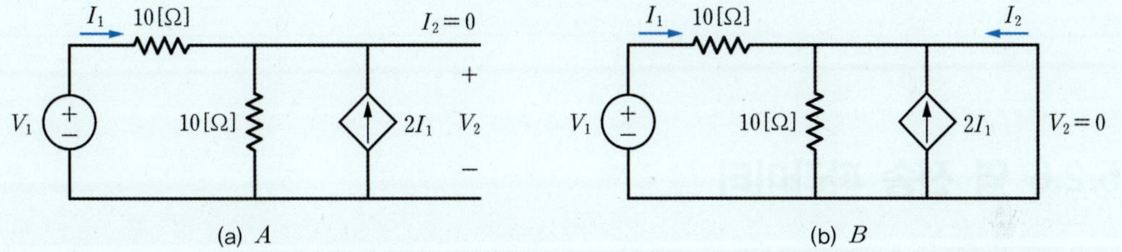


**[그림 15-43]** 전송 파라미터 $A$와 $B$를 구하기 위한 회로

❸ $C = \left.\dfrac{I_1}{V_2}\right|_{I_2=0}$

[그림 15-42]에서 $I_2 = 0$로 출력단자를 개방하면 [그림 15-44(a)]와 같다. [그림 15-44(a)]에서 입력전류 $I_1$에 대한 출력전압 $V_2$를 구하면 다음과 같다.

$$V_2 = 10(I_1 + 2I_1) = 30 \cdot I_1$$

$$C = \frac{I_1}{V_2} = \frac{1}{30}\,[\mho]$$

❹ $D = -\left.\dfrac{I_1}{I_2}\right|_{V_2=0}$

[그림 15-42]에서 $V_2 = 0$로 출력단자를 단락하면 [그림 15-44(b)]로 표현된다. [그림 15-44(b)]에서 입력전류 $I_1$에 대한 출력전류 $I_2$를 구하면 다음과 같다.

$$I_2 = -3I_1$$

$$D = -\frac{I_1}{I_2} = \frac{1}{3}$$

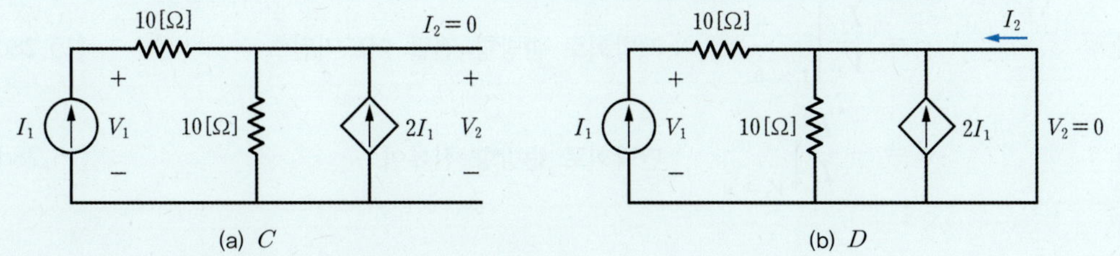


**[그림 15-44]** 전송 파라미터 $C$와 $D$를 구하기 위한 회로

**실전문제 15-8**

다음 회로에서 $T$-파라미터를 구하라.

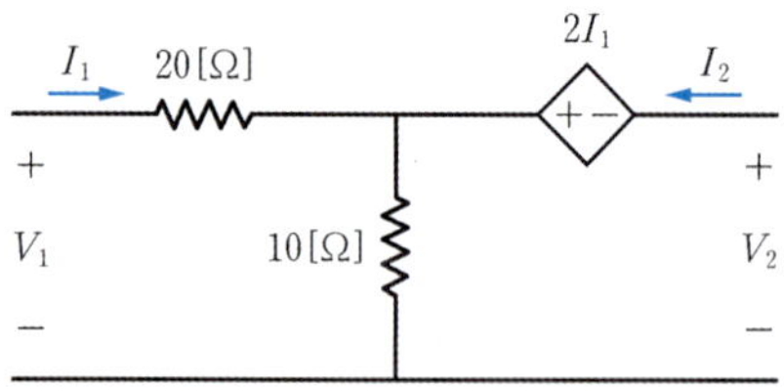


[그림 15-45]

## 15.2.6 역 전송 파라미터

마지막으로 $ABCD$ 파라미터와 반대되는 경우로, 출력단자의 전압 $\boldsymbol{V}_2$와 전류 $\boldsymbol{I}_2$를 종속변수로, 입력단자의 전압 $\boldsymbol{V}_1$과 전류 $\boldsymbol{I}_1$을 독립변수로 사용하는 경우, 특성식은 다음과 같이 나타낸다.

$$\boldsymbol{V}_2 = a\boldsymbol{V}_1 - b\boldsymbol{I}_1 \quad (15.26a)$$

$$\boldsymbol{I}_2 = c\boldsymbol{V}_1 - d\boldsymbol{I}_1 \quad (15.26b)$$

여기서, $a$, $b$, $c$, $d$를 **역 전송 파라미터** 혹은 ***abcd* 파라미터**($t$-파라미터)라 하며, 단위는 항마다 다르게 나타낸다. 식 (15.26)을 행렬로 표현하면 다음과 같다.

$$\begin{bmatrix} \boldsymbol{V}_2 \\ \boldsymbol{I}_2 \end{bmatrix} = \begin{bmatrix} a & b \\ c & d \end{bmatrix} \cdot \begin{bmatrix} \boldsymbol{V}_1 \\ -\boldsymbol{I}_1 \end{bmatrix} = [\boldsymbol{t}]\begin{bmatrix} \boldsymbol{V}_1 \\ -\boldsymbol{I}_1 \end{bmatrix} \quad (15.27)$$

앞의 경우와 마찬가지로 주어진 4단자망 회로로부터 $abcd$ 파라미터를 식 (15.26)을 이용해 구할 수 있다.

$$a = \left.\frac{\boldsymbol{V}_2}{\boldsymbol{V}_1}\right|_{\boldsymbol{I}_1 = 0} \quad \text{: 개방회로 순방향 전압이득} \quad (15.28a)$$

$$b = -\left.\frac{\boldsymbol{V}_2}{\boldsymbol{I}_1}\right|_{\boldsymbol{V}_1 = 0} \quad \text{: 단락회로 순방향 전달 임피던스} \quad (15.28b)$$

$$c = \left.\frac{\boldsymbol{I}_2}{\boldsymbol{V}_1}\right|_{\boldsymbol{I}_1 = 0} \quad \text{: 개방회로 순방향 전달 어드미턴스} \quad (15.28c)$$

$$d = -\left.\frac{\boldsymbol{I}_2}{\boldsymbol{I}_1}\right|_{\boldsymbol{V}_1 = 0} \quad \text{: 단락회로 순방향 전류이득} \quad (15.28d)$$

## 예제 15-9

다음 회로에 사용된 전송 파라미터가 다음 식과 같을 때 부하에 최대전력이 전송될 수 있게 하는 부하 $R_L$을 구하라.

$$[T] = \begin{bmatrix} 4 & 20\,[\Omega] \\ 0.1\,[\mho] & 2 \end{bmatrix}$$

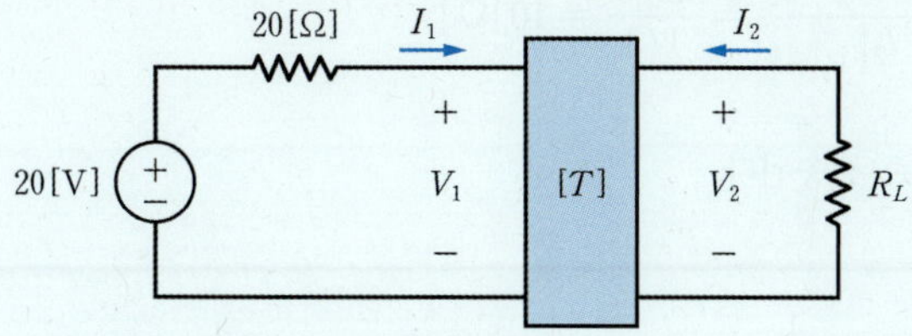


**[그림 15-46]** [예제 15-9]의 회로

### 풀이

4단자망의 특성식은 다음과 같다.

$$V_1 = 4V_2 - 20I_2 \qquad \cdots ①$$
$$I_1 = 0.1V_2 - 2I_2 \qquad \cdots ②$$

[그림 15-46]에서 입력 루프방정식을 구하면 다음과 같다.

$$V_1 + 20I_1 = 20 \qquad \cdots ③$$

부하 $R_L$에 최대전력이 전송될 경우는 부하에서 들여다본 4단자망의 출력저항 $R_o$와 부하저항 $R_L$이 같다. 따라서 부하에서 들여다본 출력저항 $R_o$는 다음과 같다.

$$R_o = \frac{V_{OC}}{I_{SC}} = R_L \qquad \cdots ④$$

❶ $V_{OC} = V_2\big|_{I_2=0}$

$I_2 = 0$면 식 ①과 식 ②는 다음과 같다.

$$V_1 = 4V_2, \quad I_1 = 0.1V_2$$

위 두 식을 식 ③에 대입하면 다음을 얻는다.

$$4V_2 + 2V_2 = 20\,[\mathrm{V}] \quad \rightarrow \quad V_{OC} = V_2 = \frac{10}{3}\,[\mathrm{V}] \qquad \cdots ⑤$$

❷ $I_{SC} = -I_2\big|_{V_2=0}$

$V_2 = 0$면 식 ①과 식 ②는 다음과 같다.

$$V_1 = -20I_2, \quad I_1 = -2I_2$$

두 식을 식 ③에 대입하면 다음과 같다.

$$-20I_2 - 40I_2 = 20 \quad \rightarrow \quad I_{SC} = -I_2 = \frac{1}{3}\,[\text{A}] \qquad \cdots ⑥$$

식 ⑤와 식 ⑥을 식 ④에 대입하면 다음을 얻는다.

$$R_o = \frac{V_{OC}}{I_{SC}} = \frac{V_2\big|_{I_2=0}}{-I_2\big|_{V_2=0}} = \frac{20/6}{1/3} = 10\,[\Omega]$$

$R_L = R_o = 10\,[\Omega]$일 때 최대전력이 부하로 전송된다.

## 실전문제 15-9

4단자망의 전송 파라미터가 $[T] = \begin{bmatrix} 5 & 10\,[\Omega] \\ 0.4\,[℧] & 1 \end{bmatrix}$일 때, 다음 회로에서 부하에 전송되는 최대전력 $P_{\max}$를 구하라.

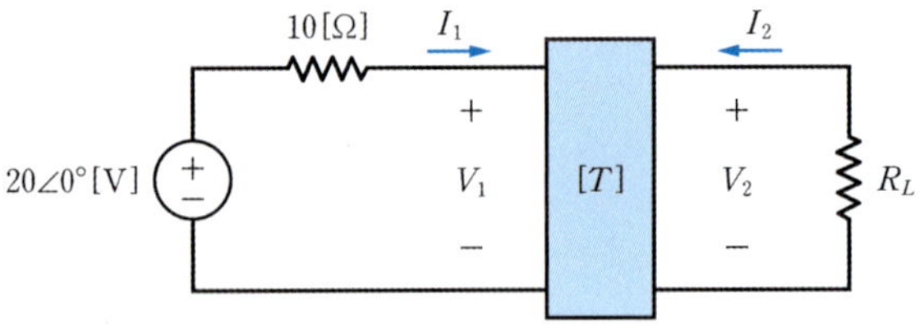


[그림 15-47]

SECTION 15.3

# 파라미터 사이의 관계

지금까지 동일한 4단자망을 사용해 여섯 가지 파라미터를 추출했다. 비록 표현은 다르지만 그 의미는 같다. 따라서 이들 파라미터 간의 변경도 가능하다. 예를 들어, $z$-파라미터로 표현된 식 (15.29)를 $y$-파라미터인 식 (15.30)으로 변경할 수 있고, 두 식은 같은 의미이다.

$$\begin{bmatrix} V_1 \\ V_2 \end{bmatrix} = \begin{bmatrix} z_{11} & z_{12} \\ z_{21} & z_{22} \end{bmatrix} \cdot \begin{bmatrix} I_1 \\ I_2 \end{bmatrix} = [Z] \cdot \begin{bmatrix} I_1 \\ I_2 \end{bmatrix} \tag{15.29}$$

$$\begin{bmatrix} I_1 \\ I_2 \end{bmatrix} = [Z]^{-1} \cdot \begin{bmatrix} V_1 \\ V_2 \end{bmatrix} = [Y] \cdot \begin{bmatrix} V_1 \\ V_2 \end{bmatrix} \tag{15.30}$$

따라서 식 (15.29)와 식 (15.30)으로부터 $y$-파라미터와 $z$-파라미터의 관계식을 얻는다.

$$[Y] = [Z]^{-1} \tag{15.31}$$

행렬 요소 간의 관계를 구하면 다음과 같다. 여기서 $\Delta_z = z_{11} \cdot z_{22} - z_{12} \cdot z_{21}$으로 **행렬 $Z$의 행렬식**이다.

$$\begin{bmatrix} y_{11} & y_{12} \\ y_{21} & y_{22} \end{bmatrix} = [Y] = \begin{bmatrix} z_{11} & z_{12} \\ z_{21} & z_{22} \end{bmatrix}^{-1} = \begin{bmatrix} \dfrac{z_{22}}{\Delta_z} & -\dfrac{z_{12}}{\Delta_z} \\ -\dfrac{z_{21}}{\Delta_z} & \dfrac{z_{11}}{\Delta_z} \end{bmatrix} \tag{15.32}$$

반대로, $z$-파라미터를 $y$-파라미터로 표현할 수도 있다. 위와 같은 방법을 사용하면 다음과 같이 표현되며, $\Delta_y = y_{11} \cdot y_{22} - y_{12} \cdot y_{21}$으로 **행렬 $Y$의 행렬식**이다.

$$\begin{bmatrix} z_{11} & z_{12} \\ z_{21} & z_{22} \end{bmatrix} = [Z] = \begin{bmatrix} y_{11} & y_{12} \\ y_{21} & y_{22} \end{bmatrix}^{-1} = \begin{bmatrix} \dfrac{y_{22}}{\Delta_y} & -\dfrac{y_{12}}{\Delta_y} \\ -\dfrac{y_{21}}{\Delta_y} & \dfrac{y_{11}}{\Delta_y} \end{bmatrix} \tag{15.33}$$

한편 $z$-파라미터를 $h$-파라미터로 표현할 수도 있다. 먼저 식 (15.29)를 풀어 쓰면 다음과 같다.

$$V_1 = z_{11}I_1 + z_{12}I_2 \tag{15.34a}$$

$$V_2 = z_{21}I_1 + z_{22}I_2 \tag{15.34b}$$

식 (15.34b)를 $\boldsymbol{I}_2$에 대해 풀면 식 (15.35a)를 얻고, 이를 식 (15.34a)에 대입하면 $\boldsymbol{V}_1$을 얻는다.

$$\boldsymbol{I}_2 = -\frac{z_{21}}{z_{22}}\boldsymbol{I}_1 + \frac{1}{z_{22}}\boldsymbol{V}_2 \tag{15.35a}$$

$$\boldsymbol{V}_1 = \frac{z_{11}z_{22} - z_{12}z_{21}}{z_{22}}\boldsymbol{I}_1 + \frac{z_{12}}{z_{22}}\boldsymbol{V}_2 \tag{15.35b}$$

따라서 다음과 같이 표현할 수 있다. 여기서 $\Delta_z = z_{11}z_{22} - z_{12}z_{21}$이다.

$$\begin{bmatrix} \boldsymbol{V}_1 \\ \boldsymbol{I}_2 \end{bmatrix} = \begin{bmatrix} \frac{\Delta_z}{z_{22}} & \frac{z_{12}}{z_{22}} \\ -\frac{z_{21}}{z_{22}} & \frac{1}{z_{22}} \end{bmatrix} \cdot \begin{bmatrix} \boldsymbol{I}_1 \\ \boldsymbol{V}_2 \end{bmatrix} \tag{15.36}$$

그러므로 $h$-파라미터는 다음과 같다.

$$h_{11} = \frac{\Delta_z}{z_{22}}, \quad h_{12} = \frac{z_{12}}{z_{22}}, \quad h_{21} = -\frac{z_{21}}{z_{22}}, \quad h_{22} = \frac{1}{z_{22}} \tag{15.37}$$

$z$-파라미터와 $y$-파라미터의 관계식과 마찬가지로 식 (15.38)과 같이 $h$-파라미터와 $g$-파라미터는 서로 역행렬 관계에 있지만, $T$-파라미터와 $t$-파라미터는 역행렬 관계가 성립하지 않는다.

$$[H] = [G]^{-1}, \quad [T] \neq [t]^{-1} \tag{15.38}$$

위와 같은 방법으로 여섯 가지 파라미터는 모두 변환할 수 있는데, 관련된 변환 공식을 '부록 A.4'에 수록했다.

### 예제 15-10

$T$-파라미터로 표현된 4단자망 $[T] = \begin{bmatrix} 10 & 1.5\,[\Omega] \\ 2\,[\mho] & 4 \end{bmatrix}$의 $y$-파라미터를 구하라.

**풀이**

$T$ 행렬로부터 4단자망의 특성식을 구하면 다음과 같다.

$$V_1 = 10V_2 - 1.5I_2 \quad \cdots ①$$
$$I_1 = 2V_2 - 4I_2 \quad \cdots ②$$

❶ $y_{11} = \left.\frac{I_1}{V_1}\right|_{V_2=0}$

$V_2 = 0$면 $V_1 = -1.5I_2$, $I_1 = -4I_2$ $\rightarrow$ $y_{11} = \frac{I_1}{V_1} = \frac{-4I_2}{-1.5I_2} = \frac{8}{3}\,[\mho]$를 얻는다.

❷ $y_{12} = \left.\dfrac{I_1}{V_2}\right|_{V_1=0}$

식 ①로부터 $V_1 = 0$면 식 ③이 된다. 이를 식 ②에 대입하면 $y_{12}$를 얻는다.

$$10V_2 - 1.5I_2 = 0 \quad \rightarrow \quad I_2 = \frac{20}{3}V_2 \qquad \cdots ③$$

$$I_1 = 2V_2 - 4I_2 = 2V_2 - 4 \cdot \frac{20}{3}V_2 = -\frac{74}{3}V_2$$

$$y_{12} = \frac{I_1}{V_2} = -\frac{74}{3}\,[\mho]$$

❸ $y_{21} = \left.\dfrac{I_2}{V_1}\right|_{V_2=0}$

$V_2 = 0$면 $V_1 = -1.5I_2 \quad \rightarrow \quad y_{21} = \dfrac{I_2}{V_1} = \dfrac{1}{-1.5} = -\dfrac{2}{3}\,[\mho]$를 얻는다.

❹ $y_{22} = \left.\dfrac{I_2}{V_2}\right|_{V_1=0}$

식 ①로부터 $V_1 = 0$면 식 ③이 된다. 이로부터 $y_{22}$를 얻는다.

$$y_{22} = \frac{I_2}{V_2} = \frac{20}{3}\,[\mho]$$

### 실전문제 15-10

$T$-파라미터로 표현된 4단자망 $[T] = \begin{bmatrix} 10 & 1.5\,[\Omega] \\ 2\,[\mho] & 4 \end{bmatrix}$의 $h$-파라미터를 구하라.

SECTION

# 15.4 가역회로망

**가역회로망**reciprocal network은 [그림 15-48]과 같이 입력과 출력이 서로 바뀌어도 그 결과는 변하지 않는 회로망을 말한다. 즉 [그림 15-48(a)]와 같이 입력에 전압 $\boldsymbol{V}$를 인가한 후 출력에 흐르는 전류 $\boldsymbol{I}_2$, 이와 반대로 [그림 15-48(b)]와 같이 출력에 전압 $\boldsymbol{V}$를 인가한 후 입력에 흐르는 전류 $\boldsymbol{I}_1$이 서로 같을 경우, 이 회로망을 가역회로망이라고 한다.

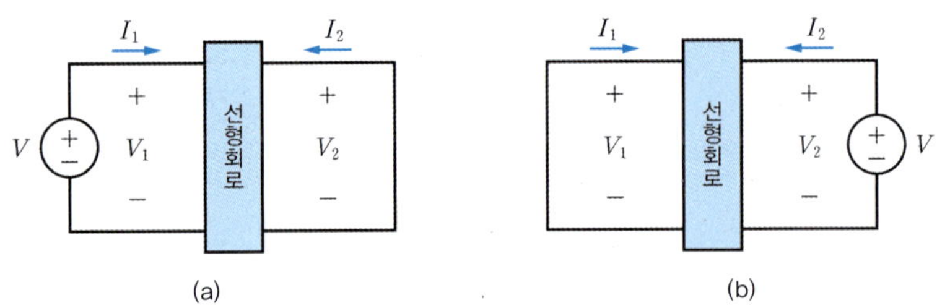


[그림 15-48] 가역성을 설명하기 위한 회로망

4단자망의 여섯 가지 파라미터가 가역회로망이 되기 위한 조건에 대해 살펴보면 다음과 같다.

## ■ 임피던스 파라미터

[그림 15-48(a)]와 같은 조건을 대입하면 $z$-파라미터로 표현된 특성식은 다음과 같다.

$$\boldsymbol{V} = z_{11}\boldsymbol{I}_1 + z_{12}\boldsymbol{I}_2 \tag{15.39a}$$

$$0 = z_{21}\boldsymbol{I}_1 + z_{22}\boldsymbol{I}_2 \tag{15.39b}$$

식 (15.39)의 연립방정식으로부터 전류 $\boldsymbol{I}_2$를 구하면 다음과 같다.

$$\boldsymbol{I}_2 = \frac{z_{21} \cdot \boldsymbol{V}}{z_{12}z_{21} - z_{11}z_{22}} \tag{15.40}$$

[그림 15-48(b)]과 같이 $\boldsymbol{V}_1 = 0$로 두면 특성식은 다음과 같다.

$$0 = z_{11}\boldsymbol{I}_1 + z_{12}\boldsymbol{I}_2 \tag{15.41a}$$

$$\boldsymbol{V} = z_{21}\boldsymbol{I}_1 + z_{22}\boldsymbol{I}_2 \tag{15.41b}$$

식 (15.41)의 연립방정식으로부터 전류 $\boldsymbol{I}_1$을 구하면 다음과 같다.

$$I_1 = \frac{z_{12} \cdot V}{z_{12}z_{21} - z_{11}z_{22}} \tag{15.42}$$

따라서 식 (15.40)과 식 (15.42)에서 구한 두 전류가 $I_1 = I_2$가 되어야 가역회로가 되므로, 4단자망 회로에 가역정리가 성립한다면 $z_{12} = z_{21}$을 만족한다.

## ■ 어드미턴스 파라미터

$y$-파라미터의 특성식을 표현하면 다음과 같다.

$$I_1 = y_{11} V_1 + y_{12} V_2 \tag{15.43a}$$

$$I_2 = y_{21} V_1 + y_{22} V_2 \tag{15.43b}$$

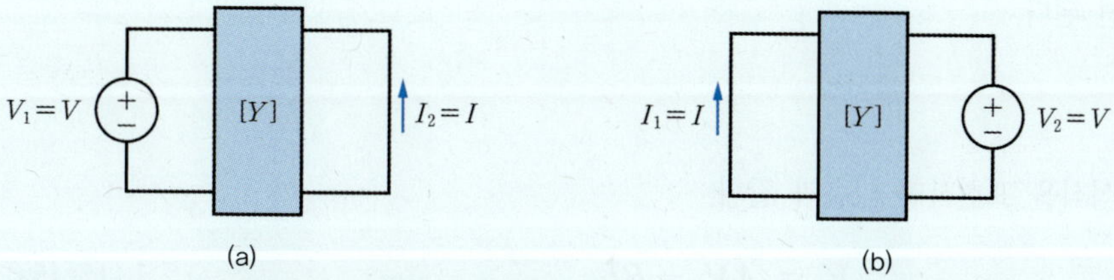


**[그림 15-49]** $y$-파라미터로 표현된 가역회로망

[그림 15-49(a)]에서 $V_2 = 0$이므로 식 (15.43b)에서 다음을 구할 수 있다.

$$I_2 = y_{21} V_1 = y_{21} \cdot V$$

[그림 15-49(b)]에서 $V_1 = 0$이므로 식 (15.43a)에서 다음을 구할 수 있다.

$$I_1 = y_{12} V_2 = y_{12} \cdot V$$

그러므로 가역회로망이 되기 위해서는 $y_{12} = y_{21}$이라는 조건을 만족하면 된다.

## ■ 하이브리드 파라미터

$h$-파라미터의 특성식을 표현하면 다음과 같다.

$$V_1 = h_{11} I_1 + h_{12} V_2 \tag{15.44a}$$

$$I_2 = h_{21} I_1 + h_{22} V_2 \tag{15.44b}$$

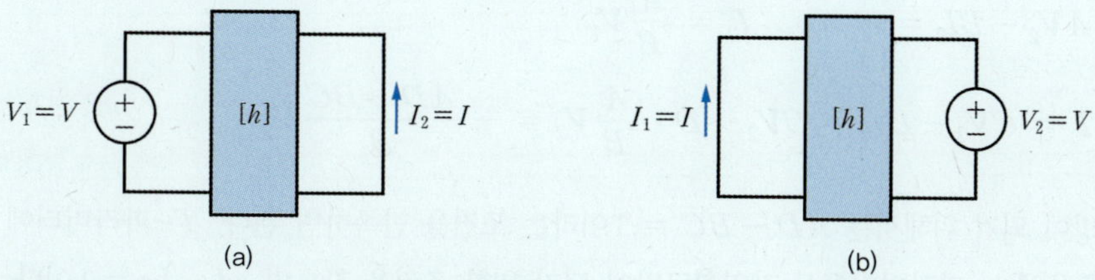


**[그림 15-50]** $h$-파라미터로 표현된 가역회로망

[그림 15-50(a)]에서 $\boldsymbol{V}_2 = 0$이므로 식 (15.44a)와 식 (15.44b)에서 다음을 구할 수 있다.

$$\boldsymbol{V}_1 = h_{11}\boldsymbol{I}_1$$

$$\boldsymbol{I}_2 = h_{21}\boldsymbol{I}_1 = h_{21}\frac{\boldsymbol{V}_1}{h_{11}} = \frac{h_{21}}{h_{11}}\boldsymbol{V}_1$$

[그림 15-50(b)]에서 $\boldsymbol{V}_1 = 0$이므로 식 (15.44a)에서 다음을 구할 수 있다.

$$h_{11}\boldsymbol{I}_1 + h_{12}\boldsymbol{V}_2 = 0 \quad \rightarrow \quad \boldsymbol{I}_1 = -\frac{h_{12}}{h_{11}}\boldsymbol{V}_2$$

그러므로 가역회로망이 되기 위해서는 $h_{12} = -h_{21}$이라는 조건을 만족하면 된다. 같은 방법으로 역 하이브리드 파라미터에 대해 구하면 $g$-파라미터에서 가역회로망이 되기 위해서는 $g_{12} = -g_{21}$이라는 조건을 만족하면 된다.

## ■ 전송 파라미터

$T$-파라미터의 특성식을 표현하면 다음과 같다.

$$\boldsymbol{V}_1 = A\boldsymbol{V}_2 - B\boldsymbol{I}_2 \tag{15.45a}$$

$$\boldsymbol{I}_1 = C\boldsymbol{V}_2 - D\boldsymbol{I}_2 \tag{15.45b}$$

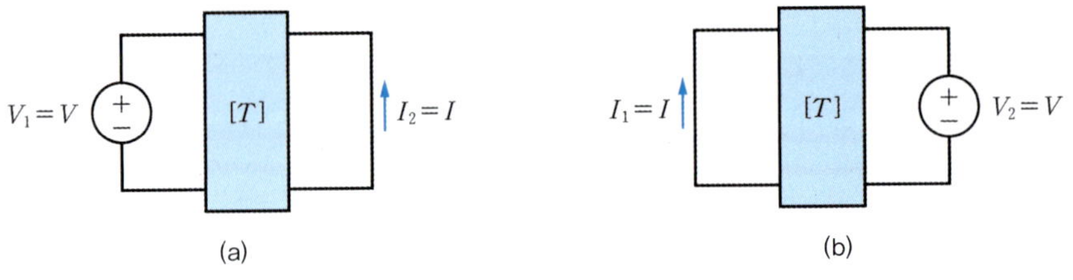


**[그림 15-51]** $T$-파라미터로 표현된 가역회로망

[그림 15-51(a)]에서 $\boldsymbol{V}_2 = 0$이므로 식 (15.45a)에서 다음을 구할 수 있다.

$$\boldsymbol{V}_1 = -B\boldsymbol{I}_2$$

$$\boldsymbol{I}_2 = -\frac{1}{B}\boldsymbol{V}_1$$

[그림 15-51(b)]에서 $\boldsymbol{V}_1 = 0$이므로 식 (15.45a)와 식 (15.45b)에서 다음을 구할 수 있다.

$$A\boldsymbol{V}_2 - B\boldsymbol{I}_2 = 0 \quad \rightarrow \quad \boldsymbol{I}_2 = \frac{A}{B}\boldsymbol{V}_2$$

$$\boldsymbol{I}_1 = C\boldsymbol{V}_2 - D\boldsymbol{I}_2 = C\boldsymbol{V}_2 - D \cdot \frac{A}{B}\boldsymbol{V}_2 = -\frac{AD - BC}{B}\boldsymbol{V}_2$$

그러므로 가역회로망이 되기 위해서는 $AD - BC = 1$이라는 조건을 만족하면 된다. $T$-파라미터에서 사용한 방법을 활용해 $t$-파라미터에서 가역회로망이 되기 위한 조건을 찾으면 $ad - bc = 1$이다.

# SECTION 15.5 4단자망 간의 연결

시스템을 이루는 회로망은 하나의 회로로 분석하기에는 매우 복잡하므로 부분별로 4단자망으로 모델링한 후 이를 연결해 전체 회로를 분석하는 것이 바람직하다. 4단자망은 연결 방식에 따라 직렬연결, 병렬연결 및 종속연결로 나뉘며, 그에 따라 파라미터를 다르게 사용하면 훨씬 편하게 회로를 해석할 수 있다.

## 15.5.1 직렬연결

소자가 직렬로 연결된 경우, 각 소자에 흐르는 전류는 동일하다. 마찬가지로 4단자망이 직렬로 연결된 경우에도 4단자에 흐르는 입출력전류가 동일하다. [그림 15-52]에 이 개념을 나타냈다.

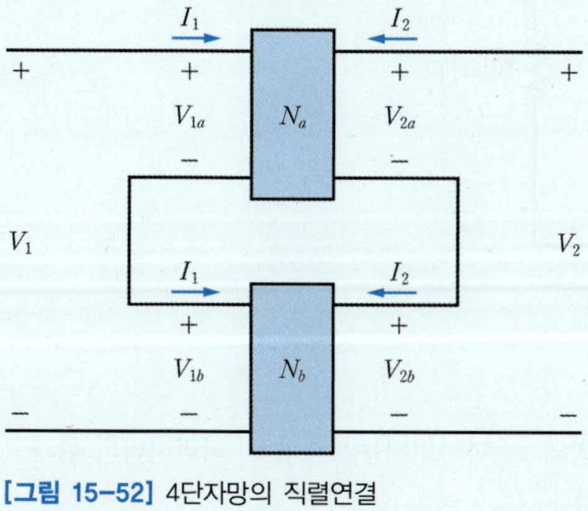


**[그림 15-52]** 4단자망의 직렬연결

$z$-파라미터를 사용해 4단자망 $N_a$의 특성식을 표현하면 다음과 같다.

$$\boldsymbol{V}_{1a} = z_{11a}\boldsymbol{I}_1 + z_{12a}\boldsymbol{I}_2 \tag{15.46a}$$

$$\boldsymbol{V}_{2a} = z_{21a}\boldsymbol{I}_1 + z_{22a}\boldsymbol{I}_2 \tag{15.46b}$$

또한 $N_b$의 특성식은 다음과 같이 표현된다.

$$\boldsymbol{V}_{1b} = z_{11b}\boldsymbol{I}_1 + z_{12b}\boldsymbol{I}_2 \tag{15.47a}$$

$$\boldsymbol{V}_{2b} = z_{21b}\boldsymbol{I}_1 + z_{22b}\boldsymbol{I}_2 \tag{15.47b}$$

지금까지 얻은 특성식을 사용해 전체 회로의 특성식을 구하면 다음과 같다.

$$\begin{aligned} \boldsymbol{V}_1 &= \boldsymbol{V}_{1a} + \boldsymbol{V}_{1b} = z_{11a}\boldsymbol{I}_1 + z_{12a}\boldsymbol{I}_2 + z_{11b}\boldsymbol{I}_1 + z_{12b}\boldsymbol{I}_2 \\ &= (z_{11a} + z_{11b})\boldsymbol{I}_1 + (z_{12a} + z_{12b})\boldsymbol{I}_2 \end{aligned} \quad (15.48a)$$

$$\begin{aligned} \boldsymbol{V}_2 &= \boldsymbol{V}_{2a} + \boldsymbol{V}_{2b} = z_{21a}\boldsymbol{I}_1 + z_{22a}\boldsymbol{I}_2 + z_{21b}\boldsymbol{I}_1 + z_{22b}\boldsymbol{I}_2 \\ &= (z_{21a} + z_{21b})\boldsymbol{I}_1 + (z_{22a} + z_{22b})\boldsymbol{I}_2 \end{aligned} \quad (15.48b)$$

식 (15.48)에서 보는 것과 같이 전체 4단자망의 $z$-파라미터는 각각의 4단자망 $z$-파라미터를 합한 것과 같다.

$$\begin{aligned} [\boldsymbol{Z}] &= \begin{bmatrix} z_{11} & z_{12} \\ z_{21} & z_{22} \end{bmatrix} = \begin{bmatrix} z_{11a} + z_{11b} & z_{12a} + z_{12b} \\ z_{21a} + z_{21b} & z_{22a} + z_{22b} \end{bmatrix} \\ &= [\boldsymbol{Z}_a] + [\boldsymbol{Z}_b] \end{aligned} \quad (15.49)$$

## 예제 15-11

다음과 같이 $z$-파라미터가 주어져 있는 4단자망에 대해 입출력전압비 $\boldsymbol{V}_2/\boldsymbol{V}_s$를 구하라.

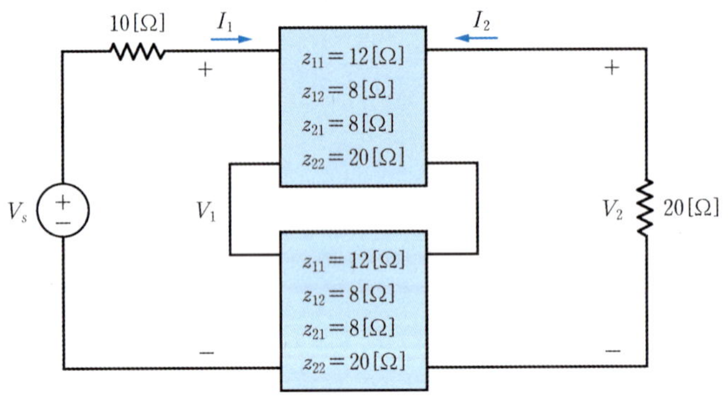


**[그림 15-53]** [예제 15-11]의 회로

### 풀이

두 4단자망이 직렬로 연결되어 있으므로 합성된 4단자망의 $z$-파라미터는 2개의 $z$-파라미터의 합과 같으므로 전체 4단자망의 특성식을 구하면 다음과 같다.

$$\boldsymbol{V}_1 = (12+12)\boldsymbol{I}_1 + (8+8)\boldsymbol{I}_2 = 24\boldsymbol{I}_1 + 16\boldsymbol{I}_2 \quad \cdots ①$$

$$\boldsymbol{V}_2 = (8+8)\boldsymbol{I}_1 + (20+20)\boldsymbol{I}_2 = 16\boldsymbol{I}_1 + 40\boldsymbol{I}_2 \quad \cdots ②$$

한편 [그림 15-53]의 회로에서 입출력 루프방정식을 구하면 다음과 같다.

$$\boldsymbol{V}_s = 10\boldsymbol{I}_1 + \boldsymbol{V}_1 \quad \cdots ③$$

$$\boldsymbol{V}_2 = -20\boldsymbol{I}_2 \quad \cdots ④$$

식 ②와 식 ④로부터 전류 $\boldsymbol{I}_1$, $\boldsymbol{I}_2$의 관계식을 구하면 다음을 얻는다.

$$-20\boldsymbol{I}_2 = 16\boldsymbol{I}_1 + 40\boldsymbol{I}_2 \quad \rightarrow \quad \boldsymbol{I}_1/\boldsymbol{I}_2 = -60/16 = -15/4 \quad \cdots ⑤$$

식 ①, ③, ④로부터 다음을 얻는다.

$$\frac{V_2}{V_s} = -\frac{20I_2}{10I_1 + V_1} = -\frac{20I_2}{34I_1 + 16I_2} = -\frac{20}{34I_1/I_2 + 16} \quad \cdots ⑥$$

여기에 식 ⑤를 대입하면 다음을 얻는다.

$$\frac{V_2}{V_s} = -\frac{20}{34(-15/4) + 16} = 0.18$$

**실전문제 15-11**

다음과 같이 $z$-파라미터가 주어져 있는 4단자망에 대해 입출력전압비 $V_2/V_s$를 구하라.

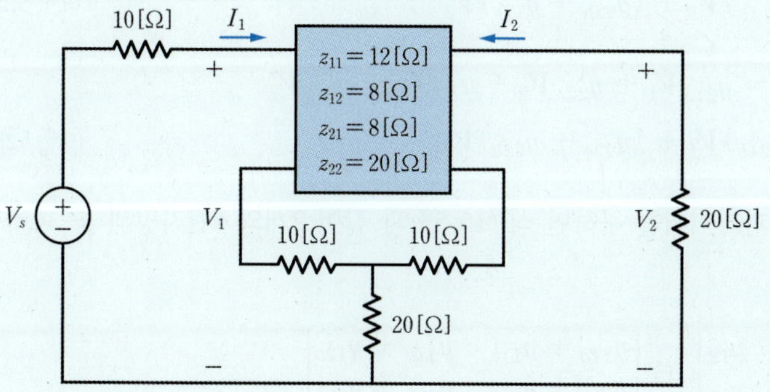


[그림 15-54]

## 15.5.2 병렬연결

소자가 병렬로 연결된 경우, 각 소자에 걸리는 전압은 동일하다. 마찬가지로 4단자망이 병렬로 연결된 경우에도 4단자망에 걸리는 입출력전압은 동일하다. [그림 15-55]에 이 개념을 나타냈다.

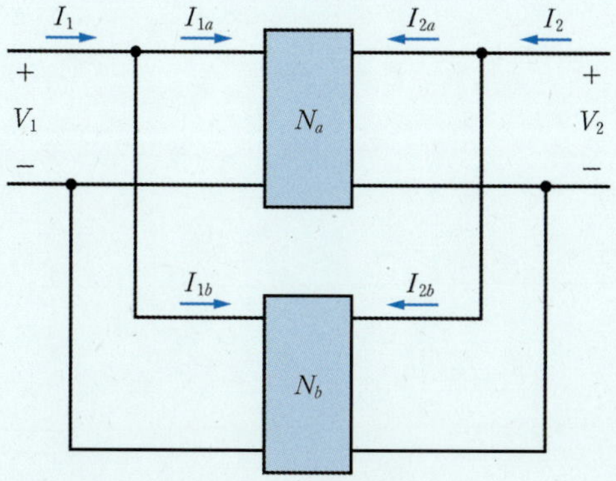


[그림 15-55] 4단자망의 병렬연결

$y$-파라미터를 사용해 4단자망 $N_a$의 특성식을 표현하면 다음과 같다.

$$\boldsymbol{I}_{1a} = y_{11a}\boldsymbol{V}_1 + y_{12a}\boldsymbol{V}_2 \tag{15.50a}$$

$$\boldsymbol{I}_{2a} = y_{21a}\boldsymbol{V}_1 + y_{22a}\boldsymbol{V}_2 \tag{15.50b}$$

또한 $N_b$의 특성식은 다음과 같이 표현된다.

$$\boldsymbol{I}_{1b} = y_{11b}\boldsymbol{V}_1 + y_{12b}\boldsymbol{V}_2 \tag{15.51a}$$

$$\boldsymbol{I}_{2b} = y_{21b}\boldsymbol{V}_1 + y_{22b}\boldsymbol{V}_2 \tag{15.51b}$$

식 (15.50)과 식 (15.51)을 이용해 전체 회로의 특성식을 구하면 다음과 같다.

$$\begin{aligned}\boldsymbol{I}_1 &= \boldsymbol{I}_{1a} + \boldsymbol{I}_{1b} = y_{11a}\boldsymbol{V}_1 + y_{12a}\boldsymbol{V}_2 + y_{11b}\boldsymbol{V}_1 + y_{12b}\boldsymbol{V}_2 \\ &= (y_{11a} + y_{11b})\boldsymbol{V}_1 + (y_{12a} + y_{12b})\boldsymbol{V}_2\end{aligned} \tag{15.52a}$$

$$\begin{aligned}\boldsymbol{I}_2 &= \boldsymbol{I}_{2a} + \boldsymbol{I}_{2b} = y_{21a}\boldsymbol{V}_1 + y_{22a}\boldsymbol{V}_2 + y_{21b}\boldsymbol{V}_1 + y_{22b}\boldsymbol{V}_2 \\ &= (y_{21a} + y_{21b})\boldsymbol{V}_1 + (y_{22a} + y_{22b})\boldsymbol{V}_2\end{aligned} \tag{15.52b}$$

식 (15.52)로부터 전체 회로의 $y$-파라미터를 구하면 식 (15.53)과 같이 2개의 4단자망의 $y$-파라미터를 합한 것과 같다.

$$\begin{aligned}[\boldsymbol{Y}] &= \begin{bmatrix} y_{11} & y_{12} \\ y_{21} & y_{22}\end{bmatrix} = \begin{bmatrix} y_{11a} + y_{11b} & y_{12a} + y_{12b} \\ y_{21a} + y_{21b} & y_{22a} + y_{22b}\end{bmatrix} \\ &= [\boldsymbol{Y}_a] + [\boldsymbol{Y}_b]\end{aligned} \tag{15.53}$$

## 예제 15-12

다음 회로에서 $y$-파라미터를 구하라.

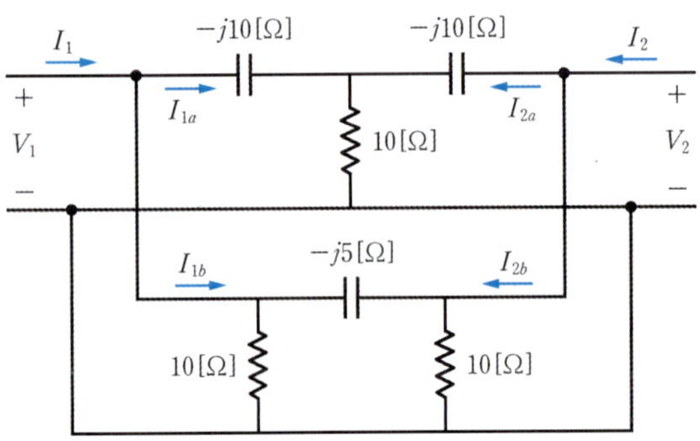


[그림 15-56] [예제 15-12]의 회로

### 풀이

(1) [그림 15-56]의 상단 일부인 [그림 15-57]의 회로에서 $y$-파라미터를 구하면 다음과 같다.

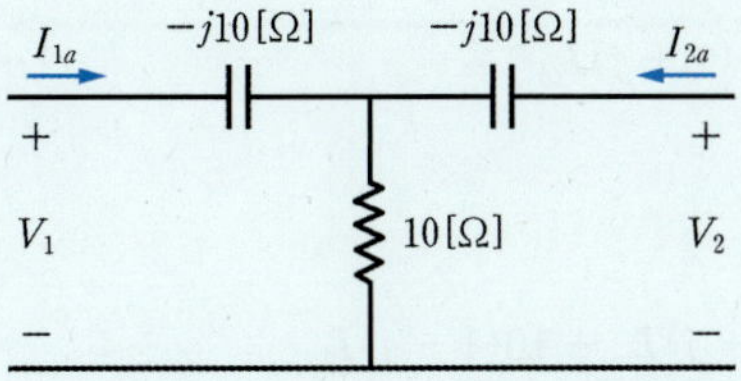


**[그림 15-57]** [그림 15-56]의 상단 일부

먼저 입력과 출력에 대한 루프방정식을 구하면 다음과 같다.

$$V_1 = -j10I_{1a} + 10(I_{1a} + I_{2a}) = (10 - j10)I_{1a} + 10I_{2a} \qquad \cdots ①$$
$$V_2 = -j10I_{2a} + 10(I_{1a} + I_{2a}) = 10I_{1a} + (10 - j10)I_{2a} \qquad \cdots ②$$

식 ①로부터 $y$-파라미터를 구하면 다음과 같다.

❶ $y_{11a} = \left.\dfrac{I_{1a}}{V_1}\right|_{V_2=0}$

$V_2 = 0$면 식 ②로부터 다음을 얻는다.

$$I_{2a} = \frac{1}{-1+j}I_{1a} = -\frac{1}{2}(1+j)I_{1a} \qquad \cdots ③$$

식 ③을 식 ①에 대입하면 $y_{11a}$를 구할 수 있다.

$$V_1 = (10 - j10)I_{1a} - 5(1+j)I_{1a} = (5 - j15)I_{1a}$$
$$y_{11a} = \frac{I_{1a}}{V_1} = \frac{1}{5 - j15} = 0.02 + j0.06\,[\mho] \qquad \cdots ④$$

❷ $y_{12a} = \left.\dfrac{I_{1a}}{V_2}\right|_{V_1=0}$

$V_1 = 0$면 식 ①로부터 다음을 얻는다.

$$I_{2a} = (-1+j)I_{1a} \qquad \cdots ⑤$$

식 ⑤를 식 ②에 대입하면 $y_{12}$를 구할 수 있다.

$$\begin{aligned} V_2 &= 10I_{1a} + 10(1-j)I_{2a} \\ &= 10V_{1a} + 10(1-j)(-1+j)I_{1a} = (10 + j20)I_{1a} \end{aligned}$$
$$y_{12a} = \frac{I_{1a}}{V_2} = \frac{1}{10 + j20} = 0.02 - j0.04\,[\mho] \qquad \cdots ⑥$$

❸ $y_{21a} = y_{12a}$(가역정리) : 수동소자로만 이루어진 4단자망은 가역회로망이다.

❹ $y_{22a} = \left.\dfrac{I_{2a}}{V_2}\right|_{V_1=0}$

$V_1 = 0$면 식 ⑤로부터 다음을 얻는다.

$$I_{1a} = \frac{1}{-1+j} I_{2a} = -\frac{1}{2}(1+j) I_{2a} \qquad \cdots ⑦$$

식 ⑦을 식 ②에 대입하면 $y_{22a}$를 구할 수 있다.

$$V_2 = 10I_{1a} + 10(1-j)I_{2a} = -5(1+j)I_{2a} + 10(1-j)I_{2a}$$
$$= (5 - j15)I_{2a}$$
$$y_{22a} = \frac{I_{2a}}{V_2} = \frac{1}{5-j15} = 0.02 + j0.06\,[℧] \qquad \cdots ⑧$$

(2) [그림 15-56]의 하단 일부인 [그림 15-58]의 회로에서 $y$-파라미터를 구하면 다음과 같다.

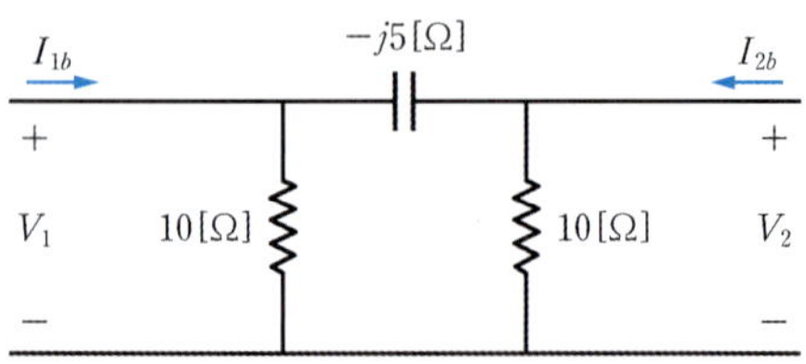


**[그림 15-58]** [그림 15-56]의 하단 일부

❶ $y_{11b} = \left.\frac{I_{1b}}{V_1}\right|_{V_2=0}$

$V_2 = 0$이면 $10\,[\Omega]$과 $-j5\,[\Omega]$이 병렬회로가 되므로 다음을 얻을 수 있다.

$$I_{1b} = \left(\frac{1}{10} + \frac{1}{-j5}\right) \cdot V_1$$
$$y_{11b} = \left.\frac{I_{1b}}{V_1}\right|_{V_2=0} = \frac{1}{10} + \frac{1}{-j5} = 0.1 + j0.2\,[℧] \qquad \cdots ⑨$$

❷ $y_{12b} = \left.\frac{I_{1b}}{V_2}\right|_{V_1=0}$

$V_1 = 0$이면 입력단자가 단락회로가 되므로 다음을 얻는다.

$$I_{1b} = -\frac{V_2}{-j5} = -j\frac{V_2}{5}$$
$$y_{12b} = \frac{I_{1b}}{V_2} = -j0.2\,[℧] \qquad \cdots ⑩$$

❸ $y_{21b} = y_{12b}$(가역정리) : 수동소자로만 이루어진 4단자망은 가역회로망이다.

❹ $y_{22} = \left.\frac{I_2}{V_2}\right|_{V_1=0}$

$V_1 = 0$이면 입력단자가 단락회로가 되므로 회로로부터 다음을 얻는다.

$$I_{2b} = \frac{V_2}{10} + \frac{V_2}{-j5}$$

$$y_{22b} = \frac{I_{2b}}{V_2} = 0.1 + j0.2\,[\mho] \qquad \cdots ⑪$$

따라서 전체 회로의 $y$-파라미터는 각각의 $y$-파라미터를 합한 것과 같다.

$$y_{11} = y_{11a} + y_{11b} = 0.12 + j0.26\,[\mho]$$
$$y_{12} = y_{21} = y_{12a} + y_{12b} = 0.02 - j0.24\,[\mho]$$
$$y_{22} = y_{22a} + y_{22b} = 0.12 + j0.26\,[\mho]$$

**실전문제 15-12**

다음 회로에서 $y$-파라미터를 구하라.

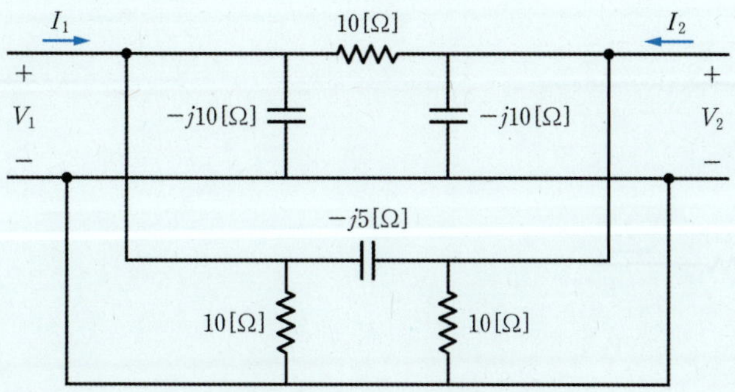


[그림 15-59]

## 15.5.3 종속연결

[그림 15-60]과 같이 첫 번째 단의 출력단자와 두 번째 단의 입력단자가 연결된 회로망을 **종속연결된 회로망**이라고 한다.

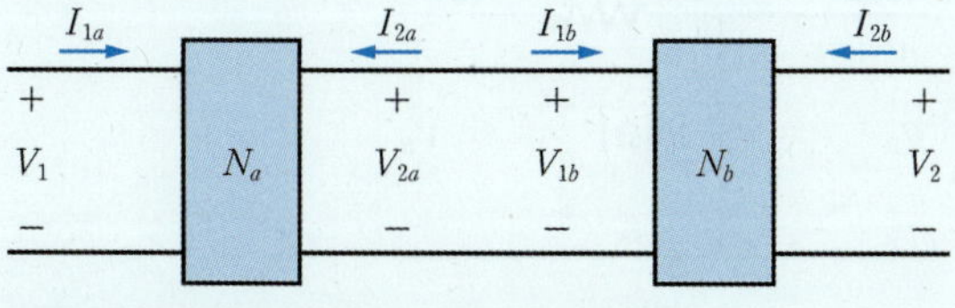


[그림 15-60] 종속연결된 2개의 4단자망

종속연결된 4단자망은 $T$-파라미터를 사용하면 훨씬 간단하게 계산할 수 있다. 먼저 4단자망 $N_a$의 특성식을 $T$-파라미터로 표현하면 다음과 같다.

$$\begin{bmatrix} V_1 \\ I_{1a} \end{bmatrix} = \begin{bmatrix} A_a & B_a \\ C_a & D_a \end{bmatrix} \begin{bmatrix} V_{2a} \\ -I_{2a} \end{bmatrix} \qquad (15.54a)$$

4단자망 $N_b$의 특성식은 다음과 같다.

$$\begin{bmatrix} \boldsymbol{V}_{1b} \\ \boldsymbol{I}_{1b} \end{bmatrix} = \begin{bmatrix} A_b & B_b \\ C_b & D_b \end{bmatrix} \begin{bmatrix} \boldsymbol{V}_2 \\ -\boldsymbol{I}_{2b} \end{bmatrix} \tag{15.54b}$$

[그림 15-60]으로부터 $\boldsymbol{V}_{2a} = \boldsymbol{V}_{1b}$, $\boldsymbol{I}_{1b} = -\boldsymbol{I}_{2a}$이므로 식 (15.54)로부터 다음을 얻을 수 있다.

$$\begin{bmatrix} \boldsymbol{V}_1 \\ \boldsymbol{I}_{1a} \end{bmatrix} = \begin{bmatrix} A_a & B_a \\ C_a & D_a \end{bmatrix} \begin{bmatrix} \boldsymbol{V}_{2a} \\ -\boldsymbol{I}_{2b} \end{bmatrix} = \begin{bmatrix} A_a & B_a \\ C_a & D_a \end{bmatrix} \cdot \begin{bmatrix} A_b & B_b \\ C_b & D_b \end{bmatrix} \begin{bmatrix} \boldsymbol{V}_2 \\ -\boldsymbol{I}_{2b} \end{bmatrix} \tag{15.55}$$

식 (15.55)에서 보듯이 종속연결된 2개의 4단자망의 전체 $T$-파라미터는 식 (15.56)과 같이 각각의 $T$-파라미터의 곱과 같다.

$$[\boldsymbol{T}] = [\boldsymbol{T}_a] \cdot [\boldsymbol{T}_b] \tag{15.56}$$

## 예제 15-13

다음 회로에서 $T$-파라미터를 구하라.

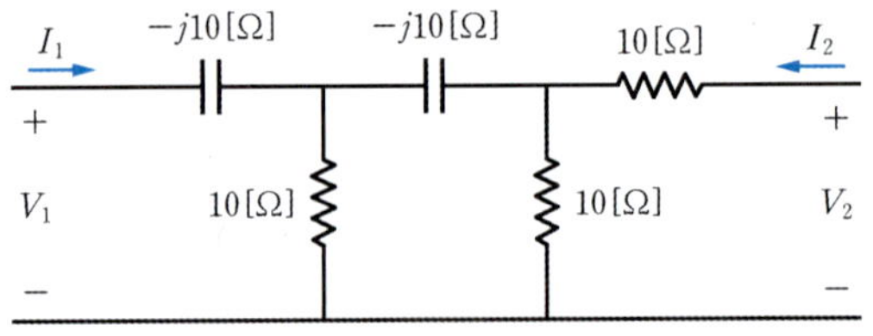


**[그림 15-61]** [예제 15-13]의 회로

### 풀이

[그림 15-61]은 [그림 15-62(a)]와 [그림 15-62(b)]의 4단자망의 종속연결과 동일하다. 전체 4단자망의 전송 파라미터를 구하는 방법도 있지만 여기서는 종속연결에 대한 설명이므로 각각의 전송 파라미터를 구한 후 전체 전송 파라미터를 구하고자 한다.

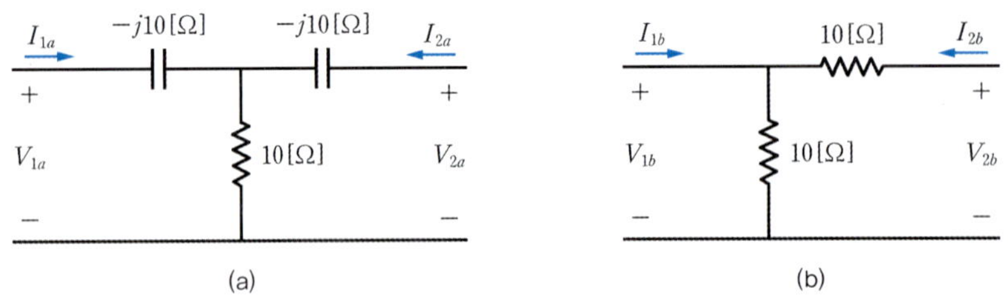


**[그림 15-62]** [그림 15-61]의 회로를 분리한 2개의 4단자망

먼저 [그림 15-62(a)]로부터 $T$-파라미터를 구해보자.

❶ $A_a = \left.\dfrac{\boldsymbol{V}_{1a}}{\boldsymbol{V}_{2a}}\right|_{\boldsymbol{I}_{2a}=0}$

$\boldsymbol{I}_{2a} = 0$이면 출력루프는 개방된 상태가 되고, 입력에 전압 $\boldsymbol{V}_{1a}$를 인가해 출력에 걸리는 전압 $\boldsymbol{V}_{2a}$는

식 ①과 같고 이로부터 $A_a$는 식 ②와 같다.

$$V_{2a} = \frac{10}{10 - j10} V_{1a} \quad \cdots ①$$

$$A_a = \frac{V_{1a}}{V_{2a}} = 1 - j \quad \cdots ②$$

❷ $B_a = -\left.\frac{V_{1a}}{I_{2a}}\right|_{V_{2a}=0}$

$V_{2a} = 0$이면 출력회로는 단락상태가 되고, 입력에 전압 $V_{1a}$를 인가해 출력전류 $I_{2a}$를 구하면 식 ③과 같다. 또한 식 ③으로부터 $B_a$를 표현한 식 ④를 얻을 수 있다.

$$\begin{aligned} I_{2a} &= -\frac{10}{10 - j10} I_{1a} = -\frac{1}{1 - j} \cdot \frac{V_{1a}}{-j10 + 10 // (-j10)} \quad \cdots ③ \\ &= -\frac{1}{1 - j}\left(-j10 + \frac{(-j10) \cdot 10}{10 - j10}\right)^{-1} V_{1a} \\ &= \frac{1}{10 + j20} V_{1a} \end{aligned}$$

$$B_a = -\frac{V_{1a}}{I_{2a}} = -(10 + j20)\ [\Omega] \quad \cdots ④$$

❸ $C_a = \left.\frac{I_{1a}}{V_{2a}}\right|_{I_{2a}=0}$

$I_{2a} = 0$이면 출력루프는 개방한 상태이고, 입력에 전류 $I_{1a}$를 인가한 후 출력전압 $V_{2a}$를 구하면 식 ⑤와 같다. 식 ⑤로부터 $C_a$를 표현한 식 ⑥을 얻을 수 있다.

$$V_{2a} = 10 I_{1a} \quad \cdots ⑤$$

$$C_a = \frac{I_{1a}}{V_{2a}} = 0.1\ [\mho] \quad \cdots ⑥$$

❹ $D_a = -\left.\frac{I_{1a}}{I_{2a}}\right|_{V_{2a}=0}$

$V_{2a} = 0$이면 출력회로는 단락상태이고, 입력전류 $I_{1a}$를 인가한 후 출력전류 $I_{2a}$를 구하면 식 ⑦과 같다. 식 ⑦로부터 $D_a$를 표현한 식 ⑧을 얻을 수 있다.

$$I_{2a} = -\frac{10}{10 - j10} I_{1a} \quad \cdots ⑦$$

$$D_a = -\frac{I_{2a}}{I_{1a}} = 1 - j \quad \cdots ⑧$$

[그림 15-62(b)]로부터 위와 같은 방법으로 $T$-파라미터를 구하면 다음과 같다.

❶ $A_b = \left.\frac{V_1}{V_2}\right|_{I_2=0} = 1$

❷ $B_b = -\left.\frac{V_1}{I_2}\right|_{V_2=0} = 10$

❸ $C_b = \left. \dfrac{I_1}{V_2} \right|_{I_2 = 0} = 0.1$ ❹ $D_b = -\left. \dfrac{I_1}{I_2} \right|_{V_2 = 0} = 2$

따라서 전체 회로의 $T$-파라미터는 식 ⑨와 같이 2개의 $T$-파라미터를 이용해 구할 수 있다.

$$\begin{bmatrix} A & B \\ C & D \end{bmatrix} = \begin{bmatrix} A_a & B_a \\ C_a & D_a \end{bmatrix} \cdot \begin{bmatrix} A_b & B_b \\ C_b & D_b \end{bmatrix} \quad \cdots ⑨$$

$$A = A_a A_b + B_a C_b = (1 - j) \cdot 1 - (10 + j20) \cdot 0.1 = -j3$$

$$B = A_a B_b + B_a D_b = (1 - j) \cdot 10 - (10 + j20) \cdot 2 = -10 - j50$$

$$C = C_a A_b + D_a C_b = 0.1 \cdot 1 + (1 - j) \cdot 0.1 = 0.2 - j0.1$$

$$D = C_a B_b + D_a D_b = 0.1 \cdot 10 + (1 - j) \cdot 2 = 3 - j2$$

### 실전문제 15-13

다음 회로에서 $T$-파라미터를 구하라.

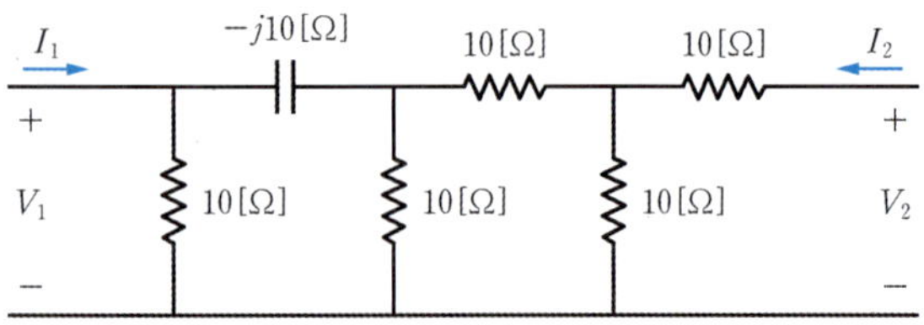


[그림 15-63]

**15.1** 다음 각 4단자망에서 $z$-파라미터와 $y$-파라미터를 구하라.

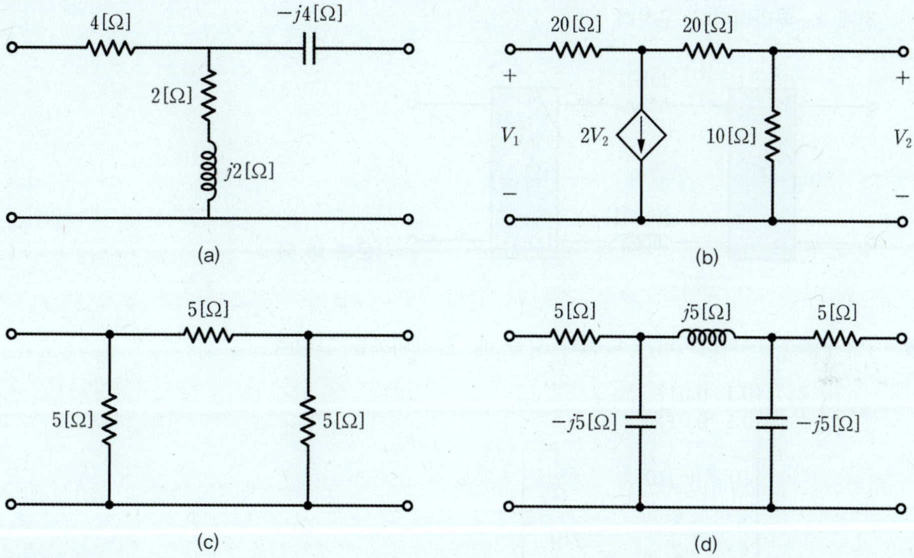


**[문제 15.1]**

**15.2** 4단자망의 특성식이 다음과 같은 경우, $z$-파라미터를 구하라.

(a) $V_1 = 2I_1 + 3V_2,\ I_2 = 100I_1 + 0.1V_2$

(b) $I_1 = 0.1V_1 + 0.01V_2,\ I_2 = 0.05V_1 + 0.2V_2$

**15.3** 다음과 같은 $z$-파라미터를 갖는 4단자망을 그려라.

(a) $[Z] = \begin{bmatrix} 10 & 2 \\ 4 & 5 \end{bmatrix}$

(b) $[Z] = \begin{bmatrix} 10 & -3 \\ 2 & 10 \end{bmatrix}$

**15.4** 4단자망의 $z$-파라미터가 $[Z] = \begin{bmatrix} 50 & j10 \\ j30 & 20 \end{bmatrix}$ 일 때, 주어진 회로에서 전원이 공급하는 복소전력 $S$를 구하라.

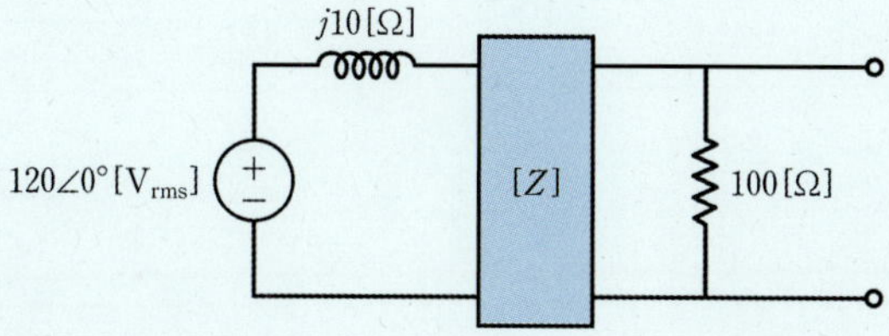


**[문제 15.4]**

**15.5** $[Z_1] = \begin{bmatrix} 25 & 20 \\ 5 & 10 \end{bmatrix}$, $[Z_2] = \begin{bmatrix} 12 & 4 \\ 4 & 6 \end{bmatrix}$의 $z$-파라미터를 가진 2개의 4단자망을 사용한 다음 회로에서 전체 $z$-파라미터를 구하라.

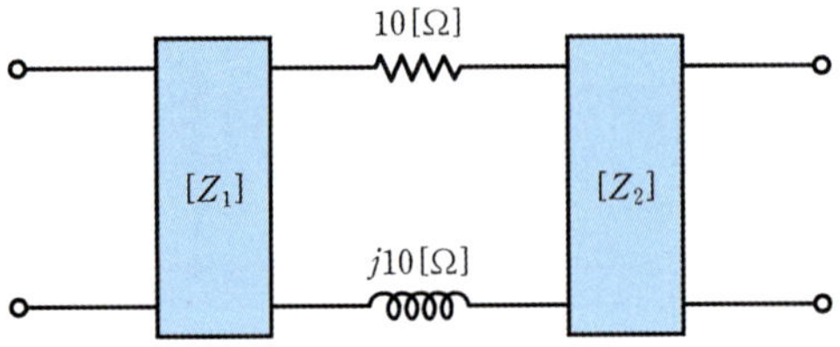


[문제 15.5]

**15.6** 4단자망의 $y$-파라미터가 다음과 같을 때, 등가회로를 그려라.

(a) $[Y] = \begin{bmatrix} 0.1 & 0.01 \\ 0.1 & 0.01 \end{bmatrix}$

(b) $[Y] = \begin{bmatrix} 10^{-3} + j10^{-3} & -\dfrac{1}{2} \\ -\dfrac{1}{2} & -j10^{-3} \end{bmatrix}$

**15.7** 4단자망의 특성식이 다음과 같을 때, 회로의 $y$-파라미터를 구하라.

(a) $V_1 = 10I_1 + 10I_2,\ V_2 = -5I_1 + 100I_2$

(b) $V_1 = 10I_1 + 10V_2,\ I_2 = 100I_1 + 200V_2$

**15.8** $[Y] = \begin{bmatrix} 0.1 & -\dfrac{1}{2} \\ -\dfrac{1}{2} & j0.02 \end{bmatrix}$와 같은 $y$-파라미터를 가진 4단자망을 사용한 다음 회로에서 점 a, b에서 들여다본 테브난 등가회로를 그려라.

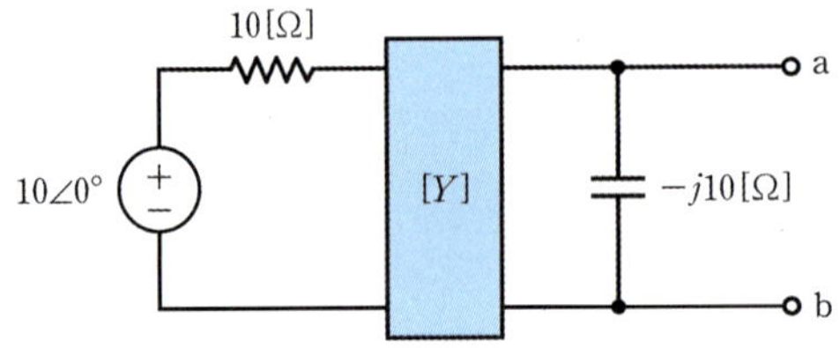


[문제 15.8]

**15.9** 다음 각 4단자망에서 $h$-파라미터와 $g$-파라미터를 구하라.

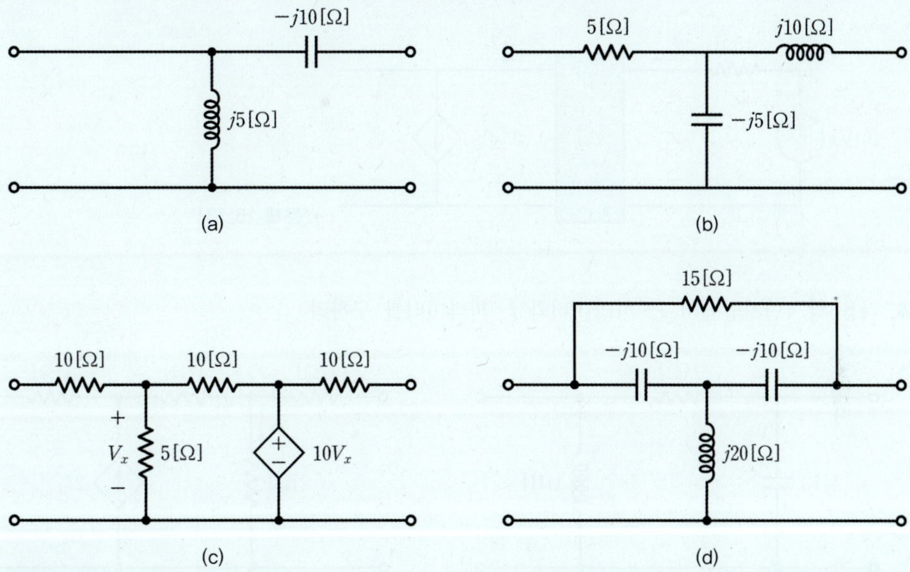


**[문제 15.9]**

**15.10** $h$-파라미터가 $[h] = \begin{bmatrix} 10\,[\Omega] & 0.1 \\ 10 & 0.1\,[\mho] \end{bmatrix}$와 같을 때, 등가회로망을 구하라.

**15.11** $g$-파라미터가 $[g] = \begin{bmatrix} 0.1 & 0 \\ 12 & s+4 \end{bmatrix}$와 같을 때, 등가회로망을 구하라.

**15.12** $[h] = \begin{bmatrix} 1\,[\mathrm{k}\Omega] & 0.1 \\ 100 & 1\,[\mathrm{m}\mho] \end{bmatrix}$와 같은 $h$-파라미터를 가진 4단자망에 저항을 연결한 다음 회로에서 입력저항 $R_{in}$을 구하라.

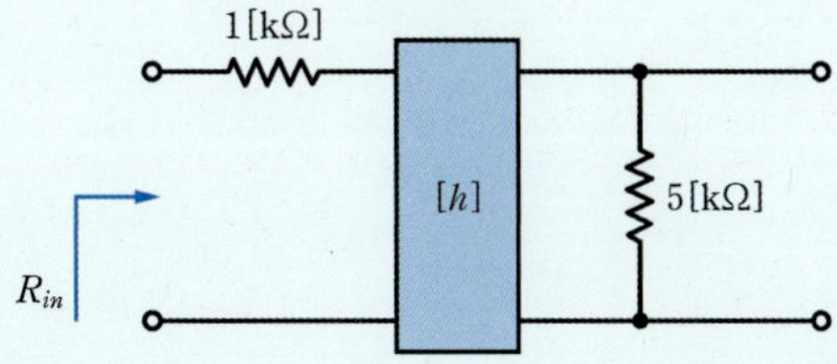


**[문제 15.12]**

**15.13** 다음 회로에서 전압 $V_2$를 구하라. 단, $[H] = \begin{bmatrix} 16\,[\Omega] & 3 \\ -2 & 0.01\,[\mho] \end{bmatrix}$이다.

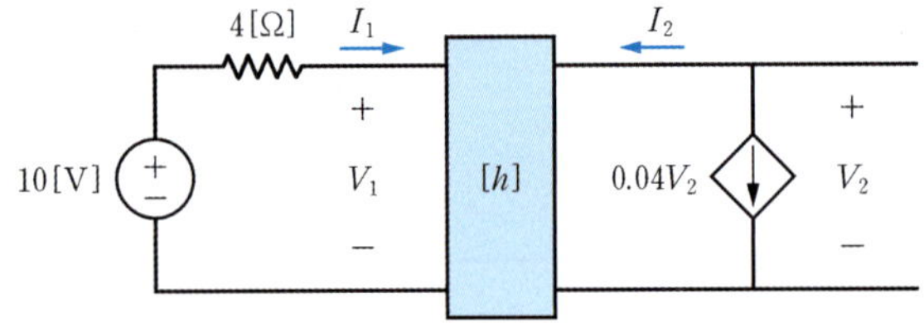


[문제 15.13]

**15.14** 다음 각 4단자망에서 $T$-파라미터와 $t$-파라미터를 구하라.

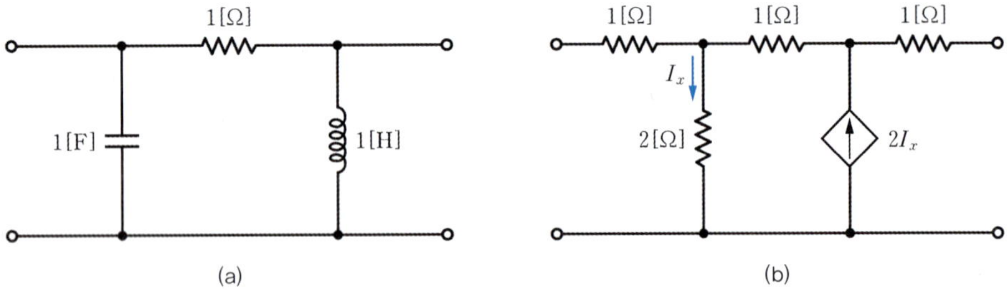


[문제 15.14]

**15.15** $z$-파라미터가 $[z] = \begin{bmatrix} 10 & -2 \\ 2 & 10 \end{bmatrix}$과 같을 때, 4단자망에 대해 주어진 물음에 답하라.

(a) $y$-파라미터를 구하라.

(b) $h$-파라미터를 구하라.

(c) 전송 파라미터를 구하라.

**15.16** 4단자망의 특성식이 $V_1 = 10I_1 - 20V_2$, $I_2 = 100I_1 + V_2$와 같을 때, 주어진 물음에 답하라.

(a) $z$-파라미터를 구하라.

(b) $y$-파라미터를 구하라.

(c) $g$-파라미터를 구하라.

**15.17** 다음 회로에서 전압이득 $A_V = \dfrac{V_o}{V_s}$를 구하라. 단, $[Z] = \begin{bmatrix} 100\,[\Omega] & 50\,[\Omega] \\ 50\,[\Omega] & 200\,[\Omega] \end{bmatrix}$이다.

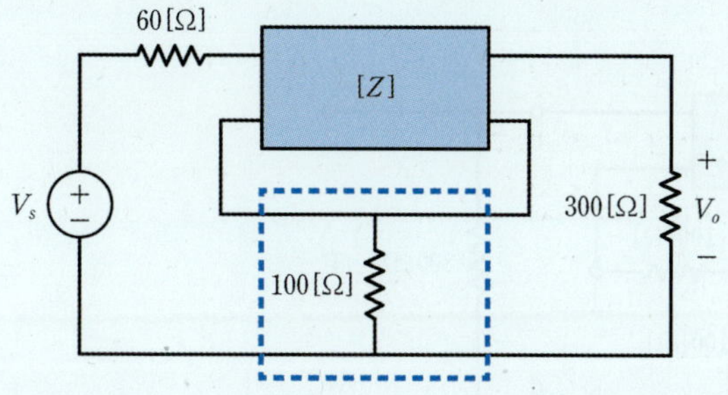


[문제 15.17]

**15.18** 다음 회로에서 전체 4단자망의 $g$-파라미터를 구하라.
단, $[Z] = \begin{bmatrix} 25\,[\Omega] & 20\,[\Omega] \\ 5\,[\Omega] & 10\,[\Omega] \end{bmatrix}$, $[Y] = \begin{bmatrix} 0.02\,[℧] & 0.25\,[℧] \\ 0.25\,[℧] & 0.02\,[℧] \end{bmatrix}$이다.

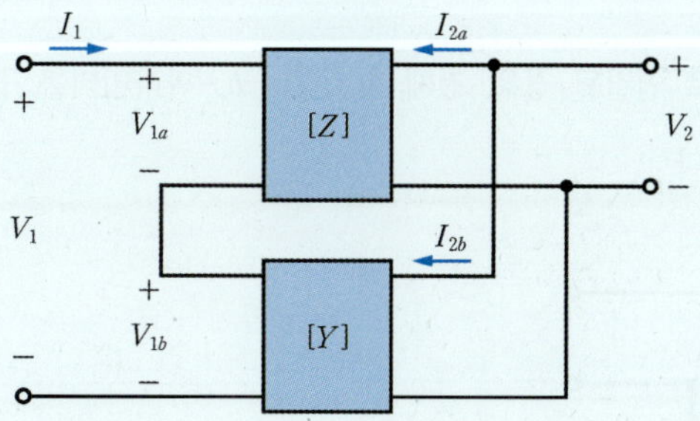


[문제 15.18]

**15.19** 다음 회로에서 전체 4단자망의 $g$-파라미터를 구하라.
단, $[H_1] = \begin{bmatrix} 25\,[\Omega] & 4 \\ -4 & 1\,[℧] \end{bmatrix}$, $[H_2] = \begin{bmatrix} 15\,[\Omega] & -4 \\ 4 & 9\,[℧] \end{bmatrix}$이다.

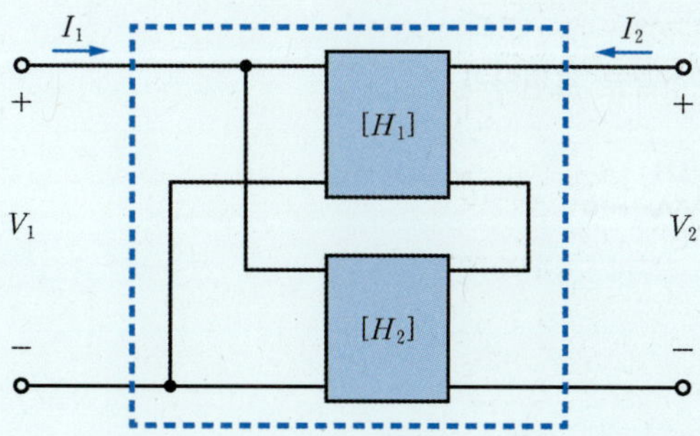


[문제 15.19]

**15.20** $[y] = \begin{bmatrix} 100\text{ m} & 0 \\ 10\text{ m} & 100\text{ m} \end{bmatrix}$[℧]로 주어진 $y$-파라미터를 가진 4단자망을 사용한 다음 회로에 대해 주어진 물음에 답하라.

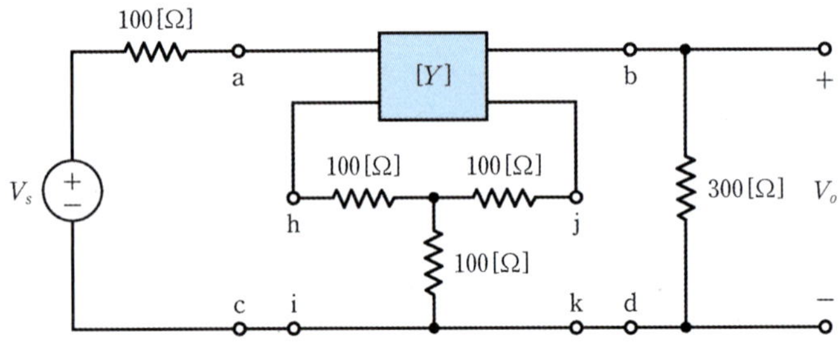


[문제 15.20]

(a) 점 h, i, j, k로 이루어진 4단자망의 $z$-파라미터를 구하라.
(b) 점 a, b, c, d로 이루어진 4단자망의 등가회로를 그려라.
(c) (b)의 등가회로를 사용해 $V_o / V_s$를 구하라.

**15.21** 다음 그림과 같이 2개의 4단자망이 병렬로 연결될 경우, 전체 회로망의 $h$-파라미터를 구하라. 단, $[y] = \begin{bmatrix} 0.1 + j0.1 & 0.1 \\ 0.1 & 0.1 - j0.1 \end{bmatrix}$[℧]이다.

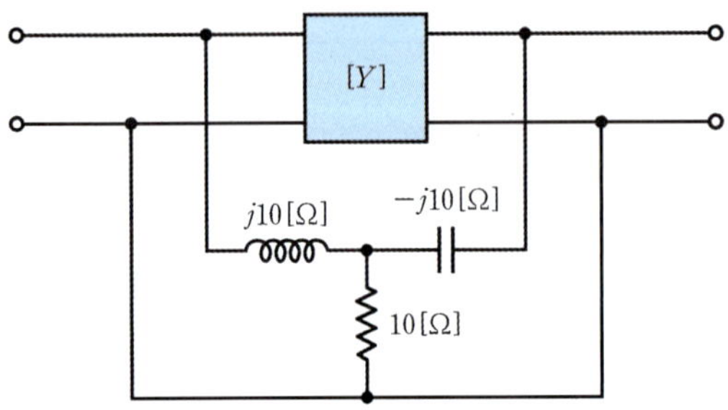


[문제 15.21]

**15.22** 다음 회로에서 $ABCD$ 파라미터를 $s$의 항으로 표현하라.

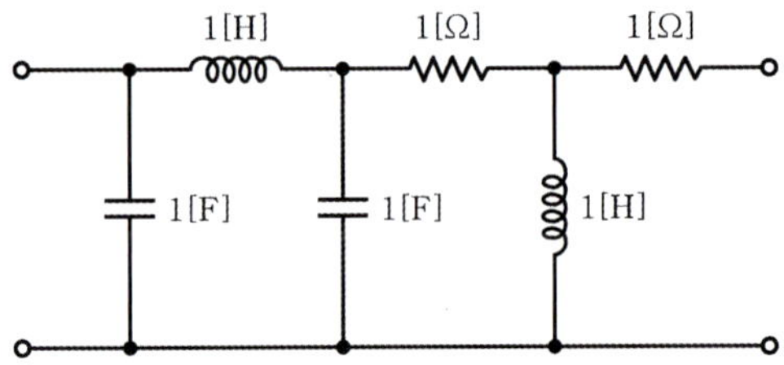


[문제 15.22]

# ■ 수식표

## A.1 라플라스 변환의 성질

| | |
|---|---|
| 선형성 | $\mathcal{L}\{\alpha f(t) \pm \beta g(t)\} = \alpha F(s) \pm \beta G(s)$ |
| 시간 스케일링 | $\mathcal{L} f(at) = \frac{1}{a} F(s/a)$ |
| 시간 미분 | $\mathcal{L}\left\{\frac{d^n f(t)}{dt^n}\right\} = s^n F(s) - s^{n-1} f(0) - s^{n-2} f'(0) - \cdots - f^{n-1}(0)$ |
| 주파수 미분 | $\mathcal{L}[t^n \cdot f(t)] = (-1)^n \frac{d^n}{ds^n} F(s)$ |
| 시간 적분 | $\mathcal{L}\left\{\int_0^t \int_0^{t_1} \cdots \int_0^{t_{n-1}} f(\tau)\, d\tau dt_{n-1} \cdots dt_2 dt_1\right\} = \frac{F(s)}{s^n}$ |
| 시간 추이 | $\mathcal{L}\{f(t-T) u_s(t-T)\} = e^{-Ts} F(s)$ |
| 주파수 추이 | $\mathcal{L}\{e^{-at} f(t)\} = F(s)\vert_{s=s+a} = F(s+a)$ |
| 주기함수 | $\mathcal{L}\left[\sum_{n=0}^{\infty} f_1(t-nT)\right] \cdot e^{-st} dt = \sum_{n=0}^{\infty} \int_0^{\infty} f_1(t-nT) \cdot e^{-st} dt$ |
| 초깃값 정리 | $f(t)$가 $t=0$에서 연속이면, $\lim_{t \to 0} f(t) = \lim_{s \to \infty} sF(s)$ |
| 최종값 정리 | $sF(s)$가 좌반부에만 존재하면, $\lim_{t \to \infty} f(t) = \lim_{s \to 0} sF(s)$ |

## A.2 시간 함수와 라플라스 함수의 짝

| $f(t),\ t \geq 0$ | $F(s)$ | 비고 |
|---|---|---|
| $\delta(t)$ | $1$ | 단위 임펄스 함수 |
| $u(t)$ | $\frac{1}{s}$ | 단위 계단 함수 |
| $t,\ t^2,\ \cdots,\ t^n$ | $\frac{1}{s^2},\ \frac{2!}{s^3},\ \cdots,\ \frac{n!}{s^{n+1}}$ | 램프 함수 등 |
| $e^{-at}$ | $\frac{1}{s+a}$ | 지수함수 |
| $\cos\omega t$ | $\frac{s}{s^2+\omega^2}$ | cos 함수 |
| $\sin\omega t$ | $\frac{\omega}{s^2+\omega^2}$ | sin 함수 |
| $te^{-at}$ | $\frac{1}{(s+a)^2}$ | |
| $e^{-at}\cos\omega t$ | $\frac{s+a}{(s+a)^2+\omega^2}$ | |
| $e^{-at}\sin\omega t$ | $\frac{\omega}{(s+a)^2+\omega^2}$ | |

## A.3 삼각함수 합성 방법

| | |
|---|---|
| 삼각함수 가법정리 ($A=\alpha+\beta$, $B=\alpha-\beta$) | $\sin(\alpha\pm\beta)=\sin\alpha\cdot\cos\beta\pm\cos\alpha\cdot\sin\beta$<br>$\cos(\alpha\pm\beta)=\cos\alpha\cdot\cos\beta\mp\sin\alpha\cdot\sin\beta$ |
| | $\sin A+\sin B=2\cdot\sin\left(\frac{A+B}{2}\right)\cdot\cos\left(\frac{A-B}{2}\right)$<br>$\cos A+\cos B=2\cdot\cos\left(\frac{A+B}{2}\right)\cdot\cos\left(\frac{A-B}{2}\right)$ |
| 삼각함수 합성 | $A\cos\theta+B\sin\theta=\sqrt{A^2+B^2}\cdot\cos\left\{\theta+\tan^{-1}\left(\frac{B}{A}\right)\right\}$ |
| 위상변화 | $\sin(\theta\pm 90°)=\pm\cos\theta,\ \cos(\theta\pm 90°)=\mp\sin\theta$<br>$\sin(\theta\pm 180°)=-\sin\theta,\ \cos(\theta\pm 180°)=-\cos\theta$ |
| 위상각 계산 | $A>0\ \rightarrow\ \tan^{-1}\left(\frac{B}{A}\right)=\tan^{-1}\left(\frac{B}{\lvert A\rvert}\right)$<br>$A<0\ \rightarrow\ \tan^{-1}\left(\frac{B}{A}\right)=\tan^{-1}\left(-\frac{B}{\lvert A\rvert}\right)\pm 180°$ |

## A.4 4단자망 파라미터 사이의 변환 관계

| | $z$ | | $y$ | | $h$ | | $g$ | | $T$ | | $t$ | |
|---|---|---|---|---|---|---|---|---|---|---|---|---|
| $z$ | $z_{11}$ | $z_{12}$ | $\frac{y_{22}}{\Delta_y}$ | $-\frac{y_{12}}{\Delta_y}$ | $\frac{\Delta_h}{h_{22}}$ | $\frac{h_{12}}{h_{22}}$ | $\frac{1}{g_{11}}$ | $-\frac{g_{12}}{g_{11}}$ | $\frac{A}{C}$ | $\frac{\Delta_T}{C}$ | $\frac{d}{c}$ | $\frac{1}{c}$ |
| | $z_{21}$ | $z_{22}$ | $-\frac{y_{21}}{\Delta_y}$ | $\frac{y_{11}}{\Delta_y}$ | $-\frac{h_{21}}{h_{22}}$ | $\frac{1}{h_{22}}$ | $\frac{g_{21}}{g_{11}}$ | $\frac{\Delta_g}{g_{11}}$ | $\frac{1}{C}$ | $\frac{D}{C}$ | $\frac{\Delta_t}{c}$ | $\frac{a}{c}$ |
| $y$ | $\frac{z_{22}}{\Delta_z}$ | $-\frac{z_{12}}{\Delta_z}$ | $y_{11}$ | $y_{12}$ | $\frac{1}{h_{11}}$ | $-\frac{h_{12}}{h_{11}}$ | $\frac{\Delta_g}{g_{22}}$ | $\frac{g_{12}}{g_{22}}$ | $\frac{D}{B}$ | $-\frac{\Delta_T}{B}$ | $\frac{a}{b}$ | $-\frac{1}{b}$ |
| | $-\frac{z_{21}}{\Delta_z}$ | $\frac{z_{11}}{\Delta_z}$ | $y_{21}$ | $y_{22}$ | $\frac{h_{21}}{h_{11}}$ | $\frac{\Delta_h}{h_{11}}$ | $-\frac{g_{21}}{g_{22}}$ | $\frac{1}{g_{22}}$ | $-\frac{1}{B}$ | $\frac{A}{B}$ | $-\frac{\Delta_t}{b}$ | $\frac{d}{b}$ |
| $h$ | $\frac{\Delta_z}{z_{22}}$ | $\frac{z_{12}}{z_{22}}$ | $\frac{1}{y_{11}}$ | $-\frac{y_{12}}{y_{11}}$ | $h_{11}$ | $h_{12}$ | $\frac{g_{22}}{\Delta_g}$ | $-\frac{g_{12}}{\Delta_g}$ | $\frac{B}{D}$ | $\frac{\Delta_T}{D}$ | $\frac{b}{a}$ | $\frac{1}{a}$ |
| | $-\frac{z_{21}}{z_{22}}$ | $\frac{1}{z_{22}}$ | $\frac{y_{21}}{y_{11}}$ | $\frac{\Delta_y}{y_{11}}$ | $h_{21}$ | $h_{22}$ | $-\frac{g_{21}}{\Delta_g}$ | $\frac{g_{11}}{\Delta_g}$ | $-\frac{1}{D}$ | $\frac{C}{D}$ | $\frac{\Delta_t}{a}$ | $\frac{c}{a}$ |
| $g$ | $\frac{1}{z_{11}}$ | $-\frac{z_{12}}{z_{11}}$ | $\frac{\Delta_y}{y_{22}}$ | $\frac{y_{12}}{y_{22}}$ | $\frac{h_{22}}{\Delta_h}$ | $-\frac{h_{12}}{\Delta_h}$ | $g_{11}$ | $g_{12}$ | $\frac{C}{A}$ | $-\frac{\Delta_T}{A}$ | $\frac{c}{d}$ | $-\frac{1}{d}$ |
| | $\frac{z_{21}}{z_{11}}$ | $\frac{\Delta_z}{z_{11}}$ | $-\frac{y_{21}}{y_{22}}$ | $\frac{1}{y_{22}}$ | $-\frac{h_{21}}{\Delta_h}$ | $\frac{h_{11}}{\Delta_h}$ | $g_{21}$ | $g_{22}$ | $\frac{1}{A}$ | $\frac{B}{A}$ | $\frac{\Delta_t}{d}$ | $-\frac{b}{d}$ |
| $T$ | $\frac{z_{11}}{z_{21}}$ | $\frac{\Delta_z}{z_{21}}$ | $-\frac{y_{22}}{y_{21}}$ | $-\frac{1}{y_{21}}$ | $-\frac{\Delta_h}{h_{21}}$ | $-\frac{h_{11}}{h_{21}}$ | $\frac{1}{g_{21}}$ | $\frac{g_{22}}{g_{21}}$ | $A$ | $B$ | $\frac{d}{\Delta_t}$ | $\frac{b}{\Delta_t}$ |
| | $\frac{1}{z_{21}}$ | $\frac{z_{22}}{z_{21}}$ | $-\frac{\Delta_y}{y_{21}}$ | $-\frac{y_{11}}{y_{21}}$ | $-\frac{h_{22}}{h_{21}}$ | $-\frac{1}{h_{21}}$ | $\frac{g_{11}}{g_{21}}$ | $\frac{\Delta_g}{g_{21}}$ | $C$ | $D$ | $\frac{c}{\Delta_t}$ | $\frac{a}{\Delta_t}$ |
| $t$ | $\frac{z_{22}}{z_{12}}$ | $\frac{\Delta_z}{z_{12}}$ | $-\frac{y_{11}}{y_{12}}$ | $-\frac{1}{y_{12}}$ | $\frac{1}{h_{12}}$ | $\frac{h_{11}}{h_{12}}$ | $-\frac{\Delta_g}{g_{12}}$ | $-\frac{g_{22}}{g_{12}}$ | $\frac{D}{\Delta_T}$ | $\frac{B}{\Delta_T}$ | $a$ | $b$ |
| | $\frac{1}{z_{12}}$ | $\frac{z_{11}}{z_{12}}$ | $-\frac{\Delta_y}{y_{12}}$ | $-\frac{y_{22}}{y_{12}}$ | $\frac{h_{22}}{h_{12}}$ | $\frac{\Delta_h}{h_{12}}$ | $-\frac{g_{11}}{g_{12}}$ | $-\frac{1}{g_{12}}$ | $\frac{C}{\Delta_T}$ | $\frac{A}{\Delta_T}$ | $c$ | $d$ |

$$\Delta_z = z_{11}z_{22} - z_{12}z_{21}, \quad \Delta_h = h_{11}h_{22} - h_{12}h_{21}, \quad \Delta_T = AD - BC$$

$$\Delta_y = y_{11}y_{22} - y_{12}y_{21}, \quad \Delta_g = g_{11}g_{22} - g_{12}g_{21}, \quad \Delta_t = ad - bc$$

## ■ 실전문제 답

### [Chapter 01]

[1-1] $-1.6 \times 10^{-6}$ [C]

[1-2] $q_{1\sim3} = 20$ [C]

[1-3] 직류성분 5 [A], 교류성분 $5\cos(4\pi t)$ [A]

[1-4] $v_{ac} = -8$ [V]

[1-5] (a)와 (d)는 54 [kJ] 소모, (b)와 (c)는 54 [kJ] 공급

[1-6] $V = -4$ [V]

[1-7] $I = 8$

[1-8] 50 [W] 공급

[1-9] 10 [V]

[1-10] 0.1 [mA]

### [Chapter 02]

[2-1] $I_1 = 1$ [A], $V_1 = 6$ [V], $V_2 = 10$ [V], $R = 4$ [Ω]

[2-2] $I_1 = 4$ [A], $I_2 = 5$ [A], $I_3 = 1$ [A], $I_4 = -1$ [A]

[2-3] $I = \frac{3}{10}V + 5$

[2-4] $V_1 = 14$ [V], $V_2 = 2$ [V], $I_1 = 1$ [A], $I_2 = 1$ [A], $R_1 = 4$ [Ω], $R_2 = 2$ [Ω]

[2-5] $V = 10I - 15$

[2-6] $V_1 = 9$ [V], $V_2 = 5$ [V]

[2-7] $I_{eq1} = 8$ [A]

[2-8] $\frac{4}{3}$ [W]

[2-9] $R_{eq} = 14$ [Ω]

[2-10] $I = 1$ [A], $V_1 = 5$ [V], $V_2 = 3$ [V], $V_3 = 3$ [V], $V_4 = 4$ [V]

[2-11] 등가저항 = 7.5 [kΩ], 정격전력 = 13.3 [mW]

[2-12] $V_o = 8$ [V]

[2-13] $V = \frac{20}{3}I$, $R_{ab} = \frac{20}{3}$ [Ω]

[2-14] $\frac{25}{9}$ [W]

[2-15] $V_o = 2$ [V]

[2-16] $R_{ab} = -3$ [Ω]

[2-17] $V_s = 2.6 I_s$

## [Chapter 03]

[3-1] $I = 2\,[\mathrm{A}]$

[3-2] $V_x = 12\,[\mathrm{V}]$

[3-3] $V_x = 14\,[\mathrm{V}]$

[3-4] $i_o = 0$

[3-5] $v_o = 2\,[\mathrm{V}]$

[3-6] $v_o = 6\,[\mathrm{V}]$

[3-7] $i_o = -1\,[\mathrm{A}]$

[3-8] $v_o = 2\,[\mathrm{V}]$

[3-9] $V_o = 7\,[\mathrm{V}]$

[3-10] $v_o = 10\,[\mathrm{V}]$

[3-11] $v_o = 10\,[\mathrm{V}],\ i_o = 2\,[\mathrm{A}]$

[3-12] $V_o = 16\,[\mathrm{V}]$

[3-13] $2\,[\mathrm{W}]$ 소모

## [Chapter 04]

[4-1] (a) 선형성 (b) 비선형성 (c) 비선형성

[4-2] $i = 2\,[\mathrm{A}]$

[4-3] $V_o = 22\,[\mathrm{V}]$

[4-4] $I_o = -0.5\,[\mathrm{mA}]$

[4-5] $80\,[\mathrm{W}]$

[4-6] $V = 10^4 I + 8$

[4-7] $I_{SC} = 3\,[\mathrm{mA}],\ R_{TH} = 4\,[\mathrm{k\Omega}]$

[4-8] $V_{OC} = 0,\ I_{SC} = 0,\ R = 5\,[\Omega]$

[4-9] $I_o = 3\,[\mathrm{mA}]$

[4-10] $I_o = 1\,[\mathrm{mA}]$

[4-11] $V = 5I + 4$

[4-12] $V_{OC} = 0,\ R_{TH} = 2\,[\mathrm{k\Omega}]$

[4-13] $V_o = 4\,[\mathrm{V}]$

[4-14] $I_{SC} = 3\,[\mathrm{A}],\ R_{TH} = 4\,[\Omega]$

[4-15] $I = \dfrac{V}{4} + 1$

[4-16] $V_o = 4\,[\mathrm{V}]$

[4-17] $R_L = 2\,[\Omega],\ P_{\max} = 2\,[\mathrm{W}]$

[4-18] $R_L = 10\,[\Omega]$, $P_{\max} = 44.1\,[\mathrm{W}]$

## [Chapter 05]

[5-1] (a) $A_v = 6$ (b) $A_v = 5.99976$

[5-2] $v_o = 4\,[\mathrm{V}]$, $i_o = -0.1\,[\mathrm{mA}]$

[5-3] $i_o = -0.5\,[\mathrm{mA}]$, $v_o = -10\,[\mathrm{V}]$

[5-4] $v_o = \left\{\left(1 + \frac{R_2}{R_1}\right)\left(1 + \frac{R_4}{R_3}\right) + \frac{R_4}{R_1}\right\} \cdot v_i$

[5-5] $R_f / R_1 = 3$, $R_f / R_2 = 5$

[5-6] $R_1 = 3\,[\mathrm{k\Omega}]$, $R_2 = 5\,[\mathrm{k\Omega}]$, $R_a = 1\,[\mathrm{k\Omega}]$, $R_b = 7\,[\mathrm{k\Omega}]$

[5-7] $R_f / R_1 = 3$, $R_f / R_2 = 5$

[5-8] $R_{a1} = 2R_{a2} = R_f / 2$, $R_{b1} = 2R_{b2} = R_f$, $R_c = R_d / 5 = R_f / 5$

[5-9] $R_c = R_d = R_{b1} = R_f = 16\,[\mathrm{k\Omega}]$, $R_{b2} = R_{a3} = 8\,[\mathrm{k\Omega}]$, $R_{a1} = R_{b3} = 4\,[\mathrm{k\Omega}]$,
$R_{a2} = 2\,[\mathrm{k\Omega}]$

[5-10] $R_G = 5\,[\mathrm{k\Omega}]$

[5-11] $A_v = \frac{v_o}{v_i} = -\frac{R_2(R_a + R_b)}{R_1 R_a}$

[5-12] $I_o = -3\,[\mathrm{mA}]$, $V_o = 36\,[\mathrm{V}]$

[5-13] $V_o = -8V_1 - 3V_2$

## [Chapter 06]

[6-1] (a) $F(s) = \frac{1}{s+5}$ (b) $G(s) = \frac{3s+2}{s^2}$ (c) $V(s) = \frac{\omega}{s^2 + \omega^2}$

[6-2] (a)

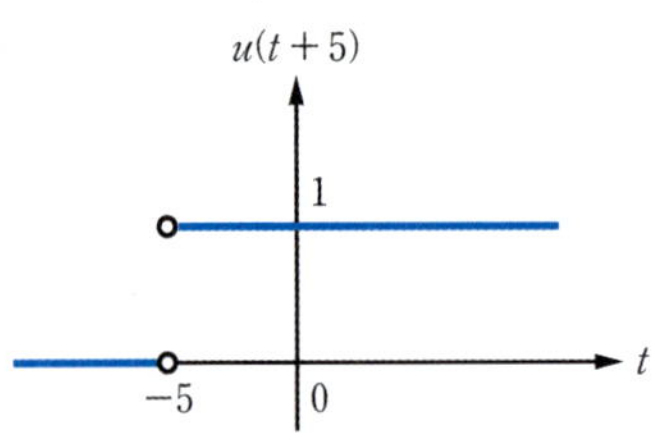


(b)

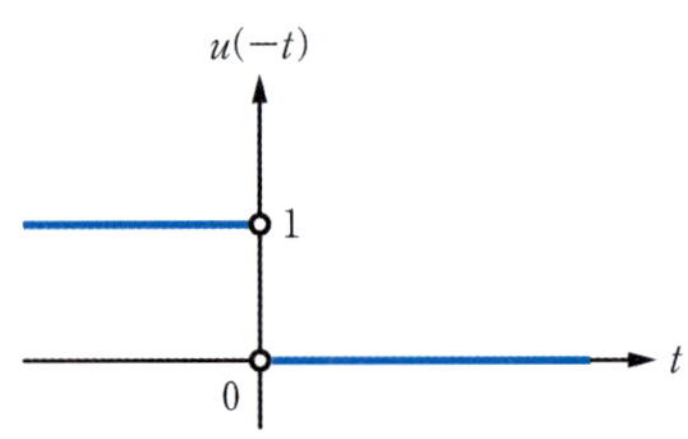


[6-3]

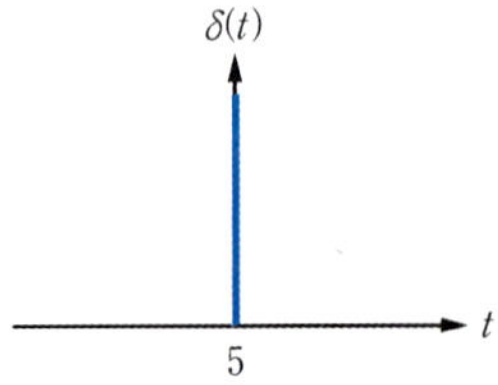


[6-4] $f(\alpha)$

[6-5]

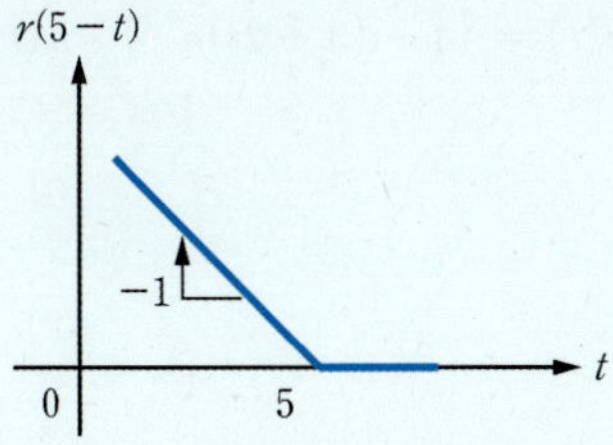


[6-6] $f(t) = \frac{A}{a}\{r(t) - r(t-a)\} - Au(t-b)\}$

[6-7] $G(s) = \frac{-5s^2 + 3s + 4}{s^2}$

[6-8] (a) $F(s) = 10$ (b) $G(s) = \frac{10}{s+5}$ (c) $H(s) = \frac{10}{s^2 + 100}$

[6-9] $G(s) = \frac{s}{s^2 + \omega^2}$

[6-10] $G(s) = \frac{\omega}{s^2 + \omega^2}$

[6-11] $G(s) = \frac{A}{s(s+\alpha)}$

[6-12] (a) $F(s) = \frac{6}{s^4}$ (b) $G(s) = \frac{s^2 - \omega^2}{(s^2 + \omega^2)^2}$ (c) $H(s) = (-1)^n \frac{n!}{(s+1)^{n+1}}$

[6-13] $H(s) = \frac{A(1 - e^{-as})}{s}$

[6-14] (a) $F(s) = \frac{1}{(s+3)^2}$ (b) $G(s) = \frac{10}{(s+10)^2 + 100}$

[6-15] $G(s) = \frac{1}{s(1+e^{-s})}$

[6-16] (a) $h(0) = 0$ (b) $g(0) = 1$ (c) $f(0) = \frac{1}{5}$

[6-17] $\lim_{t \to \infty} g(t) = 1$

[6-18] 발산

[6-19] $g(t) = (e^{-5t} + e^{-10t} - 2e^{-20t})u(t)$

[6-20] $g(t) = \{e^{-t} + e^{-2t} - 2(1+t)e^{-3t}\} \cdot u(t)$

[6-21] $g(t) = \{(t-2)e^{-2t} + (t+2)e^{-3t}\} \cdot u(t)$

[6-22] $g(t) = (1 - t - t^2)e^{-2t} \cdot u(t)$

[6-23] $g(t) = (1 - \cos 2t + \sin 2t) \cdot e^{-t} \cdot u(t)$

[6-24] $g(t) = (1 - \cos t - \sin t)e^{-3t} \cdot u(t)$

[6-25] (a) $x(t) = (2e^{-t} + e^{-4t}) \cdot u(t)$, (b) $v(t) = \frac{2}{5}(6e^{-2t} - \cos t + 2\sin t) \cdot u(t)$

(c) $v(t) = (5e^{-t} - 10e^{-2t} + 5e^{-3t}) \cdot u(t)$, (d) $v(t) = \{4 - (3+2t)e^{-t}\} \cdot u(t)$

(e) $v(t) = 2\{1 - e^{-2t}(\cos 2t + \sin 2t)\} \cdot u(t)$,

(f) $y(t) = \left(-\frac{10}{3}e^{-t} + 8e^{-2t} - \frac{8}{3}e^{-4t}\right) \cdot u(t)$

## [Chapter 07]

[7-1] $v(t) = 0.2\sin 10t\,[\text{V}]$

[7-2] $v_C(t = 0_+) = 2\,[\text{V}]$

[7-3] $W_C = 9\,[\text{J}]$

[7-4] $C_{eq} = 1\,[\mu\text{F}]$

[7-5] $v_1 = 3\,[\text{V}]$, $v_2 = 5\,[\text{V}]$, $v_3 = 8\,[\text{V}]$

[7-6] $C_{eq} = 2\,[\mu\text{F}]$

[7-7] $v_1 = -2\,[\text{V}]$, $v_2 = 2\,[\text{V}]$, $W_C = 18\,[\mu\text{J}]$

[7-8] $C_{eq} = 15\,[\mu\text{F}]$

[7-9] $i_1 = 2e^{-10t} \cdot u(t)\,[\text{mA}]$, $i_2 = 3e^{-10t} \cdot u(t)\,[\text{mA}]$, $i_3 = 4e^{-10t} \cdot u(t)\,[\text{mA}]$,

$i_4 = e^{-10t} \cdot u(t)\,[\text{mA}]$

[7-10] $C_{eq} = 2\,[\mu\text{F}]$

[7-11] $v_1 = 1\,[\text{V}]$, $v_2 = 6\,[\text{V}]$

[7-12] $C_a = \frac{C_2 \cdot C_3}{C_1 + C_2 + C_3}$, $C_b = \frac{C_1 \cdot C_3}{C_1 + C_2 + C_3}$, $C_c = \frac{C_1 \cdot C_2}{C_1 + C_2 + C_3}$

[7-13] $v(t) = -5\sin 10^5 t\,[\text{V}]$

[7-14] $i(t = 0_+) = \frac{5}{3}\,[\text{A}]$

[7-15] $W_L = 1\,[\text{J}]$

[7-16] $L_{eq} = 20\,[\text{mH}]$

[7-17] $L_{eq} = 15\,[\text{mH}]$

[7-18] $L_{eq} = 1\,[\mu\text{H}]$

[7-19] $\Delta i_1 = 1.5\,[\text{mA}]$, $\Delta i_2 = 3\,[\text{mA}]$, $\Delta i_3 = 4.5\,[\text{mA}]$

[7-20] $L_{eq} = -2\,[\mu\text{H}]$

[7-21] $v_s(t) = 0.2\cos 10t\,[\text{mV}]$, $i_1(t) = \frac{5}{3}\sin 10t\,[\text{mA}]$

[7-22] $W_C(0) = 16\,[\text{J}]$, $W_C(\infty) = 0$, $W_L(0) = 0.16\,[\text{J}]$, $W_L(0) = 0.16\,[\text{J}]$

[7-23] $V(s) = \frac{1 - e^{-2\times 10^{-3}s}(1+2s)}{s^2}$

[7-24]

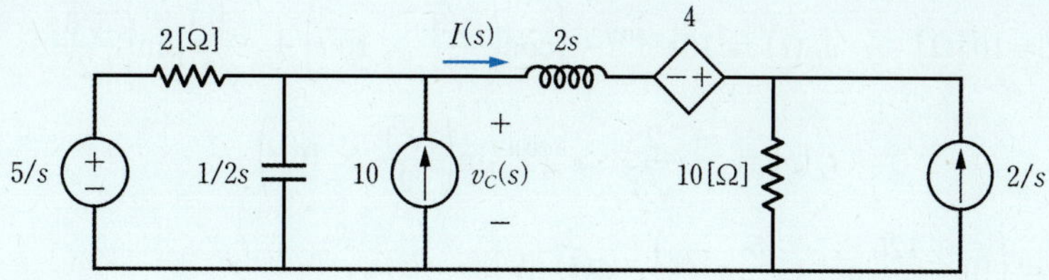


## [Chapter 08]

[8-1] $v_x(t) = 5e^{-3t}$

[8-2] $v_x(t) = 1 + 4e^{-3t} \quad (t \geq 0)$

[8-3] $i_L(t) = 5e^{-2t}$

[8-4] $v_R(t) = 5e^{-t/10}$

[8-5] $v_L(t) = -25e^{-t/2}\,[\mathrm{V}]$

[8-6] $v_R(t) = 5e^{-100t}\,[\mathrm{V}]$

[8-7] $v_R(t) = 24(1 - e^{-500t})\,[\mathrm{V}]$

[8-8] $v_R(t) = 5 - (5 - 5e^{-t/100}) \cdot u(t)$

[8-9] $i_C(t) = 0.5e^{-100t}\{u(t) - e^{10}u(t-0.1) + e^{20}u(t-0.2) - e^{30}u(t-0.3)\}\,[\mathrm{A}]$

[8-10] $v_L(t) = -40e^{-10^6 t}\,[\mathrm{V}]$

[8-11] $v_C(t) = 4 - 4e^{-100t}\,[\mathrm{V}]$

[8-12] $i_L(t) = 2 - e^{-4\times10^5 t}\,[\mathrm{mA}]$

[8-13] $i_C(t) = 5e^{-20t}u(t)\,[\mathrm{mA}]$

[8-14] $i_L(t) = 2(1 - e^{-10^6 t}) \cdot u(t)\,[\mathrm{mA}]$

[8-15] $v_o(t) = -10^6 \int_{-\infty}^{t} v_s(\tau)d\tau$

[8-16] $v_o(t) = \left(1 + 10^{-6}\frac{d}{dt}\right) \cdot v_s(t)$

## [Chapter 09]

[9-1] $v_C(t) = 5(3e^{-t/3} - e^{-t})\,[\mathrm{V}],\ i_L(t) = 5(e^{-t} - e^{-t/3})\,[\mathrm{A}]$

[9-2] $v_R(t) = 6(1+10t)e^{-10t},\ i_L(t) = 0.3(1+10t)e^{-10t}\,[\mathrm{A}]$

[9-3] $v_C(t) = 8e^{-t}\cos t,\ i_L(t) = 2e^{-t}(\cos t + \sin t)$

[9-4] (a) $R = 20\,[\Omega] \rightarrow v_C(t) = 10(1 + 10^3 t)e^{-10^3 t},\ i_L(t) = -10^3 t \cdot e^{-10^3 t}$

(b) $R = 10\,[\Omega] \rightarrow v_C(t) = 10e^{-500t} \cdot \left\{\cos\left(\frac{\sqrt{3}}{2} \times 10^3 t\right) + \frac{1}{\sqrt{3}}\sin\left(\frac{\sqrt{3}}{2} \times 10^3 t\right)\right\}$

$$i_L(t) = -\frac{2}{\sqrt{3}} \cdot e^{-500t}\sin\left(\frac{\sqrt{3}}{2} \times 10^3 t\right)$$

[9–5] $v_C(t) = \left\{10 - \frac{125}{12}e^{-t} + \frac{5}{12}e^{-25t}\right\} \cdot u(t)\ [\mathrm{V}]$

[9–6] $v_C(t) = 10\{1 - (1+5t)e^{-5t}\} \cdot u(t)\ [\mathrm{V}]$

[9–7] $v_C(t) = \left\{10 - 10e^{-2.5t}\left(\cos\frac{5\sqrt{3}}{2}t + \frac{1}{\sqrt{3}}\sin\frac{5\sqrt{3}}{2}t\right)\right\} \cdot u(t)\ [\mathrm{V}]$

[9–8] $v_C(t) = 10(1 - \cos 5t) \cdot u(t)$

[9–9] (a) $R = 10\,[\Omega] \rightarrow v_C(t) = 2 + 10\{1 - (1+100t)e^{-100t}\}u(t)$

$$i_L(t) = 200t \cdot e^{-100t}u(t)$$

(b) $R = 5\,[\Omega]$

$\rightarrow v_C(t) = 2 + [10 - 10e^{-50t}\{\cos(50\sqrt{3}t) + \frac{1}{\sqrt{3}}\sin(50\sqrt{3}t)\}] \cdot u(t)$

$i_L(t) = \frac{4}{\sqrt{3}}e^{-50t}\sin(50\sqrt{3}t) \cdot u(t)$

[9–10] $i_L(t) = \frac{10}{3}(4e^{-10^4 t} - e^{-4\times10^4 t})\,[\mathrm{mA}],\ v_C(t) = -\frac{100}{3}\left(e^{-10^4 t} - e^{-4\times10^4 t}\right)\,[\mathrm{V}]$

[9–11] $i_L(t) = 5 + (1 + 10^4 t)e^{-10^4 t}\,[\mathrm{mA}],\ v_C(t) = -10^5 t \cdot e^{-10^4 t}\,[\mathrm{V}]$

[9–12] $i_L(t) = 20\cos(5000t - 60°) \cdot e^{-8660t}\,[\mathrm{mA}],\ v_C(t) = -2e^{-8660t} \cdot \sin 5000t\,[\mathrm{V}]$

[9–13] $v_{C1}(t) = 10 - 5(1 - 16\sqrt{3})\exp\{-50(2-\sqrt{3})t\}$

$$-5(1 + 16\sqrt{3})\exp\{-50(2+\sqrt{3})t\}\,[\mathrm{V}]$$

$v_{C2}(t) = 10 - 5\left(1 + \frac{2}{\sqrt{3}}\right)\exp\{-50(2-\sqrt{3})t\}$

$$-5\left(1 - \frac{2}{\sqrt{3}}\right)\exp\{-50(2+\sqrt{3})t\}\,[\mathrm{V}]$$

[9–14] $i_{L1}(t) = 3 - \left(\frac{3+\sqrt{3}}{2}\right)e^{(-4+2\sqrt{3})t} - \left(\frac{3-\sqrt{3}}{2}\right)\exp^{-(4+2\sqrt{3})t}$,

$i_{L2}(t) = 3 - \left(\frac{3}{2} + \sqrt{3}\right)e^{(-4+2\sqrt{3})t} - \left(\frac{3}{2} - \sqrt{3}\right)\exp^{-(4+2\sqrt{3})t}$

[9–15] $v_o(t) = 4 - 2(1 + \sqrt{5}/2)e^{-100(5-2\sqrt{5})t} - (1 - \sqrt{5}/2)e^{-100(5+2\sqrt{5})t}$

## [Chapter 10]

[10–1] 진폭 : $V_m = 8.94$, 주파수 : $\omega = 10\,[\mathrm{rad/sz}]$, 위상 : $\phi = 153°$

[10–2] $v_1$이 $v_2$에 비해 30° 앞선다.

[10–3] $i(t) = 5\sqrt{2}\cos(10^3 t + 45°)\,[\mathrm{mA}]$

[10-4] $i(t) = 2\sqrt{5}\cos(10^3t - \tan^{-1}0.5)$

[10-5] $\boldsymbol{I} = 4\sqrt{2}\angle 0^o$

[10-6] $\boldsymbol{F} = -85.7 - j100.5 = 132\angle -130^o$

[10-7] $\boldsymbol{F} = 0.37 - j1.37 = 1.42\angle -75°$

[10-8] $f(t) = 0.26\cos(3t - 178^o)$

[10-9] $v_s(t) = 5\sqrt{2}\cdot\cos(10^3t - 45°)\,[\mathrm{V}]$

[10-10] $\boldsymbol{I} = \frac{5}{2}(1-j)$

[10-11] $\boldsymbol{V} = 10 - j10\,[\mathrm{V}]$

[10-12] $R = \frac{5\sqrt{3}}{2}\,[\mathrm{k\Omega}]$, $X = \frac{5}{2}\,[\mathrm{k\Omega}]$

[10-13] $\boldsymbol{Z}_{eq} = 20 + j40\,[\Omega]$

[10-14] $\boldsymbol{Y}_{eq} = \frac{1}{2} - j\frac{1}{2}$

[10-15] (a) $\boldsymbol{Z}_{eq} = 1.34\angle 26.6°\,[\Omega]$ (b) $i(t) = 7.46\cos(10^3t - 26.6°)\,[\mathrm{A}]$

(c) $i_1(t) = 4.72\cos(10^3t - 45°)\,[\mathrm{A}]$

## [Chapter 11]

[11-1] $v_a(t) = 2.45\cos(4t + 157°)$, $v_b(t) = 13.4\cos(4 - 61.5°)$

[11-2] $\boldsymbol{V}_a = 10.9\angle 100°\,[\mathrm{V}]$, $\boldsymbol{V}_b = 8.55\angle 59.0°\,[\mathrm{V}]$

[11-3] $\boldsymbol{I}_o = 0.56\angle 81.8°\,[\mathrm{A}]$

[11-4] $\boldsymbol{I}_o = 1.47\angle 0°$

[11-5] $i_o(t) = 2.77\cos(10^3t - 64.4°)$

[11-6] $\boldsymbol{I}_o = -1.17 + j5.41 = 5.54\angle 102°$

[11-7] $v_o(t) = 4.8\cos(5t + 62.8°) + 14.3\sin(2t - 72°)$

[11-8] $\boldsymbol{V} = (1.5 - j3.5)\cdot\boldsymbol{I} + 5\sqrt{2}\angle -45°$

[11-9] $\boldsymbol{V}_{OC} = 5\sqrt{2}\angle -45°\,[\mathrm{V}]$, $\boldsymbol{I}_{SC} = 1.86\angle 21.8°\,[\mathrm{A}]$, $\boldsymbol{Z}_{TH} = 1.5 - j3.5\,[\Omega]$

[11-10] $\boldsymbol{V}_{OC} = \frac{25\sqrt{2}}{4}\angle 90°\,[\mathrm{V}]$, $\boldsymbol{Z}_{TH} = \frac{5\sqrt{26}}{8}\angle 11.3^o$

[11-11] $\boldsymbol{V}_{OC} = \frac{3\sqrt{5}}{2}\angle 63.4°\,[\mathrm{V}]$, $\boldsymbol{Z}_{TH} = 1.8 + j2.1\,[\Omega]$

[11-12] $\boldsymbol{I}_{SC} = 55.3\angle 17.5°\,[\mathrm{A}]$, $\boldsymbol{Z}_{TH} = -6 + j2\,[\Omega]$

[11-13] $v_o(t) = 30.85\cos(10t + 133°)$

[11-14] $v_o(t) = 25\cos(10^3t + 180°) = -25\cos 10^3t$

[11-15] $v_o(t) = 3.2\cos(100t - 6.3°)$

[11–16] $\boldsymbol{V}_o = j\dfrac{10}{3} = \dfrac{10}{3}\angle 90°$

### [Chapter 12]

[12–1] $p(t) = 25\sqrt{3} + 50\cos(20t + 90°)\,[\mathrm{mW}],\ P = 25\sqrt{3}\,[\mathrm{mW}]$

[12–2] $p_R(t) = \dfrac{5}{2} + \dfrac{5}{2}\cos(200t + 150°)\,[\mathrm{W}],\ P_R = 2.5\,[\mathrm{W}]$

$p_C(t) = \dfrac{5}{2}\cos(200t + 60°)\,[\mathrm{W}],\ P_C = 0\,[\mathrm{W}]$

[12–3] (a) $p(t) = 1 + \sqrt{2}\cos(200t + 105°)\,[\mathrm{mW}],\ P = 1\,[\mathrm{mW}]$

(b) $p_R(t) = 1.0 + \cos(200t + 60°)\,[\mathrm{mW}],\ P_R = 1.0\,[\mathrm{mW}]$

(c) $p_X(t) = \cos(200t + 150°)\,[\mathrm{mW}],\ P_X = 0\,[\mathrm{W}]$

[12–4] $P_{전원} = 12.5\,[\mathrm{mW}],\ P_{j5\Omega} = 0,\ P_{-j5\Omega} = 0,\ P_{10\Omega} = 12.5\,[\mathrm{mW}]$

[12–5] $\boldsymbol{Z}_L = \boldsymbol{Z}_{TH}^* = 18 + j12,\ P_{\max} = 80\,[\mathrm{W}]$

[12–6] $R_L = 1\,[\mathrm{k\Omega}],\ P_{\max} = 16.0\,[\mathrm{mW}]$

[12–7] $I_{rms} = \sqrt{(I_{dc})^2 + (I_m)^2/2}$

[12–8] $V_{rms} = \dfrac{10}{\sqrt{3}}\,[\mathrm{V}]$

[12–9] (a) $\boldsymbol{S} = 22.5 + j22.5\,[\mathrm{VA}]$ (b) $S = 31.8\,[\mathrm{VA}]$ (c) $P = 22.5\,[\mathrm{W}]$

(d) $Q = 22.5\,[\mathrm{VAR}]$ (e) $pf = \dfrac{1}{\sqrt{2}}$, 지상 (f) $i(t) = 2.12\cos(\omega t - 75°)\,[\mathrm{A}]$

[12–10] (a) $pf = 0.707$, 지상 (b) $\boldsymbol{S}_L = 0.38 + j0.38\,[\mathrm{VA}]$ (c) $\boldsymbol{S}_{20\,[\Omega]} = 1.52\,[\mathrm{VA}]$,

$\boldsymbol{S}_{-j5\,[\Omega]} = -j0.77\,[\mathrm{VA}],\ \boldsymbol{S}_{j10\,[\Omega]} = j0.38\,[\mathrm{VA}],\ \boldsymbol{S}_{10\,[\Omega]} = 0.38\,[\mathrm{VA}]$

(d) $\boldsymbol{S}_{전원} = 1.91 - j0.38\,[\mathrm{VA}]$

[12–11] $\boldsymbol{S}_{8\,[\Omega]} = 125\,[\mathrm{VA}],\ \boldsymbol{S}_{-j6\,[\Omega]} = -j93.7\,[\mathrm{VA}],\ \boldsymbol{S}_{j10[\Omega]} = j156\,[\mathrm{VA}]$,

$\boldsymbol{S}_{전원} = 125 + j62.5\,[\mathrm{VA}]$

[12–12] $S_{전원} = 3.15\,[\mathrm{VA}],\ S_{\boldsymbol{Z}_1} = 2.83\,[\mathrm{VA}],\ S_{\boldsymbol{Z}_2} = 1.41\,[\mathrm{VA}]$

[12–13] $R = 3.04\,[\Omega],\ C = 0.746\,[\mathrm{mF}],\ L_C = 16.3\,[\mathrm{mH}]$

### [Chapter 13]

[13–1] $T(s) = -\dfrac{C_1}{C_2}\cdot\dfrac{1 + sR_2C_2}{1 + sR_1C_1}$

[13–2] $T(s) = \dfrac{10^{12}}{s^2 + 1600s + 2\times 10^{11}}$

[13–3] $s = -2 \pm j\sqrt{6}$

[13-4]

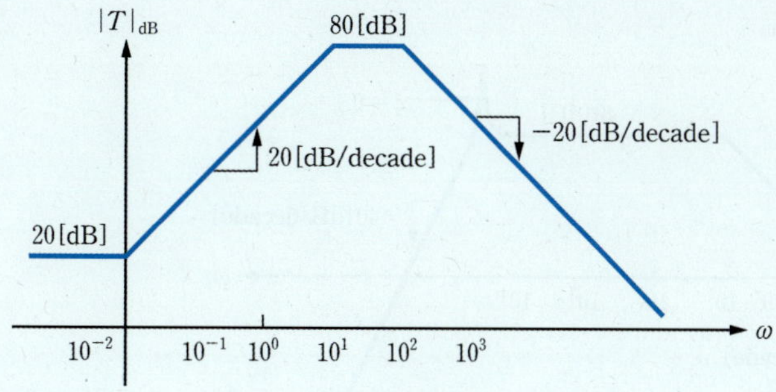


(a) 크기

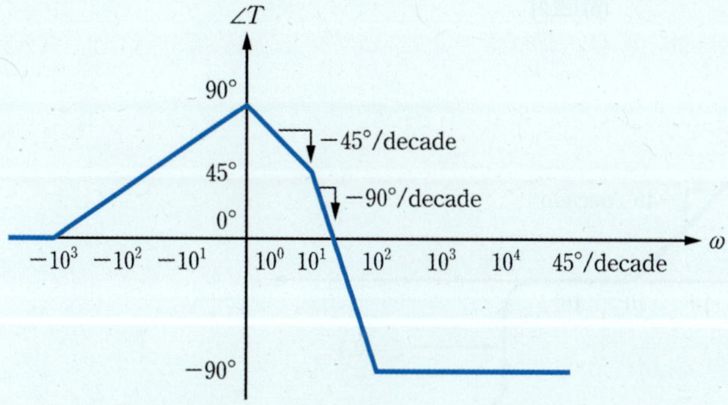


(b) 위상

[13-5]

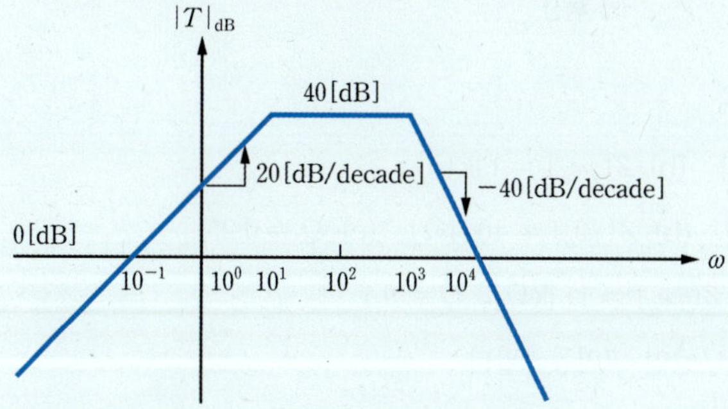


(a) 크기

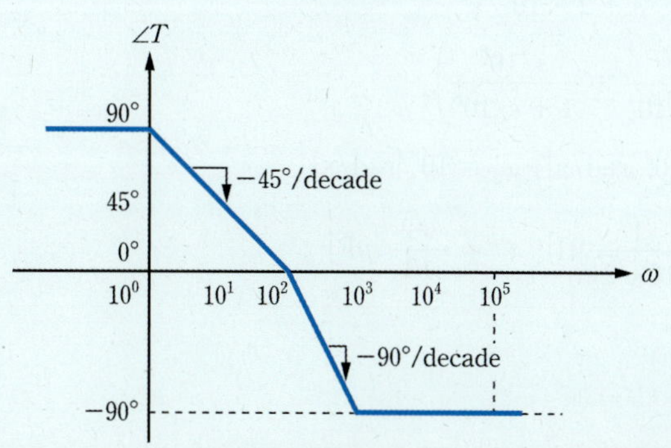


(b) 위상

[13-6]

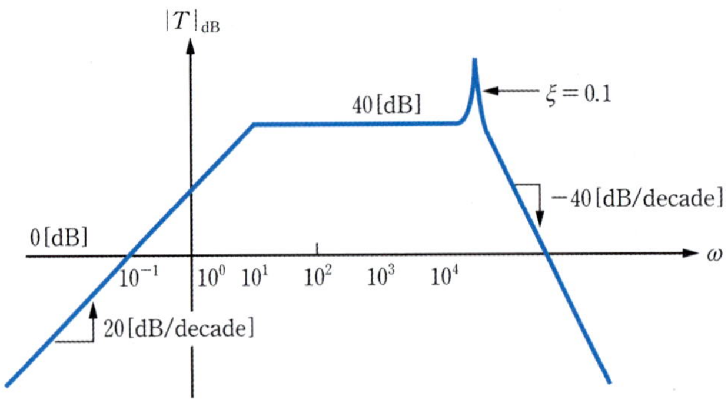


(a) 크기

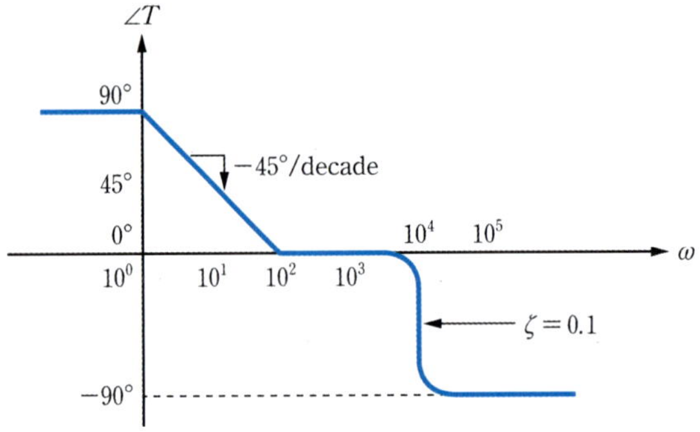


(b) 위상

[13-7] $\omega_o = \dfrac{1}{2\sqrt{3}}$ [rad/s]

[13-8] (a) $\omega_o = 10^4$ [rad/s] (b) $\boldsymbol{Z}(j\omega_o) = 1$ [kΩ]

[13-9] (a) $\omega_o = 10^4$ [rad/s] (b) $Z(j\omega_o) = 400$ [Ω] (c) $Q = 0.25$

[13-10] $\omega_o = 10^4$ [rad/s], $\boldsymbol{Z}(j\omega_o) = 11$ [kΩ], $Q = 9.1$

[13-11] $\omega_c = 2.5 \times 10^4$ [rad/s]인 고역통과필터

[13-12] $H(s) = \dfrac{1}{1 + 2\times 10^{-4}s + 2\times 10^{-8}s^2}$, 저역통과필터

[13-13] $H(s) = 100\left(\dfrac{1}{1+s/10^4} + \dfrac{s/10^8}{1+s/10^8}\right)$,

대역차단필터($\omega_1 = 10^4$ [rad/s], $\omega_2 = 10^8$ [rad/s])

[13-14] $R = 1$ [kΩ], $L = \dfrac{1}{10\sqrt{2}}$ [H], $C = \dfrac{\sqrt{2}}{10}$ [μF]

## [Chapter 14]

[14-1] (a) $L_{eq} = \dfrac{L_1 L_2 - M^2}{L_1 + L_2 - 2M}$  (b) $L_{eq} = \dfrac{L_1 L_2 - M^2}{L_1 + L_2 + 2M}$

[14-2] $\boldsymbol{V}_o = 4.1\angle -64.7°\,[\mathrm{V}]$

[14-3] $\boldsymbol{V}_o = -0.38 + j8.08\,[\mathrm{V}]$

[14-4] (a) $k = 0.56$  (b) $W = 2.54\,[\mathrm{J}]$

[14-5] $\boldsymbol{Z}_{in} = 12 + j4\,[\Omega]$

[14-6] (a) $L_{1T} = 7\,[\mathrm{H}]$, $L_{2T} = 12\,[\mathrm{H}]$, $M_T = -3\,[\mathrm{H}]$ ($T$형 등가회로)

(b) $L_{1\pi} = \dfrac{25}{12}\,[\mathrm{H}]$, $L_{2\pi} = \dfrac{25}{7}\,[\mathrm{H}]$, $M_\pi = -\dfrac{25}{3}\,[\mathrm{H}]$ ($\pi$형 등가회로)

[14-7] (a) $\boldsymbol{S} = 706 - j823\,[\mathrm{VA}]$  (b) $\boldsymbol{V}_o = 217\angle 49.4°\,[\mathrm{V_{rms}}]$

[14-8] $\boldsymbol{S} = (2 - j)\,[\mathrm{kVA}]$, $\boldsymbol{V}_o = 84.9\angle 8.13°\,[\mathrm{V}]$

[14-9] $\boldsymbol{V}_o = 3.75\angle -44°\,[\mathrm{V_{rms}}]$

## [Chapter 15]

[15-1] $z_{11} = z_{22} = \dfrac{360}{13}\,[\Omega]$, $z_{12} = z_{21} = \dfrac{160}{13}\,[\Omega]$

[15-2] $\boldsymbol{I}_1 = j4$, $\boldsymbol{I}_2 = 2$

[15-3] $y_{11} = 0.5\,[\mho]$, $y_{12} = y_{21} = -0.25\,[\mho]$, $y_{22} = 0.375\,[\mho]$

[15-4] $y_{11} = 0.25\,[\mho]$, $y_{12} = 0.17\,[\mho]$, $y_{21} = 0$, $y_{22} = 0.17\,[\mho]$

[15-5] $h_{11} = 4\,[\Omega]$, $y_{12} = \dfrac{2}{3}$, $h_{21} = 0$, $h_{22} = \dfrac{7}{24}\,[\mho]$

[15-6]

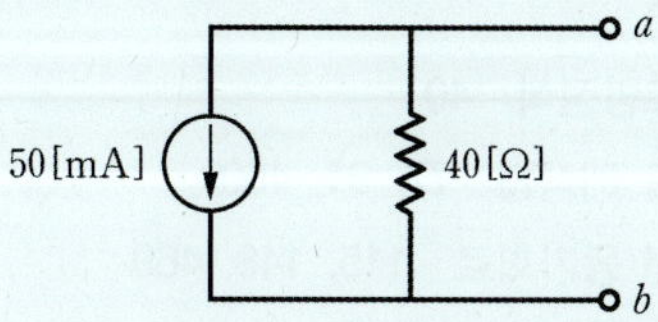


[15-7] $g_{11} = \dfrac{s^2 + s + 1}{s(s+1)}$, $g_{12} = -\dfrac{1}{s+1}$, $g_{21} = \dfrac{1}{s+1}$, $g_{22} = \dfrac{1}{s+1}$

[15-8] $A = \dfrac{15}{4}$, $B = \dfrac{55}{2}\,[\Omega]$, $C = \dfrac{1}{8}\,[\mho]$, $D = \dfrac{5}{4}$

[15-9] $P_{\max} = 0.28\,[\mathrm{W}]$

[15-10] $h_{11} = \dfrac{3}{8}\,[\mho]$, $h_{12} = \dfrac{37}{4}$, $h_{21} = -\dfrac{1}{4}$, $h_{22} = \dfrac{1}{2}\,[\mho]$

[15-11] $\boldsymbol{V}_2 / \boldsymbol{V}_s = 0.206$

[15-12] $y_{11} = 0.2 + j0.3\,[\mho]$, $y_{12} = y_{21} = -(0.1 + j0.2)\,[\mho]$, $y_{22} = 0.2 + j0.3\,[\mho]$

[15-13] $A = 2 - j3$, $B = 30 - j50$, $C = 0.5 - j0.3$, $D = 8 - j5$

## 숫자, 기호



## ㄱ



## ㄴ



## ㄷ

ㅈ